DELIUS KLASING

D1701727

Dr. Etzold
Diplom-Ingenieur für Fahrzeugtechnik

So wird's gemacht

pflegen – warten – reparieren

Band 120

SKODA OCTAVIA
Limousine / Combi

Benziner

1,4 l/	55 kW	(75 PS)	8/00 – 5/04
1,6 l/	55 kW	(75 PS)	8/96 – 8/00
1,6 l/	74 kW	(100 PS)	4/97 – 8/00
1,6 l/	75 kW	(102 PS)	9/00 – 5/04
1,8 l/	92 kW	(125 PS)	4/97 – 5/99
1,8 l/	110 kW	(150 PS)	2/98 – 5/04
1,8 l/	132 kW	(180 PS)	9/00 – 5/04
2,0 l/	85 kW	(115 PS)	5/99 – 5/04

Diesel

1,9 l/	66 kW	(90 PS)	10/96 – 5/04
1,9 l/	74 kW	(100 PS)	8/00 – 5/04
1,9 l/	81 kW	(110 PS)	8/97 – 5/04
1,9 l/	96 kW	(130 PS)	2/03 – 5/04

Delius Klasing Verlag

Redaktion: Günter Skrobanek (Text), Christine Etzold (Bild)

Bibliografische Information der Deutschen Nationalbibliothek
Die Deutsche Nationalbibliothek verzeichnet diese Publikation in der Deutschen Nationalbibliografie; detaillierte bibliografische Daten sind im Internet über „http://dnb.d-nb.de" abrufbar.

4. Auflage / Bs
ISBN 978-3-7688-1241-2

Alle Angaben ohne Gewähr
Umschlaggestaltung: Ekkehard Schonart
Druck: Kunst- und Werbedruck, Bad Oeynhausen
Printed in Germany 2007

Delius Klasing Verlag, Siekerwall 21, D-33602 Bielefeld
Tel.: 0521/559-0, Fax: 0521/559-115
e-mail: info@delius-klasing.de
www.delius-klasing.de

Lieber Leser,

obwohl die Automobile von Modellgeneration zu Modellgeneration technisch wesentlich aufwändiger und komplizierter werden, greifen von Jahr zu Jahr immer mehr Heimwerker zum »So wird's gemacht«-Handbuch. Die Erklärung dafür ist einfach: Weil die Technik des Automobils komplizierter geworden ist, benötigt selbst der Fachmann bei Wartungs- und Reparaturarbeiten am Fahrzeug eine spezielle Anleitung.

Auch der fachkundige Hobbymonteur, der sein Fahrzeug selbst wartet und repariert, sollte bedenken, dass der Fachmann viel Erfahrung hat und durch die Weiterschulung und den ständigen Erfahrungsaustausch über den neuesten Technikstand verfügt. Mithin kann es für die Überwachung und Erhaltung der Betriebs- und Verkehrssicherheit des eigenen Fahrzeugs sinnvoll sein, in regelmäßigen Abständen eine Fachwerkstatt aufzusuchen.

Grundsätzlich muss sich der Heimwerker natürlich darüber im Klaren sein, dass man mit Hilfe eines Handbuches nicht automatisch zum Kfz-Mechaniker wird. Auch deshalb sollten Sie nur solche Arbeiten durchführen, die Sie sich zutrauen. Das gilt insbesondere für jene Arbeiten, die die Verkehrssicherheit des Fahrzeugs beeinträchtigen können. Gerade in diesem Punkt sorgt das »So wird's gemacht«-Handbuch jedoch für praktizierte Verkehrssicherheit. Durch die Beschreibung der Arbeitsschritte und den Hinweis, die Sicherheitsaspekte nicht außer Acht zu lassen, wird der Heimwerker vor der Arbeit entsprechend sensibilisiert und informiert. Auch wird darauf hingewiesen, im Zweifelsfall die Arbeit lieber von einem Fachmann ausführen zu lassen.

Sicherheitshinweis
Auf verschiedenen Seiten dieses Buches stehen »Sicherheitshinweise«. Bevor Sie mit der Arbeit anfangen, lesen Sie bitte diese Sicherheitshinweise aufmerksam durch und halten Sie sich strikt an die dort gegebenen Anweisungen.

Vor jedem Arbeitsgang empfiehlt sich ein Blick in das vorliegende Buch. Dadurch werden Umfang und Schwierigkeitsgrad der Reparatur offenbar. Außerdem wird deutlich, welche Ersatz- oder Verschleißteile eingekauft werden müssen und ob unter Umständen die Arbeit nur mit Hilfe von Spezialwerkzeug durchgeführt werden kann.

Für die meisten Schraubverbindungen ist das Anzugsmoment angegeben. Bei Schraubverbindungen, die in jedem Fall mit einem Drehmomentschlüssel angezogen werden müssen (Zylinderkopf, Achsverbindungen usw.), ist der Wert **fett** gedruckt. Nach Möglichkeit sollte man generell jede Schraubverbindung mit einem Drehmomentschlüssel anziehen. Übrigens: Für viele Schraubverbindungen sind Innen- oder Außen-Torxschlüssel erforderlich.

Als ich Anfang der siebziger Jahre den ersten Band der »So wird´s gemacht«-Buchreihe auf den Markt brachte, wurden im Automobilbau nur ganz wenige elektronische Bauteile eingesetzt. Inzwischen ist das elektronische Management allgegenwärtig; ob bei der Steuerung der Zündung, des Fahrwerks oder der Gemischaufbereitung. Die Elektronik sorgt auch dafür, dass es in verschiedenen Bereichen keine Verschleißteile mehr gibt, wie zum Beispiel der früher für den Zündfunken unentbehrliche Unterbrecherkontakt im Zündverteiler. Das Überprüfen elektronischer Bauteile ist wiederum nur noch mit teuren und speziell auf das Fahrzeugmodell abgestimmten Prüfgeräten möglich, die dem Heimwerker in der Regel nicht zur Verfügung stehen. Wenn also verschiedene Reparaturschritte nicht mehr beschrieben werden, so liegt das ganz einfach am vermehrten Einsatz von elektronischen Bauteilen.

Das vorliegende Buch kann zwangsläufig auch nicht auf jede aktuelle, technische Frage eingehen. Dennoch hoffe ich, dass die getroffene Auswahl an Reparatur-, Wartungs- und Pflegehinweisen in den meisten Fällen die auftretenden Probleme zufrieden stellend löst. Eines sollten Sie bei Ihren Arbeiten am eigenen Auto allerdings beachten: Ein Buch ist keine Tageszeitung. Ständig werden am aktuellen Modell technische Änderungen durchgeführt, so dass es vorkommen kann, dass sich die im Buch veröffentlichten Arbeitsanweisungen und Einstelldaten für Ihr spezielles Modell geändert haben. Sollten Zweifel auftreten, erfragen Sie bitte den aktuellen Stand beim Kundendienst des Automobilherstellers.

Rüdiger Etzold

Inhaltsverzeichnis

SKODA OCTAVIA . . . 11
- Fahrzeug- und Motoridentifizierung . . . 12
- Motorenübersicht und Motordaten . . . 13

Wartung . . . 14
- Service-Intervallanzeige zurücksetzen . . . 15
- Ölwechsel-Service . . . 15
- Wartung . . . 15

Wartungsarbeiten . . . 17
- **Motor und Abgasanlage** . . . 17
- Sichtprüfung auf Ölverlust . . . 17
- Motorölstand prüfen . . . 17
- Motoröl wechseln/Ölfilter ersetzen . . . 18
- Sichtprüfung der Abgasanlage . . . 20
- Kühlmittelstand prüfen/korrigieren . . . 20
- Kühlsystem-Sichtprüfung auf Dichtheit . . . 21
- Frostschutz prüfen/korrigieren . . . 21
- Kraftstofffilter entwässern . . . 22
- Kraftstofffilter ersetzen . . . 22
- Keilrippenriemen: Zustand prüfen . . . 23
- Luftfiltereinsatz wechseln . . . 24
- Zahnriemenverschleiß messen/Zahnriemen/ Zahnriemenspannrolle ersetzen . . . 25
- Zündkerzen aus- und einbauen/prüfen . . . 26
- Zündkerzen für die OCTAVIA-Benzinmotoren . . . 28
- **Getriebe/Achsantrieb** . . . 29
- Gummimanschetten der Gelenkwellen prüfen . . . 29
- Getriebe-Sichtprüfung auf Dichtheit . . . 29
- Schaltgetriebe: Ölstand prüfen/Getriebeöl auffüllen . . . 29
- Automatikgetriebe: Ölstand im Achsantrieb prüfen . . . 30
- Automatikgetriebe: ATF-Stand prüfen . . . 31
- Allradantrieb: Öl und Ölfilter der Haldex-Kupplung wechseln . . . 32
- **Vorderachse/Lenkung** . . . 34
- Spurstangenköpfe und Achsgelenke prüfen . . . 34
- Ölstand für Servolenkung prüfen . . . 34
- **Bremsen/Reifen/Räder** . . . 35
- Bremsflüssigkeitsstand prüfen . . . 35
- Bremsbelagdicke prüfen . . . 35
- Sichtprüfung der Bremsleitungen . . . 36
- Bremsflüssigkeit wechseln . . . 37
- Reifenprofil prüfen . . . 38
- Reifenfülldruck prüfen . . . 39
- Reifenventil prüfen . . . 39
- Reifenreparaturset: Haltbarkeitsdatum überprüfen . . . 40
- **Karosserie/Innenausstattung** . . . 41
- Sicherheitsgurte sichtprüfen . . . 41
- Airbageinheiten sichtprüfen . . . 41
- Schließzylinder: Schmieren und Funktion prüfen . . . 41
- Staub-/Pollenfilter-Einsatz erneuern . . . 42
- Wasserkasten reinigen . . . 42
- Schiebedach: Führungsschienen reinigen/schmieren . . . 43
- Türfeststeller schmieren . . . 43
- Anhängerkupplung prüfen . . . 43
- **Elektrische Anlage** . . . 44
- Stromverbraucher prüfen . . . 44
- Batterie prüfen . . . 44
- Anstellwinkel der Scheibenwischerblätter prüfen/einstellen . . . 45
- Sicherungen auf der Fahrzeugbatterie: Endanzug prüfen . . . 45

Wagenpflege . . . 46
- Fahrzeug waschen . . . 46
- Lackierung pflegen . . . 46
- Unterbodenschutz/Hohlraumkonservierung . . . 47
- Polsterbezüge pflegen/reinigen . . . 48
- Steinschlagschäden ausbessern . . . 48

Werkzeugausrüstung . . . 49

Motorstarthilfe . . . 50

Fahrzeug abschleppen . . . 51

Elektrische Anlage . . . 52
- Messgeräte . . . 52
- Messtechnik . . . 53
- Elektrisches Zubehör nachträglich einbauen . . . 54
- Fehlersuche in der elektrischen Anlage . . . 55
- Elektrischen Schalter auf Durchgang prüfen . . . 56
- Relais prüfen . . . 56
- Blinkanlage prüfen . . . 57
- Elektrische Steckverbindungen lösen . . . 57
- Scheibenwischermotor prüfen . . . 57
- Heizbare Heckscheibe prüfen . . . 58
- Bremslicht prüfen . . . 58
- Hupe aus- und einbauen/prüfen . . . 58
- Funkfernbedienung: Batterien für Hauptschlüssel aus- und einbauen . . . 59
- Batterie/Glühlampe für Schlüssel mit Leuchte aus- und einbauen . . . 60
- Wegfahrsicherung . . . 61
- Sicherungen auswechseln . . . 62
- Sicherungsbelegung . . . 63
- Batterie aus- und einbauen . . . 63
- Batterie prüfen . . . 66
- Batterie laden . . . 68
- Batterie lagern . . . 69
- Batterie entlädt sich selbstständig durch versteckte Stromverbraucher . . . 69
- **Störungsdiagnose Batterie** . . . 70
- Generator/Lichtmaschine/Sicherheitshinweise . . . 71
- Generatorspannung prüfen . . . 71
- Generator aus- und einbauen . . . 72
- Schleifkohlen für Generator/Spannungsregler ersetzen/prüfen . . . 72
- **Störungsdiagnose Generator** . . . 74
- Anlasser aus- und einbauen . . . 75
- Magnetschalter prüfen/aus- und einbauen . . . 76
- **Störungsdiagnose Anlasser** . . . 77

Scheibenwischanlage 78
Scheibenwischergummi ersetzen 78
Spritzdüsen einstellen 78
Spritzdüsen aus- und einbauen 79
Wischerarme aus- und einbauen/
Endstellung prüfen/einstellen 80
Scheibenwischermotor vorn aus- und einbauen 81
Waschwasserbehälter/Waschwasserpumpe
aus- und einbauen 82
Heckwischer aus- und einbauen. 83
Störungsdiagnose Scheibenwischergummi 84

Beleuchtungsanlage 85
Lampentabelle 85
Glühlampen für Außenleuchten auswechseln 85
Glühlampen für Innenleuchten auswechseln 89
Scheinwerfer/Heckleuchte 90
Scheinwerfer aus- und einbauen 91
Blinkleuchte vorn aus- und einbauen 91
Heckleuchte aus- und einbauen 92
Zusatzbremsleuchte aus- und einbauen 92
Motor für Leuchtweitenregelung aus- und einbauen . . 92
Scheinwerfer einstellen 93

Armaturen 94
Kombiinstrument aus- und einbauen 94
Lenkstockschalter aus- und einbauen 95
Schalter im Innenraum aus- und einbauen 97
Kofferraumsteckdose aus- und einbauen 99
Radioanlage 99
Radio aus- und einbauen 99
Radio-Codierung eingeben 100
Lautsprecher aus- und einbauen 101
Dachantenne aus- und einbauen. 102

Heizung/Klimatisierung 103
Glühlampe für Heizungsbetätigung ersetzen 104
Luftausströmer aus- und einbauen 105
Heizungsbetätigung aus- und einbauen 105
Heizungszüge aus- und einbauen 106
Frischluftgebläse aus- und einbauen 107
Vorwiderstand aus- und einbauen 108
Störungsdiagnose Heizung 108

Vorderachse 109
Aggregateträger/Stabilisator/Achslenker 110
Federbein und Radlagergehäuse aus- und einbauen . 111
Federbeinlager/Stoßdämpfer/Schraubenfeder 113
Federbein zerlegen/Stoßdämpfer/Schraubenfeder
aus- und einbauen 113
Gelenkwelle aus- und einbauen 114
Gelenkwelle zerlegen 116
Gelenkwelle mit Gleichlaufgelenk 118
Gelenkwelle mit Tripodegelenk 119

Hinterachse 120
Hinterachskörper/Schraubenfeder/Stoßdämpfer/
Radlagereinheit 121
Stoßdämpfer/Schraubenfeder aus- und einbauen . . . 122
Stoßdämpfer zerlegen 123
Radlager/Radnabeneinheit aus- und einbauen 123
Stoßdämpfer prüfen 124
Stoßdämpfer verschrotten 124
Hinterachs-Antrieb/Aggregateträger/
Querlenker (Allradantrieb) 126

Räder und Reifen 127
Reifenfülldruck 128
Schneeketten 128
Austauschen der Räder/Laufrichtung beachten 128
Reifen- und Scheibenrad-Bezeichnungen/
Herstellungsdatum 130
Auswuchten von Rädern 130
Reifenpflegetipps 131
Fehlerhafte Reifenabnutzung 131

Fahrzeug aufbocken 132

Lenkung 133
Airbag-Sicherheitshinweise 133
Airbag auf der Fahrerseite aus- und einbauen 134
Lenkrad aus- und einbauen 135
Spurstange/Spurstangenkopf aus- und einbauen . . . 136
Flügelpumpe für Servolenkung. 138

Bremsanlage 139
Technische Daten Bremsanlage 141
Vorderradbremse (FS-III). 141
Bremsbeläge an der Vorderachse aus- und einbauen 142
Vorderradbremse (FN-3) 144
Bremsbeläge an der Vorderachse aus- und einbauen 145
Hinterrad-Scheibenbremse 148
Scheibenbremsbeläge an der Hinterachse
aus- und einbauen 149
Bremsscheibendicke prüfen 151
Bremssattel/Bremsscheibe aus- und einbauen 151
Hinterrad-Trommelbremse 153
Bremstrommel/Bremsbacken aus- und einbauen . . . 154
Handbremshebel 157
Handbremse einstellen 157
Handbremsseile aus- und einbauen 158
Bremskraftverstärker prüfen 159
Bremslichtschalter aus- und einbauen 160
Die Bremsflüssigkeit 160
Bremsanlage entlüften 160
Bremsschlauch aus- und einbauen 162
Radbremszylinder aus- und einbauen 162
Störungsdiagnose Bremse 163

Motor-Mechanik . . . 165
Untere Motorraumabdeckung aus- und einbauen . . . 166
Zahnriementrieb (Benziner) . . . 167
Motor auf Zünd-OT für Zylinder 1 stellen . . . 168
Zahnriemen aus- und einbauen/spannen (Benziner) . 168
Halbautomatische Zahnriemen-Spannrolle prüfen (Benziner) . . . 172
Zylinderkopf (Benziner) . . . 173
Zylinderkopf aus- und einbauen/ Zylinderkopfdichtung ersetzen (Benziner) . . . 174
Zahnriementrieb (Diesel) . . . 180
Zahnriemen aus- und einbauen (Diesel) . . . 181
Zylinderkopf aus- und einbauen (Diesel) . . . 184
Kompressionsdruck prüfen . . . 186
Keilrippenriemen aus- und einbauen . . . 187
Störungsdiagnose Motor . . . 190

Motor-Schmierung . . . 191
Dynamische Öldruckkontrolle . . . 192
Der Ölkreislauf . . . 192
Öldruck und Öldruckschalter prüfen . . . 193
Ölwanne/Ölpumpe . . . 194
Ölwanne aus- und einbauen . . . 194
Störungsdiagnose Ölkreislauf . . . 196

Motor-Kühlung . . . 197
Kühlmittelkreislauf . . . 197
Kühler-Frostschutzmittel . . . 198
Kühlmittel wechseln . . . 198
Thermostat aus- und einbauen/prüfen . . . 199
Kühlmittelpumpe aus- und einbauen . . . 200
Kühler und Kühlerlüfter aus- und einbauen . . . 202
Thermostat/Kühlmittelpumpe . . . 204
Kühlsystem auf Dichtheit prüfen . . . 205
Störungsdiagnose Motor-Kühlung . . . 206

Kraftstoffanlage . . . 207
Kraftstoff sparen beim Fahren . . . 207
Sicherheits- und Sauberkeitsregeln bei Arbeiten an der Kraftstoffversorgung . . . 207
Kraftstoffbehälter/Kraftstoffpumpe/Kraftstofffilter . . . 208
Kraftstoffpumpe/Tankgeber aus- und einbauen . . . 209
Kraftstofffilter aus- und einbauen . . . 210
Gaszug/Gasbetätigung . . . 211
Gaszug einstellen . . . 211
Luftfiltergehäuse aus- und einbauen . . . 212
Fernbedienung für Kraftstoffpumpe herstellen/anschließen . . . 212
Kraftstoffpumpe prüfen . . . 212
Kraftstoffpumpenrelais prüfen . . . 214

Motormanagement . . . 216
Sicherheitsmaßnahmen bei Arbeiten am Motormanagement . . . 216

Benzin-Einspritzanlage . . . 217
Motronic-Einbauübersicht . . . 218
Saugrohr/Kraftstoffverteiler/Einspritzventile . . . 219
Störungsdiagnose Benzin-Einspritzanlage . . . 220

Zündanlage . . . 221
Zündkerzentechnik . . . 221
Verteilerzündung . . . 222
Direktzündung . . . 223

Dieseleinspritzung . . . 224
Diesel-Einspritzverfahren . . . 224
Funktionsweise des Diesel-Motormanagements . . . 225
Vorglühanlage prüfen . . . 226
Glühkerzen prüfen . . . 227
Glühkerzen aus- und einbauen . . . 227
Kraftstofffilter-Vorwärmanlage . . . 227
Störungsdiagnose Diesel-Einspritzanlage . . . 228

Abgasanlage . . . 229
Katalysatorschäden vermeiden . . . 229
Abgasturbolader . . . 230
Abgaskrümmer/Abgasrohr vorn/Katalysator/ Lambdasonde/Schalldämpfer . . . 231
Abgasanlage aus- und einbauen . . . 233
Abgasanlage spannungsfrei ausrichten . . . 234
Abgasanlage auf Dichtigkeit prüfen . . . 235
Mittelschalldämpfer/Nachschalldämpfer ersetzen . . . 235
Lambdasonde aus- und einbauen . . . 236

Kupplung . . . 237
Kupplungsscheibe/Druckplatte . . . 237
Hydraulische Kupplungsbetätigung . . . 238
Kupplung aus- und einbauen/prüfen . . . 239
Kupplungsbetätigung entlüften . . . 242
Störungsdiagnose Kupplung . . . 243

Getriebe/Schaltung . . . 244
Getriebe aus- und einbauen . . . 244
Schaltbetätigung einstellen . . . 250
Wählhebelseilzug einstellen . . . 253

Innenausstattung . . . 254
Innenspiegel aus- und einbauen . . . 254
Mittelkonsole vorn aus- und einbauen . . . 255
Mittelkonsole hinten aus- und einbauen . . . 256
Fußraumverkleidung Fahrerseite aus- und einbauen . 256
Obere Abdeckung Fahrerseite aus- und einbauen . . 257
Handschuhfach aus- und einbauen . . . 257
Armaturentafel-Mittelteil aus- und einbauen . . . 257
Dach-Haltegriff aus- und einbauen . . . 257
A-Säulen-Verkleidung oben aus- und einbauen . . . 258
A-Säulen-Verkleidung unten aus- und einbauen . . . 258
Auflage für Kofferraumabdeckung aus- und einbauen . . . 259
Gurtführung hinten aus- und einbauen . . . 259
C-Säulen-Verkleidung unten aus- und einbauen . . . 260
Verkleidungen im Kofferraum aus- und einbauen . . . 260
Einstiegleiste aus- und einbauen . . . 263
Seitenairbag . . . 263
Sitz vorn aus- und einbauen . . . 264
Sitzbank/Sitzlehne hinten aus- und einbauen . . . 265
Netztrennwand aus- und einbauen . . . 266

Karosserie außen 267
Sicherheitshinweise bei Karosseriearbeiten 267
Karosseriespaltmaße 268
Schlossträger mit Anbauteilen aus- und einbauen . . . 269
Stoßfänger vorn aus- und einbauen 270
Stoßfänger hinten aus- und einbauen 271
Kotflügel vorn aus- und einbauen 272
Innenkotflügel aus- und einbauen 273
Motorhaube aus- und einbauen/einstellen 274
Motorhaubenzug/Motorhaubenschloss
aus- und einbauen/einstellen. 275
Seitenschutzleisten aus- und einbauen 275
Heckklappe aus- und einbauen 276
Gasdruckfeder aus- und einbauen 276
Heckklappenbetätigung/Heckklappenschloss
aus- und einbauen 277
Tür aus- und einbauen/einstellen 278
Tür einstellen 279
Türverkleidung aus- und einbauen 279
Türfensterscheibe vorn aus- und einbauen/einstellen . 281
Fensterheber aus- und einbauen 282
Fensterhebermotor aus- und einbauen 282
Türgriff aus- und einbauen 283
Türschloss aus- und einbauen 284
Wasserkastenabdeckung aus- und einbauen 285
Zentralverriegelung 285
Stellelement für Heckklappe aus- und einbauen . . . 285
Schiebe-/Ausstelldach 286
Glasdeckel für Schiebe-/Ausstelldach
aus- und einbauen 286
Parallellauf des Schiebedachs prüfen/einstellen . . . 286
Glasdeckel einstellen 287
Deckeldichtung prüfen/einstellen 288
Antrieb für Schiebe-/Ausstelldach
aus- und einbauen/einstellen 288
Wasserablaufschläuche reinigen 290
Außenspiegel/Spiegelglas aus- und einbauen 291
Anhängerkupplung aus- und einbauen 291

Stromlaufpläne 292
Umgang mit dem Stromlaufplan 292
Zuordnung der Stromlaufpläne 293
Relais- und Sicherungsbelegung 294
Gebrauchsanleitung für Stromlaufpläne 295
Schaltzeichen für Stromlaufpläne 296

SKODA OCTAVIA

Aus dem Inhalt:

- **Modellvarianten**
- **Fahrzeugidentifizierung**
- **Motordaten**

Im Februar 1997 präsentierte SKODA erstmals sein Modell OCTAVIA. Zunächst nur als Limousine, ab Juli 1998 auch in einer Kombiversion.

SKODA konnte als Mitglied der Volkswagen-Gruppe für den OCTAVIA die Gleichteile-Strategie des Volkswagen-Konzerns nutzen. Dies bedeutet, dass viele Teile der Grundkonstruktion von den Baureihen AUDI A3 und VW GOLF IV im OCTAVIA Verwendung finden. Somit stehen für den OCTAVIA auch die bewährten Benzin- und Dieselmotoren aus den VW- und AUDI-Modellen zur Verfügung. Der OCTAVIA-Käufer kann dadurch aus einer umfangreichen Motoren- und Ausstattungspalette wählen. Beispielsweise stehen, je nach Motorisierung und Ausstattung, 5-Gang-Schaltgetriebe, eine 4-Gang-Automatik wie auch der Allradantrieb zur Verfügung.

Markante Erscheinungsmerkmale des OCTAVIA sind die breiten Hauptscheinwerfer, die bei neueren Modellen mit Klarglas-Scheiben versehen sind, sowie der mit einer Chromleiste umfasste Kühlergrill.

Zu den Sicherheitseinrichtungen des SKODA OCTAVIA zählen Fahrer-, Beifahrer- sowie Seiten-Airbags, ABS, elektronische Bremskraftverteilung EBV, elektronisches Stabilitäts-Programm ESP und Karosserieverstärkungen in den Türen.

Ab Juni 2004 ist das Nachfolgemodell OCTAVIA II auf dem Markt. Der OCTAVIA I wird mit der Bezeichnung »TOUR« in der bisherigen Karosserieform noch weitergebaut.

SKODA OCTAVIA, Modelljahr 2004

D-6605

Limousine, Modelljahr 2000

D-6602

Combi, Modelljahr 2000

D-6603

Fahrzeug- und Motoridentifizierung

Motornummer

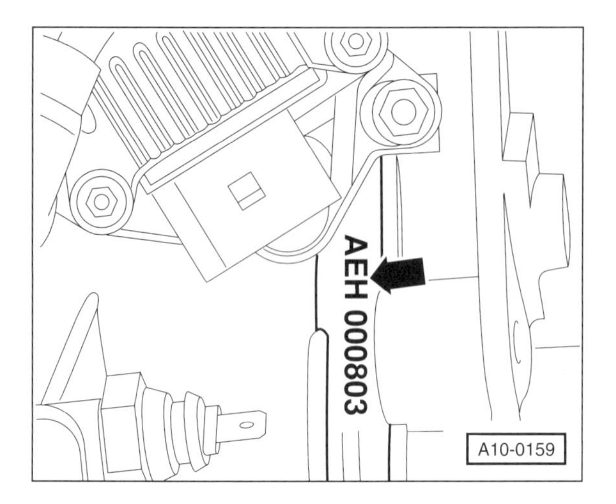

Motornummer und Motorkennbuchstaben befinden sich an der Trennfuge zwischen Motor und Getriebe, außer beim 1,4-l- und beim 1,6-l-Benzinmotor mit 75 PS.

Beim 1,4-/1,6-l-Benzinmotor mit 75 PS befinden sich Motornummer und Motorkennbuchstaben auf der getriebeseitigen Stirnfläche des Motorblocks, unterhalb des Thermostatgehäuses.

Motornummer und Motorkennbuchstaben stehen auch auf einem Aufkleber, der auf der Zahnriemen-Abdeckung angebracht ist.

Fahrzeug-Identifizierungsnummer

Die Fahrzeug-Identifizierungsnummer (Fahrgestellnummer) ist in die hintere Motorraum-Querwand eingeschlagen. Sie steht ebenfalls auf dem Typschild, das vorn am linken Federbeindom aufgeklebt ist sowie auf dem Fahrzeugdatenträger im Gepäckraum.

Bei Fahrzeugen ab 4/99 steht die Fahrzeug-Identifizierungsnummer zusätzlich auf der linken Seite des Armaturenbretts. Sie kann bei geschlossener Motorhaube durch eine Aussparung in der schwarzen Umrandung der Windschutzscheibe abgelesen werden.

Aufschlüsselung der Fahrzeug-Identifizierungsnummer

Fahrzeuge bis Modelljahr 1999

TMB	XXX	1U	X	X	0	000 279
①	②	③	④	⑤	⑥	⑦

① Herstellerzeichen: TMB = Skoda Auto a.s.
② Füllzeichen (interner Code).
③ 2-stellige Typenkurzbezeichnung.
④ Füllzeichen (interner Code).
⑤ Angabe des Modelljahres: W – 1998; X – 1999.
⑥ Produktionsstätte: 2 = Mlada Boleslav, 8 = Vrchlabi, X = Poznan.
⑦ Fahrzeug-Karosserienummer.

Fahrzeuge ab Modelljahr 2000

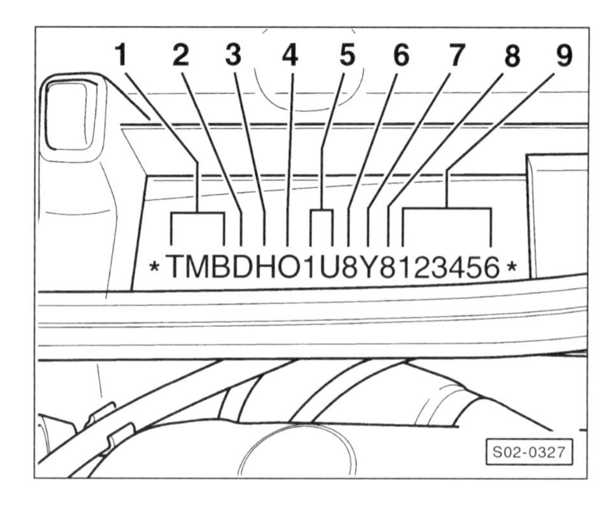

TMB	D	H	0	1U	8	Y	8	123456
①	②	③	④	⑤	⑥	⑦	⑧	⑨

① Herstellerzeichen: TMB = Skoda Auto a.s.
② Karosserietyp und Ausstattung: A – D = OCTAVIA Limousine, E = OCTAVIA RS, F – J = OCTAVIA Combi, K = OCTAVIA Combi Allrad, S = OCTAVIA Allrad, U = OCTAVIA Combi RS .
③ Motortyp: C = 1,4-l-/75PS-Benzinmotor,
E = 2,0-l-/115PS-Benzinmotor,
G = 1,9-l-/90PS-TDI-Dieselmotor,
H = 1,4-l-/60PS-Benzinmotor,
J = 1,6-l-/75PS-Benzinmotor,
K = 1,6-l-/100PS-Benzinmotor,
L = 1,8-l-/150PS-Benzinmotor,
N = 1,9-l-/68PS-SDI-Dieselmotor,
P = 1,9-l-/110PS-TDI-Dieselmotor,
R = 1,8-l-/180PS-Benzinmotor,
S = 1,9-l-/100PS-TDI-PD-Dieselmotor,
U = 1,9-l-/130PS-TDI-PD-Dieselmotor,
X = 1,6-l-/102PS-Benzinmotor.
④ Airbag-System: 0 = kein Airbag, 1 = Airbag Fahrerseite, 2 = Airbageinheit Fahrer- und Beifahrerseite + Seitenairbags Fahrer- und Beifahrerseite, 4 = Airbageinheit Fahrer- und Beifahrerseite.
⑤ Typ: 1U = OCTAVIA, OCTAVIA Combi.
⑥ Füllzeichen (interner Code).
⑦ Modelljahr: Y = 2000, 1 = 2001, 2 = 2002, 3 = 2003, 4 = 2004, 5 = 2005 usw.
⑧ Herstellerwerk: 2,N = Mlada Boleslav, 8 = Vrchlabi, X = Poznan.
⑨ Fahrzeug-Karosserienummer.

Fahrzeugdatenträger

Der Fahrzeugdatenträger ist im Gepäckraum in der Reserveradmulde rechts aufgeklebt. Er enthält die Fahrzeug-Identifizierungsnummer, die Motor- und Getriebekennbuchstaben und die Lacknummer.

Motorenübersicht und Motordaten

Motor/Modell	1,4 l	1,6 l	1,6 l	1,6 l	1,8 l	1,8 l Turbo
Fertigung von – bis	8/00 – 5/04	8/96 – 8/00	4/97 – 8/00	9/00 – 5/04	4/97 – 5/99	2/98 – 5/04
Motorbezeichnung	AXP/BCA [1]	AEE	AEH/AKL	AVU/BFQ	AGN	AGU/ARZ/ AUM/ARX
Motorbauart	DOHC	OHC	OHC	OHC	DOHC	DOHC
Hubraum cm³	1390	1598	1595	1595	1781	1781
Leistung kW bei 1/min PS bei 1/min	55/5000 75/5000	55/4600 75/4600	74/5800 [2] 100/5800	75/5600 102/5600	92/6000 125/6000	110/5700 150/5700
Drehmoment Nm bei 1/min	126/3300	135/3200	145/3800	148/3800	173/4100 [3]	210/1750
Bohrung ∅ mm	76,5	76,5	81	81	81	81
Hub mm	75,6	86,9	77,4	77,4	86,4	86,4
Verdichtung	10,5	9,8	10,3	10,5	10,3	9,5
Zylinder/Ventile pro Zylinder	4/4	4/2	4/2	4/2	4/5	4/5
Motormanagement	Bosch	MPI - 1AVM	Simos 2	Simos 3.3	Motronic	Motronic
Kraftstoff/ROZ	Super/95	Super/95	Super/95	Super/95	Super/95	Super/95
Wechselmengen: Motoröl Liter Kühlflüssigkeit Liter	 3,2 ca. 6	 3,2 ca. 6	 4,5 ca. 6	 4,5 ca. 6	 4,5 ca. 6	 4,5 ca. 6

Motor/Modell	1,8 l Turbo	2,0 l	1,9 l TDI	1,9 l TDI-PD	1,9 l TDI	1,9 l TDI-PD
Fertigung von – bis	9/00 – 5/04	5/99 – 5/04	10/96 – 5/04	8/00 – 5/04	8/97 – 5/04	2/03 – 5/04
Motorbezeichnung	AUQ	AQY/APK/ AZH/AZJ [4]	AGR/ALH	ATD/AXR	AHF/ASV	ASZ
Motorbauart	DOHC	OHC	OHC	OHC	OHC	OHC
Hubraum cm³	1781	1984	1896	1896	1896	1896
Leistung kW bei 1/min PS bei 1/min	132/5500 180/5500	85/5200 [4] 115/5200 [4]	66/4000 [6] 90/4000 [6]	74/4000 100/4000	81/4150 110/4150	96/4000 130/4000
Drehmoment Nm bei 1/min	235/1950	170/2400 [5]	210/1900	240/1800	235/1900	310/1900
Bohrung ∅ mm	81	82,5	79,5	79,5	79,5	79,5
Hub mm	86,4	92,8	95,5	95,5	95,5	95,5
Verdichtung	9,5	10,5	19,5	19	19,5	19
Zylinder/Ventile pro Zylinder	4/5	4/2	4/2	4/2	4/2	4/2
Motormanagement	Motronic	Motronic	TDI	TDI	TDI	TDI
Kraftstoff/ROZ	Super/98	Super/95	Diesel	Diesel	Diesel	Diesel
Wechselmengen: Motoröl Liter Kühlflüssigkeit Liter	 3,5 ca. 6	 4,0 ca. 6	 4,5 ca. 6	 4,3 ca. 6	 4,5 ca. 6	 4,3 ca. 6

[1]) seit 1/02 BCA; [2]) seit 8/97: 74/5600 bzw. 100/5600; [3]) seit 8/97: 170/4200; [4]) AZH/AZJ: 85/5400 bzw. 115/5400; [5]) AZJ 172/3200; [6]) seit 8/00 ALH: 66/3750 bzw. 90/3750.

Benzinmotoren können auch mit bleifreiem Normalbenzin (ROZ 91) gefahren werden. Allerdings verringert sich dadurch die Leistung und der Verbrauch erhöht sich. Die Verwendung von Super Plus (ROZ 98/99) ist ohne Einschränkungen möglich.

Achtung: Die Füllmengen sind ungefähre Angaben. Flüssigkeitsstände auf jeden Fall mit dem Ölmessstab beziehungsweise anhand der Markierungen auf dem Kühlmittel-Ausgleichbehälter überprüfen.

Wartung

Aus dem Inhalt:

- Wartungsplan
- Wartungsarbeiten
- Serviceanzeige nach der Wartung zurückstellen
- Werkzeugausrüstung
- Motorstarthilfe

Die Wartungsintervalle beim SKODA OCTAVIA sind von der Zeitdauer und den gefahrenen Kilometern abhängig und werden dem Fahrer über eine Service-Intervallanzeige angezeigt.

Wenn ein Service erforderlich ist, erscheint die Service-Intervallanzeige nach Einschalten der Zündung und auch nach dem Anlassen des Motors für ca. 1 Minute anstelle der Tageskilometeranzeige im Tachometer. Der Servicetermin wird dem Fahrer 1.000 km oder 10 Tage vorher angezeigt.

In dieser Zeit blinkt dann eine der beiden Anzeigen:

SERVICE OIL (Motorölwechsel-Service) oder
SERVICE INSP (Inspektions-Service)

Der Arbeitsumfang der jeweiligen angezeigten Inspektion ist unterschiedlich groß. Nachdem die Wartung durchgeführt wurde muss die Service-Intervallanzeige mit den Einstelltasten im Kombiinstrument zurückgesetzt werden, siehe entsprechendes Kapitel. Wenn der Inspektions-Service INSP durchgeführt wurde, muss auch die davor liegende Serviceart OIL einzeln aufgerufen und zurückgesetzt werden.

Als Maßstab bei der Berechnung der Wartungszyklen nimmt die Service-Intervallanzeige die Zeit, beziehungsweise die gefahrenen Kilometer seit dem letzten Zurücksetzen. Zusätzliche Faktoren wie Fahrzeugbeanspruchung werden hierbei nicht berücksichtigt.

Achtung: Die SKODA-Werkstätten fragen zusätzlich bei jeder Inspektion mit Hilfe des elektronischen V.A.G-Fehlerauslesegerätes die Fehlerspeicher der elektronischen Steuergeräte von Motor, ABS, Airbag und Wegfahrsicherung ab. Es kann daher sinnvoll sein, in regelmäßigen Abständen eine Fachwerkstatt aufzusuchen, auch wenn die Wartung in Eigenregie durchgeführt wird. Die Abfrage der Fehlerspeicher wird am Diagnoseanschluss vorgenommen; bei dieser Gelegenheit kann auf Kundenwunsch auch die Intervallanzeige zurückgestellt werden.

Longlife-Service

Der SKODA OCTAVIA wird seit Modelljahr 2001 (MJ 01) nach dem so genannten »Longlife-Service«-System gewartet. Ausnahme: Der 1,9-l-/100PS-Pumpe-Düse-Motor wird erst ab Modelljahr 2002 mit Longlife-Service gewartet. Durch den Longlife-Service verlängern sich die Wartungsintervalle, je nach Motorbelastung, bei Benzinern um bis zu 15.000 km auf 30.000 km beziehungsweise 24 Monate und bei Diesel-Fahrzeugen um bis zu 35.000 km auf 50.000 km beziehungsweise 24 Monate. Für den Longlife-Service ist folgende Ausstattung erforderlich:

1. Flexible Service-Intervallanzeige
2. Motorölstandsensor
3. Bremsbelagverschleißanzeige
4. Longlife-Motoröl nach VW-Norm, siehe Seite 191.
5. Wartungsarme Blei-Calcium-Batterie

Fahrzeuge mit »Longlife-Service«-System sind an der PR-Nummer »QG1« im Serviceplan beziehungsweise im Fahrzeugdatenträger erkennbar. Der Fahrzeugdatenträger befindet sich hinten links auf dem Gepäckraumboden.

Die Fälligkeit einer Wartung wird durch die flexible Service-Intervallanzeige im Kombiinstrument signalisiert. Der Fahrer wird 1500 km oder 10 Tage vorher durch die Anzeige **»service in 1500 km«** nach jedem Einschalten der Zündung vorgewarnt. Bei Erreichen der vom Steuergerät berechneten Intervalldauer erscheint dann die Meldung **»service«**, **»service jetzt«** oder **»service nun«**. Die Wartung sollte dann alsbald durchgeführt werden. Bei Fahrzeugen, die innerhalb der maximalen Intervalldauer weniger als 3.000 km zurückgelegt haben, erscheint die Aufforderung zur Wartung ohne vorherige Ankündigung.

Hinweis: Wird bei Fahrzeugen **mit** Longlife-Service, im Rahmen einer Wartung/Reparatur **kein** Longlife-Motoröl nach VW-Norm eingefüllt, dann muss die flexible Service-Intervallanzeige auf »nicht flexibel« umgestellt werden. Die Wartung erfolgt dann wie bei Fahrzeugen ohne Longlife-Service alle 15.000 km/12 Monate. Umgestellt wird die Service-Intervallanzeige durch Zurücksetzen mit den Einstelltasten im Kombiinstrument, siehe entsprechendes Kapitel.

Achtung: Für die Beibehaltung des Longlife-Service muss die Service-Intervallanzeige mit dem V.A.G-Diagnosegerät zurückgesetzt werden.

Service-Intervallanzeige zurücksetzen

Die Service-Intervallanzeige kann auf zwei verschiedene Arten zurückgesetzt werden: In der Werkstatt wird dazu das V.A.G.-Fehlerauslesegerät 1551/1552 an den Diagnoseanschluss im Fußraum links angeschlossen.

Steht das Gerät nicht zur Verfügung, kann die Anzeige auch mit den Einstelltasten für Wegstrecke und Uhrzeit am Kombiinstrument wie folgt zurückgestellt werden.

Fahrzeuge mit Longlife-Service: Durch das Zurückstellen der Service-Intervallanzeige mit den Einstelltasten wird die »flexible« Service-Intervallanzeige auf »nicht flexibel« umgestellt. Um die volle Funktionaltiät der flexiblen Anzeige zu erhalten muss die Zurücksetzung in der SKODA-Werkstatt mit dem Diagnosegerät erfolgen.

Zurücksetzen

- Zündung ausschalten, Zündschlüssel steht in Nullstellung.

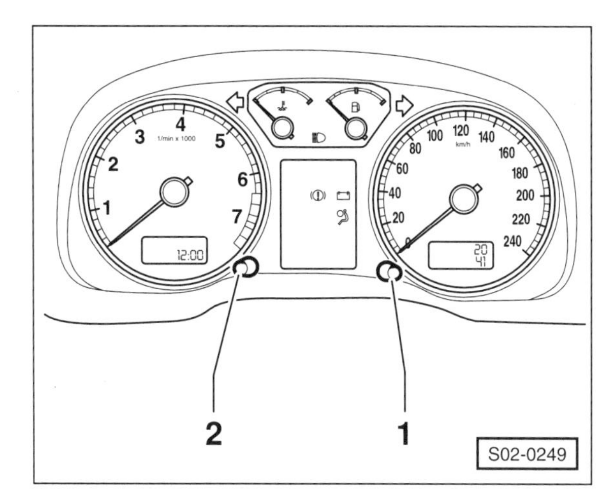

- Taste –1– drücken und bei gedrückter Taste die Zündung einschalten.
- Sobald die Anzeige »OIL« im Display erscheint, Taste –1– loslassen.
- Uhreinstelltaste –2– nach rechts drehen. Im Display erscheint die Anzeige »– – –«. Die Intervallanzeige ist nun für den Ölwechsel-Service (auf Null) zurückgestellt.
- Durch erneutes Drücken der Taste –1– erscheint die Anzeige »INSP« im Display. Taste anschließend loslassen.
- Uhreinstelltaste –2– nach rechts drehen. Im Display erscheint die Anzeige »– – –«. Die Intervallanzeige ist nun für die Wartung (auf Null) zurückgestellt.

Hinweis: Die Service-Intervallanzeige muss immer für jede Wartungsart einzeln zurückgesetzt werden.

- Zündung ausschalten.

Ölwechsel-Service

Der Ölwechsel-Service ist durchzuführen, wenn im Kombiinstrument die Anzeige »SERVICE OIL« blinkt. Falls die jährliche Fahrleistung über 15.000 km liegt, **alle 15.000 km**, oder **alle 12 Monate**. Bei Fahrzeugen mit Longlife-Service wird der Ölwechsel-Service entsprechend der flexiblen Service-Intervallanzeige vorgenommen.

Achtung: Bei erschwerten Betriebsbedingungen, wie überwiegend Stadt- und Kurzstreckenverkehr, häufigen Gebirgsfahrten, Anhängerbetrieb und staubigen Straßenverhältnissen, Ölwechsel-Service entsprechend öfters durchführen.

- Motor: Motoröl und Ölfilter wechseln.
- Scheibenbremsbeläge: Dicke prüfen.
- Service-Intervallanzeige zurücksetzen.

Wartung

Die Wartung ist in folgenden Abständen durchzuführen:

Ohne Longlife-Service: Nach der Service-Intervallanzeige, wenn im Kombiinstrument die Anzeige »SERVICE INSP« blinkt. Auf jeden Fall aber **alle 12 Monate**, und zwar die mit ● gekennzeichneten Positionen und **alle 30.000 km** sämtliche aufgeführten Wartungspunkte (● und ■).

Mit Longlife-Service: Entsprechend der Service-Intervallanzeige sämtliche aufgeführten Wartungspunkte (● und ■).

Mit und ohne Longlife-Service: Im Rahmen der Wartung sind ebenfalls die zusätzlichen, mit ◆ gekennzeichneten Wartungspunkte entsprechend den angegebenen Intervallen durchzuführen.

Motor

● Motor/Motorraum: Sichtprüfung auf Undichtigkeiten.

● Motor: Öl wechseln, Ölfilter ersetzen.

● Kühl- und Heizsystem: Flüssigkeitsstand prüfen, Konzentration des Kühler-Frostschutzmittels prüfen. Sichtprüfung auf Undichtigkeiten und äußere Beschädigung des Kühlers.

● Abgasanlage: Auf Beschädigungen sichtprüfen.

● Dieselmotor bei Verwendung von Biodiesel: Kraftstofffilter entwässern.

■ Dieselmotor: Kraftstofffilter entwässern.

■ Dieselmotor bei Verwendung von Biodiesel: Kraftstofffilter ersetzen.

■ Benzinmotoren ab 90.000 km: Zahnriemen auf Verschleiß prüfen.

Getriebe, Achsantrieb

● Getriebe, Achsantrieb, Gelenkmanschetten: Auf Undichtigkeiten und Beschädigungen sichtprüfen.

■ Schaltgetriebe: Ölstand prüfen, gegebenenfalls auffüllen.

■ Allradantrieb: Öl der Haldex-Kupplung wechseln.

Vorderachse, Lenkung

- Spurstangenköpfe: Spiel und Befestigung prüfen, Staubkappen prüfen.
- Achsgelenke: Staubkappen prüfen.
- Lenkung: Faltenbälge auf Undichtigkeiten und Beschädigungen prüfen.

Karosserie, Innenausstattung

- Türfeststeller: Schmieren.
- Wasserkasten und Wasserablauföffnungen: Auf Verschmutzung prüfen, gegebenenfalls reinigen.
- Verbandskasten: Haltbarkeitsdatum überprüfen, gegebenenfalls Verbandskasten austauschen.
- Anhängerkupplung mit abnehmbaren Kugelhals (Hersteller PROFSVAR): Prüfen.
- ■ Unterbodenschutz und Lackierung: Auf Beschädigungen sichtprüfen.
- ■ Schiebedach: Führungsschienen reinigen und schmieren, Funktion prüfen.
- ■ Sicherheitsgurte: Auf Beschädigungen sichtprüfen.
- ■ Lüftung/Heizung: Staub-/Pollenfilter ersetzen.

Bremsen, Reifen, Räder

- Bremsanlage: Leitungen, Schläuche, Bremssattelzylinder und Anschlüsse auf Undichtigkeiten und Beschädigungen prüfen.
- Bremsflüssigkeitsstand: Prüfen, gegebenenfalls auffüllen.
- Bremsen: Belagstärke der Scheibenbremsbeläge prüfen.
- Handbremse: Auf Funktion prüfen.
- Bereifung: Profiltiefe und Reifenlaufbild, sowie Reifenfülldruck prüfen; Reifen (einschließlich Reserverad) auf Verschleiß und Beschädigungen prüfen.
- Radschrauben über Kreuz mit **120 Nm** festziehen.

Elektrische Anlage

- Alle Stromverbraucher: Funktion prüfen.
- Beleuchtungsanlage: Sämtliche Außen- und Innenleuchten auf Helligkeit und Funktion prüfen.
- Scheibenwischer: Wischergummis auf Verschleiß prüfen, gegebenenfalls ersetzen. Es empfiehlt sich die Wischerblätter im Frühjahr und im Herbst zu ersetzen, siehe Seite 78.
- Falls die Wischerblätter auf der Scheibe rubbeln, Anstellwinkel der Wischerblätter prüfen und einstellen.
- Scheibenwaschanlage: Funktion prüfen, Düseneinstellung kontrollieren, Scheibenwaschflüssigkeit nachfüllen, Scheinwerferwaschanlage prüfen.
- Service-Intervallanzeige: Zurücksetzen.
- Batterie: Säurestand prüfen, gegebenenfalls destilliertes Wasser nachfüllen (bei nicht wartungsfreier Batterie). Batterieklemmen und -halterung auf festen Sitz prüfen.
- ■ Scheinwerfer: Einstellung prüfen/korrigieren.
- ■ Sicherungen auf der Fahrzeugbatterie: Endanzug prüfen.

Folgende Arbeiten zusätzlich durchführen:

Alle 2 Jahre

- ◆ Bremsflüssigkeit: Erneuern.
- ◆ Abgasuntersuchung (AU) erstmalig nach 3 Jahren, dann alle 2 Jahre.

Alle 3 Jahre

- ◆ Blaugrünes Kühlmittel G11: Wechseln.

Alle 4 Jahre oder alle 60.000 km

- ◆ Motor-Luftfilter: Filtereinsatz wechseln, Gehäuse reinigen.
- ◆ Reifenreparaturmittel ersetzen, falls vorhanden.
- ◆ Achsantrieb: Ölfilter für Haldex-Kupplung wechseln. **Achtung:** Beim **Dieselmotor** alle **4 Jahre** oder **100.000 km**.

Alle 60.000 km

- ◆ Zündkerzen: Ersetzen.
- ◆ Keilrippenriemen: Zustand und Spannung prüfen.
- ◆ Lenkung: Flüssigkeitsstand für Servolenkung prüfen.
- ◆ Automatikgetriebe: ATF-Stand sowie Ölstand im Achsantrieb prüfen, gegebenenfalls auffüllen.
- ◆ Dieselmotor: Kraftstofffilter ersetzen.
- ◆ Dieselmotoren bis 6/99 und mit eingebautem Riemen der Ersatzteil-Nummer 038 109 119: Zahnriemen ersetzen. Dabei ist der Zahnriemen mit der ET-Nr. 038 109 119 **D** einzubauen, der dann alle 90.000 km zu ersetzen ist.

Alle 5 Jahre

- ◆ Notbatterie für Alarmanlage: Ersetzen.

Alle 90.000 km

- ◆ Dieselmotoren bis 6/99 und mit eingebautem Riemen der Ersatzteil-Nummer 038 109 119 **D**: Zahnriemen ersetzen.
- ◆ Dieselmotoren 7/99 – 4/01: Zahnriemen ersetzen.
- ◆ 1,9-l-Pumpe-Düse-Dieselmotor ATD/ASZ: Zahnriemen und Zahnriemenspannrolle ersetzen.

Alle 120.000 km

- ◆ Dieselmotoren von 5/01 bis 4/02, außer Pumpe-Düse-Motor ATD: Zahnriemen und Zahnriemen-Umlenkrolle (038 109 244 H) ersetzen. **Achtung:** Falls die Umlenkrolle mit ET-Nr. »038 109 244 M« eingebaut wird, liegt das neue Wechselintervall bei 150.000 km.

Alle 150.000 km

- ◆ Dieselmotoren ab 5/02 und Umlenkrolle ET-Nr. »038 109 244 M«, außer Pumpe-Düse-Motor ATD/ASZ: Zahnriemen und Zahnriemen-Umlenkrolle ersetzen.

Alle 180.000 km

- ◆ 1,8-l-Benzinmotoren: Zahnriemen ersetzen.

Alle 240.000 km

- ◆ Dieselmotoren mit Pumpe-Düse-System ab 8/03: Zahnriemen-Spannrolle ersetzen.

Wartungsarbeiten

Nach den verschiedenen Baugruppen des Fahrzeugs aufgeteilt, werden hier alle Wartungsarbeiten beschrieben, die gemäß dem Wartungsplan durchgeführt werden müssen. Auf die erforderlichen Verschleißteile sowie das möglicherweise benötigte Spezialwerkzeug wird jeweils hingewiesen.

Es empfiehlt sich, Reifendruck, Motorölstand und Flüssigkeitsstände für Kühlung, Wisch-/Waschanlage etc. mindestens alle 4 bis 6 Wochen zu prüfen und gegebenenfalls zu ergänzen.

Achtung: Beim **Einkauf von Ersatzteilen KFZ-Schein** und **Modellnummer** (siehe Kapitel »Fahrzeugidentifizierung«) mitnehmen, da zur einwandfreien Fahrzeugidentifizierung oftmals die genaue Angabe der Fahrgestellnummer, des Modells oder des Baujahres erforderlich ist.

Um ganz sicher zu sein, dass man die richtigen Ersatzteile erhalten hat, empfiehlt es sich nach Möglichkeit, das Altteil auszubauen und zum Ersatzteilhändler mitzunehmen. Dort kann man es mit dem Neuteil vergleichen.

Motor und Abgasanlage

Folgende Wartungspunkte müssen nach dem Wartungsplan durchgeführt werden:

- Motor/Motorraum: Sichtprüfung auf Undichtigkeiten.
- Motor: Öl wechseln, Ölfilter ersetzen.
- Abgasanlage: Auf Beschädigungen sichtprüfen.
- Kühlsystem: Kühlmittel wechseln (nur Fahrzeuge mit »G11«-Füllung, blaugrünes Kühlmittel), siehe Seite 198.
- Kühl- und Heizsystem: Flüssigkeitsstand prüfen, Konzentration des Frostschutzmittels prüfen. Sichtprüfung auf Undichtigkeiten und äußere Verschmutzung des Kühlers.
- Benzin-/Dieselmotor: Zahnriemen auf Verschleiß prüfen.
- Dieselmotor: Kraftstofffilter entwässern/ersetzen.
- Motor-Luftfilter: Filtereinsatz erneuern, Filtergehäuse reinigen.
- Keilrippenriemen: Zustand prüfen, bei Verschleißspuren wechseln.
- Zündkerzen: Erneuern.
- Dieselmotor: Zahnriemen und Zahnriemen-Umlenkrolle ersetzen, siehe Seite 181.
- 1,9-l-Pumpe-Düse-Dieselmotor ATD: Zahnriemen und Zahnriemenspannrolle ersetzen (Werkstattarbeit).
- 1,8-l-Benzinmotoren: Zahnriemen ersetzen, siehe Seite 168.

Sichtprüfung auf Ölverlust

Bei ölverschmiertem Motor und hohem Ölverbrauch überprüfen, wo das Öl austritt. Dazu folgende Stellen überprüfen:

- Öleinfülldeckel öffnen und Dichtung auf Porosität oder Beschädigung prüfen.
- Kurbelgehäuse-Entlüftung: Zum Beispiel Belüftungsschlauch vom Ölabscheider zum Luftfiltergehäuse.
- Zylinderkopfdeckel-Dichtung.
- Zylinderkopf-Dichtung.
- Ölablassschraube (Dichtring).
- Ölfilterdichtung: Ölfilter am Ölfilterflansch.
- Ölwannendichtung.
- Wellendichtringe vorn und hinten für Nockenwelle und Kurbelwelle.

Da sich das Öl bei Undichtigkeiten meistens über eine größere Motorfläche verteilt, ist der Austritt des Öls nicht auf den ersten Blick zu erkennen. Bei der Suche geht man zweckmäßigerweise wie folgt vor:

- Motorwäsche an einer Autowaschanlage folgendermaßen durchführen: Generator und, falls vorhanden, Zündverteiler mit Plastiktüte abdecken. Motor mit handelsüblichem Kaltreiniger einsprühen und nach einer kurzen Einwirkungszeit mit Wasser abspritzen.
- Trennstellen und Dichtungen am Motor von außen mit Kalk- oder Talkumpuder bestäuben.
- Ölstand kontrollieren, gegebenenfalls auffüllen.
- Probefahrt durchführen. Da das Öl bei heißem Motor dünnflüssig wird und dadurch schneller an den Leckstellen austreten kann, sollte die Probefahrt über eine Strecke von ca. 30 km auf einer Schnellstraße durchgeführt werden.
- Anschließend Motor mit Lampe absuchen, undichte Stelle lokalisieren und Fehler beheben.

Motorölstand prüfen

Hinweis: Der Motor sollte auf einer Fahrstrecke von ca. 1.000 km nicht mehr als 1,0 Liter Öl verbrauchen. Mehrverbrauch ist ein Anzeichen für verschlissene Ventilschaftabdichtungen und/oder Kolbenringe beziehungsweise Öldichtungen.

- Motor warm fahren und Fahrzeug auf einer ebenen, waagerechten Fläche abstellen.

- Nach Abstellen des Motors einige Minuten warten, damit sich das Öl in der Ölwanne sammelt.

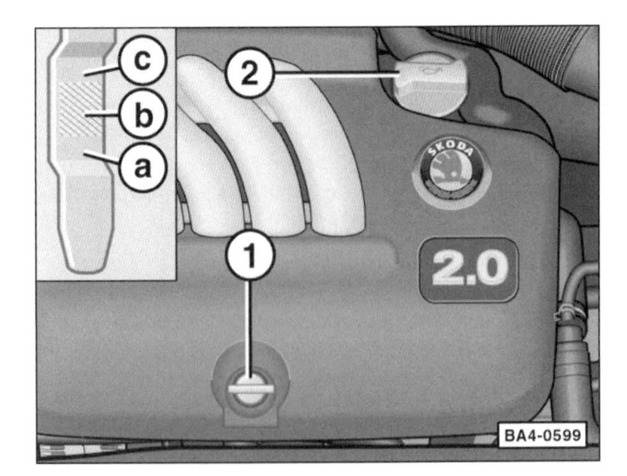

- Ölmessstab –1– am Motor herausziehen und mit sauberem Lappen abwischen. **Hinweis:** Abgebildet ist der 2,0-l-Benzinmotor. Das Aussehen von Motorabdeckung und Ölmessstab kann von der Darstellung abweichen.
- Anschließend Messstab bis zum Anschlag einführen und wieder herausziehen. Ölstand ablesen.
- Der Ölstand ist in Ordnung, wenn er im Bereich –b– liegt.
- Liegt der Ölstand im Bereich –a– oder darunter, muss Öl nachgefüllt werden, bis der Ölstand irgendwo im Bereich –b– liegt.
- Liegt der Ölstand im Bereich –c– darf kein Öl nachgefüllt werden.

Achtung: Liegt der Ölstand oberhalb von Bereich –c–, dann muss das zu viel eingefüllte Motoröl wieder abgesaugt werden, da sonst die Motordichtungen und/oder der Katalysator beschädigt werden können.

- Bei besonderer Motorbeanspruchung wie zum Beispiel längeren Autobahnfahrten im Sommer, bei Anhängerbetrieb oder Gebirgsfahrten sollte der Ölstand im oberen Bereich –c– liegen.
- Nachgefüllt wird am Verschluss –2– des Zylinderkopfdeckels. Beim Nachfüllen den Ölstand immer wieder kontrollieren.
- Beim Nachfüllen richtige Ölsorte sowie keine Ölzusätze verwenden, siehe auch Kapitel »Motor-Schmierung«.
- Ölmessstab einsetzen, Einfülldeckel aufschrauben.

Motoröl wechseln/Ölfilter ersetzen

Erforderliches Spezialwerkzeug:

Wenn das Motoröl abgesaugt wird:

- Ölabsauggerät.
- Ölauffangbehälter (für Filterwechsel).

Wenn das Motoröl abgelassen wird:

- Eine Grube oder ein hydraulischer Wagenheber mit Unterstellböcken.
- Eine Stecknuss zum Lösen der Ölablassschraube.
- Ein Spezialwerkzeug zum Lösen des Ölfilters; zum Beispiel: Für Benzinmotoren: Schlüssel HAZET 2171-1. Mit dem Werkzeug HAZET 2169-3 kann der Ölfilter abgeschraubt und gleichzeitig das auslaufende Öl aufgefangen werden. Für Dieselmotoren: Ölfilterschlüssel 2172.
- Eine Ölauffangwanne, die mindestens 5 Liter Öl fasst.

Erforderliche Betriebsmittel/Verschleißteile:

- Je nach Motor 3,0 bis 4,7 Liter Motoröl. Nur von VW/SKODA freigegebenes Motoröl verwenden, siehe Seite 191.
- Ölfilter.
- Neuen Dichtring für Ölablassschraube (wenn das Öl abgelassen wird),

Um die Betriebsverhältnisse des Motors besser überwachen zu können, soll beim Ölwechsel immer ein Öl gleichen Typs und möglichst auch gleicher Marke verwendet werden. Daher ist es zweckmäßig, bei jedem Ölwechsel ein Hinweisschild am Motor zu befestigen, auf dem Marke und Viskosität des Öles vermerkt sind.

Wahllos abwechselnder Gebrauch verschiedener Öltypen ist ungünstig. Motorenöle gleichen Typs, aber verschiedener Marken sollen möglichst nicht gemischt werden. Motorenöle gleichen Typs und gleicher Marke, aber verschiedener Viskosität, können ohne weiteres nachgefüllt werden.

Achtung: Die Öl-Verkaufsstellen nehmen die entsprechende Menge Altöl kostenlos entgegen, daher beim Ölkauf Quittung und Ölkanister für spätere Altölrückgabe aufbewahren! **Um Umweltschäden zu vermeiden, keinesfalls Altöl einfach wegschütten oder dem Hausmüll mitgeben.**

Ölwechselmenge mit Filterwechsel

Ölwechselmenge siehe Motortabelle Seite 13.

Das Motoröl kann entweder durch das Ölmessstab-Führungsrohr abgesaugt werden oder aus der Ölwanne abgelassen werden. Zum Absaugen ist eine geeignete Absaugpumpe erforderlich, dabei darauf achten, dass der Absaugschlauch in das Ölmessstab-Führungsrohr passt. Absaugvorrichtungen stehen oft auch an Tankstellen zur Verfügung. Allerdings muss dann das Motoröl in der Regel bei der Tankstelle gekauft werden.

Motoröl ablassen

- Motoröl mit einem Ölabsauggerät über das Ölmessstab-Führungsrohr absaugen.

Sicherheitshinweis
Beim Aufbocken des Fahrzeugs besteht Unfallgefahr! Deshalb vorher das Kapitel »Fahrzeug aufbocken« durchlesen.

- Steht das Ölabsauggerät nicht zur Verfügung, Motoröl ablassen. Dazu Fahrzeug waagerecht aufbocken oder über eine Grube fahren.
- Untere Motorraumabdeckung ausbauen, siehe Seite 166.
- Gefäß zum Auffangen des Altöls unter die Ölwanne stellen.

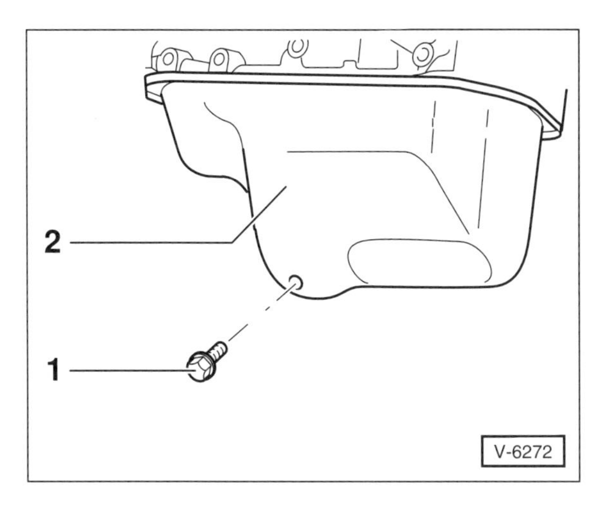

- Ölablassschraube –1– aus der Ölwanne –2– herausdrehen und Altöl ganz ablassen.

Achtung: Werden im Motoröl Metallspäne und Abrieb in größeren Mengen festgestellt, deutet dies auf Fressschäden hin, zum Beispiel Kurbelwellen- oder Pleuellagerschäden. Um Folgeschäden nach erfolgter Reparatur zu vermeiden, ist die sorgfältige Reinigung von Ölkanälen und Ölschläuchen unerlässlich. Zusätzlich muss der Ölkühler, falls vorhanden, erneuert werden.

- Anschließend Ölablassschraube mit **neuem** Dichtring festschrauben. Anzugsmomente für Ölablassschraube:
  1,6-l-Benziner (75 PS): . . . .**20 Nm**
  1,8-l-Benziner (125/150 PS): . . . .**40 Nm**
  Alle anderen Motoren: . . . .**30 Nm**
- Bei unverlierbarem Dichtring, Ölablassschraube erneuern. **Achtung:** Das zulässige Anzugsdrehmoment darf nicht überschritten werden, sonst kann es zu Undichtigkeiten oder Schäden kommen.

Ölfilter wechseln

Benzinmotor

- Fahrzeug aufgebockt.

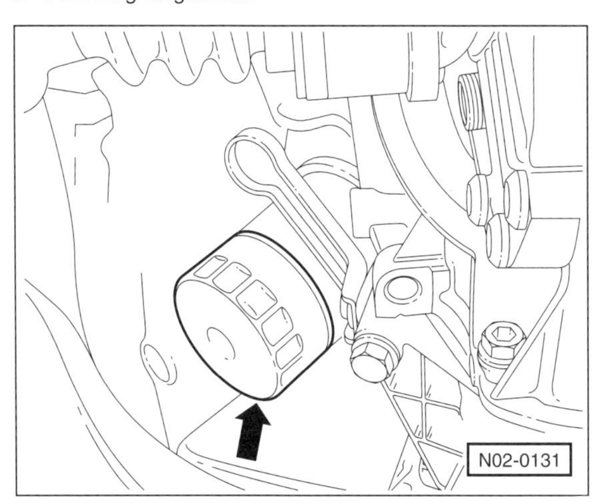

- Ölfilter –Pfeil– mit HAZET 2171-1 abschrauben. Auslaufendes Motoröl auffangen oder mit saugfähigem Lappen aufsaugen. Der Ölfilter kann von der Darstellung abweichen.

Hinweis: Im Handel gibt es für einige OCTAVIA-Modelle Ölfilterpatronen mit austauschbaren Papier-Filtereinsätzen.

- Ölfilterflansch am Motorblock mit Spiritus reinigen. Eventuell dort verbliebene Ölfilterdichtung entfernen.
- Gummidichtring am neuen Ölfilter dünn mit sauberem Motoröl benetzen.
- Neuen Ölfilter ansetzen und **von Hand** anschrauben. Wenn die Ölfilterdichtung am Motorblock anliegt, Filter noch um ½ Umdrehung weiterdrehen. Gegebenenfalls Hinweise auf dem Ölfilter beachten.
- Fahrzeug ablassen.

Dieselmotor

- Gegebenenfalls Fahrzeug ablassen.

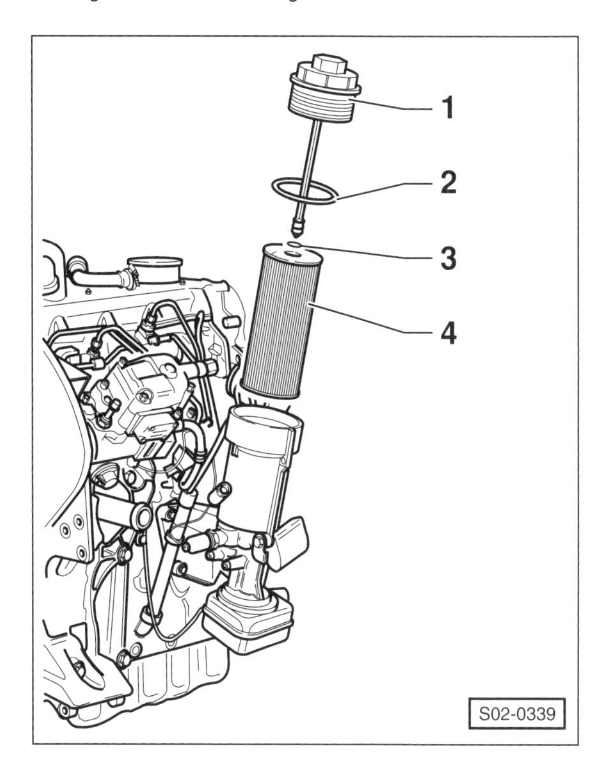

- Deckel –1– am Filtergehäuse abschrauben, zum Beispiel mit dem Ölfilterschlüssel HAZET 2169-36 oder mit dem SKODA-Schlüssel 3417.
- O-Ringe –2– und –3–, sowie Ölfiltereinsatz –4– **erneuern**.
- Filterdeckel aufschrauben und mit **25 Nm** anziehen.

Motoröl auffüllen

Achtung: Beim Turbodieselmotor muss beim 1. Motorstart nach dem Ölwechsel darauf geachtet werden, dass der Motor zunächst nur bei Leerlaufdrehzahl läuft, bis die Öldruck-Warnleuchte erlischt. Erst dann ist der volle Öldruck erreicht, und es darf Gas gegeben werden. Durch Gasstöße bei leuchtender Öldruck-Warnleuchte kann aufgrund mangelnder Schmierung der Turbolader beschädigt werden.

- Öleinfülldeckel öffnen und neues Öl am Einfüllstutzen des Zylinderkopfdeckels einfüllen.

Hinweis: Grundsätzlich empfiehlt es sich, beim Befüllen des Motors mit Motoröl zunächst ca. ½ Liter Motoröl weniger als angegeben einzufüllen. Dann den Motor warm laufen lassen, wieder abstellen und den Motorölstand nach einigen Minuten erneut kontrollieren und gegebenenfalls ergänzen. Zu viel eingefülltes Motoröl muss wieder abgesaugt werden, sonst können die Motordichtungen und der Katalysator beschädigt werden. Der korrekte Motorölstand, siehe Kapitel »Motorölstand prüfen«.

- Nach Probefahrt Dichtigkeit der Ölablassschraube und des Ölfilters kontrollieren, gegebenenfalls vorsichtig nachziehen.
- Ölstand einige Minuten nach dem Abstellen nochmals prüfen und gegebenenfalls korrigieren.
- Untere Motorraumabdeckung einbauen, siehe Seite 166.

Sichtprüfung der Abgasanlage

Spezialwerkzeug ist keines erforderlich

Sicherheitshinweis
Beim Aufbocken des Fahrzeugs besteht Unfallgefahr! Deshalb vorher das Kapitel »Fahrzeug aufbocken« durchlesen.

- Fahrzeug aufbocken.
- Befestigungsschellen auf festen Sitz prüfen.
- Abgasanlage mit Lampe auf Löcher, durchgerostete Teile sowie Scheuerstellen absuchen.
- Stark gequetschte Abgasrohre ersetzen.
- Gummihalterungen durch Drehen und Dehnen auf Porosität überprüfen und gegebenenfalls austauschen.
- Fahrzeug ablassen.

Kühlmittelstand prüfen/korrigieren

Spezialwerkzeug ist keines erforderlich

Erforderliche Betriebsmittel:

- Gegebenenfalls eine Mischung aus dem richtigen Kühlkonzentrat und sauberem, kalkarmem Wasser.

Bei zu niedrigem Kühlmittelstand wie auch bei zu hoher Kühlmitteltemperatur blinkt die Kontrollleuchte im Kombiinstrument dauernd. Gleichzeitig ertönt ein akustisches Warnsignal (3-maliger Piepton) Vor jeder größeren Fahrt sollte dennoch grundsätzlich der Kühlmittelstand geprüft werden.

Hinweis: Bei älteren Fahrzeugen kann das VW/SKODA-Kühlkonzentrat »G11« eingefüllt sein. Es ist an der blaugrünen Farbe erkennbar. Bei solchen Fahrzeugen darf zum Nachfüllen **ausschließlich** eine Mischung aus G11 und Wasser verwendet werden. Fahrzeuge mit rotem Kühlmittel sind mit dem Kühlkonzentrat »G12« befüllt. Ab 10/02 wird das violette Kühlmittel »G12 Plus« verwendet. Auch hier zum Nachfüllen das jeweils gleichfarbige Kühlmittel verwenden. Allerdings darf bei rotem Kühlmittel auch violettes Kühlmittel nachgefüllt werden. **Hinweise im Kapitel »Kühlmittel wechseln« unbedingt beachten, siehe Seite 198.**

Achtung: Zum Nachfüllen – auch in der warmen Jahreszeit – nur eine Mischung aus dem richtigen VW/SKODA-Kühlerfrost- und Korrosionsschutzmittel und kalkarmem, sauberem Wasser verwenden. Auch im Sommer darf der Kühlerfrostschutz-Anteil im Kühlmittel nicht unter 40% liegen. Daher beim Nachfüllen Frostschutz ergänzen, siehe Kapitel »Frostschutz prüfen«.

Sicherheitshinweis
Verschlussdeckel bei heißem Motor vorsichtig öffnen. **Verbrühungsgefahr!** Beim Öffnen Lappen über den Verschlussdeckel legen. Verschlussdeckel nur bei einer Kühlmittel-Temperatur unter +90° C öffnen.

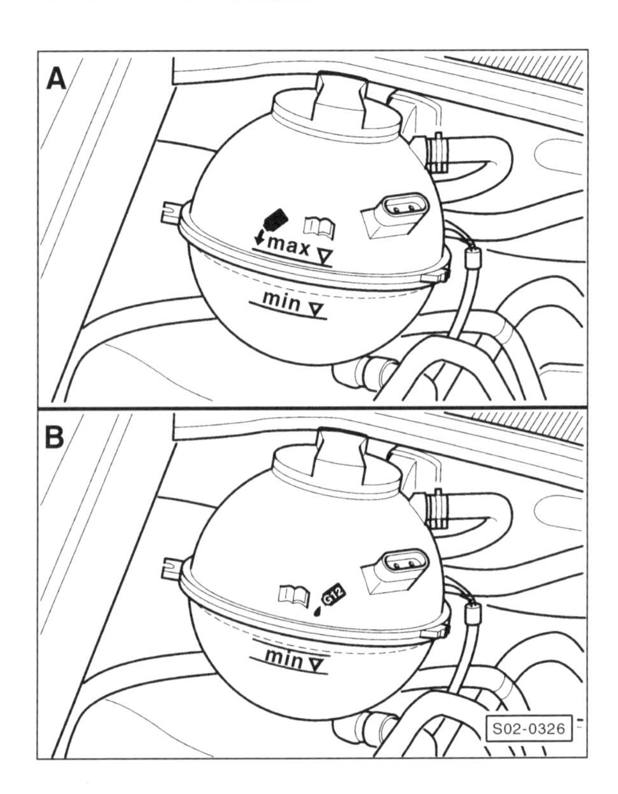

- Der Kühlmittelstand soll bei kaltem Motor (Kühlmitteltemperatur ca. +20° C) zwischen der MAX- und der MIN-Markierung am Ausgleichbehälter liegen. Bei warmem Motor darf der Kühlmittelstand etwas über der MAX-Markierung stehen. A = Fahrzeuge bis 05/99, B = Fahrzeuge ab 06/99. Kühlmittelstand bei stehendem Motor prüfen.
- Größere Mengen **kaltes** Kühlmittel nur bei **kaltem Motor** nachfüllen, um Motorschäden zu vermeiden.
- Verschlussdeckel beim Öffnen zuerst etwas aufdrehen und Überdruck entweichen lassen. Danach Deckel weiterdrehen und abnehmen. **Achtung:** Bei heißem Kühlmittel besteht **Verbrühungsgefahr!** Druck im Ausgleichbehälter unbedingt durch vorsichtiges Öffnen des Verschlusses entweichen lassen.
- Sichtprüfung auf Dichtheit durchführen, wenn der Kühlmittelstand in kurzer Zeit absinkt.

Kühlsystem-Sichtprüfung auf Dichtheit

Spezialwerkzeug ist keines erforderlich

- Kühlmittelschläuche durch Zusammendrücken und Verbiegen auf poröse Stellen untersuchen, hart gewordene und aufgequollene Schläuche ersetzen.
- Die Schläuche dürfen nicht zu kurz auf den Anschlussstutzen sitzen.
- Festen Sitz der Schlauchschellen kontrollieren, gegebenenfalls Schellen erneuern.
- Dichtung des Verschlussdeckels für den Ausgleichbehälter auf Beschädigungen überprüfen.

Achtung: Ein zu niedriger Kühlmittelstand kann auch von einem nicht richtig aufgeschraubten Verschlussdeckel herrühren.

- Deutlicher Kühlmittelverlust und/oder Öl in der Kühlflüssigkeit beziehungsweise Kühlflüssigkeit im Motoröl sowie weiße Abgaswolken bei warmem Motor deuten auf eine defekte Zylinderkopfdichtung hin.

Achtung: Mitunter ist es schwierig, die Leckstelle ausfindig zu machen. Dann empfiehlt sich eine Druckprüfung durch die Werkstatt. Hierzu ist ein Druckprüfgerät erforderlich, zum Beispiel HAZET 4800-1 mit Adapter 4800-5. Hierbei kann ebenfalls das Überdruckventil des Ausgleichbehälter-Verschlussdeckels geprüft werden.

Frostschutz prüfen/korrigieren

Regelmäßig und insbesondere vor Winterbeginn sollte sicherheitshalber die Konzentration des Frostschutzmittels geprüft werden, vor allem dann, wenn als Notbehelf zwischendurch reines Wasser nachgefüllt wurde.

Erforderliches Spezialwerkzeug:

- Messspindel, die es preiswert im Zubehörhandel zu kaufen gibt oder optischer Frostschutzprüfer HAZET 4810-B.

Erforderliche Betriebsmittel:

- Gegebenenfalls von VW/SKODA freigegebenes Kühlkonzentrat, je nachdem welches Konzentrat eingefüllt ist.

Freigegebene Kühlerfrostschutzmittel:

VW/SKODA-Norm	Kühlmittelkonzentrat
TL VW 774 C	BASF-Glysantin s Protect Plus
TL VW 774 D ≙ G12	BASF-Glysantin G30-72
	ELF-XT-4030
	TEXACO-Coolant ETX 6280
	HENKEL Frostox SF-D 12
TL VW 774 F ≙ G12-Plus	BASF-Glysantin G30-72
	ARTECO Havoline XLC+B(VL 02)
	HENKEL Frostox SF-D 12 Plus

Prüfen

- Bei der Frostschutzmessung soll die Kühlflüssigkeitstemperatur ca. +20° C betragen. Gegebenenfalls Motor kurz warm fahren, bis der obere Kühlmittelschlauch zum Kühler etwa handwarm ist.

Sicherheitshinweis
Verschlussdeckel bei heißem Motor vorsichtig öffnen. **Verbrühungsgefahr!** Beim Öffnen Lappen über den Verschlussdeckel legen. Verschlussdeckel nur bei einer Kühlmittel-Temperatur unter +90° C öffnen.

- Verschlussdeckel am Ausgleichbehälter vorsichtig öffnen.

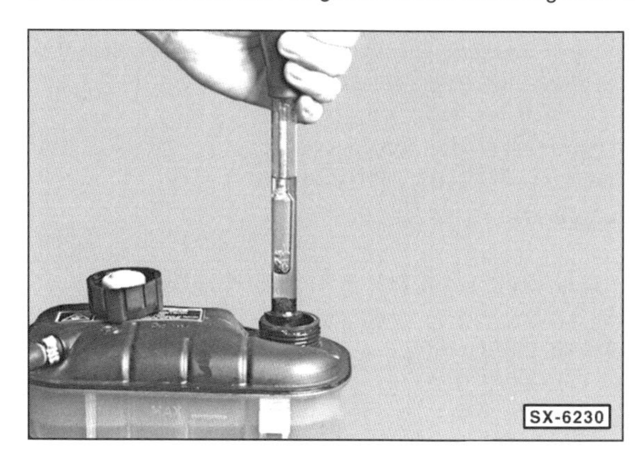

- Mit Messspindel Kühlflüssigkeit ansaugen und am Schwimmer die Kühlmitteldichte ablesen.
- Der Frostschutz soll in unseren Breiten bis –25° C reichen, bei extrem kaltem Klima bis –35° C.

Kühlkonzentrat ergänzen

Für einen Frostschutz bis –25° C muss der Anteil an Frostschutzmittel in der Kühlflüssigkeit 40 % betragen. Soll der Frostschutz bis –35° C reichen, müssen Wasser und Kühlkonzentrat im Verhältnis 1:1 gemischt werden.

Achtung: Ist ein stärkerer Frostschutz erforderlich, kann der Anteil des Frostschutzmittels bis auf maximal 60 % erhöht werden, dann reicht der Frostschutz bis –40° C. Wird mehr Frostschutzmittel zugegeben, verringert sich der Frostschutz wieder, außerdem verschlechtert sich die Kühlwirkung.

Zum Nachfüllen nur das richtige VW/SKODA-Kühlerfrost- und Korrosionsschutzmittel verwenden:

- Bei blaugrüner Kühlflüssigkeit nur **G11** (VW-Norm »TL VW 774 **C**«) nachfüllen.
- Bei roter Kühlflüssigkeit nur **G12** (rot, »TL VW 774 **D**«) oder **G12-Plus** (lila, »TL VW 774 **F**«) nachfüllen.
- Bei lilafarbener Kühlflüssigkeit nur **G12-Plus** (lila, »TL VW 774 **F**«) nachfüllen.

Die Kühlmittelzusätze G11 (blaugrün) und G12 (rot) dürfen nicht vermischt werden, sonst kommt es zu schwer wiegenden Motorschäden. Falls braunes Kühlmittel (G11 und G12 vermischt) festgestellt wird muss das Kühlmittel sofort gewechselt werden, siehe auch Seite 198.

Die folgende Tabelle zeigt, wie viel Kühlflüssigkeit durch Kühlkonzentrat ersetzt werden muss, damit die gewünschte Frostschutzwirkung erreicht wird. **Achtung:** Die Tabelle bezieht sich auf eine durchschnittliche Füllmenge von 6 Liter. Je nach Fahrzeugausstattung kann die tatsächliche Kühlmittelmenge höher liegen.

Beispiel: Die Frostschutz-Messung ergibt einen Frostschutz bis –10° C. In diesem Fall aus dem Kühlsystem ca. 1,8 Liter Kühlflüssigkeit ablassen und dafür ca. 1,8 Liter reines Frostschutz-Konzentrat einfüllen.

Gemess. Wert in °C	0	–5	–10	–15	–20	–30	Füll-menge /Liter
Motor Sollwert	Differenzmenge in Liter						
alle Motoren –25°	2,4	2,1	1,8	1,4	1,1	–	ca. 6,0
alle Motoren –35°	3,0	2,6	2,2	1,8	1,4	0,6	ca. 6,0

- Verschlussdeckel am Kühler verschließen und nach Probefahrt Frostschutz erneut überprüfen.

Kraftstofffilter entwässern

Dieselmotor

Achtung: Auslaufender Dieselkraftstoff muss besonders von Gummiteilen, wie beispielsweise Kühlmittelschläuchen, sofort abgewischt werden, sonst werden die Gummiteile im Lauf der Zeit zerstört.

Achtung: Dieselkraftstoff ist ein Problemstoff und darf auf keinen Fall einfach weggeschüttet oder mit dem Hausmüll entsorgt werden. Gemeinde- und Stadtverwaltungen informieren darüber, wie Problemstoffe zu entsorgen sind.

Erforderliches Werkzeug:

- Geeignetes Auffanggefäß zum Auffangen des Wassersatzes aus dem Kraftstofffilter.

Erforderliches Verschleißteil:

- O-Ring für Regelventil.

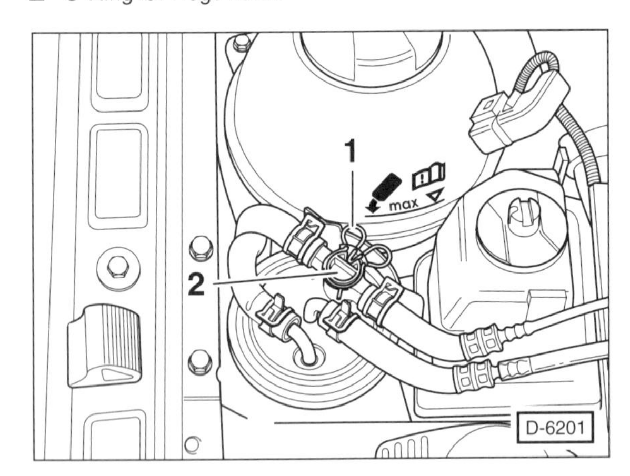

- Halteklammer –1– abziehen und Regelventil –2– mit angeschlossenen Kraftstoffleitungen abnehmen.
- Schraube unten am Kraftstofffilter öffnen und ca. 0,1 Liter Flüssigkeit in ein geeignetes Auffanggefäß ablassen. Gegebenenfalls einen Hilfsschlauch auf den Auslassstutzen an der Entwässerungsschraube aufschieben, damit der Wassersatz aufgefangen werden kann.

Hinweis: Falls die Entwässerungsschraube nicht erreichbar ist, Kraftstofffilter aus dem Halter ausbauen und dann entwässern. Siehe dazu Hinweise im Kapitel »Kraftstofffilter ersetzen«.

- Regelventil –2– mit neuem O-Ring einsetzen und mit der Halteklammer –1– befestigen.
- Entwässerungsschraube unten am Kraftstofffilter festziehen. Schlauch gegebenenfalls abnehmen.
- Motor starten und im Leerlauf drehen lassen. Die Kraftstoffanlage entlüftet sich selbsttätig. Nach mehrmaligem Gas geben muss der Kraftstoff blasenfrei durch die transparente Kraftstoffleitung fliesen.
- Kraftstoffanlage auf Dichtheit sichtprüfen, insbesondere an den Anschlüssen des Kraftstofffilters.

Kraftstofffilter ersetzen

Dieselmotor

Achtung: Auslaufender Dieselkraftstoff muss besonders von Gummiteilen, wie beispielsweise Kühlmittelschläuchen, sofort abgewischt werden, sonst werden die Gummiteile im Lauf der Zeit zerstört.

Achtung: Dieselkraftstoff ist ein Problemstoff und darf auf keinen Fall einfach weggeschüttet oder mit dem Hausmüll entsorgt werden. Gemeinde- und Stadtverwaltungen informieren darüber, wie Problemstoffe zu entsorgen sind.

Erforderliches Werkzeug:

- Geeignetes Auffanggefäß zum Auffangen des Wassersatzes aus dem Kraftstofffilter.

Erforderliches Verschleißteil:

- O-Ring für Regelventil.
- Kraftstofffilter für Dieselmotor.

Ausbau

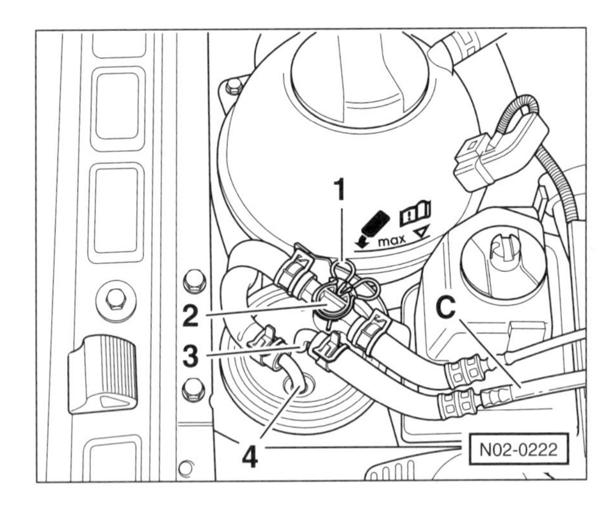

- Halteklammer –1– abziehen und Regelventil –2– mit angeschlossenen Kraftstoffleitungen abnehmen.
- Kraftstoffschläuche von den Schlauchanschlüssen –3– und –4– abziehen, dazu Schlauchschellen öffnen.

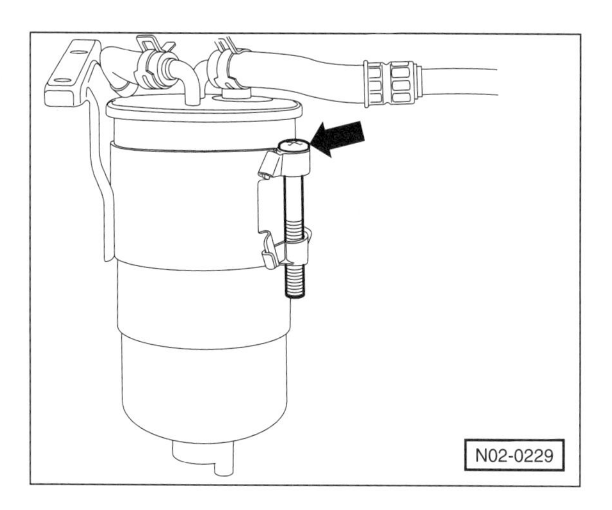

- Schraube –Pfeil– an der Filterbefestigung lösen und Filter nach oben herausziehen.

Einbau

- O-Ringe für Regelventil erneuern und leicht mit Dieselkraftstoff benetzen.
- Neuen Filter mit sauberem Dieselkraftstoff füllen. Dadurch kann der Motor schneller gestartet werden.
- Filter in den Halter einsetzen und mit der Schraube –Pfeil– die Klemmschelle festziehen, siehe Abbildung N02-0229.

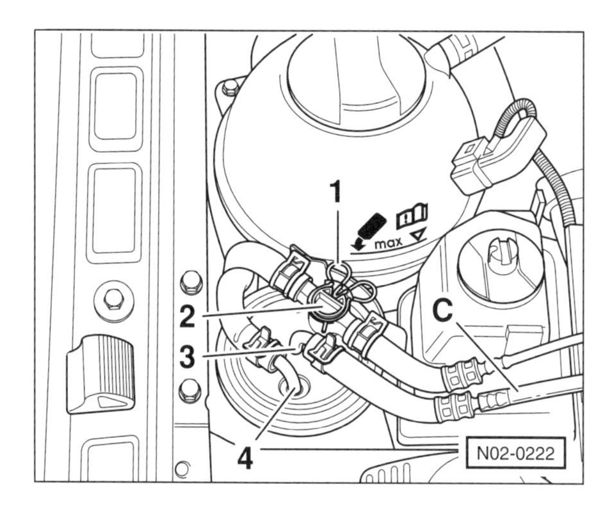

- Regelventil –2– einsetzen und mit Halteklammer –1– befestigen.
- Kraftstoffschläuche über die Schlauchanschlüsse –3– und –4– schieben und mit Schraubschellen sichern. **Achtung:** Dabei Auslass und Einlass nicht verwechseln. Die Pfeile auf dem Kraftstofffilter gelten für die Kraftstoff-Durchflussrichtung.
- Motor starten. Die Kraftstoffanlage entlüftet sich selbsttätig nach dem Starten des Motors. Nach mehrmaligem Gas geben muss der Kraftstoff blasenfrei durch die durchsichtige Leitung –C– zur Einspritzpumpe fließen.
- Kraftstoffanlage auf Dichtheit sichtprüfen, insbesondere an den Anschlüssen des Kraftstofffilters.

Keilrippenriemen: Zustand prüfen

Spezialwerkzeug ist keines erforderlich

Der Keilrippenriemen muss nicht nachgespannt werden, da eine automatische Spannrolle die Riemenspannung konstant hält. Im Rahmen der Wartung müssen Keilrippenriemen auf Beschädigungen geprüft, gegebenenfalls erneuert werden.

- Getriebe in Leerlaufstellung bringen.
- Seitliche untere Motorraumabdeckung ausbauen, siehe Seite 166.

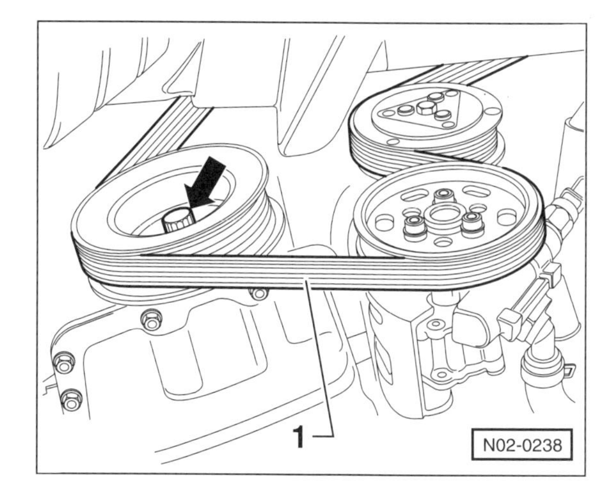

- Riemen –1– seitlich mit einem Kreidestrich markieren.
- Von der Fahrzeugunterseite her den Motor mit Stecknuss an der Kurbelwellen-Riemenscheibe –Pfeil– in Motordrehrichtung, also rechtsherum, jeweils ein Stück weiter drehen, bis die Kreidemarkierung wieder sichtbar wird. Dabei Keilrippenriemen Stück für Stück sichtprüfen.
- Keilrippenriemen auf folgende Beschädigungen prüfen:
  - Öl- und Fettspuren.
  - Flankenverschleiß: Rippen laufen spitz zu, neu sind sie trapezförmig. Der Zugstrang ist im Rippengrund sichtbar, erkenntlich an helleren Stellen.
  - Flankenverhärtungen, glasige Flanken.

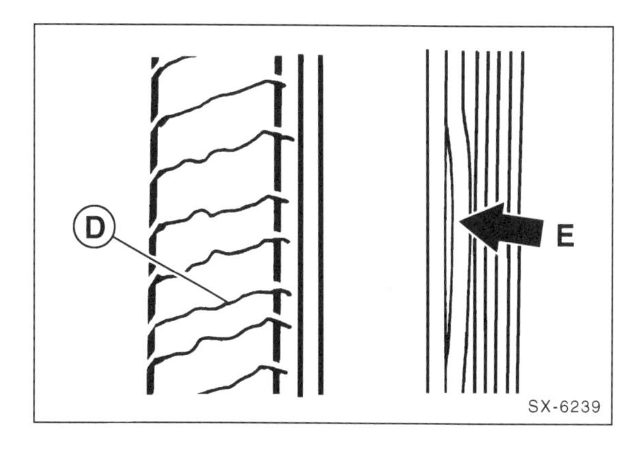

  - Querrisse –D– auf der Rückseite des Riemens.
  - Einzelne Rippen lösen sich ab –E–.

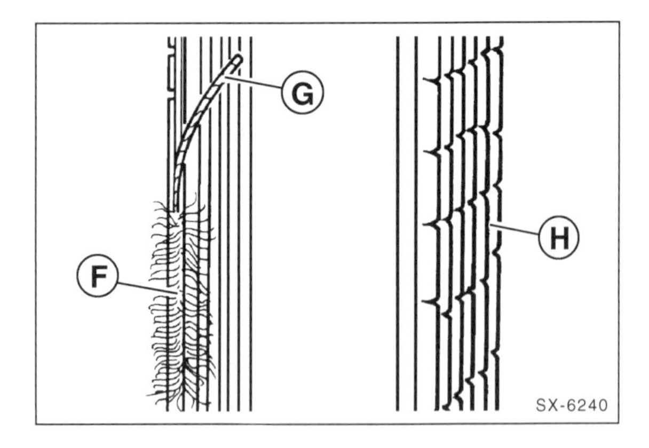

- ◆ Ausfransungen der äußeren Zugstränge –F–.
- ◆ Zugstrang seitlich herausgerissen –G–.
- ◆ Querrisse –H– in mehreren Rippen.

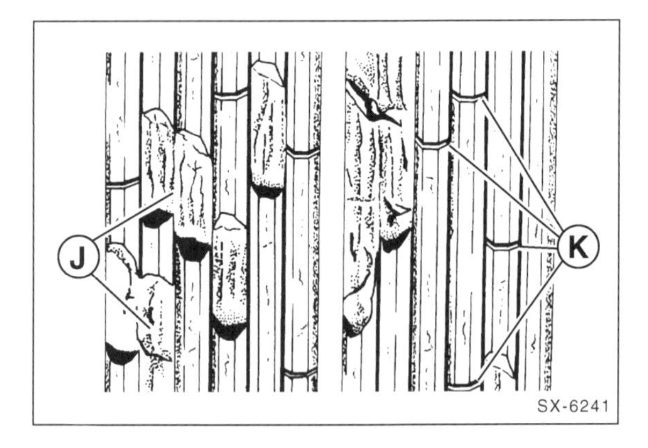

- ◆ Rippenbrüche –J–.
- ◆ Einzelne Rippenquerrisse –K–.
- ◆ Einlagerung von Schmutz/Steinen zwischen den Rippen.
- ◆ Gummiknollen im Rippengrund.

- ● Wenn eine oder mehrere dieser Beschädigungen vorhanden sind, Keilrippenriemen **unbedingt** ersetzen, siehe Seite 187.
- ● Seitliche untere Motorraumabdeckung einbauen, siehe Seite 166.

Luftfiltereinsatz wechseln

Spezialwerkzeug ist keines erforderlich

Erforderliches Verschleißteil:

- ■ Luftfiltereinsatz

Ausbau

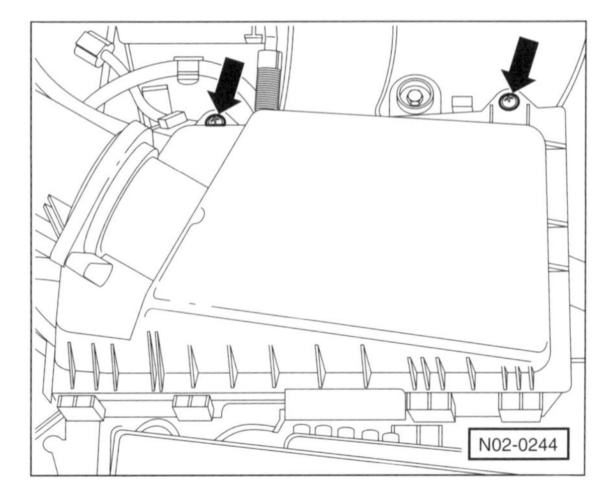

- ● Befestigungsschrauben –Pfeile– herausdrehen. Luftfilter-Gehäusedeckel abnehmen.

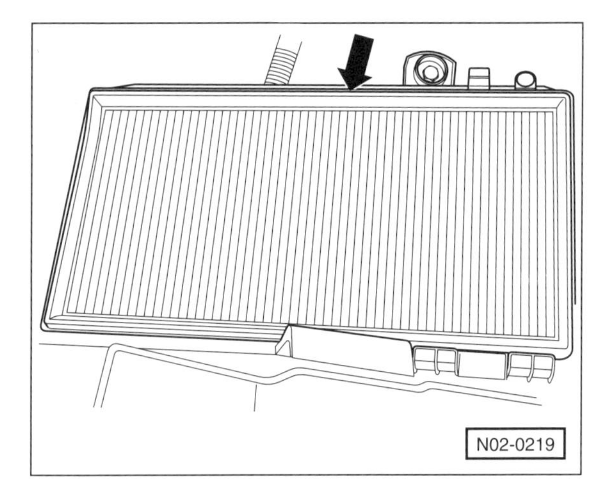

- ● Luftfiltereinsatz herausnehmen.

Einbau

- ● Filtergehäuse mit einem Lappen auswischen.
- ● Neuen Filtereinsatz in das Luftfiltergehäuse einlegen.
- ● Deckel aufsetzen und anschrauben.

Zahnriemenverschleiß messen/ Zahnriemen/Zahnriemenspannrolle ersetzen

Benzinmotor

Spezialwerkzeug ist keines erforderlich

Erforderliches Verschleißteil:

- Gegebenenfalls Zahnriemen.

Prüfen

- Spannverschlüsse der oberen Zahnriemenabdeckung öffnen und Abdeckung abnehmen.

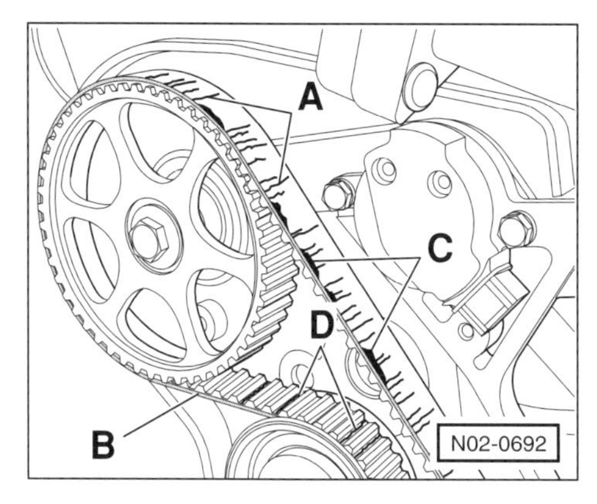

- Zahnriemen sichtprüfen auf:
  - Anrisse –A–, Querschnittbrüche in der Abdeckung.
  - Seitliches Anlaufen –B– des Zahnriemens.
  - Ausbrüche, Ausfransungen –C– der Zugstränge.
  - Risse –D– im Zahnriemengrund.
  - Lagentrennung von Zahnriemen/Zugsträngen.
  - Öl- und Fettspuren.
- Beschädigten Zahnriemen **unbedingt** ersetzen, siehe Seite 168.
- Obere Zahnriemenabdeckung einbauen.

Dieselmotor

Erforderliches Werkzeug:

- Schieblehre.

Erforderliches Verschleißteil:

- Gegebenenfalls Zahnriemen und Zahnriemenspannrolle. Auch wenn der Zahnriemen noch nicht verschlissen ist, müssen diese Teile regelmäßig erneuert werden: Fahrzeuge/Zahnriemen bis 06/99 = alle 60.000 km, Fahrzeuge/Zahnriemen ab 07/99 = alle 90.000 km.

Hinweis: Das Zahnriemen-Wechselintervall wurde geändert. Ab 07/99 müssen Zahnriemen mit der Ersatzteil-Nr. 038 109 119 gegen solche mit der Nummer 038 109 119 D getauscht werden. Der neue Zahnriemen hat ein Wechselintervall von 90.000 km.

Prüfen

- Drei Spannklammern für die obere Zahnriemenabdeckung öffnen.
- Zahnriemenabdeckung oben etwas zur Seite biegen, bis der Zahnriemen sichtbar wird.
- Feststellen, welche Ersatzteil-Nr. der eingebaute Zahnriemen hat. Danach richtet sich das Wechselintervall. Die Ersatzteilnummer steht auf dem Zahnriemen; gegebenenfalls Kurbelwelle verdrehen, bis die Nummer lesbar ist.

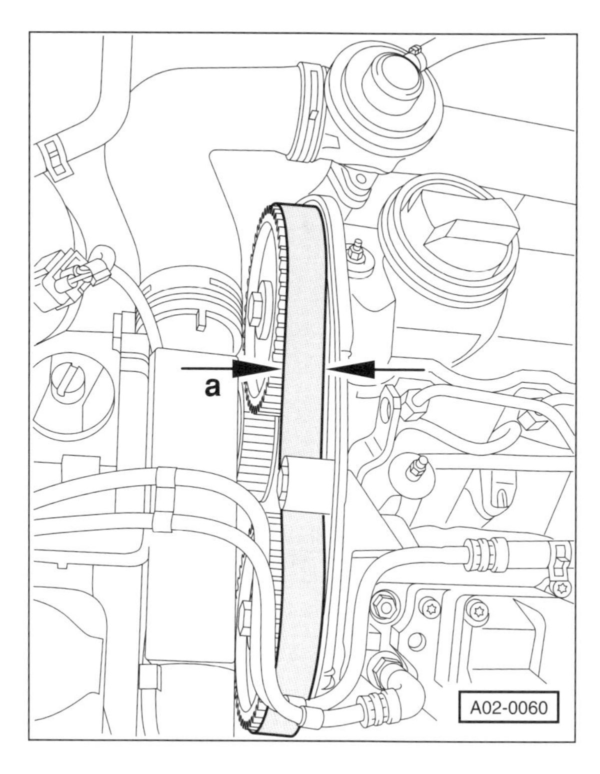

- Zahnriemenbreite –a– mit Schieblehre messen. Bei einer Zahnriemenbreite unter **22 mm** hat der Zahnriemen seine Verschleißgrenze erreicht und muss erneuert werden.

Achtung: Zuordnung der Ersatzteil-Nr. beachten.

- Zahnriemen und Zahnriemenspannrolle beim Dieselmotor ersetzen, siehe Seite 181.
- Oberen Zahnriemenabdeckung mit Spannklammern befestigen.

Zündkerzen aus- und einbauen/prüfen

Erforderliches Spezialwerkzeug:

- Zündkerzenschlüssel, zum Beispiel HAZET 2506 oder 4766-1.
- Je nach Motor Werkzeuge zum Abziehen der Zündkerzenstecker beziehungsweise Zündspulen.

Erforderliche Verschleißteile:

- 4 Zündkerzen des richtigen Typs, siehe Seite 28.

Ausbau

Achtung: Zündkerzen nur bei kaltem oder handwarmem Motor wechseln. Wenn die Kerzen bei heißem Motor herausgedreht werden, kann das Kerzengewinde des Leichtmetall-Zylinderkopfes ausreißen.

1,4-l-Motor 55 kW (75 PS)

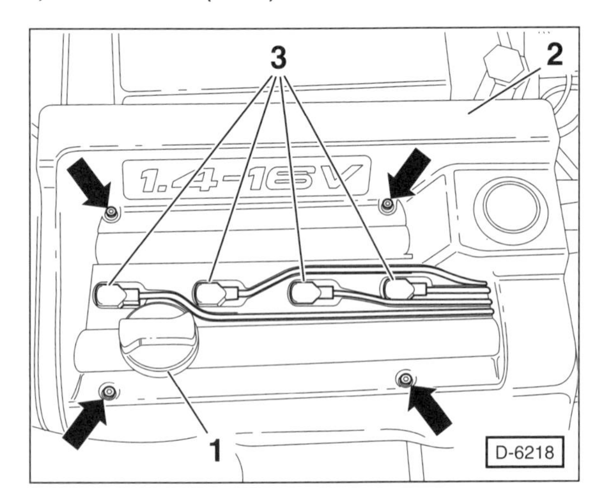

- Innensechskantschrauben –Pfeile– herausdrehen.
- Ölverschlussdeckel –1– abschrauben.
- Motorabdeckung –2– etwas anheben und Zündkabel aus der Abdeckung herausziehen. Anschließend Abdeckung abnehmen.
- Zündkerzenstecker –3– nach oben abziehen. **Hinweis:** Beim Motor BCA wird dazu der Abzieher SKODA-T10094 oder HAZET 1849-7 benötigt.
- Zündkerzen-Nischen, wenn möglich, mit Pressluft ausblasen, damit bei ausgebauten Zündkerzen kein Schmutz in die Gewindebohrung fällt.

1,6-l-Motor 55/75 kW (75/105 PS)

- Falls erforderlich, Zündkabelführung am Zylinderkopfdeckel abbauen.
- Zündkerzenstecker abziehen.
- Zündkerzen-Nischen, wenn möglich, mit Pressluft ausblasen, damit bei ausgebauten Zündkerzen kein Schmutz in die Gewindebohrung fällt.

1,6-l-Motor (100 PS):

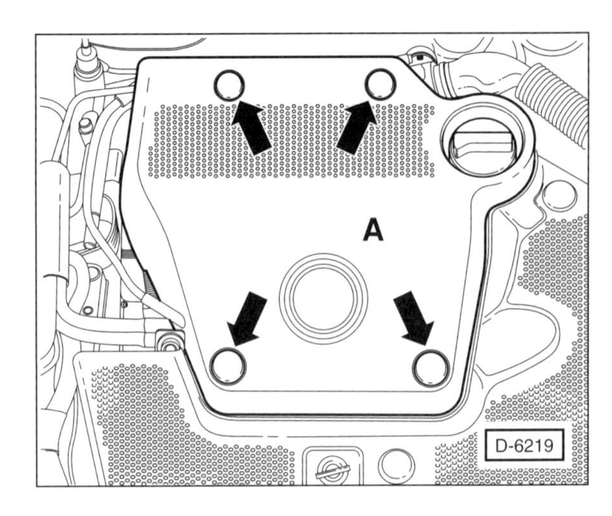

- Abdeckkappen –Pfeile– in der Motorabdeckung –A– mit Schraubendreher abhebeln.
- Muttern unterhalb der Abdeckkappen abschrauben und Motorabdeckung abnehmen.

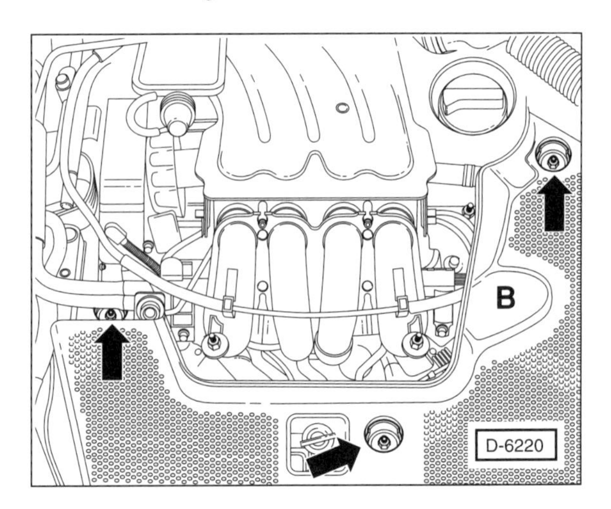

- Abdeckkappen in der zweiten Motorabdeckung –B– mit Schraubendreher abhebeln. 3 Muttern –Pfeile– abschrauben und Motorabdeckung abnehmen.

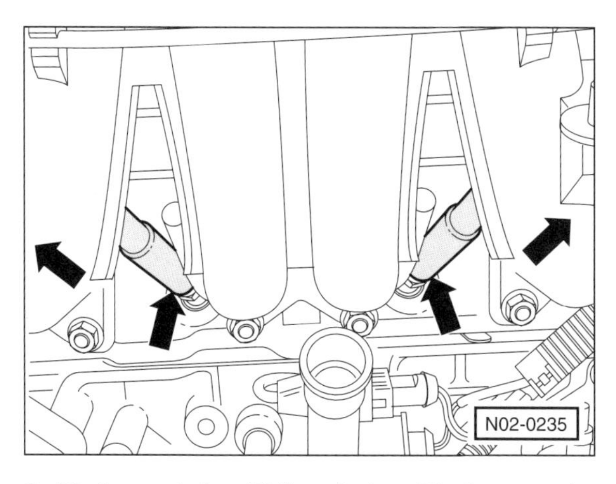

- Zündkerzenstecker –Pfeile– mit einem Zündkerzenstecker-Abzieher abziehen, zum Beispiel mit HAZET 1849-9 oder SKODA-T10112 . **Hinweis:** Die äußeren Pfeile zeigen auf die verdeckten Kerzenstecker.
- Zündkerzen-Nischen, wenn möglich, mit Pressluft ausblasen, damit bei ausgebauten Kerzen kein Schmutz in die Gewindebohrung fällt.

1,8-l-Motor:

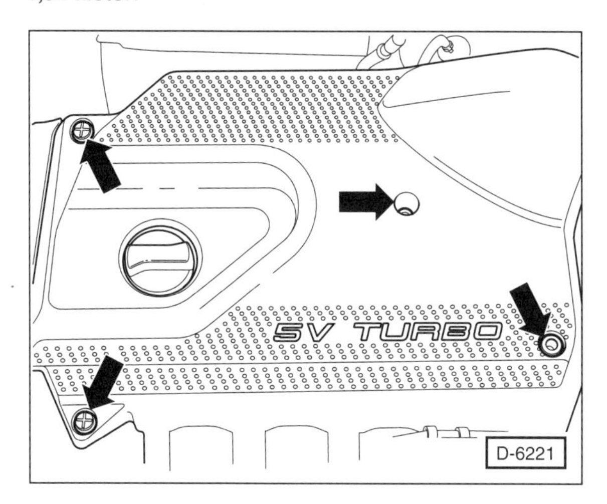

- Motorabdeckung abschrauben –Pfeile– und abnehmen. **Hinweis:** Die Abbildung zeigt den 150-PS-Motor.

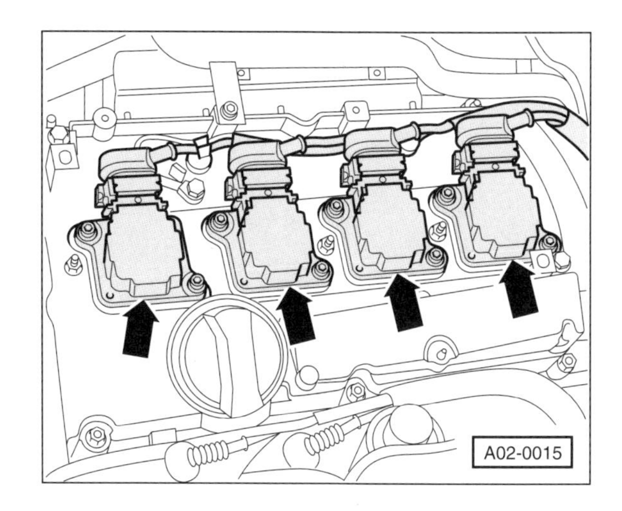

- Anschlussstecker von den Zündspulen –Pfeile– abziehen, dazu Sicherungsbügel an den Anschlüssen nach oben ziehen.
- Zündspulen mit jeweils 2 Schrauben vom Zylinderkopf abschrauben und nach oben von den Zündkerzen abziehen.

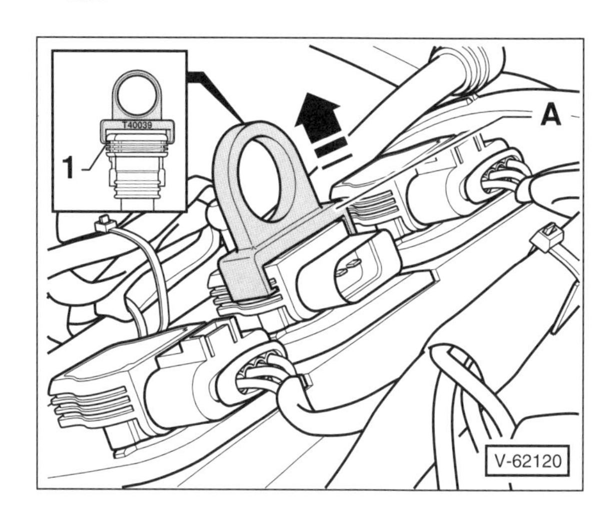

Achtung: Die Zündspulen können sehr fest sitzen. Bei den Motoren AUQ, AUM und ARX empfiehlt es sich den Abzieher SKODA-T40039 –A– zu verwenden. Den Abzieher –A– auf die Zündspulen aufschieben. Dabei darauf achten, dass der Abzieher nur an der obersten, dicken Rippe –1– der Zündspule angesetzt werden darf. Werden die unteren Rippen benutzt, dann können diese beschädigt werden.

- Dichtungen zwischen den Zündspulen und Zylinderkopf sichtprüfen und bei Beschädigung erneuern.

2,0-l-Motor

- Obere Motorabdeckung ausbauen. Dazu beim Motor **APK/AQY/AZH** 2 Abdeckkappen heraushebeln und darunter befindliche Sechskantmuttern herausdrehen. 1 Sechskantmutter hinten an der Motorabdeckung abschrauben.
- **APK/AQY/AZH:** Zündkerzenstecker mit Spezialwerkzeug SKODA-T10029 oder HAZET 1849-6 abziehen.

- **Motor AZJ:** Stecker von den Einspritzventilen für die Zylinder 1 und 4 abziehen.

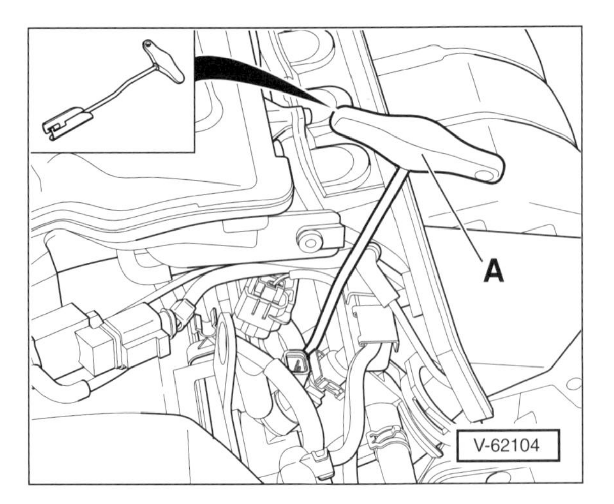

- **Motor AZJ:** Zündkerzenstecker mit Abzieher–A– abziehen, zum Beispiel HAZET 1849-9 oder SKODA-T10112. Wenn dieses Werkzeug nicht vorliegt beziehungsweise nicht besorgt werden kann, dann müssen alle Bauteile, die die Zugänglichkeit der Kerzenstecker behindern, ausgebaut werden. Es empfiehlt sich in diesem Fall die Zündkerzen in der Werkstatt wechseln zu lassen.

Alle Motoren:

- Zündkerzen mit geeignetem 16-mm-Kerzenschlüssel herausdrehen. Dabei darauf achten, daß der Zündkerzenschlüssel nicht verkantet wird, was zum Bruch des Keramikisolators führen kann. Geeigneten Steckschlüsseleinsatz verwenden, zum Beispiel HAZET-4766-1.

Einbau

- Zündkerzen von Hand bis zur Anlage am Zylinderkopf einschrauben. **Achtung:** Dabei Zündkerzen nicht verkanten.
- Zündkerzen mit Zündkerzenschlüssel und **30 Nm** festziehen. **Achtung:** Dabei Zündkerzenschlüssel nicht verkanten, damit der Keramikisolator nicht beschädigt wird. Zündkerzen nicht zu fest anziehen, sonst können sie beim Herausschrauben abreißen oder das Gewinde im Zylinderkopf beschädigen. In diesem Fall Zündkerzengewinde mit UTC- oder Heli-Coil-Gewindeeinsätzen reparieren.
- Zündkerzenstecker entsprechend der angebrachten Markierungen aufstecken.
- **1,8-l-Motor:** Zündspulen aufsetzen und mit **10 Nm** anschrauben. Sicherstellen, dass die Dichtungen eingesetzt sind. Anschlussstecker an den Zündspulen aufstecken und mit Sicherungsbügeln sichern.
- Jeweilige Motorabdeckung einbauen, siehe Abbildungen unter »Ausbau«. **Hinweis:** Beim **1,6-l-Motor (100 PS)** Muttern für Motorabdeckung mit **8 Nm** festziehen.

Zündkerzengewinde erneuern

Hinweis: Falls festgestellt wird, daß das Zündkerzengewinde defekt ist, muß dieses erneuert werden. Dazu gibt es unter anderem von BERU oder HAZET einen entsprechenden Werkzeug- und Reparatursatz. Mit einem Spezialbohrer wird das alte Gewinde herausgeschält; der Zylinderkopf muß dazu nicht ausgebaut werden. Anschließend wird ein neues Gewinde in den Zylinderkopf geschnitten und die Zündkerze mit einem speziellen Gewindeeinsatz reingedreht. Nachträglich eingebaute Zündkerzengewindeeinsätze sitzen sicher und sind kompressionsdicht.

Zündkerzen für die OCTAVIA-Benzinmotoren

Benzinmotor	Motorkennbuchstaben	BERU		BOSCH		NGK	AD*)
1,4 l (75 PS)	AXP	–	–	–	–	BKUR 6 ET-10	30 Nm
1,6 l (75 PS)	AEE	14 GH-7 DTUR	UX 79	W 7 LTCR	WR 78X	BUR 6 ET	30 Nm
1,6 l (100 PS)	AEH, AKL	14 FGH-7 DTURX	UXF 79	F 7 LTCR	FR 78X	BKUR 6 ET-10	30 Nm
1,6 l (102 PS)	AVU	14 GH-7 DTUR[1)]	UX 79[1)]	–	–	BKUR 6 ET-10	30 Nm
1,8 l (125 PS)	AGN	–	–	F 7 LTCR	FR 78X	BKUR 6 ET-10	30 Nm
1,8 l (150 PS)	AGU/ARZ/AUM/ARX	–	–	F 7 LTCR	–	PFR 6Q[2)]	30 Nm
1,8 l (180 PS)	AUQ	–	–	–	–	PFR 6Q[2)]	30 Nm
2,0 l (115 PS)	AQY/APK/AZH/AEG	–	–	F 7 LTCR	FR 78X	BKUR 6 ET-10	30 Nm
2,0 l (115 PS)	AZJ	–	–	–	–	PZFR 5D-11	30 Nm

Der Elektrodenabstand beträgt für alle Zündkerzen in der Regel 1,0 $^{\pm 0,1}$ mm.
[1]) Elektrodenabstand = 0,8 mm. [2]) Elektrodenabstand = 0,7 mm.

*) AD = Anzugsdrehmoment.

Achtung: Die technische Entwicklung geht ständig weiter. Es kann sein, dass inzwischen für einzelne Motoren andere Zündkerzenwerte gelten. Daher empfiehlt es sich, vor einem Neukauf die aktuellen Zündkerzenwerte bei der Fachwerkstatt zu erfragen.

Getriebe/Achsantrieb

- Achswellen: Gummimanschetten auf Undichtigkeiten und Beschädigungen prüfen.
- Schaltgetriebe, Automatikgetriebe: Sichtprüfung auf Undichtigkeiten.
- Schaltgetriebe: Ölstand prüfen, gegebenenfalls auffüllen.
- Automatikgetriebe: Ölstand im Automatikgetriebe sowie im Achsantrieb prüfen, gegebenenfalls auffüllen.
- Allradantrieb: Öl und Ölfilter der Haldex-Kupplung wechseln.

Achtung: Getriebe-Altöl **keinesfalls einfach wegschütten oder dem Hausmüll mitgeben**. Die Öl-Verkaufsstellen nehmen die entsprechende Menge Altöl kostenlos entgegen, daher beim Ölkauf Quittung und Ölkanister für spätere Altölrückgabe aufbewahren!

Gummimanschetten der Gelenkwellen prüfen

Spezialwerkzeug ist keines erforderlich

Sicherheitshinweis
Beim Aufbocken des Fahrzeugs besteht Unfallgefahr! Deshalb vorher das Kapitel »Fahrzeug aufbocken« durchlesen.

- Fahrzeug aufbocken.

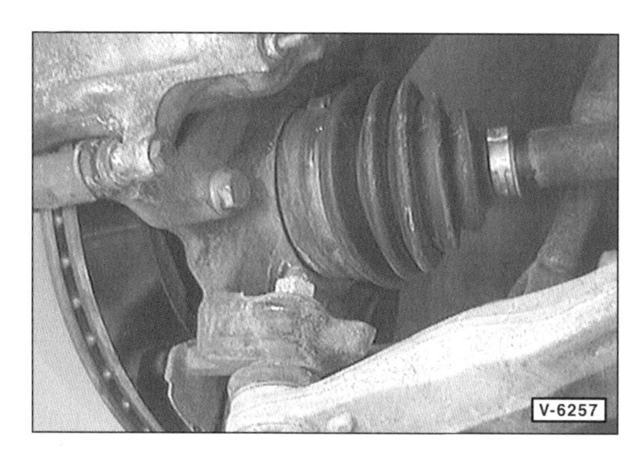
V-6257

- Manschetten mit Lampe anstrahlen und Gummi auf Porosität und Risse untersuchen, dabei aber nicht stark verformen. Eingerissene Manschetten umgehend erneuern.
- Sollte die Manschette durch Unterdruck im Gelenk nach innen gezogen oder defekt sein, so ist sie umgehend auszutauschen.
- Auf sichtbare Fettspuren an den Manschetten und in deren Umgebung achten.
- Festen Sitz der Klemmschellen prüfen.
- Fahrzeug ablassen.

Getriebe-Sichtprüfung auf Dichtheit

Folgende Leckstellen sind möglich:

- Trennstelle zwischen Motorblock und Getriebe (Schwungraddichtung/Wellendichtung-Getriebe).
- Gelenkwelle an Getriebe.
- Öleinfüllschraube.
- Ölablassschraube.

Bei der Suche nach der Leckstelle folgendermaßen vorgehen:

- Getriebegehäuse mit Kaltreiniger reinigen.
- Mögliche Leckstellen mit Kalk oder Talkumpuder bestäuben.
- Probefahrt durchführen. Damit das Öl besonders dünnflüssig wird, sollte die Probefahrt auf einer Schnellstraße über eine Entfernung von ca. 30 km durchgeführt werden.

Sicherheitshinweis
Beim Aufbocken des Fahrzeugs besteht Unfallgefahr! Deshalb vorher das Kapitel »Fahrzeug aufbocken« durchlesen.

- Fahrzeug aufbocken und Getriebe mit einer Lampe nach der Leckstelle absuchen.
- Lecks umgehend beseitigen. Anschließend Getriebeöl auffüllen.

Schaltgetriebe: Ölstand prüfen/ Getriebeöl auffüllen

Das Getriebeöl muss nicht gewechselt werden. Der Ölstand wird im Rahmen der Wartung kontrolliert, gegebenenfalls ergänzt.

Erforderliches Spezialwerkzeug:

- Eine Grube oder ein hydraulischer Wagenheber mit Unterstellböcken.
- Schlüssel für Innensechskantschrauben, Größe 17mm, zum Lösen der Öleinfüllschraube.

Erforderliche Verschleißteile:

- Falls Öl nachgefüllt werden muss, Synthetik-Getriebeöl der Spezifikation »G 50 SAE 75W90« verwenden.
  Gesamtfüllmenge:
  Getriebe 02K – 1,4-/1,6-l-Benzinmotor: **1,7 Liter**.
  Getriebe 02J – 1,8-/2,0-l-Benzinmotor, 1,9-l-Dieselmotor (90/110PS): **2,0 Liter**.
  Getriebe 02M – 1,9-l-Diesel (100PS), 4x4: **2,6 Liter**.
  Getriebe 02C – 1,9-l-(90 PS)/2,0-l-Motor, 4x4: **2,4 Liter**.

Prüfen

Sicherheitshinweis
Beim Aufbocken des Fahrzeugs besteht Unfallgefahr! Deshalb vorher das Kapitel »Fahrzeug aufbocken« durchlesen.

- Fahrzeug waagerecht aufbocken.

Getriebe 02K: 1,4-/1,6-l-Benzinmotor

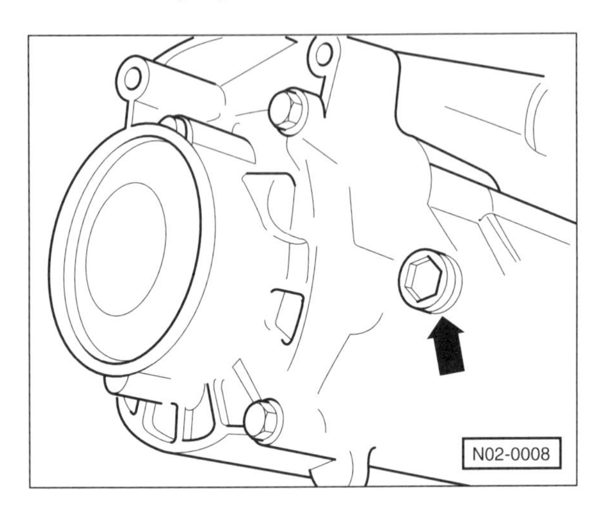

Getriebe 02J und 02C:
1,8-/2,0-l-Benzinmotor, 1,9-l-Dieselmotor (90/110 PS)

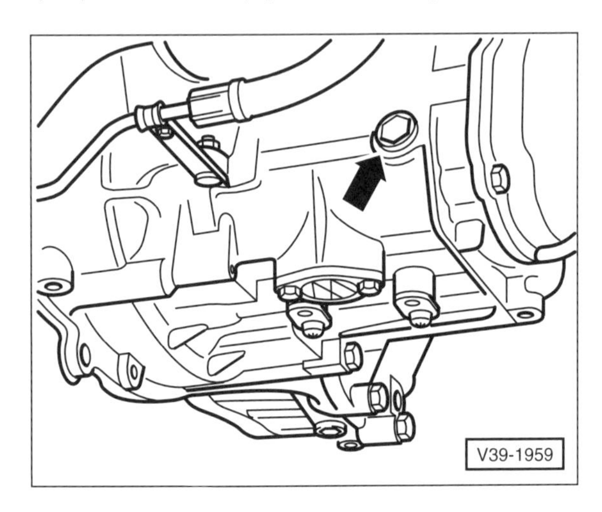

- Getriebeöl-Einfüllschraube –Pfeil– herausdrehen.
- Ölstand prüfen: Der Ölstand ist korrekt, wenn das Getriebeöl bis zur Unterkante der Schraubenbohrung steht. Gegebenenfalls Getriebeöl nachfüllen.

Achtung: Wird ein zu niedriger Ölstand festgestellt, Getriebe auf Undichtigkeiten prüfen, gegebenenfalls reparieren lassen (Werkstattarbeit).

- Öleinfüllschraube einschrauben und mit **32 Nm** (Getriebe 02M: 30 Nm) festziehen.
- Fahrzeug ablassen.

Automatikgetriebe: Ölstand im Achsantrieb prüfen

Spezialwerkzeug ist keines erforderlich

Erforderliches Betriebsmittel:

- Getriebeöl, Spezifikation »G50 SAE 75W90«. **Hinweis:** Gesamtfüllmenge im Achsantrieb: 0,75 Liter.

Achtung: Wird bei der Ölstandkontrolle im Achsantrieb des Automatikgetriebes festgestellt, dass zu viel oder zu wenig Öl im Achsantrieb ist, liegt meist Ölaustausch mit dem Planetengetriebe vor. Ursache von einer SKODA-Werkstatt ermitteln lassen und reparieren lassen (Werkstattarbeit).

Prüfen

- Fahrzeug auf einer waagerechten Fläche abstellen.

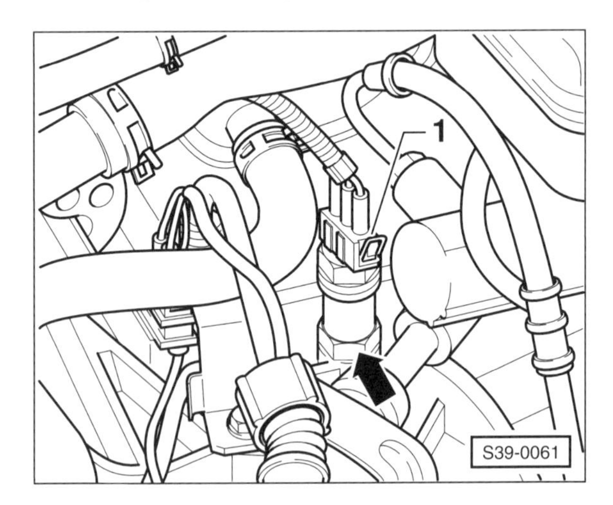

- Steckverbindung –1– am Antrieb für den Geschwindigkeitsmesser abziehen.
- Antrieb für Geschwindigkeitsmesser mit Gabelschlüssel am Sechskant (SW 22) –Pfeil– herausschrauben.

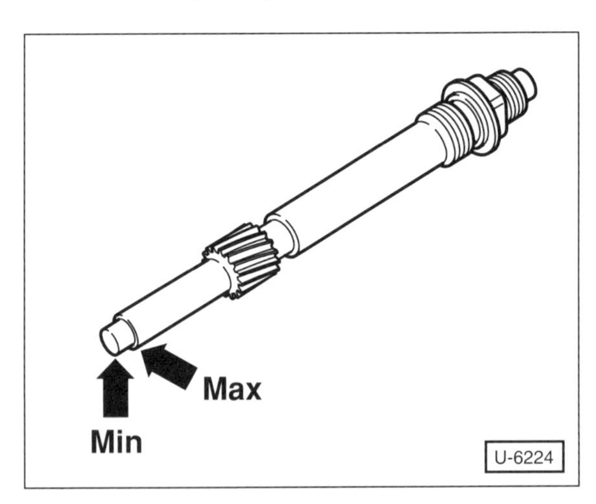

- Antriebsteil mit einem sauberen Lappen abwischen.
- Antrieb ein- und wieder herausschrauben, Ölstand ablesen. Der Ölstand muss zwischen der Min- und Max-Markierung liegen, siehe Abbildung.

- Gegebenenfalls Getriebeöl nach angegebener Spezifikation auffüllen. **Achtung:** Die Ölmenge zwischen der Max- und Min-Markierung beträgt nur 0,1 Liter, also nicht zu viel Öl auf einmal einfüllen. Zu viel eingefülltes Öl muss wieder abgesaugt werden, zum Beispiel mit einer Spritze, an die ein Plastikschlauch angeschlossen ist.
- Antrieb für Geschwindigkeitsmesser am Getriebe einschrauben.

Automatikgetriebe: ATF-Stand prüfen

Der ATF-Stand im Automatikgetriebe (ATF = Automatic Transmission Fluid = Automatikgetriebeöl) ist von der Temperatur des Öls abhängig. Da zur genauen Messung der ATF-Temperatur ein Diagnosegerät von VW/SKODA benötigt wird, sollte diese Arbeit in der SKODA-Werkstatt durchgeführt werden. Das ATF muss nicht gewechselt werden. Der ATF-Stand wird lediglich im Rahmen der Wartung kontrolliert und gegebenenfalls ergänzt.

Der korrekte ATF-Stand ist Ausschlag gebend, für die ordnungsgemäße Funktion des Automatikgetriebes. Sowohl zu niedriger als auch zu hoher ATF-Stand wirkt sich nachteilig aus.

Erforderliches Spezialwerkzeug

- Einfüllbogen oder Ölspritzkanne.
- Schutzbrille.
- Auffangwanne für ATF.

Erforderliche Betriebsmittel/Verschleißteile

- ATF von SKODA, Spezifikation »N 052 162«. **Hinweis:** Gesamtfüllmenge: 5,3 Liter.
- Dichtring für Verschlussschraube.
- Sicherungskappe für Verschlussstopfen.

Allgemeine Hinweise zum Automatikgetriebe und ATF

- Ohne ATF-Füllung darf der Motor nicht laufen gelassen werden. Auch darf das Fahrzeug ohne ATF-Füllung nicht abgeschleppt werden.
- Bei allen Arbeiten auf peinliche Sauberkeit achten, da geringste Verunreinigungen zu Getriebestörungen führen.

Ölstand prüfen

Achtung: Die Getriebeöltemperatur muss zu Beginn der Prüfung unter +30° C liegen. Diese Temperatur wird schon nach kurzem Motorlauf erreicht. SKODA-Werkstätten schließen zur Temperaturüberwachung ein Diagnosegerät am Diagnoseanschluss des Fahrzeugs an. Ohne das Diagnosegerät kann die Temperatur nur abgeschätzt werden.

Sicherheitshinweis
Augen schützen, ATF läuft aus. **Schutzbrille tragen.**

- Die ATF-Temperatur darf während der Prüfung nicht mehr als +30° C betragen.
- Wählhebel steht in Stellung »P«, Klimaanlage und Heizung sind ausgeschaltet.

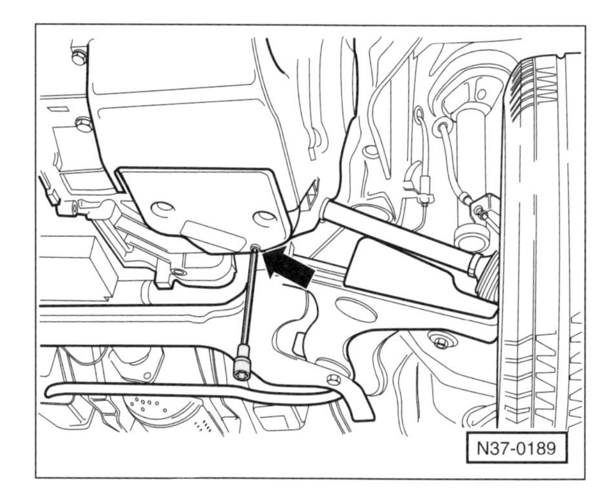

- Auffanggefäß für ATF unterstellen. Verschlussschraube –Pfeil– herausdrehen. Das im Überlaufrohr vorhandene ATF tropft ab.
- Dichtring an der Verschlussschraube mit Seitenschneider durchkneifen und ersetzen.
- Sicherstellen, dass das Überlaufrohr bis zum Anschlag eingeschraubt ist.
- Motor laufen lassen, bis das ATF eine Temperatur von ca. +35° C bis +45° C hat.
- Wenn bei einer ATF-Temperatur zwischen +35° C und +45° C, bedingt durch den Temperaturanstieg, ATF aus dem Überlaufrohr läuft, ist der Ölstand in Ordnung. In diesem Fall die Verschlussschraube mit dem neuen Dichtring einschrauben und mit **15 Nm** anziehen.

Falls kein ATF ausläuft, ATF nachfüllen:

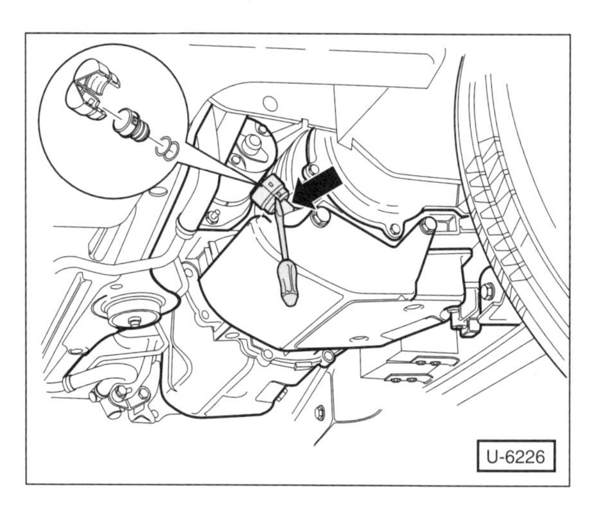

- Sicherungskappe für Verschlussstopfen –Pfeil– mit Schraubendreher abhebeln. Die Kappe wird dabei zerstört und muss ersetzt werden. Sie sichert den Sitz des Verschlussstopfens.
- Verschlussstopfen vom Einfüllrohr abziehen.

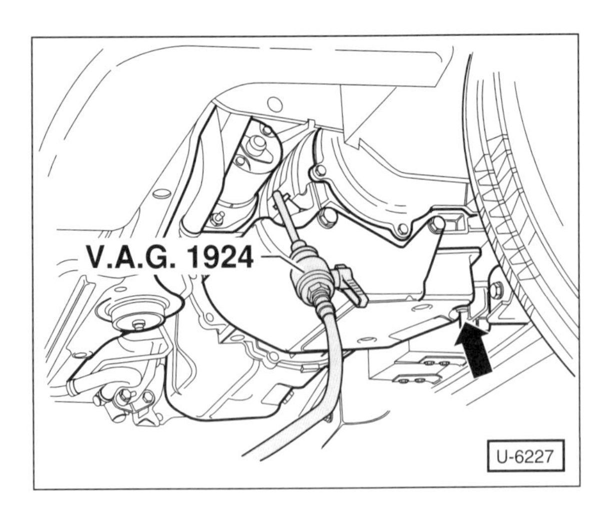

- Einfüllbogen V.A.G 1924 einsetzen und ATF einfüllen, bis es an der Kontrollbohrung (Überlaufrohr) –Pfeil– austritt. Der ATF-Vorratsbehälter der Einfüllvorrichtung V.A.G 1924 muss zuvor erhöht angebracht werden, beispielsweise durch Aufhängen an der Motorhaube. Alternativ kann ATF mit einer Ölspritzkanne nachgefüllt werden.
- Motor starten und im Stand einmal alle Wählhebelstellungen durchschalten.

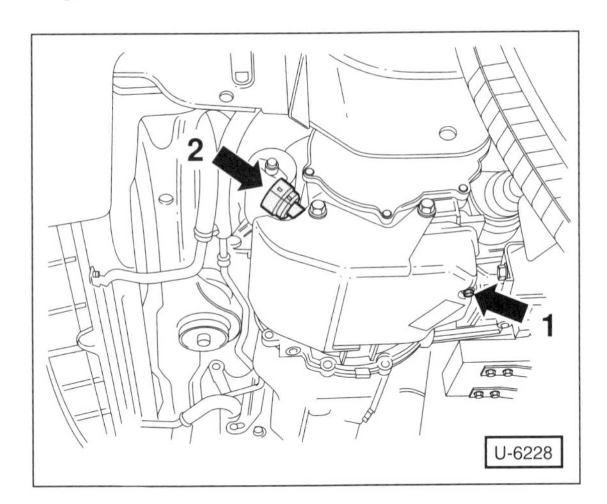

- Verschlussschraube –1– mit **neuem** Dichtring einschrauben und mit **15 Nm** anziehen.
- Verschlussstopfen auf das Einfüllrohr stecken, neue Sicherungskappe –2– aufstecken und einrasten.

Hinweis: Sicherungskappe immer ersetzen, sie sichert den Verschlussstopfen.

- Gegebenenfalls Zündung ausschalten und Diagnosegerät abbauen.

Allradantrieb: Öl und Ölfilter der Haldex-Kupplung wechseln

Die Achsantrieb hinten ist beim allradbetriebenen Fahrzeug über die Haldex-Kupplung mit der Kardanwelle verbunden. Die Haldex-Kupplung ermöglicht das Hinzuschalten oder Lösen des hinteren Antriebs. Die Haldex-Kupplung befindet sich vor dem Hinterachsgetriebe.

Erforderliche Betriebsmittel/Verschleißteile:

- 0,25 l Hochleistungsöl für Haldex-Kupplung, Spezifikation G 052 175 A1. **Hinweis:** Gesamtfüllmenge der Haldex-Kupplung: 0,42 Liter; Wechselmenge: 0,25 Liter.
- Ölfilter mit Dichtring für Haldex-Kupplung.

Erforderliches Spezialwerkzeug:

- Schlüssel T10066 von SKODA.
- Handdruckpistole, zum Beispiel V.A.G 1628.
- Geeignete Auffangwanne für Öl.

Ölfilter wechseln

Hinweis: Muss im Rahmen der Wartung sowohl der Ölfilter als auch das Öl der Haldex-Kupplung gewechselt werden ist zunächst der Ölfilter und anschließend das Öl zu erneuern. In diesem Fall ist es empfehlenswert, das Fahrzeug vor Beginn der Arbeiten warm zu fahren; das Hochleistungsöl in der Haldex-Kupplung sollte +30° C bis +40° C warm sein.

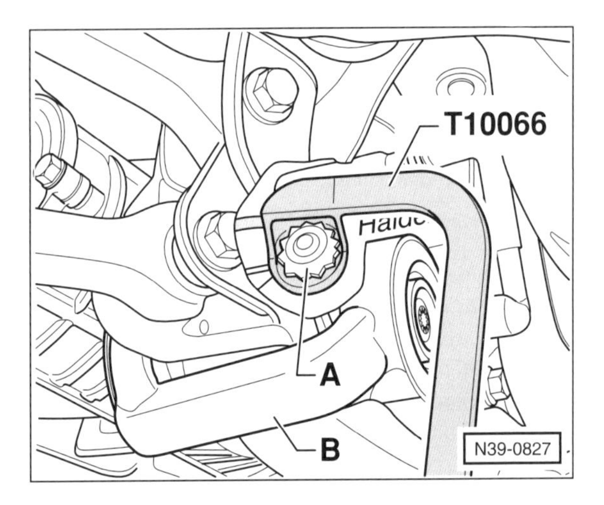

- Auffangwanne unter die Haldex-Kupplung stellen.
- Ölfilter –A– mit dem Schlüssel T10066 lösen und herausdrehen. Der Ölfilter befindet sich auf der rechten Fahrzeugseite in der Nähe des vorderen Lagerbocks –B–. Der Ölfilter ist vom Hilfsrahmen verdeckt.
- Dichtring am neuen Ölfilter mit etwas Hochleistungsöl benetzen.
- Ölfilter einschrauben und mit dem Schlüssel T10066 festziehen.

Öl wechseln

- Fahrzeug auf einer waagerechten Fläche abstellen.

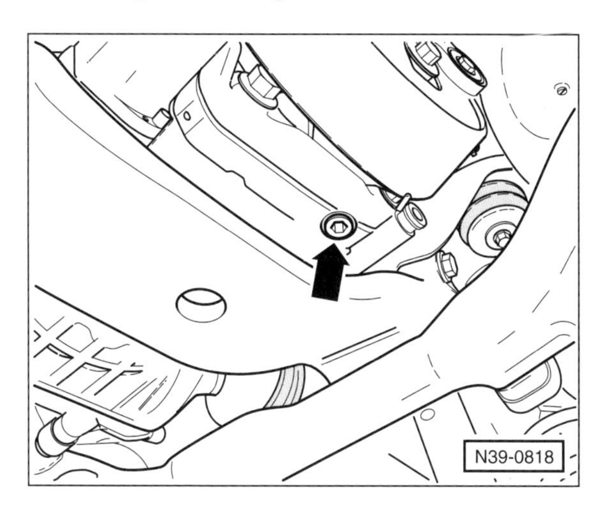

- Auffangwanne unter die Ablassschraube –Pfeil– stellen.
- Ablassschraube herausschrauben und Öl vollständig ablassen.
- Eine Kartusche mit 0,25 Liter Hochleistungsöl für Haldex-Kupplung in die Handdruckpistole V.A.G 1628 einlegen. **Hinweis:** Steht das Spezialwerkzeug nicht zur Verfügung kann auch eine geeignete, saubere Spritze verwendet werden. Die Spritze muss sich möglichst dicht in die Öffnung –Pfeil– in der Haldex-Kupplung einsetzen lassen, siehe Abbildung.

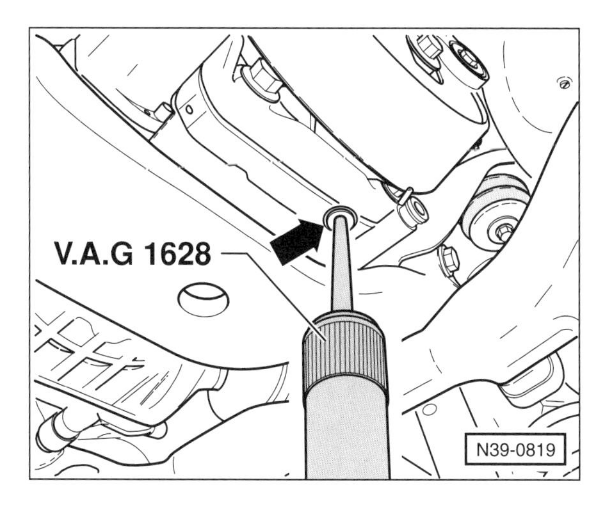

- Ablassschraube mit neuem Dichtring bereithalten.
- Handdruckpistole V.A.G 1628 beziehungsweise Spritze senkrecht in die Ablassbohrung –Pfeil– einführen.
- 0,25 Liter Hochleistungsöl vollständig in die Haldex-Kupplung pumpen.
- Handdruckpistole beziehungsweise Spritze aus der Öffnung herausziehen und **sofort** Ablassschraube mit neuem Dichtring einschrauben.
- Ablassschraube mit **15 Nm** anziehen.

■ Spurstangenköpfe und Achsgelenke: Spiel und Befestigung prüfen, Dichtungsbälge prüfen.

■ Servolenkung: Ölstand prüfen, gegebenenfalls Hydrauliköl auffüllen.

Spurstangenköpfe und Achsgelenke prüfen

Sicherheitshinweis
Beim Aufbocken des Fahrzeugs besteht Unfallgefahr! Deshalb vorher das Kapitel »Fahrzeug aufbocken« durchlesen.

● Fahrzeug vorn aufbocken, die Räder müssen frei hängen.

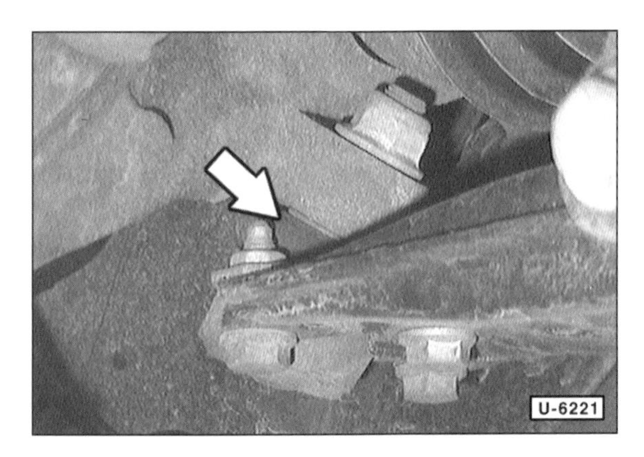

● Staubkappen –Pfeil– für untere Achsgelenke links und rechts mit Lampe anstrahlen und auf Beschädigungen sichtprüfen.

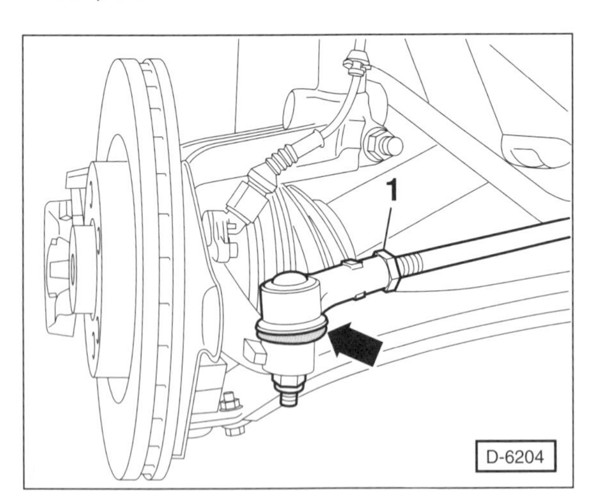

● Staubkappe –Pfeil– für Spurstange links und rechts mit Lampe anstrahlen und auf Beschädigungen sichtprüfen.

● Festen Sitz der Kontermutter –1– prüfen ohne dabei die Kontermutter zu verdrehen. Sollwert: **50 Nm**.

● Bei beschädigter Staubkappe, sicherheitshalber entsprechendes Gelenk mit Schutzkappe auswechseln lassen (Werkstattarbeit). Eingedrungener Schmutz zerstört das Gelenk mit Sicherheit.

● Spurstangen links und rechts kräftig von Hand hin- und herbewegen. Das jeweilige Kugelgelenk darf kein Spiel aufweisen, anderenfalls Spurstangengelenk ersetzen.

● Faltenbälge am Lenkgetriebe auf Beschädigungen prüfen, gegebenenfalls erneuern.

Ölstand für Servolenkung prüfen

Erforderliches Betriebsmittel:

■ »Hydrauliköl SKODA-G 002 000«.

Prüfen

Hinweis: Beschrieben wird die Prüfung in kaltem Zustand.

● Das Fahrzeug darf nicht warm gefahren sein, der Motor darf nicht laufen. Die Vorderräder müssen geradeaus stehen.

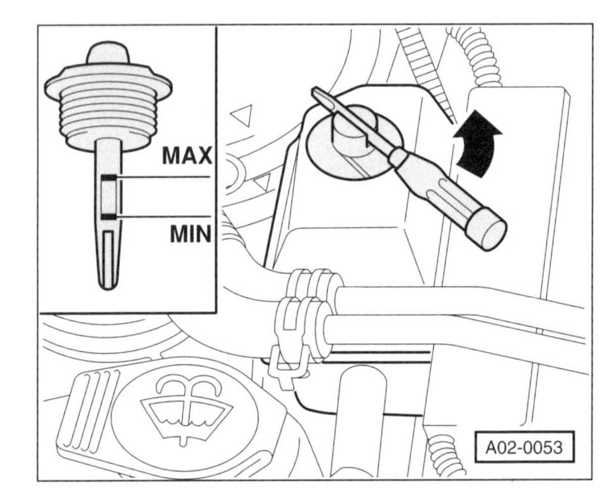

● Verschlussdeckel am Ausgleichbehälter mit Hilfe eines Schraubendrehers –Pfeil– abschrauben. Messstab am Deckel mit sauberem, fusselfreiem Lappen abwischen.

● Deckel handfest auf- und wieder abschrauben. Der Ölstand soll sich im Bereich der MIN-Markierung am Messstab befinden, bis 2 mm ober- oder unterhalb der Marke.

Achtung: Der Ölstand darf nicht absinken. Gegebenenfalls Undichtigkeit von einer SKODA-Werkstatt beseitigen lassen. Zuviel eingefülltes Öl muss abgesaugt werden.

● Grundsätzlich nur **neues Öl** nachfüllen, da bereits kleinste Verunreinigungen zu Störungen an der hydraulischen Anlage führen können.

● Deckel festschrauben.

Bremsen/Reifen/Räder

- Bremsflüssigkeitsstand prüfen.
- Bremsbeläge: Belagstärke an Vorder- und Hinterrädern prüfen.
- Bremsanlage: Leitungen, Schläuche und Anschlüsse auf Undichtigkeiten und Beschädigungen prüfen.
- Bremsflüssigkeit erneuern.
- Bereifung: Profiltiefe und Reifenfülldruck prüfen; Reifen auf Verschleiß und Beschädigungen (einschließlich Reserverad) prüfen.
- Radschrauben: Festen Sitz prüfen, gegebenenfalls mit **120 Nm** über Kreuz nachziehen. **Hinweis:** Radschrauben **nicht** fetten oder ölen.

Bremsflüssigkeitsstand prüfen

Der Vorratsbehälter für die Bremsflüssigkeit befindet sich im Motorraum. Der Schraubverschluss hat eine Belüftungsbohrung, die nicht verstopft sein darf.

Der Vorratsbehälter ist durchscheinend, so dass der Bremsflüssigkeitsstand von außen überprüft werden kann. Außerdem wird ein zu niedriger Bremsflüssigkeitsstand durch eine Warnleuchte in der Schalttafel signalisiert. Dennoch ist es ratsam, bei der regelmäßigen Motor-Ölstandkontrolle auch einen Blick auf den Bremsflüssigkeits-Vorratsbehälter zu werfen.

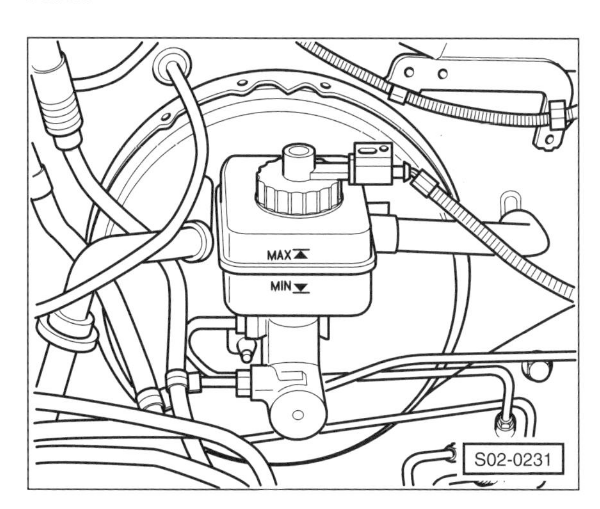

- Der Flüssigkeitsstand soll zwischen der MAX- und der MIN-Marke liegen.
- Nur **neue** Bremsflüssigkeit der Spezifikation **FMVSS 571.116 DOT 4** einfüllen.

Hinweis: Durch Abnutzung der Scheibenbremsbeläge entsteht ein geringfügiges Absinken der Bremsflüssigkeit. Das ist normal. Es muss deshalb keine Bremsflüssigkeit nachgefüllt werden.

- Sinkt die Bremsflüssigkeit jedoch innerhalb kurzer Zeit stark ab oder liegt der Flüssigkeitsspiegel unter der MIN-Marke, ist das ein Zeichen für Bremsflüssigkeitsverlust.

Die Leckstelle muss dann sofort ausfindig gemacht und behoben werden. Sicherheitshalber sollte die Überprüfung der Anlage von einer Fachwerkstatt durchgeführt werden.

Bremsbelagdicke prüfen

Erforderliches Werkzeug:

- Schieblehre.

Fahrzeug aufbocken:

Sicherheitshinweis
Beim Aufbocken des Fahrzeugs besteht Unfallgefahr! Deshalb vorher das Kapitel »Fahrzeug aufbocken« durchlesen.

- Stellung der Vorderräder beziehungsweise der Hinterräder zur Radnabe mit Farbe kennzeichnen. Dadurch kann das ausgewuchtete Rad wieder in derselben Position montiert werden. Radschrauben lösen, dabei muss das Fahrzeug auf dem Boden stehen. Fahrzeug vorn beziehungsweise hinten aufbocken und Räder abnehmen.

Vorderrad-Scheibenbremse:

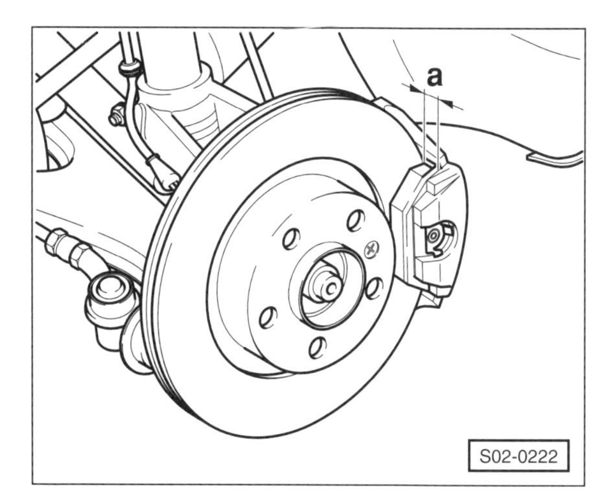

- Belagdicke – mit metallner Rückenplatte – der inneren und äußeren Beläge mit einer Schieblehre messen.
- Die Verschleißgrenze der vorderen Scheibenbremsbeläge ist erreicht, wenn ein Belag nur noch eine Dicke –a– von **7 mm** (mit Trägerplatte) aufweist. In diesem Fall Bremsbeläge an der Vorderachse wechseln, siehe Seite 142/145.

Hinterrad-Scheibenbremse:

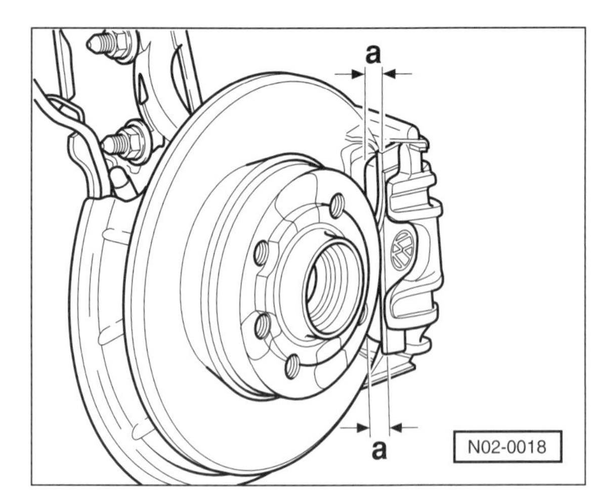

- Belagdicke – mit metallner Rückenplatte – der inneren und äußeren Beläge mit einer Schieblehre messen.
- Die Verschleißgrenze der hinteren Scheibenbremsbeläge ist erreicht, wenn ein Belag nur noch eine Dicke –a– von **7 mm** (mit Trägerplatte) aufweist. In diesem Fall Bremsbeläge an der Hinterachse wechseln, siehe Seite 149.

Vorder- und Hinterräder:

- Abgebaute Räder so ansetzen, dass die beim Ausbau angebrachten Markierungen übereinstimmen. Radschrauben **nicht** fetten oder ölen. Rad anschrauben. Fahrzeug ablassen und Radschrauben über Kreuz mit **120 Nm** festziehen.

Hinweis: Nach einer Faustregel entspricht 1 mm Bremsbelag einer Fahrleistung von mindestens 1.000 km unter ungünstigen Bedingungen. Im Normalfall halten die Beläge viel länger. Bei einer Belagdicke der Scheibenbremsbeläge von 10,0 mm (mit Rückenplatte) beträgt die Restnutzbarkeit der Bremsbeläge also noch mindestens 3.000 km.

Hinterrad-Trommelbremse:

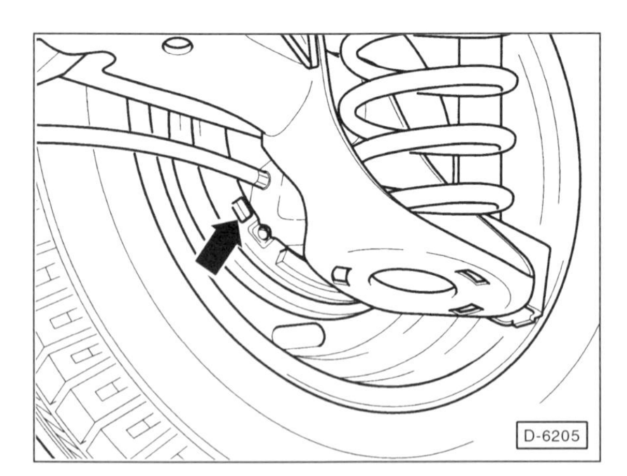

- Dicke der Bremsbeläge durch Schaulöcher –Pfeil– in den Bremsträgerblechen überprüfen.
- Verschleißgrenze der Bremsbeläge: **2,2 mm** (ohne Bremsbackenträger). Bei Unterschreiten austauschen.

Sichtprüfung der Bremsleitungen

Sicherheitshinweis
Beim Aufbocken des Fahrzeugs besteht Unfallgefahr! Deshalb vorher das Kapitel »Fahrzeug aufbocken« durchlesen.

- Fahrzeug aufbocken.
- Verschmutzte Bremsleitungen reinigen.

Achtung: Die Bremsleitungen sind zum Schutz gegen Korrosion mit einer Kunststoffschicht überzogen. Wird diese Schutzschicht beschädigt, kann es zur Korrosion der Leitungen kommen. Aus diesem Grund dürfen Bremsleitungen nicht mit Drahtbürste, Schmirgelleinen oder Schraubendreher gereinigt werden.

- Bremsleitungen vom Hauptbremszylinder zur ABS-Hydraulikeinheit und den 4 Radbremsen mit Lampe anstrahlen und überprüfen. Der Hauptbremszylinder sitzt im Motorraum unter dem Bremsflüssigkeits-Vorratsbehälter.
- Bremsleitungen dürfen weder geknickt noch gequetscht sein. Auch dürfen sie keine Rostnarben oder Scheuerstellen aufweisen. Andernfalls Leitung bis zur nächsten Trennstelle ersetzen.
- Bremsschläuche verbinden die Bremsleitungen mit den Radbremszylindern an den beweglichen Teilen des Fahrzeugs. Sie bestehen aus hochdruckfestem Material, können aber mit der Zeit porös werden, aufquellen oder durch scharfe Gegenstände angeschnitten werden. In einem solchen Fall sind sie sofort zu ersetzen.

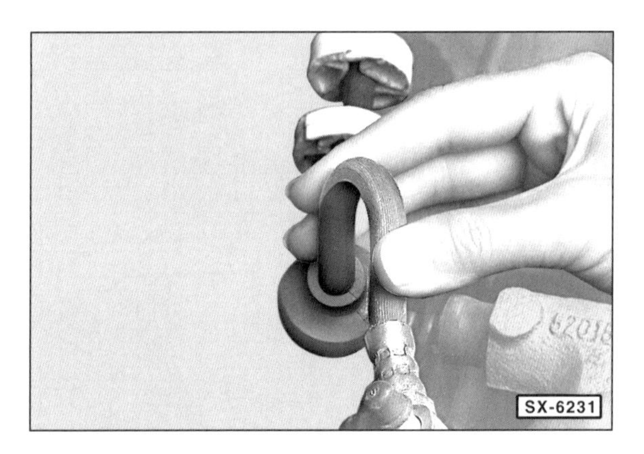

- Bremsschläuche mit der Hand hin- und herbiegen, um brüchige Stellen und Beschädigungen festzustellen. Die Schläuche dürfen nicht verdreht sein. Farbige Kennlinie beachten, falls vorhanden!
- Lenkrad nach links und rechts bis zum Anschlag drehen. Die Bremsschläuche dürfen dabei in keiner Stellung Fahrzeugteile berühren.
- Anschlussstellen von Bremsleitungen und -schläuchen dürfen nicht durch ausgetretene Flüssigkeit feucht sein.
- Fahrzeug ablassen.
- Lenkrad nochmals nach links und rechts bis zum Anschlag drehen und sicherstellen, dass die Bremsschläuche in keiner Stellung Fahrzeugteile berühren.

Bremsflüssigkeit wechseln

Erforderliches Spezialwerkzeug:

- Ringschlüssel für Entlüftungsschrauben.
- Durchsichtiger Kunststoffschlauch und Auffangflasche.
- Absaugflasche für Bremsflüssigkeit.

Erforderliches Betriebsmittel:

- Ca. 2 l Bremsflüssigkeit der Spezifikation **DOT 4**.

Achtung: Gebrauchte Bremsflüssigkeit nicht mehr einfüllen.

Sicherheitshinweis
Vorsichtsmaßregeln beim Umgang mit Bremsflüssigkeit beachten, siehe Seite 160.

Achtung: Bremsflüssigkeit ist ein Problemstoff und darf auf keinen Fall einfach weggeschüttet oder dem Hausmüll mitgegeben werden. Gemeinde- und Stadtverwaltungen informieren darüber, wo sich die nächste Problemstoff-Sammelstelle befindet.

Die Bremsflüssigkeit nimmt durch die Poren der Bremsschläuche sowie durch die Entlüftungsöffnung des Vorratsbehälters Luftfeuchtigkeit auf. Dadurch sinkt im Laufe der Betriebszeit der Siedepunkt der Bremsflüssigkeit. Bei starker Beanspruchung der Bremse kann es deshalb zu Dampfblasenbildung in den Bremsleitungen kommen, wodurch die Funktion der Bremsanlage stark beeinträchtigt wird.

Die Bremsflüssigkeit soll alle 2 Jahre, möglichst im Frühjahr, erneuert werden. Bei vielen Gebirgsfahrten, Bremsflüssigkeit in kürzeren Abständen wechseln.

In der Werkstatt wird die Bremse in der Regel mit einem Bremsenfüll- und Entlüftungsgerät entlüftet. Das Gerät füllt unter Druck neue Bremsflüssigkeit in den Vorratsbehälter ein, dabei muss das Bremspedal ständig betätigt sein. **Hinweis:** Beim Einsatz dieses Geräts darf ein Befülldruck von 1 bar nicht überschritten werden.

Es geht aber auch ohne das Entlüftungsgerät. Die Bremsanlage wird dann durch Pumpen mit dem Bremspedal entlüftet, dazu ist eine zweite Person notwendig.

Sicherheitshinweis, Fahrzeuge mit ABS
Sinkt der Bremsflüssigkeitsstand im Ausgleichbehälter beim Entlüftungsvorgang zu tief ab, wird Luft angesaugt, die in die ABS-Hydraulikpumpe gelangt. Die Bremsanlage muss dann in der Werkstatt mit dem Entlüftungsgerät entlüftet werden. Bei Einbau eines neuen Bremsschlauchs ist die Anlage ebenfalls in der Werkstatt zu entlüften. Das Fahrzeug darf solange nicht gefahren werden.

Die Reihenfolge der Entlüftung: 1. Bremssattel hinten rechts, 2. Bremssattel hinten links, 3. Bremssattel vorn rechts, 4. Bremssattel vorn links.

- Bremsflüssigkeitsstand auf dem Vorratsbehälter mit Filzstift markieren. Nach Erneuern der Bremsflüssigkeit ursprünglichen Flüssigkeitsstand wieder herstellen. Dadurch wird ein Überlaufen des Bremsflüssigkeitsbehälters beim Wechsel der Bremsbeläge vermieden.
- Verschlussdeckel des Bremsflüssigkeits-Vorratsbehälters abschrauben, Sieb herausnehmen und mit Bremsflüssigkeit reinigen.
- Mit einer Absaugflasche so viel Bremsflüssigkeit wie möglich aus dem Vorratsbehälter absaugen.

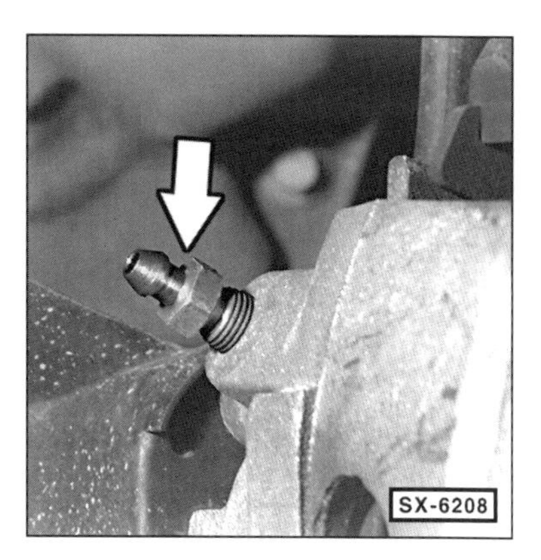

Achtung: Entlüftungsventile vorsichtig öffnen, damit sie nicht abgedreht werden. Es empfiehlt sich, die Ventile ca. 2 Stunden vor dem Entlüften mit Rostlöser einzusprühen. Bei fest sitzenden Ventilen den Bremsflüssigkeitswechsel von einer Werkstatt vornehmen lassen.

- Am rechten hinteren Bremssattel sauberen, durchsichtigen Schlauch auf Entlüftungsventil aufschieben, geeignetes Gefäß unterstellen. Damit das Entlüftungsventil zugänglich wird, entweder Rad ausbauen, oder Fahrzeug über eine Grube fahren.

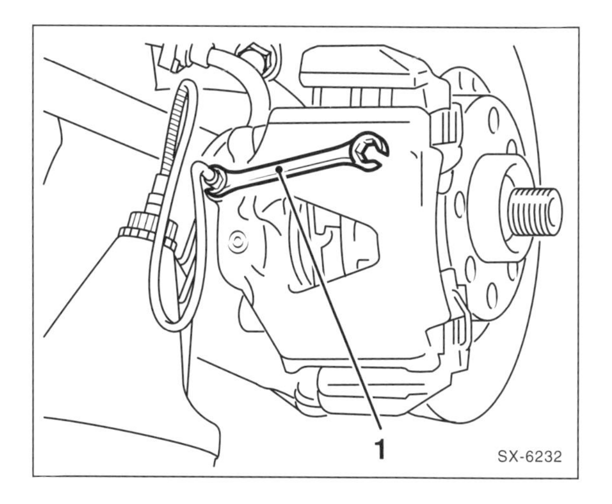

- Von Helfer das Bremspedal mehrmals durchtreten lassen, bis sich ein Gegendruck aufgebaut hat. Bremspedal getreten lassen, Entlüftungsventil am rechten hinteren Bremssattel mit offenem Ringschlüssel –1– öffnen. Entlüftungsschraube schließen, wenn das Pedal am Bodenblech anstößt. Fuß vom Bremspedal nehmen.

Achtung: Vorratsbehälter zwischendurch immer mit **neuer** Bremsflüssigkeit auffüllen. Er darf nie ganz leer sein, sonst gelangt Luft in das Bremssystem.

- Alte Bremsflüssigkeit aus den anderen Bremssätteln in der Reihenfolge – hinten rechts, hinten links, vorne rechts, vorne links – herauspumpen.

Achtung: Die abfließende Bremsflüssigkeit muss in jedem Fall klar und blasenfrei sein. An jedem Bremssattel sollen ca. **400 bis 500 cm³** (½ Liter) Bremsflüssigkeit herausgepumpt werden.

- Nach dem Bremsflüssigkeitswechsel das Bremspedal betätigen und Leerweg prüfen. Der Leerweg darf maximal ⅓ des gesamten Pedalwegs betragen.
- Da die Kupplungsbetätigung mit Bremsflüssigkeit arbeitet, am Nehmerzylinder ca. **250 cm³** (¼ Liter) Bremsflüssigkeit mithilfe des Kupplungspedals herausdrücken und dadurch Bremsflüssigkeit im Kupplungssystem erneuern. Kupplungsbetätigung anschließend entlüften, siehe Seite 242.
- Sieb in Vorratsbehälter hineinlegen.
- Bremsflüssigkeit im Vorratsbehälter bis zum markierten Stand vor dem Bremsflüssigkeitswechsel auffüllen.
- Verschlussdeckel am Behälter aufschrauben.

Achtung, Sicherheitskontrolle durchführen:

- Sind die Bremsschläuche festgezogen?
- Befindet sich der Bremsschlauch in der Halterung?
- Sind die Entlüftungsschrauben angezogen?
- Ist genügend Bremsflüssigkeit eingefüllt?
- Bei laufendem Motor Dichtheitskontrolle durchführen. Hierzu Bremspedal mit 200 bis 300 N (entspricht 20 bis 30 kg) etwa 10 Sekunden betätigen. Das Bremspedal darf nicht nachgeben. Sämtliche Anschlüsse auf Dichtheit kontrollieren.

- Anschließend einige Bremsungen auf Straße mit geringem Verkehr durchführen. Dabei auch mindestens eine Vollbremsung vornehmen, bei der die ABS-Regelung einsetzt, beispielsweise auf losem Untergrund. Die ABS-Regelung ist am Pulsieren des Bremspedals spürbar. **Achtung: Dabei besonders auf nachfolgenden Verkehr achten.**

Reifenprofil prüfen

Spezialwerkzeug ist nicht erforderlich.

Die Reifen ausgewuchteter Räder nutzen sich bei gewissenhaftem Einhalten des vorgeschriebenen Fülldrucks und bei fehlerfreier Radeinstellung und Stoßdämpferfunktion auf der gesamten Lauffläche annähernd gleichmäßig ab. Bei ungleichmäßiger Abnutzung können verschiedene Fehler vorliegen, siehe Kapitel »Räder und Reifen«. Im Übrigen lässt sich keine generelle Aussage über die Lebensdauer bestimmter Reifenfabrikate machen, denn die Lebensdauer hängt von unterschiedlichen Faktoren ab:

- Fahrbahnoberfläche
- Reifenfülldruck
- Fahrweise
- Witterung

Vor allem sportliche Fahrweise, scharfes Anfahren und starkes Bremsen fördern den schnellen Reifenverschleiß.

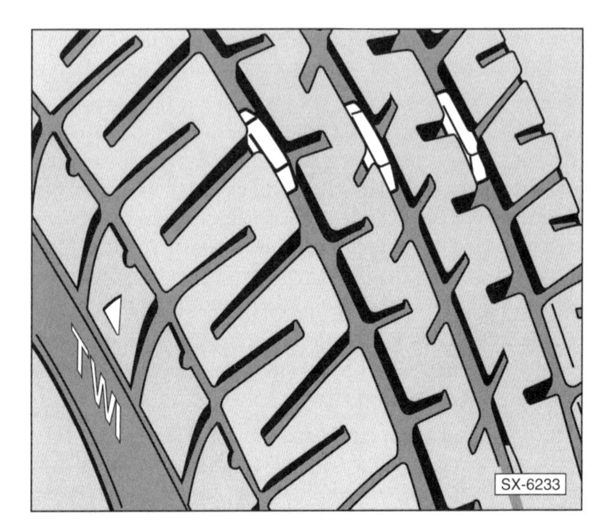

Nähert sich die Profiltiefe der gesetzlich zulässigen Mindestprofiltiefe, das heißt, weisen die mehrfach am Reifenumfang angeordneten, 1,6 mm hohen, Verschleißanzeiger kein Profil mehr auf, müssen die Reifen gewechselt werden. Es empfiehlt sich jedoch, sicherheitshalber die Reifen bereits bei einer Mindestprofiltiefe von 2 mm auszutauschen. **Achtung:** M + S-Reifen haben auf Matsch und Schnee nur den gewünschten Grip, wenn ihr Profil noch mindestens 4 mm tief ist.

Achtung: Reifen auf Schnittstellen untersuchen und mit kleinem Schraubendreher Tiefe der Schnitte feststellen. Wenn die Schnitte bis zur Karkasse reichen, korrodiert durch eindringendes Wasser der Stahlgürtel. Dadurch löst sich unter Umständen die Lauffläche von der Karkasse, der Reifen platzt. Deshalb: Bei tiefen Einschnitten im Profil aus Sicherheitsgründen Reifen austauschen.

Reifenfülldruck prüfen

Erforderliches Spezialwerkzeug:

■ Reifenfüllgerät an der Tankstelle.

Prüfen

Hinweis: Reifenfülldruck nur am kalten Reifen prüfen.

- Ventilkappe abschrauben.

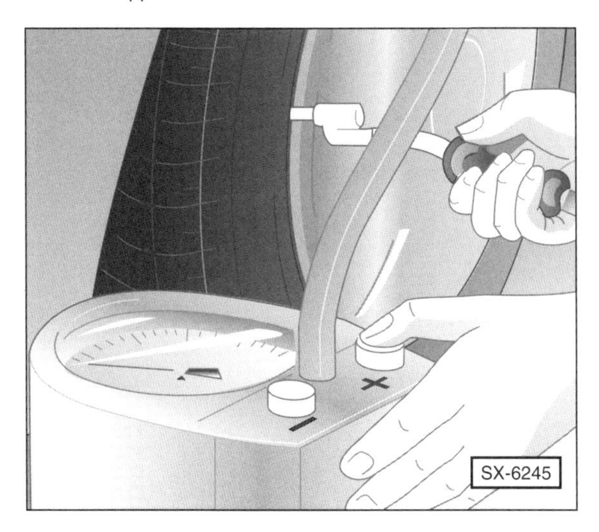

- Reifenfülldruck einmal im Monat sowie im Rahmen der Wartung (einschließlich Reserverad) prüfen.
- Zusätzlich sollte der Fülldruck vor längeren Autobahnfahrten kontrolliert werden, da hierbei die Temperaturbelastung für den Reifen am größten ist.
- Der richtige Fülldruck für die montierten Reifen steht auf einem Aufkleber an der Innenseite der Tankklappe.

Reifenventil prüfen

Erforderliches Spezialwerkzeug:

■ Ventil-Metallschutzkappe oder HAZET 666-1.

Prüfen

- Staubschutzkappe vom Ventil abschrauben.

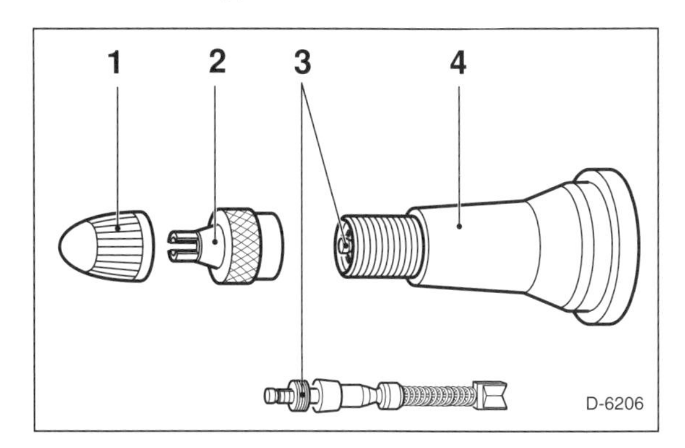

- Etwas Seifenwasser oder Speichel auf das Ventil geben. Wenn sich eine Blase bildet, Ventileinsatz –3– mit umgedrehter Metallschutzkappe –2– festdrehen.

Achtung: Zum Anziehen des Ventileinsatzes kann nur eine Metallschutzkappe –2– verwendet werden. Metallschutzkappen sind an der Tankstelle erhältlich. 1 – Gummischutzkappe, 4 – Ventil.

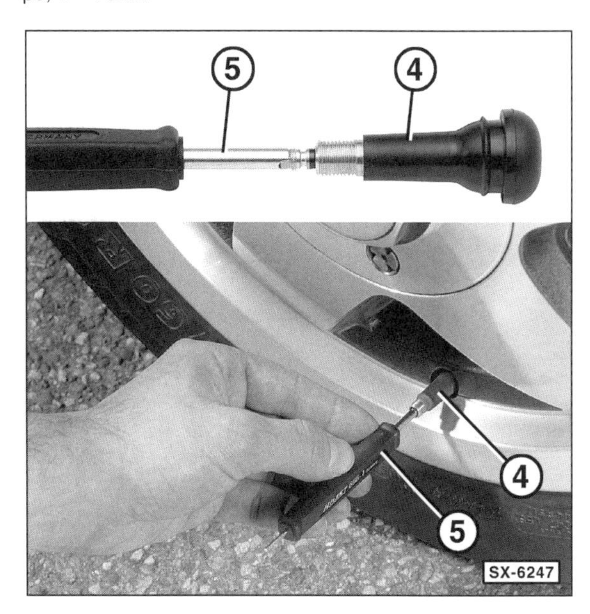

Hinweis: Anstelle der Metallschutzkappe kann auch das Werkzeug HAZET 666-1 –5– verwendet werden. 4 – Ventil.

- Ventil erneut prüfen. Falls sich wieder Blasen bilden oder das Ventil sich nicht weiter anziehen lässt, Ventil erneuern (Werkstattarbeit).
- Grundsätzlich Staubschutzkappe wieder aufschrauben.

Reifenreparaturset: Haltbarkeitsdatum überprüfen

Spezialwerkzeug ist nicht erforderlich.

Das Reifenreparaturset befindet sich unter dem Ladeboden im Gepäckraum.

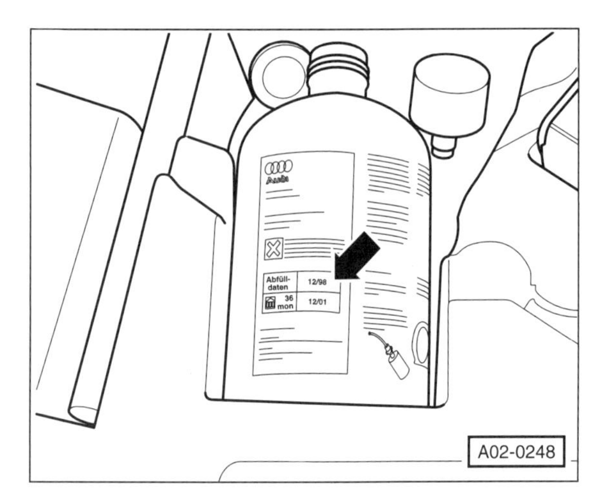

- Haltbarkeitsdatum –Pfeil– überprüfen. Bei Ablauf des Verfallsdatums Flasche erneuern.

Karosserie/Innenausstattung

- ■ Sicherheitsgurte: Auf Beschädigungen prüfen.
- ■ Airbageinheiten: Auf Beschädigungen prüfen.
- ■ Unterbodenschutz: Auf Beschädigungen prüfen.
- ■ Türfeststeller: Schmieren.
- ■ Lüftung/Heizung: Staub-/Pollenfilter-Einsatz erneuern.
- ■ Schiebedach: Führungsschienen schmieren.
- ● Wasserkasten: Auf Verschmutzung prüfen, gegebenenfalls reinigen.

Sicherheitsgurte sichtprüfen

Achtung: Geräusche, die beim Aufrollen des Gurtbands entstehen, sind funktionsbedingt. Auf keinen Fall darf zur Behebung von Geräuschen Öl oder Fett verwendet werden. Der Aufroll- und Gurtstrafferautomat darf aus Sicherheitsgründen nicht zerlegt werden.

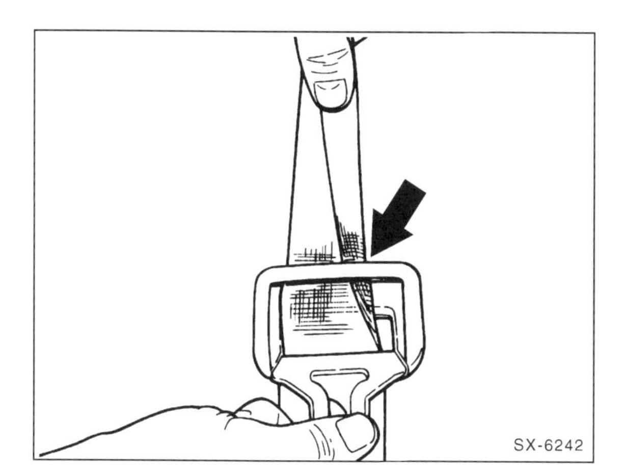

- ● Sicherheitsgurt ganz herausziehen und Gurtband auf durchtrennte Fasern prüfen.
- ● Beschädigungen können zum Beispiel durch Einklemmen des Gurtes oder durch brennende Zigaretten entstehen. In diesem Fall Gurt austauschen.
- ● Sind Scheuerstellen vorhanden, ohne dass Fasern durchtrennt sind, braucht der Gurt nicht ausgewechselt zu werden.
- ● Schwer gängigen Gurt auf Verdrehungen prüfen, gegebenenfalls Verkleidung an der Mittelsäule ausbauen.
- ● Wenn die Aufrollautomatik nicht mehr funktioniert, Gurt auswechseln (Werkstattarbeit).
- ● Gurtbänder nur mit Seife und Wasser reinigen, keinesfalls Lösungsmittel oder chemische Reinigungsmittel verwenden.

Airbageinheiten sichtprüfen

Erkennungsmerkmal für den Airbag ist der Schriftzug »AIRBAG« auf der Polsterplatte des Lenkrades beziehungsweise auf der Abdeckung an der rechten Seite der Armaturentafel.

- ● Sichtprüfung der Airbagmodule durchführen. Sie dürfen keine äußeren Beschädigungen aufweisen.

Sicherheitshinweise

- ■ Die Abdeckungen der Airbag-Einheiten dürfen nicht beklebt, überzogen oder anderweitig verändert werden.
- ■ Die Abdeckungen der Airbag-Einheiten dürfen nur mit einem trockenen oder mit Wasser angefeuchteten Lappen gereinigt werden.

Zusätzliche Hinweise:

- ■ Bei Ausstattung mit Seitenairbags dürfen die Sitzlehnen nur mit speziellen, von VW oder SKODA freigegebenen Bezügen überzogen werden.
- ■ Soll ein gegen die Fahrtrichtung angeordneter Babysitz auf dem Beifahrersitz eingebaut werden, muss zuvor der Beifahrer-Airbag bei einer SKODA-Werkstatt deaktiviert werden. Außerdem muss ein Warnschild »kein Babysitz vorn«, an Türholm, Sonnenblende oder Armaturenbrett auf der rechten Fahrzeugseite vorhanden sein, sonst kann es bei einer polizeilichen Überprüfung zu einem Bußgeldverfahren kommen.

Schließzylinder: Schmieren und Funktion prüfen

Prüfung am Türschloss der vorderen Türen sowie an der Heckklappe durchführen. **Hinweis:** Bei Fahrzeugen mit Zentralverriegelung ist möglicherweise an der Beifahrertür kein Schließzylinder eingebaut.

- ● Metallkappe für den Schlüsselschlitz vorsichtig abdrücken und den Schloss-Innenmechanismus einschmieren, zum Beispiel mit RETECH-Auto-Grease.
- ● Schlüssel in das Schloss stecken und mindestens 3-mal in jede Richtung bis zum Anschlag drehen.
- ● Prüfen, ob sich dabei die Sicherungsknöpfe nach oben und nach unten bewegen.
- ● Schlüssel abziehen und abwischen. **Hinweis:** Falls überschüssiges Schmiermittel auf Lackflächen gelangt ist, dieses mit einem sauberen Lappen abwischen.

Staub-/Pollenfilter-Einsatz erneuern

Der Filter befindet sich rechts im Wasserkasten, unter einer Abdeckung.

Ausbau

- Rechten Wischerarm ausbauen, siehe Seite 80.
- Gummidichtung der Wasserkastenabdeckung rechts bis zur Fahrzeugmitte abziehen.
- Rechte Wasserkastenabdeckung gegebenenfalls abschrauben, vorsichtig abziehen und herausnehmen.

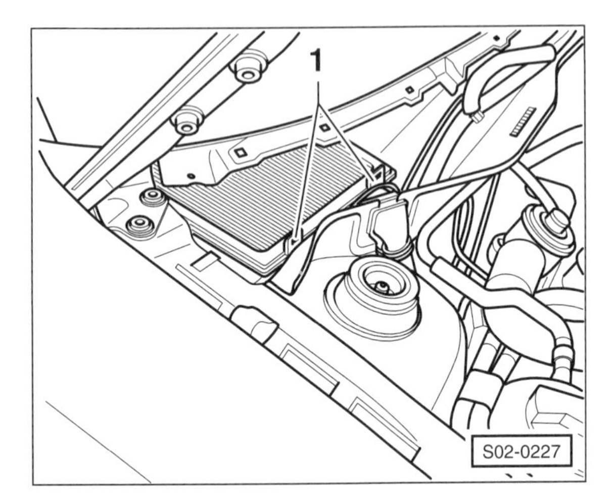

- Rastnasen –1– des Filtergehäuses zurückdrücken, Filtereinsatz mit Rahmen entnehmen.
- Rahmen vom Filtereinsatz abziehen.

Einbau

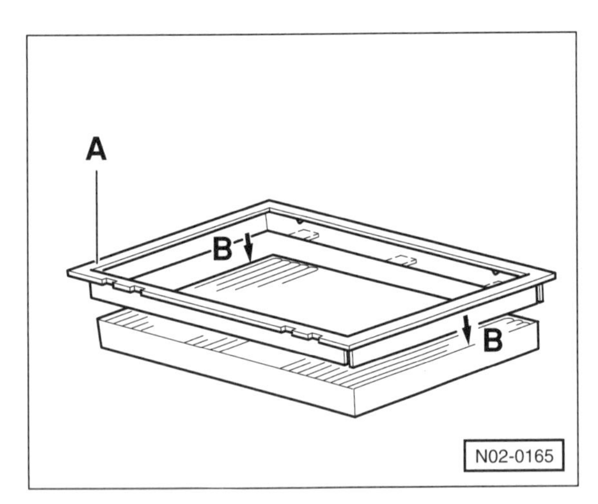

- Rahmen –A– links und rechts in die erste Lamelle –B– des neuen Filtereinsatzes einführen.

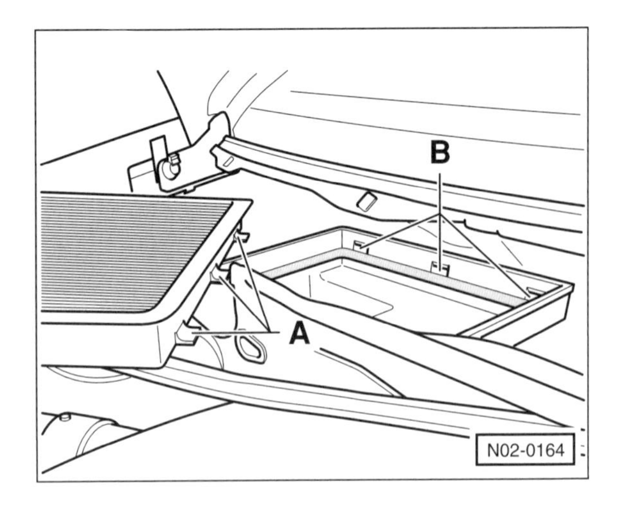

- Laschen –A– in die Aussparungen –B– am Filtergehäuse einführen und Rahmen mit Filtereinsatz nach unten drücken.
- Wasserkastenabdeckung einsetzen. Darauf achten, dass die Wasserkastenabdeckung korrekt befestigt ist. Abdeckung gegebenenfalls anschrauben.
- Gummidichtung aufdrücken.
- Rechten Wischerarm einbauen, siehe Seite 80.

Wasserkasten reinigen

- Wasserkastenabdeckung rechts ausbauen.
- Staub-/Pollenfiltergehäuse ausbauen.
- Wasserkasten auf Verschmutzungen prüfen; Laub und andere Fremdkörper entfernen.
- Linke Seite des Wasserkastens durch die Abdeckung sichtprüfen, bei Verschmutzung Abdeckung ausbauen.

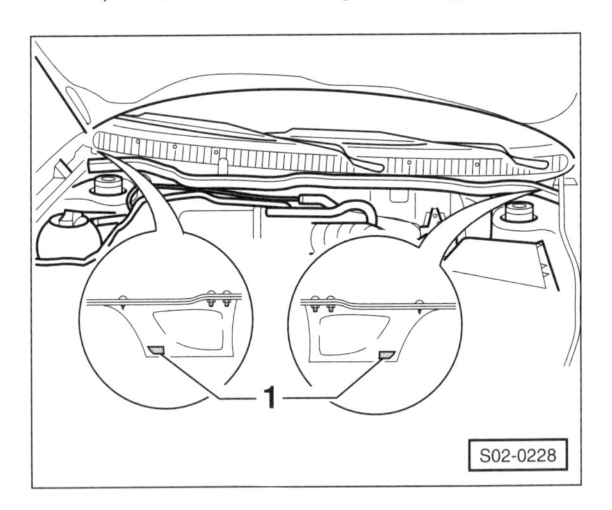

- Wasserablauföffnungen –1– im Wasserkasten auf Verschmutzung prüfen, gegebenenfalls reinigen.
- Staub-/Pollenfiltergehäuse einbauen.
- Wasserkastenabdeckung einbauen.

Schiebedach: Führungsschienen reinigen/schmieren

Erforderliches Betriebsmittel:

- Spezialfett G 052 778.

Achtung: Das SKODA-Spezialfett ist unbedingt zu verwenden, ansonsten kann der Schiebedach-Antrieb beschädigt werden.

- Schiebedach öffnen und die sichtbar werdenden, blanken Führungsschienen sauber abwischen.

Achtung: Angrenzende Karosserieteile mit Zeitungspapier abdecken. Schmiermittel nicht auf den Autolack bringen, andernfalls sofort wieder abwischen.

- Führungsschienen reinigen und mit SKODA-Spezialfett »G 052 778« schmieren.
- Dringt bei Regen oder der Fahrzeugwäsche Wasser durch das Schiebedach in den Innenraum, Undichtigkeiten von einer SKODA-Werkstatt beheben lassen.

Türfeststeller schmieren

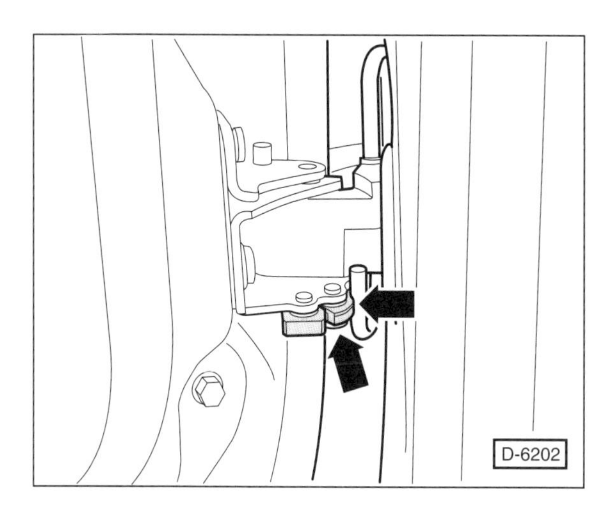

- Türfeststeller an allen Türen an den mit Pfeilen gekennzeichneten Stellen mit dem VW-Fett »G 000 400« schmieren.

Anhängerkupplung prüfen

Spezialwerkzeug: nicht erforderlich.

Erforderliches Betriebsmittel:

- Spezialfett VW/SKODA-G 052 778 A2.

Träger der Anhängerkupplung prüfen

- Abdeckkappe von der Spannhülse abnehmen.
- Hohlraum der Spannhülse prüfen, gegebenenfalls reinigen und mit Spezialfett G 052 778 A2 fetten.
- Abdeckkappe einsetzen.

Anhängerarm prüfen

- Prüfen, ob sich der Betätigungshebel dreht. Falls sich der Betätigungshebel nur schwergängig oder gar nicht dreht, Exzenter im Anhängerarm-Gehäuse reinigen und mit Spezialfett G 052 778 A2 schmieren. Wenn dies keine Abhilfe bringt, muss der Anhängerarm zum Hersteller eingeschickt und repariert werden.
- Schlüssel in das Schloss einsetzen und durch Drehen die Leichtgängigkeit prüfen. Falls sich der Sicherungsbolzen nur schwergängig oder gar nicht dreht, Bolzen reinigen, mit Spezialfett G 052 778 A2 schmieren und durch Hin- und Herbewegen gangbar machen. Wenn dies keine Abhilfe bringt, muss der Anhängerarm zum Hersteller eingeschickt und repariert werden.

Achung: Beim Auftragen des Spezialfetts darauf achten, dass das Fett nicht in den Spalt zwischen Schlossbolzen, Betätigungshebel, Exzenter und Anhängerarm-Gehäuse gelangt.

Funktion der Anhängerkupplung prüfen

- Anhängerarm in die Spannhülse einsetzen und einrasten.
- Schloss verschließen und Schlüssel abnehmen.
- Betätigungshebel nach unten drehen und dadurch prüfen, ob der Anhängerarm gesichert ist.

Achtung: Kann ein Vorgang der Funktionsprüfung nicht ausgeführt werden, beziehungsweise kann der verschlossene Hebel um einen Winkel größer als 5° gedreht werden, dann ist die Anhängerkupplung beschädigt und darf **nicht** betrieben werden.

Elektrische Anlage

- Alle Stromverbraucher: Funktion prüfen.
- Gegebenenfalls Scheinwerfer einstellen, siehe Seite 93.
- Batterie: Säurestand prüfen, gegebenenfalls destilliertes Wasser auffüllen.
- Frontscheibenwischer und Heckscheibenwischer: Wischergummis auf Verschleiß prüfen. Ruhestellung der Wischerblätter prüfen, siehe Kapitel »Scheibenwischeranlage«.
- Scheibenwischer: Wenn Wischerblätter rubbeln, Anstellwinkel prüfen.
- Scheibenwaschanlage, Scheinwerfer-Waschanlage: Flüssigkeitsstand und Funktion prüfen, Düsenstellung kontrollieren, siehe Kapitel »Scheibenwischeranlage«.
- Service-Intervallanzeige im Instrumenteneinsatz zurücksetzen, siehe Seite 15.

Stromverbraucher prüfen

Folgende Funktionen prüfen, gegebenenfalls Fehler beheben. Je nach Ausstattung sind nicht alle Verbraucher vorhanden.

- Beleuchtung, Scheinwerfer, Nebellampen, Blinkleuchten, Warnblinkanlage, Schlussleuchten, Nebelschlussleuchte, Rückfahrleuchten, Bremsleuchten, Parklichtschaltung.
- Innen- und Leseleuchten (Abschaltautomatik für Innenleuchten vorn), beleuchteter Ablagekasten, beleuchteter Ascher, Kofferraumbeleuchtung, beleuchteter Zündschlüssel.
- Warnsummer für nicht ausgeschaltetes Licht und/oder Radio.
- Alle Schalter in der Konsole.
- Bordcomputer.
- Kombiinstrument mit allen Anzeigen, Zählern, Leuchten und Beleuchtung.
- Hupe.
- Scheibenwisch-/Scheibenwaschanlage, Scheinwerferreinigungsanlage.
- Zigarrenanzünder.
- Elektrische Außenspiegel (beheizbar, einstellbar).
- Elektrische Fensterheber.
- Elektrisches Schiebe-/Ausstelldach.
- Zentralverriegelung, Funkfernbedienung, Komfortschließung.
- Beheizbare Sitze.
- Radio.

Batterie prüfen

Erforderliches Werkzeug:

- Messingdrahtbürste, Batterie-Pol- und Klemmenreinigungsbürste, zum Beispiel HAZET4650-4.

Erforderliches Betriebsmittel:

- Bei zu geringem Säurestand: Destilliertes Wasser.

Batterie prüfen

- Gehäuse der Batterie auf Beschädigungen sichtprüfen. Bei beschädigtem Gehäuse kann Batteriesäure auslaufen, was eventuell zu hohen Folgekosten führen kann. Gegebenenfalls Batterie erneuern.
- Säurestand und Ruhespannung prüfen, siehe Seite 66.

Batterie und Batterieklemmen auf festen Sitz prüfen

Eine lockere Batterie hat eine verkürzte Lebensdauer durch Rüttelschäden. Außerdem kann im Fahrbetrieb Batteriesäure austreten und die umliegenden Fahrzeugteile beschädigen. Eine lockere Batterie vermindert zudem die Crash-Sicherheit des Fahrzeugs.

- Batterie kräftig hin- und herbewegen.

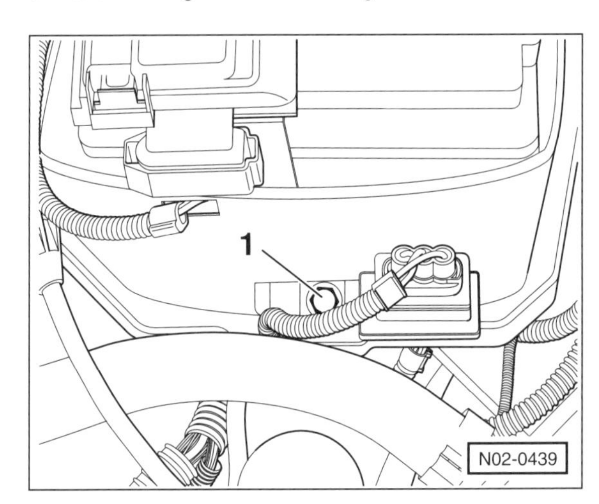

- Gegebenenfalls Halter lösen –1–, Batterie fest an die Führungen andrücken und Halter festziehen. Die Abbildung zeigt nicht die Batterie im OCTAVIA.
- Klemmmuttern an den Polklemmen auf festen Sitz prüfen, gegebenenfalls mit 5 Nm anziehen.
- Batterie-Pole und Anschlussklemmen reinigen, gegebenenfalls mit Messing-Drahtbürste von Korrosion befreien.

Achtung: Zwischen Batterie-Pol und Anschlussklemme darf kein Fett (Polfett/Vaseline) vorhanden sein. Andernfalls können, insbesondere beim Starten, die elektronischen Steuergeräte beschädigt werden.

Anstellwinkel der Scheibenwischerblätter prüfen/einstellen

Der Anstellwinkel der Wischerblätter muss eingestellt werden, wenn die Wischerblätter im Wischbetrieb rubbeln oder rattern.

Erforderliches Sonderwerkzeug:

- Scheibenwischer-Einstellwerkzeug HAZET 4851-1.

Prüfen

- Wischerarme in Ruhestellung bringen. Dazu Scheibe mit Wasser benetzen, Scheibenwischer kurze Zeit laufen lassen und mit dem Wischerschalter ausschalten.
- Wischerblatt ausbauen, siehe Kapitel »Scheibenwischergummi ersetzen«.

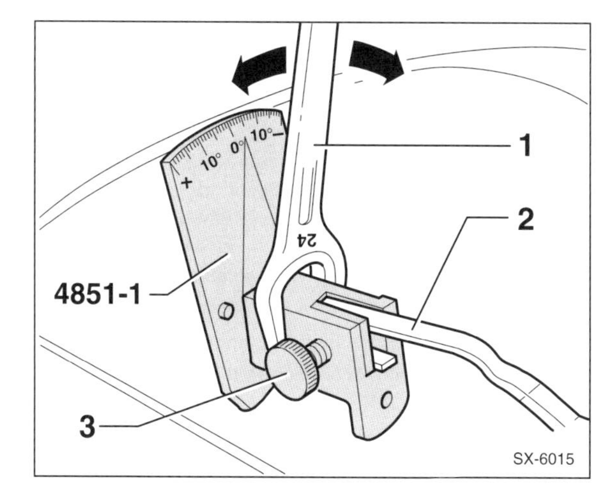

- Wischerarm –2– hochklappen, Spezialwerkzeug HAZET 4851-1 aufschieben und mit Schraube –3– arretieren.
- Wischerarm vorsichtig zurück klappen. Das Werkzeug HAZET 4851-1 muss mit 3 Punkten auf der Scheibe aufliegen.
- Anstellwinkel auf der Skala des Spezialwerkzeugs ablesen und mit Sollwert vergleichen.
  Fahrerseite: . . . . . . – 2°
  Beifahrerseite: . . . . . – 6°
  Heckwischer: . . . . . + 8°

Einstellen

- Wischerarm von der Scheibe abheben und mit Gabelschlüssel SW 24 –1–, wie in der Abbildung dargestellt, etwas verdrehen. Dabei aber den Wischerarm am Scharnier mit einer Zange gegenhalten, so dass das Scheibenwischerscharnier beim Einstellen nicht beschädigt wird.
- Anstellwinkel erneut prüfen und gegebenenfalls korrigieren, bis an der Skala der Sollwert angezeigt wird.
- Anschließend Werkzeug abbauen, nochmals neu aufsetzen und arretieren. Anstellwinkel erneut prüfen, gegebenenfalls korrigieren.

Sicherungen auf der Fahrzeugbatterie: Endanzug prüfen

Prüfen

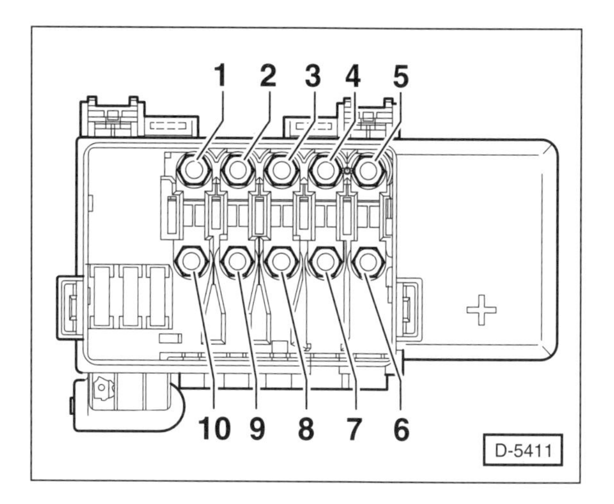

- Muttern der Schraubverbindungen –1– bis –10– mit **6 Nm** nachziehen.

Hinweis: Je nach Fahrzeug-Ausstattung sind nicht alle Sicherungsplätze belegt.

Wagenpflege

Aus dem Inhalt:

- Fahrzeug waschen
- Lackierung pflegen
- Unterbodenschutz
- Hohlraumkonservierung
- Polster reinigen
- Lackschäden ausbessern
- Werkzeugausrüstung
- Motorstarthilfe
- Fahrzeug abschleppen

Fahrzeug waschen

Aus Umweltschutzgründen ist es in den meisten Gemeinden verboten, Fahrzeuge auf öffentlichen Plätzen zu waschen. Wird das Auto sehr oft in einer automatischen Waschanlage gewaschen, hinterlassen die rotierenden Waschbürsten Schleifspuren auf dem Lack. Diese lassen sich verhindern, wenn man den Wagen von Hand in einer entsprechenden Waschanlage wäscht.

- Vogelkot, tote Insekten, Baumharze, Teerflecken, Streusalz und andere aggressive Ablagerungen sofort abwaschen, da sie ätzende Bestandteile enthalten, die Lackschäden verursachen.
- Beim Waschen reichlich Wasser verwenden. Mit einem weichen Schwamm oder Waschhandschuh beziehungsweise einer weichen Bürste auf dem Dach beginnend von oben nach unten mit geringem Druck reinigen; Schwamm oft ausspülen. **Achtung:** Wird ein Hochdruckreiniger benutzt, unbedingt Bedienungshinweise befolgen, insbesondere in Bezug auf Druck und Spritzabstand. Die Temperatur des Wassers darf maximal +60° C betragen.
- Waschmittel nur bei hartnäckiger Verschmutzung verwenden. Mit klarem Wasser gründlich nachspülen, um die Reste des Waschmittels zu entfernen. Bei regelmäßiger Benutzung von Waschmitteln muss öfter konserviert werden. Dem Waschwasser kann ein Konservierungsmittel beigegeben werden.
- Den Wasserstrahl nicht direkt auf Schließzylinder und Tür-/Deckelfugen richten, da diese im Winter sonst einfrieren könnten. In die Eintrittsöffnungen der Belüftungsanlage nur mit einem schwachen Strahl sprühen. Hochdruckdüse nicht gegen den Kühler richten.
- Zum Abtrocknen sauberes Leder verwenden. Verschiedene Leder für Lack- und Fensterflächen verwenden, da Konservierungsmittelrückstände auf den Scheiben zu Sichtbehinderungen führen.
- Durch Streusalz besonders gefährdet sind alle innen liegenden Falze, Flansche und Fugen an Türen und Hauben. Diese Stellen müssen deshalb bei jedem Wagenwaschen – auch nach der Wäsche in automatischen Waschstraßen – mit einem Schwamm gründlich gereinigt und anschließend abgespült und abgeledert werden.
- Wagen niemals in der Sonne waschen oder trocknen. Wasserflecken sind sonst unvermeidlich.

Achtung: Nach der Wagenwäsche Bremspedal während der Fahrt leicht antippen, um den Wasserfilm abzubremsen.

Lackierung pflegen

Konservieren: So oft wie nötig soll die sauber gewaschene und getrocknete Lackierung mit einem Konservierungsmittel behandelt werden, um die Oberfläche durch eine Poren schließende und Wasser abweisende Wachsschicht gegen Witterungseinflüsse zu schützen. Auch wenn regelmäßig Waschkonservierer verwendet wird, empfiehlt es sich, den Lack mindestens zweimal im Jahr mit Hartwachs zu schützen.

Übergelaufenen Kraftstoff, übergelaufenes Öl oder Fett, beziehungsweise übergelaufene Bremsflüssigkeit **sofort entfernen,** sonst kommt es zu Lackverfärbungen.

Spätestens, wenn Wasser nicht mehr deutlich vom Lack abperlt, muss konserviert werden. Der Lack trocknet sonst aus.

Eine weitere Möglichkeit, den Lack zu konservieren, bieten Waschkonservierer. Waschkonservierer schützen die Lackierung jedoch nur ausreichend, wenn sie bei **jeder** Wagenwäsche verwendet werden und der zeitliche Abstand zwischen 2 Wäschen nicht mehr als 2 bis 3 Wochen beträgt. Nur Lackkonservierer verwenden, die Carnauba- oder synthetische Wachse enthalten.

Polieren: Polieren ist nur dann erforderlich, wenn der Lack infolge mangelhafter Pflege beziehungsweise unter der Einwirkung von Umwelteinflüssen unansehnlich geworden ist und sich durch eine Behandlung mit Konservierungsmitteln kein Glanz mehr erzielen lässt. Zu warnen ist vor stark schleifenden oder chemisch stark angreifenden Poliermitteln, auch wenn der erste Versuch damit noch so sehr zu überzeugen scheint.

Vor jedem Polieren muss der Wagen sauber gewaschen und sorgfältig abgetrocknet werden. Im Übrigen ist nach der Gebrauchsanweisung für das Poliermittel zu verfahren.

Die Bearbeitung soll in nicht zu großen Flächen erfolgen, um ein vorzeitiges Eintrocknen der Politur zu vermeiden. Bei manchen Poliermitteln muss anschließend noch konserviert werden. Nicht in der prallen Sonne polieren!

Kunststoffteile und matt lackierte Teile dürfen nicht mit Konservierungs- oder Poliermitteln behandelt werden, da sich sonst Flecken bilden.

Teerflecke entfernen: Frische Teerflecke können mit einem in Waschbenzin getränkten weichen Lappen entfernt werden. Notfalls kann auch Petroleum oder Terpentinöl verwendet werden. Sehr gut gegen Teerflecke eignet sich auch ein Lackkonservierer. Bei Verwendung dieses Mittels kann auf ein Nachwaschen verzichtet werden.

Insekten entfernen: Insekten enthalten aggressive Stoffe, die den Lackfilm beschädigen können. Deshalb sofort mit lauwarmer Seifen- oder Waschmittellösung abwaschen. Es gibt auch spezielle Insekten-Entferner.

Außenbeleuchtung: Leuchten- und Scheinwerferabdeckungen können aus Kunststoff sein. Grundsätzlich keine aggressiven, ätzenden oder scheuernden Mittel und keine Eiskratzer verwenden. Nicht trocken säubern.

Kunststoffteile pflegen: Kunststoffteile, Kunstledersitze, Himmel, Leuchtengläser sowie mattschwarz gespritzte Teile mit Wasser und eventuell einem Shampoo-Zusatz säubern, Himmel nicht durchfeuchten. Kunststoffteile gegebenenfalls mit Kunststoffreiniger behandeln.

Scheiben reinigen: Schnee und Eis von Scheiben und Spiegeln nur mit einem Kunststoffschaber entfernen. Um Kratzer durch Schmutz zu vermeiden, sollte der Schaber nicht vor- und zurück bewegt, sondern nur geschoben werden. Fensterscheiben innen und außen mit sauberem, weichem Lappen abreiben. Bei starker Verschmutzung helfen Spiritus oder Salmiakgeist und lauwarmes Wasser oder auch ein spezieller Scheibenreiniger. Beim Reinigen der Windschutzscheibe Scheibenwischerarme nach vorn klappen. Auf keinen Fall die Scheiben mit Wachs behandeln.

Bei der Reinigung der Windschutzscheibe sind auch die Wischerblätter zu säubern.

Keine Aufkleber von innen über die Heizfäden der Heckscheibe kleben, da diese sonst beschädigt werden.

Die Klebefolie auf der Heckscheibe für die Bezeichnung der Fahrzeuge mit Allradantrieb gegebenenfalls in der SKODA-Werkstatt entfernen lassen, sonst kann die Heckscheibe beschädigt werden.

Achtung: Bei Verwendung silikonhaltiger Mittel dürfen die zur Reinigung der Lackierung verwendeten Waschbürsten, Schwämme, Lederlappen und Tücher nicht für die Scheiben verwendet werden. Beim Einsprühen der Lackierung mit silikonhaltigen Pflegemitteln sollten die Scheiben mit Pappe oder anderem Material abgedeckt werden.

Gummidichtungen pflegen: Gummidichtungen durch Einpudern der Dicht- und Gleitflächen mit Talkum oder Besprühen mit Silikonspray geschmeidig halten. So werden auch quietschende oder knarrende Geräusche beim Türen schließen vermieden. Auch das Einreiben der betreffenden Flächen mit Schmierseife beseitigt die Geräusche.

Reifen reinigen: Reifen nicht mit einem Dampfstrahlgerät reinigen. Wird die Düse des Dampfstrahlers zu nahe an den Reifen gehalten, wird dessen Gummischicht innerhalb weniger Sekunden irreparabel zerstört, selbst bei Verwendung von kaltem Wasser. Ein auf diese Weise gereinigter Reifen sollte sicherheitshalber ersetzt werden.

Stahlfelgen bei der regelmäßigen Fahrzeugwäsche mitwaschen, damit sich kein Bremsabrieb, Schmutz oder Streusalz festsetzen kann. Hartnäckig haftender Bremsabrieb mit einem Industriestaubentferner beseitigen. Lackschäden ausbessern, bevor sich Rost bildet.

Leichtmetallfelgen reinigen: Streusalz und Bremsabrieb spätestens alle zwei Wochen mit Felgenreiniger und Bürste gründlich abwaschen. Nach der Wäsche Felgen mit einem säurefreien Reinigungsmittel für Leichtmetallräder behandeln. Etwa alle drei Monate Felgen mit Hartwachs einreiben. Lackpolitur oder andere schleifende Mittel dürfen nicht verwendet werden. Lackschäden umgehend ausbessern.

Sicherheitsgurte nur mit milder Seifenlauge in eingebautem Zustand säubern, nicht chemisch reinigen, da dadurch das Gewebe zerstört werden kann. Automatikgurte nur in trockenem Zustand aufrollen.

Unterbodenschutz/ Hohlraumkonservierung

Die Fahrzeugunterseite ist mit Unterbodenschutz beschichtet. Die besonders stark gefährdeten Bereiche in den Radläufen sind mit Kunststoffschalen gegen Steinschlag geschützt. Vor der kalten Jahreszeit, im Frühjahr und nach einer Unterbodenwäsche sollte der Unterbodenschutz kontrolliert und gegebenenfalls ausgebessert werden.

Im Schleuderbereich des Unterbaues können sich Staub, Lehm und Sand ablagern. Den angesammelten Schmutz entfernen, zumal er während der Winterzeit auch noch mit Streusalz angereichert sein kann.

Auf den Hitzeschutzschilden des Katalysators und den Abgasrohren darf wegen der hohen Temperaturen im Katalysatorbereich kein Unterbodenschutz angebracht werden. Feuergefahr! Hitzeschutzschilde dürfen nicht entfernt werden.

Die korrosionsgefährdeten Hohlräume des Fahrzeugs sind ab Werk dauerhaft geschützt. Die Hohlraumkonservierung braucht weder geprüft noch nachbehandelt zu werden. Falls bei hohen Außentemperaturen etwas Wachs aus den Hohlräumen herauslaufen sollte, kann dieses mit einem Kunststoffschaber entfernt werden. Eventuelle Wachsflecken mit Waschbenzin entfernen.

Motorwäsche/Motorraum konservieren: Vor und nach der Streusalzperiode sollte der Motorraum gereinigt und anschließend konserviert werden. Motorwäsche nur bei ausgeschalteter Zündung durchführen. Vor der Motorwäsche, die zum Beispiel mit Kaltreiniger und einem Dampfstrahlgerät durchgeführt werden kann, Generator, Sicherungskasten, Bremsflüssigkeitsbehälter und, wo vorhanden Zündverteiler, mit Plastikhüllen abdecken.

Nach jeder Motorwäsche den Motorraum einschließlich der im Motorraum befindlichen Teile der Bremsanlage, Achselemente mit Lenkung sowie Karosserieteile und Hohlräume mit einem hochwertigen Konservierungswachs einsprühen. Dabei den Keilrippenriemen abdecken und vor Wachs schützen.

Da bei einer Motorwäsche Benzin-, Fett- und Ölreste abgeschwemmt werden, muss das verschmutzte Wasser durch einen Ölabscheider gereinigt werden. Deshalb darf eine Motorwäsche nur in einer Werkstatt oder Tankstelle (wenn diese entsprechend ausgerüstet sind) durchgeführt werden.

Polsterbezüge pflegen/reinigen

Textilbezüge: Polsterbezüge mit Staubsauger und Bürste reinigen. Bei starker Verschmutzung Textilbezüge mit Trockenschaum reinigen.

Fett- und Ölflecke mit Reinigungsbenzin oder Fleckenwasser behandeln. Das Reinigungsmittel darf aber nicht unmittelbar auf den Stoff gegossen werden, da sich sonst unweigerlich Ränder bilden. Fleck durch kreisförmiges Reiben von außen nach innen bearbeiten. Andere Verschmutzungen lassen sich meistens mit lauwarmem Seifenwasser entfernen.

Lederbezüge: Bei starker Sonneneinstrahlung und längerer Standzeit Sitze abdecken, damit sie nicht ausbleichen.

Trikot- oder Wolllappen mit Wasser leicht anfeuchten und Lederflächen säubern, ohne das Leder oder die Nahtstellen zu durchfeuchten. Anschließend das getrocknete Leder mit einem sauberen und weichen Tuch nachreiben.

Auf keinen Fall Leder mit Lösungsmitteln, Bohnerwachs, Schuhcreme oder Fleckenentferner behandeln.

Stärker verschmutzte Lederflächen mit einem milden Feinwaschmittel ohne Aufheller (2 Esslöffel auf 1 Liter Wasser) reinigen. Fett- und Ölflecke vorsichtig ohne Reiben mit Reinigungsbenzin abtupfen.

Lackierte Lederpolster sollten nach dem Reinigen mit einem handelsüblichen Pflegemittel für Lederflächen behandelt werden. Solche Mittel sind bei den Fachwerkstätten und im Autofachhandel erhältlich. Das Mittel vor Gebrauch gut schütteln und mit einem weichen Lappen dünn auftragen. Nach dem Eintrocknen mit einem sauberen und weichen Tuch nachreiben. Diese Behandlung empfiehlt sich bei normaler Beanspruchung alle 6 Monate.

Steinschlagschäden ausbessern

Ausbeul- und Lackierarbeiten an der Autokarosserie setzen Erfahrung über den Werkstoff und dessen Bearbeitung voraus. Derartige Fertigkeiten werden in der Regel erst durch eine langjährige Praxis erreicht. Aus diesem Grund wird hier nur das Ausbessern von kleineren Lackschäden erläutert.

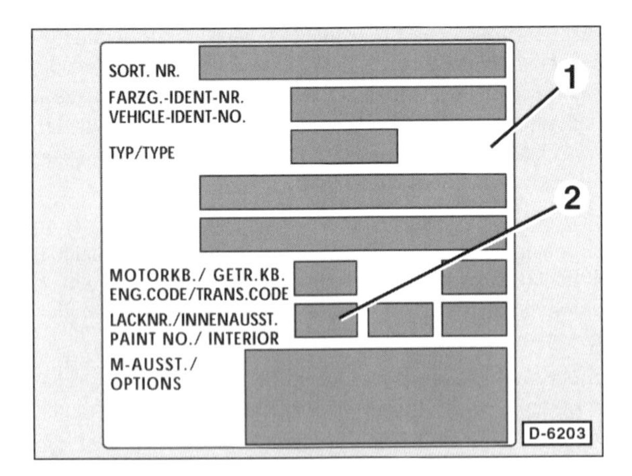

Zum Nachlackieren wird unbedingt dieselbe Lackfarbe benötigt, denn selbst kleinste Farbunterschiede fallen nach Abschluss der Arbeiten sofort ins Auge. Der jeweilige Fahrzeug-Farbton wird vom Hersteller durch die Lacknummer –2– auf dem Fahrzeugdatenträger –1– angegeben. Der Fahrzeugdatenträger befindet sich im Gepäckraum in der Reserveradmulde.

Treten dennoch Differenzen zwischen dem Originallack und dem Reparaturlack auf, dann liegt das daran, dass sich die Fahrzeug-Lackierung durch Alterung, ultraviolette Sonnenbestrahlung, extreme Temperaturdifferenzen, Witterungsbedingungen und chemische Einflüsse wie beispielsweise Industrieabgase mit der Zeit verändert hat. Außerdem können Oberflächenschäden, Farbveränderungen und Ausbleichen des Lackes eintreten, wenn Reinigung und Lackpflege mit ungeeigneten Mitteln durchgeführt wurden.

Die Metallic-Lackierung besteht aus 2 Schichten, dem Metallic-Grundlack und der farblosen Decklackierung. Beim Lackieren wird der Klarlack über den feuchten Grundlack gespritzt. Die Gefahr von Farbdifferenzen bei der nachträglichen Metallic-Lackierung ist besonders groß, da hier schon die unterschiedliche Viskosität des Reparaturlackes gegenüber dem Originallack zu Farbverschiebungen führt.

Es lohnt sich, auch kleinste Lackschäden regelmäßig zu beseitigen, da auf diese Weise Rostschäden und größere Reparaturen vermieden werden.

Für kleine Kratzer und Steinschläge, die lediglich den Decklack abgesplittert haben, also nicht bis aufs blanke Blech vorgedrungen sind, genügt im allgemeinen der Lackstift oder Tupflack. Dabei handelt es sich um eine kleine Lackdose, in deren Deckel ein Pinsel integriert ist. Der Lackstift wird im Auto-Zubehörhandel angeboten.

- Tiefere Steinschlagschäden, die schon kleine Rostnarben gebildet haben, mit einem »Rostradierer« beziehungsweise einem Messer oder einem kleinen Schraubendreher auskratzen, bis das blanke Blech erscheint. Wichtig ist, dass keine auch noch so kleine Roststelle mehr sichtbar ist. Bei »Rostradierern« handelt es sich um kleine Kunststoffhülsen, die zum Auskratzen des Rostes kurze Drahtborsten besitzen.
- Die blanken Stellen müssen einwandfrei trocken und fettfrei sein. Dazu Reparaturstelle sowie umgebenden Lack mit Silikonentferner reinigen.
- Auf die blanke Metallfläche mit einem dünnen Pinsel etwas Lackgrundierung (»Primer«) auftragen. Da das Grundiermittel meist in Sprühdosen erhältlich ist, etwas Grundiermittel in den Deckel der Dose sprühen und Pinsel dort eintauchen.
- Nachdem die Grundierung trocken ist, Stelle mit Tupflack ausbessern. Bei den Tupflackdosen ist der Pinsel bereits im Deckel integriert. Falls nur eine Spraydose mit der entsprechenden Farbe zur Verfügung steht, etwas Farbe in den Deckel der Dose sprühen und anschließend Lack mit einem dünnen Wasserfarbenpinsel auftragen. Dabei in einem Arbeitsgang immer nur eine dünne Lackschicht anbringen, damit der Lack nicht herunterlaufen kann. Anschließend Farbe gut trocknen lassen. Vorgang so oft wiederholen, bis der Krater ausgefüllt ist und die ausgebesserte Stelle gegenüber der umgebenden Lackfläche keine Vertiefung mehr bildet.

Werkzeugausrüstung

Langfristig zahlt es sich immer aus, wenn man qualitativ hochwertiges Werkzeug kauft. Neben einer Grundausstattung mit Maul- und Ringschlüsseln in den gängigen Größen und verschiedenen Torxschraubendrehern sowie einem Satz Steckschlüssel empfiehlt sich auch der Kauf eines Drehmomentschlüssels. Darüber hinaus ist bei manchen Arbeitsgängen der Einsatz von Spezialwerkzeug zwingend erforderlich.

Gutes und stabiles Werkzeug wird von der Firma HAZET (42804 Remscheid, Postfach 100461) angeboten. In den Tabellen sind die Werkzeuge mit der HAZET-Bestellnummer aufgeführt. Vertrieben wird das Werkzeug über den Fachhandel.

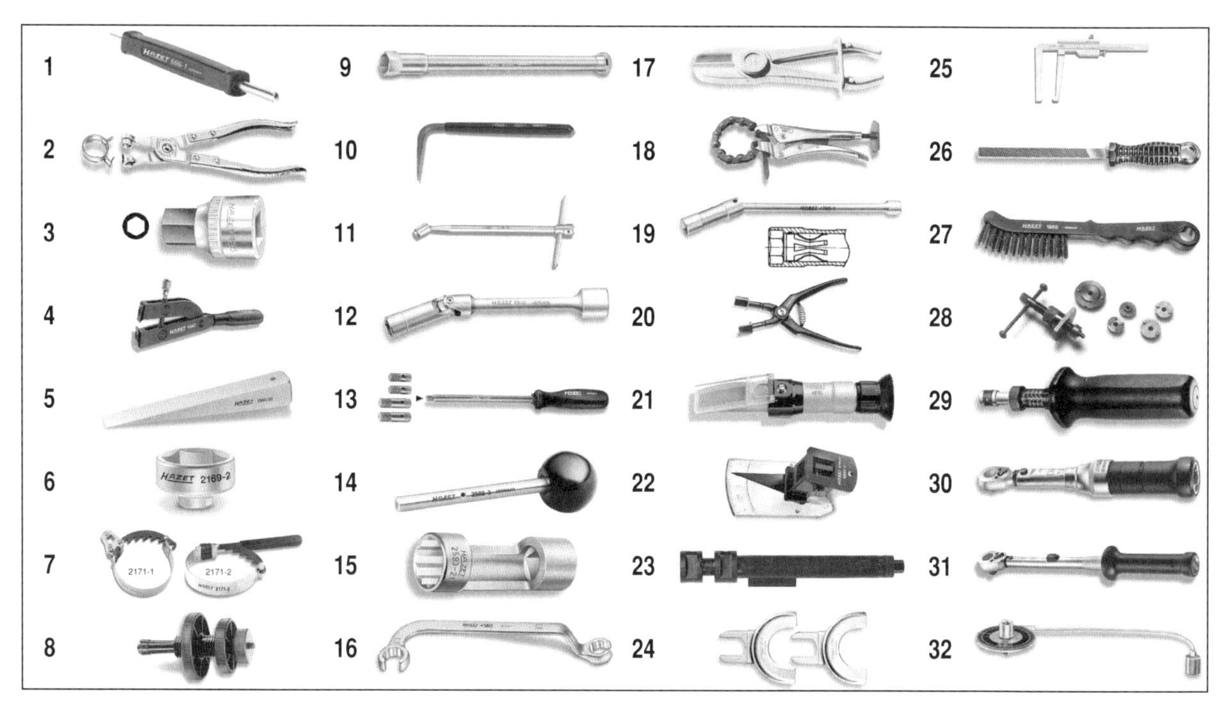

Abb.	Werkzeug	Hazet-Nr.
1	Ventildreher für Reifenventile	666-1
2	Zange für Federbandschellen der Kühlmittelschläuche	798-5
3	Innensechskant-Steckschlüsseleinsatz für Getriebeöl-Einfüllschraube	985-17
4	Spannzange für Edelstahlklammern der Gelenkwellenmanschetten	1847
5	Montagekeil	1965-20
6	Ölfilterschlüssel für Dieselmotor	2169-36
7	Ölfilterschlüssel für Benzinmotor	2171-1
8	Kupplungs-Zentrierwerkzeug	2174
9	Zündkerzen-Steckschlüsseleinsatz für 8-Ventil-Benzinmotor	2506
10	Demontagewerkzeug für Airbag	2525-1
11	Gelenkschlüssel für Befestigungsschrauben der Ölwanne	2528-10
12	Gelenkschlüssel für Glühkerzenausbau	2530
13	Führungsbolzen für Zylinderkopf	2571-5
14	Nockenwellen-Absteckstift (Diesel)	2588-3
15	Steckschlüssel für Federbein vorn	2593-21
16	Offener Ringschlüssel für Einspritzleitungen (Diesel)	4560

Abb.	Werkzeug	Hazet-Nr.
17	Abklemmzangen-Satz	4590/2
18	Ketten-Abgasrohrschneider	4682
19	Zündkerzenschlüssel für 16-/20-Ventil-Benzinmotor	4766-1
20	Relais-Zange	4770-1
21	Messgerät für Säuredichte und Frostschutzanteil	4810 B
22	Winkeleinsteller für Scheibenwischerarme	4851-1
23	Spanngerät für Schraubenfedern der Federbeine	4900-2A
24	Federspanner-Spannplatten-Paar für den OCTAVIA vorn	4900-11
25	Bremsscheiben-Messschieber	4956-1
26	Bremssattelfeile	4968-1
27	Bremssatteldrahtbürste	4968-3
28	Bremskolbendrehwerkzeug für hintere Scheibenbremsen	4970/6
29	Drehmomentschlüssel 1 – 6 Nm	6003 CT
30	Drehmomentschlüssel 4– 40 Nm	6109-2 CT
31	Drehmomentschlüssel 40 – 200 Nm	6122–1CT
32	Winkelscheibe für drehwinkelgesteuerten Schraubenanzug	6690

Motorstarthilfe

Sicherheitshinweise

Werden die vorgeschriebenen Anschlusshinweise nicht genau eingehalten, besteht die Gefahr der Verätzung durch austretende Batteriesäure. Außerdem können Verletzungen oder Schäden durch eine Batterieexplosion entstehen oder Defekte an der Fahrzeugelektrik auftreten.

- Batterieflüssigkeit von Augen, Haut, Gewebe und lackierten Flächen fern halten. Die Flüssigkeit ist ätzend. Säurespritzer sofort mit klarem Wasser gründlich abspülen. Gegebenenfalls einen Arzt aufsuchen. Nicht über die Batterie beugen – Verätzungsgefahr!
- Keine Funken oder offenen Flammen in Batterienähe, da aus der Batterie brennbare Gase austreten können.
- Augenschutz tragen.
- Darauf achten, dass die Starthilfekabel nicht durch drehende Teile wie zum Beispiel den Kühlerventilator beschädigt werden.

- Die Starthilfekabel sollten einen Leitungsquerschnitt von 25 mm^2 aufweisen und mit isolierten Kabelzangen ausgestattet sein. In der Regel ist der Leitungsquerschnitt auf der Packung der Starthilfekabel angegeben.
- Bei beiden Batterien muss die Spannung 12 Volt betragen. Die Kapazität der stromgebenden Batterie darf nicht wesentlich unter der der entladenen Batterie liegen.
- Eine entladene Batterie kann bereits bei –10° C gefrieren. Vor Anschluss der Starthilfekabel muss eine gefrorene Batterie unbedingt aufgetaut werden, die Batterie könnte sonst explodieren!
- Die entladene Batterie muss ordnungsgemäß am Bordnetz angeklemmt sein.
- Wenn möglich, Säurestand der entladenen Batterie prüfen, gegebenenfalls destilliertes Wasser auffüllen und Batterie verschließen.
- Fahrzeuge so weit auseinander stellen, dass kein metallischer Kontakt besteht. Andernfalls könnte bereits beim Verbinden der Pluspole ein Strom fließen.
- Bei beiden Fahrzeugen Handbremse anziehen. Schaltgetriebe in Leerlaufstellung, automatisches Getriebe in Parkstellung »P« schalten.
- Alle Stromverbraucher, auch Autotelefon, ausschalten.
- Grundsätzlich Motor des Spenderfahrzeuges ca. 1 Minute vor dem Startvorgang und während des Startvorganges mit Leerlaufdrehzahl drehen lassen. Dadurch wird eine Beschädigung des Generators durch Spannungsspitzen beim Startvorgang vermieden.
- Starthilfekabel in folgender Reihenfolge anschließen:

  1. Rotes Kabel –1– an den Pluspol (+) der entladenen Batterie –Fahrzeug A– anklemmen.

  2. Das andere Ende des roten Kabels an den Pluspol (+) der Strom gebenden Batterie –Fahrzeug B– anklemmen.

  3. Schwarzes Kabel –2– an den Minuspol (–) der Strom gebenden Batterie anklemmen.

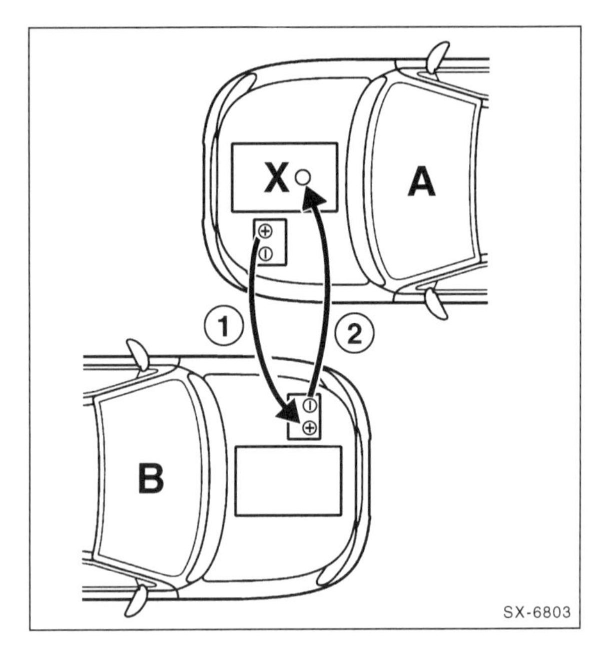

  4. Das andere Ende des schwarzen Kabels an eine gute Massestelle –X– des Empfängerfahrzeuges anschließen. **Achtung: Nicht an den Minuspol (–) der leeren Batterie.** Am besten eignet sich ein mit dem Motorblock verschraubtes Metallteil. Unter ungünstigen Umständen könnte beim Anschließen des Kabels an den Minuspol der leeren Batterie, durch Funkenbildung und Knallgasentwicklung, die Batterie explodieren.

Achtung: Die Klemmen der Starthilfekabel dürfen bei angeschlossenen Kabeln nicht in Kontakt miteinander kommen, beziehungsweise die Plusklemmen dürfen keine Massestellen (Karosserie oder Rahmen) berühren – Kurzschlussgefahr!

- Motor des Empfängerfahrzeuges (leere Batterie) starten und laufen lassen. Beim Starten Anlasser nicht länger als 10 Sekunden ununterbrochen betätigen, da sich durch die hohe Stromaufnahme Polzangen und Kabel erwärmen. Deshalb zwischendurch eine »Abkühlpause« von mindestens ½ Minute einlegen.
- Bei Startschwierigkeiten nicht unnötig lange den Anlasser betätigen. Während des Anlassens wird permanent Kraftstoff eingespritzt. Fehlerursache ermitteln und beseitigen.
- Nach erfolgreichem Start beide Fahrzeuge mit der »Strombrücke« noch 3 Minuten laufen lassen.
- Um Spannungsspitzen beim Trennen abzubauen, im Fahrzeug mit der leeren Batterie Gebläse und Heckscheibenheizung einschalten. Nicht das Fahrlicht einschalten. Glühlampen brennen bei Überspannung durch.
- **Nach der Starthilfe** Kabel in **umgekehrter** Reihenfolge abklemmen: Zuerst schwarzes Kabel –2– (–) am Empfängerfahrzeug, dann am Strom gebenden Fahrzeug abklemmen. Rotes Kabel –1– zuerst am Strom gebenden und dann am Empfängerfahrzeug abklemmen.

Fahrzeug abschleppen

Das Fahrzeug darf nur an den dafür vorgesehenen Abschleppösen abgeschleppt werden.

Abschleppseil/Abschleppstange anbringen

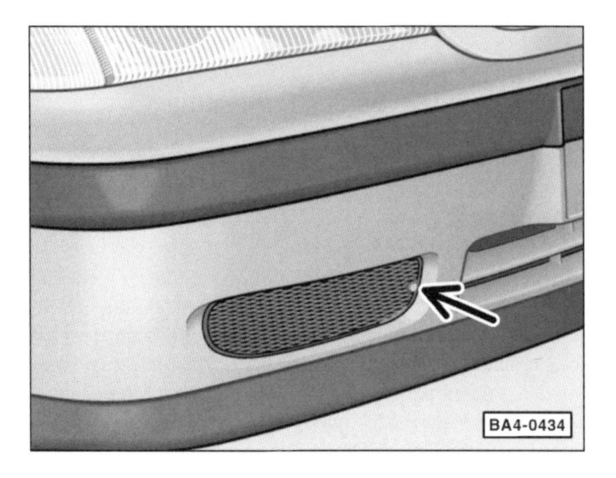

- Die Abschleppösen befinden sich vorn und hinten, jeweils auf der rechten Seite unter dem Stoßfänger.
- Vor der Benutzung der vorderen Abschleppöse, Belüftungsgitter mit einem Schraubendreher entfernen. Dazu Schraubendreher in die Öffnung –Pfeil– stecken und Belüftungsgitter vorsichtig heraushebeln.
- Nach Gebrauch der Abschleppöse Belüftungsgitter in die Führungen einsetzen und andrücken.

Regeln beim Abschleppen

- Beide Fahrer müssen mit den Besonderheiten beim Schleppvorgang vertraut sein. Ungeübte sollten weder an- noch abschleppen.
- Gesetzliche Bestimmungen über das Schleppen müssen beachtet werden.
- Zündung einschalten, damit das Lenkrad nicht blockiert ist und Blinkleuchten, Signalhorn, Scheibenwischer, Scheibenwaschanlage, Scheinwerfer und andere Verbraucher eingeschaltet werden können.
- Getriebe in Leerlaufstellung bringen.
- Warnblinkanlage bei beiden Fahrzeug einschalten.
- Bremskraftverstärker und Servolenkung arbeiten nur bei laufendem Motor. Sie müssen bei stehendem Motor entsprechend kräftiger betätigt werden. Auch die Lenkung ist viel schwerer zu betätigen!
- **Empfehlenswert ist die Verwendung einer Abschleppstange.** Ein Abschleppseil soll elastisch sein. Nur Kunstfaserseile oder Seile mit elastischen Zwischengliedern verwenden.
- Der Fahrer des ziehenden Wagens muss beim Schalten weich einkuppeln. Der Fahrer des gezogenen Wagens hat darauf zu achten, dass das Seil stets straff ist.
- Ohne Öl im Schaltgetriebe beziehungsweise Automatikgetriebe darf der Wagen nur mit angehobenen Antriebsrädern abgeschleppt werden.

Fahrzeuge mit Automatikgetriebe

Wählhebelstellung: »N«
Maximale Schleppgeschwindigkeit: **50 km/h!**
Maximale Schleppentfernung: **50 Kilometer!**

- Über große Entfernungen das Fahrzeug mit einem Abschleppwagen vorn anheben oder aufladen.

Achtung: Fahrzeug niemals rückwärts abschleppen, da sonst die Antriebswellen rückwärts drehen und dadurch die Räder im automatischen Getriebe so hohe Drehzahlen erreichen, dass das Getriebe in kurzer Zeit schwer beschädigt werden könnte.

Fahrzeuge mit Allradantrieb

Der OCTAVIA mit Allradantrieb kann mit angehobener Vorder- oder Hinterachse abgeschleppt werden, da die an der Hinterachse eingebaute Haldex-Kupplung den Antrieb der Hinterachse bei stehendem Motor vollständig vom Antriebsstrang abkoppelt.

Achtung: Bei Fahrzeugen mit Allradantrieb darf der Motor generell beim Abschleppen **nicht laufen**.

Das Fahrzeug darf allerdings auf diese Weise **nicht mehr als 50 km weit** abgeschleppt werden, und die Geschwindigkeit darf hierbei **50 km/h nicht überschreiten**. Anderenfalls muss das Fahrzeug auf einen Abschleppwagen aufgeladen werden.

Fahrzeug anschleppen (Notstart)

Das Anschleppen (Starten des Motors durch das rollende Fahrzeug) ist bei Fahrzeugen mit Automatikgetriebe nicht möglich.

Bevor der Motor durch Anschleppen des Fahrzeuges gestartet wird, möglichst Batterie eines anderen Fahrzeugs als Starthilfe benutzen.

Achtung: Bei betriebswarmem Benzinmotor darf nur über eine Strecke von maximal 50 Metern angeschleppt werden, da sonst die Gefahr von Katalysatorschäden besteht.

- Vor dem Anschleppen den 2. oder 3. Gang einlegen, Kupplungspedal treten und halten.
- Zündung einschalten.
- Wenn beide Fahrzeuge in Bewegung sind, langsam einkuppeln.
- Sobald der Motor angesprungen ist, Kupplung treten und Gang herausnehmen, um nicht auf das ziehende Fahrzeug aufzufahren.

Elektrische Anlage

Aus dem Inhalt:

- Relais/Schalter prüfen
- Elektromotoren prüfen
- Sicherungen ersetzen
- Batterie ausbauen
- Anlasser prüfen
- Generator prüfen
- Scheibenwischer
- Radio
- Beleuchtungsanlage

Bei der Überprüfung der elektrischen Anlage stößt der Heimwerker in den technischen Unterlagen immer wieder auf die Begriffe Spannung, Stromstärke und Widerstand.

Die Spannung wird in Volt (V) gemessen, die Stromstärke in Ampere (A) und der Widerstand in Ohm (Ω). Mit dem Begriff Spannung ist beim Auto in der Regel die Batteriespannung gemeint. Es handelt sich dabei um eine Gleichspannung von ca. 12 Volt. Die Höhe der Batteriespannung hängt vom Ladezustand der Batterie und von der Außentemperatur ab. Sie kann zwischen 10 und 13 Volt betragen. Demgegenüber wird die Bordspannung vom Generator (Lichtmaschine) erzeugt, die bei mittleren Drehzahlen ca. 14 Volt beträgt.

Der Begriff Stromstärke taucht im Bereich der Automobil-Elektrik relativ selten auf. Die Stromstärke ist beispielsweise auf der Rückseite von Sicherungen angegeben und weist auf den maximalen Strom hin, der fließen kann, ohne dass die Sicherung durchbrennt und damit den Stromkreis unterbricht.

Überall wo Strom fließt, muss er einen Widerstand überbrücken. Der Widerstand ist unter anderem von folgenden Faktoren abhängig: Leitungsquerschnitt, Leitungsmaterial, Stromaufnahme usw. Ist der Widerstand zu groß, treten Funktionsstörungen auf. Beispielsweise darf beim Benzinmotor der Widerstand in den Zündleitungen nicht zu hoch sein, sonst fehlt ein ausreichend starker Zündfunke an den Zündkerzen, der das Kraftstoff-Luftgemisch entzündet und damit den Motor zum Laufen bringt.

Achtung: Vor Arbeiten an der elektrischen Anlage grundsätzlich das Batterie-Massekabel abklemmen. Dazu Hinweise im Kapitel »Batterie aus- und einbauen« durchlesen. Als Arbeit an der elektrischen Anlage ist dabei schon zu betrachten, wenn eine elektrischen Leitung vom Anschluss abgezogen beziehungsweise abgeklemmt wird.

Messgeräte

Zum Messen der Bordelektrik gibt es im Handel so genannte Mehrfach-Messgeräte. Sie vereinen in einem Gerät das Voltmeter, um Spannungen zu messen, das Amperemeter, um die Stromstärke zu messen und das Ohmmeter, zum Messen des Widerstandes. Die im Handel befindlichen Messgeräte unterscheiden sich hauptsächlich im Messbereich und in der Messgenauigkeit. Durch den Messbereich wird festgelegt, in welchem Bereich Spannungen oder Widerstände liegen müssen, damit sie überhaupt vom Gerät erfasst werden können.

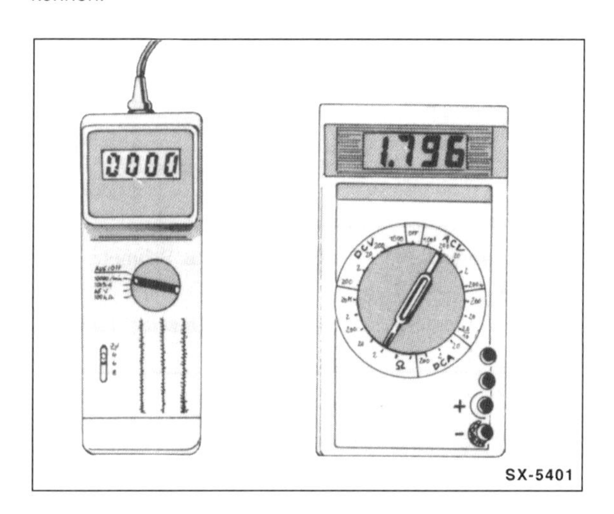

SX-5401

Für den Heimwerker gibt es Vielfach-Messgeräte, die speziell für Prüfarbeiten am Auto abgestimmt sind. Mit solch einem Gerät können Motordrehzahl, Zünd-Schließwinkel und Spannungen bis zu 20 Volt gemessen werden. Bei Widerstandsmessungen beschränkt sich das Gerät in der Regel auf den Kilo-Ohm-Bereich, also etwa 1 – 1.000 kΩ.

Darüber hinaus werden Messgeräte zur Überprüfung von elektrischen und elektronischen Bauteilen angeboten. Sie erlauben eine umfassende Messung von kleinen Widerständen in Ohm (Ω) bis zu großen Widerständen im Mega-Ohm-Bereich (MΩ). Spannungen (in Volt) können sehr exakt gemessen werden, was vor allem bei elektronischen Bauteilen erforderlich ist.

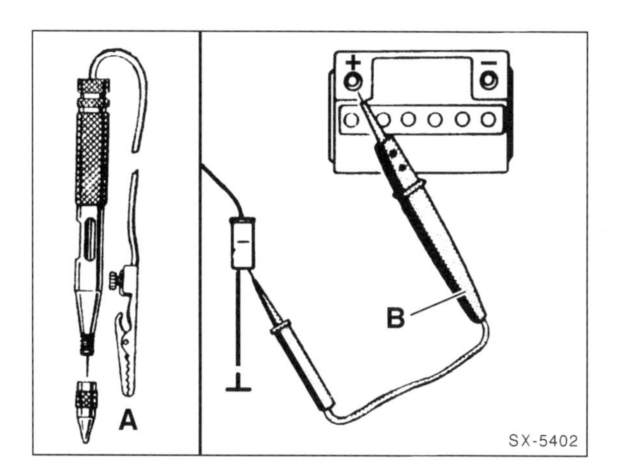

Wenn nur geprüft werden soll, ob überhaupt Spannung (V) anliegt, eignet sich hierzu eine einfache Prüflampe –A–. Dies gilt allerdings nur für Stromkreise, in denen sich keine elektronischen Bauteile befinden. Denn Elektronikteile reagieren äußerst empfindlich auf zu hohe Ströme. Unter Umständen können sie bereits durch Anschließen einer Prüflampe zerstört werden. **Achtung:** Bei der Prüfung elektronischer Bauteile (Transistoren, Dioden und Steuergeräte) ist ein hochohmiger Spannungsprüfer –B– erforderlich. Er arbeitet wie eine Prüflampe, jedoch ohne dass elektronische Bauteile geschädigt werden, und eignet sich für alle Prüfarbeiten.

Messtechnik

Spannung messen

Spannung kann schon mit einer einfachen Prüflampe oder einem Spannungsprüfer nachgewiesen werden. Allerdings erkennt man dann nur, ob überhaupt Spannung anliegt. Um die Höhe der anliegenden Spannung zu prüfen, muss ein Voltmeter (Spannungs-Messgerät) angeschlossen werden.

Zunächst ist beim Voltmeter der Messbereich einzustellen, in dem sich die zu messende Spannung voraussichtlich befindet. Spannungen am Fahrzeug sind in der Regel nicht höher als ca. 14 Volt. Eine Ausnahme bildet die Zündanlage; hier kann die Zündspannung bis zu 30.000 Volt betragen. Diese hohe Spannung ist nur mit einem speziellen Messgerät oder einem Oszilloskop messbar.

Während man bei Messgeräten, die speziell auf das Auto abgestimmt sind, am Wählschalter nur das Voltmeter einschalten muss, sind bei einem allgemeinen Vielfach-Messgerät erst eine Reihe von Entscheidungen zu fällen. Zunächst wird mit dem Wählschalter der Bereich Gleichspannung (DCV im Gegensatz zu ACV = Wechselspannung) eingestellt. Dann wird der Messbereich gewählt. Da beim Auto außer an der Zündanlage keine höheren Spannungen als ca. 14 Volt auftreten, sollte die Obergrenze des einzustellenden Messbereiches etwas höher liegen (ca. 15 bis 20 Volt). Falls sicher ist, dass die gemessene Spannung wesentlich niedriger ist, zum Beispiel im Bereich von 2 Volt, kann der Messbereich heruntergeschaltet werden, um eine größere Anzeigegenauigkeit zu erreichen. Liegen höhere Spannungen an, als sie vom Messbereich des Messgerätes erfasst werden, kann das Messgerät zerstört werden.

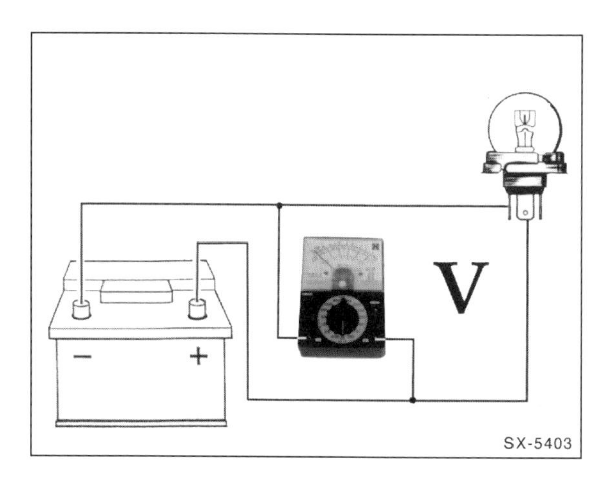

Die Kabel des Messgerätes entsprechend der Zeichnung parallel zum Verbraucher anschließen. Dabei wird das rote Messkabel an die vom Batterie-Pluspol kommende Leitung angelegt, das schwarze Messkabel an die Masseleitung oder an Fahrzeugmasse, wie zum Beispiel den Motorblock.

Prüfbeispiel: Wenn der Motor nicht richtig anspringt, weil der Anlasser zu langsam dreht, ist es zweckmäßig, die Batteriespannung zu prüfen, während der Anlasser betätigt wird. Dazu das Voltmeter mit dem roten Kabel (+) an den Batterie-Pluspol und mit dem schwarzen Kabel an Fahrzeugmasse (–) anklemmen. Anschließend durch einen Helfer den Anlasser betätigen lassen und den Spannungswert ablesen. Liegt die Spannung unter ca. 10 Volt (bei einer Batterie-Temperatur von +20°C), muss die Batterie überprüft und eventuell vor den nächsten Startversuchen geladen werden.

Stromstärke messen

Am Auto ist es relativ selten erforderlich, die Stromstärke zu messen. Beispiel, siehe Kapitel »Batterie entlädt sich durch versteckte Stromverbraucher«. Benötigt wird hierzu ein Amperemeter, welches ebenfalls in einem Vielfach-Messgerät integriert ist.

Vor der Strommessung wird das Messgerät auf den Messbereich eingestellt, in dem sich die zu messende Stromstärke voraussichtlich befindet. Falls das nicht bekannt ist, höchsten Messbereich einstellen und, falls keine Anzeige erfolgt, nacheinander in die nächst niedrigeren Messbereiche schalten.

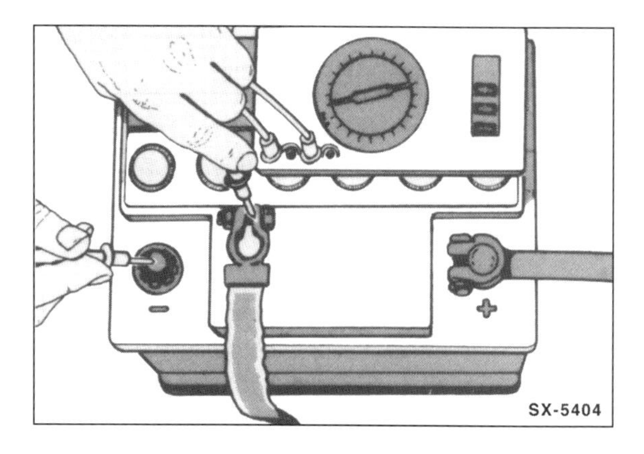

Für die Messung der Stromstärke muss der Stromkreis aufgetrennt werden, das Messgerät (Amperemeter) wird dazwischengeschaltet. Dazu wird beispielsweise der Stecker abgezogen und das rote Kabel (+) des Amperemeters an die Strom führende Leitung angeschlossen. Das schwarze Kabel (–) wird an den Kontakt angelegt, an dem normalerweise die unterbrochene Leitung angeschlossen ist. Die Massekontakte zwischen Verbraucher und Stecker müssen dann mit einem Hilfskabel verbunden werden.

Achtung: Keinesfalls sollte mit einem normalen Amperemeter die Stromstärke in der Leitung zum Anlasser (ca. 150 A) oder zu den Glühkerzen beim Dieselmotor (bis 60 A) gemessen werden. Durch die hierbei auftretenden hohen Ströme kann das Messgerät zerstört werden. Die Werkstatt benutzt für diese Messungen ein Amperemeter mit Gleichstromzange. Dabei wird eine Stromzange über das isolierte Stromkabel geklemmt und der Stromwert durch Induktion gemessen.

Widerstand messen

Vor der Prüfung des Widerstandes darauf achten, dass im Ohmmeter eine volle Batterie eingelegt ist und dass am Bauteil, an welches das Ohmmeter angeschlossen wird, keine Spannung anliegt. Deshalb grundsätzlich immer zuerst die Batterie abklemmen. Andernfalls kann das Messgerät beschädigt werden, beziehungsweise die elektrische Anlage.

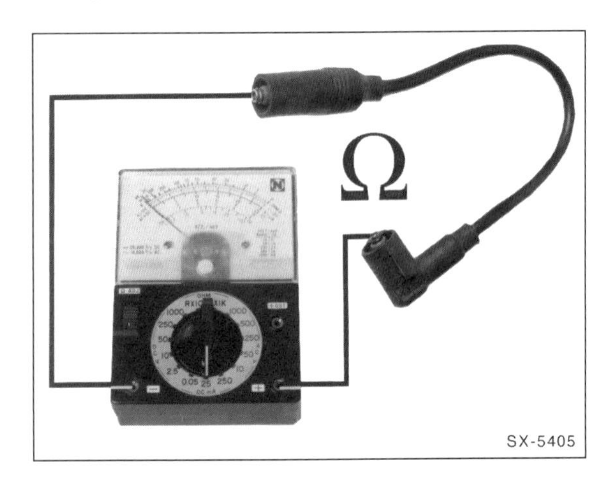

SX-5405

Das Ohmmeter wird an die 2 Anschlüsse eines Verbrauchers oder an die 2 Enden einer elektrischen Leitung angeschlossen. Dabei spielt es keine Rolle, welches Kabel (+/–) des Messgerätes an welchen Kontakt angeklemmt wird. Ausnahme: Widerstandsmessungen an Bauteilen, die Dioden enthalten. Um eine Diode auf Durchgang zu prüfen, muss sie in Durchlassrichtung an das Ohmmeter angeschlossen werden.

Die Widerstandsmessung am Auto erstreckt sich weitgehend auf 2 Bereiche:

1. Kontrolle eines in den Stromkreis integrierten Widerstandes oder Bauteils.

2. »Durchgangsprüfung« einer elektrischen Leitung, eines Schalters oder einer Heizwendel. Dabei wird geprüft, ob eine elektrische Leitung im Fahrzeug unterbrochen ist und deshalb das angeschlossene elektrische Gerät nicht funktioniert. Zur Messung wird das Ohmmeter an die beiden Enden der betreffenden elektrischen Leitung angeschlossen. Beträgt der Widerstand 0 Ω, dann ist »Durchgang« vorhanden. Das heißt, die elektrische Leitung ist in Ordnung. Bei unterbrochener Leitung zeigt das Messgerät ∞ (unendlich) Ω an.

Elektrisches Zubehör nachträglich einbauen

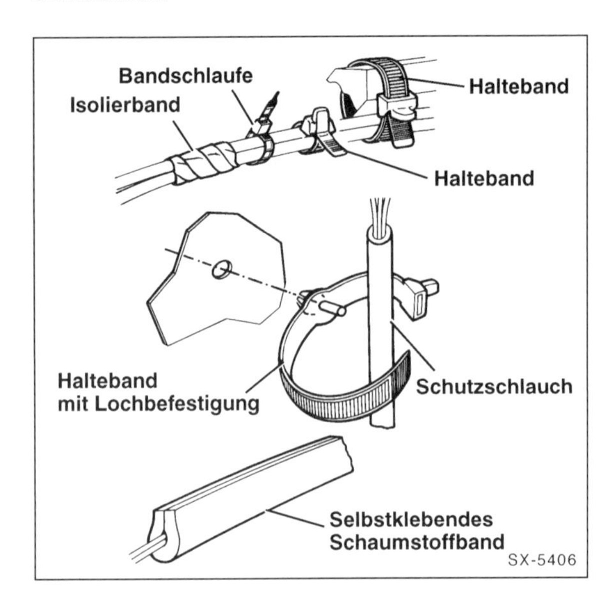

SX-5406

Kabel, die beim Einbau von Zubehör zusätzlich zu dem serienmäßig eingebauten Kabelsatz im Fahrzeug verlegt werden müssen, sind nach Möglichkeit immer entlang der einzelnen Kabelstränge unter Verwendung der vorhandenen Kabelschellen und Gummitüllen zu verlegen.

Falls erforderlich, sind die neu verlegten Kabel, um Geräuschen während der Fahrt vorzubeugen und das Scheuern von Kabeln zu vermeiden, mit Isolierband, plastischer Masse, Kabelbändern und dergleichen zusätzlich festzulegen. Hierbei ist besonders darauf zu achten, dass zwischen den Bremsleitungen und den festverlegten Kabeln ein Mindestabstand von 10 mm sowie zwischen den Bremsleitungen und den Kabeln, die mit dem Motor oder anderen Teilen des Fahrzeuges schwingen, ein Mindestabstand von 25 mm vorliegt.

Beim Bohren von Karosserie-Löchern müssen die Lochränder anschließend entgratet, grundiert und lackiert werden. Die beim Bohren zwangsläufig anfallenden Späne sind restlos aus der Karosserie zu entfernen.

Bei allen Arbeiten, die das elektrische Leitungssystem betreffen, ist, um der Gefahr von Kurzschlüssen und Überlastungsschäden im elektrischen Leitungssystem vorzubeugen, grundsätzlich bei ausgeschalteter Zündung das Massekabel (–) von der Fahrzeugbatterie abzuklemmen und zur Seite zu hängen.

Achtung: Wird die Batterie abgeklemmt, werden unter Umständen der Fehlerspeicher für Motor- und Automatikgetriebesteuerung, Anti-Blockier-System sowie andere elektrische Geräte wie zum Beispiel das Radio und die Zeituhr stillgelegt, beziehungsweise Speicherwerte gelöscht. Spezielle Hinweise zu diesem Thema stehen im Kapitel »Batterie aus- und einbauen«.

Sofern zusätzliche elektrische Verbraucher eingebaut werden, ist in jedem Fall zu überprüfen, ob die erhöhte Belastung noch von dem vorhandenen Drehstromgenerator mit übernommen werden kann. Falls erforderlich, sollte ein Generator mit größerer Leistung vorgesehen werden.

Fehlersuche in der elektrischen Anlage

Beim Aufspüren eines Defekts in der elektrischen Anlage ist es wichtig, systematisch vorzugehen. Dies gilt sowohl beim Überprüfen von ausgefallenen Glühlampen als auch bei nicht laufenden Elektromotoren.

Der **erste Schritt** ist immer die Überprüfung der Sicherung, sofern das elektrische Bauteil abgesichert ist. Die aktuelle Sicherungsbelegung ergibt sich bei einigen Modellen aus dem Aufdruck auf dem Sicherungskastendeckel, siehe auch unter Kapitel »Sicherungen auswechseln«.

Defekte Sicherung gegebenenfalls auswechseln und nach Einschalten des elektrischen Verbrauchers kontrollieren, ob diese nicht unmittelbar wieder durchbrennt. In diesem Fall muss zuerst der Fehler aufgespürt und behoben werden. In der Regel handelt es sich um einen Kurzschluss. Das bedeutet, an irgend einer Stelle, mitunter auch intern im elektrischen Gerät, sind Masse- und Plusanschluss überbrückt.

Zweiter Prüfschritt: Wenn bei intakter Sicherung die Glühlampe nicht leuchtet beziehungsweise der Elektromotor nicht anläuft, ist die Stromversorgung zu überprüfen.

Glühlampe prüfen

- Glühlampe ausbauen und sichtprüfen. Ist der Glühfaden durchgebrannt oder sitzt der Glaskolben locker im Sockel, Lampe erneuern.
- Um einwandfrei festzustellen, ob die Glühlampe intakt ist, geht man folgendermaßen vor: Eine Plusleitung (+) und eine Masseleitung (–) direkt an die Pole der Batterie anschließen und mit der Lampe verbinden. Dabei ist es unwichtig, wie die Kabel an die Glühlampe angeschlossen werden. Ein Kabel an den Stromanschluss, das andere an das Glühlampengehäuse. Wenn jetzt die Lampe nicht leuchtet, Glühlampe erneuern. **Hinweis:** Es muss sichergestellt sein, dass die Kontakte an der Glühlampe und in der Glühlampenfassung nicht korrodiert sind. Gegebenenfalls korrodierte oder verbogene Anschlüsse polieren und einwandfreien Kontakt herstellen.
- Ist die Glühlampe intakt, Lampe einsetzen und einschalten. Leuchtet die Glühlampe nicht, mit Prüflampe Stromzuführung überprüfen. Dazu Prüflampe an Masse anlegen. Das bedeutet: Das eine Kabel der Prüflampe muss an eine gute Massestelle am Motor (blankes Metall) oder direkt am Batterie-Minuspol angeschlossen werden. Die andere Prüflampen-Prüfspitze (+) entweder an den Strom führenden Stecker halten oder mit der Prüfspitze in das Strom führende Kabel einstechen. Wenn die Prüflampe jetzt aufleuchtet und die Glühlampe dennoch nicht brennt, ist die Massezuführung zur Glühlampe unterbrochen. Um dies zu überprüfen, Massehilfsleitung an die Glühlampenfassung anlegen. Die Glühlampe muss jetzt leuchten.
- Wenn das Strom führende Kabel zur Glühlampe keine Spannung aufweist, die Prüflampe also nicht aufleuchtet, ist sehr wahrscheinlich der Schalter defekt. Schalter auf Durchgang prüfen, siehe dazu auch Kapitel »Elektrische Schalter auf Durchgang prüfen«.

Elektromotoren prüfen

Im Auto werden immer mehr Komfortfunktionen von kleinen Elektromotoren übernommen. Dazu gehören beispielsweise der Fensterheber, das Schiebedach oder die elektrische Zentralverriegelung. Jeder Motor wird bei Bedarf über einen Schalter zugeschaltet, meist von Hand.

- Sicherung des betreffenden Elektromotors prüfen, gegebenenfalls ersetzen.

Hinweis: Elektromotoren vom elektrischen Fensterheber und dem Schiebedach besitzen in der Regel Sicherungsautomaten, die sich bei einer Überlastung ausschalten und nach einiger Zeit wieder zuschalten. Vor einer erneuten Betätigung sollte die Überlastungsursache beseitigt werden. Das können vereiste Scheiben oder verschmutzte Fenster-Führungsschienen sein.

- Brennt die Sicherung gleich wieder durch, liegt ein Kurzschluss vor.
- Um eindeutig zu klären, ob der Defekt im Motor liegt, 2 Hilfskabel (∅ ca. 2 mm) direkt von der Fahrzeugbatterie beziehungsweise von den Plus- und Masseabgriffen im Motorraum an den Elektromotor anlegen. Pluskabel an den Pluspol, Massekabel an Massepol des Motors. Die Pol-Belegung muss im Zweifelsfall anhand eines Stromlaufplans ermittelt werden. Dazu muss der Motor gegebenenfalls ausgebaut werden. Alle elektrischen Motoren im Fahrzeug werden mit Bordspannung (12 bis 14 Volt) versorgt. Funktioniert der Motor jetzt ordnungsgemäß, war die Stromversorgung defekt. **Hinweis:** Ein zu langsam laufender oder aussetzender Elektromotor kann auf abgenützte Schleifkohlen hinweisen. In diesem Fall Schleifkohlen (Bürsten) ersetzen.
- Funktioniert der Motor, feststellen welche Zuleitung am Elektromotor Spannung führt, wenn der Schalter betätigt wird und zuvor die Zündung eingeschaltet wurde.
- Spannungsführendes Kabel am Elektromotor mit Prüflampe prüfen. Da bei Elektromotoren ein großer Strom fließt, kann eine herkömmliche Prüflampe mit Glühlampe genommen werden. Die Prüflampe hat in der Regel spitze Prüfnadeln, mit denen das Anschlusskabel durchstochen werden kann. So lässt sich auf einfache Weise die Spannung prüfen. **Achtung:** Der Scheibenwischermotor hat besondere Klemmenbezeichnungen, siehe entsprechendes Kapitel.
- Liegt keine Spannung am Elektromotor an, ist die Stromversorgung defekt. Fehler in der Zuleitung suchen und beheben. Elektromotoren haben in der Regel aufgrund des hohen Strombedarfs zusätzliche Schaltrelais. Prüfung, siehe entsprechendes Kapitel.
- Wurde kein Fehler gefunden, Schalter prüfen.
- Ist ein Kabel defekt, ist es oft sinnvoller, man legt ein neues Kabel, da es schwierig ist, einen Defekt im Kabel zu lokalisieren.

Elektrischen Schalter auf Durchgang prüfen

Die meisten elektrischen Verbraucher werden über einen von Hand betätigten Schalter ein- und ausgeschaltet. Darüber hinaus gibt es auch Schalter, die automatisch betätigt werden. Zu diesen Schaltern zählen zum Beispiel der Öldruckschalter und der Geber für Bremsflüssigkeitsstand.

Grundsätzlich hat ein Schalter die Aufgabe, den Stromkreis zu schließen und zu unterbrechen. Es gibt Schalter, die die Masseleitung unterbrechen, und Schalter, die den Plusstrom unterbrechen.

Schalter für Lampen und Elektromotoren prüfen

- Betreffenden Schalter ausbauen.
- Einfache Schalter haben nur 2 Anschlüsse. In diesem Fall muss an einem Anschluss immer Spannung (+) anliegen und nach dem Einschalten an der anderen Klemme auch. Es gibt auch Schalter mit mehreren Klemmen. Bei diesen Schaltern anhand des Stromlaufplans feststellen, an welcher Klemme Spannung anliegen muss.
- Mit Prüflampe prüfen, ob am Schalter Spannung anliegt, gegebenenfalls vorher Zündung einschalten. Leuchtet die Prüflampe auf, Schalter betätigen und an der Ausgangsklemme prüfen, ob dort auch Spannung anliegt. Ist das der Fall, dann ist sichergestellt, dass der Schalter funktioniert.
- Wenn an der Eingangsklemme keine Spannung anliegt, liegt eine Unterbrechung in der Leitungs-Zuführung vor. Anhand des Stromlaufplans die Spannungszuführung kontrollieren und gegebenenfalls eine neue Leitung einbauen.

Geberschalter prüfen

Geberschalter sind beispielsweise: Öldruckschalter, Geber für Bremsflüssigkeits- und Kühlmittelstand.

- Durchgangsprüfer (Prüflampe oder Ohmmeter) an der Zu- und Ableitung des Schalters anschließen, dazu Kabel am Schalter abziehen. **Achtung:** Schalter, die im Motorblock eingeschraubt sind, haben in der Regel kein Massekabel, da das Schaltergehäuse über den Motorblock als Massepol dient.
- Bei geschlossenem Schalter muss der Durchgangsprüfer Durchgang anzeigen. Am besten ist ein Ohmmeter als Durchgangsprüfer: Bei geschlossenem Schalter muss es 0 Ω, bei geöffnetem Schalter ∞ Ω (unendlich) anzeigen.
- Die Funktionsfähigkeit etwa der Kühlmittel- oder Bremsflüssigkeitsstand-Warnschalter lässt sich am schnellsten prüfen, indem bei eingeschalteter Zündung die Zuleitung am Schalter abgezogen wird und an eine gute Massestelle, zum Beispiel gegen den Motorblock, gehalten wird. Spricht die Warnlampe im Kombiinstrument jetzt an, liegt der Fehler am Schalter.
- Ein Sonderfall ist der Öldruckschalter: Bei stehendem Motor ist der Kontakt geschlossen (bei eingeschalteter Zündung brennt die Warnlampe), erst bei laufendem Motor und einem gewissen Öldruck öffnet der Schalter.

Relais prüfen

In vielen Stromkreisen ist ein Relais integriert. Ein Schaltrelais arbeitet wie ein Schalter. Wenn der Verbraucher über den Handschalter eingeschaltet wird, bekommt das Relais den Befehl, den Strom zum Verbraucher durchzuschalten. Man könnte natürlich den Strom auch direkt über den Schalter von der Batterie zum Verbraucher legen. Bei allen Verbrauchern mit hoher Stromaufnahme schaltet man jedoch ein Relais dazwischen, um den Schalter nicht zu überlasten beziehungsweise um kurze Stromwege sicherzustellen. Neben diesen Schaltrelais gibt es auch Funktionsrelais, zum Beispiel für die Wisch-Wasch-Anlage.

Schaltrelais prüfen

Beim Einschalten des betreffenden Verbrauchers wird das Relais angesteuert, das heißt durch den Schaltstrom zieht eine Magnetspule im Relaisinnern einen Kontakt an und schließt so den Stromkreis für den »Arbeitsstrom«. Der Arbeitsstrom läuft über das Relais zum Stromverbraucher weiter.

Am einfachsten lässt sich die Funktionsfähigkeit eines Relais prüfen, wenn man es gegen ein intaktes auswechselt. So macht man es auch in der Werkstatt. Da dem Heimwerker jedoch in den seltensten Fällen ein neues Relais sofort zur Verfügung steht, empfiehlt sich folgende Vorgehensweise:

- Relais aus der Halterung herausziehen.
- Zündung und entsprechenden Schalter einschalten.

Hinweis: Die hier angegebenen Klemmenbezeichnungen können vor allem bei den serienmäßig eingebauten Relais auch anders lauten.

- Zuerst mit Spannungsprüfer feststellen, ob an Klemme 30 (+) im Relaishalter Spannung anliegt. Dazu Spannungsprüfer an Masse (–) anschließen und die andere Kontaktspitze vorsichtig in Klemme 30 einführen. Wenn die Leuchtdiode des Spannungsprüfers aufleuchtet, ist Spannung vorhanden. Zeigt der Spannungsprüfer keine Spannung an, ist die Unterbrechung vom Batterie-Pluspol (+) zu Klemme 30 anhand eines Stromlaufplanes aufzuspüren und zu beheben.
- Leitungsbrücke aus einem Stück isoliertem Draht herstellen, die Enden müssen blank sein.
- Mit dieser Brücke im Relaishalter die Klemme 30 (Batterie +, führt immer Spannung) mit dem Ausgang des Relais-Schließers Klemme 87 verbinden. Mit diesem Arbeitsschritt wird praktisch genau das getan, was ein intaktes Relais auch vornimmt. Wo sich die Klemmen im Relaishalter befinden, ist auf dem Relais beziehungsweise am Steckkontakt aufgeführt.
- Wenn bei eingesetzter Brücke der Verbraucher arbeitet, kann man davon ausgehen, dass das Relais defekt ist.
- Wenn der elektrische Verbraucher nicht arbeitet, klären, ob die Masseverbindung zum Verbraucher intakt ist. Dann ist die Unterbrechung in der Leitungsführung von Klemme 87 zum Verbraucher anhand des Stromlaufplanes aufzuspüren und zu beheben.
- Falls erforderlich, neues Relais einsetzen.

Achtung: Falls ein Fehler nur zeitweise in einem Stromkreis auftritt, der mit einem Relais bestückt ist, dann liegt der Defekt in der Regel im Relais. Und zwar bleibt dann ein Kontakt im Relais ab und zu kleben, während das Relais in der übrigen Zeit einwandfrei funktioniert. Bei Auftreten des Fehlers leicht gegen das Relaisgehäuse klopfen. Wenn das Relais daraufhin durchschaltet, Relais ersetzen.

Blinkanlage prüfen

Die Takte für die Blink- und Warnblinkanlage werden vom elektronisch gesteuerten Warnblink-Relais erzeugt.

Prüfen

- Ist der Blink-Rhythmus auf einer Seite schneller als auf der anderen Seite, ist auf der »schnellen« Seite eine Glühlampe defekt oder eine Leitungsunterbrechung vorhanden.
- Sicherungen für Blinkanlage prüfen.
- Ist die Funktion der Warnblinkanlage gestört, während die Richtungsblinkanlage normal funktioniert, dann ist in der Regel die Stromversorgung, Klemme 30, für den Schalter der Warnblinkanlage unterbrochen.
- Ist die Funktion der Richtungsblinkanlage gestört, während die Warnblinkanlage normal funktioniert, dann ist in der Regel die Stromversorgung, Klemme 15 (vom X-Relais kommend), für den Schalter der Warnblinkanlage unterbrochen.
- Wurde kein Fehler gefunden, Schalter der Warnblinkanlage mit integriertem Relais ersetzen.

Elektrische Steckverbindungen lösen

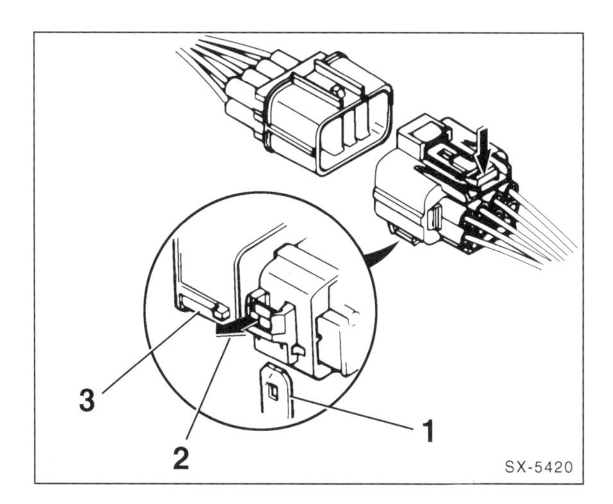

- Manche Steckverbinder sind mit einem Haltebügel –1– an der Karosserie- oder den unterschiedlichsten Bauteilen befestigt. Zum Lösen der Verbindung muss das Gegenstück am Stecker in Pfeilrichtung –2– aufgebogen werden, so dass der Stecker vom Haltebügel abgenommen werden kann.
- Rasthaken –3– zum Lösen der Steckverbindung eindrücken. Bei manchen Steckern muss der Rasthaken auch angehoben werden.

Scheibenwischermotor prüfen

Der Scheibenwischermotor sitzt im Wasserkasten unterhalb der Windschutzscheibe. Zum Prüfen muss die Wasserkastenabdeckung ausgebaut werden, siehe Seite 79/285.

Klemmenbezeichnungen

Die Klemmen am Motor sind genormt:

- Klemme **31** ist der Masseanschluss (allgemein in der Fahrzeugelektrik).
- Klemme **53** erhält Spannung für die erste Wischergeschwindigkeit.
- Klemme **53 a** liefert Plusstrom (+) für die Wischer-Endabstellung: Der Motor erhält über einen Schleifkontakt so lange Spannung, bis die Wischer in Ruhestellung gelaufen sind, wenn der Fahrer den Scheibenwischer ausschaltet.
- Klemme **53 b** führt die Spannung für die zweite Wischergeschwindigkeit (Nebenschlusswicklung).
- Über Klemme **53 e** wird der Wischermotor beim Zurücklaufen nach dem Abschalten abgebremst, damit die Wischer nicht über ihre Parkstellung hinauslaufen.

Wischermotor prüfen

Zunächst klären, ob der Wischermotor oder die Stromversorgung defekt ist. Dazu folgendermaßen vorgehen:

- Mehrfachstecker am Wischermotor abziehen.
- Mit 2 Hilfskabeln Spannung (+) und Masse (–) von der Fahrzeugbatterie an den Wischermotor anlegen:
  - Ein Kabel vom Batterie-Pluspol zu Klemme **53** oder **53 b** verlegen.
  - Das zweite vom Batterie-Minuspol zu Motor-Klemme **31** führen.
- Der Scheibenwischermotor muss jetzt je nach benutzter Klemme auf Stufe I oder II laufen. Wenn nicht, ist der Motor oder die entsprechende Stufe defekt. Wischermotor ausbauen, siehe Seite 81.

Heizbare Heckscheibe prüfen

Bei eingeschalteter Heckscheibenheizung muss das Feld mit den sichtbaren Leiterbahnen nach einiger Zeit frei von Beschlag oder Eis sein.

- Bei Störungen zuerst Sicherung im Sicherungskasten überprüfen.
- Ist die Sicherung in Ordnung, Heckfensterverkleidung ausbauen und festen Sitz der Kabelstecker links und rechts an der Heckscheibe überprüfen, gegebenenfalls von Korrosion reinigen.
- Funktioniert die Heckscheibenheizung immer noch nicht, Heckscheibenheizung in der Fachwerkstatt prüfen lassen.
- Sind Heizfäden unterbrochen, hilft handelsüblicher Leitsilberlack zur Wiederherstellung der Verbindung. Dazu beschädigten Bereich mit einem weichen Lappen reinigen.

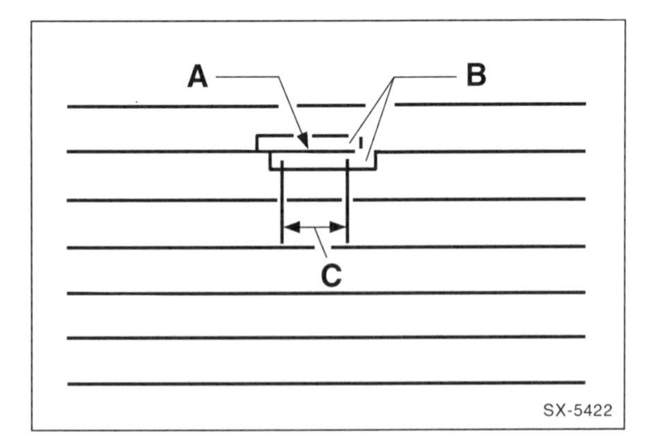

- Unterbrochene Stelle –A– von beiden Seiten mit Klebeband –B– abkleben und mit einem kleinen Pinsel Leitsilberlack –C– auftragen.
- Farbe bei ca. +25° C ca. 24 Stunden trocknen lassen. Es kann auch ein Heißluftfön verwendet werden. Bei +150° C trocknet die Farbe in ca. 30 Minuten.

Achtung: Heckscheibenheizung nicht einschalten, bevor die Farbe ganz trocken ist. Kein Benzin oder andere Lösungsmittel zum Reinigen des beschädigten Teils verwenden.

Bremslicht prüfen

- Wenn das Bremslicht nicht aufleuchtet, zuerst Sicherung im Sicherungskasten überprüfen.
- Ist die Sicherung in Ordnung, Brems-Glühlampen überprüfen, gegebenenfalls erneuern.
- Bremslichtschalter überprüfen. Dazu Abdeckung oberhalb der Pedale ausbauen. Kabelstecker vom Bremslichtschalter abziehen.
- Zündung einschalten.
- Beide Kontakte im Kabelstecker des Bremslichtschalters mit einer kurzen Hilfsleitung überbrücken. Wenn die Bremslichter jetzt aufleuchten, ist der Bremslichtschalter defekt. In diesem Fall Schalter ersetzen, siehe Seite 160.

Hupe aus- und einbauen/prüfen

Die Hupe befindet sich vorne links hinter dem Stoßfänger. Zur Schonung der Hupkontakte ist zwischen Betätigungsknopf und Hupe ein Relais zwischengeschaltet. Beim Betätigen der Hupe wird der Steuerstromkreis des Relais geschlossen. Je nach Ausstattung ist eine Einfach-Hupe oder eine Doppelton-Hupe eingebaut.

Ausbau

- Vordere linke Unterbodenabeckung ausbauen.

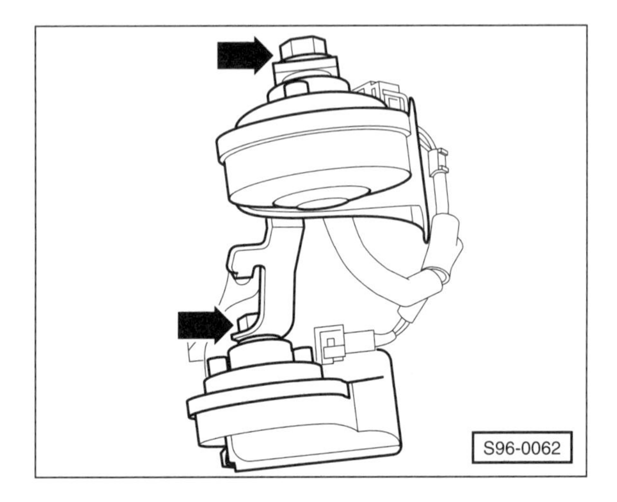

- Befestigungsmuttern –Pfeile– abschrauben und beide Hupen von den Halterungen abnehmen. Die Abbildung zeigt die Doppelton-Hupe.
- Stecker abziehen, dazu Drahtsicherungen eindrücken.

Prüfen

- Hupe mit Hilfsleitungen direkt an die Fahrzeugbatterie anschließen. Dabei Anschluss für schwarz/weißes Kabel mit Batterie-Plus (+) und Anschluss für braunes Kabel mit Batterie-Masse (–) verbinden. Die Hupe muss ertönen.

Einbau

- Stecker an der oder den Hupen aufschieben und sichern.
- Hupe(n) am Halter ansetzen und anschrauben.
- Vordere linke Unterbodenabeckung einbauen.

Funkfernbedienung: Batterien für Hauptschlüssel aus- und einbauen

Die **Funk-Fernbedienung** hat eine Reichweite von ca. 7 m, unter günstigen Umständen bis ca. 10 m.

Die Übermittlung der Daten vom Sender am Schlüssel zum Empfänger im Fahrzeug wird optisch durch eine LED am Schlüsselschalter angezeigt. Die eingebauten Batterien reichen für ca. 5.000 Betätigungen. Leuchtet die LED beim Betätigen des Schalters nicht mehr auf, müssen die Batterien gewechselt werden.

Fenster und Schiebedach können mit der Funk-Fernbedienung nicht geschlossen werden.

Die Empfangsantenne für die Funk-Fernbedienung befindet sich in der A-Säule des Fahrzeugs auf der Fahrerseite. Die A-Säule ist die Karosseriesäule, an der die Fahrertür angeschlagen ist.

Ein ausgeführter Öffnen-/Schließen-Befehl der Fernbedienung wird vom Zentral-Steuergerät durch ein kurzes Aufleuchten der Blinklichter bestätigt. Wird die Zentralverriegelung durch die Fernbedienung geöffnet und keine Tür oder Kofferraumdeckel/Heckklappe geöffnet, so verriegelt sich das Fahrzeug nach 30 Sekunden automatisch wieder.

Ausbau

Achtung: Beim Ausbau der Batterien prüfen, ob die Polarität auf den Batterien eingeprägt ist, andernfalls Einbaulage notieren.

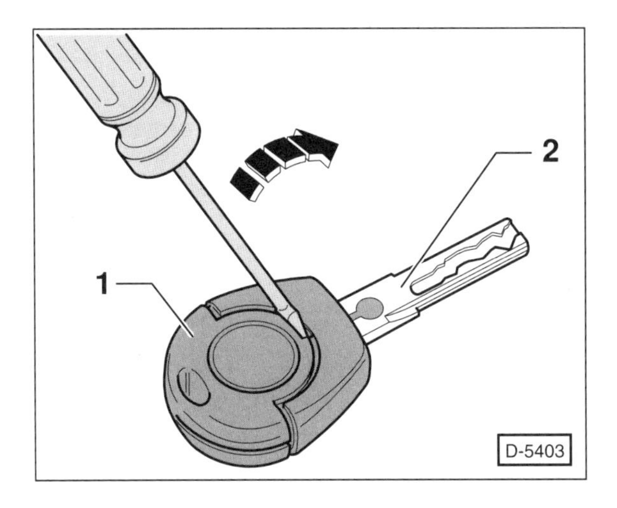

- Schraubendreher in den Schlitz zwischen Sendeeinheit –1– und dem Hauptschlüssel –2– einsetzen.
- Schraubendreher in Pfeilrichtung bewegen und dadurch die Sendeeinheit vom Schlüssel abclipsen.

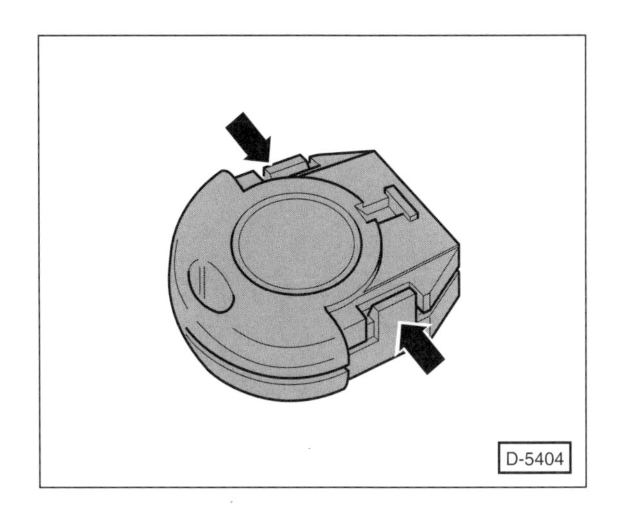

- Sendeeinheit an beiden Rastnasen –Pfeile– auseinanderhebeln. Sendeeinheit vom Gehäuse abnehmen.

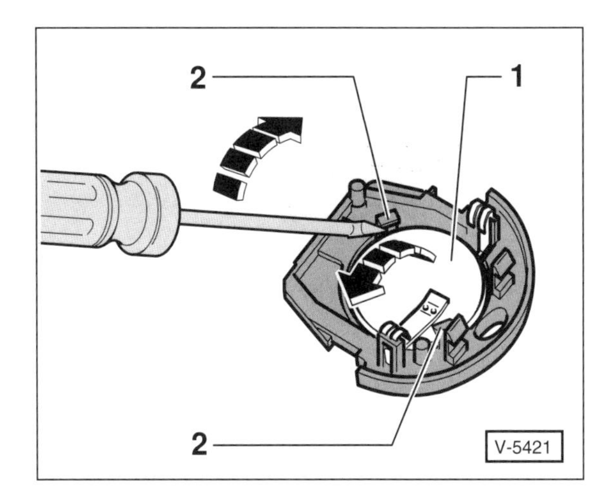

- Die obere Batterie –1– mit einem Schraubendreher in Pfeilrichtung aus den Halterungen –2– herausclipsen.

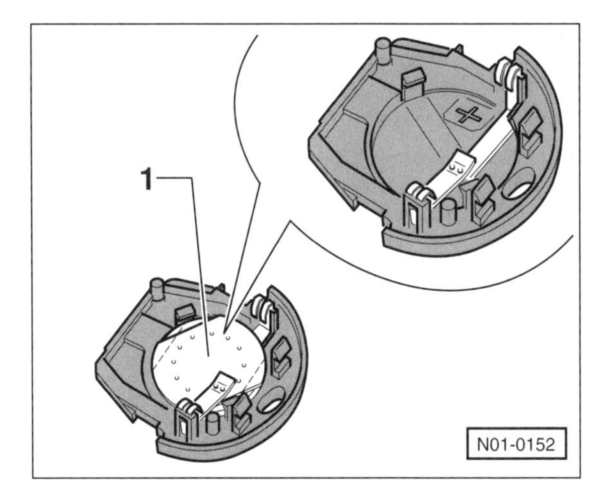

- Kontaktblech –1– herausnehmen. Dazu Kontaktblech so drehen, dass die 2 geraden Kanten an den beiden Rastnasen liegen.

- Untere Batterie mit einem Schraubendreher aus der Halterung herausclipsen.

Einbau

Achtung: Beim Einbau der Batterien auf richtige Polarität achten. Die Polarität (+/–) steht auf Batterien und Gehäuse.

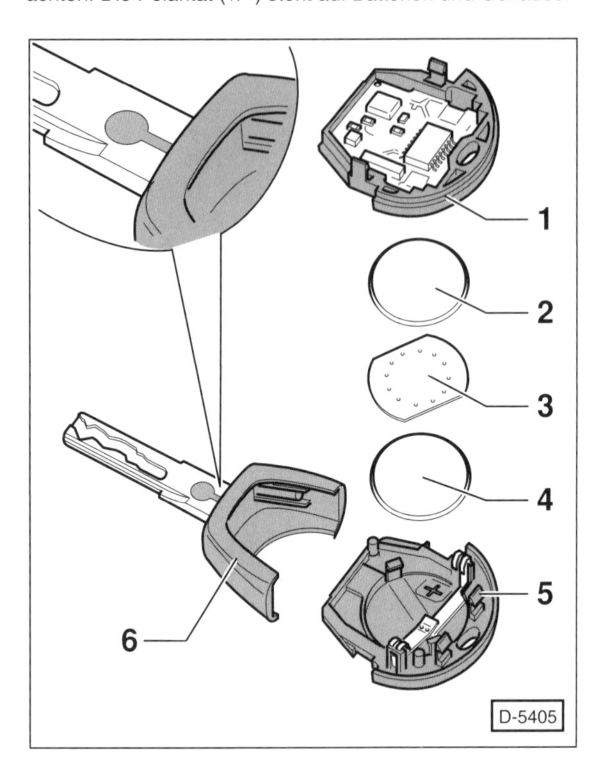

- Untere Batterie –4– mit dem Pluspol (+) nach unten in das Gehäuse –5– einlegen. Der Pluspol (+) ist ebenfalls am Gehäuse markiert.
- Kontaktblech –3– auf die Batterie –4– legen und hinter die Rasten drehen.
- Batterie –2– mit dem Pluspol (+) nach unten auf das Kontaktblech auflegen und einrasten.
- Sendeeinheit –1– auf das Gehäuse –5– auflegen und einrasten. **Hinweis:** Die Sendeeinheit ist in der Abbildung umgeklappt dargestellt.
- Komplette Sendeeinheit in den Hauptschlüssel –6– schieben und einrasten.

Batterie/Glühlampe für Schlüssel mit Leuchte aus- und einbauen

Ausbau

Achtung: Beim Ausbau der Batterien prüfen, ob die Polarität auf den Batterien eingeprägt ist, andernfalls Einbaulage notieren.

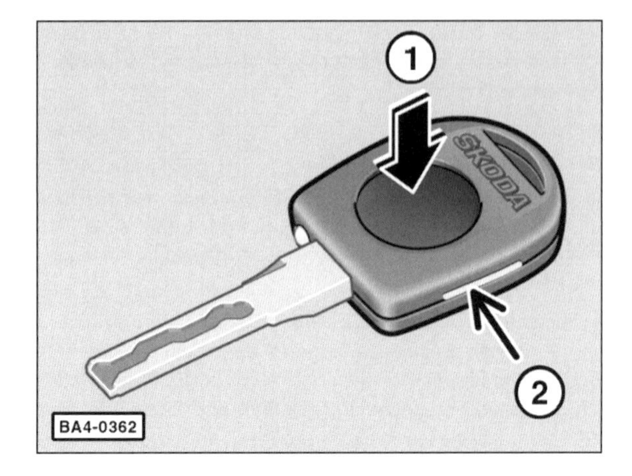

- Münze in den Schlitz seitlich am Griff stecken –Pfeil 2–.
- Münze drehen und dadurch Oberteil des Schlüsselgriffs abhebeln.

Achtung: Darauf achten, dass beim Abnehmen des Oberteils die Feder für den Druckknopf –Pfeil 1– nicht wegspringt.

- Batterie beziehungsweise Glühlampe ersetzen.

Einbau

- Deckel des Schlüsselgehäuses aufdrücken und einrasten. Dabei darauf achten, dass der Druckknopf nicht eingeklemmt wird.

Wegfahrsicherung

Das Fahrzeug ist serienmäßig mit einer elektronischen Wegfahrsicherung ausgerüstet. Bei aktiviertem System verhindert die Anlage das Anspringen des Motors, wenn nicht der mit dem richtigen Code versehene Schlüssel verwendet wird.

Die Anlage besteht aus:

- ❑ dem Steuergerät für elektronische Wegfahrsicherung (im Kombiinstrument integriert),
- ❑ der Kontrolllampe für Wegfahrsicherung,
- ❑ dem angepassten Motorsteuergerät,
- ❑ einer Lesespule am Zündschloss,
- ❑ dem Zündschlüssel mit eingebautem Transponder (Antwort-Lesespeicher). Der Transponder ist eine batterielos arbeitende Empfangs- und Sendeeinheit.

■ Die Wegfahrsicherung wird beim Abziehen des Zündschlüssels aktiviert.

■ Beim Einschalten der Zündung wird durch die Lesespule elektrische Energie induktiv auf den Transponder im Schlüssel übertragen. Der Schlüsselcode wird gelesen und an das Steuergerät für Wegfahrsicherung übermittelt. Dort wird der Schlüsselcode mit dem abgespeicherten Wert verglichen. Danach wird der Code des Motor-Steuergerätes geprüft.

■ Wenn sämtliche Codes übereinstimmen, leuchtet im Kombiinstrument die Kontrolllampe für Wegfahrsicherung auf und erlischt nach etwa 3 Sekunden.

■ Falls keine Übereinstimmung der Codes erkannt wird, blinkt die Kontrollleuchte bei eingeschalteter Zündung und der Motor kann nicht gestartet werden. Das kann unter anderem folgende Ursachen haben:

- ◆ Lesevorgang durch zusätzliche Schlüssel am Schlüsselbund behindert.
- ◆ Die Zeitdauer zwischen Einstecken des Schlüssels und Einschalten der Zündung reicht nicht aus, um den Schlüsselcode zu lesen.
  In diesem Fall Zündung ausschalten. Zündschlüssel herausziehen, etwas warten und Zündschlüssel umgedreht ins Zündschloss stecken. Wieder etwas warten, dann Zündung einschalten. Wenn die Kontrollleuchte für Wegfahrsperre jetzt leuchtet (nicht blinkt) kann der Motor gestartet werden. Gegebenenfalls Ersatzschlüssel verwenden. Fehlerspeicher der Wegfahrsperre auslesen lassen.
- ◆ Schlüsselcode defekt. Lesespule defekt.

■ Die elektronische Überprüfung der Wegfahrsicherung erfolgt mit dem VW/SKODA-Diagnosegerät durch Abrufen des Fehlerspeichers.

Geheimnummer

Die Geheimnummer ist bei Neufahrzeugen auf einem Schlüsselanhänger angebracht. Sie ist erforderlich, um neue Schlüssel zu codieren.

Identnummer

Die Identnummer wird benötigt, um bei Verlust der Geheimnummer diese beim Werk zu erfragen. Sie befindet sich ebenfalls auf einem Schlüsselanhänger, kann aber auch aus dem Steuergerät der Wegfahrsicherung ausgelesen werden.

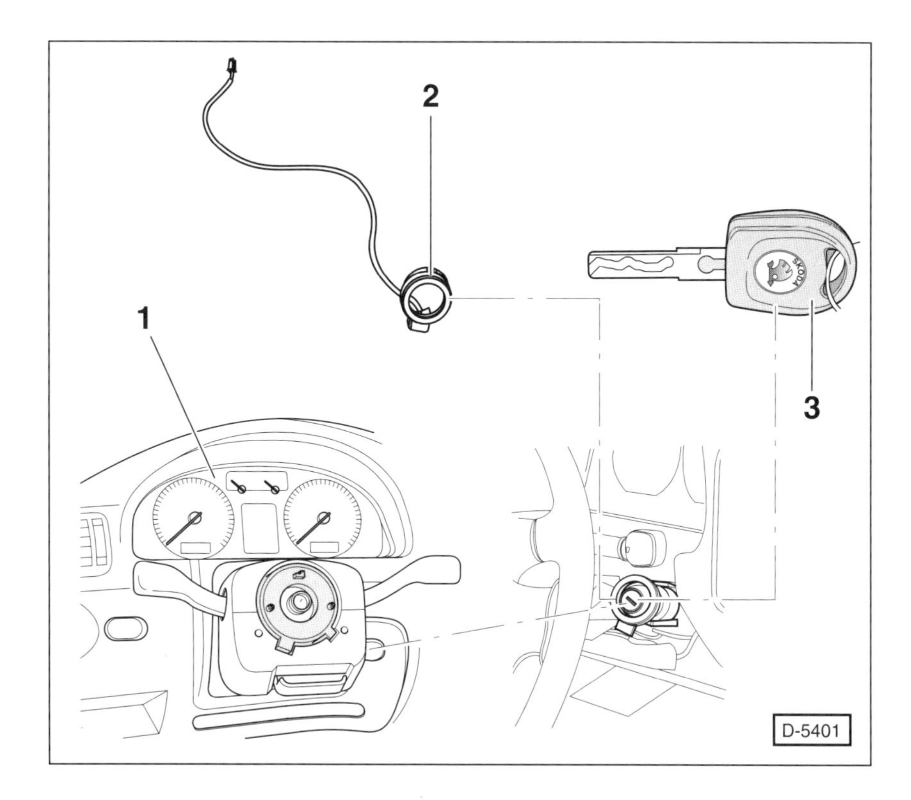

1 – Steuergerät für elektronische Wegfahrsicherung
Im Kombiinstrument integriert.

2 – Lesespule für Wegfahrsicherung
Die Lesespule ist auf das Lenkschlossgehäuse aufgesteckt und über ein Kabel mit dem Steuergerät verbunden.

3 – Transponder
Antwort-Lesespeicher, im Zündschlüssel integriert.

Sicherungen auswechseln

Um Kurzschluss- und Überlastungsschäden an den Leitungen und Verbrauchern der elektrischen Anlage zu verhindern, sind die einzelnen Stromkreise durch Schmelzsicherungen geschützt. Es werden unterschiedlich große Sicherungen verwendet, die mit Messerkontakten ausgestattet sind.

- Vor dem Auswechseln einer Sicherung immer zuerst den betroffenen Verbraucher und die Zündung ausschalten.

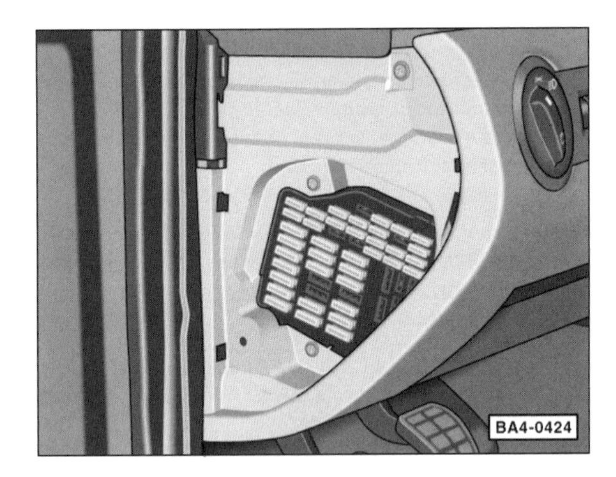

- Die Sicherungen befinden sich in einem Sicherungskasten an der linken Stirnseite der Armaturentafel.
- Abdeckung für Sicherungskasten öffnen. Dazu Abdeckung mit einem Schraubendreher an der mit einem Pfeil auf der Abdeckung gekennzeichneten Stelle abdrücken. **Achtung:** Papierpolster unter den Schraubendreher legen, damit die Armaturentafel nicht beschädigt wird.
- Zusätzliche Sicherungen befinden sich im Motorraum direkt auf der Fahrzeugbatterie. Sicherungsbelegung des Batteriehalters, siehe Seite 294.
- Beim Dieselmotor befindet sich die Streifen-Sicherung für die Vorglühanlage im Sicherungshalter auf der Batterie.

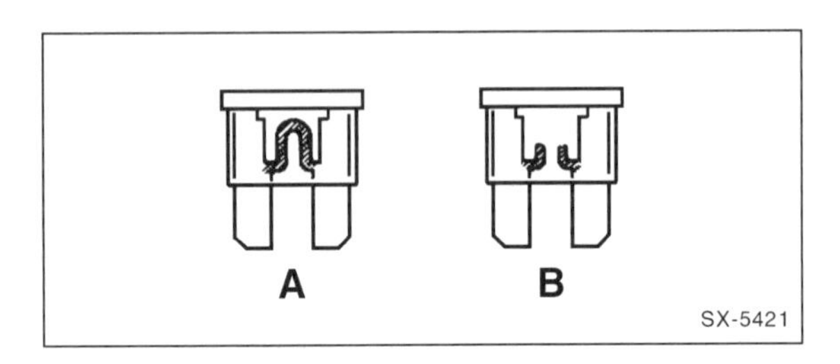

- Eine durchgebrannte Sicherung erkennt man am durchgeschmolzenen Metallstreifen. A – Sicherung in Ordnung, B – Sicherung durchgebrannt.

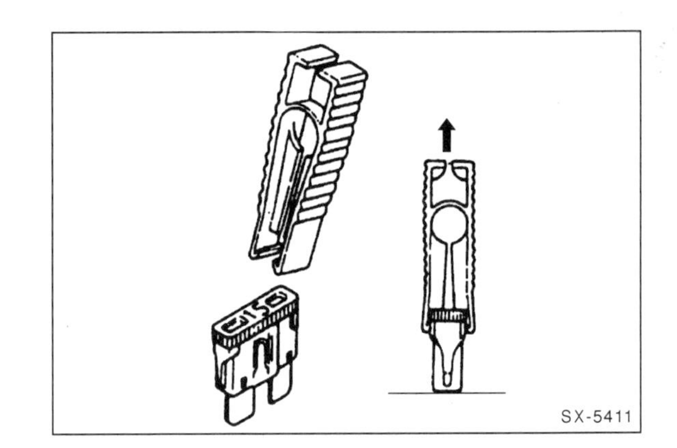

- Defekte Sicherung herausziehen. Dazu gibt es im Zubehörhandel eine geeignete Kunststoffklammer, siehe Abbildung.
- Neue Sicherung **gleicher Sicherungsstärke** einsetzen. Die Nennstromstärke der Sicherung ist auf der Rückseite des Griffes aufgedruckt. Außerdem hat der Griff der Sicherungen eine Kennfarbe, an der ebenfalls die Nennstromstärke zu erkennen ist.

Nennstromstärke in Ampere	Kennfarbe
5	beige
7,5	braun
10	rot
15	blau
20	gelb
25	weiß
30	grün

- Sicherungskasten-Abdeckung ansetzen und einrasten.
- Brennt eine neu eingesetzte Sicherung nach kurzer Zeit wieder durch, muss der entsprechende Stromkreis überprüft werden.
- Auf keinen Fall Sicherung durch Draht oder ähnliche Hilfsmittel ersetzen, weil dadurch ernste Schäden an der elektrischen Anlage auftreten können.
- Es ist empfehlenswert, stets einige Ersatzsicherungen im Wagen mitzuführen.

Sicherungsbelegung

Die Sicherungsbelegung ist abhängig von der Ausstattung und vom Baujahr des Fahrzeuges.

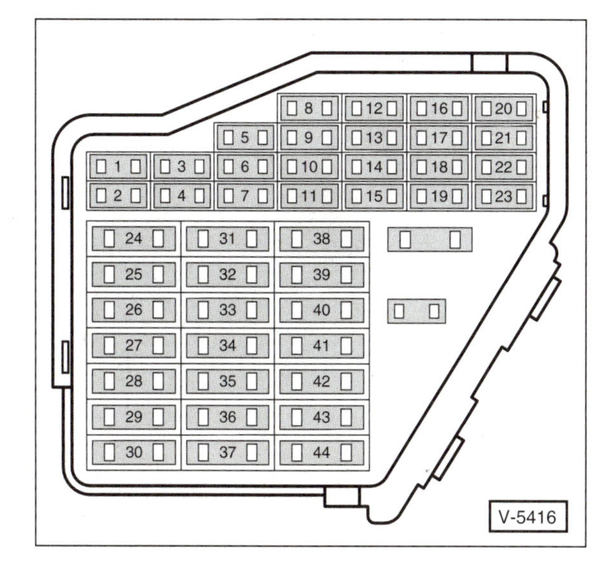

Nr.	Amp.	Verbraucher
1	10 A	Bis 7/97: heizbare Spritzdüsen, Spiegelheizung, ab 8/97: nicht belegt
2	10 A	Blinkleuchten
3	5 A	Beleuchtung Handschuhfach
4	5 A	Kennzeichenleuchten
5	7,5 A	Schiebedach, Sitzheizung
6	5 A	Zentralverriegelung
7	10 A	Rückfahrleuchten
8	5 A	Telefonanlage
9	5 A	ABS-Steuergerät
10	10 A	Motormanagement Benziner
	5 A	Motormanagement Diesel
11	5 A	Kombiinstrument, Wählhebelsperre bei automatischem Getriebe
12	7,5 A	Spannungsversorgung Eigendiagnose, Telefon
13	10 A	Bremsleuchten
14	10 A[1)]	Innenraumbeleuchtung, Zentralverriegelung
	5 A[1)]	Innenleuchte ohne Zentralverriegelung
15	5 A	Kombiinstrument, Automatisches Getriebe, Geber für Lenkwinkel
16	10 A	Magnetkupplung Klimakompressor
17	7,5 A	Bis 7/97: Türschließzylinderheizung, 8/97 - 7/98 sowie ab 5/99: nicht belegt
18	10 A	Fernlicht rechts
19	10 A	Fernlicht links
20	15 A[2)]	Abblendlicht rechts, Leuchtweitenregulierung
21	10 A	Abblendlicht links
22	5 A	Schluss- und Standlicht rechts
23	5 A	Schluss- und Standlicht links
24	20 A	Scheibenwischeranlage, Waschpumpe
25	25 A	Frischluftgebläse für Heizung/Klimaanlage/Climatronic
26	25 A	Heckscheibenheizung, Spiegelheizung
27	10 A	Heckwischer, bis 7/97: nicht belegt
28	15 A	Kraftstoffpumpe
29	15 A	Motormanagement: Zündung: Benziner
	10 A	Motormanagement: Diesel
30	20 A	Schiebedach
31	20 A	Automatisches Getriebe
	5 A	Allradantrieb
32	10 A	Motormanagement - Einspritzventile: Benziner
	30 A[3)]	Motormanagement - Einspritzpumpe: Diesel
33	20 A	Scheinwerfer-Reinigungsanlage
34	10 A	Motormanagement
35	30 A	Steckdose Anhängevorrichtung, Steckdose im Gepäckraum (Dauerplus)
36	15 A	Nebelscheinwerfer, Nebelschlussleuchte
37	10 A	S-Kontakt für Verbraucher, die nach Ausschalten der Zündung und vor Abziehen des Zündschlüssels betrieben werden. Bis 7/97: nicht belegt
38	15 A[4)]	Kofferraumleuchte, Zentralverriegelung, Tankklappenentriegelung
39	15 A	Warnblinkanlage
40	20 A	Signalhorn (Hupe)
41	15 A	Zigarettenanzünder
42	15 A	Radio
43	10 A	Motormanagement
44	15 A	Sitzheizung

[1)] 7/97 - 7/98: Jeweils 10 A.
[2)] Bis 7/98: 10 A.
[3)] Bis 4/99: 15 A.
[4)] Bis 7/97: 10 A.

Achtung: Sicherungen im Sicherungshalter werden ab Sicherungsplatz 23 im Stromlaufplan mit 223 bezeichnet, Sicherung 24 mit 224 usw.

Weitere Sicherungen sowie die Relaisbelegung sind im Kapitel »Stromlaufpläne« aufgeführt.

Batterie aus- und einbauen

Die Batterie befindet sich im Motorraum hinter dem linken Scheinwerfer.

Achtung: Durch Abklemmen der Batterie werden einige **elektronische Speicher gelöscht**, zum Beispiel Fehlerspeicher von Motor- und Getriebesteuerung sowie vom Antiblockiersystem. Vor dem Abklemmen gegebenenfalls Fehlerspeicher von einer SKODA-Werkstatt abrufen lassen. Treten die gleichen Fehler während einer anschließenden Fahrt wieder auf, werden sie wieder im Speicher abgelegt.

Die Hoch-/Tieflaufautomatik der elektrischen Fensterheber muss nach dem Anklemmen der Batterie neu aktiviert werden.

Das serienmäßig eingebaute Radio besitzt eine so genannte Anti-Diebstahl-Codierung. Diese verhindert die unbefugte Inbetriebnahme des Gerätes, wenn die Stromversorgung unterbrochen wurde. Die Stromversorgung ist nicht nur beim Abklemmen der Batterie unterbrochen, sondern auch beim Ausbau des Radios oder wenn die Radiosicherung durchgebrannt ist.

Falls das Radio codiert ist, Radiocode vor Abklemmen der Batterie feststellen. Ist der Code nicht bekannt, kann nur die SKODA-Werkstatt oder der Radio-Hersteller das Autoradio wieder in Betrieb nehmen, siehe auch Seite 100.

Vor dem Abklemmen der Batterie die Einstellungen der abgespeicherten Radiosender notieren.

Falls die Batterie ersetzt wird:

- Möglichst eine **Batterie mit Zentralentgasung** verwenden. Die in der Batterie entstehenden Gase werden dann über einen Schlauch abgeleitet, siehe Abbildung N27-0095.
- Falls eine Batterie mit belüfteten Stopfen eingebaut wird, darauf achten, dass die Stopfen mit einer Kunststoffabdeckung vor Spritzwasser geschützt werden.

Hinweis: Wird die Autobatterie ersetzt, unbedingt die Altbatterie zum Händler mitnehmen und zurückgeben. Sonst muss Pfand für die neue Batterie bezahlt werden .

Ausbau

- Zündung ausschalten.
- Motorhaube öffnen.

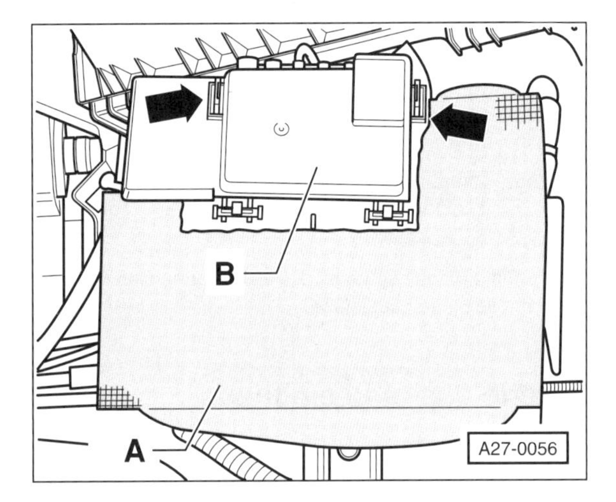

- Batterieschutzhülle –A– abnehmen, dazu Klettverschluss öffnen.
- Deckel für Hauptsicherungsbox –B– nach vorn aufklappen. Dazu Verriegelungslaschen links und rechts am Deckel zusammendrücken –Pfeile–.

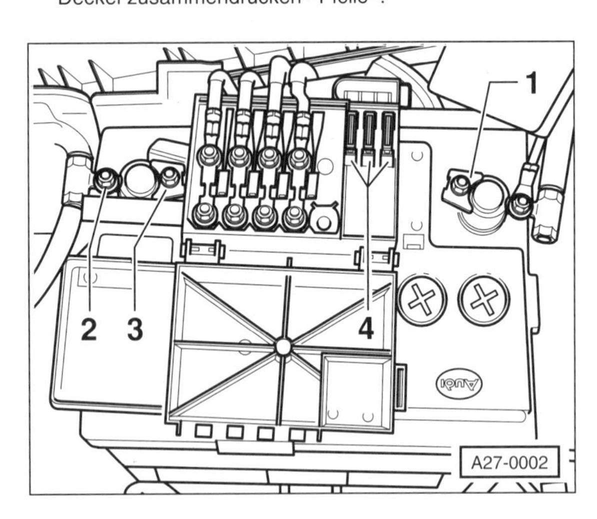

- Batterie-Massekabel (–) vom Batterie-Minuspol (–) abklemmen und zur Seite legen. Dazu Mutter –1– lösen.
- Mutter –2– (SW 10) abschrauben, Hauptsicherungsbox vorn und hinten von der Batterie abclipsen und abnehmen.
- Batterie-Plusleitung (+) abklemmen, dazu Mutter –3– (SW 10) lösen. 4 – Sicherungen.

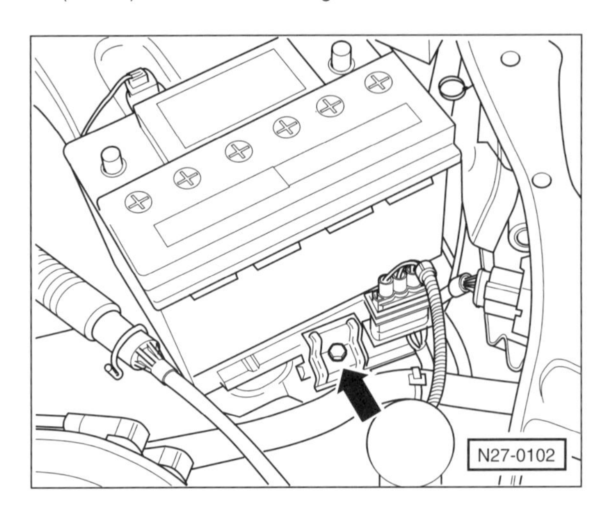

- Halteplatte am Batteriefuß abschrauben –Pfeil– und herausnehmen.
- Batterie von der Halteleiste wegschieben und herausheben. Die Halteleiste befindet sich gegenüber der ausgebauten Halteplatte.

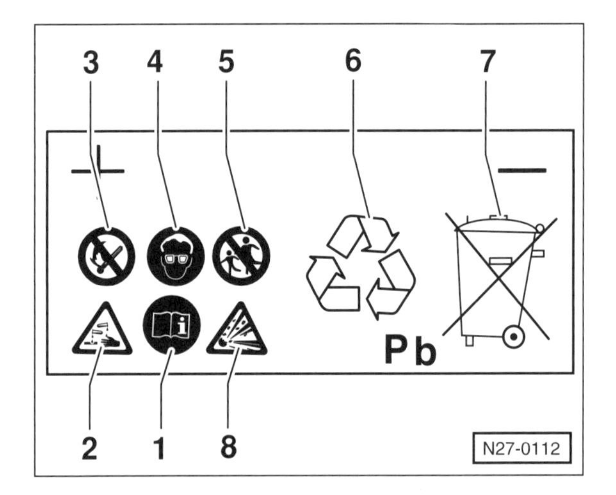

Sicherheitshinweise

Warnhinweise auf der Batterie beachten, um Schäden und Verletzungen zu vermeiden. Die Symbole haben folgende Bedeutung:

1. Sicherheitshinweise in der Betriebsanleitung durchlesen.
2. Verätzungsgefahr: Batteriesäure ist stark ätzend, deshalb beim Umgang mit der Batterie Schutzhandschuhe und Augenschutz tragen. Batterie nicht kippen. Aus den Entgasungsöffnungen kann Säure austreten.
3. Feuer, Funken, offenes Licht und Rauchen in der Nähe der Batterie sind verboten. Wird die Batterie nur abgeklemmt, aber nicht ausgebaut, Batteriepole sicherheitshalber abdecken.

4. Augenschutz tragen.
5. Kinder von Batterie und Säure fernhalten.
6. Altbatterie beim Kauf einer neuen Batterie zurückgeben oder bei einer Sammelstelle für Problemstoffe abgeben.
7. Altbatterien nie über den Hausmüll entsorgen.
8. Explosionsgefahr. Beim Laden der Batterie entsteht hochexplosives Knallgasgemisch.

Einbau

- Prüfen, ob die Zündung und alle Stromverbraucher ausgeschaltet sind, gegebenenfalls ausschalten.

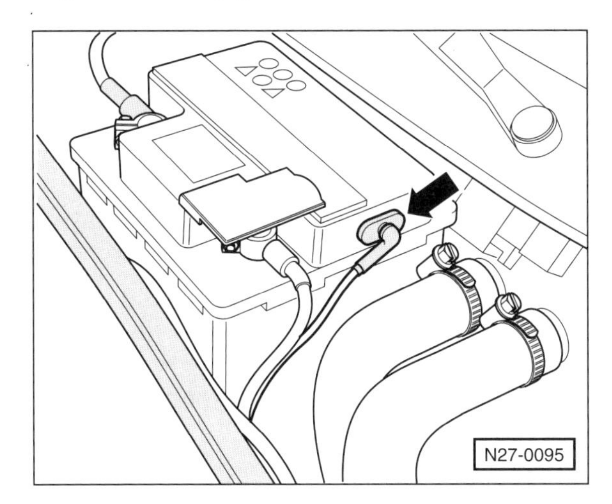

Achtung: Beim Einsetzen der Batterie darauf achten, dass der Schlauch für die Zentralentgasung nicht abgeklemmt wird. Nur dann ist sichergestellt, dass die bei der Ladung der Batterie entstehenden Gase ungehindert ausströmen können. Die Abbildung zeigt nicht die Batterie im SKODA OCTAVIA.

Hinweis: Im Schlauchanschluss –Pfeil– befindet sich ein so genannter Rückzündungsschutz, der das Zünden der in der Batterie befindlichen brennbaren Gase über den Entgasungsschlauch verhindert. **Entgasungsschlauch und Rückzündungsschutz dürfen daher nicht weggelassen werden.**

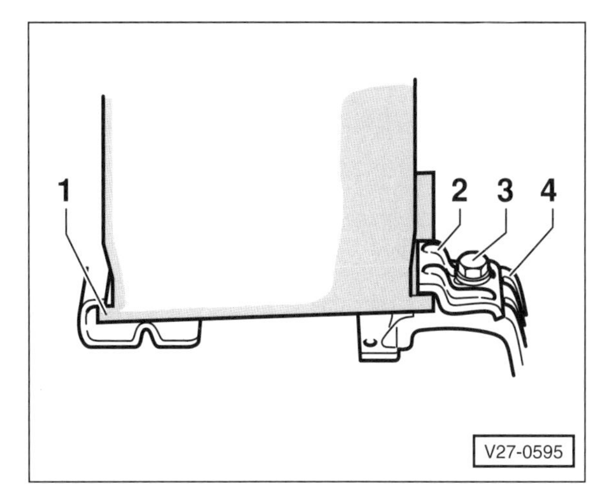

- Batterie in die Halteleiste –1– einsetzen.

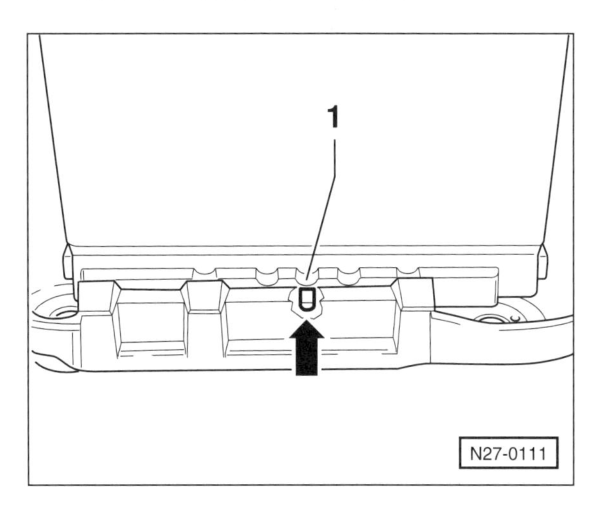

Achtung: Beim Einsetzen der Batterie darauf achten, dass die Nase des Batterieträgers –Pfeil– in die Aussparung der Batteriefußleiste –1– eingreift. Die Batterie darf sich anschließend nicht mehr nach links oder rechts verschieben lassen.

- Die Batterie ist richtig eingesetzt, wenn die mittlere Aussparung der Batteriefußleiste mit dem Gewindeloch im Batterieträger fluchtet.
- Bei Batterie **mit** Schlauch für Zentralentgasung darauf achten, dass der Schlauch nicht abgeklemmt wird und die Batterie frei entgasen kann.
- Bei Batterien **ohne** Schlauch für Zentralentgasung darauf achten, dass die Öffnung an der oberen Deckelseite der Batterie nicht verstopft ist.
- Halteplatte –2– am Bock –4– für Batteriebefestigung ansetzen und mit Schraube –3– und **20 Nm** festschrauben, siehe Abbildung V27-0595.
- Festen Sitz der Batterie durch hin- und herrütteln prüfen. Wenn die Batterie nicht festsitzt, verkürzt sich die Lebensdauer der Batterie. Außerdem verringert sich die Crash-Sicherheit.

Achtung: Durch eine falsch angeschlossene Batterie können erhebliche Schäden am Generator und an der elektrischen Anlage entstehen.

- Falls ausgebaut, Wärmeschutzmantel für Batterie einbauen.
- Pluskabel am Pluspol (+) anklemmen, Anzugsdrehmoment: 6 Nm. **Achtung:** Polklemme ohne Gewalt aufdrücken, damit das Batteriegehäuse nicht beschädigt wird. Die Batteriepole dürfen **nicht** gefettet werden.

Achtung: Das Massekabel wird erst nach Einbau des Sicherungshalters angeschlossen.

- Sicherungshalter auf die Batterie aufsetzen, dabei das Stromleitblech auf den Befestigungsbolzen der Batterie-Plusklemme aufstecken.
- Spannbügel des Sicherungshalters an der Batterie einrasten.
- Befestigungsschraube des Stromleitblechs auf der Plusklemme (+) festschrauben.
- Massekabel am Minuspol (–) aufstecken und mit 6 Nm anschrauben. **Achtung:** Polklemme ohne Gewalt aufdrücken, damit das Batteriegehäuse nicht beschädigt wird. Die Batteriepole dürfen **nicht** gefettet werden.

Achtung: Vor dem ersten Motorstart Zündung für ca. 10 Sekunden einschalten. Dadurch wird das Motorsteuergerät aktiviert.

- Radio falls erforderlich, neu programmieren, siehe Seite 100.
- Zeituhr einstellen.
- Automatiklauf der elektrischen Fensterheber aktivieren:
  - ◆ Türfenster öffnen.
  - ◆ Alle Fahrzeugtüren schließen.
  - ◆ Türschlüssel in Schließposition drehen und so lange halten, bis alle Fenster geschlossen sind.
  - ◆ Nach dem Schließen der Fenster den Schlüssel noch mindestens 3 Sekunden in Schließposition halten.

Hinweis für Batterie mit belüfteten Stopfen

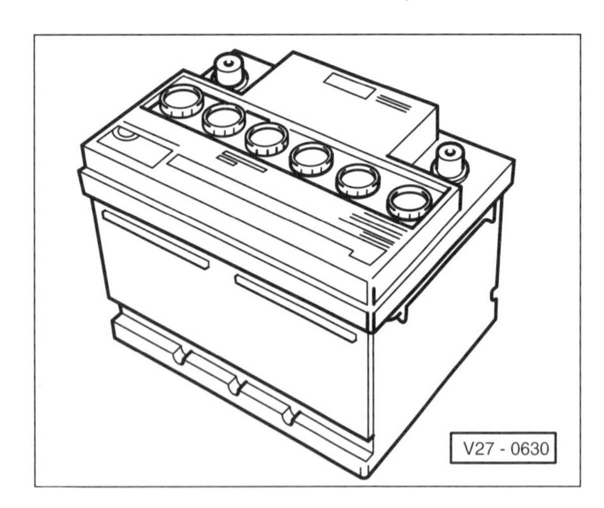

Wenn möglich, nur eine Batterie mit Zentralentgasung einbauen.

Bei dem abgebildeten Batterietyp mit belüfteten und herausschraubbaren Stopfen, muss über den Stopfen eine Kunststoffabdeckung als Schutz gegen eindringendes Spritzwasser sowie austretende, korrosionsfördernde Batteriesäure angebracht werden.

Für eine Batterie mit Zentralentgasung (flache, nur mit Schraubendreher herausschraubbare Stopfen) wird diese Abdeckung nicht benötigt.

Batterie prüfen

Wartungsarme Batterie

Fahrzeuge mit »Longlife-Service«-System sind mit einer wartungsarmen Blei-Calcium-Batterie ausgerüstet. Diese Batterie ist am »magischen Auge« an der Batterieoberseite erkennbar. Das Batteriegehäuse ist schwarz oder weiß.

Das »magische Auge« ist eine optische Statusanzeige. Anhand der angezeigten Farbe können Aussagen über Säurestand und Ladezustand getroffen werden.

Achtung: Luftblasen im »magischen Auge« können die Anzeige verfälschen. Gegebenenfalls vorsichtig auf das »magische Auge« klopfen. Der Säurestand einer wartungsarmen Batterie kann aber auch von außen, anhand der max- und min-Markierung abgelesen werden. Ausnahme: Batterien mit schwarzem Gehäuse.

Anzeige grün: Batterie ist ausreichend geladen. Säurestand in Ordnung.

Anzeige schwarz: Keine beziehungsweise zu geringe Ladung der Batterie.

Anzeige farblos/gelb: Kritischer Säurezustand erreicht. Unbedingt destilliertes Wasser nachfüllen. Anschließend Belastungsprüfung der Batterie durchführen.

Hinweis: Wenn die Batterie bereits älter als 5 Jahre ist, dann empfiehlt es sich die Batterie zu ersetzen, insbesondere vor der kalten Jahreszeit.

Herkömmliche Batterie

Säurestand prüfen

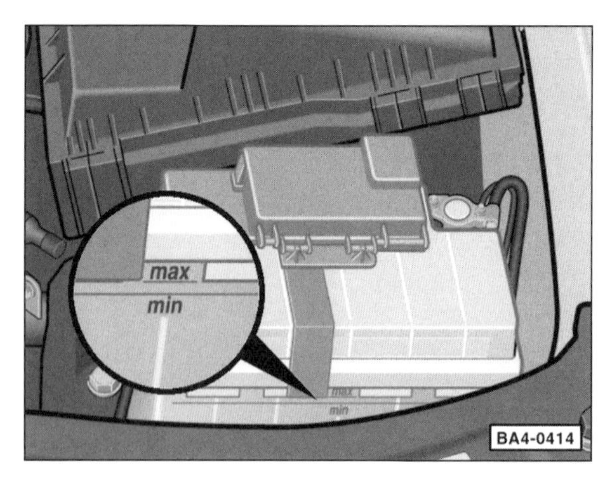

- Der Säurestand muss in den einzelnen Zellen zwischen der min- und der max-Marke liegen.

- Gegebenenfalls Batteriestopfen ausschrauben und destilliertes Wasser nachfüllen. Dazu vorher Sicherungshalter von der Batterie abbauen, siehe Kapitel »Batterie aus- und einbauen«.

Hinweis: Lässt sich der sich der Säurestand von außen nicht erkennen, Batteriestopfen herausschrauben. Der Säurestand muss am Kunststoffsteg der inneren Säurestandmarkierung liegen. Das entspricht der äußeren max-Markierung.

Spannung prüfen

Der Batterie-Zustand wird durch Messen der Spannung mit einem Voltmeter zwischen den Batteriepolen überprüft.

- Batteriepole abklemmen, siehe Seite 63.
- Vor der Prüfung muss die Batterie mindestens 2 Stunden abgeklemmt sein.

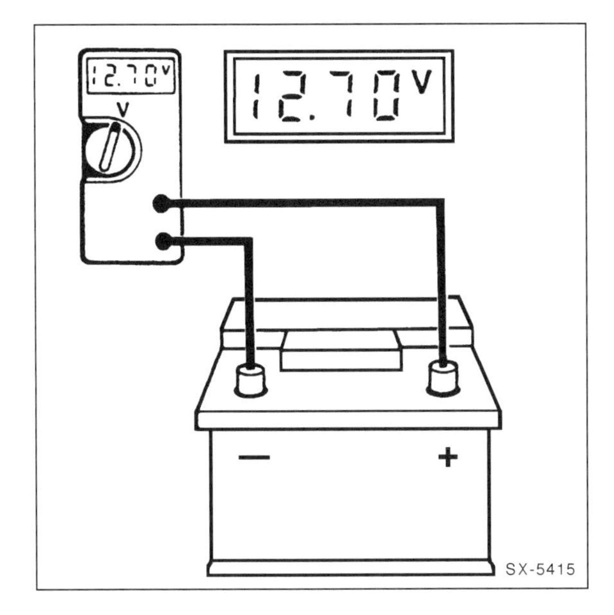

- Voltmeter an die Batteriepole anschließen und Spannung messen.
- **Beurteilung des Spannungsmesswertes:**
  12,5 Volt oder darüber = Batterie in gutem Zustand
  12,4 Volt oder darunter = Batterie in schlechtem Zustand, Batterie laden oder ersetzen
- Batterie-Massekabel (–) anklemmen. **Achtung:** Hoch-/Tieflaufautomatik für elektrische Fensterheber aktivieren sowie Zeituhr stellen und Radiocode eingeben, siehe Kapitel »Batterie aus- und einbauen«.

Batterie unter Belastung prüfen

- Voltmeter an den Polen der Batterie anschließen.
- Motor starten und Spannung ablesen.
- Während des Startvorganges darf bei einer vollen Batterie die Spannung nicht unter 10 Volt (bei einer Säuretemperatur von ca. +20° C) abfallen.
- Bricht die Spannung sofort zusammen und wurde in den Zellen eine unterschiedliche Säuredichte festgestellt, so ist auf eine defekte Batterie zu schließen.

Säuredichte prüfen

Die Säuredichte ergibt in Verbindung mit der Spannungsmessung genauen Aufschluss über den Ladezustand der Batterie.

Zur Prüfung der Säuredichte dient ein Säureheber, der recht preiswert in Fachgeschäften angeboten wird.

Die Temperatur der Batteriesäure muss für die Prüfung mindestens +10° C betragen.

- Zündung ausschalten.

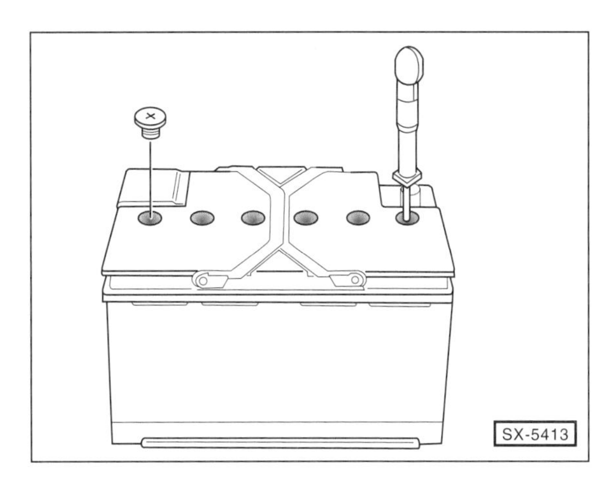

- Sämtliche Verschlussstopfen aus den Batteriezellen herausschrauben. Dazu vorher Sicherungshalter von der Batterie abbauen, siehe Kapitel »Batterie aus- und einbauen«.

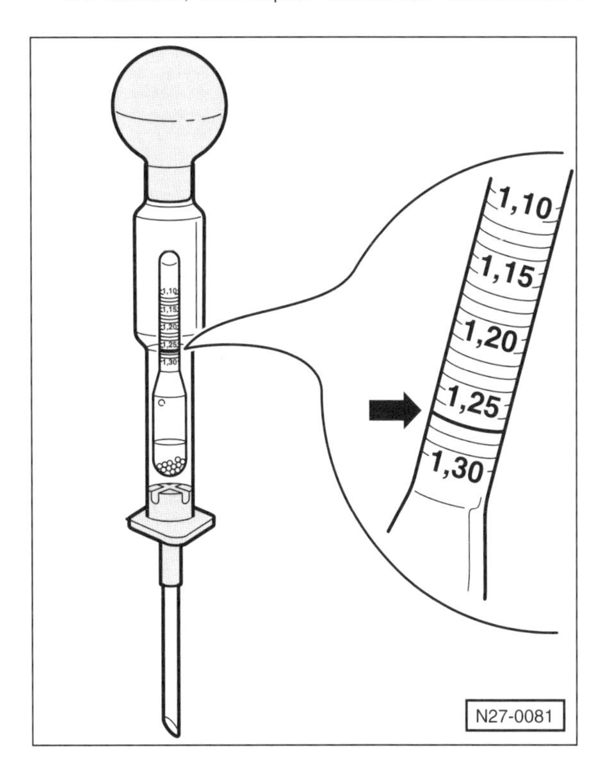

- Säureheber in eine der Batteriezellen eintauchen und soviel Säure ansaugen, bis der Schwimmer frei in der Säure schwimmt. Je größer das spezifische Gewicht (Säuredichte) der angesaugten Batteriesäure ist, desto mehr taucht der Schwimmer auf.

- An der Skala kann man die Säuredichte in spezifischem Gewicht (g/ml) oder Baumégrad (+°Bé) ablesen.
- Die Säuredichte muss mindestens 1,24 g/ml betragen. Ist die Säuredichte zu gering, Batterie laden.

Ladezustand	+°Bé	g/ml
entladen	16	1,15
halb entladen	24	1,22
gut geladen	30	1,28

- Nacheinander jede Batteriezelle prüfen, alle Zellen müssen die gleiche Säuredichte (maximale Differenz 0,04 g/ml) haben. Sonst kann auf eine defekte Batterie geschlossen werden.

Batterie laden

Sicherheitshinweise

Vor dem Laden der Batterie Sicherheitshinweise im Kapitel »Batterie aus- und einbauen« durchlesen.

- Batterie **nicht** bei laufendem Motor abklemmen.
- Batterie **niemals kurzschließen,** das heißt Plus- (+) und Minuspol (–) dürfen nicht verbunden werden. Bei Kurzschluss erhitzt sich die Batterie und kann platzen.
- Nicht mit offener Flamme in die Batterie leuchten. Batteriesäure ist ätzend und darf nicht in die Augen, auf die Haut oder die Kleidung gelangen, gegebenenfalls mit viel Wasser abspülen.
- Die Batteriestopfen (kreuzförmige Schlitze) bleiben bei einer modernen Batterie mit Zentralentgasung beim Laden fest eingeschraubt.
- Gefrorene Batterie vor dem Laden auftauen. Eine geladene Batterie gefriert bei ca. –65° C, eine halbentladene bei ca. –30° C und eine entladene bei ca. –12° C. Aufgetaute Batterie vor dem Laden auf Gehäuserisse prüfen, gegebenenfalls ersetzen.

Zum Laden der Batterie mit einem **Normal- oder Schnellladegerät** Batterie ausbauen. Zumindest aber Massekabel (–) sowie Pluskabel (+) abklemmen.

Mit einem **Kleinladegerät** (geringe Stromstärke) kann die Batterie auch in eingebautem Zustand geladen werden. Die Anschlusskabel für das Bordnetz brauchen dazu normalerweise nicht abgenommen zu werden. Allerdings sind unbedingt die Angaben des Ladegeräteherstellers zu beachten.

Beim Laden muss die Batterie eine Temperatur von mindestens +10° C aufweisen.

Laden

- Batterie ausbauen.
- Säurestand prüfen, gegebenenfalls destilliertes Wasser nachfüllen, siehe entsprechendes Kapitel.
- Batterie nur in gut belüftetem Raum oder im Freien laden. Beim Laden der eingebauten Batterie Motorhaube geöffnet lassen.
- Sicherstellen, dass der Entgasungsschlauch der Batterie nicht abgeklemmt ist beziehungsweise der Entgasungsstutzen nicht verstopft ist.
- Falls am Ladegerät der Ladestrom eingestellt werden kann, Ladestrom für Normalladung auf ca. 10 % der Kapazität einstellen. Bei einer 50-Ah-Batterie also etwa 5,0 A. Als Richtwert für die Ladezeit können dann 10 Stunden genommen werden.
- **Bei ausgeschaltetem Ladegerät** das Pluskabel (+) des Ladegerätes an den Pluspol (+) der Batterie anschließen. Minuskabel (–) des Ladegerätes mit dem Minuspol (–) der Batterie verbinden.
- Netzstecker des Ladegerätes in die Steckdose stecken. Falls erforderlich, Ladegerät einschalten.
- Wird die Batterie mit einem konstanten Ladestrom geladen, Temperatur der Batterie durch Auflegen der Hand prüfen. Die Säuretemperatur darf während des Ladens ca. +55° C nicht überschreiten, gegebenenfalls Ladung unterbrechen oder Ladestrom herabsetzen.
- Nach dem Laden der Batterie Ladegerät ausschalten (wenn möglich) und Netzstecker des Ladegerätes ziehen.
- Anschlusskabel des Ladegerätes von der Batterie abklemmen.
- Geladene Batterie prüfen, siehe entsprechendes Kapitel.
- Batterie einbauen, siehe entsprechendes Kapitel.

Hinweise für Batterie mit belüfteten Stopfen (Abbildung V27-0630 im Kapitel »Batterie aus- und einbauen«)

- Vor dem Laden Stopfen aus der Batterie herausschrauben oder mit schmalem Schraubendreher Abdeckung herausheben und leicht auf die Öffnungen legen. Dadurch werden Säurespritzer in der Umgebung vermieden, während die beim Laden entstehenden Gase entweichen können.
- So lange laden, bis alle Zellen lebhaft gasen und bei drei im Abstand von je einer Stunde aufeinander folgenden Messungen das spezifische Gewicht der Säure und die Spannung nicht mehr angestiegen sind.
- Nach dem Laden Batterie ca. 20 Minuten ausgasen lassen, dann Verschlussstopfen einschrauben.

Tief entladene und sulfatierte Batterie laden

Eine Batterie, die längere Zeit unbenutzt war (zum Beispiel Fahrzeug stillgelegt), entlädt sich selbst und sulfatiert mit der Zeit.

Wenn die Ruhespannung der Batterie unter 11,6 Volt liegt, bezeichnet man sie als tief entladen. Ruhespannung prüfen, siehe unter »Batterie prüfen«.

Bei einer tief entladenen Batterie besteht die Batteriesäure (Schwefelsäure-Wassergemisch) fast nur noch aus Wasser. **Achtung:** Bei Minustemperaturen kann diese Batterie einfrieren und das Gehäuse platzen.

Eine tief entladene Batterie sulfatiert, das heißt die gesamte Plattenoberfläche der Batterie verhärtet. Die Batteriesäure ist dann nicht klar, sie hat eine schwach weißliche Einfärbung.

Wenn die tief entladene Batterie unmittelbar nach der Entladung wieder geladen wird, bildet sich die Sulfatierung wieder zurück. Andernfalls verhärten die Batterieplatten weiter und die Ladungsaufnahme bleibt dauernd eingeschränkt.

- Eine tief entladene und sulfatierte Batterie muss mit einem kleinen Ladestrom von ca. 5 % geladen werden. Der Ladestrom beträgt dann beispielsweise bei einer 60 Ah-Batterie ca. 3 A.
- Die Ladespannung darf maximal 14,4 Volt betragen.

Achtung: Eine tief entladene Batterie darf keinesfalls mit einem Schnellladegerät geladen werden.

Schnellladen/Starthilfe

- Mit einem Schnellladegerät darf die Batterie nur ausnahmsweise schnellgeladen beziehungsweise durch Starthilfe belastet werden. Beim Schnellladen beträgt die Stromstärke des Ladestroms 20% und mehr von der Batteriekapazität. Durch Schnellladen wird die Batterie geschädigt, da sie kurzfristig einer sehr hohen Stromstärke ausgesetzt wird. Länger gelagerte und tief entladene Batterien sollten nicht mit einem Schnellladegerät aufgeladen werden, da es sonst zu einer Oberflächenladung kommt.

Batterie lagern

- Wird das Fahrzeug länger als 2 Monate stillgelegt, Batterie ausgebaut und geladen lagern. Die günstigste Lagertemperatur liegt zwischen 0° C und +27° C. Bei diesen Temperaturen hat die Batterie die günstigste Selbstentladungsrate. Spätestens nach 2 Monaten Batterie erneut aufladen, da sie sonst unbrauchbar wird.

Wenn eine über längere Zeit gelagerte Batterie mit einem Schnellladegerät geladen wird, nimmt sie unter Umständen keinen Ladestrom auf oder wird durch so genannte Oberflächenladung zu früh als »voll« ausgewiesen. Sie ist anscheinend defekt.

Bevor solch eine Batterie als defekt angesehen wird, ist sie folgendermaßen zu prüfen:

- Säuredichte prüfen. Weicht die Säuredichte in allen Zellen nicht mehr als 0,04 g/ml voneinander ab, so ist die Batterie mit einem Normalladegerät zu laden.
- Batterie nach der Ladung durch eine Belastungsprüfung testen, siehe entsprechendes Kapitel. Die Werkstatt verwendet dazu ein spezielles Prüfgerät. In diesem Fall müssen die Werte in der folgenden Tabelle erreicht werden. Bei einem Spannungswert unter ca. 9,0 Volt ist die Batterie defekt.

Batterie-kapazität	Kälte-prüfstrom	Belastungs-strom	Mindest-spannung (Grenzwert)
44 Ah	220 A	200 A	9,2 V
60 Ah	280 A	200 A	9,4 V
70 Ah	340 A	300 A	9,0 V
80 Ah	380 A	300 A	9,0 V

- Weicht die Säuredichte in einer oder in zwei benachbarten Zellen merklich nach unten ab (zum Beispiel 5 Zellen zeigen 1,16 g/ml und eine Zelle 1,08), hat die Batterie einen Kurzschluss und ist defekt.
- Tief entladene und sulfatierte Batterie laden, siehe entsprechendes Kapitel.

Batterie entlädt sich selbstständig durch versteckte Stromverbraucher

Je nach Fahrzeugausstattung addiert sich zur natürlichen Selbstentladung der Batterie auch die Stromaufnahme der verschiedenen Steuergeräte im Ruhezustand. Daher sollte die Batterie in einem abgestellten Fahrzeug spätestens alle 6 Wochen nachgeladen werden. Wenn der Verdacht auf Kriechströme besteht, Bordnetz nach folgender Anleitung prüfen:

Prüfvoraussetzung: Batterie geladen, geprüft und in Ordnung.

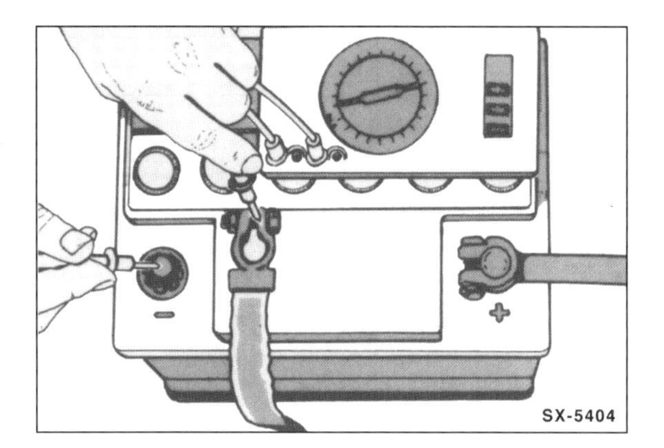
SX-5404

- Am Amperemeter (Messbereich von 0 – 5 mA und 0 – 5 A) den höchsten Messbereich einstellen.
- Batterie-Massekabel (–) bei ausgeschalteter Zündung abklemmen. **Achtung:** Falls das eingebaute Radio einen Diebstahlcode besitzt, wird dieser beim Abklemmen der Batterie gelöscht. Das Radio kann anschließend nur durch die Eingabe des richtigen Codes oder durch die SKODA-Werkstatt beziehungsweise den Radio-Hersteller wieder in Betrieb genommen werden. Vor dem Abklemmen daher unbedingt den Diebstahlcode ermitteln.
- **Dieselmotor:** Sicherung für Glühkerzen herausnehmen, damit das Messgerät aufgrund zu hoher Ströme nicht beschädigt wird.
- Amperemeter zwischen Batterie-Minuspol (–) und Massekabel (–) schalten. Amperemeter-Plus-Anschluss (+) an Massekabel (–) und Amperemeter-Minus-Anschluss an Batterie-Minuspol (–).

Achtung: Die Prüfung kann auch mit einer Prüflampe durchgeführt werden. Leuchtet die Lampe zwischen Masseband und Minuspol der Batterie jedoch nicht auf, ist auf jeden Fall ein Amperemeter zu verwenden.

- Alle Verbraucher ausschalten, vorhandene Zeituhr (und andere Dauerverbraucher) abklemmen, Türen schließen.
- Vom Amperebereich solange auf den Milliamperebereich zurückschalten, bis eine ablesbare Anzeige erfolgt (1 – 3 mA sind zulässig).

- Durch Herausnehmen der Sicherungen nacheinander die verschiedenen Stromkreise unterbrechen. Wenn bei einem der unterbrochenen Stromkreise die Anzeige auf Null zurückgeht, ist hier die Fehlerquelle zu suchen. Fehler können sein: korrodierte und verschmutzte Kontakte, durchgescheuerte Leitungen, interner Schluss in Aggregaten.
- Wird in den abgesicherten Stromkreisen kein Fehler gefunden, Leitungen an den nicht abgesicherten Aggregaten abziehen. Das sind: Generator, Anlasser, Zündanlage, Kombiinstrument.
- Geht beim Abklemmen von einem der ungesicherten Aggregate die Anzeige auf Null zurück, betreffendes Bauteil überholen oder austauschen. Bei Stromverlust in Anlasser- oder Zündanlage immer auch den Zünd-Anlassschalter nach Stromlaufplan prüfen.
- Batterie-Massekabel (–) anklemmen. **Achtung:** Hoch-/Tieflaufautomatik für elektrische Fensterheber aktivieren sowie Zeituhr stellen und Radiocode eingeben, siehe Kapitel »Batterie aus- und einbauen«.

Störungsdiagnose Batterie

Störung	Ursache	Abhilfe
Abgegebene Leistung ist zu gering, Spannung fällt stark ab.	Batterie entladen.	■ Batterie nachladen.
	Ladespannung zu niedrig.	■ Spannungsregler prüfen, ggf. austauschen.
	Anschlussklemmen lose oder oxydiert.	■ Anschlussklemmen reinigen, Befestigungsschrauben anziehen.
	Masseverbindungen Batterie-Motor-Karosserie sind schlecht.	■ Masseverbindung überprüfen, ggf. metallische Verbindungen herstellen oder Schraubverbindungen festziehen. Korrodierte durch verzinnte Schrauben ersetzen.
	Zu große Selbstentladung der Batterie durch Verunreinigung der Batteriesäure.	■ Batterie austauschen.
	Batterie sulfatiert.	■ Batterie mit geringer Stromstärke laden. Falls nach wiederholter Ladung und Entladung die abgegebene Leistung immer noch zu gering ist, Batterie austauschen.
	Batterie verbraucht, aktive Masse der Platten ausgefallen.	■ Batterie austauschen.
Nicht ausreichende Ladung der Batterie.	Fehler an Generator, Spannungsregler oder Leitungsanschlüssen.	■ Generator und Spannungsregler überprüfen, instand setzen bzw. austauschen.
	Keilrippenriemen locker, Spannvorrichtung defekt.	■ Spannvorrichtung prüfen, ggf. Keilrippenriemen ersetzen.
	Zu viele Verbraucher angeschlossen.	■ Leistungsstärkere Batterie einbauen; evtl. auch stärkeren Generator verwenden.
Säurestand zu niedrig.	Überladung, Verdunstung (besonders im Sommer).	■ Destilliertes Wasser bis zur vorgeschriebenen Höhe nachfüllen (bei geladener Batterie).
Säuredichte zu niedrig.	Batterie entladen.	■ Batterie laden.
	Säuredichte in einer Zelle deutlich niedriger als in den übrigen Zellen.	■ Kurzschluss in einer Zelle. Batterie erneuern.
	Säuredichte in zwei benachbarten Zellen deutlich niedriger als in den übrigen Zellen.	■ Trennwand undicht, dadurch entsteht eine leitende Verbindung zwischen den Zellen, wodurch die Zellen entladen werden. Batterie erneuern.
	Kurzschluss im Leitungsnetz.	■ Elektrische Anlage überprüfen.

Generator/Lichtmaschine/ Sicherheitshinweise

Das Fahrzeug ist mit einem Drehstromgenerator ausgerüstet, der von der Kurbelwelle über den Keilrippenriemen angetrieben wird. Je nach Modell und Ausstattung können Generatoren mit unterschiedlichen Leistungen eingebaut sein. Die Leistung steht auf dem Typschild am Generator. **Achtung:** Wenn nachträglich elektrisches Zubehör eingebaut wird, sollte überprüft werden, ob die bisherige Generatorleistung noch ausreicht, gegebenenfalls stärkeren Generator einbauen.

Der vom Generator erzeugte Drehstrom wird vom Gleichrichter in der Diodenplatte in Gleichstrom umgewandelt, um die Batterie zu laden. Die Höhe der Spannung wird von einem Regler geregelt. Der Regler befindet sich an der Rückseite des Generators. Die Betriebsspannung des Generators beträgt im Regelfall ca. 14 Volt.

Hinweis: Den Generator gibt es als Austauschteil. Ein defekter Generator wird bei Kauf eines überholten oder neuen Generators vom Hersteller in Zahlung genommen. Alten Generator zum Händler mitnehmen.

Sicherheitshinweise

- Bei Arbeiten an der elektrischen Anlage im Motorraum grundsätzlich das Batterie-Massekabel (–) abklemmen. Zur Sicherheit Batterie-Massepol mit Isolierband abkleben.
- Batterie oder Spannungsregler **nicht** bei laufendem Motor abklemmen.
- Generator **nicht** bei angeschlossener Batterie ausbauen.
- Bei Elektroschweißarbeiten am Fahrzeug Batterie grundsätzlich abklemmen.

Generatorspannung prüfen

- Voltmeter zwischen Plus- und Minuspol der Batterie anschließen.
- Motor starten. Die Spannung darf beim Startvorgang bis 8 Volt (bei +20° C Außentemperatur) absinken.
- Motordrehzahl auf 3.000/min erhöhen. Die Spannung soll dann 13,5 bis 14,5 Volt betragen. Dies ist ein Beweis, dass Generator und Regler arbeiten. Die Generatorspannung (Bordspannung) muss höher als die Batteriespannung sein, damit die Batterie im Fahrbetrieb wieder aufgeladen wird.
- Regelstabilität prüfen. Dazu Fernlicht einschalten und Messung bei 3.000/min wiederholen. Die gemessene Spannung darf nicht mehr als 0,4 Volt über dem vorher gemessenen Wert liegen.
- Liegen die gemessenen Werte außerhalb der Sollwerte, Generator von Fachwerkstatt überprüfen lassen.

Generator aus- und einbauen

Ausbau

- Batterie-Massekabel (–) bei ausgeschalteter Zündung abklemmen. **Achtung:** Falls das eingebaute Radio einen Diebstahlcode besitzt, wird dieser beim Abklemmen der Batterie gelöscht. Das Radio kann anschließend nur durch die Eingabe des richtigen Codes oder durch die SKODA-Werkstatt beziehungsweise den Radio-Hersteller wieder in Betrieb genommen werden. Vor dem Abklemmen daher unbedingt den Diebstahlcode ermitteln.
- Keilrippenriemen ausbauen, siehe Seite 187.
- Spannelement für Keilrippenriemen mit 3 Schrauben abschrauben.

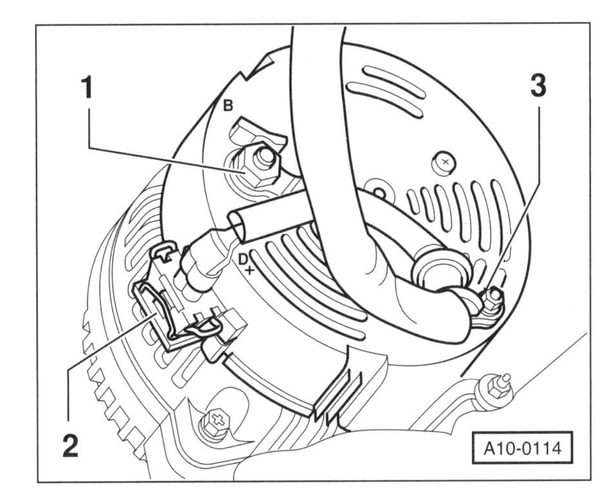

- Elektrische Leitung –1– (Klemme 30/B+) abschrauben.
- Kabelschelle –3– abschrauben.
- Stecker –2– abziehen, dazu Drahtbügel eindrücken.

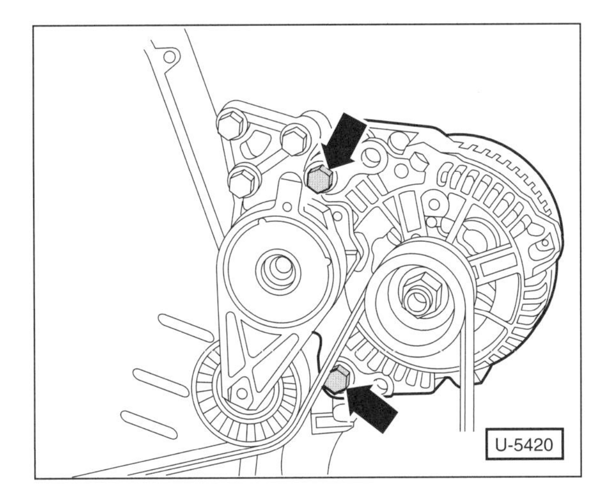

- Generator vom Halter abschrauben –Pfeile–.

Einbau

- Gewindebuchsen für die Befestigungsschrauben am Generator vor dem Einbau ca. 1 mm zurückschlagen, siehe auch –B– in Abbildung A87-0097 am Ende des Kapitels.
- Generator am Halter ansetzen und mit **25 Nm** anschrauben.
- Elektrische Leitung für Klemme 30/B+ mit **15 Nm** anschrauben. Kabelschelle mit 15 Nm anschrauben.
- Kabelstecker aufstecken und einrasten.
- Keilrippenriemen einbauen, siehe Seite 187.
- Batterie-Massekabel (–) anklemmen. **Achtung:** Hoch-/Tieflaufautomatik für elektrische Fensterheber aktivieren sowie Zeituhr stellen und Radiocode eingeben, siehe Kapitel »Batterie aus- und einbauen«.

Speziell Dieselmotor

- Bevor der Generator abgeschraubt wird, Spannelement für Keilrippenriemen mit 3 Schrauben abschrauben.
- Beim Einbau Spannelement für Keilrippenriemen mit **25 Nm** festschrauben.

Speziell Fahrzeuge mit Klimaanlage

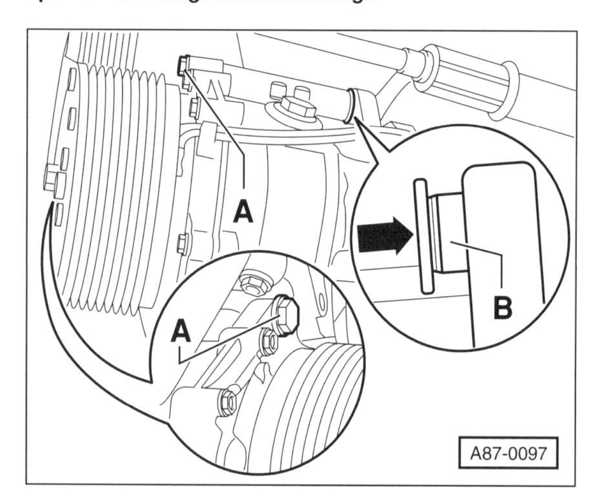

- Klimakompressor abschrauben –A– und mit Draht an der Karosserie aufhängen. **Achtung:** Die Kältemittelleitungen **bleiben angeschlossen.**

Sicherheitshinweis
Der **Kältemittelkreislauf darf nicht geöffnet** werden, da das Kältemittel bei Hautberührung Erfrierungen hervorrufen kann und giftig ist, siehe auch Sicherheitshinweise im Kapitel »Heizung/Klimatisierung«.

Speziell Fahrzeuge mit verstärkter Kühlung

- Zusatzlüfter rechts ausbauen, Kühler mit Pappe gegen Beschädigungen schützen.

Schleifkohlen für Generator/ Spannungsregler ersetzen/prüfen

Ausbau

- Batterie-Massekabel (–) bei ausgeschalteter Zündung abklemmen. **Achtung:** Falls das eingebaute Radio einen Diebstahlcode besitzt, wird dieser beim Abklemmen der Batterie gelöscht. Das Radio kann anschließend nur durch die Eingabe des richtigen Codes oder durch die SKODA-Werkstatt beziehungsweise den Radio-Hersteller wieder in Betrieb genommen werden. Vor dem Abklemmen daher unbedingt den Diebstahlcode ermitteln.
- Keilrippenriemen ausbauen, siehe Seite 187.
- Generator ausbauen.

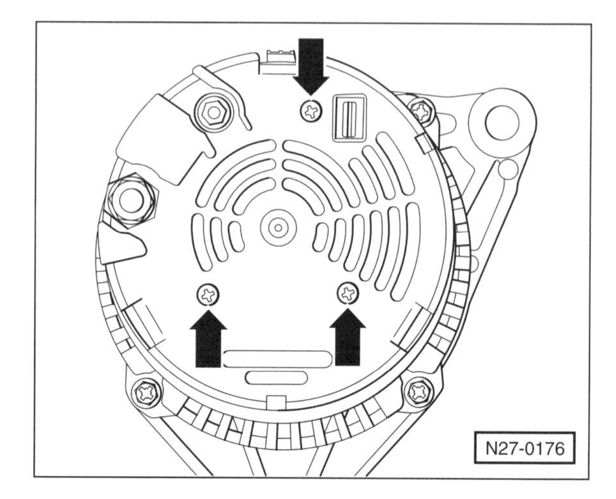

- Befestigungsschrauben –Pfeile– für Generatorschutzkappe herausschrauben und Schutzkappe abnehmen.
- Gegebenenfalls Abdeckung vom Spannungsregler abdrücken.
- Befestigungsschrauben für Spannungsregler herausdrehen und Spannungsregler herausnehmen.

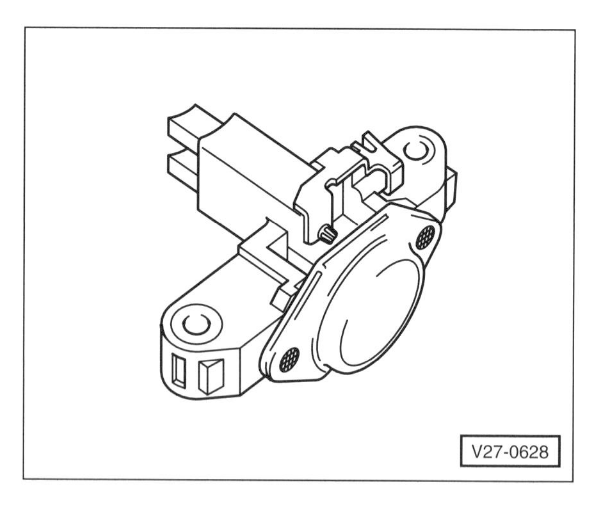

- Schleifkohlen ersetzen, wenn die Länge 5 mm oder weniger beträgt beziehungsweise wenn die Schleifkohlen um mehr als 1 mm unterschiedlich lang sind. Dazu Anschlusslitze auslöten.

- Schleifringe auf Verschleiß prüfen, gegebenenfalls feinstüberdrehen und polieren (Werkstattarbeit).
- Kontaktfläche reinigen und Vorspannung der Kontaktfeder prüfen, gegebenenfalls erneuern.

Einbau

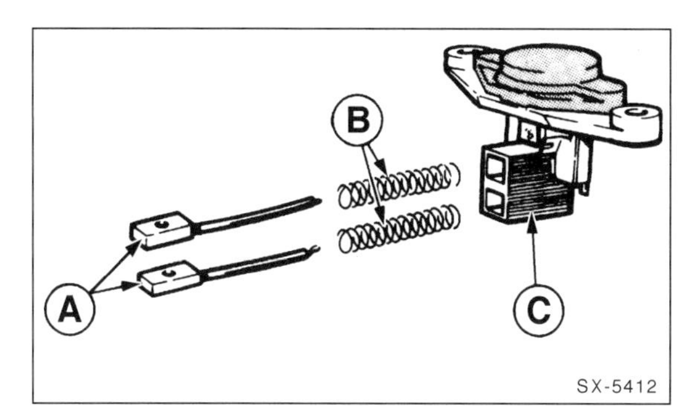

- Kohlebürsten –A– und Federn –B– in den Bürstenhalter –C– einsetzen und Anschlüsse verlöten.
- Damit beim Anlöten der neuen Bürsten kein Lötzinn in der Litze hochsteigen kann, Anschlusslitze der Bürsten mit einer Flachzange fassen.

Achtung: Durch hochsteigendes Lötzinn würde die Litze steif und die Kohlebürste unbrauchbar werden.

- Der Isolierschlauch über der Litze muss neben der Lötstelle mit der vorhandenen Öse festgeklemmt werden.
- Nach dem Einbau neue Kohlebürsten auf leichten Lauf in den Bürstenhaltern prüfen.
- Spannungsregler erst mit einer Schraube von Hand befestigen, dann vorsichtig in endgültige Einbaulage drücken und ganz leicht mit ca. 2 Nm festschrauben.
- Generator-Schutzkappe ganz leicht festschrauben (1 bis 2 Nm).
- Generator einbauen.
- Keilrippenriemen einbauen, siehe Seite 187.
- Batterie-Massekabel (–) anklemmen. **Achtung:** Hoch-/Tieflaufautomatik für elektrische Fensterheber aktivieren sowie Zeituhr stellen und Radiocode eingeben, siehe Kapitel »Batterie aus- und einbauen«.

Störungsdiagnose Generator

Störung	Ursache	Abhilfe
Ladekontrolllampe brennt nicht bei eingeschalteter Zündung.	Batterie leer.	■ Batterie laden.
	Anschlusskabel an der Batterie locker oder korrodiert	■ Kabel auf festen Sitz prüfen, Anschlüsse reinigen.
	Kabel am Generator locker oder korrodiert.	■ Kabel auf einwandfreien Kontakt prüfen, Schraube festziehen.
	Unterbrechung in der Leitungsführung zwischen Generator, Zündschloss und Kontrolllampe (D+).	■ Zündung ausschalten. Stecker (D+) am Generator abziehen. Braun/schwarze Leitung mit Hilfskabel an Masse legen. Zündung einschalten. Wenn die Kontrolllampe jetzt leuchtet, ist in der Regel der Generator defekt. Andernfalls Leitungsführung nach Stromlaufplan prüfen und gegebenenfalls reparieren. Wenn die Leitung in Ordnung ist, liegt der Defekt in der Regel im Kombiinstrument.
	Kohlebürsten liegen nicht auf dem Schleifring auf.	■ Freigängigkeit der Kohlebürsten und Mindestlänge von 5 mm prüfen. Gegebenenfalls Kohlebürsten ersetzen.
Ladekontrolllampe erlischt nicht bei Drehzahlsteigerung.	Keilrippenriemen locker, Riemen rutscht durch.	■ Keilrippenriemen prüfen, Spannvorrichtung prüfen, gegebenenfalls ersetzen.
	Freilaufkupplung defekt (nur TDI).	■ Generator ausbauen und Antriebswelle des Generators nach links drehen. Wenn sich die Lauffläche der Riemenscheibe nicht mitdreht, ist in der Regel die Freilaufkupplung defekt.
	Spannungsregler/Generator defekt.	■ (D+)-Leitung an der Generatorrückseite abziehen und Zündung einschalten. Wenn die Kontrolllampe jetzt nicht aufleuchtet, liegt in der Regel ein Fehler im Spannungsregler oder im Generator vor.
	Kohlebürsten im Spannungsregler abgenutzt.	■ Kohlebürsten sichtprüfen, gegebenenfalls austauschen.
	Leitung zwischen Drehstromgenerator und Regler defekt.	■ Hinten am Kombiinstrument am Stecker T32a/Kammer 12 die blaue Leitung trennen. Zündung einschalten. Wenn die Kontrolllampe jetzt nicht leuchtet, hat die Leitung D+ einen Masseschluss. Leitungsstrang ersetzen.
	Kombiinstrument defekt.	■ Wenn nach dem Trennen der blauen Leitung von der Steckverbindung T32a, bei eingeschalteter Zündung die Kontrolllampe leuchtet, ist in der Regel das Kombiinstrument defekt.

Anlasser aus- und einbauen

Der Anlasser befindet sich vorn am Motor, und zwar an der Trennstelle zwischen Motor und Getriebe.

Hinweis: Der Anlasser ist ein so genanntes Austauschteil. Das bedeutet, dass ein defekter Anlasser bei Kauf eines überholten oder neuen Anlassers vom Hersteller in Zahlung genommen wird. Alten Anlasser zum Händler mitnehmen.

Ausbau

- Batterie-Massekabel (–) bei ausgeschalteter Zündung abklemmen. **Achtung:** Falls das eingebaute Radio einen Diebstahlcode besitzt, wird dieser beim Abklemmen der Batterie gelöscht. Das Radio kann anschließend nur durch die Eingabe des richtigen Codes oder durch die SKODA-Werkstatt beziehungsweise den Radio-Hersteller wieder in Betrieb genommen werden. Vor dem Abklemmen daher unbedingt den Diebstahlcode ermitteln.
- Fahrzeug aufbocken.

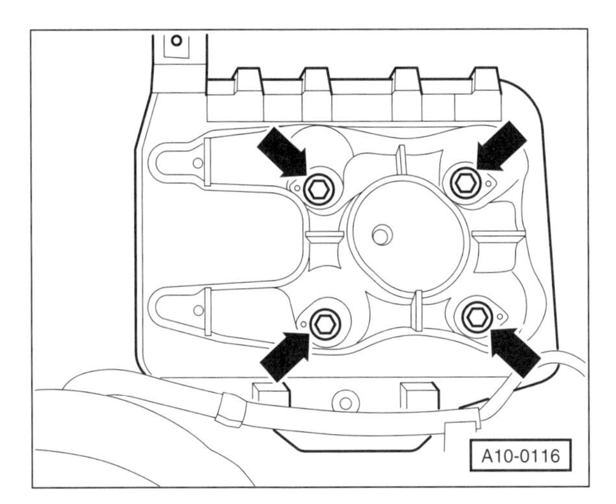

- **Diesel:** Batterie ausbauen, siehe Seite 63.
- **Diesel:** Batteriekonsole abschrauben –Pfeile–.

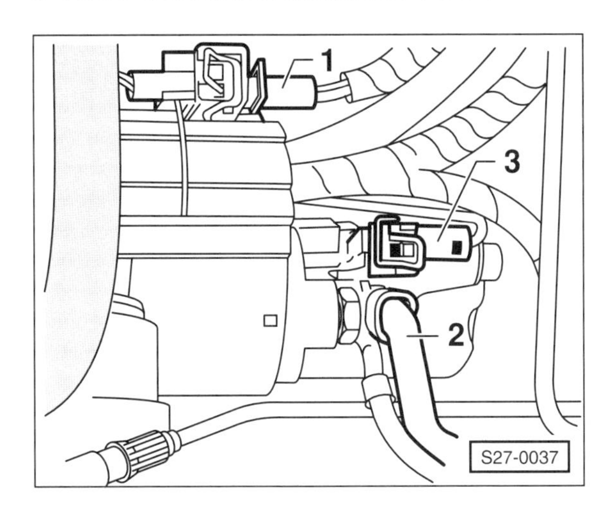

- Steckverbindung –1– trennen und aus dem Halter ziehen.
- Leitung –2– abschrauben und Stecker –3– abziehen.
- Leitungen aus der Leitungsführung herausnehmen.

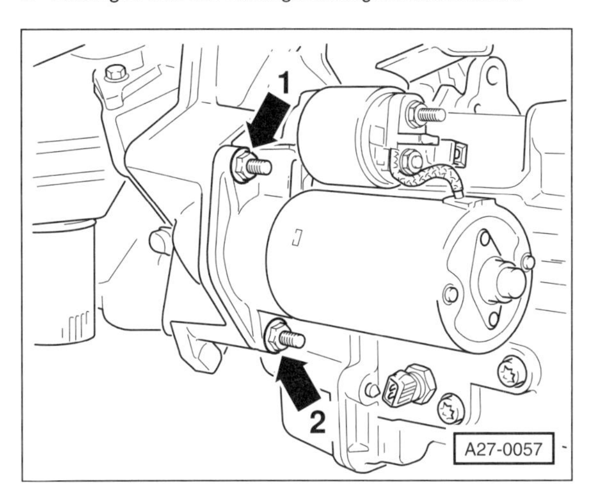

- Obere Anlasserbefestigungsschraube –1– herausdrehen.

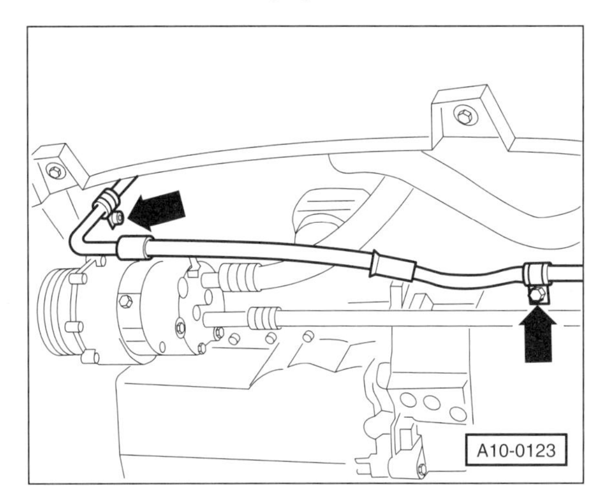

- Druckleitung für Servolenkung vom Halter abschrauben –Pfeil rechts–.
- Untere Anlasserbefestigungsschraube –2–, in Abbildung A27-0057, herausdrehen.
- Anlasser nach unten herausnehmen.

Einbau

- Anlasser einsetzen und mit **65 Nm** am Getriebe anschrauben.
- Druckleitung für Servolenkung mit **20 Nm** anschrauben.
- Elektrische Leitung Klemme 30 am Anlasser ansetzen und mit **15 Nm** festschrauben.
- Stecker Klemme 50 aufschieben.
- **Diesel:** Batteriekonsole anschrauben und Batterie einbauen, siehe Seite 63.
- Batterie-Massekabel (–) anklemmen. **Achtung:** Hoch-/Tieflaufautomatik für elektrische Fensterheber aktivieren sowie Zeituhr stellen und Radiocode eingeben, siehe Kapitel »Batterie aus- und einbauen«.

Magnetschalter prüfen/ aus- und einbauen

Bei einem Defekt des Magnetschalters wird das Ritzel im Anlasser nicht gegen den Zahnkranz des Schwungrades gezogen. Dadurch kann der Anlasser den Motor nicht durchdrehen. Dieser Defekt tritt häufiger auf, als dass der Anlassermotor selbst schadhaft ist.

Prüfen in eingebautem Zustand

Prüfvoraussetzung: Batterie voll geladen.

- Gang herausnehmen, Schalthebel in Leerlaufstellung.
- Mit Hilfskabel Klemme 30 (= dickes Pluskabel) und 50 (dünnes Kabel, zum Zündschloss) am Anlasser kurz überbrücken, das Anlasserritzel muss nach vorne schnellen (klicken) und der Anlasser anlaufen. Wenn nicht, Anlasser abschrauben und im ausgebauten Zustand überprüfen.

Ausbau

- Anlasser ausbauen und Prüfung bei ausgebautem Anlasser mit einer Autobatterie wiederholen. Als Zuleitung zu Klemme 50 des Anlassers eignet sich ein Starthilfekabel. Schnellt das Ritzel nach vorne, ohne dass der Anlasser anläuft, Anlassermotor von einer Werkstatt überholen lassen.
- Schnellt das Ritzel nicht nach vorn, Magnetschalter abschrauben und ersetzen.

Einbau

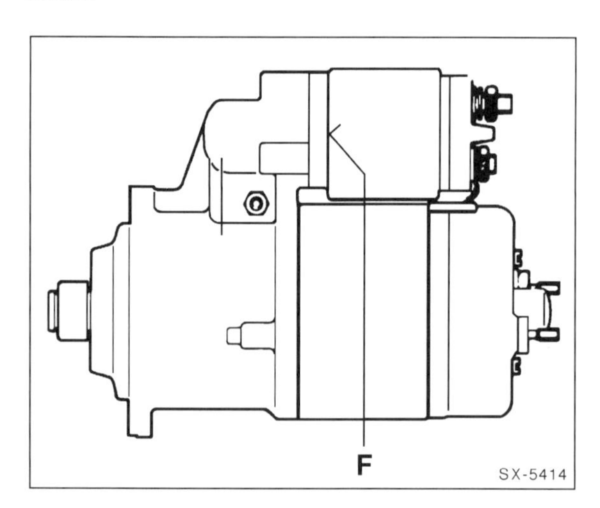

- Trennfuge –F– zum Anlasser mit geeignetem Dichtmittel abdichten.
- Magnetschalter an Gabelhebel im Anlasser einhängen, dann anschrauben.
- Leitung für Magnetschalter anschrauben.
- Anlasser erneut prüfen, wie oben beschrieben.
- Anlasser einbauen.

Störungsdiagnose Anlasser

Wenn ein Anlasser nicht durchdreht, ist zunächst zu prüfen, ob beim Starten des Motors an der Klemme 50 des Magnetschalters die zum Einziehen benötigte Spannung von mindestens 10 Volt vorhanden ist. Liegt die Spannung unter dem genannten Wert, dann müssen die Leitungen, die zum Anlasserstromkreis gehören, nach dem Stromlaufplan überprüft werden. Ob der Anlasser bei voller Batteriespannung einzieht, kann folgendermaßen geprüft werden:

- Fahrzeug aufbocken. Keinen Gang einlegen, Zündung eingeschaltet.
- Mit einer Leitung (Querschnitt mindestens 4 mm^2) die Klemmen 30 und 50 am Anlasser überbrücken, siehe auch Stromlaufplan.

Spurt der Anlasser dabei einwandfrei ein, so liegt der Fehler in der Leitungsführung zum Anlasser. Spurt der Anlasser nicht ein, Anlasser in ausgebautem Zustand überprüfen.

Prüfvoraussetzung: Leitungsanschlüsse müssen festsitzen und dürfen nicht oxydiert sein.

Störung	Ursache	Abhilfe
Anlasser dreht sich nicht beim Betätigen des Zünd-Anlassschalters.	Batterie entladen.	■ Batterie laden.
	Klemmen 30 und 50 am Anlasser überbrücken: Anlasser läuft an. Leitung 50 zum Zünd-Anlassschalter unterbrochen, Anlassschalter defekt.	■ Unterbrechung beseitigen, defekte Teile ersetzen.
	Kabel oder Masseanschluss ist unterbrochen. Batterie entladen.	■ Batteriekabel und Anschlüsse prüfen. Spannung der Batterie messen, ggf. laden.
	Ungenügender Stromdurchgang infolge lockerer oder oxydierter Anschlüsse.	■ Batteriepole und -klemmen reinigen. Stromsichere Verbindungen zwischen Batterie, Anlasser und Masse herstellen.
	Keine Spannung an Klemme 50 (Magnetschalter).	■ Leitung unterbrochen. Zünd-Anlassschalter defekt.
Anlasser dreht sich zu langsam und zieht den Motor nicht durch.	Batterie entladen.	■ Batterie laden.
	Ungenügender Stromdurchgang infolge lockerer oder oxydierter Anschlüsse.	■ Batteriepole und -klemmen und Anschlüsse am Anlasser reinigen, Anschlüsse festziehen.
	Kohlebürsten liegen nicht auf dem Kollektor auf, klemmen in ihren Führungen, sind abgenutzt, gebrochen, verölt oder verschmutzt.	■ Kohlebürsten überprüfen, reinigen bzw. auswechseln. Führungen prüfen.
	Ungenügender Abstand zwischen Kohlebürsten und Kollektor.	■ Kohlebürsten ersetzen und Führungen für Kohlebürsten reinigen.
	Kollektor riefig oder verbrannt und verschmutzt.	■ Kollektor abdrehen oder Anker ersetzen.
	Spannung an Klemme 50 fehlt (mind. 10 Volt).	■ Zünd-Anlassschalter oder Magnetschalter überprüfen.
	Magnetschalter defekt.	■ Schalter auswechseln.
Anlasser spurt ein und zieht an, Motor dreht nicht oder nur ruckweise.	Ritzelgetriebe defekt.	■ Ritzelgetriebe ersetzen.
	Ritzel verschmutzt.	■ Ritzel reinigen.
	Zahnkranz am Schwungrad defekt.	■ Zahnkranz nacharbeiten, falls erforderlich, Schwungrad erneuern.
Ritzelgetriebe spurt nicht aus.	Ritzelgetriebe oder Steilgewinde verschmutzt bzw. beschädigt.	■ Ritzelgetriebe reinigen, ggf. ersetzen.
	Magnetschalter defekt.	■ Magnetschalter ersetzen.
	Rückzugfeder schwach oder gebrochen.	■ Rückzugfeder erneuern.
Anlasser läuft weiter, nachdem der Zündschlüssel losgelassen wurde.	Magnetschalter hängt, schaltet nicht ab.	■ Zündung sofort ausschalten, Magnetschalter ersetzen.
	Zündschloss schaltet nicht ab.	■ Sofort Batterie abklemmen, Zündschloss ersetzen.

Scheibenwischanlage

Scheibenwischergummi ersetzen

Scheibenwischergummis bei schlechtem Wischbild ersetzen. Im Handel werden sowohl komplette Scheibenwischerblätter (Wischergummi mit Träger) als auch einzelne Wischergummis angeboten. Wird nur das Wischergummi ersetzt, darauf achten, dass der Träger nicht verbogen wird.

Achtung: Wenn die Scheibenwischerblätter rubbeln, genügt es in der Regel nicht, Wischerblätter oder Wischergummis zu ersetzen. Auf jeden Fall sollte der Anstellwinkel der Scheibenwischerarme kontrolliert beziehungsweise eingestellt werden, siehe Seite 45.

Ausbau

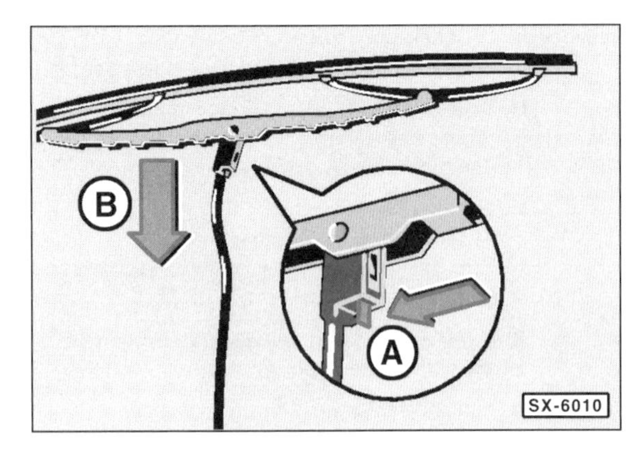

- Wischerarm hochklappen, Wischerblatt rechtwinklig zum Wischerarm stellen.
- Federklammer –A– niederdrücken –Pfeilrichtung– und Wischerblatt nach unten –B– aus dem Haken am Wischerarm schieben. Wischerblatt vom Haken des Wischerarmes abnehmen.

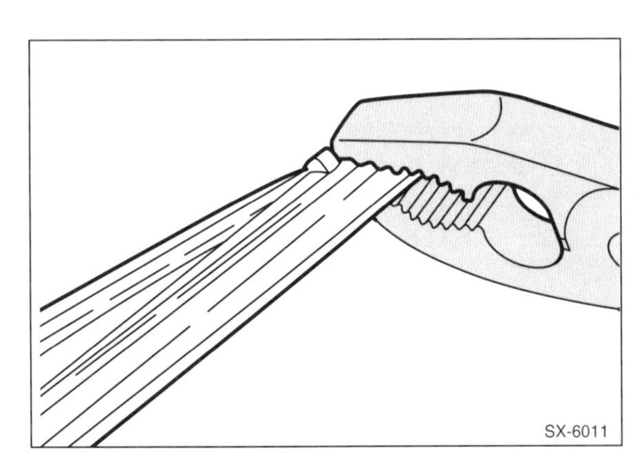

- An der geschlossenen Seite des Wischergummis beide Stahlschienen mit Kombizange zusammendrücken und diese seitlich aus der oberen Klammer herausnehmen. Anschließend Gummi komplett mit Schienen aus den restlichen Klammern des Wischerblattes herausziehen.

Einbau

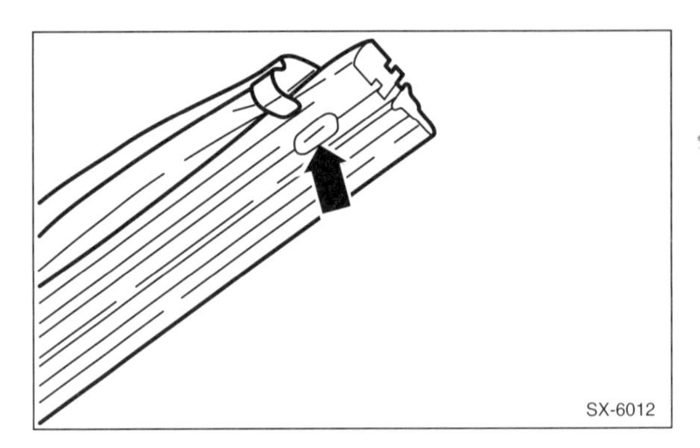

- Neues Wischergummi ohne Halteschienen in die unteren Klammern des Wischerblattes lose einlegen.
- Beide Schienen so in die erste Rille des Wischergummis einführen, dass die Aussparungen zum Gummi zeigen und in die Gumminasen der Rille einrasten. **Achtung:** Die Schienen sind leicht gebogen. Schienen so einsetzen, dass der Bauch des Bogens vom Wischerblatt weg gerichtet ist.
- Wischergummi an der geschlossenen Seite mit Seifenwasser bestreichen, damit es besser in die Haltebügel gleitet.
- Beide Stahlschienen und Gummi mit Kombizange zusammendrücken und so in die obere Klammer einsetzen, dass die Klammernasen beidseitig in die Haltenuten –Pfeil– des Wischergummis einrasten.
- Wischerblatt über den Wischerarm schieben und Federklammer in den Haken des Wischerarms einclipsen. Die Windleitschaufel am Wischerblatt, falls vorhanden, muss nach unten zeigen.
- Wischerarm zurückklappen. Darauf achten, dass das Wischergummi überall an der Scheibe anliegt, gegebenenfalls Träger vorsichtig nachbiegen.

Spritzdüsen einstellen

Bis 5/98

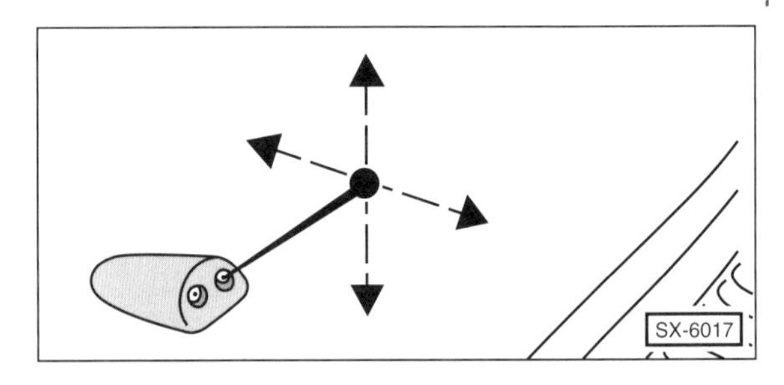

- Die Spritzrichtungen der Scheibenwaschdüsen können mit einem Dorn, ∅ 0,8 mm, eingestellt werden. Dazu Dorn in die Düse einsetzen und markierten Zielpunkt auf der Scheibe anpeilen. Die Fachwerkstatt verwendet ein Spezialwerkzeug, zum Beispiel HAZET 4850-1.

Hinweis: Lässt sich der Spritzstrahl nicht einstellen oder tritt er ungleichmäßig aus, muss die Spritzdüse erneuert werden.

- Die Düsen können mit Pressluft gereinigt werden. Dazu Düsen ausbauen und Pressluft am Schlauchstutzen einblasen. **Achtung:** Düsen nicht entgegen der Spritzrichtung durchblasen.

Frontscheibe

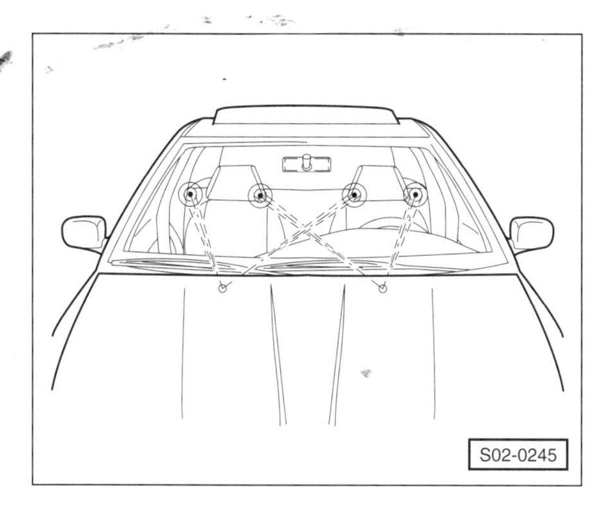

- Mit einem wasserlöslichen Stift die 4 Punkte auf der Windschutzscheibe markieren, wo der Wasserstrahl auftreffen soll.

Achtung: Ab **6/98** sind **Fächerdüsen** eingebaut, die nicht verstellt werden können. Falls der kegelförmige Spritzstrahl ungleichmäßig austritt, muss die Spritzdüse ersetzt werden.

Heckscheibe

- Die Spritzrichtung der Spritzdüse für die Heckscheibe soll mit einem Dorn, ∅ 0,8 mm, eingestellt werden. Dazu Dorn in die Düse einsetzen und Zielpunkt in der Mitte des Wischfelds auf der Scheibe anpeilen. Die Fachwerkstatt verwendet ein Spezialwerkzeug, zum Beispiel HAZET 4850-1.

Hinweis: Lässt sich der Spritzstrahl nicht einstellen oder tritt er ungleichmäßig aus, muss die Spritzdüse erneuert werden.

Spritzdüsen aus- und einbauen

Frontscheibe

Bis 5/98

Ausbau

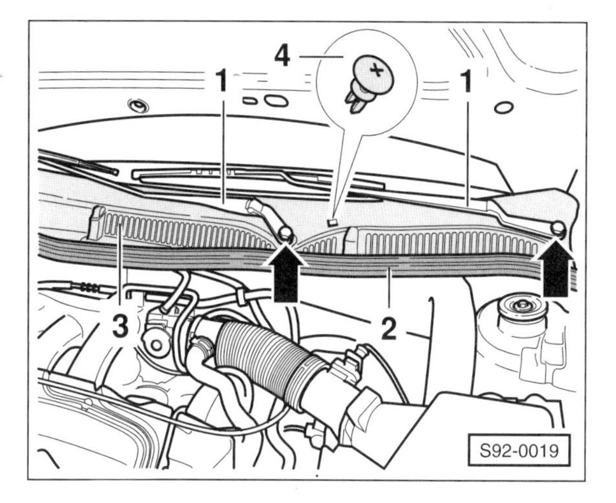

- Wischerarme –1– ausbauen, siehe entsprechendes Kapitel.
- Dichtungsgummi –2– abnehmen.
- Oberteil der Spreizclips –4– einige Umdrehungen herausdrehen, anschließend Spreizclips herausziehen.
- Wasserkastenabdeckung –3– vorsichtig anheben.
- Anschlüsse für Spritzdüsen auf der Rückseite der Wasserkastenabdeckungs trennen.
- Wasserkastenabdeckung abnehmen.

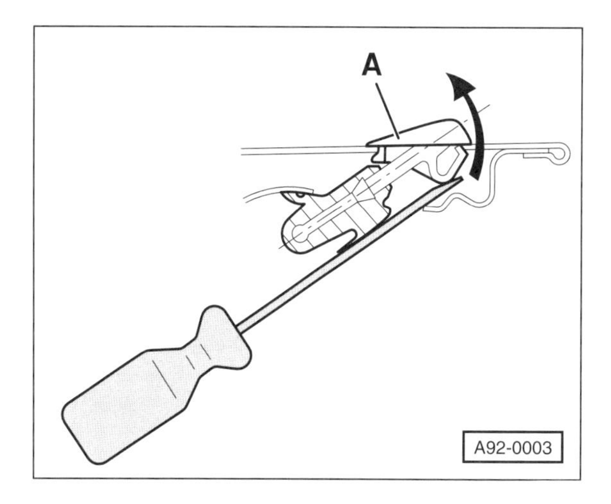

- Mit einem kleinen Schraubendreher die Haltenase –Pfeil– zurückdrücken und gleichzeitig leicht gegen das Anschlussstück drücken.
- Spritzdüse –A– nach außen aus der Wasserkastenabdeckung herausdrücken.

Einbau

- Spritzdüse in die Wasserkastenabdeckung eindrücken und einrasten.
- Wasserkastenabdeckung ansetzen, auf der Rückseite Anschlüsse auf die Spritzdüsen aufschieben.
- Wasserkastenabdeckung am Scheibenrand ansetzen und Wischerarme einbauen, siehe entsprechendes Kapitel.
- Dichtungsgummi aufstecken.

Achtung: Ab **6/98** sind **Fächerdüsen** mit kegelförmigem Spritzstrahl eingebaut. Zum Ausbau Wasserschlauch von der Spritzdüse abziehen und Spritzdüse mit kleinem Schraubendreher nach oben aus der Aufnahme heraushebeln.

Heckscheibe

Ausbau

- Heckwischer in Endstellung laufen lassen. Dazu Heckscheibe mit Wasser benetzen, Heckwischer kurze Zeit laufen lassen und mit dem Heckwischerschalter ausschalten.

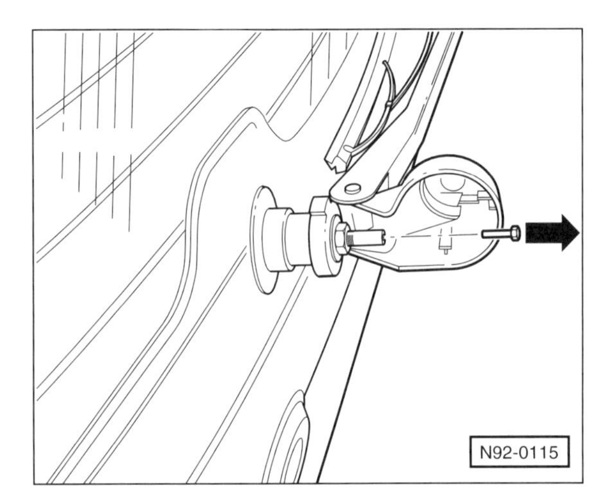

- Abdeckkappe am Wischerarm abklappen.
- Spritzdüse mit Spitzzange vorsichtig in Pfeilrichtung herausziehen.

Einbau

- Spritzdüse bis zum Anschlag so in die Wischerwelle einschieben, dass die Spritzdüsenöffnung senkrecht nach oben zeigt.
- Spritzdüse einstellen, siehe entsprechendes Kapitel.
- Abdeckkappe zurückklappen.

Wischerarme aus- und einbauen/ Endstellung prüfen/einstellen

Ausbau

- Frontscheibe mit Wasser benetzen.
- Scheibenwischeranlage kurze Zeit laufen lassen und über den Scheibenwischerschalter abschalten. Dadurch läuft der Wischer in die Endstellung.
- Batterie-Massekabel (–) bei ausgeschalteter Zündung abklemmen. **Achtung:** Falls das eingebaute Radio einen Diebstahlcode besitzt, wird dieser beim Abklemmen der Batterie gelöscht. Das Radio kann anschließend nur durch die Eingabe des richtigen Codes oder durch die SKODA-Werkstatt beziehungsweise den Radio-Hersteller wieder in Betrieb genommen werden. Vor dem Abklemmen daher unbedingt den Diebstahlcode ermitteln.
- Wischerblätter ausbauen, siehe »Wischergummi ersetzen«.

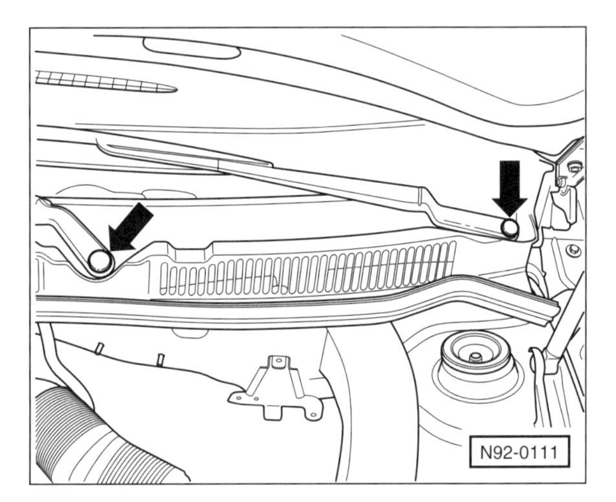

- Abdeckkappen –Pfeile– mit kleinem Schraubendreher abheben.
- Darunter liegende Sechskantmuttern lösen, nicht ganz abschrauben.
- Wischerarme durch leichtes Hin- und Herbewegen lösen.
- Muttern ganz abschrauben und Wischerarme abnehmen.

Einbau

- Batterie-Massekabel (–) anklemmen. **Achtung:** Hoch-/Tieflaufautomatik für elektrische Fensterheber aktivieren sowie Zeituhr stellen und Radiocode eingeben, siehe Kapitel »Batterie aus- und einbauen«.
- Wischermotor in Endstellung laufen lassen. Dazu Wischermotor kurz laufen lassen und über den Scheibenwischerschalter abschalten. Dadurch läuft der Wischermotor in die Endstellung.
- Wischerblatt am Wischerarm aufschieben und einrasten.

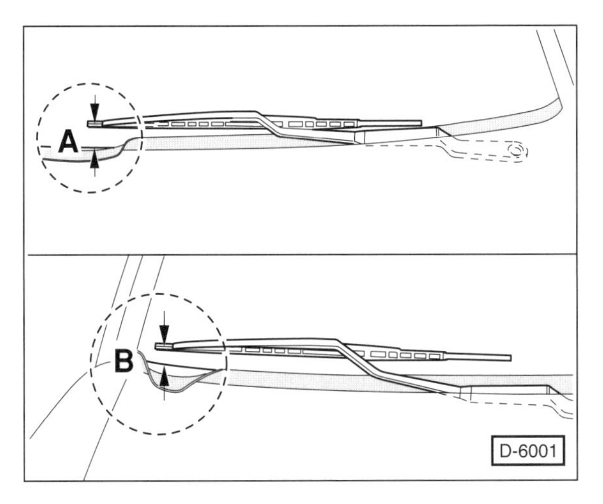

- Wischerarm jeweils so auf die Wischerwelle schieben, dass die angegebenen Maße eingehalten werden.
  A (Fahrerseite) = 25 mm, gemessen zwischen Ende des Wischerblatts und Metalleinfassung der Scheibe.
  B (Beifahrerseite) = 40 mm.
  Hinweis: Bei neueren Fahrzeugen sind runde Markierungen in der Frontscheibe vorhanden. In diesem Fall, Wischerarme auf die Markierungen einstellen.
- In dieser Stellung jeweils die Befestigungsmuttern mit **20 Nm** anziehen.
- Tippwischen betätigen und Ausrichtung der Scheibenwischerblätter prüfen. Gegebenenfalls Wischerarme nochmals abbauen und neu ausrichten.
- Kunststoffabdeckungen auf die Befestigungsmuttern aufdrücken.

Scheibenwischermotor vorn aus- und einbauen

Ausbau

- Wischerarme ausbauen, siehe entsprechendes Kapitel.
- Wasserkastenabdeckung ausbauen, siehe Seite 79/285.

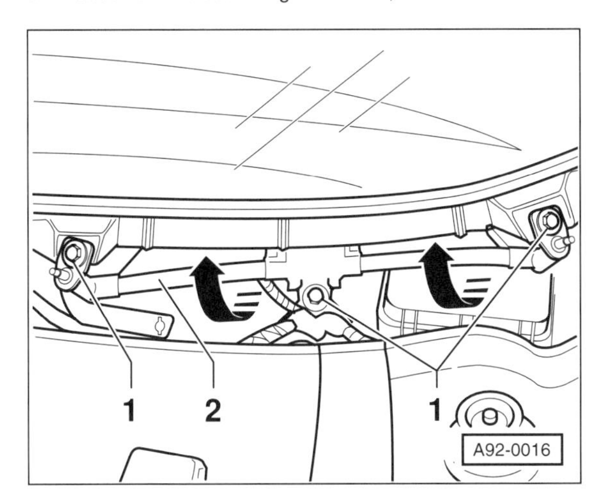

- Stecker vom Wischermotor abziehen.
- 3 Schrauben (Schlüsselweite 10 mm) –1– herausdrehen.
- Wischerrahmen –2– vorsichtig vorne hochkippen –Pfeile– und dann komplett nach links aus dem Wasserkasten herausnehmen.

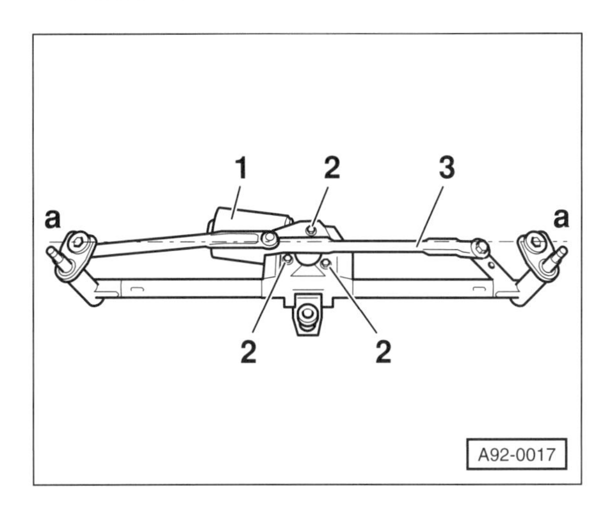

- 3 Muttern –2– an der Wischermotorhalterung abschrauben.
- Sechskantmutter an der Wischermotorkurbel abschrauben und Wischermotor –1– vom Halter abnehmen.

Einbau

- Wischermotor folgendermaßen in Endstellung laufen lassen:
  - ◆ Stecker am Wischermotor aufschieben.
  - ◆ Batterie-Massekabel (–) bei ausgeschalteter Zündung anklemmen.
  - ◆ Zündung einschalten.
  - ◆ Scheibenwischerschalter einschalten und Wischermotor kurze Zeit laufen lassen.
  - ◆ Motor mit Scheibenwischerschalter ausschalten, dadurch läuft der Motor in Endstellung.
  - ◆ Zündung ausschalten.
  - ◆ Batterie-Massekabel (–) abklemmen.
  - ◆ Stecker vom Wischermotor abziehen.

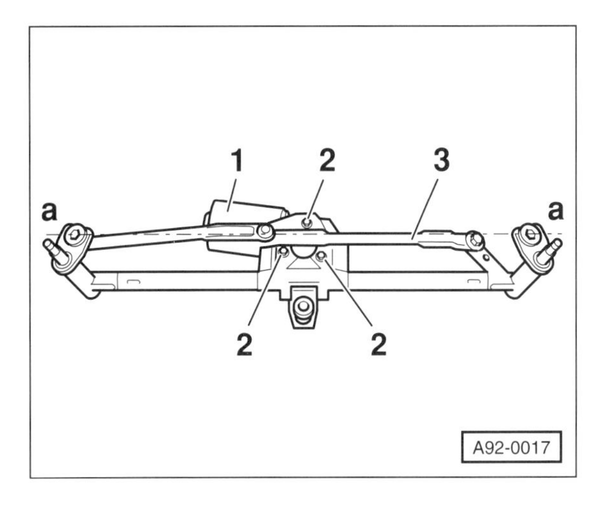

- Gestänge –3– so einstellen, dass die Punkte –a– mit dem Gestänge –3– in einer Linie fluchten.

- Wischermotor –1– mit der Kurbel am Gestänge –3– mit **8 Nm** anschrauben. Dabei Endstellung –a– des Gestänges nicht verändern.
- Wischerrahmen mit dem Wischermotor voraus in den Wasserkasten einführen.
- Wischerrahmen nach hinten kippen und mit **8 Nm** anschrauben.
- Mehrfachstecker am Wischermotor aufstecken.
- Wasserkastenabdeckung einbauen, siehe Seite 79/285.
- Wischerarme einbauen, siehe entsprechendes Kapitel.
- Batterie-Massekabel (–) anklemmen. **Achtung:** Hoch-/Tieflaufautomatik für elektrische Fensterheber aktivieren sowie Zeituhr stellen und Radiocode eingeben, siehe Kapitel »Batterie aus- und einbauen«.

Waschwasserbehälter/Waschwasserpumpe aus- und einbauen

Der Waschwasserbehälter sitzt im Motorraum vorne rechts und liefert das Waschwasser für die Front- und die Heckscheibe sowie für die Scheinwerferwaschanlage.

Ausbau

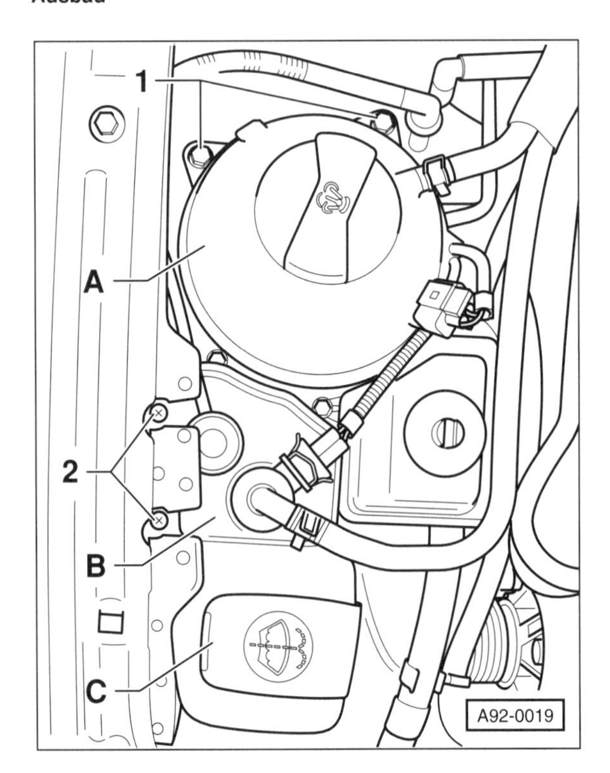

- Kühlmittel-Ausgleichbehälter –A– abschrauben –1– (Schlüsselweite 10 mm) und nach oben herausnehmen.
- Aktivkohlebehälter (Benziner) –B– beziehungsweise Kraftstofffilter (Diesel) mit 2 Kreuzschlitzschrauben –2– abschrauben und nach oben herausnehmen. C – Waschwasserbehälter.

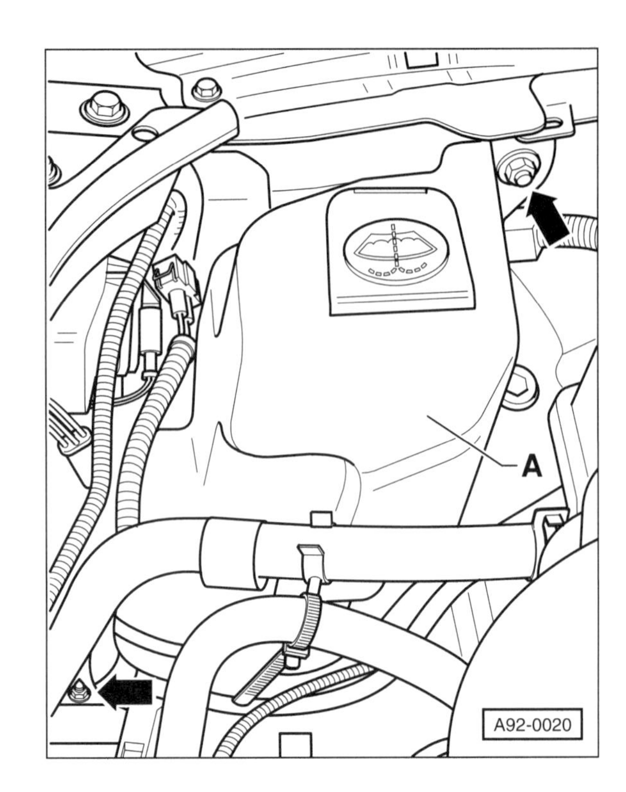

- 2 Muttern –Pfeile– abschrauben.
- Waschwasserbehälter –A– nach oben aus dem Motorraum herausheben.
- Steckverbindungen an der Scheibenwaschpumpe trennen.
- Waschwasserbehälter entleeren und Scheibenwaschpumpe seitlich am Behälter herausziehen.

Einbau

- Der Einbau erfolgt in umgekehrter Ausbaureihenfolge.

Heckwischer aus- und einbauen

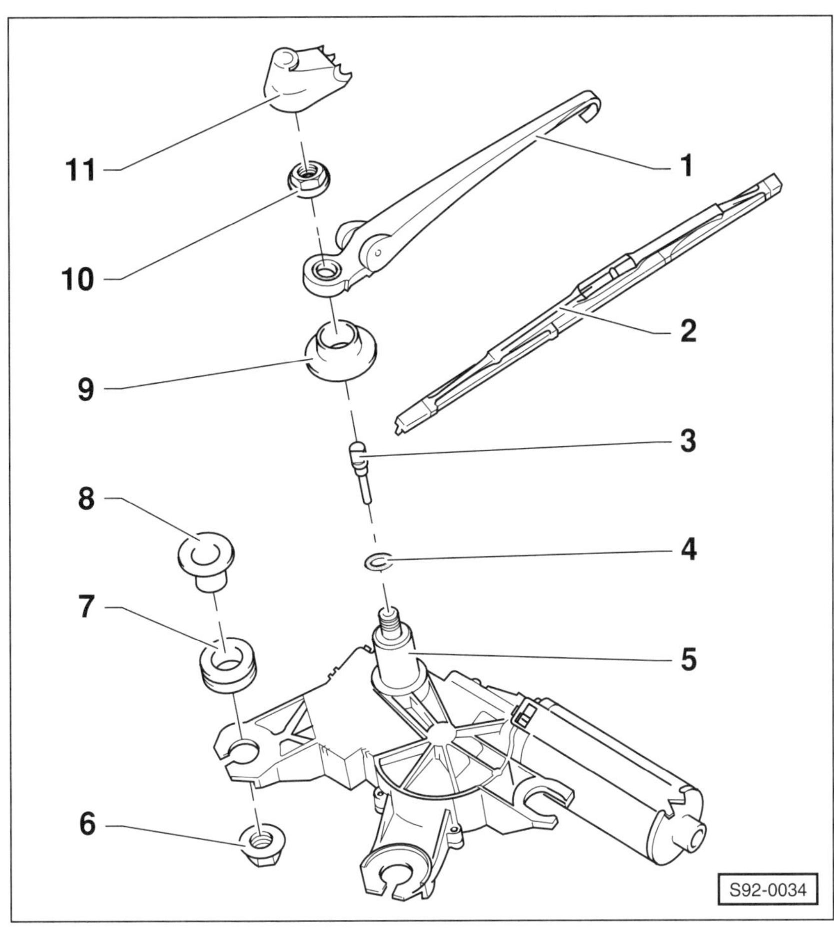

1 – **Wischerarm**
2 – **Wischerblatt**
3 – **Spritzdüse**
4 – **Dichtring**
5 – **Wischermotor**
6 – **Mutter, 8 Nm**
7 – **Gummiring**
8 – **Distanzstück**
9 – **Abdichtung**
10 – **Mutter, 15 Nm**
Schlüsselweite 13 mm.
11 – **Abdeckkappe**

Ausbau

- Batterie-Massekabel (–) bei ausgeschalteter Zündung abklemmen. **Achtung:** Dadurch werden elektronische Speicher gelöscht, siehe Kapitel »Batterie aus- und einbauen«.
- Abdeckkappe –11– hochklappen.
- Mutter –2– lösen, nicht abschrauben.
- Wischerarm –1– hochklappen, seitlich hin- und herbewegen und dadurch vom Konus der Motorwelle lösen.
- Mutter abschrauben und Wischerarm abnehmen.
- Untere Verkleidung für Heckklappe ausbauen, siehe Seite 260.

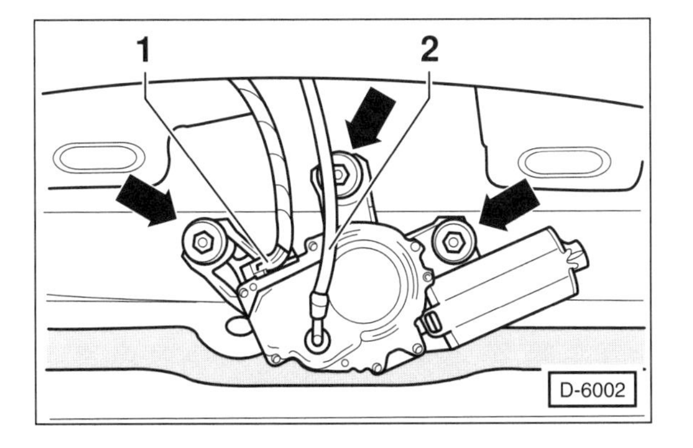

- Stecker –1– und Schlauch –2– für Spritzdüse abziehen.
- Wischermotor abschrauben –Pfeile– (SW 10 mm).

Einbau

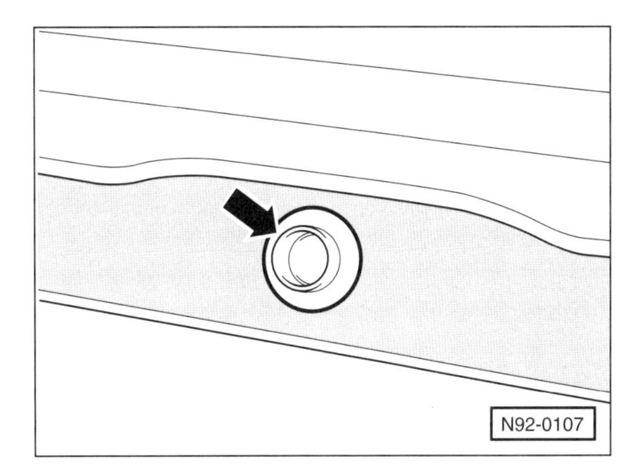

- Wischermotor vorsichtig durch die Öffnung in der Heckscheibe einsetzen. Dabei auf richtigen Sitz der Abdichtung achten, wie in der Abbildung dargestellt.
- Wischermotor mit **8 Nm** anschrauben.
- Stecker und Schlauch für Spritzdüse aufstecken.

- Untere Verkleidung für Heckklappe einbauen, siehe Seite 260.

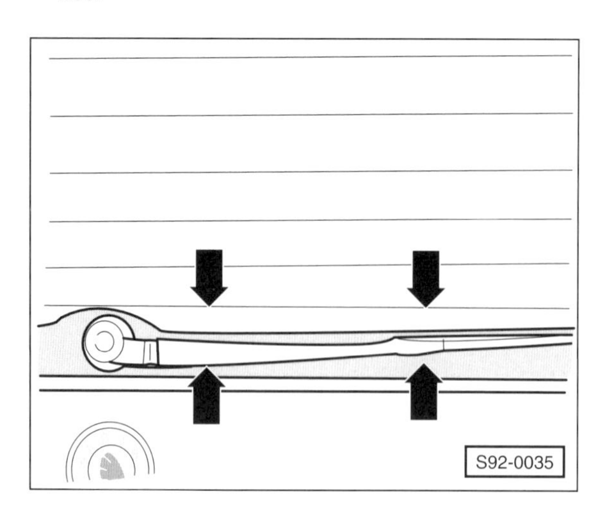

- **Combi:** Wischerarm so auf die Wischerwelle schieben, dass das Wischerblatt parallel zum unteren Heizfaden rechts an der Heckscheibe steht –Pfeile–.
- **Limousine:** Wischerarm so einstellen, dass die Spitze 36 mm über der Scheiben-Unterkante liegt.
- Wischerarm mit **12 Nm** anschrauben.
- Abdeckkappe zurückklappen.
- Batterie-Massekabel (–) anklemmen. **Achtung:** Hoch-/Tieflaufautomatik für elektrische Fensterheber aktivieren sowie Zeituhr stellen und Radiocode eingeben, siehe Kapitel »Batterie aus- und einbauen«.

Störungsdiagnose Scheibenwischergummi

Wischbild	Ursache	Abhilfe
Schlieren.	Wischergummi verschmutzt.	■ Wischergummi mit harter Nylonbürste und einer Waschmittellösung oder Spiritus reinigen.
	Ausgefranste Wischlippe, Gummi ausgerissen oder abgenutzt.	■ Wischergummi erneuern.
	Wischergummi gealtert, rissige Oberfläche.	■ Wischergummi erneuern.
Im Wischfeld verbleibende Wasserreste ziehen sich sofort zu Perlen zusammen.	Windschutzscheibe durch Lackpolitur oder Öl verschmutzt.	■ Windschutzscheibe mit sauberem Putzlappen und einem Fett-Öl-Silikonentferner reinigen.
Wischerblatt wischt einseitig gut - einseitig schlecht, rattert.	Wischergummi einseitig verformt, »kippt nicht mehr«.	■ Neues Wischergummi einbauen.
	Wischerarm verdreht, Blatt steht schief auf der Scheibe.	■ Wischerarm vorsichtig verdrehen, bis richtige Stellung erreicht ist, siehe »Anstellwinkel der Scheibenwischerblätter einstellen« im Kapitel »Wartungsarbeiten«.
Nicht gewischte Flächen.	Wischergummi aus der Fassung herausgerissen.	■ Wischergummi vorsichtig in die Fassung einsetzen.
	Wischerblatt liegt nicht mehr gleichmäßig an der Scheibe an, da Federschienen oder Bleche verbogen.	■ Wischerblatt ersetzen. Dieser Fehler tritt vor allem bei unsachgemäßem Montieren eines Ersatzblattes auf.
	Anpressdruck durch Wischerarm zu gering.	■ Wischerarmgelenke und Feder leicht einölen oder neuen Arm einbauen.

Beleuchtungsanlage

Im Kapitel »Beleuchtungsanlage« wird die Demontage der inneren und äußeren Leuchten beschrieben. Hinweise zur Instrumentenbeleuchtung stehen im Kapitel »Armaturen«.

Lampentabelle

Um jederzeit eine Lampe auswechseln zu können, sollte stets ein Kasten mit den wichtigsten Ersatzlampen im Fahrzeug mitgeführt werden.

12-V-Glühlampe für:	Typ	Leistung
Fern- und Abblendlicht	H4	60/55 W
Standlicht vorn	Glassockel	5 W
Nebellicht vorn	H3	55 W
Blinklicht vorn (gelbe Lampen)	PY	21 W
Seitliche Blinker	Glassockel	5 W
Brems- und Schlusslicht	Bajonett	21/5 W
Blinklicht hinten	Bajonett	21 W
Nebelschlusslicht	Bajonett	21 W
Rückfahrlicht	Bajonett	21 W
Kennzeichenleuchte	Glassockel	5 W
Zusatzbremsleuchte	Bajonett	2,3 W
Gepäckraumleuchte	Soffitte	5 W
Innenleuchte	Soffitte	10 W
Leseleuchte	Glassockel	5 W
Handschuhfachleuchte	Glassockel	3 W

Glühlampen für Außenleuchten auswechseln

- Schalter der betreffenden Lampe ausschalten.
- Zündung ausschalten.

Abblendlicht/Fernlicht

Achtung: Glaskolben der Halogenlampen nicht mit bloßen Fingern anfassen. Der Fingerabdruck würde verdunsten und sich – aufgrund der Wärme – auf dem Reflektor niederschlagen und diesen erblinden lassen. Grundsätzlich Glühlampe nur durch eine gleiche Ausführung ersetzen. Versehentlich entstandene Berührungsflecken mit sauberem, nicht faserndem Tuch und Spiritus entfernen.

Sicherheitshinweis
Beim Wechsel von **Gasentladungslampen (Xenon-Licht)** besteht unter Umständen Lebensgefahr durch unsachgemäßen Umgang mit dem Hochspannungsteil der Lampe. Der Wechsel wird daher nicht beschrieben.

- Motorhaube öffnen.

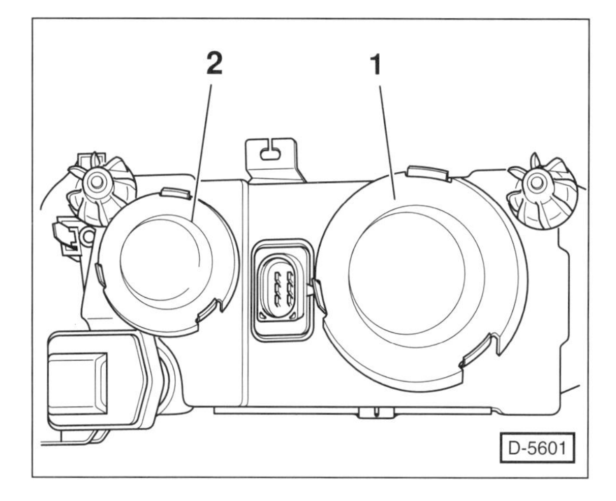

- An der Rückseite des Scheinwerfers die Gummi-Abdeckkappe –1– abziehen.

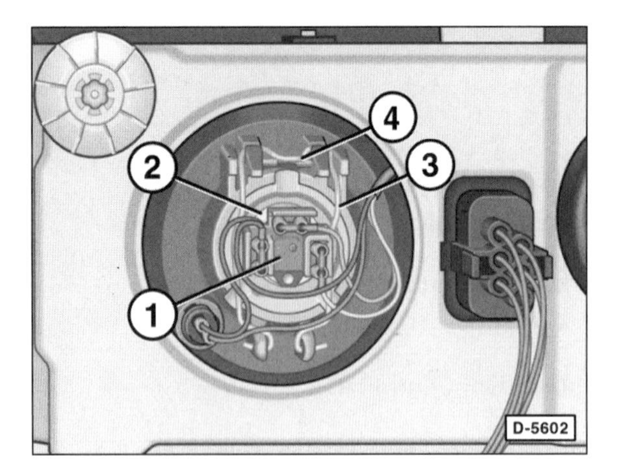

- Steckverbindung –1– von der Lampe für Abblendlicht/ Fernlicht –2– abziehen.
- Federdrahtbügel –3– am Griff –4– nach unten drücken und dadurch aus den beiden Kunststoffhaken aushängen. Anschließend Drahtbügel nach unten klappen.
- Lampe aus dem Reflektor herausziehen.

Achtung: Glaskolben der neuen Lampe nicht mit bloßen Fingern anfassen. Versehentlich entstandene Berührungsflecken mit sauberem, nicht faserndem Tuch und Spiritus entfernen.

- Neue Glühlampe so einsetzen, dass die Nasen in die entsprechenden Aussparungen am Gehäuse passen.
- Federklammer zurückklappen und in die Haltenasen einrasten.
- Stecker auf die Fassung aufdrücken.
- Abdeckkappe an der Scheinwerferrückseite ansetzen und aufdrücken.
- Scheinwerfereinstellung von einer Fachwerkstatt kontrollieren lassen.
- Motorhaube schließen.

Standlicht

- Motorhaube öffnen.
- An der Rückseite des Scheinwerfers die Gummi-Abdeckkappe –1– abziehen, siehe Abbildung D-5601.

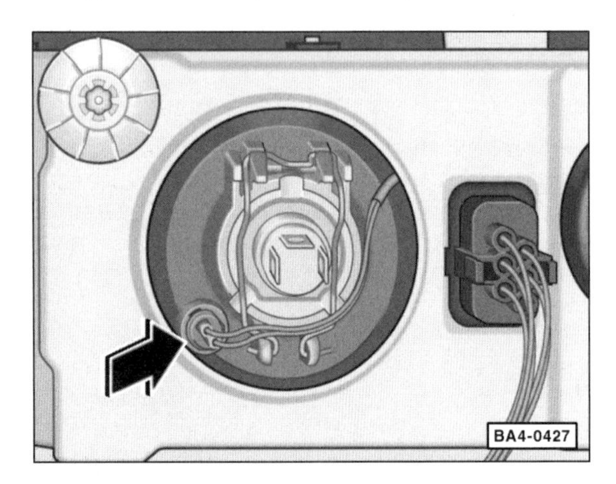

- Lampenfassung –Pfeil– mit Glühlampe herausziehen.
- Defekte Lampe aus der Fassung herausziehen und ersetzen.
- Lampenfassung in den Reflektor einstecken.
- Motorhaube schließen.

Nebellicht vorn

- Motorhaube öffnen.
- An der Rückseite des Scheinwerfers die Gummi-Abdeckkappe –2– abziehen, siehe Abbildung D-5601.

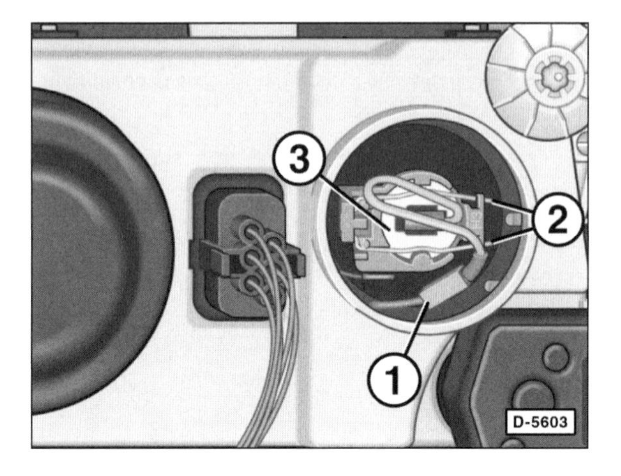

- Steckverbindung –1– trennen.
- Federdrahtbügel –2– beidseitig aus den Haltenasen aushaken und zur Seite klappen.
- Glühlampe –3– mit Anschlussleitung herausnehmen.

Achtung: Glaskolben der neuen Lampe nicht mit bloßen Fingern anfassen. Versehentlich entstandene Berührungsflecken mit sauberem, nicht faserndem Tuch und Spiritus entfernen.

- Neue Glühlampe so einsetzen, dass die Aussparungen im Lampenteller in die Fixiernasen am Scheinwerfergehäuse passen.
- Federklammer zurückklappen und in die Haltenasen einrasten.
- Stecker verbinden.
- Abdeckkappe an der Scheinwerferrückseite ansetzen und aufdrücken.
- Scheinwerfereinstellung von einer Fachwerkstatt kontrollieren lassen.
- Motorhaube schließen.

Blinklicht vorn

- Motorhaube öffnen.

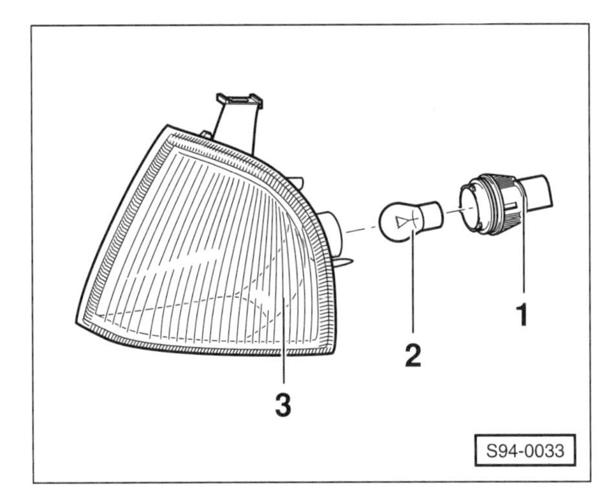

- Lampenfassung –1– nach links drehen und aus dem Gehäuse –3– herausziehen.

Achtung: Glaskolben der neuen Lampe nicht mit den Fingern berühren. Sauberen Lappen zwischenlegen oder dünne Handschuhe anziehen.

- Lampe –2– leicht in die Fassung hineindrücken, um 90° (¼ Umdrehung) nach links drehen und Lampe herausnehmen.
- Neue Lampe einsetzen, leicht eindrücken und nach rechts drehen.
- Fassung mit eingesetzter Glühlampe in den Reflektor stecken und durch Rechtsdrehen befestigen. **Achtung:** Die Fassung muss einrasten.
- Motorhaube schließen.

Blinklicht seitlich

- Blinkleuchte mit den Fingern nach vorn in Richtung Scheinwerfer drücken –Pfeilrichtung– und am hinteren Teil –2– aus der Öffnung im Kotflügel –3– herausheben. **Hinweis:** Beim Ausbauvorgang wird die Leuchte gegen die Kraft der Kunststofffeder –4– nach vorn geschoben.
- Lampenfassung –5– vom Gehäuse –6– abziehen.
- Glühlampe aus der Fassung ziehen und ersetzen.
- Fassung mit Lampe in das Gehäuse stecken.
- Leuchte hinten mit dem Kunststoffhaken –2– in die Öffnung des Kotflügels einhängen, auf der anderen Seite eindrücken und Kunststofffeder –6– einrasten.

Hecklicht

Limousine

- Kofferraumdeckel öffnen.
- Abdeckung für Heckleuchte zur Seite schieben.

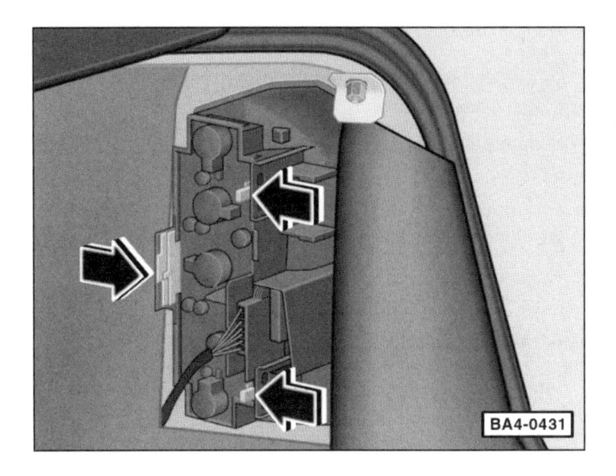

- Verriegelungsbügel –Pfeile– zusammendrücken und dadurch Lampenträger entriegeln. Lampenträger herausziehen.

Achtung: Glaskolben der neuen Lampe nicht mit den Fingern berühren. Sauberen Lappen zwischenlegen oder dünne Handschuhe anziehen.

- Defekte Glühlampe leicht in die Fassung hineindrücken, um 90° (¼ Umdrehung) nach links drehen und herausnehmen.
- Neue Lampe einsetzen, leicht eindrücken und nach rechts drehen.
- Lampenträger in die Heckleuchte einsetzen, andrücken und einrasten.
- Kofferraumdeckel schließen.

Combi

- Heckklappe öffnen.
- Kofferraumstaufach links oder rechts öffnen. Dazu Drehclips oben am Deckel des Staufachs um 90° (¼ Umdrehung) nach links oder rechts drehen.

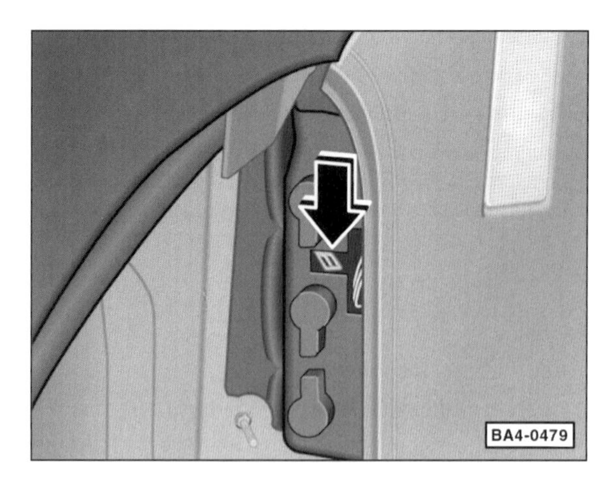

- Verriegelungsbügel in Pfeilrichtung drücken und Lampenträger herausnehmen.
- Lampe auf die gleiche Weise ersetzen wie bei der Limousine.
- Deckel für Kofferraumstaufach schließen und durch Verdrehen der Clips verriegeln.
- Heckklappe schließen.

Kennzeichenbeleuchtung

- Kofferraumdeckel/Heckklappe öffnen.

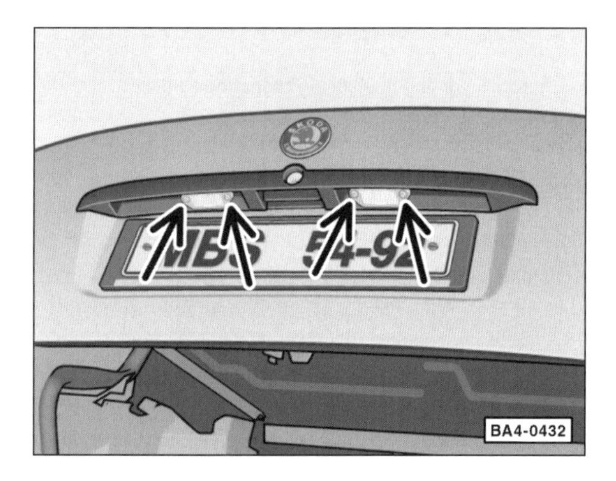

- In der Griffleiste das Leuchtenglas mit je 2 Kreuzschlitzschrauben –Pfeile– abschrauben.
- Leuchtenglas abnehmen.
- Glassockellampe aus dem Lampenträger herausziehen und ersetzen.
- Dichtgummi für Lampenglas auf Beschädigung prüfen, gegebenenfalls ersetzen.
- Leuchtenglas bis zum Anschlag einsetzen, dabei auf bündige Anlage des Dichtgummis achten. Leuchtenglas mit 2 Kreuzschlitzschrauben anschrauben.
- Kofferraumdeckel/Heckklappe schließen.

Zusatzbremslicht

Limousine

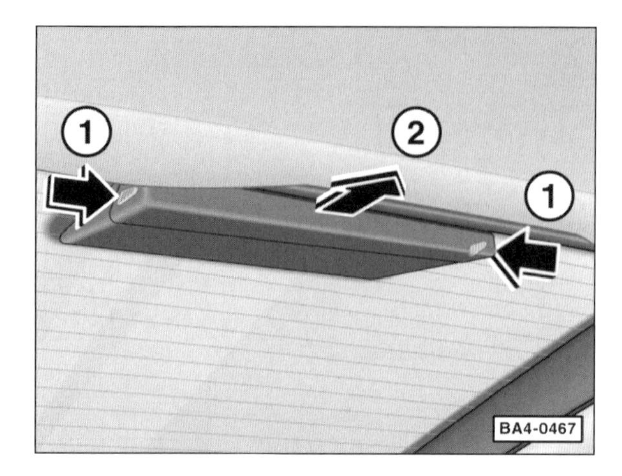

- Die äußeren Kunststoff-Federlaschen in Pfeilrichtung –1– drücken.
- Lampenträger in Pfeilrichtung –2– abziehen.

- Defekte Lampe aus dem Lampenträger herausziehen und ersetzen.
- Lampenträger in das Gehäuse einschieben und einrasten.

Combi

- Heckklappe öffnen.
- Zusatzbremsleuchte ausbauen, siehe entsprechendes Kapitel.

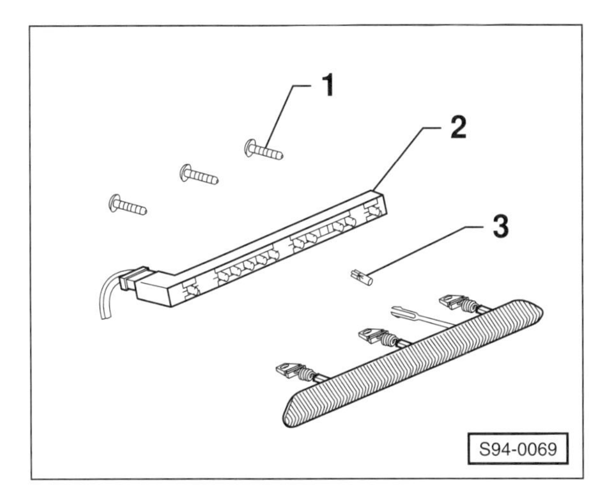

- 3 Kreuzschlitzschrauben –1– aus dem Lampenträger –2– herausdrehen und Lampenträger vom Leuchtenglas trennen.
- Defekte Glühlampe –3– aus dem Lampenträger herausziehen und ersetzen.
- Lampenträger am Leuchtenglas anschrauben.
- Zusatzbremsleuchte einbauen.

Glühlampen für Innenleuchten auswechseln

Innenleuchte/Leseleuchte

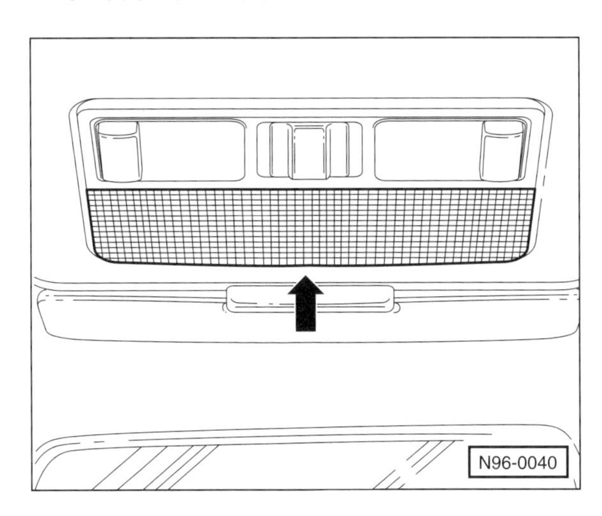

- Streuglas der 3-teiligen Innenleuchte mit den Fingern vorn –Pfeil– vorsichtig herunterziehen und hinten aushängen. **Achtung:** Dabei nicht unter das Leuchtengehäuse greifen.
- Defekte Soffittenlampe aus der Fassung ziehen und ersetzen. Dabei auf festen Sitz der Lampe achten, gegebenenfalls die Kontaktklammern nachbiegen.
- Defekte Leselampe herausziehen und ersetzen.

Achtung: Lässt sich die neue Lampe nicht in die Fassung einstecken, Leuchtengehäuse abbauen. Dazu Gehäuse mit 2 Kreuzschlitzschrauben abschrauben. An der Rückseite des Gehäuses die Fassung für die Leselampe um 90° (¼ Umdrehung) nach rechts drehen und herausnehmen. Neue Lampe in die Fassung stecken, Fassung am Gehäuse einsetzen und durch Linksdrehen befestigen. Gehäuse anschrauben.

- Streuglas hinten einhängen, nach vorn schwenken und einrasten.

Gepäckraumleuchte

- Kofferraumdeckel/Heckklappe öffnen.

Limousine

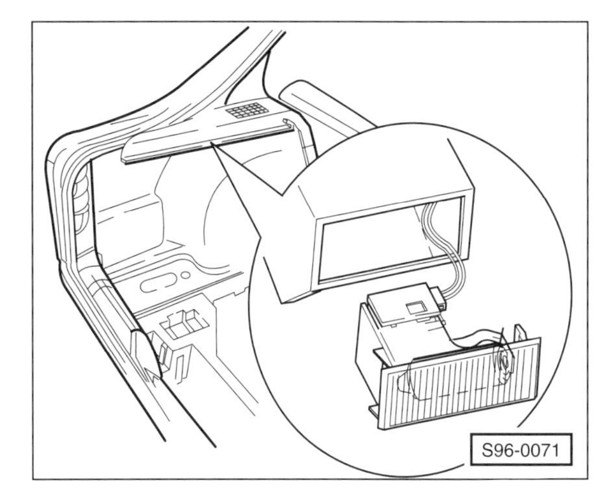

- Gepäckraumleuchte aus der Seitenverkleidung ausclipsen. Dazu einen kleinen Schraubendreher seitlich in die Aussparung der Leuchte eindrücken und Leuchte vorsichtig heraushebeln.
- Defekte Lampe ersetzen.
- Gepäckraumleuchte zuerst mit der linken Seite in die Öffnung der Seitenverkleidung einhängen, dann auf der rechten Seite hineindrücken und einclipsen.

Combi

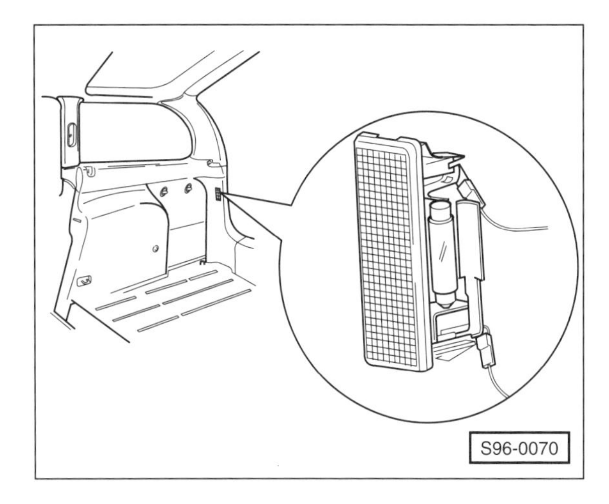

- Gepäckraumleuchte aus der Seitenverkleidung ausclipsen. Dazu einen kleinen Schraubendreher oben in die Aussparung der Leuchte eindrücken und Leuchte vorsichtig heraushebeln.

- Elektrische Steckverbindung trennen.
- Defekte Soffittenlampe aus der Fassung ziehen und ersetzen. Dabei auf festen Sitz der Lampe achten, gegebenenfalls die Kontaktklammern nachbiegen.
- Stecker aufschieben und einrasten.
- Gepäckraumleuchte zuerst mit der unteren Seite in die Öffnung der Seitenverkleidung einhängen, dann oben hineindrücken und einclipsen.
- Kofferraumdeckel/Heckklappe schließen.

Scheinwerfer/Heckleuchte

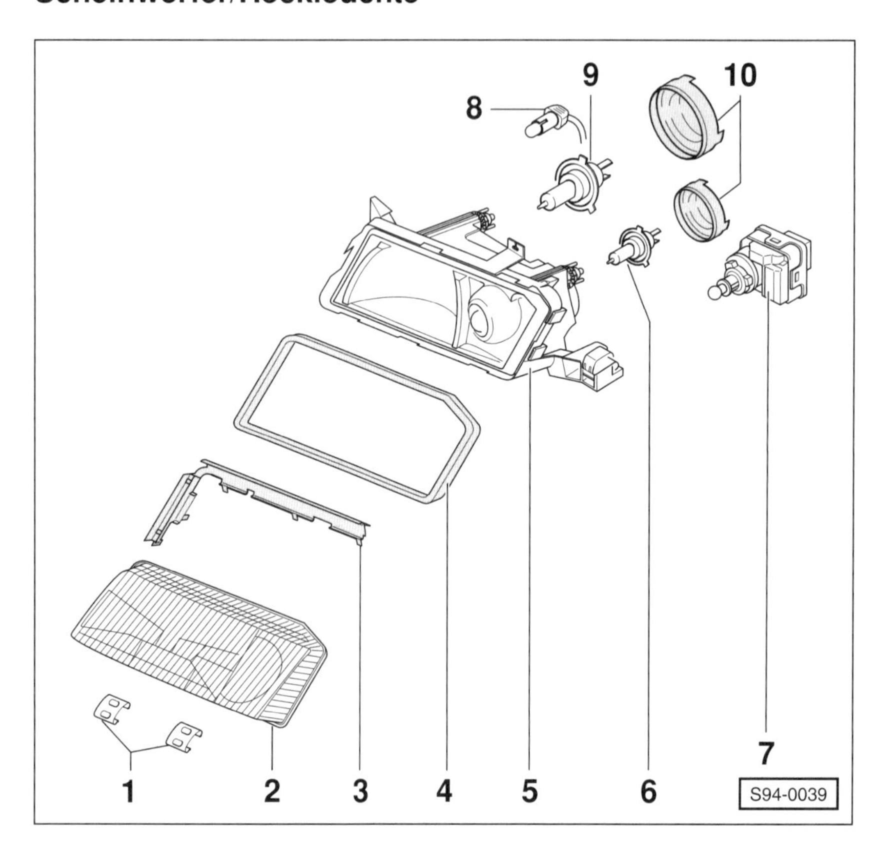

1 – Halteklammer, 7 Stück

2 – Streuscheibe

3 – Dichtung für Scheinwerfer

4 – Dichtung für Streuscheibe

5 – Scheinwerfergehäuse

6 – Glühlampe für Nebellicht vorn
H3-Lampe, 12 V, 55 W.

7 – Stellmotor für Leuchtweitenregelung

8 – Glühlampe für Standlicht
W5W-Lampe, 12 V, 5 W.

9 – Glühlampe für Fern- und Abblendlicht
H4-Lampe, 12 V, 60/55 W.

10 – Verschlussdeckel

Hinweis: Die Abbildung zeigt die Ausführung bis 7/00.

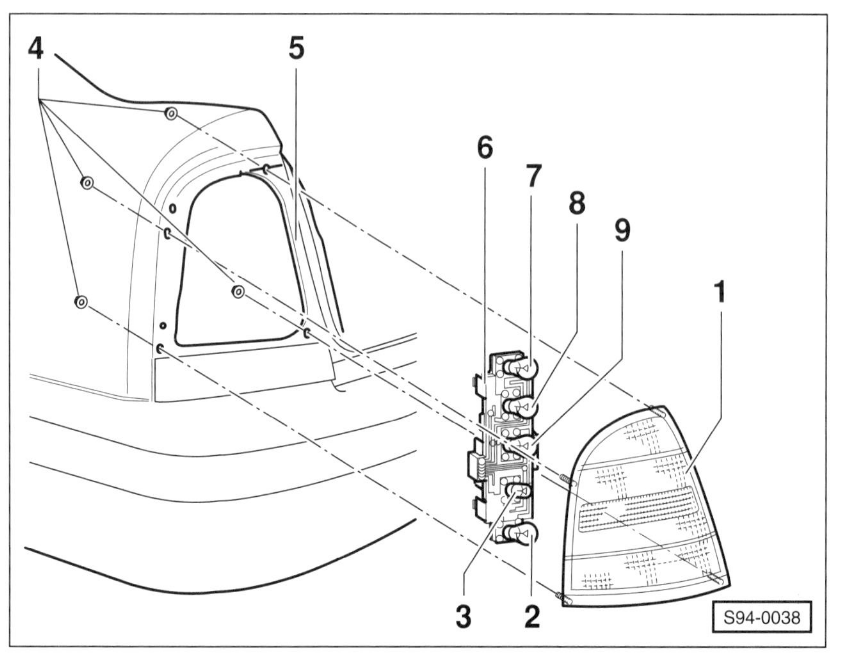

1 – Heckleuchtengehäuse

2 – Glühlampe für Nebelschlusslicht
12 V, 21 W.

3 – Glühlampe für Schlusslicht
12 V, 5 W.

4 – Befestigungsmuttern, 3 Nm

5 – Karosserie

6 – Lampenträger

7 – Glühlampe für Blinker
12 V, 21 W.

8 – Glühlampe für Bremslicht
12 V, 21 W.

9 – Glühlampe für Rückfahrlicht
12 V, 21 W.

Scheinwerfer aus- und einbauen

Streuscheibe und Scheinwerfergehäuse können einzeln ersetzt werden.

Ausbau

- Um Lackschäden beim Herausnehmen des Scheinwerfers zu vermeiden, Stoßfänger im Bereich des Scheinwerfers abkleben.
- Blinkleuchte ausbauen, siehe entsprechendes Kapitel.

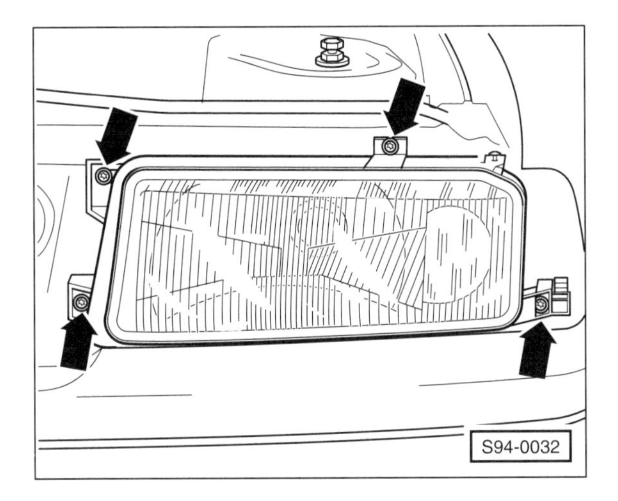

- 4 Befestigungsschrauben –Pfeile– mit Torxschlüssel T20 herausdrehen.
- Stecker für Scheinwerfer und Leuchtweitenregulierung abziehen.
- Scheinwerfer nach vorn aus der Karosserie herausnehmen.

Einbau

- Scheinwerfer ansetzen und lose anschrauben.
- Stecker für Scheinwerfer und Leuchtweitenregulierung aufstecken.
- Scheinwerfer nach den Konturen der Karosserie ausrichten und mit ca. 2 Nm festziehen.
- Blinkleuchte einbauen, siehe entsprechendes Kapitel.
- Schutzklebeband ablösen.
- Scheinwerfereinstellung prüfen lassen (Werkstattarbeit).

Blinkleuchte vorn aus- und einbauen

Die Blinkleuchte wird bei eingebautem Scheinwerfer ausgebaut.

Ausbau

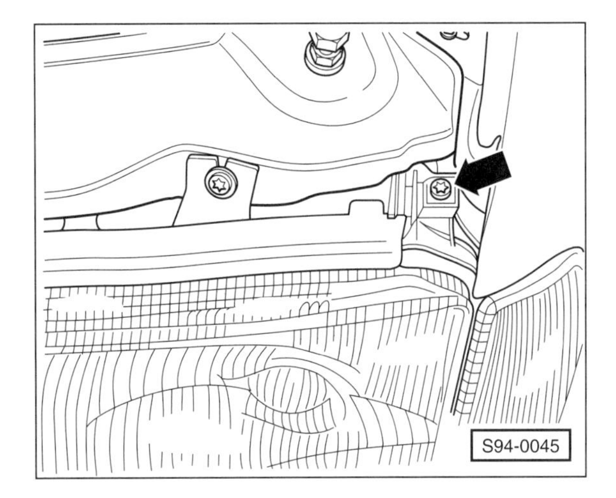

- Seitliche Befestigungsschraube –Pfeil– herausdrehen.
- Blinkleuchte nach vorn herausziehen, dabei mit Schraubendreher vorsichtig nachhelfen.
- Lampenfassung nach links drehen und aus dem Gehäuse herausziehen.

Einbau

- Lampenfassung in die Blinkleuchte einsetzen, nach rechts drehen und einrasten.

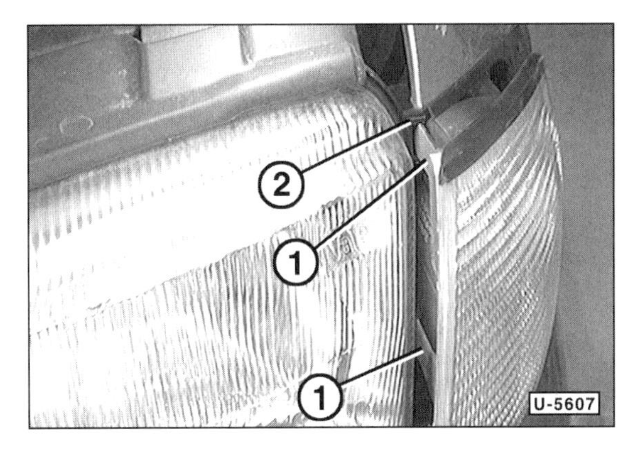

- Blinkleuchte mit den Laschen –1– in die Führungen –2– des Scheinwerfergehäuses einsetzen und nach hinten schieben.
- Befestigungsschraube eindrehen und mit ca. 2 Nm festziehen.

Heckleuchte aus- und einbauen

Ausbau

- Kofferraumdeckel/Heckklappe öffnen.
- Seitenverkleidung ausbauen beziehungsweise seitliches Staufach öffnen.

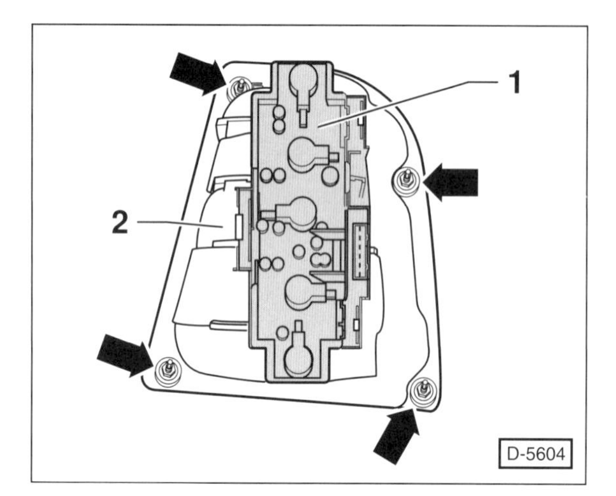

- Lampenträger –1– ausbauen, siehe Kapitel »Glühlampen für Hecklicht wechseln«.
- 4 Befestigungsmuttern –Pfeile– abschrauben und Heckleuchte –2– nach außen abnehmen.

Einbau

- Dichtung für Heckleuchte auf Beschädigung sichtprüfen, gegebenenfalls ersetzen.
- Heckleuchte so ansetzen, dass die Dichtung sauber am Gehäuse anliegt. Heckleuchte nach den Konturen der Karosserie ausrichten.
- Muttern ganz leicht mit 3 Nm anschrauben.
- Lampenträger einbauen, siehe entsprechendes Kapitel.
- Seitenverkleidung einbauen beziehungsweise Staufach schließen.
- Kofferraumdeckel/Heckklappe schließen.

Zusatzbremsleuchte aus- und einbauen

Combi

Ausbau

- Heckklappe öffnen.
- Obere Verkleidung der Heckklappe ausbauen, siehe Seite 260.

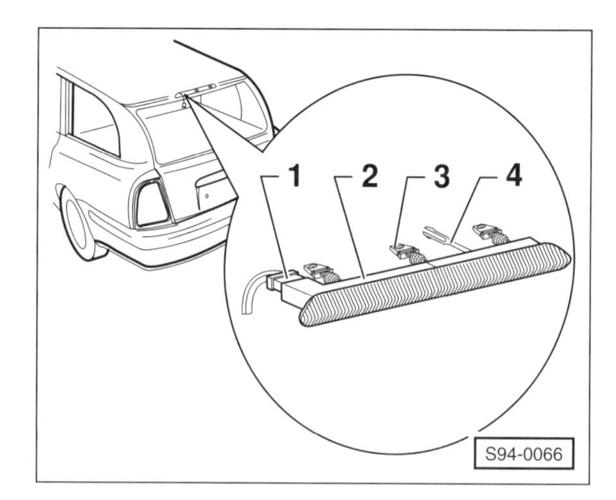

- Die 3 Rastfedern –3– und die Rastnase –4– aus den Schlitzen in der Heckklappe aushebeln.
- Heckklappe schließen.
- Komplette Zusatzbremsleuchte –2– nach außen aus der Heckklappe herausziehen.
- Steckverbindung –1– abziehen.

Einbau

- Stecker an der Zusatzbremsleuchte aufschieben.
- Zusatzbremsleuchte in die Öffnung der Heckklappe einschieben und einrasten.
- Obere Verkleidung der Heckklappe einbauen.

Motor für Leuchtweitenregelung aus- und einbauen

Ausbau, Fahrzeuge bis 7/00

- Scheinwerfer ausbauen.

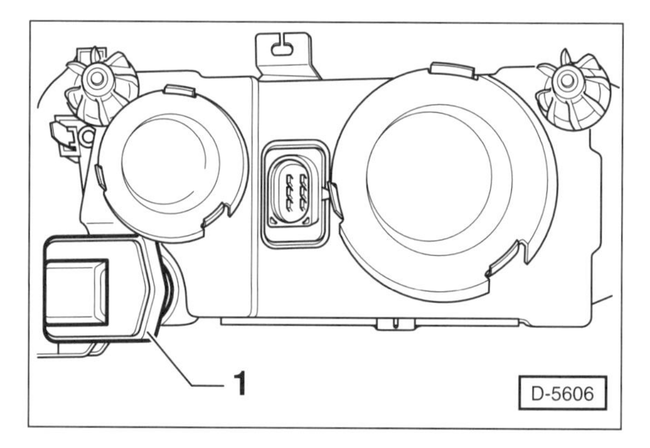

- Linker Scheinwerfer: Stellmotor –1– durch Linksdrehen entriegeln.
- Rechter Scheinwerfer: Stellmotor durch Rechtsdrehen entriegeln.
- Stellmotor herausziehen, dabei Kugelkopf der Stellachse mit kräftigem Zug aus der Kugelkopfaufnahme am Reflektor herausziehen.

Einbau

- Abdeckung für Glühlampen abnehmen.
- Reflektor durch die Gehäuseöffnung im Scheinwerfergehäuse zu sich heranziehen und festhalten.
- Kugelkopf der Stellachse in die Kugelkopfaufnahme am Reflektor hineinschieben und einrasten.
- Reflektor loslassen und Stellmotor durch Drehen in Einbaulage verriegeln. Die Drehrichtung ist entgegengesetzt wie beim Ausbau.
- Scheinwerfer einbauen.

Speziell Fahrzeuge ab 8/00

- Abdeckung für Glühlampe abnehmen.

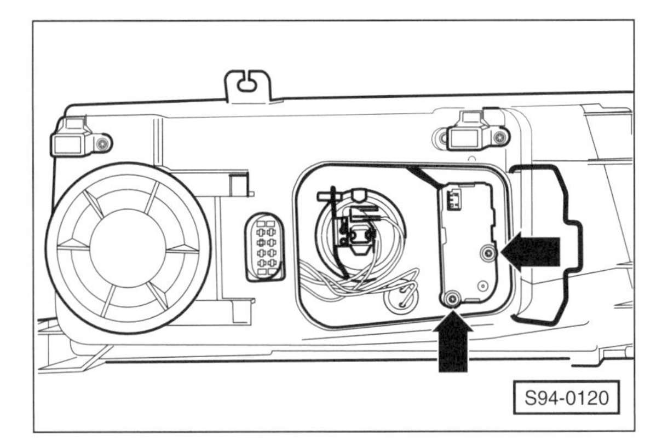

- 2 Schrauben –Pfeile– herausdrehen.
- Steckverbindung am Stellmotor abziehen.

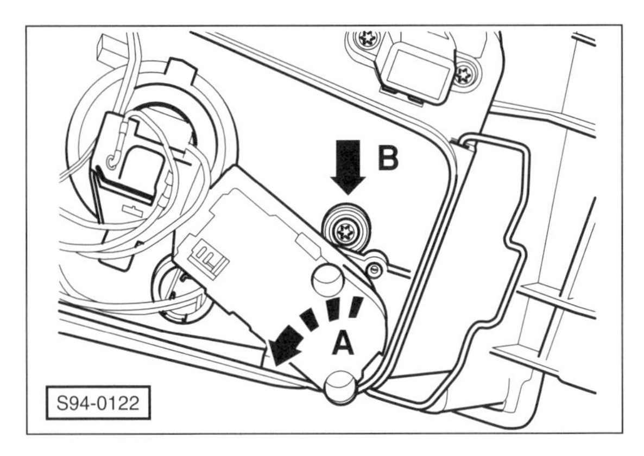

- Stellmotor etwas nach außen ziehen und in –Pfeilrichtung A– drehen.
- Schraube herausschrauben –Pfeil B– und Stellmotor herausnehmen.

Scheinwerfer einstellen

Für die Verkehrssicherheit ist die richtige Einstellung der Scheinwerfer von großer Bedeutung. Da für die exakte Einstellung ein Spezialeinstellgerät erforderlich ist, sind hier nur die Positionen der Einstellschrauben sowie die Bedingungen zum richtigen Einstellen aufgeführt. Zusammen mit den Scheinwerfern werden auch die Nebelscheinwerfer eingestellt.

Bis 7/00:

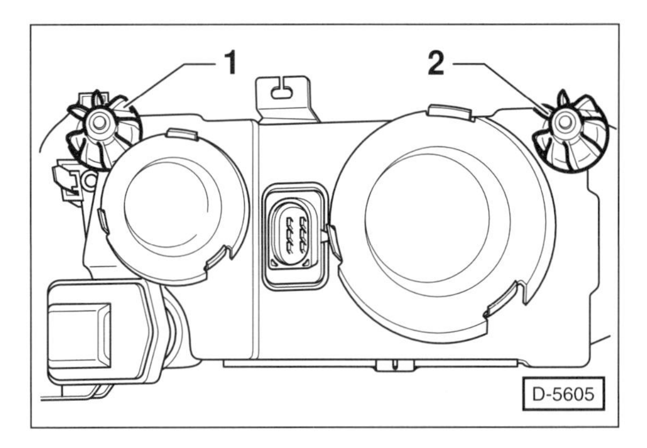

Ab 8/00:

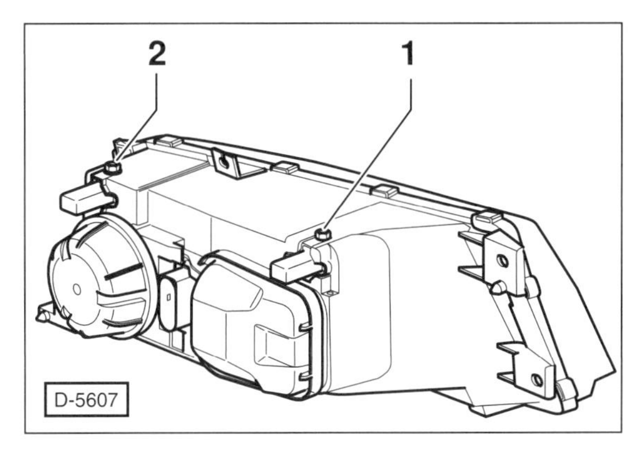

- Die Abbildung zeigt den linken Hauptscheinwerfer von hinten, beim rechten Scheinwerfer sind die Einstellschrauben spiegelbildlich angeordnet.
  1 – Höhenverstellung
  2 – Seitenverstellung

Einstellvoraussetzungen

- Die Reifen haben den vorgeschriebenen Reifenfülldruck.
- Das unbeladene Fahrzeug muss mit 75 kg (eine Person) auf dem Fahrersitz belastet sein.
- Kraftstofftank füllen, mindestens zu 90%.
- Fahrzeug auf ebene Fläche stellen.
- Vorderwagen mehrmals kräftig nach unten drücken, damit die Federung der Vorderradaufhängung sich setzt.
- Leuchtweitenregulierung auf »0« stellen.
- Die Scheinwerfer dürfen nur bei Abblendlicht eingestellt werden. Das Neigungsverhältnis ist auf dem Scheinwerferhalter eingeprägt (1,0% ≙ 10 cm auf 10 m Entfernung).

Einstellen

- Die Einstellschrauben werden mit einem Schraubendreher von vorn verstellt. Äußere Schraube: Schraubendreher durch den Schlitz oberhalb des Scheinwerfers einführen. Innere Schraube: Schraubendreher durch die Bohrung im oberen Querträger einführen.
- Einstellschrauben wechselweise verdrehen, bis die korrekte Einstellung erreicht ist.

Armaturen

Die Instrumente sind in einem Kombiinstrument zusammengefasst. Das Kombiinstrument muss beispielsweise ausgebaut werden, wenn eine Glühlampe ersetzt werden soll. Sind einzelne Instrumente defekt, muss das gesamte Kombiinstrument ersetzt werden, da es nicht zerlegbar ist.

Es können 2 unterschiedlichen Kombiinstrument-Ausführungen eingebaut sein: »Basis« oder »Midline«. Die »Basis«-Ausführung ist mit einer Digitaluhr im Drehzahlmesser ausgestattet, die »Midline«-Ausführung besitzt stattdessen eine Multifunktionsanzeige.

Das Kombiinstrument wird von einem Mikroprozessor gesteuert und verfügt über eine Eigendiagnose. Treten Störungen an Systembauteilen auf, werden Fehlercodes im Fehlerspeicher des Steuergerätes abgelegt. Die Fehlercodes können mit dem SKODA-Diagnosegerät ausgelesen werden. Außerdem können mit diesem Messgerät beispielsweise folgende Funktionen angepasst beziehungsweise korrigiert werden: Tankanzeige, Verbrauchsanzeige, Service-Intervallanzeige, Wegstreckenzähler.

In diesem Kapitel werden auch der Aus- und Einbau verschiedener Schalter und des Radios beschrieben.

Kombiinstrument aus- und einbauen

Im Kombiinstrument können nur Kontrolllampen ausgetauscht werden, die als Glühlampen ausgelegt sind. Bei defekten Leuchtdioden (LED) und allen anderen Fehlern muss das Kombiinstrument komplett ausgetauscht werden.

Wird anstelle des Tageskilometerstandes die Anzeige »dEF« eingeblendet, dann liegt ein Fehler im Festspeicher vor. In diesem Fall muss das Kombiinstrument ersetzt werden.

Falls das Kombiinstrument erneuert werden soll, empfiehlt es sich, vor dem Ausbau den Fehlerspeicher abfragen zu lassen. Außerdem die Werte der Service-Intervallanzeige und den Stand des Wegstreckenzählers über das SKODA-Diagnosegerät auslesen lassen und notieren. Da das Steuergerät für Wegfahrsicherung im Kombiinstrument integriert ist, muss nach dem Wechsel die Wegfahrsicherung angepasst werden (Werkstattarbeit).

Ausbau

- Lenkrad mit der Verstelleinrichtung ganz nach unten verstellen.

Hinweis: Der Ausbau des Lenkrades ist nicht erforderlich. In den nachfolgenden Abbildungen ist das Lenkrad, für die bessere Übersichtlichkeit, nicht dargestellt.

- Batterie-Massekabel (–) bei ausgeschalteter Zündung abklemmen. **Achtung:** Falls das eingebaute Radio einen Diebstahlcode besitzt, wird dieser beim Abklemmen der Batterie gelöscht. Das Radio kann anschließend nur durch die Eingabe des richtigen Codes oder durch die SKODA-Werkstatt beziehungsweise den Radio-Hersteller wieder in Betrieb genommen werden. Vor dem Abklemmen daher unbedingt den Diebstahlcode ermitteln.

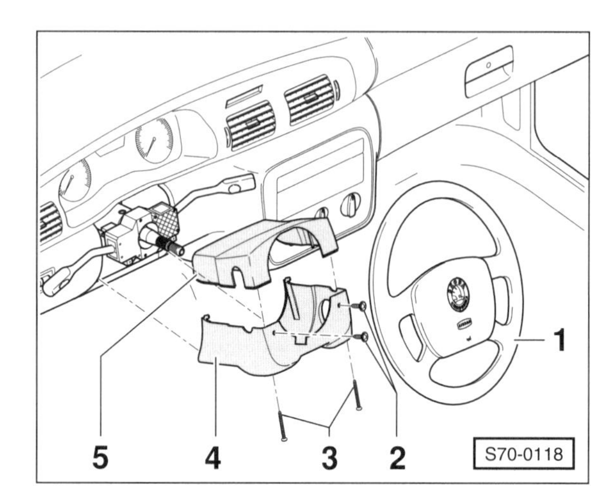

- Räder in Geradeausstellung und Lenkrad –1– in Mittelstellung bringen.
- Kreuzschlitzschrauben –2– und –3– herausdrehen.
- Verkleidungen –4– und –5– für Lenkstockschalter abnehmen.
- Mittelkonsole vorn ausbauen, siehe Seite 255.

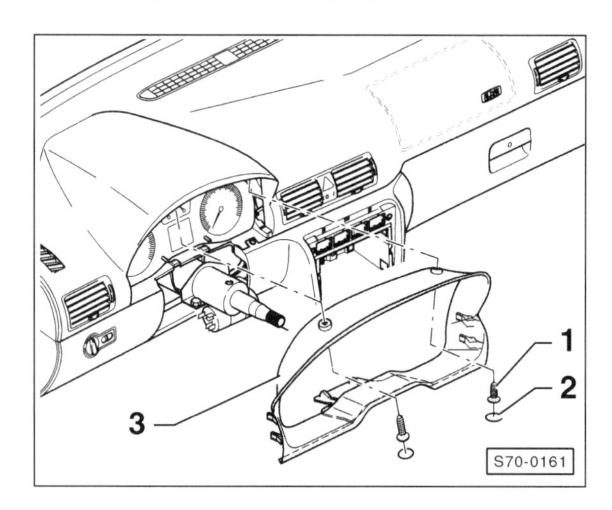

- **Fahrzeugmodelle ab 8/98:** 2 Abdeckkappen –2– heraushebeln, 2 Schrauben –1– herausdrehen und Blende –3– des Kombiinstrumentes aus der Einbauöffnung herausziehen.

- **Fahrzeugmodelle bis 7/98:** Abdeckung über der Luftaustrittsdüse heraushebeln, 9 Torxschrauben hinter der Abdeckung und in den Luftaustrittsdüsen herausdrehen. Blende mit Luftaustrittsdüsen vom Armaturenbrett abbauen.

Hinweis: Die Lenkstockschalter (Blinker- und Wischerschalter) können, anders als in der Abbildung, eingebaut bleiben.

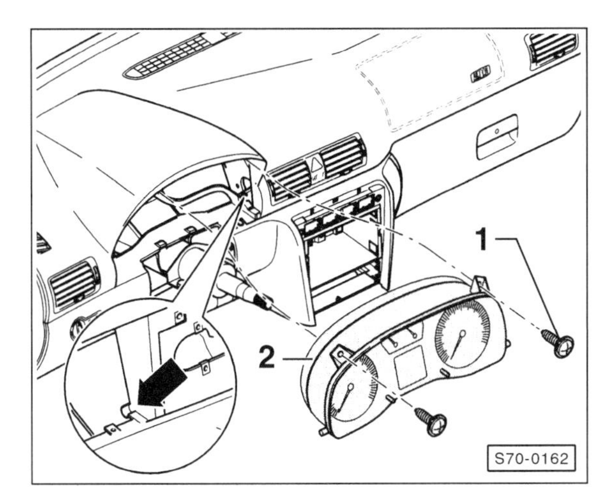

- 2 Torxschauben –1– herausdrehen.
- Kombiinstrument –2– auf beiden Seiten aus der Halterung –Pfeil– herausnehmen.
- Steckverbindungen von der Rückseite abnehmen.

Lampenbelegung Midline-Kombiinstrument

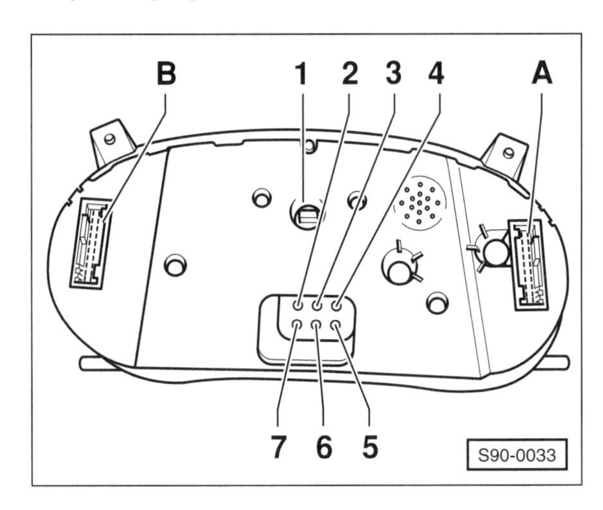

Kontrolllampen für:
1 – Fernlicht
2 – Nebellicht
3 – Standlicht
4 – Nebelschlusslicht
5 – »Gurt angelegt«
6 – Abblendlicht (nicht belegt)
7 – Anhängerblinker

A – Mehrfachsteckverbindung für Grundfunktionen, 32-polig, blau
B – Mehrfachsteckverbindung für Zusatzfunktionen, 32-polig, grün

Einbau

- Mehrfachstecker hinten am Kombiinstrument aufstecken und arretieren.
- Kombiinstrument in die Einbauöffnung einsetzen und anschrauben.
- **Fahrzeugmodelle ab 8/98:** Blende des Kombiinstrumentes einsetzen und mit 2 Schrauben befestigen. Abdeckkappen in die Schraubenöffnungen setzen.
- **Fahrzeugmodelle bis 7/98:** Blende mit Luftaustrittsdüsen am Armaturenbrett aufsetzen und mit 9 Torxschrauben befestigen. Abdeckung über der Luftaustrittsdüse einsetzen.
- Mittelkonsole vorn einbauen, siehe Seite 255.
- Verkleidungen für Lenkstockschalter anschrauben.
- Batterie-Massekabel (–) anklemmen. **Achtung:** Hoch-/Tieflaufautomatik für elektrische Fensterheber aktivieren sowie Zeituhr stellen und Radiocode eingeben, siehe Kapitel »Batterie aus- und einbauen«.

Lenkstockschalter aus- und einbauen

Als Lenkstockschalter bezeichnet man die beiden Schalter an der Lenksäule für Blinker/Fernlicht und Scheibenwischer.

Ausbau

- Batterie-Massekabel (–) bei ausgeschalteter Zündung abklemmen. **Achtung:** Falls das eingebaute Radio einen Diebstahlcode besitzt, wird dieser beim Abklemmen der Batterie gelöscht. Das Radio kann anschließend nur durch die Eingabe des richtigen Codes oder durch die SKODA-Werkstatt beziehungsweise den Radio-Hersteller wieder in Betrieb genommen werden. Vor dem Abklemmen daher unbedingt den Diebstahlcode ermitteln.

Sicherheitshinweis
Unbedingt Airbag-Sicherheitshinweise durchlesen, siehe Seite 133.

- Airbageinheit auf der Fahrerseite ausbauen, siehe Seite 134.
- Lenkrad ausbauen, siehe Seite 135.

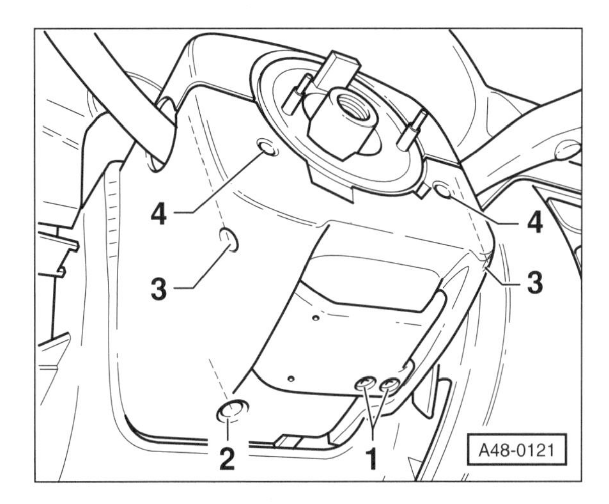

- Griff für Lenksäulenverstellung abschrauben –1–.

- Torxschrauben –2–, –3– und –4– herausdrehen. **Achtung:** Die Schraube –2– ist nicht immer vorhanden.
- Ober- und Unterteil der Lenksäulenverkleidung abnehmen.

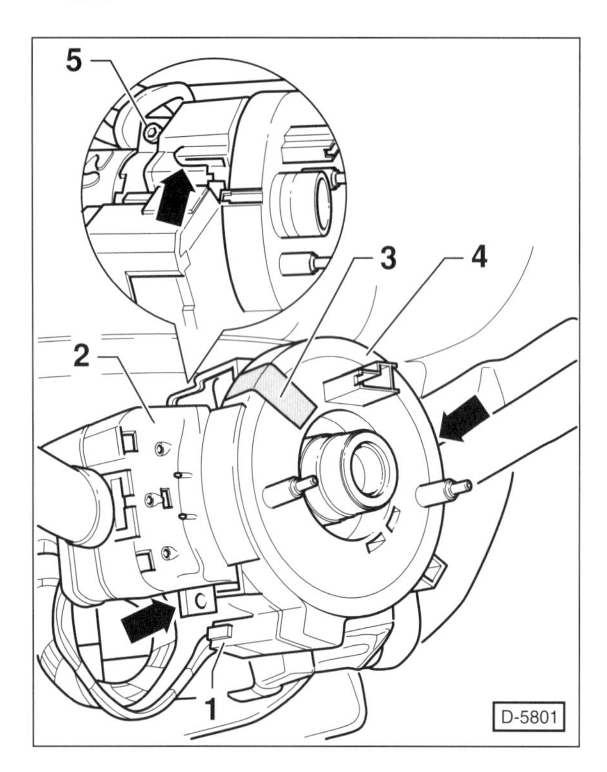

- Wickelfeder –4– durch Abkleben mit Klebeband –3– gegen unbeabsichtigtes Verdrehen sichern. Die Abbildung zeigt die Wickelfeder bei einem Fahrzeug ohne ESP-Lenkwinkelsensor. ESP = **E**lektronisches **S**tabilitäts-**P**rogramm.

Achtung: Die Wickelfeder bleibt beim Ausbau des Lenkstockschalters am Schalter. Unbedingt darauf achten, dass die Wickelfeder nicht aus der Mittelstellung verdreht wird. Falls der Lenkstockschalter ersetzt werden soll, Wickelfeder beziehungsweise Lenkwinkelsensor ausbauen, siehe Abschnitt am Ende des Kapitels.

- Stecker –1– abziehen.
- Alle Steckverbindungen vorsichtig vom Lenkstockschalter –2– abziehen.
- Innensechskantschraube –5– (Schlüsselweite 5 mm) an der Klemmschelle so weit lösen, bis sich der Lenkstockschalter leicht bewegen lässt.
- Lenkstockschalter von der Lenksäule abziehen und ablegen.

Einbau

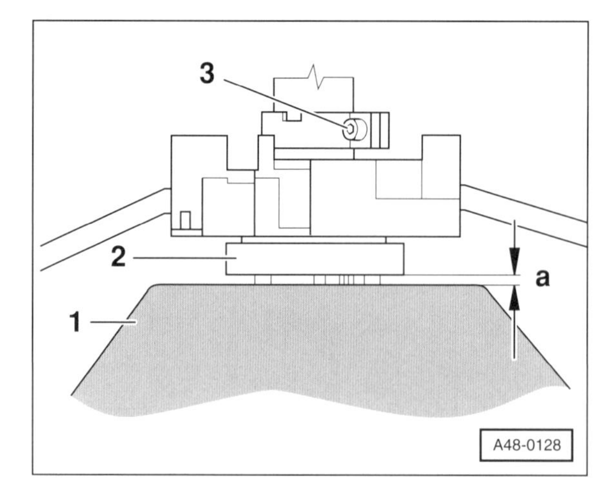

- Lenkstockschalter mit Wickelfeder –2– nur auf die Lenksäule aufsetzen, noch nicht festschrauben.
- Lenkrad –1– aufstecken und mit alter Befestigungsschraube anschrauben.
- Lenkstockschalter waagerecht ausrichten und den Abstand a = 3 mm zum Lenkrad einstellen. In dieser Stellung Lenkstockschalter mit Innensechskantschraube –3– anschrauben.
- Lenkrad wieder abbauen.
- Sämtliche Stecker am Lenkstockschalter aufschieben.

Achtung: Nach Abziehen des Sicherungs-Klebebandes die Wickelfeder nicht aus der Mittelstellung verdrehen.

- Klebeband vorsichtig abziehen.
- Verkleidungen für Lenkstockschalter einsetzen und anschrauben.
- Verstellgriff für Lenksäule anschrauben.
- Lenkrad einbauen, siehe Seite 135.
- Airbageinheit einbauen, siehe Seite 134.
- Batterie-Massekabel (–) anklemmen. **Achtung:** Hoch-/Tieflaufautomatik für elektrische Fensterheber aktivieren sowie Zeituhr stellen und Radiocode eingeben, siehe Kapitel »Batterie aus- und einbauen«.

Speziell Lenkstockschalter ersetzen

Wenn der Lenkstockschalter ersetzt werden soll, muss die Wickelfeder ausgebaut werden.

- Arbeitsschritte für den Ausbau des Lenkstockschalters bis zum Abziehen aller Steckverbindungen durchführen.

Achtung: Die Vorderräder müssen sich in Geradeausstellung befinden.

Fahrzeuge ohne ESP:

- Abbildung D-5801: Rasthaken –Pfeile– entriegeln und Wickelfeder –4– vom Lenkstockschalter –2– abziehen, siehe .

Achtung: Die Wickelfeder ist als Ersatzteil mit einem Kabelbinder in Mittelstellung gesichert.

- Wickelfeder auf die Lenksäule aufschieben und am Lenkstockschalter einrasten.
- Nach dem Einbau des Lenkstockschalters Fehlerspeicher des Kombiinstruments abfragen und löschen lassen (Werkstattarbeit).

Fahrzeuge mit ESP:

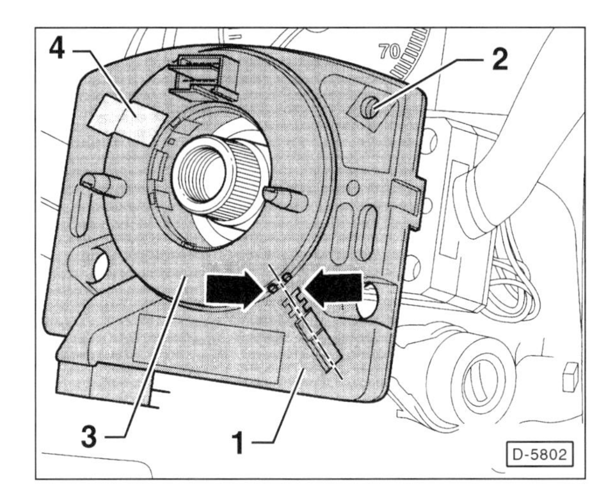

- Gehäuse für Lenkwinkelgeber –1– in Mittelstellung bringen. Dabei muss im Sichtfenster –2– ein gelber Punkt sichtbar sein und die Markierungen –Pfeile– müssen fluchten.
- Wickelfeder –3– durch Abkleben mit Klebeband –4– gegen unbeabsichtigtes Verdrehen sichern.

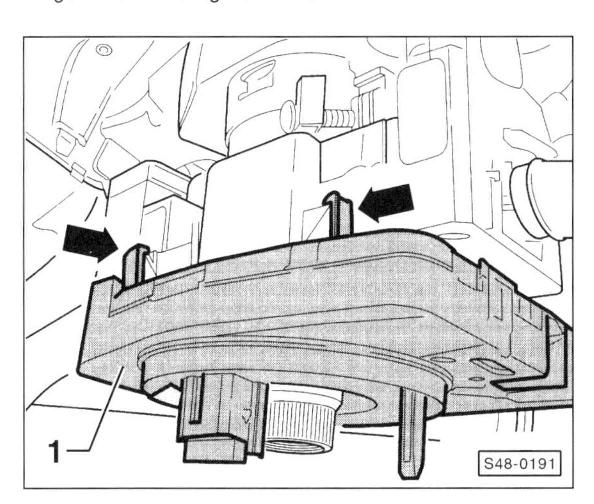

- Stecker vom Gehäuse –1– abziehen.
- Rasthaken –Pfeile– vorsichtig entriegeln und Gehäuse –1– mit Lenkwinkelgeber und Wickelfeder abziehen.
- Für den Einbau Gehäuse mit Lenkwinkelgeber und Wickelfeder auf die Lenksäule aufschieben und am Lenkstockschalter einrasten. Klebeband oder, bei neuem Gehäuse, Transportschutz abziehen.
- Mittelstellung des Lenkwinkelgebers prüfen beziehungsweise einstellen, siehe unter Ausbau.
- Nach dem Einbau des Lenkstockschalters Grundeinstellung des Lenkwinkelgebers durchführen sowie Fehlerspeicher des Kombiinstruments abfragen und löschen lassen (Werkstattarbeit).

Schalter im Innenraum aus- und einbauen

Lichtschalter/Leuchtweitenregler

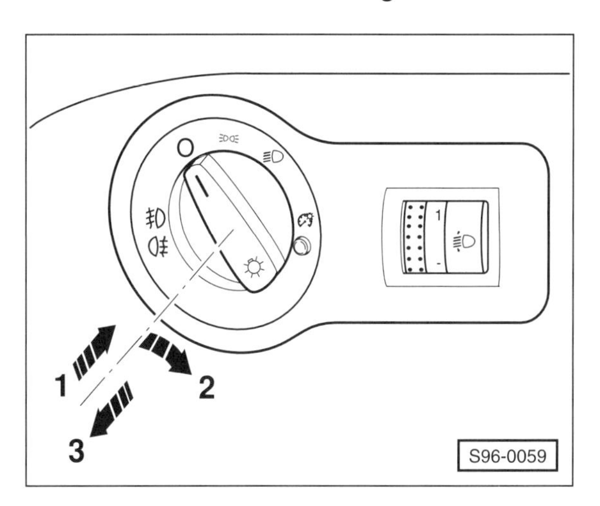

- Lichtschalter drücken –1– und gleichzeitig nach rechts drehen –2–.
- Den Schalter in dieser Stellung halten und das Lichtschaltergehäuse in Pfeilrichtung –3– aus der Armaturentafel herausziehen.
- Mehrfachstecker vom Schalter abziehen.
- Abdeckung für Leuchtweitenregler aus dem Armaturenbrett ausclipsen.
- Stecker vom Leuchtweitenregler abziehen.

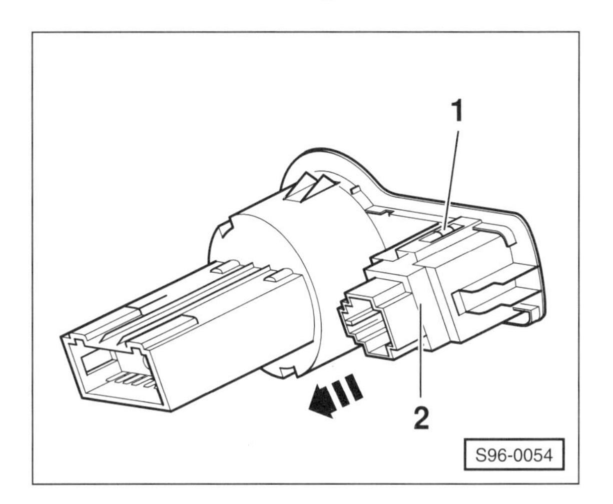

- Die beiden Metallclips –1– zusammendrücken und Leuchtweitenregler –2– in Pfeilrichtung aus dem Lichtschaltergehäuse herausziehen.
- Stecker am Leuchtweitenregler aufschieben.

- Leuchtweitenregler in die Führungsstege der Abdeckung einsetzen und bis zum Anschlag eindrücken.
- Abdeckung in die Armaturentafel einclipsen.
- Mehrfachstecker am Lichtschalter aufschieben.
- Lichtschalter vorsichtig in die Öffnung schieben und andrücken, bis der Schalter hörbar einrastet.

Schalter in der Mittelkonsole

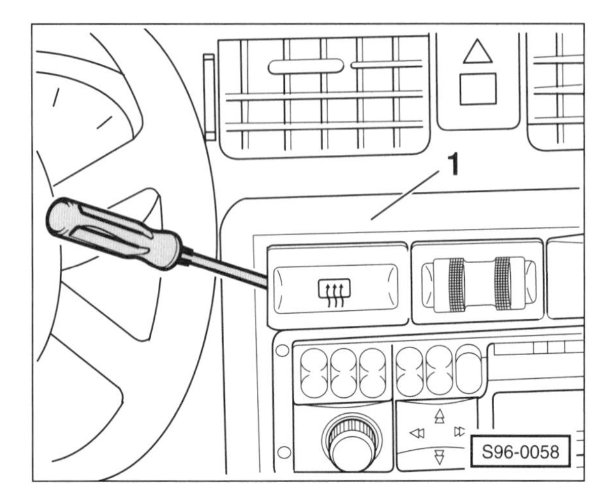

- Blende um die Mittelkonsole –1– ausclipsen.
- Schalter mit kleinem Schraubendreher von links vorsichtig etwas aus der Mittelkonsole aushebeln.
- Schalter ganz herausziehen und Stecker abziehen.
- Stecker aufschieben.
- Schalter in die Aufnahme der Mittelkonsole eindrücken und einrasten.
- Blende einclipsen.

Schalter für Schiebedach/Innenleuchte

Bis 7/99

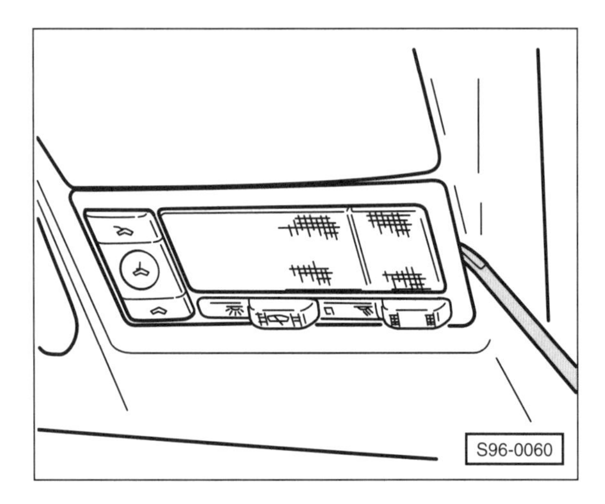

- Innenleuchte mit einem Kunststoffkeil, zum Beispiel HAZET 1965-20, oder einem flachen Schraubendreher vorsichtig abhebeln.

Achtung: Falls ein Schraubendreher verwendet wird, Papierrolle oder sauberen Lappen unterlegen, damit der Fahrzeughimmel nicht beschädigt wird.

- 2 Steckverbindungen abziehen.
- Der Einbau erfolgt in umgekehrter Ausbaureihenfolge.

Ab 8/99

- Streuscheibe mit den Fingern vorn herunterziehen und hinten aushängen.

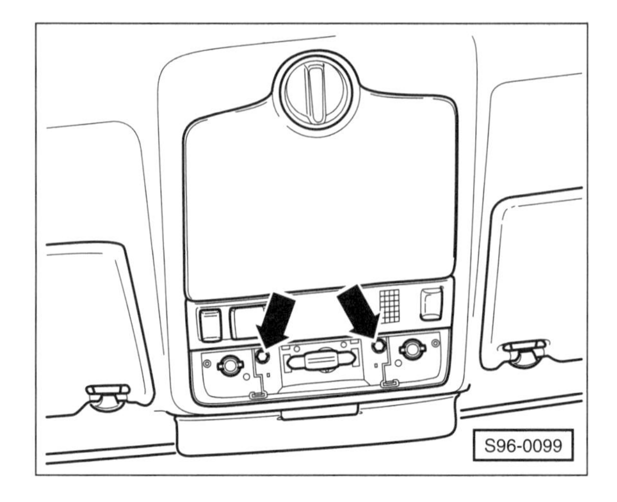

- Schalter für Schiebedach/Innenleuchte abschrauben –Pfeile–.
- Schiebedachschalter mit Innenleuchte herausnehmen.
- Beide Steckverbindungen abziehen.
- Der Einbau erfolgt in umgekehrter Ausbaureihenfolge.

Schalter für Fensterheber

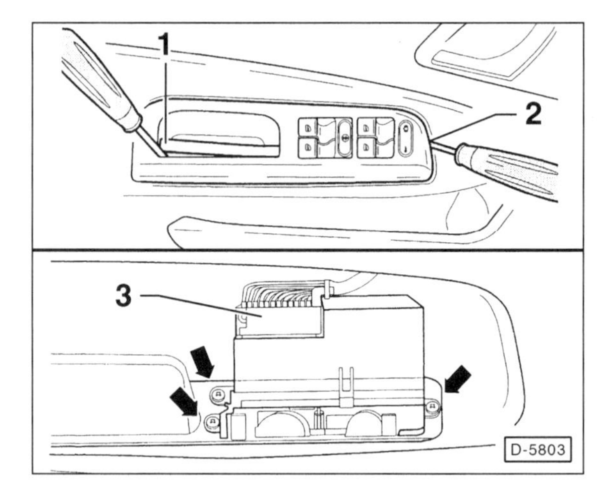

- Kunststoffabdeckung –1– und Schalterabdeckung –2– mit kleinem Schraubendreher vorsichtig ausclipsen. **Achtung:** Papierrolle oder sauberen Lappen unter den Schraubendreher legen, damit die Türverkleidung nicht beschädigt wird. **Hinweis:** Es gibt unterschiedliche Ausführungen des Türzuziehgriffs, daher ebenfalls das Kapitel »Türverkleidung aus- und einbauen » durchlesen, siehe Seite 279.

- Schalterkombination vorsichtig herausnehmen.
- An der Rückseite den Mehrfachstecker –3– entriegeln und abziehen.
- 3 Kreuzschlitzschrauben –Pfeile– herausdrehen und Schalter abnehmen.
- Der Einbau erfolgt in umgekehrter Ausbaureihenfolge.

Kofferraumsteckdose aus- und einbauen

Ausbau

- Batterie-Massekabel (–) bei ausgeschalteter Zündung abklemmen. **Achtung:** Falls das eingebaute Radio einen Diebstahlcode besitzt, wird dieser beim Abklemmen der Batterie gelöscht. Das Radio kann anschließend nur durch die Eingabe des richtigen Codes oder durch die SKODA-Werkstatt beziehungsweise den Radio-Hersteller wieder in Betrieb genommen werden. Vor dem Abklemmen daher unbedingt den Diebstahlcode ermitteln.
- Heckklappe öffnen.
- Linke Gepäckraumverkleidung ausbauen, siehe Seite 260.

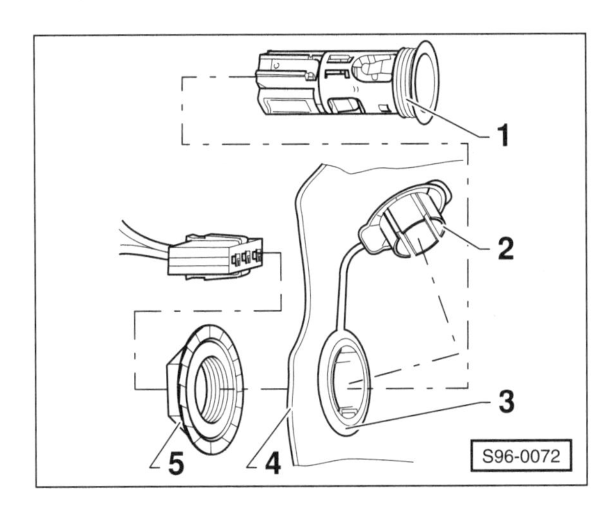

- Elektrische Steckverbindung abziehen.
- Mutter –5– von der Steckdosenhülse –3– abschrauben.
- Steckdose –1– mit Hülse –3– aus der Gepäckraumverkleidung herausziehen. 2 – Abdeckung für Steckdose.

Einbau

- Der Einbau erfolgt in umgekehrter Ausbaureihenfolge.

Radioanlage

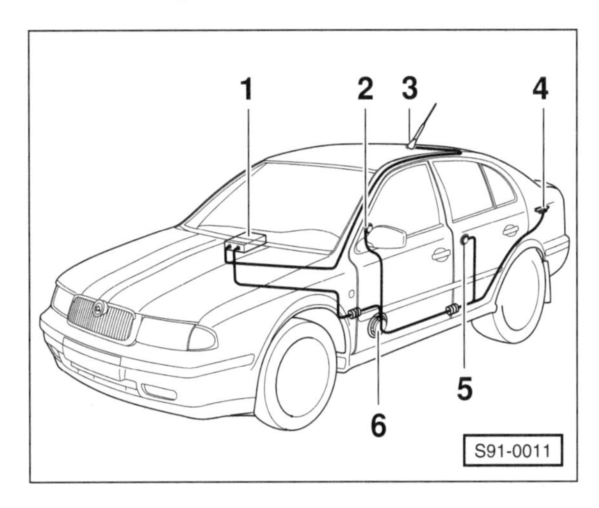

1 – Radio

2 – Hochtonlautsprecher vorn
In die Außenspiegelabdeckung eingebaut.

3 – Dachantenne

4 – Tieftonlautsprecher hinten
In die Hutablage links eingebaut

5 – Hochtonlautsprecher hinten
Neben dem Türgriff hinten eingebaut.

6 – Tieftonlautsprecher vorn
In die Türablage eingebaut.

Der Nennwiderstand sämtlicher Lautsprecher beträgt 4 Ohm.

Radio aus- und einbauen

Das Radio ist mit einer Anti-Diebstahl-Codierung ausgestattet. Diese verhindert die unbefugte Inbetriebnahme des Gerätes, wenn die Stromversorgung unterbrochen wurde. Die Stromversorgung wird beispielsweise unterbrochen beim Abklemmen der Batterie, beim Ausbau des Radios oder wenn die Radiosicherung durchgebrannt ist.
Daher vor Abklemmen der Batterie oder Ausbau des Radios den Radiocode feststellen. Die individuelle Code-Nummer ist im Radiopass (Identity Card) angegeben. Sie sollte nicht im Fahrzeug aufbewahrt werden.
Ist der Code nicht bekannt, kann nur die SKODA-Werkstatt das Autoradio wieder in Betrieb nehmen.

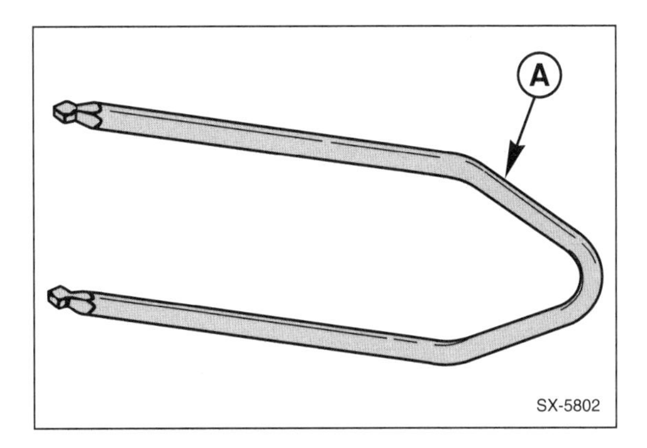

Das vom Werk eingebaute Radiogerät ist mit einer Einschubhalterung ausgestattet, die den schnellen Ein- und Ausbau des Radios ermöglicht. Allerdings gelingt das nur mit passenden Ausziehbügeln, die beim Kauf des Radios beigelegt oder im Fachhandel erhältlich sind.

Ausbau

- Batterie-Massekabel (–) bei ausgeschalteter Zündung abklemmen.

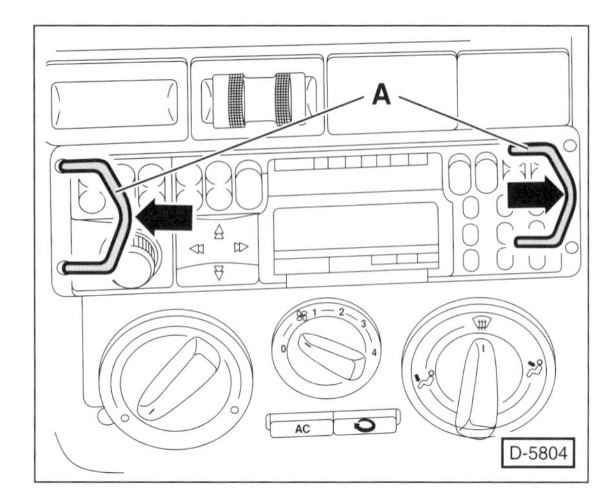

- Beide Ausziehbügel –A– links und rechts in die Öffnungen der Frontplatte einführen.
- Radio gleichmäßig herausziehen, dabei gleichzeitig Entriegelungsbügel –A– nach außen drücken –Pfeile–. **Achtung:** Radio beim Herausziehen nicht verkanten.
- Steckverbindungen für Lautsprecher und Antenne herausziehen, Mehrfachsteckverbindung für Stromversorgung abziehen. Falls das Radio nicht mit den serienmäßigen Mehrfachsteckern angeschlossen ist, Kabel vor dem Abziehen kennzeichnen, damit sie beim Einbau nicht vertauscht werden.
- Beide Entriegelungswerkzeuge herausziehen. Dazu beim SKODA-Radio die seitlichen Rastnasen am Radio nach innen drücken.

Einbau

- Elektrische Anschlüsse an der Rückseite des Radiogerätes anbringen.
- Radio in die Armaturentafel eindrücken, bis die Haltefedern einrasten.
- Batterie-Massekabel (–) anklemmen.
- Radio einschalten und Funktion überprüfen. Gegebenenfalls Radiocode eingeben.
- Zeituhr stellen und gegebenenfalls Hoch-/Tieflaufautomatik für elektrische Fensterheber aktivieren, siehe Kapitel »Batterie aus- und einbauen«.

Hinweise für den nachträglichen Radioeinbau

- Für werksfremde Radiogeräte ist ein Adapterkabel vom Fahrzeughersteller erhältlich.

Achtung: Wird das Adapterkabel nicht verwendet, unbedingt darauf achten, dass keine unisolierten Kabel frei herumliegen. Ein sonst möglicher Kurzschluss kann zu einem Kabelbrand führen.

- Darauf achten, dass nur typgeprüfte Entstörsätze (mit allgemeiner Betriebserlaubnis, ABE) verwendet werden, sonst kann die Zulassung des Fahrzeuges erlöschen. Im Handel gibt es speziell auf den OCTAVIA abgestimmte Entstörsätze mit Einbauanleitung.

Speziell Radio »gamma« (MS 501)

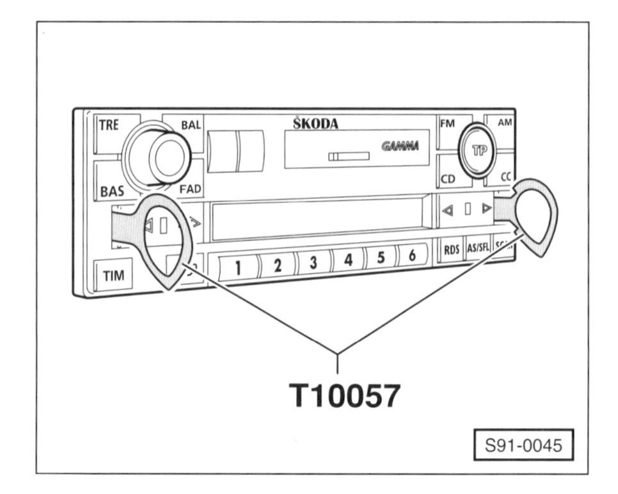

- Entriegelungswerkzeug VW/SKODA-T10057, wie in der Abbildung dargestellt, in die Entriegelungsschlitze einstecken und einrasten.
- Radio an den Grifösen der Ausziehbügel herausziehen. **Achtung:** Das Entriegelungswerkzeug darf dabei nicht zur Seite gedrückt oder verkantet werden.
- Zum Abziehen der Ausziehbügel müssen die seitlichen Rastnasen am Radio nach innen gedrückt werden.

Radio-Codierung eingeben

Gilt nur für SKODA-Radio mit Codierung.

Die Anti-Diebstahl-Codierung verhindert die unbefugte Inbetriebnahme des Gerätes, wenn die Stromversorgung unterbrochen wurde. Die Stromversorgung wird beispielsweise unterbrochen beim Abklemmen der Batterie, beim Ausbau des Radios oder wenn die Radiosicherung durchgebrannt ist.

Falls das Radio codiert ist, Radiocode vor Abklemmen der Batterie oder Ausbau des Radios feststellen. Ist der Code nicht bekannt, kann nur die SKODA-Werkstatt das Autoradio wieder in Betrieb nehmen.

Die individuelle Code-Nummer ist im Radiopass (Identity Card) angegeben. Sie sollte nicht im Fahrzeug aufbewahrt werden.

Radiocode eingeben, elektronische Sperre aufheben

Beispiel: Grundig-Radio SKODA-401

- Stromversorgung herstellen, Radio einschalten. Im Display erscheint »*SAFE*« und nach ca. 3 Sekunden »*1- - - -*«.
- Mit Hilfe der Stationstasten 1 bis 4 die geheime Code-Nummer eingeben.

Dabei wird mit Taste 1 die erste Stelle der Code-Nummer eingegeben, mit Taste 2 die zweite Stelle usw. Taste so oft drücken, bis die entsprechende Code-Ziffer eingegeben ist.

- Anschließend Code-Nr. bestätigen. Dazu die »LOUD/EXPERT«-Taste kurz drücken. Im Display erscheint »SAFE«. Nach ca. 3 Sekunden ist das Radio wieder betriebsbereit.

Achtung: Wird versehentlich eine falsche Code-Nummer eingegeben, bleibt die Anzeige »SAFE« stehen. Nach einer Wartezeit von ca. 21 Sekunden erscheint »2----«. Jetzt kann der gesamte Vorgang wiederholt werden. Wird erneut eine falsche Code-Nummer eingegeben, ist das Radio für ca. 1,5 Minuten gesperrt. Nach Ablauf der Wartezeit erscheint im Display »3----«. Nach jeder Falscheingabe erhöht sich die Wartezeit und beträgt nach der 7. Falscheingabe 24 Stunden. Diese Wartezeit gilt für alle weiteren Versuche.

Lautsprecher aus- und einbauen

Tieftonlautsprecher vorn

- Lautsprecherabdeckung aus der Türverkleidung ausclipsen.

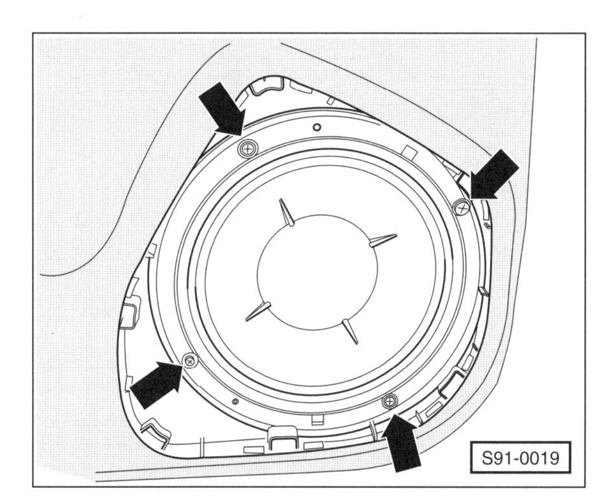

- 4 Torxschrauben –Pfeile– mit Schraubendreher T20 herausdrehen und Lautsprecher aus der Halterung herausnehmen.
- Stecker am Lautsprecher abziehen.
- Der Einbau erfolgt in umgekehrter Ausbaureihenfolge.

Hochtonlautsprecher vorn

- Außenspiegelabdeckung abclipsen.

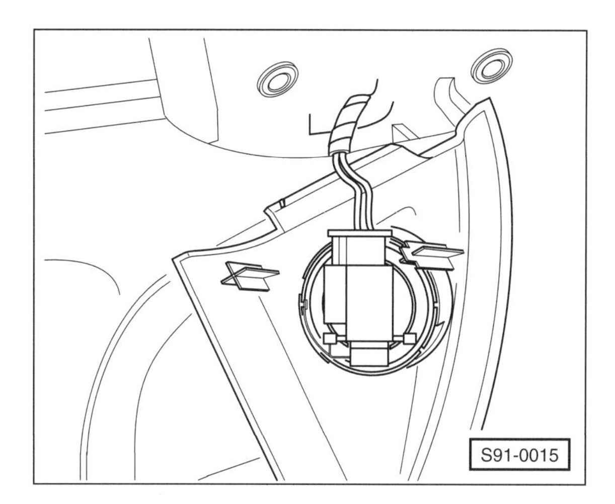

- Stecker am Lautsprecher abziehen und Lautsprecher aus der Verkleidung herausnehmen.
- Der Einbau erfolgt in umgekehrter Ausbaureihenfolge.

Tieftonlautsprecher hinten

Limousine

- Heckklappe öffnen.
- Stecker am Lautsprecher abziehen.

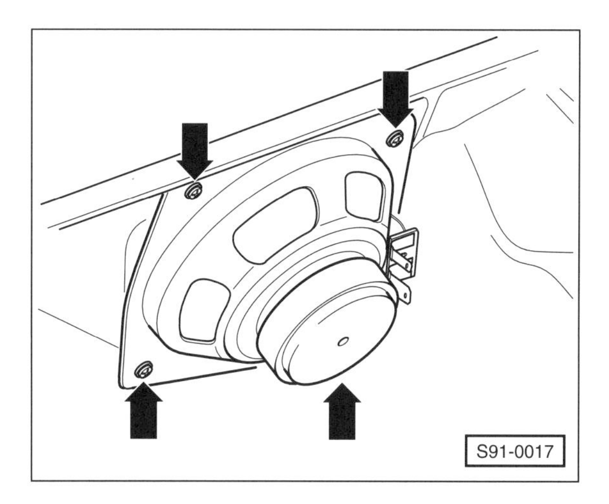

- 4 Torxschrauben –Pfeile– mit Schraubendreher T20 herausdrehen und Lautsprecher von der Ablage abnehmen.
- Der Einbau erfolgt in umgekehrter Ausbaureihenfolge.

Hochtonlautsprecher hinten

- Hintere Türverkleidung ausbauen.
- Stecker am Lautsprecher abziehen.

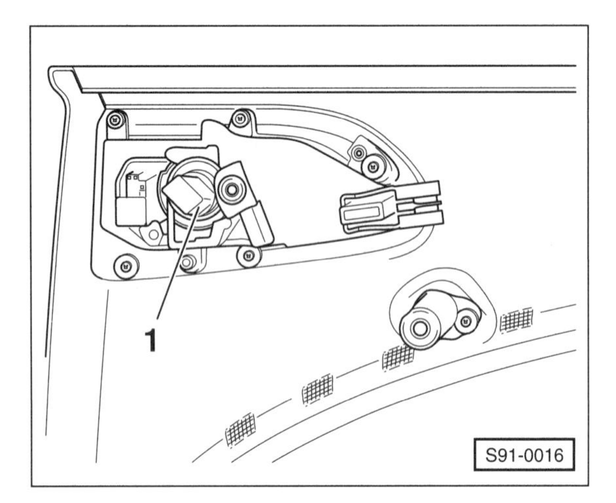

- Hochtonlautsprecher –1– vorsichtig aus der Halterung ausclipsen.
- Der Einbau erfolgt in umgekehrter Ausbaureihenfolge.

Tieftonlautsprecher hinten

Combi

- Heckklappe öffnen und Ablage für Kofferraumabdeckung ausbauen, siehe Seite 259.
- Stecker am Lautsprecher abziehen.

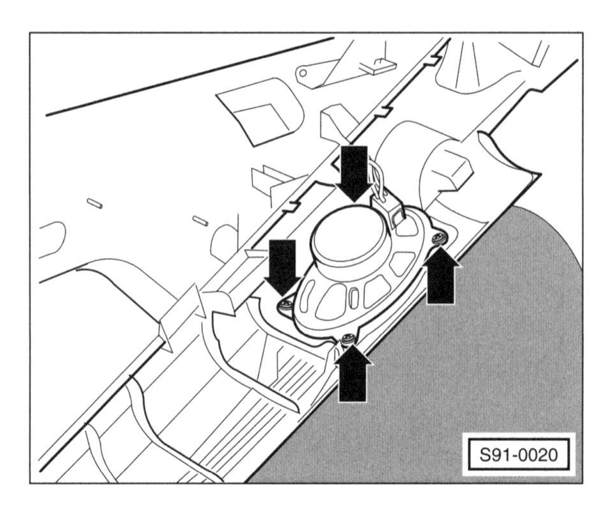

- 4 Schrauben –Pfeile– herausdrehen und Lautsprecher von der Ablage abnehmen.
- Der Einbau erfolgt in umgekehrter Ausbaureihenfolge.

Dachantenne aus- und einbauen

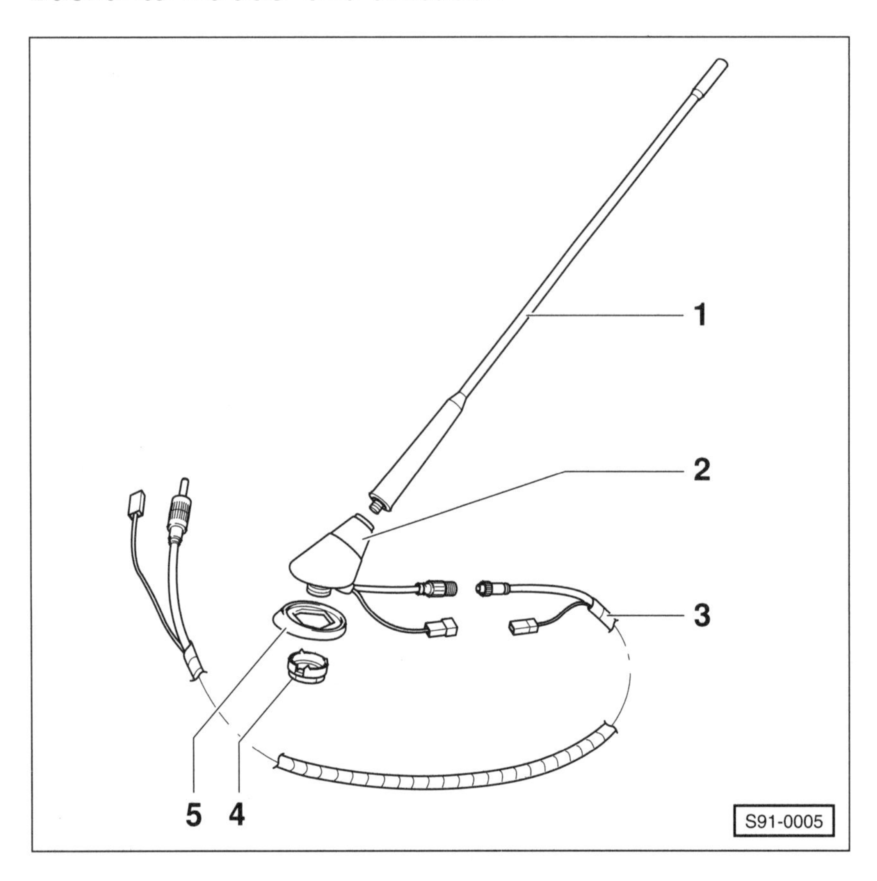

1 – **Antennenstab**

2 – **Antennenfuß**
Der Verstärker für die Dachantenne ist in den Antennenfuß integriert. Zum Ausbau Dachhimmel hinten absenken.

3 – **Antennenleitung**
Von der Dachantenne zum Radio.

4 – **Mutter M14 mit Zahnscheibe, 7 Nm**
Die Mutter ist mit der Zahnscheibe durch einen Kunststoffring verbunden. Beim Einbau im Bereich der Zahnscheibe Kontaktfett auf der Dachinnenseite auftragen.

5 – **Dichtung**

Heizung/Klimatisierung

Aus dem Inhalt:

- **Frischluft-/Heizgebläse**
- **Vorwiderstand**
- **Heizungsregulierung**
- **Wärmetauscher**
- **Heizungszüge**
- **Luftausströmer**
- **Klimakompressor**

Um den Fahrzeuginnenraum zu Erwärmen gelangt die Frischluft für die Heizung über den Wasserkasten unterhalb der Windschutzscheibe und den Pollenfilter in das Gebläsegehäuse. Anschließend durchströmt die Luft den Heizungskasten und wird über verschiedene Klappen auf die einzelnen Luftausströmdüsen verteilt.

Je nach Stellung des Heizungsreglers wird mehr oder weniger kühle Luft über die Oberfläche des Wärmetauschers geleitet. Der Wärmetauscher befindet sich im Heizungsgehäuse und wird durch das heiße Kühlmittel aufgeheizt. Die vorbeistreichende Frischluft erwärmt sich an den heißen Lamellen des Wärmetauschers und gelangt dann in den Fahrzeuginnenraum. Die Temperatur der Ausströmluft wird durch das Mischungsverhältnis von kalter und warmer Luft mit Hilfe der Temperaturmischklappe gesteuert.

Zur Vergrößerung des Luftdurchsatzes dient ein vierstufiges Frischluftgebläse. Damit das Gebläse in den einzelnen Stufen mit unterschiedlicher Geschwindigkeit läuft, werden Wi-

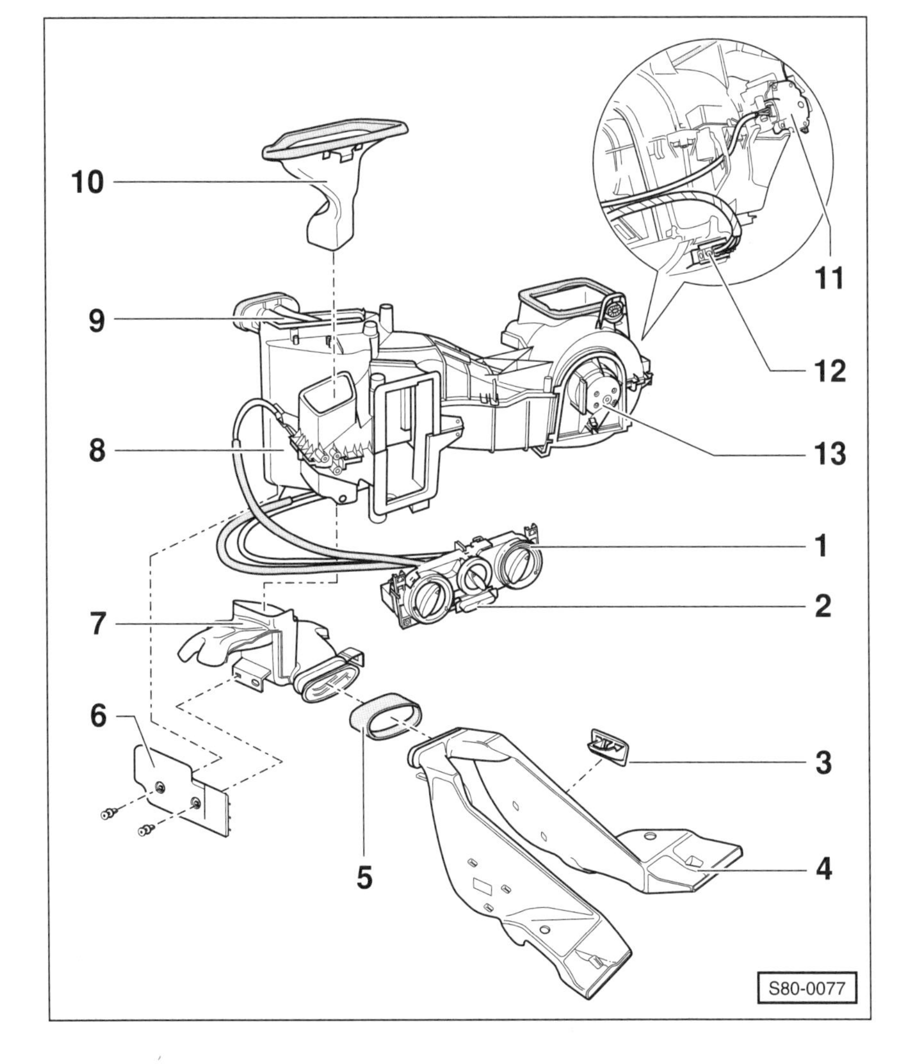

1 – **Heizungsbetätigung**
Bei älteren Modellen erfolgt die Beleuchtung der Drehschalter über Lichtleiter. Dazu ist nur eine Glühlampe vorhanden. Zum Ersetzen der Glühlampe, Drehschalter für Gebläse abziehen. Glühlampe mit Spitzzange aus der Fassung ziehen. Bei neueren Modellen ist auf Leuchtdioden (LED) umgestellt worden, diese sind nicht ersetzbar. Bei defekter Beleuchtung muss die komplette Heizungsbetätigung ersetzt werden.

2 – **Schalter für Frisch- und Umluftklappe**
Der Schalter ist fest mit der Heizungsbetätigung verbunden und kann nicht einzeln erneuert werden.

3 – **Fußraumausströmer**

4 – **Fondraum-Heizkanal**

5 – **Verbindungsstück zum Fondkanal**

6 – **Abdeckung links für Fußraumausströmer**

7 – **Fußraumausströmer**

8 – **Heizungskasten**

9 – **Wärmetauscher**

10 – **Luftführungskanal zu den Entfrosterdüsen**

11 – **Stellmotor für Frischluft- und Umluftklappe**

12 – **Vorwiderstand für Gebläse**

13 – **Gebläse**

derstände vorgeschaltet. Die Widerstände befinden sich in der Anschlussplatte am Gebläse. Bei einem Defekt ist die komplette Anschlussplatte zu ersetzen.

Die verbrauchte Luft entweicht durch Entlüftungsöffnungen, die sich beidseitig unter dem hinteren Stoßfänger befinden.

Soll keine Frischluft angesaugt werden, zum Beispiel bei schlechter Außenluft, wird durch Drücken der Umlufttaste auf Umluftbetrieb geschaltet. Es wird dann nur die Luft im Fahrzeuginnenraum umgewälzt. Der Schalter betätigt die Umluftklappe über einen kleinen Stellmotor. **Hinweis:** Wenn die Luftverteilung auf »Defrostbetrieb Frontscheibe« geschaltet ist, dann ist kein Umluftbetrieb möglich.

Der **Dieselmotor** hat aufgrund seines hohen Wirkungsgrades nur eine geringe Heizleistung. Deshalb befinden sich als elektrische Zusatzheizung 3 Glühkerzen im Kühlmittelkreislauf, welche bei Bedarf das Kühlmittel zusätzlich erwärmen. Die »Glühkerzen für Kühlmittel« werden vom Motor-Steuergerät über 2 Relais angesteuert.

Achtung: Reparaturen an der **Klimaanlage** werden nicht beschrieben. Arbeiten an der Klimaanlage sollten aus Sicherheitsgründen von einer Fachwerkstatt durchgeführt werden.

Sicherheitshinweis
Der **Kältemittelkreislauf der Klimaanlage darf nicht geöffnet** werden, da das Kältemittel bei Hautberührung Erfrierungen hervorrufen kann.
Bei versehentlichem Hautkontakt betroffene Hautstelle sofort mindestens 15 Minuten lang mit kaltem Wasser spülen. Kältemittel ist farb- und geruchlos sowie schwerer als Luft. Bei austretendem Kältemittel besteht am Boden beziehungsweise in unteren Räumen Erstickungsgefahr. Das Kältemittelgas ist nicht wahrnehmbar.

Achtung: Wenn im Rahmen von Arbeiten an der Heizung auch Arbeiten an der elektrischen Anlage durchgeführt werden, **grundsätzlich** das Batterie-Massekabel (–) abklemmen. Dazu Hinweise im Kapitel »Batterie aus- und einbauen« durchlesen. Als Arbeit an der elektrischen Anlage ist dabei schon zu betrachten, wenn eine elektrische Leitung vom Anschluss abgezogen beziehungsweise abgeklemmt wird.

Hinweis für Fahrzeuge mit Klimaanlage

Der Kompressor der Klimaanlage wird durch das flüssige Kältemittel geschmiert. Beim Einschalten der Klimaanlage nach längerer Nichtbenutzung kann es zu Beeinträchtigungen der Schmierung des Kompressors kommen, da sich die Schmierstoffanteile im Kältemittel im Laufe der Zeit entmischen können. Außerdem können sich auf dem Verdampfer der Klimaanlage mit der Zeit Ablagerungen ansammeln, die beim Betrieb der Klimaanlage unangenehme Gerüche erzeugen.

- Klimaanlage auch in der kalten Jahreszeit mindestens einmal pro Monat auf höchster Stufe einige Zeit laufen lassen.

Glühlampe für Heizungsbetätigung ersetzen

Hinweis: Bei neueren Modellen sind anstelle der Glühlampe Leuchtdioden (LED) eingebaut. Diese können nicht ersetzt werden. Bei einem Defekt einer LED muss die komplette Heizungsbetätigung ersetzt werden.

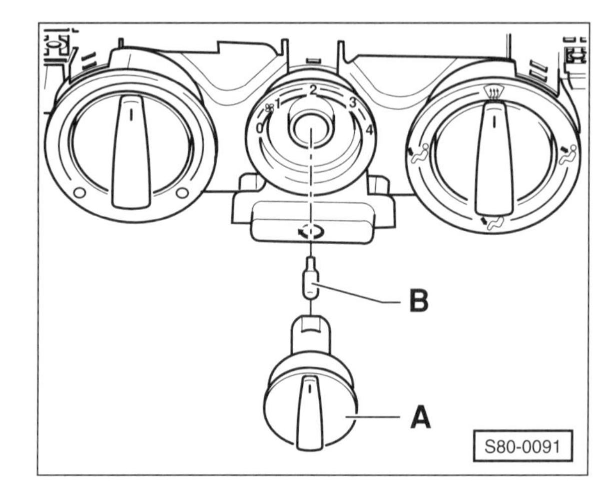

- Drehknopf –A– mit einer Zange vom Drehschalter für Frischluftgebläse abziehen.

Achtung: Damit der Drehknopf nicht beschädigt wird, empfiehlt es sich, einen dicken Lappen zwischen Drehknopf und den Backen der Zange einzulegen. Falls vorhanden, kann auch eine Zange mit Kunststoff- oder Gummibacken verwendet werden.

- Glühlampe –B– mit einer Spitzzange oder einem Lampenzieher, zum Beispiel HAZET 4659-1, aus der Fassung herausziehen und ersetzen.
- Drehknopf aufschieben und einrasten.

Luftausströmer aus- und einbauen

Luftausströmer rechts (Beifahrerseite)

Ausbau

- Handschuhkasten und rechte Blende von der Armaturentafel abbauen, siehe Seite 257.

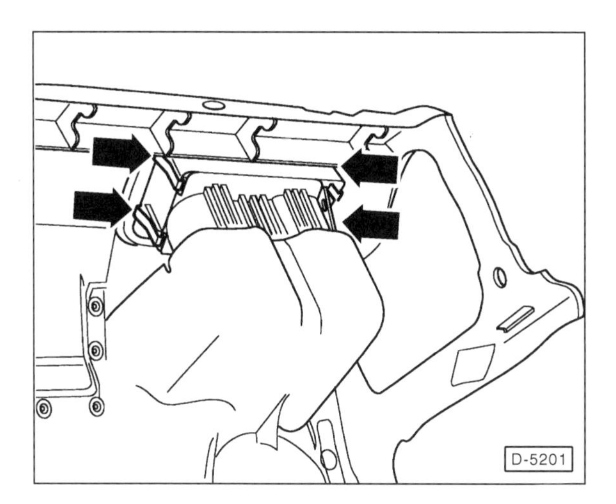

- Befestigungsklemmen –Pfeile– mit der Hand oder mit einem Schraubendreher andrücken und Ausströmer herausdrücken.

Luftausströmer mitte und links

Ausbau

- Blende für Kombiinstrument ausbauen, siehe Seite 94.

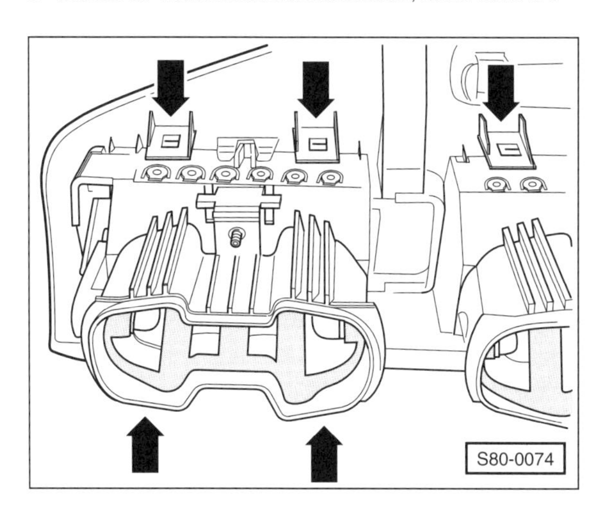

- Verrastungen –Pfeile– lösen und Ausströmer herausnehmen.

Einbau

- Ausströmer in die Öffnung hineindrücken und einrasten.
- Blende für Kombiinstrument einbauen, siehe Seite 94.

Heizungsbetätigung aus- und einbauen

Ausbau

- Mittelkonsole vorn ausbauen, siehe Seite 255.

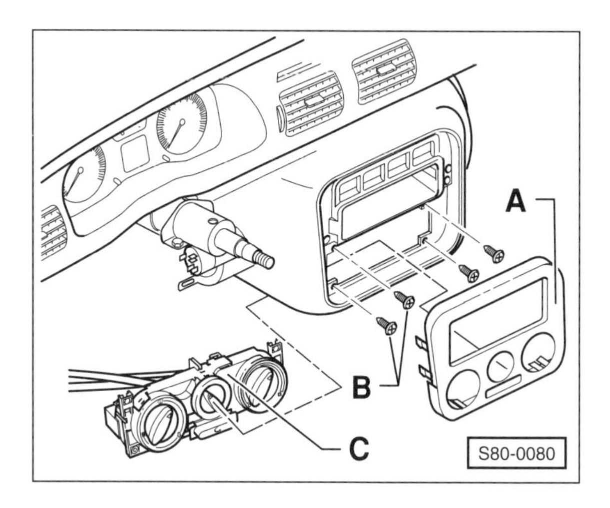

- Blende –A– abziehen.
- Schrauben –B– herausdrehen.
- Steckverbindungen abziehen.
- Heizungsbetätigung –C– nach unten herausnehmen.

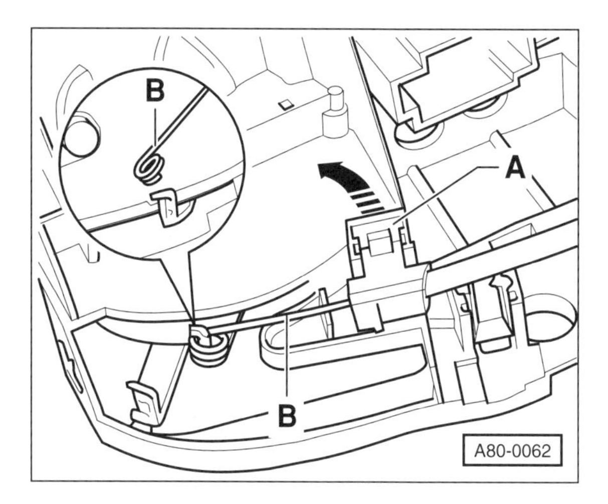

- Widerlager –A– des Heizungszuges ausclipsen.
- Heizungszug –B– aushängen.

Einbau

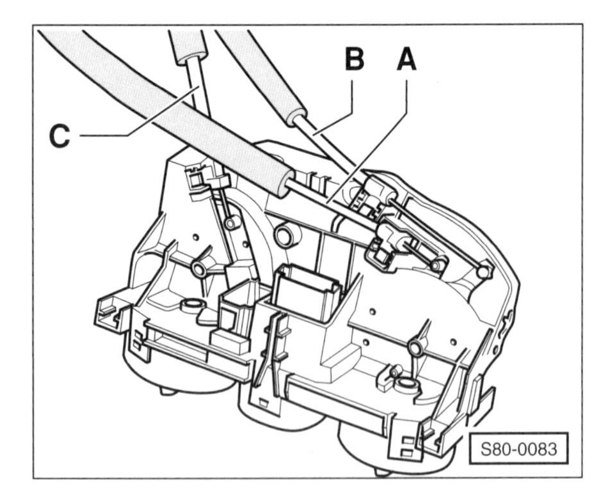

- Heizungszüge an den Betätigungshebeln der Heizungsbetätigung einhängen und an den Widerlagern sichern. **Achtung:** Drahtwicklung seitenrichtig einhängen, siehe Abbildung A80-0062, Position –B–.
  A – Seilzug zur Fußraum-/Defrostklappe, Farbe: Grün.
  B – Seilzug zur Zentralklappe, Farbe: Gelb.
  C – Seilzug zur Temperaturklappe, Farbe: Beige.
- Der weitere Einbau erfolgt in umgekehrter Ausbaureihenfolge.

Heizungszüge aus- und einbauen

Ausbau

- Heizungsbetätigung ausbauen, siehe entsprechendes Kapitel.
- Fußraumausströmer ausbauen.

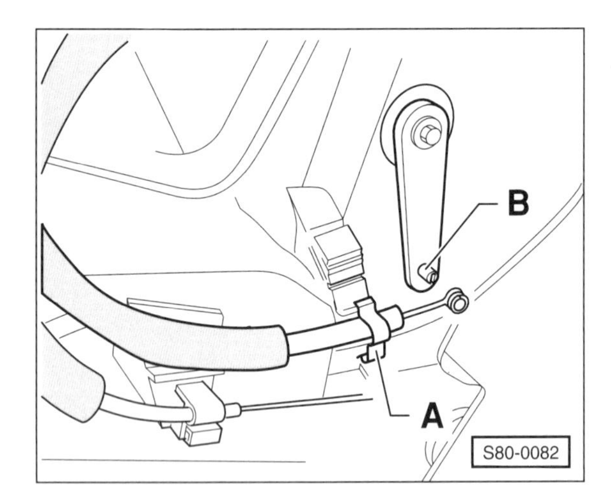

- Befestigungsklammer –A– abhebeln.
- Heizungszug vorsichtig vom Hebelarm –B– abziehen.

Einbau

- Heizungszüge vor dem Einbau auf Leichtgängigkeit prüfen. Schwergängige oder beschädigte Heizungszüge ersetzen.

Achtung: Heizungszüge beim Zusammenbauen mit Kabelbindern und Clips so sichern, dass sie nicht mit beweglichen Bauteilen in Berührung kommen können.

- Heizungsbetätigung einbauen, siehe entsprechendes Kapitel.

Heizungszug für Temperaturklappe anbauen:

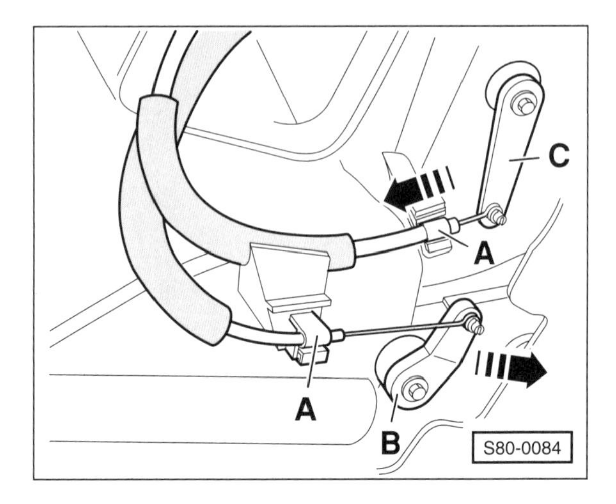

- Drehschalter für Temperaturklappe bis zum Anschlag in Stellung »Kalt« drehen.
- Seilzug am Hebel zur Temperaturklappe –B– einhängen.
- Hebel für Temperaturklappe –B– leicht in Pfeilrichtung drücken.
- Seilzughülle mit Befestigungsklammer –A– fixieren.
- Drehschalter für Temperaturklappe zwischen den Endanschlägen drehen. Dabei müssen beide Endanschläge erreicht werden.

Heizungszug für Zentralklappe anbauen:

- Drehschalter für Luftverteilung bis zum Anschlag in Stellung »Luftverteilung zu Frontscheibe« drehen.
- Seilzug am Hebel zur Zentralklappe –C– einhängen.
- Hebel für Zentralklappe –C– leicht in Pfeilrichtung drücken.
- Seilzughülle mit Befestigungsklammer –A– fixieren.
- Drehschalter für Luftverteilung zwischen den Endanschlägen drehen. Dabei müssen beide Endanschläge erreicht werden.

Heizungszug für Temperaturklappe anbauen:

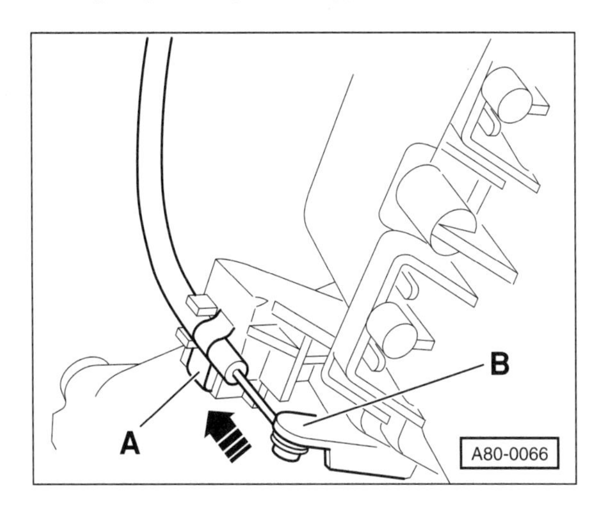

- Drehschalter für Luftverteilung bis zum Anschlag in Stellung »Luftverteilung zu Frontscheibe« drehen.
- Seilzug am Hebel für Fußraum-/Defrostklappe –B– einhängen.
- Hebel für Fußraum-/Defrostklappe –B– leicht in Pfeilrichtung drücken.
- Seilzughülle mit Befestigungsklammer –A– fixieren.
- Drehschalter für Luftverteilung zwischen den Endanschlägen drehen. Dabei müssen beide Endanschläge erreicht werden.

Position der Heizungszüge am Heizungskasten prüfen

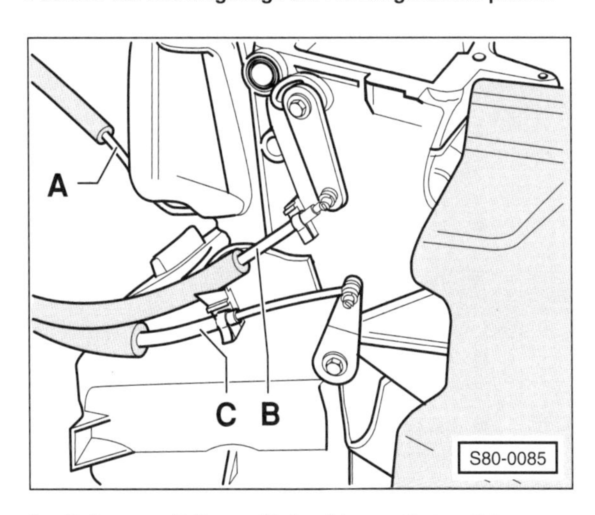

A – Seilzug zur Fußraum-/Defrostklappe, Farbe: Grün.
B – Seilzug zur Zentralklappe, Farbe: Gelb.
C – Seilzug zur Temperaturklappe, Farbe: Beige.

- Fußraumausströmer einbauen.

Frischluftgebläse aus- und einbauen

Ausbau

- Vorwiderstand ausbauen, siehe entsprechendes Kapitel.

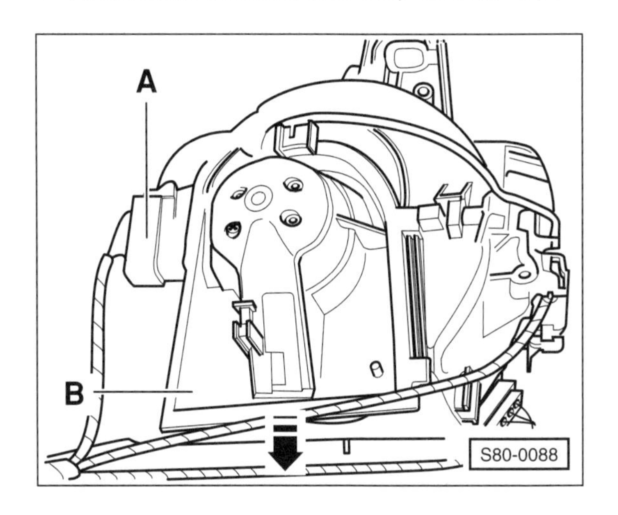

- Gebläse –B– nach unten herausziehen –Pfeil–.
- Stecker –A– vom Gebläse –B– abziehen.

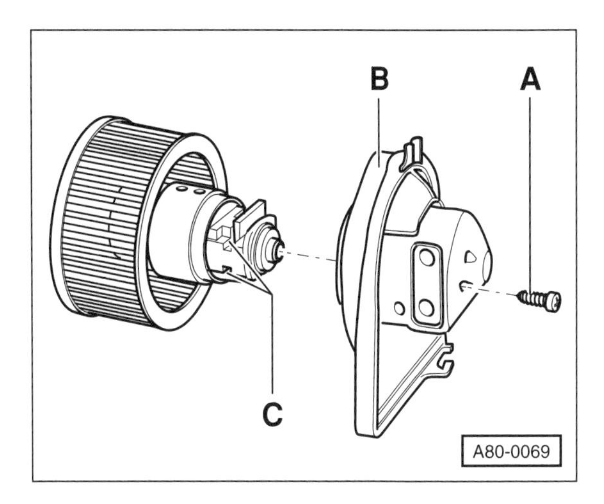

- Gegebenenfalls Gebläsemotor von der Grundplatte –B– abschrauben –A–. Vorher Einbaulage der Stecker –C– markieren.

Einbau

- Gegebenenfalls Gebläsemotor an der Grundplatte anschrauben. Dabei auf richtige Einbaulage der Stecker –C– achten.
- Stecker aufschieben und einrasten.
- Gebläse in die Heizung einschieben.
- Vorwiderstand einbauen, siehe entsprechendes Kapitel.

Vorwiderstand aus- und einbauen

Ausbau

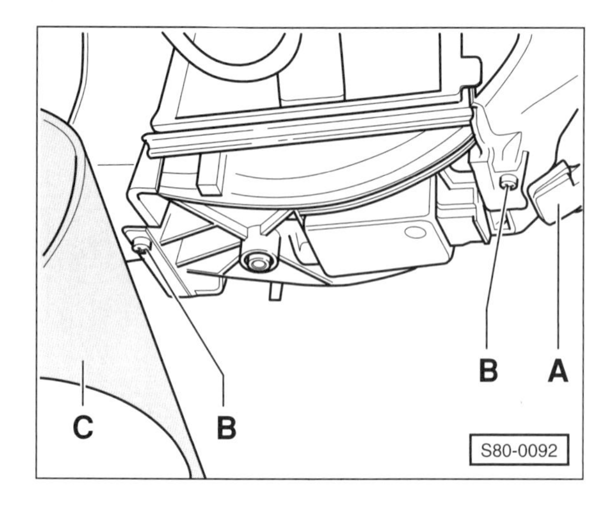

- Schraubclip für Schaumstoffabdeckung –C– abschrauben, Abdeckung zur Seite klappen.
- Stecker –A– vom Vorwiderstand abziehen.
- Schrauben –B– abschrauben und Widerstandsträger abnehmen.

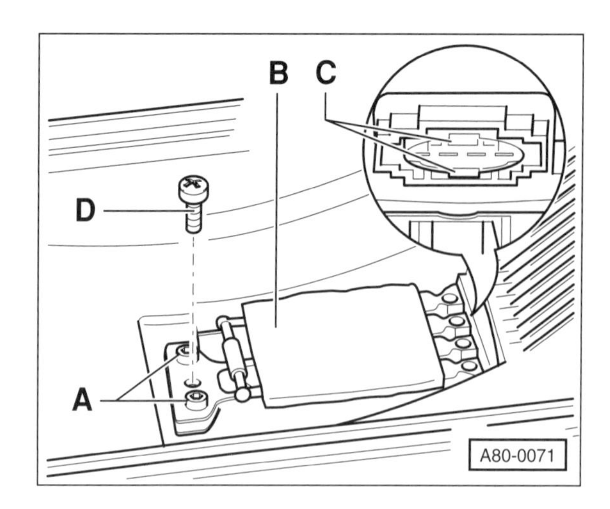

- Vorwiderstand –B– an Träger erneuern. Dazu Befestigungen –A– abbohren oder abbrechen. Rastzungen –C– zurückdrücken.

Einbau

- Vorwiderstand an Träger einsetzen und mit Blechschrauben –D– der Größe 3,2x10 mm anschrauben.
- Der weitere Einbau erfolgt in umgekehrter Ausbaureihenfolge.

Störungsdiagnose Heizung

Störung	Ursache	Abhilfe
Heizgebläse läuft nicht.	Sicherung für Gebläsemotor defekt.	■ Sicherung für Gebläse prüfen, gegebenenfalls ersetzen.
	Gebläseschalter defekt.	■ Prüfen, ob an den Vorwiderständen Spannung anliegt. Wenn nicht, Gebläseschalter ausbauen und prüfen, ggf. ersetzen.
	Elektromotor defekt.	■ Gebläsemotor prüfen, ggf. ersetzen.
Heizgebläse läuft nur in einer Geschwindigkeitsstellung nicht.	Vorwiderstand defekt.	■ Anschlussplatte mit Vorwiderständen ersetzen.
Heizleistung zu gering.	Kühlmittelstand zu niedrig.	■ Kühlmittelstand prüfen, gegebenenfalls Kühlmittel auffüllen.
	Heizungsbetätigung schwergängig, defekt.	■ Heizungsbetätigung prüfen, gegebenenfalls Bowdenzug ersetzen.
	Wärmetauscher undicht oder verstopft.	■ Wärmetauscher ersetzen (Werkstattarbeit).
Heizung lässt sich nicht ausschalten.	Heizungsbetätigung schwergängig, defekt.	■ Heizungsbetätigung prüfen, gegebenenfalls Bowdenzug ersetzen.
Geräusche im Bereich des Heizgebläses.	Eingedrungener Schmutz, Laub.	■ Gebläse ausbauen, reinigen, Luftkanal säubern.
	Lüfterrad hat Unwucht, Lager defekt.	■ Gebläsemotor ausbauen und auf leichten Lauf prüfen.
Heizluft riecht süßlich, Scheiben beschlagen wenn Heizung eingeschaltet wird.	Wärmetauscher undicht.	■ Kühlsystem abdrücken (Werkstattarbeit), wenn Kühlflüssigkeit aus dem Heizungskasten austritt, Wärmetauscher erneuern.

Vorderachse

Aus dem Inhalt:

- **Federbein zerlegen**
- **Stoßdämpferausbau**
- **Schraubenfeder wechseln**
- **Gelenkwellenausbau**
- **Manschetten ersetzen**

Bei der Vorderachse des SKODA OCTAVIA sind Schraubenfeder und Stoßdämpfer zu jeweils einem platzsparenden Federbein zusammengefasst. Beide Federbeine sind mit der Karosserie und den Radlagergehäusen verschraubt. Geführt werden die beiden Radlagergehäuse von zwei Dreieckslenkern (Achslenkern), die mit dem Aggregateträger verbunden sind. Der Aggregateträger ist über Gummimetalllager mit der Bodengruppe des Fahrzeuges verschraubt.

Die Übertragung der Motor-Antriebskraft erfolgt über zwei Gelenkwellen, die über jeweils zwei Gleichlaufgelenke mit den Rädern und dem Achsantrieb verbunden sind.

Optimale Fahreigenschaften und geringster Reifenverschleiß sind nur dann zu erzielen, wenn die Stellung der Räder einwandfrei ist. Bei unnormaler Reifenabnutzung sowie mangelhafter Straßenlage sollte die Werkstatt aufgesucht werden, um den Wagen optisch vermessen zu lassen. Die Fahrwerkvermessung kann ohne eine entsprechende Messanlage nicht durchgeführt werden. Der Achseinstellwert für die Gesamtspur vorn beträgt 0° ± 10'.

Sicherheitshinweis
Schweiß- und Richtarbeiten an tragenden und radführenden Bauteilen der Vorderradaufhängung **sind nicht zulässig. Selbstsichernde Muttern**, sowie korrodierte Schrauben/Muttern im Reparaturfall **immer ersetzen.**

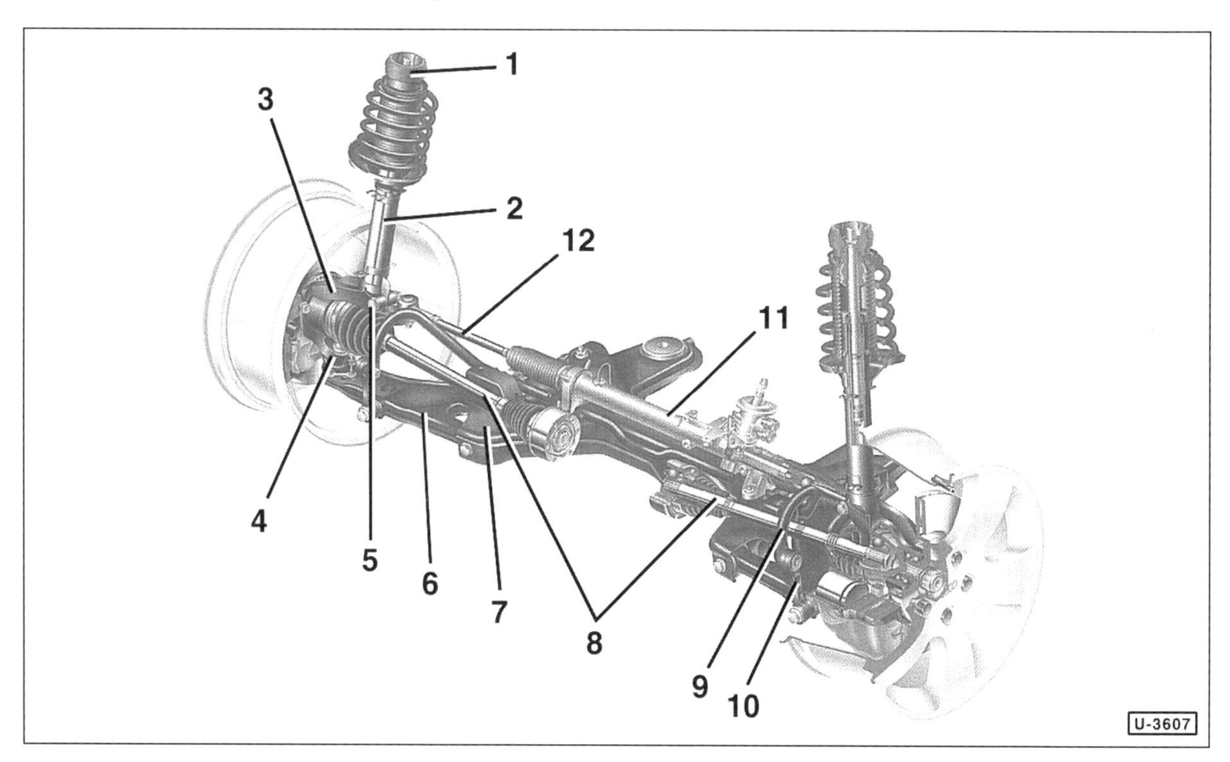

1 – Federbeinlager
2 – Federbein
3 – Radlagergehäuse
4 – Achsgelenk
5 – Klemmschraube
6 – Querlenker
7 – Aggregateträger
8 – Gelenkwellen
9 – Stabilisator
10 – Koppelstange
11 – Lenkgetriebe
12 – Spurstange

Aggregateträger/Stabilisator/Achslenker

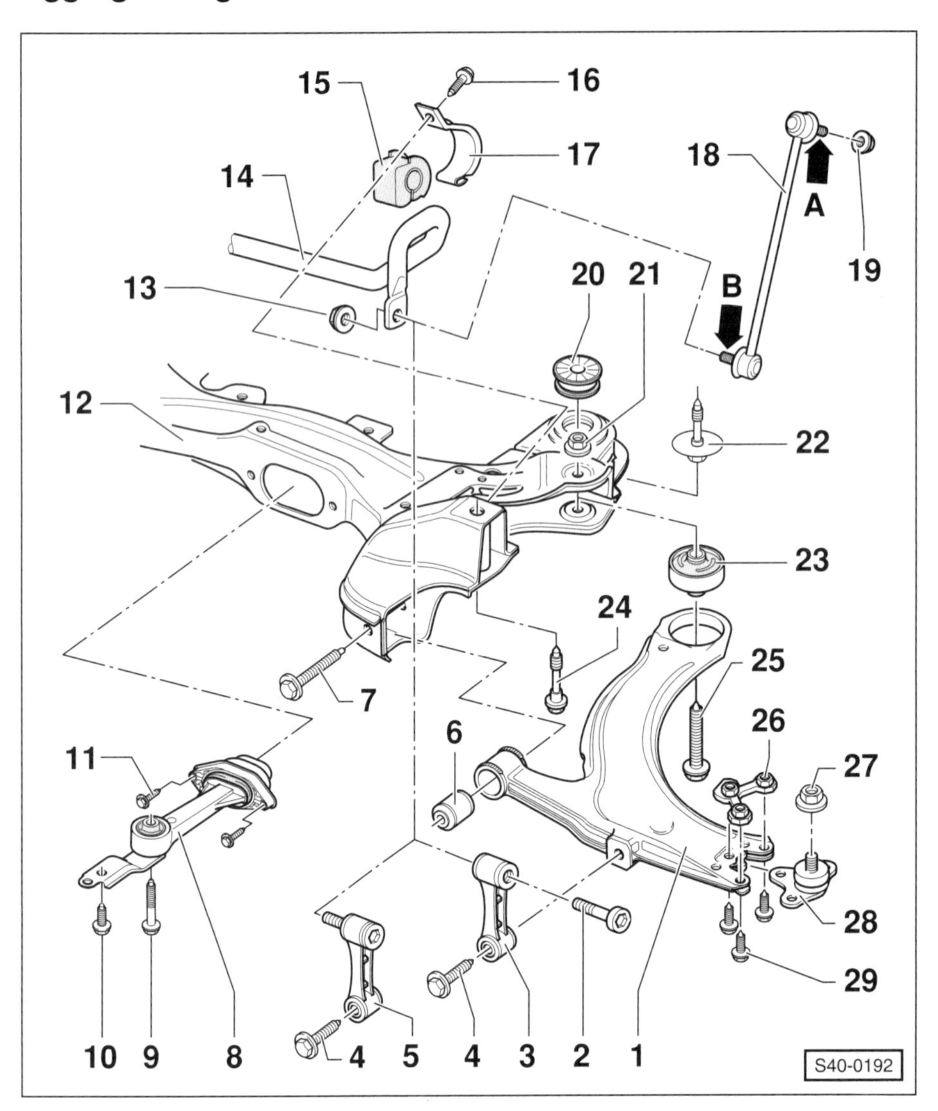

1 – **Achslenker**
Langlöcher dienen nicht zur Sturzeinstellung.

2 – **Innensechskantschraube, 15 Nm + 90° weiterdrehen (¼ Umdrehung)**

3 – **Koppelstange**
Auf einer Achse nur Koppelstangen gleicher Ausführung verwenden.

4 – **Schraube*, 15 Nm + 90° weiterdrehen (¼ Umdrehung)**

5 – **Koppelstange**
Nur für Stabilisatoren mit 23 mm ∅. Im Reparaturfall durch Stahlausführung ersetzen. **Achtung:** Links und rechts Koppelstangen gleicher Ausführung verwenden.

6 – **Lager vorn für Achslenker**

7 – **Schraube*, 70 Nm + 90° weiterdrehen (¼ Umdrehung)**

8 – **Pendelstütze**

9 – **Schraube*, 40 Nm + 90° weiterdrehen (¼ Umdrehung)**

10 – **Schraube*, 40 Nm + 90° weiterdrehen (¼ Umdrehung)**

11 – **Schraube*, 20 Nm + 90° weiterdrehen (¼ Umdrehung)**

12 – **Aggregateträger**
Achtung: Das Gewinde für die vordere Achslenkerverschraubung darf nicht instand gesetzt werden.

13 – **Mutter*, 15 Nm + 90° weiterdrehen (¼ Umdrehung)**

14 – **Stabilisator**
Für den Ausbau muss der Aggregateträger abgesenkt werden.

15 – **Gummilager**

16 – **Schraube, 25 Nm**

17 – **Schelle**

18 – **Koppelstange**
Oberen Kugelkopf mit dem langen Gewindezapfen –A– am Federteller anschrauben.
Unteren Kugelkopf mit dem kurzen Gewindezapfen –B– am Stabilisator anschrauben.

19 – **Mutter*, 90 Nm**

20 – **Gummimetalllager**

21 – **Mutter*, selbstsichernd**

22 – **Schraube*, 100 Nm + 90° weiterdrehen (¼ Umdrehung)**

23 – **Lager hinten für Achslenker**

24 – **Schraube*, 100 Nm + 90° weiterdrehen (¼ Umdrehung)**

25 – **Schraube*, 70 Nm + 90° weiterdrehen (¼ Umdrehung)**
Größe M12x1,5x70.

26 – **Sicherungsblech**

27 – **Mutter*, 20 Nm + 90° weiterdrehen (¼ Umdrehung)**

28 – **Achsgelenk**
Gummimanschette auf Beschädigung prüfen, gegebenfalls Lager ersetzen. Vor dem Ausbau die Einbaulage kennzeichnen. Bei neuem Achslenker auf Mitte Langloch stellen und Spur prüfen.

29 – **Schraube*, 20 Nm + 90° weiterdrehen (¼ Umdrehung)**

---

*) Grundsätzlich ersetzen.

Federbein und Radlagergehäuse aus- und einbauen

Ausbau

- Radzierblende abnehmen. Bei Leichtmetallrädern Abdeckkappe mit Abziehhaken aus dem Bordwerkzeug abziehen.
- Zwölfkantmutter für Gelenkwelle von der Radnabe lösen. **Achtung:** Beim Lösen der Schraube muss das Fahrzeug auf den Rädern stehen. Unfallgefahr wegen hohem Lösemoment!
- Stellung des jeweiligen Vorderrades zur Radnabe mit Farbe kennzeichnen. Dadurch kann das ausgewuchtete Rad wieder in derselben Position montiert werden. Radschrauben bei auf dem Boden stehendem Fahrzeug lösen. Fahrzeug vorn aufbocken und Vorderrad abnehmen.

Sicherheitshinweis
Beim Aufbocken des Fahrzeugs besteht Unfallgefahr! Deshalb vorher das Kapitel »Fahrzeug aufbocken« durchlesen.

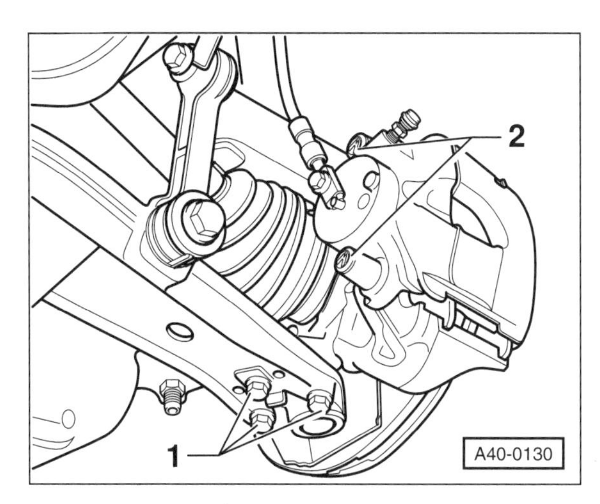

- Einbaulage der Schrauben –1– für das Achsgelenk mit einem Filzstift markieren oder mit Reißnadel umkreisen. Sonst muss beim Wiedereinbau die Vorderachse vermessen und eingestellt werden. Schrauben –1– ausschrauben.
- Gelenkwelle an der Radnabe mit Ausziehwerkzeug ausdrücken, siehe Kapitel »Gelenkwelle aus- und einbauen«.

Achtung: Bremsschlauch nicht vom Bremssattel abschrauben, sonst muss das Bremssystem nach dem Einbau des Bremssattels entlüftet werden.

- Je nach Modell sind unterschiedliche Ausführungen der Vorderradbremse eingebaut. **FS-III-Bremssattel:** Abdeckkappen –2– abnehmen und Bremssattel abschrauben. Bremssattel mit Schnur oder Draht am Aufbau aufhängen. **FN-3-Bremssattel:** Rippschrauben am Bremsträger abschrauben, sie müssen beim Einbau erneuert werden. Bremssattel ausbauen, siehe Seite 151.
- Kreuzschlitzschraube herausdrehen und Bremsscheibe abnehmen.

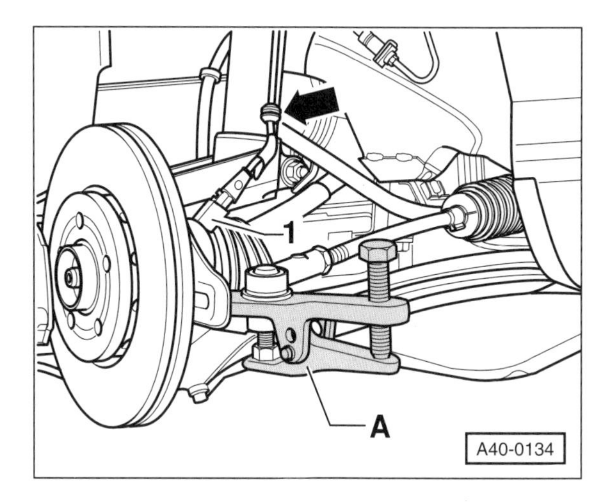

- Befestigungsmutter für Spurstangengelenk lösen und bis an das Ende des Gewindes drehen, sie dient als Auflage für das Abziehwerkzeug.
- Zapfen des Spurstangengelenks mit handelsüblichem Abzieher –A–, zum Beispiel Hazet 779, vom Lenkspurhebel abdrücken.
- Stecker –1– des ABS-Drehzahlfühlers lösen.
- Leitung des ABS-Drehzahlfühlers aus Halterung –Pfeil– ziehen.

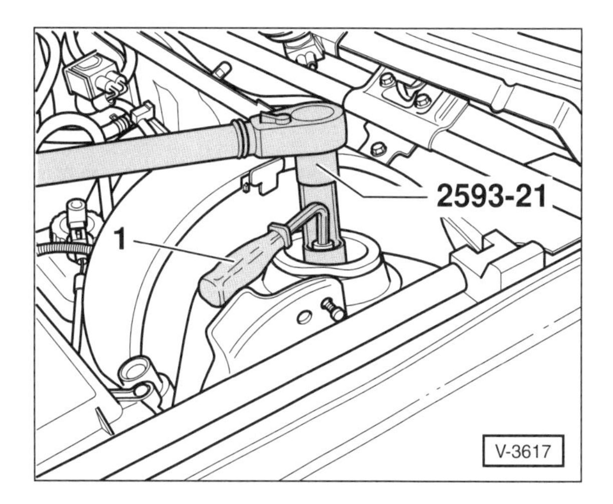

- Mutter oben am Federbein mit Spezialsteckschlüssel lösen, zum Beispiel mit HAZET 2593-21. Dabei mit Innensechskant-Winkelschraubendreher –1–, Schlüsselweite 7 mm, an der Kolbenstange gegenhalten. Ist das Werkzeug nicht vorhanden, die Mutter mit einem tiefgekröpften Ringschlüssel lösen. Zum Festziehen wird allerdings der Spezialschlüssel benötigt, um das richtige Anzugsdrehmoment einzuhalten.
- Federbein und Radlagergehäuse nach unten durch das Radhaus herausnehmen.

- Radlagergehäuse und Federbein trennen. Dazu Klemmschraube für Federbein am Radlagergehäuse abschrauben und herausnehmen.

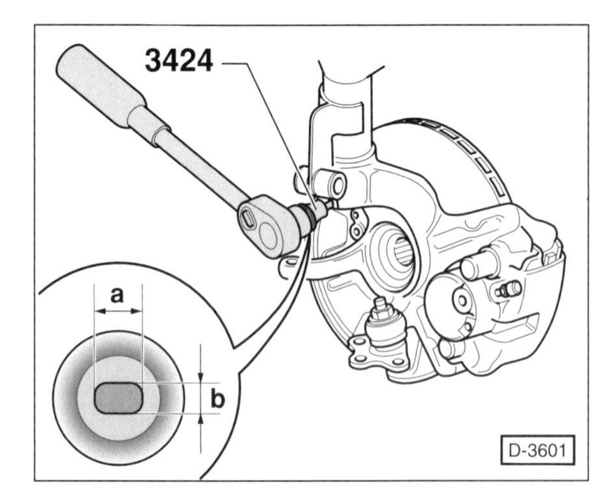

- Federbein aus dem Radlagergehäuse herausziehen. Dazu Schlitz am Radlagergehäuse spreizen. Die SKODA-Werkstatt verwendet zum Spreizen das Spezialwerkzeug 3424: Werkzeug in den Schlitz einsetzen und mit Knarre um 90° (¼ Umdrehung) drehen. Knarre abziehen, das Spreizwerkzeug bleibt im Radlagergehäuse. Gegebenenfalls geeignetes Werkzeug selbst anfertigen. Maße für Spreizzapfen: a = 8 mm, b = 5,5 mm; die Kanten müssen abgerundet sein.

Einbau

- Radlagergehäuse so weit auf das Federbein aufschieben, dass die Bohrungen am Dämpferrohr und Radlagergehäuse fluchten.
- **Neue** Schraube so in das Radlagergehäuse/Federbein einsetzen, dass der Schraubenkopf bei eingebautem Federbein in Fahrtrichtung nach vorn zeigt. **Neue** selbstsichernde Mutter festschrauben.
  Anzugsdrehmoment
  Bis 5/98: **50 Nm**, dann mit starrem Schlüssel **90° (¼ Umdrehung)** weiterdrehen.
  Ab 6/98: **60 Nm + 90° (¼ Umdrehung)**.
  Achtung: Drehwinkel von 90° nicht unterschreiten, Drehwinkeltoleranz 90° bis 120°.
- Federbein in den Federbeindom einsetzen und oben mit **neuer** Mutter und **60 Nm** festziehen. Dabei Kolbenstange mit Innensechskantschlüssel SW 7 gegenhalten. **Achtung:** Damit ein Drehmomentschlüssel angesetzt werden kann, wird das SKODA-Werkzeug 3186 oder das HAZET-Werkzeug 2593-21 mit 2100-07 als Gegenhalter benötigt.
- Verzahnung und Gewinde von Gelenkwelle und Radnabe mit Drahtbürste von eventuell vorhandener Korrosion und anderen Verunreinigungen reinigen.
- Verzahnung der Radnabe mit sauberem Motoröl benetzen. Außengelenk in die Verzahnung der Radnabe so weit wie möglich einführen.
- Achsgelenk am Achslenker anschrauben. Schrauben in den Langlöchern verschieben, bis die Schrauben mit den angebrachten Markierungen beziehungsweise mit dem alten Abdruck übereinstimmen. Schrauben mit **20 Nm** anziehen, dann mit starrem Schlüssel **90° (¼ Umdrehung)** weiterdrehen.

Achtung: Bei Einbau in einen neuen Achslenker, Befestigungsschrauben in den Langlöchern ausmitteln und festziehen. Anschließend Sturz neu vermessen lassen (Werkstattarbeit).

- Bremsscheibe/Bremssattel einbauen, siehe Seite 151.

Achtung: Wurden Hydraulikleitungen der Bremse geöffnet, anschließend Bremsanlage entlüften, siehe Seite 160.

- Stecker für ABS-Drehzahlfühler aufstecken, Leitung im Halter am Federbein verlegen.
- Spurstange in den Lenkspurhebel am Radlagergehäuse einsetzen und **neue** selbstsichernde Mutter mit **45 Nm** festziehen.
- **Anlagefläche der Zwölfkantmutter sowie Verzahnung und Gewinde des Außengelenks mit sauberem Motoröl benetzen.**
- **Neue** Zwölfkantmutter auf die Gelenkwelle aufschrauben und mit etwa **50 Nm** festziehen. Dabei von Helfer Fußbremse treten lassen, damit sich die Radnabe nicht mitdreht.
- Vorderrad so ansetzen, dass die beim Ausbau angebrachten Markierungen übereinstimmen. Vorher Zentriersitz der Felge an der Radnabe mit Wälzlagerfett dünn einfetten. Radschrauben **nicht** fetten oder ölen. Korrodierte Radschrauben erneuern. Rad anschrauben. Fahrzeug ablassen und Radschrauben über Kreuz mit **120 Nm** festziehen.
- Zwölfkantmutter festziehen, siehe Seite 116.

Federbeinlager/Stoßdämpfer/ Schraubenfeder

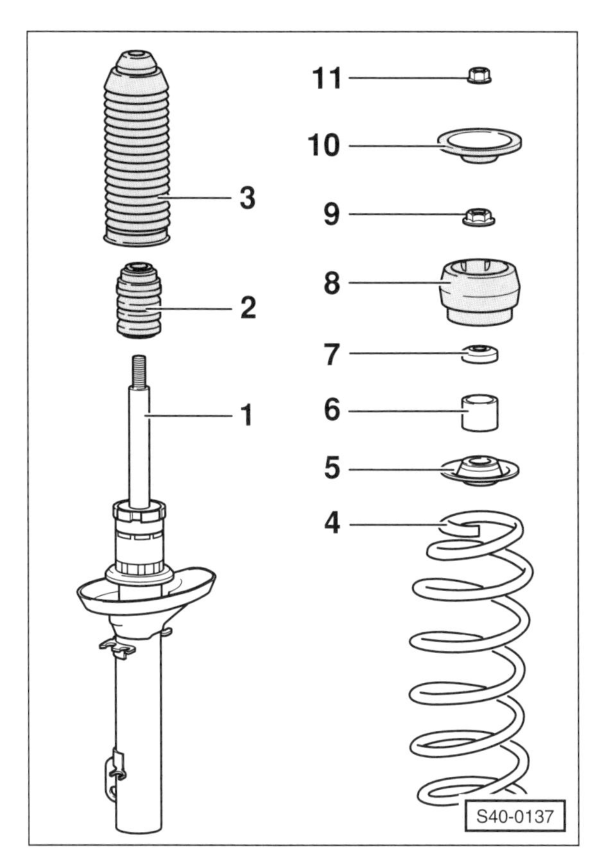

1 – **Stoßdämpfer**
Einzeln austauschbar; nur komplett ersetzen.

2 – **Anschlagpuffer**

3 – **Schutzhülle**

4 – **Schraubenfeder**
Federn nur achsweise ersetzen. Auf Farbkennzeichnung achten. Die Oberfläche der Federwindung darf nicht beschädigt werden. An einer Achse nur Schraubenfedern des gleichen Herstellers verwenden.

5 – **Federteller**

6 – **Buchse**
Nur vorhanden bei Fahrzeugen mit Schlechtwege-Fahrwerk .

7 – **Axialrillenkugellager**

8 – **Federbeinlager**

9 – **Bundmutter, 60 Nm**
Nach jedem Lösen erneuern. Nur lösen, wenn die Schraubenfeder vorher gespannt wurde.

10 – **Anschlag**

11 – **Bundmutter, 60 Nm**
Selbstsichernd, daher nach jedem Lösen ersetzen.

Federbein zerlegen/Stoßdämpfer/ Schraubenfeder aus- und einbauen

Ausbau

- Federbein ausbauen, siehe entsprechendes Kapitel.

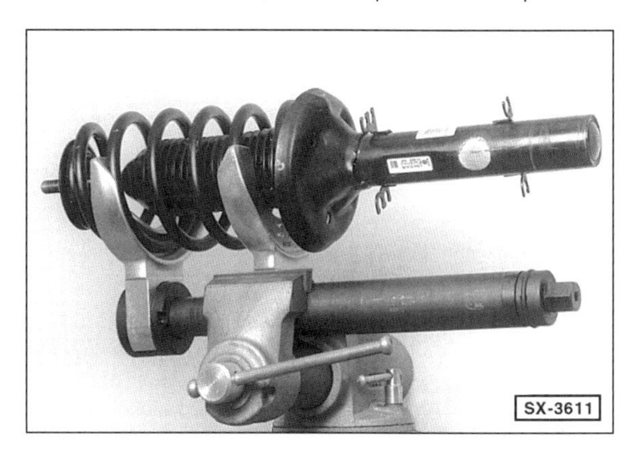

Achtung: Um den Stoßdämpfer ausbauen zu können, muss die Schraubenfeder mit einem geeignetem Federspanner, zum Beispiel HAZET 4900, vorgespannt werden.

Wenn der Federspanner in die Windungen der Feder eingesetzt wird, darauf achten, dass die Federwindungen sicher umfasst werden beziehungsweise fest aufliegen und der Federspanner nicht abrutschen kann. Die Schraubenfeder steht unter großer Vorspannung, deshalb nur stabiles Werkzeug verwenden. Keinesfalls Feder mit Draht zusammenbinden. Unfallgefahr!

Achtung: Auf keinen Fall Stoßdämpfer lösen, wenn die Feder nicht ordnungsgemäß gespannt ist.

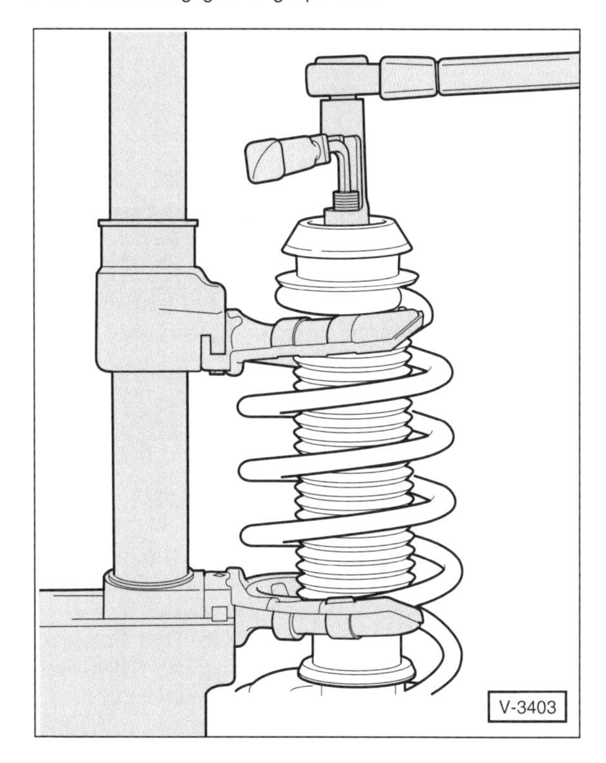

- Mutter am Federbein abschrauben, dabei mit Innensechskantschlüssel SW 7 gegenhalten.

Hinweis: Für die Mutter wird ein tiefgekröpfter Ringschlüssel benötigt. Bei der Verwendung des Spezialwerkzeuges HAZET 2593-21 kann zum Festziehen ein handelsüblicher Drehmomentschlüssel verwendet werden.

- Schraubenfeder langsam entspannen, Einzelteile abnehmen. **Achtung:** Wenn nur der Stoßdämpfer ersetzt wird, bleibt die Schraubenfeder gespannt.
- Stoßdämpfer prüfen, siehe Seite 124.
- Gegebenenfalls Stoßdämpfer verschrotten, siehe Seite 124.

Einbau

Achtung: Es stehen Federn in verschiedenen Toleranzgruppen zur Verfügung. Nur Federn mit gleicher Kennung (Farbkennzeichnung) verwenden.

- Eine neue Schraubenfeder ist gegen Korrosion mit einem Schutzlack versehen. Vor dem Einbau Federn auf Lackschäden untersuchen und gegebenenfalls ausbessern.
- Federbein nach Abbildung S40-0137 zusammensetzen.

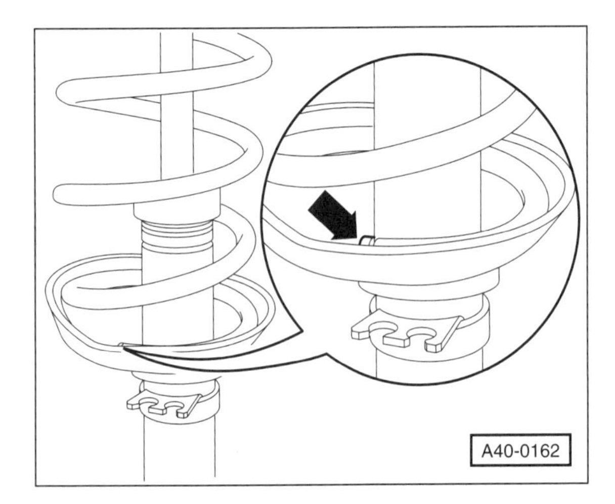
A40-0162

- Schraubenfeder mit geeigneter Spannvorrichtung spannen und Stoßdämpfer in das Federbein einsetzen. Darauf achten, dass das Federende am Anschlag des unteren Federtellers –Pfeil– anliegt.
- **Neue** selbstsichernde Mutter mit **60 Nm** festziehen. Dabei Kolbenstange mit Inbusschlüssel gegenhalten.
- Feder langsam entspannen.
- Federbein einbauen, siehe Seite 111.

Gelenkwelle aus- und einbauen

Achtung: Bei gelöster Zwölfkantmutter für Gelenkwelle an Radnabe darf das Fahrzeug nicht mit vollem Gewicht auf den Rädern stehen und nicht geschoben werden, da bei fehlender axialer Vorspannung die Wälzkörper des Radlagers beschädigt werden. Gegebenenfalls statt der Gelenkwelle ein Außengelenk einbauen und mit **50 Nm** anziehen.

Ausbau

- Radzierblende abnehmen. Bei Leichtmetallrädern Abdeckkappe mit Abziehhaken aus dem Bordwerkzeug abziehen.

Sicherheitshinweis
Beim Lösen der Gelenkwellenmutter sollte das Fahrzeug möglichst auf dem Boden stehen. Ist das Fahrzeug aufgebockt, Schlüssel so ansetzen, dass der Druck beim Lösen senkrecht nach unten geht, sonst rutscht das Fahrzeug seitlich von den Böcken. Hohes Lösemoment, Unfallgefahr!

- Zwölfkant-Nabenmutter von der Gelenkwelle lösen, nicht abschrauben. Gegebenenfalls von Helfer Fußbremse treten lassen, damit sich das Vorderrad nicht mitdreht.

Sicherheitshinweis
Beim Aufbocken des Fahrzeugs besteht Unfallgefahr! Deshalb vorher das Kapitel »Fahrzeug aufbocken« durchlesen.

- Stellung der Vorderräder zur Radnabe mit Farbe kennzeichnen. Dadurch kann das ausgewuchtete Rad wieder in derselben Position montiert werden. Radschrauben lösen. Fahrzeug vorn aufbocken und Räder abnehmen.
- Untere Motorraumabdeckung ausbauen, siehe Seite 166.
- Innenvielzahnschrauben für Gelenkwelle am Getriebeflansch herausschrauben. Hierzu wird ein Innenvielzahn-Steckschlüsseleinsatz benötigt, zum Beispiel HAZET 990 Lg-8.

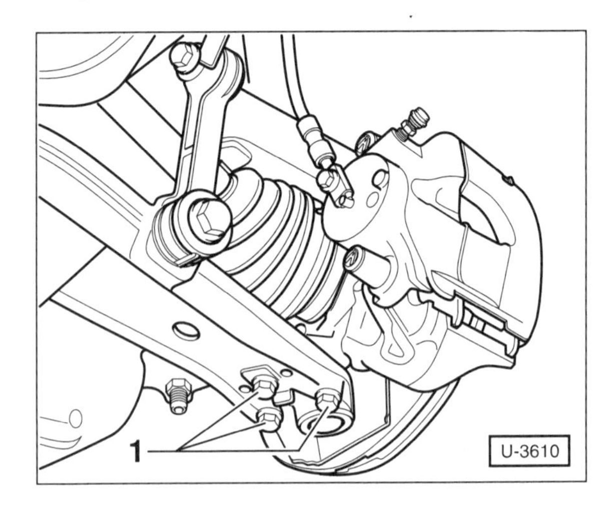

U-3610

- Einbaulage der Schrauben –1– für Achsgelenk mit einem Filzstift markieren oder mit Reißnadel umkreisen. Sonst muss beim Wiedereinbau die Vorderachse vermessen und eingestellt werden. Schrauben –1– herausdrehen.

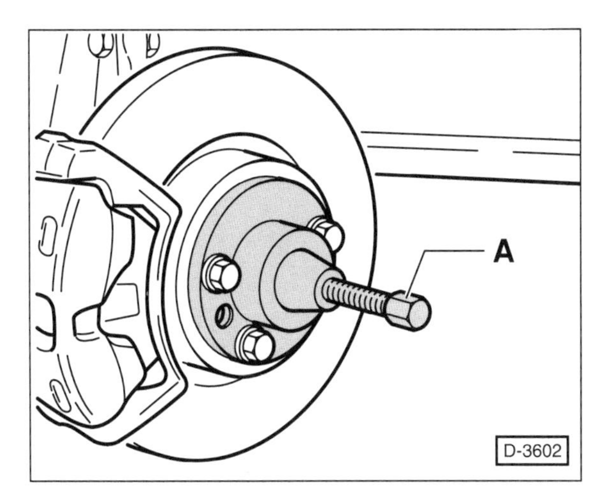

- Falls sich die Gelenkwelle nicht von Hand aus der Radnabe herausziehen lässt, Gelenkwelle mit handelsüblichem Abzieher –A– ausdrücken. Die SKODA-Werkstatt verwendet hierfür den Abzieher MP6-425.

Achtung: Gelenkwelle nicht herunterhängen lassen, sonst wird das Innengelenk durch Überbeugen beschädigt.

- **Fahrzeuge mit Schaltgetriebe:** Federbein nach außen schwenken, Gelenkwelle aus dem Radlagergehäuse herausziehen und abnehmen.

Fahrzeuge mit Automatikgetriebe:

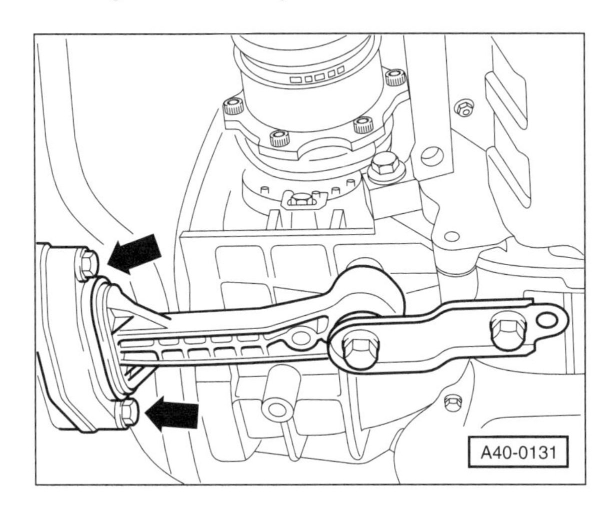

- Schrauben –Pfeile– für Getriebestütze am Aggregateträger abschrauben.

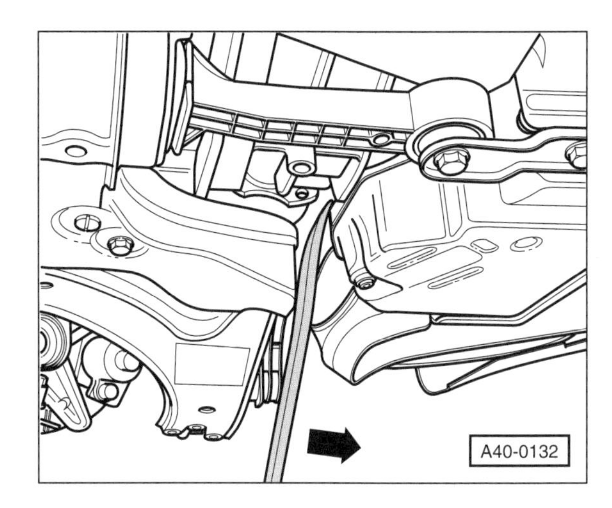

- Montierhebel zwischen Aggregateträger und Motorblock einsetzen und Motorblock nach vorn, in Fahrtrichtung –Pfeil– hebeln. Gleichzeitig kann die Tripodegelenkwelle herausgenommen werden.

Einbau

- Verzahnung und Gewinde der Gelenkwelle und Radnabe mit Drahtbürste von eventuell vorhandener Korrosion und anderen Verunreinigungen reinigen.
- **Anlagefläche der Zwölfkantmutter und Verzahnung des Außengelenks mit sauberem Motoröl benetzen. Außengelenk in die Verzahnung der Radnabe so weit wie möglich einführen und neue Zwölfkantmutter so weit wie möglich aufschrauben.**
- Außengelenk bis zur Anlage im Radlager einziehen.
- Achsgelenk am Achslenker anschrauben. Schrauben in den Länglöchern verschieben, bis die Schrauben mit den angebrachten Markierungen übereinstimmen. Schrauben mit **20 Nm** anziehen, dann mit starrem Schlüssel **90°** (**1/4 Umdrehung)** weiterdrehen.

Achtung: Bei Einbau eines **neuen** Achslenkers, Befestigungsschrauben in den Langlöchern ausmitteln und festziehen. Anschließend Sturz neu vermessen lassen (Werkstattarbeit).

- Innengelenk der Gelenkwelle ansetzen und Innenvielzahnschrauben mit **10 Nm** voranziehen. Anschließend Schrauben über Kreuz festziehen. Anzugsmomente: M8-Schrauben = **40 Nm**, M10-Schrauben = **70 Nm**.
- **Fahrzeuge mit Automatikgetriebe: Neue** Schrauben für Getriebestütze mit **20 Nm** am Aggregateträger anschrauben, anschließend Schrauben mit starrem Schlüssel **90°** (**1/4 Umdrehung)** weiterdrehen.

- Untere Motorraumabdeckung einbauen, siehe Seite 166.
- Zwölfkantmutter mit etwa **50 Nm** festziehen. Dabei von Helfer Fußbremse treten lassen, damit sich die Radnabe nicht mitdreht.
- Vorderrad so ansetzen, dass die beim Ausbau angebrachten Markierungen übereinstimmen. Vorher Zentriersitz der Felge an der Radnabe mit Wälzlagerfett dünn einfetten. Radschrauben **nicht** fetten oder ölen. Korrodierte Radschrauben erneuern. Rad anschrauben. Fahrzeug ablassen und Radschrauben über Kreuz mit **120 Nm** festziehen.
- Zwölfkantmutter mit **225 Nm** festziehen und anschließend um ½ **Umdrehung lösen**.
- **Radnabe** mindestens **90°** (¼ **Umdrehung)** drehen.
- Zwölfkantmutter mit **50 Nm** anziehen und anschließend mit starrem Schlüssel um **60°** weiterdrehen. Zum Einhalten des Anzugswinkels wird ein Drehwinkelschlüssel, zum Beispiel HAZET-6690, benötigt.

Achtung: Falls kein Drehwinkelschlüssel zur Verfügung steht, kann der 60°-Winkel folgendermaßen ermittelt werden:

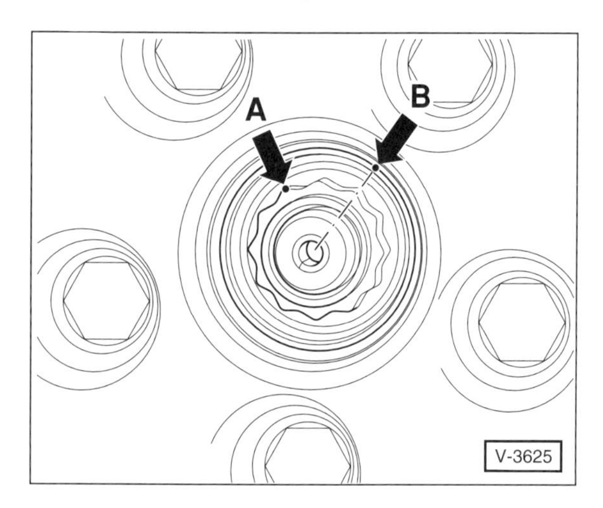

- Einen Zwölfkant der Mutter mit einem Strich –Pfeil A– kennzeichnen. Zweiten Strich –Pfeil B– auf dem Rand der Radnabe über dem übernächsten Zwölfkant anbringen. **Hinweis:** Der Winkel von einem Zwölfkant bis zum nächsten beträgt 30°, bis zum übernächsten Zwölfkant 60°.
- Zwölfkantmutter mit starrem Schlüssel weiterdrehen, bis beide Striche fluchten.

Gelenkwelle zerlegen

Defekte Gelenkwellen-Manschetten sofort erneuern. Zum Erneuern der Schutzhüllen muss die Gelenkwelle zerlegt werden. Defekte Kugeln im Lager machen sich durch Lastwechselschlagen und Knackgeräusche bemerkbar. In diesem Fall Gelenk komplett erneuern.

Hinweise zum Zerlegen

- Gelenkwelle ausbauen und in Schraubstock spannen. Dabei die Welle mit Aluminiumblechen schützen.
- Rand der Gelenkwellen-Manschette auf der Welle anzeichnen, damit die Gelenkwellen-Manschette in gleicher Lage wieder eingebaut werden kann.
- Schlauchbinder an beiden Gelenkwellen-Manschetten mit Seitenschneider aufschneiden und abnehmen. Gelenkwellen-Manschette zurückschieben.

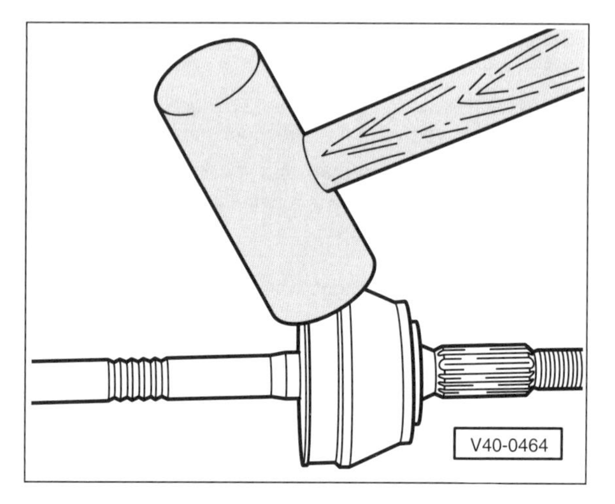

- Äußeres Gelenk: Durch kräftigen Schlag mit einem **Leichtmetallhammer** Gelenk von der Gelenkwelle abtreiben.
- Inneres Gelenk (Abbildung S40-0140): Sicherungsring mit geeigneter Zange, zum Beispiel VW-161a oder HAZET 2525K, ausfedern. Gelenk mit geeigneter Presse abpressen, dabei die innere Kugelnabe abstützen.

Hinweise zum Zusammenbauen

Einbaulage der Tellerfedern

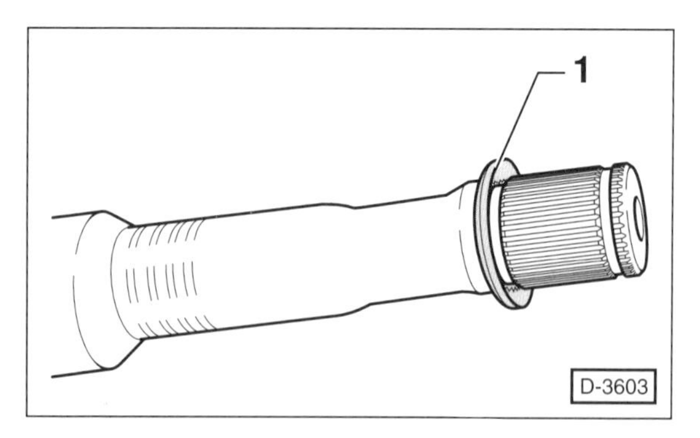

1 – Einbaulage der Tellerfeder am Innengelenk (getriebeseitig). Der große Durchmesser zeigt zur Verzahnung.

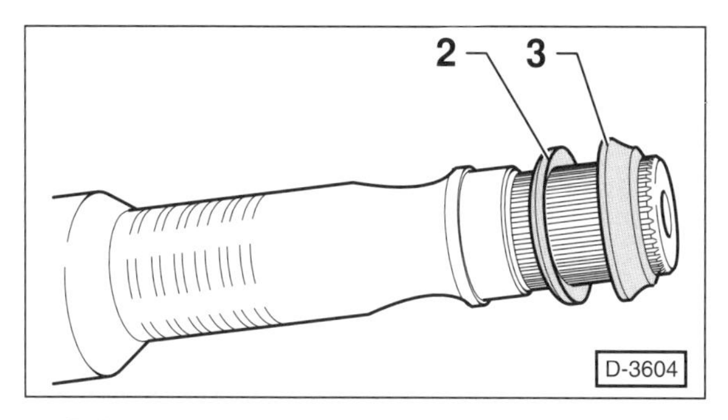

2 – Einbaulage der Tellerfeder am Außengelenk (radseitig).
3 – Einbaulage des Anlaufrings am Außengelenk (radseitig).

- Die Gelenkwellen-Manschette wird beim Aufsetzen auf den Gelenkkörper häufig eingedrückt. Deshalb Schutzhülle am kleinen Durchmesser kurz mit einem Schraubendreher anlüften und so für einen Druckausgleich sorgen.
- Gelenk mit Hochtemperaturfett »G000603« nachfetten. Halbe Fettmenge in der Schutzhülle verteilen, andere Hälfte in das Gelenk eindrücken. Gesamtfettmenge, siehe Seite 118.

Einbaulage der Gelenkwellen-Manschetten

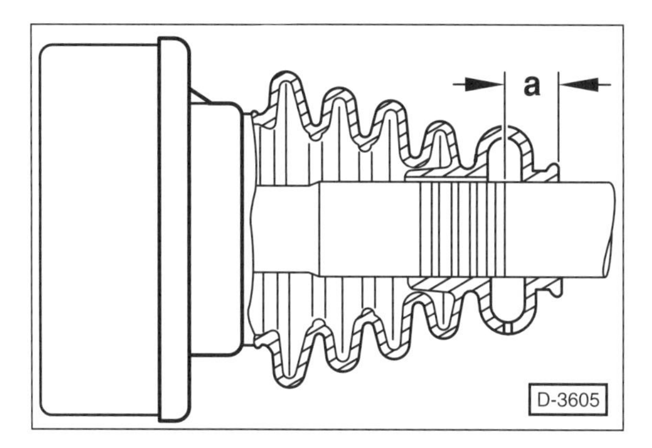

- **Linkes, inneres Gleichlaufgelenk (∅ 100 mm):** Das Maß a = 17 mm vor der Montage der Manschette auf der Gelenkwelle mit Farbe oder Klebeband markieren. **Achtung:** Keinesfalls Reißnadel oder scharfen Gegenstand verwenden, sonst wird die Gelenkwelle beschädigt.

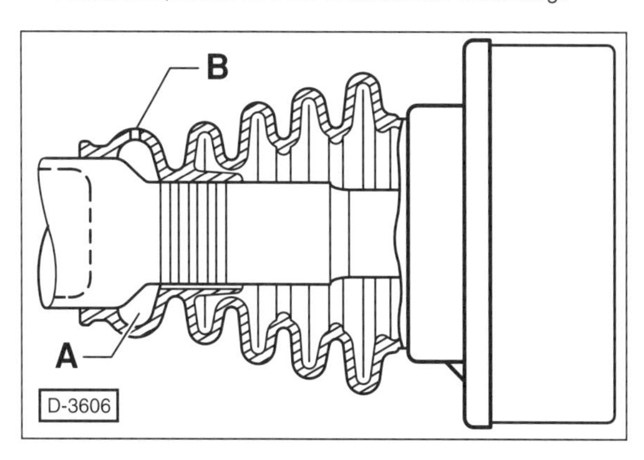

- **Rechtes, inneres Gleichlaufgelenk (∅ 100 mm):** Die Belüftungskammer –A– muss sich auf dem großen Rohrdurchmesser befinden. B = Belüftungsbohrung.
- Manschette für **äußeres Gelenk (∅ 90 mm):** Die Dichtfläche am kleinen Durchmesser muss bis zum Anschlag am Absatz der Welle anliegen.
- Manschette für **äußeres Gelenk (∅ 84 mm):** Die Dichtfläche am kleinen Durchmesser muss auf der Welle noch 1 bis 1½ Nuten frei lassen. **Hinweis:** Das Gleiche gilt für die Manschette am inneren Gelenk (∅ 94 mm).

Schlauchbinder festziehen

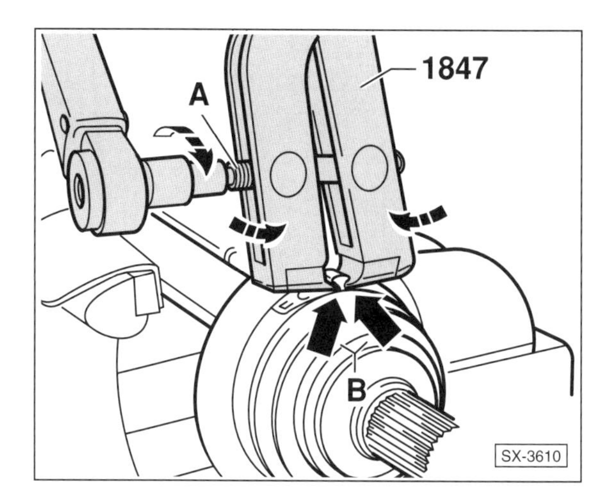

- Zum Spannen der Schlauchbinder (Edelstahl) muss die dargestellte Zange HAZET 1847 genommen werden, sonst wird die erforderliche Spannkraft nicht erreicht. Zange so ansetzen, dass die Schneiden der Zange in den Ecken –B– anliegen. In dieser Stellung Schraube –A– mit Drehmomentschlüssel und **20 Nm** anziehen und dadurch Schlauchbinder spannen. Darauf achten, dass die Zange dabei nicht verkantet wird.

Achtung: Das Gewinde der Zange muss leichtgängig sein, gegebenenfalls vorher mit MoS_2-Fett schmieren. Bei Schwergängigkeit, zum Beispiel durch Verschmutzung des Gewindes, wird die erforderliche Spannkraft der Klemmschelle bei dem vorgegebenen Anzugsdrehmoment nicht erreicht.

Gelenkwelle mit Gleichlaufgelenk

Fahrzeuge mit Schaltgetriebe

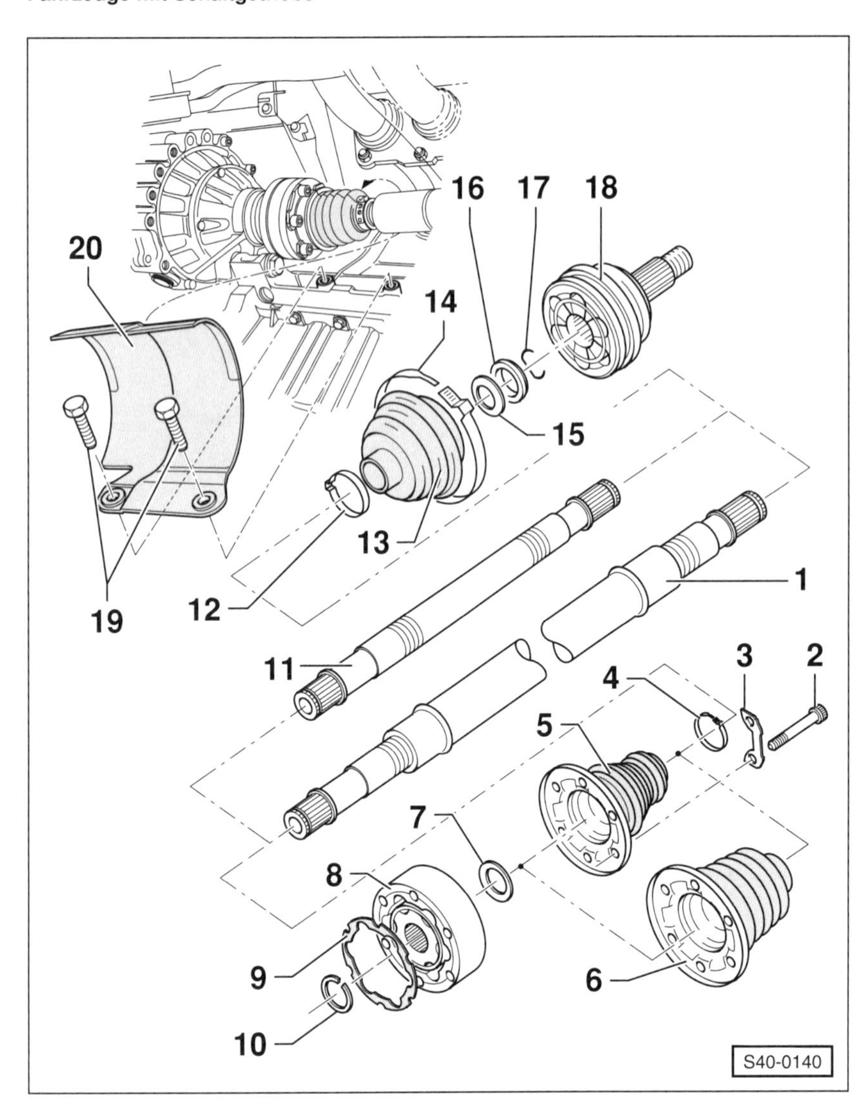

Hinweis: Fettfüllung in der Gelenkwellen-Manschette gleichmäßig verteilen.

1 – **Gelenkwelle rechts (Rohrwelle)**

2 – **Innenvielzahnschraube**
Nach jeder Demontage ersetzen. **Anzugsdrehmoment:** Mit **10 Nm** voranziehen, anschließend **M8**-Schrauben mit **40 Nm**, **M10**-Schrauben mit **70 Nm** festziehen.

3 – **Unterlegplatte**

4 – **Klemmschelle**
Immer ersetzen.

5 – **Gelenkwellen-Manschette**
Für Gleichlaufgelenk innen mit 94 mm ∅. Auf Risse und Scheuerstellen prüfen. Mit einem Dorn vom Gleichlaufgelenk abtreiben. Vor der Montage die Kappe innen mit Dichtungsmittel D 454 300 A2 bestreichen.

6 – **Gelenkwellen-Manschette**
Für Gleichlaufgelenk innen mit 100 mm ∅. Auf Risse und Scheuerstellen prüfen. Mit einem Dorn vom Gleichlaufgelenk abtreiben. Vor der Montage die Kappe innen mit Dichtungsmittel D 454 300 A2 bestreichen. Einbaulage beachten, siehe Abbildungen D-3605 und D-3606.

7 – **Tellerfeder**
Einbaulage beachten, siehe Abbildung D-3603.

8 – **Gleichlaufgelenk innen**
Kugelgelenk; nur komplett ersetzen.

9 – **Dichtung**
Immer ersetzen. Die Klebefläche am Gleichlaufgelenk muss frei von Fett oder Öl sein. Schutzfolie abziehen und Dichtung in das Gelenk kleben.

10 – **Sicherungsring**
Immer ersetzen. Mit Sprengringzange HAZET-2525K aus- und einfedern.

11 – **Gelenkwelle links (Vollwelle)**

12 – **Klemmschelle**
Immer ersetzen.

13 – **Gelenkwellen-Manschette**

14 – **Klemmschelle**
Immer ersetzen.

15 – **Tellerfeder**
Einbaulage beachten, siehe Abbildung D-3604.

16 – **Anlaufring**
Einbaulage beachten, siehe Abbildung D-3604

17 – **Sicherungsring**
Immer ersetzen. In die Nut der Welle einsetzen.

18 – **Gleichlaufgelenk außen**
Nur komplett ersetzen. Zum Einbau mit einem Plastikhammer auf die Welle auftreiben, bis der eingefederte Sicherungsring ausfedert.

19 – **Schraube, M8 = 20 Nm, M10 = 33 Nm**

20 – **Schutzkappe**

Füllmenge und Verteilung des Hochtemperaturfetts für Gleichlaufgelenke

Gleichlaufgelenk		Gesamt-Fett-menge	ins Gelenk	in die Manschette	in die Rückseite des Gelenks
Außengelenk	∅ = 81 mm	80 g	40 g	40 g	–
Außengelenk	∅ = 90 mm	120 g	80 g	40 g	–
Kugel-Innengelenk	∅ = 94 mm	90 g	40 g	50 g	–
Kugel-Innengelenk	∅ = 100 mm	120 g	50 g	70 g	–
Tripode-Innengelenk	AAR2900	180 g	90 g	–	90 g
Tripode-Innengelenk	AAR2000	120 g	60 g	–	60 g

Gelenkwelle mit Tripodegelenk

Fahrzeuge mit Automatikgetriebe

Achtung: Es können 2 unterschiedliche Tripodegelenke eingebaut sein. In der Abbildung S40-0141 ist die Gelenkwelle zusammen mit dem Gelenk AAR2900 dargestellt, in der Abbildung D-3607 das Gelenk AAR2000.

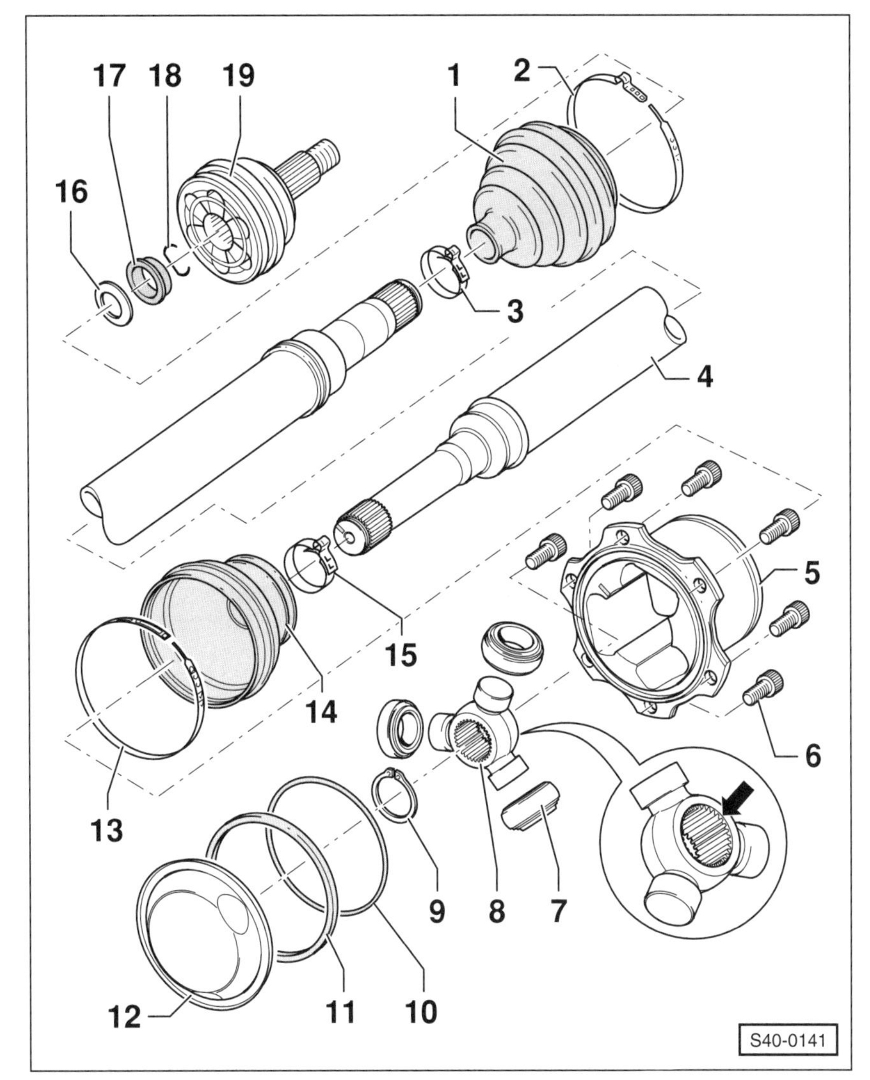

Hinweis: Bei Tripodegelenken Fett nur auf beiden Seiten in das Gelenk einbringen, keinesfalls in die Gelenkwellen-Manschette.

1 – Gelenkwellen-Manschette

2 – Klemmschelle*

3 – Klemmschelle*

4 – Gelenkwelle

5 – Gelenkstück AR2900

6 – Innenvielzahnschraube
Nach jeder Demontage ersetzen.
Anzugsdrehmoment: Mit **10 Nm** voranziehen, anschließend **M8**-Schrauben mit **40 Nm**, **M10**-Schrauben mit **70 Nm** festziehen.

7 – Rollen

8 – Tripodestern
Die Fase (Abschrägung) –Pfeil– zeigt zur Verzahnung der Gelenkwelle.

9 – Sicherungsring*
In die Nut der Welle einsetzen.

10 – Runddichtring
Gelenk AAR2900: Serienmäßig vorhanden. Beim Zusammenbau nicht mehr erforderlich.

11 – Rechteckdichtring
Gelenk AAR2900: Im Reparatursatz enthalten. Wird anstelle des Runddichtrings –10– eingebaut.

12 – Deckel
Gelenk AAR2900: Wird beim Ausbau zerstört. Ist für den Einbau der Gelenkwelle nicht mehr erforderlich.

13 – Schlauchbinder*

14 – Gelenkwellen-Manschette

15 – Klemmschelle*

16 – Tellerfeder
Einbaulage beachten, siehe D-3604.

17 – Anlaufring
Einbaulage beachten, siehe D-3604.

18 – Sicherungsring*

19 – Gleichlaufgelenk außen
Zum Einbau mit einem Plastikhammer auf die Welle auftreiben, bis der eingefederte Sicherungsring ausfedert.

*) Immer ersetzen.

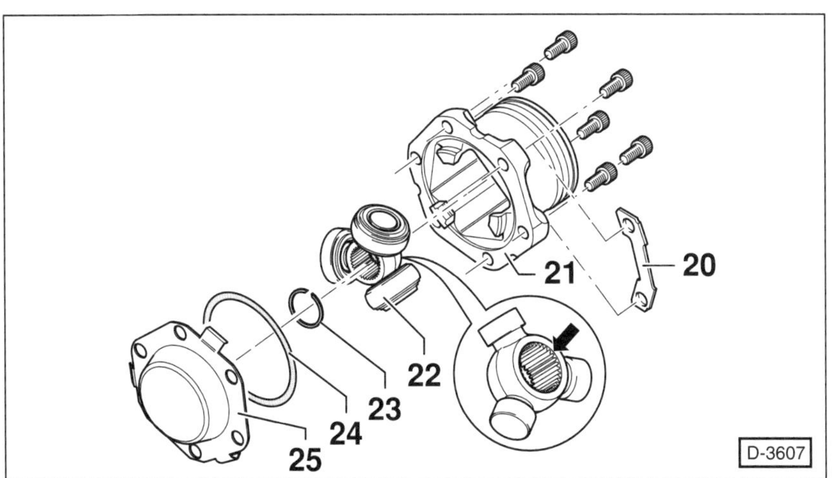

Tripodegelenk AAR2000

20 – Unterlegplatte

21 – Gelenkstück AAR2000

22 – Tripodestern mit Rollen
Die Fase –Pfeil– zeigt zur Verzahnung der Gelenkwelle.

23 – Sicherungsring*
In die Nut der Welle einsetzen.

24 – Runddichtring*

25 – Deckel*

*) Immer ersetzen.

Hinterachse

Aus dem Inhalt:

- **Stoßdämpfer**
- **Schraubenfederausbau**
- **Stoßdämpfer prüfen**
- **Radlagerdemontage**
- **Radnabe**

Die Verbundlenker-Hinterachse besteht aus dem Achskörper und zwei Längslenkern. Vor dem V-Profil des Achskörpers befindet sich ein Stabilisator, der die Kurvenneigung des Fahrzeuges verringert und dadurch das Fahrverhalten stabilisiert. Die Hinterachse ist über Gummimetalllager mit dem Aufbau verbunden. Abgefedert wird das Fahrzeug hinten durch 2 Schraubenfedern und 2 Stoßdämpfer. Schraubenfedern und Stoßdämpfer sind getrennt angeordnet, dadurch vergrößert sich die Durchladebreite im Laderaum.

Die Doppelkugellager der hinteren Radlagerung sind wartungs- und einstellfrei.

Fahrzeuge mit Allradantrieb verfügen über eine Doppelquerlenkerhinterachse mit Einzelradaufhängung. Die Hinterräder werden durch je zwei Quer- und einen Längslenker geführt. Die Übertragung der Antriebskraft zu den Hinterrädern erfolgt über Kardanwelle, Haldex-Kupplung, Hinterachsgetriebe und zwei Antriebswellen.

Sicherheitshinweis
Schweiß- und Richtarbeiten an tragenden und radführenden Bauteilen der Hinterradaufhängung **sind nicht zulässig. Selbstsichernde Muttern**, sowie korrodierte Schrauben/Muttern im Reparaturfall **immer ersetzen.**

Hinterachse bei Fahrzeugen mit Frontantrieb

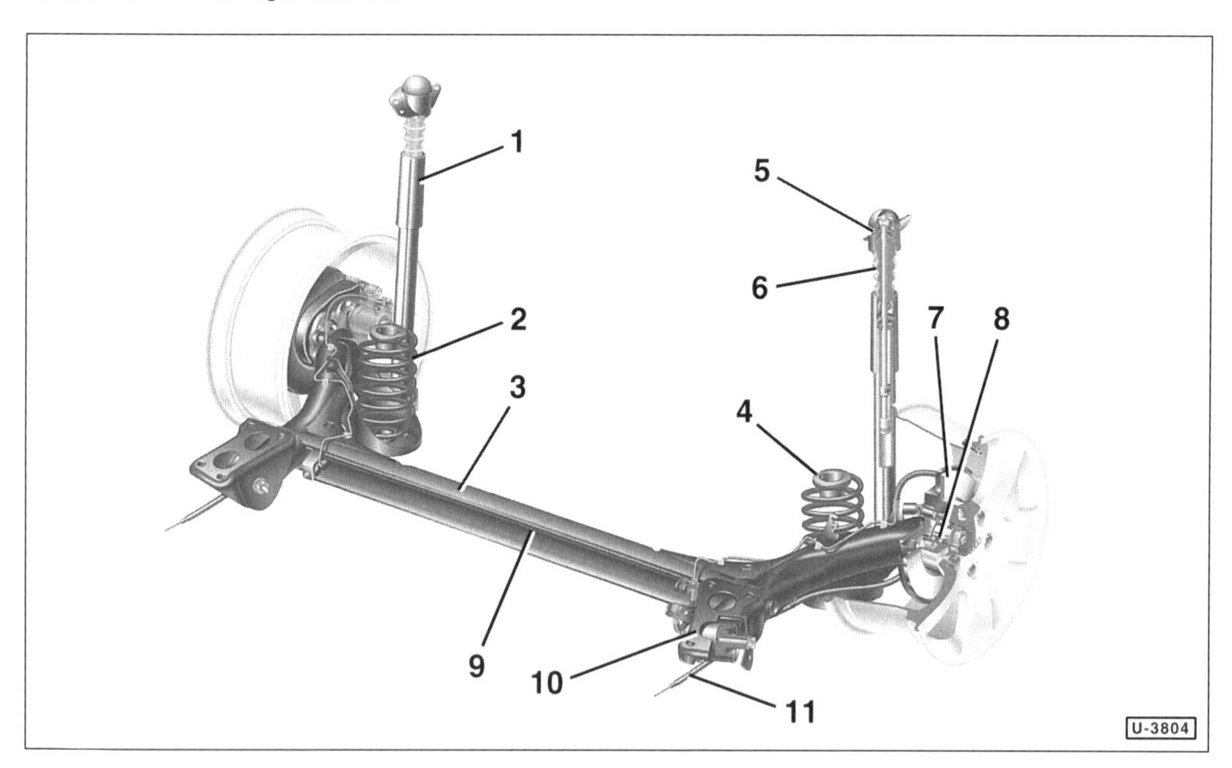

1 – Stoßdämpfer
2 – Schraubenfeder
3 – Hinterachskörper
4 – Obere Federauflage
5 – Dämpferlager
6 – Anschlagpuffer
7 – Bremsscheibe
8 – Radlager
9 – Stabilisator
10 – Gummimetallager
11 – Handbremsseile

Hinterachskörper/Schraubenfeder/Stoßdämpfer/Radlagereinheit

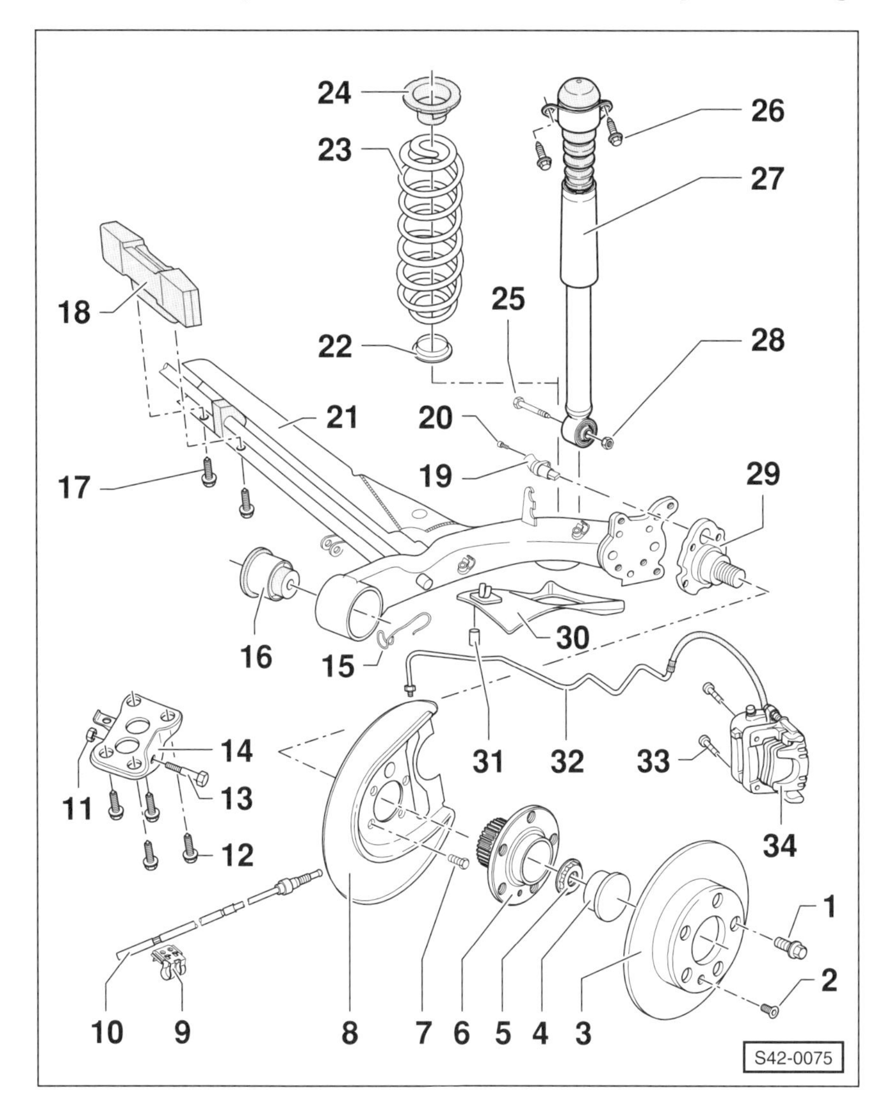

Hinweis: Je nach Motorisierung und Ausstattung ist der OCTAVIA an der Hinterachse mit Scheibenbremsen oder Trommelbremsen ausgestattet.

1 – **Radschraube, 120 Nm**

2 – **Kreuzschlitzschraube, 4 Nm**

3 – **Bremsscheibe**

4 – **Kappe**
Nach jeder Demontage ersetzen.

5 – **Zwölfkantmutter, 70 Nm + 40°**
Selbstsichernd, daher nach jeder Demontage ersetzen.

6 – **Radnabe mit Radlager und Impulsrad**
Nur bei Fahrzeugen mit ABS vorhanden. Radlager und Radnabe sind zusammen in ein Gehäuse eingebaut. Die Radlager/Radnabeneinheit ist wartungs- und spielfrei. Einstell- und Instandsetzungsarbeiten sind nicht möglich.

7 – **Kombischraube, 30 Nm + 90°**
Nach jeder Demontage ersetzen.

8 – **Abdeckblech**

9 – **Halter für Handbremsseil**
Immer ersetzen.

10 – **Handbremsseil**

11 – **Mutter**
Selbstsichernd, daher nach jeder Demontage ersetzen.

12 – **Schraube, 30 Nm + 90°**
Nach jeder Demontage ersetzen. Bei Beschädigung der Schweißmutter kann das Gewinde mit Heli-Coil-Gewindeeinsatz instand gesetzt werden. Die Nacharbeit des Gewindes der Schweißmutter ist an maximal 2 Verschraubstellen pro Fahrzeugseite zulässig.

13 – **Schraube, 45 Nm + 90°**
Nach jeder Demontage ersetzen. Von der Fahrzeugaußenseite her einsetzen. Die Schraube darf nur festgezogen werden, wenn sich der Achskörper in waagerechter Lage und das Fahrzeug unbeladen ist.

14 – **Lagerbock für Hinterachse**
Nach Einbau Gesamtspur der Hinterachse prüfen gegebenenfalls einstellen lassen. Zum Ausbau der Hinterachse Lagerbock möglichst nicht lösen.

15 – **Halter für Handbremsseil**

16 – **Gummilager**

17 – **Schraube, 20 Nm + 45°**
Nach jeder Demontage ersetzen.

18 – **Tilgergewicht**

19 – **Drehzahlfühler ABS**

20 – **Innensechskantschraube, 8 Nm**

21 – **Achskörper**
Anlagefläche der Gewindelöcher für Achszapfen müssen frei von Lack und Verschmutzungen sein.

22 – **Unterlage unten**

23 – **Schraubenfeder**
Nur achsweise ersetzen. Eventuelle Lackschäden ausbessern. An einer Hinterachse nur Federn vom gleichen Hersteller verwenden.

24 – **Unterlage oben**

25 – **Schraube, 40 Nm + 90°**
Nach jeder Demontage ersetzen. Von der Fahrzeuginnenseite her einsetzen. Das Fahrzeug muss auf den Rädern stehen und mit 100 kg im Kofferraum beladen sein.

26 – **Schraube, 30 Nm + 90°**
Nach jeder Demontage ersetzen. Gewinde kann mit Heli-Coil-Einsatz repariert werden. Nacharbeit an maximal 1 Schweißmutter pro Fahrzeugseite zulässig.

27 – **Stoßdämpfer**
Einzeln austauschbar. In diesem Fall nur einen Dämpfer vom gleichen Hersteller verwenden.

28 – **Mutter**
Selbstsichernd, daher nach jeder Demontage ersetzen.

29 – **Achszapfen**
Richtarbeiten und »Gewinde nachschneiden« sind nicht zulässig.

30 – **Steinschlagschutz**

31 – **Befestigungselement für Steinschlagschutz**

32 – **Bremsleitung**

33 – **Innensechskantschraube, 30 Nm + 30°**
Nach jeder Demontage ersetzen.

34 – **Bremssattel**

Stoßdämpfer/Schraubenfeder aus- und einbauen

Fahrzeuge mit Frontantrieb

Ausbau

- Stellung des Hinterrades zur Radnabe mit Farbe kennzeichnen. Dadurch kann das ausgewuchtete Rad wieder in derselben Position montiert werden. Radschrauben bei auf dem Boden stehendem Fahrzeug lösen. Fahrzeug hinten aufbocken und Hinterrad abnehmen.

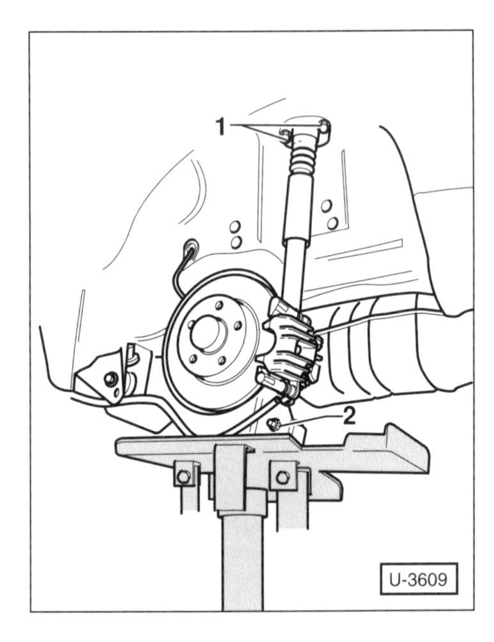

- Hinterachse mit Werkstattwagenheber auf der Seite unterstützen, wo das Rad abgebaut wurde. Hinterachse nicht hochheben. Abgebildet ist der SKODA-Getriebeheber.
- **Stoßdämpfer ausbauen:** Stoßdämpfer mit Schrauben –1– und –2– abschrauben und herausnehmen.
- **Schraubenfeder ausbauen:** Steckverbindung für Drehzahlfühler trennen. Schraube –2– für Stoßdämpfer herausdrehen. Getriebeheber absenken und dadurch Schraubenfeder vollständig entlasten. Schraubenfeder herausnehmen. Gegebenenfalls Hinterachse von einem Helfer nach unten ziehen lassen.

Einbau

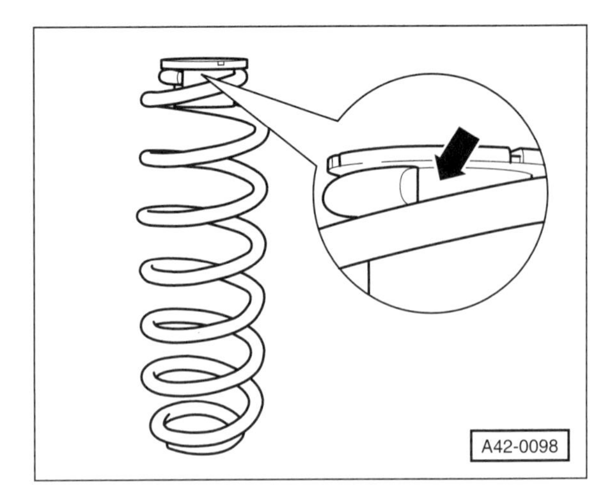

- Schraubenfeder so einsetzen, dass der Federanfang –Pfeil– am Anschlag vom oberen Lagerring anliegt. Der obere Lagerring muss bündig in der Karosserie sitzen.
- Der untere Windungsanfang der Schraubenfeder muss immer zur Fahrzeugmitte zeigen.
- Stoßdämpfer einsetzen und mit neuen Schrauben und neuer Mutter leicht anschrauben. Die untere Schraube von der Fahrzeugmitte her einsetzen.
- Stoßdämpfer oben mit **30 Nm** anschrauben, Schraube anschließend **90°** (**¼ Umdrehung)** weiterdrehen.
- Hinterrad so ansetzen, dass die beim Ausbau angebrachten Markierungen übereinstimmen. Vorher Zentriersitz der Felge an der Radnabe mit Wälzlagerfett dünn einfetten. Radschrauben **nicht** fetten oder ölen. Korrodierte Radschrauben erneuern. Rad anschrauben. Fahrzeug ablassen und Radschrauben über Kreuz mit **120 Nm** festziehen.
- Fahrzeug mit ca. 100 kg im Kofferraum beladen und untere Befestigungsschraube mit **60 Nm** festziehen. **Hinweis:** Beim Festziehen der Schraube soll der Winkel zwischen Achsenker und Dämpfer ca. 104° betragen.

Stoßdämpfer zerlegen

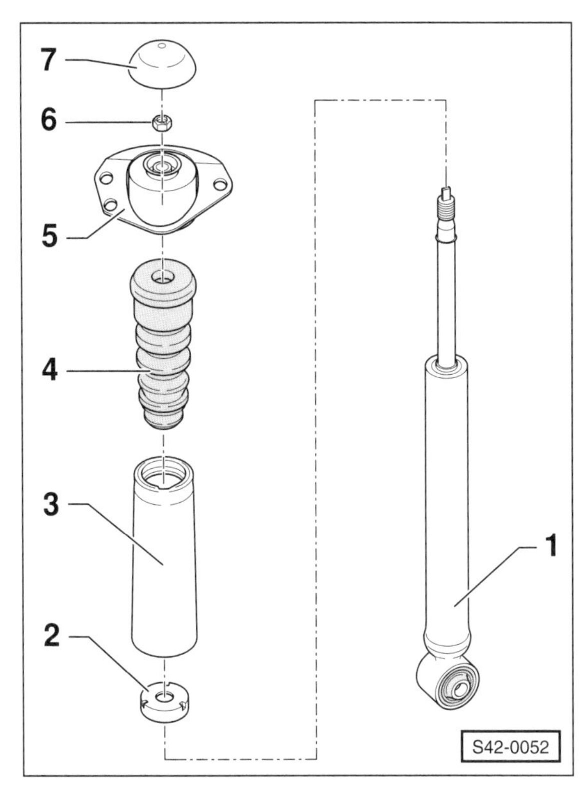

1 – Stoßdämpfer
Einzeln austauschbar; nur komplett ersetzen. Der Dämpfer darf nur soweit zerlegt werden, wie in der Abbildung gezeigt.

2 – Schutzkappe

3 – Schutzrohr

4 – Anschlagpuffer

5 – Dämpferlager oben

6 – Mutter, 25 Nm
Selbstsichernd, daher nach jeder Demontage ersetzen. Zum Lösen und Festziehen an der Kolbenstange des Dämpfers gegenhalten.

7 – Abdeckung

Radlager/Radnabeneinheit aus- und einbauen

Fahrzeuge mit Frontantrieb

Defekte Radlager machen sich folgendermaßen bemerkbar: Geräusche in engen Kurven; Schwergängigkeit des Rades bei gelöster Bremse. Die Radlager können nur mit geeigneten Einziehwerkzeugen fachgerecht montiert werden. Das Radlager wird auch durch das Abziehen zerstört und muss dann erneuert werden.

Ausbau

- Bremstrommel beziehungsweise Bremssattel und Bremsscheibe ausbauen, siehe Seite 151/153.
- Zwölfkantmutter an der Radnabe abschrauben. **Achtung:** Hebel des Steckschlüssels waagerecht nach links ansetzen, damit beim Lösen der Mutter das Fahrzeug nicht seitlich von den Böcken rutscht. Unfallgefahr!

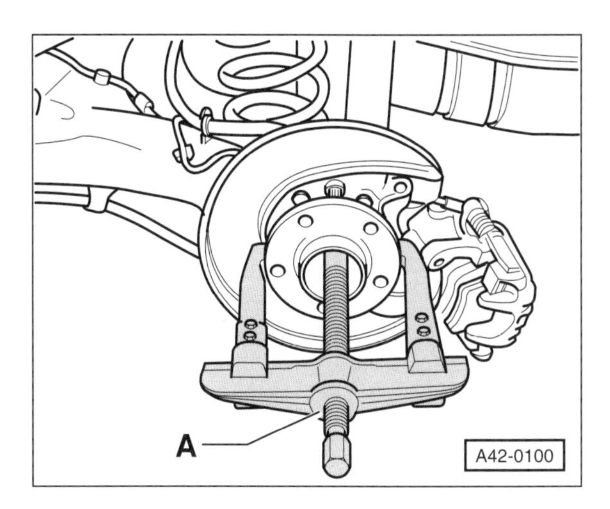

- Radlager/Radnabeneinheit mit handelsüblichem Abzieher –A– vom Achszapfen abziehen.

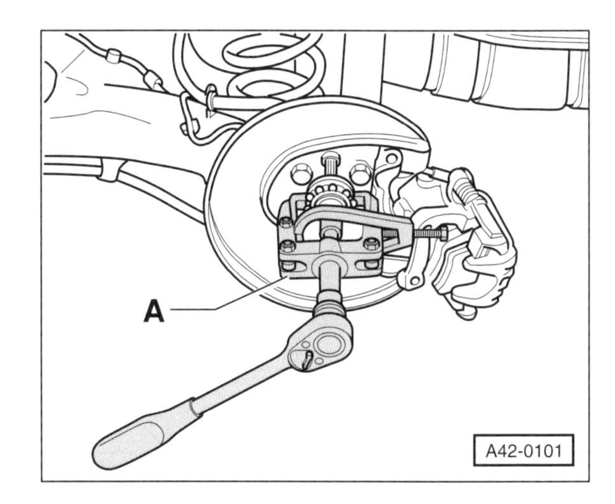

- Verbleibenden Lagerinnenring mit handelsüblichem Abzieher und Spannbügel –A– vom Achszapfen abziehen. **Achtung:** Dabei ABS-Sensor nicht beschädigen.

Einbau

- Radlager/Radnabeneinheit nur komplett ersetzen. Zum Aufziehen benutzt die Werkstatt das Aufziehwerkzeug SKODA-MP5-403. Durch Aufschrauben des Werkzeugs auf den Achszapfen wird die Radlager/Radnabeneinheit aufgepresst. Aufziehwerkzeug wieder abschrauben.

Hinweis: Zum Festziehen der Zwölfkantmutter wird eine Winkelscheibe für den drehwinkelgesteuerten Schraubenanzug benötigt, zum Beispiel HAZET 6690.

- **Neue** Zwölfkantmutter aufschrauben und Radnabe damit bis zum Anschlag aufziehen. Zwölfkantmutter mit **70 Nm** festziehen. Anschließend Mutter **40°** weiterdrehen. **Achtung:** Hebel des Steckschlüssels waagerecht nach rechts ansetzen, damit beim Festziehen der Mutter das Fahrzeug nicht seitlich von den Böcken rutscht. Unfallgefahr!
- Bremstrommel beziehungsweise Bremssattel und Bremsscheibe einbauen, siehe Seite 151/153.

Stoßdämpfer prüfen

Folgende Fahreigenschaften weisen auf defekte Stoßdämpfer hin:

- Langes Nachschwingen der Karosserie bei Bodenunebenheiten.
- Aufschaukeln der Karosserie bei aufeinander folgenden Bodenunebenheiten.
- Springen der Räder auch auf normaler Fahrbahn.
- Ausbrechen des Fahrzeuges beim Bremsen (kann auch andere Ursachen haben).
- Kurvenunsicherheit durch mangelnde Spurhaltung, Schleudern des Fahrzeuges.
- Abnorme Reifenabnutzung mit Abflachungen (Auswaschungen) am Reifenprofil.
- Defekte Dämpfer erkennt man auch während der Fahrt an Polter- und Knackgeräuschen. Allerdings haben diese Geräusche häufig auch andere Ursachen, zum Beispiel lockere Fahrwerksschrauben, Muttern, defektes Radlager oder Gleichlaufgelenk. Daher Dämpfer vor dem Ersetzen immer prüfen, gegebenenfalls auf Stoßdämpferprüfstand prüfen lassen.

Der Stoßdämpfer kann von Hand geprüft werden. Eine genaue Überprüfung der Stoßdämpferleistung ist jedoch nur mit einem Shock-Tester (Stoßdämpfer eingebaut) oder einer Stoßdämpfer-Prüfmaschine möglich.

Prüfung von Hand

- Stoßdämpfer ausbauen.

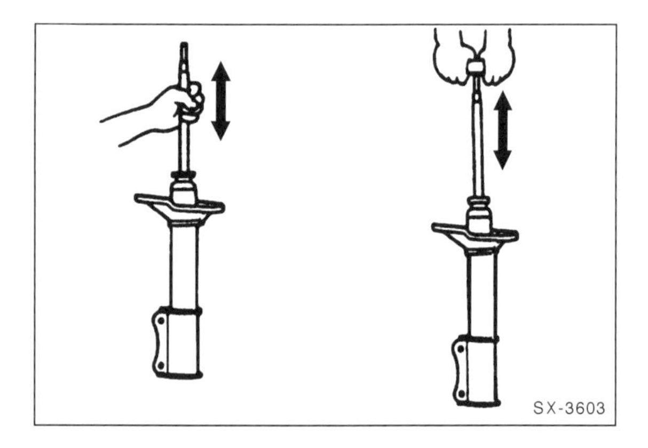

- Stoßdämpfer in Einbaulage halten, Stoßdämpfer auseinander ziehen und zusammendrücken. Der Stoßdämpfer muss sich über den gesamten Hub gleichmäßig schwer und ruckfrei bewegen lassen.
- Bei Gasdruck-Stoßdämpfern geht die Kolbenstange bei ausreichendem Gasfülldruck von selbst wieder in die Ausgangslage zurück. Ist dies nicht der Fall, braucht der Dämpfer nicht unbedingt ersetzt werden. Die Wirkungsweise entspricht, solange kein größerer Ölverlust eingetreten ist, der Wirkungsweise eines konventionellen Dämpfers. Die dämpfende Funktion ist auch ohne Gasdruck vollständig vorhanden. Allerdings kann sich das Geräuschverhalten verschlechtern.
- Bei einwandfreier Funktion sind geringe Spuren von Stoßdämpferöl kein Grund zum Austausch. Als Faustregel gilt: Wenn ein Ölfleck sichtbar ist und sich nicht weiter ausbreitet als vom oberen Stoßdämpferverschluss (Kolbenstangendichtring) bis zum unteren Federteller, gilt der Dämpfer als in Ordnung. Voraussetzung ist, dass der Ölfleck stumpf, matt beziehungsweise durch Staub getrocknet ist. Ein geringfügiger Ölaustritt ist sogar von Vorteil, weil dadurch der Dichtring geschmiert wird und sich somit dessen Lebensdauer erhöht.
- Bei starkem Ölverlust Stoßdämpfer austauschen.

Stoßdämpfer verschrotten

Damit ein defekter Stoßdämpfer entsorgt werden kann, muss das Hydrauliköl aus dem Stoßdämpfer abgelassen werden. Der entleerte Stoßdämpfer kann dann wie normaler Eisenschrott behandelt werden.

Achtung: Hydrauliköl ist ein Problemstoff und darf auf keinen Fall einfach weggeschüttet oder dem Hausmüll mitgegeben werden. Gemeinde- und Stadtverwaltungen informieren darüber, wo sich die nächste Problemstoff-Sammelstelle befindet.

Sicherheitshinweis
Der Gasdruck eines neuen Stoßdämpfer beträgt bis zu 25 bar. Deshalb beim Öffnen des Dämpfers Arbeitsstelle abdecken und **unbedingt Schutzbrille tragen.**

Stoßdämpfer können auf 2 Arten entleert werden, entweder durch Anbohren oder durch Aufsägen der Außenwand.

Stoßdämpfer anbohren

- Ausgebauten Stoßdämpfer senkrecht, mit der Kolbenstange nach unten, in den Schraubstock einspannen.

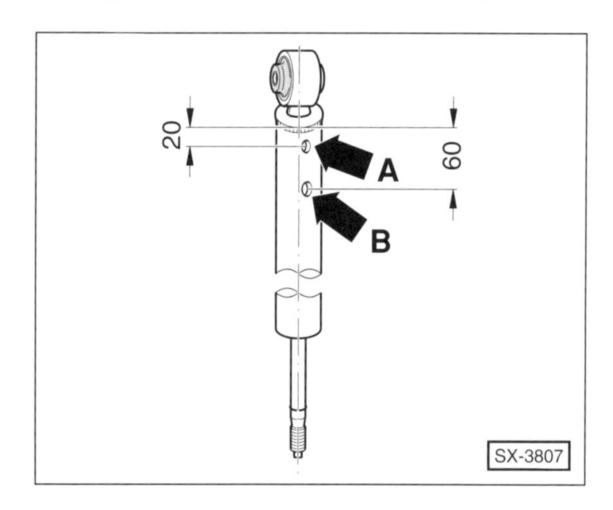

- An der Stelle –A– ein Loch mit 3 mm ∅ in das Außenrohr bohren.

Achtung: Bei Gasdruckstoßdämpfern entweicht nach dem Durchbohren der ersten Rohrwandung Gas. Öffnung während des Entgasens mit Lappen abdecken. Anschließend weiterbohren bis das innenliegende Rohr (ca. 25 mm) durchbohrt ist.

- An der Stelle –B– eine zweite Bohrung mit 6 mm-Bohrer bis durch das innenliegende Rohr bohren.
- Dämpfer über eine Ölauffangwanne halten und Hydrauliköl durch hin- und herbewegen der Kolbenstange über den gesamten Hub herausdrücken.
- Dämpfer abtropfen lassen, bis kein Hydrauliköl mehr austritt.
- Hydrauliköl bei einer Problemstoff-Sammelstelle entsorgen.
- Entleerten Stoßdämpfer als Eisenschrott entsorgen.

Stoßdämpfer aufsägen

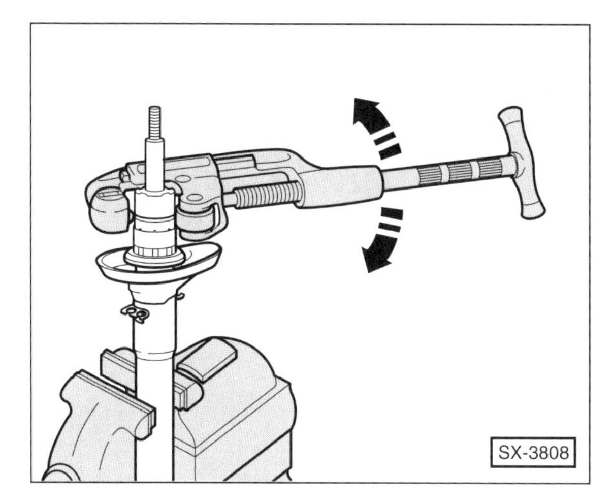

- Federbein in Schraubstock spannen.
- Rohrschneider, z. B. Stahlwille Express 150/3, ansetzen und Außenrohr durchtrennen. **Achtung:** Bei Gasdruck-Stoßdämpfern entweicht dabei das Gas; Schutzbrille tragen.
- Kolbenstange hochziehen, dabei das Innenrohr mit einer Wasserrohrzange festhalten und nach unten drücken, so dass dieses beim langsamen Hochziehen der Kolbenstange im Außenrohr verbleibt.
- Kolbenstange vom Innenrohr abziehen.
- Dämpfer über eine Ölauffangwanne halten und Hydrauliköl ablaufen lassen, bis kein Hydrauliköl mehr austritt.
- Hydrauliköl bei einer Problemstoff-Sammelstelle entsorgen.
- Entleerten Stoßdämpfer als Eisenschrott entsorgen.

Hinterachs-Antrieb/Aggregateträger/Querlenker

Fahrzeuge mit Allradantrieb

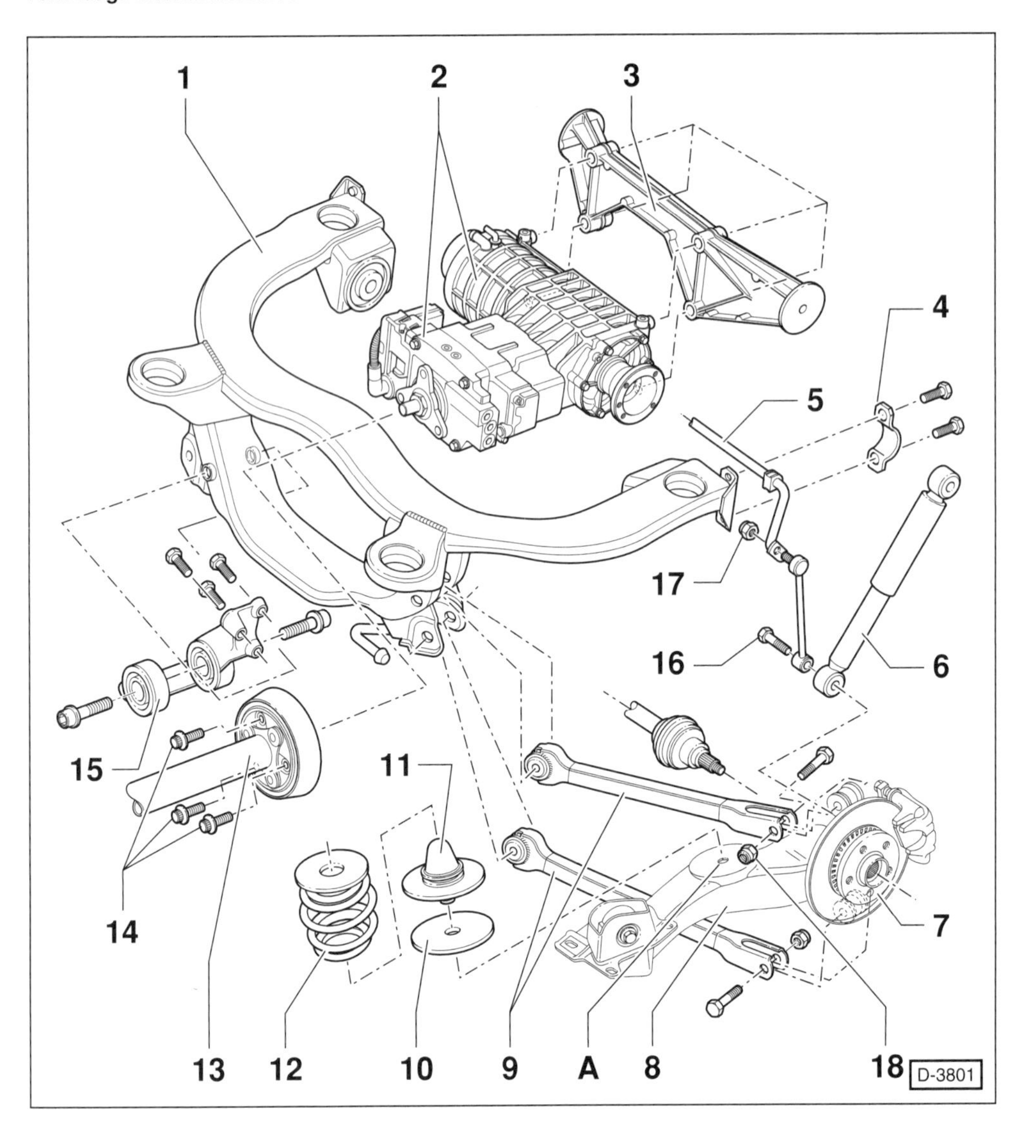

1 – **Aggregateträger**

2 – **Achsantrieb**

3 – **Querträger**

4 – **Schelle**

5 – **Stabilisator**
Vor dem Einbau eventuelle Lackschäden beseitigen.

6 – **Gasdruck-Stoßdämpfer**
Einzeln austauschbar. In diesem Fall nur einen Dämpfer vom gleichen Hersteller verwenden.
Obere Befestigungsschraube immer ersetzen und mit **60 Nm** festziehen.

7 – **Radlagerung**

8 – **Längslenker**
Ab 8/99 ist kein Gewinde –A– für den Anschlagpuffer mehr vorhanden. Falls der neue Längslenker mit einem Anschlagpuffer vor 8/99 kombiniert werden soll, Gewinde –A– auf 10,5 mm ∅ aufbohren.

9 – **Querlenker**

10 – **Distanzscheibe**
Nur bei Fahrzeugen mit Schlechtwegefahrwerk.

11 – **Anschlagpuffer**
Bis 7/99 mit Gewindezapfen, Anzugsdrehmoment: 10 Nm.
Ab 8/99 mit Fixierstift für richtige Einbaulage. Vor Einbau in Fahrzeuge bis 7/99 Gewindestift abschneiden. **Achtung:** Der Anfang der Federwindung muss am Steg des Anschlagpuffers anliegen.

12 – **Schraubenfeder**
Nur achsweise ersetzen. Eventuelle Lackschäden ausbessern. An einer Hinterachse nur Federn vom gleichen Hersteller verwenden.
Achtung: Linke Schraubenfeder so einbauen, dass der Anfang der unteren Federwindung, in Fahrtrichtung gesehen, rechtwinklig (90°) nach außen zeigt. Bei der rechten Feder muss der Federanfang rechtwinklig nach innen zeigen. Rechte Feder keinesfalls spiegelbildlich zur linken Feder einbauen.

13 – **Kardanwelle**

14 – **Zwölfkantschraube, 60 Nm**

15 – **Stütze für Achsantrieb**

16 – **Schraube, 110 Nm**
Achtung: Beim Anziehen muss das Fahrzeug auf den Räder stehen und mit einer Person auf dem Rücksitz belastet sein.

17 – **Mutter, 25 Nm**
Selbstsichernd, daher nach jeder Demontage ersetzen.

18 – **Mutter, 70 Nm + 90°**
Selbstsichernd, daher nach jeder Demontage ersetzen.

Räder und Reifen

Aus dem Inhalt:

- Profiltiefe prüfen
- Räder austauschen
- Schneeketten
- Radschrauben anziehen
- Reifenpflege
- Fahrzeug aufbocken
- Reifencode
- Reifenfülldruck

Der OCTAVIA ist je nach Modell und Ausstattung mit schlauchlosen Gürtelreifen sowie Felgen unterschiedlicher Größe ausgerüstet. Sofern Reifen und/oder Felgen montiert werden, die nicht in den Fahrzeugpapieren vermerkt sind, ist eine Eintragung in die Fahrzeugpapiere erforderlich. Dazu wird in der Regel eine Freigabebescheinigung vom Fahrzeughersteller benötigt. **Achtung:** Bei einigen Reifen-/Felgengrößen dürfen keine Schneeketten aufgezogen werden.

Neben der Felgenbreite und dem Felgendurchmesser ist bei einem Wechsel der Felge auch die Einpresstiefe zu beachten. Die Einpresstiefe ist das Maß von der Felgenmitte bis zur Anlagefläche der Radschüssel an die Bremsscheibe.

Alle Scheibenräder sind als Hump-Felgen ausgelegt. Der Hump ist ein in die Felgenschulter eingepresster Wulst, der auch bei extrem scharfer Kurvenfahrt nicht zulässt, dass der schlauchlose Reifen von der Felge gedrückt wird.

Profiltiefe messen

Reifen dürfen aufgrund gesetzlicher Vorschriften bis zu einer Profiltiefe von 1,6 mm abgefahren werden, und zwar an der gesamten Reifenlauffläche gemessen. Es empfiehlt sich aber aus Sicherheitsgründen, die Sommerreifen bereits bei einer Profiltiefe von 2 mm und die Winterreifen bei einer Tiefe von 4 mm auszutauschen.

Die Tiefe des Reifenprofils ist in den Hauptprofilrillen an den am stärksten verschlissenen Stellen des Reifens zu messen. Im Profilgrund der Originalbereifung sind Abnutzungsindikatoren zu erkennen. Markierungen an den Reifenflanken durch die Buchstaben TWI (TWI = **T**read **W**ear **I**ndicator) oder Dreieckssymbole kennzeichnen die Lage der Verschleißanzeiger. Die Flächen der Abnutzungsindikatoren haben eine Höhe von 1,6 mm. Sie dürfen nicht in die Messung mit einbezogen werden. Für die Messwerte entscheidend ist das Maß an der Stelle mit der geringsten Profiltiefe –P–.

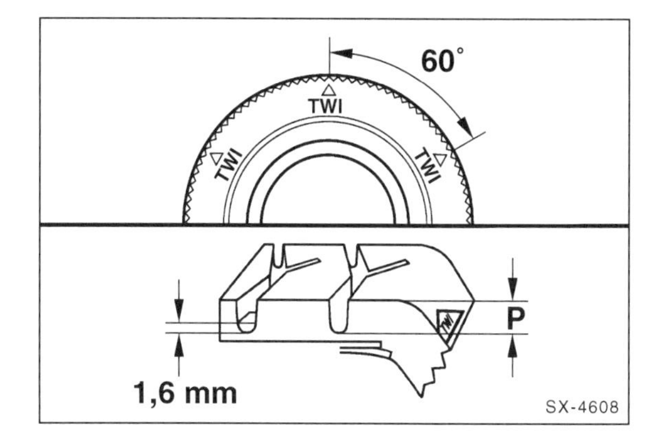

Achtung: Spätestens wenn Reifen bis auf die Verschleißanzeiger abgefahren sind, wird empfohlen, sie umgehend zu ersetzen.

Achtung: Reifen, die älter als 6 Jahre sind, sollten nur im Notfall und mit entsprechend vorsichtiger Fahrweise verwendet werden.

Eine Auswahl von Reifen-/Felgenkombinationen für den OCTAVIA mit Frontantrieb

Motor	Reifengröße	Scheibenrad (Felge)	Einpresstiefe in mm	Reifenfülldruck (Überdruck) in bar *)			
				halbe Zuladung		volle Zuladung	
				vorn	hinten	vorn	hinten
1,4/1,6l	175/80 R 14 88 H	6Jx14H2	38	2,0/2,0	2,0/2,2	2,4/2,2	2,4/3,0
1,9l (90 PS)	195/65 R 15 91 H	6Jx15H2	38	2,0/2,0	2,2/2,2	2,4/2,2	2,4/2,8
2,0l/1,9l (100/110 PS)	195/65 R 15 91 V	6Jx15H2	38	2,0/2,0	2,2/2,2	2,4/2,2	2,4/2,8
1,8l (125/150 PS)	205/60 R 15 91 V	6½Jx15H2	43	2,0/2,0	2,2/2,2	2,0/2,1	2,4/2,6
1,8l (180 PS)	205/55 R 16 91 W	6½Jx16H2	42	2,0/2,0	2,2/2,2	2,2/2,1	2,4/2,6

*) Reifenfüldruck: Limousine/Combi

Reifenfülldruck

Der Reifenfülldruck wird vom Automobilhersteller in Abhängigkeit verschiedener Parameter festgelegt. Dazu zählen unter anderem die Fahrzeugbelastung und die Fahrzeug-Höchstgeschwindigkeit. Für den OCTAVIA sind viele unterschiedliche Reifendimensionen und Felgengrößen vom Werk zugelassen. Die vorliegende Reifentabelle listet nur einen Querschnitt möglicher Reifen-/Felgenkombinationen auf. Eine komplette Liste aller zugelassenen Reifen und Felgen hat jede Fachwerkstatt.

Es ist wichtig, dass der für den jeweiligen Reifen festgelegte Reifenfülldruck eingehalten wird. Die Reifenfülldruckwerte stehen auch auf einem Aufkleber an der Innenseite der Tankklappe. Wird das Reifenformat gewechselt, sollten die neuen Fülldruckwerte auf diesem Aufkleber vermerkt werden. Auch bei der Verwendung von Winterreifen muss der vorgeschriebene Reifenfülldruck eingehalten werden. Für die Lebensdauer der Reifen und die Fahrzeugsicherheit ist das Einhalten des Reifenfülldrucks von großer Wichtigkeit. Reifenfülldruck deshalb alle 2 Wochen und vor jeder längeren Fahrt prüfen (auch Reserverad).

- Reifenfülldruckangaben beziehen sich auf **kalte** Reifen. Der sich bei längerer Fahrt einstellende und um ca. 0,2 bis 0,4 bar höhere Überdruck darf nicht reduziert werden. **Winterreifen** müssen mit einem um **0,2 bar höheren Überdruck** als Sommerreifen gefahren werden. Auf jeden Fall müssen die Reifenfülldrücke bei Winterreifen entsprechend den Vorgaben des Reifenherstellers eingehalten werden. Unterliegen die Winterreifen einer Geschwindigkeitsbeschränkung, muss ein Hinweis im Blickfeld des Fahrers angebracht werden (§ 36, Absatz 1 StVZO).
- Bei **Anhängerbetrieb** Reifenfülldruck auf den unter »volle Zuladung« angegebenen Wert erhöhen. Reifenfülldruck der Anhängerbereifung ebenfalls kontrollieren.
- Der Reifenfülldruck für das **Reserverad** entspricht dem höchsten für das Fahrzeug vorgesehenen Fülldruck.

Schneeketten

Schneeketten sind nur an den **Vorderrädern** zulässig. Dies gilt auch für Fahrzeuge mit Allradantrieb. Um Beschädigungen an den Radvollblenden zu vermeiden, sollten diese bei Schneekettenbetrieb abgenommen werden. Die Radschrauben müssen dann aus Sicherheitsgründen mit Abdeckkappen versehen werden, die in der SKODA-Werkstatt erhältlich sind. Nach Entfernen der Schneeketten, Radschrauben-Abdeckkappen abnehmen und Radvollblenden montieren.

Mit Schneeketten darf in Deutschland nicht schneller als **50 km/h** gefahren werden. Auf schnee- und eisfreien Straßen sind die Schneeketten abzunehmen. Nur feingliedrige Schneeketten verwenden, die nicht mehr als 15 mm (einschließlich Kettenschloss) auftragen. Auf Reifen der Größen 205/60 R15 und 205/55 R16 dürfen keine Schneeketten aufgezogen werden.

Austauschen der Räder/ Laufrichtung beachten

Es ist nicht zweckmäßig, bei einem Austausch der Räder die Drehrichtung der Reifen zu ändern, da sich die Reifen nur unter vorübergehend stärkerem Verschleiß der veränderten Drehrichtung anpassen. Bei einigen Reifen ist die Laufrichtung durch einen Pfeil auf der Reifenflanke vorgegeben, die Laufrichtung ist dann unbedingt einzuhalten.

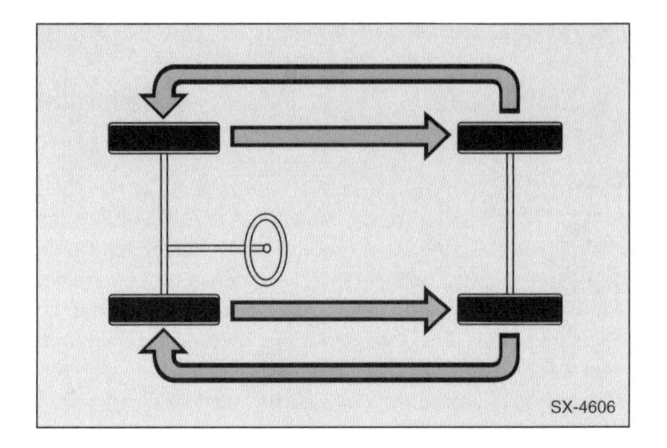

Bei größerem Verschleiß der vorderen Reifen empfiehlt es sich, die Vorderräder gegen die Hinterräder zu tauschen. Dadurch haben alle 4 Reifen etwa die gleiche Lebensdauer.

Sicherheitshinweise
Reifen nicht einzeln, sondern mindestens achsweise ersetzen. Reifen mit der größeren Profiltiefe **vorn** montieren. Am Fahrzeug dürfen nur Reifen gleicher Bauart verwendet werden, wobei gleiche Marke und Profilausführung auf einer Achse vorhanden sein muss! Reifen, die älter als 6 Jahre sind, nur im Notfall und bei vorsichtiger Fahrweise verwenden. Keine gebrauchten Reifen verwenden, deren Ursprung nicht bekannt ist. Beim Erneuern des Scheibenrades oder des Reifens ist das Gummiventil grundsätzlich zu ersetzen.

- Bei Reifen mit **laufrichtungsgebundenem Profil**, erkennbar an Pfeilen auf der Reifenflanke in Laufrichtung, **muss** die Laufrichtung des Reifens **unbedingt** eingehalten werden. Dadurch werden optimale Laufeigenschaften bezüglich Aquaplaning, Haftvermögen, Geräusch und

Abrieb sichergestellt. Falls das Reserverad bei einer Reifenpanne einmal entgegen der Laufrichtung montiert werden muss, sollte dieser Einsatz nur vorübergehend sein. Insbesondere bei Nässe empfiehlt es sich, die Geschwindigkeit den Fahrbahnverhältnissen anzupassen.

Rad ausbauen

- Fahrzeug gegen Wegrollen oder Wegrutschen sichern. Dazu Handbremse anziehen und Rückwärts- oder 1. Gang einlegen. Bei Fahrzeugen mit Automatikgetriebe »P« einlegen. Wenn nötig, Fahrzeug zusätzlich durch Blockieren der Räder mit Bremskeilen sichern.

- Radblende abnehmen. Dazu Radschlüssel und Drahtbügel aus dem Bordwerkzeug verwenden. Drahtbügel gegenüber dem Luftventil einhängen. Radschlüssel durch den Bügel schieben und Radblende abhebeln. Bei Leichtmetallfelgen die Abdeckkappen für die Radschrauben mit mitgelieferter Kunststoffklammer abziehen.
- Stellung der Vorderräder zur Radnabe mit Farbe kennzeichnen. Dadurch kann das ausgewuchtete Rad wieder in derselben Position montiert werden.
- **Radschrauben ½ Umdrehung lösen (nicht abschrauben), wenn das Fahrzeug auf dem Boden steht.**
- Wagenheber mit der ganzen Auflagefläche auf festen Untergrund stellen.
- Wagenheber senkrecht zum Anhebepunkt des Fahrzeugs ansetzen.
- Fahrzeug mit dem Wagenheber so weit anheben, bis das Rad vom Boden abhebt.
- Radschrauben herausdrehen und Rad abnehmen.

Hinweis: Zum Lösen Diebstahl hemmender Radschrauben ist ein Adapter für die Radschrauben erforderlich, der in der Regel dem Bordwerkzeug beigelegt ist. Vor dem Lösen der Diebstahl hemmenden Radschrauben Schraubenkappe abnehmen. Adapter auf Radschraube aufstecken. Adapter drehen, bis die Verzahnung einrastet. Radschlüssel am Sechskant des Adapters ansetzen und Radschraube lösen. Auf dem Adapter ist eine Code-Nummer eingeschlagen. Nummer notieren und sicher aufbewahren, damit ein verloren gegangener Adapter wiederbeschafft werden kann.

Rad montieren

- Rad entsprechend der beim Ausbau angebrachten Markierung ansetzen. Radschrauben anschrauben und leicht anziehen.
- Fahrzeug absenken und Wagenheber entfernen.
- Radschrauben über Kreuz in mehreren Durchgängen anziehen. Zum Festziehen der Radschrauben sollte stets ein Drehmomentschlüssel verwendet werden. Dadurch wird sichergestellt, dass die Radschrauben gleichmäßig und fest angezogen sind. **Das Anzugsmoment beträgt für Stahl- und Leichtmetallfelgen 120 Nm.**
- Radvollblende im Bereich des Ventilausschnittes zuerst aufdrücken und anschließend den gesamten Umfang vollständig einrasten lassen.
- Felgen und Radschrauben sind aufeinander abgestimmt. Bei jeder Umrüstung auf andere Felgen, zum Beispiel Leichmetallfelgen oder Räder mit Winterbereifung, müssen deshalb die dazugehörigen Radschrauben mit der richtigen Länge und Kalottenform verwendet werden. Der Festsitz der Räder und die Funktion der Bremsanlage hängen davon ab.

Achtung: Leichtmetallfelgen sind durch einen Klarlacküberzug gegen Korrosion geschützt. Beim Radwechsel darauf achten, dass die Schutzschicht nicht beschädigt wird, andernfalls mit Klarlack ausbessern.

- Zum Schutz gegen das Festrosten des Rades ist der Zentriersitz der Felge an der Radnabe vorn und hinten vor jeder Montage des jeweiligen Rades mit Wälzlagerfett dünn einzufetten.
- Verschmutzte Schrauben und Gewinde reinigen. Gewinde der Radschrauben **nicht** fetten oder ölen.
- Wurde beim Radwechsel festgestellt, dass die Radschrauben korrodiert und schwergängig sind, müssen diese möglichst rasch erneuert werden. Bis dahin vorsichtshalber nur mit mäßiger Geschwindigkeit fahren.

Achtung: Durch einseitiges oder unterschiedlich starkes Anziehen der Radschrauben können das Rad und/oder die Radnabe verspannt werden.

- Nach dem Reifenwechsel unbedingt Reifenfülldruck prüfen und gegebenenfalls korrigieren.

Reifen- und Scheibenrad-Bezeichnungen/Herstellungsdatum

Reifen-Bezeichnungen

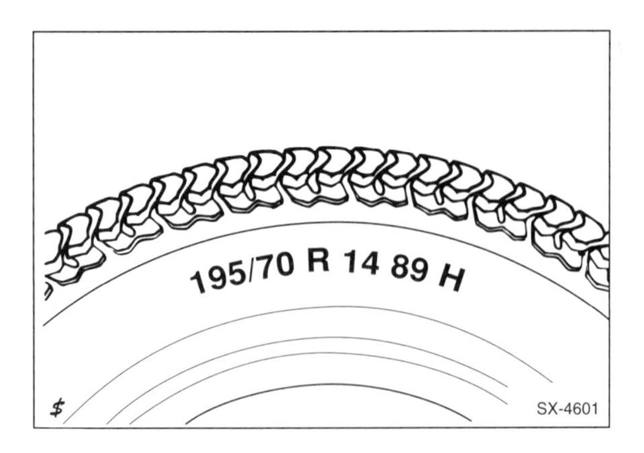

195 = Reifenbreite in mm.

/70 = Verhältnis Höhe zu Breite (die Höhe des Reifenquerschnitts beträgt 70 % von der Breite).

Fehlt eine Angabe des Querschnittverhältnisses (zum Beispiel 155 R 13), so handelt es sich um das »normale« Höhen-Breiten-Verhältnis. Es beträgt bei Gürtelreifen 82 %.

R = Radial-Bauart (= Gürtelreifen).

14 = Felgendurchmesser in Zoll.

89 = Tragfähigkeits-Kennzahl.

Achtung: Steht zwischen den Angaben 14 und 89 die Bezeichnung M+S, dann handelt es sich um einen Reifen mit Winterprofil.

H = Kennbuchstabe für zulässige Höchstgeschwindigkeit, H: bis 210 km/h.

Der Geschwindigkeitsbuchstabe steht hinter der Reifengröße. Die Geschwindigkeitsbuchstaben gelten sowohl für Sommer- als auch für Winterreifen.

Geschwindigkeits-Kennbuchstabe

Kennbuchstabe	Zulässige Höchstgeschwindigkeit
Q	160 km/h
S	180 km/h
T	190 km/h
H	210 km/h
V	240 km/h
W	270 km/h

Achtung: Steht hinter der Reifenbezeichnung das Wort »reinforced«, handelt es sich um einen Reifen in verstärkter Ausführung, beispielsweise für Vans und Transporter.

Reifen-Herstellungsdatum

Das Herstellungsdatum steht auf dem Reifen im Hersteller-Code.

Beispiel: DOT CUL2 UM8 1007 TUBELESS

DOT = Department of Transportation (US-Verkehrsministerium)
CU = Kürzel für Reifenhersteller
L2 = Reifengröße
UM8 = Reifenausführung
1007 = Herstellungsdatum = 10. Produktionswoche 2007
Hinweis: Falls anstelle der 4-stelligen Ziffer eine 3-stellige Ziffer, gefolgt von einem ◁-Symbol aufgeführt ist, dann wurde der Reifen im vergangenen Jahrzehnt produziert. Die Bezeichnung 509◁ bedeutet beispielsweise: 50. Produktionswoche 1999.
TUBELESS = schlauchlos (TUBETYPE = Schlauchreifen)

Achtung: Neureifen müssen seit 10/98 zusätzlich mit einer ECE-Prüfnummer an der Reifenflanke versehen sein. Diese Prüfnummer weist nach, dass der Reifen dem ECE-Standard entspricht. Werden Reifen seit 10/98 **ohne** ECE-Prüfnummer montiert, erlischt die Allgemeine Betriebserlaubnis (ABE) des Fahrzeuges.

Scheibenrad-Bezeichnungen

Beispiel : 6½J x 15 H2, LK4/100, ET 43

6½ = Maulweite (Innenbreite) der Felge in Zoll.
J = Kennbuchstabe für Höhe und Kontur des Felgenhorns (B = niedrigere Hornform).
x = Kennzeichen für einteilige Tiefbettfelge.
15 = Felgen-Durchmesser in Zoll.
H2 = Felgenprofil an Außen- und Innenseite mit Hump-Schulter (Hump = Sicherheitswulst, damit der Reifen nicht von der Felge rutscht).
LK4 = Anzahl der Bohrungen in der Felge für die Radschrauben/-muttern (= Lochkreise).
100 = Lochkreis-Durchmesser in mm.
ET 43 = Einpresstiefe des Scheibenrades von 43 mm.

Auswuchten von Rädern

Die serienmäßigen Räder werden im Werk ausgewuchtet. Das Auswuchten ist notwendig, um unterschiedliche Gewichtsverteilung und Materialungenauigkeiten auszugleichen. Im Fahrbetrieb macht sich die Unwucht durch Trampel- und Flattererscheinungen bemerkbar. Das Lenkrad beginnt dann bei höherem Tempo zu zittern.

In der Regel tritt dieses Zittern nur in einem bestimmten Geschwindigkeitsbereich auf und verschwindet wieder bei niedrigerer und höherer Geschwindigkeit.

Solche Unwuchterscheinungen können mit der Zeit zu Schäden an Achsgelenken, Lenkgetriebe und Stoßdämpfern sowie am Reifenprofil führen.

Räder nach jeder Reifenreparatur und nach jeder Montage eines neuen Reifens auswuchten lassen, da sich durch Abnutzung und Reparatur die Gewichts- und Materialverteilung am Reifen ändert.

Reifenpflegetipps

Reifen haben ein »Gedächtnis«. Unsachgemäße Behandlung – und dazu zählt beispielsweise auch schon schnelles oder häufiges Überfahren von Bordstein- oder Schienenkanten – führt deshalb zu Reifenpannen, mitunter sogar erst nach längerer Laufleistung.

Reifen reinigen

- Reifen generell **nicht** mit einem Dampfstrahlgerät reinigen. Wird die Düse des Dampfstrahlers zu nahe an den Reifen gehalten, dann wird die Gummischicht innerhalb weniger Sekunden irreparabel zerstört, selbst bei Verwendung von kaltem Wasser. Ein auf diese Weise gereinigter Reifen sollte sicherheitshalber ersetzt werden.
- Ersetzt werden sollte auch ein Reifen, der über längere Zeit mit Öl, Fett oder Kraftstoff in Berührung kam. Der Reifen quillt an den betreffenden Stellen zunächst auf, nimmt jedoch später wieder seine normale Form an und sieht äußerlich unbeschädigt aus. Die Belastungsfähigkeit des Reifens nimmt aber ab.

Reifen lagern

- Reifen sollten kühl, dunkel und trocken aufbewahrt werden. Sie dürfen nicht mit Fett, Öl oder Kraftstoff in Berührung kommen.
- Räder liegend oder an den Felgen aufgehängt in der Garage oder im Keller lagern. Reifen, die nicht auf einer Felge montiert sind, sollten stehend aufbewahrt werden.
- Bevor die Räder abmontiert werden, Reifenfülldruck etwas erhöhen (ca. 0,3 – 0,5 bar).
- Für Winterreifen eigene Felgen verwenden, denn das Ummontieren der Reifen lohnt sich aus Kostengründen nicht.

Reifen einfahren

Neue Reifen haben vom Produktionsprozess her eine besonders glatte Oberfläche. Deshalb müssen neue Reifen – das gilt auch für das neue Ersatzrad – etwa 300 Kilometer mit mäßiger Geschwindigkeit und vorsichtiger Fahrweise eingefahren werden. Bei diesem Einfahren raut sich durch die beginnende Abnutzung die glatte Oberfläche auf, das Haftvermögen des Reifens verbessert sich.

Während der ersten 300 km sollte man mit neuen Reifen speziell auf Nässe besonders vorsichtig fahren.

Fehlerhafte Reifenabnutzung

- In erster Linie ist auf vorschriftsmäßigen Reifenfülldruck zu achten, wobei alle 2 Wochen und vor jeder längeren Fahrt eine Prüfung vorgenommen werden sollte.
- Reifenfülldruck nur bei kühlen Reifen prüfen. Der Reifenfülldruck steigt nämlich mit zunehmender Erhitzung bei schneller Fahrt an. Dennoch ist es völlig falsch, aus so erhitzten Reifen Luft abzulassen.

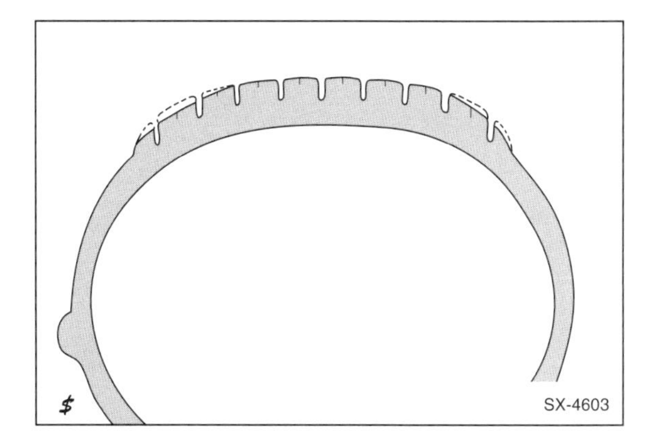

- An den Vorderrädern ist eine etwas größere Abnutzung der Reifenschultern gegenüber der Laufflächenmitte normal, wobei aufgrund der Straßenneigung die Abnutzung der zur Straßenmitte zeigenden Reifenschulter (linkes Rad: außen, rechtes Rad: innen) deutlicher ausgeprägt sein kann.
- Ungleichmäßiger Reifenverschleiß ist zumeist die Folge zu geringen oder zu hohen Reifenfülldrucks. Er kann auch auf Fehler in der Radeinstellung oder der Radauswuchtung sowie auf mangelhafte Stoßdämpfer oder Felgen zurückzuführen sein.
- Bei zu hohem Reifenfülldruck wird die Laufflächenmitte mehr abgenutzt, da der Reifen an der Lauffläche durch den hohen Innendruck mehr gewölbt ist.
- Bei zu niedrigem Reifenfülldruck liegt die Lauffläche an den Reifenschultern stärker auf, und die Laufflächenmitte wölbt sich nach innen durch. Dadurch ergibt sich ein stärkerer Reifenverschleiß der Reifenschultern.

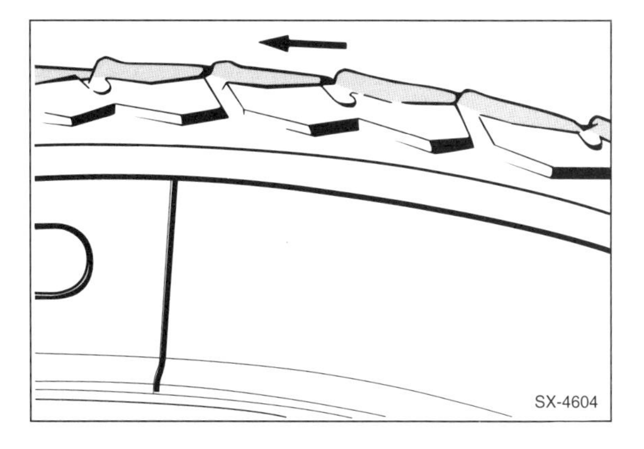

- Sägezahnförmige Abnutzung des Profils ist in der Regel auf eine Überbelastung des Fahrzeugs zurückzuführen.

Fahrzeug aufbocken

Sicherheitshinweis
Wenn unter dem Fahrzeug gearbeitet werden soll, muss es mit geeigneten Unterstellböcken sicher abgestützt werden. Wird das Fahrzeug nur mit Hilfe des Wagenhebers angehoben, darf lediglich ein Radwechsel durchgeführt werden. Arbeiten unter dem Fahrzeug sind verboten. **Lebensgefahr!**

- Das Fahrzeug nur in unbeladenem Zustand auf ebener, fester Fläche aufbocken.
- Fahrzeug mit Unterstellböcken so abstützen, dass jeweils ein Bein seitlich nach außen zeigt.

Anhebe- und Aufbockpunkte für Bordwagenheber

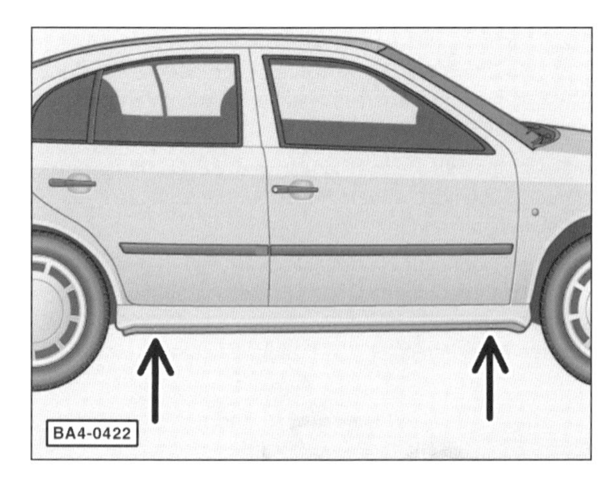

Die Aufnahmepunkte –Pfeile– für den Bordwagenheber sind am Unterholm des Fahrzeugs durch Vertiefungen im Blech gekennzeichnet.

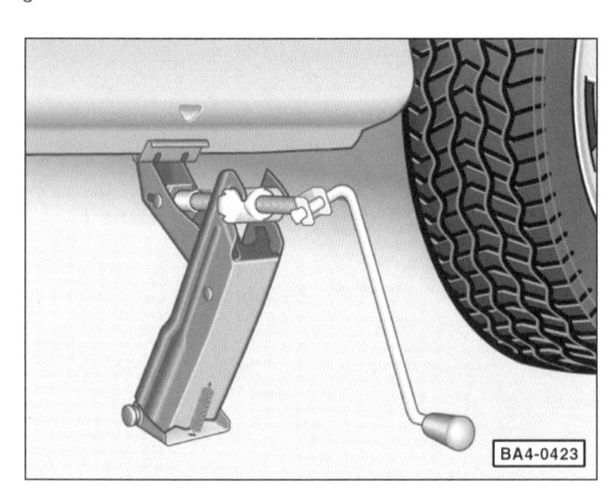

- Wagenheber am senkrechten Steg des Unterholms im Bereich der eingeprägten Markierung ansetzen.
- Bordwagenheber hochkurbeln, bis das Rad vom Boden abgehoben hat. Fahrzeug mit Unterstellböcken abstützen.
- Die Räder, die beim Anheben auf dem Boden stehen bleiben, mit Keilen gegen Vor- oder Zurückrollen sichern. Nicht auf die Feststellbremse verlassen, diese muss bei einigen Reparaturen gelöst werden.

Aufnahmepunkte für Hebebühne, Werkstattwagenheber und Unterstellböcke

Achtung: Um Beschädigungen am Unterbau zu vermeiden, geeignete Gummi- oder Holzzwischenlage verwenden. Der Wagen darf ausschließlich an den vorgesehenen Punkten angehoben werden, sonst können große Schäden entstehen. Auf keinen Fall dürfen die Arme der Hebebühne oder der Wagenheber unter dem Schweller, dem Motor, dem Getriebe, der Vorder- oder Hinterachse angesetzt werden.

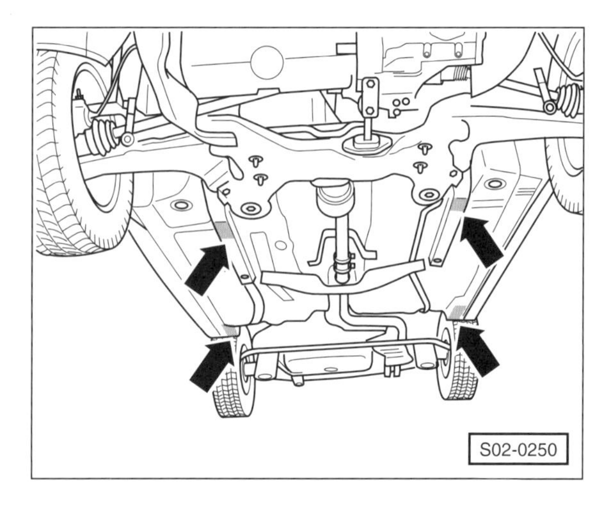

- **Aufbockpunkte vorn:** An den beiden Längsträgern vorn in Höhe der Markierung am Schweller.
- **Aufbockpunkte hinten:** An den beiden Längsträgern hinten in Höhe der Markierung am Schweller.

Lenkung

Aus dem Inhalt:

- Airbag
- Airbag-Sicherheitshinweise
- Lenkrad
- Spurstangenkopf
- Lenkgetriebe
- Servopumpe

Die Lenkbewegungen des Fahrers werden vom Lenkrad über die Lenksäule, das Lenkgetriebe und die Spurstangen auf die Vorderräder übertragen. Die Position des Lenkrades lässt sich in Höhe und Neigung stufenlos verstellen.

Eine hydraulische Lenkhilfe (Servolenkung) verringert den Kraftaufwand beim Einschlagen der Räder, insbesondere bei stehendem Fahrzeug. Die Lenkhilfe besteht aus der Ölpumpe, dem Vorratsbehälter und den Öldruckleitungen. Angetrieben wird die Ölpumpe vom Motor über den Keilrippenriemen. Die Pumpe saugt das Hydrauliköl aus dem Vorratsbehälter an und fördert es mit hohem Druck zum Ventilkörper. Der Ventilkörper sitzt im Lenkgetriebe. Er ist mit der Lenksäule mechanisch verbunden und leitet das Öl je nach Lenkeinschlag in die entsprechende Seite des Arbeitszylinders. Dort drückt das Öl gegen den Zahnstangenkolben und unterstützt dadurch die Lenkbewegung.

Im Lenkrad ist der Fahrer-**Airbag** untergebracht. Der Airbag ist ein zusammengefalteter Luftsack, der im Fall einer Frontalkollision aufgeblasen wird und dadurch Oberkörper und Kopf des Fahrers vor einem Aufprall auf das Lenkrad schützt. Bei einer entsprechend starken Frontalkollision wird über ein Steuergerät eine kleine Sprengladung in der Airbageinheit gezündet und die Abgase der Explosion blasen den Luftsack innerhalb weniger Millisekunden auf. Diese Zeit reicht aus, den Aufprall des nach vorn schnellenden Fahrer-Oberkörpers zu dämpfen. Der Airbag fällt anschließend innerhalb weniger Sekunden wieder in sich zusammen, da die Gase durch Austrittsöffnungen entweichen.

Achtung: Schweiß- und Richtarbeiten an Lenkungsteilen sind nicht zulässig. Selbstsichernde Muttern immer ersetzen.

Airbag-Sicherheitshinweise

Neben dem Fahrer-Airbag gibt es auch den Beifahrer-Airbag sowie Seitenairbags. Wird auf dem Beifahrersitz ein gegen die Fahrtrichtung angeordneter Babysitz montiert, muss der Beifahrer-Airbag deaktiviert werden. Diese Arbeit kann nur von einer SKODA-Werkstatt durchgeführt werden. Außerdem muss ein entsprechendes Warnschild (kein Babysitz vorn) an Türholm, Sonnenblende oder Armaturenbrett auf der rechten Fahrzeugseite vorhanden sein, sonst kann es bei einer polizeilichen Überprüfung zu einem Bußgeldverfahren kommen.

Bei Ausstattung mit Seitenairbags dürfen für die Sitze nur spezielle und von SKODA freigegebene Bezüge verwendet werden.

Vor dem Ausbau der Airbageinheit folgende Punkte unbedingt beachten:

- Batterie-Massekabel (–) bei ausgeschalteter Zündung abklemmen. **Achtung:** Dadurch werden elektronische Speicher gelöscht, wie zum Beispiel bei bestimmten Radios der Radiocode. Ohne Code kann das Radio nicht mehr in Betrieb genommen werden. Deshalb Hinweise im Kapitel »Batterie aus- und einbauen« durchlesen.
- Minuspol (–) der Batterie isolieren, um versehentlichen Kontakt zu vermeiden.
- Nach dem Abklemmen der Batterie ist eine Wartezeit von ca. 1 Minute einzuhalten, bevor der Airbag ausgebaut wird. In dieser Zeit entlädt sich der Kondensator des Airbag-Systems.
- Räder in Geradeausstellung bringen.
- Vor dem Abnehmen (Berühren) der Airbag-Einheit eventuelle elektrostatische Aufladung abbauen. Dazu kurz den Schließkeil der Tür oder die Karosserie anfassen.

Achtung: Werden diese Hinweise nicht beachtet, kann es im späteren Betrieb zum Ausfall des Airbag-Systems kommen.

Allgemeine Hinweise:

- Nach dem elektrischen Anschließen der Fahrer-Airbageinheit, vor dem Anklemmen der Batterie die Zündung einschalten, Zündschlüssel steht auf Position »Fahren«.
- Beim Anklemmen der Batterie darf sich keine Person im Innenraum des Fahrzeuges aufhalten.
- Die Airbageinheit ist im ausgebauten Zustand immer so abzulegen, dass die gepolsterte Seite nach oben zeigt.
- Bei Arbeitsunterbrechung die Airbageinheit nicht unbeaufsichtigt liegen lassen.
- Die Airbageinheit darf nicht zerlegt werden, bei Defekt ist sie immer komplett zu ersetzen. Da die Airbageinheit Explosivstoffe enthält, ist sie unter Verschluss oder geeigneter Aufsicht aufzubewahren. Die Entsorgung sollte die Fachwerkstatt vornehmen.

- Das Airbagsystem darf nur in der Fachwerkstatt geprüft werden. Keinesfalls mit Prüflampe, Voltmeter oder Ohmmeter prüfen.
- Die Airbageinheit darf nicht mit Flüssigkeiten wie Fett oder Reinigungsmitteln behandelt werden.
- Eine Airbageinheit, die auf eine harte Unterlage herabgefallen ist oder Beschädigungen aufweist, darf nicht mehr eingebaut werden.
- Die Airbageinheit hat eine Lebensdauer von ca. 15 Jahren. Nach Ablauf dieser Zeit müssen die Airbageinheiten und Steuergeräte ersetzt werden.
- Die Airbageinheit keinen Temperaturen über +100° C ausgesetzt werden, auch nicht kurzfristig.

Airbag auf der Fahrerseite aus- und einbauen

Achtung: Bevor die Airbageinheit ausgebaut wird, unbedingt Sicherheitshinweise zum Airbag durchlesen.

Ausbau

- Batterie-Massekabel (–) bei ausgeschalteter Zündung abklemmen. **Achtung:** Falls das eingebaute Radio einen Diebstahlcode besitzt, wird dieser beim Abklemmen der Batterie gelöscht. Das Radio kann anschließend nur durch die Eingabe des richtigen Codes oder durch die SKODA-Werkstatt beziehungsweise den Radio-Hersteller wieder in Betrieb genommen werden. Vor dem Abklemmen daher unbedingt den Diebstahlcode ermitteln.
- Nach dem Abklemmen der Batterie ca. 1 Minute warten, bevor der Airbag ausgebaut wird. In dieser Zeit entlädt sich der Kondensator des Airbag-Systems.
- Minuspol (–) der Batterie isolieren, um versehentlichen Kontakt zu vermeiden.
- Räder in Geradeausstellung, Lenkrad in Mittelstellung bringen.
- Untere Lenksäulenverkleidung ausbauen, siehe Seite 95.

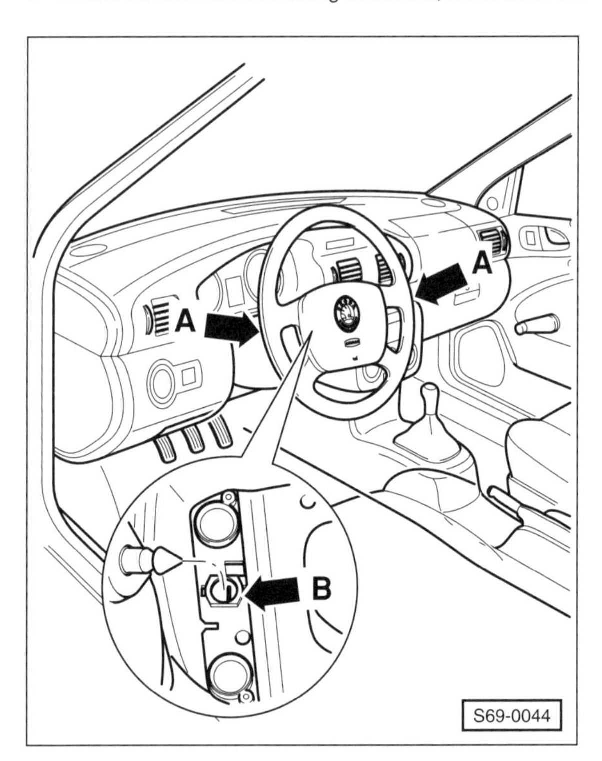

- Lenkrad um 90° (¼ Umdrehung) drehen, bis eine der Bohrungen –A– auf der Rückseite des Lenkrades nach unten zeigen.
- Airbag entriegeln. Dazu mit einem kleinen Schraubendreher oder dem Demontagewerkzeug HAZET 2525-1 an der Rückseite des Lenkrades durch die Bohrung am Lenkradtopf die Rastfeder –B– aushaken.
- Airbageinheit an der gelösten Seite etwas vom Lenkrad wegziehen.

- Lenkrad um 180° (½ Umdrehung) in die entgegengesetzte Richtung drehen und 2. Rasthaken entriegeln.
- Lenkrad in Mittelstellung bringen, Räder in Geradeausstellung.
- Vor dem Abnehmen (Berühren) der Airbag-Einheit eventuelle elektrostatische Aufladung abbauen. Dazu kurz den Schließkeil der Tür oder die Karosserie anfassen.

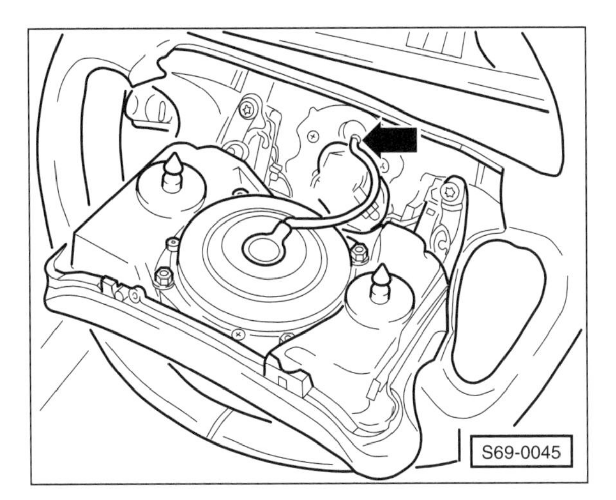

- Airbageinheit herausziehen und kippen.
- Steckverbindung für Airbageinheit –Pfeil– abziehen.
- Airbageinheit abnehmen und mit der gepolsterten Seite nach oben ablegen.
- Stellung der Lenksäule (Geradeausstellung der Räder) nicht verändern.

Einbau

- Stecker für Airbag verbinden.
- Airbag am Lenkrad so ansetzen, dass die Rasthaken über den Aufnahmebohrungen liegen. Airbag vorsichtig andrücken und einrasten.
- Zündung einschalten. Zündschlüssel steht auf Position »Fahren«. Die Batterie ist noch nicht angeklemmt.

Sicherheitshinweis
Während des Anklemmens der Batterie dürfen sich keine Personen im Fahrzeug aufhalten.

- Batterie-Massekabel (–) anklemmen. **Achtung:** Hoch-/Tieflaufautomatik für elektrische Fensterheber aktivieren sowie Zeituhr stellen und Radiocode eingeben, siehe Kapitel »Batterie aus- und einbauen«.
- Zündung ausschalten.
- Untere Lenksäulenverkleidung einbauen, siehe Seite 95.

Lenkrad aus- und einbauen

Ausbau

Achtung: Bevor die Airbageinheit ausgebaut wird, unbedingt Sicherheitshinweise zum Airbag durchlesen und diese einhalten.

- Airbageinheit am Lenkrad ausbauen, siehe entsprechendes Kapitel.
- Räder in Geradeausstellung, Lenkrad in Mittelstellung bringen.
- Lenkrad zur Lenkspindel mit Farbe kennzeichnen.

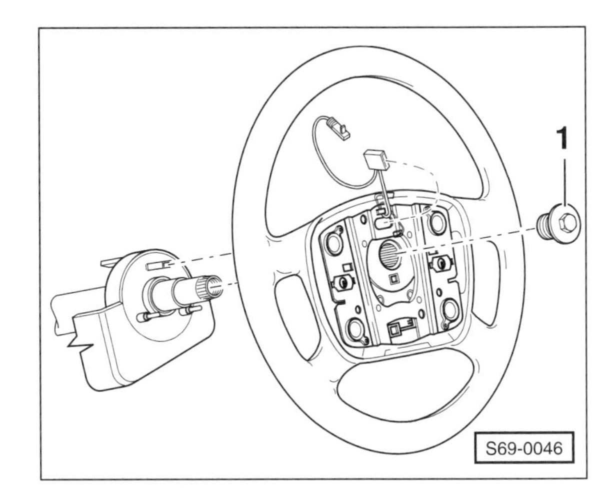

- Lenkrad abschrauben –1– und von der Lenkspindel abziehen.
- Stellung der Lenksäule (Geradeausstellung der Räder) nicht verändern.

Achtung: Der Rückstellring verbleibt auf dem Lenkstockschalter. Rückstellring bei ausgebautem Lenkrad nicht verdrehen.

Einbau

- Lenkrad so auf die Kerbverzahnung der Spindel aufschieben, dass sich die vorher angebrachten Markierungen decken. **Achtung:** Beim Aufsetzen des Lenkrades müssen sich die Räder in Geradeausstellung und der Blinkerschalter muss sich in Mittelstellung befinden.
- Lenkrad mit **neuer** Sechskantschraube –1– und **75 Nm** festziehen. **Achtung:** Lenkradbefestigungsschraube aus Sicherheitsgründen immer ersetzen.
- Airbageinheit einbauen, siehe Seite 134.
- Probefahrt durchführen und bei Geradeausfahrt Stellung des Lenkrades überprüfen. Die Speichen des Lenkrades müssen sich in waagerechter Lage befinden.
- Falls das Lenkrad schräg steht, Lenkrad ausbauen und entsprechend umsetzen. Gegebenenfalls Spur der Vorderräder überprüfen lassen (Werkstattarbeit)
- Hupe und automatische Rückstellung des Blinkerschalters prüfen.

Spurstange/Spurstangenkopf aus- und einbauen

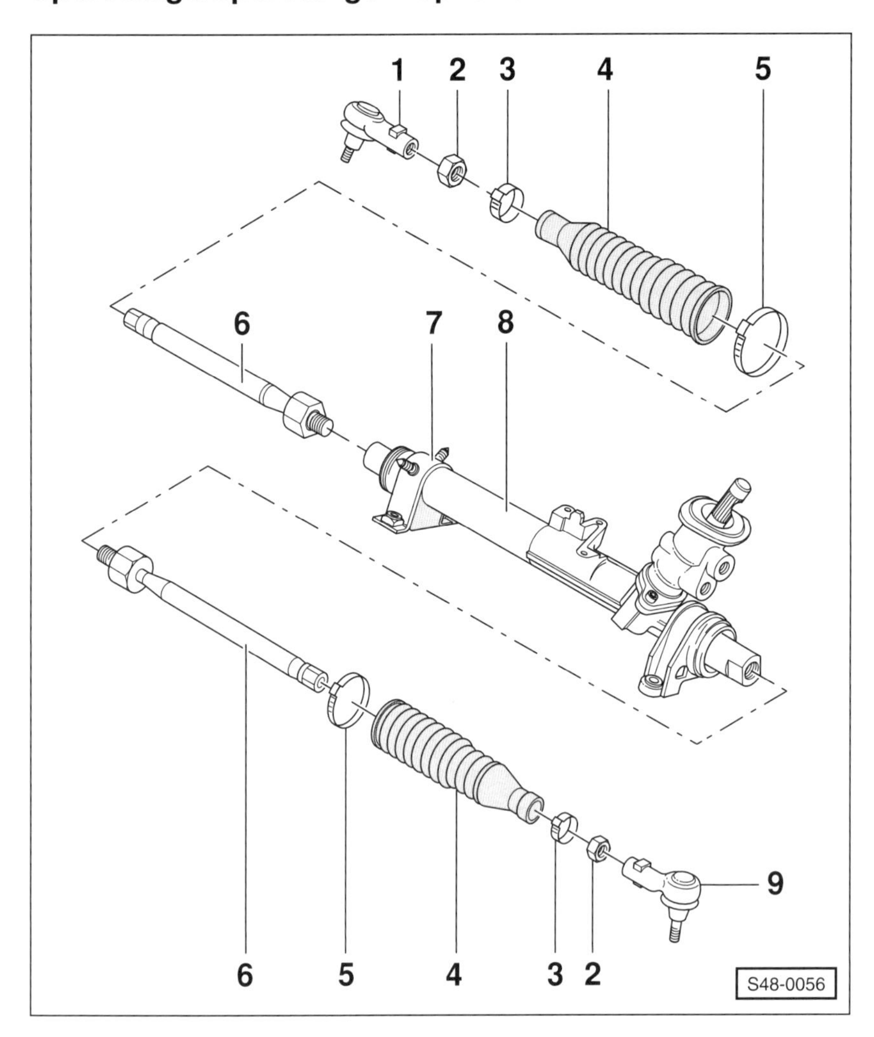

1 – Spurstangenkopf rechts

2 – Kontermutter, 50 Nm

3 – Klemmschelle
Immer ersetzen. Zum Ausbau mit Kneifzange öffnen.

4 – Manschette
Die Manschette kann nur bei ausgebautem Lenkgetriebe gewechselt werden (Werkstattarbeit).

5 – Klemmschelle
Immer ersetzen. Zum Ausbau mit Kneifzange öffnen.

6 – Spurstange
Anzugsdrehmoment an Zahnstange: 75 Nm. Linke und rechte Spurstange sind einstellbar.

7 – Schelle mit Gummieinsatz

8 – Servolenkgetriebe

9 – Spurstangenkopf links

Die Spureinstellung erfolgt grundsätzlich an beiden Fahrzeugseiten durch Verdrehen der Spurstangen. Die Spurstangenköpfe müssen spielfrei sein. Die Staubkappen dürfen nicht beschädigt sein, gegebenenfalls sofort erneuern. Die Spurstangenköpfe sind links und rechts unterschiedlich gekröpft, daher Ersatzteilzuordnung beachten.

Ausbau

- Stellung des jeweiligen Vorderrades zur Radnabe mit Farbe kennzeichnen. Dadurch kann das ausgewuchtete Rad wieder in derselben Position montiert werden. Radschrauben lösen, dabei muss das Fahrzeug auf dem Boden stehen. Fahrzeug vorn aufbocken und Vorderrad abnehmen.

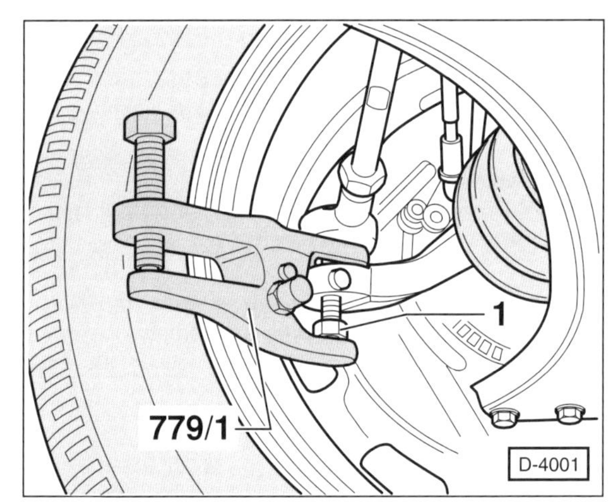

- Befestigungsmutter für Spurstangenkopf –1– lösen und bis an das Ende des Gewindes drehen, sie dient als Auflage für das Abziehwerkzeug und verhindert, dass das Gewinde des Spurstangengelenks beschädigt wird.

- Zapfen des Spurstangenkopfs mit handelsüblichem Abzieher, zum Beispiel HAZET 779/1, vom Lenkspurhebel abdrücken.

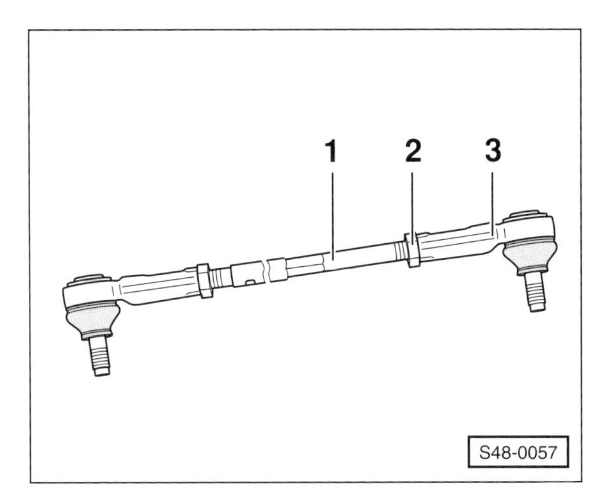

- Kontermutter –2– für Spurstangenkopf –3– an der Spurstange –1– lösen, dabei Spurstange am Sechskant gegenhalten.
- Spurstangenkopf von der Spurstange abschrauben, dabei Umdrehungen zählen und diese für den späteren Einbau notieren.

Einbau

Achtung: Ab Fahrgestellnummer TMBZZZ1U12W2074066 werden geänderte Spurstangen und Spurstangenköpfe eingebaut. Geänderte und bisherige Spurstangen und Spurstangenköpfe dürfen nicht gemischt eingebaut werden.

Unterscheidungsmerkmale: Bisherige Spurstangenköpfe sind auf dem Schaft mit »R« oder »L« für rechts oder links gekennzeichnet. Die Schlüsselweite beträgt 22 mm.

Geänderte Spurstangenköpfe sind auf dem Gewindeschaft mit »A« oder »B« für rechts oder links gekennzeichnet. Die Schlüsselweite beträgt 19 mm.

- Spurstangenkopf mit der gleichen Umdrehungsanzahl wie beim Ausbau notiert aufschrauben.
- Spurstangenkopf in Einbaulage ausrichten und Kontermutter mit **50 Nm** anziehen.
- Spurstangenkopf in den Lenkspurhebel am Radlagergehäuse einsetzen und **neue** selbstsichernde Mutter mit **50 Nm** festziehen. Falls sich der Gelenkzapfen beim Anziehen der Mutter mitdreht, Gelenkzapfen mit 6-mm-Innensechskantschlüssel gegenhalten.
- Vorderrad so ansetzen, dass die beim Ausbau angebrachten Markierungen übereinstimmen. Vorher Zentriersitz der Felge an der Radnabe mit Wälzlagerfett dünn einfetten. Radschrauben **nicht** fetten oder ölen. Korrodierte Radschrauben erneuern. Rad anschrauben. Fahrzeug ablassen und Radschrauben über Kreuz mit **120 Nm** festziehen.
- Stellung des Lenkrades prüfen und Vorspur der Vorderachse prüfen lassen (Werkstattarbeit).

Flügelpumpe für Servolenkung

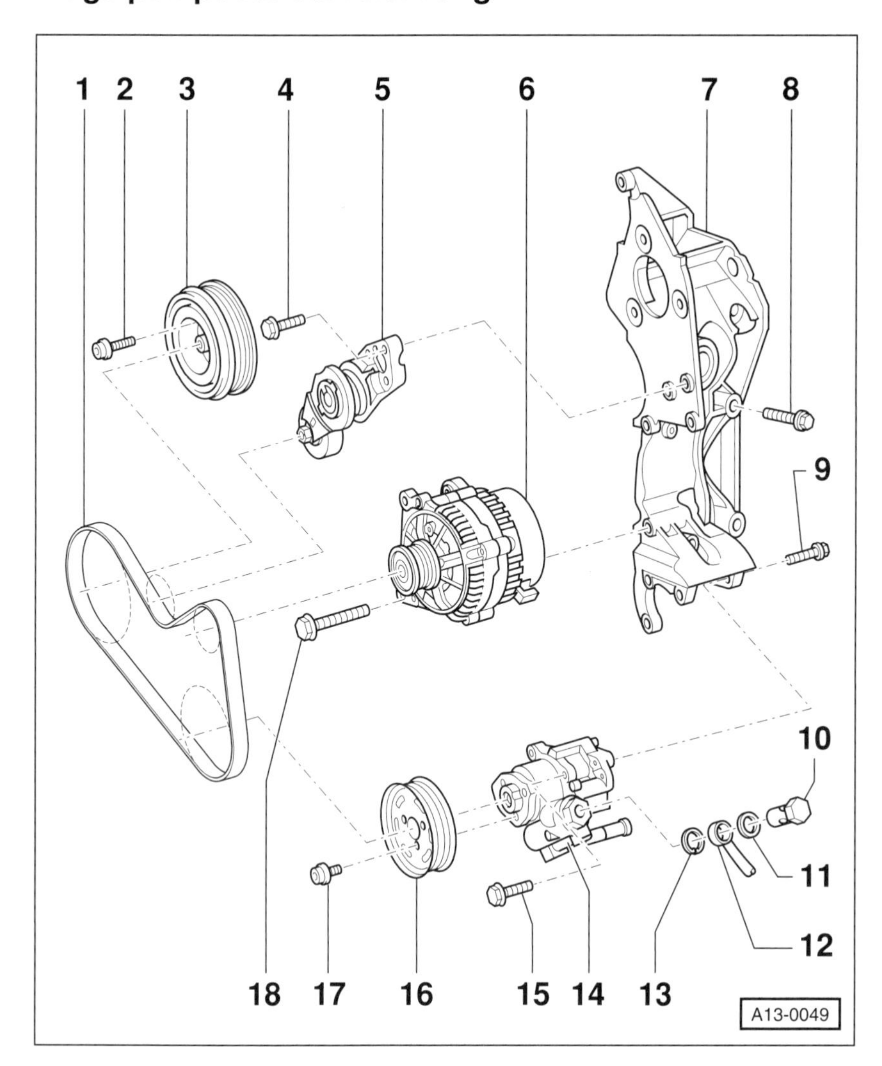

Hinweis: Je nach Fahrzeug kann die Flügelpumpe über dem Generator oder unter dem Generator liegend eingebaut sein. Die Abbildung zeigt die Ausführung mit unten liegender Servopumpe.

1 – **Keilrippenriemen**

2 – **Schraube, 10 Nm + 90° weiterdrehen (¼ Umdrehung)**

3 – **Schwingungsdämpfer**
Mit Kurbelwellen-Riemenscheibe.

4 – **Schraube, 25 Nm**

5 – **Spannelement**

6 – **Generator**

7 – **Halter**
Abgebildet ist der Halter bei Fahrzeugen ohne Klimaanlage.

8 – **Schraube, 45 Nm**

9 – **Schraube, 25 Nm**

10 – **Hohlschraube, 38 Nm**

11 – **Dichtring**
Grundsätzlich ersetzen.

12 – **Druckleitung (Dehnschlauch)**

13 – **Dichtring**
Grundsätzlich ersetzen.

14 – **Flügelpumpe (Servopumpe)**

15 – **Schraube, 25 Nm**

16 – **Riemenscheibe**
Für Servopumpe.

17 – **Innensechskantschraube, 25 Nm**

18 – **Schraube, 25 Nm**

Spezifikation des Hydrauliköls:
VW/SKODA-G 002 000;
TL 52 146;
N 052 146 00
PENTOSIN CHF 11S
Füllmenge 0,7 bis 0,9 l.

Bremsanlage

Aus dem Inhalt:

- Bremsbeläge wechseln
- Bremse entlüften
- Bremskraftverstärker
- Bremsscheibe prüfen
- Handbremse einstellen
- Bremslichtschalter
- Bremsscheibe wechseln
- ABS/EBV/EDS

Das Bremssystem besteht aus dem Bremskraftverstärker sowie einem Hauptbremszylinder mit nachgeschalteter ABS-Einheit und den Radbremsen für die Vorder- und Hinterräder. Das hydraulische Bremssystem ist in zwei Kreise aufgeteilt, die diagonal wirken. Ein Bremskreis arbeitet vorn rechts/hinten links, der zweite vorn links/hinten rechts. Dadurch kann bei Ausfall eines Bremskreises, zum Beispiel durch Undichtigkeit, das Fahrzeug über den anderen Bremskreis zum Stehen gebracht werden. Der Druck für beide Bremskreise wird im Tandem-Hauptbremszylinder über das Bremspedal aufgebaut.

Der Bremsflüssigkeitsbehälter befindet sich im Motorraum über dem Hauptbremszylinder und versorgt das ganze Bremssystem sowie das hydraulische Kupplungssystem mit Bremsflüssigkeit.

Der Bremskraftverstärker speichert beim Benzinmotor einen Teil des vom Motor erzeugten Ansaug-Unterdruckes. Beim Betätigen des Bremspedals wird dann die Pedalkraft durch den Unterdruck verstärkt. Da beim Dieselmotor der Ansaug-Unterdruck nicht vorhanden ist, erzeugt eine Vakuumpumpe den Unterdruck für den Bremskraftverstärker. Die Vakuumpumpe ist am Zylinderkopf angeflanscht und wird über die Nockenwelle angetrieben.

Die Scheibenbremsen sind mit einem so genannten Faustsattel ausgestattet. Bei dem Faustsattel wird nur ein Kolben benötigt, um beide Bremsbeläge gegen die Bremsscheibe zu drücken.

Die Handbremse wirkt über Seilzüge auf die Hinterräder.

Sicherheitshinweis
Das Arbeiten an der Bremsanlage erfordert peinliche Sauberkeit und exakte Arbeitsweise. Falls die nötige Arbeitserfahrung fehlt, sollten die Arbeiten an der Bremse von einer Fachwerkstatt durchgeführt werden.

Die Bremsbeläge sind Bestandteil der Allgemeinen Betriebserlaubnis (ABE), außerdem sind sie vom Werk auf das jeweilige Fahrzeugmodell abgestimmt. Es empfiehlt sich deshalb, nur die vom Automobilhersteller beziehungsweise vom Kraftfahrtbundesamt freigegebenen Bremsbeläge zu verwenden. Diese Bremsbeläge haben eine KBA-Freigabenummer.

Hinweis: Auf stark regennassen Fahrbahnen sollte während des Fahrens die Bremse von Zeit zu Zeit betätigt werden, um die Bremsscheiben von Rückständen zu befreien. Durch die Zentrifugalkraft während der Fahrt wird zwar das Wasser von den Bremsscheiben geschleudert, doch bleibt teilweise ein dünner Film von Silikonen, Gummiabrieb, Fett und Verschmutzungen zurück, der das Ansprechen der Bremse vermindert.

Eingebrannter Schmutz auf den Bremsbelägen und zugesetzte Regennuten in den Bremsbelägen führen zur Riefenbildung auf den Bremsscheiben. Dadurch kann eine verminderte Bremswirkung eintreten.

Sicherheitshinweis
Beim Reinigen der Bremsanlage fällt Bremsstaub an. Dieser Staub kann zu gesundheitlichen Schäden führen. Deshalb beim Reinigen der Bremsanlage darauf achten, dass der Bremsstaub nicht eingeatmet wird.

ABS/EBV/EDS

ABS: Das **A**nti-**B**lockier-**S**ystem verhindert bei scharfem Abbremsen das Blockieren der Räder, dadurch bleibt das Fahrzeug lenkbar.

EBV: Die **E**lektronische **B**remskraft**v**erteilung verteilt mittels ABS-Hydraulik die Bremskraft an die Hinterräder. Da die elektronische EBV-Steuerung wesentlich sensibler arbeitet als ein mechanisch wirkender Bremskraftregler, wird ein deutlich größerer Regelbereich ausgenutzt.

Bei Geradeausfahrt wird die Hinterradbremse voll an der Bremsleistung beteiligt. Um auch bei Kurvenbremsungen die Fahrstabilität zu gewährleisten, muss der Bremskraftanteil der Hinterachse reduziert werden. Über die ABS-Drehzahlsensoren erkennt die EBV, ob das Fahrzeug geradeaus oder durch eine Kurve fährt. Bei Kurvenfahrt wird der Bremsdruck für die Hinterräder reduziert. Dadurch können die Hinterräder die maximale Seitenführungskraft aufbringen.

EDS: Mit der **E**lektronischen **D**ifferential**s**perre werden beim Anfahren durchdrehende Räder abgebremst. Dadurch wird das Antriebsdrehmoment auf »greifende« Räder umgelenkt.

Die elektronische Differentialsperre wird beim Anfahren wirksam und schaltet sich bei einer Geschwindigkeit von 40 km/h automatisch ab. Besonders vorteilhaft an dieser Traktionshilfe: Sie beeinflusst weder das Fahrverhalten negativ noch beeinträchtigt sie den Lenkkomfort beim Anfahren.

Hinweise zum ABS/EBV/EDS

Eine Sicherheitsschaltung im elektronischen Steuergerät sorgt dafür, dass sich die Anlage bei einem Defekt (z. B. Kabelbruch) oder bei zu niedriger Betriebsspannung (Batteriespannung unter 10 Volt) selbst abschaltet. Angezeigt wird dies durch das Leuchten der Kontrolllampen im Kombiinstrument. Die herkömmliche Bremsanlage bleibt dabei in Betrieb. Das Fahrzeug verhält sich dann beispielsweise beim Bremsen so, als ob keine ABS-Anlage eingebaut wäre.

Sicherheitshinweis
Wenn während der Fahrt die Kontrolleuchten für ABS und für Bremsanlage leuchten, können bei starkem Bremsen die Hinterräder blockieren, da die Bremskraftverteilung ausgefallen ist.

Leuchten eine oder mehrere Kontrolllampen im Kombiinstrument während der Fahrt auf, folgende Punkte beachten:

- Fahrzeug kurz anhalten, Motor abstellen und wieder starten.
- Batteriespannung prüfen. Wenn die Spannung unter 10,5 Volt liegt, Batterie laden.

Achtung: Wenn die Kontrollleuchten am Anfang einer Fahrt aufleuchten und nach einiger Zeit wieder erlöschen, deutet das darauf hin, dass die Batteriespannung zunächst zu gering war, bis sie sich während der Fahrt durch Ladung über den Generator wieder erhöht hat.

- Prüfen, ob die Batterieklemmen richtig festgezogen sind und einwandfreien Kontakt haben.
- Fahrzeug aufbocken, Räder abnehmen, elektrische Leitungen zu den Drehzahlfühlern auf äußere Beschädigungen (Scheuerstellen) prüfen. Weitere Prüfungen der ABS/EBV/EDS-Anlage sollten der Werkstatt vorbehalten bleiben.

Achtung: Vor Schweißarbeiten mit einem elektrischen Schweißgerät muss der Stecker von der Hydraulik-Steuereinheit im Motorraum abgezogen werden. Stecker nur bei ausgeschalteter Zündung abziehen. Bei Lackierarbeiten darf das Steuergerät kurzzeitig mit max. +95° C, langzeitig (max. 2 Std.) mit +85° C belastet werden.

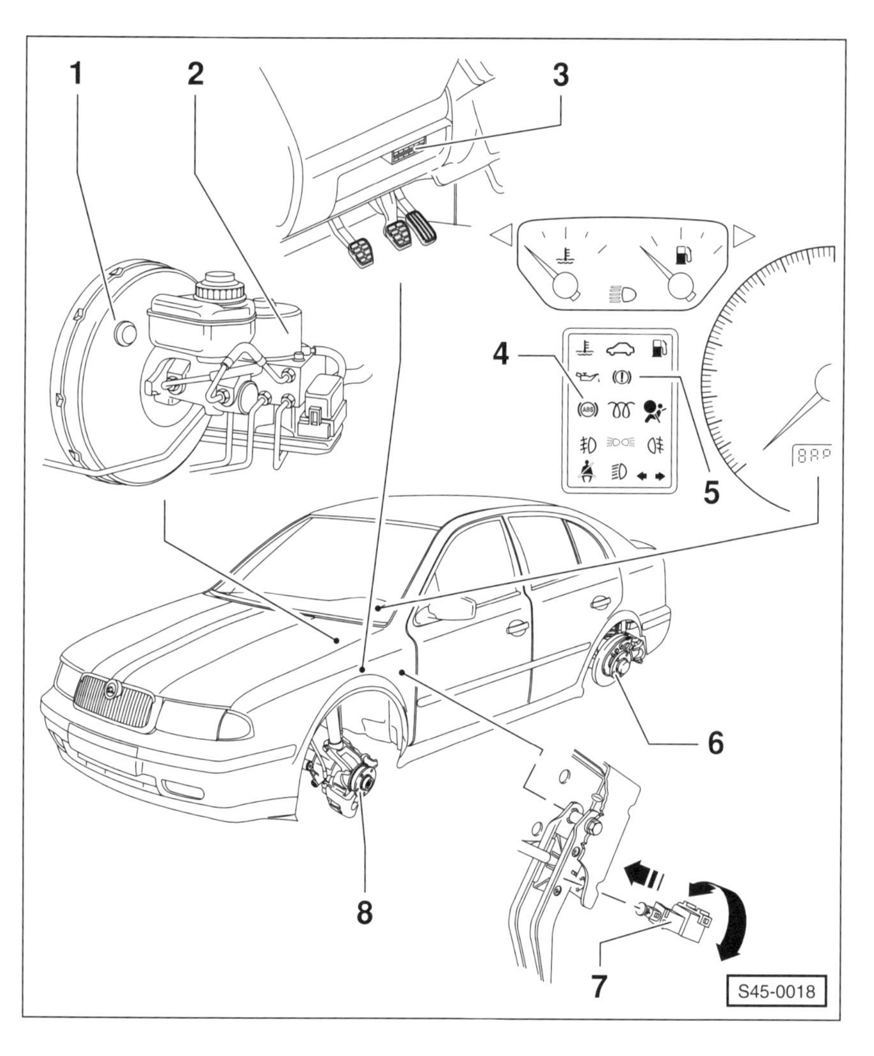

1 – Hauptbremszylinder und Bremskraftverstärker

2 – Hydraulik-Steuereinheit

3 – Diagnoseanschluss
In der Ablage auf der Fahrerseite.

4 – Kontrolllampe ABS/EDS
Im Kombiinstrument.
Die Kontrolllampe leuchtet:
- ca. 2 Sekunden nach Einschalten der Zündung.
- wenn das ABS-Steuergerät einen Fehler erkennt.

5 – Kontrolllampe Handbremse/ Bremsflüssigkeitsstand
Die Kontrolllampe leuchtet:
- bei angezogener Handbremse.
- bei Bremsflüssigkeitsmangel.
- ca. 2 Sekunden nach Einschalten der Zündung.
- bei Ausfall der elektronischen Bremskraftverteilung (EBV) zusammen mit der ABS-Kontrolllampe.

6 – Drehzahlfühler/Impulsrad an der Hinterachse

7 – Bremslichtschalter
Oberhalb Bremspedal.

8 – Drehzahlfühler/Impulsrad an der Vorderachse

Technische Daten Bremsanlage

Scheibenbremse	vorn	vorn	hinten	hinten	hinten
Motor	1,4 l/1,6 l/ 1,8 l (125 PS)/ 2,0 l/1,9 l	1,8 l (150/180 PS) 1,9 l (130 PS)	1,6 l (100/102 PS)/ 1,8 l (125/150 PS)/2,0 l/ 1,9 l (90/110/130 PS)	1,9 l (100 PS)	1,8 l (180 PS)
Bremssattel	FS-III	FN-3	–	–	–
Bremsbelagdicke neu (mit Rückenplatte)	19,5 mm	19,5 mm	17 mm	17,4 mm	17,4 mm
– Verschleißgrenze (mit Rückenplatte)	7 mm	7 mm	7 mm	7 mm	7 mm
Bremsscheibendurchmesser	256/280 mm	288/312 mm	232/239 mm	239 mm	256 mm
Bremsscheibendicke neu	22 mm	25 mm	9 mm	9 mm	22 mm
– Verschleißgrenze	19 mm	23 mm	7 mm	7 mm	20 mm

Trommelbremse	hinten
Motor	1,4 l/1,6 l/ 1,9 l (90 PS)
Bremsbelagdicke neu (ohne Bremsbacke)	5,5 mm
– Verschleißgrenze (ohne Bremsbacke)	2,5 mm
Bremsbelagbreite	32 mm
Bremstrommel-Innendurchmesser neu	230 mm
– Verschleißgrenze	231 mm
Zulässige Unrundheit	0,3 mm

Vorderradbremse

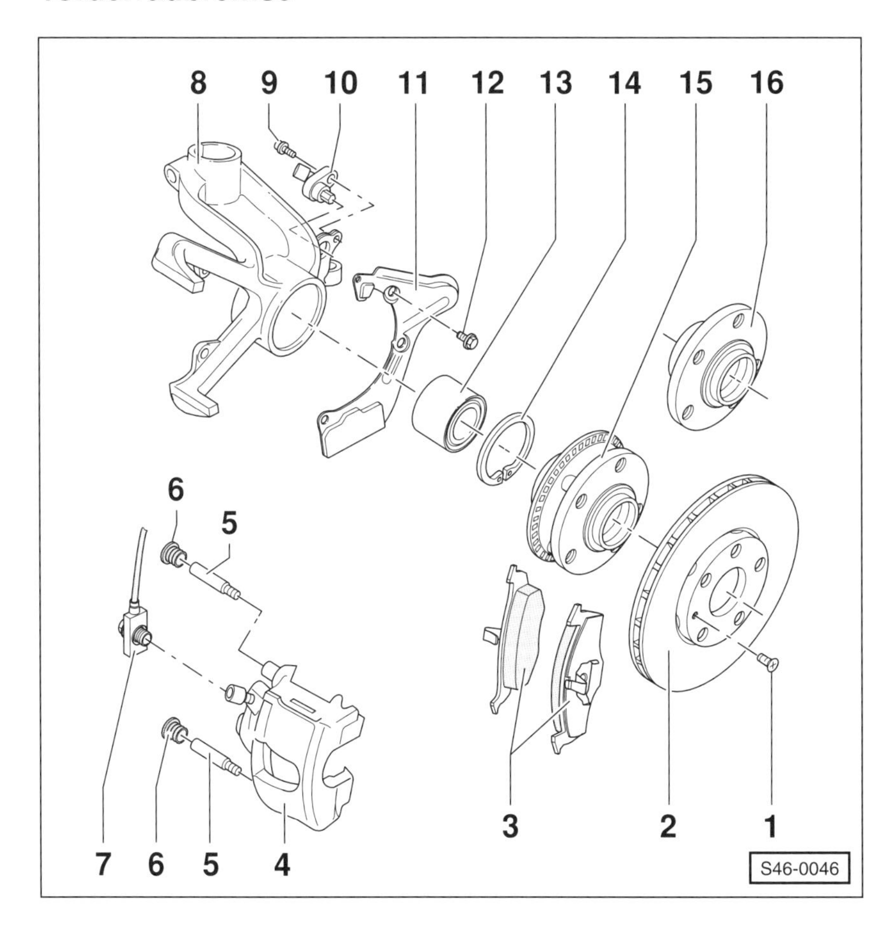

FS-III-Bremssattel

1 – **Kreuzschlitzschraube, 4 Nm**

2 – **Bremsscheibe**
Nur achsweise ersetzen. Zum Ausbauen vorher Bremssattel abschrauben.

3 – **Bremsbeläge**
Grundsätzlich alle 4 Beläge einer Achse ersetzen. **Achtung ab 5/98:** Innere und äußere Beläge nicht vertauschen.

4 – **Bremssattel**

5 – **Führungsbolzen, 30 Nm**

6 – **Abdeckkappe**

7 – **Bremsschlauch mit Ringstutzen und Hohlschraube, 35 Nm**
Nur komplett ersetzen, darf nicht zerlegt werden.

8 – **Radlagergehäuse**

9 – **Innensechskantschraube, 8 Nm**

10 – **Drehzahlfühler ABS**
Vor dem Einsetzen die Aufnahmebohrung reinigen und mit Festschmierstoffpaste SKODA-G000650, zum Beispiel »Wolfrakote-Top« bestreichen.

11 – **Abdeckblech**

12 – **Schraube, 10 Nm**

13 – **Radlager**

14 – **Sicherungsring**

15 – **Radnabe mit Rotor**
Fahrzeuge mit ABS.

16 – **Radnabe mit Rotor**
Fahrzeuge ohne ABS.

Bremsbeläge an der Vorderachse aus- und einbauen

FS-III-Bremssattel

Achtung: Es gibt 2 unterschiedliche Ausführungen der Vorderradbremse. Deshalb zuerst anhand der Abbildungen identifizieren, welche Ausführung im eigenen Fahrzeug eingebaut ist.

Ausbau

Achtung: Die Bremsbeläge sind Bestandteil der Allgemeinen Betriebserlaubnis (ABE), außerdem sind sie vom Werk auf das jeweilige Modell abgestimmt. Es empfiehlt sich deshalb, nur vom Automobilhersteller freigegebene Bremsbeläge zu verwenden.

- Stellung der Vorderräder zur Radnabe mit Farbe kennzeichnen. Dadurch kann das ausgewuchtete Rad wieder in derselben Position montiert werden. Radschrauben bei auf dem Boden stehendem Fahrzeug lösen. Fahrzeug vorn aufbocken und Vorderräder abnehmen.

Achtung: Sollen die Bremsbeläge wieder verwendet werden, so müssen sie beim Ausbau gekennzeichnet werden. Ein Wechsel der Beläge von der Außen- zur Innenseite und umgekehrt oder auch vom rechten zum linken Rad ist nicht zulässig. **Grundsätzlich alle Scheibenbremsbeläge vorn gleichzeitig ersetzen, auch wenn nur ein Belag die Verschleißgrenze erreicht hat.**

- Falls vorhanden, Steckverbindung für Bremsbelagverschleißanzeige trennen.

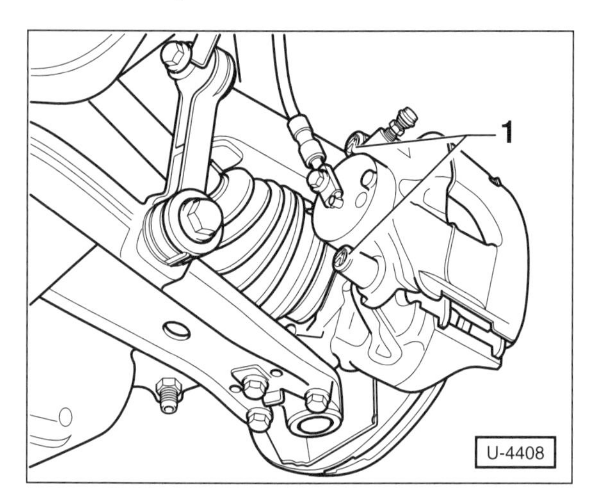

- Abdeckkappen –1– von beiden Führungsbolzen abnehmen. Beide Führungsbolzen mit Innensechskantschlüssel aus dem Bremssattel herausdrehen.

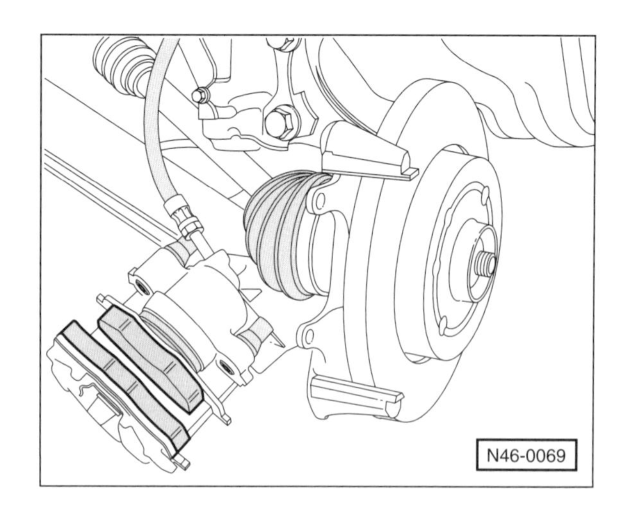

- Bremssattel mit Draht am Aufbau aufhängen. **Achtung:** Bremssattel nicht einfach nach unten hängen lassen; der Bremsschlauch darf nicht auf Zug beansprucht oder verdreht werden.
- Bremsbeläge herausnehmen.

Einbau

Achtung: Bei ausgebauten Bremsbelägen nicht auf das Bremspedal treten, sonst wird der Kolben aus dem Gehäuse herausgedrückt. In diesem Fall Bremssattel komplett ausbauen und Kolben in der Werkstatt einsetzen lassen.

- Führungsfläche beziehungsweise Sitz der Beläge im Gehäuseschacht mit einem Lappen und Spiritus reinigen (fettfrei). Keine mineralölhaltigen Lösungsmittel oder scharfkantigen Werkzeuge verwenden. **Achtung:** Zum Reinigen der Bremse ausschließlich Spiritus verwenden.
- Vor Einbau der Beläge ist die Bremsscheibe durch Abtasten mit den Fingern auf Riefen zu untersuchen. Riefige Bremsscheiben können abgedreht werden (Werkstattarbeit), sofern sie noch eine ausreichende Dicke aufweisen.
- Bremsscheibendicke messen, siehe Seite 151.
- Staubkappe für Bremskolben auf Anrisse prüfen. Eine beschädigte Staubkappe umgehend ersetzen lassen, da eingedrungener Schmutz schnell zu Undichtigkeiten des Bremssattels führt. Der Bremssattel muss hierzu zerlegt werden (Werkstattarbeit).

Achtung: Bei hohem Bremsbelagverschleiß Leichtgängigkeit des Kolbens prüfen. Dazu einen Holzklotz in den Bremssattel einsetzen und durch Helfer langsam auf das Bremspedal treten lassen. Der Bremskolben muss sich leicht heraus- und hineindrücken lassen. Zur Prüfung muss der andere Bremssattel eingebaut sein. Darauf achten, dass der Bremskolben nicht ganz herausgedrückt wird. Bei schwergängigem Kolben Bremssattel instand setzen (Werkstattarbeit).

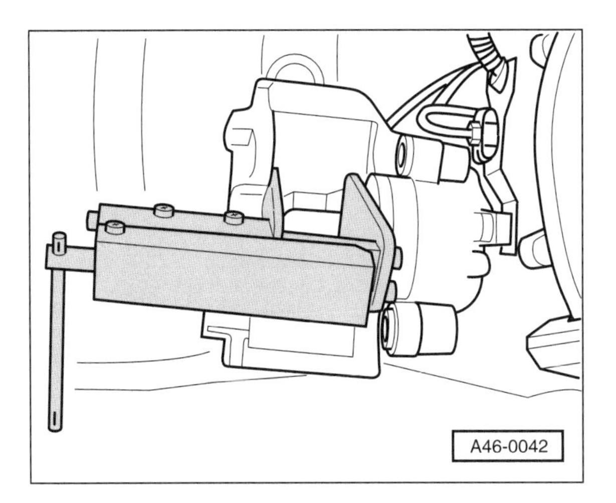

- Bremskolben mit Rücksetzvorrichtung zurückdrücken. Es geht auch mit einem Hartholzstab (Hammerstiel), dabei jedoch besonders darauf achten, dass der Kolben nicht verkantet wird und Kolbenfläche sowie Staubkappe nicht beschädigt werden.

Achtung: Beim Zurückdrücken des Kolbens wird Bremsflüssigkeit aus dem Bremszylinder in den Ausgleichbehälter gedrückt. Flüssigkeit im Behälter beobachten, eventuell Bremsflüssigkeit mit einem Saugheber absaugen.

Sicherheitshinweis
Zum Absaugen eine Entlüfter- oder Plastikflasche verwenden, die nur mit Bremsflüssigkeit in Berührung kommt. Keine Trinkflaschen verwenden! **Bremsflüssigkeit ist giftig und darf auf gar keinen Fall mit dem Mund über einen Schlauch abgesaugt werden. Saugheber verwenden.** Auch nach dem Belagwechsel darf die MAX-Marke am Bremsflüssigkeitsbehälter nicht überschritten werden, da sich die Flüssigkeit bei Erwärmung ausdehnt. Ausgelaufene Bremsflüssigkeit läuft am Hauptbremszylinder herunter, zerstört den Lack und führt zur Rostbildung.

- Bremsbeläge in die Führungen des Bremsträgers einsetzen. **Achtung ab 5/98:** Innere und äußere Bremsbeläge nicht vertauschen. Der äußere Belag hat einen schwarz eingefärbten 3-Finger-Clip. Der innere Belag hat eine weiß eingefärbte Rückseite (Kolbenseite).

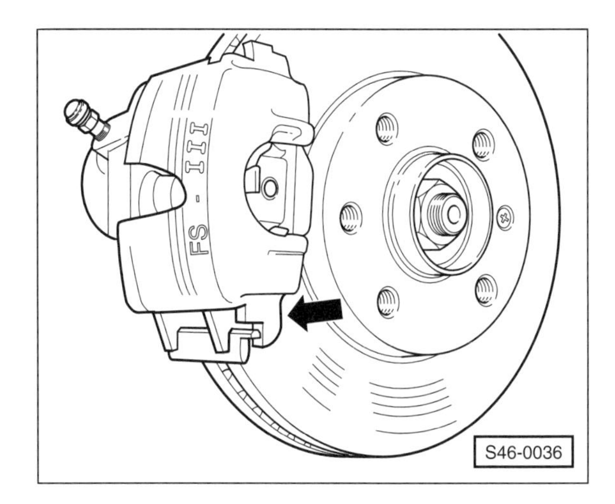

- Bremssattel zuerst unten –Pfeil– ansetzen. **Achtung:** Der Zapfen –Pfeil– vom Bremssattel muss hinter der Führung vom Radlagergehäuse stehen.
- Bremssattel mit beiden Führungsbolzen am Radlagergehäuse mit **30 Nm** anschrauben.
- Beide Abdeckkappen einsetzen.
- Falls vorhanden, Stecker für Bremsbelagverschleißanzeige verbinden.
- Vorderräder so ansetzen, dass die beim Ausbau angebrachten Markierungen übereinstimmen. Räder anschrauben. Fahrzeug ablassen und Radschrauben über Kreuz mit **120 Nm** festziehen.

Achtung: Bremspedal im Stand mehrmals kräftig niedertreten, bis fester Widerstand spürbar ist. Dadurch legen sich die Bremsbeläge an die Bremsscheiben an und nehmen einen dem Betriebszustand entsprechenden Sitz ein.

- Bremsflüssigkeitsstand im Ausgleichbehälter prüfen, gegebenenfalls bis zur MAX-Marke auffüllen.
- Neue Bremsbeläge vorsichtig einbremsen, dazu Fahrzeug mehrmals von ca. 80 km/h auf 40 km/h mit geringem Pedaldruck abbremsen. Dazwischen Bremse etwas abkühlen lassen.

Achtung: Nach dem Einbau von neuen Bremsbelägen müssen diese eingebremst werden. Während einer Fahrtstrecke von rund 200 km sollten unnötige Vollbremsungen unterbleiben.

Hinweis: Bremsbeläge müssen in einigen Kommunen als Sondermüll entsorgt werden. Die örtlichen Behörden geben darüber Auskunft, ob auch eine Entsorgung über den hausmüllähnlichen Gewerbemüll zulässig ist.

Achtung, Sicherheitskontrolle durchführen:
- Sind die Bremsschläuche festgezogen?
- Befindet sich der Bremsschlauch in der Halterung?
- Sind die Entlüftungsschrauben angezogen?
- Ist genügend Bremsflüssigkeit eingefüllt?
- Bei laufendem Motor Dichtheitskontrolle durchführen. Hierzu Bremspedal mit 200 bis 300 N (entspricht 20 bis 30 kg) etwa 10 Sekunden betätigen. Das Bremspedal darf nicht nachgeben. Sämtliche Anschlüsse auf Dichtheit kontrollieren.

Vorderradbremse

FN-3-Bremssattel, Benzinmotor mit 110 kW (150 PS)

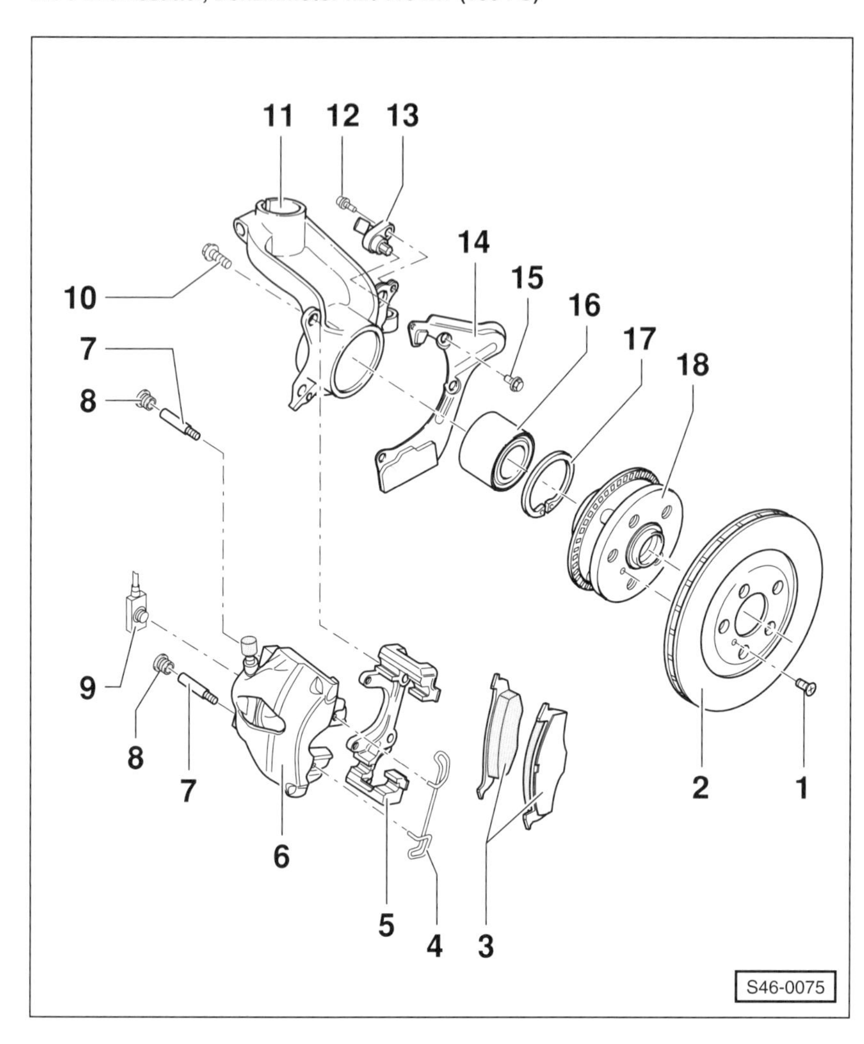

1 – **Kreuzschlitzschraube 4Nm**

2 – **Bremsscheibe**
Nur achsweise ersetzen. Zum Ausbauen vorher Bremssattel abschrauben.

3 – **Bremsbeläge**
Der äußere Bremsbelag ist auf der Belagrückenplatte mit einer Klebefolie versehen. Schutzfolie nach dem Einsetzen abziehen.
Beläge nur achsweise ersetzen.
Hinweis: Vor dem Einsetzen neuer Bremsbeläge sind die Bremssättel gründlich von Verschmutzung zu reinigen (fettfrei). Dabei ist besonders auf das Entfernen eventueller Klebefolienreste an den Anlageflächen der äußeren Bremsbeläge zu achten.

4 – **Haltefeder**
In beide Bohrungen des Bremssattels einsetzen.

5 – **Bremsträger**
Beschädigte Schutzkappen erneuern. Dem Reparatursatz liegt ein Fettkissen bei, Fett zum Schmieren der Führungsbolzen verwenden.

6 – **Bremssattel**

7 – **Führungsbolzen, 30 Nm**

8 – **Abdeckkappe**

9 – **Bremsschlauch mit Ringstutzen und Hohlschraube, 35 Nm**
Nur komplett ersetzen, darf nicht zerlegt werden.

10 – **Rippschraube, 125 Nm**
Verrippung und Gewinde vor dem Einschrauben säubern.

11 – **Radlagergehäuse**

12 – **Innensechskantschraube, 8 Nm**

13 – **Drehzahlfühler ABS**
Vor dem Einsetzen die Aufnahmebohrung reinigen und mit Festschmierstoffpaste G000650, zum Beispiel Wolfrakote-Top-Paste, bestreichen.

14 – **Abdeckblech**

15 – **Schraube, 10 Nm**

16 – **Radlager**

17 – **Sicherungsring**

18 – **Radnabe mit Rotor**
Nur bei Fahrzeugen mit ABS.

Bremsbeläge an der Vorderachse aus- und einbauen

FN-3-Bremssattel, Benzinmotor mit 110 kW (150 PS)

Achtung: Es gibt 2 unterschiedliche Ausführungen der Vorderradbremse. Deshalb zuerst anhand der Abbildungen identifizieren, welche Ausführung im eigenen Fahrzeug eingebaut ist.

Ausbau

Achtung: Die Bremsbeläge sind Bestandteil der Allgemeinen Betriebserlaubnis (ABE), außerdem sind sie vom Werk auf das jeweilige Modell abgestimmt. Es empfiehlt sich deshalb, nur vom Automobilhersteller freigegebene Bremsbeläge zu verwenden.

- Stellung der Vorderräder zur Radnabe mit Farbe kennzeichnen. Dadurch kann das ausgewuchtete Rad wieder in derselben Position montiert werden. Radschrauben bei auf dem Boden stehendem Fahrzeug lösen. Fahrzeug vorn aufbocken und Vorderräder abnehmen.

Achtung: Sollen die Bremsbeläge wieder verwendet werden, so müssen sie beim Ausbau gekennzeichnet werden. Ein Wechsel der Beläge von der Außen- zur Innenseite und umgekehrt oder auch vom rechten zum linken Rad ist nicht zulässig. **Grundsätzlich alle Scheibenbremsbeläge vorn gleichzeitig ersetzen, auch wenn nur ein Belag die Verschleißgrenze erreicht hat.**

- Falls vorhanden, Steckverbindung für Bremsbelagverschleißanzeige trennen.

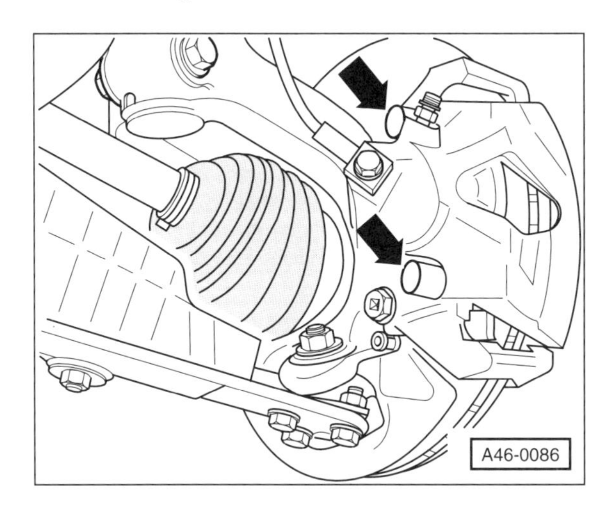

- Abdeckkappen –Pfeile– von beiden Führungsbolzen abnehmen. Beide Führungsbolzen mit Innensechskantschlüssel aus dem Bremssattel herausdrehen.

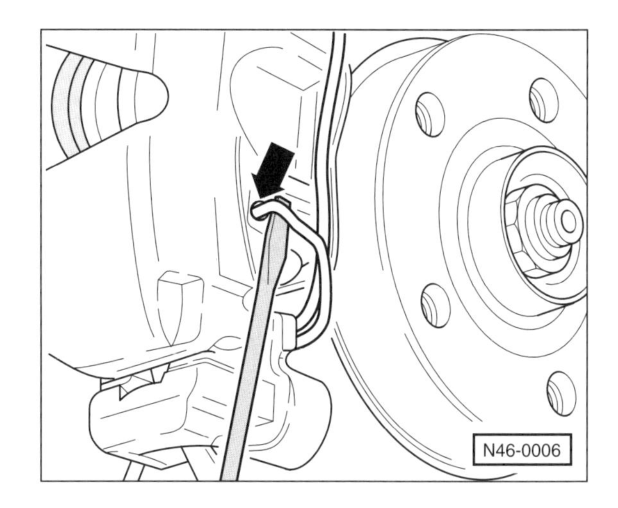

- Haltefeder für Bremsbeläge aus Bremssattel mit Schraubendreher heraushebeln und abnehmen.

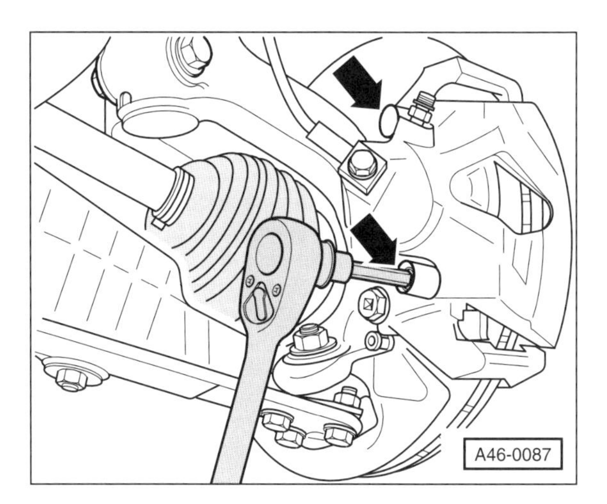

- Beide Führungsbolzen aus Bremssattel herausschrauben.
- Bremssattel abnehmen und mit Draht am Aufbau aufhängen. **Achtung:** Bremssattel nicht einfach nach unten hängen lassen; der Bremsschlauch darf nicht auf Zug beansprucht oder verdreht werden.
- Äußeren Bremsbelag aus dem Bremsträger herausnehmen.
- Inneren Bremsbelag mit der Spreizfeder aus dem Bremskolben herausziehen.

Einbau

Achtung: Bei ausgebauten Bremsbelägen nicht auf das Bremspedal treten, sonst wird der Kolben aus dem Gehäuse herausgedrückt. In diesem Fall Bremssattel komplett ausbauen und Kolben in der Werkstatt einsetzen lassen.

- Führungsfläche beziehungsweise Sitz der Beläge im Gehäuseschacht mit einem Lappen und Spiritus reinigen (fettfrei). Keine mineralölhaltigen Lösungsmittel oder scharfkantigen Werkzeuge verwenden. Besonders auf das Entfernen eventueller Klebefolienreste an den Anlageflächen der äußeren Bremsbeläge achten. **Achtung:** Zum Reinigen der Bremse ausschließlich Spiritus verwenden.
- Vor Einbau der Beläge ist die Bremsscheibe durch Abtasten mit den Fingern auf Riefen zu untersuchen. Riefige Bremsscheiben können abgedreht werden (Werkstattarbeit), sofern sie noch eine ausreichende Dicke aufweisen.
- Bremsscheibendicke messen, siehe Seite 151.
- Staubkappe für Bremskolben auf Anrisse prüfen. Eine beschädigte Staubkappe umgehend ersetzen lassen, da eingedrungener Schmutz schnell zu Undichtigkeiten des Bremssattels führt. Der Bremssattel muss hierzu zerlegt werden (Werkstattarbeit).

Achtung: Bei hohem Bremsbelagverschleiß Leichtgängigkeit des Kolbens prüfen. Dazu einen Holzklotz in den Bremssattel einsetzen und durch Helfer langsam auf das Bremspedal treten lassen. Der Bremskolben muss sich leicht heraus- und hineindrücken lassen. Zur Prüfung muss der andere Bremssattel eingebaut sein. Darauf achten, dass der Bremskolben nicht ganz herausgedrückt wird. Bei schwergängigem Kolben Bremssattel instand setzen (Werkstattarbeit).

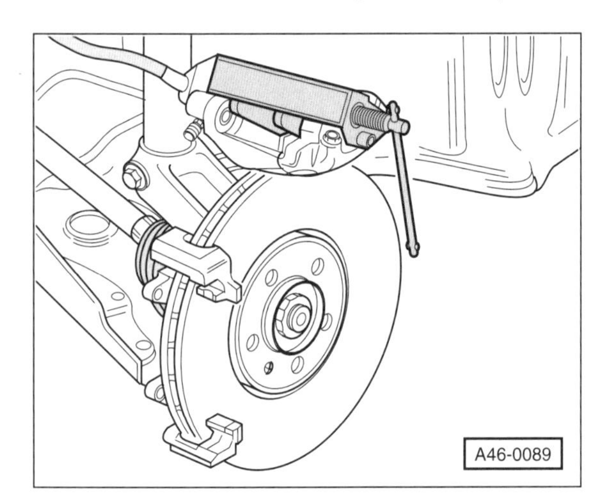

- Bremskolben mit Rücksetzvorrichtung zurückdrücken. Es geht auch mit einem Hartholzstab (Hammerstiel), dabei jedoch besonders darauf achten, dass der Kolben nicht verkantet wird und Kolbenfläche sowie Staubkappe nicht beschädigt werden.

Achtung: Beim Zurückdrücken des Kolbens wird Bremsflüssigkeit aus dem Bremszylinder in den Ausgleichbehälter gedrückt. Flüssigkeit im Behälter beobachten, eventuell Bremsflüssigkeit mit einem Saugheber absaugen.

Sicherheitshinweis
Zum Absaugen eine Entlüfter- oder Plastikflasche verwenden, die nur mit Bremsflüssigkeit in Berührung kommt. Keine Trinkflaschen verwenden! **Bremsflüssigkeit ist giftig und darf auf gar keinen Fall mit dem Mund über einen Schlauch abgesaugt werden. Saugheber verwenden.** Auch nach dem Belagwechsel darf die MAX-Marke am Bremsflüssigkeitsbehälter nicht überschritten werden, da sich die Flüssigkeit bei Erwärmung ausdehnt. Ausgelaufene Bremsflüssigkeit läuft am Hauptbremszylinder herunter, zerstört den Lack und führt zur Rostbildung.

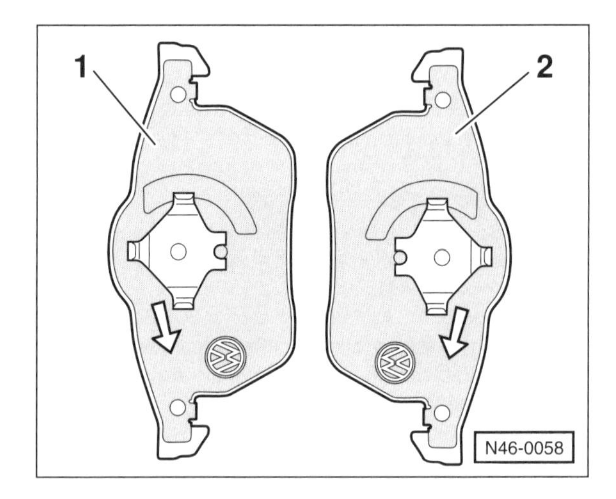

1 – innerer Bremsbelag am rechten Vorderrad; 2 – innerer Bremsbelag am linken Vorderrad.

- Inneren Bremsbelag mit Spreizfeder in den Bremskolben einsetzen.

Achtung: Der innere Bremsbelag ist mit einem Pfeil versehen, siehe Abbildung. Der Pfeil muss in Drehrichtung der Bremsscheibe bei Vorwärtsfahrt zeigen. Bei Falschmontage, zum Beispiel Einbau auf der anderen Fahrzeugseite, kann es zu Geräuschen kommen.

- Äußeren Bremsbelag auf den Bremsträger aufsetzen.

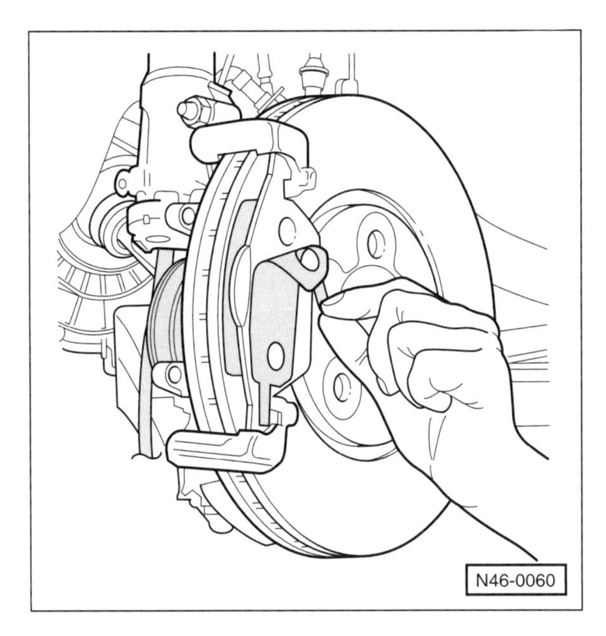

- Schutzfolie von der Rückenplatte des äußeren Bremsbelages abziehen.
- Bremssattel aufsetzen und mit den beiden Führungsbolzen am Bremsträger anschrauben. Führungsbolzen mit **30 Nm** festziehen.
- Beide Abdeckkappen einsetzen.

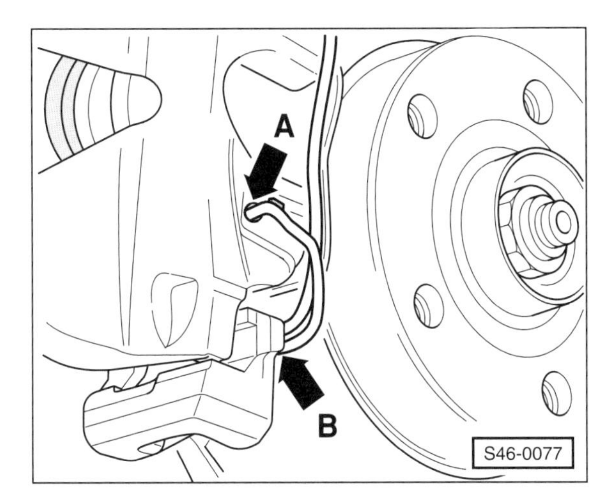

- Haltefeder in die Bohrungen –Pfeil A– am Bremssattel einsetzen. **Achtung:** Nach dem Einsetzen in die beiden Bohrungen muss die Haltefeder hinter den Bremsträger gedrückt werden –Pfeil B–. Bei fehlerhafter Montage stellt der äußere Bremsbelag nicht nach, so dass sich bei Verschleiß des Bremsbelages der Pedalweg vergrößert.
- Falls vorhanden, Stecker für Bremsbelagverschleißanzeige verbinden.
- Vorderräder so ansetzen, dass die beim Ausbau angebrachten Markierungen übereinstimmen. Räder anschrauben. Fahrzeug ablassen und Radschrauben über Kreuz mit **120 Nm** festziehen.

Achtung: Bremspedal im Stand mehrmals kräftig niedertreten, bis fester Widerstand spürbar ist. Dadurch legen sich die Bremsbeläge an die Bremsscheiben an und nehmen einen dem Betriebszustand entsprechenden Sitz ein.

- Bremsflüssigkeit im Ausgleichbehälter prüfen, gegebenenfalls bis zur MAX-Marke auffüllen.
- Neue Bremsbeläge vorsichtig einbremsen, dazu Fahrzeug mehrmals von ca. 80 km/h auf 40 km/h mit geringem Pedaldruck abbremsen. Dazwischen Bremse etwas abkühlen lassen.

Achtung: Nach dem Einbau von neuen Bremsbelägen müssen diese eingebremst werden. Während einer Fahrtstrecke von rund 200 km sollten unnötige Vollbremsungen unterbleiben.

Hinweis: Bremsbeläge müssen in einigen Kommunen als Sondermüll entsorgt werden. Die örtlichen Behörden geben darüber Auskunft, ob auch eine Entsorgung über den hausmüllähnlichen Gewerbemüll zulässig ist.

Achtung, Sicherheitskontrolle durchführen:

- Sind die Bremsschläuche festgezogen?
- Befindet sich der Bremsschlauch in der Halterung?
- Sind die Entlüftungsschrauben angezogen?
- Ist genügend Bremsflüssigkeit eingefüllt?
- Bei laufendem Motor Dichtheitskontrolle durchführen. Hierzu Bremspedal mit 200 bis 300 N (entspricht 20 bis 30 kg) etwa 10 Sekunden betätigen. Das Bremspedal darf nicht nachgeben. Sämtliche Anschlüsse auf Dichtheit kontrollieren.

Hinterrad-Scheibenbremse

Fahrzeuge mit Frontantrieb

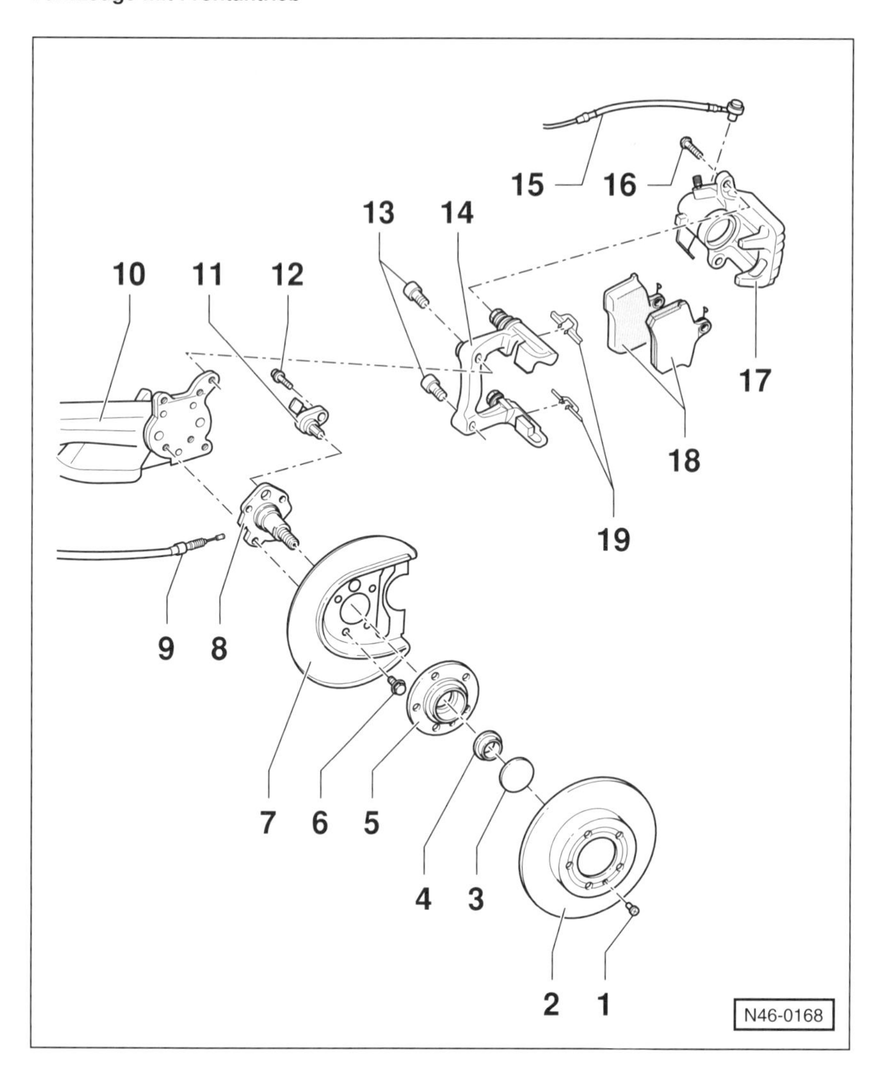

1 – **Kreuzschlitzschraube, 4 Nm**

2 – **Bremsscheibe**
Nur achsweise ersetzen. Zum Ausbau vorher Bremssattel abschrauben.

3 – **Nabenkappe**
Grundsätzlich erneuern.

4 – **Zwölfkantmutter, 70 Nm + 40°**
Selbstsichernd, daher grundsätzlich ersetzen.

5 – **Radnabe mit Radlager**
Nur bei Fahrzeugen mit ABS. Nach jeder Demontage komplett ersetzen.

6 – **Kombischraube, 30 Nm + 90°**
Nach jeder Demontage ersetzen.

7 – **Abdeckblech**

8 – **Achszapfen**

9 – **Handbremsseil**

10 – **Achskörper**

11 – **Drehzahlfühler ABS**
Vor dem Einsetzen die Aufnahmebohrung reinigen und mit Festschmierstoffpaste G000650, zum Beispiel Wolfrakote-Top-Paste, bestreichen.

12 – **Innensechskantschraube, 8 Nm**

13 – **Innensechskantschraube, 30 Nm + 30°**

14 – **Bremsträger mit Führungsbolzen und Schutzkappen**
Beschädigte Schutzkappen erneuern. Dem Reparatursatz liegt ein Fettkissen bei, Fett zum Schmieren der Führungsbolzen verwenden.

15 – **Bremsschlauch mit Ringstutzen und Hohlschraube, 35 Nm**
Nur komplett ersetzen, darf nicht zerlegt werden.

16 – **Schraube, 35 Nm**

17 – **Bremssattel**
Nach Reparaturarbeiten zuerst Handbremse einstellen bevor die Fußbremse betätigt wird.

18 – **Bremsbeläge**
Grundsätzlich alle 4 Beläge einer Achse ersetzen.

19 – **Belaghaltefeder**
Beim Belagwechsel immer ersetzen.

Fahrzeuge mit Allradantrieb

Bei Fahrzeugen mit Allradantrieb sind die Bauteile Radnabe/Rotor und Radlager nicht zu einer Einheit zusammengefasst. Das Radlager ist in den Längslenker der Hinterachse eingebaut und mit einem Sicherungsring gesichert. Es kann einzeln ersetzt werden.

Der Aus- und Einbau der Scheibenbremsbeläge an der Hinterachse erfolgt bei Fahrzeugen mit Allradantrieb auf die gleiche Weise, wie bei Fahrzeugen mit Frontantrieb. Hauptsächlich unterscheiden sich die Bremsen durch die geänderte Führung des Bremsschlauches, bedingt durch die Verwendung einer Doppelquerlenker-Hinterachse.

Scheibenbremsbeläge an der Hinterachse aus- und einbauen

Ausbau

Achtung: Sollen die Bremsbeläge wieder verwendet werden, so müssen sie beim Ausbau gekennzeichnet werden. Ein Wechsel der Beläge vom rechten zum linken Rad und umgekehrt ist nicht zulässig. Der Wechsel kann zu ungleichmäßiger Bremswirkung führen. Grundsätzlich sollte man nur Original-Ersatzteil-Bremsbeläge, beziehungsweise vom Hersteller freigegebene Bremsbeläge verwenden. **Grundsätzlich alle Scheibenbremsbeläge gleichzeitig ersetzen, auch wenn nur ein Belag die Verschleißgrenze erreicht hat.**

- Stellung der Hinterräder zur Radnabe mit Farbe kennzeichnen. Radschrauben lösen, dabei muss das Fahrzeug auf dem Boden stehen. Fahrzeug aufbocken und Hinterräder abnehmen.

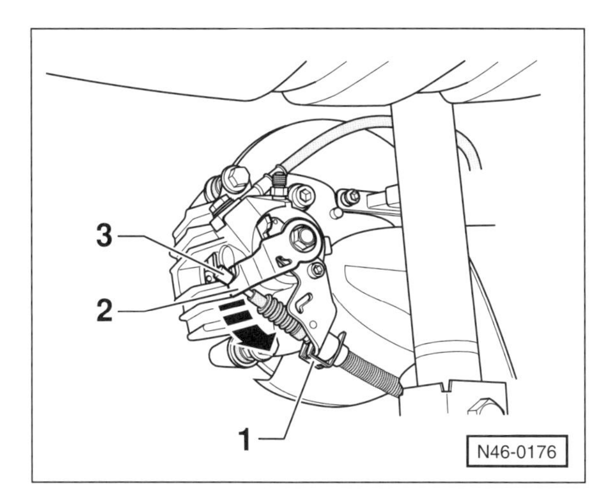

- Handbremshebel lösen. Clip –1– seitlich abziehen, Hebel –2– am Bremssattel in –Pfeilrichtung– drücken und Handbremsseil –3– aushängen.

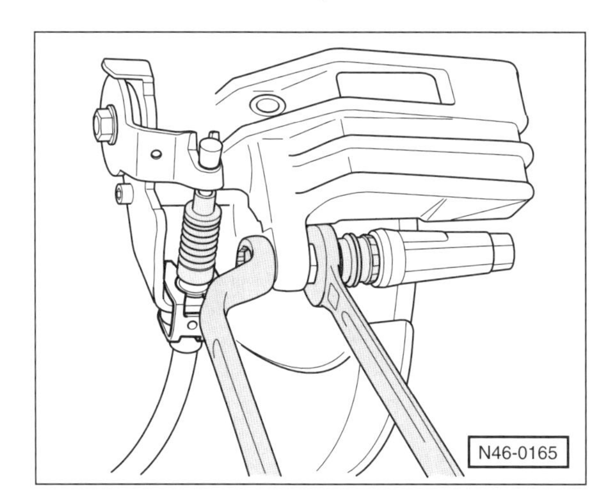

- Bremssattel oben und unten abschrauben. Dabei am Führungsbolzen mit Gabelschlüssel gegenhalten. Bremssattel mit angeschlossenem Bremsschlauch abnehmen und mit Draht am Aufbau aufhängen.
- Bremssattel abnehmen und mit Draht am Aufbau aufhängen. Dabei darf der Bremsschlauch nicht auf Zug beansprucht werden.
- Bremsbeläge und Haltefedern aus dem Bremsträger herausnehmen.

Einbau

Achtung: Bei ausgebauten Bremsbelägen nicht auf das Bremspedal treten, sonst wird der Kolben aus dem Gehäuse herausgedrückt. In diesem Fall Bremssattel komplett ausbauen und Kolben in der Werkstatt einsetzen lassen.

- Führungsfläche beziehungsweise Sitz der Beläge im Gehäuseschacht mit einem Lappen und Spiritus reinigen (fettfrei). Keine mineralölhaltigen Lösungsmittel oder scharfkantigen Werkzeuge verwenden. Besonders auf das Entfernen eventueller Klebefolienreste an den Anlageflächen der Bremsbeläge achten. **Achtung:** Zum Reinigen der Bremse ausschließlich Spiritus verwenden.
- Vor Einbau der Beläge ist die Bremsscheibe durch Abtasten mit den Fingern auf Riefen zu untersuchen. Riefige Bremsscheiben sind zu erneuern.
- Bremsscheibendicke messen, gegebenenfalls verschlissene Bremsscheibe erneuern, siehe Seite 151.
- Staubkappe am Bremskolben auf Anrisse prüfen. Beschädigte Teile umgehend ersetzen lassen, da eingedrungener Schmutz schnell zu Undichtigkeiten des Bremssattels führt. Der Bremssattel muss hierzu ausgebaut und zerlegt werden (Werkstattarbeit).

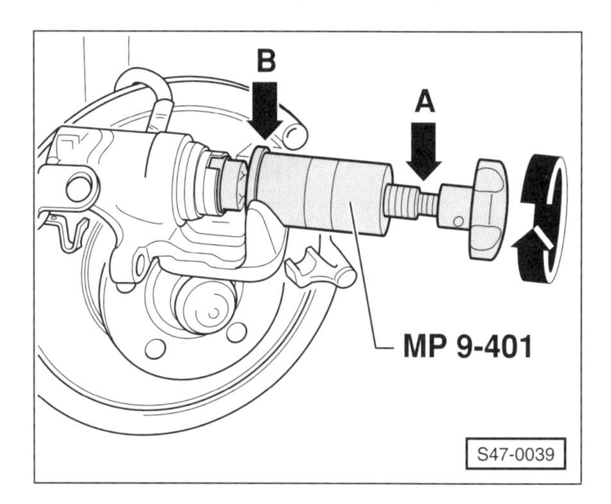

- Kolben durch Rechtsdrehen –Pfeilrichtung– mit dem Spezial-Schlüssel SKODA-MP-9-401 oder HAZET-4970/3 unter kräftigem Druck einschrauben. Der Bund –Pfeil B– des Werkzeugs muss am Bremssattel anliegen. Bei schwergängigem Kolben mit Maulschlüssel SW 13 an den Abflachungen –Pfeil A– des Werkzeugs drehen. **Achtung:** Der Bremskolben darf **nicht** mit einer Kolbenrücksetzvorrichtung oder mit einem Hammerstiel zurückgedrückt werden, sonst wird der Feststellmechanismus für die Handbremse beschädigt.

- Falls das Spezialwerkzeug nicht zur Verfügung steht, Flacheisen entsprechend zurechtfeilen und in die beiden Nuten des Bremskolbens einsetzen. Kolben unter kräftigem Druck zurückdrehen.

Achtung: Beim Zurückdrehen der Kolben wird Bremsflüssigkeit aus den Bremszylindern in den Ausgleichbehälter gedrückt. Flüssigkeit im Behälter beobachten, eventuell Bremsflüssigkeit mit einem Saugheber absaugen.

Sicherheitshinweis
Zum Absaugen eine Entlüfter- oder Plastikflasche verwenden, die nur mit Bremsflüssigkeit in Berührung kommt. Keine Trinkflaschen verwenden! **Bremsflüssigkeit ist giftig und darf auf gar keinen Fall mit dem Mund über einen Schlauch abgesaugt werden. Saugheber verwenden. Auch nach dem Belagwechsel darf die MAX-Marke am Bremsflüssigkeitsbehälter nicht überschritten werden, da sich die Flüssigkeit bei Erwärmung ausdehnt. Ausgelaufene Bremsflüssigkeit läuft am Hauptbremszylinder herunter, zerstört den Lack und führt zur Rostbildung.**

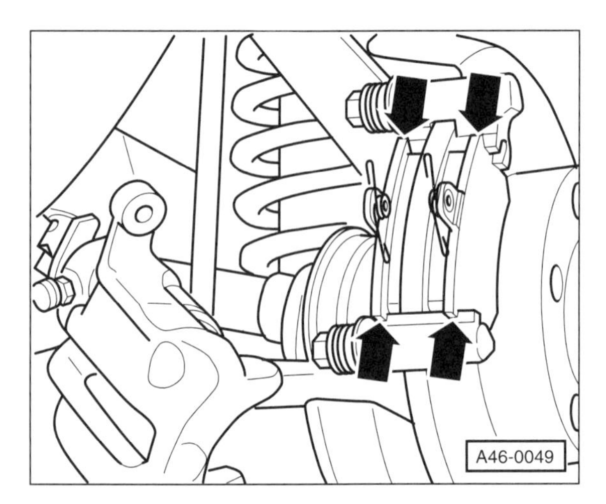

- **Neue** Haltefedern –Pfeile– in den Bremsträger einsetzen.
- Bremsbeläge in den Bremsträger einsetzen.
- Schutzfolie von der Rückenplatte des neuen Bremsbelages abziehen.
- Bremssattel ansetzen und **neue** Befestigungsschrauben mit **35 Nm** anziehen. Dabei am Führungsbolzen gegenhalten. **Achtung:** Im Reparatursatz sind vier selbstsichernde Sechskantschrauben enthalten, die in jedem Fall einzubauen sind.

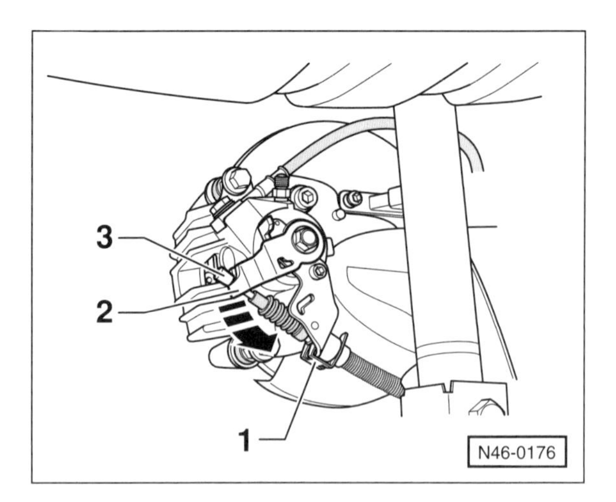

- Hebel –2– am Bremssattel in –Pfeilrichtung– drücken und Handbremsseil –3– einhängen. Clip –1– seitlich am Widerlager aufdrücken.
- Handbremse einstellen, siehe Seite 157.
- Hinterräder so ansetzen, dass die beim Ausbau angebrachten Markierungen übereinstimmen. Räder anschrauben. Fahrzeug ablassen und Radschrauben über Kreuz mit **120 Nm** festziehen. Radschrauben nicht ölen oder fetten.

Achtung: Bremspedal im Stand mehrmals kräftig niedertreten, bis fester Widerstand spürbar ist. Dadurch nehmen die Beläge den richtigen Sitz ein.

- Bremsflüssigkeit im Ausgleichbehälter prüfen, gegebenenfalls bis zur MAX-Marke auffüllen.

Achtung, Sicherheitskontrolle durchführen:
- Sind die Bremsschläuche festgezogen?
- Befindet sich der Bremsschlauch in der Halterung?
- Sind die Entlüftungsschrauben angezogen?
- Ist genügend Bremsflüssigkeit eingefüllt?
- Bei laufendem Motor Dichtheitskontrolle durchführen. Hierzu Bremspedal mit 200 bis 300 N (entspricht 20 bis 30 kg) etwa 10 Sekunden betätigen. Das Bremspedal darf nicht nachgeben. Sämtliche Anschlüsse auf Dichtheit kontrollieren.

- Neue Bremsbeläge vorsichtig einbremsen, dazu Fahrzeug auf wenig befahrener Straße mehrmals von ca. 80 km/h auf 40 km/h mit geringem Pedaldruck abbremsen. Dazwischen Bremse etwas abkühlen lassen.

Hinweis: Bremsbeläge müssen in einigen Kommunen als Sondermüll entsorgt werden. Die örtlichen Behörden geben darüber Auskunft, ob auch eine Entsorgung über den hausmüllähnlichen Gewerbemüll zulässig ist.

Bremsscheibendicke prüfen

Prüfen

- Stellung der Räder zur Radnabe mit Farbe kennzeichnen. Dadurch kann das ausgewuchtete Rad wieder in derselben Position montiert werden. Radschrauben bei auf dem Boden stehendem Fahrzeug lösen. Fahrzeug aufbocken und Räder abnehmen.

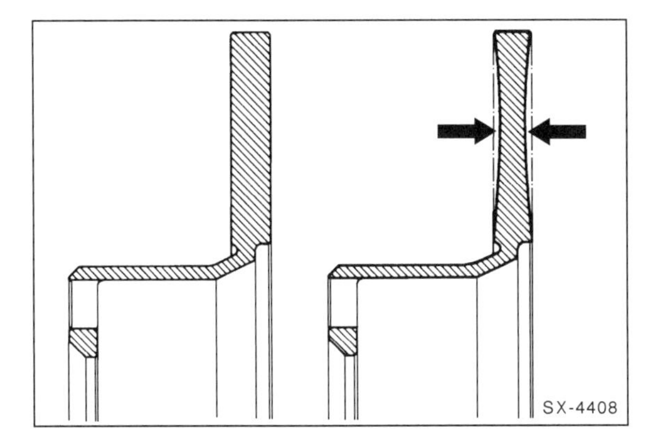

- Bremsscheibendicke immer an der dünnsten Stelle –Pfeile– messen. Die Werkstätten benutzen dazu einen speziellen Messschieber, zum Beispiel HAZET 4956-1, oder eine Mikrometer-Bügelmessschraube, da sich durch die Abnutzung der Bremsscheibe ein Rand bildet. Man kann die Bremsscheibendicke auch mit einem normalen Messschieber messen, allerdings muss dann auf jeder Seite der Bremsscheibe eine entsprechend starke Unterlage zwischengelegt werden (beispielsweise 2 Münzen). Um das exakte Maß der Bremsscheibendicke zu ermitteln, muss von dem gemessenen Wert die Dicke der Münzen beziehungsweise der Unterlage abgezogen werden. **Achtung:** Messung an mehreren Punkten der Bremsscheibe vornehmen.
- Maße für Bremsscheibe, siehe Seite 141.
- Wird die Verschleißgrenze erreicht, Bremsscheibe erneuern.
- Bei größeren Rissen oder bei Riefen, die tiefer als 0,5 mm sind, Bremsscheibe erneuern.
- Räder so ansetzen, dass die beim Ausbau angebrachten Markierungen übereinstimmen. Räder anschrauben. Fahrzeug ablassen und Radschrauben über Kreuz mit **120 Nm** festziehen. Radschrauben nicht ölen oder fetten.

Bremssattel/Bremsscheibe aus- und einbauen

Korrodierte Bremsscheiben erzeugen beim Abbremsen einen Rubbeleffekt, der sich auch durch längeres Abbremsen nicht beseitigen lässt. In diesem Fall müssen die Bremsscheiben erneuert werden.

Ausbau

- Stellung der Räder zur Radnabe mit Farbe kennzeichnen. Dadurch kann das ausgewuchtete Rad wieder in derselben Position montiert werden. Radschrauben bei auf dem Boden stehendem Fahrzeug lösen. Fahrzeug aufbocken und Räder abnehmen.
- **Vorderradbremse mit FS-III-Bremssattel:** Bremsbeläge ausbauen, siehe Seite 142.

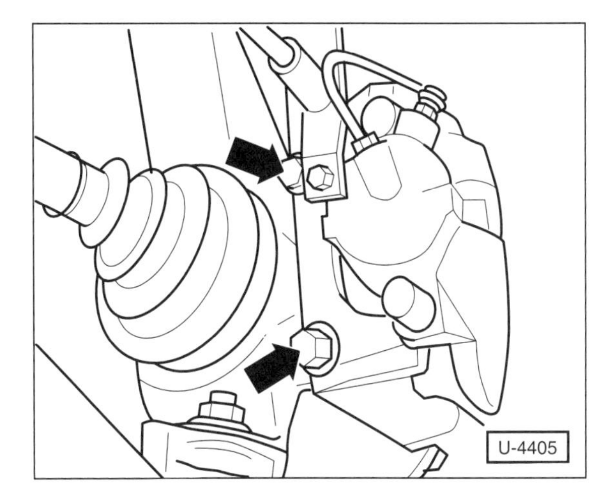

- **Vorderradbremse mit FN-3-Bremssattel:** 2 Befestigungsschrauben –Pfeile– für Bremsträger herausdrehen und Bremssattel mit Bremsträger von der Bremsscheibe abnehmen. FN-3-Bremssattel, siehe Seite 144.

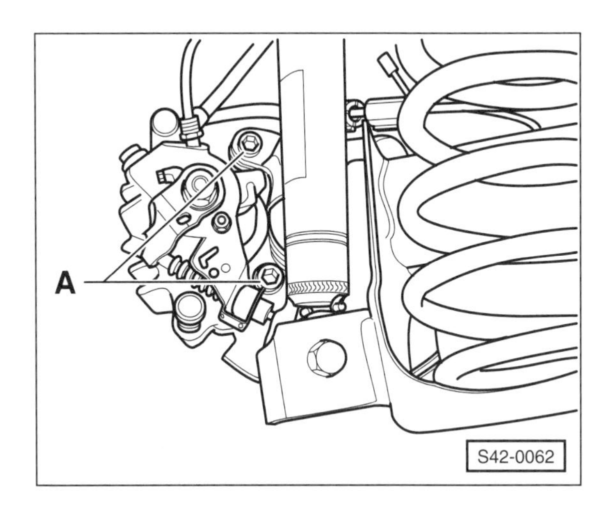

- **Hinterradbremse:** 2 Befestigungsschrauben für Bremsträger –A– herausdrehen und Bremsträger mit Bremssattel von der Bremsscheibe abnehmen.

- Bremssattel mit selbst angefertigtem Drahthaken so am Aufbau aufhängen, dass der Bremsschlauch nicht verdreht oder auf Zug beansprucht wird.

Achtung: Bremsschlauch nicht lösen, sonst muss das Bremssystem nach dem Einbau entlüftet werden.

- Soll der Bremssattel ganz abgenommen werden:
  - Beim vorderen Bremssattel Bremsleitung an der Bremsschlauchkupplung abschrauben.
  - Beim hinteren Bremssattel zuerst die Bremsleitung an der Verbindungsstelle vom Bremsschlauch abschrauben, dann, falls erforderlich, Bremsschlauch am Bremssattel abschrauben. Zusätzlich Handbremsseil aushängen.

Sicherheitshinweis
Beim Öffnen vom Bremskreis läuft Bremsflüssigkeit aus. Bremsflüssigkeit in einer Flasche sammeln, die ausschließlich für Bremsflüssigkeit vorgesehen ist. Man kann auch zuvor die Bremsflüssigkeit mit einem Saugheber aus dem Vorratsbehälter absaugen.

- Befestigungs-Kreuzschlitzschraube für Bremsscheibe herausdrehen.
- Bremsscheibe abnehmen.

Achtung: Die Bremsscheibe darf **nicht** durch Gewaltanwendung (Hammerschläge) von der Radnabe getrennt werden. Stattdessen handelsübliche Rostlöser anwenden, um Schäden an den Bremsscheiben zu vermeiden. Falls der Ausbau nur durch kräftige Hammerschläge möglich ist, aus Sicherheitsgründen sowohl die Bremsscheiben wie auch die Radlager erneuern. Das Erneuern der Radlager sollte der Werkstatt vorbehalten bleiben, da in der Regel nur dort eine entsprechende Presse vorhanden ist. Auch nach Verwendung eines Abziehers die Bremsscheiben erneuern.

Einbau

Um ein gleichmäßiges Bremsen beidseitig zu gewährleisten, müssen beide Bremsscheiben die gleiche Oberfläche bezüglich Schliffbild und Rautiefe aufweisen. Deshalb **grundsätzlich beide** Bremsscheiben ersetzen.

Die Werkstatt kann die Bremsscheibe auf Schlag prüfen. Maximaler Scheibenschlag an der Bremsfläche gemessen: 0,05 mm. Maximal zulässige Dickentoleranz: 0,01 mm.

- Bremsscheibendicke messen, siehe entsprechendes Kapitel.
- Falls vorhanden, Rost am Flansch der Bremsscheibe und der Radnabe entfernen.
- Neue Bremsscheiben mit Verdünnung vom Schutzlack reinigen.
- Bremsscheibe auf Radnabe aufsetzen und mit Kreuzschlitzschraube anschrauben.
- **Vorderradbremse mit FS-III-Bremssattel:** Bremsbeläge einbauen, siehe Seite 142.
- **Vorderradbremse mit FN-3-Bremssattel:** Bremsträger mit Bremssattel und eingesetzten Bremsbelägen ansetzen. Dabei darf der Bremsschlauch nicht verdreht oder gedehnt werden. Bremsträger mit **125 Nm** anschrauben. **Achtung:** Werden die bisherigen Rippschrauben wieder verwendet, vorher Verrippung mit Drahtbürste reinigen.
- **Hinteren Bremssattel** mit **30 Nm** anschrauben, anschließend Innensechskantschrauben **30°** weiterdrehen. Handbremsseil einhängen.

Achtung: War der Bremsschlauch demontiert, Bremsschlauch anschrauben und Bremsanlage entlüften, siehe Seite 160.

- Räder so ansetzen, dass die beim Ausbau angebrachten Markierungen übereinstimmen. Vorher Zentriersitz der Felge an der Radnabe mit Wälzlagerfett dünn einfetten. Räder anschrauben. Fahrzeug ablassen und Radschrauben über Kreuz mit **120 Nm** festziehen.

Achtung: Bremspedal im Stand mehrmals kräftig niedertreten, bis fester Widerstand spürbar ist.

- Bremsflüssigkeitsstand im Ausgleichbehälter prüfen, gegebenenfalls auffüllen.
- **Hinterradbremse:** Handbremse einstellen, siehe Seite 157.

Achtung, Sicherheitskontrolle durchführen:
- Sind die Bremsschläuche festgezogen?
- Befindet sich der Bremsschlauch in der Halterung?
- Sind die Entlüftungsschrauben angezogen?
- Ist genügend Bremsflüssigkeit eingefüllt?
- Bei laufendem Motor Dichtheitskontrolle durchführen. Hierzu Bremspedal mit 200 bis 300 N (entspricht 20 bis 30 kg) etwa 10 Sekunden betätigen. Das Bremspedal darf nicht nachgeben. Sämtliche Anschlüsse auf Dichtheit kontrollieren.

- Neue Bremsscheiben vorsichtig einbremsen, dazu Fahrzeug mehrmals von ca. 80 km/h auf 40 km/h mit geringem Pedaldruck abbremsen. Dazwischen Bremse etwas abkühlen lassen.

Hinterrad-Trommelbremse

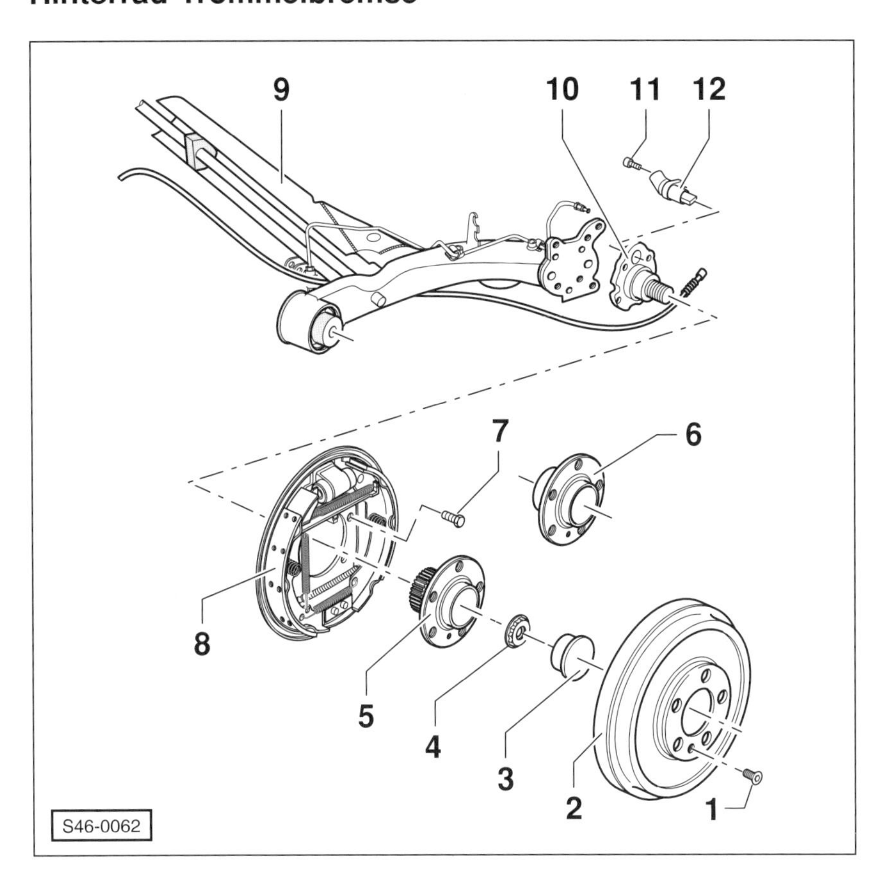

1 – **Kreuzschlitzschraube, 4 Nm**

2 – **Bremstrommel**
Sorgfältig reinigen. auf Verschleiß, Beschädigung, Maßhaltigkeit und einwandfreie Bremsfläche prüfen.

3 – **Nabenkappe**

4 – **Zwölfkantmutter, 70 Nm + 40°**
Selbstsichernd, daher nach jeder Demontage ersetzen.

5 – **Radnabe mit Radlager und Rotor**
Nur an Fahrzeugen mit ABS. Nach jeder Demontage komplett ersetzen.

6 – **Radnabe mit Radlager ohne Rotor**
Nur an Fahrzeugen ohne ABS. Nach jeder Demontage komplett ersetzen.

7 – **Kombischraube, 50 Nm + 60°**
Nach jeder Demontage ersetzen.

8 – **Bremsträger mit Bremsbacken**

9 – **Achskörper**

10 – **Achszapfen**

11 – **Innensechskantschraube, 8 Nm**

12 – **Drehzahlfühler ABS**
Vor dem Einsetzen die Aufnahmebohrung reinigen und mit Festschmierstoffpaste G000650, zum Beispiel Wolfrakote-Top-Paste, bestreichen.

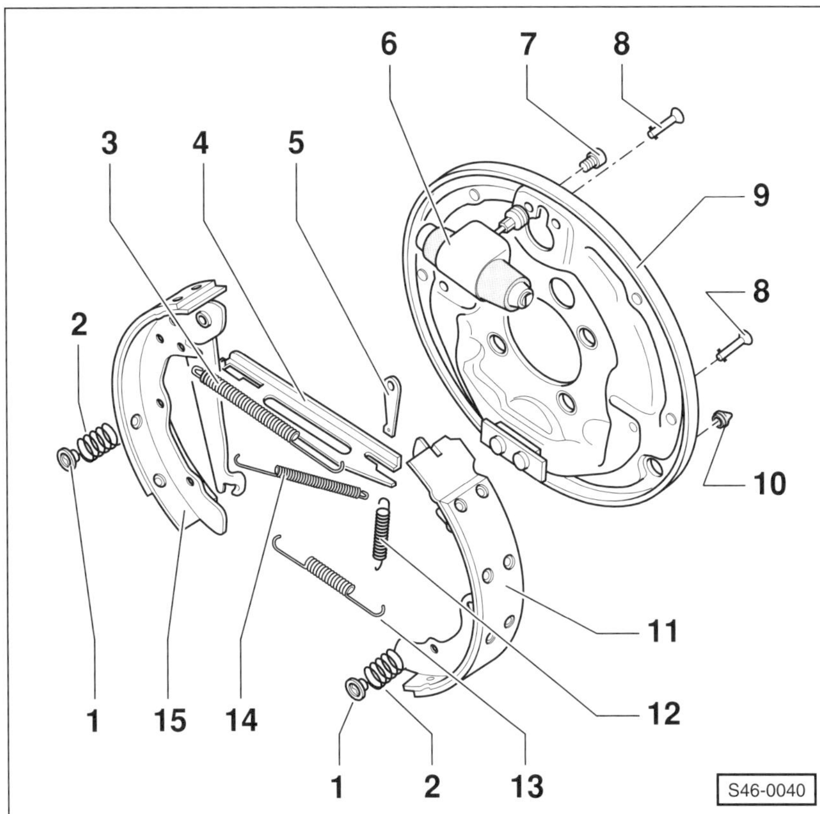

1 – **Federteller**

2 – **Druckfeder**

3 – **Anlagefeder**

4 – **Druckstange**
Anlagestellen mit Festschmierstoffpaste G000650, zum Beispiel Wolfrakote-Top-Paste, bestreichen.

5 – **Keil**

6 – **Radbremszylinder**

7 – **Innensechskantschraube, 8 Nm**

8 – **Spannstift**

9 – **Bremsträger**

10 – **Verschlusskappe**
Zum Prüfen der Bremsbelagdicke abnehmen.

11 – **Bremsbacken**
Sichtprüfung der Belagdicke über Schauloch im Bremsträger. In einer Bremse nur gleiche Belagqualität verwenden.

12 – **Zugfeder**

13 – **Rückzugfeder unten**
Anlagestellen mit Festschmierstoffpaste G000650, zum Beispiel Wolfrakote-Top-Paste, bestreichen.

14 – **Rückzugfeder oben**

15 – **Bremsbacke mit Hebel für Handbremse**

Bremstrommel/Bremsbacken aus- und einbauen

Die Hinterrad-Trommelbremse stellt sich automatisch nach. Dabei verändert die Druckstange durch eine Nachstelleinheit ihre Länge und sorgt für ein immer gleich bleibendes, konstruktiv vorgegebenenes Lüftspiel zwischen Bremstrommel und Bremsbacken. Für die automatische Nachstellung ist zwischen Primärbacke und Druckstange ein Keil mit einer Zugfeder angeordnet, der die Druckstange verlängert. Nach einmaligem Betätigen der Fußbremse ist ein Lüftspiel zwischen Bremsbacken und Bremstrommel vorgegeben. Ist die Backenbewegung aufgrund von Belagverschleiß größer als das vorgegebene Lüftspiel wird der Keil durch die Anordnung der Druckstange und der Feder nach unten gezogen. Dadurch verändert sich die Länge der Druckstange, und die Bremsbacken sind automatisch nachgestellt.

Ausbau

Achtung: Sollen die Bremsbeläge wieder verwendet werden, so müssen sie beim Ausbau gekennzeichnet werden. Ein Wechsel der Beläge vom rechten zum linken Rad und umgekehrt ist nicht zulässig. Der Wechsel kann zu ungleichmäßiger Bremswirkung führen. Grundsätzlich sollte man nur Original-Ersatzteil-Bremsbeläge, beziehungsweise vom Hersteller freigegebene Bremsbeläge verwenden. Grundsätzlich alle Bremsbeläge gleichzeitig ersetzen, auch wenn nur ein Belag die Verschleißgrenze erreicht hat.

- Stellung der Hinterräder zur Radnabe mit Farbe kennzeichnen. Dadurch kann das ausgewuchtete Rad wieder in derselben Position montiert werden. Radschrauben lö sen, dabei muss das Fahrzeug auf dem Boden stehen. Fahrzeug aufbocken und Hinterräder abnehmen.

Achtung: Bremse immer nur an einer Seite ausbauen, damit die andere Seite als Vorlage beim Zusammenbau dienen kann.

- Kreuzschlitzschraube für Bremstrommel-Befestigung herausdrehen.

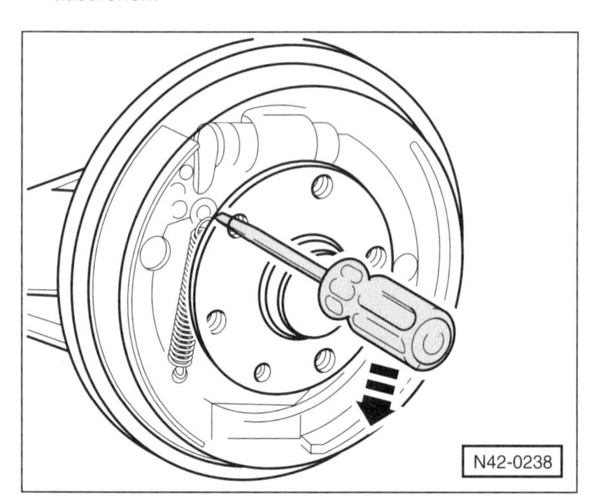
N42-0238

- Bremse zurückstellen. Dazu durch eine Gewindebohrung in der Bremstrommel mit einem Schraubendreher den Keil für selbstnachstellende Bremse nach oben drücken. **Hinweis:** Zur Verdeutlichung ist die Bremstrommel in der Abbildung transparent dargestellt.
- Bremstrommel abnehmen. Falls erforderlich, Bremstrommel mit einem Universalabzieher vom Achszapfen ziehen.

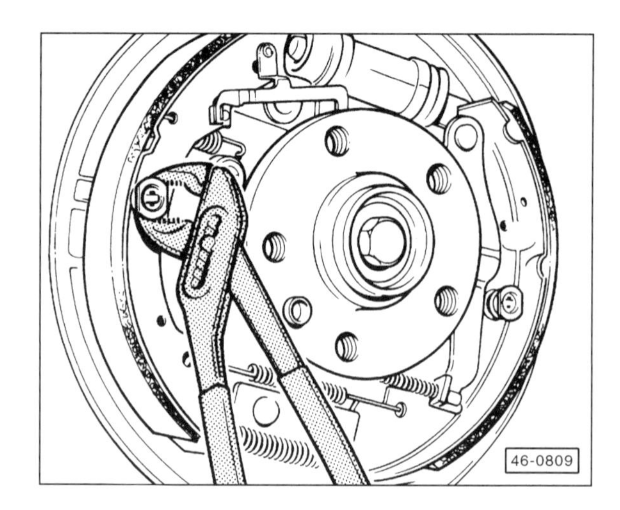
46-0809

- Federteller für Druckfeder mit Rohrzange kräftig zurück drücken und um 90° drehen (¼ Umdrehung). Während des Zurückdrückens von hinten am Bremsträger den Stift nach vorn drücken.
- 2. Federteller auf die gleiche Weise ausbauen.

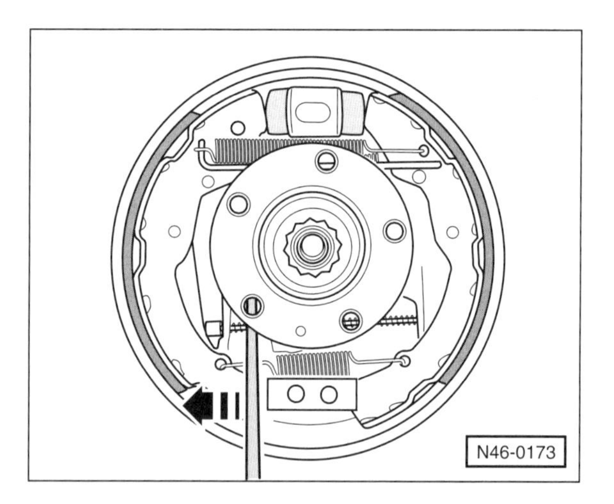
N46-0173

- Bremsbacken mit Schraubendreher hinter dem Abstützblech unten in Pfeilrichtung heraushebeln und auf dem unteren Abstützblech ablegen.
- Rückzugfeder unten aushängen und herausnehmen.
- Handbremsseil aushängen.
- Bremsbacken zwischen Radnabe und Bremsträger ausfädeln und herausnehmen.

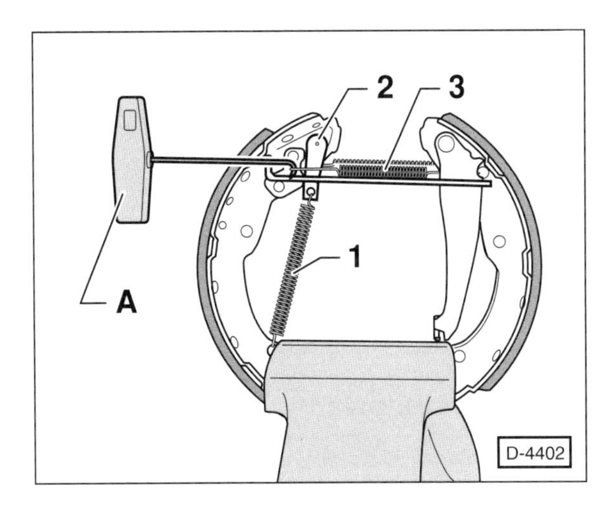

- Bremsbacken in einen Schraubstock einspannen.
- Zugfeder –1– für Keil –2– ausbauen.
- Rückzugfeder oben –3– mit geeignetem Haken –A–, zum Beispiel HAZET 4964-1, aushängen. Es geht auch mit der Bremsfedernzange HAZET 797. **Achtung: Verletzungsgefahr!**

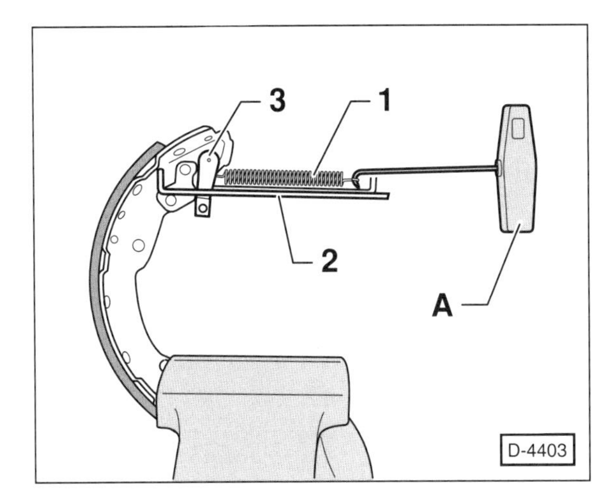

- Anlagefeder –1– mit Haken –A– aushängen.
- Druckstange –2– und Keil –3– von der Bremsbacke abnehmen.

Einbau

Grundsätzlich alle 4 Bremsbacken ersetzen und gleiches Fabrikat verwenden. Bremstrommel und Bremsträger mit Pressluft ausblasen oder mit Spiritus reinigen.

Achtung: Der Bremsstaub kann gesundheitsschädlich sein, nicht einatmen! Solange die Bremsbacken ausgebaut sind, nicht auf die Fußbremse treten, da sonst die Bremskolben aus den Radbremszylindern rutschen. Sollte ein Radbremszylinder durch ausgetretene Bremsflüssigkeit feucht sein, ist der betroffene Zylinder auszutauschen, siehe entsprechendes Kapitel.

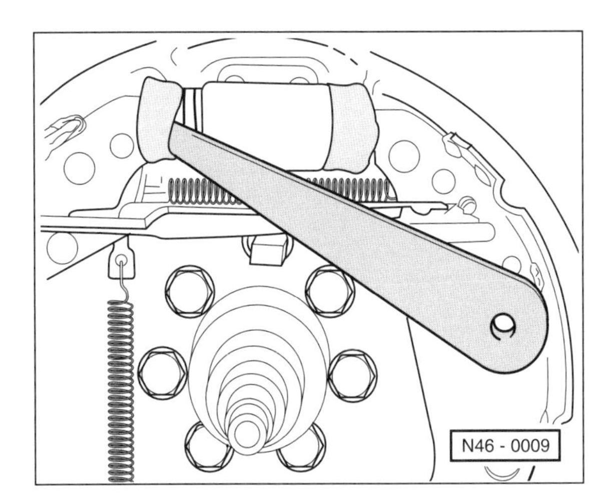

- Am Radbremszylinder die Staubmanschette von Hand oder mit einem stumpfen Gegenstand anheben. **Achtung: Dabei darf der Bremskolben nicht herausgezogen werden.** Wenn es hinter der Staubmanschette feucht ist, Radbremszylinder austauschen. Staubmanschette wieder aufsetzen.
- Bremsfläche der Bremstrommel mit dem Finger auf Riefen prüfen. Riefige Bremstrommel ersetzen, dabei grundsätzlich beide Bremstrommeln ersetzen.
- Geringe Unebenheiten und Rostspuren an der Bremsfläche mit Schmirgelleinen (Körnung 150) beseitigen.
- Innendurchmesser der Bremstrommel messen. Wenn die Verschleißgrenze erreicht ist, Trommel ersetzen. Dabei immer beide Bremstrommeln einer Achse ersetzen. Sollwerte und Verschleißgrenzen, siehe Kapitel »Technische Daten Bremsanlage«.

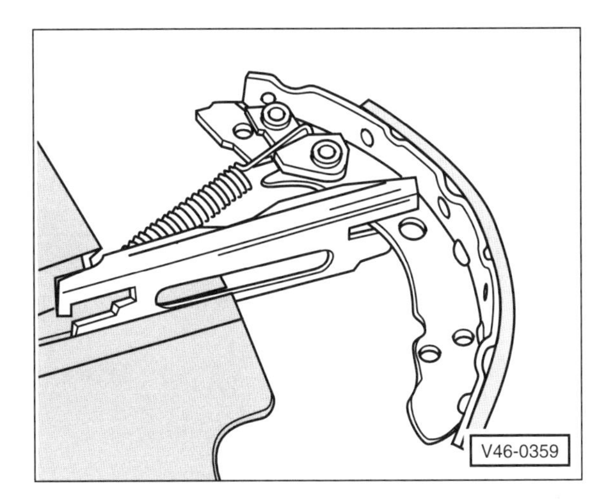

- Anlagefeder in die Bremsbacke einhängen und Bremsbacke auf die Druckstange setzen.
- Anlagestelle der Druckstange mit Festschmierstoffpaste G000650, zum Beispiel Wolfrakote-Top-Paste, fetten.

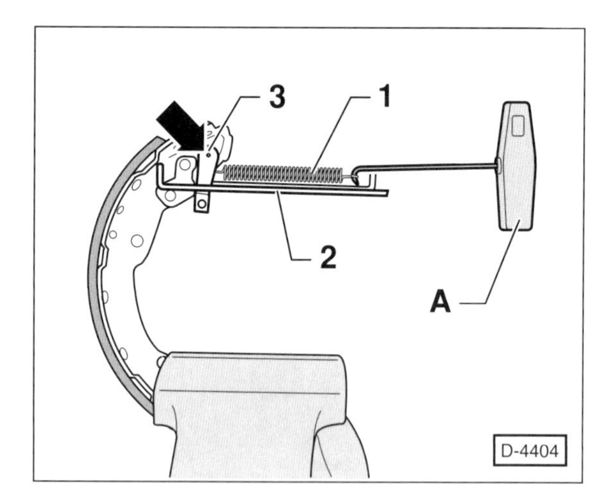

- Anlagefeder –1– mit Haken –A– in die Druckstange –2– einhängen und gleichzeitig Keil –3– einsetzen. **Achtung:** Die Erhöhung –Pfeil– am Keil –3– muss beim Einbau sichtbar bleiben.
- Bremsbacke mit Bremshebel in die Druckstange einsetzen.

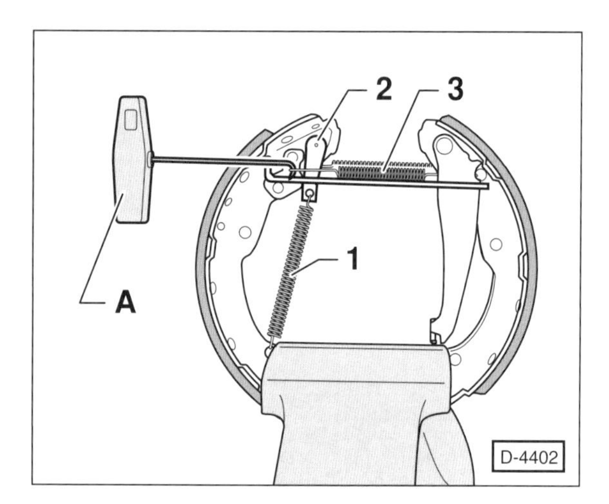

- Rückzugfeder –3– mit Haken –A– einhängen.
- Zugfeder –1– für Keil –2– einhängen.
- Bremsbacken zwischen Radnabe und Bremsträger einfädeln.
- Bremsbacken auf die Kolben des Radbremszylinders setzen.
- Handbremsseil am Bremshebel einhängen.
- Rückzugfeder unten einsetzen und Bremsbacke auf die untere Abstützung heben.
- Anlagestellen der Rückzugfeder unten an den Bremsbacken mit Festschmierstoffpaste G000650, zum Beispiel Wolfrakote-Top-Paste, fetten.
- Stifte für Druckfedern durch die Bremsbacken schieben. Druckfedern aufsetzen. Federteller mit Kombizange ansetzen und Feder zusammendrücken. Dabei Stift von hinten mit einem Finger gegenhalten. Federteller um 90° (1/4 Umdrehung) verdrehen und dadurch arretieren.
- Bremstrommel auf Radnabe aufsetzen und mit Kreuzschlitzschraube anschrauben.
- Bremspedal bei gelöster Handbremse einmal kräftig durchtreten und dadurch Bremsbacken in Betriebsstellung bringen.
- Handbremse einstellen, siehe Seite 157.
- Hinterräder so ansetzen, dass die beim Ausbau angebrachten Markierungen übereinstimmen. Vorher Zentriersitz der Felge an der Radnabe mit Wälzlagerfett dünn einfetten. Gewinde der Radschrauben **nicht** fetten oder ölen. Korrodierte Radschrauben erneuern. Räder anschrauben. Fahrzeug ablassen und Radschrauben über Kreuz mit **120 Nm** festziehen.

Achtung, Sicherheitskontrolle durchführen:

- Sind die Bremsschläuche festgezogen?
- Befindet sich der Bremsschlauch in der Halterung?
- Sind die Entlüftungsschrauben angezogen?
- Ist genügend Bremsflüssigkeit eingefüllt?
- Bei laufendem Motor Dichtheitskontrolle durchführen. Hierzu Bremspedal mit 200 bis 300 N (entspricht 20 bis 30 kg) etwa 10 Sekunden betätigen. Das Bremspedal darf nicht nachgeben. Sämtliche Anschlüsse auf Dichtheit kontrollieren.

- Neue Bremsbeläge vorsichtig einbremsen, dazu Fahrzeug auf wenig befahrener Straße mehrmals von ca. 80 km/h auf 40 km/h mit geringem Pedaldruck abbremsen. Dazwischen Bremse etwas abkühlen lassen.

Hinweis: Bremsbeläge müssen in einigen Kommunen als Sondermüll entsorgt werden. Die örtlichen Behörden geben darüber Auskunft, ob auch eine Entsorgung über den hausmüllähnlichen Gewerbemüll zulässig ist.

Handbremshebel

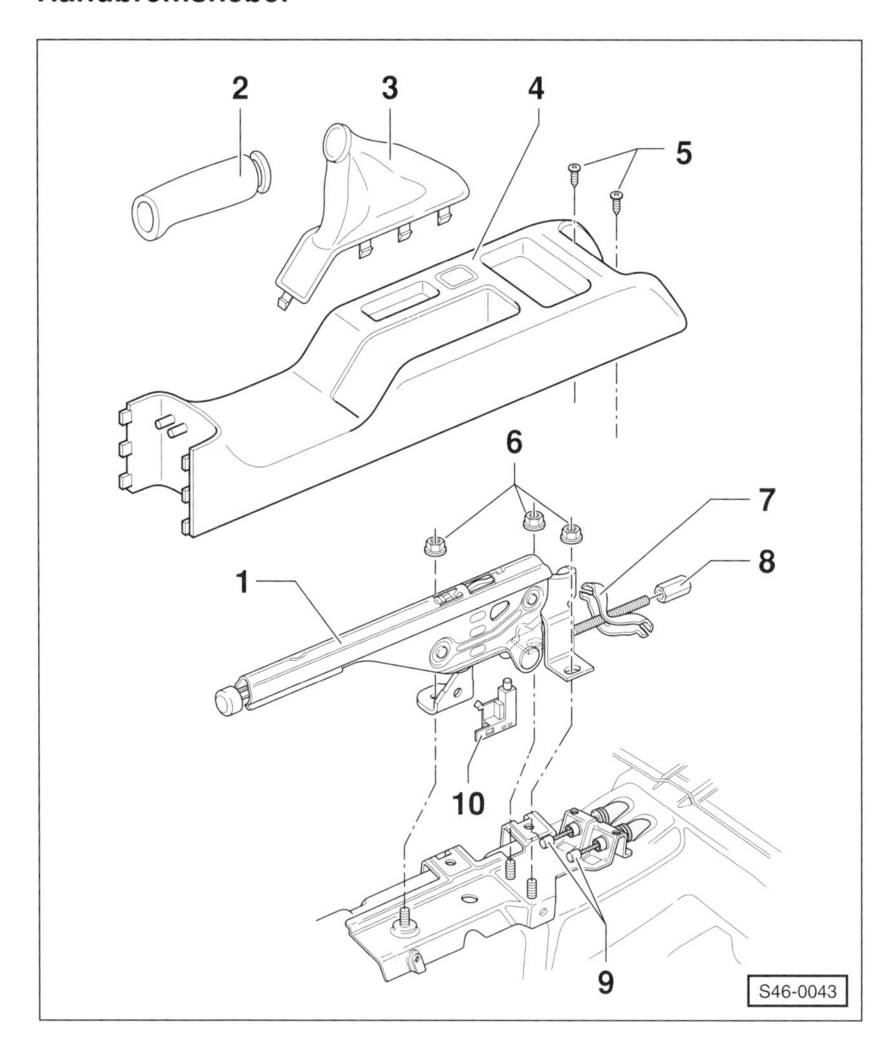

1 – Handbremshebel
Vor dem Ausbau die Mittelkonsole ausbauen.

2 – Handgriff
Zum Ausbau nach vorn abziehen. Vorher Rastnase unter dem Handgriff mit kleinem Schraubendreher nach unten drücken.

3 – Verkleidung für Handbremshebel

4 – Mittelkonsole hinten

5 – Kreuzschlitzschraube, 1,4 Nm

6 – Muttern, 18 Nm

7 – Ausgleichbügel

8 – Nachstellmutter
Selbstsichernd, daher nach jeder Demontage ersetzen.

9 – Handbremsseil
Unterschiedliche Ausführung für Trommel- und Scheibenbremse an der Hinterachse.

10 – Schalter für Handbremskontrolle
Eingeclipst. Bei Defekt ersetzen.

Handbremse einstellen

Achtung: Durch die automatische Nachstellung der Hinterradbremse ist ein Nachstellen der Handbremse in der Regel nicht erforderlich. Nur bei Ersatz der Handbremsseile, der hinteren Bremssättel oder Bremsscheiben muss die Handbremse neu eingestellt werden.

- Bremspedal mindestens 1-mal kräftig betätigen, es muss ein fester Widerstand am Pedal spürbar sein.
- Handbremshebel vollständig lösen.
- Aschenbecher aus der hinteren Mittelkonsole nach oben ausclipsen.

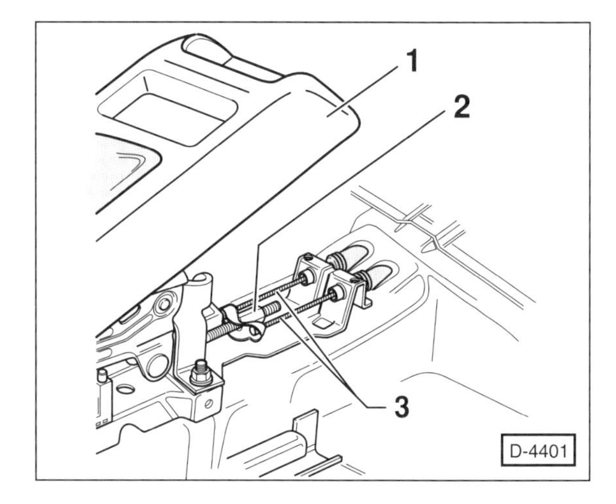

- Schrauben für hintere Mittelkonsole herausdrehen und Konsole –1– hinten anheben. Die Nachstellmutter –2– befindet sich am Handbremshebel. 3 – Handbremsseile.
- Fußbremse einmal kräftig betätigen.

- Stellung der Hinterräder zur Radnabe mit Farbe kennzeichnen. Dadurch kann das ausgewuchtete Rad wieder in derselben Position montiert werden. Radschrauben lösen, dabei muss das Fahrzeug auf dem Boden stehen. Fahrzeug hinten aufbocken und Hinterräder abnehmen.

Trommelbremse

- Handbremshebel 4 Zähne anziehen.
- Nachstellmutter –2– so weit anziehen, bis sich beide Räder von Hand schwer durchdrehen lassen.
- Handbremse lösen und prüfen, ob beide Räder frei durchdrehen. Gegebenenfalls Nachstellmutter etwas zurückdrehen.

Scheibenbremse

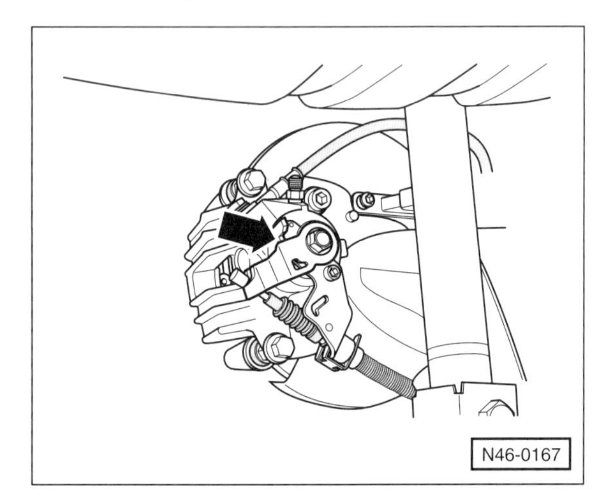

- Einstellmutter am Handbremshebel, –2– in Abbildung D-4401, bei gelöster Handbremse so weit anziehen, bis sich die Hebel –Pfeil– für die Handbremsbetätigung an den Bremssätteln von den Anschlägen abheben.

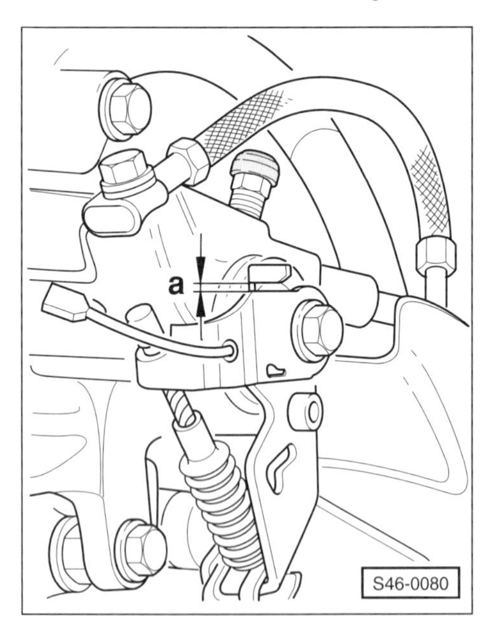

- Abstand –a– zwischen Hebel und Anschlag am linken und rechten Bremssattel mit Fühlerblattlehre prüfen.
- Linken und rechten Abstand –a– zusammenzählen. Die Summe der beiden Abstände –a– muß zwischen 1 und 3 mm liegen. Falls die Abstände –a– am linken und rechten Bremshebel, stark voneinander abweichen und die Summe größer als 3 mm ist, Abstände durch Ziehen am Bremshebel mit dem größeren Spiel annähernd ausgleichen.
- Handbremshebel 3x fest anziehen, dabei mit etwa 30 kg ziehen. Anschließend Handbremshebel jeweils vollständig lösen. Dadurch setzen sich die Bauteile und nehmen ihre korrekte Position ein.
- Bei gelöstem Handbremshebel prüfen, ob sich die Hinterräder frei durchdrehen lassen. Gegebenenfalls Nachstellmutter etwas zurückdrehen.

- Hinterräder so ansetzen, dass die beim Ausbau angebrachten Markierungen übereinstimmen. Vorher Zentriersitz der Felge an der Radnabe mit Wälzlagerfett dünn einfetten. Räder anschrauben. Fahrzeug ablassen und Radschrauben über Kreuz mit **120 Nm** festziehen.
- Mittelkonsole anschrauben und Aschenbecher in die Mittelkonsole einsetzen.

Handbremsseile aus- und einbauen

Fahrzeuge mit Frontantrieb

Ausbau

- Hintere Mittelkonsole ausbauen, siehe Seite 256.
- Handbremse lösen.

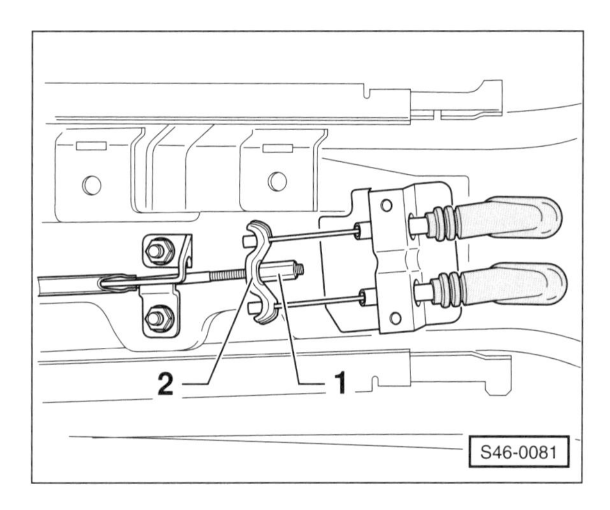

- Nachstellmutter –1– so weit lösen, bis das Handbremsseil aus dem Ausgleichbügel –2– ausgehängt werden kann. Handbremsseil aushängen.
- Stellung der Hinterräder zur Radnabe mit Farbe kennzeichnen. Dadurch kann das ausgewuchtete Rad wieder in derselben Position montiert werden. Radschrauben bei auf dem Boden stehendem Fahrzeug lösen. Fahrzeug hinten aufbocken und Hinterräder abnehmen.
- **Trommelbremse:** Bremstrommel ausbauen und Handbremsseil aus dem Bremshebel an der Bremsbacke aushängen, siehe Seite 154.

● **Scheibenbremse:** Handbremsseil am Bremssattel aushängen, siehe Seite 149.

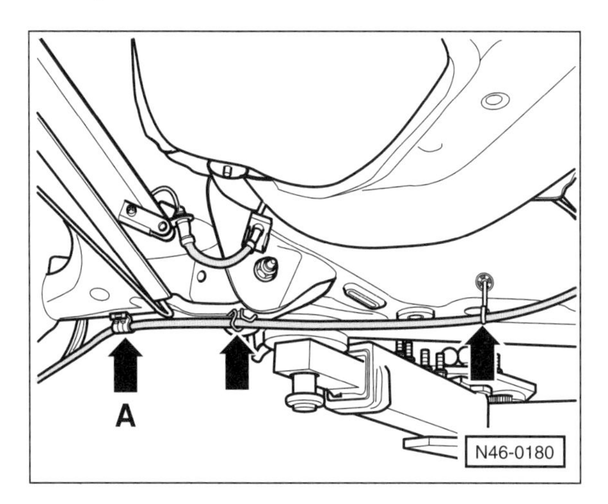

● Handbremsseil aus Halterung –A– am Hinterachskörper ausclipsen und aus den Halterungen –Pfeile– aushängen.

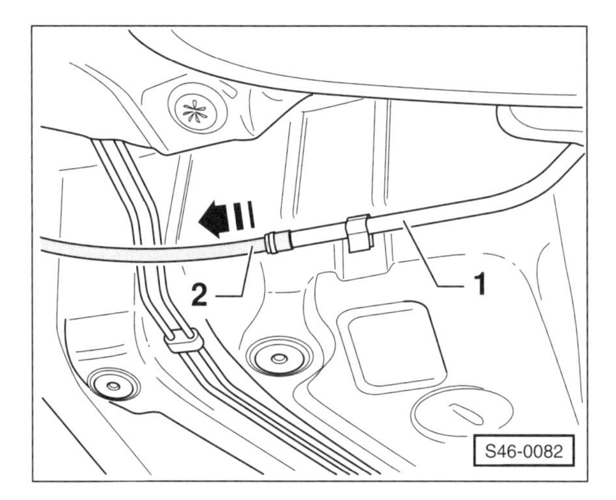

● Handbremsseil –2– in Pfeilrichtung aus dem Führungsrohr –1– herausziehen.

● Handbremsseil herausnehmen.

Einbau

● Handbremsseil in Führungsrohr einschieben.

● **Trommelbremse:** Handbremsseil am Bremshebel der Bremsbacke einhängen, Bremstrommel einbauen siehe Seite 154.

● **Scheibenbremse:** Handbremsseil am Bremssattel einhängen, siehe Seite 149.

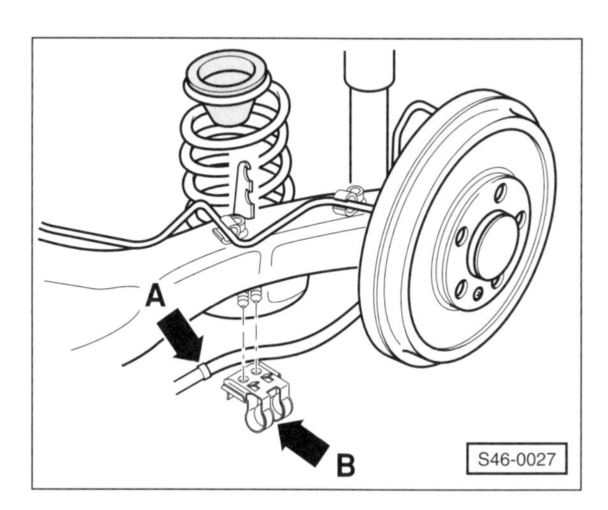

● Handbremsseile mit Clips am Achskörper anclipsen. Dabei darauf achten, dass der Klemmring –A– am Handbremsseil in der Mitte des Clip –B– liegt.

● Handbremsseil in die Halterungen am Hinterachskörper einhängen.

● Handbremsseil am Handbremshebel einhängen und Einstellmutter etwas vorspannen.

● Handbremse einstellen, siehe Seite 157.

● Hintere Mittelkonsole einbauen, siehe Seite 256.

Bremskraftverstärker prüfen

Der Bremskraftverstärker ist auf Funktion zu überprüfen, wenn zur Erzielung ausreichender Bremswirkung die Pedalkraft außergewöhnlich hoch ist.

● Bremspedal bei stehendem Motor mindestens 5-mal kräftig durchtreten, dann bei belastetem Bremspedal Motor starten. Das Bremspedal muss jetzt unter dem Fuß spürbar nachgeben.

● Andernfalls Unterdruckschlauch am Bremskraftverstärker abschrauben, Motor starten. Durch Fingerauflegen am Ende des Unterdruckschlauches prüfen, ob Unterdruck vorhanden ist.

● Ist kein Unterdruck vorhanden: Unterdruckschlauch auf Undichtigkeiten und Beschädigungen prüfen, gegebenenfalls ersetzen. Sämtliche Schellen fest anziehen.

● Dieselmotor: Unterdruckschlauch von der Vakuumpumpe abziehen und mit dem Finger prüfen, ob Unterdruck am Schlauchanschluss anliegt.

● Ist Unterdruck vorhanden: Unterdruck messen, gegebenenfalls Bremsservo ersetzen (Werkstattarbeit).

Bremslichtschalter aus- und einbauen

Der Bremslichtschalter sitzt am Pedalbock. Bei Betätigung des Bremspedals schaltet der Schalter das Bremslicht ein. Außerdem dient der Bremslichtschalter dem ABS-Steuergerät als Signalgeber, dass eine Bremsung eingeleitet wurde. Daher ist eine korrekte Funktion und Einstellung äußerst wichtig.

Ausbau

- Abdeckung im Fahrerfußraum ausbauen, siehe Seite 256.
- Stecker vom Bremslichtschalter abziehen.

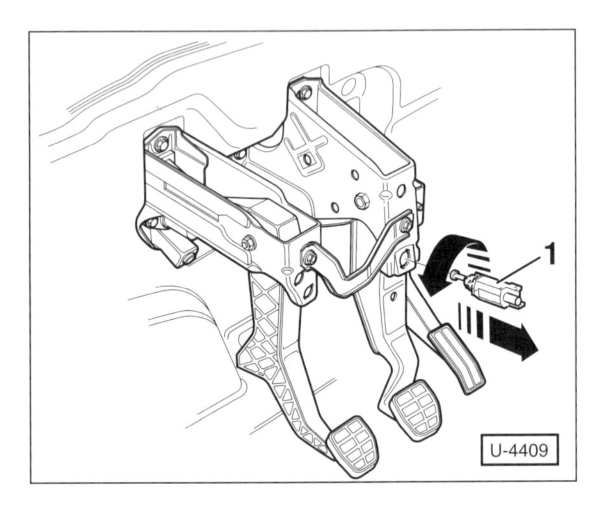

- Bremslichtschalter –1– um 90° (¼ Umdrehung) linksherum drehen und herausnehmen.

Einbau/Einstellung

Hinweis: Zum Einstellen muss der Bremslichtschalter zuvor ausgebaut werden.

- Stößel des Bremslichtschalters ganz herausziehen.
- Bremspedal von Hand so weit wie möglich herunterdrücken, Bremslichtschalter in Pedalbock einsetzen und durch 90°-Rechtsdrehung befestigen.
- Bremspedal loslassen. Der Betätigungsstift stellt sich automatisch ein.
- Stecker auf Bremslichtschalter aufschieben.
- Bremslicht mit Helfer überprüfen. Schon bei geringem Pedaldruck muss das Bremslicht aufleuchten.
- Abdeckung im Fahrerfußraum einbauen.

Die Bremsflüssigkeit

Beim Umgang mit Bremsflüssigkeit ist zu beachten:

Sicherheitshinweis
Bremsflüssigkeit ist giftig. Keinesfalls Bremsflüssigkeit mit dem Mund über einen Schlauch absaugen. Bremsflüssigkeit nur in Behälter füllen, bei denen ein versehentlicher Genuss ausgeschlossen ist.

- Bremsflüssigkeit ist ätzend und darf deshalb nicht mit dem Autolack in Berührung kommen, gegebenenfalls sofort abwischen und mit viel Wasser abwaschen.
- Bremsflüssigkeit ist hygroskopisch, das heißt, sie nimmt aus der Luft Feuchtigkeit auf. Bremsflüssigkeit deshalb nur in geschlossenen Behältern aufbewahren.
- **Bremsflüssigkeit, die schon einmal im Bremssystem verwendet wurde, darf nicht wieder verwendet werden. Auch beim Entlüften der Bremsanlage nur neue Bremsflüssigkeit verwenden.**
- Bremsflüssigkeits-Spezifikation: **FMVSS 116 DOT 4.**
- **Bremsflüssigkeit darf nicht mit Mineralöl in Berührung kommen.** Schon geringe Spuren Mineralöl machen die Bremsflüssigkeit unbrauchbar, beziehungsweise führen zum Ausfall des Bremssystems. Stopfen und Manschetten der Bremsanlage werden beschädigt, wenn sie mit mineralölhaltigen Mitteln zusammenkommen. Zum Reinigen keine mineralölhaltigen Putzlappen verwenden.
- Bremsflüssigkeit alle 2 Jahre wechseln, möglichst nach der kalten Jahreszeit.

Achtung: Bremsflüssigkeit ist ein Problemstoff und darf auf keinen Fall einfach weggeschüttet oder dem Hausmüll mitgegeben werden. Kommunalverwaltungen informieren darüber, wo sich die nächste Problemstoff-Sammelstelle befindet.

Bremsanlage entlüften

Nach jeder Reparatur an der Bremse, bei der die Anlage geöffnet wurde, kann Luft in die Druckleitungen eingedrungen sein. Dann ist das Bremssystem zu entlüften. Luft ist auch dann in den Leitungen, wenn sich beim Tritt auf das Bremspedal der Bremsdruck schwammig anfühlt. In diesem Fall muss die Undichtigkeit beseitigt und die Bremsanlage entlüftet werden.

In der Werkstatt wird die Bremse in der Regel mit einem Bremsenfüll- und Entlüftungsgerät entlüftet. **Hinweis:** Beim Einsatz dieses Geräts darf ein Befülldruck von 1 bar nicht überschritten werden.

Es geht aber auch ohne das Gerät. Die Bremsanlage wird dann durch Pumpen mit dem Bremspedal entlüftet, dazu ist eine zweite Person notwendig.

Muss die ganze Anlage entlüftet werden, jede Radbremse einzeln entlüften. Das ist immer dann der Fall, wenn Luft in jeden einzelnen Bremszylinder gedrungen ist. Falls nur ein Bremssattel erneuert bzw. überholt wurde, genügt in der Regel das Entlüften des betreffenden Bremszylinders.

Sicherheitshinweis, Fahrzeuge mit ABS:
Ist eine Kammer des Bremsflüssigkeit-Ausgleichbehälters komplett leer gelaufen (zum Beispiel bei Undichtigkeiten im Bremssystem oder wenn beim Entlüften vergessen wurde, Bremsflüssigkeit nachzufüllen), wird Luft angesaugt, die in die ABS-Hydraulikpumpe gelangt. Die Bremsanlage muss dann in der Werkstatt mit dem Entlüftungsgerät entlüftet werden, bei Ausstattung mit EDS muss zusätzlich eine Grundeinstellung durch ein Testgerät eingeleitet werden. Bei Einbau eines neuen Bremsschlauchs muss die Anlage ebenfalls mit einem Entlüftungsgerät entlüftet werden.

Die Reihenfolge der Entlüftung: 1. Radbremse hinten rechts, 2. Radbremse hinten links, 3. Radbremse vorn rechts, 4. Radbremse vorn links.

Achtung: Entlüftungsventile vorsichtig öffnen, damit sie nicht abgedreht werden. Es empfiehlt sich, die Ventile ca. 2 Stunden vor dem Entlüften mit Rostlöser einzusprühen. Bei fest sitzenden Ventilen das Entlüften von einer Werkstatt durchführen lassen.

Achtung: Während des Entlüftens ab und zu den Ausgleichbehälter beobachten. Der Flüssigkeitsspiegel darf nicht zu weit sinken, sonst wird über den Ausgleichbehälter Luft angesaugt. **Immer nur neue Bremsflüssigkeit nachgießen!** Bei Fahrzeugen mit Bremskraftregler während des Entlüftens der Hinterradbremse den Hebel des Reglers bewegen.

- Staubkappe vom Entlüfterventil der Radbremse abnehmen. Entlüfterventil reinigen, sauberen Schlauch aufstecken, anderes Schlauchende in eine mit Bremsflüssigkeit halbvoll gefüllte Flasche stecken. Einen geeigneten Entlüftungsschlüssel mit Schlauch (HAZET-1968N) sowie ein passendes Gefäß gibt es im Autozubehör-Handel.
- Von einer Hilfsperson Bremspedal so oft niedertreten lassen, »pumpen«, bis sich im Bremssystem Druck aufgebaut hat. Zu spüren am wachsenden Widerstand beim Betätigen des Pedals.
- Ist genügend Druck vorhanden, Bremspedal ganz durchtreten, Fuß auf dem Bremspedal halten.

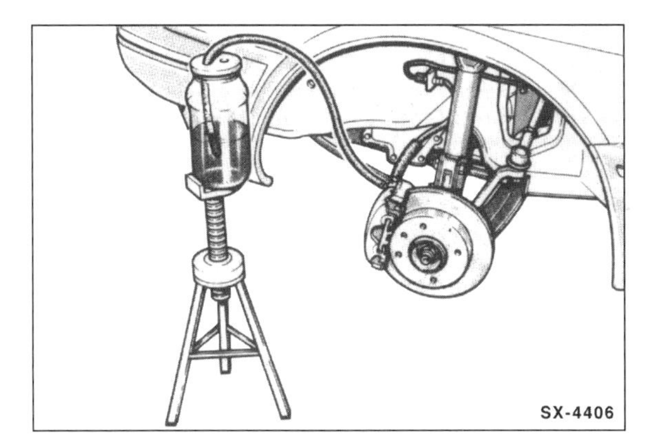

- Entlüfterventil an der Radbremse etwa eine halbe Umdrehung mit Ringschlüssel öffnen. Ausfließende Bremsflüssigkeit in der Flasche sammeln. Darauf achten, dass sich das Schlauchende in der Flasche ständig unterhalb des Flüssigkeitsspiegels befindet.
- Sobald der Flüssigkeitsdruck nachlässt, Entlüfterventil schließen.
- Pumpvorgang wiederholen, bis sich Druck aufgebaut hat. Bremspedal niedertreten, Fuß auf dem Bremspedal lassen, Entlüfterschraube öffnen, bis der Druck nachlässt, Entlüfterschraube schließen.
- Entlüftungsvorgang an einer Radbremse so lange wiederholen, bis sich in der Bremsflüssigkeit, die in die Entlüfterflasche strömt, keine Luftblasen mehr zeigen.
- Nach dem Entlüften Schlauch von Entlüfterschraube abziehen, Staubkappe auf Ventil stecken.
- Die Radbremsen an den anderen Rädern auf die gleiche Weise entlüften, Reihenfolge einhalten.
- Nach dem Entlüften den Ausgleichbehälter bis zur MAX-Markierung auffüllen.

Achtung, Sicherheitskontrolle durchführen:
- ◆ Sind die Entlüftungsschrauben angezogen?
- ◆ Ist genügend Bremsflüssigkeit eingefüllt?
- ◆ Bei laufendem Motor Dichtheitskontrolle durchführen. Hierzu Bremspedal mit 200 bis 300 N (entspricht 20 bis 30 kg) etwa 10 Sekunden betätigen. Das Bremspedal darf nicht nachgeben. Sämtliche Anschlüsse auf Dichtheit kontrollieren.

- Anschließend einige Bremsungen auf einer Straße mit geringem Verkehr durchführen. Dabei muss mindestens eine starke Bremsung mit ABS-Regelung (fühlbar am pulsierenden Bremspedal) vorgenommen werden. **Achtung: Dabei besonders auf nachfolgenden Verkehr achten.**

Achtung: Alte Bremsflüssigkeit ist ein Problemstoff und darf auf keinen Fall einfach weggeschüttet oder dem Hausmüll mitgegeben werden. Gemeinde- und Stadtverwaltungen informieren darüber, wo sich die nächste Problemstoff-Sammelstelle befindet.

Bremsschlauch aus- und einbauen

Das Bremsleitungssystem stellt die Verbindung vom Hauptbremszylinder zu den vier Radbremsen her.

Achtung: Die starren Bremsleitungen aus Metall sollen von einer Fachwerkstatt verlegt werden, da zur fachgerechten Montage einige Erfahrung nötig ist.

Als flexible Verbindungen zwischen den starren und beweglichen Fahrzeugteilen, beispielsweise den Bremssätteln, werden druckfeste Bremsschläuche verwendet. Diese müssen bei erkennbaren Schäden ausgewechselt werden.

Sicherheitshinweis, Fahrzeuge mit ABS:
Ist eine Kammer des Bremsflüssigkeit-Ausgleichbehälters komplett leer gelaufen (zum Beispiel bei Undichtigkeiten im Bremssystem oder wenn beim Entlüften vergessen wurde, Bremsflüssigkeit nachzufüllen), wird Luft angesaugt, die in die ABS-Hydraulikpumpe gelangt. Die Bremsanlage muss dann in der Werkstatt mit dem Entlüftungsgerät entlüftet werden, bei Ausstattung mit EDS muss zusätzlich eine Grundeinstellung durch ein Testgerät eingeleitet werden. **Bei Einbau eines neuen Bremsschlauchs muss die Anlage ebenfalls mit einem Entlüftungsgerät entlüftet werden.**

Achtung: Bremsschläuche nicht mit Öl oder Petroleum in Berührung bringen, nicht lackieren oder mit Unterbodenschutz besprühen.

Ausbau

Achtung: Regeln im Umgang mit Bremsflüssigkeit beachten, siehe Seite 160.

- Fahrzeug aufbocken.
- Bremssattel ausbauen, siehe Seite 151.
- Bremsschlauch an Führung und Halter der Kupplung ausclipsen.
- Bremsschlauch an der starren Leitung und am Bremssattel abschrauben, dabei Bremsschlauch nicht verdrillen. **Achtung:** Auslaufende Bremsflüssigkeit mit Lappen auffangen. Gegebenenfalls Leitungsanschluss in Richtung Hauptbremszylinder mit geeignetem Stopfen verschließen.

Einbau

- Nur vom Werk freigegebene Bremsschläuche einbauen. Neuen Bremsschlauch so einbauen, dass er ohne Drall durchhängt. Leitungsverbindung mit **15 Nm** festziehen, Bremsschlauch am Bremssattel mit **35 Nm** festziehen.
- Nach dem Einbau bei entlasteten Rädern (Wagen angehoben) Lenkung nach links und rechts einschlagen und sicherstellen, dass der Schlauch allen Radbewegungen folgt, ohne irgendwo anzuscheuern.
- Bremssattel einbauen, siehe Seite 151.
- Fahrzeug ablassen.
- Bei auf dem Boden stehendem Fahrzeug prüfen, ob der Bremsschlauch allen Radbewegungen folgt, ohne irgendwo anzuscheuern.

Achtung, Sicherheitskontrolle durchführen:

- Sind die Bremsschläuche festgezogen?
- Befindet sich der Bremsschlauch in der Halterung?
- Sind die Entlüftungsschrauben angezogen?
- Ist genügend Bremsflüssigkeit eingefüllt?
- Bei laufendem Motor Dichtheitskontrolle durchführen. Hierzu Bremspedal mit 200 bis 300 N (entspricht 20 bis 30 kg) etwa 10 Sekunden betätigen. Das Bremspedal darf nicht nachgeben. Sämtliche Anschlüsse auf Dichtheit kontrollieren.

- Bremsanlage in der Werkstatt entlüften lassen.
- Anschließend einige Bremsungen auf Straße mit geringem Verkehr durchführen.

Radbremszylinder aus- und einbauen

Trommelbremse

Ausbau

- Bremsbacken ausbauen, siehe entsprechendes Kapitel.
- Überwurfmutter für Bremsleitung lösen, nicht ganz abnehmen.
- 2 Innensechskantschrauben für Radbremszylinder hinten am Bremsträger abschrauben.

Einbau

- Lappen unter das Bremsträgerblech legen.
- Überwurfmutter für Bremsleitung abschrauben und sofort am neuen Radbremszylinder handfest anschrauben. Dadurch ist sichergestellt, dass nur wenig Bremsflüssigkeit ausläuft.
- Schrauben für Radbremszylinder einschrauben und mit **8 Nm** anziehen.
- Überwurfmutter für Bremsleitung mit offenem Ringschlüssel, zum Beispiel HAZET 612N, leicht anziehen. Anzugsmoment: 5 Nm.
- Bremsbacken einbauen, siehe entsprechendes Kapitel.
- Bremsanlage entlüften, siehe entsprechendes Kapitel.

Störungsdiagnose Bremse

Störung	Ursache	Abhilfe
Leerweg des Bremspedals zu groß.	Ein Bremskreis ausgefallen.	■ Bremskreise auf Flüssigkeitsverlust prüfen.
	Speziell bei Trommelbremse: Nachstellautomatik klemmt.	■ Nachstelleinheit gangbar machen.
Bremspedal lässt sich weit und federnd durchtreten.	Luft im Bremssystem.	■ Bremse entlüften.
	Zu wenig Bremsflüssigkeit im Ausgleichbehälter.	■ Neue Bremsflüssigkeit nachfüllen, Bremse entlüften.
	Dampfblasenbildung. Tritt meist nach starker Beanspruchung auf, z. B. Passabfahrt.	■ Bremsflüssigkeit wechseln. Bremse entlüften.
Bremswirkung lässt nach, und Bremspedal lässt sich durchtreten.	Undichte Leitung.	■ Leitungsanschlüsse nachziehen oder Leitung erneuern.
	Beschädigte Manschette im Haupt- oder Radbremszylinder.	■ Manschette erneuern. Hauptbremszylinder bzw. dessen Innenteile ersetzen (Werkstattarbeit).
	Speziell bei Scheibenbremse: Gummidichtring beschädigt.	■ Bremssattel überholen (Werkstattarbeit).
Schlechte Bremswirkung trotz hohen Fußdrucks.	Bremsbeläge verölt.	■ Bremsbeläge erneuern.
	Ungeeigneter oder verhärteter Bremsbelag.	■ Beläge erneuern. Nur Original-Bremsbeläge vom Automobilhersteller verwenden.
	Bremskraftverstärker defekt, Unterdruckleitung porös, defekt.	■ Bremsservo, Unterdruckleitung prüfen.
	Speziell bei Scheibenbremse: Bremsbeläge abgenutzt.	■ Bremsbeläge erneuern.
Bremse zieht einseitig.	Unvorschriftsmäßiger Reifendruck.	■ Reifendruck prüfen und berichtigen.
	Bereifung ungleichmäßig abgefahren.	■ Abgefahrene Reifen ersetzen.
	Bremsbeläge verölt.	■ Bremsbeläge erneuern.
	Verschiedene Bremsbelagsorten auf einer Achse.	■ Beläge achsweise erneuern. Nur Original-Beläge vom Automobilhersteller verwenden.
	Schlechtes Tragbild der Bremsbeläge.	■ Bremsbeläge austauschen.
	Speziell bei Scheibenbremse: Verschmutzte Bremssattelschächte.	■ Sitz- und Führungsflächen der Bremsbeläge im Bremssattel reinigen.
	Korrosion in den Bremssattelzylindern.	■ Bremssattel erneuern.
	Bremsbelag ungleichmäßig verschlissen.	■ Bremsbeläge erneuern (beide Räder), Bremssättel auf Leichtgängigkeit prüfen.
	Speziell bei Trommelbremse: Kolben in den Radbremszylindern schwergängig.	■ Radbremszylinder instand setzen.
Bremse pulsiert.	**ABS** in Funktion.	■ Normal, keine Abhilfe.
	Speziell bei Scheibenbremse: Seitenschlag oder Dickentoleranz der Bremsscheibe zu groß.	■ Schlag und Toleranz prüfen. Scheibe nacharbeiten oder ersetzen.
	Bremsscheibe läuft nicht parallel zum Bremssattel.	■ Anlagefläche des Bremssattels prüfen.
	Speziell bei Trommelbremse: Anlagefläche der Felge an der Bremstrommel nicht plan, dadurch Verzug der Bremstrommel.	■ Es kann versucht werden, die Felgen untereinander auszutauschen. Gegebenenfalls Felgen ersetzen.

Störung	Ursache	Abhilfe
Bremse zieht von selbst an.	Ausgleichsbohrung im Hauptbremszylinder verstopft.	■ Hauptbremszylinder reinigen und Innenteile erneuern lassen (Werkstattarbeit).
	Spiel zwischen Betätigungsstange und Hauptbremszylinderkolben zu gering.	■ Spiel prüfen (Werkstattarbeit).
Bremsen erhitzen sich während der Fahrt.	Wie unter »Bremse zieht von selbst an«	
	Bremse schwergängig.	■ Bewegliche Teile der Trommelbremse schmieren. Bremssattel überholen (Werkstattarbeit).
	Speziell bei Scheibenbremse: Drosselbohrung im Spezial-Bodenventil verstopft.	■ Hauptbremszylinder reinigen, Innenteile ersetzen und Bremsflüssigkeit erneuern.
	Speziell bei Trommelbremse: Bremsbacken-Rückzugfedern erlahmt.	■ Rückzugfedern erneuern.
Bremsen rattern.	Ungeeigneter Bremsbelag.	■ Beläge erneuern. Nur Original-Bremsbeläge vom Automobilhersteller verwenden.
	Speziell bei Scheibenbremse: Bremsscheibe stellenweise korrodiert.	■ Scheibe mit Schleifklötzen sorgfältig glätten.
	Bremsscheibe hat Seitenschlag.	■ Scheibe nacharbeiten oder ersetzen.
	Speziell bei Trommelbremse: Bremsbeläge verschlissen.	■ Beläge erneuern. Nur Original-Bremsbeläge vom Automobilhersteller verwenden.
	Bremstrommel unrund.	■ Bremstrommel ersetzen.
Bremsbeläge lösen sich nicht von der Bremsscheibe.	**Speziell bei Scheibenbremse:** Korrosion in den Bremssattelzylindern.	■ Bremssattel überholen, eventuell austauschen.
Ungleichmäßiger Belag-Verschleiß.	**Speziell bei Scheibenbremse:** Ungeeigneter Bremsbelag.	■ Beläge erneuern, Nur Original-Bremsbeläge vom Automobilhersteller verwenden.
	Bremssattel verschmutzt.	■ Bremssattelschächte reinigen.
	Kolben nicht leichtgängig.	■ Kolben gangbar machen (Werkstattarbeit).
	Bremssystem undicht.	■ Bremssystem auf Dichtigkeit prüfen.
Keilförmiger Bremsbelag-Verschleiß.	**Speziell bei Scheibenbremse:** Bremsscheibe nicht parallel zum Bremssattel.	■ Anlagefläche des Bremssattels prüfen.
	Korrosion in den Bremssätteln.	■ Verschmutzung beseitigen.
Bremse quietscht.	Oft auf atmosphärische Einflüsse (Luftfeuchtigkeit) zurückzuführen.	■ Keine Abhilfe erforderlich, und zwar dann, wenn Quietschen nach längerem Stillstand des Wagens bei hoher Luftfeuchtigkeit auftrat, aber nach den ersten Bremsungen sich nicht wiederholt.
	Speziell bei Scheibenbremse: Ungeeigneter Bremsbelag.	■ Beläge erneuern. Nur Original-Bremsbeläge vom Automobilhersteller verwenden
	Bremsscheibe läuft nicht parallel zum Bremssattel.	■ Anlagefläche des Bremssattels prüfen.
	Verschmutzte Schächte im Bremssattel.	■ Bremssattelschächte reinigen.
	Speziell bei Trommelbremse: Ungeeigneter Bremsbelag. Belag liegt nicht satt auf.	■ Beläge erneuern. Nur Original-Bremsbeläge vom Automobilhersteller verwenden.
	Bremse verschmutzt.	■ Radbremsen reinigen.
	Rückzugfedern zu schwach.	■ Rückzugfedern erneuern.

Motor-Mechanik

Aus dem Inhalt:

- **Zylinderkopfausbau**
- **Zahnriemenwechsel**
- **Kompression prüfen**
- **Keilrippenriemen wechseln**

Der SKODA OCTAVIA wird von 4-Zylinder-Reihenmotoren angetrieben, die in unterschiedlicher Bauart und Leistung zur Verfügung stehen.

Die Motoren sind im Motorraum mithilfe elastischer Lagerungen quer zur Fahrtrichtung eingebaut. Um die Taumelbewegungen beim Lastwechsel des Motors abzufangen, befindet sich unten am Motor eine Drehmomentstütze. Da das Fahrzeug über einen separaten Fahrschemel verfügt, werden Motorschwingungen nur in geringem Maße auf die Karosserie übertragen.

Der Motorblock des 1,4-/1,6-l-Benzinmotors (100/102 PS) besteht zur Gewichtsreduzierung aus einer Aluminiumlegierung mit eingepressten Graugusszylindern. Die Motorblöcke der anderen Motoren werden aus Grauguss gefertigt. Alle Motoren verfügen über Zylinderköpfe aus Leichtmetall. Der Zylinderkopf ist oben auf den Motorblock aufgeschraubt. Er enthält die Ventile und den Ventiltrieb. Beim Benzinmotor ist der Zylinderkopf nach dem so genannten Querstrom-Prinzip aufgebaut: Das frische Kraftstoff-/Luftgemisch strömt auf der einen Zylinderkopfseite ein, während die Abgase auf der anderen Seite ausgestoßen werden. Auf diese Weise sind schnelle Gaswechselvorgänge möglich. Beim Dieselmotor sind Abgas- und Ansaugkrümmer Platz sparend auf derselben Seite des Zylinderkopfs angeschraubt.

Die Ölwanne ist unten am Motorblock angeschraubt. Sie besteht aus Leichtmetall und bildet den unteren Motorabschluss. In der Ölwanne sammelt sich das für die Schmierung und Kühlung erforderliche Motoröl. In der Ölwanne ist die Ölpumpe untergebracht. Sie wird über eine Kette von der Kurbelwelle angetrieben. Das angesaugte Öl gelangt über Kanäle zu den Lagern der Kurbel- und Nockenwelle sowie in die Zylinderlaufbahnen.

Die Kühlmittelpumpe sitzt seitlich im Motorblock und wird über den Zahnriemen der Motorsteuerung angetrieben. Der Kühlmittelkreislauf muss ganzjährig mit einer Mischung aus Kühlerfrost- und Korrosionsschutzmittel sowie kalkarmem Wasser befüllt sein. Ein Keilrippenriemen treibt die Nebenaggregate wie Generator, Servopumpe und, falls vorhanden, den Klimakompressor an.

Für die Aufbereitung und Zündung des Kraftstoff-/Luftgemisches sind wartungsfreie Motormanagement-Systeme vorhanden. Das Einstellen von Zündzeitpunkt oder Leerlaufs ist im Rahmen der Wartung nicht erforderlich, nur die Zündkerzen und der Luftfiltereinsatz müssen bei der Wartung erneuert werden. Beim Dieselmotor muss der Kraftstofffilter im Rahmen der Wartung erneuert werden.

1,6-/2,0-l-Benzinmotor, 1,9-l-Dieselmotor: Im Zylinderkopf ist eine Nockenwelle eingebaut. Sie betätigt die 8 senkrecht hängenden Ventile über hydraulische Tassenstößel. Die Nockenwelle wird über einen Zahnriemen von der Motor-Kurbelwelle angetrieben. Beim Dieselmotor treibt der Zahnriemen auch die Hochdruck-Einspritzpumpe an. Sie ist seitlich am Motorblock angeflanscht.

1,4-/1,8-l-Benzinmotor: Bei diesem Motor sind 2 Nockenwellen im Zylinderkopf eingebaut: eine für die Auslassventile und die zweite für die Einlassventile. Die Auslassnockenwelle wird durch einen Zahnriemen von der Motor-Kurbelwelle angetrieben, und über eine Kette treibt die Auslassnockenwelle die Einlassnockenwelle an. Der Zylinderkopf verfügt pro Zylinder über 3 Einlass- und 2 Auslassventile. Dadurch wird eine bessere Füllung der Zylinder und ein effektiverer Gasaustausch ermöglicht. Der Zylinderkopf des 125-PS-Motors hat eine drehzahlabhängige Nockenwellenverstellung. Im unteren und mittleren Drehzahlbereich wird dadurch das Motor-Drehmoment erhöht. Der 1,8-l-Motor mit 150/180 PS verfügt zur Leistungssteigerung über einen Abgasturbolader.

1,9-l-Dieselmotor (100 PS): Die Dieseleinspritzung erfolgt durch das »Pumpe/Düse-System«. Dazu besitzt jeder Zylinder eine Pumpe/Düse-Einheit, in der Einspritzpumpe, Steuerventil und Einspritzdüse zu einem Bauteil zusammengefasst sind. Die Kraftstoffversorgung erfolgt durch eine elektrische Kraftstoffpumpe im Tank sowie durch eine Tandempumpe, die am Zylinderkopf angeflanscht ist und von der Nockenwelle angetrieben wird. Der Pumpe/Düse-Motor verfügt ebenfalls über einen Abgasturbolader.

Alle Motoren: Durch die hydraulischen Tassenstößel wird automatisch jegliches Ventilspiel ausgeglichen. Das Einstellen des Ventilspiels im Rahmen der Wartung entfällt.

Sicherheitshinweis:
Der Kühler-Lüfter kann sich auch bei abgestelltem Motor und abgezogenem Zündschlüssel einschalten. Hervorgerufen durch Stauwärme im Motorraum kann dies auch mehrmals geschehen. Bei Arbeiten im Motorraum und warmem Motor muss deshalb immer mit einem plötzlichen Einschalten des Kühler-Lüfters gerechnet werden. **Abhilfe:** Stecker vom Lüftermotor abziehen.

Untere Motorraumabdeckung aus- und einbauen

Ausbau

Sicherheitshinweis
Beim Aufbocken des Fahrzeugs besteht Unfallgefahr! Deshalb vorher das Kapitel »Fahrzeug aufbocken« durchlesen.

- Fahrzeug vorn aufbocken.

Hinweis: Die Form der unteren Motorraumabdeckung kann je nach Modell von der Darstellung abweichen, ebenso wie die Position der Befestigungsschrauben

Benzinmotor:

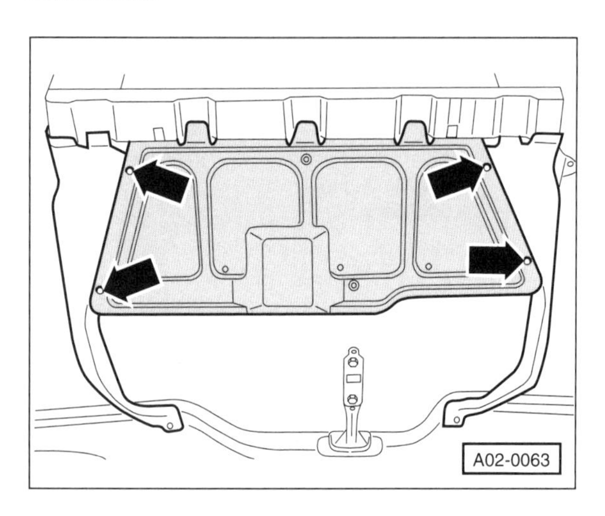

Dieselmotor:

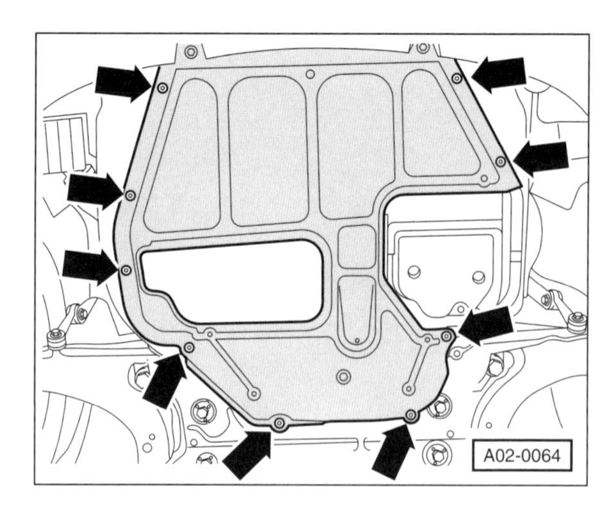

Untere Abdeckung seitlich

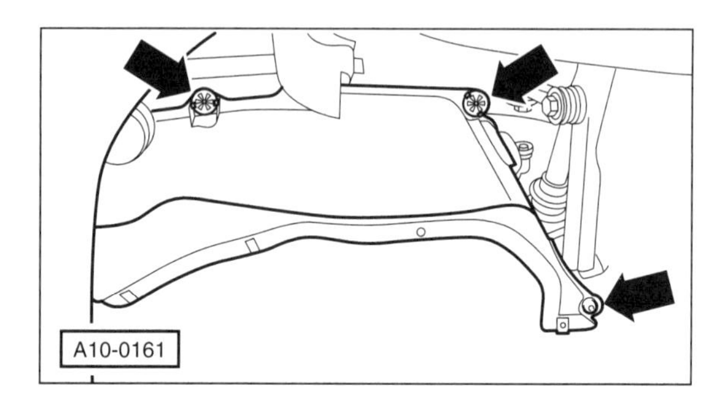

- Schrauben –Pfeile– herausdrehen.
- Abdeckung abziehen.

Einbau

- Abdeckung einsetzen. Schrauben festziehen.
- Fahrzeug ablassen.

Zahnriementrieb

1,6-l-100-PS-/2,0-l-115-PS-Benzinmotor

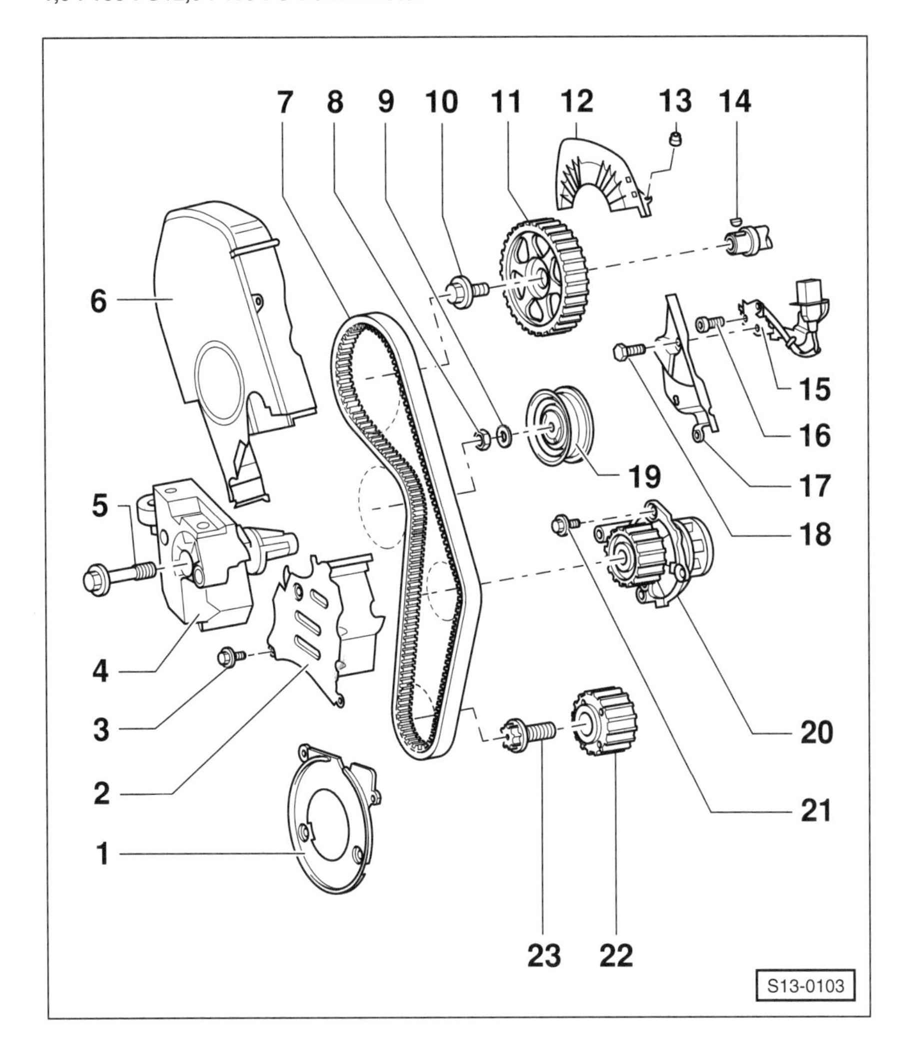

1 – Zahnriemenabdeckung unten
Zum Ausbau Schwingungsdämpfer (Kurbelwellen-Riemenscheibe) abschrauben.

2 – Zahnriemenabdeckung Mitte

3 – Schraube, 10 Nm

4 – Motorstütze

5 – Schraube, 45 Nm

6 – Zahnriemenabdeckung oben

7 – Zahnriemen
Vor dem Ausbau, Laufrichtung kennzeichnen. Nicht knicken.

8 – Mutter, 25 Nm

9 – Wellscheibe

10 – Schraube, 100 Nm
Zum Lösen und Anziehen, Gegenhalter MP 1-216 verwenden.

11 – Nockenwellen-Zahnriemenrad
Mit Geberrad für Phasensensor. Einbaulage durch Scheibenfeder –14– fixiert.

12 – Zahnriemenabdeckung

13 – Mutter, 10 Nm

14 – Scheibenfeder
Auf festen Sitz prüfen.

15 – Phasensensor
Beim Anschrauben auf die Zentrierung der Grundplatte achten.

16 – Schraube, 10 Nm

17 – Zahnriemenabdeckung hinten

18 – Schraube, 20 Nm

19 – Spannrolle

20 – Kühlmittelpumpe

21 – Schraube, 15 Nm

22 – Kurbelwellen-Zahnriemenrad
An der Anlagefläche zwischen Zahnriemenrad und Kurbelwelle darf sich kein Öl befinden. Die Montage ist nur in einer Stellung möglich.

23 – Schraube, 90 Nm + ¼ Umdrehung (90°) weiterdrehen
Immer ersetzen. Zum Lösen und Anziehen, Feststellhebel T30004 oder Gegenhalter MP 1-310 verwenden.

Motor auf Zünd-OT für Zylinder 1 stellen

OT steht für Oberer Totpunkt, das heißt der Kolben des 1. Zylinders befindet sich am oberen Umkehrpunkt. Diese Stellung erreicht der Kolben beim Kompressions- und beim Auspufftakt. Die OT-Stellung beim Kompressionstakt nennt man auch Zünd-OT, weil bei normalem Motorlauf kurz vor Erreichen dieser Stellung die Zündung des Kraftstoff-/Luft-Gemischs im 1. Zylinder erfolgt. Der Obere Totpunkt beim Auspufftakt wird auch Gaswechsel-OT genannt, weil bei Erreichen des Gaswechsel-OT der Ausstoß der verbrannten Abgase abgeschlossen ist und direkt anschließend frisches Kraftstoff-/Luft-Gemisch angesaugt wird. Die Zylinder werden, von der Zahnriemenseite ausgehend, von 1 – 4 gezählt.

Achtung: Um den Motor auf Zünd-OT für Zylinder 1 zu stellen muss die Motor-Kurbelwelle durchgedreht werden, bis die verschiedenen OT-Markierungen am Motor übereinstimmen. Dabei ist die Kurbelwelle im Uhrzeigersinn langsam und gleichmäßig zu drehen.

- Obere Zahnriemenabdeckung ausbauen.
- Laufrichtung auf dem Zahnriemen mit Filz- oder Fettstift durch einen Pfeil kennzeichnen. Der Motor dreht, von der Zahnriemenseite aus gesehen, im Uhrzeigersinn.

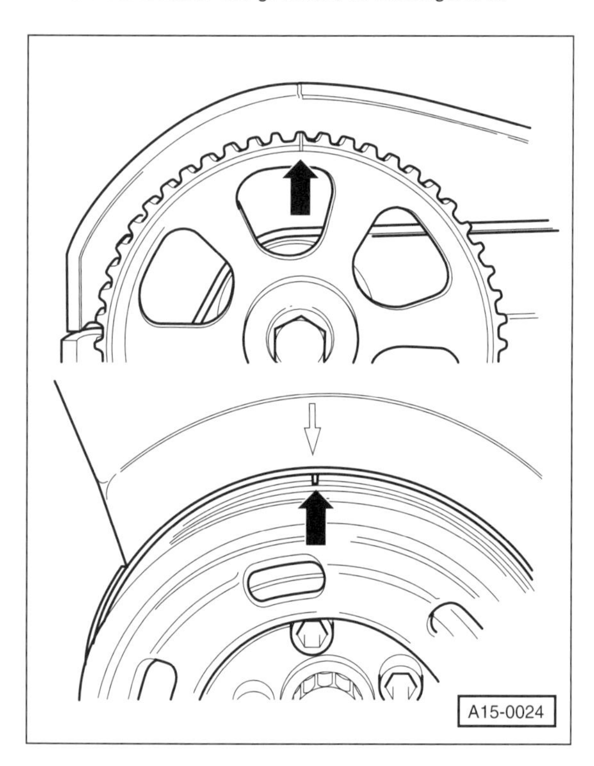

- Motor-Kurbelwelle drehen, bis sich die Nockenwelle in OT-Stellung für Zylinder 1 befindet.
- Das Durchdrehen des Motors kann auf mehrere Arten erfolgen:
  1. Fahrzeug seitlich vorn aufbocken. Fünften Gang einlegen, Handbremse anziehen. Angehobenes Vorderrad durchdrehen. Dadurch dreht sich auch die Motor-Kurbelwelle. Zum Drehen des Rades wird ein Helfer benötigt.
  2. Fahrzeug auf ebene Fläche stellen. Fünften Gang einlegen. Fahrzeug vor- oder zurückschieben.
  3. Getriebe in Leerlaufstellung schalten, Handbremse anziehen. Kurbelwelle an der Zentralschraube der Riemenscheibe mit Ringschlüssel SW 19 durchdrehen.

Achtung: Motor **nicht** an der Befestigungsschraube des Nockenwellenrades durchdrehen. Dadurch wird der Zahnriemen überbeansprucht.

- Motor-Kurbelwelle durchdrehen, bis die Markierung auf dem Nockenwellenrad mit der OT-Markierung am Zylinderkopfdeckel übereinstimmt (oberer Teil der Abbildung A15-0024). Gleichzeitig steht die Markierung des Kurbelwellenrades gegenüber dem Pfeil auf der unteren Zahnriemenabdeckung. Der Motor steht dann in Zünd-OT-Stellung für Zylinder 1.

Zahnriemen aus- und einbauen/ spannen

1,6-l-Benzinmotor, 100/102 PS
1,8-l-Benzinmotor, 125/150/180 PS
2,0-l-Benzinmotor, 115 PS

Die Motoren sind mit einer automatisch arbeitenden Spannrolle am Zahnriementrieb ausgestattet, welche die Zahnriemenspannung immer konstant hält. Der 1,6-l-Benzinmotor mit 75 PS verfügt über eine halbautomatische Spannrolle. Hinweise zum Zahnriemenaus- und -einbau bei diesem Motor stehen am Ende dieses Kapitels.

Erforderliches Spezialwerkzeug:

Abfangvorrichtung	MP 9-200
Gegenhalter	MP 1-216
Gegenhalter	MP 1-310
Zweilochmutterndreher	T10020 oder HAZET 2587
Drehmomentschlüssel, 40 – 200 Nm	HAZET 5122-1CT+
Drehmomentschlüssel, 5 – 50 Nm	HAZET 5110-1CT+

Ausbau

Hinweis: Muss der Zahnriemen, beispielsweise beim Aus- und Einbau des Zylinderkopfes, nur vom Nockenwellen-Zahnriemenrad und/oder der Zahnriemenspannrolle abgenommen werden, müssen Motorstütze und Motorlager nicht ausgebaut werden.

- Keilrippenriemen ausbauen, siehe Seite 187.
- Spannelement für Keilrippenriemen abschrauben, siehe Seite 187.
- Ausgleichbehälter für Kühlmittel abschrauben und mit angeschlossenen Schläuchen zur Seite legen. Gegebenenfalls Stecker vom Ausgleichbehälter abziehen.

- Ausgleichbehälter für Servolenkung abschrauben und mit angeschlossenen Schläuchen zur Seite legen.

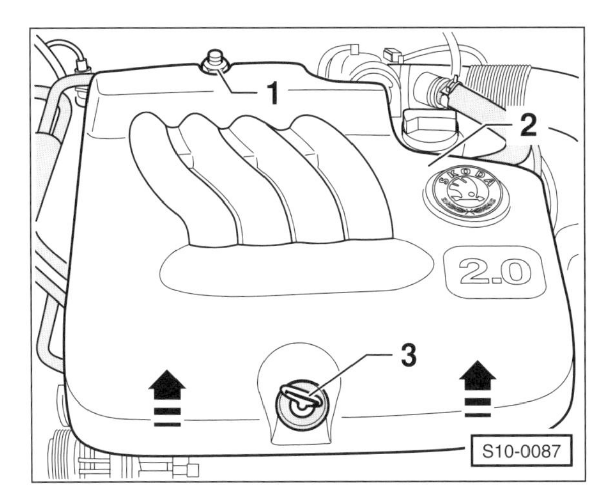

- Motorabdeckung –2– ausbauen. Dazu den Ölmessstab –3– herausziehen, die Mutter –1– abschrauben und die Abdeckung –2– vorn ruckartig nach oben ziehen und abnehmen.
- Untere Motorraumabdeckung ausbauen, siehe entsprechendes Kapitel.

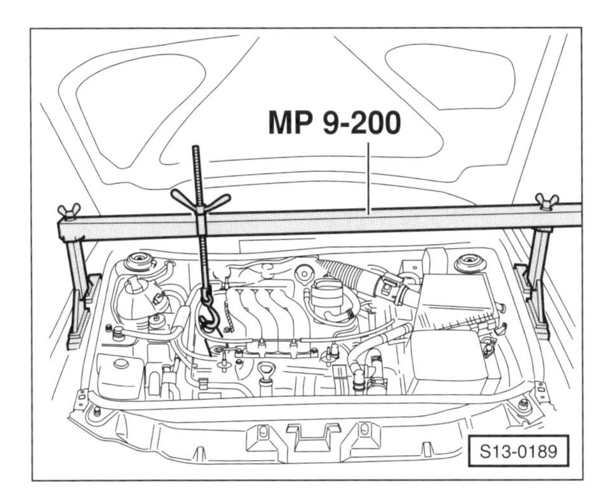

- Da das rechte Motorlager gelöst werden muss, Motor mit der SKODA-Abfangvorrichtung MP 9-200 etwas anheben. Dazu die Abfangvorrichtung links und rechts an den Kotflügelsicken aufsetzen und Spindel am Haken einhängen. Motor dann mit der Spindel anheben. Die Abfangvorrichtung gibt es unter der Bezeichnung 10-222 A und A1 auch von VW. **Hinweis:** Steht das Spezialwerkzeug nicht zur Verfügung, Motor mit Motorkran etwas anheben.

Hinweis: Die Ausgleichbehälter für Kühlmittel und für Servolenkungsflüssigkeit können an der Abfangvorrichtung aufgehängt werden.

- Motor auf Zünd-OT für Zylinder 1 stellen, siehe entsprechendes Kapitel.

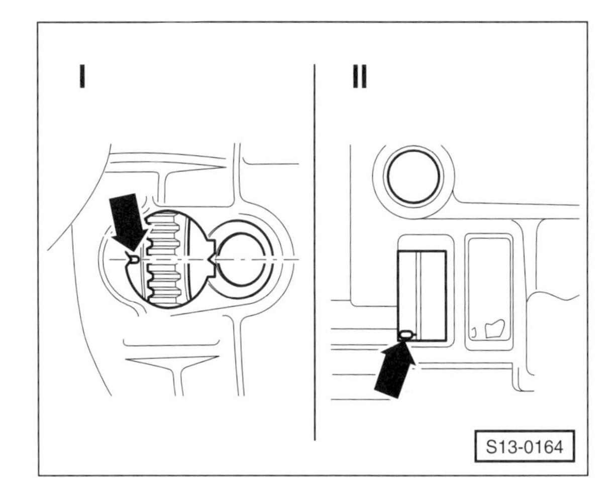

- Prüfen, ob die OT-Markierung an Schwungrad/Mitnehmerscheibe mit der Bezugsmarkierung übereinstimmt –Pfeil–; I = Schaltgetriebe, II = Automatikgetriebe.

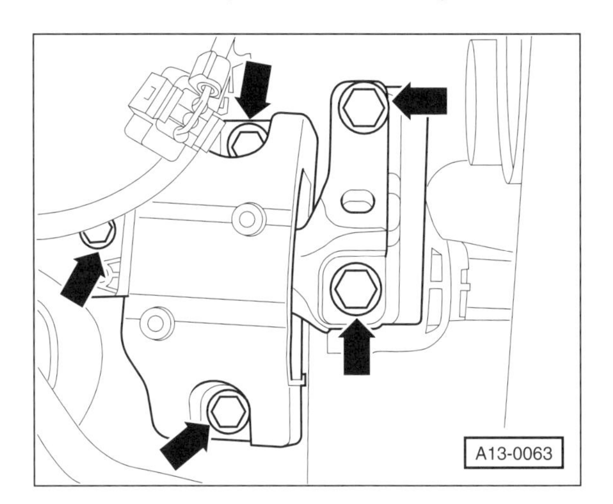

- Rechtes Motorlager von der Karosserie und vom Motorhalter abschrauben –Pfeile–.

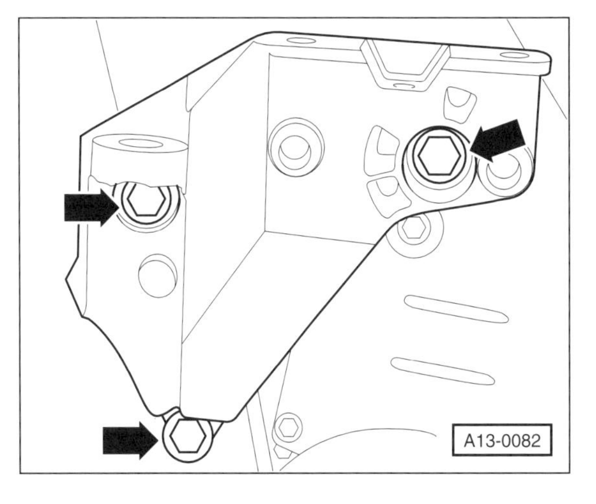

- Rechten Motorhalter vom Motor abschrauben –Pfeile–.

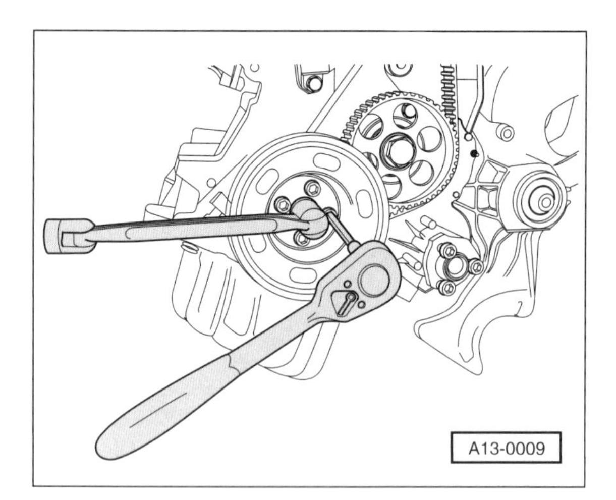

- Kurbelwellen-Riemenscheibe (Schwingungsdämpfer) mit 4 Innensechskantschrauben von der Kurbelwelle abschrauben. Dabei an der Zentralschraube gegenhalten. Die Zentralschraube wird nicht gelöst.
- Untere Zahnriemenabdeckung abschrauben.
- **1,8-l-Motor:** Zahnriemen entspannen, siehe Hinweise am Kapitelende.
- Befestigungsmutter für Zahnriemen-Spannrolle lösen und dadurch Zahnriemen entspannen. Befestigungsmutter, siehe Abbildung A13-0078 im Abschnitt »Einbau«.
- Zahnriemen abnehmen.

Achtung: Der Zahnriemen darf nicht geknickt werden. Ein einmal geknickter Zahnriemen muss immer ersetzt werden, da der Riemen im späteren Betrieb reißen kann, was zu schwer wiegenden Motorschäden führt.

- Stellung der Zahnriemenräder möglichst nicht verändern.

Achtung: OT-Stellung von Nockenwelle und Kurbelwelle bei ausgebautem Zahnriemen **nicht** mehr verändern. Falls die Nockenwelle bei ausgebautem Zahnriemen verdreht werden muss, darauf achten, dass die Kurbelwelle nicht auf OT steht, sonst besteht die Gefahr der Beschädigung von Ventilen und Kolbenböden. Dazu die Stellung des Kurbelwellen-Zahnriemenrades markieren: Mit Farbe Markierungen auf Kurbelwellen-Zahnriemenrad und Motorblock anbringen. Anschließend Kurbelwellen-Zahnriemenrad um ¼ Umdrehung (90°) vor- oder zurückdrehen.

Einbau

Hinweis: Der Motor muss beim Spannen des Zahnriemens abgekühlt sein, er darf maximal handwarm sein.

- Zahnriemen auf das Kurbelwellen-Zahnriemenrad und das Zahnriemenrad der Kühlmittelpumpe auflegen. **Achtung:** Wird der bisherige Zahnriemen wiederverwendet, unbedingt Laufrichtung beachten. Der Einbau des Zahnriemens in umgekehrter Laufrichtung kann zum Reißen des Riemens und dadurch zu Motorschäden führen. Daher Zahnriemen immer so einbauen, dass der beim Ausbau angebrachte Pfeil in Drehrichtung des Motors zeigt. Der Motor dreht, von der rechten Fahrzeugseite her gesehen, im Uhrzeigersinn.
- Sicherstellen, dass die Markierungen an der Kurbelwellen-Riemenscheibe und am Nockenwellenrad mit den OT-Markierungen fluchten. Der Motor befindet sich dann in OT-Stellung für Zylinder 1.
- Untere Zahnriemenabdeckung anschrauben.
- Kurbelwellen-Riemenscheibe mit **40 Nm** (1,6-l-Motor: **25 Nm**) anschrauben. **Hinweis:** Die Riemenscheibe lässt sich nur in einer Stellung aufsetzen, Fixierung beachten.
- Zahnriemen auf die Spannrolle und das Nockenwellen-Zahnriemenrad auflegen.
- **1,8-l-Motor:** Zahnriemen spannen, siehe Hinweise am Kapitelende.

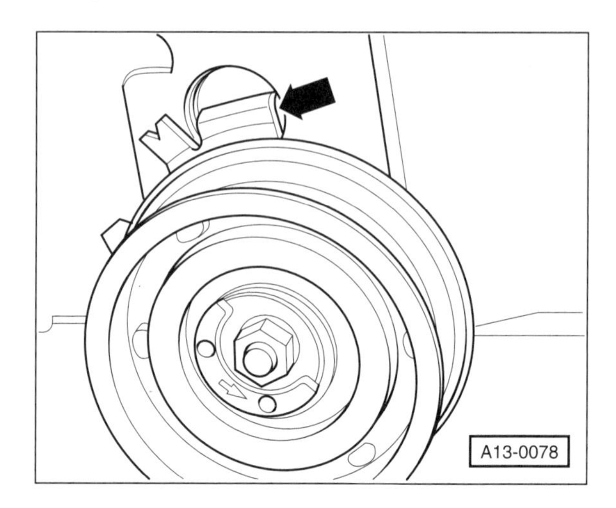

- Einbaulage der Spannrolle überprüfen: Die Haltekralle –Pfeil– muss in die Aussparung am Zylinderkopf eingreifen, andernfalls Halterung entsprechend verdrehen.

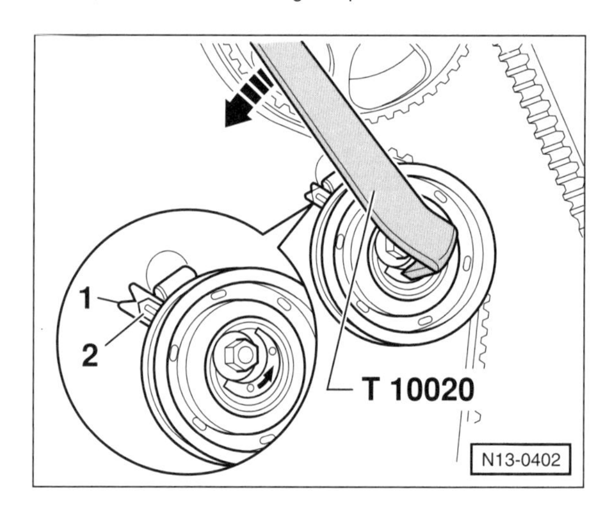

- Spannrolle am Exzenter mit Mutterndreher, zum Beispiel HAZET 2587, linksherum –Pfeilrichtung– drehen, bis sich die Kerbe –1– und der Zeiger –2– gegenüberstehen. Zur Kontrolle gegebenenfalls einen Spiegel verwenden. In dieser Stellung Befestigungsmutter mit **25 Nm** anziehen.
- Kurbelwelle 2 Umdrehungen in Motordrehrichtung durchdrehen und wieder auf OT-Markierung der Nockenwelle stellen. Dabei ist es wichtig, dass die letzten 45° (⅛ Umdrehung) ohne Absetzen gedreht werden.

- Stellung von Kerbe –1– und Zeiger –2– überprüfen; sie müssen sich gegenüberstehen, sonst Spannrolle nochmals einstellen.
- Motor-Kurbelwelle zweimal durchdrehen und OT-Stellung von Nocken- und Kurbelwelle prüfen. **Sämtliche Markierungen müssen bei gespanntem Zahnriemen gleichzeitig übereinstimmen,** gegebenenfalls Zahnriemen wieder abnehmen und Einstellung wiederholen.
- Obere Zahnriemenabdeckung einbauen.
- Rechten Motorhalter mit **25 Nm** am Motor anschrauben.
- Rechtes Motorlager an der Karosserie und am Motorhalter mit **neuen** Schrauben nach den Werten in der Tabelle anschrauben. Dabei einige Schrauben zuerst mit dem Drehmomentschlüssel anziehen und anschließend mit einem starren Schlüssel um **90°** weiterdrehen.

Achtung: Die Schrauben für das Motorlager werden beim Anziehen gedehnt, daher müssen nach jedem Lösen **neue** Schrauben verwendet werden.

Motorlager an Karosserie	**40 Nm + 90°**
Motorlager an Motorhalter	**100 Nm**

- Motor-Abfangvorrichtung abbauen beziehungsweise Werkstattwagenheber unter dem Motor entfernen.
- Spannelement für Keilrippenriemen mit 25 Nm anschrauben.
- Keilrippenriemen einbauen, siehe entsprechendes Kapitel.
- Ausgleichbehälter für Kühlmittel anschrauben. Gegebenenfalls Stecker aufschieben.
- Ausgleichbehälter für Servolenkung anschrauben.

Speziell 1,8-l-Benzinmotor

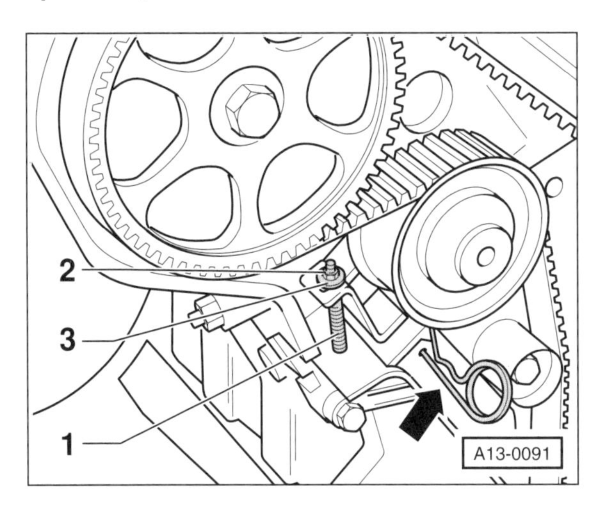

Zahnriemen entspannen

- Gewindestift –1–, Größe M5x55, in die Spannvorrichtung für Zahnriemen einschrauben.
- Sechskantmutter –2– mit großer Unterlegscheibe –3– auf den Gewindestift –1– drehen.
- Druckkolben der Spannvorrichtung so weit spannen, bis die Bohrungen von Spannkolben und Gehäuse fluchten und sich ein kleiner Dorn, beispielsweise Bohrerschaft oder Splint –Pfeil–, einsetzen lässt. Der Spannkolben ist jetzt arretiert, der Zahnriemen ist entspannt.

Zahnriemen spannen

- Sicherungsdorn herausziehen –Pfeil– und Gewindestift –1– herausdrehen. Der Druckkolben am Spannelement sorgt für die richtige Zahnriemenspannung.

Speziell 1,4-l-Benzinmotor

Der Aus- und Einbau des Zahnriemens erfolgt auf gänzlich andere Weise, da zunächst der Haupttrieb und danach der Koppeltrieb-Zahnriemen ausgebaut wird. Die beiden Nockenwellen werden dazu im OT arretiert, der Motor wird abgesenkt und die Kurbelwellen-Riemenscheibe abgeschraubt. Bei Fahrzeugen mit Klimaanlage werden Umlenk- und Spannrolle für den Keilrippenriemen abgeschraubt. Zum Abnehmen der beiden Zahnriemen müssen die jeweiligen Spannrollen gelöst werden und verdreht werden.

Beim Einbau werden die Spannrollen mit 20 Nm und die Riemenscheibe mit einer neuen Schraube bei 90 Nm + 90° festgeschraubt. Anschließend müssen die Einbaulagen der beiden halbautomatischen Spannrollen geprüft werden, siehe entsprechendes Kapitel für den 1,6-l-Motor (75 PS).

Speziell 1,6-l-Benzinmotor mit 75 PS

Der Aus- und Einbau des Zahnriemens erfolgt prinzipiell auf die gleiche Weise, wie bei den anderen Benzinmotoren. Allerdings verfügt der 75-PS-Benzinmotor über eine halbautomatische Spannrolle, die nach dem Zahnriemeneinbau geprüft werden muss. In diesem Abschnitt stehen nur die abweichenden Arbeitsschritte für den Aus- und Einbau des Zahnriemens. Der Motor muss nicht mit der Abfangvorrichtung angehoben werden.

Ausbau

Zylinder 1 auf Zünd-OT stellen

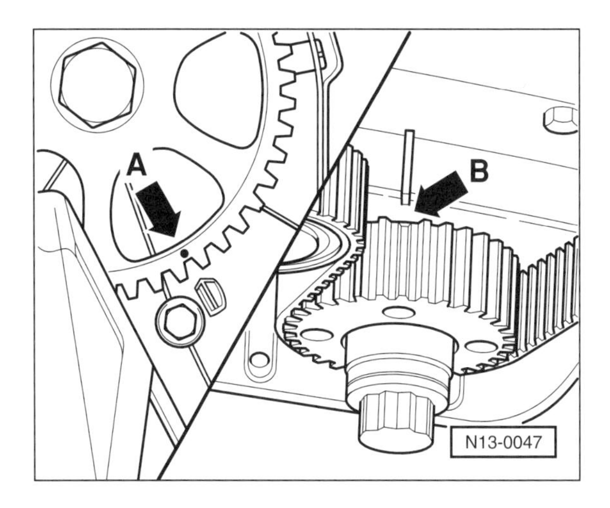

- Motor-Kurbelwelle drehen, bis die Markierung auf dem Nockenwellenrad –A– mit der OT-Markierung auf der Zahnriemenabdeckung übereinstimmt –linker Teil der Abbildung N13-0047–.

Einbau

- **Fahrzeuge bis Motor-Nummer 518016:** Der angeschliffene Zahn am Kurbelwellen-Zahnriemenrad muss mit der Markierung am Dichtflansch übereinstimmen –B–.

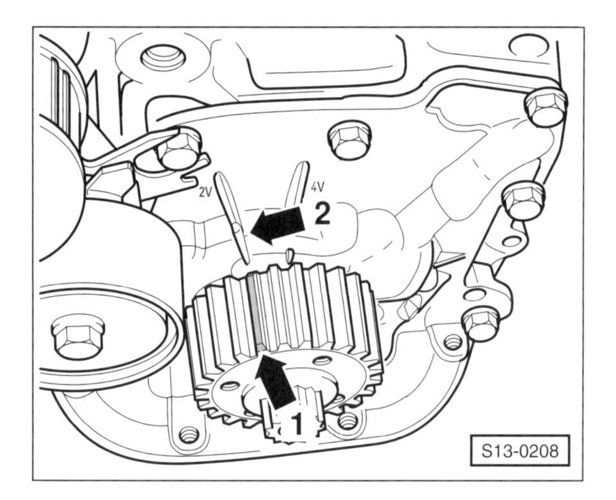

- **Fahrzeuge ab Motor-Nummer 518017:** Der angeschliffene Zahn –1– am Kurbelwellen-Zahnriemenrad muss mit der 2V-Markierung –2– am Dichtflansch übereinstimmen.
- Zahnriemen auf die Zahnriemenräder auflegen, dabei am Kurbelwellen-Zahnriemenrad beginnen. **Achtung:** Wird der bisherige Zahnriemen wieder verwendet, unbedingt Laufrichtung beachten. Der Einbau des Zahnriemens in umgekehrter Laufrichtung kann nach einiger Laufzeit zum Reißen des Riemens und dadurch zu Motorschäden führen. Daher Zahnriemen immer so einbauen, dass der angebrachte Pfeil in Drehrichtung des Motors zeigt, also von der Zahnriemenseite her gesehen, in Uhrzeigersinn.

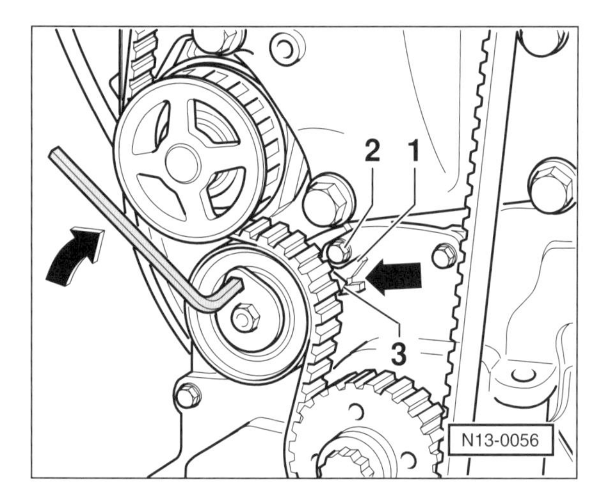

- Spannrolle so einbauen, dass die Aussparung der Grundplatte –1– über die Befestigungsschraube –2– greift. Befestigungsmutter handfest anziehen.
- Zahnriemen durch Verdrehen der Spannrolle in Pfeilrichtung spannen, bis der Zeiger –3– über der Kerbe in der Grundplatte steht –Pfeil–. In dieser Stellung Klemmmutter an der Spannrolle mit **20 Nm** festziehen.
- Kurbelwelle an der Zentralschraube des Zahnriemenrades 2 Umdrehungen in Motordrehrichtung drehen.
- OT-Stellung von Nocken- und Kurbelwelle prüfen.

Achtung: Sämtliche Markierungen müssen bei gespanntem Zahnriemen gleichzeitig übereinstimmen, gegebenenfalls Zahnriemen wieder abnehmen und Einstellung wiederholen.

- Stellung der Zahnriemen-Spannrolle prüfen, siehe entsprechendes Kapitel.

Halbautomatische Zahnriemen-Spannrolle prüfen

1,6-l-Benzinmotor, 75 PS

Die Zahnriemen-Spannrolle muss nach dem Einbau des Zahnriemens geprüft werden. **Prüfvoraussetzung:** Keilrippenriemen, Kurbelwellen-Riemenscheibe sowie obere und untere Zahnriemenabdeckung sind ausgebaut. Kurbelwelle ist in Motordrehrichtung 2-mal durchgedreht und steht in OT-Stellung für Zylinder 1.

Prüfen

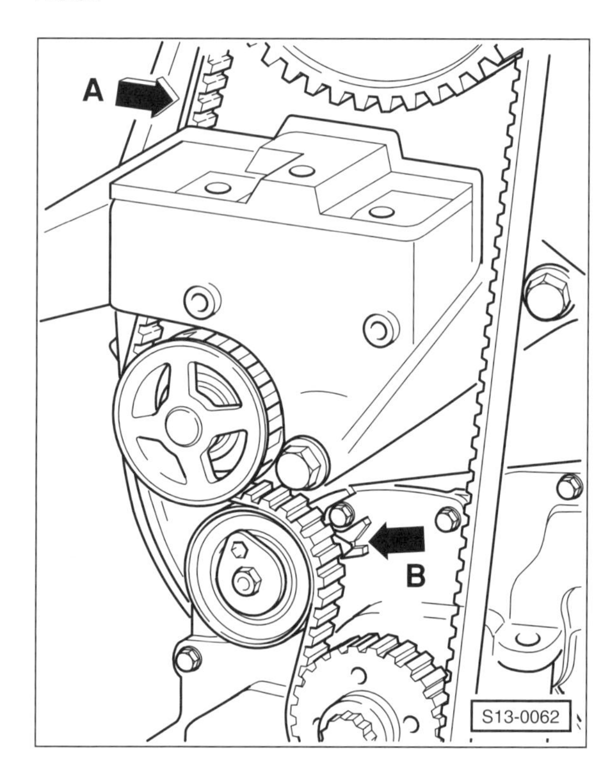

- Stellung des Zeigers an der Spannrolle –Pfeil B– merken.
- Zahnriemen mit kräftigem Daumendruck –Pfeil A– eindrücken. Der Zeiger der Spannrolle muss sich verschieben.
- Zahnriemen wieder entlasten und Kurbelwelle 2-mal in Motordrehrichtung durchdrehen.
- Stellung des Zeigers prüfen. Er muss in seine Ausgangslage zurückgehen sein. Andernfalls Spannrolle ersetzen.
- Zahnriemenabdeckungen, Riemenscheibe und Keilrippenriemen einbauen, siehe Kapitel »Zahnriemen aus- und einbauen«.

Zylinderkopf

1,6-l-Benzinmotor, 100 PS

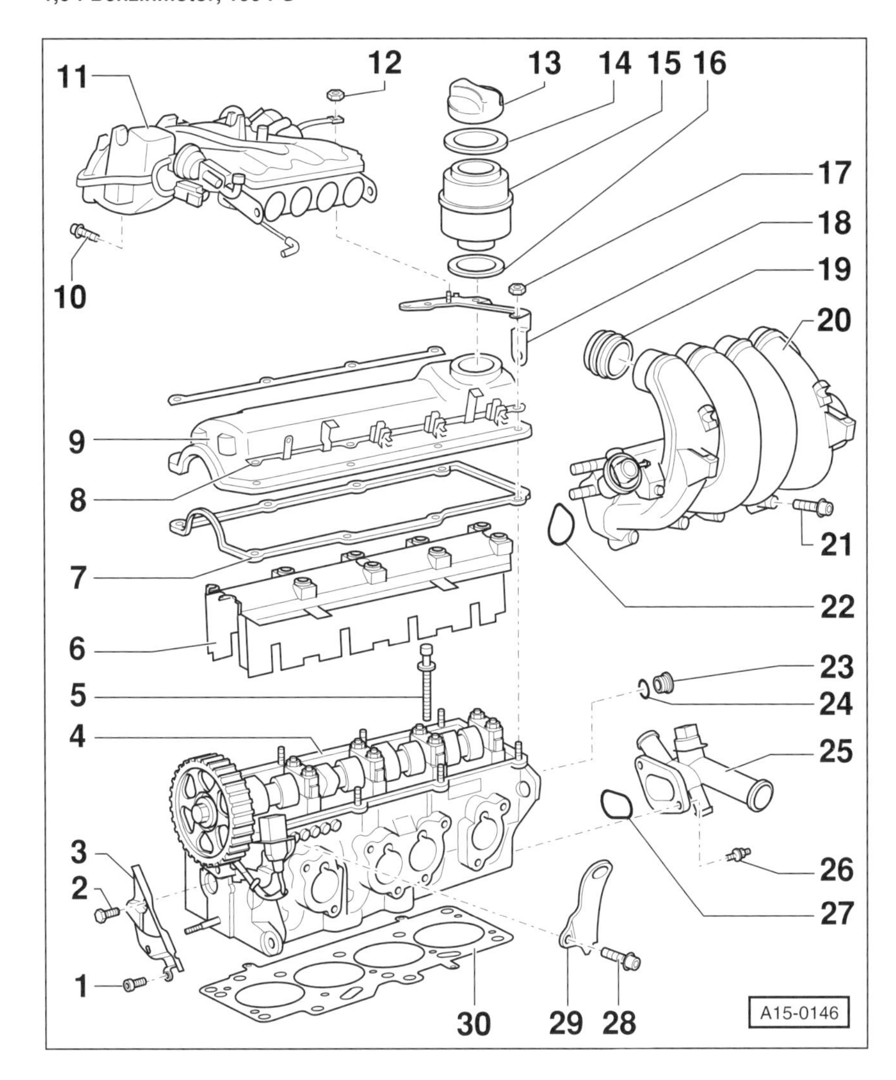

1 – **Schraube, 15 Nm**

2 – **Schraube, 20 Nm**

3 – **Zahnriemenabdeckung hinten**

4 – **Zylinderkopf**

5 – **Zylinderkopfschrauben**
Immer erneuern.

6 – **Ölabweiser**

7 – **Dichtung für Zylinderkopfdeckel**
Bei Beschädigung erneuern. Vor dem Auflegen, Übergänge Lagerdeckel/Zylinderkopf mit Dichtmittel »D 454 300 A2« bestreichen.

8 – **Verstärkungsleiste**

9 – **Zylinderkopfdeckel**

10 – **Schraube, 10 Nm**

11 – **Sammelsaugrohr-Oberteil**

12 – **Mutter, 10 Nm**

13 – **Öleinfülldeckel**

14 – **Dichtring**

15 – **Entlüftungsgehäuse**

16 – **Dichtung**
Bei Beschädigung erneuern.

17 – **Mutter, 10 Nm**

18 – **Halter**

19 – **Dichtung**

20 – **Saugrohr-Unterteil**

21 – **Schraube, 20 Nm**

22 – **Dichtung für Ansaugrohr**
Immer erneuern.

23 – **Verschlussschraube, 15 Nm**

24 – **Dichtring**
Immer erneuern.

25 – **Flansch**

26 – **Schraube, 10 Nm**

27 – **Dichtung**
Immer erneuern.

28 – **Schraube, 20 Nm**

29 – **Aufhängeöse**

30 – **Zylinderkopfdichtung**
Immer erneuern, auf Einbaulage achten. Nach Einbau des Zylinderkopfs neues Kühlmittel einfüllen.

Zylinderkopf aus- und einbauen/ Zylinderkopfdichtung ersetzen

1,6-l-Benzinmotor, 100 PS
1,8-l-Benzinmotor, 125 PS, 150 PS
2,0-l-Benzinmotor, 115 PS

Eine defekte Zylinderkopfdichtung ist an einem oder mehreren der folgenden Merkmale erkennbar:

- Leistungsverlust.
- Kühlflüssigkeitsverlust. Weiße Abgaswolken bei warmem Motor.
- Ölverlust.
- Kühlflüssigkeit im Motoröl, Ölstand nimmt nicht ab, sondern zu. Graue Farbe des Motoröls, Schaumbläschen am Ölmessstab, Öl dünnflüssig.
- Motoröl in der Kühlflüssigkeit.
- Kühlflüssigkeit sprudelt stark.
- Keine Kompression auf 2 benachbarten Zylindern.

Achtung: Es wird der Ausbau am 1,8-l-Benzinmotor beschrieben, spezielle Hinweise für den 1,6-l-Motor mit 100 PS und den 2,0-l-Motor werden ebenfalls gegeben. Da jedoch nicht auf jede Modellvariante eingegangen werden kann, vor dem Abheben des Zylinderkopfes nochmals prüfen, ob alle Leitungen und sonstigen Verbindungen vom und zum Zylinderkopf gelöst wurden. Kabelbinder und Leitungen, die beim Ausbau gelöst oder aufgeschnitten werden, müssen beim Einbau an der selben Stelle eingebaut werden, daher die Einbauorte notieren. Hinweise für den **1,4-l-** und **1,6-l-Motor mit 75/102 PS** stehen am Ende des Kapitels.

Zylinderkopf nur bei abgekühltem Motor (Raumtemperatur) ausbauen. Der Abgaskrümmer bleibt angeschlossen, der Ansaugkrümmer wird ausgebaut.

Ausbau

Achtung: Der Motor darf höchstens handwarm sein. Andernfalls Motor ausreichend lange abkühlen lassen.

- Batterie-Massekabel (–) bei ausgeschalteter Zündung abklemmen. **Achtung:** Falls das eingebaute Radio einen Diebstahlcode besitzt, wird dieser beim Abklemmen der Batterie gelöscht. Das Radio kann anschließend nur durch die Eingabe des richtigen Codes oder durch die SKODA-Werkstatt beziehungsweise den Radio-Hersteller wieder in Betrieb genommen werden. Vor dem Abklemmen daher unbedingt den Diebstahlcode ermitteln.
- Obere Motorabdeckung ausbauen. Dazu die Schraube(n) an der Abdeckung herausdrehen, gegebenenfalls den Ölmessstab herausziehen und die Motorabdeckung abnehmen.
- **1,6-l-Benzinmotor (100 PS):** Untere Motorraumabdeckung ausbauen, siehe entsprechendes Kapitel.
- Kühlmittel ablassen, siehe Seite 198.
- Zündkerzen ausbauen, siehe Seite 26.
- Luftfilter ausbauen, siehe Seite 212.

Sicherheitshinweis
Das Kraftstoffsystem steht unter Druck! Vor dem Lösen der Schlauchverbindungen dicken Putzlappen um die Verbindungsstelle legen. Dann durch vorsichtiges Abziehen des Schlauches den Druck abbauen. **Schutzbrille tragen, Spritzgefahr!**

- Kraftstoffvorlaufleitung und Rücklaufleitung am Kraftstoffverteiler abziehen, dabei Entriegelungstasten an der Kupplung zusammendrücken. Leitungen für den leichteren Einbau mit Tesaband markieren.
- Kraftstoffleitungen mit Plastiktüten und Gummiringen verschließen, damit kein Schmutz in die Leitungen gelangt.
- Stecker von den Einspritzventilen abziehen.
- **2,0-l-Motor:** Stecker und Leitungen für Sekundärluftpumpe abziehen.
- Alle elektrischen Leitungen vom Zylinderkopf zum Aufbau abklemmen. Markierungen mit Tesaband an den Leitungen anbringen, damit sie beim Einbau wieder an gleicher Stelle angeschlossen werden.

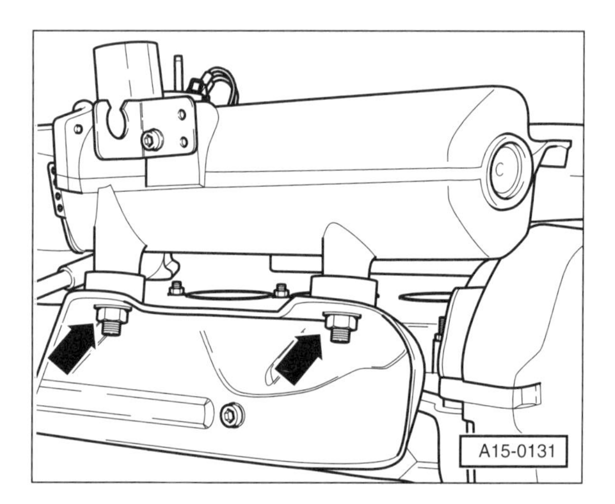

- Ansaugrohr-Oberteil vom Halter abschrauben. Hinweis: Die Abbildung zeigt den 125-PS-Motor.

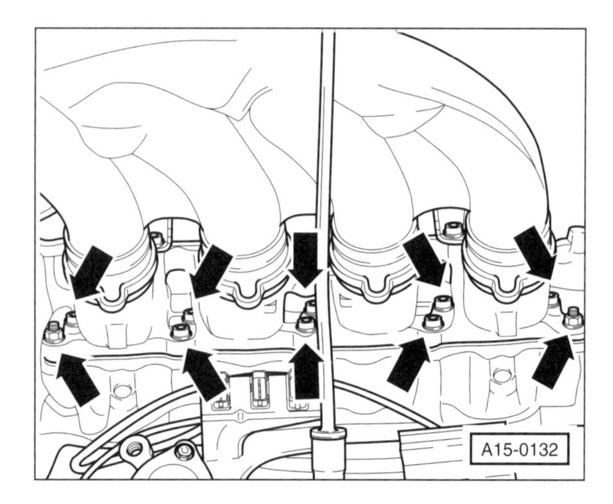

- Ansaugrohr vom Zylinderkopf abschrauben –Pfeile–.

1,6-l-Benzinmotor (100 PS):

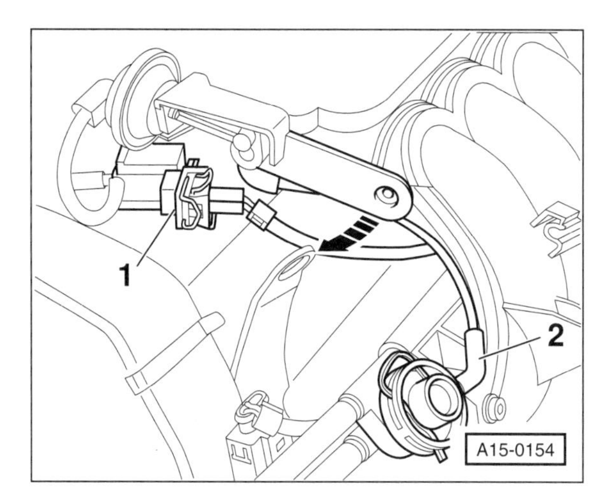

- Stecker –1– am Ventil für Saugrohrumschaltung abziehen. Unterdruckschlauch –2– am Druckregler abziehen.
- Halteösen links und rechts am Ansaugrohr ausklinken –Pfeil–.

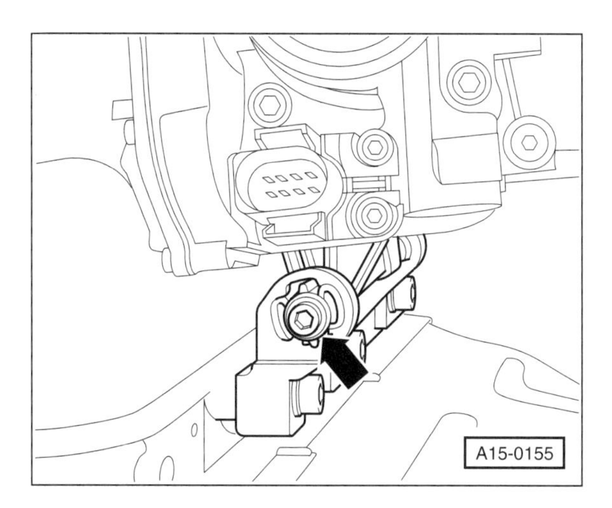

- Ansaugrohr beidseitig vom Zylinderkopf abschrauben.

- Alle Kühlmittelschläuche vom Zylinderkopf abbauen, dazu Schlauchklemmen lösen und ganz zurückschieben. Gegebenenfalls Markierungen an den Schläuchen und zugehörigen Stutzen anbringen, damit sie beim Einbau nicht vertauscht werden.
- Vorderes Abgasrohr mit Katalysator vom Krümmer abschrauben, siehe Seite 233.

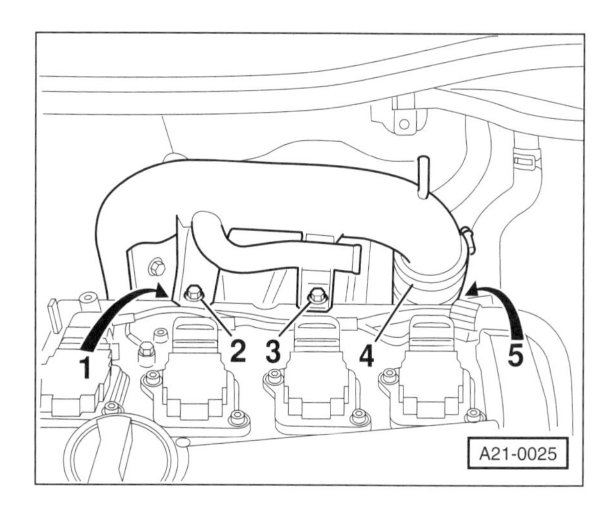

- **1,8-l-Benzinmotor (150 PS):** Luftführungsrohr an Schelle –4– lösen, mit Schrauben –2– und –3– am Halter abschrauben. Wärmeschutzblech für Ladeluftsystem mit Schrauben –1– und –5– hinten am Zylinderkopf abschrauben.
- Keilrippenriemen ausbauen, siehe Seite 187.
- **1,8-l-Benzinmotor (125 PS):** Spannvorrichtung für Keilrippenriemen abschrauben, siehe Seite 187.
- Obere Zahnriemenabdeckung ausbauen, Motor auf OT für Zylinder 1 stellen, siehe Kapitel »Zahnriemen aus- und einbauen«.
- Zahnriemen durch Lösen der Spannrolle entspannen. Zahnriemen nur oben vom Nockenwellenrad abnehmen, er muss nicht ausgebaut werden. Siehe dazu Kapitel »Zahnriemen aus- und einbauen«.
- Stellung des Kurbelwellenrades markieren. Dazu mit Farbe Markierungen auf Kurbelwellenrad und Motorblock anbringen. Anschließend Kurbelwellenrad um ¼ Umdrehung (90°) vor- oder zurückdrehen, damit kein Kolben ganz oben im Oberen Totpunkt steht. **Vor dem Einbau des Zahnriemens muss die Kurbelwelle wieder auf OT für Zylinder 1 gestellt werden.**
- Zylinderkopfdeckel abschrauben und mit Dichtungen abnehmen.

1,8-l-Benzinmotor:

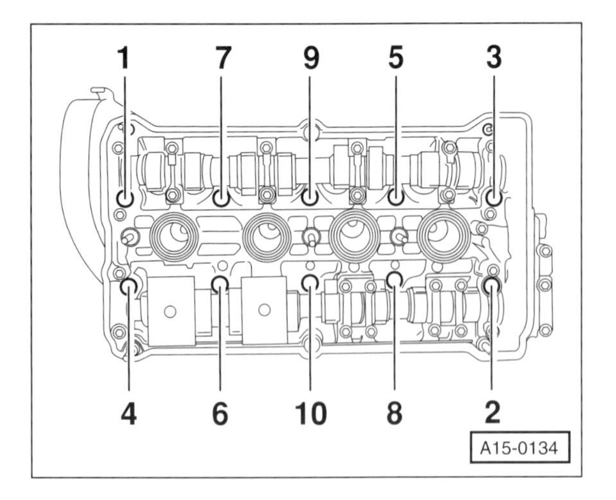

1,6-/2,0-l-Benzinmotor:

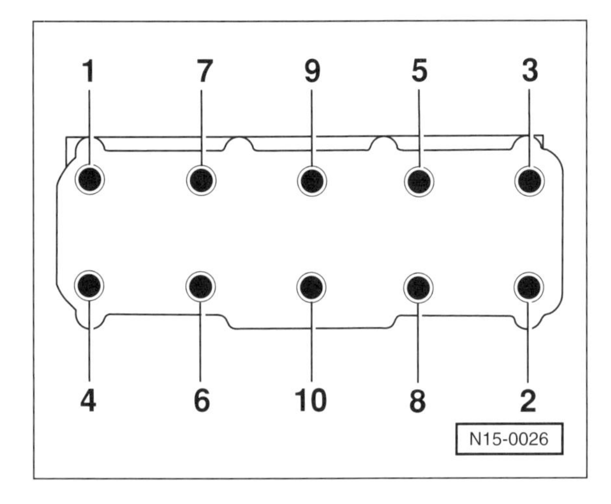

Achtung: Die Zylinderkopfschrauben müssen in der Reihenfolge der Nummerierung von 1 bis 10 gelöst werden.

- Zylinderkopfschrauben herausdrehen. Dazu wird beim 1,8-l-Motor ein langer 8 mm Innensechskantschlüssel (zum Beispiel HAZET 2749), beim 1,6-l-Motor ein Innenvielzahnschlüssel (zum Beispiel HAZET 990 Slg-12) benötigt.
- Prüfen, ob sämtliche Leitungen und Schläuche, die zum Zylinderkopf führen, abgezogen sind.
- Zylinderkopf abheben und auf zwei Holzleisten legen.
- Zylinderkopfdichtung abnehmen.

Einbau

Achtung: Bei einem neuen Zylinderkopf können Plastikunterlagen zum Schutz der offenen Ventile vorhanden sein. Plastikunterlagen erst unmittelbar vor dem Aufsetzen des Zylinderkopfes abnehmen.

Zylinderkopfdichtung erst unmittelbar vor dem Einbau aus der Verpackung nehmen. Dichtung äußerst sorgfältig behandeln. Beschädigungen führen zu späteren Undichtigkeiten.

- Vor dem Einbau Zylinderkopf und Motorblock mit geeignetem Schaber vorsichtig von Dichtungsresten freimachen. Darauf achten, dass kein Schmutz in die Motorblock-Öffnungen fällt. Bohrungen mit Lappen verschließen. **Achtung:** Darauf achten, dass keine langgezogenen Riefen oder Kratzer entstehen. Falls Schleifpapier verwendet wird, darf die Körnung nicht unter 100 liegen.
- Prüfen, ob die Bohrungen für die Zylinderkopfschrauben frei von Öl sind, gegebenenfalls Öl entfernen. Dazu einen sauberen Lappen in die Bohrungen einführen und Öl aufsaugen. **Achtung:** Verbleibt Öl in den Bohrungen, kann beim Anziehen der Schrauben der Motorblock beschädigt werden.

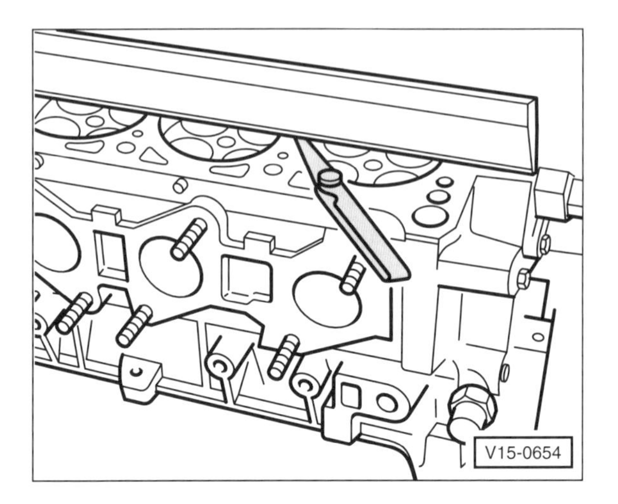

- Verzug mit Stahllineal und Fühlerblattlehre an verschiedenen Stellen des Zylinderkopfes prüfen. Die zulässigen Unebenheiten dürfen maximal 0,1 mm nicht überschreiten.

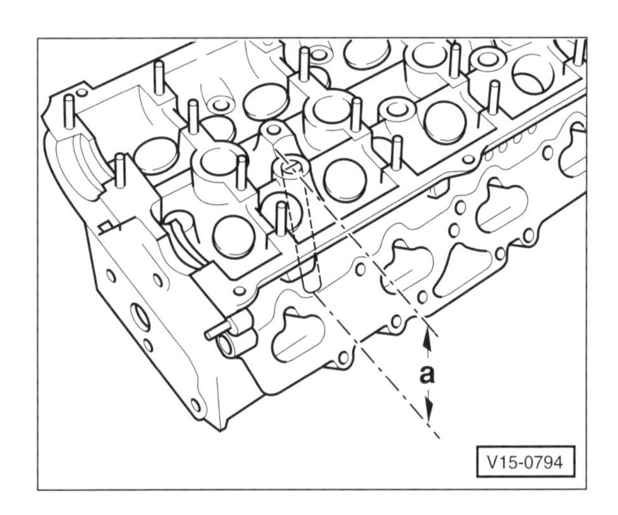

Achtung: Werden die Dichtflächen des Zylinderkopfes plangeschliffen, darf die zulässige Mindesthöhe nicht unterschritten werden. Die Mindesthöhe des Zylinderkopfs wird von Dichtfläche zu Dichtfläche gemessen.

1,6-l- (100 PS)/2,0-l-Benzinmotor:. . . . . . a = 132,60 mm;
1,8-l-Benzinmotor:. . . . . a = 139,25 mm.

- Zylinderköpfe mit Rissen zwischen den Ventilsitzen beziehungsweise dem Ventilsitzring und den ersten Gewindegängen des Zündkerzengewindes können ohne Herabsetzung der Lebensdauer weiterverwendet und überholt werden, wenn die Risse eine Breite von max. 0,5 mm nicht überschreiten.
- Zylinderkopfschrauben und Zylinderkopfdichtung **immer erneuern**.

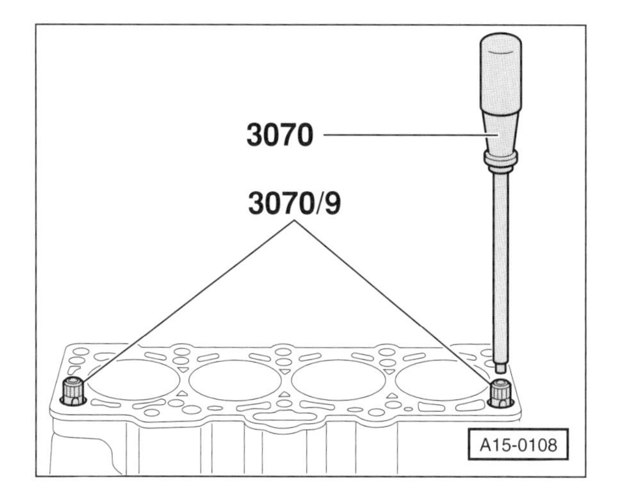

Achtung: Bei einigen Motoren sind zum Zentrieren des Zylinderkopfes 2 Zentrierstifte vorhanden. In diesem Fall müssen keine Führungsbolzen eingeschraubt werden.

- Zum Zentrieren des Zylinderkopfes Führungsbolzen T30011/2A mit Bolzendreher MP 1-208 (1,6-l-Motor: Führungsbolzen MP 1-208) in die äußeren Bohrungen der Zylinderkopfschrauben an der Ansaugseite einschrauben. Prüfen ob die Führungsbolzen sich durch die Schraubenlöcher im Zylinderkopf herausnehmen lassen. Gegebenenfalls Bolzenrändelung etwas beschleifen. **Hinweis:** Es gibt auch Führungsbolzen von HAZET, Nr. 2570. Falls die Führungsbolzen nicht zur Verfügung stehen, stattdessen 2 alte Zylinderkopfschrauben mit abgesägten Köpfen verwenden. Zum späteren Herausdrehen oben jeweils eine Nut für den Schraubendreher einsägen.
- **Neue** Zylinderkopfdichtung so auflegen, dass die Beschriftung (Ersatzteil-Nr.) von der Seite des Einlasskrümmers her und von oben lesbar ist. Zylinderkopfdichtung ohne Dichtungsmittel so auflegen, dass keine Bohrungen verdeckt werden. **Achtung:** Zylinderkopfdichtung sorgfältig behandeln. Selbst kleine Beschädigungen führen zu Undichtigkeiten. Neue Zylinderkopfdichtung erst unmittelbar vor dem Einbau aus der Verpackung nehmen.
- Zylinderkopf vorsichtig mit Helfer aufsetzen, dabei Führungsstifte im Motorblock beachten.
- Die 8 Zylinderkopfschrauben mit Unterlegscheiben ansetzen und handfest anziehen. **Zylinderkopfschrauben grundsätzlich ersetzen.**
- **1,6-l-Motor:** Führungsbolzen mit Bolzendreher beziehungsweise mit Schraubendreher herausdrehen, die 2 restlichen Zylinderkopfschrauben einsetzen und handfest anziehen.

Achtung: Das Anziehen der Zylinderkopfschrauben ist mit größter Sorgfalt durchzuführen. Vor dem Anziehen der Schrauben Drehmomentschlüssel auf seine Genauigkeit prüfen. Die Schrauben bei kaltem Motor anziehen.

- Die Zylinderkopfschrauben werden in mehreren Stufen angezogen. Schrauben in jeder Stufe jeweils in der Reihenfolge von 1 bis 10 anziehen. Motoren nach Kennbuchstaben zuordnen, siehe Seite 13.

1,8-l-Benzinmotor:

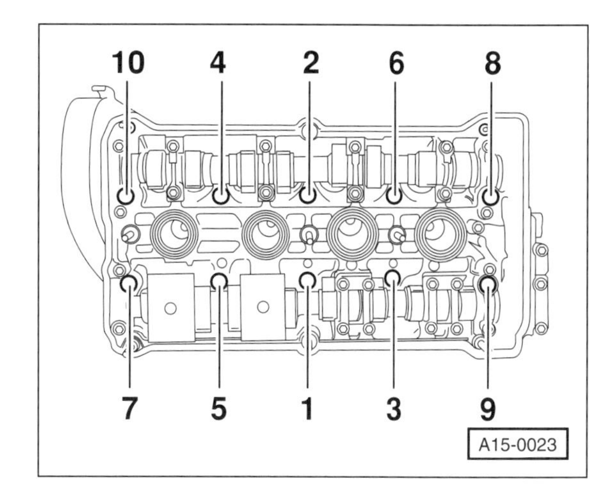

1,6-/2,0-l-Benzinmotor:

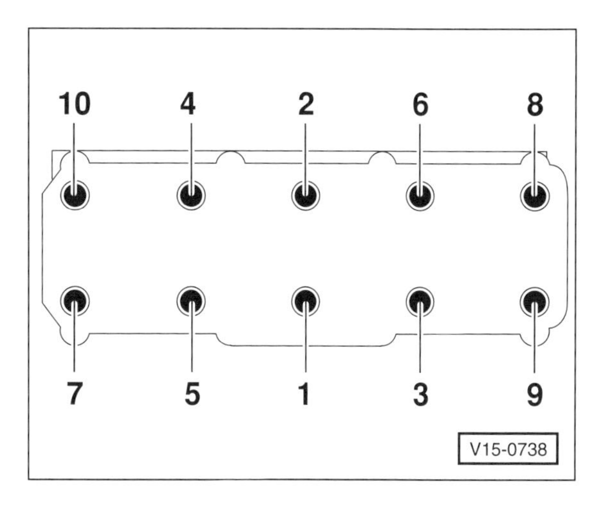

1. Stufe: mit Drehmomentschlüssel **40 Nm**

2. Stufe: **1/4 Umdrehung (90°)** mit **starrem** Schlüssel ohne abzusetzen weiterdrehen.

3. Stufe: **1/4 Umdrehung (90°)** mit **starrem** Schlüssel ohne abzusetzen weiterdrehen.

Hinweis: Das Weiterdrehen der Zylinderkopfschrauben um 90° am besten mithilfe einer Winkelscheibe für den drehwinkelgesteuerten Schraubenanzug durchführen, zum Beispiel HAZET 6690.

Achtung: Ein Nachziehen der Zylinderkopfschrauben bei warmem Motor, im Rahmen der Wartung oder nach Reparaturen, ist **nicht zulässig.**

Achtung: Berührungsflächen zwischen Tassenstößel und Nockenbahn nach Einbau des Zylinderkopfes mit Motoröl ölen.

- Nockenwelle und Kurbelwelle auf OT für Zylinder 1 stellen, siehe Seite 168.

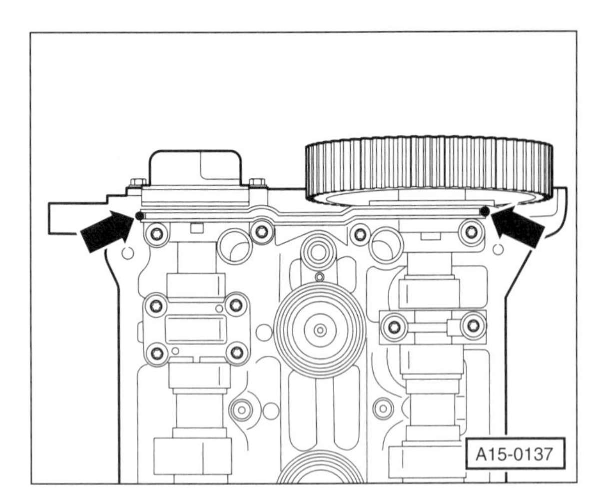

- Vor dem Auflegen der Zylinderkopfdeckel-Dichtung die Übergänge vom Lagerdeckel zum Zylinderkopf mit SKODA-Dichtmittel »D2« bestreichen, ebenso auf der gegenüberliegenden Seite. Dichtung für Zylinderkopfdeckel auflegen, beschädigte Dichtung erneuern.
- Zylinderkopfdeckel auflegen und mit **10 Nm** über Kreuz anschrauben.
- Zahnriemen auf das Nockenwellenzahnrad auflegen und spannen, siehe Seite 168.
- Vorderes Abgasrohr mit Katalysator am Krümmer anschrauben, siehe Seite 233.
- **1,8-l-Turbomotor:** Luftführungsrohr und Wärmeschutzblech für Ladeluftsystem hinten am Zylinderkopf anschrauben.
- Ansaugrohr mit **neuer** Dichtung und **10 Nm** über Kreuz am Zylinderkopf anschrauben.
- Ansaugrohr am Halter mit **25 Nm** anschrauben.
- Kraftstoffvorlaufleitung und Rücklaufleitung am Verteilerrohr anschrauben.
- Elektrische Leitungen, beispielsweise am Hallgeber und an den Einspritzventilen, entsprechend der beim Ausbau angebrachten Kennzeichnungen aufschieben und einrasten beziehungsweise anklemmen.
- **2,0-l-Motor:** Stecker für Sekundärluftpumpe einstecken.
- **1,8-l-Motor:** Spannvorrichtung für Keilrippenriemen mit **25 Nm** anschrauben.
- Keilrippenriemen einbauen, siehe Seite 187.
- Zahnriemenabdeckung einbauen, siehe Seite 168.
- Zündkerzen einbauen, siehe Seite 26.
- Prüfen, ob alle elektrischen Leitungen, Unterdruck-, Kühlmittel- und Kraftstoffschläuche entsprechend den angebrachten Markierungen angeschlossen sind und ob alle entfernten Kabelbinder an den selben Stellen wie vor dem Ausbau angebracht sind.
- Ölstand im Motor prüfen, gegebenenfalls auffüllen.

Achtung: Wurde der Zylinderkopf aufgrund einer defekten Zylinderkopfdichtung abgebaut, empfiehlt sich ein vorgezogener Ölwechsel einschließlich eines Ölfilterwechsels, da sich im Motoröl Kühlflüssigkeit befinden kann.

- **Neues** Kühlmittel aus Frostschutzmittel und Wasser mischen und auffüllen, siehe Seite 198.
- Luftfilter einbauen, siehe Seite 212.
- Obere Motorabdeckung aufsetzen und anschrauben. Gegebenenfalls vor dem Aufsetzen Ölmessstab herausziehen und anschließend wieder einführen.
- **1,6-l-Motor:** Untere Motorraumabdeckung einbauen, siehe entsprechendes Kapitel.
- Batterie-Massekabel (–) anklemmen. Gegebenenfalls Diebstahlcode für das Autoradio eingeben und Zeituhr einstellen.
- Probefahrt unternehmen, anschließend Ölstand und Kühlmittelstand überprüfen und sämtliche Schlauchanschlüsse auf Dichtheit prüfen.

Speziell 1,6-l-Benzinmotor mit 75 PS

Der Zylinderkopf des 1,6-l-Benzinmotors mit 75 PS wird prinzipiell auf die gleiche Weise aus- und eingebaut wie bei den anderen Benzinmotoren. In diesem Abschnitt werden lediglich Hinweise für abweichende Arbeitsschritte gegeben. Vor dem Abheben des Zylinderkopfes sicherstellen, dass keine Leitungen und sonstige Anschlüsse mehr am Zylinderkopf befestigt sind und der Zylinderkopf somit problemlos abgenommen werden kann. Abgas- und Ansaugkrümmer müssen nicht abgeschraubt werden. Gegebenenfalls die Einbaulagen aller auszubauenden Teile notieren, sodass diese beim Einbau an der gleichen Stelle befestigt werden können.

- Hochspannungsleitung vom Zündtrafo zur Verteilerkappe abziehen und herausnehmen.
- Vorderes Abgasrohr vom Abgaskrümmer abschrauben. Dazu muss das Fahrzeug vorn aufgebockt werden. Abgasanlage etwas absenken und mit Draht am Aufbau aufhängen, siehe auch Seite 233.
- Beim Herausdrehen der Zylinderkopfschrauben Reihenfolge beachten. Vorgehensweise, siehe 1-6-l-Benzinmotor mit 100 PS beziehungsweise 2,0-l-Benzinmotor.
- Vor dem Einbau Zylinderkopf auf Verzug prüfen. Die Unebenheiten dürfen maximal 0,05 mm groß sein. Prüfvorgang, siehe Abschnitt über die anderen Benzinmotoren.
- Beim Nacharbeiten des OHC-Zylinderkopfs darf die Mindesthöhe des Zylinderkopfs von 135,6 mm, gemessen von Dichtfläche zu Dichtfläche, nicht unterschritten werden.
- Zum Zentrieren des Zylinderkopfes die Führungsbolzen MP 1-208 verwenden. Oder 2 alte Zylinderkopfschrauben mit abgesägten Köpfen verwenden.
- Zylinderkopf aufsetzen, dabei Führungsstifte im Motorblock beachten. Bei neuem Zylinderkopf vorher Plastikunterlagen von den Ventilen abnehmen.
- Die 8 Zylinderkopfschrauben mit Unterlegscheiben in die freien Schraubenlöcher einsetzen und handfest anziehen. **Zylinderkopfschrauben grundsätzlich ersetzen.**
- Führungsbolzen mit Bolzendreher beziehungsweise mit Schraubendreher herausdrehen und die fehlenden 2 Zylinderkopfschrauben einsetzen und handfest anziehen.

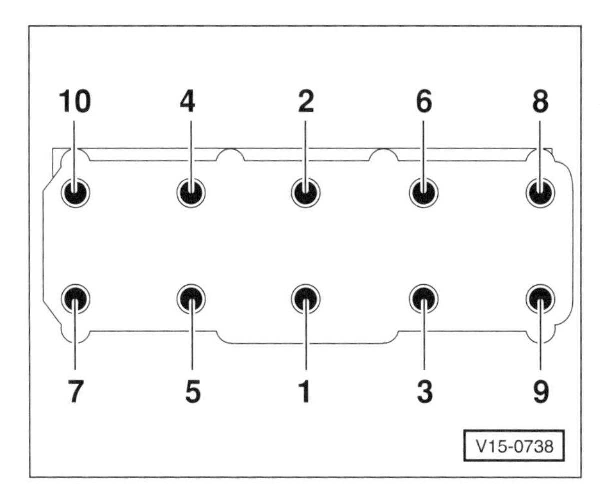

- Die Zylinderkopfschrauben werden in 4 Stufen angezogen. Schrauben in jeder Stufe jeweils in der Reihenfolge von 1 bis 10 anziehen.

1. Stufe: mit Drehmomentschlüssel **40 Nm**
2. Stufe: mit Drehmomentschlüssel **60 Nm**
3. Stufe: **1/4 Umdrehung (90°)** mit **starrem** Schlüssel ohne abzusetzen weiterdrehen.
4. Stufe: **1/4 Umdrehung (90°)** mit **starrem** Schlüssel ohne abzusetzen weiterdrehen.

Achtung: Ein Nachziehen der Zylinderkopfschrauben bei warmem Motor, im Rahmen der Wartung oder nach Reparaturen, ist **nicht zulässig.**

Achtung: Beim Einbau eines Austausch-Zylinderkopfes mit montierter Nockenwelle müssen die Berührungsflächen zwischen Hydrostößel und Nockenbahn nach Einbau des Zylinderkopfes geölt werden.

Speziell 1,4-l-Benzinmotor

In diesem Abschnitt werden lediglich Hinweise für abweichende Arbeitsschritte gegeben. Vor dem Abheben des Zylinderkopfes sicherstellen, dass keine Leitungen und sonstige Anschlüsse mehr am Zylinderkopf befestigt sind.

- Beide Zahnriemen sowie Umlenkrolle ausbauen.
- Vorderes Abgasrohr vom Abgaskrümmer abschrauben.
- Abgaskrümmer vom Zylinderkopf abbauen.
- Motor mit Abfangvorrichtung anheben, dazu Halteöse in Gewinde der Zahnriemen-Umlenkrolle einschrauben.
- Nockenwellengehäuseschrauben von außen nach innen über Kreuz lösen, dann im zweiten Durchgang ganz herausschrauben. Nockenwellengehäuse abnehmen.
- Zylinderkopfschrauben in der selben Reihenfolge herausschrauben wie beim 1-6-/2,0-l-Benzinmotor.
- Vor dem Einbau Zylinderkopf auf Verzug prüfen. Die Unebenheiten dürfen maximal 0,05 mm groß sein.
- Nach Schleifarbeiten am Zylinderkopf darf die Mindesthöhe von 108,25 mm nicht unterschritten werden.
- Beim Einbau des Zylinderkopfs die Schrauben in mehreren Stufen und in der gleichen Reihenfolge wie beim 1,6-l-Motor anziehen, siehe Abbildung V15-0738.

1. Stufe: mit Drehmomentschlüssel **30 Nm**
2. und 3. Stufe: **1/4 Umdrehung (90°)** mit **starrem** Schlüssel ohne abzusetzen weiterdrehen.

- SKODA-Dichtmittel »AMV 188 003« auf die Dichtfläche des Nockenwellengehäuses streichen.

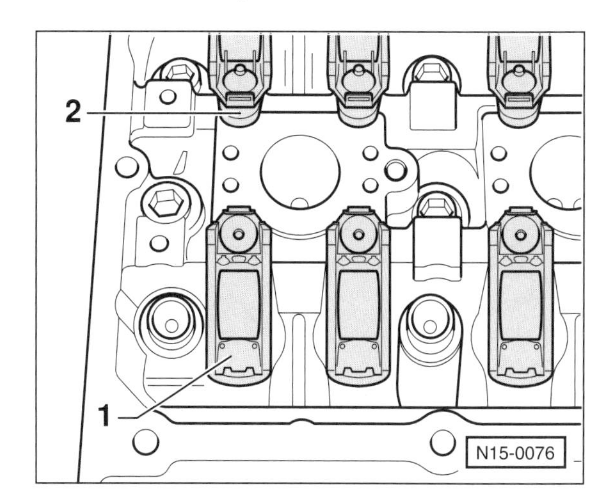

- Abstützelemente an gleicher Stelle wie ausgebaut in den Zylinderkopf einsetzen. Rollenschlepphebel einsetzen, dabei darauf achten, dass sie richtig auf den Ventilschaftenden –1– aufliegen und auf den jeweiligen Abstützelementen –2– eingeclipst sind.
- Vor dem Aufsetzen des Nockenwellengehäuses zwei Stehbolzen Größe M6x70, in die äußeren Gewindebohrungen in den Zylinderkopf einschrauben. Dadurch kann das Gehäuse lagerichtig von oben aufgesetzt werden.
- Nockenwellengehäuse aufsetzen und Stehbolzen herausschrauben. **Neue** Schrauben einschrauben, über Kreuz gleichmäßig mit **10 Nm** anziehen. Anschließend Schrauben um **90°** (**1/4 Umdrehung)** weiterdrehen.

Achtung: Nach der Montage des Nockenwellengehäuses muss das Dichtmittel ca. 30 Minuten trocknen, bevor der Motor gestartet wird.

- Abgaskrümmer am Zylinderkopf sowie Abgasrohr am Abgaskrümmer mit **40 Nm** festschrauben.

Speziell 1,6-l-Benzinmotor mit 102 PS

Der Zylinderkopf des 1,6-l-Motors mit 102 PS wird prinzipiell auf die gleiche Weise aus- und eingebaut wie beim 100-PS-Motor. In diesem Abschnitt werden lediglich Hinweise für abweichende Arbeitsschritte gegeben.

- Vor Ausbau des Zylinderkopfdeckels das Nockenwellenrad abschrauben. Dazu Nockenwellenrad mit dem SKODA-Gegenhaltewerkzeug T30004 festhalten und die Schraube aus der Nockenwelle herausdrehen.
- Zylinderkopfschrauben in der gleichen Weise herausdrehen wie beim 100-PS-Motor beschrieben.
- Verzug- und Nacharbeitmaß wie beim 100-PS-Motor
- Beim Einbau des Zylinderkopfs die Schrauben in mehreren Stufen und in der gleichen Reihenfolge wie beim 100-PS-Motor anziehen, siehe Abbildung V15-0738.

Zahnriementrieb

1,9-l-Dieselmotor (90 PS)

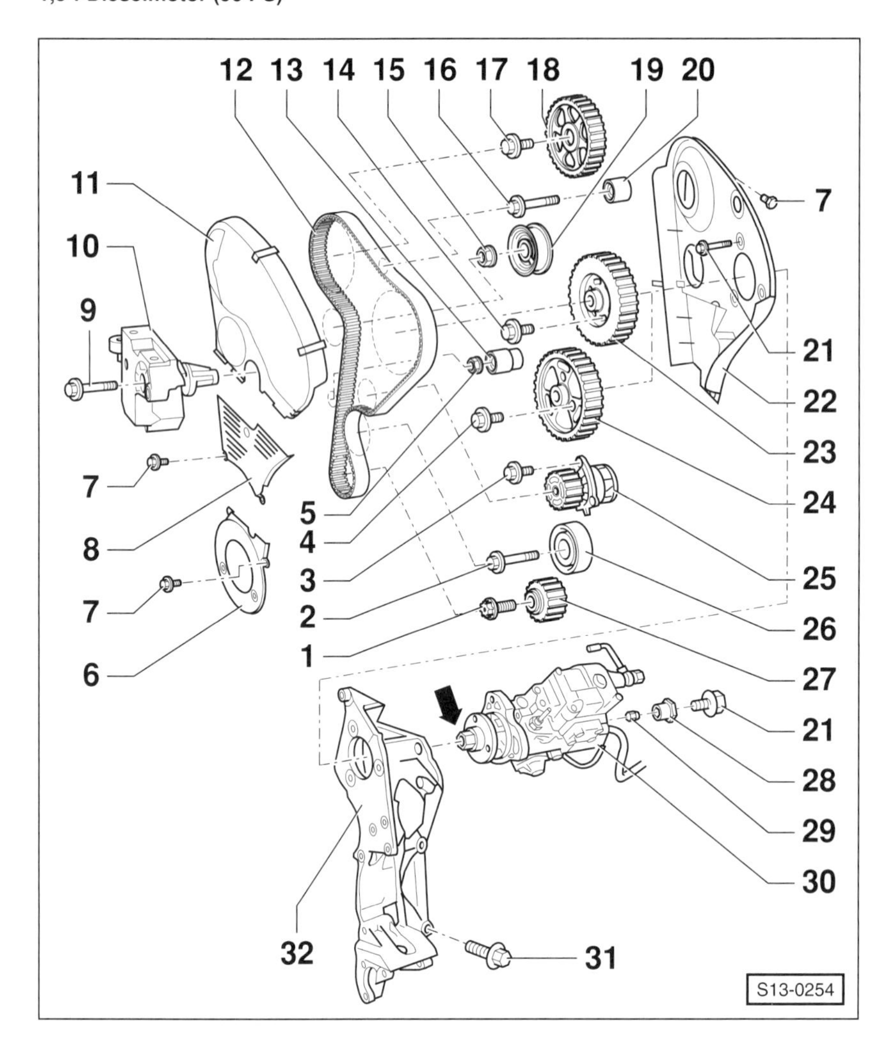

1 – **Schraube, 120 Nm + ¼ Umdrehung (90°) weiterdrehen**
Immer ersetzen. Zum Lösen und Anziehen Gegenhalter MP 1-310 oder Hebel T30004 verwenden. Gewinde und Auflageflächen müssen öl- und fettfrei sein. Das Weiterdrehen um 90° kann in mehreren Stufen erfolgen.

2 – **Schraube, 90 Nm + ¼ Umdrehung (90°) weiterdrehen**
Immer ersetzen. Das Weiterdrehen um 90° kann in mehreren Stufen erfolgen.

3 – **Schraube, 15 Nm**

4 – **Schraube, 23 Nm**

5 – **Schraube, 22 Nm**

6 – **Zahnriemenabdeckung unten**

7 – **Schraube, 10 Nm**

8 – **Zahnriemenabdeckung mitte**

9 – **Schraube, 45 Nm**

10 – **Motorstütze**

11 – **Zahnriemenabdeckung oben**

12 – **Zahnriemen**
Vor dem Ausbau Laufrichtung kennzeichnen. Auf Verschleiß prüfen. Nicht knicken.

13 – **Umlenkrolle**
Ab 08/97.

14 – **Schraube, 20 Nm + ¼ Umdrehung (90°) weiterdrehen**
Immer ersetzen. Das Weiterdrehen kann in mehreren Stufen erfolgen.

15 – **Mutter, 20 Nm**

16 – **Schraube für Umlenkrolle**
Anzugsmoment:
Bei Konsole –32–, Ersatzteilenummer 038 903 143 E/F = **17 Nm**.
Bei Konsole –32–, Ersatzteilenummer 038 903 143 A/B = **20 Nm**.

17 – **Schraube, 45 Nm**
Nockenwellenrad beim Lösen und Anziehen mit Gegenhalter MP 1-216 halten.

18 – **Nockenwellenrad**
Mit der Vorrichtung T40001 vom Konus der Nockenwelle abziehen.

19 – **Halbautomatische Spannrolle**

20 – **Umlenkrolle**

21 – **Schraube, 30 Nm**

22 – **Zahnriemenabdeckung hinten**
An der Unterkante hinter den Dichtungsflansch vorn einstecken.

23 – **Einspritzpumpenrad**
Ab 08/97.

24 – **Einspritzpumpenrad**
Bis 07/97.

25 – **Kühlmittelpumpe**

26 – **Umlenkrolle**
Zum Ausbau der Kühlmittelpumpe abschrauben.

27 – **Kurbelwellen-Zahnriemenrad**
An der Anlagefläche zwischen Zahnriemenrad und Kurbelwelle darf sich kein Öl befinden. Einbaulage beachten: Flachstellen an Zahnriemenrad und Kurbelwelle müssen übereinstimmen.

28 – **Buchse**

29 – **Mutter**
In –28– einsetzen.

30 – **Einspritzpumpe**
Niemals die Zentralmutter –Pfeil– lösen.

31 – **Schraube, 45 Nm**

32 – **Konsole**
Für Einspritzpumpe, Generator und Kühlmittelpumpe, bei Fahrzeugen ohne Klimaanlage.

Zahnriemen aus- und einbauen

1,9-l-Dieselmotor (90/110 PS)

Hinweis: Arbeitsschritte und Hinweise, die für alle Motoren gelten, stehen im Kapitel für den 1,6-/1,8-/2,0-l-Benzinmotor mit 100 bis 150 PS. In diesem Kapitel stehen nur die abweichenden Hinweise für den 1,9-l-Dieselmotor mit 90/110 PS. Der Ausbau des Zahnriemens beim 100-/130-PS-Pumpe-Düse-Motor erfolgt auf ganz andere Weise und wird in diesem Band nicht beschrieben.

Ausbau

- Scheinwerfer rechts aus- und einbauen, siehe Seite 91.
- Stecker am Geber für Saugrohrdruck und Geber für Saugrohrtemperatur abziehen.
- Luftführungsrohr zwischen Ladeluftkühler und Ansaugrohr ausbauen.
- Kühlmittel-Ausgleichbehälter sowie Waschwasserbehälter abschrauben und mit angeschlossenen Schläuchen zur Seite legen. Gegebenenfalls vorher Stecker abziehen.
- Kraftstofffilter abschrauben und mit angeschlossenen Schläuchen zur Seite legen, siehe auch Seite 22.
- Luftführungsrohr zwischen Ansaugrohr und Abgasturbolader ausbauen.
- Spannrolle für Keilrippenriemen am Halter abschrauben.
- Vakuumpumpe für Bremskraftverstärker aus- und einbauen, siehe Kapitel »Zylinderkopf aus- und einbauen«.

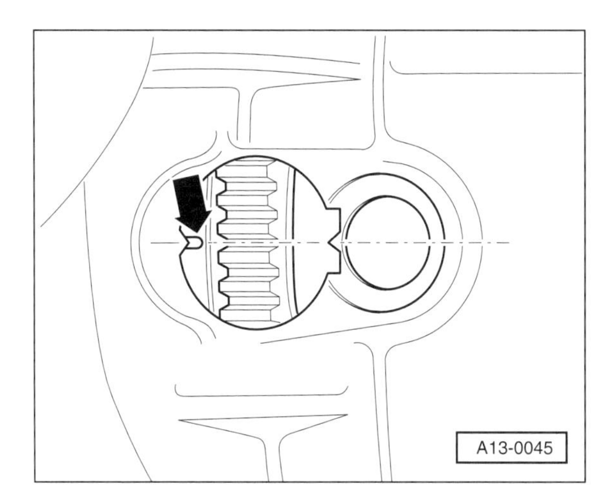

- Blende an der Kontrollöffnung für OT-Einstellung abnehmen.
- Kurbelwelle auf OT für Zylinder 1 stellen, siehe entsprechendes Kapitel.

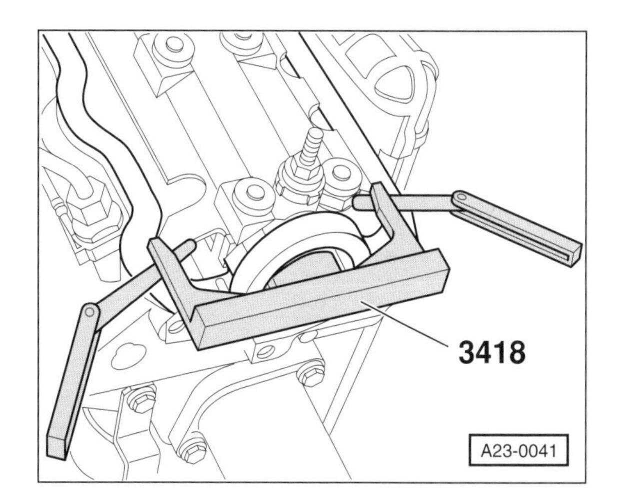

- Wenn die Kurbelwelle auf OT für Zylinder 1 gestellt ist, lässt sich das VW-Einstelllineal 3418 in die Nut der Nockenwelle einsetzen. Die SKODA-Werkstatt verwendet das SKODA-Werkzeug MP 1-312. Das Einstelllineal verhindert, dass sich die Nockenwelle verdrehen kann. Es kann relativ problemlos selbst angefertigt werden, siehe Abbildung D-1002 auf Seite 182.
- **Einstelllineal parallel zum Zylinderkopf ausrichten (ausmitteln):** Dazu Motor an der Kurbelwelle etwas verdrehen, bis ein Ende des Einstelllineals am Zylinderkopf anschlägt. Am anderen Ende des Einstelllineals mit Fühlerlehre das entstandene Spiel ermitteln. Fühlerlehre mit halbem Spielmaß zwischen Einstelllineal und Zylinderkopf einschieben. Motor nun so drehen, bis das Einstelllineal auf der Fühlerlehre aufliegt. Zweite Fühlerlehre mit gleicher Stärke am anderen Ende zwischen Einstelllineal und Zylinderkopf einführen, siehe Abbildung.

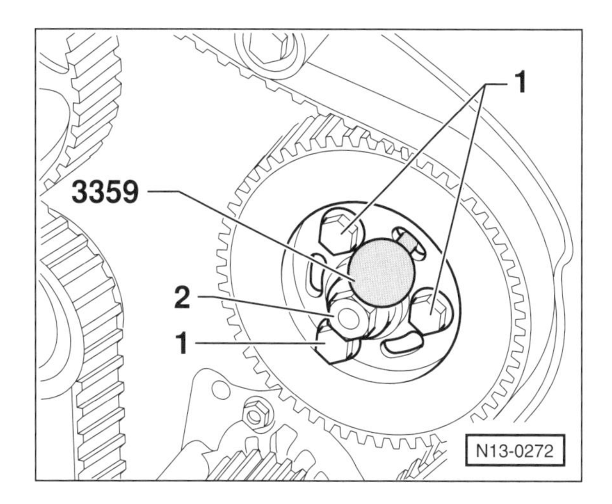

- Zahnriemenrad der Einspritzpumpe mit Absteckstift VW/SKODA-3359 oder HAZET-2588-3 arretieren. Alternativ kann ein Dorn mit 6 mm ∅ verwendet werden.

- Schrauben –1– für Einspritzpumpen-Zahnriemenrad nacheinander herausdrehen und durch neue Schrauben ersetzen. Neue Schrauben handfest anziehen. Nicht alle Schrauben –1– gleichzeitig herausdrehen, sonst verstellt sich das Zahnriemenrad. Zentralschraube –2– auf keinen Fall abschrauben, sonst kann die Einspritzpumpe auch in der Werkstatt nicht mehr eingestellt werden.

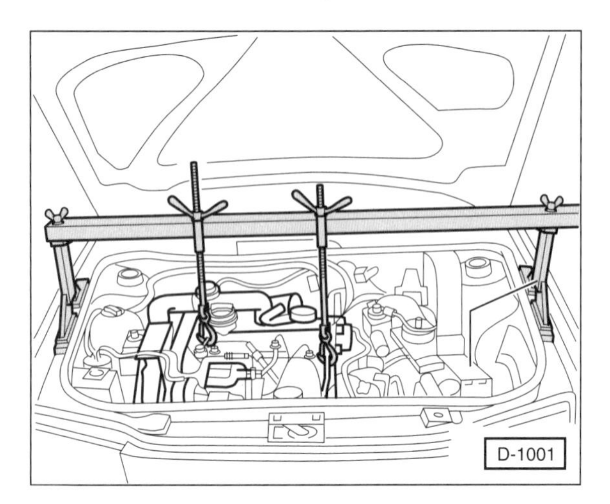

- Um das rechte Motorlager lösen zu können muss der Motor mit einer geeigneten Abfangvorrichtung angehoben werden. Die SKODA-Werkstatt verwendet die Abfangvorrichtung MP 9-200. Vorrichtung wie dargestellt aufsetzen und Haken am Motor einhängen. Motor etwas anheben. **Achtung:** Steht die Vorrichtung nicht zur Verfügung, Motor mit einem Motorkran anheben.
- Laufrichtung des Zahnriemens kennzeichnen und Zahnriemen abnehmen.
- Zahnriemenspannrolle lösen und Zahnriemen abnehmen.

Einbau

- Sicherstellen, dass die OT-Markierung am Schwungrad mit der Bezugsmarke übereinstimmt.
- Bei abgenommenem Zahnriemen, zentrale Befestigungsschraube des Nockenwellen-Zahnriemenrades um ca. ½ Umdrehung lösen. Nockenwellenrad dabei unbedingt mit dem SKODA-Werkzeug MP 1-216 gegenhalten, oder mit einem Gabelschlüssel die Nockenwelle an der abgeflachten Stelle gegenhalten. **Auf keinen Fall aber darf die Nockenwelle allein durch das noch immer eingelegte Nockenwellen-Einstelllineal gegengehalten werden.**

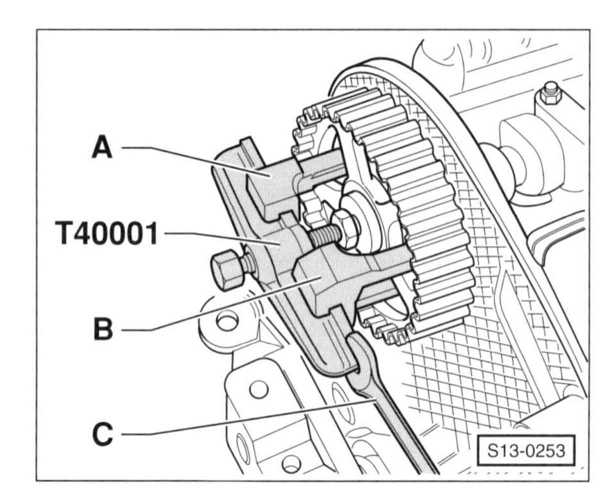

- Nockenwellen-Zahnriemenrad mit einem geeigneten Abzieher, zum Beispiel HAZET 2510-1, vom Konus der Nockenwelle lösen. Die SKODA-Werkstatt verwendet das Werkzeug T40001 mit den Haken T40001/2 –A– und T40001/3 –B–. Abzieher beim Lösen des Nockenwellenrades mit einem Gabelschlüssel –C– gegenhalten.
- Erneut sicherstellen, dass die OT-Markierung am Schwungrad mit der Bezugsmarke übereinstimmt.
- Zahnriemen auflegen, und zwar in der Reihenfolge Kurbelwellenrad, Umlenkrolle, Kühlmittelpumpe, Einspritzpumpenrad und Spannrolle. Zuletzt auf das Nockenwellen-Zahnriemenrad auflegen. **Achtung:** Wird der bisherige Zahnriemen wieder eingebaut, unbedingt die beim Ausbau angebrachte Laufrichtungsmarkierung beachten.

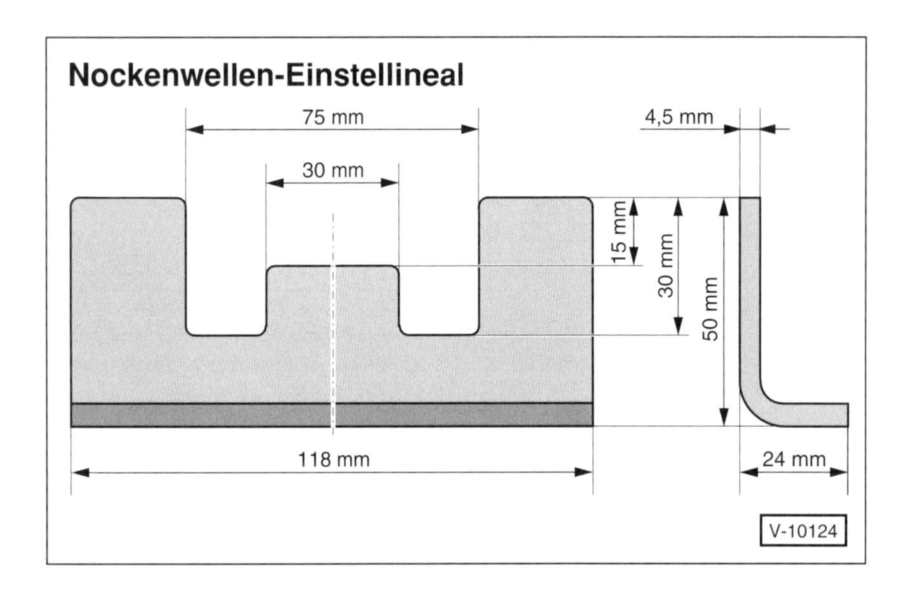

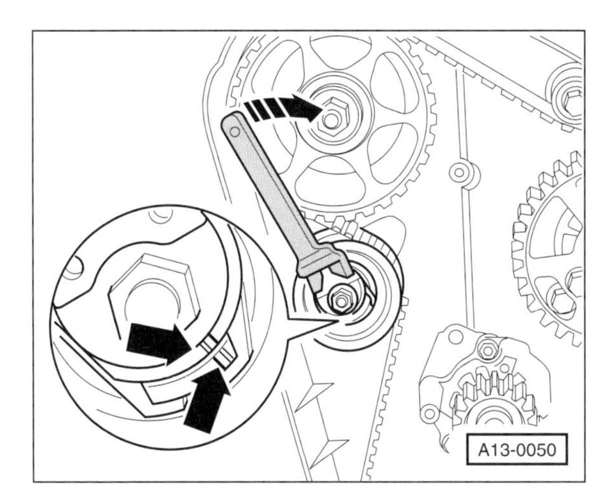

● Spannrolle mit 2-Loch-Mutterndreher, zum Beispiel HAZET 2587, nach rechts drehen, bis sich Kerbe und Erhebung an der Spannrolle –Pfeile– gegenüber stehen.

Achtung: Falls die Spannrolle einmal zu weit gespannt wurde, muss sie wieder **vollständig entspannt** und neu gespannt werden. Die Spannrolle darf keinesfalls nur um das zu weit gedrehte Maß zurückgedreht werden.

● Klemmmutter an der Spannrolle mit **20 Nm** festziehen.

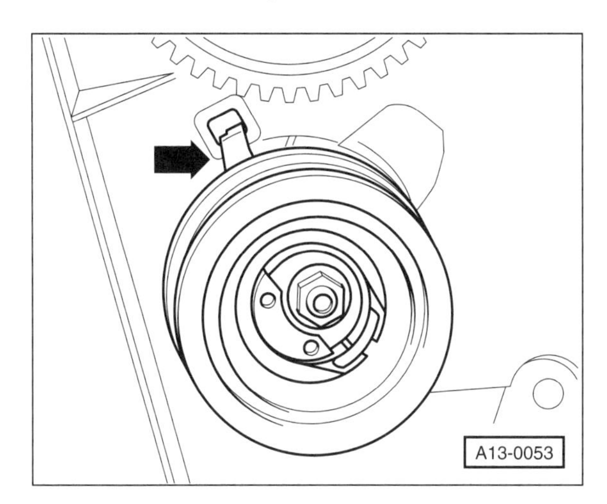

● Einbaulage der Spannrolle überprüfen: Die Haltekralle –Pfeil– muss in die Aussparung am Zylinderkopf eingreifen, andernfalls Halterung entsprechend verdrehen.

● OT-Markierungen am Schwungrad erneut überprüfen.

● Zentrale Befestigungsschraube des Nockenwellen-Zahnriemenrades mit **45 Nm** anziehen. **Achtung:** Nockenwelle dabei unbedingt gegenhalten. Die SKODA-Werkstatt verwendet den Gegenhalter MP 1-216. Gegebenenfalls kann die Nockenwelle auch an der abgeflachten Stelle mit einem passenden Gabelschlüssel gegengehalten werden. **Auf keinen Fall aber, darf die Nockenwelle allein durch das noch immer eingelegte Nockenwellen-Einstelllineal gegengehalten werden**.

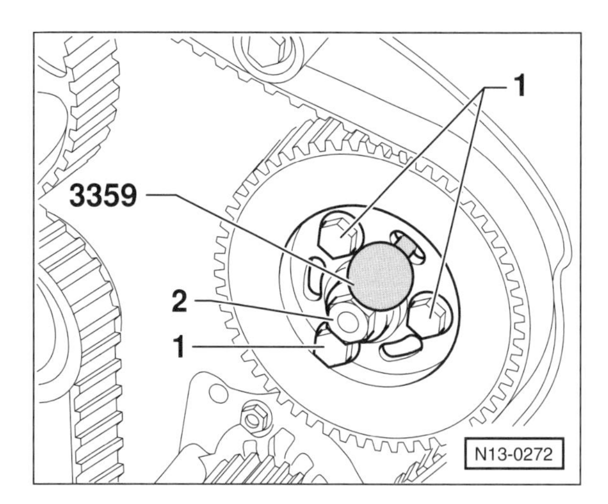

● Schrauben –1– mit **20 Nm** anziehen. 2 – Zentralschraube.

Achtung: Die Befestigungsschrauben des Einspritzpumpenrades müssen nach der dynamischen Prüfung des Einspritzbeginns um ¼ Umdrehung (90°) nachgezogen werden. Da es sich um Dehnschrauben handelt, dürfen diese Schrauben nur einmal verwendet werden. Sie müssen immer ersetzt werden, nachdem sie einmal mit dem Drehwinkel angezogen waren und wieder gelöst wurden.

● Nockenwellen-Einstelllineal entfernen.

● Einspritzpumpen-Absteckstift herausziehen.

● Motor-Kurbelwelle 2 Umdrehungen durchdrehen und auf Zünd-OT für Zylinder 1 stellen. Prüfen, ob der Absteckstift am Einspritzpumpen-Zahnriemenrad eingesteckt werden kann. Falls der Absteckstift nicht eingeführt werden kann, Befestigungsschrauben lösen und Zahnriemenradnabe so verdrehen, dass der Absteckstift eingesteckt werden kann. Schrauben mit **20 Nm** festziehen. Anschließend Prüfung wiederholen. Dazu die Motor-Kurbelwelle erneut um 2 Umdrehungen durchdrehen.

● Motor ablassen und Motorlager einbauen. Motor spannungsfrei ausrichten und Schrauben festziehen.
  - ◆ Schraube für Motorstütze an Motorblock mit **25 Nm** anziehen.
  - ◆ **Neue** Schrauben für Motorkonsole an Motorstütze mit **60 Nm** anziehen und anschließend ¼ **Umdrehung** weiterdrehen.
  - ◆ **Neue** Schrauben für Motorkonsole an Karosserie mit **40 Nm** anziehen und anschließend ¼ **Umdrehung** weiterdrehen.

● Sicherstellen, dass alle ausgebauten Teile eingebaut werden, siehe Abschnitt »Ausbau« und Kapitel »Zahnriemen aus- und einbauen« für die Benzinmotoren.

● Einspritzbeginn dynamisch prüfen lassen (Werkstattarbeit).

● Befestigungsschrauben für Einspritzpumpenrad um ¼ **Umdrehung (90°)** weiterdrehen.

Zylinderkopf aus- und einbauen

1,9-l-Dieselmotor (90 PS)

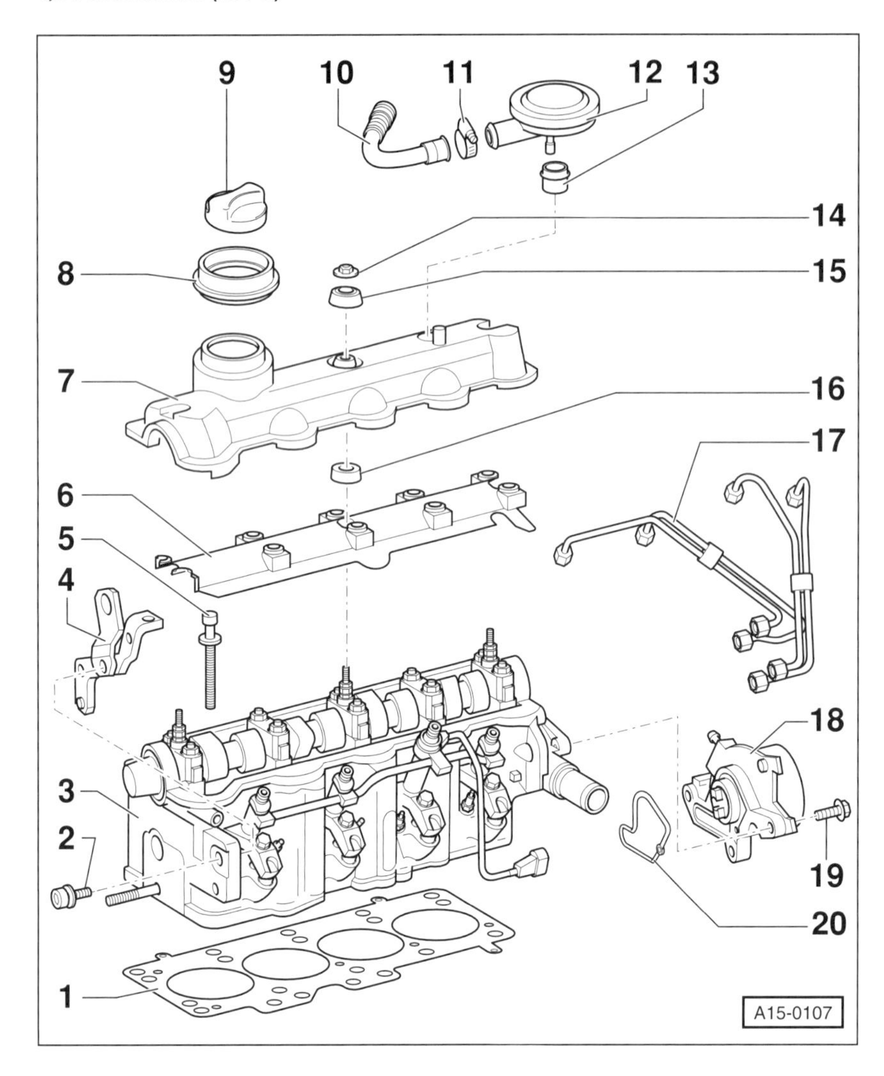

1 – **Zylinderkopfdichtung**
Kennzeichnung beachten.

2 – **Schraube, 20 Nm**

3 – **Zylinderkopf**
Darf nicht nachgearbeitet werden.

4 – **Aufhängeöse**

5 – **Zylinderkopfschraube**
Immer ersetzen. Die Schrauben in der gleichen Reihenfolge anziehen, wie beim 4-Zylinder-Benzinmotor.

6 – **Ölabweiser**

7 – **Zylinderkopfdeckel**
Dichtung ist einvulkanisiert, bei Beschädigung muss der gesamte Zylinderkopfdeckel erneuert werden.

8 – **Manschette**

9 – **Öleinfülldeckel**
Dichtung bei Undichtigkeit ersetzen.

10 – **zum Ansaugschlauch**

11 – **Halteschelle**

12 – **Druckregelventil**

13 – **Dichtung**
Bei Beschädigung ersetzen.

14 – **Bundmutter, 10 Nm**
Auflagefläche ölen, falls die Mutter nicht den Anschlag erreicht.

15 – **Dichtscheibe oben**
Bei Beschädigung ersetzen.

16 – **Dichtkegel unten**

17 – **Einspritzleitungen**
Leitungssatz immer komplett ausbauen. Biegeform nicht verändern. Mit 25 Nm festziehen.

18 – **Vakuumpumpe**
Für Bremskraftverstärker.

19 – **Schraube, 20 Nm**

20 – **Dichtung**
Immer ersetzen.

Ausbau

Achtung: Arbeitsschritte und Hinweise, die für alle Motoren gelten, stehen im Kapitel für die 1,6-/1,8-/2,0-l-Benzinmotoren (100 - 150 PS). In diesem Kapitel sind nur die Abweichungen beschrieben, die speziell den Dieselmotor betreffen.

- Keilrippenriemen ausbauen, siehe Seite 187.
- Elektrische Leitungen vom Abstellventil und den Glühkerzen abklemmen.
- Einspritzleitungen an den Anschlüssen der Pumpe und den Einspritzdüsen mit Kaltreiniger reinigen und abschrauben. Öffnungen mit entsprechenden Kappen verschließen.
- **Achtung:** Auslaufendes Motoröl mit Lappen auffangen. Ölvorlauf- und Rücklaufleitung am Abgasturbolader abschrauben. Leitungen mit Plastiktüten und Gummiringen gegen eindringenden Schmutz schützen.
- Ölvorlaufleitung für Abgasturbolader an den Haltern und am Ölfilterhalter abschrauben.
- Halter für Kühlmittelrohr am Motor abschrauben und Kühlmittelrohr abziehen.

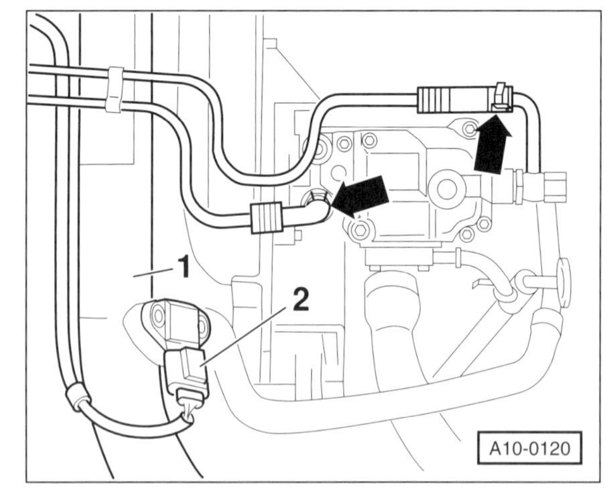

- **Achtung:** Auslaufendes Dieselöl mit Lappen auffangen. Kraftstoffschläuche –Pfeile– an der Einspritzpumpe abziehen, dabei Klemmschellen mit Zange auseinanderdrücken. Leitungen mit Plastiktüten und Gummiringen gegen eindringenden Schmutz schützen.

- Stecker –2– am Geber für Saugrohrdruck/Temperatur abziehen.
- Luftführungsrohr –1– am Zylinderkopf abschrauben.
- Obere Zahnriemenabdeckung abnehmen.
- 2 Schrauben für Zahnriemenabdeckung hinten an beiden Seiten des Zylinderkopfes abschrauben.
- Motor auf OT stellen und Zahnriemen am Nockenwellenrad abnehmen, siehe Seite 181.
- Nockenwellenrad ausbauen, siehe Seite 180.
- Mutter für Spannrolle ganz abschrauben.
- Zylinderkopfschrauben in der umgekehrter Reihenfolge der Numerierung von 10 nach 1 lösen, siehe Abbildung V15-0738. Dazu wird ein Innen-Vielzahnschlüssel, zum Beispiel HAZET 990-SLg-12, benötigt.
- Zylinderkopf mit Helfer seitlich aus der Zahnriemenabdeckung herausschwenken und gleichzeitig die Spannrolle abnehmen.

Einbau

Achtung: Diesel-Zylinderkopf **nicht** nacharbeiten.

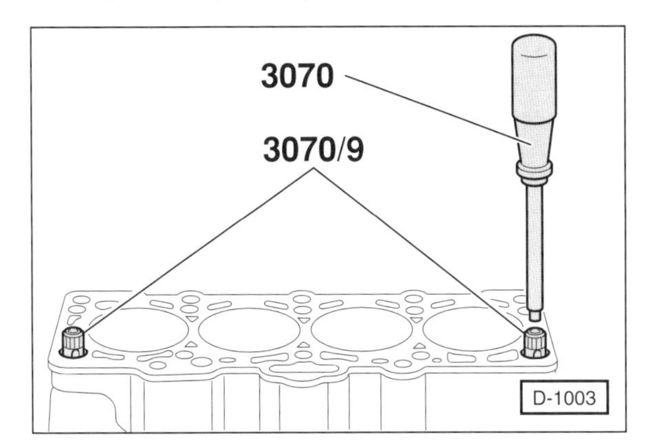

- Zum Zentrieren des Zylinderkopfes VW-Führungsbolzen 3070/9 mit Bolzendreher 3070 in die äußeren Bohrungen der Zylinderkopfschrauben an der Ansaugseite einschrauben. Die SKODA-Werkstatt verwendet den Werkzeugsatz MP 1-208. **Hinweis:** Falls die Führungsbolzen nicht zur Verfügung stehen, können stattdessen auch 2 alte Zylinderkopfschrauben mit abgesägten Köpfen verwendet werden. Zum späteren Herausdrehen empfiehlt es sich, oben jeweils eine Nut für den Schraubendreher einzusägen.

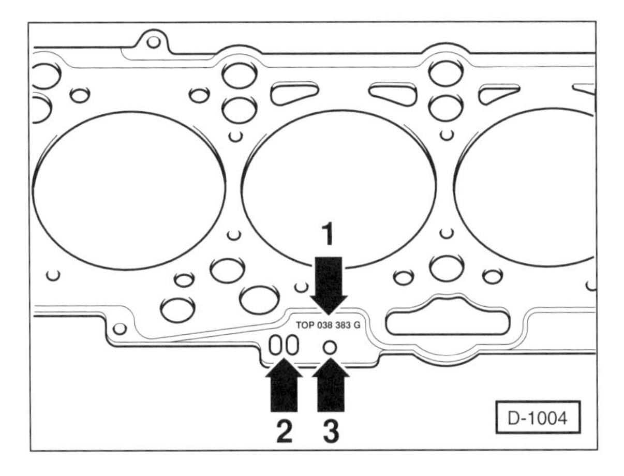

- Je nach Kolbenüberstand werden in der Dicke unterschiedliche Zylinderkopfdichtungen eingebaut. Beim Ersetzen der Dichtung die Kennzeichnung beachten und nur eine neue Dichtung mit gleicher Kennzeichnung einbauen. Pfeil –1–: Ersatzteil-Nummer, Pfeil –2–: Steuercode (nicht beachten), Pfeil –3–: = Kennzeichnung (Löcher).
- Werden neue Kolben eingebaut, Kolbenüberstand prüfen und entsprechende Dichtung verwenden (Werkstattarbeit).
- Zylinderkopf mit Helfer seitlich in die Zahnriemenabdeckung hereinschwenken und gleichzeitig die Spannrolle aufschieben. **Achtung:** Die hinteren Ösen der Zylinderkopfdichtung dürfen dabei nicht vom Wärmeschutzblech des Abgaskrümmers abgeknickt werden.

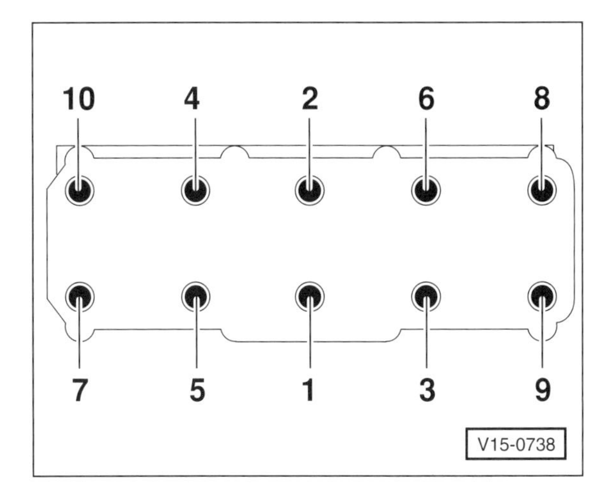

- Die Zylinderkopfschrauben werden in vier Stufen in der Reihenfolge von 1 – 10 angezogen.

1. Stufe: mit Drehmomentschlüssel **35 Nm**
2. Stufe: mit Drehmomentschlüssel **60 Nm**
3. Stufe: **1/4 Umdrehung (90°)** mit **starrem** Schlüssel ohne abzusetzen weiterdrehen.
4. Stufe: **1/4 Umdrehung (90°)** mit **starrem** Schlüssel ohne abzusetzen weiterdrehen.

Achtung: Ein Nachziehen der Zylinderkopfschrauben bei warmem Motor, im Rahmen der Wartung oder nach Reparaturen, ist **nicht zulässig.**

Speziell Pumpe-Düse-Motor mit 100 PS

Anzugsdrehmomente für den Einbau:

Nabe für Nockenwellenrad an Nockenwelle	**100 Nm**
Hintere Zahnriemenabdeckung	**10 Nm**
Zylinderkopfdeckel, zuerst alle Schrauben handfest anziehen, dann mit	**10 Nm**
Aufhängeöse	**20 Nm**
Glühkerze	**15 Nm**
Zahnriemen-Spannrolle	**20 Nm + 45°** (1/8 Umdr.)
Tandempumpe oben	**25 Nm**
Tandempumpe unten	**10 Nm**

Kompressionsdruck prüfen

Die Kompressionsprüfung erlaubt Rückschlüsse über den Zustand des Motors. Die Prüfwerte zeigen an, ob der Motor austauschreif ist beziehungsweise ob er komplett überholt werden muss. Dabei ist hauptsächlich Ausschlag gebend, ob bei den einzelnen Zylindern unterschiedliche Kompressionswerte ermittelt werden. Für die Prüfung wird ein Kompressions-Druckprüfer benötigt, der für Benzinmotoren recht preiswert in Fachgeschäften angeboten wird.

Achtung: Für den Dieselmotor wird ein Kompressions-Druckprüfer mit größerem Messbereich, bis ca. 40 bar, benötigt.

Der Kompressionsdruckunterschied zwischen den einzelnen Zylindern darf bei den Benzinmotoren maximal 3,0 bar und bei den Dieselmotoren maximal 5,0 bar betragen. Falls ein oder mehrere Zylinder gegenüber den anderen einen Druckunterschied von mehr als 3,0 bar (Dieselmotor 5,0 bar) haben, ist dies ein Hinweis auf eine undichte Zylinderkopfdichtung, defekte Ventile, verschlissene Kolbenringe beziehungsweise Zylinderlaufbahnen. Ist die Verschleißgrenze erreicht, muss der Motor überholt beziehungsweise ausgetauscht werden.

Motor	Kompressiondruck in bar	
Benziner	**neu**	**Verschleißgrenze**
1,4/1,6 l/75 PS	10 – 15	7,0
1,6 l/100/102 PS	10 – 13	7,5
1,8 l/125/180 PS	9 – 14	7,5
1,8 l/150 PS	10 – 13	7,0
2,0 l/115 PS	10 – 13	7,5
Diesel		
1,9 l/90/100/110 PS	25 – 31	19

- Die Temperatur des Motoröls muss bei der Prüfung des Kompressionsdruckes mindestens +30° C betragen. Der Ölfilter ist dann gut handwarm, gegebenenfalls Motor warm fahren. Allerdings darf die Motortemperatur auch nicht zu hoch sein, sonst besteht beim Herausschrauben der Zündkerzen die Gefahr der Beschädigung des Zündkerzengewindes im Zylinderkopf.

Benzinmotor

- Zündung ausschalten.
- Alle Zündkerzen herausschrauben, siehe Seite 26.
- **1,4-l-/1,6-l-Motor (102 PS):** 4-fach-Stecker vom Zündtrafo abziehen.
- **1,6-l-Motor (75 PS):** Stecker vom Hallgeber am Zündverteiler abziehen.
- **1,6-l-/1,8-l-Motor (100 – 150 PS):** Stecker an allen 4 Einspritzventilen abziehen. Stecker von den Zündspulen abziehen.
- **2,0-l-Motor (115 PS):** Mehrfachstecker von der Zündspulen-Leistungsendstufe abziehen. Sicherung –32– herausziehen.
- Motor mit Anlasser durchdrehen, damit Rückstände und Ruß herausgeschleudert werden. **Achtung:** Getriebe in Leerlaufstellung und Handbremse angezogen.

Sicherheitshinweis
Bei diesem Vorgang **nicht** über den Motor beugen, Verletzungsgefahr durch herausschleudernde Rußpartikel.

- Kompressions-Druckprüfer entsprechend der Bedienungsanleitung in die Zündkerzenöffnung drücken oder einschrauben.
- Von Helfer Gaspedal ganz durchtreten lassen und während der ganzen Prüfung mit dem Fuß festhalten.
- Motor ca. 8 Umdrehungen drehen lassen, bis auf dem Kompressions-Druckprüfer kein Druckanstieg mehr erfolgt.
- Nacheinander sämtliche Zylinder prüfen und mit Sollwert vergleichen.
- Anschließend Zündkerzen einbauen, siehe Seite 26.
- **1,4-l-/1,6-l-Motor (102 PS):** 4-fach-Stecker am Zündtrafo aufschieben.
- **1,6-l-Motor (75 PS):** Stecker am Hallgeber am Zündverteiler aufschieben.
- **1,6-l/1,8-l-Motor (100 – 150 PS):** Stecker an allen 4 Einspritzventilen aufschieben. Stecker an den Zündspulen aufschieben.
- **2,0-l-Motor (115 PS):** Mehrfachstecker an der Zündspulen-Leistungsendstufe aufschieben. Sicherung –32– einsetzen.

Achtung: Durch das Abziehen der verschiedenen Anschlussstecker wird im Fehlerspeicher des Motor-Steuergeräts ein Fehler registriert. Es empfiehlt sich, den gespeicherten Fehler möglichst rasch in einer SKODA-Werkstatt löschen zu lassen.

Dieselmotor

- **90-/110-PS-Motor:** Elektrische Leitung vom Kraftstoff-Abschaltventil an der Einspritzpumpe abziehen, damit während der Prüfung kein Kraftstoff eingespritzt wird. Steckverbindung zum Mengenstellwerk an der Einspritzpumpe abziehen.
- **100-PS-Motor** (Pumpe-Düse)**:** Geräuschdämpfung ausbauen. Zentralsteckverbindung für Pumpe-Düse-Aggregat trennen.
- Alle Glühkerzen ausbauen, siehe Seite 227.

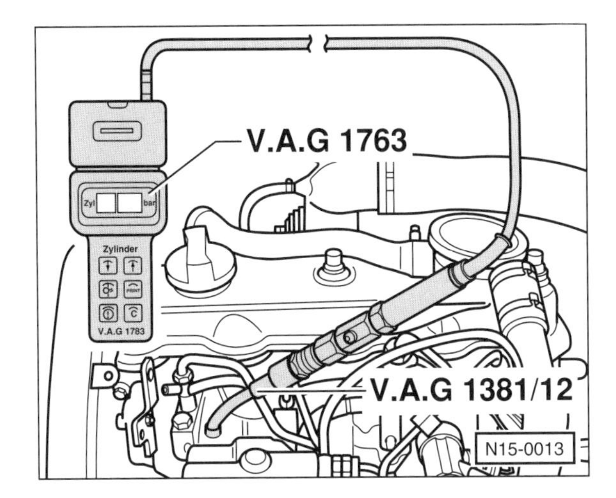

- Kompressions-Druckprüfer mit flexiblem Verbindungsschlauch anstelle der Glühkerzen einschrauben.

Achtung: Der angegebene Kompressionsdruck hat nur für die Prüfung mit dem in der Abbildung angegebenen V.A.G/SKODA-Kompressions-Druckprüfer 1763 Gültigkeit. Dabei wird der Adapter 1381/12 in das Glühkerzengewinde eingeschraubt. Mit anderen Messgeräten kann nur die Abweichung der einzelnen Zylinder untereinander geprüft werden.

- Motor ca. 8 Umdrehungen drehen lassen, bis auf dem Kompressions-Druckprüfer kein Druckanstieg mehr erfolgt.
- Glühkerzen einschrauben und mit **15 Nm** festziehen. Elektrische Leitungen an den Glühkerzen anschließen.
- **90-/110-PS-Motor:** Leitung am Mengenstellwerk und am Kraftstoff-Abschaltventil an der Einspritzpumpe aufstecken.
- **100-PS-Motor:** Zentralsteckverbindung für Pumpe-Düse-Aggregat anklemmen. Geräuschdämpfung einbauen.

Achtung: Durch das Abziehen der verschiedenen Anschlussstecker wird im Fehlerspeicher des Motor-Steuergeräts ein Fehler registriert. Es empfiehlt sich, den gespeicherten Fehler möglichst rasch in einer SKODA-Werkstatt löschen zu lassen.

Keilrippenriemen aus- und einbauen

Ein Keilrippenriemen ist breiter als ein herkömmlicher Keilriemen und verfügt über mehrere längs laufende Rippen. Je nach Ausstattung treibt der Keilrippenriemen verschieden Zusatzaggregate an, wie zum Beispiel Generator, Kühlmittelpumpe, Lenkhilfepumpe und Klimakompressor.

Ausbau

- Untere Motorraumabdeckung ausbauen, siehe entsprechendes Kapitel.
- **Dieselmotor:** Obere Motorabdeckung nach oben abziehen. Verbindungsrohr zwischen Ladeluftkühler und Turbolader ausbauen. Dazu Schlauchschelle lösen.
- Soll der bisherige Keilrippenriemen wieder eingebaut werden, Laufrichtung mit einem Filz- oder Fettstift kennzeichnen. Der Motor dreht, von der Zahnriemenseite her gesehen, im Uhrzeigersinn.

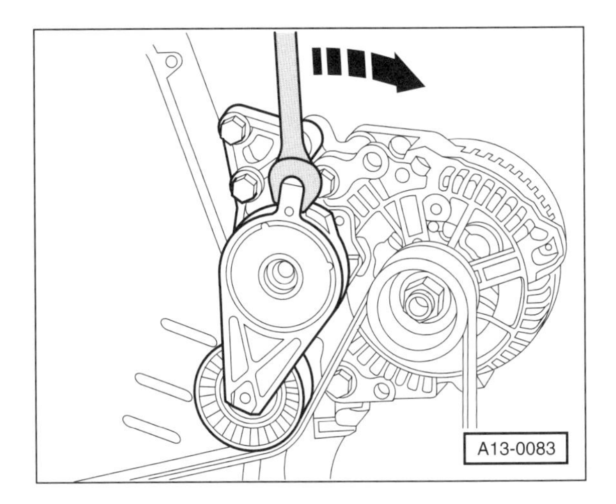

- Keilrippenriemen entspannen. Dazu die Spannvorrichtung mit einem Gabelschlüssel in Pfeilrichtung drehen.

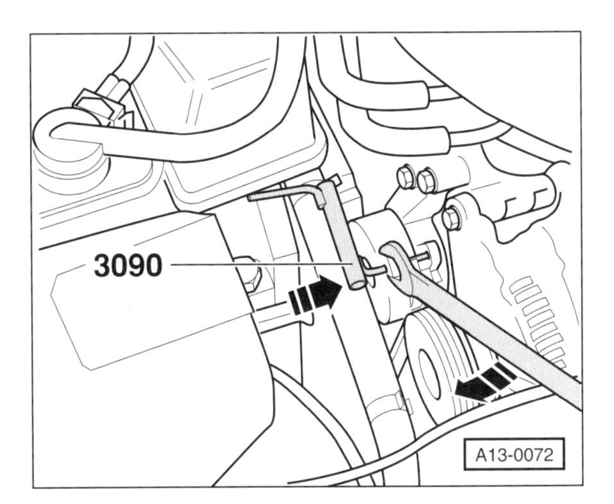

- In dieser Stellung der Spannvorrichtung einen Dorn mit 4,5 mm ∅ einsetzen, zum Beispiel VW-3090 oder SKODA-MP1-225 und Spannvorrichtung dadurch arretieren.
- Keilrippenriemen abnehmen.

Einbau

- Sicherstellen, dass alle angetriebenen Aggregate und Riemenscheiben fest montiert sind, andernfalls Schrauben nachziehen.
- Keilrippenriemen auf die Riemenscheiben auflegen, dabei Riemenverlauf beachten, siehe Abbildungen am Ende des Kapitels. **Achtung:** Gebrauchten Keilrippenriemen immer so einbauen, dass der beim Ausbau angebrachte Pfeil in Drehrichtung des Motors zeigt. Ein Einbau entgegen der bisherigen Laufrichtung erhöht den Verschleiß.
- Spannvorrichtung etwas in Pfeilrichtung (Abbildung A13-0083) drücken, Absteckdorn herausziehen. Anschließend Spanner langsam loslassen, dabei auf richtige Lage der Keilriemenrippen auf den Riemenscheiben achten. Die Spannung stellt sich automatisch ein.
- **Dieselmotor:** Verbindungsrohr zwischen Ladeluftkühler und Turbolader einsetzen und mit Schlauchschellen befestigen. Obere Motorabdeckung einclipsen.
- Motor starten und Riemenlauf kontrollieren. Der Keilrippenriemen muss auf allen Riemenscheiben, die er umläuft, mit allen Rippen aufliegen.
- Untere Motorraumabdeckung einbauen, siehe entsprechendes Kapitel.

Riemenverlauf

Benzinmotor ab 74 kW/100 PS,
1,9-l-Dieselmotor ATD/AXR/ASZ 74/96 kW (100/130 PS)
***ohne* Klimaanlage**

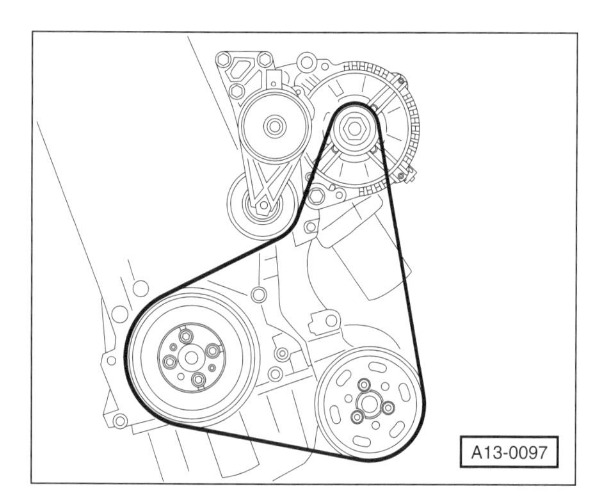

Benzinmotor ab 74 kW/100 PS,
1,9-l-Dieselmotor ATD/AXR/ASZ 74/96 kW (100/130 PS)
***mit* Klimaanlage**

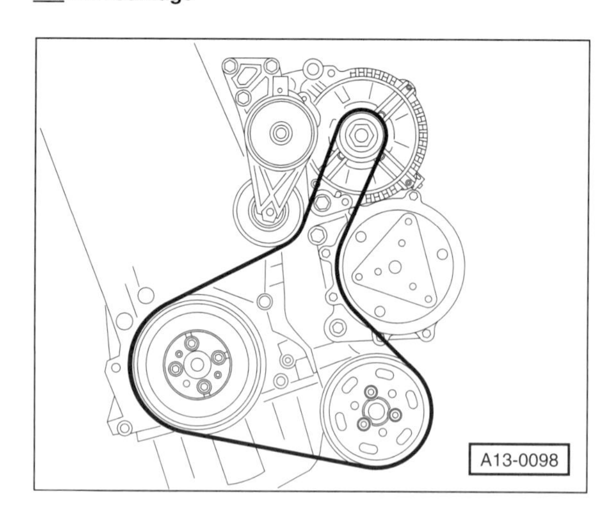

Hinweis: Der Doppelkeilrippenriemen besitzt auf beiden Seiten Rippen.

1,4-/1,6-l-Benzinmotor 55 kW/75 PS

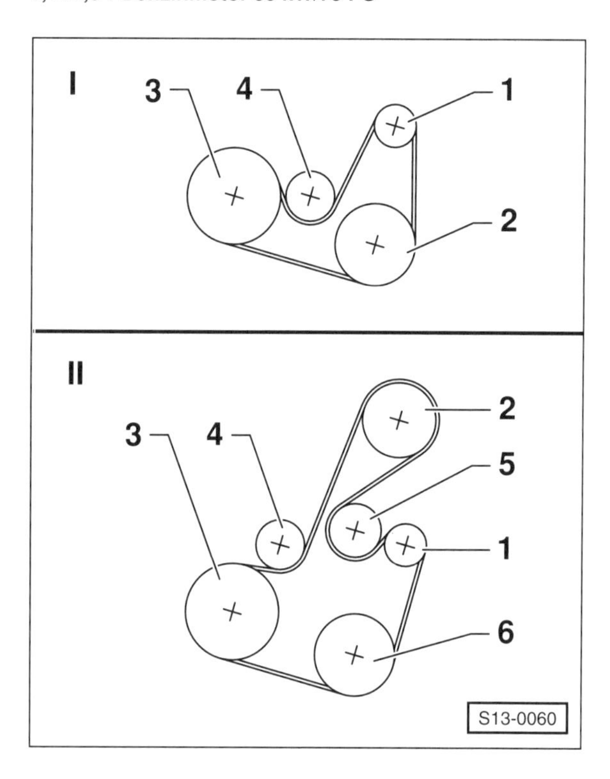

I = Riemenverlauf ohne Klimaanlage
II = Riemenverlauf mit Klimaanlage

1 – Drehstromgenerator
2 – Lenkhilfepumpe
3 – Kurbelwelle
4 – Spannrolle
5 – Umlenkrolle
6 – Klimakompressor

1,9-l-Dieselmotor 66/81 kW (90/110 PS) *ohne* Klimaanlage

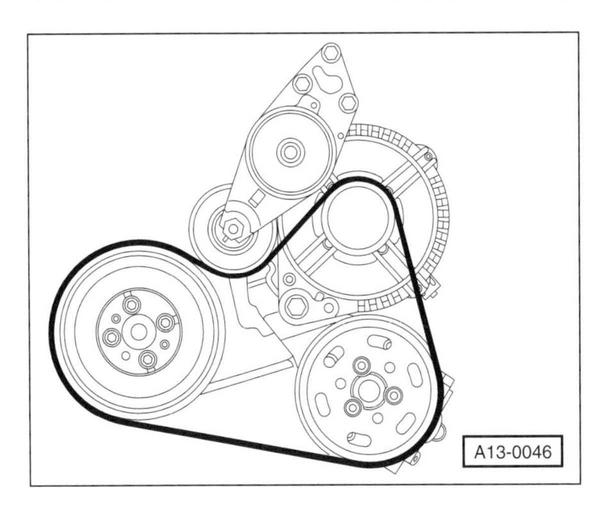

1,9-l-Dieselmotor 66/81 kW (90/110 PS) *mit* Klimaanlage

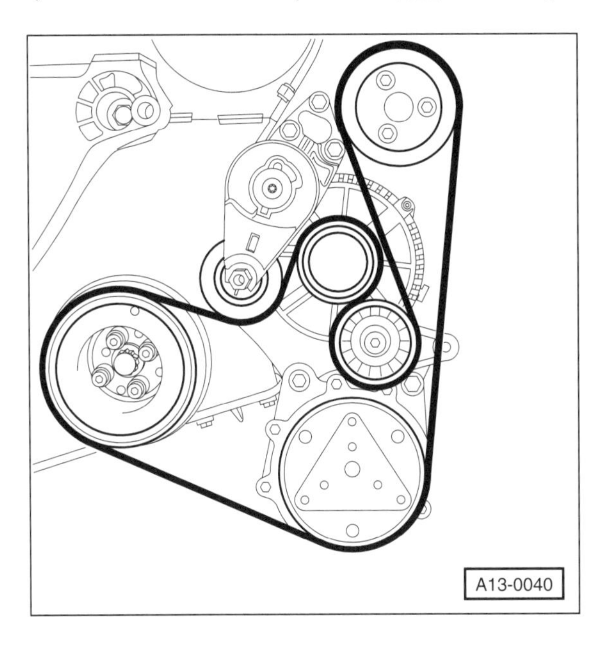

Störungsdiagnose Motor

Wenn der Motor nicht anspringt, Fehler systematisch einkreisen. Damit der Motor überhaupt anspringen kann, müssen beim Benzinmotor immer zwei Grundvoraussetzungen erfüllt sein: Das Kraftstoff-Luftgemisch muss bis in die Zylinder gelangen und der Zündfunke muss an den Zündkerzenelektroden überschlagen. Als Erstes ist deshalb immer zu prüfen, ob überhaupt Kraftstoff gefördert wird. Wie man dabei vorgeht, steht in den Kapiteln »Kraftstoffanlage« und »Motormanagement«.

Um festzustellen, ob ein Zündfunke vorhanden ist, Zündkerzen herausschrauben, in Zündkerzenstecker stecken und einzeln gegen Masse halten. Dabei Zündkerzenstecker oder Zündkabel **nicht** mit der Hand festhalten, sondern eine gut isolierte Zange nehmen. Von Helfer Anlasser betätigen lassen. **Achtung:** Um Schäden am Katalysator zu vermeiden, darf dabei kein Benzin eingespritzt werden. Daher Stecker von den Einspritzventilen abziehen.

Störung: Der Motor springt schlecht oder gar nicht an

Ursache		Abhilfe
Bedienungsfehler beim Starten	**Benzinmotor**	■ Handbremse anziehen, Kupplung treten. Bei Automatikgetriebe, Wählhebel in Stellung »P« oder »N« bringen. Zündschlüssel drehen und starten bis der Motor anspringt. Sobald der Motor anspringt, Zündschlüssel loslassen. Kein Gas geben. Grundsätzlich sofort losfahren, auch bei Frost. Springt der Motor nicht an, Startvorgang nach 10 Sekunden unterbrechen und nach etwa einer halben Minute wiederholen. **Achtung:** Mehrere vergebliche Startversuche hintereinander können den Katalysator schädigen, da unverbranntes Benzin in den Katalysator gelangt und dort schlagartig verbrennt. ■ **Nur bei heißem Motor** beim Starten etwas Gas geben.
	Dieselmotor	■ **Bei kaltem Motor und Außentemperatur unter +5° C:** Handbremse anziehen, Kupplung treten. Bei Automatikgetriebe, Wählhebel in Stellung »P« oder »N« bringen. Zündschlüssel auf Stellung 2 drehen und warten, bis die Vorglüh-Kontrolllampe erlischt. Sofort nach Verlöschen der Kontrolllampe Motor anlassen, kein Gas geben. Springt der Motor nicht an, nochmals vorglühen und Startvorgang wiederholen. **Achtung:** Solange vorgeglüht wird, dürfen keine größeren elektrischen Verbraucher (Licht, heizbare Heckscheibe) eingeschaltet sein, sonst wird die Batterie unnötig belastet. ■ **Bei kaltem Motor und Außentemperatur über +5° C sowie bei warmem Motor:** Es braucht nicht vorgeglüht zu werden, der Motor kann sofort angelassen werden. Kein Gas geben.
Wegfahrsperre sperrt den Motor. Der Motor springt normal an und geht kurz danach wieder aus. Dabei leuchtet das Symbol für Wegfahrsperre im Kombiinstrument kurz auf.		■ Zündung ausschalten. Zündschlüssel herausziehen, etwas warten und Zündschlüssel umgedreht ins Zündschloss stecken. Wieder etwas warten, dann Zündung einschalten. Wenn die Kontrollleuchte für Wegfahrsperre jetzt leuchtet (nicht blinkt) kann der Motor gestartet werden. Gegebenenfalls Ersatzschlüssel verwenden. Fehlerspeicher der Wegfahrsperre auslesen lassen.
Sicherung defekt für: – Elektrische Kraftstoffpumpe, – Elektronische Einspritzanlage, – Streifen-Sicherung für Vorglühanlage.		■ Sicherungen prüfen, siehe Kapitel »Elektrische Anlage«.
Kraftstoffanlage defekt, verschmutzt Leitung geknickt, verstopft.		■ Kraftstoff-Fördermenge überprüfen.
Anlasser dreht zu langsam.		■ Batterie laden. Anlasserstromkreis überprüfen.
Kompressionsdruck zu niedrig.		■ Gegebenenfalls Zylinderkopfdichtung erneuern.
Falsche Steuerzeiten.		■ Steuerzeiten überprüfen. Zahnriemenspannung kontrollieren.

Motor-Schmierung

Aus dem Inhalt:

- **Ölvorschriften**
- **Ölverbrauch**
- **Ölkreislauf im Motor**
- **Öldruckkontrolle**
- **Ölwannenausbau**
- **Ölpumpe/Ölfilter**

Für die Motor-Schmierung sind **Mehrbereichsöle** vorgeschrieben. Dadurch ist in unserer gemäßigten Klimazone ein jahreszeitbedingter Ölwechsel nicht erforderlich. Mehrbereichsöl basiert auf einem dünnflüssigen Einbereichsöl. Es wird durch Zusätze, so genannte »Viskositätsindexverbesserer«, im heißen Zustand stabilisiert. Somit ist sowohl für den heißen wie auch für den kalten Motor die richtige Schmierfähigkeit gegeben.

Die SAE-Bezeichnung gibt die Viskosität, also den inneren Reibwiderstand, des Motoröls an.

Beispiel: SAE 10W-40

10 – Viskositätswert des Öls in kaltem Zustand. Je kleiner die Zahl, desto dünnflüssiger ist das kalte Motoröl.

W – Das Motoröl ist wintertauglich.

40 – Viskosität des Öls in heißem Zustand. Je größer die Zahl, desto dickflüssiger ist das heiße Motoröl.

Es können auch **Leichtlauföle** (Hochleistungsöle) verwendet werden. Dabei handelt es sich um Mehrbereichsöle, denen unter anderem Reibwertverminderer zugesetzt wurden, wodurch sich die Reibung innerhalb des Motors vermindert. Für das Leichtlauföl wird als Grundöl ein Synthetiköl verwendet.

Anwendungsbereich/Viskositätsklassen

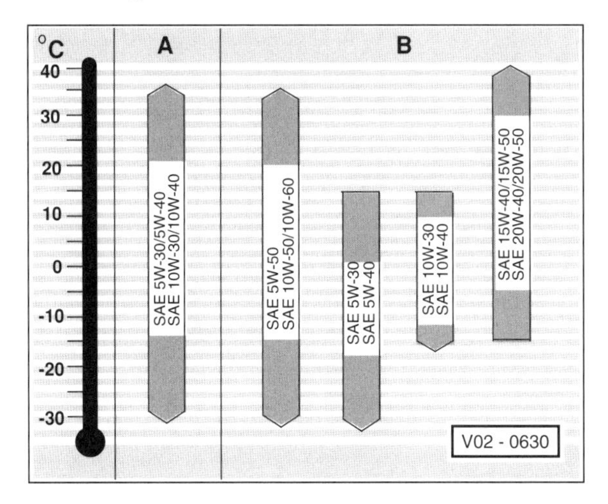

Die Grafik stellt die Motoröl-Viskosität in Abhängigkeit von der Außentemperatur für Benzin- und Dieselmotoren dar. Da sich die Einsatzbereiche benachbarter SAE-Klassen überschneiden, können kurzfristige Temperaturschwankungen unberücksichtigt bleiben. Es ist zulässig, Öle verschiedener Viskositätsklassen miteinander zu mischen, wenn einmal Öl nachgefüllt werden muss und die Außentemperatur nicht mehr der Viskositätsklasse des im Motor befindlichen Öles entspricht.

Achtung: Bei Verwendung von Mehrbereichsöl SAE 5W-30 müssen anhaltend hohe Motordrehzahlen und ständige starke Belastung vermieden werden. Diese Einschränkung gilt nicht für Mehrbereichs-Leichtlauföle.

Zusatzschmiermittel – gleich welcher Art – sollen weder dem Kraftstoff noch den Schmierölen beigemischt werden.

Spezifikation des Motoröls

Die Qualität eines Motoröls wird durch Normen der Automobil- sowie der Ölhersteller gekennzeichnet.

Die Klassifikation der Motoröle amerikanischer Ölhersteller erfolgt nach dem **API**-System (API: American Petroleum Institut): Die Kennzeichnung erfolgt durch jeweils zwei Buchstaben. Der erste Buchstabe gibt den Anwendungsbereich an: **S** = Service, für **Ottomotoren** geeignet; **C** = Commercial, für **Dieselmotoren** geeignet. Der zweite Buchstabe gibt die Qualität in alphabetischer Reihenfolge an. Von höchster Qualität sind Öle der API-Spezifikation **SL** für Ottomotoren und **CF** für Dieselmotoren.

Europäische Ölhersteller klassifizieren ihre Öle nach der »ACEA«-Spezifikation (Association des Constructeurs Européens de l'Automobile), die vor allem die europäische Motorentechnologie berücksichtigt. Öle für PKW-Benzinmotoren haben die ACEA-Qualitätsklassen A1-96 bis A3-96; Dieselmotoröle von B1-96 bis B3-96, wobei A3 beziehungsweise B3 die höchsten Qualitätsstufen markieren. B4 ist speziell auf Diesel-Direkteinspritzer abgestimmt. **»96«** steht für den Beginn der Gültigkeit der ACEA-Klassifikation im Jahr 1996. Motoröle mit höheren Jahreszahlangaben können ebenfalls verwendet werden.

Achtung: Motoröle, die vom Hersteller ausdrücklich als Öle für Diesel-Motoren bezeichnet werden, sind für Ottomotoren nicht geeignet. Bei Motorölen für Benzin- und Diesel-Motoren sind beide Spezifikationen (Beispiel: ACEA A3-96/B3-96 oder API SH/CF) auf der Öldose angegeben.

Das richtige Motoröl für den SKODA OCTAVIA:

Da der Automobil-Hersteller SKODA zur Volkswagen-Gruppe gehört, sind für den OCTAVIA Motoröle der VW-Spezifikation vorgeschrieben. VW hat **eigene Ölnormen** festgelegt. Grundsätzlich sollen nur Öle verwendet werden, die diese Normen erfüllen. Die VW-Norm steht dann auf der Öldose.

Fahrzeuge	VW-Norm für	
	Benziner	**Turbodiesel**
bis einschließlich Modelljahr 2000 (Herstellungs-Kennung **Y**)	501 01[1] 500 00[2] 502 00[2]	505 00 **und** 505 01[1] 505 00 **und** 500 00[2]
mit **Pumpe-Düse-Motor** 1,9 l/100 PS (ATD) bis Modelljahr 2001	–	505 01[1]
ab Modelljahr 2001 (Herstellungs-Kennung **1**) **mit Longlife-Service**	503 00 504 00	506 00
mit **Pumpe-Düse-Motor** 1,9 l ATD und ASZ ab Modelljahr 2002 **mit Longlife-Service**	–	506 01 507 00

[1]) Mehrbereichsöl, [2]) Leichtlauföl.

Hinweis: Hinter den VW-Normen muss ein Datum nicht älter als 01/97 stehen.

Steht ausnahmsweise kein Motoröl der VW-Norm zur Verfügung, kann vorübergehend auch **einmal** ein Motoröl der Spezifikation ACEA A2/A3-96 (Benzinmotoren) oder ACEA B3-96 (Dieselmotoren, außer Pumpe-Düse-Motor ATD) zum Nachfüllen verwendet werden.

Achtung: Fahrzeuge ab Modelljahr 2001 (1,9 l/100 PS ab Modelljahr 2002) werden nach dem **Longlife-Service-System** gewartet. Dafür sind spezielle Longlife-Motoröle erforderlich. Motoröle nach Spezifikation 503 00, 506 00 und 506 01 sind **nur für Motoren mit Longlife-Service geeignet**. Sie dürfen bei älteren Fahrzeugen **nicht** verwendet werden, sonst können schwerwiegende Motorschäden auftreten.

Hinweise für Fahrzeuge mit Longlife-Service:

- Wird anstelle des Longlife-Motoröls ein Motoröl für Fahrzeuge bis Modelljahr 2000 (1,9 l/100 PS bis Modelljahr 2001) verwendet, dann muss die Service-Intervallanzeige auf »nicht flexibel« umgestellt werden, siehe Seite 15.
- Steht zum **Nachfüllen** kein Longlife-Öl zur Verfügung, darf bis zu 0,5 Liter Motoröl der VW-Norm 502 00 (Benziner) oder 505 00 (Diesel) beziehungsweise 505 01 (Pumpe-Düse-Motor ATD/ASZ) nachgefüllt werden. Die Service-Intervalle ändern sich in diesem Fall nicht.

Dynamische Öldruckkontrolle

Blinkt während der Fahrt die Öl-Warnleuchte und ertönt ein Warnton, so kann das folgende Ursachen haben:

1. Ölstand zu niedrig
2. Störung in der Elektrik von Schalter und Warnleuchte
3. Ölpumpe fördert nicht
4. Lager der Kurbelwelle defekt

Zunächst also sofort den Motor abstellen und den Ölstand am Ölmessstab kontrollieren, gegebenenfalls Öl nachfüllen. Anschließend Motor starten und im Leerlauf drehen lassen, die Warnleuchte darf nun nicht mehr blinken. Drehzahl auf über 1500/min erhöhen, die Leuchte darf nicht blinken und der Summer darf nicht ertönen. Ist dies der Fall, kann die Fahrt fortgesetzt werden.

Ist der Ölstand jedoch in Ordnung und besteht vor Ort keine weitere Prüfmöglichkeit, keinesfalls weiterfahren, sondern Fahrzeug abschleppen lassen und Öldruck prüfen.

Bei ausreichendem Öldruck den Öldruckschalter und die elektrische Zuleitung prüfen. In der Fachwerkstatt kann zusätzlich das Steuergerät im Kombiinstrument geprüft werden.

Der Ölkreislauf

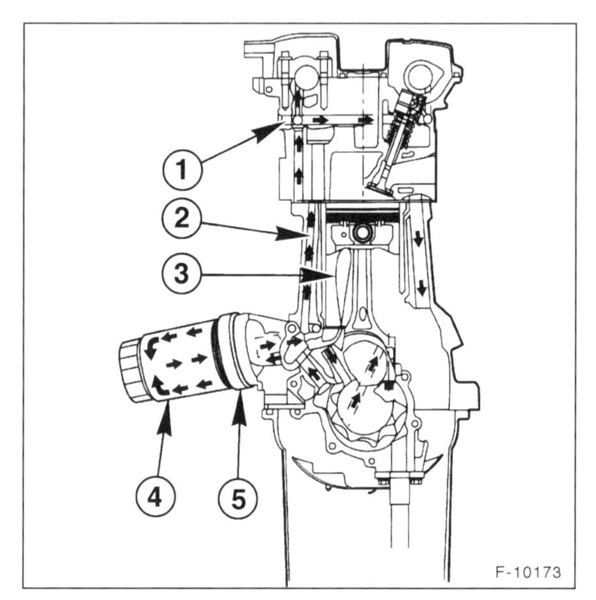

1 – Ölkanal Zylinderkopf
2 – Hauptölkanal
3 – Spritzöl für Kolbenkühlung
4 – Hauptstrom-Ölfilter
5 – Ölkühler

Die Motoren sind mit einer Druckumlaufschmierung ausgestattet. Die Ölpumpe saugt über ein Ölsieb das Motoröl aus der Ölwanne an und drückt es durch den Ölfilter. An der Druckseite der Ölpumpe befindet sich ein Überdruckventil (Druckregelventil). Bei zu hohem Öldruck öffnet das Ventil, und ein Teil des Öls kann in die Ölwanne zurückfließen.

Durch die Mittelachse der Filterpatrone gelangt das gefilterte Öl direkt in den Hauptölkanal. Dort sitzt auch der Öldruckschalter, der über die Öldruck-Kontrolllampe im Kombiinstrument dem Fahrer einen zu niedrigen Öldruck anzeigt. Bei einem verstopften Ölfilter leitet ein Kurzschlussventil das Öl direkt und ungefiltert in den Hauptölkanal.

Vom Hauptölkanal zweigen Kanäle ab zur Schmierung der Kurbelwellenlager. Durch schräge Bohrungen in der Kurbelwelle wird das Öl an die Pleuellager geleitet. Gleichzeitig gelangt das Motoröl über Steigleitungen in den Zylinderkopf und versorgt dort die Nockenwellenlager und die Hydrostößel. Je nach Motorisierung wird das Öl durch einen Wärmetauscher (Ölkühler) am Ölfilterflansch gekühlt, der am Kühlmittelkreislauf angeschlossen ist.

Ölverbrauch

Bei einem Verbrennungsmotor versteht man unter dem Ölverbrauch diejenige Ölmenge, die als Folge des Verbrennungsvorganges verbraucht wird. Auf keinen Fall ist Ölverbrauch mit Ölverlust gleichzusetzen, wie er durch Undichtigkeiten an Ölwanne, Zylinderkopfdeckel usw. auftritt.

Normaler Ölverbrauch entsteht durch Verbrennung jeweils kleiner Mengen im Zylinder; durch Abführen von Verbrennungsrückständen und Abrieb-Partikeln. Zudem verschleißt das Öl durch hohe Temperaturen und hohe Drücke, denen es im Motor fortwährend ausgesetzt ist. Auch äußere Betriebsverhältnisse, wie Fahrweise sowie Fertigungstoleranzen haben einen Einfluss auf den Ölverbrauch. Der Ölverbrauch eines eingefahrenen Motors darf höchstens 1,0 l/1000 km betragen.

Achtung: Auf keinen Fall Öl über die »Maximal«-Markierung einfüllen. Wurde zu viel Öl eingefüllt, muss das überschüssige Öl abgelassen werden. Sonst kann der Katalysator beschädigt werden, da unverbranntes Öl in die Abgasanlage gelangt.

Öldruck und Öldruckschalter prüfen

Zur Prüfung ist ein geeignetes Manometer mit Einschraubmöglichkeit für den Öldruckschalter erforderlich. Der Öldruckschalter befindet sich am Ölfilterhalter.

- Ölstand kontrollieren, gegebenenfalls korrigieren.
- Motor warm fahren, die Öltemperatur soll ca. +80° C betragen. Diese Öltemperatur wird erreicht, wenn die Kühlmittel-Temperaturanzeige normale Betriebstemperatur anzeigt.

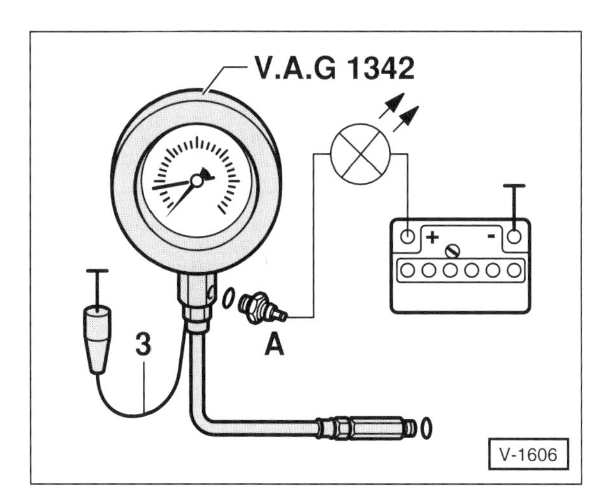

- Leitung vom Öldruckschalter abziehen.
- Öldruckschalter –A– am Ölfilterhalter abschrauben und in das Manometer einschrauben.
- Manometer in das Gewinde des Öldruckschalters am Ölfilterhalter einschrauben.

Öldruckschalter prüfen

- Braune Leitung –3– des Prüfgerätes an Masse (–) legen. Die SKODA-Werkstatt verwendet das VW-Prüfgerät V.A.G 1342.
- Diodenprüflampe mit Hilfsleitungen an Batterie-Pluspol (+) und Öldruckschalter –A– anschließen. Die Leuchtdiode darf noch nicht leuchten.
- Motor anlassen und Drehzahl langsam erhöhen. Bei dem für den jeweiligen Motor angegebenen Überdruck muss die Leuchtdiode aufleuchten, andernfalls Öldruckschalter ersetzen.

Benzinmotor, außer 1,4/1,6 l (75 PS) . . . . . . **1,2 - 1,6 bar**
1,4-/1,6-l-Benzinmotor (75 PS) . . . . **0,3 - 0,7 bar**
Turbodiesel, außer 1,9 l (100 PS) . . . . . . **0,75 - 1,05 bar**
1,9-l-Turbodiesel Pumpe/Düse (100 PS). . . **0,55 - 0,85 bar**

Öldruck prüfen

- Sicherstellen, dass die Öltemperatur mindestens +80° C beträgt.
- Der Motoröldruck muss den in der Tabelle angegebenen Werten entsprechen. Auf richtige Zuordnung achten.

Motor	Drehzahl	Öldruck in bar	Drehzahl 1/min	Öldruck in bar
Benziner:				
1,4 l/ 75 PS	–	–	2.000	≥ 2,0
1,6 l/ 75 PS	Leerlauf	≥ 1,0	2.000	2,0 - 5,0
1,6 l/100 PS	Leerlauf	≥ 2,0	2.000	3,0 - 4,5
1,6 l/102 PS	Leerlauf	≥ 2,0	2.000	2,7 - 4,5
1,8 l/125 PS	Leerlauf	≥ 2,0	3.000	3,0 - 4,5
1,8 l/150 PS 1,8 l/180 PS	Leerlauf	≥ 1,3	3.000	3,5 - 4,5
2,0 l/115 PS	Leerlauf	≥ 2,0	2.000	3,0 - 4,5
Diesel:				
1,9 l/ 90 PS 1,9 l/110 PS	Leerlauf	≥ 1,0	2.000	≥ 2,0
1,9 l/100 PS	–	–	2.000	≥ 2,0

- Geringerer Öldruck weist auf ein defektes Öldruckregelventil, eine defekte Ölpumpe oder auf verschlissene Kurbelwellenlager hin, siehe Kapitel »Störungsdiagnose Ölkreislauf«.

- Bei höherer Drehzahl darf der Öldruck 7,0 bar (1,6-l-Benzinmotor, 100 PS: 12 bar) nicht überschreiten. Sonst Öldruckregelventil erneuern lassen.
- Öldruckschalter einsetzen und mit **25 Nm** festziehen. Bei Undichtigkeit Dichtring mit Seitenschneider aufkneifen und ersetzen.
- Leitung am Öldruckschalter aufschieben.

Ölwanne/Ölpumpe

Abgebildet ist der 1,6-Benzinmotor mit 100 PS. Bei den anderen Benzinmotoren sind die Bauteile ähnlich angeordnet.

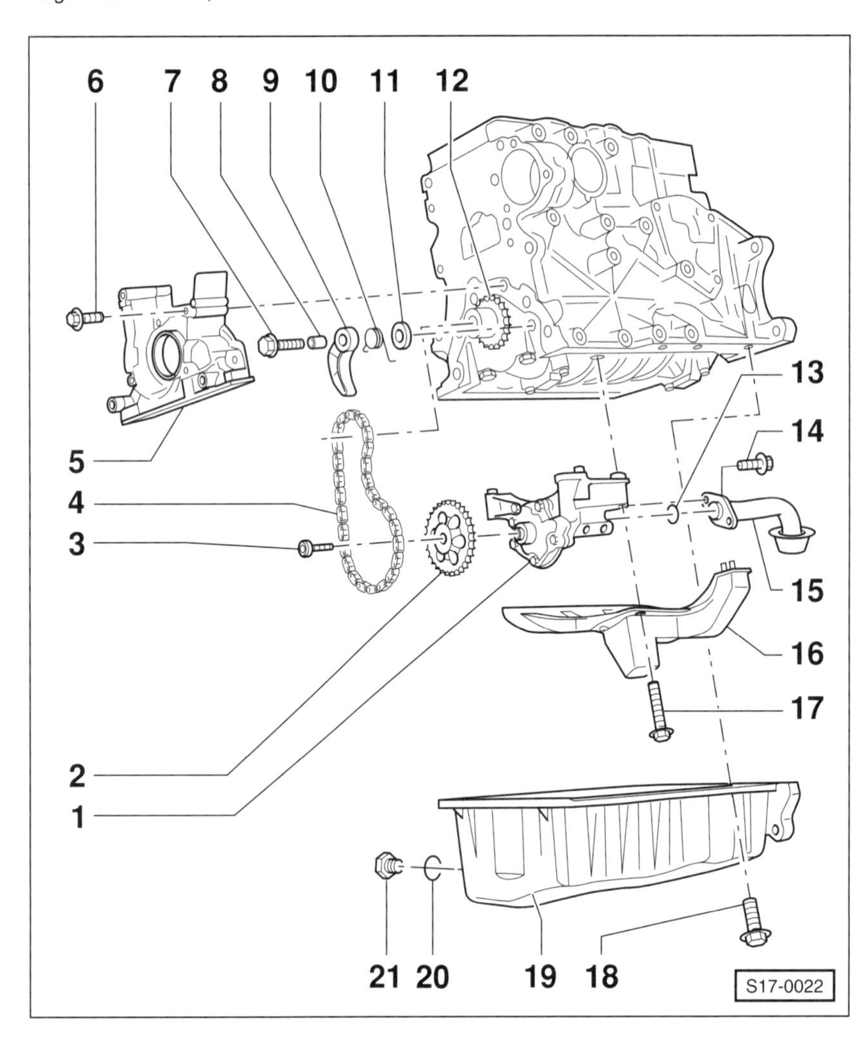

1 – Ölpumpe
Duocentric-Pumpe mit 12-bar-Überdruckventil. Einbau erfolgt mit Passhülsen. Ölpumpendeckel auf Ölpumpengehäuse mit 10 Nm anschrauben.

2 – Kettenrad für Ölpumpe
Einbau nur in einer Stellung möglich.

3 – Schraube, 20 Nm

4 – Kette für Ölpumpe

5 – Dichtflansch
Mit Silikon-Dichtmittel D 176 404 A2 einsetzen.

6 – Schrauben, 15 Nm

7 – Bundschraube, 25 Nm

8 – Büchse

9 – Kettenspanner
Im Verbund mit Pos. 7, 8, 10, 11.

10 – Feder

11 – Scheibe

12 – Kettenrad

13 – O-Ring
Immer ersetzen.

14 – Schraube, 15 Nm

15 – Saugleitung
Sieb bei Verschmutzung ersetzen.

16 – Schwallsperre

17 – Schraube, 15 Nm

18 – Schraube, 15 Nm
Mit Gelenkschlüssel und Steckeinsatz lösen und anziehen.

19 – Ölwanne
Mit Silikon-Dichtmittel D 176 404 A2 einsetzen.

20 – Dichtring
Immer ersetzen.

21 – Ölablassschraube, 30 Nm

Ölwanne aus- und einbauen

1,8-l-Benzinmotor, 125 PS/150 PS

Der Aus- und Einbau der Ölwanne erfolgt bei allen Motoren prinzipiell auf die gleiche Weise. Spezielle Hinweise stehen am Ende des Kapitels.

Ausbau

Sicherheitshinweis
Beim Aufbocken des Fahrzeugs besteht Unfallgefahr! Deshalb vorher das Kapitel »Fahrzeug aufbocken« durchlesen.

- Fahrzeug aufbocken.
- Untere Motorraumabdeckung ausbauen, siehe Seite 166.
- Motoröl ablassen, siehe Seite 18.
- Ölablassschraube hineindrehen und mit **40 Nm** anziehen. Weitere Anzugsmomente für die Ölablassschraube stehen am Kapitelende.

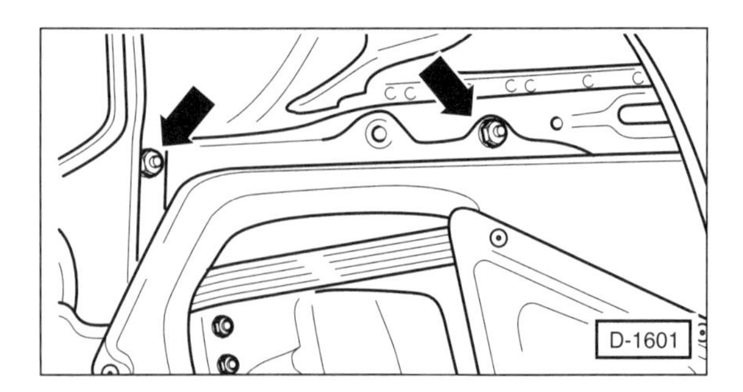

- Ölwannenschrauben –Pfeile– mit Gelenkschlüssel und Steckschlüsseleinsatz herausdrehen. Siehe auch Abbildung S17-0022, Position –18–.
- Ölwanne gegebenenfalls durch leichte Schläge mit einem Gummihammer lösen und abnehmen.

Einbau

- Dichtmittelreste von der Dichtfläche am Motorblock mit einem Flachschaber entfernen.

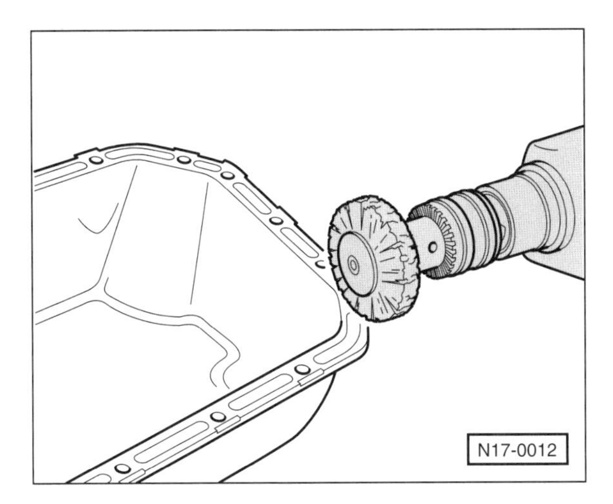

- Dichtmittelreste an der Ölwanne mit einer rotierenden Bürste entfernen, zum Beispiel mit einer Handbohrmaschine und einem Kunststoffbürsten-Einsatz.

Sicherheitshinweis
Bei diesem Vorgang eine Schutzbrille tragen, Verletzungsgefahr durch herausgeschleuderte Dichtmittelreste.

- Dichtflächen reinigen, sie müssen öl- und fettfrei sein.

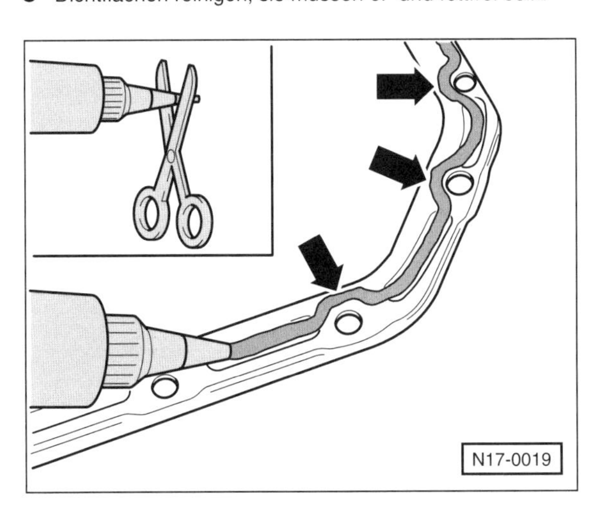

- Haltbarkeitsdatum des Silikon-Dichtmittels D 176 404 A2 überprüfen. Tubendüse so abschneiden, dass die Öffnung etwa 3 mm Durchmesser hat.

Achtung: Die Ölwanne muss nach dem Auftragen des Silikon-Dichtmittels **innerhalb von 5 Minuten** eingebaut werden. Nach der Montage der Ölwanne muss das Dichtmittel mindestens 30 Minuten trocknen. Erst danach darf Motoröl eingefüllt werden.

- Silikon-Dichtmittel auf die saubere Dichtfläche der Ölwanne auftragen. Die Dichtmittelraupe muss 2 – 3 mm dick sein und im Bereich der Schraubenbohrungen an der Innenseite vorbeilaufen, siehe Abbildung.

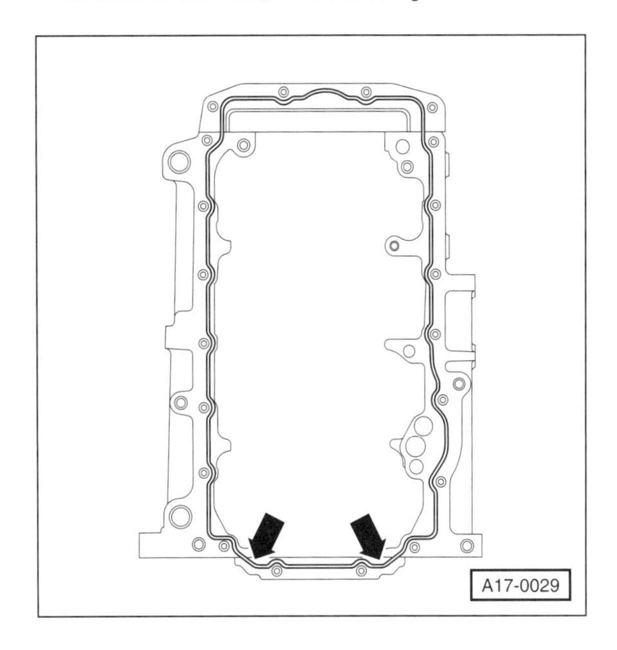

- Die Abbildung zeigt die Lage der Dichtmittelraupe am Motorblock. Am Übergang zum hinteren Flansch –Pfeile– muss das Dichtmittel besonders sorgfältig in einem Strang aufgetragen werden.

Hinweis: Die Dichtmittelraupe darf nicht zu dick sein, sonst gelangt überschüssiges Dichtmittel in den Ölkreislauf und verstopft das Sieb in der Ansaugleitung der Ölpumpe.

- Ölwanne sofort ansetzen und gleichmäßig ganz leicht mit etwa 5 Nm am Motorblock anschrauben.
- 3 Verbindungsschrauben Motor/Getriebe im Ölwannenbereich mit **45 Nm** (1,6 l/102 PS: **25 Nm**) festziehen.

Hinweis: Beim Einbau der Ölwanne am **ausgebauten** Motor Ölwanne so ausrichten, dass sie an der Getriebeseite bündig mit dem Motorblock abschließt.

- Ölwannenschrauben über Kreuz mit 10 Nm anziehen, dann alle Schrauben im zweiten Durchgang mit **15 Nm** festziehen.
- Motoröl auffüllen, siehe Seite 18.
- Untere Motorraumabdeckung einbauen, siehe Seite 166.

Hinweise für die anderen Motoren

- Anzugsmomente für Ölablassschraube:

1,6-l-Benziner (75 PS):	**20 Nm**
1,8-l-Benziner (125/150 PS):	**40 Nm**
Alle anderen Motoren:	**30 Nm**

- **1,8-l/150-PS-Benzinmotor:** Beim Ausbau der Ölwanne zusätzlich den Stecker vom Geber für Ölstand/Öltemperatur abziehen. Außerdem die Ölrücklaufleitung zum Turbolader abschrauben. Beim Einbau Ölrücklaufleitung mit 10 Nm anschrauben, dabei stets die Dichtung ersetzen.

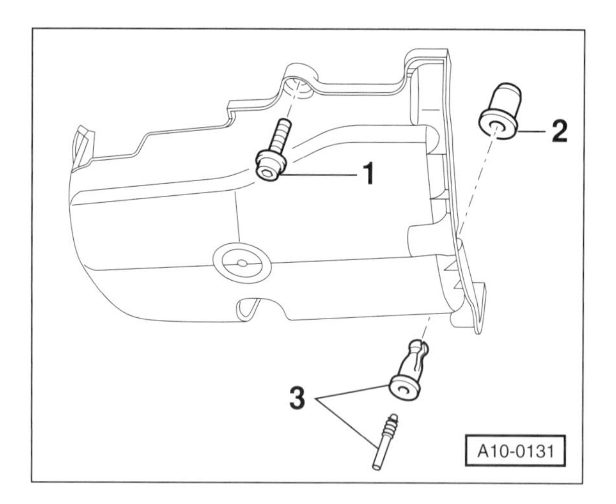

- **Dieselmotor (außer 1,9 l-/100-PS-Motor):** Geräuschabdeckung für Ölwanne abbauen. Dazu Schraube –1– abschrauben. Stift der Spreizniete –3– mit Draht eindrücken, Spreizniete herausziehen.

Hinweis: Die Gummibüchse –2– bleibt im Motorblock.

- Beim Einbau Spreizniete –3– in die Gummibüchse –2– eindrücken. und Schrauben –1– mit 20 Nm anziehen.

Störungsdiagnose Ölkreislauf

Störung	Ursache	Abhilfe
Kontrollleuchte leuchtet nicht nach Einschalten der Zündung.	Öldruckschalter defekt.	■ Zündung einschalten, Leitung vom Öldruckschalter abziehen und gegen Masse halten. Wenn die Kontrolllampe leuchtet, Schalter ersetzen.
	Strom zum Schalter unterbrochen, Kontakte korrodiert.	■ Elektrische Leitung und Anschlüsse prüfen.
	Kontrolllampe defekt.	■ Kontrolllampe ersetzen.
Kontrolllicht erlischt nicht nach Anspringen des Motors.	Öl sehr warm.	■ Unbedenklich, wenn Kontrolllicht beim Gasgeben erlischt.
Kontrolllicht erlischt nicht beim Gas geben bzw. leuchtet während der Fahrt.	Öldruck zu gering.	■ Ölstand prüfen, ggf. auffüllen; Öldruck nach Vorschrift prüfen.
	Elektrische Leitung zum Öldruckschalter hat Kurzschluss gegenüber Masse.	■ Kabel am Schalter abziehen und isoliert ablegen (nicht gegen Masse legen), Zündung einschalten. Wenn die Kontrolllampe aufleuchtet, Leitung überprüfen.
	Öldruckschalter defekt.	■ Schalter auswechseln.
Zu niedriger Öldruck im gesamten Drehzahlbereich.	Zu wenig Öl im Motor.	■ Motoröl nachfüllen.
	Ansaugsieb in der Saugglocke verschmutzt, Saugrohr gebrochen.	■ Ölwanne ausbauen, Ansaugsieb reinigen, ggf. Saugrohr ersetzen.
	Ölpumpe defekt.	■ Ölpumpe ausbauen und prüfen, gegebenenfalls ersetzen.
	Lagerschaden.	■ Motor demontieren.
Zu niedriger Öldruck im unteren Drehzahlbereich.	Öldruckregelventil klemmt im offenen Zustand durch Verschmutzung.	■ Öldruckregelventil (am Ölfilterflansch) ausbauen und prüfen.
Zu hoher Öldruck bei Drehzahlen über 2.000/min.	Öldruckregelventil öffnet nicht wegen Verschmutzung.	■ Öldruckregelventil ausbauen und prüfen lassen.

Motor-Kühlung

Aus dem Inhalt:

- **Kühlmittelkreislauf**
- **Frostschutz mischen**
- **Kühlmittel wechseln**
- **Kühler/Kühlerlüfter**
- **Kühlmittelpumpe**
- **Kühlsystem prüfen**

Kühlmittelkreislauf

Solange der Motor kalt ist, zirkuliert das Kühlmittel nur im Zylinderkopf sowie im Motorblock und im Wärmetauscher der Innenraumheizung. Mit zunehmender Erwärmung öffnet der Thermostat den großen Kühlmittelkreislauf. Das Kühlmittel wird dann von der Kühlmittelpumpe über den Kühler geleitet. Die Kühlflüssigkeit durchströmt den Kühler von oben nach unten und wird dabei durch die an den Kühlrippen vorbei streichende Luft gekühlt.

Zur Verstärkung der Kühlluft ist ein temperaturgesteuerter Kühlerlüfter eingebaut, der über einen Thermoschalter angesteuert wird. Durch den nicht ständig mitlaufenden Lüfter und die thermostatische Regelung des Kühlmittelstroms wird die Betriebstemperatur schnell erreicht und der Kraftstoffverbrauch reduziert.

Sicherheitshinweis
Der Elektrolüfter kann sich auch bei ausgeschalteter Zündung einschalten. Durch Stauwärme im Motorraum ist auch **mehrmaliges Einschalten möglich.** Abhilfe: **Stecker für Kühlerlüfter abziehen.**

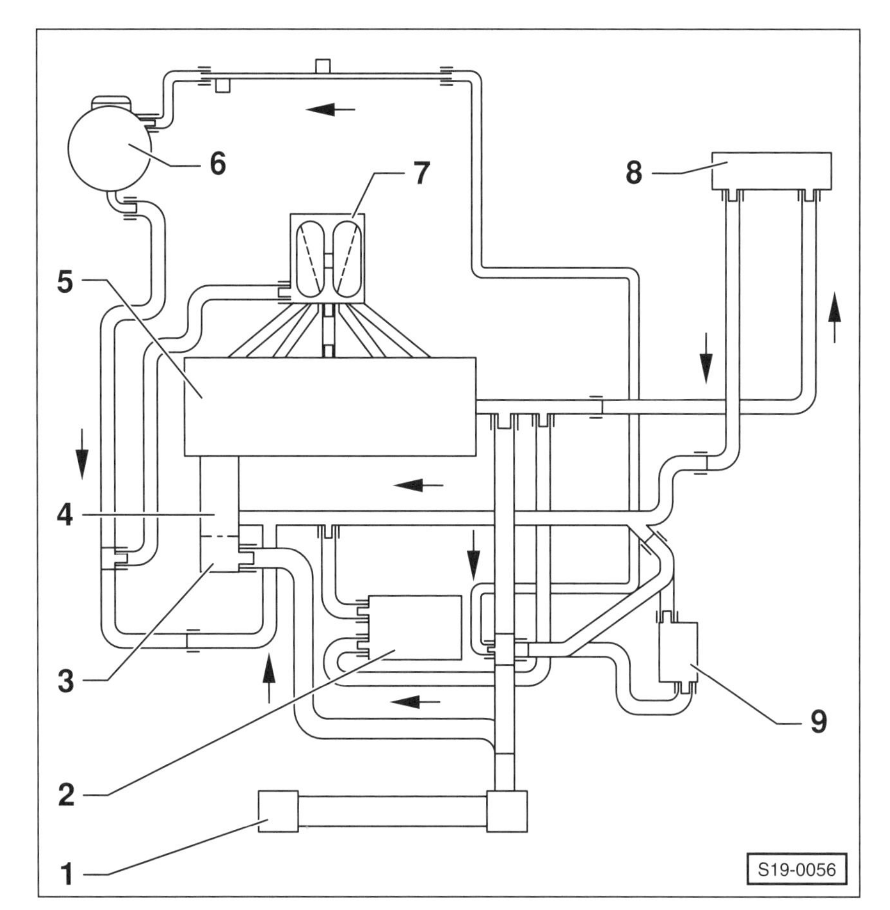

Kühlmittelkreislauf 1,8-l-Turbomotor (150 PS)

Hinweis: Der Kühlmittelkreislauf der anderen Motoren ist weitgehend gleich aufgebaut. Unterschiede: Beim Dieselmotor kann ein Zusatzheizer integriert sein, der das Kühlmittel erwärmt. Beim 125-PS-Motor wird der Drosselklappenstutzen (Ansaugrohr) vom Kühlmittel beheizt.

1 – Kühler
2 – Ölkühler
3 – Thermostat
4 – Kühlmittelpumpe
5 – Motorblock/Zylinderkopf
6 – Ausgleichbehälter
7 – Abgasturbolader
8 – Heizungs-Wärmetauscher
9 – ATF-Kühler
Nur bei Automatikgetriebe.

Kühler- Frostschutzmittel

Die Kühlanlage wird ganzjährig mit einer Mischung aus Wasser und Kühlkonzentrat befüllt. Das Kühlkonzentrat verhindert Frost- und Korrosionsschäden sowie Kalkansatz und hebt außerdem die Siedetemperatur des Kühlmittels an. Zusätzlich wird die Siedetemperatur durch den bei Erwärmung des Kühlmittels entstehenden Überdruck weiter erhöht. Erforderlich ist der höhere Siedepunkt der Kühlflüssigkeit für ein einwandfreies Funktionieren der Motor-Kühlung. Bei zu niedrigem Siedepunkt der Flüssigkeit kann es zu einem Hitzestau kommen, wodurch der Kühlkreislauf behindert und die Kühlung des Motors vermindert wird. Um den Überdruck im Kühlsystem zu begrenzen befindet sich im Verschlussdeckel am Ausgleichbehälter ein Überdruckventil, das bei 1,2 - 1,5 bar öffnet und den Druck entweichen läßt.

Beim Nachfüllen beziehungsweise Wechseln des Kühlmittels unbedingt darauf achten, dass ein vom VW-Konzern freigegebenes Kühlkonzentrat verwendet wird. Solche Kühler-Frostschutzmittel sind an dem Hinweis »gemäß TL VW 774 C«, »-D« oder »-F« erkennbar.

Bei älteren Fahrzeugen kann das Kühler-Frostschutzmittel »G11« (TL VW 774 **C**) eingefüllt sein. Dieses Kühlkonzentrat **G11** ist an der **blaugrünen Farbe** erkennbar. Zum Nachfüllen darf nur das Kühlkonzentrat G11 verwendet werden.

Bei Fahrzeugen mit **rotem** Kühlmittel, zum Nachfüllen das **rote** Kühlkonzentrat »G12« (TL VW 774 **D**) oder das **violette** Kühlkonzentrat »G12-Plus« (TL VW 774 **F**) verwenden.

Ab 10/02 wird serienmäßig das **violette** Kühlkonzentrat »**G12-Plus**« (TL VW 774 **F**) eingefüllt.

Achtung: Die Kühlmittelzusätze **G11 (blaugrün)** und **G12 (rot)** dürfen **nicht vermischt** werden, sonst kommt es zu **schwer wiegenden Motorschäden.** Braunes Kühlmittel (G11 und G12 vermischt) sofort wechseln.

Hinweis: Motoren mit G11-Füllung können auf »G12/G12 Plus« umgestellt werden. Dazu Kühlsystem vollständig entleeren und mit reinem Wasser auffüllen. Motor 2 Minuten laufen lassen und dadurch Kühlsystem durchspülen. Wasser ablassen und anschließend mit Druckluft in den Ausgleichbehälter blasen, damit das Kühlsystem vollständig entleert wird. Ablassöffnung schließen und neue Wasser/G12-Mischung einfüllen.

Achtung: Zum Nachfüllen – auch in der warmen Jahreszeit – nur eine Mischung aus dem richtigen Kühlkonzentrat und kalkarmem, sauberem Wasser verwenden. Auch im Sommer darf der Kühlerfrostschutzanteil nicht unter 40 % liegen. Daher beim Nachfüllen stets den Frostschutzanteil ergänzen.

Kühlmittelzusätze:

VW/SKODA-Norm	Kühlmittelkonzentrat
TL VW 774 C	BASF-Glysantin s Protect Plus
TL VW 774 D	BASF-Glysantin G30-72
	ELF-XT-4030
	TEXACO-Coolant ETX 6280
	HENKEL Frostox SF-D 12
TL VW 774 F	BASF-Glysantin G30-72
	ARTECO Havoline XLC+B(VL 02)
	HENKEL Frostox SF-D 12 Plus

Kühlmittel-Mischungsverhältnis:

Frostschutz bis					
– 25° C		– 35° C		– 40° C	
G12	Wasser	G12	Wasser	G12	Wasser
40 %	60 %	50 %	50 %	60 %	40 %

Die Kühlmittel-Füllmenge beträgt ca. 6 Liter. Je nach Ausstattung kann die Füllmenge etwas abweichen. Der Frostschutz sollte in unseren Breiten bis ca. –25° C reichen. Der Anteil des Frostschutzmittels darf 60 % (Frostschutz dann bis –40° C) nicht überschreiten, sonst verringern sich Frostschutz- und Kühlwirkung wieder. Die Werte in der Tabelle gelten auch für die Kühlkonzentrate »G11« und »G12 Plus«.

Kühlmittel wechseln

Das Kühlmittel (mit dem Konzentrat G12) muss nur nach Reparaturen am Kühlsystem erneuert werden, wenn dabei das Kühlmittel abgelassen wurde. Ein Wechsel im Rahmen der Wartung ist nur für Fahrzeuge mit G11-Füllung vorgesehen. Falls bei Reparaturen der Zylinderkopf, die Zylinderkopfdichtung, der Kühler, der Wärmetauscher oder der Motor ersetzt wurden, muss die Kühlflüssigkeit auf jeden Fall ersetzt werden. Das ist erforderlich, weil sich die Korrosionsschutzanteile in der Einlaufphase an den neuen Leichtmetallteilen absetzen und somit eine dauerhafte Korrosionsschutzschicht bilden. Bei gebrauchter Kühlflüssigkeit ist der Korrosionsschutzanteil in der Regel nicht mehr groß genug, um eine ausreichende Schutzschicht an den neuen Teilen zu bilden. Beim Erneuern der Kühlflüssigkeit empfiehlt es sich, das **violette** Kühlkonzentrat »**G12 Plus**« zu verwenden.

Achtung: Bei Arbeiten am Kühlsystem unbedingt darauf achten, daß **kein Kühlmittel auf den Zahnriemen** gelangt. Der Glykolanteil des Kühlmittels kann das Gewebe des Zahnriemens so schädigen, daß der Riemen nach einiger Betriebszeit reißt, wodurch schwerwiegende Motorschäden auftreten können.

Hinweis: Kühlmittel ist leicht giftig. Gemeinde- und Stadtverwaltungen informieren darüber, wie das alte Kühlmittel entsorgt werden soll.

Ablassen

Sicherheitshinweis
Beim Aufbocken des Fahrzeugs besteht Unfallgefahr! Deshalb vorher das Kapitel »Fahrzeug aufbocken« durchlesen.

- Fahrzeug aufbocken.
- Untere Motorraumabdeckung ausbauen, siehe Seite 166.

Sicherheitshinweis
Bei heißem Motor vor Öffnen des Ausgleichbehälters einen dicken Lappen auflegen, um Verbrühungen durch heiße Kühlflüssigkeit oder Dampf zu vermeiden. Deckel nur bei Kühlmitteltemperaturen unter +90° C abnehmen.

- Verschlussdeckel am Kühlmittel-Ausgleichbehälter abschrauben.
- Sauberes Auffanggefäß unter den Motor stellen.

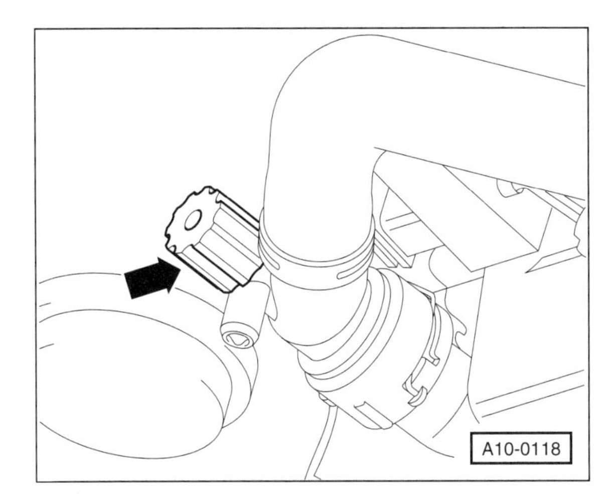

- Geeigneten Schlauch am Ablassstutzen aufschieben und Ablassschraube am Kühler –Pfeil– linksherum öffnen. Kühlmittel auffangen.
- Falls vorhanden, Kühlmittelschlauch unten am Ölkühler abziehen. Dazu Schlauchschelle mit einer geeigneten Zange, zum Beispiel HAZET 798-5, entspannen und ganz zurückschieben. Austretendes Kühlmittel auffangen.
- Kühlmittel vollständig ablassen. Anschließend Kühlmittelschlauch am Ölkühler aufschieben und mit Schlauchschelle sichern. Ablassschraube am Kühler verschließen.

Auffüllen

- Kühlmittelmischung aus 50 % Wasser und 50 % Kühlerfrost- und Korrosionsschutzmittel herstellen. Siehe Kapitel »Kühler-Frostschutzmittel« und »Wartung«.
- Sicherstellen, dass alle Kühlmittelschläuche richtig auf den Anschlussstutzen sitzen und dass die Ablassschraube verschlossen ist.
- Untere Motorraumabdeckung einbauen, siehe Seite 166.
- Fahrzeug ablassen.

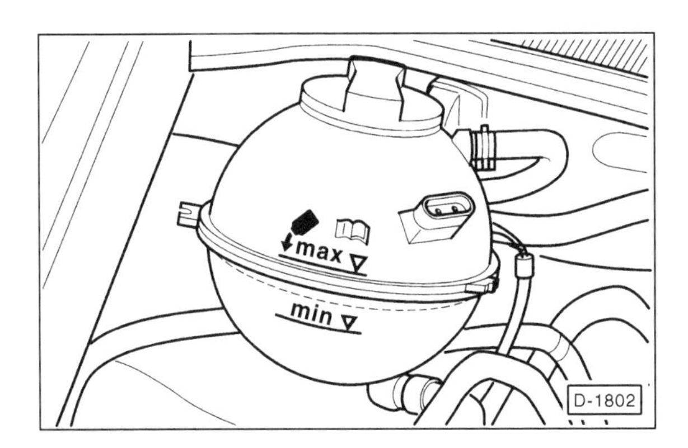

- Kühlmittel langsam bis zur max-Markierung am Ausgleichbehälter einfüllen.
- Motor starten und mit erhöhter Drehzahl von etwa 1.500/min etwa 2 Minuten lang laufen lassen. Dabei Kühlmittel bis zur Überlauföffnung am Ausgleichbehälter auffüllen.
- Ausgleichbehälter verschließen.
- Motor laufen lassen, bis die Betriebstemperatur erreicht wird und der Elektrolüfter sich eingeschaltet hat.
- Motor abstellen und abkühlen lassen.
- Kühlmittelstand erneut prüfen und gegebenenfalls nachfüllen. Bei betriebswarmem Motor muss der Kühlmittelstand an der max-Markierung, bei kaltem Motor zwischen der max- und der min-Markierung liegen.

Thermostat aus- und einbauen/prüfen

Alle Motoren, außer 1,6-l-Benzinmotor (75 PS)

Der Thermostat befindet sich im Kühlmittel-Auslassstutzen beziehungsweise am Kühlmittelpumpengehäuse, vorn am Motorblock. Der Aus- und Einbau des Thermostats erfolgt bei allen Motoren, außer beim 1,6-l-Benzinmotor mit 75 PS, prinzipiell auf die gleiche Weise.

Hinweise für den 1,6-l-Benzinmotor mit 75 PS stehen auf Seite 204.

Ausbau

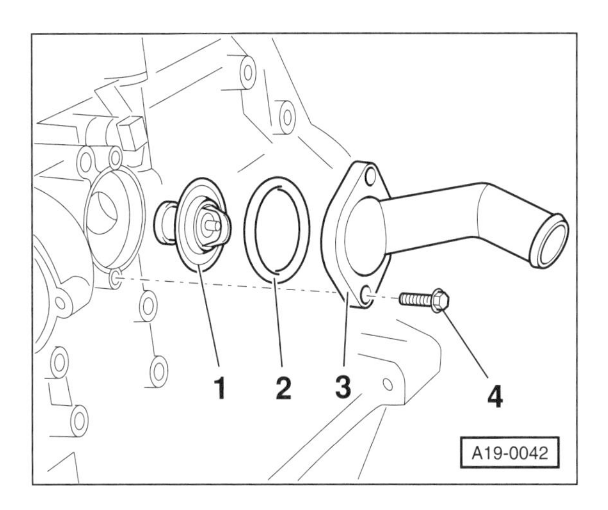

- Anschlussstutzen –3– mit 2 Schrauben –4– von der Kühlmittelpumpe abschrauben, auslaufendes Kühlmittel auffangen. Anschlussstutzen mit angeschlossenem Schlauch zur Seite legen.
- Thermostat –1– und Dichtring –2– abnehmen. **Achtung:** Beim **Dieselmotor** den Thermostat 90° (¼ Umdrehung) linksherum drehen und herausnehmen.

Prüfen

- Maß –a– am Regler messen, siehe Abbildung SX-1802.

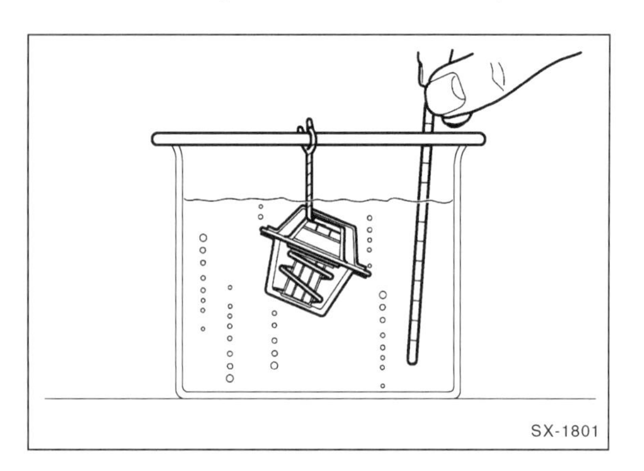

- Thermostat im Wasserbad erwärmen. Dabei darf der Thermostat nicht die Wände des Behälters berühren.
- Temperatur mit einem Thermometer kontrollieren. Thermostat-Öffnungsbeginn ca. +87° C Thermostat-Öffnungsende ca. +102° C.

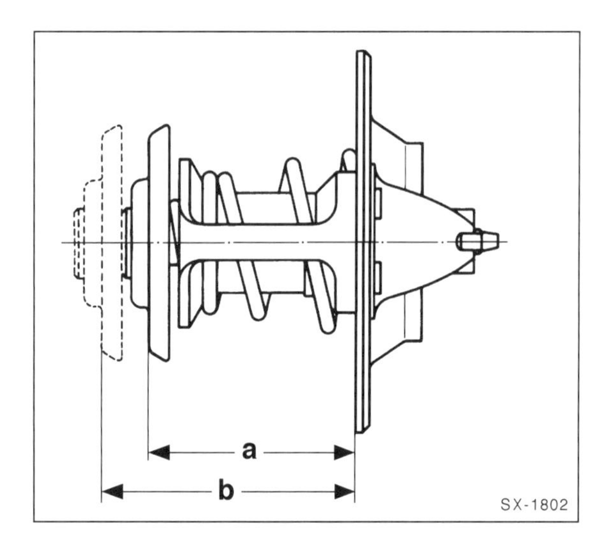

- Nach Erhitzen des Reglers auf ca. +100° C muss das Maß –b– gegenüber Maß –a– um ca. 7 mm größer sein. Von Öffnungsbeginn bis Öffnungsende muss der Öffnungshub mindestens 7 mm betragen.

Einbau

- Dichtfläche für Dichtring sorgfältig reinigen.
- Thermostat einsetzen. **Achtung:** Beim **Dieselmotor** den Thermostat einsetzen und um 90° (¼ Umdrehung) rechtsherum drehen. Einbaulage des Thermostats bei allen Motoren: Der Bügel des Thermostats muss nahezu senkrecht stehen.
- **Neuen** Dichtring mit Kühlmittel benetzen und einsetzen.
- Anschlussstutzen mit **15 Nm** anschrauben.
- Kühlmittel auffüllen, siehe Kapitel »Kühlmittel wechseln«.
- Kühlsystem auf Dichtigkeit überprüfen.

Kühlmittelpumpe aus- und einbauen

Alle Motoren, außer 1,6-l-Benzinmotor (75 PS)

Hinweise für den 1,6-l-Benzinmotor mit 75 PS stehen auf Seite 204.

Ausbau

- Obere Motorabdeckung abschrauben und abnehmen.
- Untere Motorraumabdeckung rechts ausbauen, siehe Seite 166.
- Kühlmittel ablassen, siehe Kapitel »Kühlmittel wechseln«.
- Keilrippenriemen ausbauen, siehe Seite 187.
- Spannvorrichtung für Keilrippenriemen mit 3 Schrauben abschrauben.
- Obere und mittlere Zahnriemenabdeckung abschrauben und abnehmen.
- Kurbelwelle auf OT für Zylinder 1 stellen, siehe Kapitel »Zahnriemen aus- und einbauen«.
- Zahnriemen unterhalb der Kühlmittelpumpe mit einem Lappen abdecken.

Achtung: Die Kurbelwellen-Riemenscheibe und die untere Zahnriemenabdeckung können eingebaut bleiben. Der Zahnriemen bleibt auf dem unteren Kurbelwellen-Zahnriemenrad aufgelegt. Hinweise im Kapitel »Zahnriemen aus- und einbauen« beachten.

- Zahnriemen vom Nockenwellenrad abnehmen.

Ausbau Benzinmotor

- **150-PS-Motor:** Kühlmittel-Ausgleichbehälter abschrauben und mit angeschlossenen Leitungen zur Seite legen. Ladeluftrohr im Bereich der Kühlmittelpumpe ausbauen, dazu Schlauchschellen lösen.

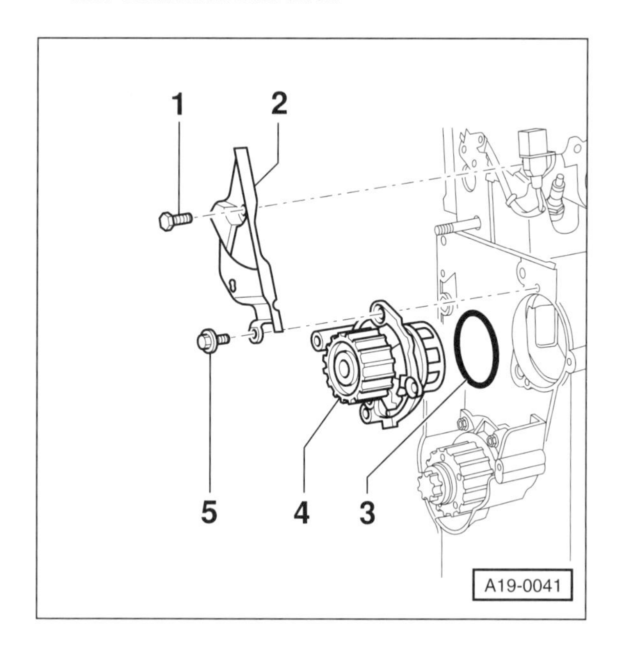

- **1,6-l-Motor (100 PS):** Schrauben –1– und –5– herausdrehen. Hintere Zahnriemenabdeckung –2– abnehmen.

- Kühlmittelpumpe –4– abschrauben und vorsichtig, entlang der Motorstütze, herausnehmen. Dichtring –3– abnehmen.

Einbau Benzinmotor

- Dichtfläche für Dichtring sorgfältig reinigen.
- **Neuen** Dichtring mit Kühlmittel benetzen und einsetzen.
- Kühlmittelpumpe einsetzen. Einbaulage der Kühlmittelpumpe bei allen Motoren: Der Verschlussstopfen im Gehäuse zeigt nach unten.
- **1,6-l-Benzinmotor (100 PS):** Hinteren Zahnriemenabdeckung einsetzen, Schraube –1– mit **20 Nm** festziehen, siehe Abbildung.
- Kühlmittelpumpe mit 3 Schrauben und **15 Nm** anschrauben.
- Zahnriemen einbauen, siehe Seite 168.
- Spanner für Keilrippenriemen mit 3 Innensechskantschrauben und **25 Nm** anschrauben.
- Keilrippenriemen einbauen, siehe Seite 187.
- Kühlmittel auffüllen, siehe Kapitel »Kühlmittel wechseln«.
- **150-PS-Motor:** Kühlmittel-Ausgleichbehälter anschrauben. Ladeluftrohr im Bereich der Kühlmittelpumpe einsetzen und mit Schlauchschellen befestigen.

Ausbau Dieselmotor

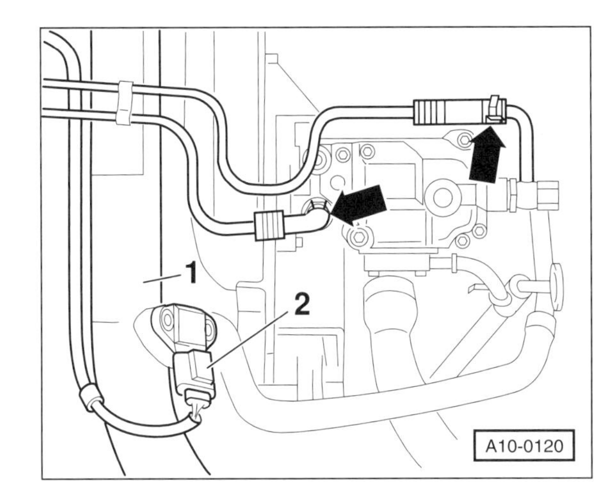

- Kraftstoffschläuche –Pfeile– an der Einspritzpumpe abziehen, dabei Schlauchschellen öffnen und zurückschieben. Kraftstoffschläuche verschließen, zum Beispiel mit Plastiktüten und Gummiringen, damit kein Schmutz eindringt.
- Stecker –2– am Geber für Saugrohrdruck/-temperatur abziehen.
- Luftführungsrohr –1– ausbauen, dazu Schellen lösen.

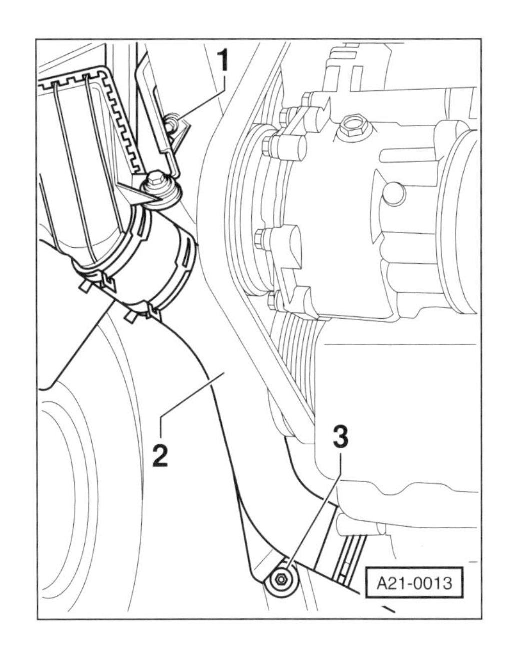

- Unteres Luftführungsrohr –2– ausbauen, dazu Schrauben –1– und –3– herausschrauben.

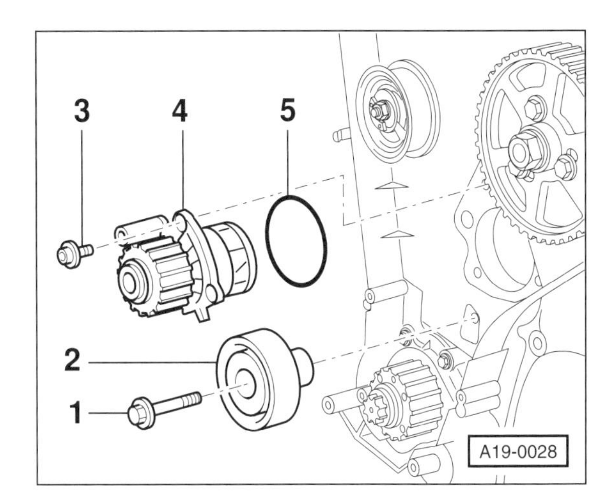

- Umlenkrolle –2– abschrauben.
- Schraube –1– für Umlenkrolle abziehen und Umlenkrolle um ca. 30 mm nach unten drücken.
- Kühlmittelpumpe –4– mit 3 Schrauben –3– abschrauben und vorsichtig herausführen. Dichtring –5– abnehmen.

Einbau Dieselmotor

- Dichtfläche für Dichtring sorgfältig reinigen.
- **Neuen** Dichtring mit Kühlmittel benetzen und einsetzen.
- Kühlmittelpumpe einsetzen. Einbaulage der Kühlmittelpumpe: Der Verschlussstopfen im Gehäuse zeigt nach unten.
- Kühlmittelpumpe mit 3 Schrauben und **15 Nm** anschrauben.
- Umlenkrolle –2– mit **neuer** Schraube –1– anschrauben. Schraube mit **40 Nm** anziehen, dann mit starrem Schlüssel **90°** (1/4 Umdrehung) **weiter festziehen**.

Hinweis: Beim Anziehen der Schraube den Drehwinkel abschätzen. Schlüsselgriff waagerecht ansetzen und in einem Zug drehen, bis der Griff senkrecht zum Motor steht (¼ Umdrehung = 90°).

Einbau alle Motoren

- Zahnriemen einbauen, siehe Seite 168.
- Spanner für Keilrippenriemen mit 3 Innensechskantschrauben und **25 Nm** anschrauben.
- Ladeluftrohre am Halter anschrauben und mit Schlauchschellen befestigen.
- Keilrippenriemen einbauen, siehe Seite 187.
- Kühlmittel auffüllen, siehe Kapitel »Kühlmittel wechseln«.

Kühler und Kühlerlüfter aus- und einbauen

Ausbau

- Batterie-Massekabel (–) bei ausgeschalteter Zündung abklemmen. **Achtung:** Falls das eingebaute Radio einen Diebstahlcode besitzt, wird dieser beim Abklemmen der Batterie gelöscht. Das Radio kann anschließend nur durch die Eingabe des richtigen Codes oder durch die SKODA-Werkstatt beziehungsweise den Radio-Hersteller wieder in Betrieb genommen werden. Vor dem Abklemmen daher unbedingt den Diebstahlcode ermitteln.
- Kühlmittel ablassen, siehe Kapitel »Kühlmittel wechseln«.
- Kühlmittelschläuche vom Kühler abziehen, dazu Halteklammern am Anschluss seitlich herausziehen.
- Stecker am Thermoschalter und vom Lüfter abziehen. Der Thermoschalter befindet sich am Kühler.
- **2,0-l-Benzinmotor:** Luftansaugstutzen vom Schlossträger abschrauben.

Fahrzeuge mit Klimaanlage

Sicherheitshinweis
Der Kältemittelkreislauf der Klimaanlage darf nicht geöffnet werden. Das Kältemittel kann bei Hautberührung zu Erfrierungen führen.

Achtung: Die Leitungen und Schläuche der Klimaanlage dürfen nicht überdehnt, geknickt oder verbogen werden.

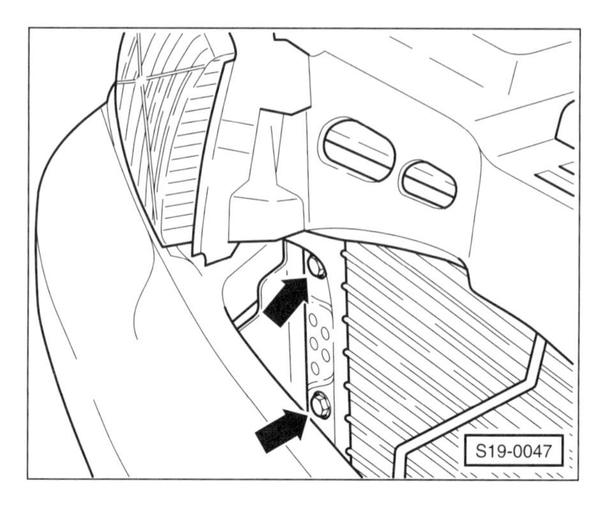

- 4 Befestigungsschrauben –Pfeile– des Kondensators herausschrauben.
- Halter für Kältemittelleitung neben dem Kühlerlüfter abschrauben.

Alle Fahrzeuge

- **Diesel:** Luftführungsrohr über dem rechten Scheinwerfer abschrauben. Luftführungsrohr so lösen, dass die verdeckte Befestigungsschraube des Lüfters erreichbar ist.
- Gegebenenfalls den rechten oder beide Scheinwerfer ausbauen, siehe Seite 87.

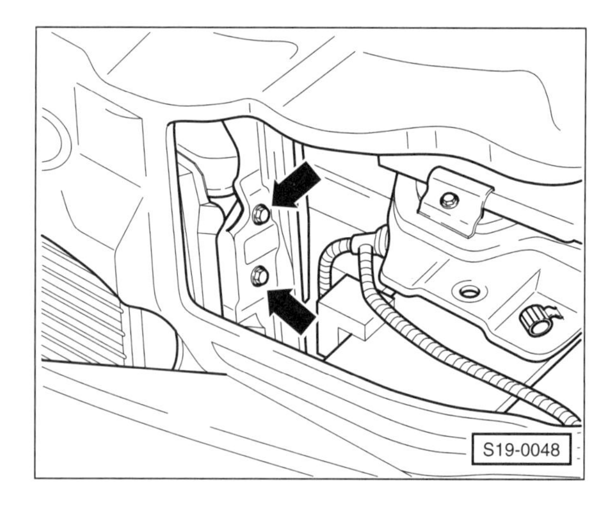

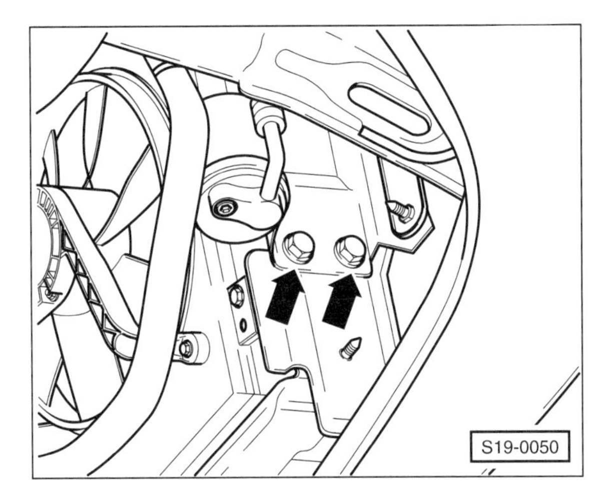

- 4 Befestigungsschrauben –Pfeile– für Kühlerlager oben und unten am Kühler herausdrehen.

Fahrzeuge mit Klimaanlage

- Kühler mit Kondensator ein wenig herausziehen.
- Halteschelle für Kältemittelleitung unten am Kühler abschrauben.

Benziner

- Kühler mit Lüfter vorsichtig nach unten herausheben. Gegebenenfalls Lüfter vom Kühler abschrauben.

Diesel

- Lüfterzarge mit 4 Schrauben abschrauben. Dabei darauf achten, dass die Kühlerlamellen nicht beschädigt werden. Kühler nach unten herausnehmen.
- Lüfter mit 3 Schrauben abschrauben. Der große Lüfter wird nach oben, der kleine Lüfter nach unten herausgenommen.

Einbau

Hinweis: Der abgebildete Kühler und Lüfter kann im Aufbau von den vorhandenen Bauteilen abweichen. Beim Zusammenbau entsprechend vorgehen.

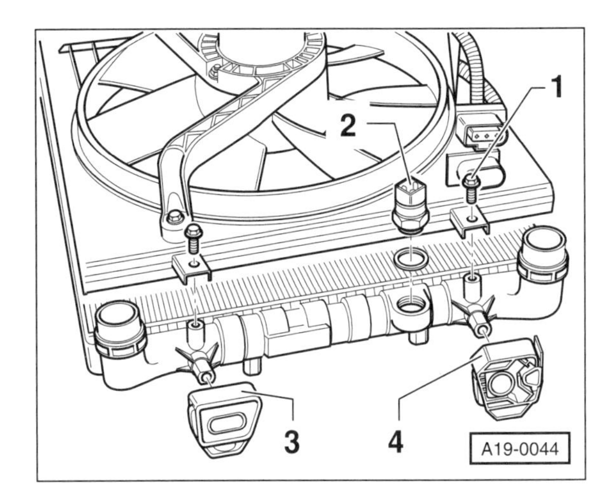

- Werden Neuteile eingebaut, diese folgendermaßen einbauen beziehungsweise festziehen:
  - ◆ Lüfterhalter mit **10 Nm** festziehen –1–.
  - ◆ Thermoschalter –2– mit **35 Nm** festziehen.
  - ◆ Halter –3– und –4– am Kühler aufsetzen.

Diesel

- Lüfter einsetzen und mit 3 Schrauben anschrauben. Luftführungsrohr über dem rechten Scheinwerfer anschrauben.
- Kühler einsetzen und anschrauben. Lüfterzarge am Kühler anschrauben.

- **Benziner:** Kühler mit Lüfter einsetzen und mit **10 Nm** anschrauben.
- **Fahrzeuge mit Klimaanlage:** Kondensator und Halter für Kältemittelleitungen mit **10 Nm** anschrauben.
- **2,0-l-Benzinmotor:** Luftansaugstutzen am Schlossträger anschrauben.
- Stecker für Thermoschalter und für Elektrolüfter aufstecken.
- Kühlmittelschläuche am Kühler mit neuen O-Ring-Dichtungen aufschieben und mit Halteklammern sichern.
- Falls ausgebaut, Scheinwerfer einbauen, siehe Seite 87.
- Sicherstellen, dass die Kühlmittel-Ablassschraube eingeschraubt ist.
- Batterie-Massekabel (–) anklemmen. Gegebenenfalls Diebstahlcode für das Autoradio eingeben und Zeituhr einstellen.
- Kühlmittel auffüllen, siehe Kapitel »Kühlmittel wechseln«.

Thermostat/Kühlmittelpumpe

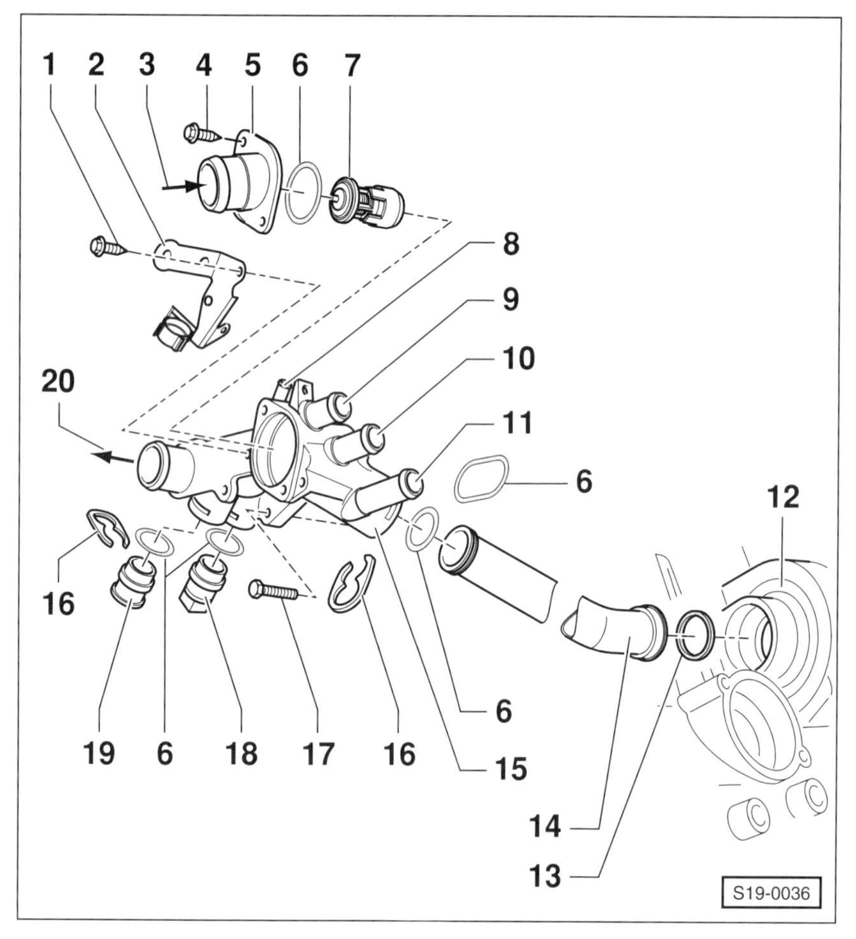

Thermostat

1,6-l-Benzinmotor, 75 PS

1 – **Schneidschraube, 4 Nm**

2 – **Halter**
Für Leitungsstrang.

3 – **vom Kühler unten**

4 – **Schneidschraube, 9 Nm**

5 – **Anschlussstutzen**

6 – **O-Ring**
Immer ersetzen.

7 – **Thermostat**
Prüfen
- Thermostat im Wasserbad erwärmen.
- Der Stift des Thermoelements muss sich heraus bewegen.
- Öffnungsbeginn: ca. +84° C.
- Öffnungsende: ca. +98° C.

8 – **zum Ausgleichbehälter**

9 – **zum Wärmetauscher**

10 – **vom Ausgleichbehälter**

11 – **vom Wärmetauscher**

12 – **Kühlmittelpumpengehäuse am Motorblock**

13 – **Dichtring**
Immer ersetzen.

14 – **Kühlmittelrohr**

15 – **Thermostatgehäuse**

16 – **Halteklammer**

17 – **Schraube, 10 Nm**

18 – **Geber für Kühlmitteltemperatur**
Mit Geber für Kühlmitteltemperaturanzeige.

19 – **Verschlussstopfen**

20 – **zum Kühler oben**

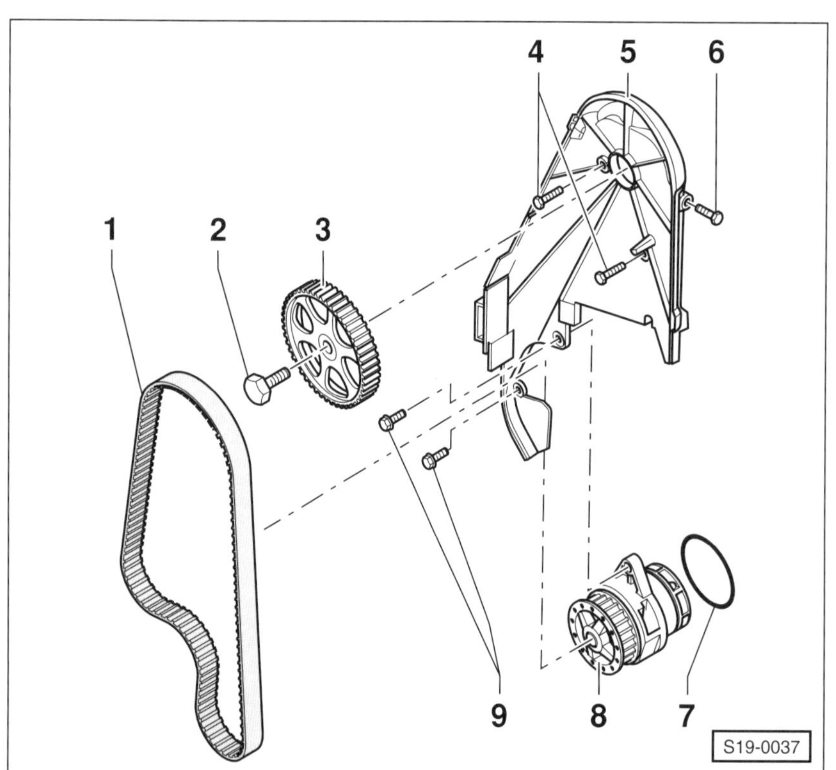

Kühlmittelpumpe

1,6-l-Benzinmotor, 75 PS

1 – **Zahnriemen**

2 – **Schraube, 20 Nm + ¼ Umdrehung (90°) weiterdrehen**

3 – **Nockenwellenrad**

4 – **Schrauben, 10 Nm**
Mit Sicherungsmittel D 000 600 A2 einsetzen.

5 – **Zahnriemenabdeckung**

6 – **Schraube, 10 Nm**

7 – **O-Ring**
Immer ersetzen.

8 – **Kühlmittelpumpe**

9 – **Schrauben, 20 Nm**

Kühlsystem auf Dichtheit prüfen

Undichtigkeiten im Kühlsystem und die Funktion des Überdruckventils im Kühlerverschluss können mit einem handelsüblichen Druckprüfgerät überprüft werden.

- Motor warm fahren, bis die Kühlmittel-Temperaturanzeige normale Betriebstemperatur anzeigt.

Sicherheitshinweis
Bei heißem Motor vor dem Öffnen des Ausgleichbehälters einen dicken Lappen auflegen, um Verbrühungen durch heiße Kühlflüssigkeit oder Dampf zu vermeiden. Den Deckel nur bei Kühlmitteltemperaturen unter +90° C abnehmen.

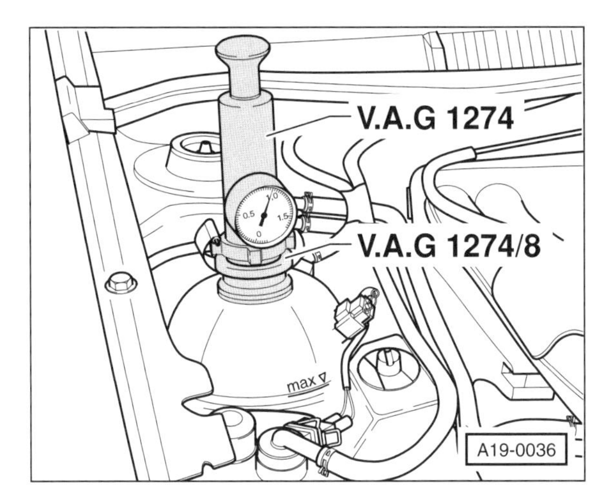

- Handelsübliches Druckprüfgerät mit Adapter am Einfüllstutzen des Kühlmittel-Ausgleichbehälters anschließen. Die SKODA-Werkstatt verwendet das Prüfgerät V.A.G 1274 und den Adapter V.A.G 1274/8.
- Mit der Handpumpe des Gerätes einen Überdruck von ca. 1,0 bar (1,8-l-Benzinmotor: 1,5 bar) erzeugen und halten. Fällt der Druck ab, Kühlsystem auf Undichtigkeit sichtprüfen und Leckstelle beseitigen.

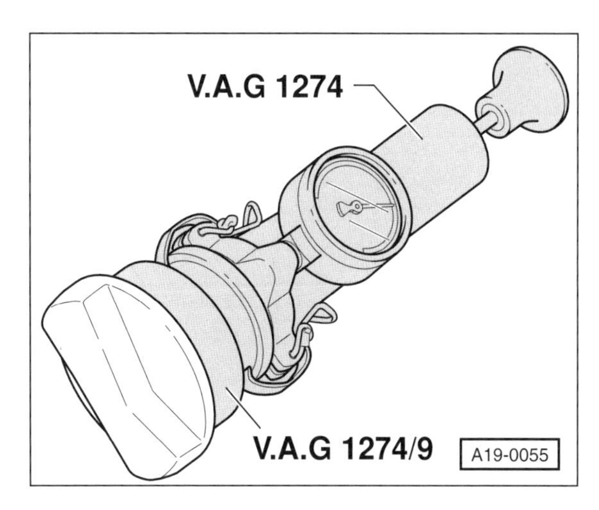

- Zum Überprüfen des Überdruckventils im Verschlussdeckel des Kühlmittel-Ausgleichbehälters das Prüfgerät mit dem Adapter auf den Verschlussdeckel aufsetzen. SKODA verwendet den Adapter V.A.G 1274/9. Überdruck mit der Handpumpe erzeugen. Bei einem Überdruck von 1,2 – 1,5 bar muss das Überdruckventil öffnen.

Störungsdiagnose Motor-Kühlung

Störung: Die Kühlmitteltemperatur ist zu hoch, die Kontrollleuchte im Kombiinstrument leuchtet während der Fahrt.

Ursache	Abhilfe
Zu wenig Kühlflüssigkeit im Kreislauf.	■ Ausgleichbehälter muss bis zur Markierung voll sein. Gegebenenfalls Kühlmittel nachfüllen. Kühlsystem auf Dichtheit prüfen.
Thermostat öffnet nicht, Kühlflüssigkeit zirkuliert nur im kleinen Kreislauf.	■ Prüfen, ob der obere Kühlmittelschlauch warm wird. Wenn nicht, Thermostat ausbauen und prüfen, ggf. ersetzen. Unterwegs: Thermostat ausbauen. Ohne Thermostat erreicht der Motor seine normale Betriebstemperatur später oder gar nicht, deshalb defekten Thermostat alsbald ersetzen.
Kühlerlamellen verschmutzt.	■ Kühler von der Motorseite her mit Pressluft durchblasen.
Kühler innen durch Kalkablagerungen oder Rost zugesetzt, unterer Kühlerschlauch wird nicht warm.	■ Kühler erneuern.
Elektrolüfter läuft nicht.	■ Stecker an Thermoschalter und Lüftermotor auf festen Sitz und guten Kontakt prüfen. ■ Sicherung für Kühlerlüfter prüfen. ■ Thermoschalter prüfen lassen. Unterwegs: Steckerkontakte überbrücken. Der Lüfter läuft dann immer mit. In der Regel ist die Zusatzkühlung durch den Lüfter nur im Stadt- und Kurzstreckenverkehr erforderlich. ■ Prüfen, ob Spannung am Stecker für Lüftermotor anliegt. **Voraussetzung:** Sicherung für Kühlerlüfter ist in Ordnung, Stecker für Thermoschalter ist überbrückt, siehe auch Stromlaufpläne. Wenn Spannung anliegt, Lüftermotor ersetzen.
Ausgleichbehälter-Verschlussdeckel defekt.	■ Druckprüfung durchführen, gegebenenfalls Verschlussdeckel ersetzen.
Kühlmitteltemperaturanzeige defekt.	■ Anzeigegerät/Geber überprüfen lassen.

Kraftstoffanlage

Aus dem Inhalt:

- Tank/Tankgeber
- Kraftstofffilter erneuern
- Gaszugbetätigung
- Kraftstoff sparen

Zur Kraftstoffanlage gehören der Kraftstoff-Vorratsbehälter, die Kraftstoffleitungen, der Kraftstofffilter, die Kraftstoffpumpe und die Einspritzanlage. Die Einspritzanlage wird im Kapitel »Motormanagement« behandelt.

Der aus Kunststoff gefertigte Kraftstoffbehälter ist am Fahrzeugunterboden hinter der Hinterachse angeordnet. Der jeweilige Kraftstoffvorrat wird dem Fahrer im Kombiinstrument angezeigt. Durch ein geschlossenes Entlüftungssystem wird der Tank belüftet. Beim Benziner werden die schädlichen Benzindämpfe der Tankentlüftung in einem Aktivkohlespeicher aufgefangen und dem Motor kontrolliert zur Verbrennung zugeführt.

Kraftstoff sparen beim Fahren

Wesentlichen Einfluss auf den Kraftstoffverbrauch hat die Fahrweise des Fahrzeuglenkers. Hier einige Tipps für den intelligenten Umgang mit dem Gaspedal.

- Nach dem Motorstart gleich losfahren, auch bei Frost.
- Motor abschalten bei voraussichtlichen Stopps über 40 Sekunden Dauer.
- Im höchstmöglichen Gang fahren.
- Möglichst gleichmäßige Geschwindigkeiten über längere Strecken fahren, hohe Geschwindigkeiten meiden. Vorausschauend fahren. Nicht unnötig bremsen.
- Keine unnötige Zuladung mitführen, Aufbauten am Fahrzeug, beispielsweise Dachgepäckträger, möglichst abbauen.
- Immer mit richtigem, nie mit zu niedrigem Reifendruck fahren.
- Nach Möglichkeit stets mit dem richtigen Kraftstoff fahren. Geforderte Kraftstoffqualität, siehe Motordaten auf Seite 13.

Sicherheits- und Sauberkeitsregeln bei Arbeiten an der Kraftstoffversorgung

Bei Arbeiten an der Kraftstoffversorgung sind die folgenden Regeln zur Sicherheit und Sauberkeit sorgfältig zu beachten:

Sicherheitshinweise

- **Kein offenes Feuer, nicht rauchen, keine glühenden oder sehr heißen Teile in die Nähe des Arbeitsplatzes bringen. Unfallgefahr! Feuerlöscher bereitstellen.**
- **Unbedingt für gute Belüftung des Arbeitsplatzes sorgen. Kraftstoffdämpfe sind giftig.**
- Das Kraftstoffsystem steht unter Druck. Beim Öffnen der Anlage kann Kraftstoff herausspritzen, daher austretenden Kraftstoff mit einem Lappen auffangen. **Schutzbrille tragen.**

- Schlauchverbindungen sind mit Federband- beziehungsweise Klemmschellen gesichert. Klemmschellen grundsätzlich durch Federbandschellen ersetzen. Die Verwendung von Klemm- oder Schraubschellen ist nicht erlaubt. Zur Montage der Federbandschellen gibt es spezielle Zangen, zum Beispiel HAZET 798-5.
- Verbindungsstellen und deren Umgebung vor dem Lösen gründlich reinigen.
- Ausgebaute Teile auf einer sauberen Unterlage ablegen und abdecken. Folien oder Papier verwenden. Keine fasernden Lappen benutzen!
- Geöffnete Bauteile sorgfältig abdecken beziehungsweise verschließen, wenn die Reparatur nicht umgehend ausgeführt wird.
- Nur saubere Teile einbauen.
- Ersatzteile erst unmittelbar vor dem Einbau aus der Verpackung nehmen.
- Keine Teile verwenden, die unverpackt (zum Beispiel in Werkzeugkästen usw.) aufgehoben wurden.
- Bei geöffneter Kraftstoffanlage möglichst nicht mit Druckluft arbeiten. Das Fahrzeug möglichst nicht bewegen.
- Keine silikonhaltigen Dichtmittel verwenden. Vom Motor angesaugte Spuren von Silikonbestandteilen werden im Motor nicht verbrannt und schädigen die Lambdasonde.

Kraftstoffbehälter/Kraftstoffpumpe/Kraftstofffilter

Fahrzeuge mit Benzinmotor und Frontantrieb

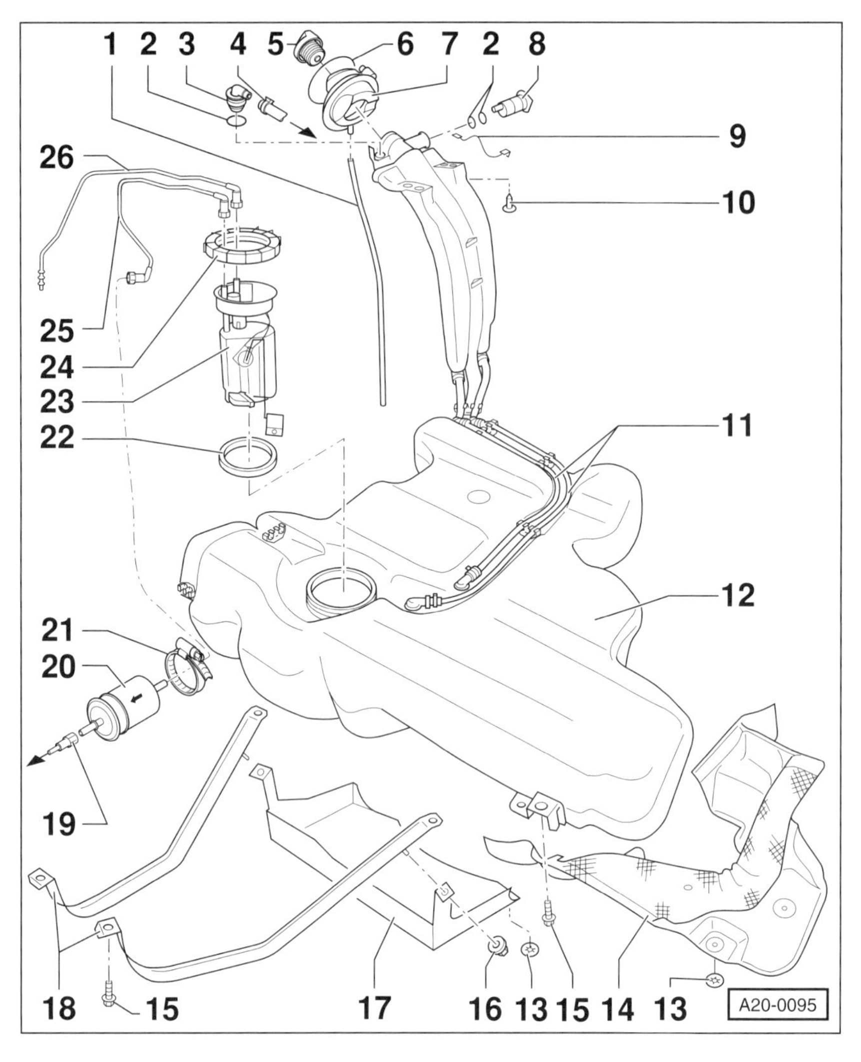

1 – **Überlaufschlauch**

2 – **O-Ring**
Immer ersetzen.

3 – **Schwerkraftventil**
Zum Ausbau Ventil nach oben aus dem Einfüllstutzen herausclipsen. Ventil auf Durchgang prüfen: Ventil senkrecht: –offen–, Ventil um 45° gekippt: –geschlossen–.

4 – **Entlüftungsleitung***
Zum Aktivkohlebehälter.

5 – **Verschlussdeckel**
Dichtring bei Beschädigung ersetzen.

6 – **Dichtring**

7 – **Gummitopf**

8 – **Entlüftungsventil**

9 – **Masseverbindung**

10 – **Schraube, 10 Nm**

11 – **Entlüftungsleitungen**

12 – **Kraftstoffbehälter (Tank)**

13 – **Klemmscheibe, 2 Nm**

14 – **Wärmeschutzblech**

15 – **Schraube, 25 Nm**

16 – **Klemmmutter, 2 Nm**

17 – **Abdeckung**

18 – **Spannband**
Unterschiedliche Länge beachten.

19 – **Vorlaufleitung, schwarz**
Zum Motor. Beim Abziehen Entriegelungstasten an der Schnellkupplung drücken.

20 – **Kraftstofffilter***
Der Pfeil auf dem Filtergehäuse zeigt in Durchflussrichtung. **Hinweis:** Der Kraftstofffilter wird im Rahmen der Wartung nicht gewechselt.

21 – **Halteschelle***
Für Kraftstofffilter.

22 – **Dichtring**
Bei Beschädigung ersetzen. Zur Montage mit Kraftstoff benetzen.

23 – **Tankgeber / Fördereinheit mit Kraftstoffpumpe***

24 – **Überwurfmutter, 60 Nm**

25 – **Vorlaufleitung, schwarz***
Zum Kraftstofffilter. Kommt auf den Anschluss »V« am Verschlussflansch. Beim Abziehen Entriegelungstasten an der Schnellkupplung drücken.

26 – **Rücklaufleitung, blau**
Vom Motor. Kommt auf den Anschluss mit Kennzeichnung »R« am Verschlussflansch. Beim Abziehen Entriegelungstasten an der Schnellkupplung drücken.

***) Nur Benzinmotor**

Sicherheitshinweise zum Tankausbau

- **Kein offenes Feuer, nicht rauchen, keine glühenden oder sehr heißen Teile in die Nähe des Arbeitsplatzes bringen. Unfallgefahr! Feuerlöscher bereitstellen.** Sicherheits- und Sauberkeitshinweise beachten, siehe entsprechendes Kapitel.
- Tank vor dem Ausbau weitgehend leer fahren, oder Kraftstoff mit dafür vorgesehener Spezialpumpe abpumpen.
- Der Tank wird von der Fahrzeugunterseite her ausgebaut. Vor dem Lösen der Spannbänder, Tank mit Wagenheber und Unterlagen abstützen.
- Ein leerer Tank ist explosionsfähig und darf so nicht entsorgt werden. Zum Entsorgen muss der Tank auseinandergeschnitten werden, dabei dürfen keine Funken oder Hitze entstehen. Daher Tank bei einer Fachwerkstatt abgeben.
- Nach dem Einbau des Tanks, Motor laufen lassen und sämtliche Anschlüsse auf Dichtheit sichtprüfen.

Kraftstoffpumpe/Tankgeber aus- und einbauen

Die Kraftstoffpumpe befindet sich bei Fahrzeugen mit Benzinmotor zusammen mit dem Tankgeber im Kraftstofftank. Beim SKODA OCTAVIA mit Dieselmotor wird der Kraftstoff durch die Einspritzpumpe angesaugt, im Tank befindet sich deshalb nur der Tankgeber. Fahrzeuge mit Allradantrieb besitzen aufgrund des Platzbedarfs für die Kardanwelle einen zweigeteilten Kraftstoffbehälter. Beim zweigeteilten Kraftstoffbehälter ist in beide Kammern je ein Geber für Kraftstoffvorrat eingebaut. In der rechten Kammer befindet sich die elektrische Kraftstoffpumpe.

Der Tankgeber besteht aus einem Schwimmer und einem Potenziometer. Mit sinkendem Kraftstoffspiegel sinkt auch der Schwimmer des Tankgebers ab. Ein mit dem Schwimmer verbundenes Potenziometer erhöht dabei den elektrischen Widerstand des Gebers. Dadurch sinkt die Spannung am Anzeigeinstrument, und der Zeiger der Kraftstoff-Vorratsanzeige geht in Richtung »leer« zurück. Bei Fahrzeugen mit zweigeteiltem Kraftstoffbehälter errechnet der Kombiprozessor im Kombiinstrument den Gesamt-Kraftstoffvorrat aus den Signalen beider Geber und steuert den Zeiger der Kraftstoffvorratsanzeige an.

Sicherheitshinweis
Beim Ausbau der Kraftstoffpumpe kann etwas Kraftstoff austreten. Kraftstoffdämpfe sind giftig und feuergefährlich, deshalb auf besonders gute Belüftung des Arbeitsplatzes achten. Hautkontakt mit Kraftstoff vermeiden. Kraftstoffbeständige Handschuhe tragen. Kein offenes Feuer, Brandgefahr! Feuerlöscher bereitstellen.

Vor Ausbau von Kraftstoffpumpe und Tankgeber, Tank möglichst leer fahren. Der Tank darf maximal zu ⅔ voll sein. Zur Belüftung des Arbeitsplatzes kann auch ein Radiallüfter verwendet werden, **dessen Motor außerhalb des Luftstromes liegt und der über ein Mindest-Fördervolumen von 15 m³/h verfügt.**

Ausbau

- Batterie-Massekabel (–) bei ausgeschalteter Zündung abklemmen. **Achtung:** Falls das eingebaute Radio einen Diebstahlcode besitzt, wird dieser beim Abklemmen der Batterie gelöscht. Das Radio kann anschließend nur durch die Eingabe des richtigen Codes oder durch die SKODA-Werkstatt beziehungsweise den Radio-Hersteller wieder in Betrieb genommen werden. Vor dem Abklemmen daher unbedingt den Diebstahlcode ermitteln.
- Rücksitz hochklappen und Abdeckung für Tankgeber und Kraftstoffpumpe abschrauben.

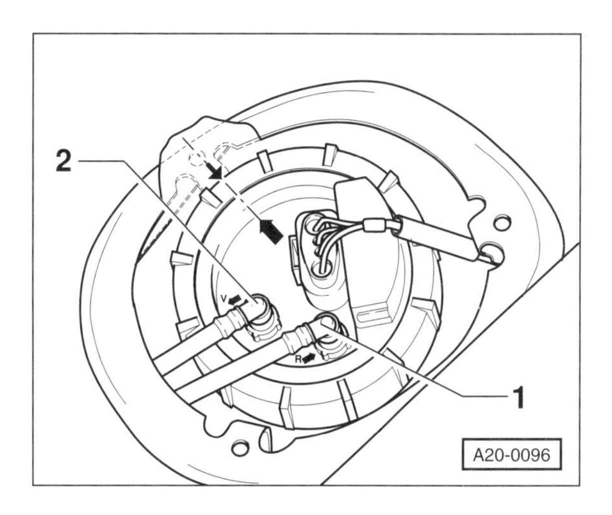

Sicherheitshinweis
Die Kraftstoffvorlaufleitung steht unter Druck! Vor dem Lösen der Schlauchverbindungen dicken Putzlappen um die Verbindungsstelle legen. Dann durch vorsichtiges Abziehen des Schlauches den Druck abbauen. **Schutzbrille tragen.**

- Vorlaufleitung –2– und Rücklaufleitung –1– abziehen, dabei Entriegelungstasten an den Schnellkupplungen zusammendrücken. Leitungen mit geeigneten Stopfen verschließen oder Klebeband um das Ende wickeln.
- 4-polige Steckverbindung für Tankgeber und Kraftstoffpumpe abziehen.

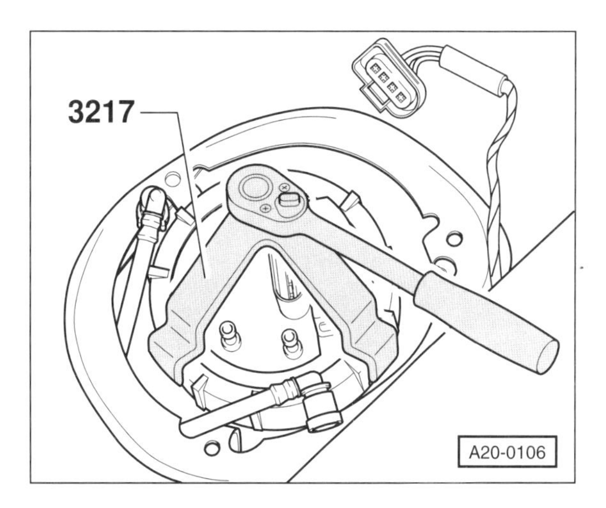

- Überwurfmutter mit Spezialwerkzeug 3217 lösen. Die SKODA-Werkstatt verwendet das Werkzeug MP 1-227. **Hinweis:** Falls das Werkzeug nicht zur Verfügung steht, Überwurfmutter mit Holzstange und leichten Hammerschlägen lösen. **Achtung: Auf jeden Fall Funkenschlag vermeiden.**
- Kraftstoff-Fördereinheit/Tankgeber und Dichtring aus der Öffnung des Kraftstoffbehälters ziehen.
- Kraftstoff aus der Fördereinheit in den Tank oder in einen geeigneten Behälter entleeren.

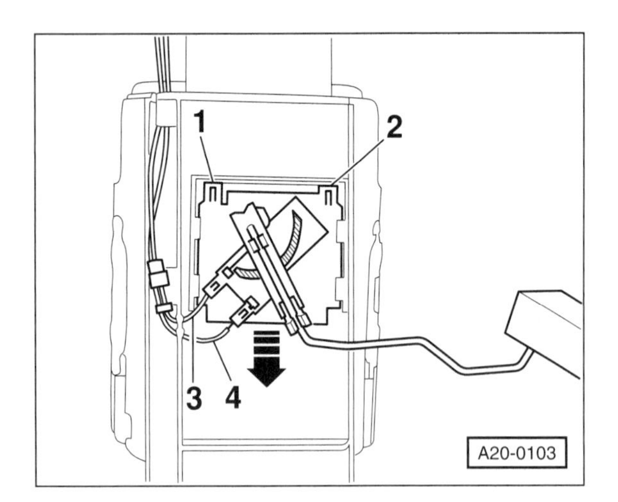

- Gegebenenfalls Tankgeber abbauen. Dazu Steckerzungen der Leitungen –3– und –4– entriegeln und abziehen. Haltelaschen –1– und –2– mit Schraubendreher anheben und Tankgeber nach unten abziehen –Pfeil–.

Einbau

- Tankgeber in die Führungen am Halter einsetzen und bis zum Einrasten nach oben drücken. Leitungen am Tankgeber aufschieben und einrasten.
- Kraftstoff-Fördereinheit in den Kraftstofftank einsetzen. Darauf achten, dass dabei der Geber für die Kraftstoffvorratsanzeige nicht verbogen wird. Dichtring vor dem Einbau mit etwas Kraftstoff benetzen.
- Einbaulage des Flansches kontrollieren. Der Pfeil auf dem Flansch muss zum Pfeil auf dem Tank zeigen, siehe Abbildung A20-0096 unter »Ausbau«.
- Überwurfmutter ansetzen und mit Spezialwerkzeug 3217 beziehungsweise MP 1-227 festschrauben, Anhaltswert 60 Nm. Oder Überwurfmutter mit Holzstange und leichten Hammerschlägen festschrauben. **Funkenbildung unbedingt vermeiden!**
- Vor- und Rücklaufschlauch aufstecken, dabei rasten die Schnellkupplungen ein. Der Rücklaufschlauch ist blau (Anschluss »R«), der Vorlaufschlauch schwarz (Anschluss »V«). Die Pfeile auf dem Flansch zeigen jeweils in Durchflussrichtung.
- Elektrischen Anschlussstecker aufschieben.
- Abdeckung für Tankgeber anschrauben.
- Rücksitzbank herunterklappen.
- Batterie-Massekabel (–) anklemmen. Achtung: Hoch-/Tieflaufautomatik für elektrische Fensterheber aktivieren. Gegebenenfalls Diebstahlcode für das Autoradio eingeben und Zeituhr einstellen.

Kraftstofffilter aus- und einbauen

Benzinmotor

Hinweis: Kraftstofffilter für Dieselmotor aus- und einbauen, siehe Kapitel »Wartung«.

Ausbau

> **Sicherheitshinweis**
> **Beim Ausbau des Kraftstofffilters kann etwas Kraftstoff austreten. Kraftstoffdämpfe sind giftig und feuergefährlich, deshalb auf besonders gute Belüftung des Arbeitsplatzes achten. Hautkontakt mit Kraftstoff vermeiden. Kraftstoffbeständige Handschuhe tragen. Kein offenes Feuer, Brandgefahr! Feuerlöscher bereitstellen.**

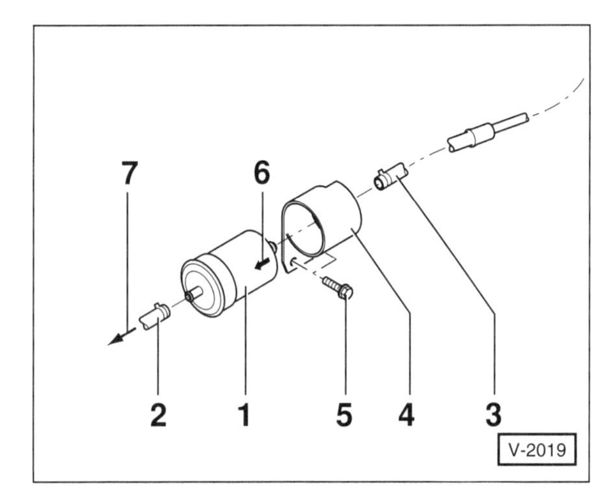

Der Kraftstofffilter –1– befindet sich am Unterboden vor dem Tank, in Fahrtrichtung gesehen. Der Kraftstofffilter muss im Rahmen der Wartung nicht gewechselt werden.

> **Sicherheitshinweis**
> Beim Aufbocken des Fahrzeugs besteht Unfallgefahr! Deshalb vorher das Kapitel »Fahrzeug aufbocken« durchlesen.

- Fahrzeug aufbocken.
- Geeignetes Gefäß unter den Kraftstofffilter stellen, um auslaufenden Kraftstoff aufzufangen.
- Kraftstoffschläuche –2/3– mit geeigneten Klemmschellen abklemmen, zum Beispiel HAZET 4590.
- Schlauchkupplungen zusammendrücken und Kraftstoffschläuche vom Filter abziehen. Dabei einen dicken Lappen um den Anschluss legen. Dann durch vorsichtiges Abziehen des Schlauches eventuellen Druck abbauen.
- Halter –4– lösen –5–.

Achtung: Der Filter ist vollständig mit Kraftstoff gefüllt.

Einbau

- Neuen Kraftstofffilter so einsetzen, dass die Pfeilmarkierung –6– auf dem Filter in Durchflussrichtung vom Tank zum Motor zeigt. 7 – zum Kraftstoffverteiler am Motor.
- Schläuche aufschieben, dabei rasten die Schnellkupplungen ein.
- Nach einer Probefahrt sichtprüfen, ob die Schlauchanschlüsse dicht sind.

Gaszug/Gasbetätigung

1,6-/1,8-/2,0-l-Benzinmotor, außer OCTAVIA RS

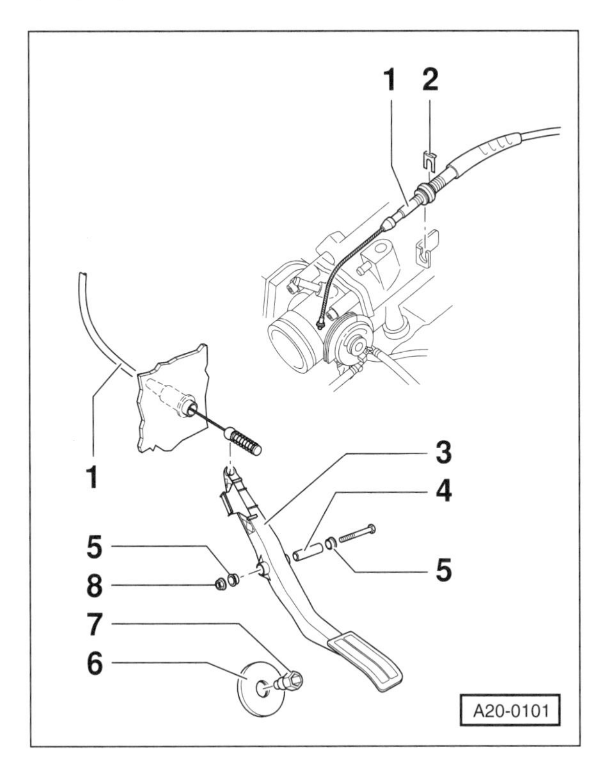

1 – **Gaszug**
2 – **Halteklammer**
3 – **Gaspedal**
4 – **Distanzbuchse**
5 – **Lagerbuchse**
6 – **Scheibe**
7 – **Anschlagschraube**
8 – **Mutter, 20 Nm**

Hinweis: Bei Fahrzeugen mit 2,0-l-Benzinmotor ist am Gaspedal –3– ein Tilgergewicht angebracht.

Gaszug einstellen

Fahrzeuge mit Benzinmotor, außer OCTAVIA RS

Hinweis: Der OCTAVIA mit Dieselmotor sowie der OCTAVIA RS verfügen über ein so genanntes elektronisches Gaspedal (E-Gas). Bei diesen Fahrzeugen ist kein Gaszug vorhanden. Stattdessen wird die Gaspedalstellung von einem Geber am Gaspedal an das Motor-Steuergerät übermittelt.

Achtung: Der Gaszug ist sehr knickempfindlich und daher beim Einbau besonders sorgfältig zu behandeln. Ein einziger leichter Knick kann zum späteren Bruch des Gaszugs im Fahrbetrieb führen. Geknickte Gaszüge dürfen deshalb nicht eingebaut werden.

- Gaspedal in Vollgasstellung drücken und in dieser Stellung festklemmen oder von einem Helfer halten lassen.
- Prüfen, ob der Drosselklappenhebel am Volllastanschlag anliegt, anderenfalls Gaszug einstellen.

Einstellen

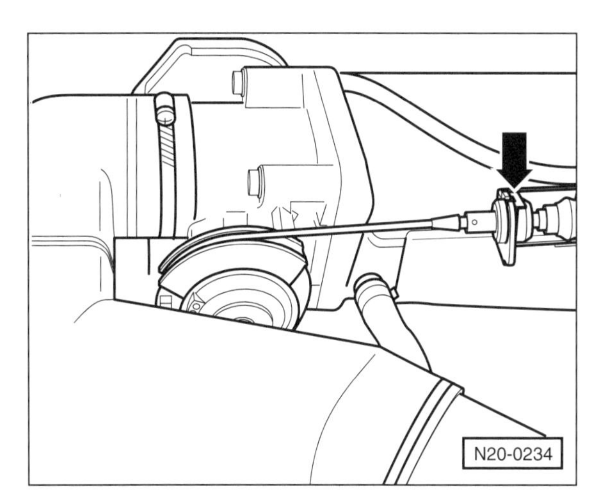

- Halteklammer –Pfeil– herausziehen, siehe dazu auch Position –2– in Abbildung A20-0101.
- Gaszug am Widerlager herausziehen, bis der Drosselklappenhebel Volllastanschlag anliegt. In dieser Stellung Halteklammer aufstecken.
- **Automatikgetriebe:** Gaspedal loslassen und wieder langsam in Richtung Vollgas bewegen. Kurz vor Erreichen muss der Kick-Down-Schalter am Drosselklappenteil hörbar klicken. Gegebenenfalls Halteklammer umstecken.
- Bei entlastetem Gaspedal prüfen, ob der Drosselklappenhebel in Leerlaufstellung steht.
- Gaspedal auf Leichtgängigkeit prüfen.

Gaszug am Drosselklappenteil aushängen

- Halteklammer –Pfeil– am Widerlager abziehen.
- Gaszug am Drosselklappenteil anheben und abnehmen.
- Beim Einhängen des Gaszugs wie im Abschnitt »Einstellen« vorgehen.

Luftfiltergehäuse aus- und einbauen

Ausbau

Hinweis: Je nach Motor kann das Luftfiltergehäuse von der Darstellung abweichen.

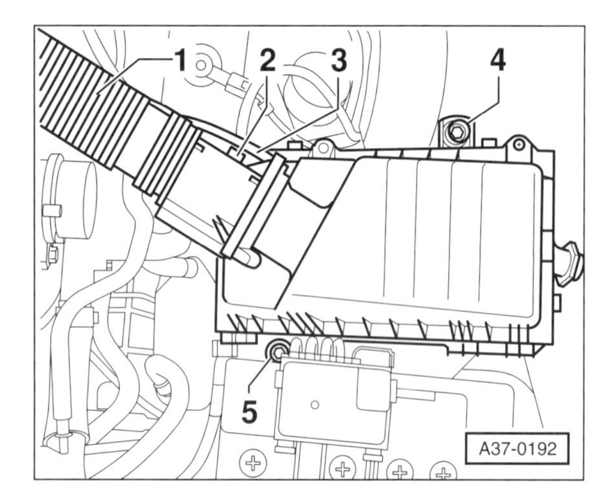

- Luftführungsschlauch –1– und Stecker –2– vom Luftmassenmesser abziehen.
- Schrauben –4– und –5– herausdrehen und Luftfiltergehäuse komplett herausnehmen.

Einbau

- Der Einbau erfolgt im umgekehrter Ausbaureihenfolge. Ablaufleitung –3– nach unten verlegen.

Fernbedienung für Kraftstoffpumpe herstellen/anschließen

Benzinmotor

Die Fernbedienung wird für Arbeiten benötigt, bei denen die elektrische Kraftstoffpumpe Kraftstoff fördern soll, ohne dass der Motor läuft.

Folgende Bauteile werden benötigt:

1 Druckkontaktschalter –1–,
1 Krokodilklemme –2– (ausreichend groß für Batteriepol),
1 »Fliegende Sicherung« –3– : Gehäuse und 8-Ampere-Sicherung,
1 geeigneter Flachstecker –4–, der anstelle der Sicherung für Kraftstoffpumpe eingesteckt werden kann,
1 doppeladriges Kabel –5– mit je 1,5 mm^2 Querschnitt und ca. 5 m Länge.

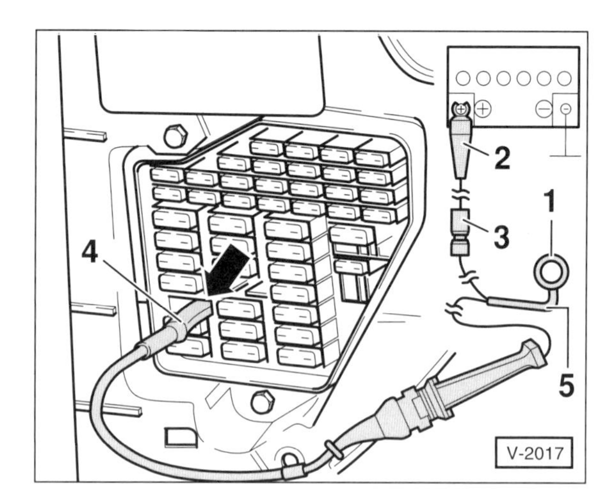

- Sicherung Nr. 28 für Kraftstoffpumpe im Sicherungskasten herausziehen. Die Sicherungen befinden sich unter einer Abdeckung, auf der linken Seite des Kombiinstruments (linke Reihe, 5. große Sicherung von oben).
- Fernbedienung mit dem Flachstecker in die Kontakte der Sicherung einstecken.
- Fernbedienung mit der Krokodilklemme an den Batterie-Pluspol (+) anschließen.
- Wird der Druckkontaktschalter der Fernbedienung betätigt, läuft die Kraftstoffpumpe hörbar an.

Kraftstoffpumpe prüfen

Benzinmotor

Die Kraftstoffpumpe befindet sich im Tank.

Sicherheitshinweise

- **Kein offenes Feuer, nicht rauchen, keine glühenden oder sehr heißen Teile in die Nähe des Arbeitsplatzes bringen. Unfallgefahr! Feuerlöscher bereitstellen.**
- **Unbedingt für gute Belüftung des Arbeitsplatzes sorgen. Kraftstoffdämpfe sind giftig.**
- Das Kraftstoffsystem steht unter Druck. Beim Öffnen der Anlage kann Kraftstoff herausspritzen, daher austretenden Kraftstoff mit einem Lappen auffangen. **Schutzbrille tragen.**

Prüfvoraussetzungen: Batterie sollte voll geladen sein, jedoch eine Spannung von mindestens 11,5 Volt aufweisen.

Spannungsversorgung prüfen

- Sicherung Nr. 28 für Kraftstoffpumpe prüfen. Defekte Sicherung auswechseln.
- Anlasser kurz betätigen, die Kraftstoffpumpe muss **kurzzeitig** (ca. 1 Sekunde) hörbar anlaufen. Bei hohem Umgebungsgeräuschpegel wird zur Hörprobe eine Helfer in der Nähe der Kraftstoffpumpe benötigt.

- Läuft die Pumpe nicht an, Fernbedienung anschließen, siehe entsprechendes Kapitel.
- Schalter der Fernbedienung drücken. Wenn die Pumpe jetzt anläuft ist das Kraftstoffpumpenrelais zu prüfen, siehe entsprechendes Kapitel.

Läuft die Kraftstoffpumpe nicht an, ist folgendermaßen vorzugehen:

- Rücksitzbank hochklappen und Abdeckung für Tankgeber und Kraftstoffpumpe abschrauben.

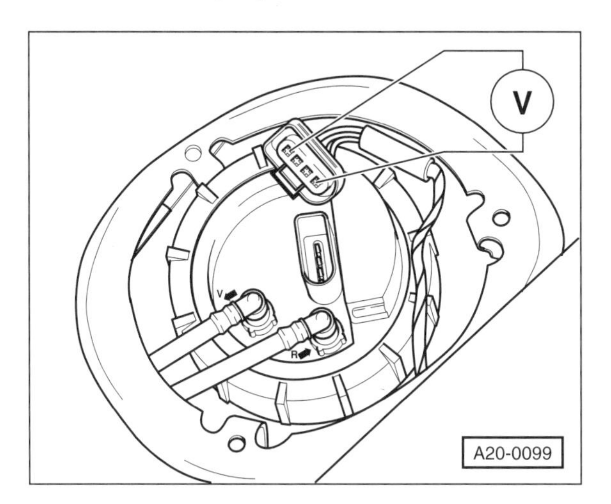

- Steckverbindung für Tankgeber und Kraftstoffpumpe abziehen.
- Diodenprüflampe oder Voltmeter an die beiden äußeren Kontakte des Steckers anschließen, siehe Abbildung.
- Fernbedienung drücken. Das Messgerät muss ca. Batteriespannung (12 Volt) anzeigen, sonst Leitungsunterbrechung nach Stromlaufplan ermitteln und beseitigen.
- Wenn Batteriespannung angezeigt wird, Tankgeber ausbauen, siehe entsprechendes Kapitel.
- Prüfen, ob die elektrischen Leitungen zwischen Flansch und Kraftstoffpumpe angeschlossen sind beziehungsweise guten Kontakt haben. Leitungen vom Gebergehäuse zur Kraftstoffpumpe mit Ohmmeter und Hilfsleitungen auf Durchgang prüfen und gegebenenfalls Unterbrechung beseitigen, siehe Kapitel »Fehlersuche in der elektrischen Anlage« auf Seite 55.
- Liegt keine Unterbrechung vor, Kraftstoffpumpe ersetzen.
- Kraftstoffpumpe und Tankgeber einbauen, elektrische Leitungen anschließen.

Fördermenge prüfen

- Zum Druckabbau Tank-Verschlussdeckel abnehmen und wieder anbringen.

Sicherheitshinweis
Die Kraftstoffvorlaufleitung steht unter Druck! Vor dem Lösen der Schlauchverbindungen einen dicken Putzlappen um die Verbindungsstelle legen. Dann durch vorsichtiges Abziehen des Schlauches den Druck abbauen. **Schutzbrille tragen.**

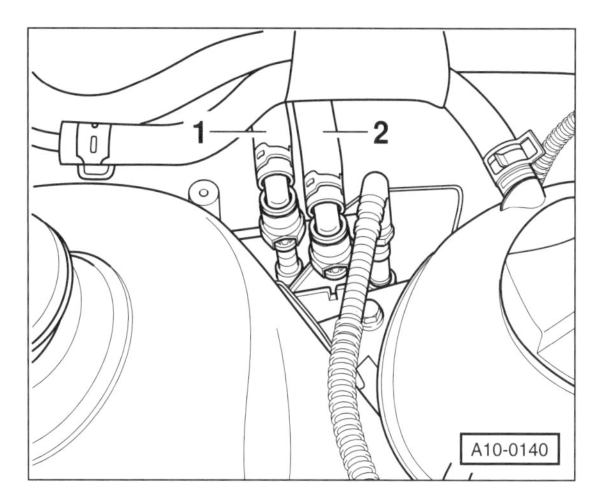

- Kraftstoff-Rücklaufleitung –2– am Kraftstoffverteiler abziehen, dabei Entriegelungstasten der Schnellkupplung eindrücken. 1 – Kraftstoff-Vorlaufleitung.
- Kraftstoffresistenten Hilfsschlauch mit einem Zwischenstück an die Kraftstoff-Rücklaufleitung vom Motor anschließen und in ein Messgefäß halten.
- Voltmeter an die Batterie anschließen.
- Schalter der Fernbedienung **15 Sekunden** betätigen. Dabei die angezeigte Batteriespannung ablesen und notieren.

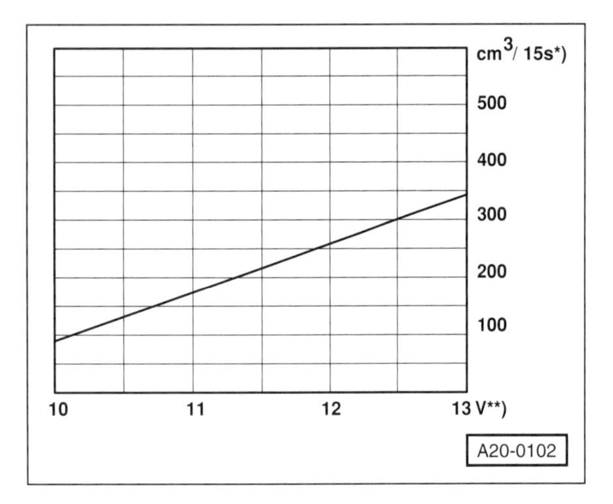

*) Mindestfördermenge $cm^3/15$ s.
**) Spannung an der Kraftstoffpumpe bei Motorstillstand und laufender Pumpe (ca. 2 Volt weniger als Batteriespannung).

- Geförderte Kraftstoffmenge mit dem Sollwert im Diagramm vergleichen.

Beispiel: Während der Prüfung wird eine Spannung von 12,5 Volt an der Batterie gemessen. Da die Spannung an der Kraftstoffpumpe ca. 2 Volt geringer als die Batteriespannung ist, ergibt sich daraus eine Spannung an der Kraftstoffpumpe von 10,5 Volt (12,5 – 2 = 10,5). Dieser Spannung entspricht eine Mindest-Fördermenge von 130 $cm^3/15$ s.

- Ist die Spannungsversorgung in Ordnung, die Fördermenge jedoch zu gering, prüfen, ob die Kraftstoffleitungen geknickt oder verstopft sind.
- Prüfen, ob der Kraftstofffilter verstopft ist. Dazu Prüfung der Fördermenge mit neuem Kraftstofffilter wiederholen.
- Wird die Mindestfördermenge weiterhin nicht erreicht, Kraftstoff-Fördereinheit ausbauen und Filtersieb auf Verschmutzung prüfen, gegebenenfalls reinigen.
- Wird kein Fehler gefunden, Rückschlagventil der Kraftstoffpumpe prüfen (Werkstattarbeit).

Achtung: Falls die Mindestfördermenge erreicht wird, der Fehler aber dennoch in der Kraftstoffversorgung vermutet wird (zum Beispiel zeitweiser Ausfall der Kraftstoffversorgung), Stromaufnahme der Kraftstoffpumpe mit Amperemeter prüfen. **Sollwert:** max. 8 A. Wird die Stromaufnahme überschritten, Kraftstoffpumpe ersetzen.

Hinweis: Bei zeitweiser Störung der Kraftstoffanlage kann diese Prüfung auch während einer Probefahrt durchgeführt werden. Dazu ist ein Helfer erforderlich.

- Fernbedienung abbauen und Sicherung Nr. 28 einsetzen.
- Abdeckung für Tankgeber anschrauben.
- Rücksitzbank herunterklappen.

Kraftstoffpumpenrelais prüfen

Benzinmotor

Das Kraftstoffpumpenrelais befindet sich in der Zentralelektrik, Relaisplatz 4 auf der Fahrerseite unter dem Kombiinstrument, siehe Abbildung A24-0100. Es ist zu prüfen, wenn die Kraftstoffpumpe nicht läuft.

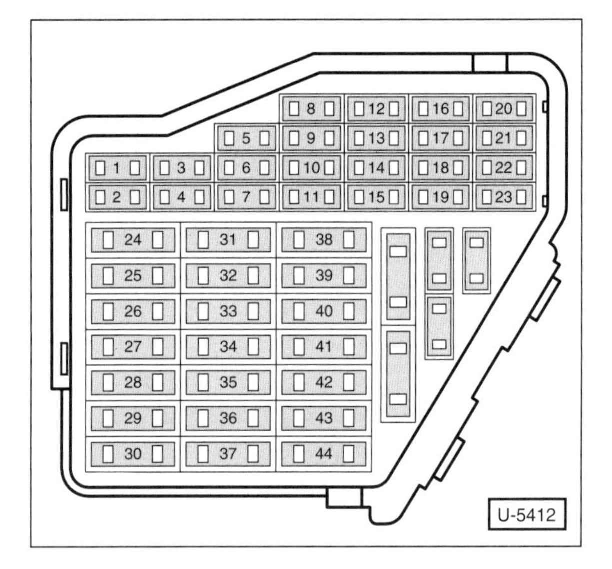

- Sicherung Nr. 28 für Kraftstoffpumpe herausziehen.
- Diodenprüflampe mit Hilfsleitungen zwischen Masse und einem der beiden Kontakte der Sicherung für die Kraftstoffpumpe anschließen.
- Ablage im Fahrerfußraum links ausbauen, siehe Seite 256.
- Anlasser betätigen, das Kraftstoffpumpenrelais muss fühl- und hörbar anziehen. Außerdem muss die Diodenprüflampe aufleuchten.
- Zieht das Relais nicht an, Spannungsversorgung und Ansteuerung prüfen, siehe Abschnitt »Spannungsversorgung prüfen« und »Ansteuerung prüfen«.
- Leuchtet die Diodenprüflampe nicht, obwohl das Relais anzieht, Prüfung am anderen Sicherungskontakt wiederholen.
- Leuchtet die Diodenprüflampe wieder nicht, Leitungsverbindung zwischen Kontakt 23 am Relaisplatz 4 und der Sicherung für die Kraftstoffpumpe nach Stromlaufplan auf Durchgang prüfen, gegebenenfalls Leitungsunterbrechung beseitigen.
- Sind die Spannungsversorgung, die Ansteuerung und die Leitungsverbindungen des Kraftstoffpumpenrelais in Ordnung, Kraftstoffpumpenrelais erneuern.

Spannungsversorgung prüfen

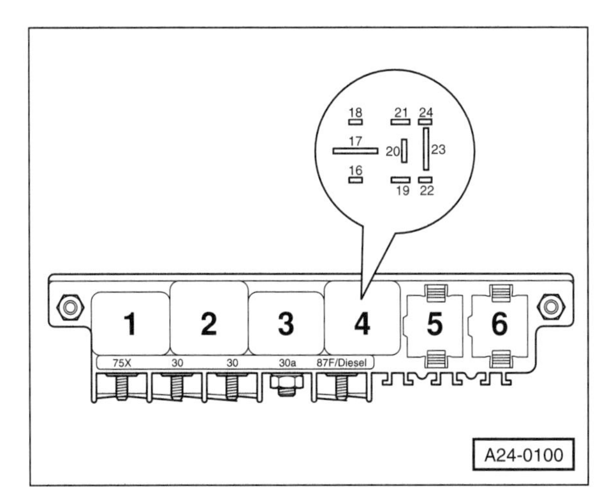

- Kraftstoffpumpen-Relais mit Relais-Zange, zum Beispiel HAZET 4770-1, aus der Relaisplatte (Relaisplatz Nr. 4) herausziehen.
- Zündung einschalten.
- Voltmeter nacheinander wie folgt am Relaissockel anschließen:
  - zwischen Kontakt 19 (plus vom Zündschloss) und Masse;
  - zwischen Kontakt 17 (Dauerplus von Batterie) und Masse.

  Sollwert: jeweils ca. 12 Volt (Batteriespannung).
  Andernfalls Leitungsunterbrechung nach Stromlaufplan ermitteln und beseitigen.
- Zündung ausschalten.

Ansteuerung prüfen

- Diodenprüflampe mit Hilfsleitungen zwischen Kontakt 16 (Masseansteuerung vom Motorsteuergerät) und Kontakt 17 (plus) des Relaissockels anschließen.
- Anlasser betätigen. Dabei muss die Leuchtdiode ständig aufleuchten. Andernfalls Leitungsunterbrechung zum Motor-Steuergerät nach Stromlaufplan ermitteln und beseitigen beziehungsweise Steuergerät ersetzen (Werkstattarbeit).

Hinweis: Diodenprüflampen mit geringer Stromaufnahme leuchten bei nicht betätigtem Anlasser schwach, sie erlöschen nicht ganz.

- Sicherung für Kraftstoffpumpe einsetzen.
- Ablage im Fahrerfußraum einbauen, siehe Seite 256.

Motormanagement

Aus dem Inhalt:

- Benzineinspritzung
- Systemübersicht
- Zündung
- Zündverteiler
- Dieseleinspritzung
- Diesel-Vorglühanlage

Das elektronische Motormanagement steuert die Zumessung des Kraftstoff-/Luftgemischs und das Zündsystem. Bei den im SKODA OCTAVIA verwendeten Benzinmotoren kommen unterschiedliche Systeme zum Einsatz. Zum Beispiel:

Motor	Motorsteuerung
1,6-l-Motor, 75 PS	1 AVM
1,6-l-Motor, 100 PS	Simos 2
1,8-l-Motor, 125 PS	Motronic 3.8.5
2,0-l-Motor, 115 PS	Motronic M5.9.2

Die Vorteile des elektronischen Motormanagements sind:

- Genau dosierte Kraftstoffmenge in jedem Betriebszustand des Motors. Dadurch ergibt sich ein geringer Kraftstoffverbrauch bei guten Fahrleistungen.
- Reduzierung der Abgas-Schadstoffe durch exakte Kraftstoffzumessung und die Verwendung eines Katalysators.
- Eigendiagnose des Motormanagements, dadurch schnelleres Auffinden von Defekten. Das System ist mit einem Fehlerspeicher ausgestattet. Treten während des Betriebs Defekte auf, so werden diese im Speicher abgelegt. Sollte der Motor nicht einwandfrei arbeiten, so kann die Fachwerkstatt gegen Kostenerstattung eine Fehlerliste ausdrucken, damit gegebenenfalls der Defekt dann selbst behoben werden kann.

Das Steuergerät entspricht einem kleinen, sehr schnell arbeitenden Computer. Es bestimmt den optimalen Zündzeitpunkt, den Einspritzzeitpunkt und die Kraftstoff-Einspritzmenge. Dabei erfolgt eine Abstimmung des Steuergeräts mit anderen Fahrzeugsystemen, beispielsweise der Getriebesteuerung oder der Wegfahrsperre.

Die Bauteile des Motormanagements sind langzeitstabil und praktisch wartungsfrei. Nur der Luftfilter sowie die Zündkerzen müssen im Rahmen der Wartung gewechselt werden. Wesentliche Einstell- und Reparaturarbeiten können nur mit Hilfe von teuren Prüfgeräten durchgeführt werden, so dass diese Arbeiten nur noch von entsprechend ausgerüsteten Fachwerkstätten ausgeführt werden können.

Das Einstellen von Leerlaufdrehzahl und CO-Wert (Benziner) ist im Rahmen der Fahrzeugwartung nicht erforderlich.

Sicherheitsmaßnahmen bei Arbeiten am Motormanagement

Das Kraftstoffsystem steht unter Druck! Vor dem Lösen der Schlauchverbindungen einen dicken Putzlappen um die Verbindungsstelle legen. Dann durch vorsichtiges Abziehen des Schlauches den Druck abbauen.
Um Verletzungen von Personen und/oder eine Zerstörung der Einspritz- und Zündanlage zu vermeiden, ist Folgendes zu beachten:

- Zündleitungen bei laufendem Motor beziehungsweise bei Anlassdrehzahl nicht berühren oder abziehen.
- Leitungen der Einspritz- und Zündanlage – auch Messgeräteleitungen – nur bei ausgeschalteter Zündung ab- und anklemmen.
- Personen mit einem Herzschrittmacher sollen keine Arbeiten an der elektronischen Zündanlage durchführen.
- Bei der Kompressionsdruckprüfung darf kein Kraftstoff eingespritzt werden, daher Hinweise im Kapitel »Kompressionsdruck prüfen« beachten.

Achtung: Bei Arbeiten am Einspritzteil des Systems sind auch die allgemeinen Sicherheits- und Sauberkeitsregeln zu beachten, siehe Kapitel »Kraftstoffanlage«.

Hinweise für die Überprüfung des Motormanagements:

- Zur Fehlersuche zuerst den Fehlerspeicher abfragen sowie die Unterdruckanschlüsse auf Dichtigkeit beziehungsweise Falschluft prüfen.
- Zur einwandfreien Funktion der elektrischen Bauteile ist eine Batteriespannung von mindestens 11,5 V erforderlich.
- Springt der Motor nach der Fehlersuche, einer Reparatur oder nach Prüfungen von Bauteilen nur kurz an und geht dann aus, kann das daran liegen, dass die Wegfahrsicherung das Steuergerät sperrt. Dann muss der Fehlerspeicher abgefragt werden und gegebenenfalls das Steuergerät angepasst werden (Werkstattarbeit).

Benzin-Einspritzanlage

Bei Ottomotoren wird der Kraftstoff aus dem Kraftstoff-Vorratsbehälter von der elektrischen Kraftstoffpumpe angesaugt und über den am Fahrzeugunterboden angebrachten Kraftstofffilter zu den Einspritzventilen gefördert. Ein Druckregler hält den Druck im Kraftstoffsystem konstant.

Über elektrisch angesteuerte Einspritzventile wird der Kraftstoff stoßweise in das entsprechende Ansaugrohr direkt vor die Einlassventile des Motors gespritzt. Das Motor-Steuergerät regelt die Einspritzzeit und dadurch die Einspritzmenge.

Die vom Motor über den Luftfilter angesaugte Verbrennungsluft gelangt über das Drosselklappenteil sowie das Ansaugrohr bis zu den Einlassventilen.

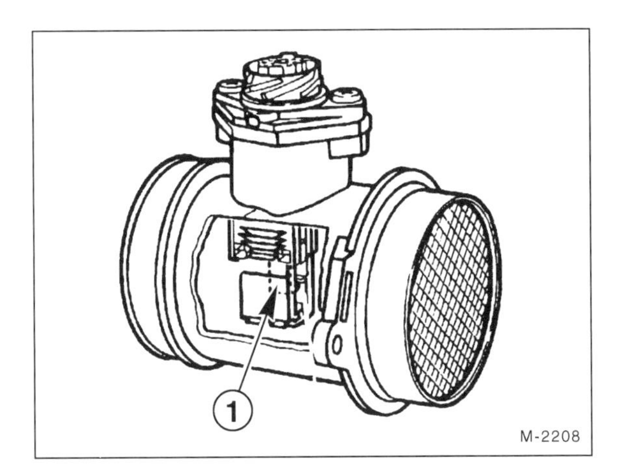

Die angesaugte Luftmasse bestimmt die einzuspritzende Kraftstoffmenge. Gemessen wird die Luftmasse im Ansaugrohr von einem Heißfilm-Luftmassenmesser. Im Gehäuse des Luftmassenmessers befindet sich eine elektrisch erwärmte Sensorplatte –1–, die durch die vorbei streichende Ansaugluft abgekühlt wird. Um die Temperatur der Sensorplatte konstant zu halten, ändert sich der Heizstrom entsprechend der angesaugten Luftmasse. Anhand des Heizstromes erkennt das Steuergerät somit den Lastzustand des Motors und regelt dementsprechend die Einspritzmenge.

Informationen von verschiedenen Sensoren (Fühlern) und Befehle an Stellglieder (Aktoren) sorgen in jeder Fahrsituation für einen optimalen Motorbetrieb. Fallen wichtige Sensoren aus, schaltet das Steuergerät auf ein Notlaufprogramm um, damit Motorschäden vermieden werden und weitergefahren werden kann. Der Ausfall von Sensoren kann nicht unbedingt durch schlechteren Motorlauf wahrgenommen werden, spätestens bei der nächsten Abgasuntersuchung (AU) wird er jedoch beim Abfragen des Fehlerspeichers des Motormanagements angezeigt. Sollte verschlechterter Motorlauf festgestellt werden, schnellstmöglich eine Fachwerkstatt aufsuchen und Fehler beheben lassen.

Sensoren und Aktoren für das Motormanagement

- Die **Drosselklappe** sitzt in einer zentralen **Steuereinheit**, in der verschiedene Funktionen integriert sind. Vornehmliche Aufgabe der Steuereinheit ist es, unter allen Betriebsbedingungen und Motorbelastungen den Leerlauf des Motors zu stabilisieren: Der Leerlaufschalter übermittelt dem Steuergerät die Leerlaufstellung der Drosselklappe. Das Steuergerät öffnet oder schließt über einen Stellmotor (Drosselklappensteller) die Drosselklappe und regelt so die Leerlaufdrehzahl auf den Sollwert.
- Die **Geber für Kühlmitteltemperatur** und **Geber für Ansauglufttemperatur** übermitteln die aktuelle Temperatur durch ihren elektrischen Widerstand. Der Widerstand verringert sich bei steigender Temperatur.
- Die Tankentlüftung besteht aus dem **Aktivkohlebehälter** und einem **Magnetventil.** Im Aktivkohlebehälter werden Kraftstoffdämpfe gespeichert, die sich durch Erwärmung des Kraftstoffs im Tank bilden. Bei laufendem Motor werden die Kraftstoffdämpfe aus dem Aktivkohlebehälter abgesaugt und dem Motor zur Verbrennung zugeführt.
- Die **Lambdasonde** (Sauerstoffsensor) misst den Sauerstoffgehalt im Abgasstrom und schickt entsprechende Spannungssignale an das Motor-Steuergerät.
- Eine **Anti-Klopfregelung** dient der Ermittlung und Einstellung des optimalen Zündzeitpunkts.
- **Beim 1,6-l-Motor (100 PS) und beim 1,8-l-Motor (125 PS) ab 8/97** kommt ein **Schaltsaugrohr** zum Einsatz, das in Abhängigkeit von der Motordrehzahl die Luftstrecke zu den Zylindern variiert. Dazu ist im Ansaugrohr eine pneumatisch betätigte Schaltklappe eingebaut. Ein langer Ansaugweg sorgt bei niedrigen Drehzahlen durch Resonanzeffekte für eine gute Zylinderfüllung und damit für ein hohes Drehmoment. Bei hohen Drehzahlen wird der Ansaugweg verkürzt, um das Leistungspotenzial des Motors voll nutzen zu können.
- **1,8-l-Motor (125-PS):** Um in unterschiedlichen Drehzahlbereichen eine optimale Ausbeute an Leistung beziehungsweise Drehmoment zu erhalten, werden die Öffnungs- und Schließzeiten der Einlassventile drehzahlabhängig verstellt. Die Öffnungs- und Schließzeiten werden üblicherweise von der starren Nockenwelle bestimmt. Um dennoch eine variable Nockenverstellung zu ermöglichen, sind Aus- und Einlassnockenwelle über eine Kette miteinander verbunden, bei der ein hydraulischer Verstellmechanismus in Abhängigkeit von der Motordrehzahl den Umlenkpunkt dieser Steuerkette verändert. Dadurch lässt sich der zeitliche Abstand zwischen Betätigung der Einlassventile zu den Auslassventilen variieren. Zur Erhöhung des Drehmoments setzt im unteren bis mittleren Drehzahlbereich die Verstellung ein, und zwar öffnet und schließt die Einlassnockenwelle die Ventile früher. Im oberen Drehzahlbereich hingegen wird die Verstellung deaktiviert, der Motor arbeitet dann leistungsoptimiert.

Motronic – Einbauübersicht

1,6-l-Benzinmotor (100 PS), ab 08/97

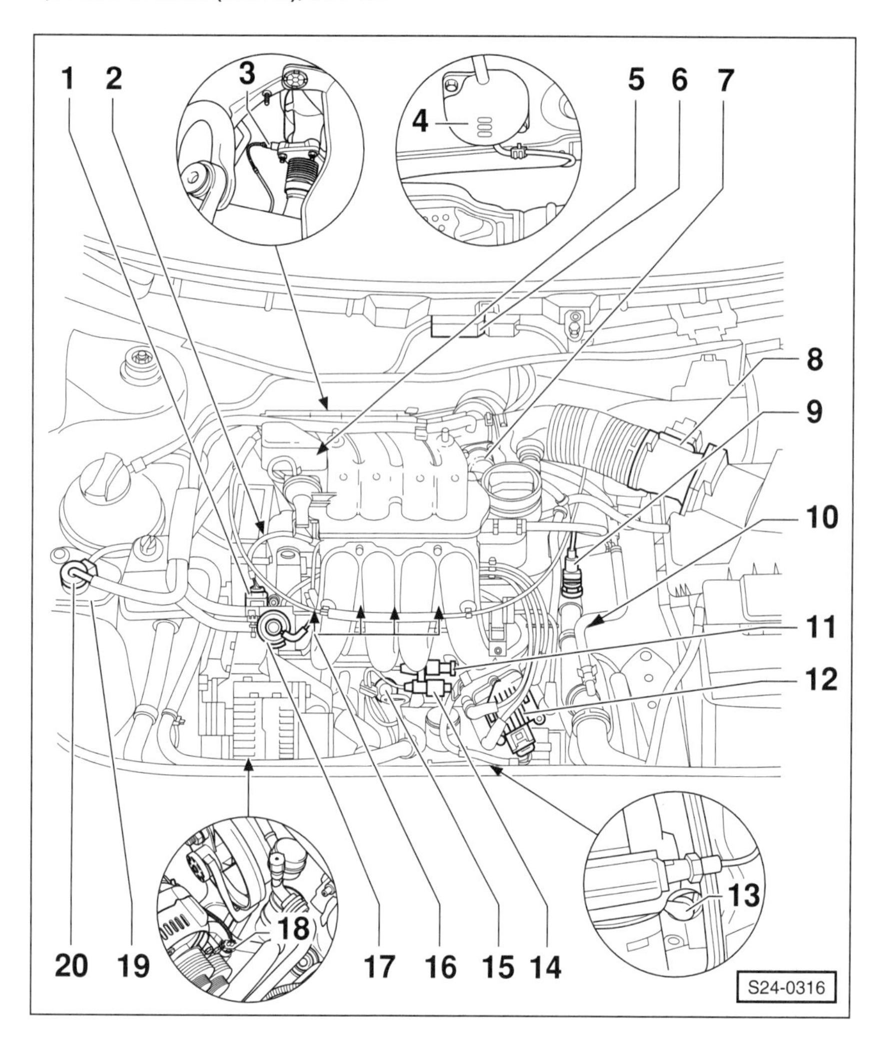

1 – **Steckverbindung, 3-fach**
Für Hallgeber, schwarz.

2 – **Hallgeber**
Unter der oberen Zahnriemenabdeckung.

3 – **Lambdasonde**
Mit Lambdasondenheizung.
Einbauort:
Motor AEH: Katalysator
Motor AKL: Abgaskrümmer, siehe Abbildung.

4 – **Steckverbindung, 4-fach**
Für Lambdasonde und Lambdasondenheizung. Rechts unter der Abdeckung.

5 – **Ventil für Registersaugrohrumschaltung**

6 – **Motor-Steuergerät für Simos 2 Motormanagement**

7 – **Drosselklappen-Steuereinheit**

8 – **Luftmassenmesser mit Geber für Ansauglufttemperatur**

9 – **Geber für Kühlmitteltemperatur**

10 – **Masseanschluss**
Am Getriebe.

11 – **Steckverbindung, 3-fach**
Für Klopfsensor 1.

12 – **Zündspulen mit Leistungsendstufe**

13 – **Geber für Motordrehzahl**

14 – **Steckverbindung, 3-fach**
Für Geber –13–.

15 – **Klopfsensor 1**

16 – **Einspritzventile**

17 – **Kraftstoff-Druckregler**

18 – **Druckschalter für Servolenkung**

19 – **Aktivkohlebehälter**

20 – **Magnetventil 1 für Aktivkohlebehälter**

Saugrohr/Kraftstoffverteiler/Einspritzventile

1,8-l-Benzinmotor (125 PS), ab 08/97

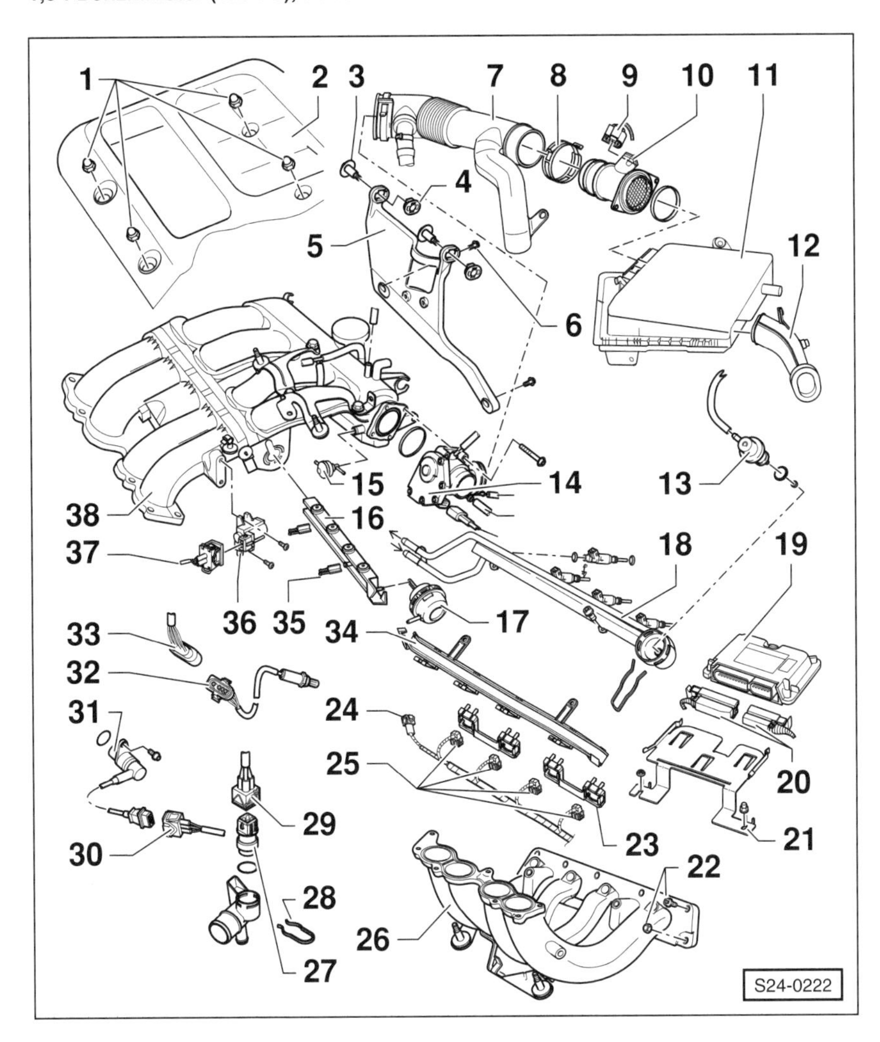

1 – **Schrauben, 10 Nm**

2 – **Saugrohrabdeckung**

3 – **Schraube, 20 Nm**

4 – **Gummistützlager**

5 – **Halter für Saugrohr**
Am Zylinderkopf verschraubt.

6 – **Schraube, 25 Nm**

7 – **Ansaugschlauch**

8 – **Klemmschelle**

9 – **Anschlussstecker**
5-polig. Für Luftmassenmesser und Geber für Ansauglufttemperatur.

10 – **Luftmassenmesser und Geber für Ansauglufttemperatur**

11 – **Luftfilter**

12 – **Ansaugstutzen**

13 – **Kraftstoff-Druckregler**

14 – **Drosselklappen-Steuereinheit**

15 – **Rückschlagventil**
Für Unterdruckbehälter im Saugrohr. Einbaulage beachten.

16 – **Schaltgestänge**
Für Registersaugrohrumschaltung.

17 – **Unterdruckdose**
Für Registersaugrohrumschaltung.

18 – **Kraftstoffverteiler mit Einspritzventilen**

19 – **Steuergerät für Motronic**
Einbauort: Im Wasserkasten mitte.

20 – **Anschlussstecker**
Bei ausgeschalteter Zündung abziehen oder aufstecken.

21 – **Befestigungsplatte**

22 – **Schrauben, 10 Nm**

23 – **Steckeranschlusssicherung**
Für Stecker für Einspritzventile.

24 – **Anschlussstecker**
Für Hallgeber.

25 – **Anschlussstecker**
Für Einspritzventile.

26 – **Saugrohr-Unterteil**

27 – **Geber für Kühlmitteltemperatur**

28 – **Halteklammer**

29 – **Anschlussstecker, 6-polig**

30 – **Steckverbindung, 3-fach**
Für Motordrehzahlgeber.

31 – **Geber für Motordrehzahl**

32 – **Lambdasonde, 55 Nm**
Gewinde mit »G5« fetten. Darauf achten, dass das Fett »G5« nicht auf die Schlitze gelangt.

33 – **Steckverbindung, 4-fach**
Für Lambdasonde und Lambdasondenheizung.

34 – **Kabelführung**
Mit Kraftstoffverteiler am Saugrohr angeschraubt.

35 – **Verriegelungsrasten**
Für Schaltgestänge –16–.

36 – **Ventil für Registersaugrohrumschaltung**

37 – **Anschlussstecker**
Für Ventil –36–.

38 – **Saugrohr-Oberteil**

Störungsdiagnose Benzin-Einspritzanlage

Störungen in der Steuerelektronik lassen sich praktisch nur noch mit speziellen Messgeräten herausfinden. Bevor anhand der Störungsdiagnose ein Fehler aufgespürt wird, müssen folgende Prüfvoraussetzungen erfüllt sein: Bedienungsfehler beim Starten ausgeschlossen. Korrekter Startvorgang, siehe Seite 190.

Kraftstoff im Tank, Motor mechanisch in Ordnung, Batterie geladen, Anlasser dreht mit ausreichender Drehzahl, Zündanlage ist in Ordnung, keine Undichtigkeiten an der Kraftstoffanlage, Verschmutzungen im Kraftstoffsystem ausgeschlossen, Kurbelgehäuse-Entlüftung in Ordnung, elektrische Masseverbindungen »Motor-Getriebe-Aufbau« vorhanden. Fehlerspeicher abfragen (Werkstattarbeit). **Achtung:** Wenn Kraftstoffleitungen gelöst werden, vorher unbedingt Kraftstoffdruck abbauen, siehe Seite 216.

Störung	Ursache	Abhilfe
Motor springt nicht an.	Elektro-Kraftstoffpumpe läuft beim Betätigen des Anlassers nicht an. Es sind keine Laufgeräusche hörbar.	■ Prüfen, ob Spannung an der Pumpe anliegt. Elektrische Kontakte auf gute Leitfähigkeit überprüfen.
	Sicherung für Kraftstoffpumpe defekt.	■ Sicherung überprüfen.
	Kraftstoffpumpen-Relais defekt.	■ Relais überprüfen.
	Einspritzventile erhalten keine Spannung.	■ Stecker von den Einspritzventilen abziehen, Diodenprüflampe an Zuleitung anschließen und Anlasser betätigen. Prüflampe muss flackern.
Der kalte Motor springt schlecht an, läuft unrund.	Geber für Kühlmitteltemperatur beziehungsweise Geber für Ansauglufttemperatur defekt.	■ Temperaturfühler prüfen.
Der Motor setzt aus.	Elektrische Verbindungen zur Kraftstoffpumpe zeitweise unterbrochen.	■ Steckverbindungen und Anschlüsse der Kraftstoffpumpe und des Kraftstoffpumpen-Relais auf gute Leitfähigkeit prüfen.
	Kraftstofffilter verstopft.	■ Kraftstofffilter erneuern.
	Kraftstoffpumpe defekt.	■ Kraftstoffpumpe prüfen, ggf. erneuern.
	Einspritzventil defekt.	■ Einspritzventile prüfen, ggf. erneuern.
Der Motor hat Übergangsstörungen.	Luftansaugsystem undicht.	■ Ansaugsystem prüfen. Dazu Motor im Leerlauf drehen lassen und Dichtstellen sowie Anschlüsse im Ansaugtrakt mit Benzin bestreichen. Wenn sich die Drehzahl kurzfristig erhöht, undichte Stelle beseitigen. **Achtung:** Benzindämpfe sind giftig, nicht einatmen!
	Kraftstoffsystem undicht.	■ Sichtprüfung an allen Verbindungsstellen im Bereich des Motors und der elektrischen Kraftstoffpumpe.
Der heiße Motor springt nicht an.	Druck im Kraftstoffsystem zu hoch.	■ Kraftstoffdruck prüfen lassen, gegebenenfalls Druckregler ersetzen.
	Rücklaufleitung zwischen Druckregler und Tank verstopft oder geknickt.	■ Leitung reinigen oder ersetzen.

Zündanlage

Bei den Ottomotoren mit elektronischer Zündung stützt sich das Steuergerät zur Ermittlung des richtigen Zündzeitpunktes auf ein elektronisch gespeichertes Zündkennfeld. Synchronisiert wird die Zündanlage durch Signale, die ein Hall- beziehungsweise Impulsgeber an das Motor-Steuergerät abgibt. Eine Anti-Klopfregelung ermöglicht den wirtschaftlichen Betrieb mit hoher Verdichtung und gleicht unterschiedliche Kraftstoffqualitäten aus. Ein Klopfsensor am Motorblock registriert klopfende Verbrennungen im Motor und veranlasst durch entsprechende Impulse das Motor-Steuergerät, die Zündung in Richtung »spät« zu verstellen. Dadurch wird das Klopfen des Motors verhindert und Motorschäden werden vermieden. Die Motoren mit 1,8- und 2,0-Liter-Hubraum verfügen über 2 Klopfsensoren am Motorblock.

Das Zündsystem arbeitet verschleiß- und wartungsfrei. Nur die Zündkerzen müssen nach den Wartungsvorschriften erneuert werden.

Bei Arbeiten an der elektronischen Zündanlage sind Sicherheitsmaßnahmen zu beachten, um Verletzungen von Personen oder die Zerstörung der Zündanlage zu vermeiden, siehe Seite 216.

Direktzündung

Die Zündverteilung bei den Benzinmotoren mit 100 - 150 PS erfolgt durch elektronische Bauteile. Die Benzinmotoren mit 100 – 125 PS verfügen über 2 Zündspulen, die zusammen in einem Gehäuse mit der Leistungsendstufe am Zylinderkopf angeschraubt sind. Je eine Zündspule liefert die Spannung für 2 Zündkerzen. Beim 1,8-l-Turbomotor sowie beim 1,4-l-Motor ab 1/02 sind 4 Einzelzündspulen direkt auf den Zündkerzen angebracht; Zündkabel sind also nicht vorhanden.

Verteilerzündung

Der 1,6-l-Benzinmotor mit 75 PS verfügt über einen herkömmlichen, mechanisch arbeitenden Hochspannungs-Zündverteiler mit Verteilerläufer, der die Zündspannung in der richtigen Reihenfolge auf die Zündkerzen verteilt. Dem Verteiler ist eine Zündspule vorgeschaltet, die die erforderliche Zündspannung für die Zündkerzen liefert.

Zündkerzentechnik

Die Zündkerze besteht aus der Mittel-Elektrode, dem Isolator mit Gehäuse und der Masse-Elektrode. Zwischen Mittel- und Masse-Elektrode springt der Zündfunke über, der das Kraftstoffluftgemisch entzündet. Man sollte niemals vom vorgeschriebenen Zündkerzentyp abweichen, der unter anderem von der Wärmewert-Kennzahl bestimmt wird.

Die Wärmewert-Kennzahl gibt den Grad der Wärmebelastbarkeit einer Zündkerze an. Je niedriger die Wärmewert-Kennzahl einer Zündkerze ist, desto höher ist die Wärmebelastbarkeit. Die Zündkerze kann also die Wärme besser ableiten, wodurch schädliche Glühzündungen (Motorklopfen) verhindert werden. Eine Zündkerze mit hoher Wärmebelastbarkeit hat allerdings den Nachteil, dass ihre Selbstreinigungstemperatur ebenfalls höher liegt. Sie neigt daher schneller zum Verrußen, insbesondere dann, wenn der Motor häufig seine Betriebstemperatur während der Fahrt nicht erreicht (Stadtverkehr, Kurzstreckenverkehr im Winter).

Der richtige Zündkerzen-Wärmewert wird vom Automobilhersteller festgelegt. Es gibt Zündkerzen mit einem oder mehreren Polen, mit unterschiedlicher Gewindelänge und unterschiedlichem Gewindedurchmesser. Beim Auswechseln von Zündkerzen ist es deshalb wichtig, dass nur solche Kerzen verwendet werden, die der Vorschrift des Automobilherstellers entsprechen.

Die durchschnittliche Lebensdauer von Zündkerzen ist recht unterschiedlich. Dabei spielt auch der Elektrodenwerkstoff eine wichtige Rolle. Die Chrom-Nickel-Legierung zeichnet sich durch sehr hohe Wärmeableitung und hohe Korrosionsfestigkeit aus; Silber bietet das beste Wärmeleitvermögen aller Metalle und Platin-Elektroden verfügen über eine hohe Korrosions- und Abbrandfestigkeit. Die Lebensdauer von Zündkerzen beträgt zwischen 20.000 Kilometer und bis zu 100.000 Kilometer, je nachdem, welcher Elektrodenwerkstoff verwendet wurde und ob ein- oder mehrpolige Zündkerzen zum Einsatz kommen. SKODA schreibt vor, die Zündkerzen alle 60.000 km im Rahmen der Wartung zu erneuern.

Je nach Bauart der Motoren unterscheidet man zwischen zwei verschiedenen Abdichtungsarten zwischen Zündkerze und Zylinderkopf.

Der Flachdichtsitz hat einen unverlierbaren Außendichtring, der am Kerzenkörper angebracht ist. Beim Kegeldichtsitz ist keine zusätzliche Dichtung erforderlich. Bei beengten Einbauverhältnissen werden häufig Zündkerzen mit Flachdichtsitz und kleiner Schlüsselweite des Sechskants verwendet oder aber man verwendet Kegeldichtsitzkerzen, die aufgrund ihrer kompakten Bauart kleinere Außenmaße haben.

Hinweis: Zündkerzen auswechseln, siehe Kapitel »Wartung«.

Verteilerzündung

1,6-l-Benzinmotor (75 PS)

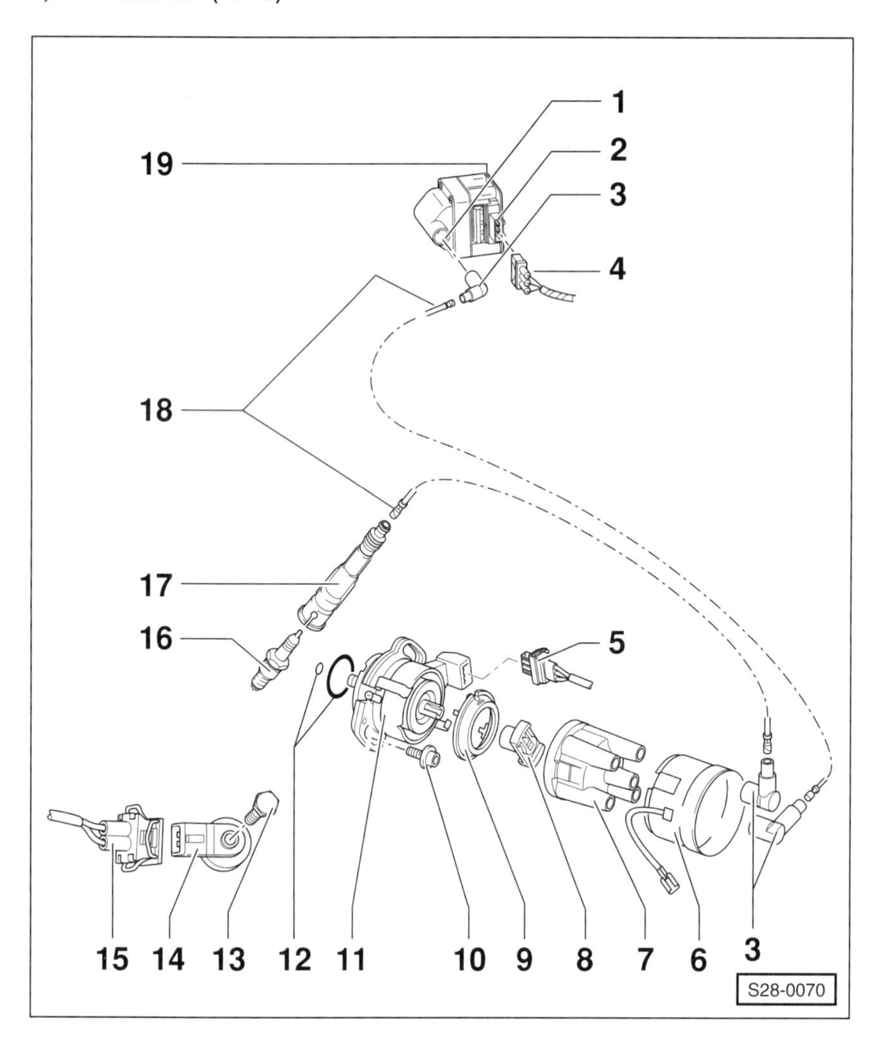

1 – **Zündtrafo**

2 – **Endstufe für Zündtrafo**
Nur die geschraubte Version ist einzeln ersetzbar.

3 – **Entstörstecker**
Widerstand: 0,6 – 1,4 kΩ.

4 – **Anschlussstecker**

5 – **Anschlussstecker, 3-fach**

6 – **Abschirmkappe**

7 – **Verteilerkappe**
Auf Risse und Spuren von Kriechströmen prüfen. Verschleiß der Kontakte prüfen. Vor dem Aufsetzen reinigen. Schleifkohle auf Verschleiß und Freigängigkeit prüfen.

8 – **Zündverteilerläufer**
Kennzeichnung »R1«. Sollwiderstand: 0,6 – 1,4 kΩ.

9 – **Staubschutzkappe**

10 – **Innenvielzahnschraube, 65 Nm**

11 – **Zündverteiler mit Hallgeber**
Prüfwert des Zündzeitpunkts bei 1150 – 1400/min: 3 – 8° vor OT. Einstellwert: 6 ± 1° vor OT.

12 – **O-Ring**
Bei Beschädigung ersetzen.

13 – **Schraube, 20 Nm**
Drehmoment möglichst genau einhalten, sonst arbeitet der Klopfsensor nicht korrekt.

14 – **Klopfsensor 1**

15 – **Anschlussstecker, 2-fach**

16 – **Zündkerze, 30 Nm**

17 – **Zündkerzenstecker**
4 – 6 kΩ.

18 – **Zündkabel**

19 – **Halter**

Direktzündung

1,8-l-Benzinmotor (125 PS)

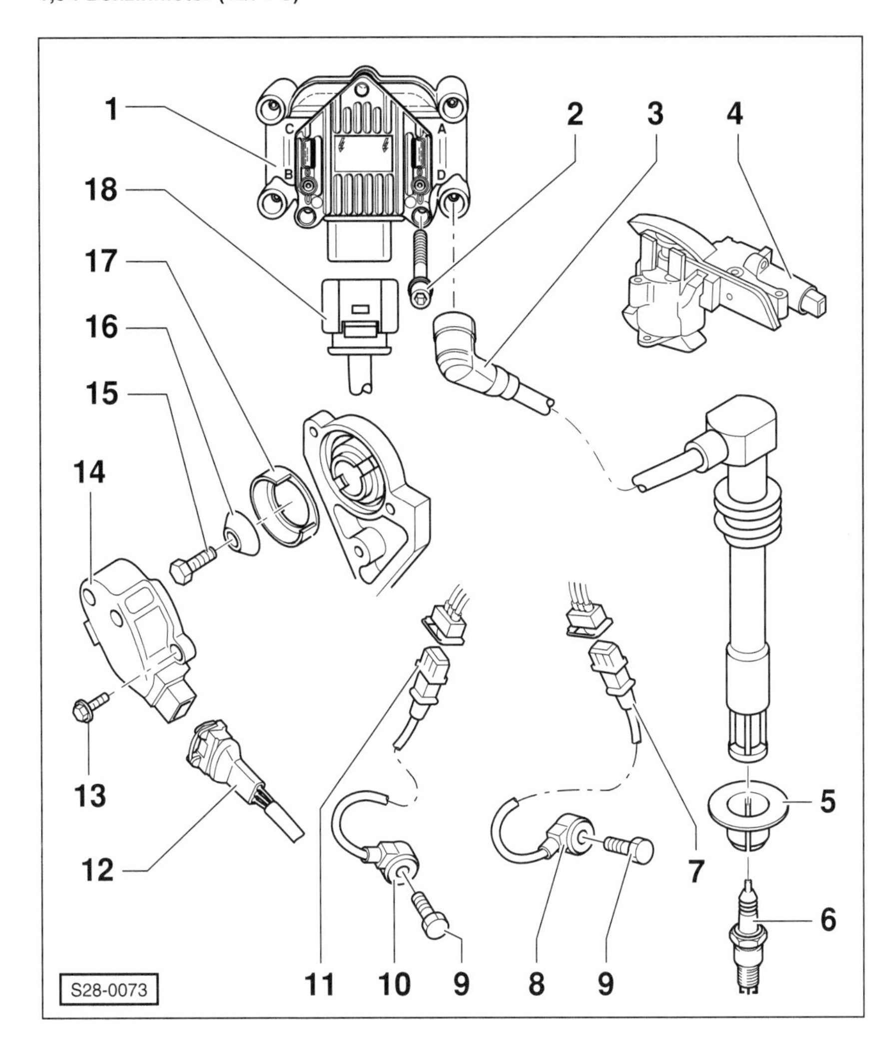

1 – **Zündspulen**
Mit Kennzeichnungen für Zündkabel: A = Zylinder 1
B = Zylinder 2
C = Zylinder 3
D = Zylinder 4
Der Widerstandswert zwischen den Anschlüssen B–C und A–D beträgt 4,0 – 6,0 kΩ bei einer Umgebungstemperatur von ca. 20° C.

2 – **Schrauben, 10 Nm**

3 – **Zündkabel**

4 – **Ventil für Nockenwellenverstellung**

5 – **Abdeckung**

6 – **Zündkerze, 30 Nm**

7 – **Anschlussstecker, 2-polig**

8 – **Klopfsensor 2**

9 – **Schraube, 20 Nm**
Drehmoment **genau** einhalten, sonst arbeitet der Klopfsensor anschließend nicht korrekt.

10 – **Klopfsensor 1**

11 – **Anschlussstecker, 2-polig**

12 – **Anschlussstecker, 3-polig**

13 – **Schraube, 10 Nm**

14 – **Hallgeber**

15 – **Schraube, 15 Nm**

16 – **Scheibe**

17 – **Blende für Hallgeber**
Einbaulage beachten, Montage nur in einer Stellung möglich. Blende in die Kerbe in der Nockenwelle einsetzen.

18 – **Anschlussstecker, 4-polig**

Dieseleinspritzung

Die Dieseleinspritzung wird vollelektronisch durch das Motormanagement geregelt. Die Vorteile des elektronischen Motormanagements sind:

- Eigendiagnose und dadurch schnelleres Auffinden von Defekten. Das System ist mit einem Fehlerspeicher ausgestattet. Treten während des Betriebs Defekte auf, werden diese im Speicher abgelegt. Sollte der Motor nicht einwandfrei arbeiten, kann die Fachwerkstatt gegen Kostenerstattung eine Fehlerliste ausdrucken, die Hinweise auf die Ursache gibt.
- Genau dosierte Kraftstoffmenge in jedem Betriebszustand des Motors, dadurch geringer Verbrauch bei guten Fahrleistungen.
- Reduzierung der Abgas-Schadstoffe durch exakte Kraftstoffzumessung.
- Das Einstellen von Leerlaufdrehzahl und Abregeldrehzahl ist nicht erforderlich.

Die Bauteile des Motormanagements sind langzeitstabil und praktisch wartungsfrei. Nur der Motor-Luftfiltereinsatz und der Kraftstofffilter müssen im Rahmen der Wartung gewechselt werden. Wesentliche Einstell- und Reparaturarbeiten können nur mit Hilfe von teuren Prüfgeräten durchgeführt werden, so dass diese Arbeiten nur noch von entsprechend ausgerüsteten Fachwerkstätten ausgeführt werden können.

Diesel-Einspritzverfahren

Beim Dieselmotor wird reine Luft in die Zylinder angesaugt und dort sehr hoch verdichtet. Dadurch steigt die Temperatur in den Zylindern über die Zündtemperatur des Dieselöls an. Wenn der Kolben kurz vor dem Oberen Totpunkt steht, wird in die hoch verdichtete und etwa +600° C heiße Luft Dieselöl eingespritzt. Das Dieselöl zündet von selbst, Zündkerzen sind also nicht erforderlich.

Bei sehr kaltem Motor kann es vorkommen, dass allein durch die Verdichtung die Zündtemperatur nicht erreicht wird. In diesem Fall muss vorgeglüht werden. Dazu befindet sich in jedem Brennraum eine Glühkerze, die den Brennraum aufheizt. Die Dauer des Vorglühens ist abhängig von der Umgebungstemperatur und wird durch das Motor-Steuergerät über ein Vorglührelais gesteuert.

Für die Einspritzung beim Dieselmotor gibt es 3 unterschiedliche Verfahren: Die Wirbel- oder Vorkammereinspritzung sowie die Direkteinspritzung.

Bei der **Wirbel- oder Vorkammereinspritzung** wird der Kraftstoff in die Vorkammer des betreffenden Zylinders eingespritzt. Das Gemisch entzündet sich sofort. Die Sauerstoffmenge, die in der Vorkammer vorhanden ist, reicht aber nur zur Verbrennung eines Teils des eingespritzten Kraftstoffs. Der übrige, unverbrannte Teil wird durch den bei der Verbrennung entstandenen Überdruck in den Verbrennungsraum geblasen. Dort verbrennt der Kraftstoff vollständig.

Die **Direkteinspritzung** spritzt den Kraftstoff direkt in den Brennraum ein, und zwar in die Brennmulde im Kolben.

Direkteinspritzung beim Dieselmotor mit 90 und 110 PS

Der Kraftstoff wird von der Verteiler-Einspritzpumpe aus dem Kraftstoffvorratsbehälter angesaugt. In der Einspritzpumpe wird der für die Diesel-Einspritzung erforderliche hohe Druck aufgebaut und der Kraftstoff entsprechend der Zündfolge auf die einzelnen Zylinder verteilt.

Dabei baut die Einspritzpumpe einen Druck von ca. 900 bar auf und spritzt den Kraftstoff mit Mehrstrahl-Einspritzdüsen in 2 Stufen ein. Zunächst erfolgt eine Voreinspritzung von einer geringen Menge Kraftstoff, wodurch die Zündbedingungen für die Hauptkraftstoffmenge verbessert werden. Daraus resultiert eine weichere und damit auch leisere Verbrennung, ähnlich wie bei der Wirbelkammereinspritzung.

Die Einspritzpumpe ist wartungsfrei. Alle beweglichen Teile der Pumpe werden mit Dieselöl geschmiert. Angetrieben wird die Einspritzpumpe von der Kurbelwelle über den Zahnriemen.

Direkteinspritzung beim Dieselmotor mit 100 PS

Die Diesel-Direkteinspritzung erfolgt durch ein **»Pumpe-Düse-System«**. Im Gegensatz zu den bisherigen Diesel-Einspritzsystemen, bei denen **eine** Einspritzpumpe den Kraftstoffdruck für alle Einspritzdüsen aufbaut, hat das Pumpe-Düse-System für jeden Zylinder eine eigene Einspritzpumpe. Einspritzpumpe, Steuerventil und Einspritzdüse sind wiederum zu einem Bauteil, der so genannten »Pumpe-Düse-Einheit«, zusammengefasst.

Der Dieselkraftstoff wird durch eine mechanische Kraftstoffpumpe zu den Pumpe-Düse-Einheiten gefördert. Die Kraftstoffpumpe ist zusammen mit der Vakuumpumpe am Zylinderkopf angeflanscht und wird direkt von der Nockenwelle angetrieben. Die 4 Einspritzpumpen der Pumpe-Düse-Einheiten werden durch zusätzliche Nocken an der Nockenwelle über Rollenkipphebel betätigt. Aufgrund des hohen Einspritzdrucks von ca. 2.000 bar wird der Kraftstoff sehr fein zerstäubt. Die Kraftstoff-Einspritzmenge wird vom Motor-Steuergerät über Magnetventile den Pumpe-Düse-Einheiten exakt zugeteilt.

Durch den hohen Druck in den Pumpe-Düse-Einheiten erwärmt sich der Kraftstoff sehr stark, was sich auf die Funktion des Tankgebers negativ auswirkt. Um den Kraftstoff zu kühlen, befindet sich ein Kraftstoffkühler im Kraftstoff-Rücklauf, am Unterboden des Fahrzeuges.

Bevor der Kraftstoff in die Einspritzpumpe beziehungsweise zu den Pumpe-Düse-Einheiten gelangt, durchfließt er den Kraftstofffilter. Dort werden Verunreinigungen und Wasser zurückgehalten. Es ist deshalb äußerst wichtig, den Kraftstofffilter entsprechend der Wartungsvorschrift zu entwässern beziehungsweise auszuwechseln.

Achtung: Bei Arbeiten an der Kraftstoffanlage Sicherheits- und Sauberkeitsregeln beachten, siehe Seite 207.

Funktionsweise des Diesel-Motormanagements

1,9-l-Turbodiesel (110 PS)

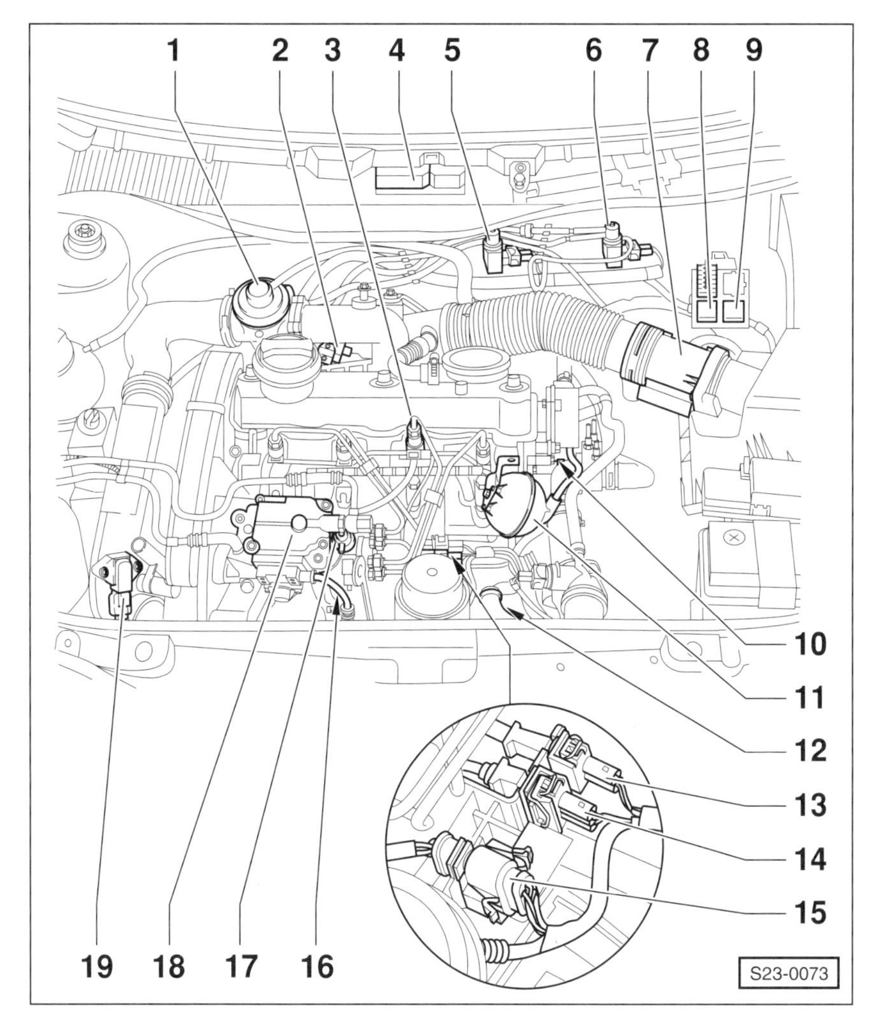

1 – **Saugstutzen**
Mit mechanischem Abgasrückführungsventil und Saugrohrklappe.

2 – **Umschaltventil für Saugrohrklappe**

3 – **Einspritzdüse mit Geber für Nadelhub**

4 – **Steuergerät für Diesel-Direkteinspritzanlage**
Mit Höhengeber.

5 – **Elektromagnetisches Ventil für Abgasrückführung**

6 – **Magnetventil für Ladedruckbegrenzung**

7 – **Luftmassenmesser**

8 – **Relais für große Heizleistung**
Kühlmittel-Vorwärmung, Fahrzeuge mit Sonderausstattung.

9 – **Relais für kleine Heizleistung**
Kühlmittel-Vorwärmung, Fahrzeuge mit Sonderausstattung.

10 – **Geber für Kühlmitteltemperatur**

11 – **Unterdruckbehälter**

12 – **Geber für Motordrehzahl**

13 – **Steckverbindung, 2-polig**

14 – **Steckverbindung, 3-polig**

15 – **Steckverbindung, 10-polig**

16 – **Ventil für Einspritzbeginn**

17 – **Kraftstoffabschaltventil**

18 – **Mengenstellwerk der Einspritzpumpe**

19 – **Geber für Saugrohrdruck und Geber für Saugrohrtemperatur**

Das Motor-Steuergerät ist ein kleiner, sehr schnell arbeitender elektronischer Rechner. Es bestimmt den optimalen Einspritzzeitpunkt und die Einspritzmenge.

Dazu verarbeitet das Steuergerät Informationen von Sensoren (Gebern, Fühlern) sowie von anderen Steuergeräten, beispielsweise von der Getriebesteuerung, Klimaanlage oder Wegfahrsperre. Für die Regelung des Motorlaufs gibt das Steuergerät Befehle an Aktoren (Stellglieder) und sorgt dadurch in jeder Fahrsituation für einen optimalen Motorbetrieb. Fallen wichtige Sensoren aus, schaltet das Steuergerät auf ein Notlaufprogramm um, damit einerseits Motorschäden vermieden werden und andererseits weitergefahren werden kann.

Sensoren und Aktoren der Diesel-Einspritzanlage

- Der **Kupplungspedalschalter** dient zur Vermeidung von Lastwechselschlägen und Ruckeln beim Auskuppeln.
- Der **Bremspedalschalter** (Bremslichtschalter) sorgt für ein Abregeln des Motors auf Leerlaufdrehzahl, falls der Geber für Gaspedalstellung ausfällt und der Fahrer das Fahrzeug abbremst.
- Der **Geber für Gaspedalstellung** sitzt an der Gaspedallagerung. Durch ein Potenziometer werden Informationen über die Gaspedalstellung an das Motor-Steuergerät übermittelt. Ein Gaszug ist beim Dieselmotor nicht vorhanden.
- Die **Geber für Saugrohrdruck und Saugrohrtemperatur** werden zur Überprüfung des Ladedrucks durch das Motor-Steuergerät benötigt.
- Der **Geber für Motordrehzahl** sitzt vorn am Motorblock. Durch seine Signale wird vom Motor-Steuergerät die genaue Stellung der Kurbelwelle erfasst und der Einspritzzeitpunkt sowie die Einspritzmenge festgelegt.
- Die **Abgasrückführung** führt je nach Motor-Betriebszustand über ein geregeltes Ventil eine bestimmte Menge Abgas wieder der Ansaugluft zu. Dadurch wird die Verbrennungstemperatur abgesenkt. Je niedriger die Verbrennungstemperatur ist, desto weniger giftige Stickoxid-Anteile bilden sich im Abgas.
- Aufgrund der Signale vom **Geber für Kraftstofftemperatur** berechnet das Motor-Steuergerät den Förderbeginn und die Einspritzmenge.

- Aufgrund der guten Kaltstarteigenschaften des Direkteinspritzers ist ein **Vorglühen** überwiegend erst bei Temperaturen unter ca. 0° C erforderlich. Die Glühkerzen werden vom Steuergerät über ein Relais geschaltet.
- Das **Umschaltventil für Saugrohrklappe** sitzt im Motorraum unterhalb des Saugstutzens. Es unterbricht die Luftzufuhr, wenn der Motor abgestellt wird. Dadurch werden Ruckelbewegungen beim Abschalten des Motors verhindert und der Motor läuft weich aus.

Speziell 100-PS-Pumpe-Düse-Motor

- Der **Höhengeber** sitzt im Motor-Steuergerät und ermöglicht eine Höhenkorrektur von Ladedruckregelung und Abgasrückführung.
- Durch einen **Hallgeber** an der Nockenwelle erkennt das Motor-Steuergerät den Zünd-OT des 1. Zylinders. Diese Information ist für die Steuerung der Pumpe-Düse-Einheiten notwendig.
- Die angesaugte Luftmasse wird von einem **Luftmassenmesser** gemessen. Im Gehäuse des Luftmassenmessers befindet sich eine dünne, elektrisch beheizte Platte, die durch die vorbeistreichende Ansaugluft abgekühlt wird. Die Steuerelektronik regelt den Heizstrom so, dass die Temperatur der Platte konstant bleibt. Steigt beispielsweise die Menge der angesaugten Luft, neigt das erhitzte Bauteil zum Abkühlen. Daraufhin wird der Heizstrom sofort erhöht, damit die Temperatur gleich bleibt. Anhand der Schwankungen des Heizstromes erkennt das Motor-Steuergerät den Lastzustand des Motors und regelt dementsprechend die Einspritz- sowie die Abgasrückführmenge.

Vorglühanlage prüfen

Prüfvoraussetzungen:

- Batteriespannung muss mindestens 11,5 V betragen.
- Steuergerät der Diesel-Direkteinspritzanlage ist in Ordnung.
- Sicherung für Glühkerzen –SA3– ist in Ordnung. Sicherungsbelegung, siehe Kapitel »Stromlaufpläne«.

Prüfen

- Zündung ausschalten.

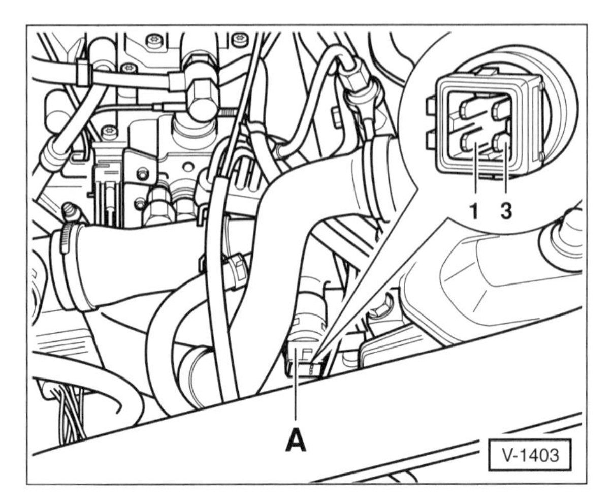

- Anschlussstecker vom Geber –A– für Kühlmitteltemperatur abziehen. 1–, 3– Steckkontakte. **Hinweis:** Je nach Motor kann der Stecker auch 2-polig sein.

Achtung: Durch Abziehen des Steckers wird der Motorzustand »kalt« simuliert und beim Einschalten der Zündung ein entsprechender Vorglühvorgang durchgeführt.

- Glühkerzenstecker von den Glühkerzen abziehen.
- Voltmeter zwischen einen Glühkerzenstecker und Fahrzeugmasse anschließen.
- Zündung einschalten.
  Sollwert: Für ca. 20 Sekunden muss Batteriespannung angezeigt werden.
- Andernfalls Leitungsunterbrechung suchen und beseitigen.

Glühkerzen prüfen

Prüfvoraussetzungen:

- Batteriespannung beträgt mindestens 11,5 V.
- Steuergerät der Diesel-Direkteinspritzanlage ist in Ordnung.
- Sicherung für Glühkerzen ist in Ordnung. Sicherungsbelegung, siehe Kapitel »Stromlaufpläne«.

Prüfen

- Zündung ausschalten.
- Glühkerzenstecker von den Glühkerzen abziehen.

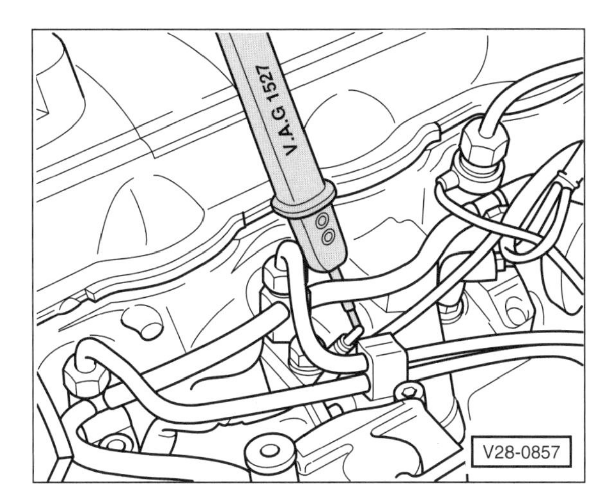

- Diodenprüflampe an den Pluspol der Batterie (+) anklemmen und nacheinander an jede Glühkerze anlegen.
  Diode leuchtet: Glühkerze ist in Ordnung.
  Diode leuchtet nicht: Glühkerze ersetzen.

Glühkerzen aus- und einbauen

Ausbau

- Elektrische Leitungen an den Glühkerzen abschrauben.
- Glühkerzen herausschrauben. **Achtung:** Dazu wird ein Gelenkschlüssel benötigt, zum Beispiel HAZET-2530.

Einbau

- Glühkerze einschrauben und mit **15 Nm** festziehen.

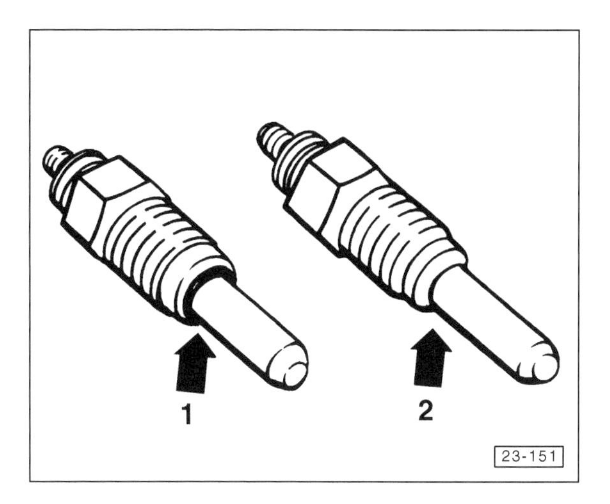

Achtung: Anzugsdrehmoment **nicht** überschreiten, sonst wird der Ringspalt zwischen Glühstab und Gewindeteil zugezogen –2–. Die Größe des Ringspalts –1– beträgt normalerweise 0,5 mm. Ein zugezogener Ringspalt führt zu vorzeitigem Ausfall der Glühkerze.

- Elektrische Leitungen anschrauben.

Kraftstofffilter-Vorwärmanlage

Damit der Kraftstoff bei niedrigen Außentemperaturen fließfähig bleibt, wird er vorgewärmt. Das geschieht durch den zu viel geförderten Kraftstoff, der normalerweise von der Einspritzpumpe in den Tank zurückfließt. Dieser Kraftstoff wird durch den Durchfluss durch die Einspritzpumpe erwärmt. In der Kraftstoffrücklaufleitung befindet sich ein Regelventil, welches in Abhängigkeit von der Filtertemperatur den erwärmten Kraftstoff umleitet. Bei Temperaturen unter +15° C wird der wärmere Kraftstoff von der Einspritzpumpe in den Filter geleitet. Steigt die Kraftstofftemperatur im Filter auf über +31° C, schaltet das Regelventil um, und der zu viel geförderte Kraftstoff gelangt über die Rücklaufleitung direkt in den Tank. Das Regelventil sitzt oben im Kraftstofffilter.

Bei Verwendung von Winterdiesel, der bis –15° C kältebeständig ist, ist die Anlage bis etwa –25° C betriebssicher. Bleibt der Motor bei großer Kälte aufgrund versulzten Dieselkraftstoffs stehen, ist es mitunter sehr schwierig, den Motor wieder zum Laufen zu bringen. Dabei bieten sich folgende Möglichkeiten an:

- Fahrzeug in Garage schieben oder abschleppen und Garage heizen.

- Kraftstofffilter ausbauen und durch neuen Filter ersetzen.
- Kraftstofffilter ausbauen und im Wasserbad erwärmen, bis der Dieselkraftstoff wieder flüssig wird.
- Einspritzanlage mit heißem Wasser abspritzen.

Sicherheitshinweis
Auf keinen Fall dürfen die Einspritzanlage oder der Tank mit einer Lötlampe oder einem vergleichbaren Gerät erhitzt werden. Explosionsgefahr!

Störungsdiagnose Diesel-Einspritzanlage

Bevor anhand der Störungsdiagnose der Fehler aufgespürt wird, müssen folgende Prüfvoraussetzungen erfüllt sein: Bedienungsfehler beim Starten ausgeschlossen. Kraftstoff im Tank, Motor mechanisch in Ordnung, Batterie geladen, Anlasser dreht mit ausreichender Drehzahl, elektrische Masseverbindung (Motor-Getriebe-Aufbau) vorhanden. Fehlerspeicher abfragen (Werkstattarbeit). **Achtung:** Wenn Kraftstoffleitungen gelöst werden, müssen diese vorher mit Kaltreiniger gesäubert werden.

Störung	Ursache	Abhilfe
1. Motor springt nicht oder schlecht an.	1. Vorglühanlage arbeitet nicht richtig.	■ Vorglühanlage prüfen.
	2. Kraftstoffabschaltventil schaltet nicht.	■ Kraftstoffabschaltventil, Motor-Steuergerät sowie Steuergerät für Wegfahrsicherung prüfen (Werkstattarbeit).
	3. Kraftstoffversorgung defekt.	■ Prüfen, ob Kraftstoff gefördert wird.
	a) Kraftstoffleitungen geknickt, verstopft, undicht, porös.	■ Kraftstoffleitungen reinigen.
	b) Kraftstofffilter verstopft.	■ Kraftstofffilter ersetzen.
	c) Im Winter: Eis oder Wachs in Filter und Leitungen.	■ Fahrzeug in beheizte Garage schieben.
	d) Tankbelüftung verschlossen. Kraftstoffsieb im Tank verschmutzt.	■ Verschmutzte/verstopfte Teile reinigen.
2. Motor ruckelt im Leerlauf, beim Anfahren.	1. Kraftstoffschläuche an der Einspritzpumpe beziehungsweise am Kraftstofffilter lose.	■ Kraftstoffschläuche ersetzen, mit Federbandschellen befestigen, Hohlschrauben festziehen
	2. Zu- und Rücklaufleitung an der Einspritzpumpe vertauscht.	■ Anschlüsse der Kraftstoffleitungen prüfen.
	3. Wie unter 1.3.	■ Wie unter 1.3.
3. Kraftstoffverbrauch zu hoch.	1. Luftfilter verschmutzt.	■ Filtereinsatz ersetzen.
	2. Kraftstoffanlage undicht.	■ Sichtprüfung an allen Kraftstoffleitungen (Saug- Rücklauf- und Einspritzleitungen), Kraftstofffilter und Einspritzpumpe durchführen, Kraftstoffanlage auf Dichtheit prüfen.
	3. Rücklaufleitung verstopft.	■ Rücklaufleitung von Einspritzpumpe zum Kraftstoffbehälter mit Luft durchblasen. Überströmdrossel in der Hohlschraube der Rücklaufleitung ersetzen.

Abgasanlage

Aus dem Inhalt:

- **Katalysatorsysteme**
- **Abgasanlagen-Übersicht**
- **Abgasanlage demontieren**
- **Abgasanlage prüfen**

Die Abgasanlage besteht aus folgenden Teilen: Abgaskrümmer, gegebenenfalls Turbolader, Katalysator, vorderes Abgasrohr sowie Vor- und Nachschalldämpfer. In Abhängigkeit von der Motorisierung weisen die Abgasanlagen Unterschiede auf.

Vor- und Nachschalldämpfer sind in der serienmäßigen Ausführung mit einem durchgehenden Abgasrohr verbunden. Im Reparaturfall können die Schalldämpfer einzeln ersetzt werden. In diesem Fall muss bei der serienmäßigen Anlage das Verbindungsrohr an der markierten Stelle durchgesägt werden.

Die Teile der Abgasanlage sind miteinander verschraubt beziehungsweise mit Klemmschellen verbunden und lassen sich einzeln auswechseln. Selbstsichernde Muttern und Dichtungen sind nach dem Ausbau zu ersetzen. Poröse und beschädigte Halteringe und Gummipuffer ebenfalls auswechseln.

Katalysatorschäden vermeiden

Um Beschädigungen am Katalysator zu vermeiden, sind folgende Hinweise unbedingt zu beachten:

Benzinmotor

- Grundsätzlich nur **bleifreies** Benzin tanken.
- Das Anlassen des Motors durch **Anschieben** oder Anschleppen sollte vermieden werden. Auf jeden Fall darf nur in **einem** Versuch über eine Strecke von maximal 50 Metern angeschleppt oder angeschoben werden. Besser: Starthilfekabel verwenden. Unverbrannter Kraftstoff könnte bei einer Zündung zur Überhitzung des Katalysators und zu seiner Zerstörung führen. Ist der Motor **betriebswarm**, darf er **nicht** angeschoben oder angeschleppt werden.
- Bei Startschwierigkeiten nicht unnötig lange den Anlasser betätigen. Während des Anlassens wird permanent Kraftstoff eingespritzt. Fehlerursache ermitteln und beseitigen.
- Kraftstofftank nie ganz leer fahren.
- Treten Zündaussetzer auf, hohe Motordrehzahlen vermeiden und Fehler umgehend beheben.
- Nur die vorgeschriebenen Zündkerzen verwenden.
- Keine Funkenprüfung mit abgezogenem Zündkerzenstecker durchführen.
- Es darf kein Zylindervergleich (Balancetest) durch Zündabschaltung eines Zylinders durchgeführt werden. Bei Zündabschaltung der einzelnen Zylinder – auch über Motortester – gelangt unverbrannter Kraftstoff in den Katalysator.

Benzin- und Dieselmotor

- Fahrzeug nicht über trockenem Laub oder Gras beziehungsweise auf einem Stoppelfeld abstellen. Die Abgasanlage wird im Bereich des Katalysators sehr heiß und strahlt die Wärme auch nach Abstellen des Motors noch ab. Brandgefahr!
- Keinen Unterbodenschutz an Abgasrohren auftragen.
- Die Hitzeschilde der Abgasanlage nicht verändern.
- Beim Ein- oder Nachfüllen von Motoröl besonders darauf achten, dass auf keinen Fall die MAX-Markierung am Ölmessstab überschritten wird. Das überschüssige Öl gelangt sonst aufgrund unvollständiger Verbrennung in den Katalysator und kann das Edelmetall beschädigen oder den Katalysator vollständig zerstören.

Funktion des Katalysators

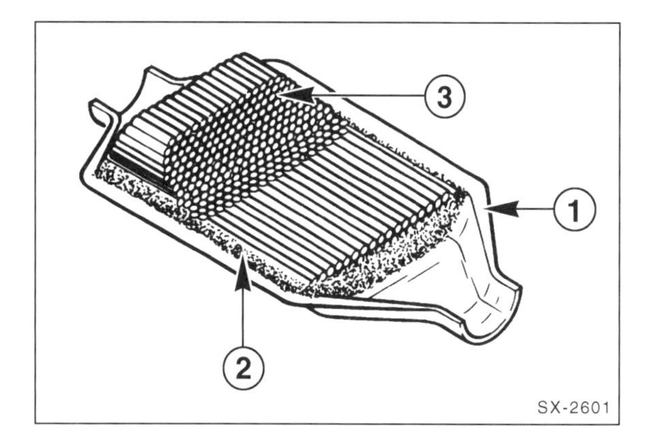

Der Katalysator dient zur Abgasreinigung. Er besteht aus einem Keramik-Wabenkörper –3–, der mit einer Trägerschicht überzogen ist. Auf der Trägerschicht befinden sich Edelmetallsalze, die den Umwandlungsprozess bewirken. Im Gehäuse –1– wird der Katalysator durch eine Isolations-Stützmatte –2– fixiert, die außerdem Wärmeausdehnungen ausgleicht.

Benzinmotor

In Verbindung mit der elektronischen Einspritzanlage und der/den Lambdasonde(n) wird die Kraftstoffmenge für die Verbrennung dosiert, damit der Katalysator die Schadstoffe reduzieren kann. Die Lambdasonde sitzt im Abgaskrümmer beziehungsweise im Katalysator und wird hier vom Abgasstrom umspült. Beim 2,0-l-Benzinmotor ist eine zweite Lambdasonde vorhanden. Sie befindet sich hinter dem Katalysator. Die Lambdasonde ist ein elektrischer Messfühler, der den Restgehalt an Sauerstoff im Abgas durch elektrische Spannungsschwankungen anzeigt und Rückschlüsse auf die Zusammensetzung des Luft-Benzingemisches ermöglicht. Dadurch kann die Steuereinheit der Einspritzanlage das Kraftstoff-Luftverhältnis in Bruchteilen von Sekunden ständig verändern. Das ist einerseits erforderlich, da sich ja die Betriebsverhältnisse (Leerlauf, Vollgas) ständig ändern, zum anderen aber auch, weil nur dann eine optimale Nachverbrennung im Katalysator erfolgt, wenn noch genügend Benzin-Anteile im Motor-Abgas vorhanden sind.

Katalysator beim Dieselmotor

Im Gegensatz zum Katalysator für den Benzinmotor kommt beim Dieselmotor ein ungeregelter Katalysator zum Einsatz, da ein Dieselmotor immer mehr Luft zugeführt bekommt, als für die reine Verbrennung notwendig ist.

Dieser Katalysator wandelt die im Abgas befindlichen, giftigen Kohlenmonoxide und Kohlenwasserstoffverbindungen in Kohlendioxid (CO_2) und Wasser (H_2O) um. Außerdem vermindert sich der dieseltypische Abgasgeruch.

Der bei Dieselmotoren höhere Anteil von Stickoxiden (NO_X) im Abgas wird durch ein zusätzliches Abgas-Rückführungssystem auf geringem Niveau gehalten.

Das Abgasrückführungsventil sitzt am Ansaugkrümmer und wird über Unterdruck angesteuert. Seine Aufgabe besteht darin, bei heißem Motor einen Teil der Abgase in die Verbrennungsräume des Motors zurückzuführen, um die Verbrennungstemperatur zu mindern und dadurch den Schadstoffanteil der Abgase zu reduzieren.

Abgasturbolader

Dieselmotor, 1,8-l-Benzinmotor (150/180 PS)

Der Abgasturbolader ist unten am Abgaskrümmer angeschraubt. Beim Turbolader sitzen auf einer Welle zwei Turbinenräder, die in zwei voneinander getrennten Gehäusen untergebracht sind. Für den Antrieb der Turbinenräder sorgen die Abgase. Sie bringen die Laderwelle auf bis zu 120.000 Umdrehungen in der Minute. Und da Abgas- und Frischluftrotor auf gleicher Welle sitzen, wird mit gleicher Drehzahl Frischluft in die Zylinder gedrückt. Zur Schmierung ist der Lader an den Ölkreislauf des Motors angeschlossen.

Aufgrund des guten Füllungsgrades lassen sich bei vorhandenen Motoren Leistungszuwachsraten von bis zu 100 Prozent verwirklichen. Abhängig ist der Leistungszuwachs unter anderem vom Ladedruck, der bei einem Pkw-Motor zwischen 0,4 bis 0,8 bar (Reifenfülldruck etwa 1,8 bar) liegt. Der Ladedruck wird über einen Druckfühler laufend vom Steuergerät überprüft und geregelt. Dadurch ist auch sichergestellt, dass ein maximaler Ladedruck nicht überschritten wird.

Neben der Motorleistung steigt bei der Verwendung eines Abgasladers auch das Drehmoment an, was vor allem im Hinblick auf einen elastischen Motorlauf wünschenswert ist. Voraussetzung ist allerdings, dass die Laderwelle mit ausreichender Drehzahl rotiert und somit einen ordentlichen Füllungsgrad garantiert.

Zwischen Turbolader und Einlasskanal des Motors befindet sich ein Ladeluftkühler, der die vorverdichtete Luft abkühlt. Dadurch wird die Leistung erhöht, weil kühle Luft durch die höhere Luftdichte einen höheren Sauerstoffanteil besitzt.

Der Turbolader des Dieselmotors mit 100 und 110 PS besitzt verstellbare Leitschaufeln (VTG = Variable Turbinen-Geometrie), die vom Motor-Steuergerät über ein Magnetventil und eine Unterdruckdose stufenlos geregelt werden. Dadurch kann bei allen Drehzahlen der optimale Ladedruck erzeugt werden, was zu höherem Drehmoment führt, insbesondere bei niedrigen Drehzahlen.

Gegenüber einem Ottomotor (Benzinmotor) ist es beim Dieseltriebwerk nicht erforderlich, aufgrund der Aufladung die normale Verdichtung zu verringern, so dass auch im unteren Drehzahlbereich der eingespritzte Kraftstoff vollständig ausgenutzt wird.

Der Turbolader ist ein äußerst präzise hergestelltes Bauteil. Deshalb wird er in der Regel bei einem Defekt komplett ausgetauscht.

Abgaskrümmer/Abgasrohr vorn/Katalysator/Lambdasonde/Schalldämpfer

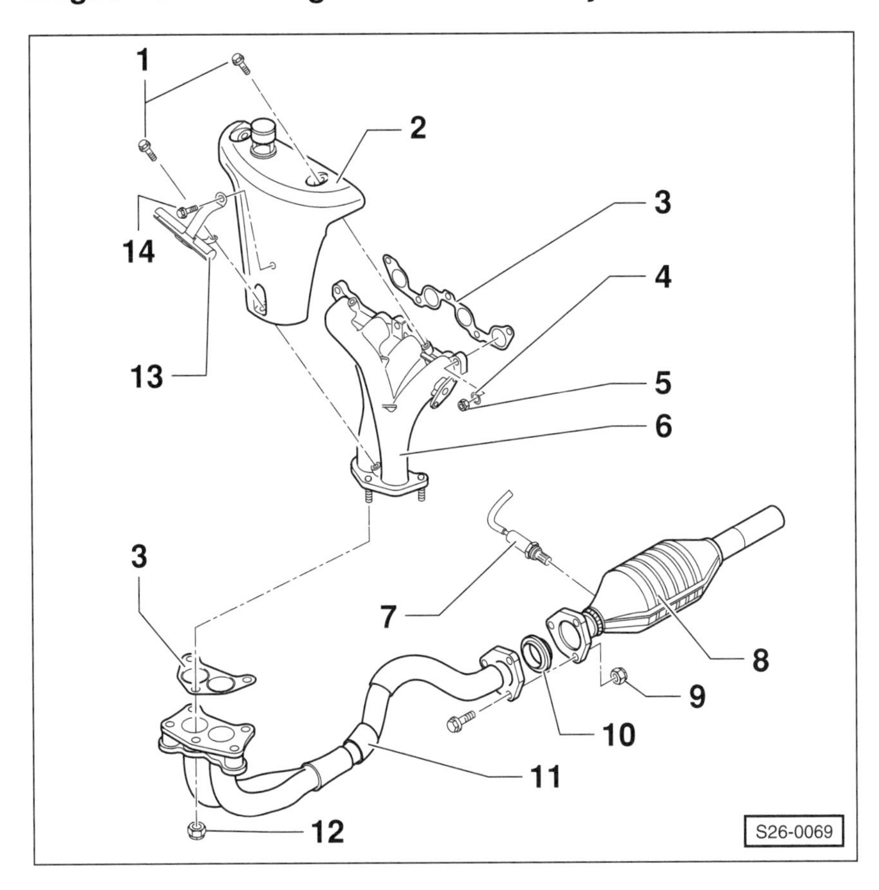

1,6-l-Benzinmotor (75 PS)

1 – **Schrauben, 10 Nm**

2 – **Warmluftfangblech**

3 – **Dichtung**
Immer ersetzen.

4 – **Scheibe**

5 – **Muttern, 25 Nm**
Immer ersetzen. Mit Schmierstoffpaste »G 052 112 A3« einsetzen.

6 – **Abgaskrümmer**

7 – **Lambdasonde, 50 Nm**
Mit Schmierstoffpaste »G 052 112 A3« einsetzen. **Achtung:** Die Paste darf nicht an die Schlitze der Sonde gelangen.

8 – **Katalysator**

9 – **Muttern, 20 Nm**
Immer ersetzen. Breite Seite zum vorderen Abgasrohr.

10 – **Dichtring**

11 – **Abgasrohr vorn**

12 – **Muttern, 40 Nm**
Immer ersetzen. Mit Schmierstoffpaste »G 052 112 A3« einsetzen.

13 – **Halter mit Führungsrohr**

14 – **Blechschraube, 2 Nm**

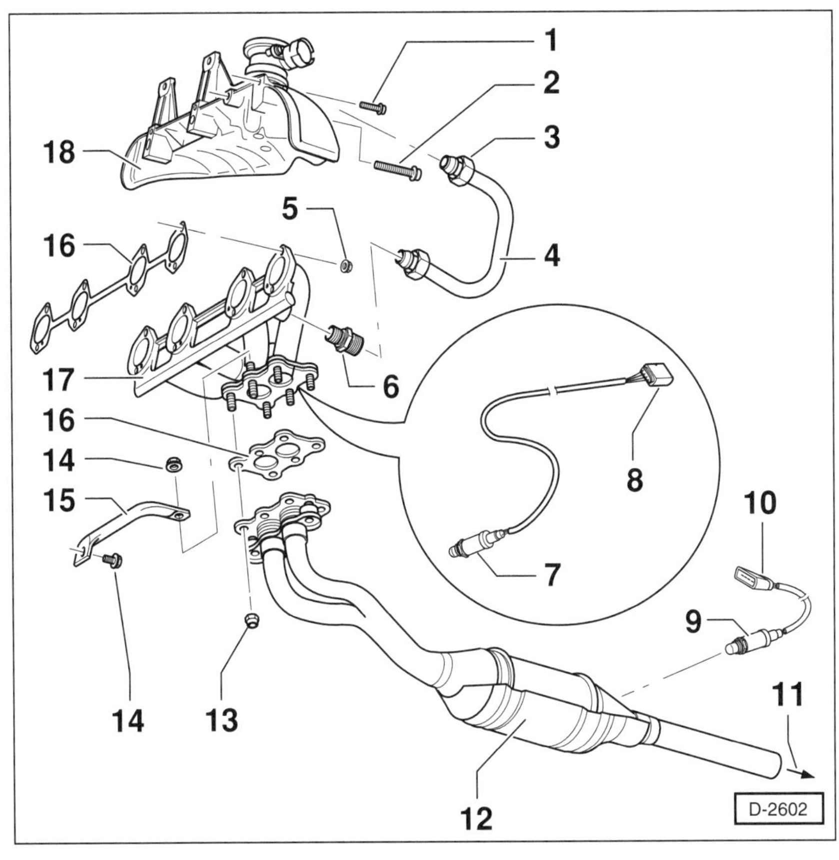

2,0-l-Benzinmotor (115 PS)

1 – **Schraube, 10 Nm**

2 – **Schraube, 15 Nm**

3 – **Verschraubung, 30 Nm****

4 – **Verbindungsrohr****

5 – **Mutter***

6 – **Verschraubung, 35 Nm****

7 – **Lambdasonde 1 vor Katalysator, 50 Nm**

8 – **4-fach-Steckverbindung**

9 – **Lambdasonde 2 nach Katalysator, 50 Nm****

10 – **4-fach-Steckverbindung****

11 – **zum Vorschalldämpfer**

12 – **Abgasrohr vorn mit Katalysator**

13 – **Muttern, 40 Nm***

14 – **Schraube und Mutter, 25 Nm**

15 – **Stütze**

16 – **Dichtung***

17 – **Abgaskrümmer**

18 – **Wärmeschutzdeckel**

---

* = Immer ersetzen.
** = Nur bei Motor AQY.

Hinweis: Lambdasonde mit Schmierstoffpaste »G 052 112 A3« einsetzen. **Achtung:** Die Paste darf nicht an die Schlitze der Sonde gelangen.

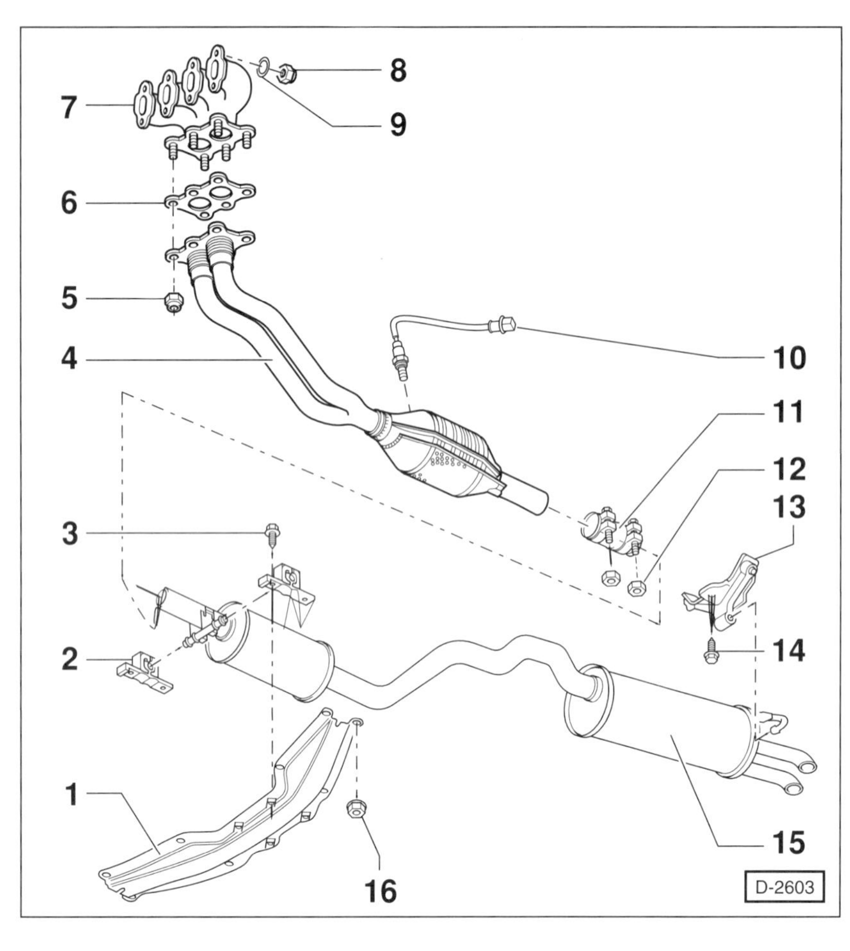

1,6-l-Benzinmotor (100 PS)

1 – **Tunnelbrücke**

2 – **Aufhängung**

3 – **Schrauben, 25 Nm**

4 – **Abgasrohr vorn**
Mit Katalysator. Kann im Aussehen etwas von der Darstellung abweichen. Maximale Auslenkung: 10°.

5 – **Mutter, 40 Nm**
Immer ersetzen. Mit Schmierstoffpaste »G 052 112 A3« einsetzen.

6 – **Dichtung**
Immer ersetzen.

7 – **Abgaskrümmer**

8 – **Mutter, 25 Nm**
Immer ersetzen. Mit Schmierstoffpaste »G 052 112 A3« einsetzen.

9 – **Scheibe**

10 – **Lambdasonde, 50 Nm**
Mit »G 052 112 A3« einsetzen. **Achtung:** Die Paste darf nicht an die Schlitze der Sonde gelangen.

11 – **Klemmhülse**
Vor Festziehen der Klemmschrauben, Abgasanlage spannungsfrei ausrichten. Einbaulage: waagerecht, Verschraubung nach links. Gleichmäßig anziehen.

12 – **Muttern, 40 Nm**

13 – **Aufhängung**

14 – **Schraube, 25 Nm**

15 – **Vor- und Nachschalldämpfer**

16 – **Mutter, 25 Nm**

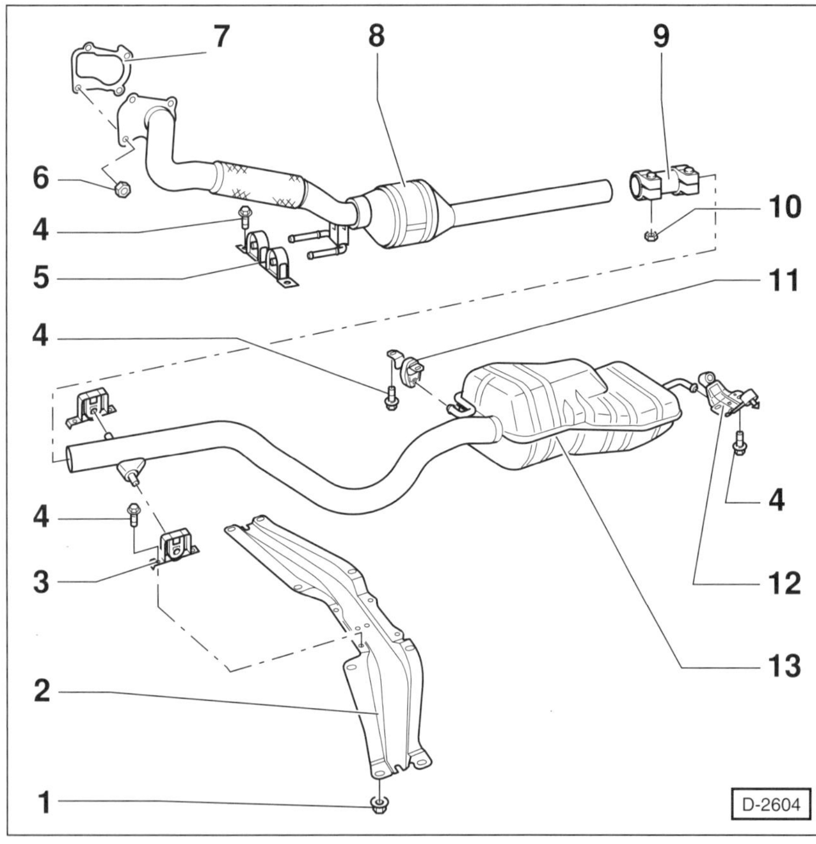

1,9-l-Dieselmotor (90 PS)

1 – **Mutter, 20 Nm**

2 – **Tunnelbrücke**

3 – **Aufhängung**

4 – **Schraube, 25 Nm**

5 – **Aufhängung**

6 – **Mutter, 25 Nm**
Immer ersetzen. Mit Schmierstoffpaste »G 052 112 A3« einsetzen.

7 – **Dichtung**
Immer ersetzen.

8 – **Abgasrohr vorn**
Mit Katalysator. Vorsichtig behandeln, der Katalysator ist stoß- und schlagempfindlich. Maximale Auslenkung: 10°.

9 – **Doppelschelle**
Vor dem Anziehen, Abgasanlage spannungsfrei ausrichten. Einbaulage: Verschraubung zeigt nach links. Verschraubungen gleichmäßig anziehen.

10 – **Mutter, 40 Nm**

11 – **Aufhängung**
Einbaulage beachten.

12 – **Aufhängung**

13 – **Nachschalldämpfer**

Abgasanlage aus- und einbauen

Ausbau

Achtung: Die Bauteile der Abgasanlage können auch einzeln ersetzt werden. Mittel- und Nachschalldämpfer müssen dann getrennt werden. Sie sind als Ersatzteile einzeln erhältlich, siehe Kapitel »Mittelschalldämpfer/Nachschalldämpfer« ersetzen.

Beschrieben wird der Aus- und Einbau der Abgasanlage für die Benzinmotoren mit 1,6 Liter Hubraum (100 PS) und mit 1,8 Liter Hubraum, sowie für die Dieselmotoren. Spezielle Hinweise für den 1,6-l-Benzinmotor mit 75 PS und für den 2,0-l-Benzinmotor (115 PS) stehen auf Seite 231.

Sicherheitshinweis
Beim Aufbocken des Fahrzeugs besteht Unfallgefahr! Deshalb vorher das Kapitel »Fahrzeug aufbocken« durchlesen.

- Fahrzeug aufbocken und untere Motorabdeckung ausbauen, siehe Seite 166.
- Sämtliche Schrauben und Muttern der Abgasanlage mit Rost lösendem Mittel einsprühen und Rostlöser einige Zeit einwirken lassen.
- **Benzinmotor mit Lambdasonde hinter dem Katalysator:** Steckverbindung für Lambdasonde 2 trennen.
- Vorderes Abgasrohr vom Abgaskrümmer beziehungsweise vom Turbolader abschrauben.
- Abgasanlage abstützen oder mit Draht am Fahrzeug-Unterboden aufhängen, damit sie nicht nach unten fällt. **Achtung:** Die Abgasanlage darf auf keinen Fall herunterfallen, sonst wird der Keramikkörper im Katalysator beschädigt. Dadurch wird der Katalysator unbrauchbar und muss erneuert werden.
- Tunnelbrücke beidseitig vom Fahrzeug-Unterboden abschrauben.
- Abgasanlage mit Helfer aus den Halteschlaufen aufhängen und herausnehmen.

Einbau

Hinweis: Dichtungen, Muttern und Schrauben grundsätzlich ersetzen. Um die Muttern und Schrauben der Abgasanlage später leichter lösen zu können, empfiehlt es sich, diese mit einer Hochtemperaturpaste zu bestreichen, zum Beispiel »Liqui Moly LM-508-ASC« beziehungsweise »G 052 112 A3« von SKODA.

- Werden Abgasrohre oder Schalldämpfer nicht erneuert, Dicht- und Klemmflächen vor dem Zusammenfügen mit Schmirgelleinen von Verbrennungsrückständen und Dichtungsresten reinigen.

Achtung: Abgasanlagen mit flexiblem Entkoppelungselement im vorderen Abgasrohr um nicht mehr als 10° abwinkeln, sonst wird das Entkoppelungselement beschädigt.

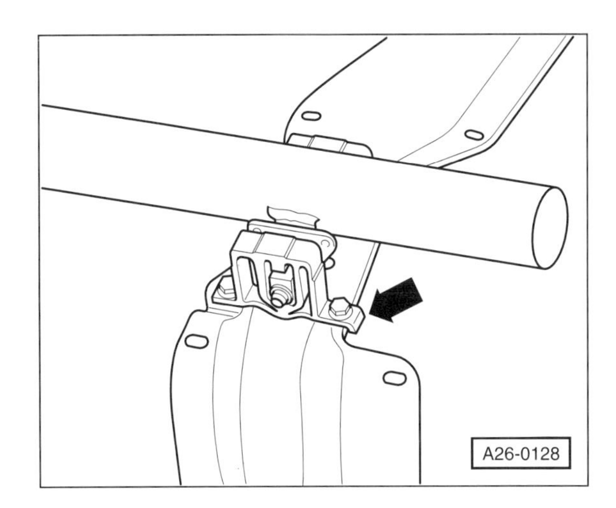

- Halterungen der Abgasanlage an der Tunnelbrücke so anschrauben, dass die abgewinkelte Seite –Pfeil– der Halter in Fahrtrichtung zeigt.
- Abgasanlage mit Helfer einsetzen und hinten in die Gummihalterungen einhängen.
- Tunnelbrücke am Fahrzeug-Unterboden anschrauben.

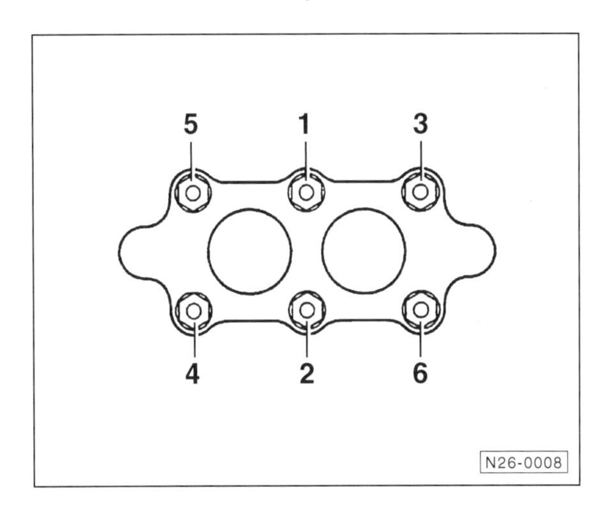

- **1,6-/1,8-/2,0l-Benzinmotor (75 - 125 PS):** Vorderes Abgasrohr mit **neuer** Dichtung am Abgaskrümmer anschrauben und in abgebildeter Reihenfolge mit **40 Nm** festziehen.
- **Turbomotoren (Benziner und Diesel):** Vorderes Abgasrohr mit **neuer** Dichtung am Turbolader anschrauben und beim Dieselmotor mit **25 Nm**, beim Benziner mit **40 Nm** über Kreuz anschrauben.
- Abgasanlage so ausrichten, dass sie spannungsfrei in den Aufhängungen sitzt, siehe Kapitel »Abgasanlage spannungsfrei ausrichten«.

- Schrauben und Muttern festziehen:
  Anzugsdrehmomente:
  Abgaskrümmer an Zylinderkopf .... 25 Nm
  Verbindungs-Klemmschellen .... 40 Nm
  Dieselmotor: Abgasrohr an Turbolader ...... 25 Nm
  Benziner:
  Abgasrohr an Abgaskrümmer/Turbolader ... 40 Nm
  Sonstige Schrauben/Flanschverbindungen ... 25 Nm
  Benziner: Lambdasonde an
  Abgaskrümmer/Katalysator .... 50 Nm
- Untere Motorraumabdeckung einbauen, siehe Seite 166.
- Steckverbindung für Lambdasonde 2 anschließen. Gegebenenfalls elektrische Leitung am Fahrzeug-Unterboden verlegen und mit Clips befestigen.
- Fahrzeug ablassen.
- Abgasanlage auf Dichtheit prüfen, siehe entsprechendes Kapitel.

Abgasanlage spannungsfrei ausrichten

Nach jedem Einbau von Teilen muss die Abgasanlage ausgerichtet werden, sonst treten Spannungen auf, die zu Geräuschen und längerfristig zu Rissen und zur Beschädigung der Abgasanlage führen können.

- Die Abgasanlage wird in kaltem Zustand ausgerichtet. Eine heiße Abgasanlage zunächst auf Umgebungstemperatur abkühlen lassen.

Sicherheitshinweis
Beim Aufbocken des Fahrzeugs besteht Unfallgefahr! Deshalb vorher das Kapitel »Fahrzeug aufbocken« durchlesen.

- Fahrzeug aufbocken.

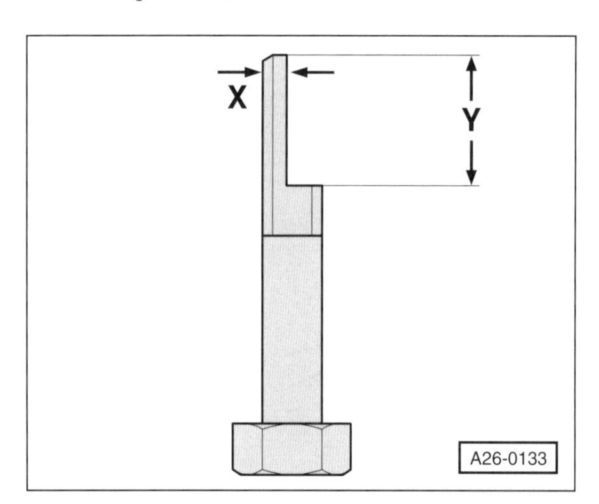

A26-0133

- Zum Ausrichten der Abgasanlage ein Hilfswerkzeug aus einer M10-Schraube anfertigen, siehe Abbildung. **Maß x = 4 mm; Maß y = 25 mm.**

- Verschraubung der Klemmschelle zwischen Katalysator und Mittelschalldämpfer lösen.

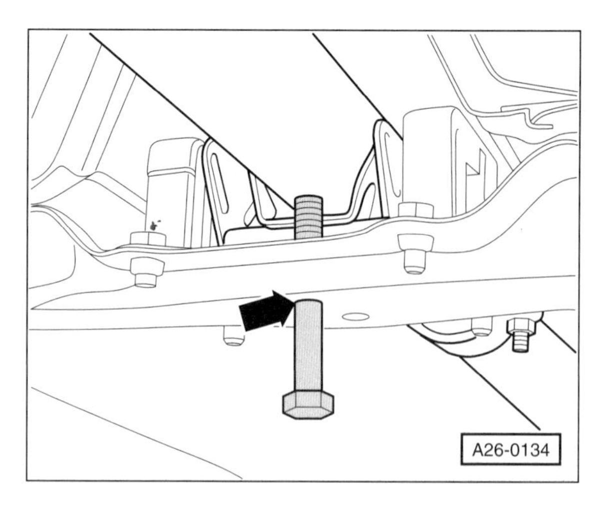
A26-0134

- Hilfswerkzeug durch hintere Bohrung –Pfeil– der Tunnelbrücke stecken; Flachstelle zeigt zum Aufhängungsbolzen der Abgasanlage. **Hinweis:** Durch das Hilfswerkzeug wird die Abgasanlage in Fahrtrichtung vorgespannt.

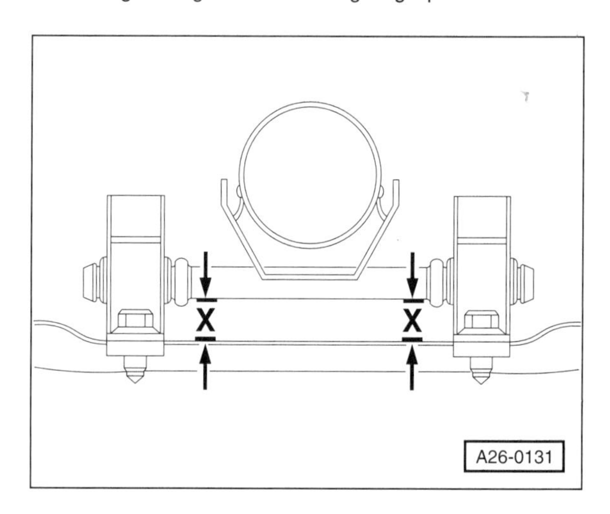

A26-0131

- Abgasrohr waagerecht ausrichten: Der Querbolzen muss parallel zum Tunnelbrücke stehen, Maß –X– muss links und rechts gleich groß sein.
- Nachschalldämpfer mit Endrohren waagerecht zum Unterboden ausrichten.

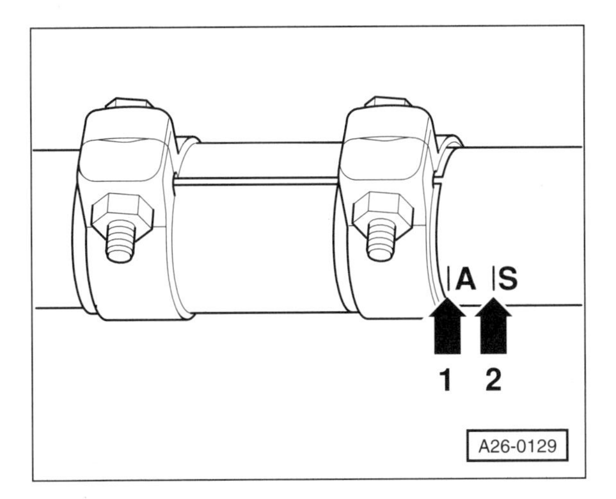

- Endrohr bis ca. 5 mm Abstand zum Strich der jeweiligen Markierung in die Klemmschelle einschieben. Markierung –A–, –Pfeil 1– gilt für Fahrzeuge mit automatischem Getriebe, Markierung –S–, –Pfeil 2– gilt für Fahrzeuge mit Schaltgetriebe. Ausnahmen:

  1,8-l-Benzinmotor: Abgasrohr bis zur Markierung »A«, –Pfeil 1– in die Klemmschelle einschieben.

  1,9-l-Dieselmotor mit Automatik- und Schaltgetriebe: Abgasrohr bis zur Markierung –A–, –Pfeil 1– in die Klemmschelle einschieben.

Hinweis: Die Markierungen –A– und –S– können auch auf der gegenüber liegenden Seite der Klemmschelle liegen.

- Klemmschelle mit **40 Nm** festziehen. Die Verschraubung soll waagerecht zur linken Fahrzeugseite zeigen.
- Hilfswerkzeug aus der Bohrung in der Tunnelbrücke entfernen.
- Fahrzeug ablassen.

Abgasanlage auf Dichtigkeit prüfen

Bei Fahrzeugen mit geregeltem Katalysator können Undichtigkeiten der Abgasanlage vor der Lambdasonde zu folgenden Störungen führen:

- Startschwierigkeiten; Motor geht aus, schüttelt im Leerlauf, ruckelt beim Beschleunigen, ungenügende Abgasreinigung.

Prüfen

- Motor starten und bei laufendem Motor Abgasanlage mit einem Lappen oder Stöpsel verschließen.
- Abgasanlage auf Undichtigkeit abhören. Gegebenenfalls Verbindungsstellen Zylinderkopf/Krümmer und Krümmer/Abgasrohr vorn mit handelsüblichem »Leck-Sucher« einsprühen und auf Blasenbildung untersuchen.
- Undichtigkeit beseitigen.

Mittelschalldämpfer/ Nachschalldämpfer ersetzen

Ab Werk bilden das hintere Abgasrohr und die 2 Schalldämpfer eine Einheit; die Schalldämpfer können jedoch einzeln erneuert werden. Zum Trennen wird ein handelsüblicher Ketten-Abgasrohrschneider, zum Beispiel HAZET Nr. 4682, benötigt. Steht das Werkzeug nicht zur Verfügung, Abgasanlage mit einer Eisensäge durchsägen.

Hinweis: Wenn sich ein Schalldämpfer nicht aus der Klemmschelle ziehen lässt, gibt es zum Lösen zwei Möglichkeiten: 1. Möglichkeit: Abgasrohr etwa 5 cm hinter der Schelle durchsägen. Anschließend das Restrohr längs aufsägen und mit Hammer und Meißel abschlagen. 2. Möglichkeit: Steht ein Autogen-Schweißgerät zur Verfügung, die Klemmschelle erwärmen, dadurch dehnt sie sich aus, und das Rohr lässt sich abziehen.

Sicherheitshinweis
Vor Einsatz des Schweißgerätes den Fahrzeug-unterboden mit Alublech abdecken, Brandgefahr. Feuerlöscher bereitstellen. Abgasrohr auf keinen Fall in der Nähe des Kunststoff-Kraftstofftanks mit der Flamme erhitzen, **Explosionsgefahr**!

Ausbau bei einteiligem Mittelschalldämpfer/ Nachschalldämpfer

Sicherheitshinweis
Beim Aufbocken des Fahrzeugs besteht Unfallgefahr! Deshalb vorher das Kapitel »Fahrzeug aufbocken« durchlesen.

- Fahrzeug aufbocken.

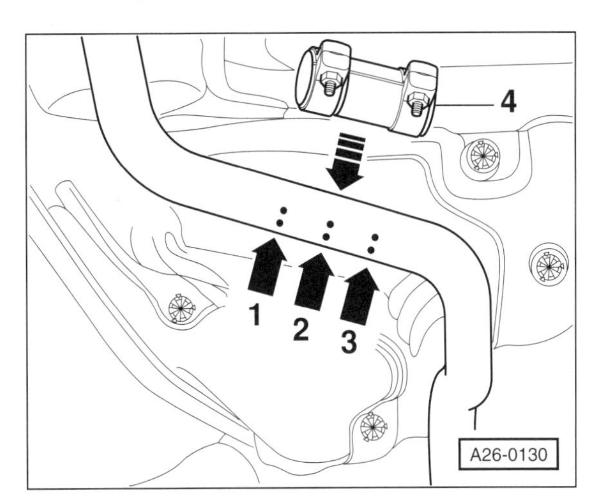

- Die Trennstelle ist durch Eindrückungen gekennzeichnet. An den mittleren Eindrückungen –Pfeil 2– wird das Abgasrohr getrennt. Die seitlichen Markierungen –Pfeil 1– und –3– dienen zur Orientierung, damit die Abgasrohre gleich weit in die Klemmhülse hineingeschoben werden können.

- Kette des Abgasrohrschneiders an den mittleren Eindrückungen –2– um das Rohr herumlegen und spannen. Kette hin- und herrollen und dabei nachspannen, jedoch nicht zu stark, damit sich das Rohr beim Schneiden nicht verformt. Auf diese Weise verfahren, bis das Rohr durchgeschnitten ist.
- Schalldämpfer aus den Gummihalterungen aushängen und herausnehmen.

Einbau

- Schalldämpfer in die Gummihalterungen einhängen.
- Zum Verbinden der Abgasrohre wird eine Ersatzteil-Klemmschelle –4– verwendet, siehe Abbildung. **Achtung:** Bereits montierte Klemmschellen immer erneuern, nicht wieder verwenden. Da je nach Fahrzeug unterschiedliche Rohrdurchmesser verwendet werden, auf richtige Ersatzteilzuordnung achten.
- Abgasanlage ausrichten, siehe Kapitel »Abgasanlage spannungsfrei ausrichten«.
- Klemmschelle mit **40 Nm** festziehen. Die Verschraubung soll waagerecht zur linken Fahrzeugseite zeigen. Verschraubungen gleichmäßig anziehen.
- Fahrzeug ablassen.

Lambdasonde aus- und einbauen

Benzinmotor

Die Lambdasonde dient zur Regelung der Abgaszusammensetzung bei den Benzinmotoren. Sie ist in das vordere Abgasrohr in der Nähe des Katalysators oder in den Abgaskrümmer eingeschraubt. Manche Fahrzeuge (2,0-l-Benzinmotor AQY) verfügen über 2 Lambdasonden, eine im Abgaskrümmer und eine zweite hinter dem Katalysator.

Ausbau

Sicherheitshinweis
Beim Aufbocken des Fahrzeugs besteht Unfallgefahr! Deshalb vorher das Kapitel »Fahrzeug aufbocken« durchlesen.

- Fahrzeug aufbocken.

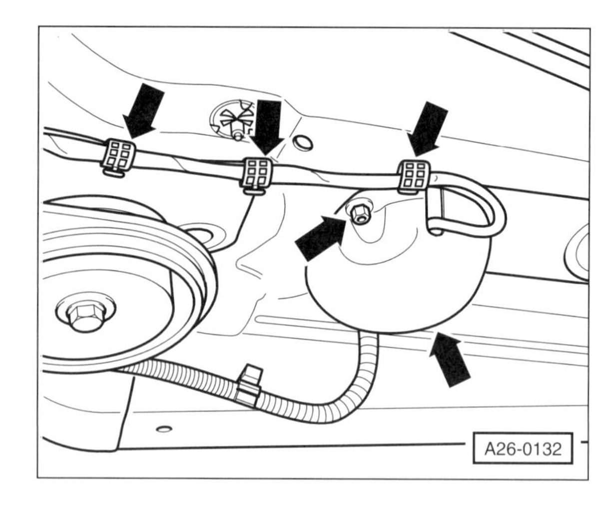

- Neben dem Katalysator, Abdeckung für die Steckverbindung der Lambdasonde abschrauben –2 untere Pfeile–. Elektrische Leitung mit Halteclips –obere Pfeile– am Wärmeschutzblech abziehen. Steckverbindung aus der Abdeckung herausziehen und trennen.
- Lambdasonde aus dem Abgasrohr herausschrauben.

Einbau

- Gewinde der Lambdasonde mit SKODA Schmierstoffpaste »G5« beziehungsweise »G 052 112 A3« bestreichen. Neue Sonden sind bereits damit bestrichen. **Achtung: Die Paste darf nicht an die Schlitze des Sondenkörpers kommen**. Sondenkörper der neuen Lambdasonde möglichst nicht berühren, nicht verschmutzen.
- Lambdasonde mit **50 Nm** in das vordere Abgasrohr einschrauben.
- Kabel für Lambdasonde in den Clips verlegen und verbinden. Abdeckung für Steckverbindung am Unterboden anschrauben.
- Fahrzeug ablassen.

Kupplung

Aus dem Inhalt:

- **Kupplungsbetätigung**
- **Kupplungsdemontage**
- **Kupplungs-Hydrauliksystem entlüften**

Die Kupplung trennt beim Schalten der Gänge den Kraftschluss zwischen Motor und Getriebe und sorgt beim Anfahren durch Reibung für einen ruckfreien Kraftschluss.

Die Kupplung besteht im Prinzip aus der Kupplungsdruckplatte, der Kupplungsmitnehmerscheibe, dem Ausrücklager und der hydraulischen Betätigung.

Die Kupplungsdruckplatte ist fest mit dem Schwungrad verschraubt, das wiederum an der Kurbelwelle des Motors angeflanscht ist. Zwischen der Kupplungsdruckplatte und dem Schwungrad befindet sich die Kupplungsmitnehmerscheibe, die von der Kupplungsdruckplatte gegen das Schwungrad gepresst wird. Die Mitnehmerscheibe ist über eine Verzahnung fest mit der Getriebewelle verbunden.

Beim Niedertreten des Kupplungspedals (auskuppeln) wird über den Geberzylinder im Fußraum des Fahrzeuges Druck aufgebaut und über eine Hydraulikleitung auf den Kupplungs-Nehmerzylinder übertragen. Der Kolben des Nehmerzylinders drückt das Ausrücklager gegen die Membranfeder der Druckplatte. Dadurch entspannt sich die Kupplungsdruckplatte, und die Mitnehmerscheibe wird nicht mehr gegen die Schwungscheibe gepresst. Der Kraftschluss zwischen Motor und Getriebe ist also aufgehoben.

Das Hydrauliksystem der Kupplung arbeitet mit Bremsflüssigkeit und wird über den Ausgleichbehälter für Bremsflüssigkeit versorgt.

Bei jedem Ein- und Auskuppeln wird durch den leichten Schleifvorgang etwas Reibbelag von der Mitnehmerscheibe abgeschliffen. Die Mitnehmerscheibe ist also ein Verschleißteil, doch hat sie eine mittlere Lebensdauer von über 100.000 Kilometern. Der Verschleiß hängt im Wesentlichen von der Belastung (Anhängerbetrieb) und der Fahrweise ab. Die Kupplung ist wartungsfrei, da sie sich selbst nachstellt.

Die Turbomotoren sind mit einem **Zweimassenschwungrad** ausgerüstet, ausgenommen ist der 90-PS-Dieselmotor in Verbindung mit dem Getriebe CZL. Das Zweimassenschwungrad besitzt ein Feder- und Dämpfersystem, um die Übertragung der vom Motor erzeugten Drehschwingungen zu reduzieren. Außerdem verringert sich dadurch auch die Geräuschübertragung im unteren Drehzahlbereich. Die Kupplungsscheibe für dieses Schwungrad hat keine Torsionsfedern.

Kupplungsscheibe/Druckplatte

Ausführung bei Motoren ab 1,8 l Hubraum

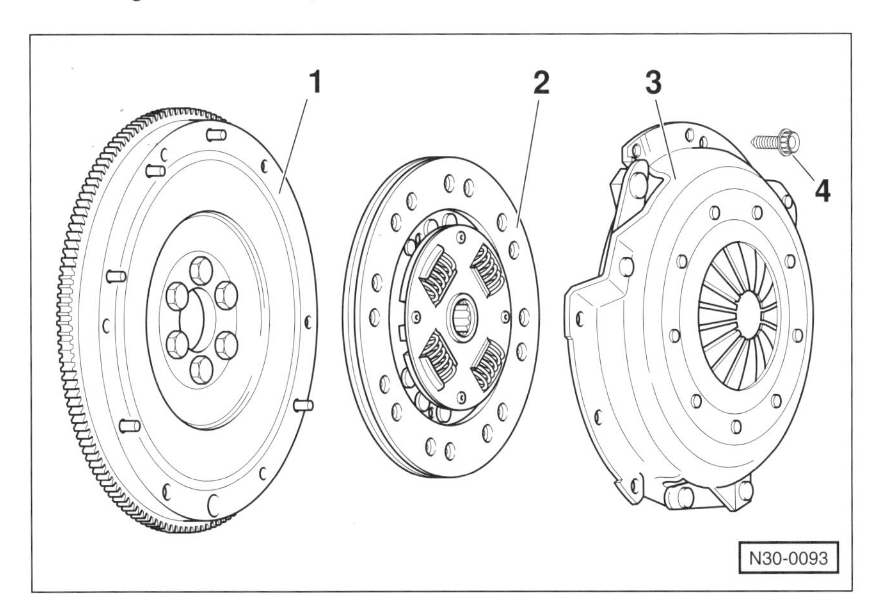

1 – **Schwungrad**
Anlagefläche für Kupplungsbelag muss frei von Rillen, Öl und Fett sein. Auf festen Sitz der Zentrierstifte achten.

2 – **Kupplungsscheibe**
Einbaulage beachten, Federkäfig zeigt zur Druckplatte. **Achtung:** Verzahnung der Antriebswelle und, bei gebrauchten Kupplungsscheiben, Verzahnung der Nabe, reinigen, Korrosion entfernen. Kerbverzahnung hauchdünn mit MoS_2-Fett einstreichen. Überschüssiges Fett unbedingt entfernen.

3 – **Druckplatte**

4 – **Zwölfkantschraube, 20 Nm**
Stufenweise über Kreuz lösen beziehungsweise anziehen. **Achtung:** Bei Ausführung mit Zweimassenschwungrad sind **Innensechskantschrauben** eingebaut, diese mit **13 Nm** festziehen.

Ausführung bei 1,6-l-Motor

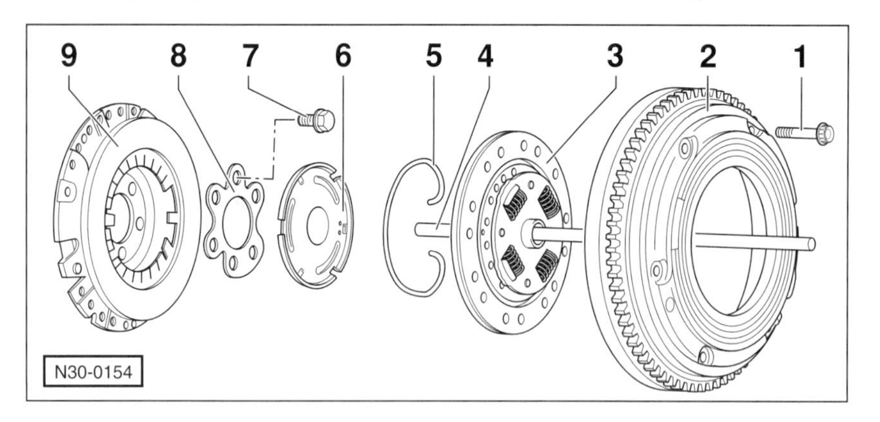

1 – **Zwölfkantschraube, 20 Nm**
Gleichmäßig über Kreuz lösen und anziehen.

2 – **Schwungrad**
Anlagefläche für Kupplungsbelag frei von Rillen, Öl und Fett. **Achtung:** Einstecktiefe des OT-Gebers muss den unterschiedlichen Größen der Schwungräder angepasst werden. Darum sind zwei unterschiedliche, farblich gekennzeichnete Verschlussschrauben im Kupplungsgehäuse.

3 – **Kupplungsscheibe**
Zentrieren. Kerbverzahnung hauchdünn mit MoS_2-Fett einstreichen.

4 – **Kupplungsdruckstange**
Im Bereich der Führungsbuchse in der Antriebswelle fetten

5 – **Haltering**

6 – **Ausrückplatte**
Auflagefläche und Aufnahme für Kupplungsdruckstange hauchdünn mit MoS_2-Fett (SKODA-Fett G 000 100) schmieren.

7 – **Befestigungsschraube**
Anzugsdrehmoment: **60 Nm + ¼ Umdrehung (90°) weiterdrehen.** Schrauben grundsätzlich ersetzen.

8 – **Zwischenblech**

9 – **Druckplatte**
Maximaler Verzug innen: 0,2 mm. Druckplatte mit beschädigter oder loser Nietverbindung erneuern.

Hydraulische Kupplungsbetätigung

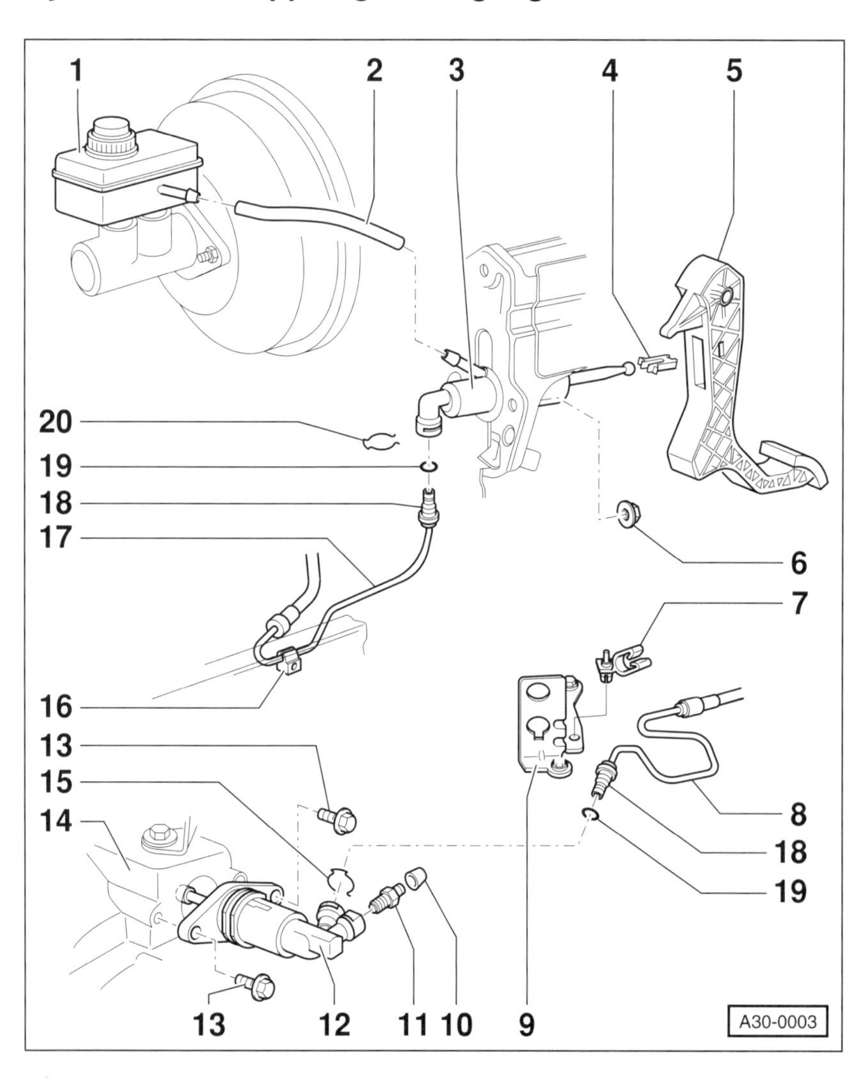

Hinweis: Die Abbildung zeigt die Ausführung bei Motoren ab 1,8 l Hubraum. Beim 1,6-l-Motor ergeben sich Unterschiede in der Anordnung des Nehmerzylinders: Er sitzt senkrecht an der Getriebe-Vorderseite und betätigt einen Kupplungshebel.

1 – **Bremsflüssigkeitsbehälter**

2 – **Nachlaufschlauch**

3 – **Geberzylinder**

4 – **Aufnahme**

5 – **Kupplungspedal**

6 – **Sechskantmutter, 25 Nm**
Selbstsichernd, immer erneuern.

7 – **Halter**

8 – **Rohr-Schlauchleitung**

9 – **Widerlager**

10 – **Staubkappe**

11 – **Entlüfterventil**

12 – **Nehmerzylinder**

13 – **Bundschraube, 25 Nm**

14 – **Getriebe**

15 – **Sicherungsklammer**

16 – **Clip**

17 – **Rohr-Schlauchleitung**

18 – **Rohranschluss/Steckverbindung**

19 – **Rundschnurringe**
Bei beschädigtem Rundschnurring muss die ganze Rohr-Schlauchleitung erneuert werden. Rundschnurring mit Bremsflüssigkeit benetzen.

20 – **Sicherungsklammer**

Kupplung aus- und einbauen/prüfen

Motoren ab 1,8 l Hubraum

Hinweise für den 1,6-l-Motor stehen am Ende des Kapitels.

Ausbau

- Getriebe ausbauen, siehe Seite 244.

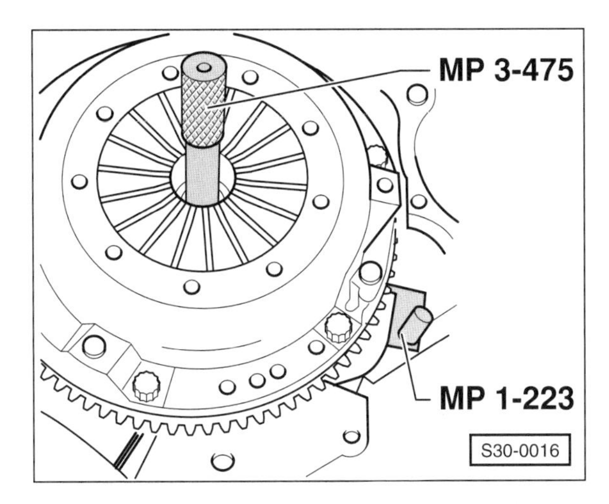

- Damit das Schwungrad beim Lösen der Schrauben nicht mitdreht, Schwungrad entweder mit SKODA-Arretierwerkzeug MP 1-223 oder mit Schraubendreher und Dorn arretieren. **Hinweis:** Das Werkzeug MP 1-223 ist in »Einbaustellung« gezeigt, für den Ausbau das Werkzeug umstecken. Für den Einbau der Kupplung wird der Zentrierdorn MP 3-475 oder ein handelsübliches Zentrierwerkzeug, zum Beispiel HAZET 2174 zum Ausrichten beim Wiedereinbau der Kupplung benötigt.
- Befestigungsschrauben der Kupplungsdruckplatte über Kreuz jeweils 1 bis 1½ Umdrehungen lösen, bis die Druckplatte entspannt ist.

Achtung: Werden die Schrauben sofort ganz gelöst, kann die Membranfeder beschädigt werden.

- Nach dem Lösen, Schrauben ganz herausdrehen.
- Druckplatte und Kupplungsscheibe herausnehmen. **Achtung:** Druckplatte und Kupplungsscheibe beim Herausnehmen nicht fallen lassen, sonst können nach dem Einbau Rupf- und Trennschwierigkeiten auftreten.
- Ausrücklager abwischen, nicht auswaschen.
- Schwungrad auswischen. Dazu einen Lappen in etwas Spiritus tränken oder einen handelsüblichen Reiniger für Kupplungen benutzen.

Prüfen

Werden die alten Kupplungsteile eingebaut, so müssen diese zuvor geprüft werden.

- Kupplungsdruckplatte auf Brandrisse und Riefen prüfen.

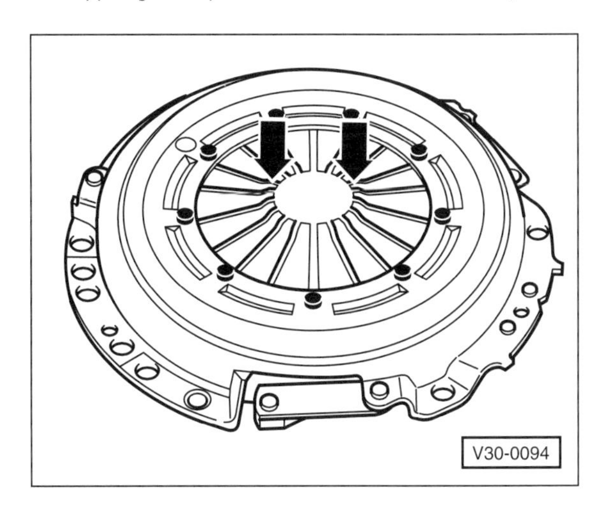

- Membranfeder auf Brüche untersuchen –Pfeile–. Eine Abnutzung bis zur halben Membranfederdicke ist zulässig.
- Federverbindungen zwischen Druckplatte und Deckel auf Risse, Nietbefestigungen auf festen Sitz prüfen. Kupplungen mit beschädigten oder losen Nietverbindungen ersetzen.

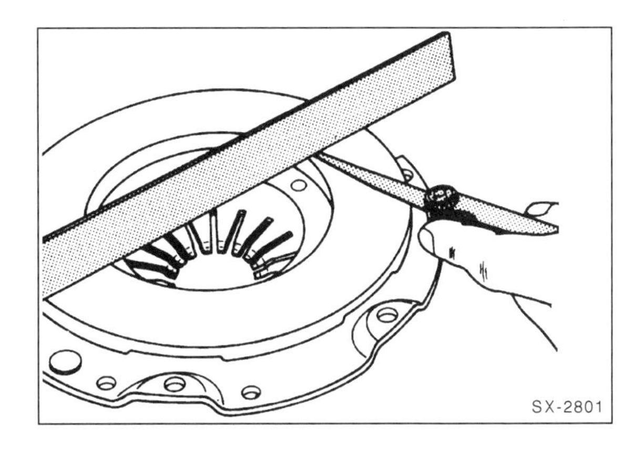

- Auflagefläche der Druckplatte auf Risse, Brandstellen und Verschleiß prüfen. Eine Druckplatte, die bis zu 0,2 mm nach innen durchgebogen ist, darf noch eingebaut werden. Die Prüfung erfolgt mit Lineal und Fühlerblattlehre.
- Schwungrad auf Brandrisse und Riefen prüfen.
- Verölte, verfettete oder mechanisch beschädigte Kupplungsscheibe austauschen.
- Kupplungsscheibe auf ausreichende Belagstärke und auf Belagrisse prüfen.

- In der Werkstatt kann die Kupplungsscheibe auf Schlag geprüft werden. Der Seitenschlag darf bei der Kupplungsscheibe maximal 0,8 mm betragen (2,5 mm vom Außenrand gemessen). **Achtung:** Diese Prüfung ist nur dann notwendig, wenn die alte Kupplungsscheibe wieder eingebaut werden soll und die Kupplung vorher nicht richtig ausgekuppelt hat. Gegebenenfalls darf die Kupplungsscheibe vorsichtig ausgerichtet werden.

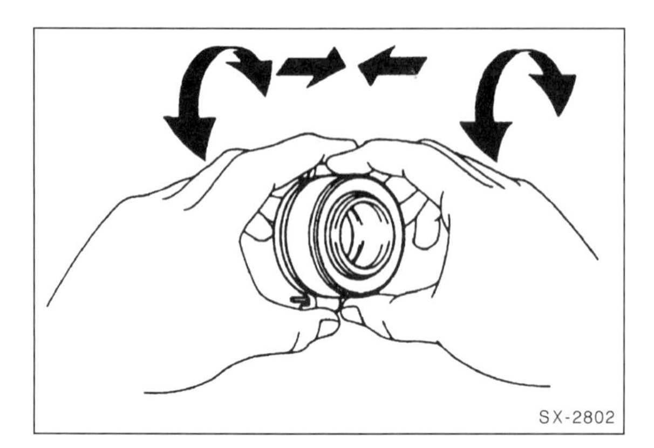

- Ausrücklager in eingebautem Zustand von Hand prüfen. Dazu das Lager leicht zusammenpressen und drehen. Das Lager muss sich leicht drehen lassen. Im Fahrbetrieb macht sich ein defektes Ausrücklager durch Geräusche bei getretenem Kupplungspedal bemerkbar. Sinnvollerweise ist das Lager generell auszutauschen.

Einbau

Achtung: Werden Neuteile eingebaut, unbedingt Kupplungsdruckplatte und Kupplungsscheibe anhand Motorkennbuchstaben, Motornummer und Getriebe-Kennbuchstaben nach dem Ersatzteilkatalog zuordnen lassen, damit keine falschen Teile eingebaut werden.

Werden die bisherigen Kupplungsteile eingebaut, so müssen diese zuvor geprüft werden.

- Vor dem Einbau einer neuen Kupplungsdruckplatte, Korrosionsschutzfett nur an der Anlauffläche restlos entfernen. An den anderen Stellen darf das Fett auf keinen Fall entfernt werden, da sonst die Lebensdauer der Kupplung erheblich verkürzt wird.
- Zentrierstifte am Schwungrad auf festen Sitz prüfen.
- Kerbverzahnung der Kupplungsscheibe von Korrosion reinigen. Verzahnung der Antriebswelle hauchdünn mit MoS_2-Fett schmieren. Die Fachwerkstatt verwendet das Fett G 000 100. Danach Kupplungsscheibe auf der Antriebswelle hin- und herbewegen, bis die Nabe auf der Welle leichtgängig ist. Überschüssiges Fett unbedingt entfernen.
- Beim Einsetzen der Kupplungsscheibe darauf achten, dass der Federkäfig zur Druckplatte zeigt. Ist eine Kupplung mit Zweimassenschwungrad eingebaut, sind keine Federkäfige vorhanden. In diesem Fall ist die Kupplung so einzubauen, dass der Kupplungsbelag am Schwungrad anliegt. Die Nabe darf nicht am Schwungrad anliegen.

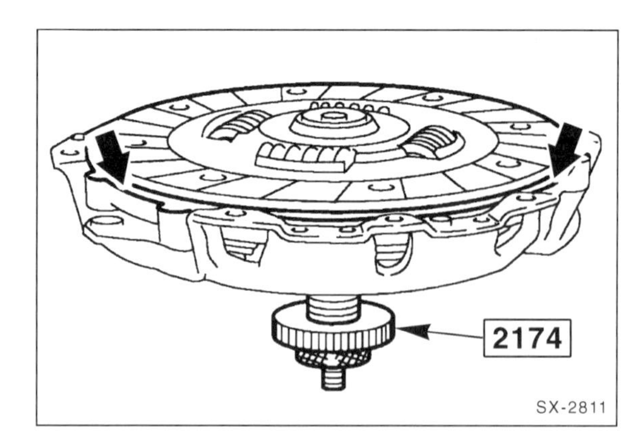

- Kupplungsscheibe mittig in der Druckplatte mit einem passenden Dorn, zum Beispiel HAZET 2174 zentrieren –Pfeile–. Sitzt die Kupplungsscheibe nicht zentrisch, kann die Getriebeantriebswelle später nicht eingeführt werden. Als Zentrierdorn kann auch eine alte Getriebe-Antriebswelle verwendet werden.
- Die Kupplungsdruckplatte in die entsprechenden Passstifte setzen.

Achtung: Die Druckplatte muss vollständig am Schwungrad anliegen und darf sich nicht verkanten, da sonst Passstifte und Zentrierbohrungen beschädigt werden. Dann erst Befestigungsschrauben einsetzen. Keinesfalls Druckplatte mit den Schrauben heranziehen, sonst werden die Zentrierbohrungen der Druckplatte und die Zentrierstifte am Schwungrad beschädigt.

- Befestigungsschrauben für Kupplungsdruckplatte einschrauben und über Kreuz mit 1 bis 1½ Umdrehungen anziehen, bis die Druckplatte festgezogen ist. Anzugsdrehmoment für Zwölfkantschrauben: **20 Nm**. **Achtung:** Bei Ausführung mit Zweimassenschwungrad sind **Innensechskantschrauben** eingebaut, diese mit **13 Nm** festziehen.
- Zentrierdorn entfernen.
- Getriebe einbauen, siehe Seite 244.

1,6-l-Benzinmotor

Ausbau

- Getriebe ausbauen, siehe Seite 244.
- Schwungrad abschrauben und entnehmen. Damit das Schwungrad beim Lösen der Schrauben nicht mitdreht, muss es entweder mit dem SKODA-Werkzeug MP 1-221 oder mit Schraubendreher und Dorn arretiert werden.
- Befestigungsschrauben des Schwungrades nacheinander jeweils um 1 bis 1½ Umdrehungen lösen.

Achtung: Wenn die Schrauben einzeln sofort ganz gelöst werden, kann das Schwungrad sich verziehen.

- Anschließend Schrauben ganz herausdrehen und Schwungrad abnehmen.
- Kupplungsscheibe herausnehmen. **Achtung:** Schwungrad und Kupplungsscheibe beim Herausnehmen nicht fallen lassen, sonst können nach dem Einbau Rupf- und Trennschwierigkeiten auftreten.

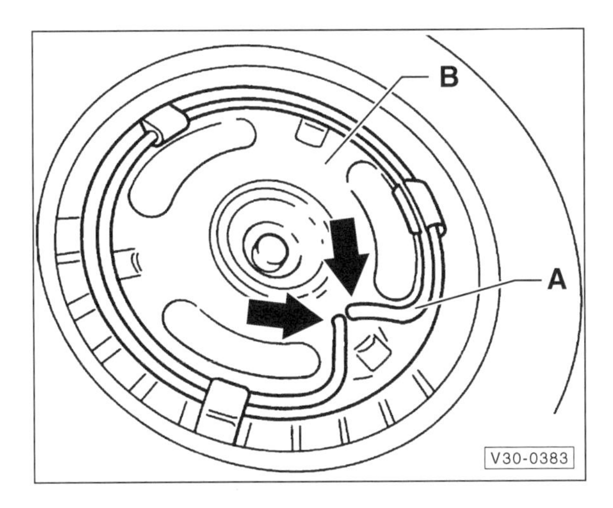

- Haltering –A– für die Ausrückplatte –B– mit einem Schraubendreher aus den Bohrungen –Pfeile– hebeln und Haltering entnehmen.
- Ausrückplatte –B– abnehmen.

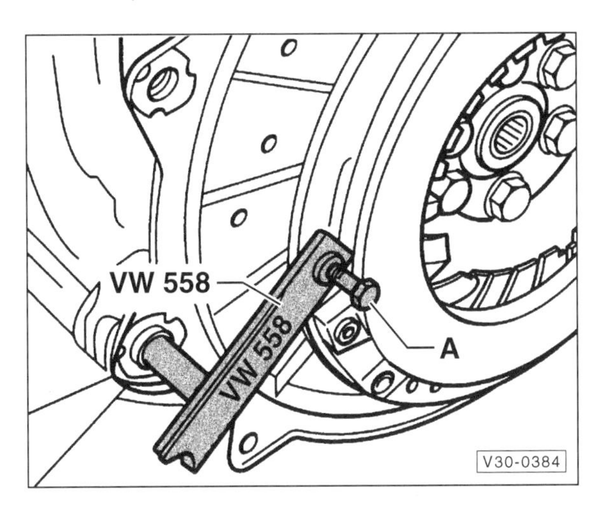

- Druckplatte von der Kurbelwelle abschrauben, dazu Gegenhalter VW 558 oder SKODA-MP 1-221 an Druckplatte mit Schraube –A– arretieren. Steht der Gegenhalter nicht zur Verfügung, Druckplatte mit Schraubendreher und Dorn gegenhalten.
- Druckplatte und Zwischenblech abnehmen.
- Schwungrad mit benzingetränktem Lappen auswischen.

Prüfen

Werden alte Kupplungsteile eingebaut, müssen diese zuvor geprüft werden.

- Nietbefestigungen an der Druckplatte auf festen Sitz prüfen. Druckplatte mit beschädigten oder losen Nietverbindungen ersetzen.
- Reibflächen von Druckplatte und Schwungrad auf Risse, Brandstellen und Verschleiß prüfen. Druckplatten, die bis zu 0,2 mm nach innen durchgebogen sind, dürfen noch eingebaut werden. Die Prüfung erfolgt mit Lineal und Fühlerblattlehre.
- Reibflächen von Druckplatte und Schwungrad fettfrei abwischen.
- Verölte oder abgenutzte Kupplungsscheibe erneuern.

Hinweis: Ein defektes Ausrücklager macht sich im Fahrbetrieb durch Geräusche bei getretenem Kupplungspedal bemerkbar. Es liegt hinter einem Deckel an der Getriebe-Außenseite und kann bei eingebautem Getriebe erneuert werden.

Einbau

Achtung: Werden Neuteile eingebaut, unbedingt Kupplungsdruckplatte und Kupplungsscheibe über Motorkennbuchstaben und Motornummer nach dem Ersatzteilkatalog zuordnen lassen, damit keine falschen Teile eingebaut werden.

- Vor dem Einbau einer neuen Kupplungsdruckplatte, Korrosionsschutzfett **nur an Anlauf- und Reibflächen** restlos entfernen. An den anderen Stellen darf das Fett auf keinen Fall entfernt werden, da sonst die Lebensdauer der Kupplung erheblich verkürzt wird.

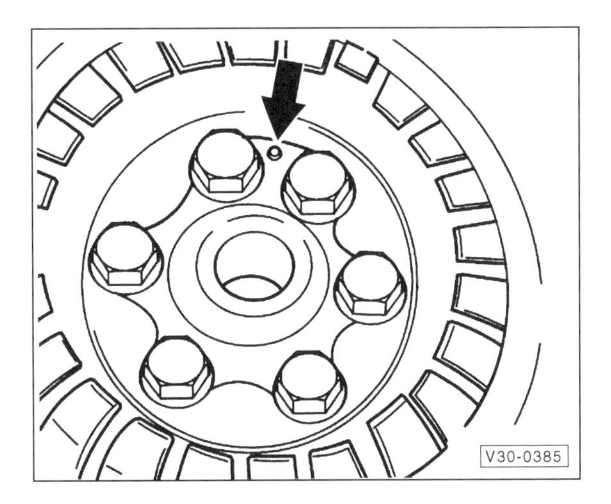

- Druckplatte mit Zwischenblech an Kurbelwelle aufsetzen. **Achtung:** Auf Einbaulage des Zwischenblechs achten, die Erhöhung –Pfeil– zeigt von der Druckplatte weg. **Neue** Befestigungsschrauben einschrauben und Druckplatte wie beim Ausbau mit VW-Werkzeug 558 beziehungsweise SKODA-MP 1-221 oder Schraubenzieher und Dorn blockieren.
- Druckplatte zuerst mit Drehmomentschlüssel **60 Nm** anschrauben und anschließend die Schrauben mit starrem Schlüssel um **90°** (¼ Umdrehung) weiterdrehen.

Achtung: Die Schrauben werden beim Anziehen bleibend gedehnt, daher müssen nach jedem Lösen **neue** Schrauben verwendet werden.

- Ausrückplatte einsetzen und mit Haltering an Druckplatte befestigen. Die beiden Drahtenden in die Bohrungen der Druckplatte einsetzen, siehe Abbildung V30-0383.

- Kerbverzahnung der Kupplungsscheibe von Korrosion reinigen und hauchdünn mit MoS_2-Fett schmieren. Die SKODA-Werkstätten verwenden das Fett G 000 100. Danach Kupplungsscheibe auf der Antriebswelle hin- und herbewegen, bis die Nabe auf der Welle leichtgängig ist. Überschüssiges Fett **unbedingt** entfernen.
- Zentrierstifte am Schwungrad auf festen Sitz prüfen. Wenn ein Zentrierstift lose ist, so ist dieser zu ersetzen.
- Kupplungsscheibe (Mitnehmerscheibe) und Schwungrad in die Druckplatte einsetzen. Das Schwungrad mit den Passstiften in die entsprechende Bohrungen setzen.

Achtung: Wird das Schwungrad falsch aufgesetzt, stimmt die OT-Markierung auf dem Schwungrad nicht mehr.

Achtung: Das Schwungrad muss **vollständig** an der Druckplatte anliegen. **Dann** erst Befestigungsschrauben einsetzen. Das Schwungrad darf sich nicht verkanten, da sonst Passstifte und Zentrierbohrungen beschädigt werden. **Keinesfalls** Druckplatte mit den Schrauben heranziehen, sonst werden die Zentrierbohrungen und -stifte beschädigt.

- Befestigungsschrauben für das Schwungrad über Kreuz nacheinander mit 1 bis 1 ½ Umdrehungen anziehen, bis die Druckplatte festgezogen ist. Anzugsdrehmoment: **20 Nm**.
- Getriebe einbauen, siehe Seite 244.

Kupplungsbetätigung entlüften

Die Kupplungsbetätigung muss entlüftet werden, wenn die Kupplung beim Gangwechsel nicht richtig trennt, wenn das Kupplungspedal nicht oder nur verzögert zurück kommt, oder wenn das Hydrauliksystem geöffnet wurde. Die SKODA-Werkstatt verwendet das Bremsen-Füll- und Entlüftungsgerät »Romess S15«.

Da das Hydrauliksystem der Kupplung mit Bremsflüssigkeit arbeitet, sind ebenfalls die entsprechenden Kapitel im Abschnitt »Bremsanlage entlüften« durchzulesen.

Sicherheitshinweis
Bremsflüssigkeit ist giftig. Keinesfalls Bremsflüssigkeit mit dem Mund über einen Schlauch absaugen. Bremsflüssigkeit nur in Behälter füllen, bei denen ein versehentliches Einnehmen ausgeschlossen ist.

- Fahrzeug aufbocken und untere Motorraumabdeckung ausbauen, siehe Seite 166.
- Bremsflüssigkeitsstand im Vorratsbehälter prüfen, gegebenenfalls bis zur MAX-Markierung auffüllen.
- Staubkappen vom Entlüfterventil am Nehmerzylinder und am vorderen linken Bremssattel abziehen.
- Entlüfterventile vorsichtig gangbar machen.
- Durchsichtigen Schlauch auf das Entlüfterventil am Bremssattel aufschieben.
- Schlauch mit Bremsflüssigkeit füllen. Dazu Entlüfterschraube am Bremssattel öffnen. Bremspedal langsam durchtreten (Helfer) und in dieser Stellung halten. Entlüfterventil schließen und Bremspedal loslassen. Anschließend Entlüfterventil wieder öffnen und Bremspedal erneut durchtreten. Vorgang so lange wiederholen, bis der Schlauch vollständig mit Bremsflüssigkeit gefüllt ist. Schlauch mit dem Finger zuhalten, damit keine Bremsflüssigkeit ausläuft. **Achtung:** Der Flüssigkeitsstand im Vorratsbehälter darf nicht zu weit absinken, gegebenenfalls **neue** Bremsflüssigkeit nachfüllen.
- Freies Schlauchende auf die Entlüfterschraube am Kupplungs-Nehmerzylinder stecken und beide Entlüfterschrauben öffnen.
- Bremspedal durchtreten, Entlüfterschraube am Bremssattel schließen und Bremspedal entlasten. Diesen Vorgang so oft wiederholen, bis im Ausgleichbehälter keine Luftblasen mehr herausgedrückt werden. Dabei stets neue Bremsflüssigkeit nachfüllen.
- Entlüfterschrauben am Bremssattel und am Nehmerzylinder verschließen. Schlauch abziehen und Staubkappen aufschieben.
- Fahrzeug ablassen.
- Bremsflüssigkeit bis zur MAX-Markierung auffüllen.
- Kupplungspedal mehrmals betätigen. Dadurch wird sichergestellt, dass eventuelle Restluft im System in den Bremsflüssigkeitsbehälter entweichen kann.
- Funktion von Brems- und Kupplungssystem prüfen. **Achtung:** Bei diesem Entlüftungsvorgang kann etwas Luft im Hydrauliksystem bleiben. Erkennbar ist das am Kratzen beim Einlegen der Gänge und durch nicht richtiges Trennen der Kupplung. In diesem Fall Kupplungshydraulik umgehend in der Werkstatt mit einem Entlüftergerät entlüften lassen.
- Untere Motorraumabdeckung einbauen, siehe Seite 166.

Störungsdiagnose Kupplung

Störung	Ursache	Abhilfe
Kupplung rupft.	Motor- und Getriebelagerung defekt.	■ Prüfen, gegebenenfalls auswechseln.
	Getriebe liegt in der Aufhängung nicht fest.	■ Befestigungsschrauben nachziehen.
	Druckplatte trägt ungleichmäßig.	■ Druckplatte auswechseln.
	Mitnehmerscheibe kein Originalteil.	■ Original-Kupplungsscheibe einbauen.
	Kurbelwelle fluchtet nicht zur Getriebe-Antriebswelle.	■ Zentrierflächen von Motor und Getriebe überprüfen.
	Ausrücker drückt einseitig.	■ Ausrücker überprüfen.
Kupplung rutscht.	Kupplungsscheibe verschlissen.	■ Dicke der Kupplungsscheibe prüfen, gegebenenfalls auswechseln.
	Nehmerzylinder der Hydraulikbetätigung klemmt.	■ Nehmerzylinder ersetzen.
	Spannung der Membranfeder zu gering.	■ Druckplatte auswechseln.
	Nehmerzylinder der Hydraulikbetätigung undicht.	■ Sichtprüfung durchführen.
	Belag verhärtet oder verölt.	■ Kupplungsscheibe austauschen.
	Kupplung wurde überhitzt.	■ Originalteil einbauen.
Kupplung trennt nicht richtig.	Belag durch Abrieb verklebt.	■ Kupplungsscheibe austauschen.
	Kupplungsscheibe klemmt auf der Antriebswelle, Kerbverzahnung trocken oder verklebt.	■ Kerbverzahnung reinigen, entgraten, Rost entfernen und neu schmieren; z. B. MoS_2-Puder einbürsten.
	Kupplungsscheibe hat Seitenschlag.	■ Kupplungsscheibe prüfen lassen, ersetzen.
	Geberzylinder der Hydraulikbetätigung undicht.	■ Bei durchgetretenem Kupplungspedal beobachten, ob Flüssigkeit im Bremsflüssigkeitsvorratsbehälter aufwallt. Geberzylinder austauschen (Werkstattarbeit).
	Kupplungspedal erreicht den Begrenzungsanschlag nicht.	■ Prüfen, ob Begrenzungsanschlag erreicht wird, Fußmatte ausschneiden.
	Ausrücker defekt.	■ Ausrücker auf Verformung prüfen.
	Luft im Hydrauliksystem.	■ Kupplungshydraulik entlüften.
	Führungslager für die Getriebe-Antriebswelle in der Kurbelwelle defekt.	■ Führungslager in der Kurbelwelle ersetzen.
	Mitnehmerscheibe stark verbogen, oder Belag gebrochen.	■ Mitnehmerscheibe ersetzen.
Geräusch bei betätigtem Kupplungspedal.	Ausrücklager defekt.	■ Ausrücklager prüfen, ersetzen.
	Kupplungsscheibe schlägt an die Druckplatte.	■ Kupplungsscheibe auswechseln.
Auf- und abschwellendes Geräusch bei Zug- oder Schubzustand, oder wenn das Fahrzeug in ausgekuppeltem Zustand rollt.	Torsionsdämpfer der Kupplungsscheibe schwergängig.	■ Kupplungsscheibe erneuern.
	Nietverbindungen der Kupplung locker.	■ Kupplung ersetzen.
	Unwucht der Kupplung zu groß.	■ Kupplung und Mitnehmerscheibe ersetzen.

Getriebe/Schaltung

Aus dem Inhalt:

- **Getriebeausbau**
- **Schaltung einstellen**
- **Automatikgetriebe**

Das Schalt- oder Automatikgetriebe kann ohne Ausbau des Motors ausgebaut werden. Ein Ausbau ist dann erforderlich, wenn die Kupplung ausgebaut werden muss oder wenn das Getriebe überholt beziehungsweise erneuert werden muss.

Da es jedoch in keinem Fall ratsam ist, Reparaturen am Getriebe mit Heimwerkermitteln in Angriff zu nehmen, wird nur der Ausbau des Aggregates beschrieben.

Getriebe aus- und einbauen

Fahrzeuge mit Frontantrieb

Zum Ausbau des Getriebes muss das Fahrzeug ausreichend hoch aufgebockt werden. Außerdem ist zum Ablassen des Getriebes ein geeigneter Werkstattwagenheber erforderlich. Der Aus- und Einbau des Getriebes wird für das Getriebe mit der Bezeichnung **»02J«** ausführlich beschrieben. Das Getriebe »02J« kommt meist bei den Benzin- und Dieselmotoren ab 1,8 Liter Hubraum zum Einsatz. Das Getriebe **»02K«** wird bei manchen Fahrzeugen ab 1,8 Liter Hubraum allerdings auch verwendet, sowie bei den 1,6 Liter Motoren. Welches Getriebe eingebaut ist, steht im Fahrzeugdatenträger sowie am Getriebe selbst, in der Nähe der Gelenkwellenflansche. Anzugsmomente für das »02K«-Getriebe und für das Automatikgetriebe stehen am Ende des Kapitels.

Ausbau

- Batterie-Massekabel (–) bei ausgeschalteter Zündung abklemmen. **Achtung:** Falls das eingebaute Radio einen Diebstahlcode besitzt, wird dieser beim Abklemmen der Batterie gelöscht. Das Radio kann anschließend nur durch die Eingabe des richtigen Codes oder durch die SKODA-Werkstatt beziehungsweise den Radio-Hersteller wieder in Betrieb genommen werden. Vor dem Abklemmen daher unbedingt den Diebstahlcode ermitteln.
- Luftfiltergehäuse ausbauen, siehe Seite 212.

Fahrzeuge bis 04/99

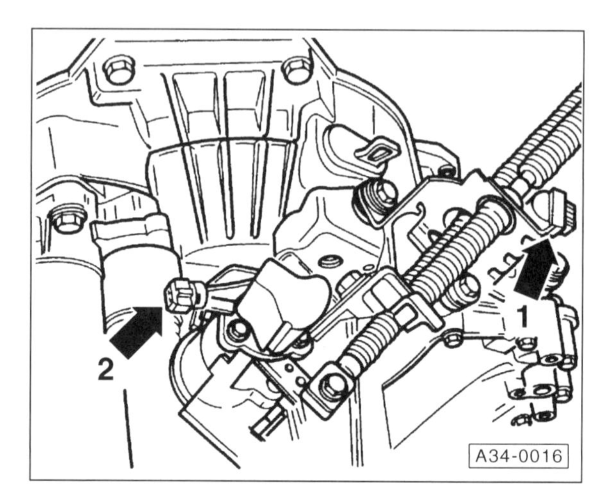

- Stecker für Tachogeber –Pfeil 1– sowie Stecker am Schalter für Rückfahrscheinwerfer –Pfeil 2– abziehen.

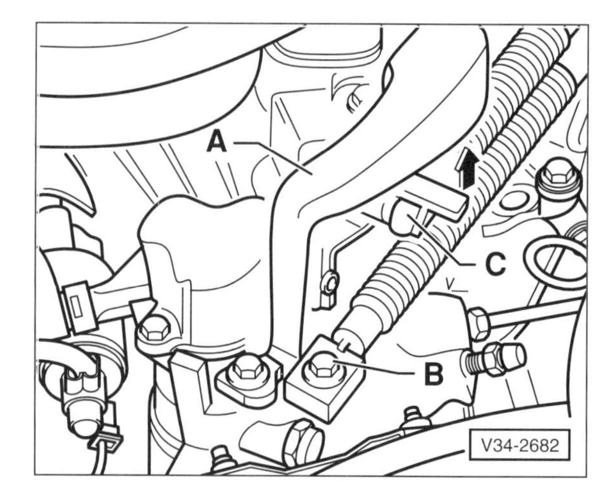

- Tilgergewicht –A– abnehmen und Schraube –B– abschrauben.
- Schaltseilzug trennen und Mutter mit Scheibe abbauen.

- Wählseilzug –C– vom Mitnehmer/Umlenkhebel abziehen, dazu die Nase in Pfeilrichtung anheben.

Fahrzeuge ab 05/99

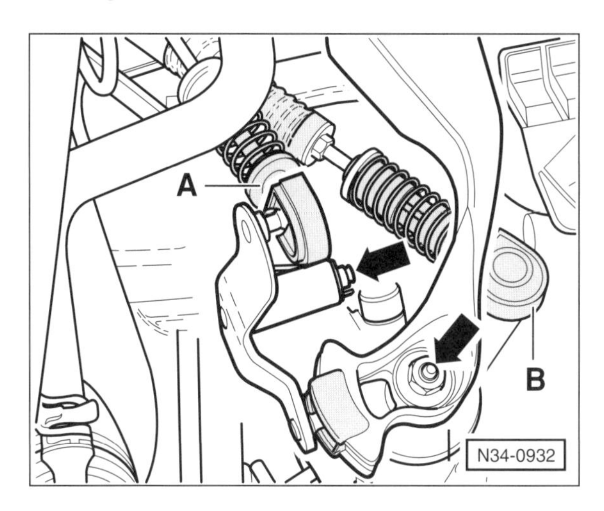

- Wählseilzug –A– mit dem Umlenkhebel abziehen, dazu die Sicherungsscheibe –oberer Pfeil– abziehen.
- Schaltseilzug –B– mit dem Getriebeschalthebel abbauen, dazu die Mutter –unterer Pfeil– abschrauben.
- Schaltseilzug –B– mit Getriebeschalthebel sowie Wählseilzug –A– mit Umlenkhebel mit Draht hochbinden.

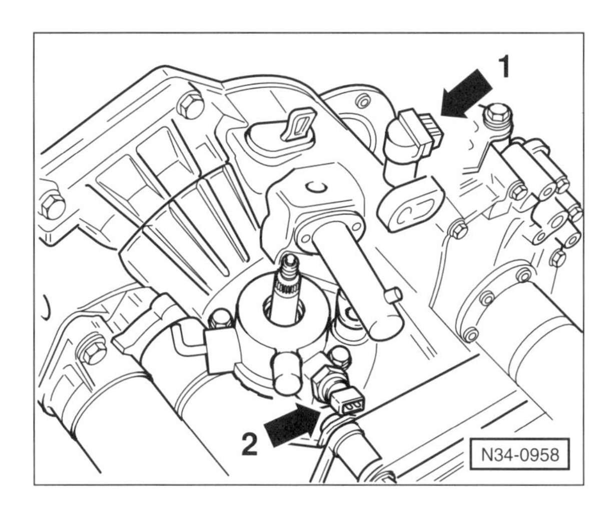

- Stecker vom Geber für Geschwindigkeitsmesser –Pfeil 1– und Stecker vom Schalter für Rückfahrscheinwerfer –Pfeil 2– abziehen.

Alle Fahrzeuge

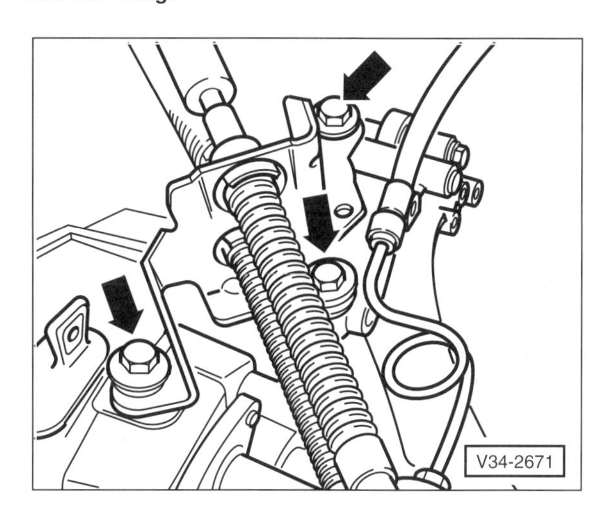

- Schlauchleitung des Nehmerzylinders am Seilzug-Widerlager ausclipsen. Seilzug-Widerlager am Getriebe abschrauben –Pfeile– und seitlich ablegen.
- Nehmerzylinder mit 2 Schrauben am Getriebe abschrauben und mit angeschlossener Leitung seitlich am Aufbau mit Draht aufhängen. **Achtung:** Die Hydraulikleitung nicht lösen, sonst muss das Kupplungssystem nach dem Einbau entlüftet werden. Bei ausgebautem Nehmerzylinder darf das Kupplungspedal nicht betätigt werden.

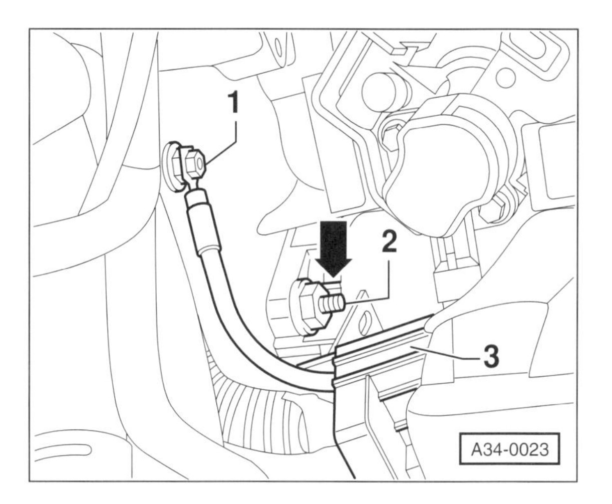

- Masseleitung von der oberen Verbindungsschraube Getriebe/Motor –1– abschrauben. Schraube –1– herausdrehen.
- Kabelhalter –3– am Anlasser oben –Pfeil– abschrauben und zur Seite legen.
- Befestigungsschraube für Anlasser oben –2– herausdrehen.
- Alle von oben zugänglichen Befestigungsschrauben für Motor/Getriebe herausdrehen.

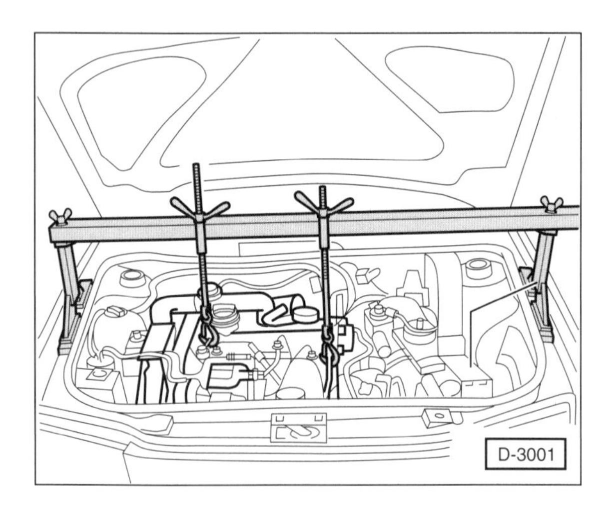

- Geeignete Motor-Abfangvorrichtung anbringen. Die SKODA-Werkstatt verwendet die Vorrichtung MP 9-200. Steht keine Abfangvorrichtung zur Verfügung, geeignetes Rohr auf stabilen Böcken quer über den Motorraum legen. Rohr **nicht** auf die Kotflügel auflegen. Drahtseil oder Haken in die Halteösen am Motor einhängen und mit dem Rohr über eine Spindel verbinden. Haken/Seil spannen.
- Motor/Getriebe-Einheit über die Spindel(n) der Abfangvorrichtung leicht vorspannen (anheben). **Hinweis:** Muss die Motor/Getriebe-Einheit mit einem Rohr und seitlichen Böcken vorgespannt werden, so ist dieser Arbeitsschritt erst nach dem Aufbocken durchzuführen.

Sicherheitshinweis
Beim Aufbocken des Fahrzeugs besteht Unfallgefahr! Deshalb vorher das Kapitel »Fahrzeug aufbocken« durchlesen.

- Fahrzeug aufbocken und untere Motorabdeckung ausbauen, siehe Seite 166.
- Anlasser ausbauen, siehe Seite 75.
- Halter für Leitung der Servolenkung am Getriebegehäuse abschrauben.

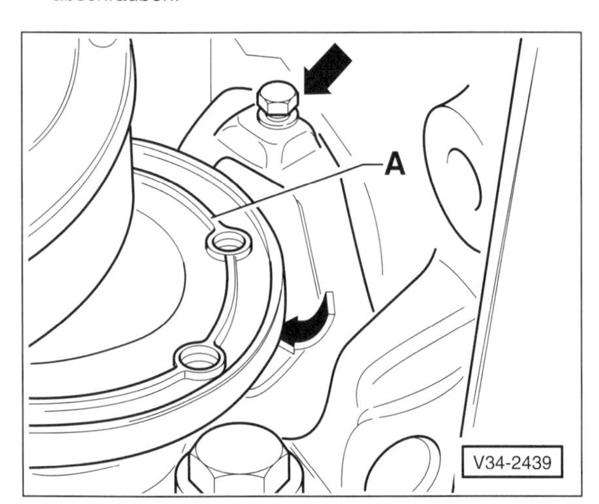

- Falls vorhanden, Schutzkappe für rechten Gelenkwellenflansch –A– abhebeln.
- Befestigungsschraube –oberer Pfeil– des kleinen Abdeckblechs hinter der rechten Gelenkwelle abschrauben und Blech abnehmen.
- Gelenkwellen am Getriebe abschrauben, siehe Seite 114.
- Gelenkwellen mit Draht so weit wie möglich hochbinden, dazu die Lenkung bis zum Anschlag nach links einschlagen. **Achtung:** Schutzlackierung der Gelenkwellen nicht beschädigen.
- Abgasanlage zwischen Katalysator und Mittelschalldämpfer auseinanderschrauben, siehe Seite 233.
- **Dieselmotor:** Abgasrohrhalter vom Aggregateträger abschrauben.

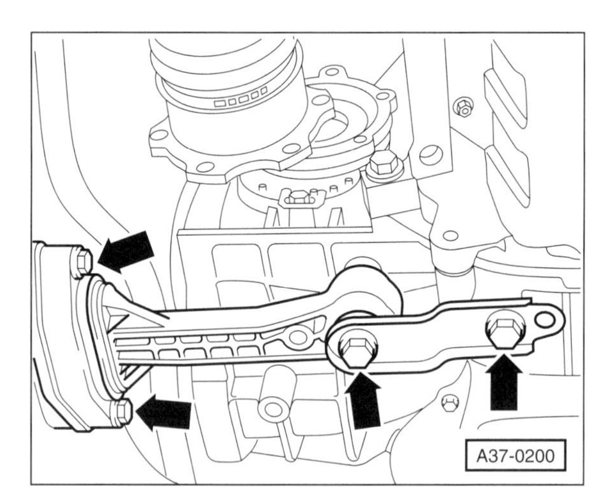

- Pendelstütze unten zwischen Aufbau und Motor/Getriebe-Einheit abschrauben –Pfeile–.

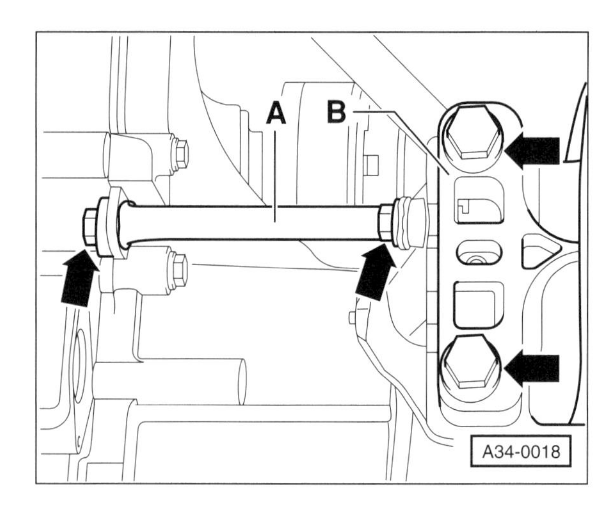

- Zuerst Abstützung –A– am Getriebelager links –B– abschrauben, dann Getriebelager abschrauben –Pfeile–.

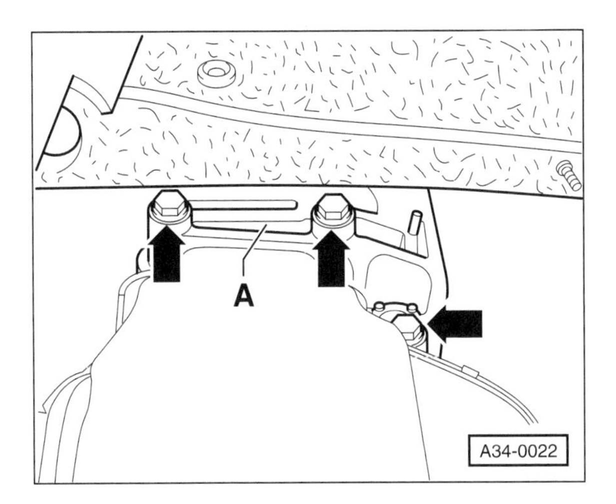

- Halter für Getriebelager –A– am Getriebe abschrauben. Damit die Befestigungsschrauben –Pfeile– entnommen werden können, Motor/Getriebe-Einheit über die Spindel(n) so weit absenken, dass die Schrauben vom linken Radhaus her zugänglich sind, siehe dazu Abbildung D-3001.

Achtung: Beim Absenken der Motor/Getriebe-Einheit darauf achten, dass die Leitungen der Servolenkung nicht beschädigt werden.

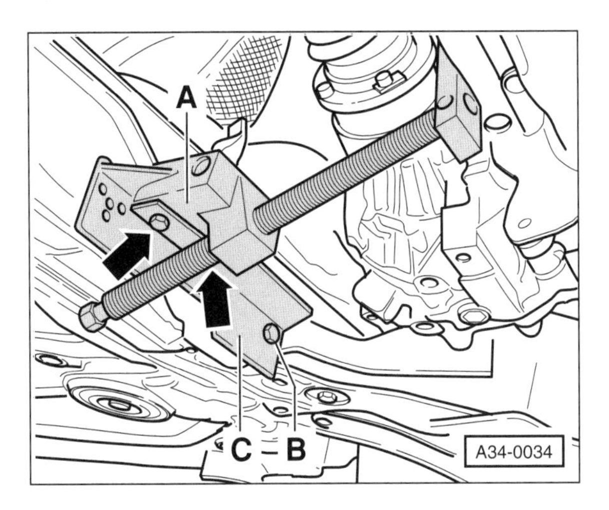

A – Abdrückvorrichtung, VW-Nr. 3300 A, SKODA-Nr. MP 3-470
B – Schraube M8 x 25
C – Aufnahmeschiene, VW-Nr. 457/1, SKODA-Nr. MP 3-457.

- Aufnahmeschiene –C– mit Schraube –B– an die Befestigung der Pendelstütze unten anschrauben. Abdrückvorrichtung –A– einsetzen und anschrauben –Pfeile–. Motor/Getriebe-Einheit nach vorn drücken. **Achtung:** Stehen die VW- beziehungsweise die SKODA-Werkzeuge nicht zur Verfügung, kann die Motor/Getriebe-Einheit auch mit dem Bordwagenheber nach vorn gedrückt werden. Dabei darauf achten, dass die Leitungen der Servolenkung nicht beschädigt werden.

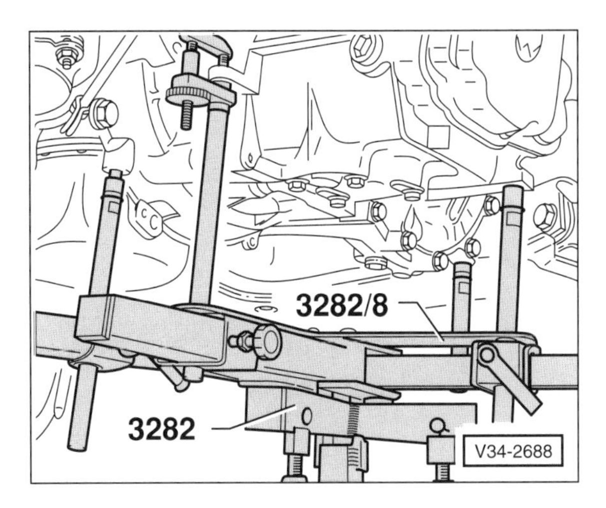

- Getriebe mit dem Getriebeheber 3282 etwas anheben. Die Arme der Getriebeheber-Aufnahme werden zuvor mithilfe der Justierplatte 3282/8 ausgerichtet. Steht der Getriebeheber nicht zur Verfügung, Getriebe mit einem Werkstattwagenheber anheben. **Achtung:** Zwischen Getriebe und Wagenheber Holz zwischenlegen.
- Die unteren Befestigungsschrauben zwischen Motor und Getriebe herausschrauben.
- Getriebe von den Passhülsen abdrücken und vorsichtig herausfahren. **Achtung:** Darauf achten, dass beim Herausnehmen des Getriebes keine Servolenkungsleitung beschädigt wird.

Einbau

Hinweis: Falls das Getriebe ersetzt wird, Geber für Geschwindigkeitsmesser, Getriebeschalthebel und Umlenkhebel vom alten auf das neue Getriebe umbauen.

- Vor dem Einbau Kupplung prüfen, siehe Seite 239.
- Kerbverzahnung der Antriebswelle reinigen und leicht mit MoS_2-Fett oder mit G 000 100 schmieren. **Achtung:** Die Kupplungsscheibe muss sich auf der Getriebe-Antriebswelle leicht hin- und herschieben lassen.
- Prüfen, ob die Passhülsen zur Zentrierung von Motor und Getriebe im Motorblock vorhanden sind. Gegebenenfalls Passhülsen einsetzen.

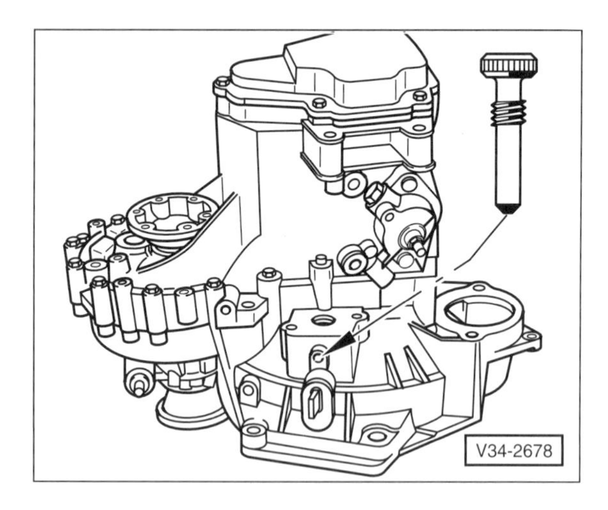

- Kupplungsausrückhebel vor Einbau des Getriebes zum Getriebegehäuse drücken und durch Ersatzteil-Montageschraube oder eine M8x35-Schraube arretieren. Nach dem Getriebeeinbau, Schraube wieder entfernen.
- Getriebe anheben und mit der Getriebe-Antriebswelle in die Kupplung einfahren. Falls beim Einsetzen die Getriebe-Antriebswelle nicht in die Kupplungsscheibe einrastet, Antriebswelle von hinten am Flansch für die Gelenkwelle mit der Hand entsprechend verdrehen. Beim Ansetzen des Getriebes auf korrekten Sitz des Zwischenblechs achten.
- Getriebeheber 3282 beziehungsweise Werkstattwagenheber absenken und herausnehmen, siehe dazu auch Abbildung V34-2688 im Abschnitt »Ausbau«.
- Schrauben für untere Getriebebefestigung und für Anlasser einschrauben. Dazu Anlasser einsetzen.
- Befestigungsschrauben Motor/Getriebe soweit möglich einschrauben.

Anzugsmomente für Schraubverbindungen Motor/Getriebe (02J)

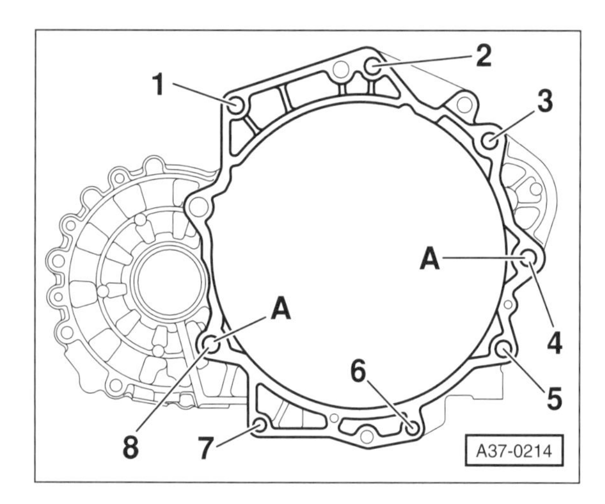

A – Passhülse zur Zentrierung.

Position	Schraube	Anzugsmoment
1	M12 x 55	80 Nm
2[1)]	M12 x 55	80 Nm
3[1)]	M12 x 150	80 Nm
4[1)]	M12 x 150	80 Nm
5	M10 x 50	40 Nm
6[2)]	M10 x 50	40 Nm
7[2)]	M10 x 50	40 Nm
8	M12 x 55	80 Nm

[1)] Schraube mit Gewindestift M8.

[2)] Ab 02/00, Schraubengröße M10 x 55.

- Schraube M8 x 35 zur Arretierung des Kupplungs-Ausrückhebels am Getriebegehäuse wieder herausdrehen. Die Bohrung wird durch die Befestigungsschraube für das Widerlager der Betätigungsseilzüge verschlossen.
- Linken Getriebehalter am Getriebe handfest anschrauben und Motor/Getriebe mit dem Kran in Einbaulage bringen.
- Motor/Getriebe-Lager und Pendelstütze mit **neuen** Schrauben handfest anschrauben.
- Motor- und Getriebeheber entfernen.
- Motor/Getriebe-Einheit durch kräftige Schüttelbewegungen spannungsfrei einrichten.
- Schrauben am Motor/Getriebe-Lager und an der Pendelstütze festziehen, siehe Tabelle.

Achtung: Die Schrauben werden beim Anziehen bleibend gedehnt, daher müssen **nach jedem Lösen neue Schrauben** verwendet werden.

Getriebekonsole links an Getriebe	50 Nm + 90°
Getriebekonsole an Getriebelager	60 Nm + 90°
Pendelstütze an Getriebe	40 Nm + 90°
Pendelstütze an Aggregateträger	20 Nm + 90°

- Gelenkwellen einbauen, siehe Seite 114.
- Gelenkwellen-Abdeckbleche anbringen.
- Linke Befestigungsschrauben für Motorträger mit **50 Nm** anschrauben.
- Anlasser einbauen, siehe Seite 75.
- Seilzugwiderlager mit **25 Nm** am Getriebe anschrauben.
- Schaltseilzug mit **25 Nm** am Getriebeschalthebel anschrauben.
- Wählseilzug am Umlenkhebel einclipsen.
- Tilgergewicht am Getriebeschalthebel anschrauben. **Fahrzeuge bis 04/99:** Schrauben mit **20 Nm** anziehen und anschließend um ¼ **Umdrehung (90°)** weiterdrehen. **Fahrzeuge ab 05/99:** Schrauben mit **25 Nm** anziehen.
- Schaltbetätigung einstellen, siehe Seite 250.
- Elektrische Anschlüsse am Getriebe anschließen beziehungsweise aufschieben, siehe Abschnitt »Ausbau«.

- Anlasser anklemmen, siehe Seite 75.

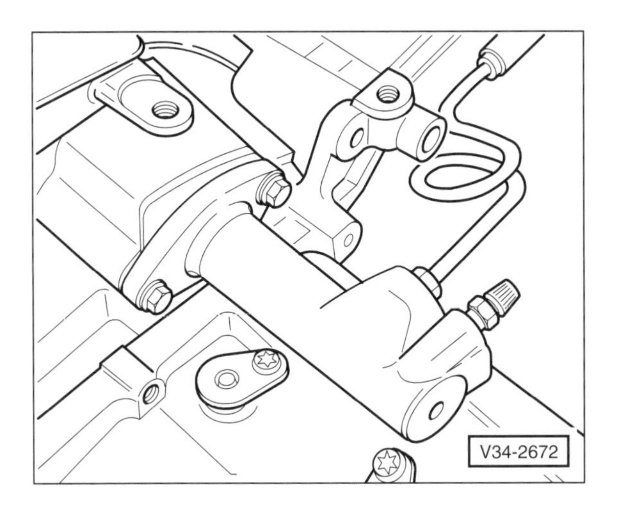

- Kupplungs-Nehmerzylinder am Stößelende mit MoS_2-Fett bestreichen. Nehmerzylinder einsetzen und mit **20 Nm** anschrauben.
- Kupplung mehrmals betätigen und auf einwandfreie Funktion prüfen. **Achtung:** Falls die Hydraulikleitung geöffnet wurde, Kupplungshydraulik entlüften.
- Vorderes Abgasrohr/Katalysator mit neuen Dichtungen einbauen, siehe Seite 233.
- Halter für Servolenkungsleitung am Getriebegehäuse anschrauben.
- Getriebeölstand prüfen, siehe Seite 28.
- Untere Motorraumabdeckung einbauen, siehe Seite 166.
- Luftfiltergehäuse einbauen, siehe Seite 212.
- Batterie-Massekabel (–) anklemmen. Gegebenenfalls Diebstahlcode für das Autoradio eingeben und Zeituhr einstellen.

Anzugsmomente für Schraubverbindungen Motor/Getriebe (02K)

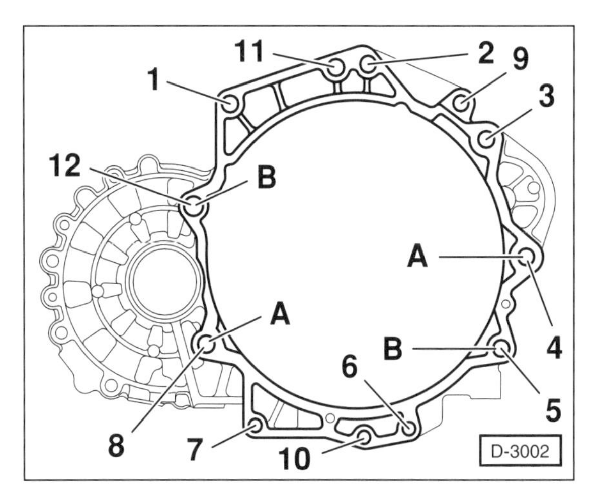

A – Passhülse zur Zentrierung, 100-PS-Motor.
B – Passhülse zur Zentrierung, 75-PS-Motor.

02K	1,6 l (100 PS)		1,6 l (75 PS)	
Position	Schraube	Nm	Schraube	Nm
1	M12 x 65	80 Nm	–	–
2	M12 x 65	80 Nm[1]	–	–
3	M12 x 140	80 Nm[1]	M12 x 55	80 Nm[1]
4	M12 x 140	80 Nm[1]	M12x120	80 Nm[1]
5	M10 x 50	45 Nm	M12 x 55	80 Nm
6	M10 x 50	45 Nm[2]	–	–
7	M10 x 50	45 Nm[2]	M10 x 50	45 Nm[2]
8	M12 x 80	80 Nm	M12 x 35	20 Nm
9	–	–	M12 x 55	80 Nm[1]
10	–	–	M10 x 50	45 Nm[2]
11	–	–	M12 x 55	80 Nm
12	–	–	M12 x 55	80 Nm

[1]) Schraube mit Gewindestift M8.
[2]) Ab 02/00, Schraubengröße M10 x 55.

Anzugsmomente für Schraubverbindungen Motor/Automatikgetriebe (01M)

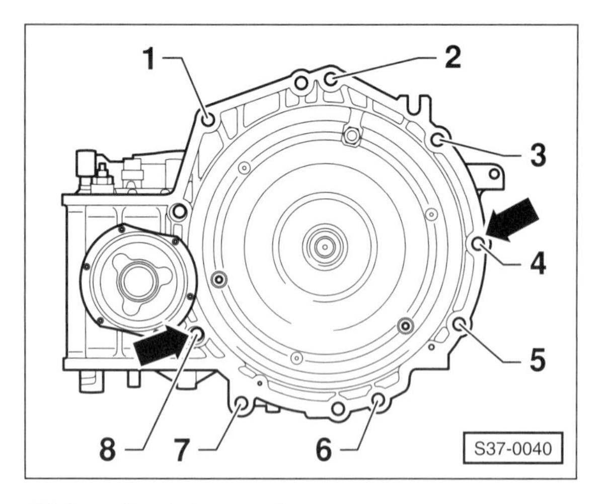

–Pfeile– = Passhülsen zur Zentrierung.

Position	1,6 l (100 PS)		Alle anderen	
1	M12 x 65	80 Nm	M12 x 55	80 Nm
2	M12 x 65	80 Nm[1]	M12 x 55	80 Nm[1]
3	M12 x 180	80 Nm[1]	M12 x 180	80 Nm[1]
4	M12 x 180	80 Nm[1]	M12 x 180	80 Nm[1]
5	M10 x 50	45 Nm	M10 x 50	45 Nm
6	M10 x 50	45 Nm[2]	M10 x 50	45 Nm[2]
7	M10 x 50	45 Nm[2]	M10 x 50	45 Nm[2]
8	M12 x 80	80 Nm	M12 x 55	80 Nm

[1]) Schraube mit Gewindestift M8.

[2]) Ab 02/00, Schraubengröße M10 x 55.

Schaltbetätigung einstellen

Um die Schalteinstellung korrekt vornehmen zu können, müssen das Getriebe, die Kupplung und die Kupplungsbetätigung in Ordnung sein. Außerdem müssen die Betätigungs- und Übertragungselemente der Schaltbetätigung leichtgängig und in einem einwandfreien Zustand sein.

Hinweis: Die Einstellung der Schaltung wird für Fahrzeuge bis 04/99 beschrieben. Abweichende Hinweise für Fahrzeuge ab 05/99 stehen am Ende des Kapitels.

1,8-/2,0-l-Benziner, 1,9-l-Diesel bis 4/99

Einstellen

- Getriebe in Leerlaufstellung bringen, Handbremse anziehen.
- Faltenbalg für Schalthebel ausclipsen und Schaltknopf abziehen, siehe Abbildungen im Kapitel »Schaltgehäuse aus- und einbauen«.
- Tilgergewicht am Getriebehebel abbauen, siehe Abbildung V34-2682 im Kapitel »Getriebe aus- und einbauen«.

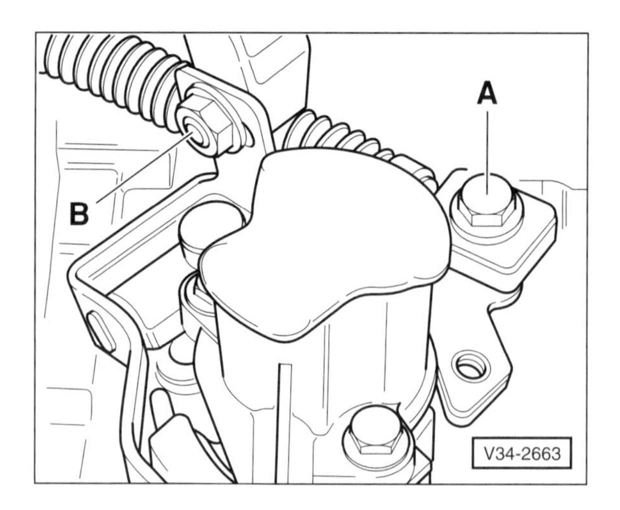

- Schraube –A– und Mutter –B– lösen, bis sich der Schaltseilzug und Mitnehmer/Wählseilzug in den Längslöchern frei bewegen lassen.

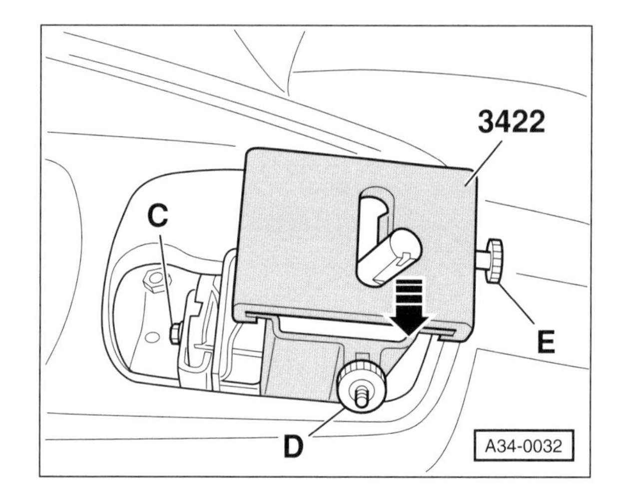

- Schraube –C– lösen.
- Schalthebellehre 3422 aufsetzen.
- Haken zur Befestigung der Lehre unter die Lagerplatte schwenken und Mutter –D– anziehen.
- Schalthebel in die linke Rastierung des Schiebestückes drücken, siehe –Pfeil– in der Abbildung.
- Schalthebel mit Schiebestück nach links, in Pfeilrichtung, bis Anschlag drücken und Schiebestück mit Schraube –E– anziehen.
- Schalthebel nach rechts, entgegen der Pfeilrichtung, in die Rastierung drücken.
- Schraube –C– mit 15 Nm anziehen.

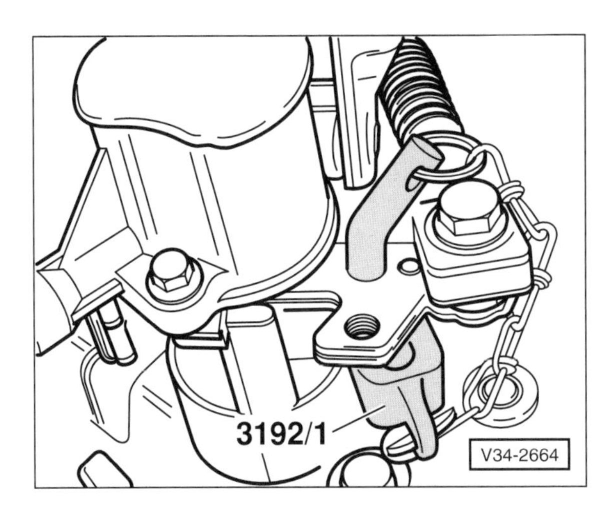

- Keilstück und Absteckstift 3192/1 einsetzen. Keilstück zwischen Getriebeschalthebel und Schaltdeckel spielfrei einschieben. **Achtung:** Dabei darf der Getriebeschalthebel nicht durch das Keilstück angehoben werden.
- In dieser Stellung die Bundschraube –A– (in Bild V34-2663) mit **25 Nm** und die Befestigungsmutter –B– mit **15 Nm** festschrauben.
- Keilstück, Absteckstift und Schalthebellehre abnehmen.
- Schaltknopf mit Faltenbalg montieren.
- Tilgergewicht am Getriebeschalthebel anschrauben. Schrauben zuerst mit Drehmomentschlüssel **20 Nm** anziehen und anschließend mit starrem Schlüssel um **90°** (¼ Umdrehung) weiterdrehen.

Einstellung prüfen

- Der Schalthebel muss im Leerlauf in der Gasse für den 3. und 4. Gang stehen.
- Kupplung betätigen, Motor anlassen, ca. 3 – 6 Sekunden warten, damit die Antriebswelle des Getriebes zum Stillstand kommt, dann alle Gänge mehrmals durchschalten. Dabei besonders auf die Funktion der Rückwärtsgangsperre achten.
- Falls die Schaltung beim wiederholten Einlegen eines Ganges noch hakt, ist der Hub der Schaltwelle folgendermaßen zu prüfen:
- 1. Gang einlegen.

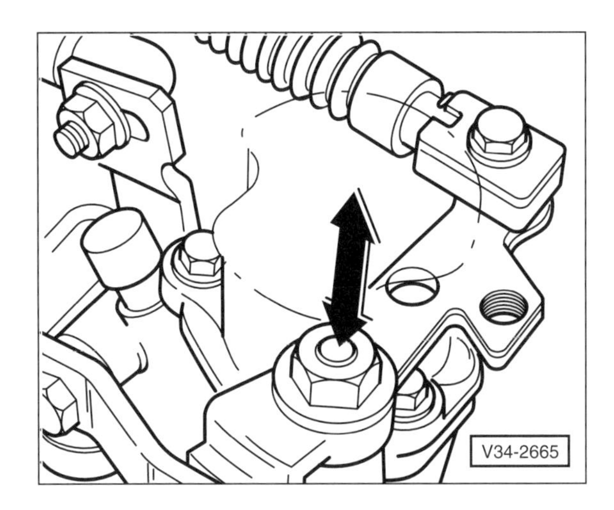

- Schalthebel bei eingelegtem 1. Gang nach links drücken. Gleichzeitig die Schaltwelle am Getriebe von Helfer beobachten lassen. Die Schaltwelle muss beim Bewegen des Schalthebels einen Hub von ca. 1 mm in Pfeilrichtung machen.

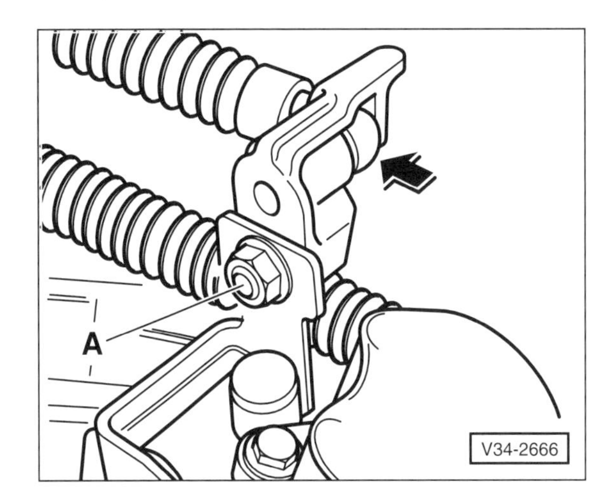

- Ist das nicht der Fall, 1. Gang herausnehmen und Befestigungsmutter –A– für den Aufnahmezapfen des Mitnehmers/Wählseilzug noch einmal lösen. Der Wählseilzug hat am Aufnahmezapfen – bedingt durch die Übertragungselemente – etwas Spiel.
- Das Spiel des Wählseilzuges aufheben, indem er mit dem Aufnahmezapfen leicht in Richtung Fahrzeugheck –Pfeil– gedrückt wird. Mutter –A– in dieser Stellung mit **15 Nm** anziehen.
- Faltenbalg und Schaltknopf einrasten.

Fahrzeuge ab 05/99

In diesem Abschnitt werden nur Hinweise gegeben, die vom Einstellvorgang für Fahrzeuge bis 04/99 abweichen.

Einstellen

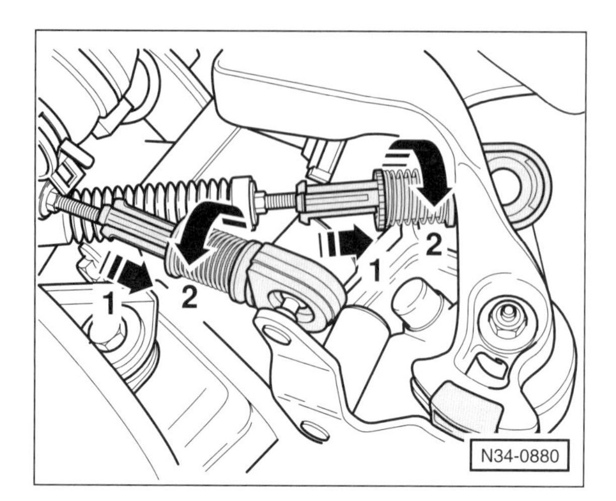

- Sicherungsmechanismus am Schaltseilzug und am Wählseilzug ganz nach vorn ziehen –Pfeile 1– und durch Linksdrehen verriegeln –Pfeile 2–.

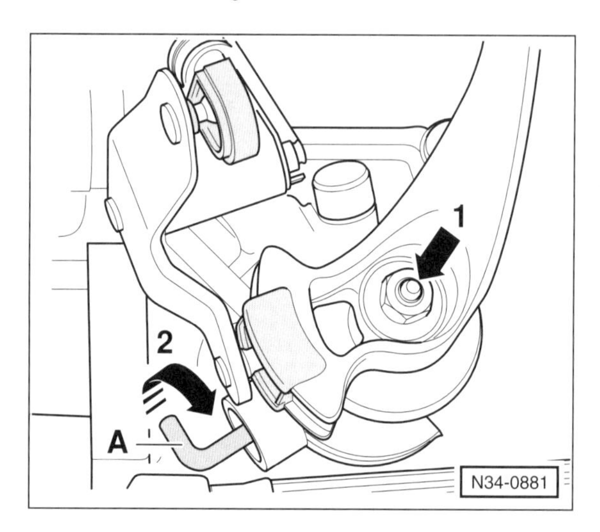

- Schaltwelle feststellen, dazu zuerst die Schaltwelle herunterdrücken –Pfeil 1–, dann den Winkel –A– in Pfeilrichtung drehen –Pfeil 2–.

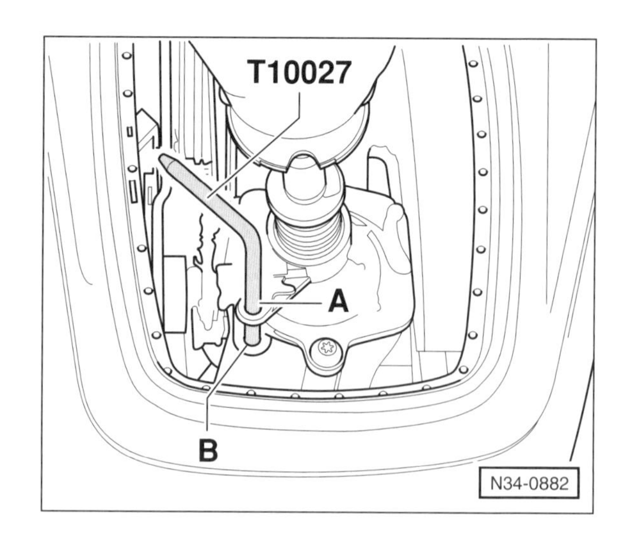

- Absteckstift T10027, oder einen Dorn mit passendem Durchmesser, am Schalthebel durch die Bohrung –A– in die Bohrung –B– einstecken.
- Sicherungsmechanismus von Schaltseilzug und Wählseilzug durch Rechtsdrehen entriegeln, entgegen Pfeilrichtung –2– in Abbildung N34-0880. Die Feder drückt den Sicherungsmechanismus in die Ausgangsstellung.
- Winkel –A– an der Schaltwelle in die Ausgangslage zurückdrehen, also entgegen Pfeilrichtung –2– in Abbildung N34-0881.
- Absteckstift aus den Bohrungen am Schalthebel herausziehen.

Einstellung prüfen

- Die Prüfung der Einstellung erfolgt auf die gleiche Weise wie bei Fahrzeugen bis 04/99. Siehe entsprechenden Abschnitt.

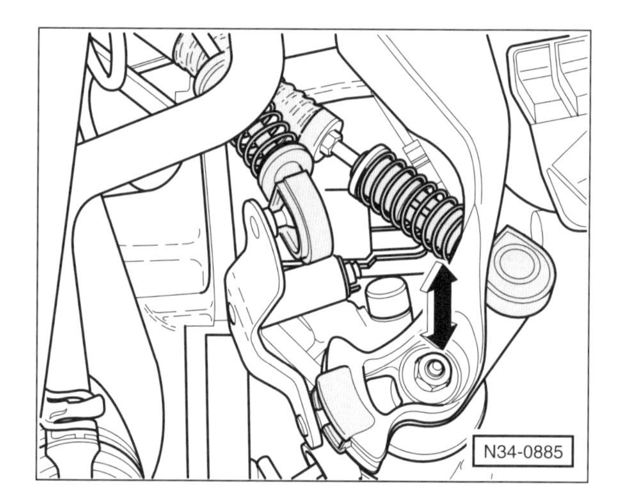

- Die Schaltwelle muss beim Bewegen des Schalthebels einen Hub von ca. 1 mm machen –Pfeilrichtung–.

Wählhebelseilzug einstellen

Automatikgetriebe

Einstellen

- Wählhebel nach »P« schalten.

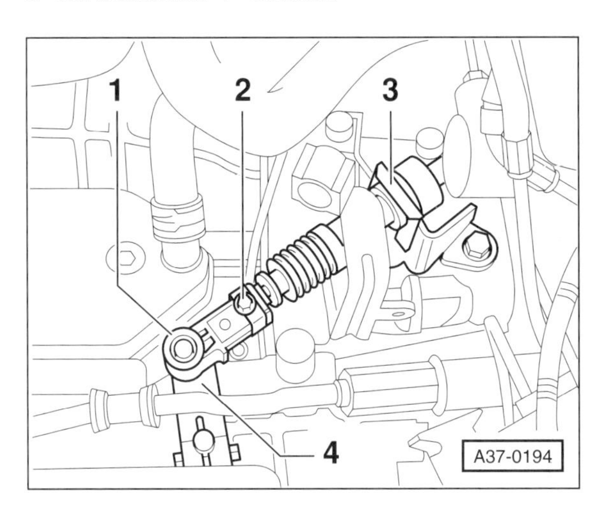

- Schraube –2– an der vorderen Kugelpfanne –1– des Wählhebelseilzugs lösen.
- Getriebe-Wählhebel –4– in Stellung –P– bringen, also zum hinteren Anschlag drücken. Die Parksperre muss einrasten. **Hinweis:** Die Sicherungsklammer –3– muss nicht gelöst werden.
- Wählhebelseilzug an der Schraube –2– verschieben, sodass er spannungsfrei verlegt ist. In dieser Stellung Schraube –2– mit **5 Nm** anziehen.
- Anschließend Einstellung prüfen.

Einstellung prüfen

- Wählhebel in Stellung »P« bei gedrückter Sperrtaste im Wählhebelgriff ca. 5 mm nach hinten ziehen und loslassen. Der Hebel muss selbsttätig wieder in die vorherige Stellung einrasten.
- Wählhebel in Stellung »N« bei gedrückter Sperrtaste im Wählhebelgriff ca. 5 mm nach vorn drücken und loslassen. Der Hebel muss selbsttätig wieder in die vorherige Stellung einrasten.
- Falls der Hebel nicht einrastet, Einstellung wiederholen.
- Probefahrt durchführen und Wählhebelfunktion prüfen. Der Motor darf sich nur in den Wählhebelstellungen »P« und »N« starten lassen.
- Zündung einschalten. Bei stehendem Fahrzeug darf der Wählhebel erst aus der Stellung »P« oder »N« herausgeführt werden können, wenn gleichzeitig das Bremspedal betätigt wird.

Innenausstattung

Aus dem Inhalt:

- Konsolen demontieren
- Armlehne ersetzen
- Innenspiegel ersetzen
- Handschuhkastenausbau
- Innenverkleidungen
- Sitze vorn ausbauen
- Sitzbank hinten ausbauen
- Einstiegleistenausbau

Achtung: Wenn im Rahmen von Arbeiten an der Innenausstattung auch Arbeiten an der elektrischen Anlage durchgeführt werden, **grundsätzlich** das Batterie-Massekabel (–) abklemmen. Dazu Hinweise im Kapitel »Batterie aus- und einbauen« durchlesen. Als Arbeit an der elektrischen Anlage ist dabei schon zu betrachten, wenn eine elektrische Leitung vom Anschluss abgezogen beziehungsweise abgeklemmt wird.

Innenspiegel aus- und einbauen

Innenspiegel mit Regensensor

Ausbau

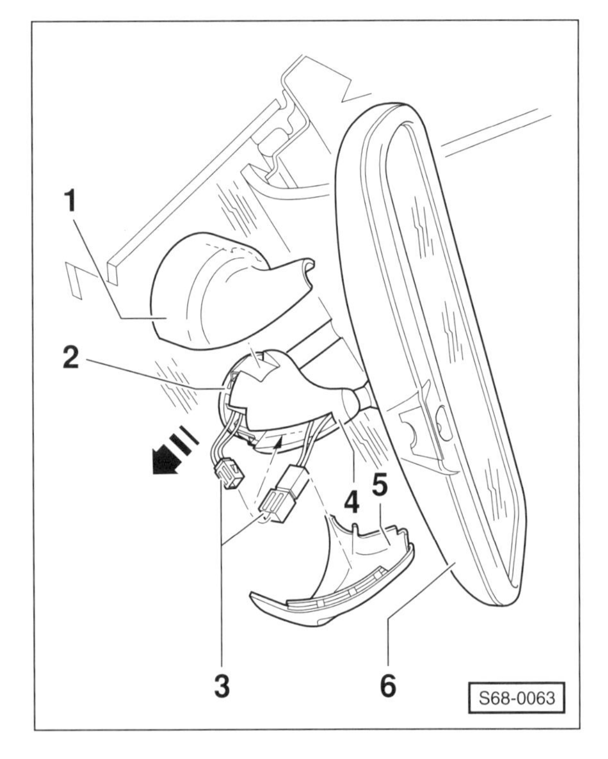

- Abdeckkappen –1– und –5– auseinanderdrücken.
- Abdeckkappen aus den Cliphalterungen lösen und vom Spiegelfuß –4– abnehmen.
- Steckverbindung –3– aus dem Spiegelfuß herausziehen und trennen.
- Spiegelfuß mit Spiegel –6– nach unten von der Halteplatte –2– abziehen.

Einbau

Hinweis: SKODA schreibt vor, dass nach dem Ausbau der Regensensor immer ersetzt werden muss, um eine einwandfreie Funktion sicherzustellen.

- Der Einbau erfolgt in umgekehrter Reihenfolge.

Innenspiegel ohne Regensensor

Ausbau

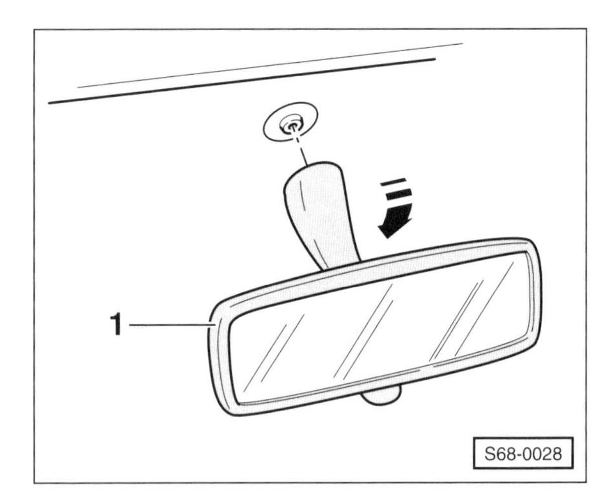

- Innenspiegel –1– schräg nach unten –Pfeil– von der Halteplatte abdrücken und dadurch mit den Klemmfedern im Spiegelfuß ausrasten.

Einbau

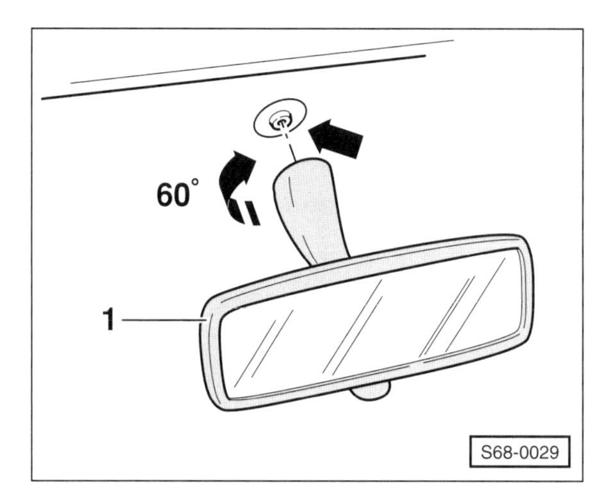

- Spiegel –1– um 60° bis 90° verdreht zur Einbaulage am Spiegelfuß –Pfeil– ansetzen und in Pfeilrichtung drehen, bis die Arretierfeder einrastet.

Achtung: Je nach Ausführung kann es erforderlich sein, das Spiegelglas vom Kugelkopf des Spiegelfußes abzudrücken. Zum Aufdrücken ist relativ großer Kraftaufwand erforderlich, um die Klemmfeder in den Kugelkopf einrasten zu lassen.

Mittelkonsole vorn aus- und einbauen

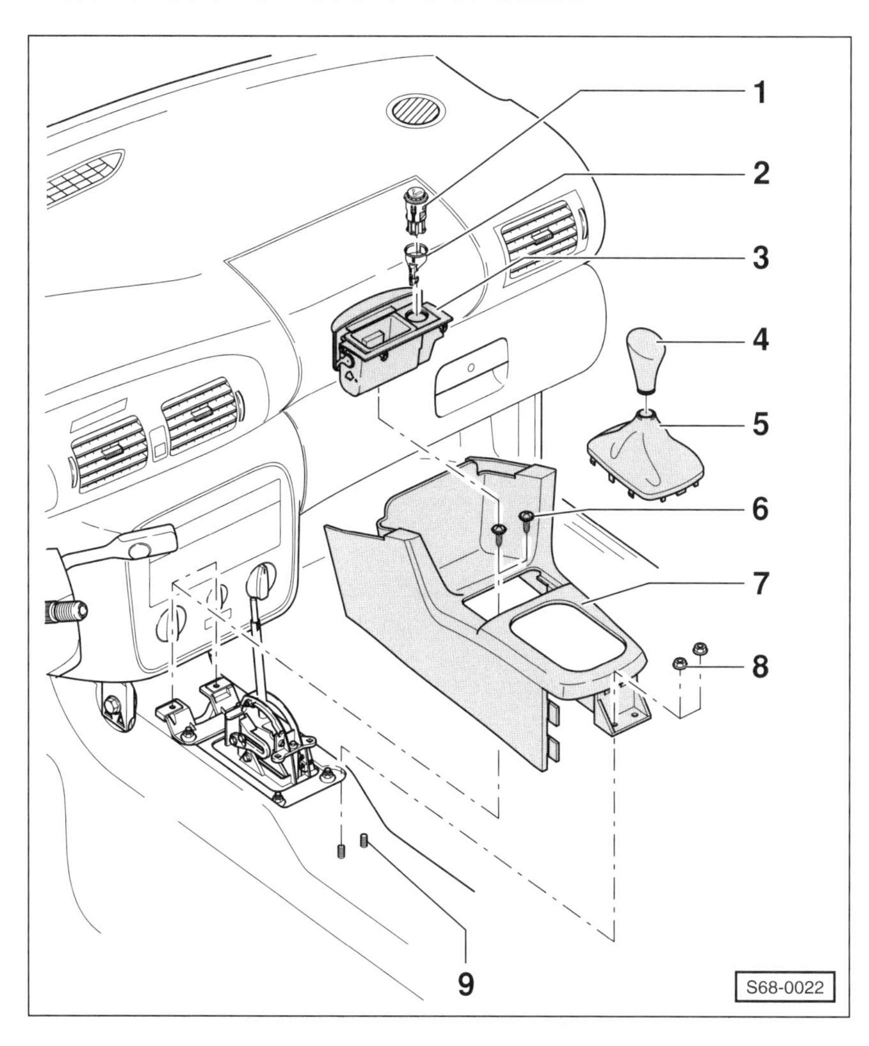

1 – Zigarettenanzünder

2 – Halter für Zigarettenanzünder

3 – Aschenbecher vorn

4 – Schalthebelknauf

5 – Abdeckung für Schalthebel

6 – Schraube, 1,5 Nm

7 – Mittelkonsole vorn

Ausbau

- ◆ Abdeckung –5– ausclipsen.
- ◆ Schalthebelknauf –4– kräftig nach oben ziehen und mit der Abdeckung –5– nach oben abnehmen.
- ◆ 2 Muttern –8– abschrauben.
- ◆ 2 Kreuzschlitzschrauben –6– herausdrehen.
- ◆ Mittelkonsole hinten von den Gewindebolzen –9– abheben und über den Schalthebel abnehmen.

Einbau

- ◆ Der Einbau erfolgt in umgekehrter Ausbaureihenfolge.

8 – Mutter, 2 Nm

9 – Gewindebolzen

Mittelkonsole hinten aus- und einbauen

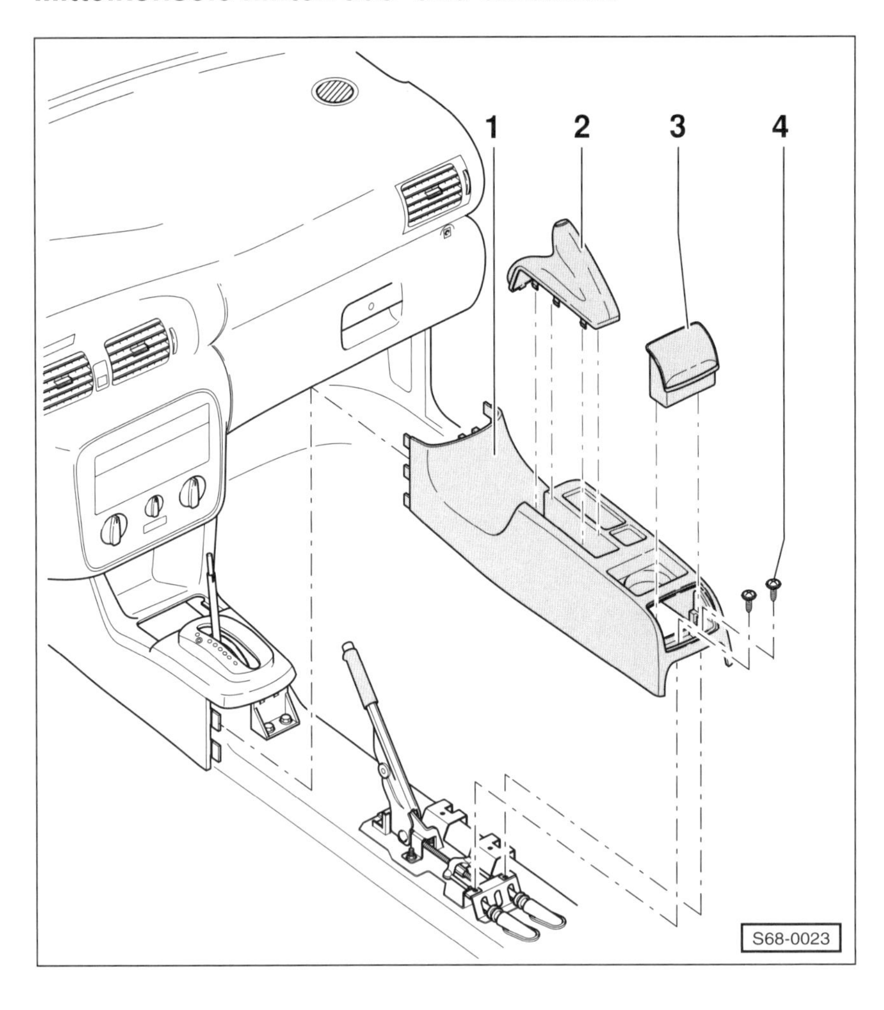

1 – Mittelkonsole hinten

Ausbau

- Handbremshebel hochziehen.
- Manschette –2– nach oben aus der Clipverbindung herausziehen.
- Aschenbecher hinten –3– nach oben herausziehen.
- 2 Kreuzschlitzschrauben –4– herausdrehen.
- Hintere Mittelkonsole nach hinten ziehen und dann nach oben vom Handbremshebel abziehen.

Einbau

- Der Einbau erfolgt in umgekehrter Ausbaureihenfolge.

2 – Manschette für Handbremshebel

3 – Aschenbecher hinten

4 – Schraube, 1,5 Nm

Fußraumverkleidung Fahrerseite aus- und einbauen

Ausbau

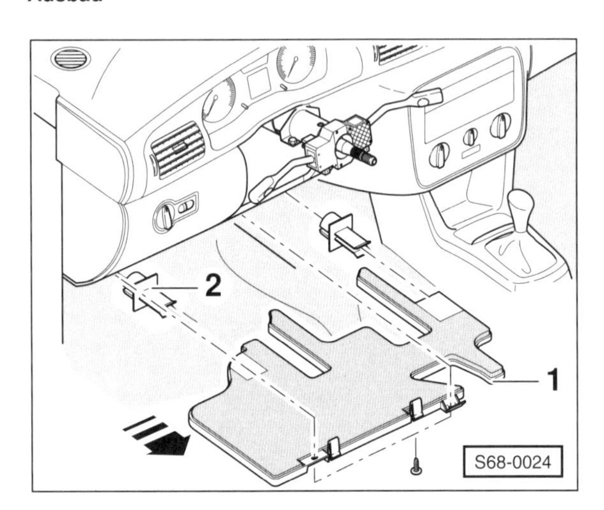

- 2 Torxschrauben herausdrehen.
- Fußraumverkleidung –1– aus den Haltern –2– in Pfeilrichtung herausziehen.

Einbau

- Der Einbau erfolgt in umgekehrter Ausbaureihenfolge.

Obere Abdeckung Fahrerseite aus- und einbauen

Ausbau

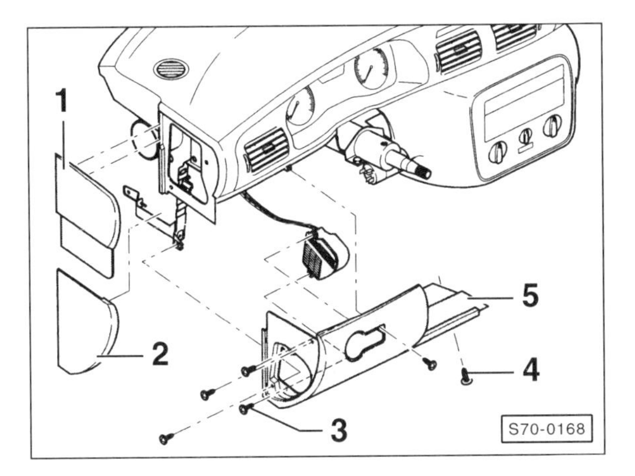

- Abdeckung –2– für Sicherungskasten an der linken Stirnseite der Armaturentafel abdrücken. Dazu Abdeckung –2– an der Trennstelle zu Abdeckung –1– mit einem Kunststoffkeil vorsichtig abhebeln. Oder Abdeckung mit einem Schraubendreher an der mit einem Pfeil auf der Abdeckung gekennzeichneten Stelle abhebeln. Dabei Papierpolster unter den Schraubendreher legen.
- 2 Schrauben –3– des Sicherungskastens herausdrehen.
- Abdeckung –1– abdrücken.
- Lichtschalter ausbauen, siehe Seite 97.
- Torxschrauben –4– herausdrehen und obere Abdeckung –5– abnehmen.

Einbau

- Der Einbau erfolgt in umgekehrter Ausbaureihenfolge.

Handschuhfach aus- und einbauen

Ausbau

Achtung: Bei Fahrzeugen mit Airbagschalter Batterie-Massekabel abklemmen, dabei **unbedingt die Airbag-Sicherheitshinweise beachten**, siehe Seite 133.

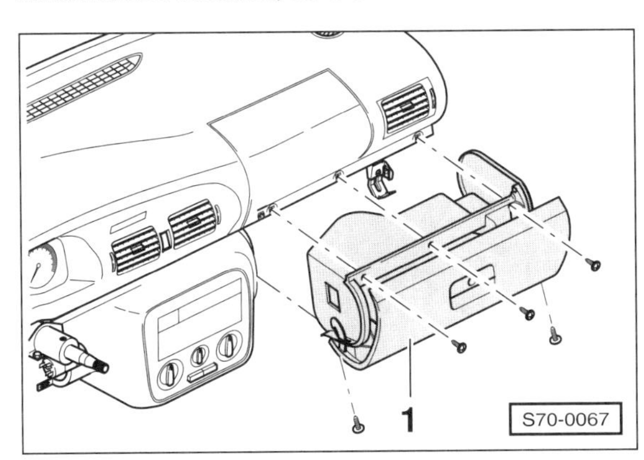

- Torxschrauben herausdrehen.
- **Ab 9/02:** Stecker für Airbagschalter abziehen.
- Steckverbindung der Handschuhfachleuchte trennen und Handschuhfach –1– abnehmen.

Einbau

- Der Einbau erfolgt in umgekehrter Ausbaureihenfolge. **Achtung bei Airbagschalter:** Vor Anklemmen der Batterie die Zündung einschalten. Beim Anklemmen darf sich keine Person im Fahrzeug aufhalten.

Armaturentafel-Mittelteil aus- und einbauen

Ausbau

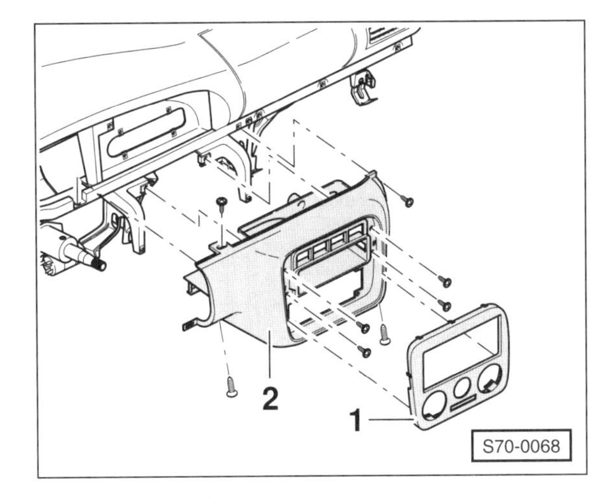

- Blende –1– abziehen.
- Torxschrauben herausdrehen und Armaturentafel-Mittelteil –2– abziehen.
- An der Rückseite die Steckverbindungen trennen.

Einbau

- Der Einbau erfolgt in umgekehrter Ausbaureihenfolge.

Dach-Haltegriff aus- und einbauen

Ausbau

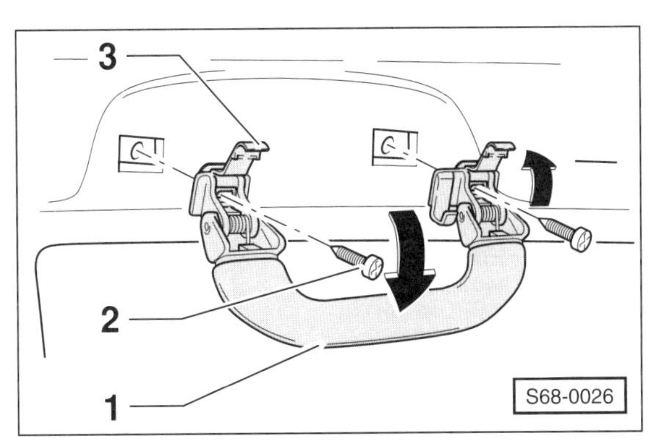

- Haltegriff –1– nach unten klappen.

- Abdeckungen –3– mit einem kleinen Schraubendreher aufhebeln und aufklappen.
- Kreuzschlitzschrauben –2– herausdrehen und Haltegriff –1– abnehmen.

Einbau

- Der Einbau erfolgt in umgekehrter Ausbaureihenfolge.

A-Säulen-Verkleidung oben aus- und einbauen

Ausbau

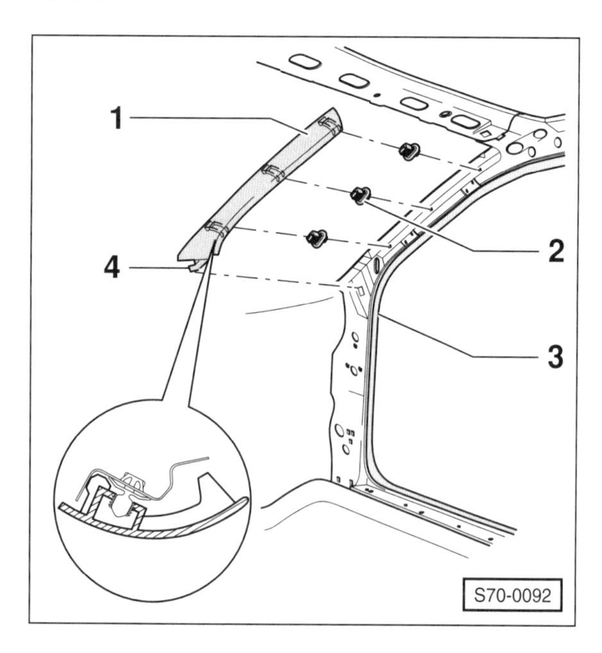

- Verkleidung –1– abziehen und an der Haltenase –4– aushängen.

Einbau

- Sitz und Zustand der Clips –2– prüfen. Beschädigte Clips ersetzen.
- Clips –2– in die A-Säule einsetzen.
- Verkleidung –1– zuerst mit der Haltenase –4– einhängen, dann an die A-Säule andrücken und einclipsen.
- Dichtung –3– über die Verkleidung schieben.

A-Säulen-Verkleidung unten aus- und einbauen

Ausbau

- **Verkleidung auf der Fahrerseite:** Öffnungshebel für Motorhaube mit 2 Schrauben abschrauben.

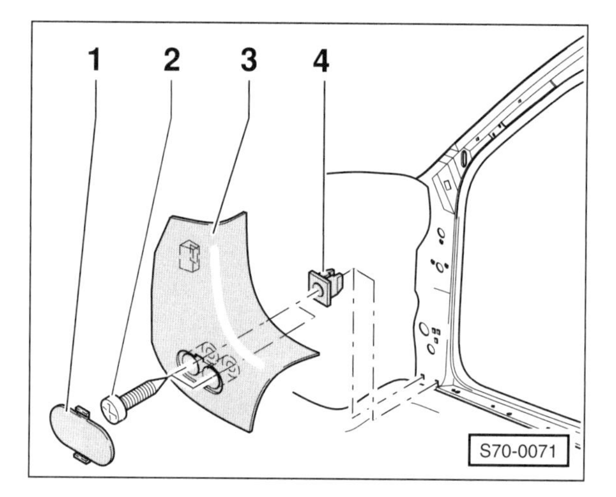

- Abdeckkappe –1– mit kleinem Schraubendreher aufhebeln und abnehmen.
- Kreuzschlitzschrauben –2– herausdrehen und Verkleidung –3– abnehmen.

Einbau

- Der Einbau erfolgt in umgekehrter Ausbaureihenfolge. Vor dem Einbau prüfen, ob die Clips –4– in die A-Säule eingesteckt sind.

Auflage für Kofferraumabdeckung aus- und einbauen

Limousine

Ausbau

- Kofferraumabdeckung abnehmen.
- Gurtführung hinten ausbauen, siehe entsprechendes Kapitel.

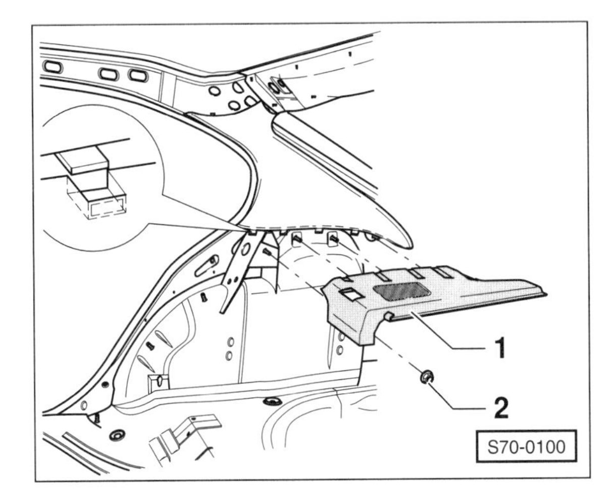

- Auflage für Kofferraumabdeckung ausbauen.
- Muttern –2– abschrauben und Auflage –1– abziehen.

Einbau

- Der Einbau erfolgt in umgekehrter Ausbaureihenfolge.

Combi

Ausbau

- Kofferraumabdeckung abnehmen.
- Untere Verkleidung für C-Säule ausbauen. Dazu 2 Druckknöpfe abschrauben.
- Verkleidung für Ladekante ausbauen, siehe entsprechendes Kapitel.

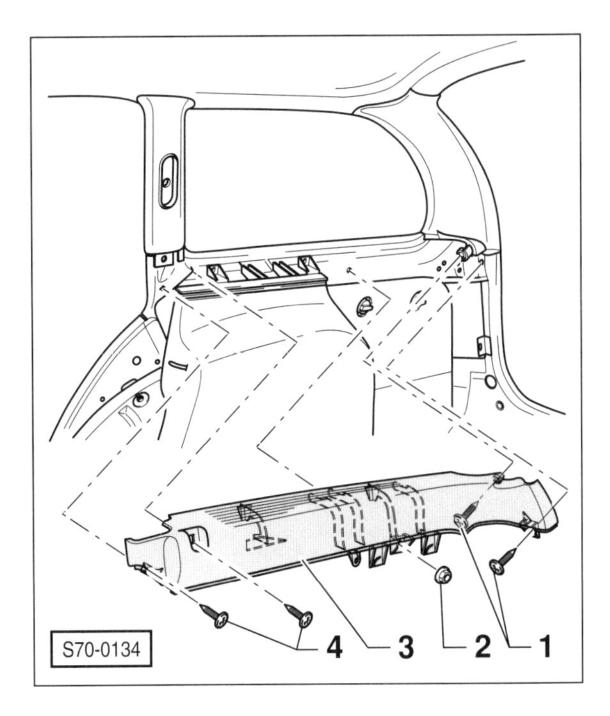

- Schrauben –1– und –4– herausdrehen.
- 2 Kunststoffmuttern –2– abschrauben.
- Steckverbindung für Lautsprecher trennen.
- Auflage –3– abnehmen.

Einbau

- Der Einbau erfolgt in umgekehrter Ausbaureihenfolge.

Gurtführung hinten aus- und einbauen

Limousine

Ausbau

- Gurtbeschlag hinten abschrauben.

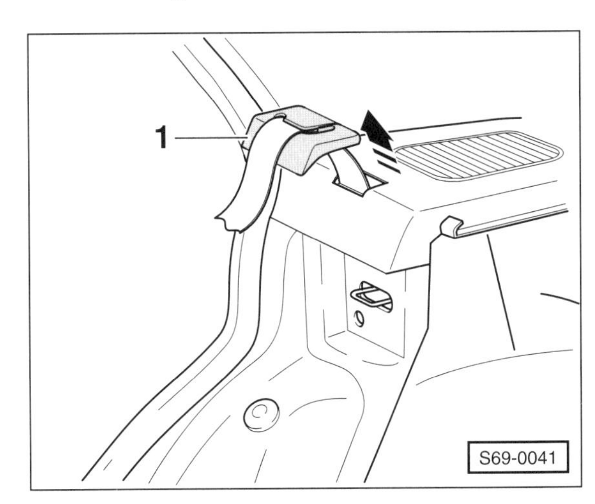

- Rastnase der Gurtführung –1– vom Kofferraum her mit einem Schraubendreher aushaken und in Pfeilrichtung herausnehmen.

● Sicherheitsgurt aus Gurtführung und Auflage für Kofferraumabdeckung ausfädeln.

Einbau

● Sicherheitsgurt durch Auflage und Gurtführung einfädeln.

● Gurtführung in die Öffnung der Auflage einsetzen und in den Gurtautomaten einrasten.

● Gurtbeschlag anschrauben und mit **40 Nm** festziehen.

C-Säulen-Verkleidung unten aus- und einbauen

Limousine

Ausbau

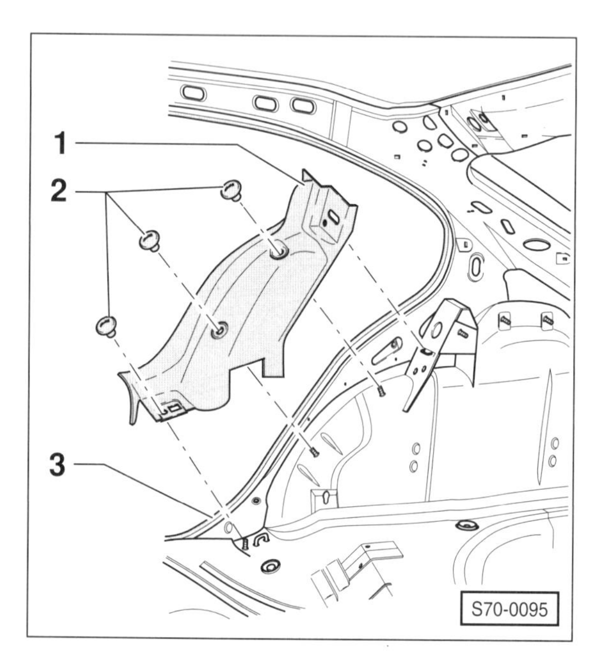

● Lehne entriegeln und vorklappen.

● Auflage für Kofferraumabdeckung ausbauen.

● Druckknöpfe –2– von den Gewindebolzen abschrauben.

● Verkleidung –1– abnehmen.

Einbau

● Verkleidung ansetzen.

● Druckknöpfe auf die Gewindebolzen aufdrücken.

● Auflage für Kofferraumabdeckung einbauen.

● Lehne zurückklappen und verriegeln.

● Dichtung –3– über die Verkleidung schieben.

Verkleidungen im Kofferraum aus- und einbauen

Limousine

Verkleidung Kofferraumboden

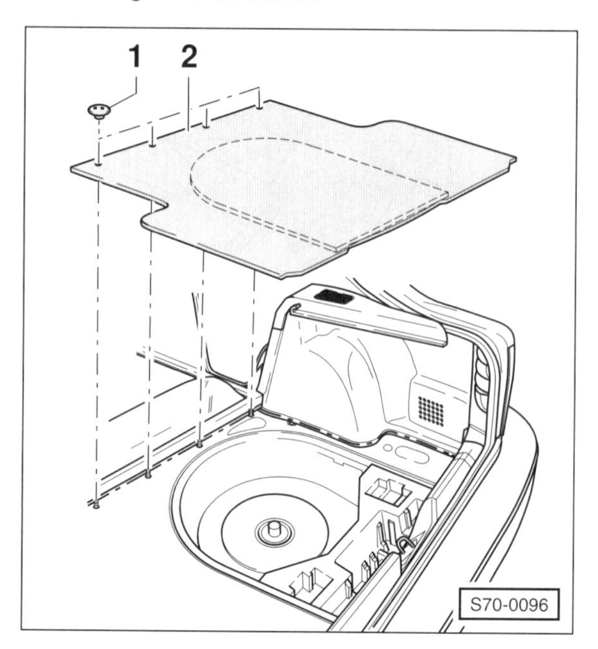

● Druckknöpfe –1– abschrauben und Verkleidung –2– herausnehmen.

● Der Einbau erfolgt in umgekehrter Ausbaureihenfolge.

Seitliche Kofferraumverkleidung

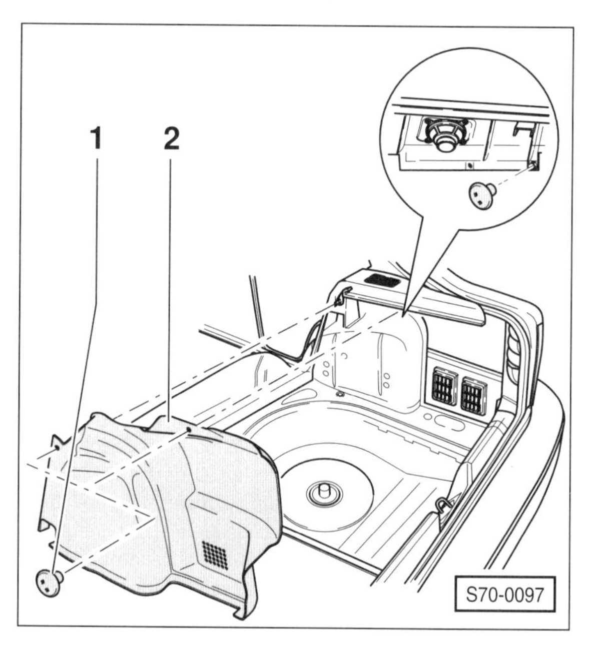

● Lehne entriegeln und vorklappen.

● Verkleidung für C-Säule unten ausbauen, siehe entsprechendes Kapitel.

- Druckknöpfe –1– abschrauben und Kofferraumverkleidung –2– herausnehmen.
- Der Einbau erfolgt in umgekehrter Ausbaureihenfolge.

Hintere Kofferraumverkleidungen

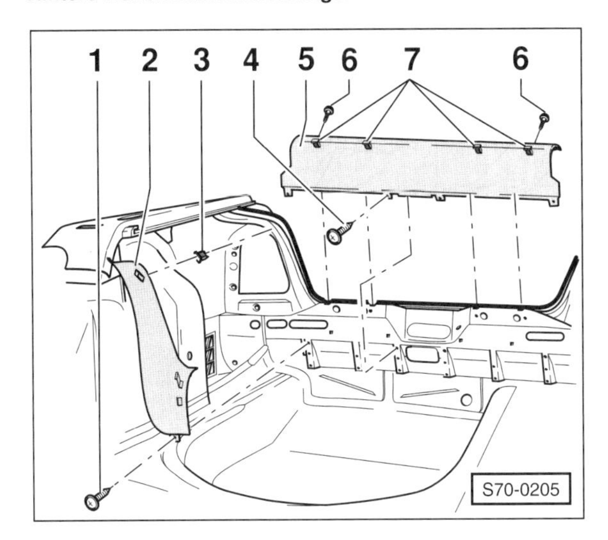

- Schrauben –4– und –6– herausdrehen.
- Verkleidung –5– von den Clips –7– abziehen.
- Schrauben –1– herausdrehen.
- Abdeckung –2– nach oben vom Clip –3– abziehen.
- Der Einbau erfolgt in umgekehrter Ausbaureihenfolge.

Heckklappenverkleidung

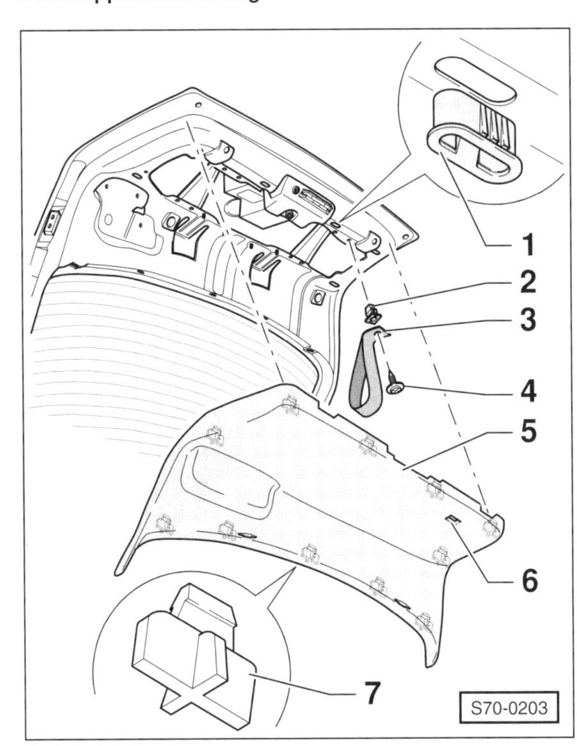

- Verkleidung –5– nacheinander an den Positionen der Halter –7– von den Einsteckclips –1– und damit von der Heckklappe abziehen. 6 – Öffnung für Zugschlaufe –3–.

Hinweis: Bei Fahrzeugmodellen ab 8/00 werden an der Kante zur Heckscheibe Halteklammern –7– aus Metall verwendet.

- Zugschlaufe –3– abschrauben –4–. 2 – Kuntstoff-Einsteckmutter.
- Der Einbau erfolgt in umgekehrter Ausbaureihenfolge.

Combi

Verkleidung Kofferraumboden

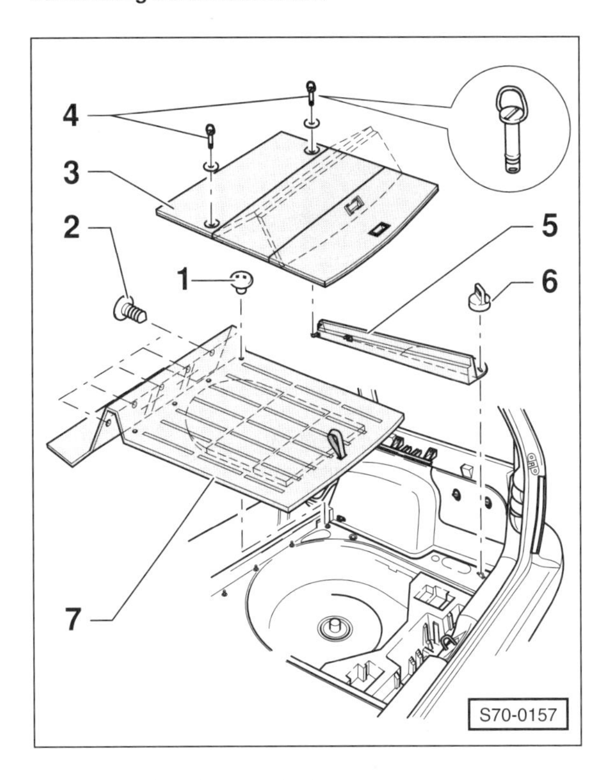

- Kunststoffstopfen –1– abschrauben.
- Halteclip –2– abnehmen und Kofferraumteppich –7– herausnehmen.
- Sicherungsbolzen –4– um 90° (1/4 Umdrehung) nach links drehen und abnehmen.
- Boden –3– zusammenklappen und herausnehmen.
- Einsteck-Befestigungsöse –6– um 90° (1/4 Umdrehung) nach rechts drehen und abnehmen.
- Stütze –5– herausnehmen.
- Der Einbau erfolgt in umgekehrter Ausbaureihenfolge.

Seitliche Kofferraumverkleidung

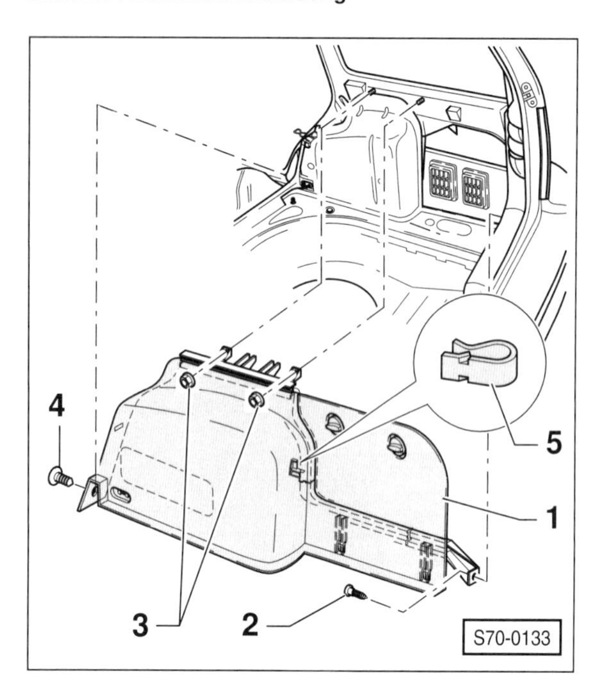

- Lehne entriegeln und vorklappen.
- Halteclip –4– herausnehmen.
- Auflage für Kofferraumabdeckung ausbauen, siehe entsprechendes Kapitel.
- Kunststoffmuttern –3– abschrauben.
- Schrauben –2– herausdrehen.
- Halteclip –5– abnehmen.
- Verkleidung –1– abziehen, in Fahrtrichtung schieben und herausnehmen.
- Der Einbau erfolgt in umgekehrter Ausbaureihenfolge.

Ladekantenverkleidung

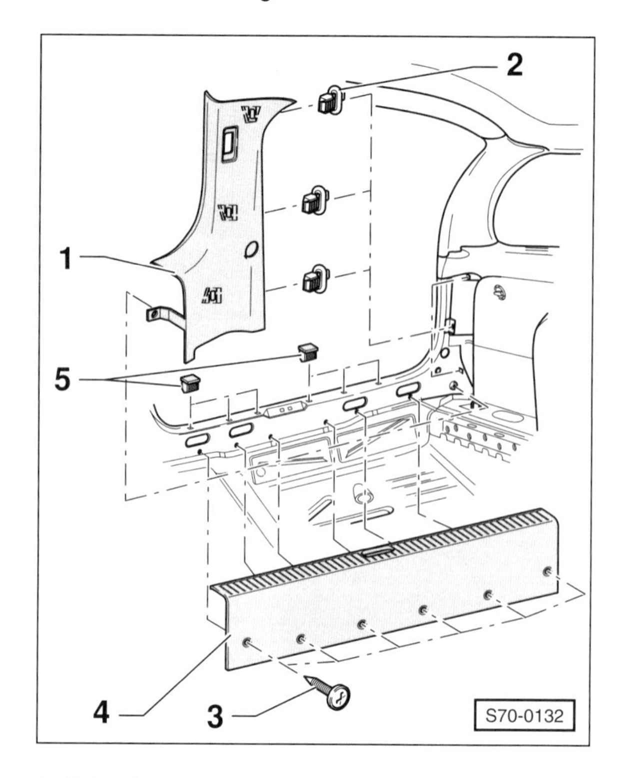

- Schrauben –3–herausdrehen.
- Abdeckung –4– nach oben von den Clips –5– abziehen.
- Steckverbindung für Kofferraumbeleuchtung trennen.
- Abdeckung –1– von den Clips –2– abziehen.
- Der Einbau erfolgt in umgekehrter Ausbaureihenfolge.

Heckklappenverkleidung

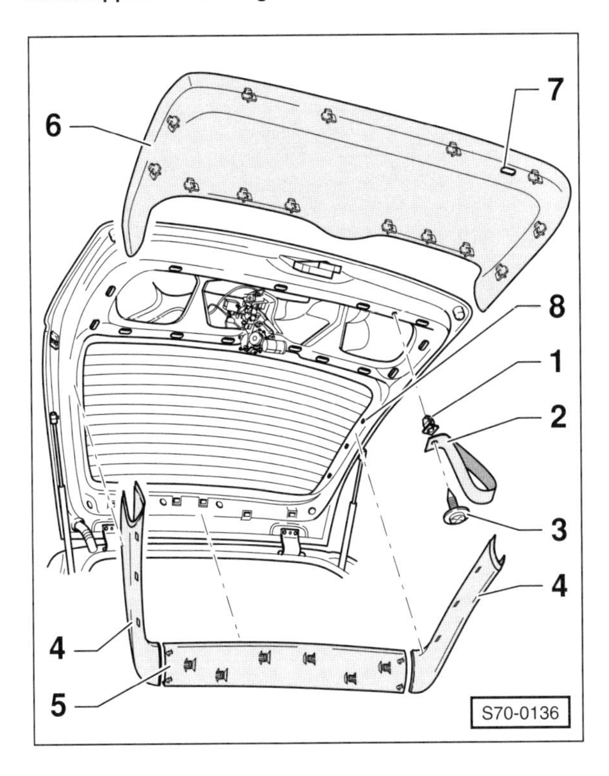

- Verkleidung –6– nacheinander an den Positionen der Halter von den Einsteckclips und damit von der Heckklappe abziehen. 7 – Öffnung für Zugschlaufe –2–.
- Zugschlaufe –2– abschrauben –3–. 1 – Kunststoff-Einsteckmutter.
- Obere Verkleidung –5– von der Heckklappe abziehen.
- Seitliche Verkleidungen –4– von der Heckklappe abziehen. 8 – Clips.
- Der Einbau erfolgt in umgekehrter Ausbaureihenfolge.

Einstiegleiste aus- und einbauen

Ausbau

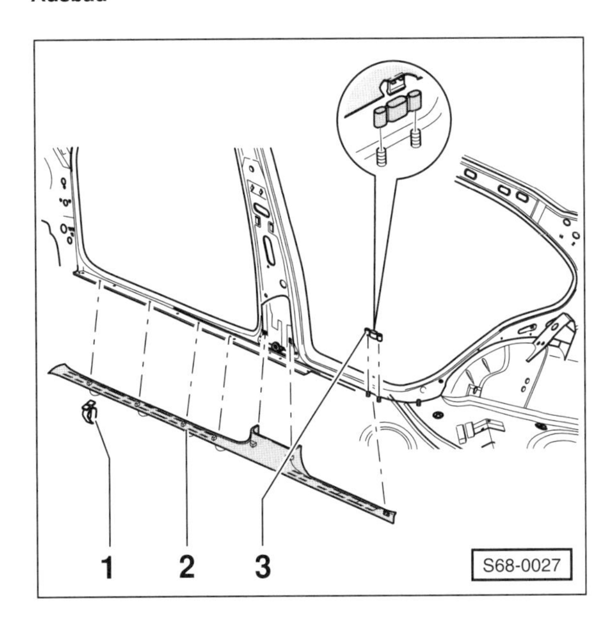

- Einstiegleiste –2– nach oben mit den Klammern –1– herausziehen.

Einbau

- Prüfen, ob alle Klammern –1– an der Einstiegleiste eingesetzt sind, gegebenenfalls einsetzen.
- Einstiegleiste und Klammern auf die Halter –3– aufdrücken.

Seitenairbag

Neben dem Fahrer- und Beifahrer-Airbag können auch Seitenairbags eingebaut sein. Sie sind durch die Schriftzüge »AIRBAG« im oberen Stirnbereich der Rückenlehne gekennzeichnet. Der Seitenairbag hat ein Volumen von ca. 12 l. Zum Vergleich: Fahrer-Airbag ca. 65 l, Beifahrer-Airbag ca. 120 l.

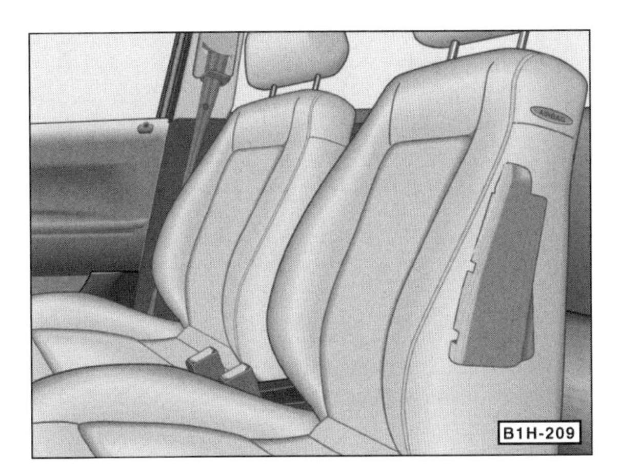

Die Seitenairbags befinden sich in den Lehnen der Vordersitze. Der Seitenairbag schützt hauptsächlich den Brustkorb und damit die Lungen sowie das Becken gegen seitliche Quetschungen. Die Funktion des Seitenairbags entspricht der des Fahrer-Airbags, siehe Seite 133.

Je nach Aufprallseite und Winkel werden nur die Airbags ausgelöst, die dem Gefahrenschwerpunkt am nächsten sind.

Ein Seitencrash wird durch den Crash-Sensor unter dem vorderen Sitz erkannt und dem Steuergerät für Airbag übermittelt. Dieses bewertet die Schwere des Unfalls und löst gegebenenfalls den Seitenairbag aus. Sollte während eines Unfalls die Stromversorgung ausfallen, kann ein zusätzlicher Energiespeicher im Steuergerät die Airbags zünden.

Sitz vorn aus- und einbauen

Ausbau

Fahrzeuge mit Seitenairbag und/oder Sitzheizung:

- Batterie-Massekabel (–) bei ausgeschalteter Zündung abklemmen. **Achtung:** Falls das eingebaute Radio einen Diebstahlcode besitzt, wird dieser beim Abklemmen der Batterie gelöscht. Das Radio kann anschließend nur durch die Eingabe des richtigen Codes oder durch die SKODA-Werkstatt beziehungsweise den Radio-Hersteller wieder in Betrieb genommen werden. Vor dem Abklemmen daher unbedingt den Diebstahlcode ermitteln.

Sicherheitshinweis
Um ein unbeabsichtigtes Zünden des Seitenairbags durch elektrostatische Aufladung zu verhindern, ist es wichtig, vor dem Trennen und Verbinden der Steckverbindung für den Seitenairbag, eine eventuelle elektrostatische Aufladung abzubauen. Dazu den Schließkeil der Tür oder die Karosserie kurz anfassen.

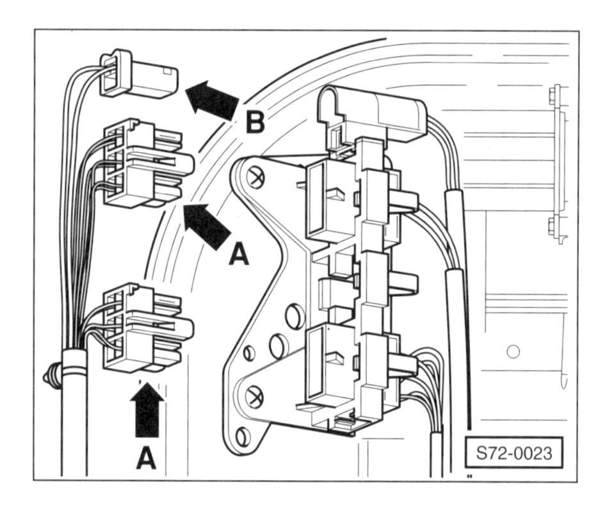

- Stecker für Sitzheizung –Pfeile A– und/oder Seitenairbag –Pfeil B– unten am Sitz abziehen.

Alle Fahrzeuge:

- Sitz ganz nach vorn schieben.

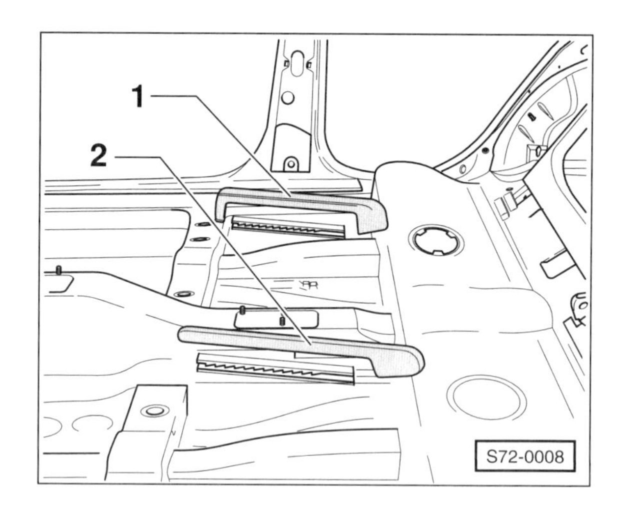

- Abdeckleiste –1– von der äußeren Sitzschiene nach oben abziehen.
- Abdeckleiste –2– von der inneren Sitzschiene nach oben abziehen.
- Sitz ganz nach hinten schieben.

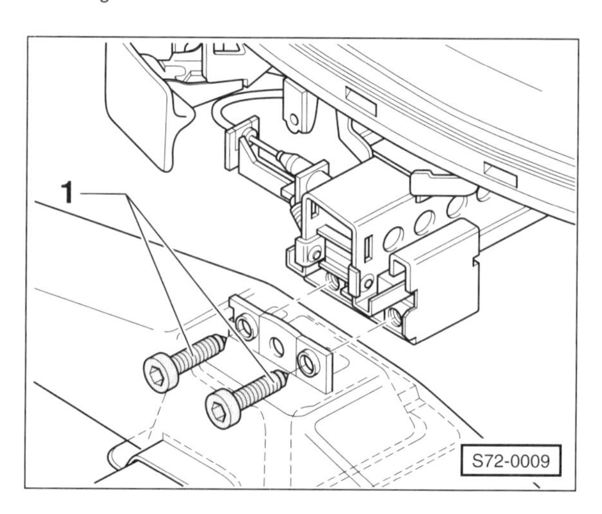

- Schrauben –1– oder Muttern herausdrehen.
- Raststange entriegeln und Sitz nach hinten aus den Sitzschienen herausschieben.

Einbau

- Der Einbau erfolgt in umgekehrter Ausbaureihenfolge.
- Schrauben –1– oder Muttern mit **23 Nm** festziehen.

Fahrzeuge mit Seitenairbag und/oder Sitzheizung:

- Vor dem Anklemmen der Batterie die Zündung einschalten.

Achtung: Beim Anklemmen der Batterie darf sich keine Person im Fahrzeug befinden.

Sitzbank/Sitzlehne hinten aus- und einbauen

Ausbau

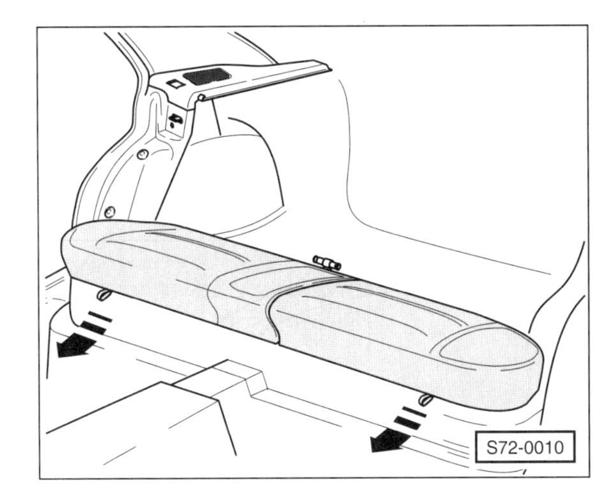

- Sitzbank an den Laschen nach vorn ziehen –Pfeile– und vorklappen.

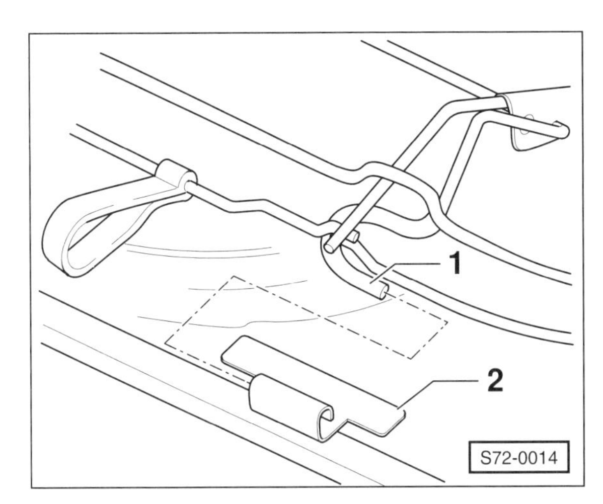

- Haken –1– von der Sitzbank aus den Ösen –2– herausdrücken und Sitzbank aus dem Fahrzeug herausnehmen.
- Beide Lehnenteile entriegeln und umklappen.

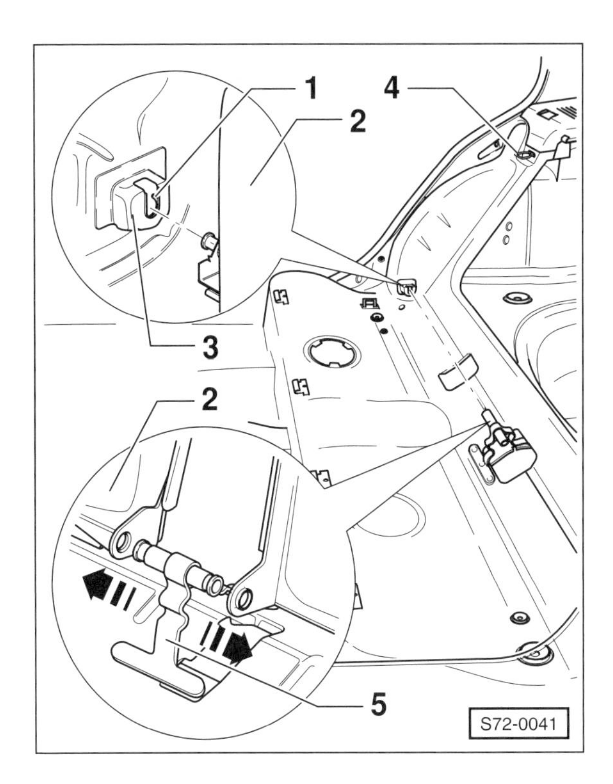

- **Fahrzeuge ohne geteilte Lehne:** Den Rasthaken –1– mit einem Schraubendreher an der linken Außenseite der Lehne nach hinten eindrücken. Lehne –2– aus den Lehnenlagern –3– nach oben herausziehen.
- **Fahrzeuge mit geteilter Lehne:** Den Rasthaken –1– mit einem Schraubendreher auf beiden Seiten der Lehne nach hinten eindrücken. Lehnenteile –2– aus den äußeren Lagern –3– und dem Mittellager –5– herausnehmen.

Einbau

- Der Einbau erfolgt in umgekehrter Ausbaureihenfolge.

Hinweis: Falls die Lehne nicht einwandfrei verriegelt werden kann, Lage der Ösen –4– durch leichte Schläge mit einem Gummihammer anpassen.

Netztrennwand aus- und einbauen

Combi

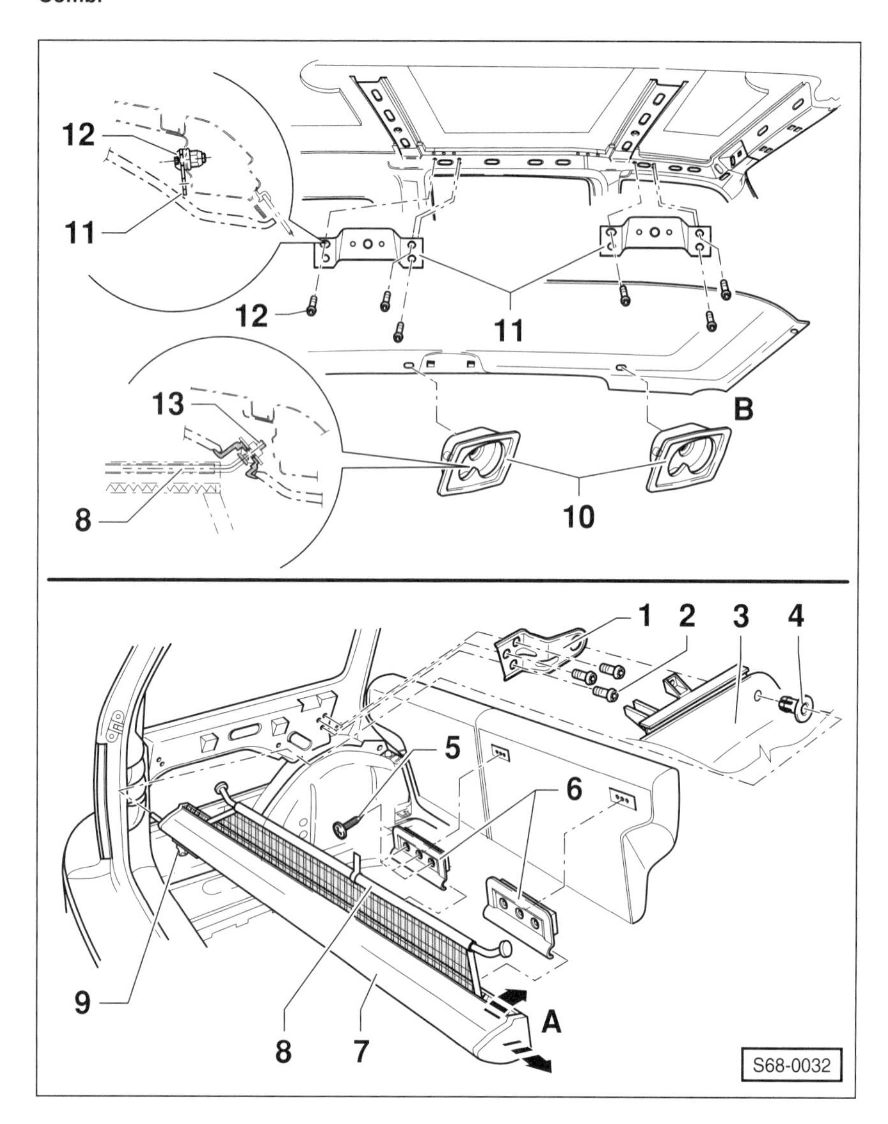

1 – **Halter**
Zur Aufnahme der Rosette –4–.

2 – **Schraube, 15 Nm**

3 – **Kofferraumverkleidung seitlich**
Mit Bohrung für Rosette –4–.

4 – **Rosette**
Zur Aufnahme der Haltebolzen von der Netztrennwand –7–. Die Rosette ist in den Halter –1– eingesteckt.

5 – **Schraube**

6 – **Halter**
Zur Befestigung der Netztrennwand –7– an der Rückenlehne.

7 – **Netztrennwand**
Zum Ausbau aus dem Fahrzeug die Taste –9– nach rechts schieben und in Pfeilrichtung –A– herausklappen. Dazu müssen die Rückenlehnen umgeklappt sein.

8 – **Rohr Netztrennwand**

9 – **Verriegelungstaste**

10 – **Einhängeösen**
Mit Schraube –13– am Halteblech –11– befestigt.

11 – **Halteblech**
Mit Schraube –12– an der Karosserie befestigt.

12 – **Schraube, 15 Nm**

13 – **Schraube, 15 Nm**

Karosserie außen

Aus dem Inhalt:

- Kotflügelausbau
- Stoßfängerdemontage
- Schlossträger
- Motorhaube
- Heckklappe
- Tür zerlegen
- Außenspiegel
- Seitenschutzleiste
- Schiebe-/Ausstelldach

Bei der selbsttragenden Karosserie des SKODA OCTAVIA sind Bodengruppe, Seitenteile, Dach und die hinteren Kotflügel miteinander verschweißt. Front- und Heckscheibe sind eingeklebt. Die Reparatur größerer Karosserieschäden sowie das Auswechseln der geklebten Scheiben sollten der Fachwerkstatt vorbehalten bleiben.

Motorhaube, Heckklappe, Türen und die vorderen Kotflügel sind angeschraubt und lassen sich leicht auswechseln. Beim Einbau ist dann unbedingt das richtige Luftspaltmaß (Breite der Fugen) einzuhalten, sonst klappert beispielsweise die Tür, oder es können erhöhte Windgeräusche während der Fahrt auftreten. Der Luftspalt muss auf jeden Fall parallel verlaufen, das heißt, der Abstand zwischen den Karosserieteilen muss auf der gesamten Länge des Spaltes gleich groß sein. Abweichungen bis zu 1 mm sind zulässig.

Beim OCTAVIA sind alle Karosserieteile gegen Durchrostung verzinkt. Die äußeren Karosserieteile sind elektrolytisch verzinkt, da elektrolytisch verzinkte Teile gut lackierbar und leicht umformbar sind; innere und nicht sichtbare Blechteile sind aus Kostengründen feuerverzinkt. Um den Karosserieschutz zusätzlich zu erhöhen, werden alle Karosserie-Hohlräume mit Wachs geflutet und auf die Bodengruppe wird ein Unterbodenschutz aufgetragen.

Achtung: Wenn im Rahmen von Arbeiten an der Karosserie auch Arbeiten an der elektrischen Anlage durchgeführt werden, **grundsätzlich** das Batterie-Massekabel (–) abklemmen. Dazu Hinweise im Kapitel »Batterie aus- und einbauen« durchlesen. Als Arbeit an der elektrischen Anlage ist dabei schon zu betrachten, wenn eine elektrische Leitung vom Anschluss abgezogen beziehungsweise abgeklemmt wird.

Sicherheitshinweise bei Karosseriearbeiten

Schweißarbeiten an der Karosserie grundsätzlich durch Widerstandspunktschweißen (RP) ausführen. Nur wenn sich die Schweißzange nicht ansetzen lässt, ist das Schutzgas-Schweißverfahren anzuwenden. Da die Karosserie vollverzinkt ist, sind folgende Punkte zu beachten:

- Bei Schweißarbeiten oder anderen funkenerzeugenden Arbeiten grundsätzlich die Batterie komplett abklemmen (Plus- und Minuskabel) und beide Batterieklemmen (+ und –) sorgfältig isolieren. Bei Schweißarbeiten in Batterienähe muss die Batterie ausgebaut werden. **Achtung:** Dadurch werden elektronische Speicher gelöscht, wie zum Beispiel der Radiocode. Ohne Code kann das Radio nicht mehr in Betrieb genommen werden. Deshalb Hinweise im Kapitel »Batterie aus- und einbauen« durchlesen.

Sicherheitshinweis
Beim Schweißen von verzinkten Stahlblechen entsteht giftiges Zinkoxid, daher für eine gute Arbeitsplatzbelüftung sorgen.

- Schweißstrom um 10 % bis max. 30 % erhöhen.
- Hartkupfer-Elektroden mit hoher Warmfestigkeit (größer als +400° C) verwenden.
- Elektroden häufig säubern, beziehungsweise Kontaktflächendurchmesser auf 4 mm ∅ seitlich nacharbeiten.
- Elektroden-Anpresskraft erhöhen.
- Schweißzeit verlängern. Die Schweißpunkte müssen sich ohne Spritzer setzen lassen.
- An Teilen der gefüllten Klimaanlage darf weder geschweißt noch hart- oder weichgelötet werden. Das gilt auch für Schweiß- und Lötarbeiten am Fahrzeug, wenn die Gefahr besteht, dass sich Teile der Klimaanlage erwärmen.

Sicherheitshinweis
Der Kältemittelkreislauf der Klimaanlage darf nicht geöffnet werden. Gelangt Kältemittel auf die Haut, kann dies zu Erfrierungen führen.

- Im Rahmen einer Reparatur-Lackierung darf im Trockenofen oder in seiner Vorwärmzone das Fahrzeug bis maximal **+80° C** aufgeheizt werden. Sonst können elektronische Steuergeräte im Fahrzeug beschädigt werden.
- PVC-Unterbodenschutz an der Reparaturstelle mit rotierender Drahtbürste entfernen oder mit Heißluftgebläse auf maximal +180° C erwärmen und mit Spachtel ablösen. Durch Abbrennen bzw. Erwärmen von PVC-Material über +180° C entsteht stark korrosionsfördernde Salzsäure, außerdem werden gesundheitsschädliche Dämpfe frei.

Karosseriespaltmaße

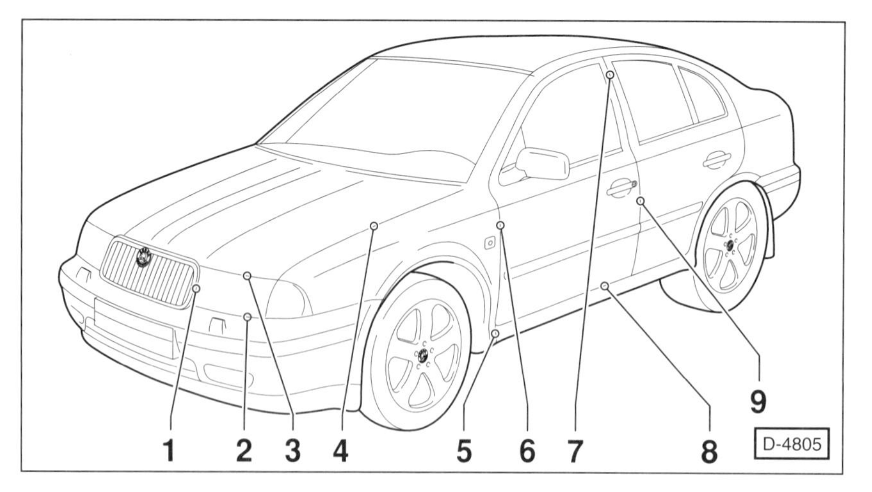

Karosserie vorn

	Bis 7/00	Ab 8/00
1 –	6,0 + 1,0 mm	6,0 + 1,0 mm
2 –	3,5 + 1,0 mm	3,5 + 1,0 mm
3 –	5,0 + 1,0 mm	4,7 + 1,0 mm
4 –	3,0 + 1,0 mm	2,4 + 1,0 mm
5 –	3,0 + 1,0 mm	2,5 + 1,0 mm
6 –	3,4 + 1,5 mm	3,0 + 1,5 mm
7 –	4,3 + 1,2 mm	3,8 + 1,2 mm
8 –	5,5 + 1,5 mm	4,8 + 1,5 mm
9 –	4,3 + 1,2 mm	3,8 + 1,2 mm

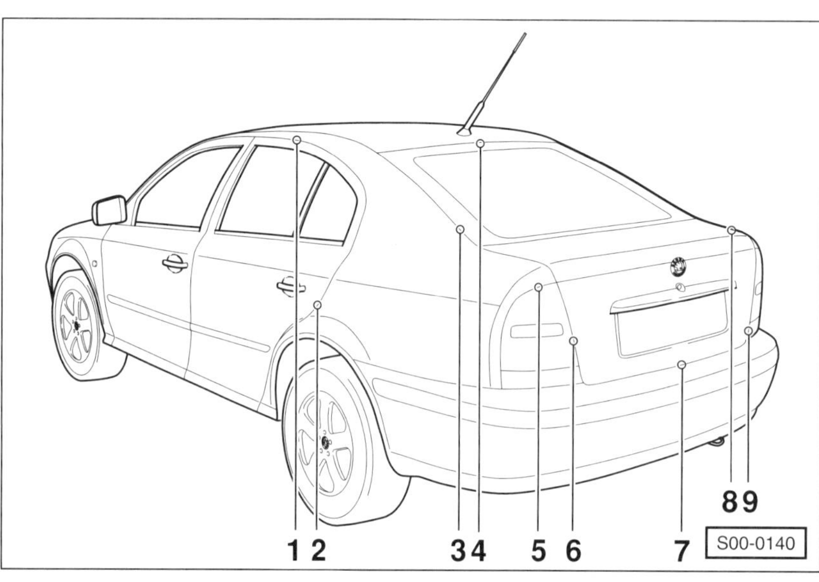

Karosserie hinten
Limousine

	Bis 7/00	Ab 8/00
1 –	3,0 + 1,6 mm	3,0 + 1,6 mm
2 –	3,0 + 1,6 mm	3,0 + 1,6 mm
3 –	3,7 + 1,3 mm	3,7 + 1,3 mm
4 –	5,7 +2/-1 mm	5,7 +2/-1 mm
5 –	2,2 + 1,0 mm	1,5 + 1,0 mm
6 –	3,7 + 1,3 mm	3,7 + 1,3 mm
7 –	5,7 + 2,4 mm	4,7 + 2,3 mm
8 –	3,4 + 1,3 mm	3,4 + 1,3 mm
9 –	3,7 + 1,3 mm	3,7 + 1,3 mm

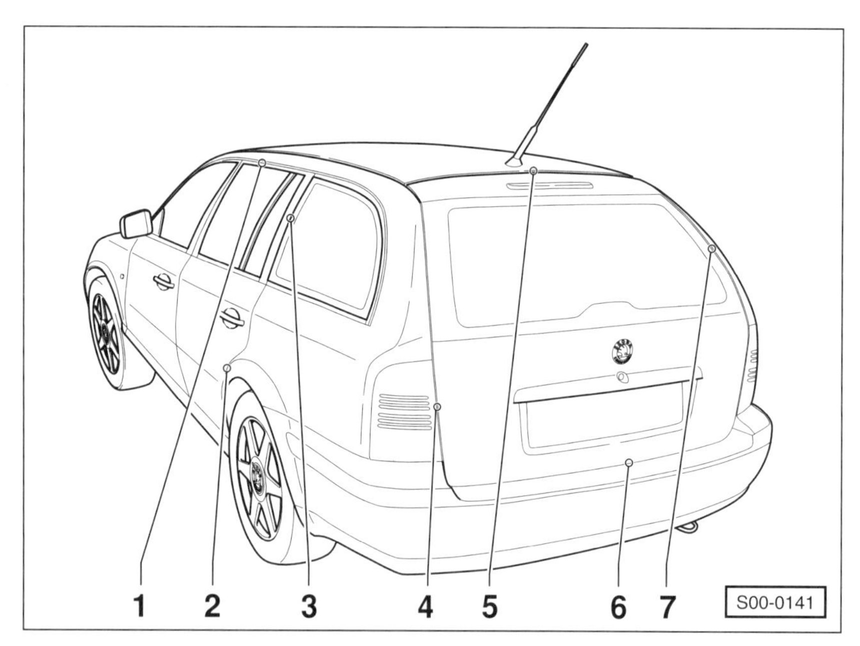

Karosserie hinten
Combi

	Bis 7/00	Ab 8/00
1 –	3,5 + 1,6 mm	3,0 + 1,6 mm
2 –	3,5 + 1,6 mm	3,0 + 1,6 mm
3 –	3,5 + 1,6 mm	3,0 + 1,6 mm
4 –	4,0 + 1,5 mm	3,7 + 2,0 mm
5 –	4,5 + 1,5 mm	3,9 + 1,5 mm
6 –	5,3 – 2,5 mm	5,0 – 2,6 mm
7 –	4,0 + 2,0 mm	3,7 + 2,0 mm

Schlossträger mit Anbauteilen aus- und einbauen

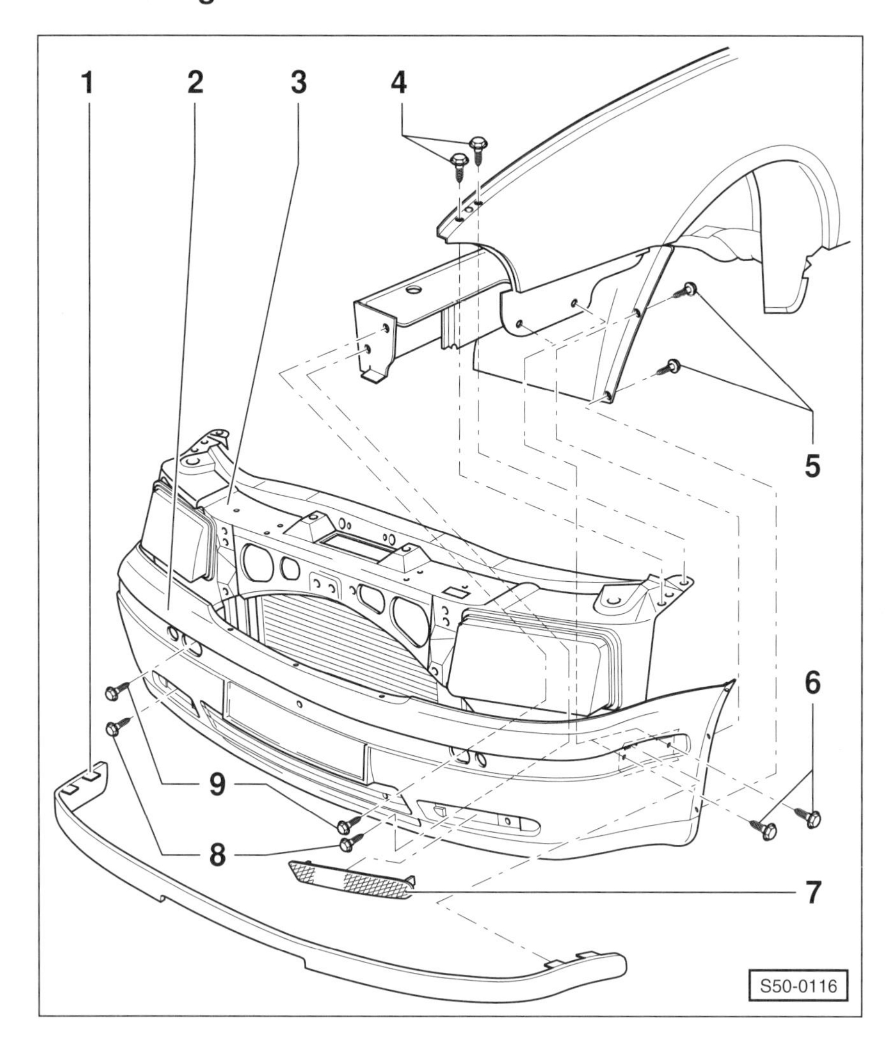

1 – **Stoßleiste**

2 – **Abdeckung Stoßfänger**

3 – **Schlossträger mit Anbauteilen**

4 – **Sechskantschrauben**

5 – **Torxschrauben**

6 – **Sechskantschrauben**

7 – **Lüftungsgitter**

8 – **Sechskantschrauben**
Erst zugänglich nach Abnahme des Lüftungsgitters –7–.

9 – **Sechskantschrauben**
Erst zugänglich nach Abnahme der Stoßleiste.

Sicherheitshinweis
Der Kältemittelkreislauf der Klimaanlage darf nicht geöffnet werden. Gelangt Kältemittel auf die Haut, kann dies zu Erfrierungen führen.

Ausbau

- Steckverbindungen zum Schlossträger –3– mit Anbauteilen trennen.
- Motorhaubenzug am Haubenschloss aushängen.
- **Klimaanlage:** Kältemittelleitungen an den Haltern lösen. **Achtung:** Der Kältemittelkreislauf bleibt geschlossen.
- Torxschrauben –5– herausdrehen.
- Sechskantschrauben –4– herausdrehen.
- Stoßleiste –1– abziehen und Sechskantschrauben –9– herausdrehen.
- Lüftungsgitter –7– aushaken und Sechskantschrauben –8– herausdrehen.

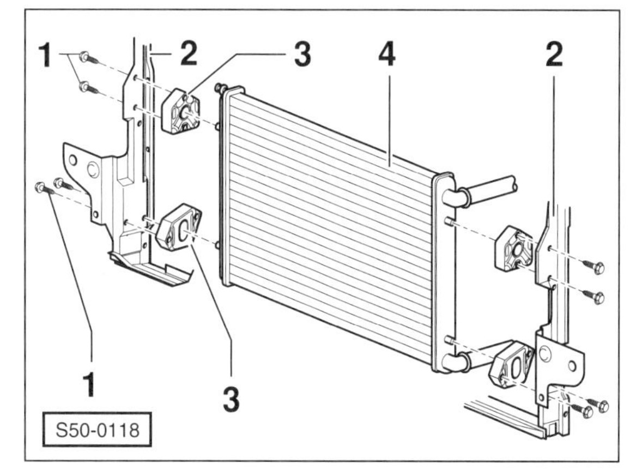

- Schrauben –1– für Kühlerlager –3– herausdrehen und Kühler –4– mit Draht oder Schnur am Motor befestigen. **Klimaanlage:** Kondensator ebenfalls am Motor aufhängen.
- Schlossträger –2– mit Anbauteilen nach vorn abziehen.

Einbau

- Der Einbau erfolgt in umgekehrter Ausbaureihenfolge.

Stoßfänger vorn aus- und einbauen

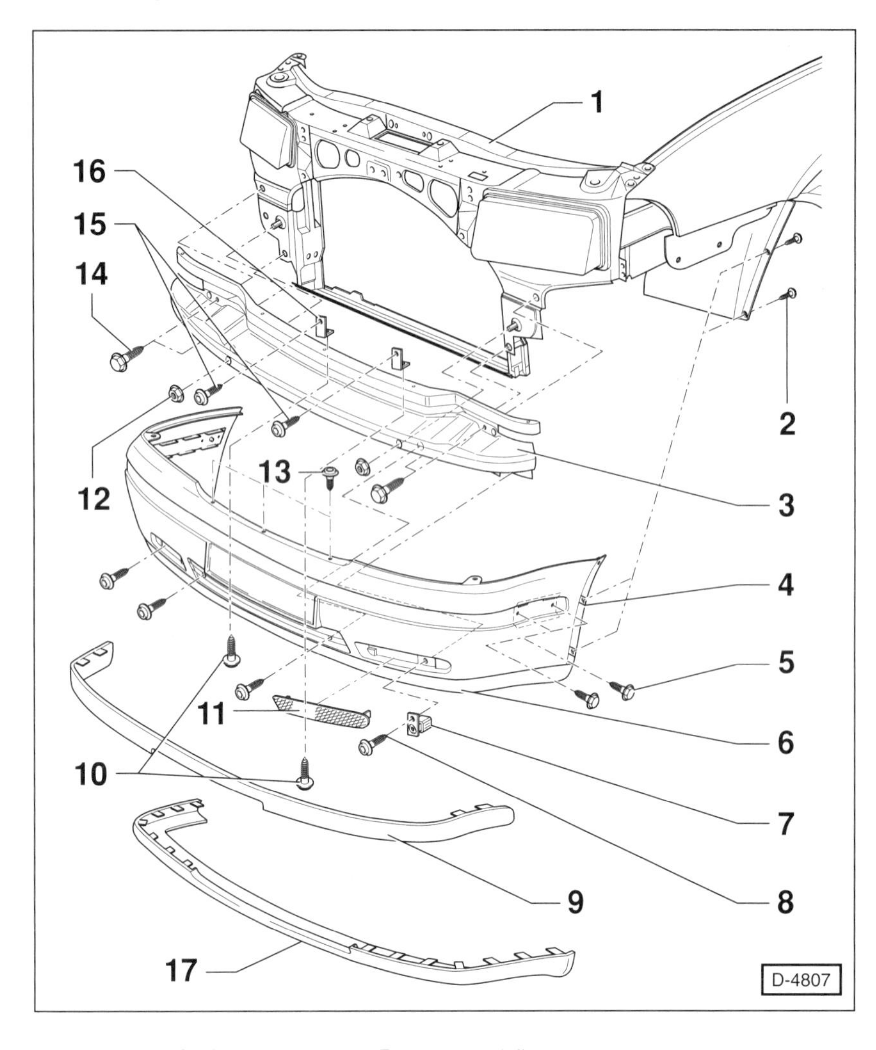

1 – Schlossträger

2 – Schraube
Für Innenkotflügel.

3 – Querträger
Ausbau
- ◆ Stoßfänger –6– ausbauen.
- ◆ Muttern –12– abschrauben.
- ◆ Schrauben –14– herausdrehen

4 – Mutter

5 – Schraube, 8 Nm
Erst nach Abnehmen der Stoßfängerleiste –9– zugänglich.

6 – Stoßfänger

7 – Temperaturfühler
Nur bei Fahrzeugen mit Multifunktionsanzeige.

8 – Schraube, 1 Nm

9 – Stoßfängerleiste

10 – Schrauben, 5 Nm
Nur bei Fahrzeugen ab 1/02 vorhanden.

11 – Lüftungsgitter

12 – Mutter, 20 Nm

13 – Schraube, 1 Nm

14 – Schraube, 23 Nm

15 – Schrauben, 5 Nm
Nur bei Fahrzeugen ab 1/02 vorhanden.

16 – Stoßfängerhalter
Nur bei Fahrzeugen ab 1/02 vorhanden.

17 – Spoiler
Nur bei Fahrzeugen bis 12/01 vorhanden. In die Stoßfängerclips eingedrückt. Muss zum Ausbau des Stoßfängers nicht ausgebaut werden.

Hinweis: Der Stoßfänger wird bei Fahrzeugmodellen von 8/00 bis 12/01 mit Stützen unten am Kühlerrahmen verklebt.

Ausbau

- Motorhaube öffnen.
- Schrauben –2– herausdrehen.
- Stoßfängerleiste –9– abziehen.
- Schrauben –5– auf beiden Seiten herausdrehen.
- Lüftungsgitter –11– ausclipsen und herausnehmen.
- Schrauben –8–, –10– und –13– herausdrehen.
- Falls vorhanden, elektrische Steckverbindungen trennen.
- Scheinwerferreinigungsanlage: Waschdüsen abziehen.
- Stoßfänger –6– nach vorne abziehen.
- Falls erforderlich, Querträger –3– mit Muttern –12– und Schrauben –14– abschrauben.

Einbau

- Der Einbau erfolgt in umgekehrter Ausbaureihenfolge.

Stoßfänger hinten aus- und einbauen

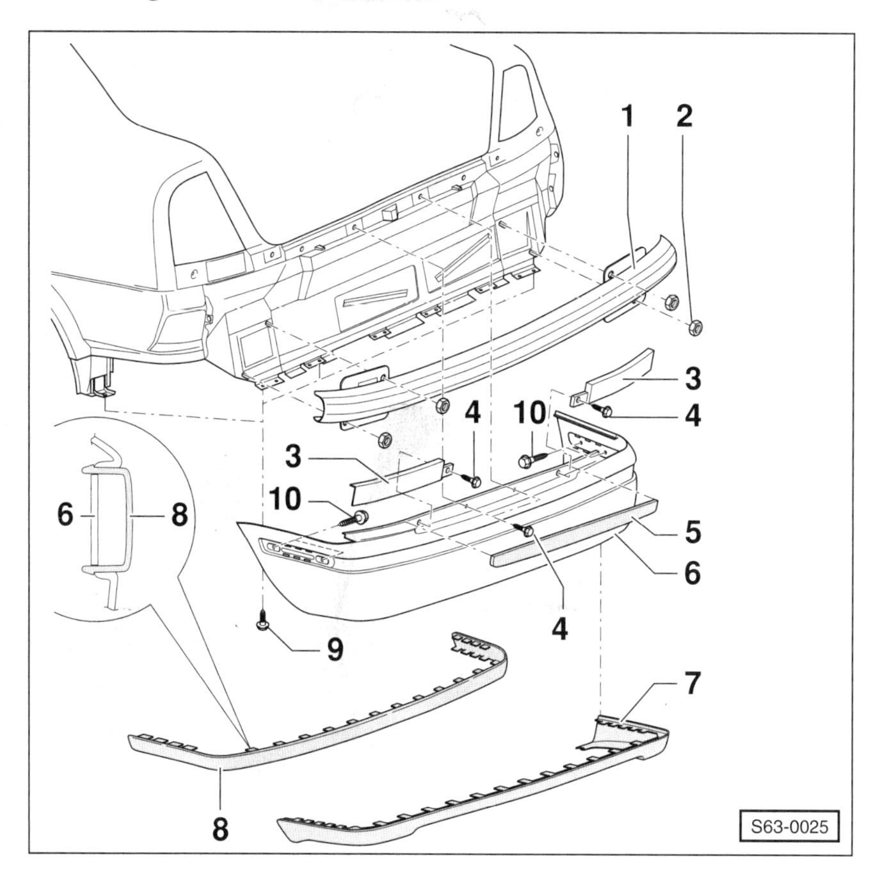

Limousine

1 – **Querträger**

Ausbau*
- ◆ Abdeckung –6– ausbauen.
- ◆ Muttern –2– herausdrehen und Querträger abnehmen.

2 – **Mutter, 20 Nm**

3 – **Abdeckleiste unter Heckleuchte**

4 – **Schraube, 1 Nm**

5 – **Abdeckleiste**
Auf die Abdeckung –6– aufgeclipst.

6 – **Stoßfängerabdeckung**

Ausbau*
- ◆ Abdeckleiste –5– abziehen.
- ◆ Schrauben –4– herausdrehen, Abdeckleiste –3– in Richtung Fahrzeugmitte schieben und abnehmen.
- ◆ Stoßleiste –8– abziehen.
- ◆ Schrauben –9– herausdrehen.
- ◆ Kofferraumseitenverkleidungen abziehen und Schrauben –10– herausdrehen.
- ◆ Stoßfängerabdeckung –6– nach hinten herausziehen.

7 – **Spoiler hinten**

8 – **Stoßleiste**

9 – **Schraube, 1 Nm**

10 – **Schraube, 8 Nm**
Vom Kofferraum aus zugänglich, vorher Kofferraumverkleidung etwas abziehen.

*) Der Einbau erfolgt im umgekehrter Ausbaureihenfolge.

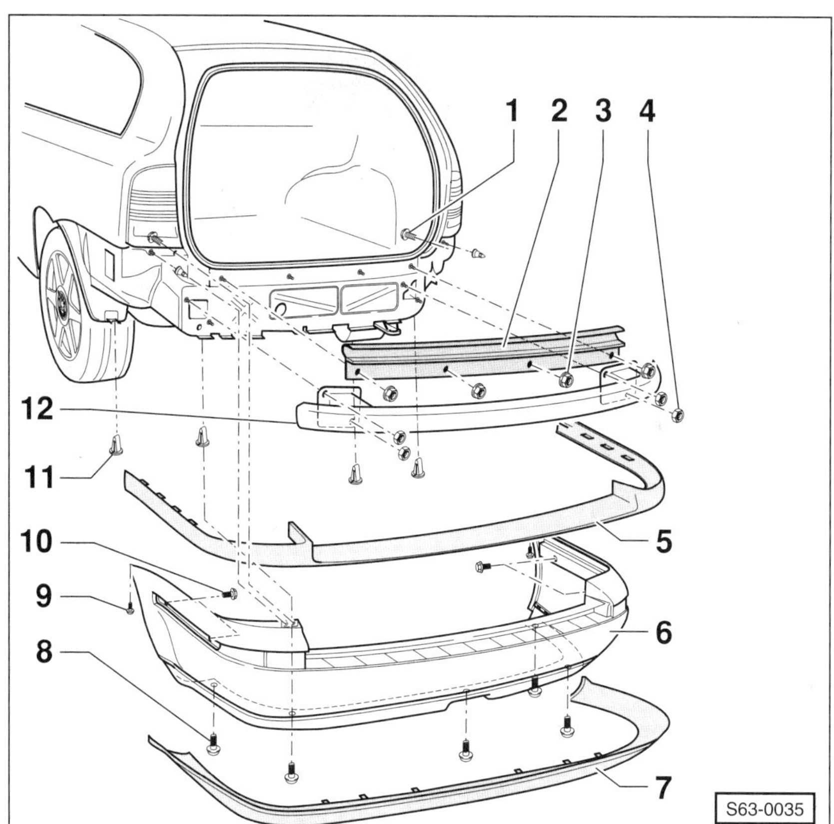

Combi

1 – **Schraube, 1 Nm**
Vom Kofferraum aus zugänglich, vorher Kofferraumverkleidung etwas öffnen.

2 – **Befestigungsleiste**

3 – **Mutter, 8 Nm**

4 – **Mutter, 20 Nm**

5 – **Stoßleiste**

6 – **Stoßfänger-Abdeckung**

Ausbau*
- ◆ Kofferraumseitenverkleidung öffnen und Schrauben –1– und –10– herausdrehen.
- ◆ Schrauben –8– und –9– herausdrehen.
- ◆ Stoßfängerabdeckung –6– nach hinten herausziehen.

7 – **Spoiler hinten**

8 – **Schraube, 1 Nm**

9 – **Schraube, 1 Nm**

10 – **Schraube, 8 Nm**

11 – **Einsteckmutter**

12 – **Querträger**

Ausbau*
- ◆ Stoßfängerabdeckung –6– ausbauen.
- ◆ Muttern –4– herausdrehen und Querträger abnehmen.

*) Der Einbau erfolgt im umgekehrter Ausbaureihenfolge.

Kotflügel vorn aus- und einbauen

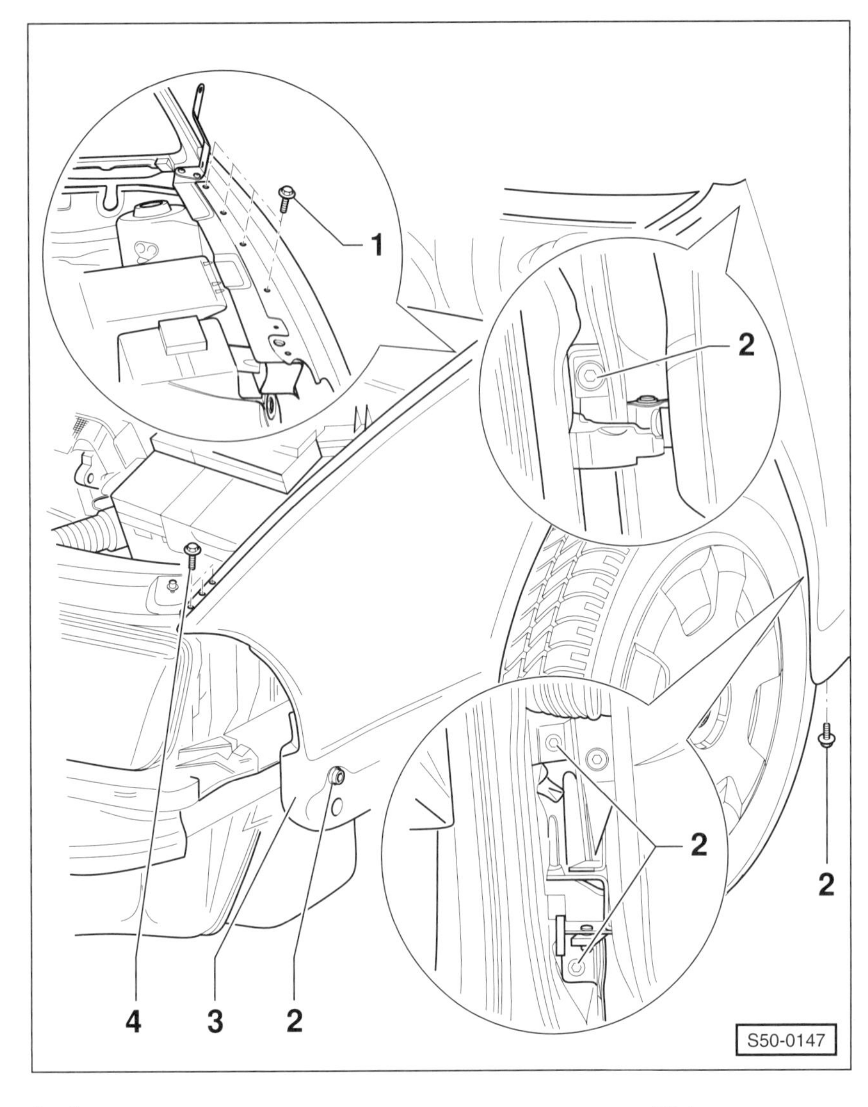

1 – Schraube, 6 Nm

2 – Innensechskantschrauben, 6 Nm

3 – Kotflügel

4 – Schraube, 6 Nm

Ausbau

- Stoßfängerabdeckung vorn ausbauen, siehe entsprechendes Kapitel.
- Innenkotflügel ausbauen, siehe entsprechendes Kapitel.
- Blinkleuchte vorn und seitliche Blinkleuchte ausbauen, siehe Seite 85.
- Befestigungsschrauben –4– für Schlossträger auf der Seite, wo der Kotflügel ausgebaut wird, herausdrehen.
- Befestigungsschrauben oben –1– herausdrehen.
- Schrauben –2– herausdrehen.
- Kotflügel –3– im Bereich der A-Säule mit einem Heißluftgebläse erwärmen und abnehmen. Die A-Säule ist die vordere Karosseriesäule, an der auch die Vordertür angeschlagen ist.

Achtung: Bei einigen Fahrzeugmodellen ist an der oberen Kotflügelkante eine Geräuschdämmung eingebaut. Auf die richtige Einbaulage achten.

Einbau

- Kotflügel gegebenenfalls lackieren.
- Kotflügel ansetzen und ausrichten.

Achtung: Darauf achten, dass die vorgeschriebenen Spaltmaße eingehalten werden, siehe Seite 268.

- Kotflügel wieder abnehmen und die Schraubpunkte im Anlagebereich mit einer Zink-Zwischenlage belegen.
- Kotflügel anschrauben.
- Innenkotflügel einbauen, siehe entsprechendes Kapitel.
- Stoßfängerabdeckung vorn einbauen, siehe entsprechendes Kapitel.
- Blinkleuchte vorn und seitliche Blinkleuchte einbauen, siehe Seite 85.

Innenkotflügel aus- und einbauen

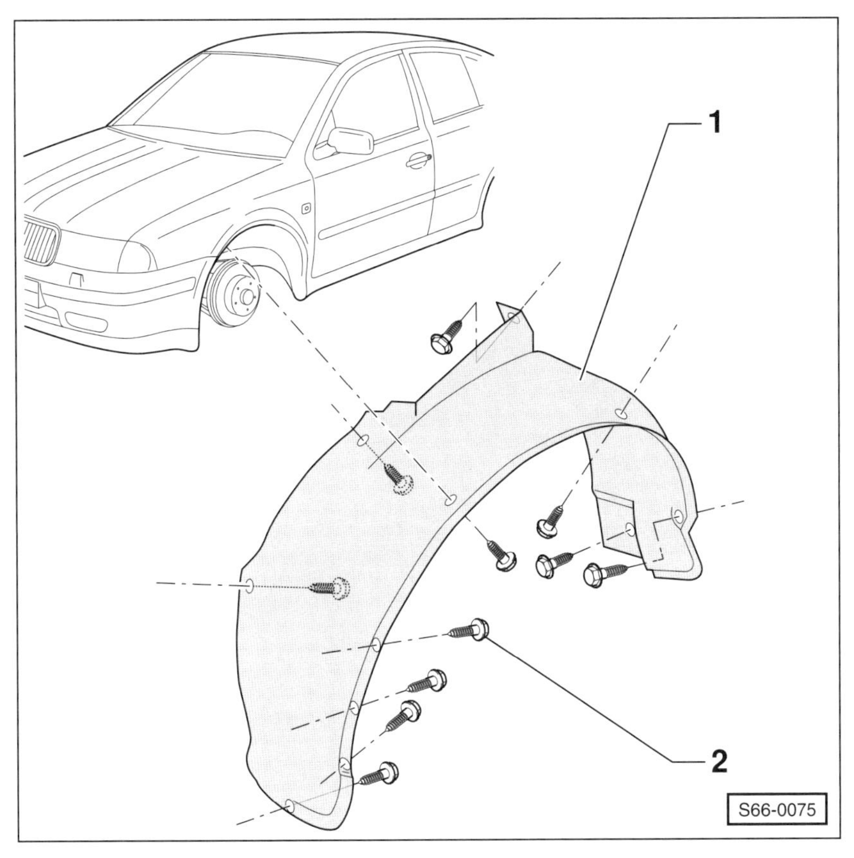

Vorn

1 – Innenkotflügel

Ausbau

- ◆ Stellung des Vorderrades zur Radnabe mit Farbe kennzeichnen. Dadurch kann das ausgewuchtete Rad wieder in derselben Position montiert werden. Radschrauben lösen, dabei muss das Fahrzeug auf dem Boden stehen. Fahrzeug vorn aufbocken und Vorderrad abnehmen.
- ◆ 9 Torxschrauben –2– herausdrehen und Innenkotflügel –1– aus dem Radkasten herausnehmen. **Achtung:** Bei einigen Fahrzeug-Modellen kann eine oberhalb des Innenkotflügels angebrachte Geräuschdämmung herausfallen.

Einbau

- ◆ Innenkotflügel einsetzen, ausrichten und anschrauben.
- ◆ Vorderrad so ansetzen, dass die beim Ausbau angebrachten Markierungen übereinstimmen. Vorher Zentriersitz der Felge an der Radnabe mit Wälzlagerfett dünn einfetten. Radschrauben **nicht** fetten oder ölen. Korrodierte Radschrauben erneuern. Rad anschrauben. Fahrzeug ablassen und Radschrauben über Kreuz mit **120 Nm** festziehen.

2 – Torxschraube

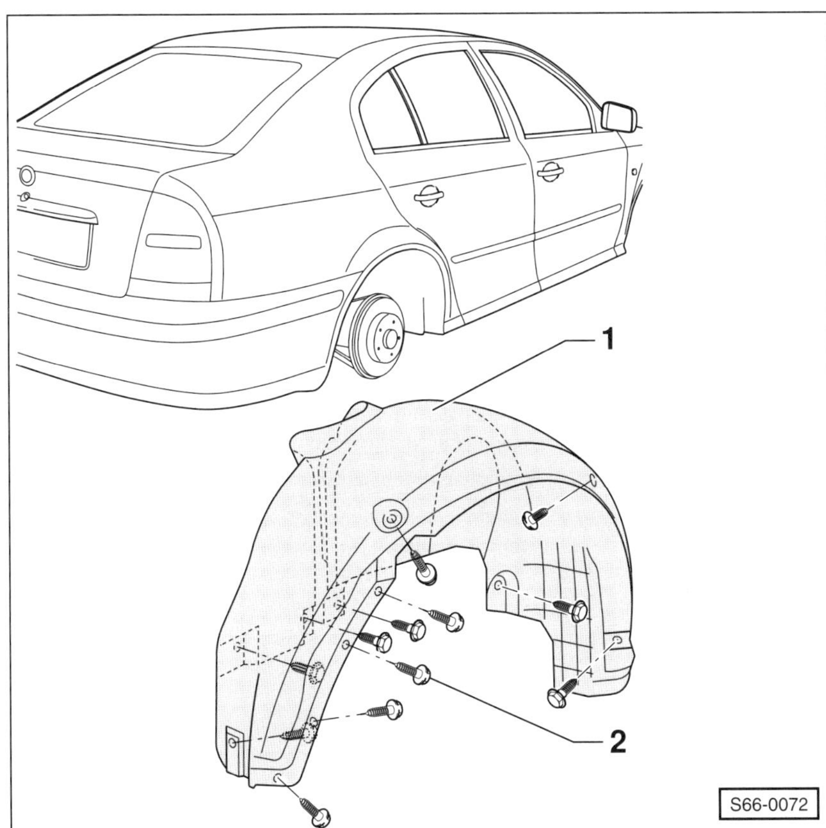

Hinten

1 – Innenkotflügel

Ausbau

- ◆ Stellung des Hinterrades zur Radnabe mit Farbe kennzeichnen. Dadurch kann das ausgewuchtete Rad wieder in derselben Position montiert werden. Radschrauben lösen, dabei muss das Fahrzeug auf dem Boden stehen. Fahrzeug hinten aufbocken und Hinterrad abnehmen.
- ◆ 10 Torxschrauben –2– herausdrehen und Innenkotflügel –1– aus dem Radkasten herausnehmen.

Einbau

- ◆ Innenkotflügel einsetzen, ausrichten und anschrauben.
- ◆ Hinterrad so ansetzen, dass die beim Ausbau angebrachten Markierungen übereinstimmen. Vorher Zentriersitz der Felge an der Radnabe mit Wälzlagerfett dünn einfetten. Radschrauben **nicht** fetten oder ölen. Korrodierte Radschrauben erneuern. Rad anschrauben. Fahrzeug ablassen und Radschrauben über Kreuz mit **120 Nm** festziehen.

2 – Torxschraube

Motorhaube aus- und einbauen/einstellen

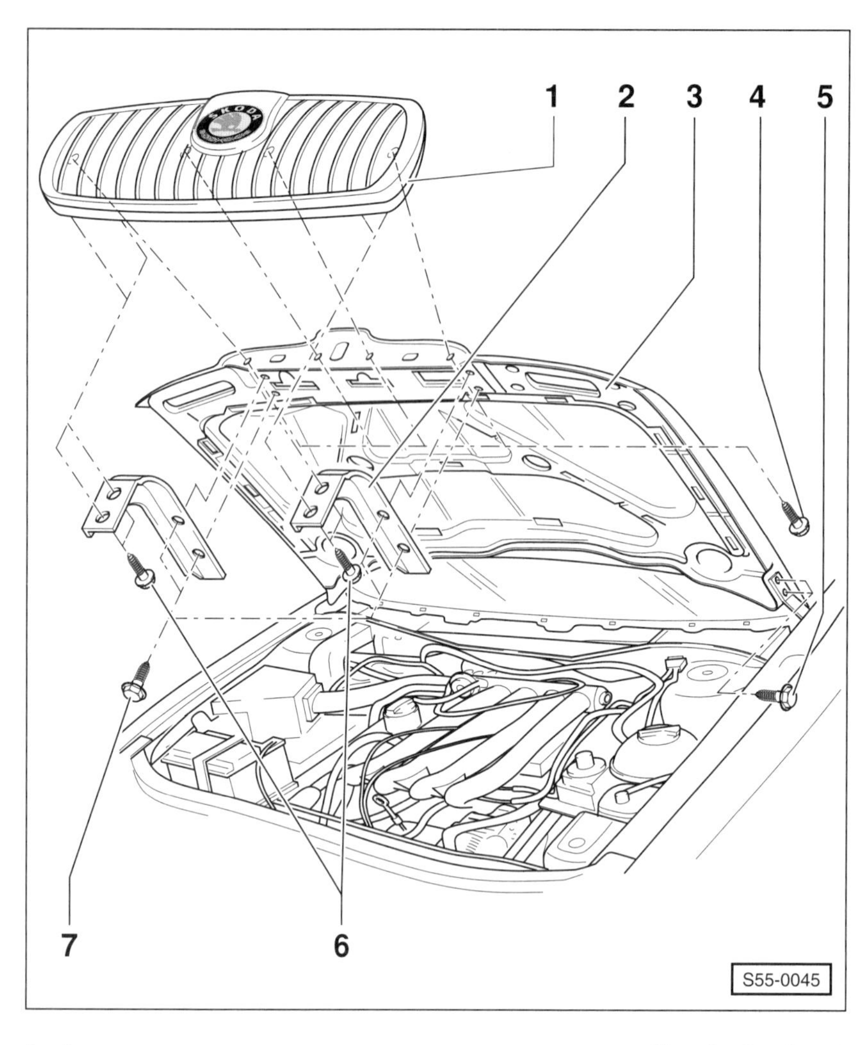

1 – Kühlergrill
2 – Haltewinkel
3 – Motorhaube
4 – Sechskantschrauben
5 – Torxschrauben
6 – Sechskantschrauben
7 – Sechskantschrauben

Ausbau

- Motorhaube öffnen.
- Kühlergrill –1– mit den Schrauben –4–, –6– und –7– abschrauben.
- Stellung der Motorhaube markieren. Dazu Schrauben –5– am Scharnier mit Filzstift umkreisen.
- Motorhaube von Helfer abstützen lassen.
- Schrauben –5– an der Motorhaube –3– herausdrehen und Motorhaube mit Helfer abnehmen.

Einbau

- Gegebenenfalls Motorhaube lackieren.
- Motorhaube mit Helfer ansetzen. Haube anhand der zuvor angebrachten Markierungen am Scharnier ausrichten und mit Schrauben –5– befestigen. Wird eine neue Motorhaube eingebaut, muss diese eingestellt werden, siehe »Motorhaube einstellen«.
- Kühlergrill so ansetzen und ausrichten, dass er bündig mit der Motorhaube abschließt. Kühlergrill festschrauben.

Motorhaube einstellen

- Schrauben –5– etwas lösen, so dass die Haube in Längs- und Querrichtung gerade noch verschiebbar ist.
- Motorhaube schließen und innerhalb der übergroßen Bohrungen so verschieben, dass zu den umliegenden Karosserieteilen ein parallel verlaufender Spalt besteht, siehe »Spaltmaße« auf Seite 268.
- Ausgerichtete Motorhaube vorsichtig öffnen, so dass die Position am Haubenscharnier nicht mehr verändert wird.
- Schrauben am Scharnier mit **20 Nm** festziehen.
- Gegebenenfalls Haubenschloss einstellen, siehe entsprechendes Kapitel.

Motorhaubenzug/Motorhaubenschloss aus- und einbauen/einstellen

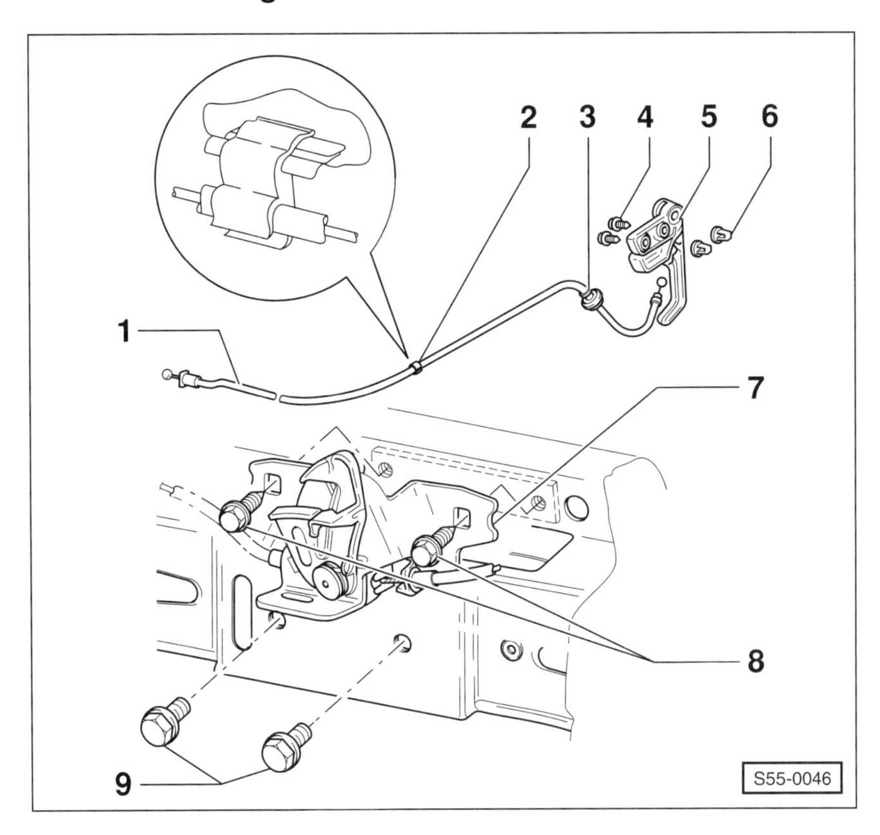

1 – Motorhaubenzug

Ausbau

- ◆ Motorhauben-Öffnungshebel –5– und Schloss –7– abschrauben.
- ◆ Motorhaubenzug –1– am Schloss aushängen.
- ◆ Ca. 1 m langen Bindfaden oder Schnur am Seilzugnippel des Öffnungshebels anbinden und Seilzug vom Motorraum her herausziehen.
- ◆ Die Schnur (Bindfaden) bleibt im Fahrzeug und dient beim Einbau des Seilzuges als Einziehhilfe.

2 – Clip

3 – Dichttülle

4 – Kombiblechschraube

5 – Öffnungshebel

6 – Spreizmutter

7 – Motorhaubenschloss

Einstellen

- ◆ Befestigungsschrauben –8– und –9– so weit lösen, bis sich das Schloss gerade verschieben lässt.
- ◆ Motorhaube schließen und bündig zur Karosserie ausrichten.
- ◆ Motorhaube vorsichtig öffnen und Schrauben für Haubenschloss festziehen.

8 – Sechskantschraube

9 – Sechskantschraube, 14 Nm

Seitenschutzleisten aus- und einbauen

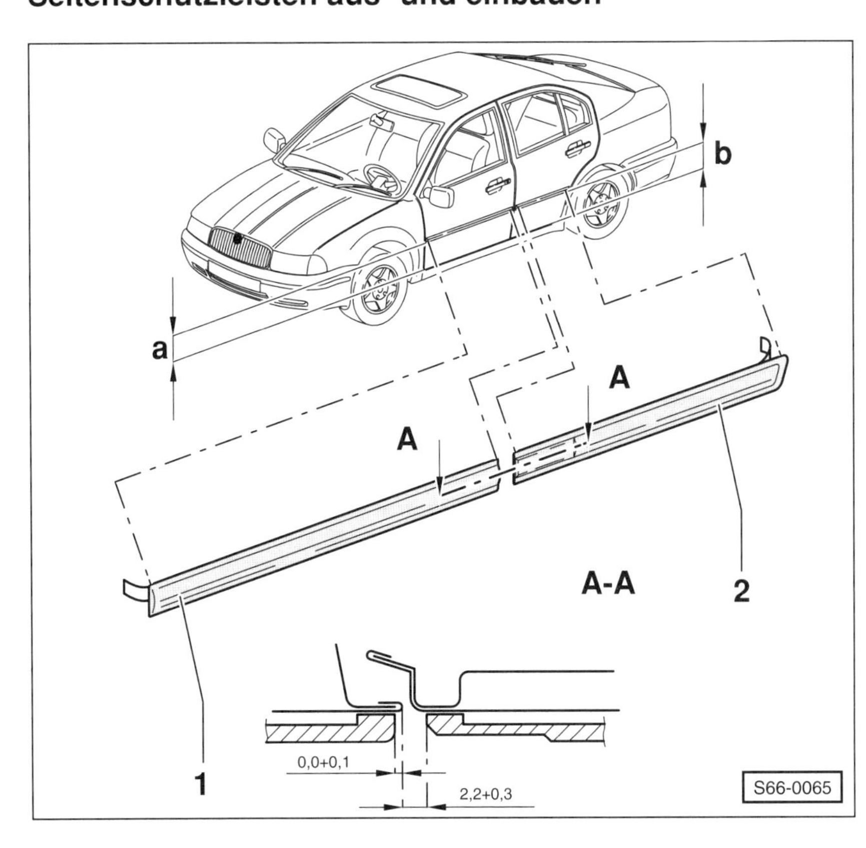

1 – Schutzleiste für Tür vorn

2 – Schutzleiste für Tür hinten

a = 205 mm

b = 237 mm

Maße in der Abbildung in mm.

Ausbau

- ◆ Einbaulage der Seitenschutzleiste vor dem Ausbau markieren. Dazu Kreppband ober- und unterhalb der Schutzleiste aufkleben.
- ◆ Seitenschutzleiste vor dem Ausbau mit Heißluftfön erwärmen und stückweise abziehen.

Einbau

Achtung: Bei einer Temperatur von ca. +40° C für Außenblech und Schutzleiste werden optimale Klebewirkung und Verarbeitungsdauer erreicht.

Hinweis: Wird nur eine Schutzleiste ersetzt, neue Leiste nach der noch eingebauten Leiste ausrichten.

- ◆ Außenblech mit Benzin reinigen, mit Silikonentferner nachbehandeln und mit sauberem Lappen trockenreiben.
- ◆ Schutzfolie von der Klebefläche der neuen Leiste abziehen.
- ◆ Seitenschutzleiste vorsichtig ansetzen und zunächst leicht andrücken.
- ◆ Bei korrektem Sitz, Schutzleiste kräftig andrücken.

Heckklappe aus- und einbauen

Ausbau

- Verkleidung für Heckklappe ausbauen, siehe Seite 260.
- Elektrische Steckverbindungen trennen und Kabel aus der Heckklappe herausziehen.
- Heckklappe sicher abstützen und Gasdruckfedern ausbauen, siehe entsprechendes Kapitel.

Achtung: Um den Lack nicht zu beschädigen, empfiehlt es sich, zum Abschrauben der Klappe einen Innensechskantschlüssel zu verwenden, dessen kurzer Schenkel auf ca. 10 mm gekürzt wurde. Lackflächen an den gefährdeten Stellen mit Klebeband abkleben.

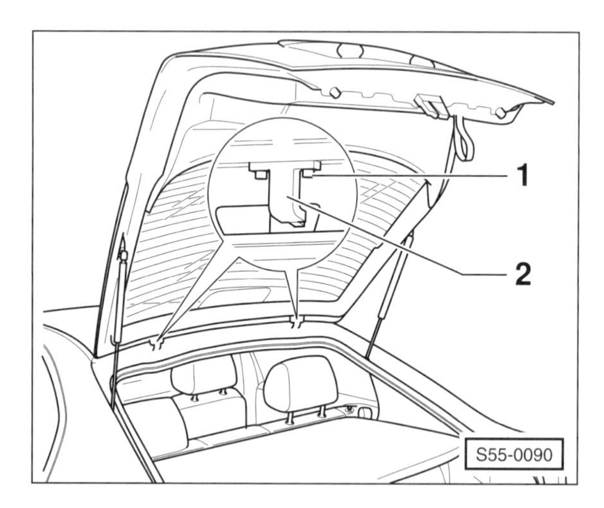

- Befestigungsschrauben –1– für Scharniere –2– herausdrehen und Heckklappe mit Helfer abnehmen.

Einbau

- Heckklappe mit Helfer ansetzen und mit **15 Nm** festschrauben.
- Gasdruckfedern einbauen, siehe entsprechendes Kapitel.
- Kabel in die Heckklappe einführen und elektrische Stecker verbinden.
- Verkleidung für Heckklappe einbauen, siehe Seite 260.

Gasdruckfeder aus- und einbauen

Ausbau

- Heckklappe öffnen und abstützen.

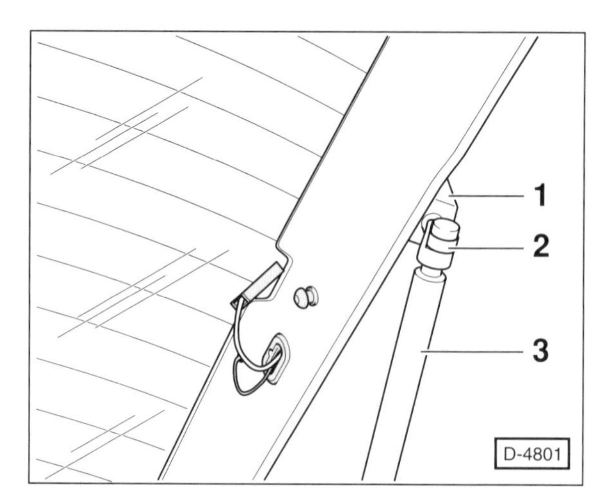

- Federklammer –2– mit einem Schraubendreher anheben und Gasdruckfeder –3– vom Kugelzapfen –1– abziehen.

Achtung: Federklammer –2– nicht ganz aus der Kugelpfanne heraushebeln, sonst wird die Federklammer beschädigt und die Gasdruckfeder muss ersetzt werden

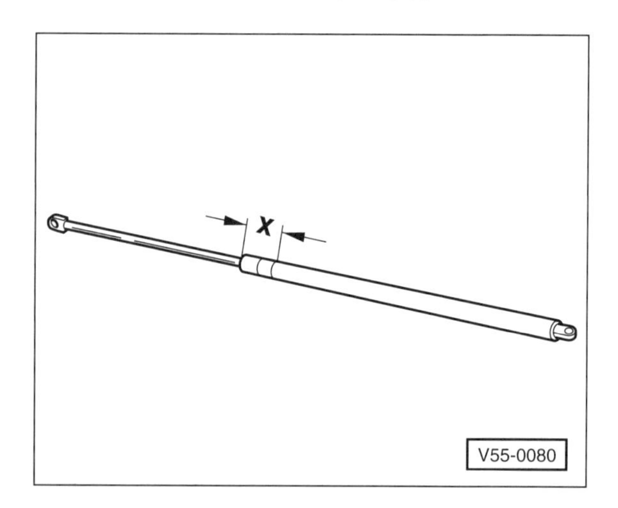

Achtung: Falls die Gasdruckfeder ersetzt wird, muss die alte Feder entgast werden, bevor sie entsorgt wird. Dazu Gasdruckfeder im **Bereich x = 50 mm** in den Schraubstock einspannen. **Achtung**: Feder unbedingt **nur in diesem Bereich** einspannen, sonst besteht Unfallgefahr! Anschließend Zylinder im ersten Drittel der Zylindergesamtlänge – ausgehend von der Bezugskante auf der Kolbenstangenseite – aufsägen. Um herausspritzendes Öl aufzufangen, Bereich des Sägetrennschnittes mit einem Lappen abdecken. Außerdem ist während des Sägevorganges eine Schutzbrille zu tragen.

Einbau

- Gasdruckfeder auf die Kugelzapfen aufdrücken und einrasten.

Heckklappenbetätigung/Heckklappenschloss aus- und einbauen

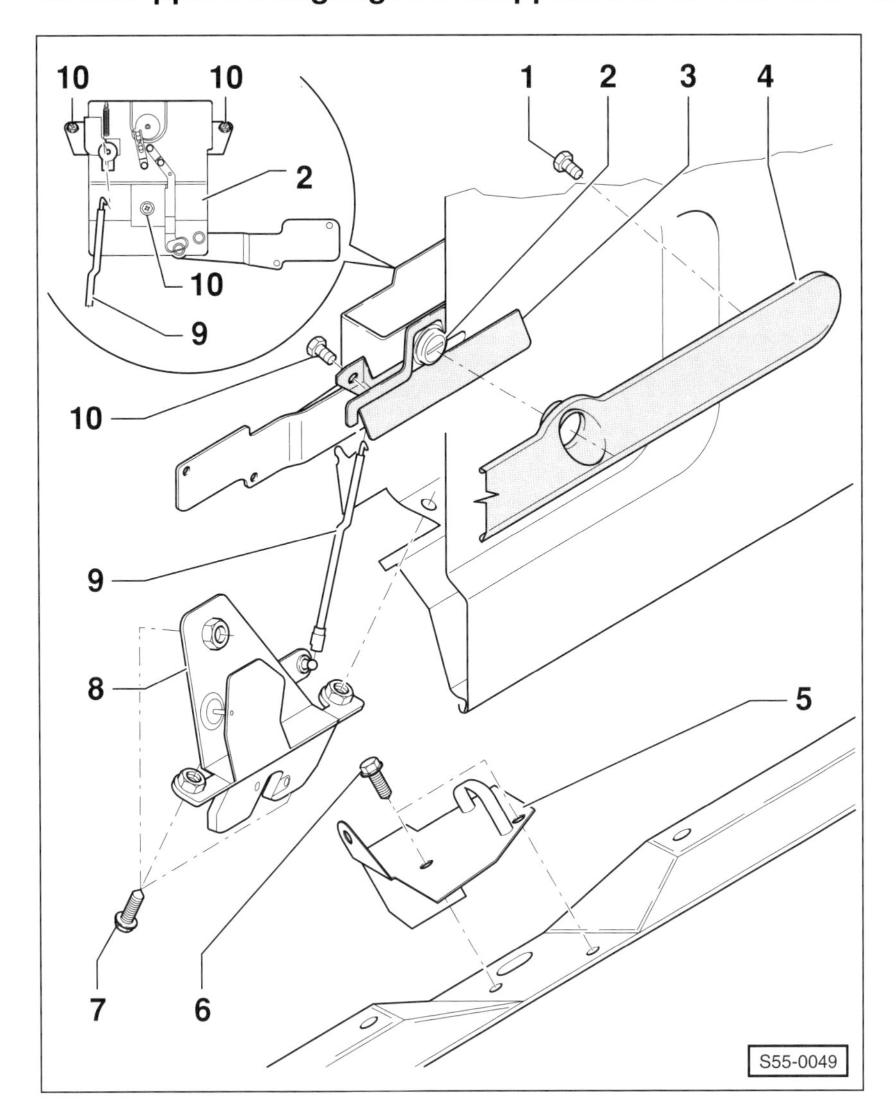

1 – **Schraube**

2 – **Heckklappenbetätigung**

Ausbau

- ◆ Heckklappenverkleidung ausbauen, siehe Seite 260.
- ◆ Zugstange –9– ausclipsen.
- ◆ Schrauben –10– herausdrehen.
- ◆ Betätigung –2– nach innen drücken und herausnehmen.
- ◆ Der Einbau erfolgt in umgekehrter Ausbaureihenfolge.

3 – **Betätigungsgriff**

Gehört zur Betätigung –2–.

4 – **Griffleiste**

Ausbau

- ◆ Heckklappenverkleidung ausbauen, siehe Seite 260.
- ◆ Schrauben –1– herausdrehen.
- ◆ Griffleiste abnehmen.
- ◆ Der Einbau erfolgt in umgekehrter Ausbaureihenfolge.

5 – **Schließöse**

Einstellen

- ◆ Die Heckklappe muss bündig zur Karosserie eingestellt werden und spannungsfrei öffnen und schließen.

6 – **Schraube, 25 Nm**

7 – **Schraube, 25 Nm**

8 – **Heckklappenschloss**

Ausbau

- ◆ Heckklappenverkleidung ausbauen, siehe Seite 260.
- ◆ Zugstange –9– ausclipsen.
- ◆ Schrauben –7– herausdrehen.
- ◆ Heckklappenschloss –8– nach innen drücken und herausnehmen.
- ◆ Der Einbau erfolgt in umgekehrter Ausbaureihenfolge.

9 – **Zugstange**

10 – **Schraube, 10 Nm**

Tür aus- und einbauen/einstellen

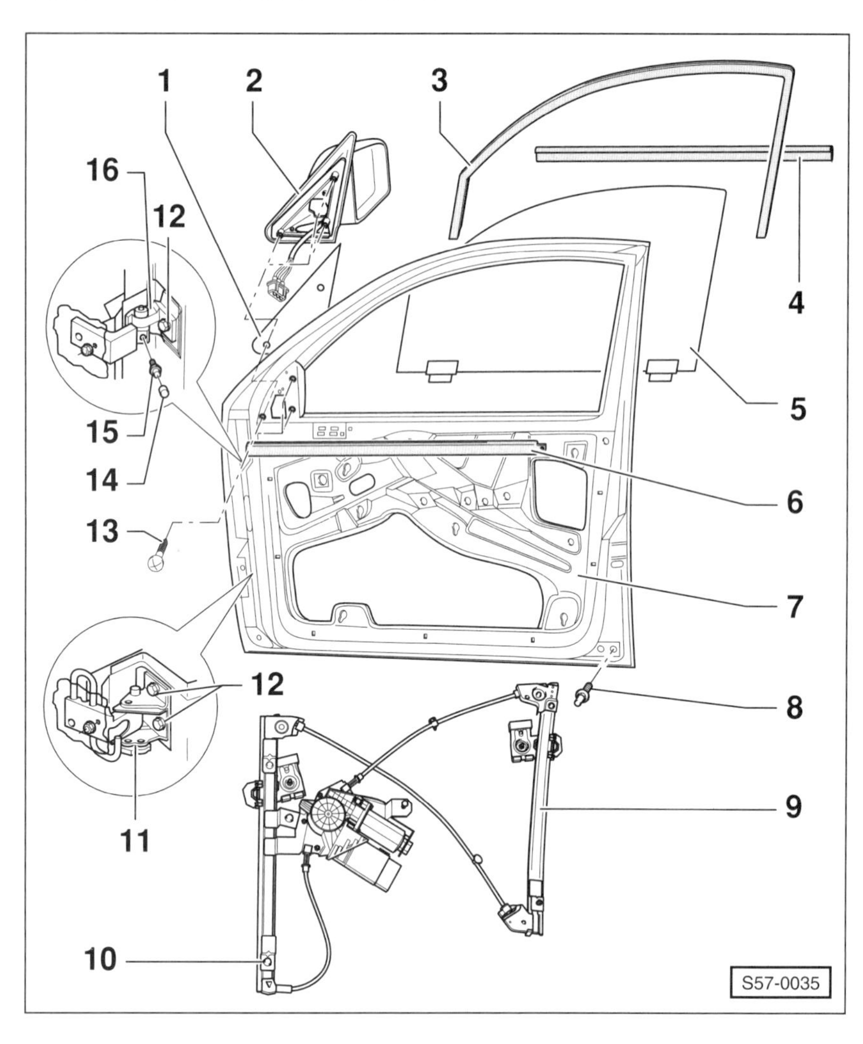

1 – **Unterlage**

2 – **Außenspiegel**

3 – **Fensterführung**
In den Fensterrahmen eingeknöpft.

4 – **Fensterschachtabdichtung außen**
Auf den Flansch aufgesteckt.

5 – **Türfensterscheibe**

6 – **Fensterschachtabdichtung innen**
Auf den Flansch aufgesteckt.

7 – **Tür**

8 – **Fangbolzen, 40 Nm**

9 – **Fensterheber**

10 – **Schraube, 10 Nm**

11 – **Türscharnier unten**
Mit Türfeststeller.

12 – **Schraube, 30 Nm**

13 – **Schraube**
Für Befestigung des Außenspiegels.

14 – **Abdeckkappe**
Bis 12/99.

15 – **Schraube, 20 Nm**
Bis 12/99.
Achtung: Ab 1/00 befindet sich an dieser Stelle eine Mutter, die mit **30 Nm** angezogen wird.

16 – **Türscharnier oben**

Achtung: Die vordere Anknüpfung der Türinnendichtung muss von der unteren Tür-Einstiegskante einen Abstand von **30 ± 10 cm** haben.

Ausbau

- Untere A-Säulen-Verkleidung ausbauen, siehe Seite 258.

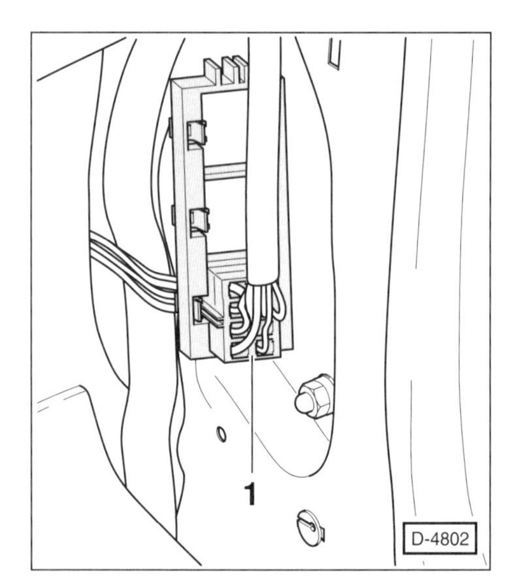

- Mehrfachstecker –1– an der A-Säule abziehen.

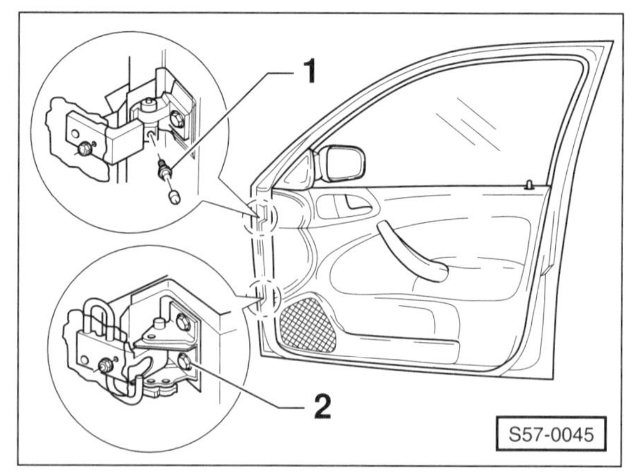

- **Bis 12/99:** Madenschraube –1– am oberen Scharnier herausdrehen.
- **Ab 1/00:** Mutter am oberen Scharnier herausdrehen.
- Torxschrauben –2– unten herausdrehen, zum Beispiel mit HAZET 2597 mit Torx-Bit T45 (HAZET 2597-01).
- Tür nach oben aus dem Scharnierwinkel herausheben.

Einbau

- Der Einbau erfolgt in umgekehrter Ausbaureihenfolge. Madenschrauben mit **20 Nm**, Muttern (ab 1/00) mit **30 Nm** und Torxschrauben ebenfalls mit **30 Nm** festziehen.

Tür einstellen

Für die korrekte Türeinstellung muss das Türschanier an der Säule und an der Tür gelöst werden. Andere Maßnahmen, wie Richten der Türen nach oben, sind wirkungslos. Beim nachfolgenden Überdrücken sackt die Tür wieder ab.

- Torxschrauben lösen, bis sich die Tür gerade verschieben lässt.
- Tür schließen und im Türrahmen so ausrichten, bis ringsum ein gleichmäßiger Spalt zum Türausschnitt vorhanden ist und die Tür nicht zu weit nach innen oder außen steht. Die Konturen der Tür müssen mit den umliegenden Bauteilen fluchten.
- Tür vorsichtig öffnen und Torxschrauben mit **30 Nm** festziehen.

Türverkleidung aus- und einbauen

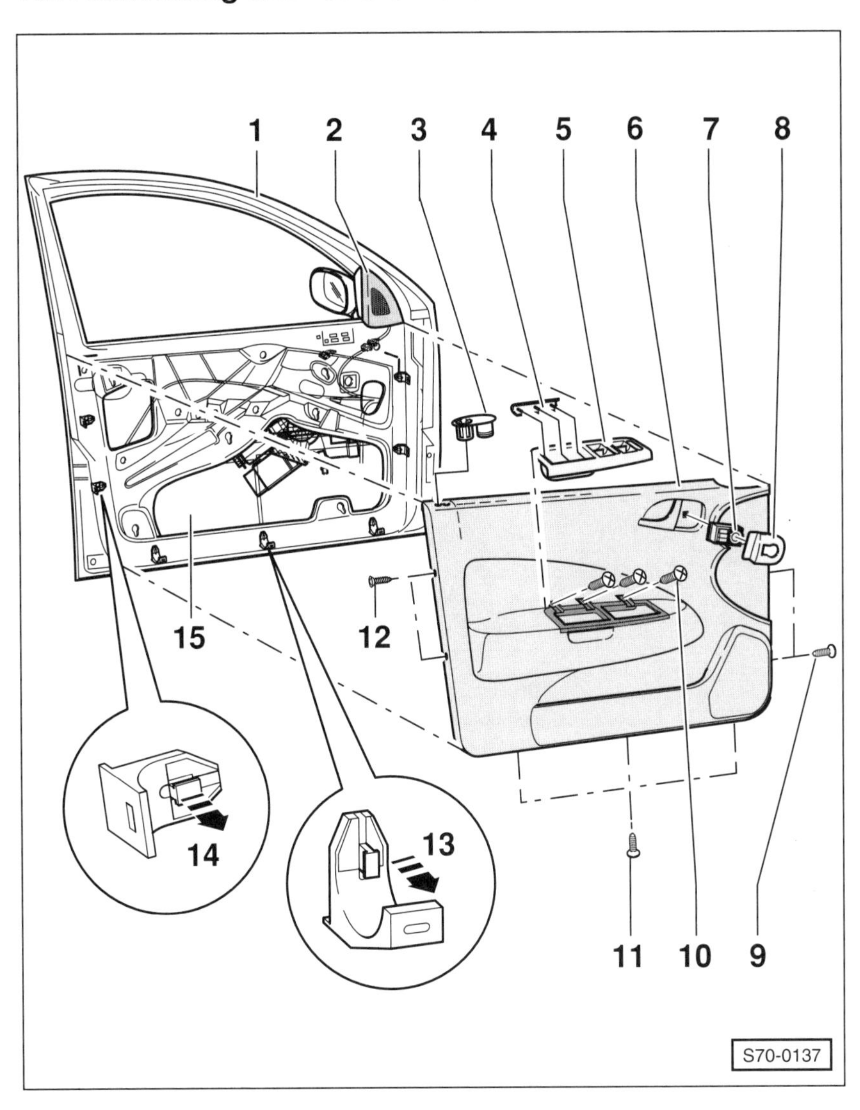

1 – **Tür**

2 – **Abdeckung für Außenspiegel**

3 – **Rosette**

4 – **Abdeckung**

5 – **Griffschale mit Fensterheberschaltern**
Nur Fahrerseite.

6 – **Türverkleidung**

7 – **Schalter für Spiegelverstellung**

8 – **Abdeckung**

9 – **Schraube**

10 – **Schraube**

11 – **Schraube**

12 – **Schrauben**

13 – **Halteclip unten**
Zum Ausbau den Riegel herausziehen –Pfeil–.

14 – **Halteclip seitlich**
Zum Ausbau den Riegel herausziehen –Pfeil–.

15 – **Dämpfungsfolie**

Ausbau

Es wird der Ausbau an der Fahrertür mit elektrischem Fensterheber beschrieben. Hinweise für Fahrzeuge mit mechanischen Fensterhebern beziehungsweise für die Beifahrertür stehen am Ende des Kapitels. Die Türverkleidung für die hintere Tür wird auf die gleiche Weise wie die der Beifahrertür ausgebaut.

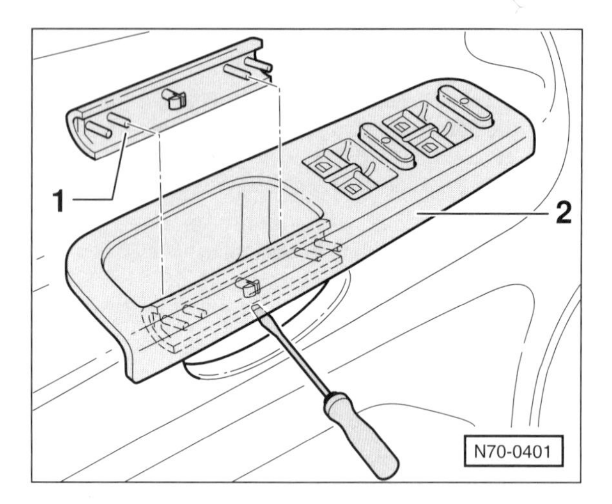

- Flachen Schraubendreher in die untere Trennfuge zwischen Blende –1– und Griffschale –2– stecken und Blende vorsichtig in Richtung Türverkleidung abdrücken.

Achtung: Da die Trennfuge sehr eng ist, muß ein spitzer Schraubendreher verwendet werden, um Blende und Griffschale nicht zu beschädigen.

- Griffschale –2– nach oben aus der Türverkleidung ausclipsen.

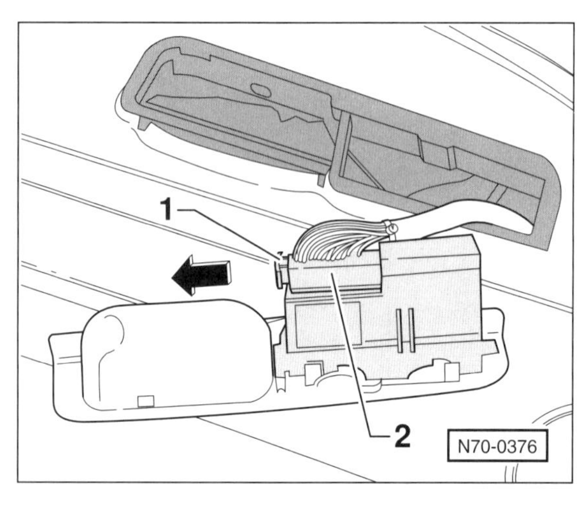

- Verriegelung –1– in Pfeilrichtung ziehen und Mehrfachstecker –2– abheben.

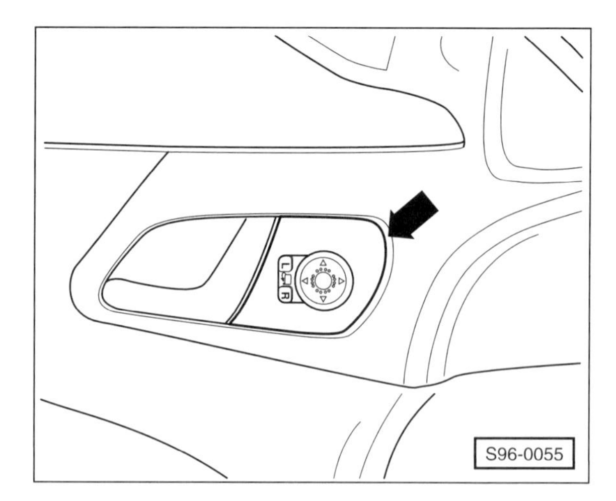

- Schalter für Spiegelverstellung mit Abdeckung –Pfeil– vorsichtig ausclipsen. Elektrische Steckverbindung trennen. **Hinweis:** Die Abbildung zeigt die Ausführung bis 8/98.
- 7 Schrauben –9– bis –11– herausdrehen, siehe Abbildung S70-0137.

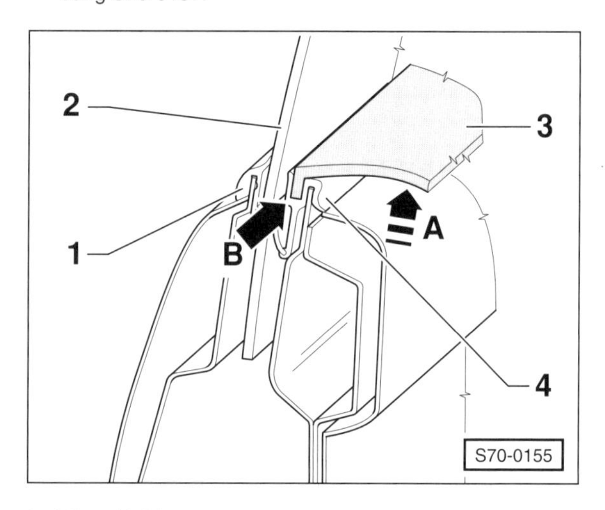

- Türverkleidung –3– nach oben aus der Fensterschachtabdichtung innen –4– herausziehen und abnehmen –Pfeil A–. 1 – Fensterschachtabdichtung außen, 2 – Türfensterscheibe.
- Betätigungsseilzug des Türgriffs ausclipsen.
- Sämtliche Steckverbindungen trennen.
- Halteclips –13– und –14– abnehmen, siehe Abbildung S70-0137.
- Dämpfungsfolie –15– vorsichtig abziehen, siehe Abbildung S70-0137.

Einbau

- Dämpfungsfolie sorgfältig von unten nach oben ankleben. Bei nicht ausreichender Klebung doppelseitiges Klebeband verwenden.

Achtung: Die Dämpfungsfolie hat die Aufgabe, den Fahrzeuginnenraum gegen Geräusche, Wassereintritt und Zugluft abzudichten. Dämpfungsfolie daher immer sorgfältig und faltenfrei aufkleben. Beschädigte Dämpfungsfolie ersetzen. Die neue Dämpfungsfolie ist selbstklebend. Vorher Klebebänke am Türblech reinigen.

- Halteclips einbauen.
- Türverkleidung oben in die Fensterschachtabichtung innen –4– sowie in die seitlichen und unteren Halteclips einsetzen. Dabei auf richtigen Sitz der Türverkleidung –Pfeil B– achten.
- Der weitere Einbau erfolgt in umgekehrter Ausbaureihenfolge.

Speziell Beifahrertür

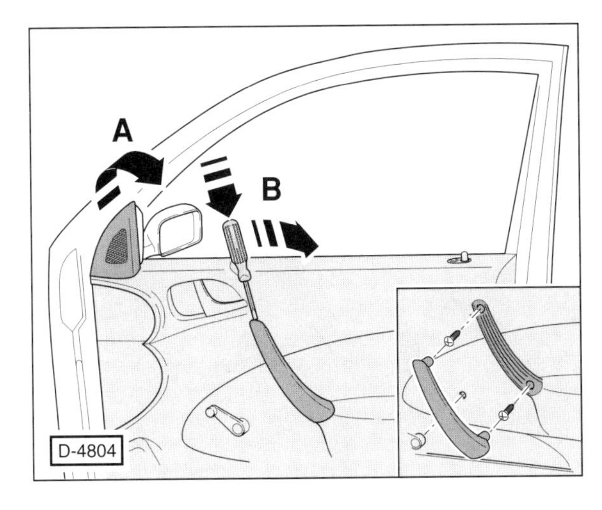

- Abdeckung für Außenspiegel ausclipsen und abnehmen –A–.
- Mit einem Schraubendreher von oben die Blende des Handgriffs abhebeln –B– und dahinterliegende Schrauben herausdrehen.

Speziell Tür mit mechanischem Fensterheber

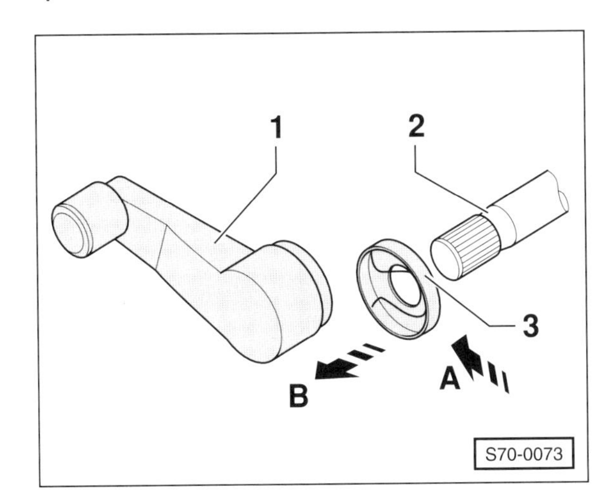

- Abstandring –3– in Richtung –Pfeil A– schieben.
- Fensterkurbel –1– von der Fensterheberwelle –2– abziehen –Pfeil B–.
- Beim Einbau Fensterkurbel so auf die Fensterheberwelle aufschieben, daß die Kurbel parallel zum Zuziehgriff der Türverkleidung steht.

Türfensterscheibe vorn aus- und einbauen/einstellen

Ausbau

- Türverkleidung ausbauen und Dämpfungsfolie abnehmen, siehe entsprechendes Kapitel.
- Fensterschachtabdichtung innen vom Flansch abziehen.

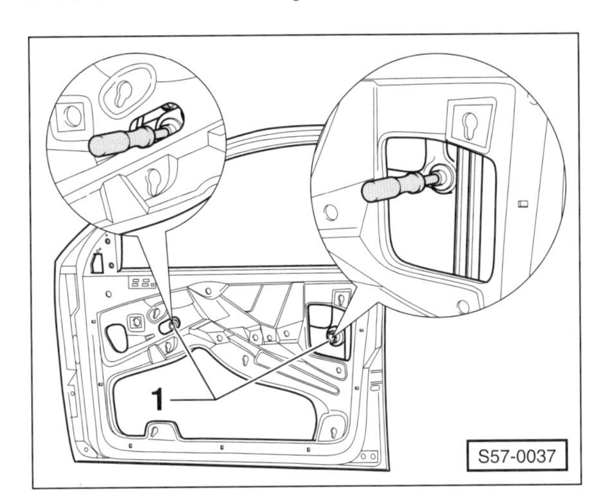

- Türfensterscheibe so weit nach oben oder unten fahren, bis die Klemmbacken in den Montageöffnungen stehen –Bildausschnitte–.
- Muttern –1– lösen und Klemmbacken auseinanderdrücken.

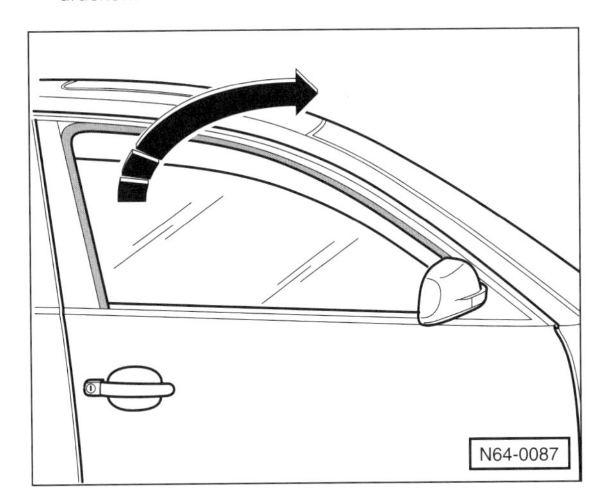

- Türfensterscheibe nach oben ziehen, hinten anheben und in Pfeilrichtung nach vorn aus der Tür herausschwenken.

Einbau

- Türfensterscheibe in die Tür und dort in die Klemmbacken einsetzen. **Achtung:** Die Klemmbacken müssen dabei in den Montageöffnungen stehen.
- Zum Einstellen Türfensterscheibe in die hintere Fensterführung (Türschlossseite) drücken und Muttern für Klemmbacken mit 10 Nm festziehen.

- Fensterschachtabdichtung innen am Flansch aufschieben.
- Dämpfungsfolie sorgfältig am Türrahmen ankleben und Türverkleidung einbauen, siehe entsprechendes Kapitel.

Fensterheber aus- und einbauen

Ausbau

- Türverkleidung ausbauen und Dämpfungsfolie abnehmen, siehe entsprechendes Kapitel.

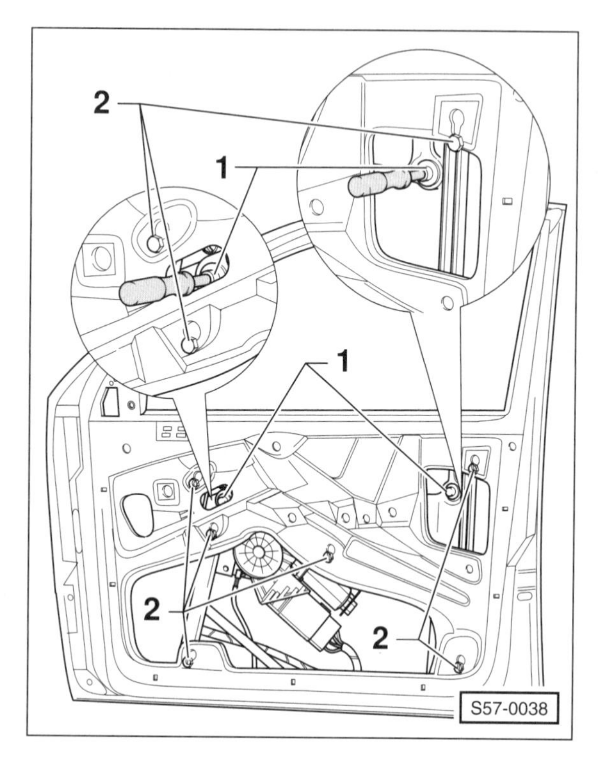

- Türfensterscheibe so weit nach oben oder unten fahren, bis die Klemmbacken in den Montageöffnungen stehen –Bildausschnitte–.
- Muttern –1– lösen und Klemmbacken auseinanderdrücken.
- Türfensterscheibe nach oben schieben und festsetzen, zum Beispiel mit einem Kunststoffkeil festklemmen oder mit Klebeband sichern.
- Schrauben –2– für Fensterheber lösen, nicht herausdrehen.
- Clips für Bowdenzüge aushaken.
- Elektrischer Fensterheber: Mehrfachstecker abziehen.
- Fensterheber etwas anheben, damit die Schrauben –2– durch die Montagelöcher herausgezogen werden können.
- Fensterheber nach unten aus der Öffnung im Türrahmen herausziehen.

Einbau

- Fensterheber in die Tür einsetzen und in die Befestigungslöcher einhängen.
- Fensterheber mit **10 Nm** anschrauben.
- Mehrfachstecker für Fensterhebermotor verbinden.
- Clips für Bowdenzüge einhaken.
- Türfensterscheibe einbauen und einstellen, siehe entsprechendes Kapitel.

Fensterhebermotor aus- und einbauen

Ausbau

- Fensterheber ausbauen, siehe entsprechendes Kapitel.

Hinweis: Der Motor kann in jeder Stellung des Fensterhebers ausgebaut werden.

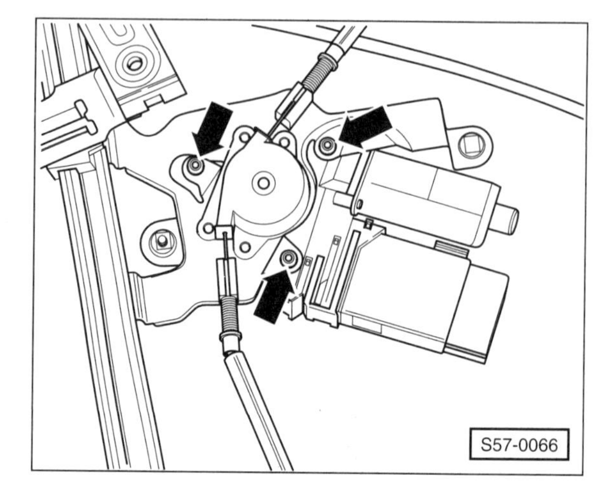

- Schrauben –Pfeile– herausdrehen und Motor abnehmen.

Einbau

- Neuen Motor ansetzen und Schrauben –Pfeile– mit **6,5 Nm** festziehen.
- Fensterheber einbauen, siehe entsprechendes Kapitel.

Hoch-/Tieflaufautomatik aktivieren

- Zündung ein- und ausschalten.
- Zündung wieder einschalten.
- Türfensterscheibe bis zum Anschlag nach oben fahren und Schalter für Fensterbetätigung weiterhin gedrückt halten. Dadurch wird die Grundeinstellung durchgeführt und die automatische Hoch-/Tieflauffunktion aktiviert.

Türgriff aus- und einbauen

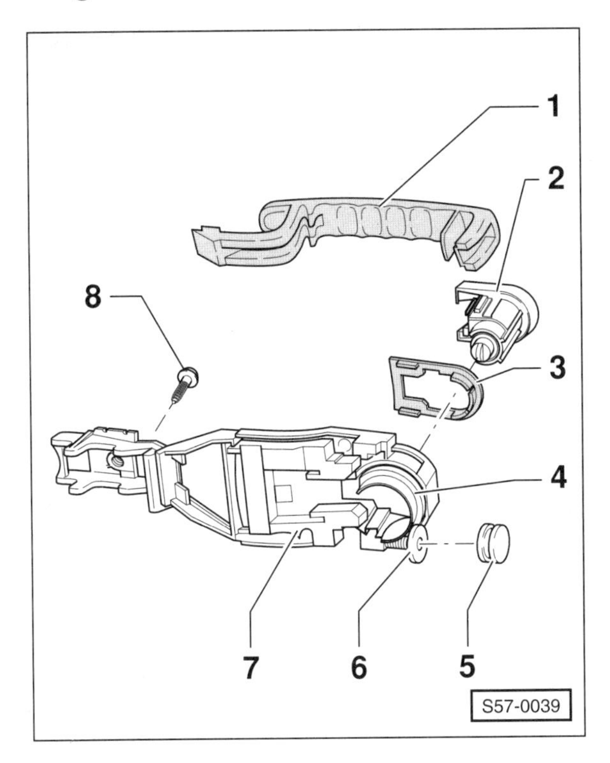

1 – **Türgriff**

2 – **Schließzylinder**

3 – **Unterlage**

4 – **Klemmring**

5 – **Abdeckkappe**

6 – **Schraube**
Damit wird der Klemmring –4– eingestellt. **Achtung:** Darf bei ausgebautem Türgriff-Innenteil nicht verdreht werden.

7 – **Türgriff-Innenteil**
Ausbau
- Türgriff ausbauen.
- Schraube –8– herausdrehen.
- Türgriff-Innenteil nach hinten schieben und herausdrehen.

8 – **Schraube**
- M5x9 = **5 Nm**
- M5x12 = **2 Nm**

Ausbau

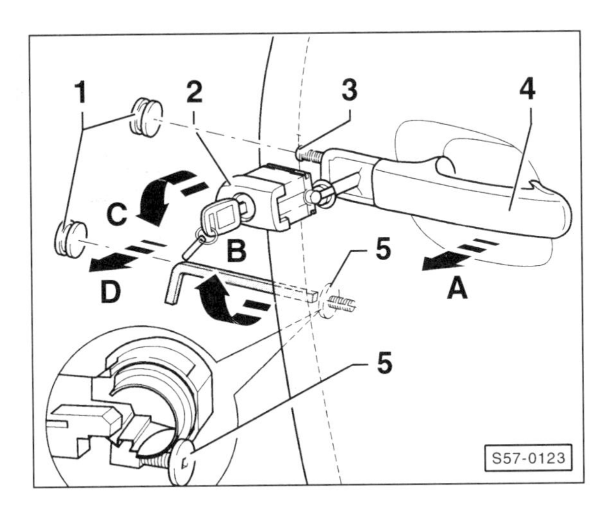

- Türgriff –4– bis zum Anschlag in Betätigungsrichtung ziehen –Pfeil A– und in dieser Stellung halten.
- Abdeckkappen –1– abnehmen.
- Sicherungsschraube –3– herausdrehen.
- Schraube –5– lösen –Pfeil B–, bis Widerstand spürbar wird.

Achtung: Die Schraube –5– darf bei ausgebautem Türgriff **nicht** mehr verdreht werden.

- Schlüssel in den Türschließzylinder einstecken.
- Schließzylinder –2– mit eingestecktem Schlüssel in Pfeilrichtung –C– drehen und herausziehen –Pfeil D–.

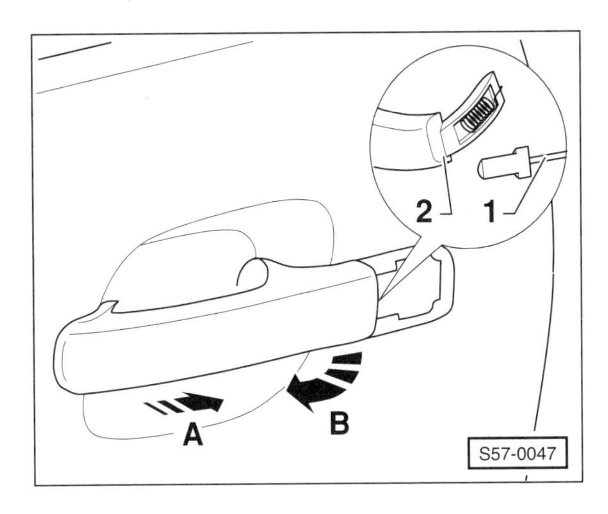

- Betätigungsseilzug –1– aus dem Türgriff –2– ausclipsen.
- Türgriff –2– nach hinten schieben –Pfeil A– und aus der Tür herausschwenken –Pfeil B–.

Einbau

- Der Einbau erfolgt in umgekehrter Ausbaureihenfolge. Dabei darauf achten, dass der Betätigungsseilzug sicher im Türgriff eingerastet ist.

Fahrzeuge ab 5/98:

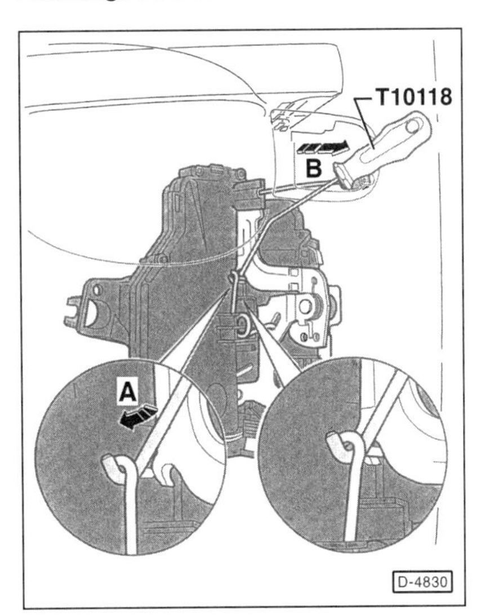

- Geeigneten Drahthaken oder SKODA-Werkzeug T10118 in die am Türschloss befestigte Feder –Pfeil A– einhängen und die Feder in den Schlosshebel –Pfeil B– einhängen.

Türschloss aus- und einbauen

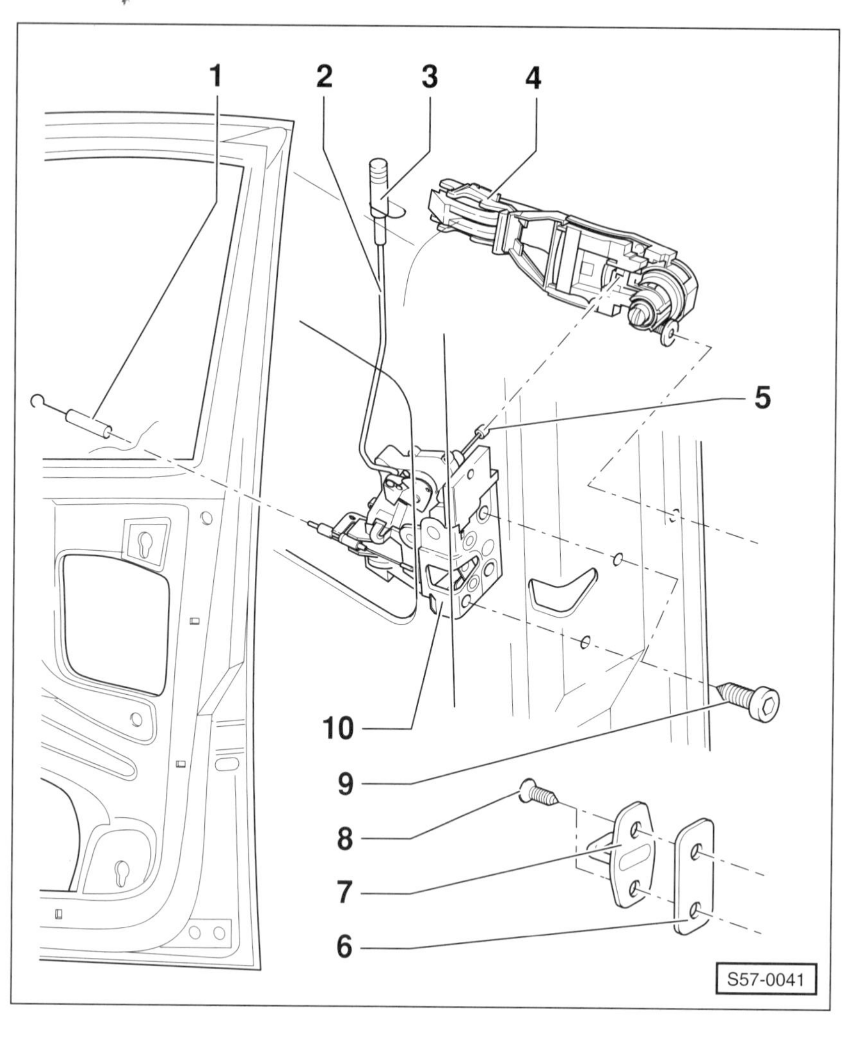

1 – Seilzug für Innenbetätigung
In die Innenbetätigung eingehängt.

2 – Sicherungsstange

3 – Sicherungsknopf
Auf die Sicherungsstange aufgeschraubt.

4 – Türgriff-Innenteil

5 – Seilzug für Außenbetätigung
In den Türgriff eingehängt.

6 – Unterlage

7 – Schließbügel

8 – Schraube, 22 Nm

9 – Schraube, 20 Nm

10 – Türschloss

Ausbau

- Türgriff und Fensterheber ausbauen, siehe entsprechende Kapitel.

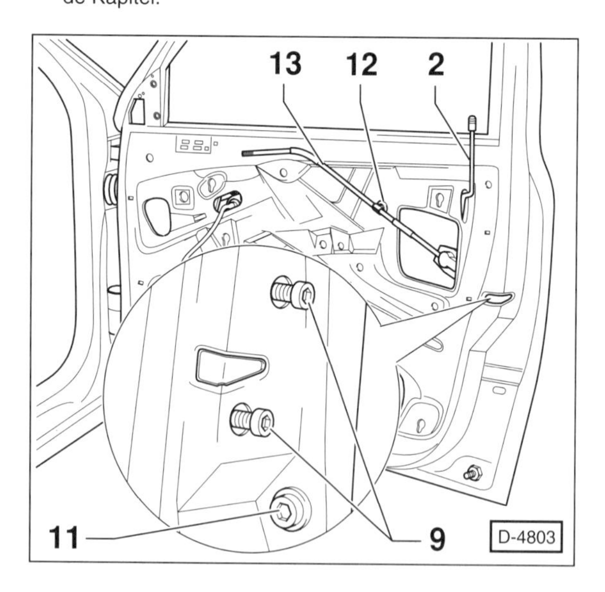

- Schrauben –9– herausdrehen.
- Beide Schrauben –11– für Aufprallträger lösen und Aufprallträger absenken. **Hinweis:** Die vordere Befestigungsschraube ist im Bild nicht dargestellt.
- Halteclip –12– aus dem Türrahmen ausclipsen.
- Türschloss mit Betätigungszug –13– und Zugstange –2– durch die Montageöffnung in der Tür herausnehmen.

Einbau

- Der Einbau erfolgt in umgekehrter Ausbaureihenfolge. Befestigungsschrauben –9– mit **20 Nm** festziehen.

Wasserkastenabdeckung aus- und einbauen

Ab 6/98

Hinweis: Der Aus- und Einbau der Wasserkastenabdeckung bis 5/98 ist im Kapitel »Spritzdüsen aus- und einbauen« beschrieben, siehe Seite 79.

Ausbau

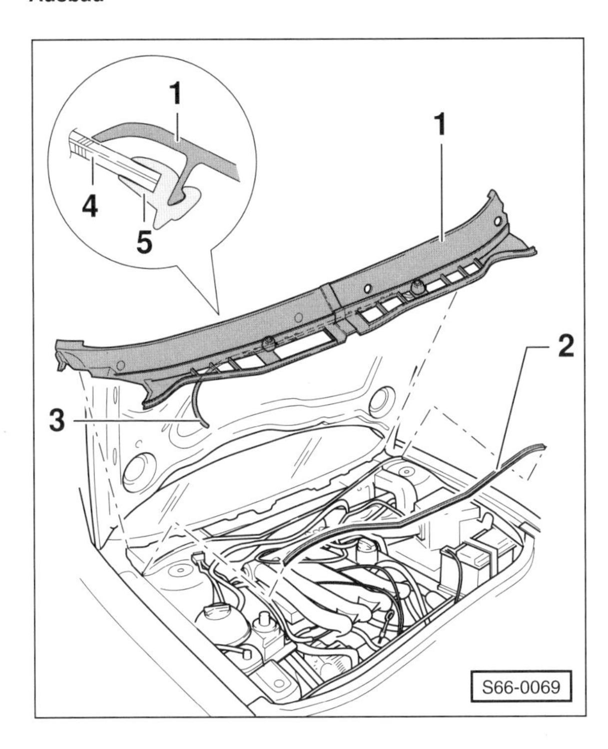

- Scheibenwischerarme ausbauen, siehe Seite 80.
- Dichtung –2– vom Flansch abziehen.
- Waschwasserschläuche –3– von den Spritzdüsen abziehen.
- 2-teilige Wasserkastenabdeckung –1– abnehmen.

Einbau

- Abdeckung –1– in das Dichtungsprofil –5– der Frontscheibe –4– einclipsen.
- Der weitere Einbau erfolgt in umgekehrter Ausbaureihenfolge.

Zentralverriegelung

Die Zentralverriegelung wird durch Elektromotoren betätigt. Sie besteht aus 1 Zentralsteuergerät, 4 Türschließeinheiten sowie Motor und Schalter für die Heckklappenverriegelung.

Das Zentralsteuergerät befindet sich hinter der Armaturentafel, rechts neben dem Relais- und Sicherungshalter.

Das **Zentralsteuergerät** regelt folgende Funktionen:

- Zentralverriegelung.
- Innenleuchtensteuerung.
- Funk-Fernbedienung.
- Betätigung Schiebe-/Ausstelldach.
- Diebstahlwarnanlage.
- Wird der Airbag ausgelöst, erfolgt vom Airbag-Steuergerät automatisch ein Signal an das Zentralsteuergerät zum Entriegeln sämtlicher Türen.
- Eigendiagnose und Schnittstelle zum elektrischen Bordnetz.

Die **Türschließeinheit** besteht aus folgenden Bauteilen:

- Mechanisches Türschloss.
- Mehrere Microschalter, die die Stellung des Türschlosses an das Steuergerät melden.
- 2 Hebel für Türbetätigungshebel innen und außen.
- Betätigungsstange für Türknopf.
- Schließzylinder.
- Türschlossbetätigungsmotor.

Die Stellmotoren für die Zentralverriegelung der Türen sind Bestandteil der Türschlösser und können nicht einzeln ersetzt werden.

Stellelement für Heckklappe aus- und einbauen

Ausbau

- Untere Heckklappenverkleidung ausbauen, siehe Seite 260.

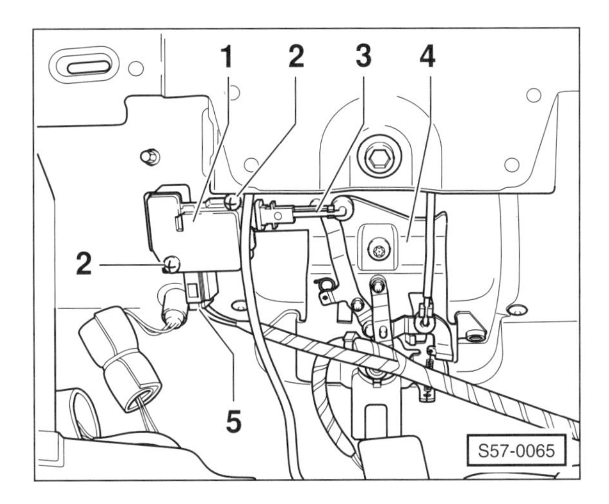

- Stecker –5– abziehen.
- Schrauben –2– herausdrehen.
- Zugstange –3– für Betätigungsmotor –1– aus dem Schloss –4– der Heckklappe herausziehen.
- Betätigungsmotor –1– herausnehmen.

Einbau

- Der Einbau erfolgt in umgekehrter Ausbaureihenfolge.

Schiebe-/Ausstelldach

Im SKODA OCTAVIA kann ein Schiebe-/Ausstelldach der Hersteller »Webasto« oder »Rockwell« eingebaut sein. Hinsichtlich Funktion und Bedienung besteht kein Unterschied. Allerdings sind die Reparaturschritte in der Regel unterschiedlich. In den folgenden Arbeitsanweisungen wird vornehmlich auf das »Rockwell«-Schiebedach eingegangen.

In eingebautem Zustand sind die verschiedenen Fabrikate kaum zu unterscheiden. Beim Rockwell«-Schiebedach ist der Betätigungsmotor mit 2 Schrauben, beim »Webasto«-Schiebedach mit 3 Schrauben befestigt.

Glasdeckel für Schiebe-/Ausstelldach aus- und einbauen

Ausbau

- Schiebe-/Ausstelldach ausstellen.

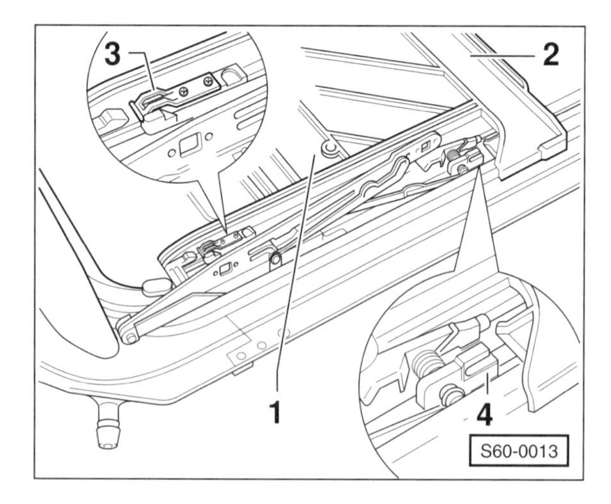

- Sonnenschutz –1– nach hinten schieben.
- Blendrahmen –2– nach hinten schieben.

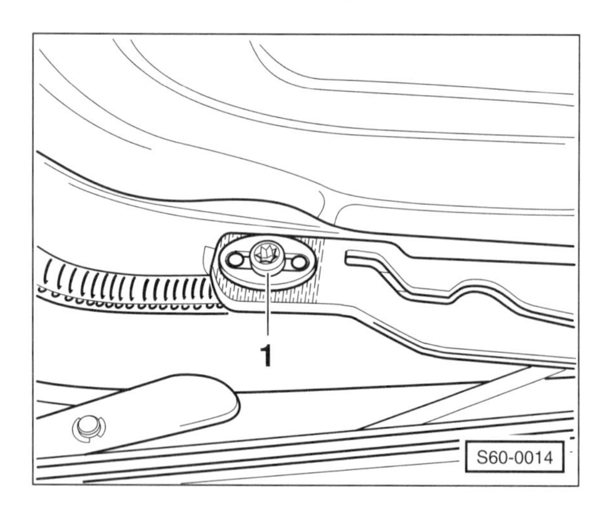

- Befestigungsschrauben –1– mit Torxschraubendreher T25 herausdrehen.
- Glasdeckel nach oben herausnehmen.
- Falls erforderlich, Blendrahmen herausziehen. Der Blendrahmen ist im Bereich der vorderen Führungen –3– aufgeclipst und im hinteren Bereich durch Zapfen –4– geführt, siehe Abbildung S60-0013.

Einbau

Achtung: Der Glasdeckel muss in 0-Stellung (Glasdeckel geschlossen) eingebaut werden.

- Parallellauf prüfen, gegebenenfalls einstellen, siehe entsprechendes Kapitel.

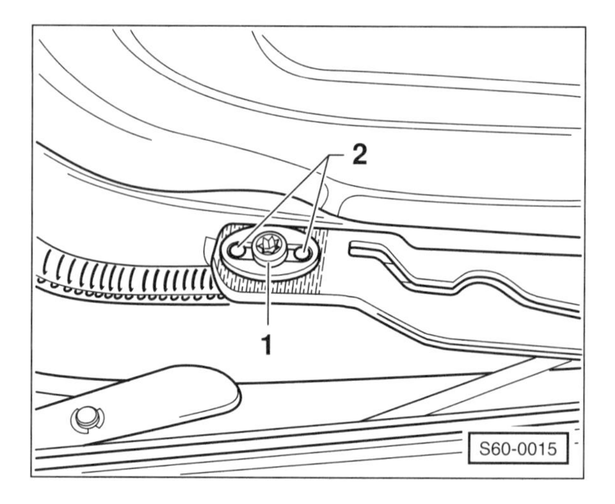

- Glasdeckel von oben einsetzen und Befestigungsschrauben –1– ganz leicht einschrauben. Dabei auf den richtigen Sitz der Zentrierstifte –2– auf der Rückseite der Klemmscheiben achten, siehe Abbildung.
- Höhe des Glasdeckels einstellen, siehe entsprechendes Kapitel.
- Befestigungsschrauben –1– für Glasdeckel mit **6 Nm** festziehen.
- Sitz der Deckeldichtung prüfen, gegebenenfalls einstellen, siehe entsprechendes Kapitel.
- Blendrahmen nach vorn schieben und in die vordere Führung einclipsen.
- Schiebedach mehrmals öffnen und schließen, dabei einwandfreie Funktion überprüfen.

Parallellauf des Schiebedachs prüfen/einstellen

Prüfen

- Schiebedach vollständig schließen.
- Sonnenschutz von Hand ganz zurückschieben
- Blendrahmen nach hinten schieben.

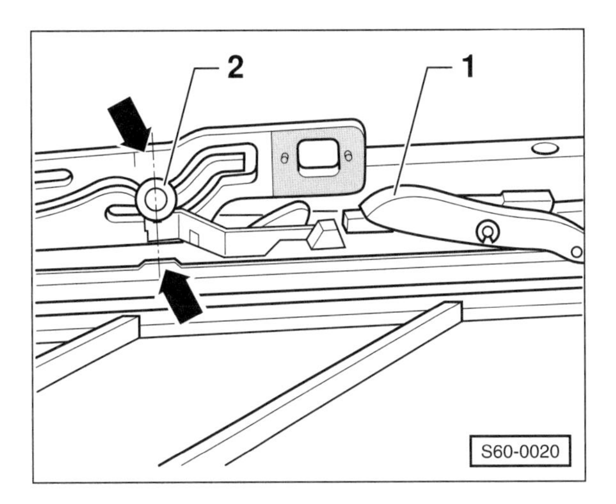

- Die Rasthaken (mit Rolle) –1– müssen in den Führungsschienen eingerastet sein.
- Die Bolzen –2– müssen innerhalb der Markierungen (Kerben) –Pfeile– stehen.
- Andernfalls Parallellauf einstellen.

Parallellauf einstellen

- Elektroantrieb ausbauen, siehe entsprechendes Kapitel.
- Rasthaken mit Rolle in die Führungsschienen einrasten.
- Führungen hinten mit Bolzen –2– nur von vorne nach hinten zwischen die Kerben –Pfeile– schieben, siehe Abbildung S60-0020.
- Elektroantrieb in dieser Stellung einbauen, siehe entsprechendes Kapitel.
- Glasdeckel einbauen.

Glasdeckel einstellen

Höheneinstellung

- Glasdeckel in Ausstellfunktion fahren.
- Sonnenschutz ganz zurückschieben.
- Blendrahmen vorn ausclipsen und nach hinten schieben.
- Parallellauf prüfen, gegebenenfalls einstellen, siehe entsprechendes Kapitel.
- 4 Befestigungsschrauben des Glasdeckels lösen.
- Glasdeckel vollständig schließen.

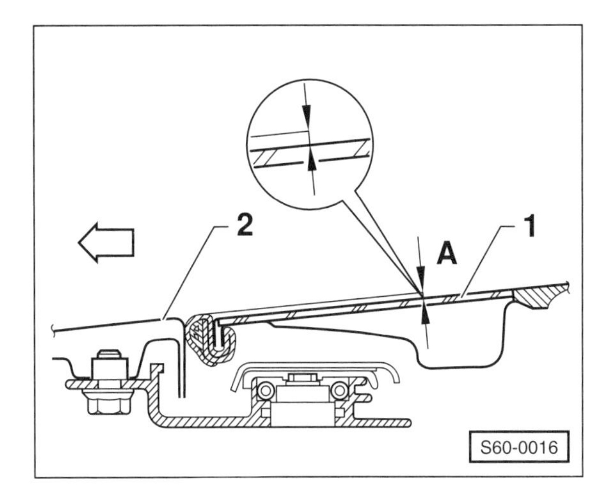

- **Deckeleinstellung vorn:** Glasdeckel –1– vorn um das Maß A = 1 mm tiefer als die Dachoberfläche –2– einstellen. Der Pfeil zeigt in Fahrtrichtung.

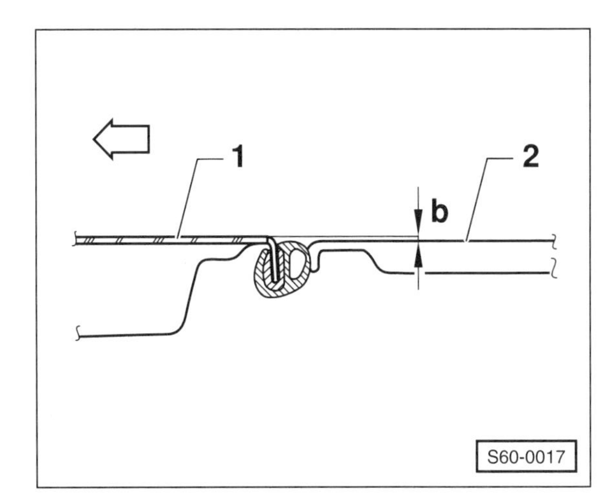

- **Deckeleinstellung hinten:** Glasdeckel –1– hinten um das Maß b = 1 mm höher als die Dachoberfläche –2– einstellen. Der Pfeil zeigt in Fahrtrichtung.
- Schrauben des Glasdeckels mit **6 Nm** festziehen.
- Blendrahmen nach vorn schieben und im Bereich der vorderen Führungen einclipsen.

Deckeldichtung prüfen/einstellen

Prüfen

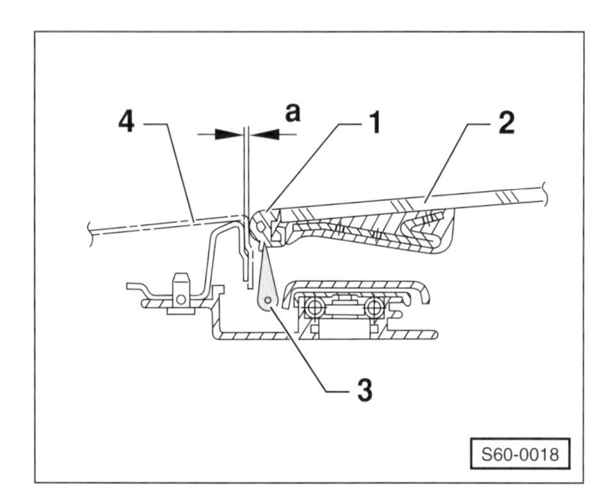

- Prüfen, ob zwischen Deckeldichtung –1– und Karosserie –4– umlaufend eine gleichmäßige Vorspannung vorliegt. Dazu einen Pappstreifen mit einer Dicke von a = 0,3 mm, zum Beispiel eine Visitenkarte, zwischen Deckeldichtung und Karosserie einführen. Der Pappstreifen muss sich stramm durchziehen lassen.

Einstellen

- Glasdeckel –2– ausbauen, siehe entsprechendes Kapitel.
- Bei zu geringer Vorspannung, Deckeldichtung mit einem Keil –3–, zum Beispiel einem Kunststoffspachtel, auseinander drücken.
- Bei zu großer Vorspannung, Deckeldichtung mit einem Keil –3–, zum Beispiel einem Kunststoffspachtel, zusammendrücken.
- Glasdeckel –2– einbauen, siehe entsprechendes Kapitel.

Antrieb für Schiebe-/Ausstelldach aus- und einbauen/einstellen

Antrieb für Schiebe-/Ausstelldach nur bei geschlossenem Dach (Nullstellung) aus- und einbauen.

»Rockwell«-Schiebedach

Ausbau

- Batterie-Massekabel (–) bei ausgeschalteter Zündung abklemmen. **Achtung:** Falls das eingebaute Radio einen Diebstahlcode besitzt, wird dieser beim Abklemmen der Batterie gelöscht. Das Radio kann anschließend nur durch die Eingabe des richtigen Codes oder durch die SKODA-Werkstatt beziehungsweise den Radio-Hersteller wieder in Betrieb genommen werden. Vor dem Abklemmen daher unbedingt den Diebstahlcode ermitteln.

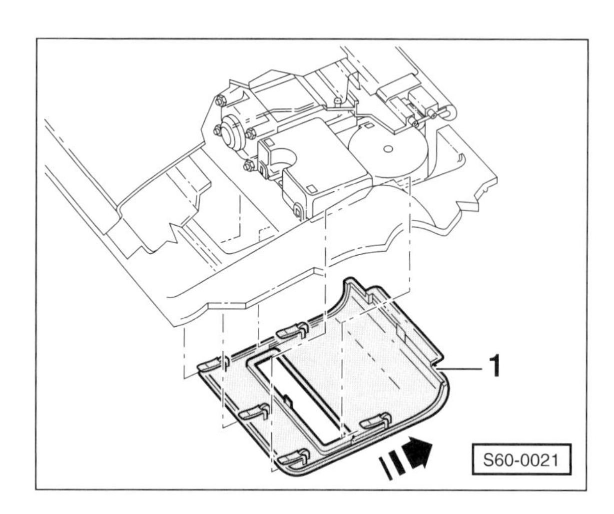

- Abdeckung –1– für Elektroantrieb in –Pfeilrichtung– aushaken und abnehmen.
- Elektrische Steckverbindung ausclipsen und trennen.
- Schrauben herausdrehen und Motor für Schiebedach abziehen.

Achtung: Die Befestigungsschrauben für den Motor sind microverkapselt (mit Sicherungsmittel beschichtet) und müssen daher immer ersetzt werden.

Einstellen (Nullstellung)

Die Nullstellung des Schiebedachs muss eingestellt werden, wenn der Antrieb nicht in Nullstellung ausgebaut wurde oder wenn das Schiebedach durch die Notbetätigung von Hand geschlossen oder geöffnet wurde. Für die Einstellung muss der Antrieb ausgebaut sein.

- Batterie-Massekabel (–) anschließen.
- Elektrische Leitungen am Motor anschließen.
- Zündung einschalten.

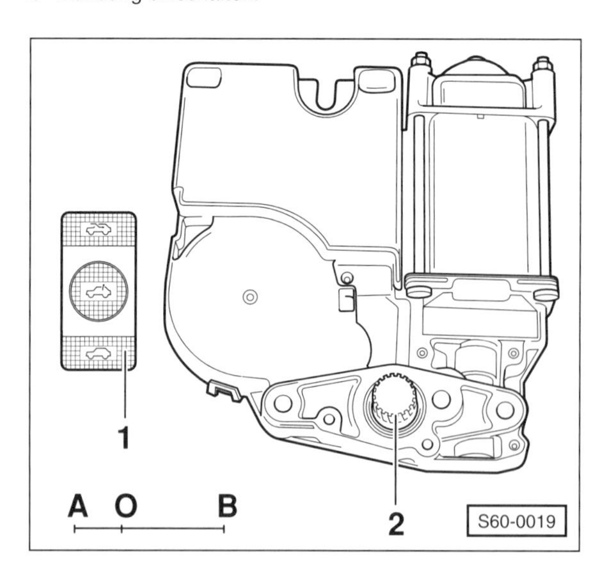

- Schalter –1– betätigen und Schiebedach schließen. Dadurch läuft der Motor automatisch in Nullstellung und schaltet ab.

A – Endabschaltpunkt der Deckelausstellfunktion, entspricht 2 Umdrehungen des Ritzels –2– bis zur Nullstellung.

B – Endabschaltpunkt der Deckelschiebefunktion, entspricht 8¼ Umdrehungen des Ritzels –2– bis zur Nullstellung.

- In dieser Stellung (Nullstellung) den Motor bei geschlossenem Schiebedach einbauen. Dazu Steckverbindung trennen und Batterie-Massekabel abklemmen.

Einbau

- Motor ansetzen und mit **neuen** Schrauben und **3 Nm** anschrauben.
- Elektrischen Stecker verbinden.
- Abdeckung einclipsen.
- Batterie-Massekabel (–) anklemmen. **Achtung:** Hoch-/Tieflaufautomatik für elektrische Fensterheber aktivieren sowie Zeituhr stellen und Radiocode eingeben, siehe Kapitel »Batterie aus- und einbauen«.

»Webasto«-Schiebedach

Ausbau

- Batterie-Massekabel (–) bei ausgeschalteter Zündung abklemmen. **Achtung:** Falls das eingebaute Radio einen Diebstahlcode besitzt, wird dieser beim Abklemmen der Batterie gelöscht. Das Radio kann anschließend nur durch die Eingabe des richtigen Codes oder durch die SKODA-Werkstatt beziehungsweise den Radio-Hersteller wieder in Betrieb genommen werden. Vor dem Abklemmen daher unbedingt den Diebstahlcode ermitteln.

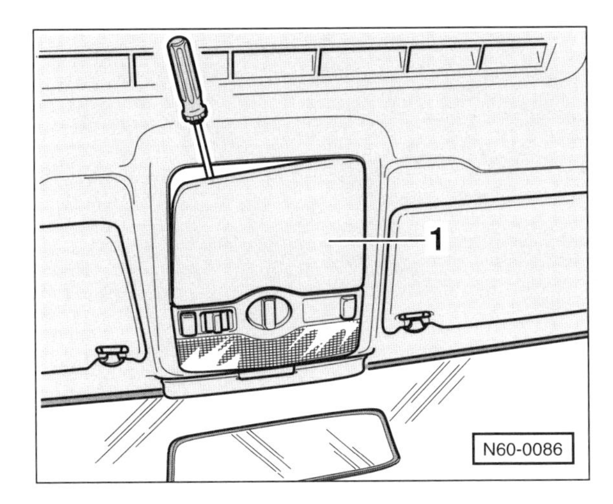

- Abdeckung –1– für Antrieb mit Schraubendreher vorsichtig ausclipsen.
- Elektrische Steckverbindung ausclipsen und trennen.

- Schrauben –Pfeile– herausdrehen und Motor für Schiebedach abziehen.

Achtung: Die Befestigungsschrauben für den Motor sind microverkapselt (mit Sicherungsmittel beschichtet) und müssen daher immer ersetzt werden.

Einstellen (Nullstellung)

Die Nullstellung des Schiebedachs muss eingestellt werden, wenn der Antrieb nicht in Nullstellung ausgebaut wurde oder wenn das Schiebedach durch die Notbetätigung von Hand geschlossen oder geöffnet wurde. Für die Einstellung muss der Antrieb ausgebaut sein.

- Batterie-Massekabel (–) anschließen.
- Elektrische Leitungen am Motor anschließen.
- Drehschalter der Vorwählautomatik drücken und dadurch »Dach ausgestellt« anwählen.
- Drehschalter der Vorwählautomatik ziehen und dadurch »Dach geschlossen« anwählen.
- Mit dem Drehschalter der Vorwählautomatik »Dach geöffnet« anwählen.
- Mit dem Drehschalter der Vorwählautomatik »Dach geschlossen« anwählen. Dadurch läuft der Motor automatisch in Nullstellung und schaltet ab.
- In dieser Stellung (Nullstellung) den Motor bei geschlossenem Schiebedach einbauen. Dazu Steckverbindung trennen und Batterie-Massekabel abklemmen.

Hinweis: Die Nullstellung ist durch ein Sichtfenster am Motor erkennbar. Dabei muss die Nase am Ritzel gegenüber der Bezugsmarke stehen.

Einbau

- Motor ansetzen und mit neuen Schrauben und 3,5 Nm anschrauben.
- Elektrische Stecker verbinden.
- Abdeckung einclipsen.
- Batterie-Massekabel (–) anklemmen. **Achtung:** Hoch-/Tieflaufautomatik für elektrische Fensterheber aktivieren sowie Zeituhr stellen und Radiocode eingeben, siehe Kapitel »Batterie aus- und einbauen«.

Wasserablaufschläuche reinigen

Bei Fahrzeugen mit Schiebedach sind Wasserablaufschläuche vorhanden, die das Wasser vom Schiebedach nach außen ableiten.

- Verstopfte Wasserablaufschläuche lassen sich am besten mit alten, flexiblen Tachowellen reinigen. Dazu Tachowellen zu einer ca. 230 cm langen Sonde zusammenfügen. Gegebenenfalls Tachowelle in eine elektronisch gesteuerte Bohrmaschine einspannen und mit langsamen Umdrehungen die Wasserablaufschläuche »durchbohren«.

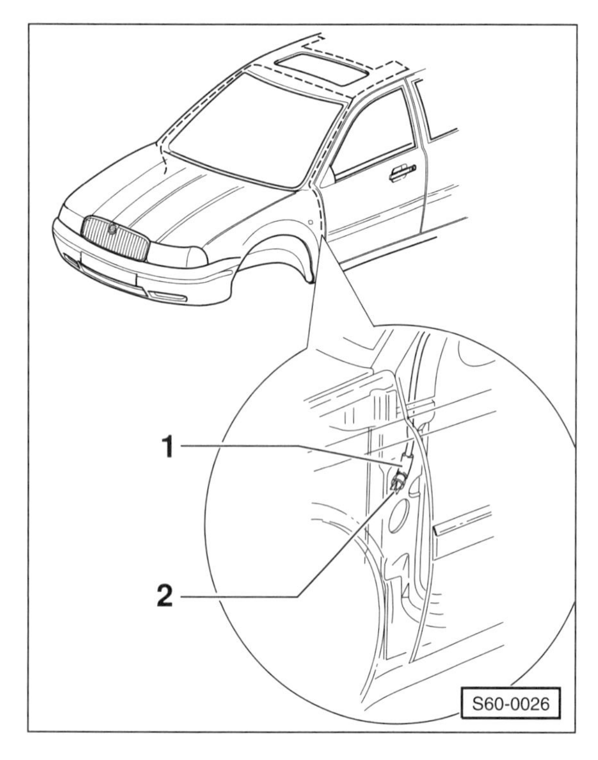

1 – Wasserablaufschlauch vorn; 2 – Wasserablaufventil.

- Die vorderen Wasserablaufschläuche verlaufen in den A-Säulen (vordere Karosseriesäulen) und enden zwischen Tür und A-Säule. Die Reinigung erfolgt vom Schiebe-/Ausstelldach-Ausschnitt her.

Limousine

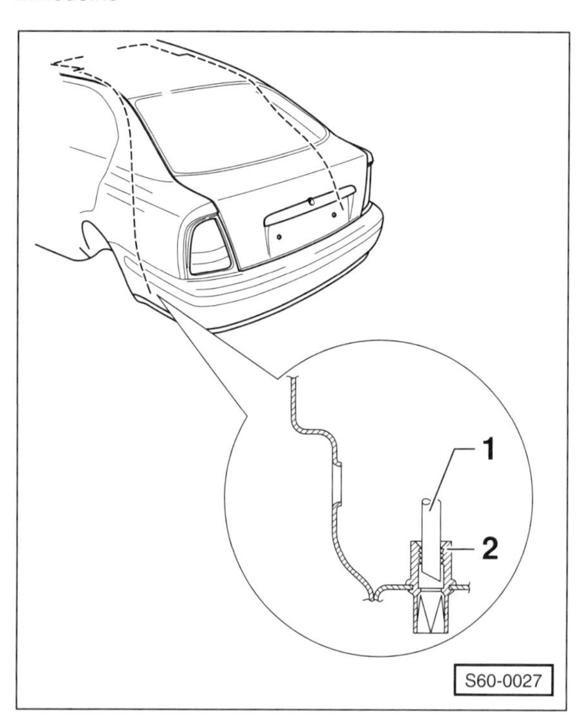

Combi

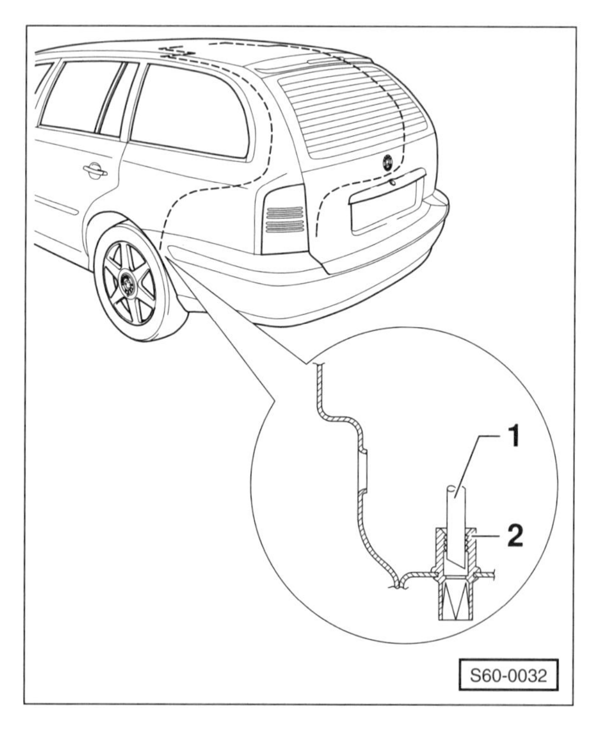

1 – Wasserablaufschlauch hinten; 2 – Wasserablaufventil.

- Die hinteren Wasserablaufschläuche verlaufen jeweils in den hinteren Karosseriesäulen (Limousine: C-Säulen, Combi: D-Säulen) und enden hinter dem Stoßfänger unter den Heckleuchten. Die Reinigung erfolgt vom unteren Schlauchende her. Dazu muss der Stoßfänger nicht ausgebaut werden.

Außenspiegel/Spiegelglas aus- und einbauen

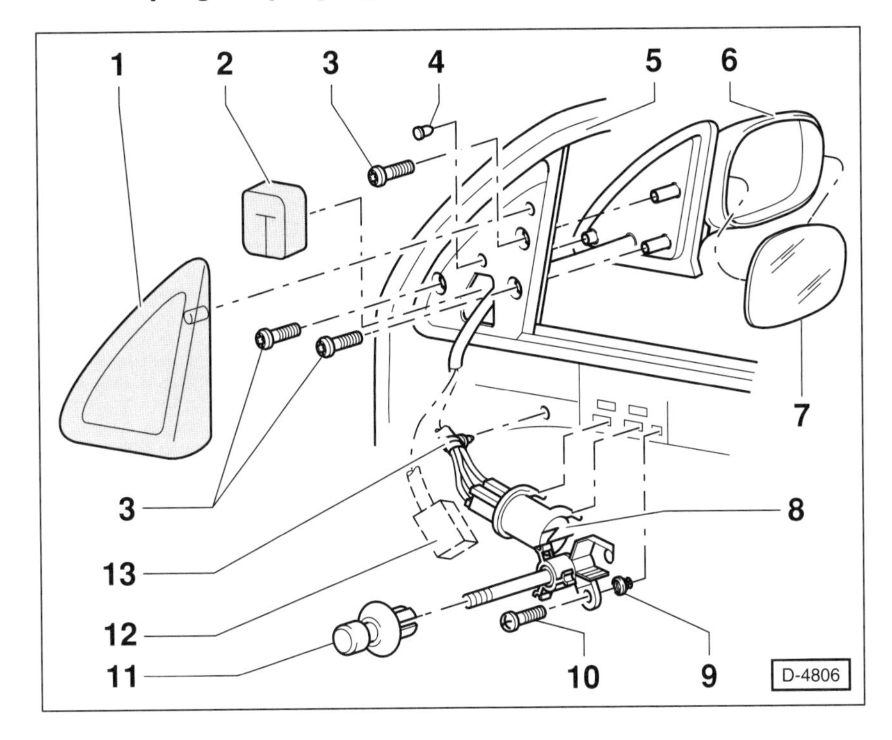

1 – **Abdeckung**
Im rechten Winkel vom Türrahmen abziehen. Beim Ausbau Steckverbindung abziehen.

2 – **Dichtung**

3 – **Schraube, 10 Nm**

4 – **Clip**

5 – **Tür**

6 – **Spiegelgehäuse**

7 – **Spiegelglas**

Ausbau

◆ Falls vorhanden, Steckverbindungen für elektrische Spiegelheizung trennen

◆ Gehäuse-Unterkante mit Tesaband abkleben und dadurch vor Beschädigung schützen.

◆ Spiegelglas mit flachem Kunststoffspachtel, in Fahrtrichtung gesehen, nach hinten vorsichtig abdrücken. Dabei Glas zuerst unten, dann oben abdrücken.

Einbau

Sicherheitshinweis
Beim Aufdrücken des Spiegelglases unbedingt Handschuhe anziehen oder sauberen Lappen unterlegen. Bruch- und Verletzungsgefahr!

◆ Spiegelglas in die Führungszapfen einsetzen und einclipsen. Dabei nur auf die Glasmitte drücken.

8 – **Spiegelbetätigung, manuell**

9 – **Einziehmutter**

10 – **Schraube, 2 Nm**
Für manuelle Spiegelbetätigung.

11 – **Betätigungsknopf**
Für manuelle Spiegelbetätigung. Auf die Betätigung aufgesteckt.

12 – **Steckverbindung**
Für elektrische Spiegelbetätigung.

13 – **Halteclip**
Für manuelle Spiegelbetätigung.

Anhängerkupplung aus- und einbauen

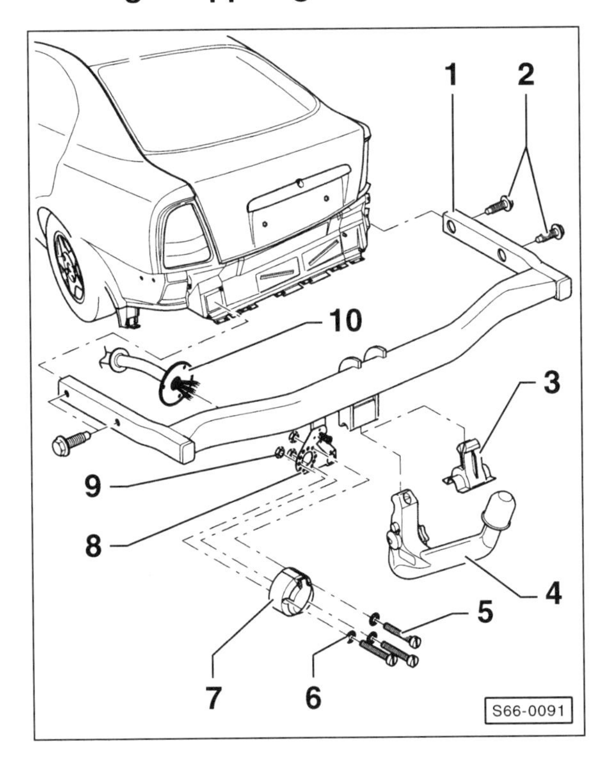

Ausbau

- Schloss am Anhängerarm –4– aufschließen.
- Anhängerarm aus der Aussparung im Anhängerkupplungsrahmen –1– herausziehen.
- Blindverschluss –3– in die Aussparung einsetzen.
- Stoßfänger hinten ausbauen, siehe Seite 271.
- 3 Schrauben –5– herausdrehen, elektrische Anschlüsse –10– trennen und Steckverbindung –7– vom Halter –8– abbauen. 6– Unterlegscheiben, 9– Schrauben, 2,5 Nm.
- Schrauben mit Federscheiben –2– herausdrehen und Anhängerkupplungsrahmen –1– vom Fahrzeugrahmen abbauen.

Einbau

- Der Einbau erfolgt in umgekehrter Reihenfolge, dabei Schrauben mit **80 Nm** festziehen.

Stromlaufpläne

Aus dem Inhalt:

- Zeichenerklärung
- Sicherungsbelegung
- Stromlaufplan-Übersicht
- Einzelpläne
- Relaisbelegung

Umgang mit dem Stromlaufplan

In einem Personenwagen werden je nach Ausstattung bis über 1.000 Meter Leitungen verlegt, um alle elektrischen Verbraucher (Scheinwerfer, Radio usw.) mit Strom zu versorgen.

Will man einen Fehler in der elektrischen Anlage aufspüren oder nachträglich ein elektrisches Zubehör montieren, kommt man nicht ohne Stromlaufplan aus, anhand dessen der Stromverlauf und damit die Kabelverbindungen aufgezeigt werden. Grundsätzlich muss der betreffende Stromkreis geschlossen sein, sonst kann der elektrische Strom nicht fließen. Es reicht beispielsweise nicht aus, wenn an der Plusklemme eines Scheinwerfers Spannung anliegt, wenn nicht gleichzeitig über den Masseanschluss der Stromkreis geschlossen ist.

Deshalb ist auch das Massekabel (–) der Batterie mit der Karosserie verbunden. Mitunter reicht diese Masseverbindung jedoch nicht aus, und der betreffende Verbraucher bekommt eine direkte Masseleitung, deren Isolierung in der Regel braun eingefärbt ist. In den einzelnen Stromkreisen können Schalter, Relais, Sicherungen, Messgeräte, elektrische Motoren oder andere elektrische Bauteile integriert sein. Damit diese Bauteile richtig angeschlossen werden können, haben die einzelnen Kontakte entsprechende Klemmenbezeichnungen.

Um das Kabelgewirr zumindest auf dem Stromlaufplan übersichtlich zu ordnen, sind die einzelnen Strompfade senkrecht nebeneinander angeordnet und durchnummeriert.

Die senkrechten Linien münden oben in einem meist grau unterlegten Feld. Dieses Feld symbolisiert die Relaisplatte mit Sicherungshalter und damit die plusseitigen Anschlüsse des Stromkreises. Allerdings befindet sich in der Relaisplatte auch eine interne Masseleitung (Klemme 31). Die feinen Striche in dem Feld machen deutlich, wie und welche Stromkreise intern in der Relaisplatte miteinander verschaltet sind. Unten mündet der Stromkreis auf einer waagerechten Linie, die den Masseanschluss symbolisiert. Die Masseverbindung wird normalerweise direkt über die Karosserie hergestellt oder aber über eine Leitung von einem an der Karosserie angebrachten Massepunkt.

Wenn der Stromkreis durch ein Quadrat unterbrochen wird, in dem eine Zahl steht, weist die Ziffer auf den Strompfad hin, in dem der Stromkreis weitergeführt wird.

Am sinnvollsten geht man bei der Benutzung des Stromlaufplanes folgendermaßen vor:

Zuerst sucht man in der Legende das betreffende Bauteil, zum Beispiel den Schalter für das Gebläse. In der rechten Spalte neben dem Bauteil-Namen wird der entsprechende Strompfad mit einer Nummer angezeigt, die im Stromlaufplan unten auf der waagerechten Linie wieder auftritt.

Um den Stromlaufplan lesen zu können, ist die Kenntnis einiger Bauteil-Bezeichnungen erforderlich, außerdem sollte man die wichtigsten Schaltzeichen kennen.

Die Kennbuchstaben der wichtigsten Bauteile sind:

Kennbuchstabe	Bauteil
A	Batterie
B	Anlasser
C	Drehstromgenerator
D	Zündanlassschalter
E	Schalter für Handbedienung,
F	Mechanische Schalter
G	Geber, Kontrollgeräte
H	Hupe, Signalhorn, Doppeltonhorn, Fanfare
J	Relais, Steuergerät
K, L, M, W, X	Kontrolllampen, Lampen, Leuchten
N	Elektroventile, Widerstände, Schaltgeräte
O	Zündverteiler
P, Q	Zündkerzenstecker, Zündkerzen
R	Radio
SA	Sicherungen im Sicherungshalter/Batterie
SB	Sicherungen im Halter/Relaisplatte
T	Steckverbindungen
V	Elektromotoren

Zur genaueren Unterscheidung werden zu den Kennbuchstaben noch Zahlen angefügt.

Relais und elektronische Steuergeräte sind in der Regel grau unterlegt. Die darin eingezeichneten Linien sind interne Verdrahtungen.

Eine Ziffer im schwarzen Quadrat kennzeichnet den Relaisplatz auf der Relaisplatte mit Sicherungshalter. Direkt am eingezeichneten Relais befindet sich die Kontaktbezeichnung. Beispiel: Lautet die Kontaktbezeichnung im Stromlaufplan 17/87, dann ist 17 die Bezeichnung der Klemme auf der Relaisplatte, 87 ist die Bezeichnung der Klemme am Relais/Steuergerät.

Die Bezeichnung der Klemmen ist nach DIN genormt. **Die wichtigsten Klemmenbezeichnungen sind:**

Klemme 30. An dieser Klemme liegt immer die Batteriespannung an. Die Kabel sind meist rot oder rot mit Farbstreifen.

Klemme 31 führt zur Masse. Die Masse-Leitungen sind in der Regel braun.

Klemme 15 wird über das Zündschloss gespeist. Die Leitungen führen nur bei eingeschalteter Zündung Strom. Die Kabel sind meist grün oder grün mit farbigem Streifen.

Klemme X führt ebenfalls nur bei eingeschalteter Zündung Strom, dieser wird jedoch unterbrochen, wenn der Anlasser betätigt wird. Dadurch ist sichergestellt, dass während des Startvorganges der Zündanlage die volle Batterieleistung zur Verfügung steht. Alle größeren Stromaufnehmer liegen in diesem Stromkreis. Das Fernlicht wird ebenfalls über diese Klemme mit Strom versorgt. So wird bei eingeschaltetem Fernlicht und ausgeschalteter Zündung automatisch auf Standlicht umgeschaltet.

Im Stromlaufplan sind in den einzelnen Leitungen Ziffern und darunter Buchstabenkombinationen eingefügt.

Beispiel: **1,5**
ws/ge

Die Ziffern geben an, welchen Leitungsquerschnitt die Leitung hat. Die Buchstaben weisen auf die Leitungsfarben hin. Besteht die Kennzeichnung aus zwei Buchstabengruppen, die durch einen Schrägstrich getrennt sind, wie im Beispiel, dann nennt die erste Buchstabenfolge die Leitungsgrundfarbe: ws = weiß und die zweite: ge = gelb – die Zusatzfarbe. Da es vorkommt, dass gleichfarbige Leitungen für verschiedene Stromkreise verwendet werden, empfiehlt es sich, die Farbkombination an den betreffenden Anschlussklemmen zu kontrollieren. Weiße Leitungen sind zur Unterscheidung zusätzlich mit einer Kennnummer versehen, die im Stromlaufplan unter der Farbkennzeichnung steht.

Schlüssel für Leitungsfarben

bl = blau	li = lila
br = braun	ro = rot
ge = gelb	sw = schwarz
gn = grün	tr = transparent
gr = grau	s = weiß

Leitungen, die mittels Einzel- oder Mehrfachsteckverbindungen miteinander verbunden sind, haben zum Buchstaben »T« für die Steckverbindung eine zusätzliche Ziffern-Kombination.

Beispiel: T2p = Zweifachstecker, T32/27 = 32-fach Steckverbindung mit Kontaktpunkt 27.

Im Stromlaufplan sind alle Verbraucher und Schalter in Ruhestellung gezeichnet. Der geänderte Stromverlauf nach Betätigung eines Schalters wird hier am Beispiel eines Zweistufen-Schalters erläutert:

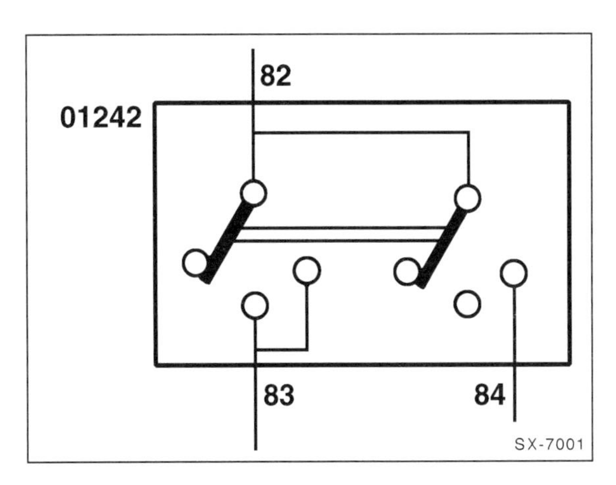

Wird am Schalter »01242« die erste Stufe gedrückt, fließt der Strom von der Klemme 82 kommend über die Klemme 83. Die Brücke der zweiten Schalterstufe rückt in Mittelstellung, jedoch ohne eine Verbindung herzustellen. Erst beim Drücken der zweiten Schalterstufe rückt die Brücke der zweiten Schalterstufe von der internen Leitung 82 auf 84 und gibt den Strom über 84 weiter. Dabei bleibt über die interne Verbindung im Schalter, also über die rechts abgewinkelte Leitung von 83 der Stromfluss der ersten Schalterstufe bestehen.

Achtung: Sicherungen im Sicherungshalter werden ab Sicherungsplatz-Nr. 23 bis 44 im Stromlaufplan mit »223« bis »244« bezeichnet.

Zuordnung der Stromlaufpläne

SKODA OCTAVIA Modelljahr 2004

Motor/Ausstattung	Stromlaufplan-Nr.
Grundausstattung OCTAVIA (alle Modelle)	1 – 23
1,6-l-Benzinmotor (100 PS)	24
Zentralverriegelung ab 5/01	25 – 28
Elektrischer Außenspiegel	29
Elektrisches Schiebedach ab 5/01	30
Scheinwerferwaschanlage ab 5/01	31
Sitzheizung ab 5/01	32 – 33
Radio mit CD-Wechsler	34 – 36

Wegen des großen Umfangs können nicht alle Stromlaufpläne aus jedem Modelljahr berücksichtigt werden. Zusätzliche Stromlaufpläne können ebenso wie die Skoda-Werkstatt-Literatur über das Internet bestellt werden unter:

www.skoda.de

- ☞ **Service**
  - ☞ **Literaturshop**
    - ☞ **Zum Freien Service Shop** (FSS)
      - ☞ **Reparaturleitfäden**
        - ☞ **Modell** (z. B. Octavia)
          - ☞ **Reparaturleitfaden** – **Achtung:** Bei den dort angegebenen Preisen handelt es sich um Nettobeträge.

Relais- und Sicherungsbelegung

Die Relais- und Sicherungsbelegung kann je nach Ausstattung und Baujahr des Fahrzeugs unterschiedlich sein.

Die Relais befinden sich auf der Relaisplatte hinter der linken Fußraumabdeckung unterhalb des Armaturenbretts. Bei Fahrzeugen mit umfangreicher Ausstattung befindet sich ein Zusatz-Relaisträger oberhalb der Relaisplatte.

Relaisplatte –RP– (Relais sind grau dargestellt)

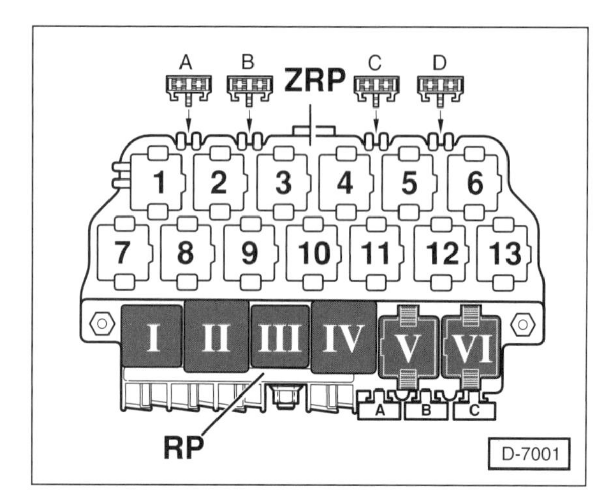

Relais-Nr.	Verbraucher
I	Relais für Doppeltonhorn
II	Entlastungsrelais für X-Kontakt
III	Verstärker für Beleuchtung
IV	Kraftstoffpumpenrelais beziehungsweise Relais für Glühkerzen
V	Relais für Wisch-Wasch-Intervallautomatik
VI	Relais für Wisch-Wasch-Intervallautomatik
A	frei
B	frei
C	Sicherung für elektrische Fensterheber, Zentralverriegelung und heizbare Außenspiegel

Zusatzrelaisträger –ZRP– oberhalb der Relaisplatte

Relais-Nr.	Verbraucher
1	frei
2	Spannungsversorgungsrelais für ASR/ESP-Kontrolllampe
3	frei
4	Relais für Scheinwerfer-Waschanlage
5	Relais für Sitzheizung rechts
6	Relais für Sitzheizung links
7	Relais für Bremslichtunterdrückung (nur Fahrzeuge mit ASR/ESP)
8	Relais für Zigarrenanzünder
9	Relais für Kraftstoffpumpe (nur Fahrzeuge mit Dieselmotor und Allradantrieb)
10	frei
11	Relais für Anlasssperre und Rückfahrlicht (nur Fahrzeuge mit Automatikgetriebe)
12	Relais für Dieseldirekteinspritzanlage
13	Relais für Kühlerlüfternachlauf

Sicherungsbelegung oberhalb vom Zusatzrelaisträger –ZRP–

Sicherung	Verbraucher	Ampere
A	frei	
B	frei	
C	Sicherung – Diebstahlwarnanlage Horn	15 A
D	Sicherung – Diebstahlwarnanlage Blinker, oder Funkfernbedienung für Zentralverriegelung	15 A

Hauptsicherungsbox auf der Batterie

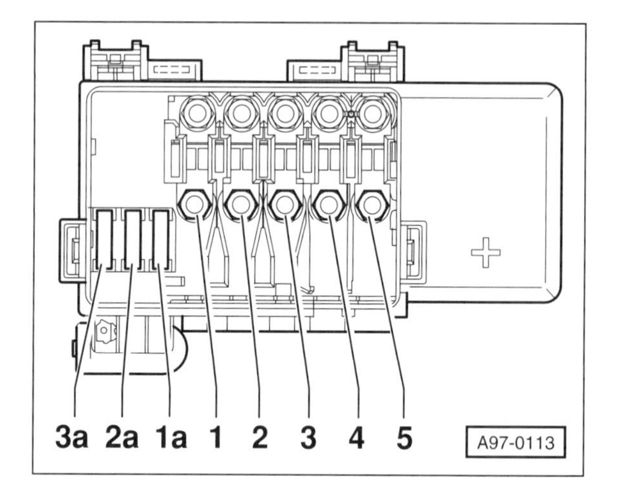

Nr.		Verbraucher	Ampere
1	Diesel	Glühkerzenheizung	50 A
1	Benziner	Relais für Sekundärluftpumpe	50 A
2		Motorsteuerung	50 A
3		Lüfter für Kühlmittel, 2. Stufe	30 A
4		Innenraum	110 A
5		Drehstromgenerator 90 A	110 A
		Drehstromgenerator 120 A	150 A
1a		ABS (Hydraulikpumpe)	30 A
2a		ABS (Ventile)	30 A
3a		Lüfter für Kühlmittel, 1. Stufe	30 A

Relaishalter im Motorraum links (ohne Abbildung)

Fahrzeuge mit Benzinmotor

Relais-Nr.	Verbraucher
1	Relais für Sekundärluftpumpe (nicht alle Motoren)
2	Stromversorgungsrelais für Motronic (nicht alle Motoren)

Fahrzeuge mit Dieselmotor

Relais-Nr.	Verbraucher
1	Relais für kleine Heizleistung (Kühlmittel-Vorwärmung, Sonderausstattung)
2	Relais für große Heizleistung (Kühlmittel-Vorwärmung, Sonderausstattung)

Gebrauchsanleitung für Stromlaufpläne

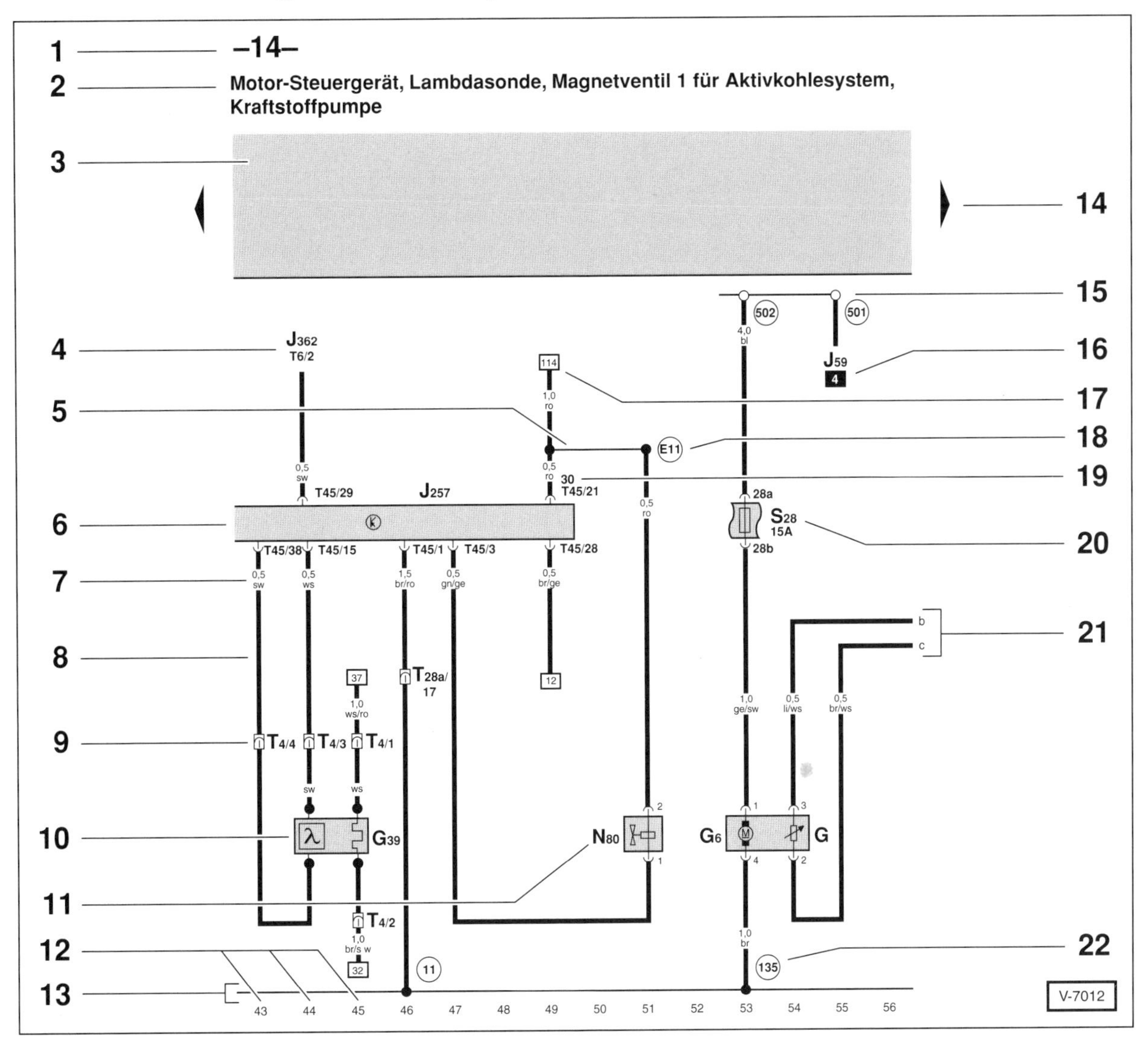

1 – **Stromlaufplan-Nr.**

2 – **Bezeichnung der auf dieser Seite dargestellten Stromkreise**

3 – **Relaisplatte**
Durch ein graues Feld gekennzeichnet. Stellt die plusseitigen Anschlüsse dar.

4 – **Verweis auf Weiterführung der Leitung zu einem anderen Bauteil**
J362 = Steuergerät für Wegfahrsicherung, T6/2 = 6-fach-Steckerverbindung, Kontakt 2.

5 – **Interne Verbindung (dünner Strich)**
Diese Verbindung ist nicht als Leitung vorhanden.

6 – **Schaltzeichen**
Die offen gezeichnete Seite des Schaltzeichens weist auf die Fortsetzung des Bauteils in einem anderen Stromlaufplan hin.

7 – **Leitungsquerschnitt in mm^2 und Leitungsfarbe**
0,5 = 0,5 mm^2, sw = schwarz. Abkürzungen für die Leitungsfarben stehen im Kapitel »Umgang mit dem Stromlaufplan«.

8 – **Stromkreis mit Leitungsführung**
Alle Schalter und Kontakte sind in mechanischer Ruhestellung dargestellt.

9 – **Steckverbindung**
T4 = 4-fach-Steckverbindung, /4 = Kontakt 4.

10 – **Schaltzeichen für Bauteil**
G39 = Lambdasonde mit Heizung.

11 – **Teile-Bezeichnung**
N80 = Magnetventil 1. In der Legende unterhalb des Stromlaufplans steht, wie das Teil heißt.

12 – **Strompfad-Nummer**

13 – **Fahrzeugmasse**

14 – **Pfeil**
Weist auf die Fortsetzung des Stromlaufplans auf der anschließenden Seite hin.

15 – **Gewindebolzen an der Relaisplatte**
Der weiße Kreis zeigt an, dass es sich hier um eine lösbare Verbindung handelt.

16 – **Relaisplatz-Nummer**
Kennzeichnet den Relaisplatz auf oder an der Relaisplatte.

17 – **Verweis auf Weiterführung der Leitung zu einem anderen Bauteil**
Die Zahl im Rechteck kennzeichnet, in welchem Strompfad die Leitung weitergeführt wird; hier in Strompfad 114.

18 – **Verbindung im Leitungsstrang**
Nicht lösbare Verbindung.

19 – **Anschlussklemme**
Hier: Klemme 30, 45-fach-Steckerverbindung, Kontakt 21.

20 – **Sicherung**
S28 = Sicherung Nr. 28, 15 Ampere.

21 – **Verweis auf Weiterführung der Leitung im anschließenden Stromlaufplanteil**
Der Buchstabe kennzeichnet, wo im nächsten Stromlaufplanteil die Leitung weitergeführt wird.

22 – **Massepunkt oder Masseverbindung im Leitungsstrang**
In der Legende stehen Angaben zur Lage des Massepunktes im Fahrzeug.

Schaltzeichen für Stromlaufpläne

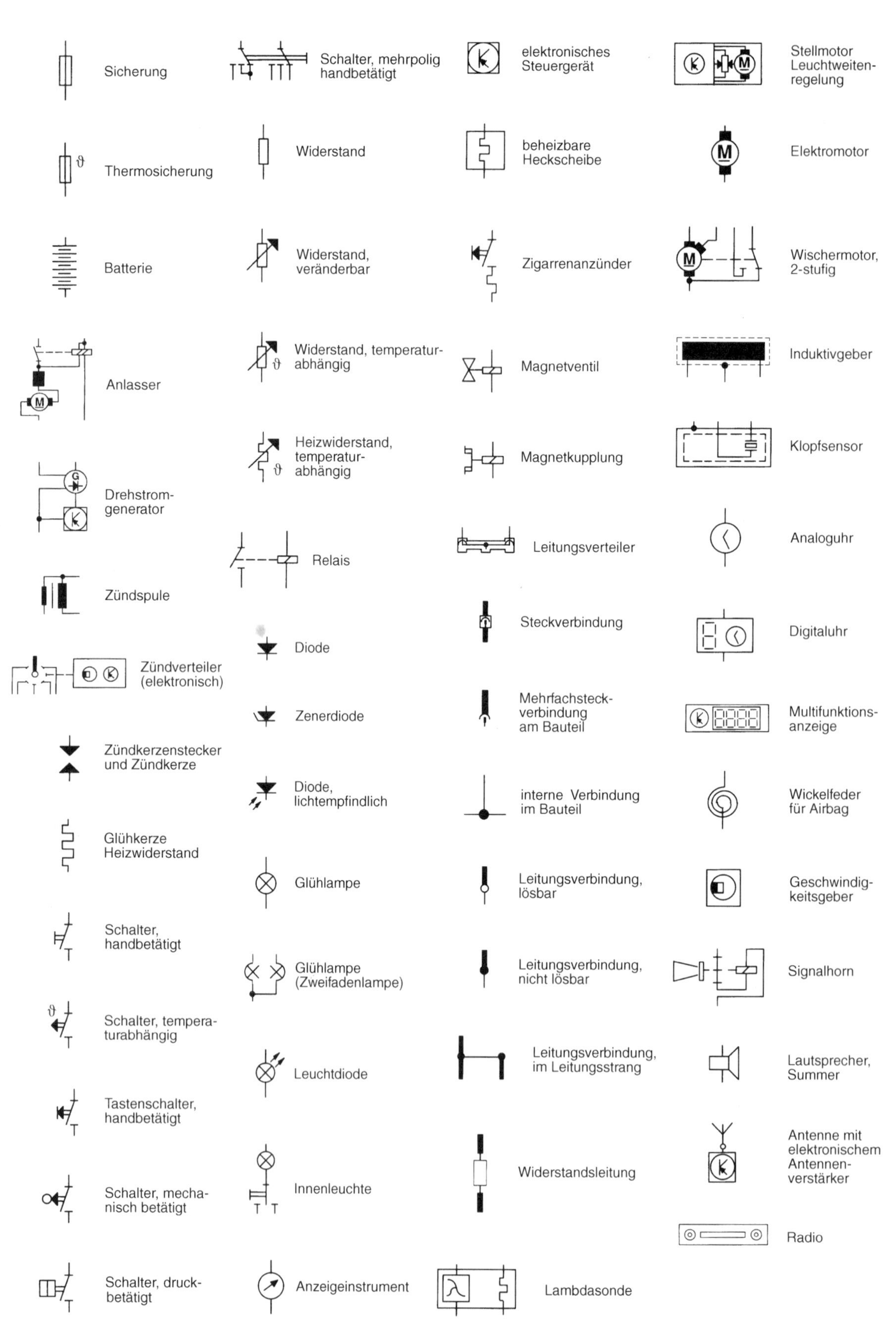

D-7002

–10–

Signalhorn (Hupe)

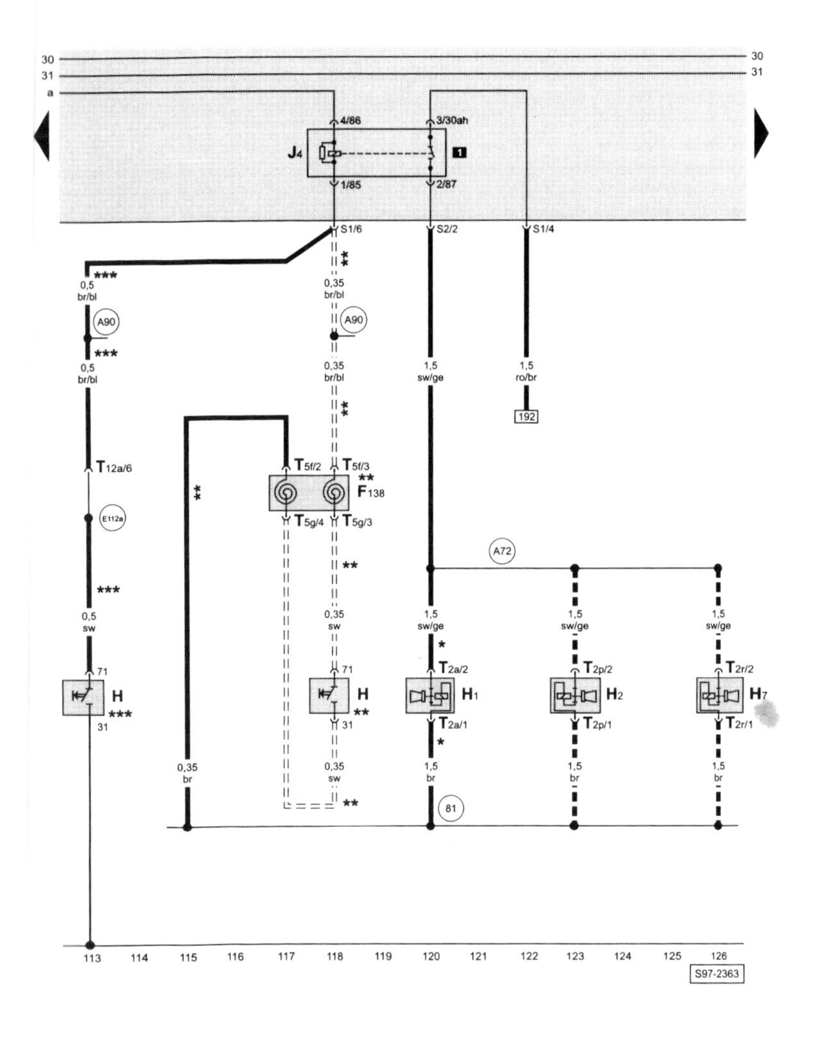

–11–

Scheibenwisch- und -was

30
31
4/St1
5/St2
11/31b
2/53B
1,5 gn
1,5 gn/ge
1,5 gn/sw
1,5 gn/ge
0,5 br
T4n/2 53
T4n/1 53b
T4n/3 31b
V
T4n/4 31
1,5 br
119
127 128 129 130 131 132

F138 - Wickelfeder im Lenkrad
H - Signalhornbetätigung
H1 - Signalhorn (Fahrzeuge ohne Sonderausstattung)
H2 - Hochtonhorn (Fahrzeuge mit Sonderausstattung)
H7 - Tieftonhorn (Fahrzeuge mit Sonderausstattung)
J4 - Relais für Signalhorn
T2a - Steckverbindung, 2-fach, am Signalhorn
T2p - Steckverbindung, 2-fach, am Hochtonhorn
T2r - Steckverbindung, 2-fach, am Tieftonhorn
T5f - Steckverbindung, 5-fach, am Lenkrad
T5g - Steckverbindung, 5-fach, im Lenkrad
T12a - Steckverbindung, 12-fach, am Schalter für Handabblendung und Lichthupe

(81) - Masseverbindung, im Leitungsstrang hinter Schalttafel
(A72) - Verbindung (71), im Leitungsstrang vorn links (Fahrzeuge mit Sonderausstattung)
(A90) - Verbindung (71, Signalhorn), im Leitungsstrang hinter Schalttafel links (nur bei Taxi)
(E112a) - Verbindung (71), am Lenkrad (Schleifringkontakt)

* - Fahrzeuge ohne Sonderausstattung
** - nur bei Fahrzeugen mit Airbag
*** - nur bei Fahrzeugen ohne Airbag
■ ■ ■ - Fahrzeuge mit Sonderausstattung
= = = - gilt nicht für Fahrzeuge mit Multifunktionslenkrad

E22 - Scheibenwischerschalter für Intervallbetrieb
E38 - Regler für Scheibenwischer-Intervallschaltung
J31 - Relais für Wasch-Wisch-Intervallautomatik
T2n - Steckverbindung, 2-fach, auf der Scheibenwaschpumpe
T4n - Steckverbindung, 4-fach, am Scheibenwische
T6p - Steckverbindung, 6-fach, am Scheibenwischerschalter für Intervallbetrieb
T8b - Steckverbindung, 8-fach, am Scheibenwischerschalter für Intervallbetrieb
V - Scheibenwischermotor
V5 - Scheibenwaschpumpe

nter
eckklappe
g Heckklappe
g hinter
hinter
g hinten links
erkupplung)
r Schalttafel
beheizbar
elung

hanlage (Stufenheck)

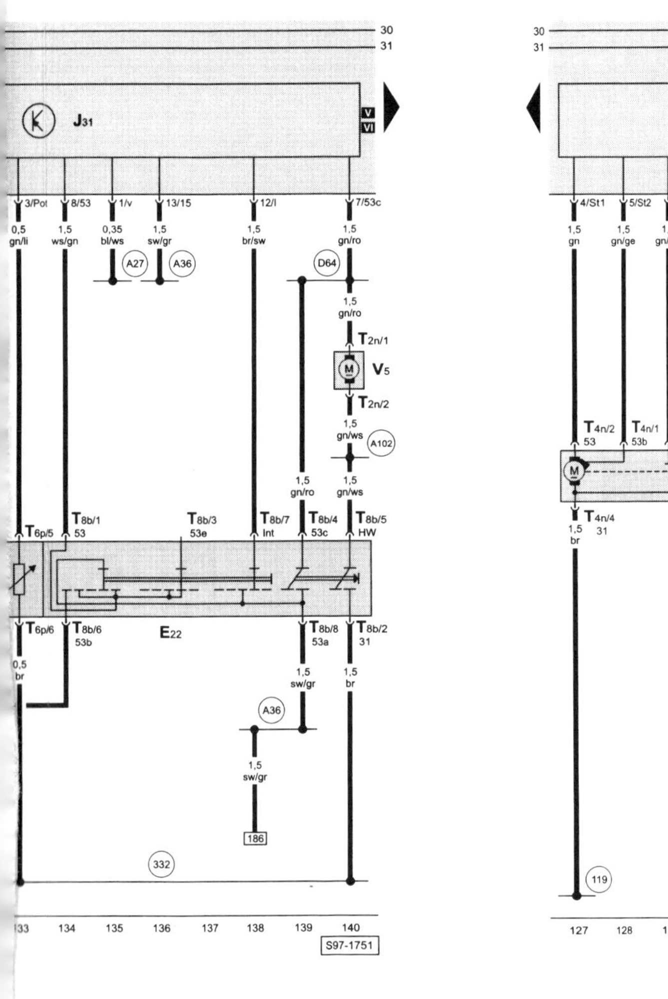

Scheibenwisch- und -waschanlage (Combi und Stufenheck mit Heckscheibenwischer)

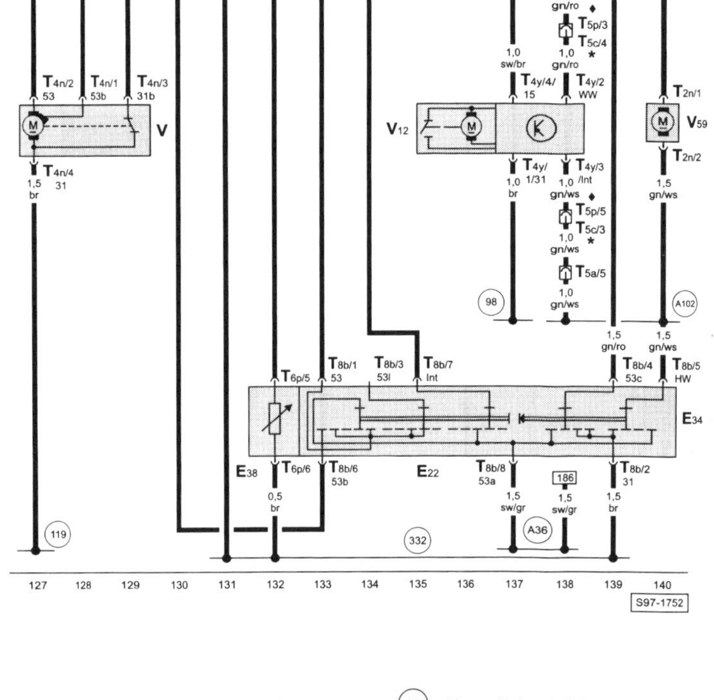

(119) - Masseverbindung, im Leitungsstrang vorn links
(332) - Masseverbindung, im Leitungsstrang hinter Schalttafel
(A27) - Verbindung (Geschwindigkeitssignal), im Leitungsstrang hinter Schalttafel links
(A36) - Verbindung (53a), im Leitungsstrang hinter Schalttafel links
(A102) - Verbindung (Scheibenwischer), im Leitungsstrang hinter Schalttafel
(D64) - Verbindung (53c), im Leitungsstrang hinter Schalttafel

otor

E22 - Scheibenwischerschalter für Intervallbetrieb
E34 - Schalter für Heckscheibenwischer
E38 - Regler für Scheibenwischer-Intervallschaltung
J31 - Relais für Wasch-Wisch-Intervallautomatik
T2n - Steckverbindung, 2-fach, auf der Front- und Heckscheibenwaschpumpe
T4n - Steckverbindung, 4-fach, am Scheibenwischermotor
T4y - Steckverbindung, 4-fach, am Motor für Heckscheibenwischer
T5a - Steckverbindung, 5-fach, an der C-Säule links (rosa)
T5c - Steckverbindung, 5-fach, in der Heckklappe links (schwarz)
T5p - Steckverbindung, 5-fach, in der Heckklappe links (rosa)
T6p - Steckverbindung, 6-fach, am Scheibenwischerschalter für Intervallbetrieb
T8b - Steckverbindung, 8-fach, am Scheibenwischerschalter für Intervallbetrieb
V - Scheibenwischermotor
V12 - Motor für Heckscheibenwischer
V59 - Front-und Heckscheibenwaschpumpe

(98) - Masseverbindung, im Leitungsstrang Heckklappe
(119) - Masseverbindung, im Leitungsstrang vorn links
(332) - Masseverbindung, im Leitungsstrang hinter Schalttafel
(A27) - Verbindung (Geschwindigkeitssignal), im Leitungsstrang hinter Schalttafel links
(A36) - Verbindung (53a), im Leitungsstrang hinter Schalttafel links
(A102) - Verbindung (Scheibenwischer), im Leitungsstrang hinter Schalttafel
(D64) - Verbindung (53c), im Leitungsstrang hinter Schalttafel

* - nur für Stufenheck
♦ - nur für Combi

CONTENTS

List of contributors v

Preface viii

1 The functional anatomy of the carpal joint: the whole and its components
John M G Kauer 1

2 Carpal kinetics
Marc Garcia-Elias 9

3 Current concepts of the functional anatomy of the distal radioulnar joint, including the ulnocarpal junction
Carl-Göran Hagert 15

4 Wrist stability/wrist instability
Frederik af Ekenstam 23

5 Classification of carpal instabilities
Philippe Saffar 29

6 The clinical diagnosis of wrist instability
Christian Dumontier 35

7 Instability of the distal radioulnar joint
Kurt E Bos 45

8 Wrist arthroscopy: can you see instability?
Gontran Sennwald, Vilijam Zdravkovic, and Max Fischer 55

9 The value of standard and functional radiographs in diagnosing wrist instability
Frédéric Schuind, Eric Fumière, and Serge Sintzoff 61

10 Cineradiography as a tool to assess wrist instability
Wolfgang Hintringer 69

11 The place of special imaging techniques in diagnosing wrist instability
Gerd Reuther 75

12 The examination, imaging, and investigation of wrist instability
John Stanley 83

13 An overview of traumatic wrist instability
Claus Falck Larsen 97

14 The treatment of perilunate dislocations
Guillaume Herzberg 101

15 Diagnosis and staging of scapholunate dissociation
Gilles Dautel and Michel Merle 107

16 Minor scapholunate dissociation (without DISI)
Gilles Dautel and Michel Merle 117

17 Scapholunate dissociation with carpal collapse but without lunocapitate arthrosis
Jean-Yves Alnot 127

18 Advanced carpal collapse: treatment by limited wrist fusion
Ulrich Lanz, Hermann Krimmer, and Michael Sauerbier 139

19 Lunotriquetral dissociation
J Norbert Kuhlmann 147

20 Ligamentous injury of the lateral column of the wrist
Alain C Masquelet 155

21 Midcarpal instability: description, classification, treatment
Eric S Gaenslen and David M Lichtman 163

22 Is there instability of the triquetrohamate joint?
Gordon I Groh and David M Lichtman 171

23 Ulnar translation of the carpus: a rare type of wrist instability
François Schernberg 175

24 Wrist instability with or following fractures of the distal radius
Diego L Fernandez, William B Geissler, and David M Lamey 181

25 Patterns of carpal collapse in rheumatoid arthritis: surgical implications
Beat R Simmen 193

26 Wrist instability following acute and chronic infection
Ladislav Nagy 205

27 Pisotriquetral pathology: a differential diagnosis
Frank D Burke 213

Index 219

LIST OF CONTRIBUTORS

Jean-Yves Alnot
Centre Urgences Mains
Hôpital Bichat
46, rue Henri Huchard
F-75877 Paris Cedex 18, France

Kurt E Bos
Plastische-, reconstructieve en handchirurgie
Academisch Ziekenhaus, University of Amsterdam
Meibergdreef 9
N-1105 AZ Amsterdam Zuidoost, The Netherlands

Ueli Büchler
Handchirurgie
Universität Bern
Inselspital
CH-3010 Bern, Switzerland

Frank D Burke
Pulvertaft Hand Centre
Derbyshire Royal Infirmary NHS Trust
London Road, Derby, UK

Gilles Dautel
Service de chirurgie plastique
Centre Hospitalier Universitaire
Hôpital Jeanne d'Arc
Dommartin-les-Touls
F-54201 Toul, France

Christian Dumontier
Institut de la Main
Clinique Jouvenet
6, square Jouvenet
F-75016 Paris, France

Frederik af Ekenstam
Akademiska sjukhuset
University of Uppsala
S-751 85 Uppsala, Sweden

Diego L Fernandez
Klinik für Handchirurgie
Lindenhofspital
Bremgartenstrasse 117
CH-3001 Bern, Switzerland

Max Fischer
Chirurgie St-Leonard
Pestalozzistrassse 2
CH-9000 St-Gallen, Switzerland

Eric Fumière
Service de radiologie
Cliniques Universitaires de Bruxelles
Hôpital Erasme
808, route de Lennik
B-1070 Brussels, Belgium

Eric S Gaenslen
Department of Orthopaedic Surgery
Milwaukee Medical Clinic
3003 W Good Hope Road
Wilwaukee, Wisconsin 53217, USA

Marc Garcia-Elias
Upper Extremity and Hand Surgery
Institut Kaplan
Paseo Bonanova, 9, 2°, 2°
08022 Barcelona, Spain

William B Geissler
Klinik für Handchirurgie
Lindenhofspital
Bremgartenstrasse 117
CH-3001 Bern, Switzerland

Gordon I Groh
Department of Orthopaedics
Blue Ridge Bone and Joint Clinic
129 McDowell Avenue
Asheville, North Carolina 28801, USA

Carl-Göran Hagert
Handkir und Orthopedkliniken
Universitetsjukhuset
S-221 85 Lund, Sweden

Guillaume Herzberg
Chirurgie du membre supérieur
Hôpital Edouard Herriot
Pavillon M
5, place d'Arsonval
F-69437 Lyon Cedex 3, France

Wolfgang Hintringer
Allg Oeffentliches Krankenhaus Korneuburg
Wiener Ring 3-5
A-2100 Korneuburg, Austria

John M G Kauer
Department of Anatomy
Catholic University of Nòmegen
PO Box 9101
N-6500 HB Nòmegen, The Netherlands

Hermann Krimmer
Klinik für Handchirurgie
Salzburger Leite 1
D-97616 Bad Neustadt a. d. Saale, Germany

J Norbert Kuhlmann
Hôpital Rothschild
33, boulevard de Picpus
F-75571 Paris, France

David M Lamey
Klinik für Handchirurgie
Lindenhofspital
Bremgartenstrasse 117
CH-3001 Bern, Switzerland

Ulrich B Lanz
Klinik für Handchirurgie
Salzburger Leite 1
D-97616 Bad Neustadt a. d. Saale, Germany

Claus Falck Larsen
Hand Surgery Clinic
The National University Hospital
Blegdamsvej 9
DK-2100 Copenhagen, Denmark

David Lichtman
Department of Orthopaedic Surgery
Baylor College of Medicine
6560 Fannin, Suite 2525
Houston, Texas 77030, USA

Alain C Masquelet
Service d'orthopédie et traumatologie
Hôpital Avicenne
125, route de Stalingrad
F-93009 Bobigny Cedex, France

Michel Merle
Centre de chirurgie plastique
Hôpital Jeanne d'Arc
Dommartin-les-Touls
F-54201 Toul, France

Ladislav Nagy
Abteilung für Handchirurgie
Inselspital
CH-3010 Bern, Switzerland

Gerd Reuther
Abteilung für bildgebende Diagnostik
Privatklinik Döbling
Heiligenstädterstrasse 57–63
A-1109 Vienna, Austria

Philippe Saffar
Centre Chirurgical de la Main
47, avenue Paul Doumer
F-75016 Paris, France

Michael Sauerbier
Klinik für Handchirurgie
Salzburger Leite 1
D-97616 Bad Neustadt a. d. Saale, Germany

François Schernberg
Service d'orthopédie et traumatologie I du CHU
Hôpital Maison Blanche
45, rue Cognac Jay
F-51092 Reims, France

Frédéric Schuind
Service d'orthopédie et traumatologie
Hôpital Erasme
808, route de Lennik
B-1070 Brussels, Belgium

Gontran Sennwald
Chirurgie St-Leonard
Pestalozzistrasse 2
CH-9000 St-Gallen, Switzerland

Beat R Simmen
Orthopädie
Klinik Wilhelm Schulthess
Lengghalde 2
CH-8008 Zurich, Switzerland

Serge Sintzoff
Service d'orthopédie et traumatologie
Hôpital Erasme
808, route de Lennik
B-1070 Brussels, Belgium

John Stanley
Centre for Hand and Upper Limb Surgery
Wrightington Hospital for Joint Disease
Hall Lane, Appley Bridge,
Wigan, Lancashire, WN6 9EP, UK

Vilijam Zdravkovic
Biomechanics Unit
Department of Orthopaedic Surgery
Klinik Balgrist
CH-8008 Zurich, Switzerland

PREFACE

When I was approached by Alain Gilbert with the request to organize a set of instructional course lectures on wrist instability for the Third Meeting of the European Federation of Societies for Surgery of the Hand in Paris, France, my initial reaction was hesitant, since I was worried about the difficulty in preparing a sound update on a subject that has been covered so exhaustively in the past few years. Searching through related publications from the most recent past, however, I realized how rapidly this field continues to expand: I came across a large number of fabulous and novel basic and clinical research papers of great interest, many of which have not yet been adequately assimilated into our current understanding of wrist problems and their management. There I had two good reasons to participate in the project.

Being a lazy character, I had to be pushed very hard before agreeing to edit this book, the printed update of selected chapters on wrist instability. I am glad I did agree, because in the editorial process I have learned beyond my expectations, and I do hope readers will share my enthusiasm when they find the pearls in each of the chapters.

The expert authors of this book – most of them distinguished members of the International Wrist Investigators' Workshop or the European Wrist Club – have sacrificed considerable amounts of time and energy when preparing their chapters, and I wish to thank every one of them for their outstanding contributions and their excellent co-operation.

Robert Lins, Brigitte Jost, and Susanna Kuster have been extremely helpful in this project and I owe them a lot of gratitude. Martin Dunitz Publishers, and Robert Peden in particular, have simply produced a miracle in publishing this book in under five months, and I fully appreciate their great and highly professional input into this endeavour.

Ueli Büchler

1
The functional anatomy of the carpal joint: the whole and its components

John M G Kauer

The carpal joint functions as a kinematic linkage system that allows the hand to adjust its position in relation to the forearm. Seven carpal bones are connected to each other and to the distal radius, providing interdependent intercarpal and radiocarpal movability that results in special patterns of carpal bone motion (Kauer et al 1992). These are specific to the direction of the movement of the hand with respect to the forearm. The motors inducing carpal motion arise in the forearm, cross the wrist joint, and attach distal to the wrist without any insertion at the carpal complex. Therefore, the unique kinematic behaviour of the carpal bones consists of intricate interdependent mechanisms that involve carpal bone geometry, ligament function, and muscle activity (Kauer 1974).

Functionally, the wrist joint permits a combination of movements, namely radioulnar deviation and dorsopalmar extension/flexion, while active axial rotation of the hand on the radius is excluded. Furthermore, the carpal joint displays a marked stability and is able to transmit substantial forces.

In the last three decades the recognition of carpal joint pathology has generated interest in the mechanism of the joint (Fisk 1970, Linscheid et al 1972, Gilula and Weeks 1978, Gilula 1979, Fisk 1980, Bellinghausen et al 1983, Fisk 1988, Smith et al 1989a and 1989b). Various diverging concepts have been proposed to explain the mechanism of carpal function and its alterations in carpal instability: some omitted a number of aspects of carpal function, others simplified the elements involved in the mechanism of the joint (Kauer 1986).

The functional position of the proximal carpals

In the classical concept of the mechanism of the carpal joint (Henke 1859, Fick 1911), function was attributed to the relative motion of two rigid bodies, with a distal carpal component moving in relation to a proximal carpal element at the midcarpal joint, and the proximal carpal component moving with respect to the radius and the ulnar articular disc at the radiocarpal joint. Although this construct works only in the presence of even and regular circular curvatures of the two joint surfaces – which are definitely nonexistent – and although intercarpal displacements negating the rigid body theory were recognized early (Virchow 1902), this concept has dominated views on the mechanism of the carpal joint for a very long time.

Analyses of carpal dysfunction have led to the notion that the proximal carpals act as intercalated segments under normal and pathological conditions. Gilford et al (1943) were the first to propose a concept of the function of the wrist in which the radius–lunate–capitate complex was conceived of as a three bar linkage system with the lunate as the intercalated element (Fig. 1). Their model shows the unstable situation of the intercalated lunate, since the two joints may move independently and in different directions. The scaphoid flanking the central radius–lunate–capitate chain was attributed a stabilizing function. This concept was expanded by Fisk (1970) and later by Linscheid et al (1972), who proposed a model with a slide crank mechanism. The models proposed do not explain the mode

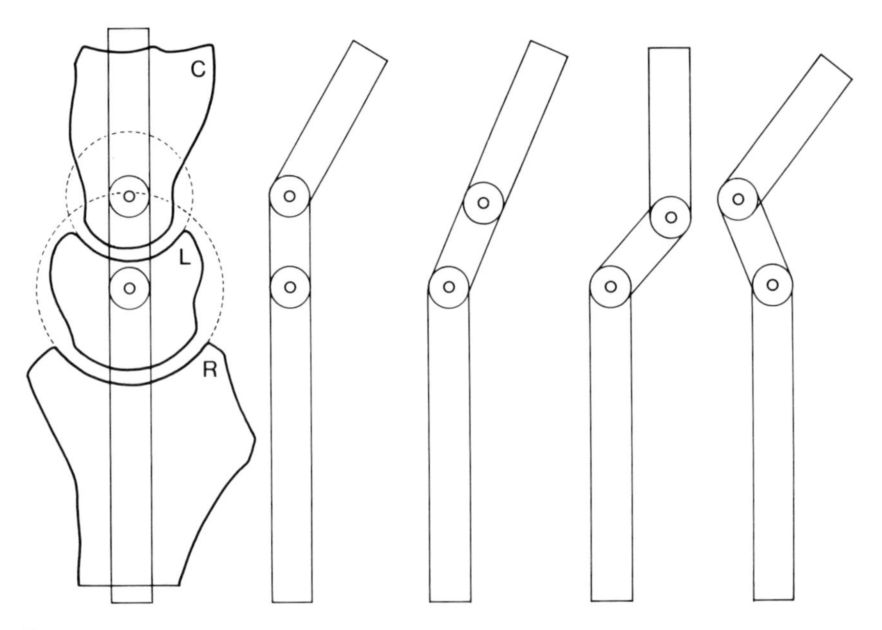

Figure 1

The central chain, radius (R), lunate (L), capitate (C), according to Gilford et al (1943). The chain is depicted as a model of a three bar linkage system with two simple hinge joints. The two joints are always able to move independently when various angulations are done. (From Kauer and de Lange 1987, with permission.)

of stabilization or the specific displacements of the carpal bones in the various movements at the wrist. More importantly, these models have neglected the specific geometry of the proximal carpal bones and the interactions between the three parallel chains based upon geometrical arrangements and ligamentous interconnections (Kauer and de Lange 1987).

Geometry of the proximal carpal bones

The geometry of the lunate is a most important element in the mechanism of the carpal joint (Kauer 1980). The lunate has a larger proximal–distal dimension at its palmar than at its dorsal aspect. This wedge shape is visible on lateral radiographs of the wrist and can be noted in sagittal sections of the bone where wedging is most prominent in the radial part of the bone and decreases gradually towards the ulnar aspect (Fig. 2). The wedge shape of the lunate is observed not only in a palmar–dorsal but also in a radial–ulnar direction with the smaller diameter lying radially. These geometrical features strongly dispose the lunate to rotate dorsally and, simultaneously, to move ulnarly in an out of plane fashion. The invariable tendency of the lunate to rotate dorsally with respect to the radius bears on the capitate, the scaphoid, and the triquetrum as well, under normal and pathological conditions. In conjunction with the interactive stabilization provided by the scaphoid and the triquetrum, it determines the position of the lunate between radius and capitate (Kauer 1986).

Chain interaction

The lunate is flanked by the scaphoid and by the triquetrum at its radial and ulnar sides respectively. The interosseous ligaments maintain the mechanical integrity of the proximal carpal row.

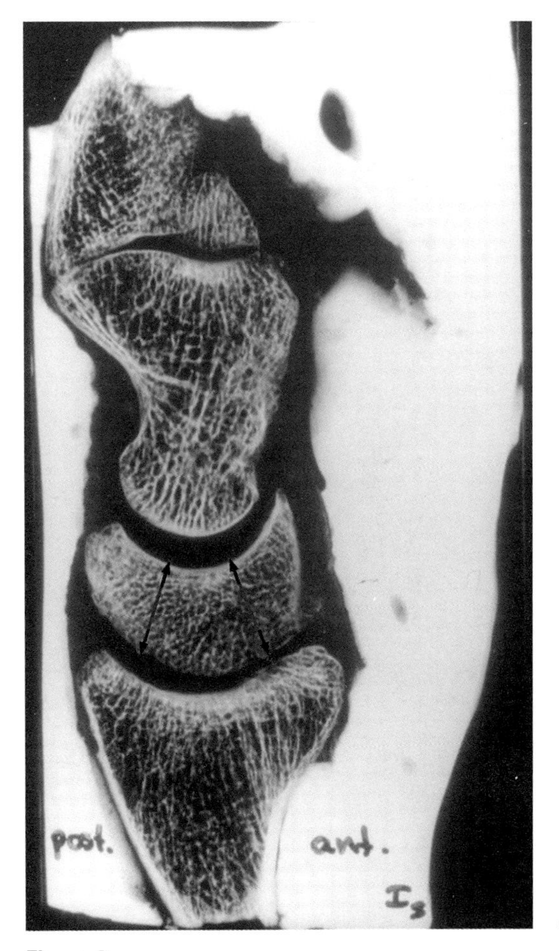

a

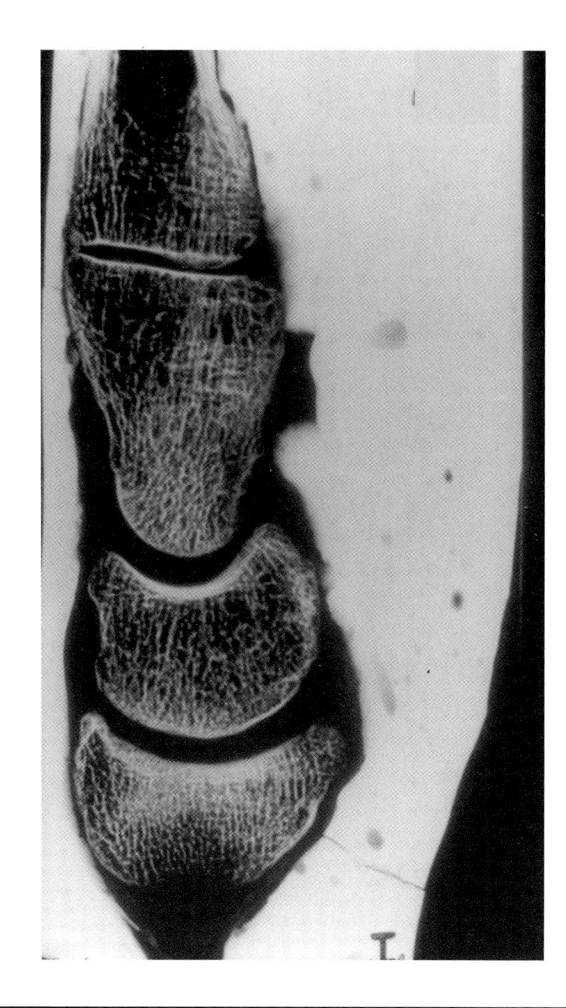

b

Figure 2

Radiographs of sagittal sections through the central chain of the wrist: (a) radial side of the lunate; (b) ulnar side near the triquetrum. The dorsopalmar wedge shape of the lunate is prominent in the radial half of the bone and fades ulnarly.

On the basis of kinematic studies of lunotriquetral and scapholunate dissociation, the lunate is thought to be torque suspended between the scaphoid and the triquetrum (Ruby et al 1987, Horii et al 1991, Ritt 1995): the lunate is conceived of as balanced between a moment of flexion exerted by the scapholunate interosseous ligament and a moment of extension exerted by the lunotriquetral interosseous ligament, without explaining the origin of the moments influencing the lunate.

The triquetrum functions as an intercalated segment in the ulna–carpus chain. The real articular contact between the triquetrum and the ulnocarpal disc is mostly very limited or absent, since it is encrusted with fibre insertions of the ulna–carpus complex. In view of this arrangement, it is not the ulnotriquetral area but rather the lunate–triquetrum interface that links the ulnar chain to the radius (Fig. 3). The triquetrum moves with the lunate. This is due to the sagittal wedge shape of the triquetrum which is oriented in the same direction as that of the lunate, with a larger proximal–distal dimension volarly. The tendency of the triquetrum towards dorsal rotation is demonstrated in lunotriquetral dissociation where the triquetrum rotates dorsally while the scaphoid and lunate rotate

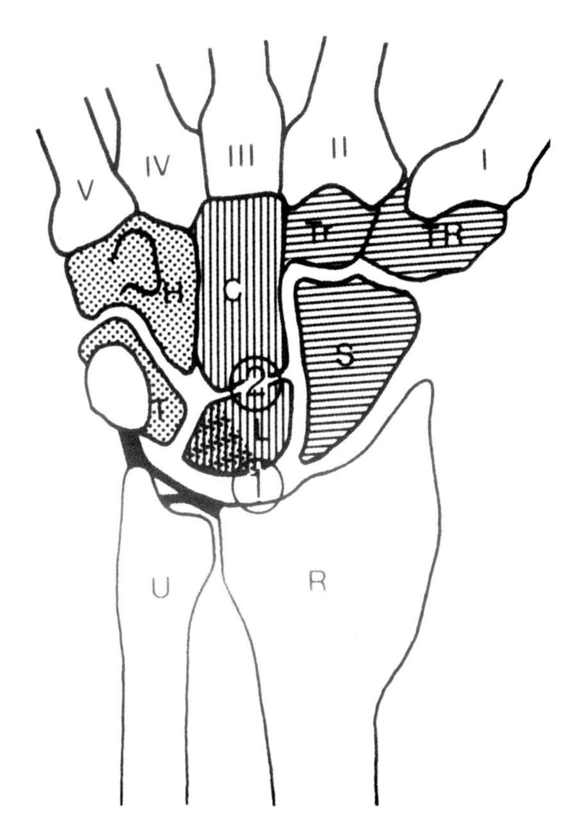

Figure 3

The carpal bones are grouped in longitudinal chains. The ulnar chain relates to the radius by virtue of the contact between the triquetrum and the lunate (1, radiocarpal; 2, midcarpal). S, scaphoid; L, lunate; T, triquetrum; TR, trapezium; Tr, trapezoid; C, capitate; H, hamate; I–V, metacarpals.

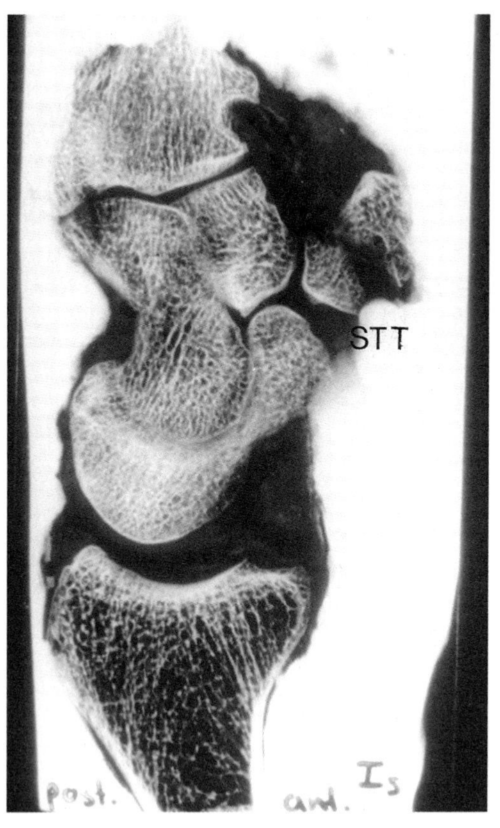

Figure 4

Radiograph of a sagittal section through the radius–scaphoid–capitate–trapezium and trapezoid contacts. The proximal part of the scaphoid is wedge shaped in the same direction as that of the lunate. Scaphoid–trapezium–trapezoid (STT) contacts counteract dorsal rotation.

palmarly. In the case of scapholunate dissociation, the scaphoid is palmarly flexed whereas both the lunate and the triquetrum are dorsally extended (Taleisnik 1985). At this point it has to be emphasized that the freedom to move and the constraints of the triquetrum are dictated not only by the interaction with the lunate and scaphoid but also by the contact characteristics at the midcarpal level (see further below).

The position of the scaphoid is more complicated because of its interposition between and its dual relation to the distal carpal row and the radius. The radial chain branches distally as the scaphoid establishes distal contacts to the trapezium and the trapezoid as well as to the capitate. In a lateral radiograph, the proximal part of the scaphoid, interposed between the capitate and the radius, shows a wedge shape oriented in the same direction as that of the lunate (Fig. 4). The configuration would naturally prompt the lunate and the triquetrum to rotate dorsally if this tendency were not counteracted by the flexion stance of the scaphoid due to its interposition between the trapezium/trapezoid and the radius (see Fig. 4). When the distance between the trapezium/trapezoid and the radius decreases – as happens in palmar flexion and radial deviation – the scaphoid is forced into a palmarly rotated position. The moment of extension generated by the proximal part of the scaphoid (segment of scaphoid between the radius and the capitate) dorsally rotates the scaphoid when the wrist extends and the distance from the trapezium/trapezoid to the radius increases. This mechanism depends on the integrity of the scaphoid as a solid body and on its linkage to the lunate and triquetrum. In fractures of the scaphoid, the proximal fragment tends to rotate dorsally along with the lunate and the triquetrum, resulting in a dorsal intercalated segment instability (DISI) position of the proximal carpals. The distal fragment of the scaphoid tends to flex, which explains the shortening of the scaphoid with a humpback deformity. In scapholunate dissociation the scaphoid is palmarly rotated whereas the lunate and the triquetrum are dorsally rotated. As the linkage between the scaphoid and the lunate is disrupted, the proximal part of the scaphoid cannot hold its position between the capitate and the radius and thus the scaphoid is palmarly rotated. After dissociation, lunate and triquetrum are free to follow their tendency of dorsal rotation.

Interaction of the proximal carpals

It is generally accepted that the proximal carpal bones show mutual displacements during flexion/extension and radial/ulnar deviation of the hand. In vitro kinematic experiments and analyses of carpal instabilities have generated enough data to reject the concept of a rigid proximal row as a functional entity in the carpal mechanism (Smith et al 1989a and 1989b, de Lange et al 1985 and 1990). Whereas the nature and the magnitude of these intercarpal movements are established, the question remains why these mutual displacements play an essential role in the carpal mechanism. As explained earlier, each of the proximal carpals has a tendency to move in a specific direction. The tendency of the triquetrum, the lunate, and the proximal part of the scaphoid to rotate dorsally is counteracted by the scaphoid–trapezium–trapezoid contacts (see Fig. 4). If the proximal carpals would move against the radius along equally curved facets, the proximal bones would show en bloc displacement with the scaphoid slipping into a fixed end position with respect to the trapezium and trapezoid (Fig. 5). In reality, specific bone geometries and ligament arrangements (particularly the individual curvature of the facets of the scaphoid and lunate at the radiocarpal joint and very specific interosseous ligaments) determine the mutual displacements of the proximal carpals during movements of the hand (Kauer 1974, de Lange et al 1985 and 1990, Kauer et al 1992). The scapholunate interaction is influenced by the scapholunate interosseous ligament, which has a short dorsal part and a longer palmar part (Kauer 1980). The relative mobility between the scaphoid and lunate is greatest at the palmar aspects of the bones. The differential movements of the scaphoid and the lunate lead to differences in the angulations of the radial and central chains associated with the dorsopalmar rotations of both bones.

The anatomical features described result in pronation–supination movements of both the scaphoid and the lunate along longitudinal axes while these bones rotate in the dorsopalmar direction. These 'out of plane' movements have been quantified in several kinematic studies (Berger 1980, de Lange et al 1985 and 1990) and depend largely on the integrity of the scapholunate interosseous ligament. In the case of

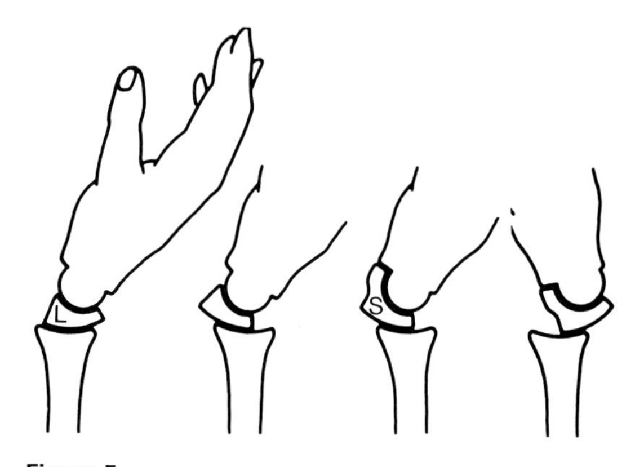

Figure 5

The wedge shapes of scaphoid (S) and lunate (L). In this diagram both bones are moving on the radius with equally curved facets. Scaphoid and lunate move together without any mutual displacement. Both bones rotate dorsally until stopped by the STT contacts of the scaphoid. There are no midcarpal displacements in the central or radial chains.

scapholunate dissociation we therefore observe malrotation of the scaphoid with the characteristic ring sign, the equivalent of abnormal projection of the scaphoid tubercle. It demonstrates the disintegration of the scaphoid–lunate–capitate complex as a functional unit (Fig. 6).

The lunotriquetral intercarpal movement is small and comprises only a proximodistal shift of 1–2 mm. The lunotriquetral interface is obliquely directed and both bones are connected by short interosseous fibre bundles (Kauer et al 1992, Ritt 1995), which allows the triquetrum to shift distally with respect to the lunate during radial deviation (with a small offset between the proximal facets of both bones) and to return proximally during ulnar deviation until both facets are on the same level again. The interface and the interosseous connections work together as a self locking system (Kauer et al 1992). Since the triquetrum carries the insertion of the major extrinsic radiocarpal as well as ulnocarpal ligaments of the wrist joint, this bone functions as a keystone in the stabilization of the carpal joint.

The carpal linkage: the interdependency of carpal bone motion

The carpal bones can be grouped functionally in either longitudinal or transverse directions. Kinematic data reveal that, under normal conditions, the distal carpal row acts as a solid block of bones (de Lange et al 1985). The proximal carpal row shows interdependent intercarpal motions as the result of specific bone geometries and ligament arrangements. Furthermore, it has been made clear, on the basis of kinematic data, that displacements at the radiocarpal level are instantly followed by displacements at the midcarpal level (de Lange et al 1985). Conversely, it may be assumed that movements at the midcarpal level imply radiocarpal movements. The behaviour of the proximal carpals depends on the position of the distal carpal row in relation to the radius and on the intercarpal movability of the proximal carpal row.

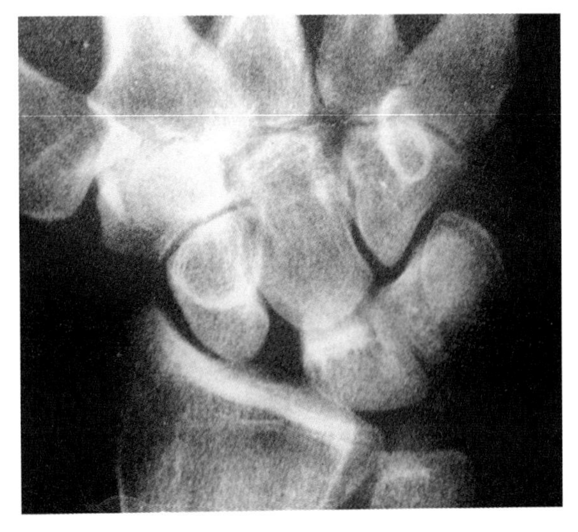

Figure 6

Aspect of scapholunate dissociation in neutral position of the hand, showing malrotated proximal carpal bones. The scaphoid is palmarly rotated and presents with a ring sign. The lunate and triquetrum are dorsally rotated. Note the radial shift of the triquetrum with respect to the hamate (dorsal rotation sign). The proximal part of the scaphoid is no longer interposed between the capitate and the radius.

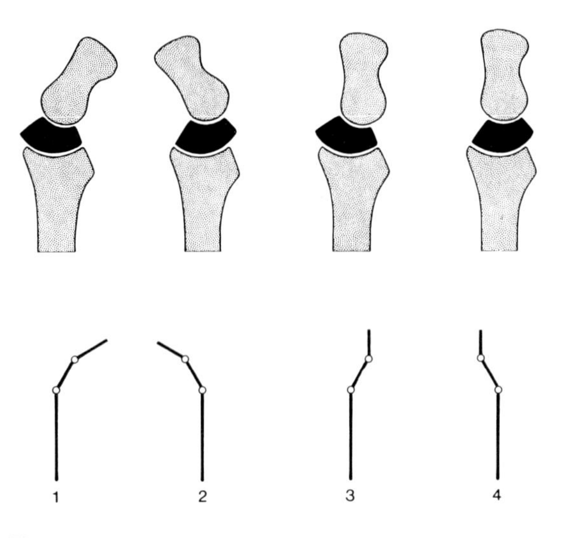

Figure 7

The various positions of the intercalated lunate relative to the capitate and the radius in the four terminal positions of flexion, extension, radial deviation, and ulnar deviation. This diagram shows movements in one plane only. At the radiocarpal and midcarpal joints, the lunate shifts in either the same or opposite directions. 1, dorsal extension; 2, palmar flexion; 3, ulnar deviation; 4, radial deviation. (From Kauer 1986, with permission.)

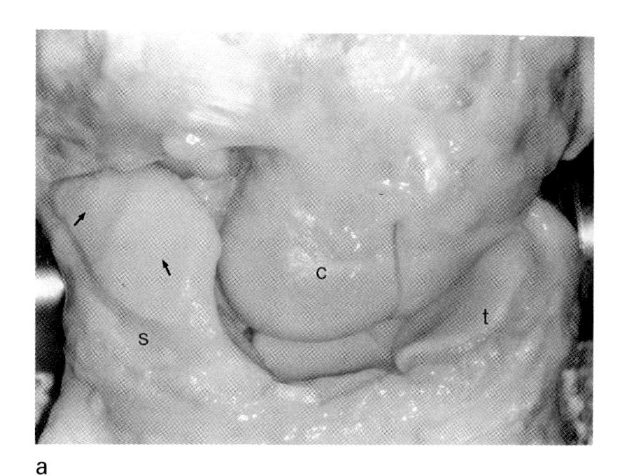

a

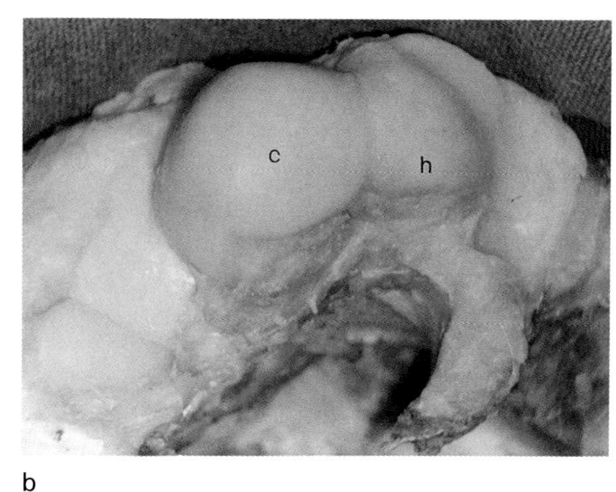

b

Figure 8

(a) The midcarpal joint dorsally opened and flexed. Note the ridge on the scaphoid indicating the division of the facet for trapezium and trapezoid contacts (arrows). Irregular curvature of the facets on the head of the capitate is seen. The spiral arrangement of the triquetrum–hamate interface is responsible for the radioulnar shift of the triquetrum relative to the hamate during dorsopalmar rotation. (b) Proximal view of the midcarpal facets of the distal carpal bones. c, capitate; h, hamate; s, scaphoid; t, triquetrum.

In the central chain the intercalated lunate moves in a peculiar fashion. As can be observed in Fig. 7, at the radiocarpal level, the positions of the lunate in dorsal extension and ulnar deviation of the wrist are similar (i.e., dorsally rotated). In palmar flexion and radial deviation of the wrist, the lunate rotates palmarly with respect to the radius. At the midcarpal level, the position of the lunate in wrist extension is similar to the position of the lunate seen in radial deviation of the wrist. It is obvious that the radial and ulnar chains demonstrate similar phenomena. The direction of movement at the radiocarpal or midcarpal levels determines the position of the intercalated bones very precisely. At the radiocarpal joint this is the result of differences in the curvatures of the proximal facets of the proximal carpal bones and their ligamentous connections. At the midcarpal level, joints are irregularly curved and uniquely shaped (Fig. 8). A dorsal or palmar midcarpal shift of the proximal carpals changes the orientation of the bones of the proximal row in the transverse plane. As a result of the specific rotations observed at the radiocarpal and midcarpal levels during the various movements of the wrist as just described, out of plane motions are observed with palmar flexion of the proximal carpals when the wrist is held in palmar flexion and radial deviation, or with dorsal extension of the proximal carpals when the wrist is held in extension or in ulnar deviation.

In conclusion, the carpal joint is a very intricate system with a unique intercarpal motion pattern for each movement of the hand. These exclusive modalities of motion were confirmed by kinematic analyses (de Lange 1985, Smith et al 1989a and 1989b). It is evident that any damage to this very delicately tuned anatomical complex must affect the system as a whole, with pain, stiffness, and instability of the linkage between hand and forearm.

References

Bellinghausen HW, Gilula LA, Young LV, Weeks PM (1983) Posttraumatic palmar carpal subluxation, *J Bone Joint Surg* **65A:**998–1006.

Berger RA (1980) An Analysis of Carpal Bone Kinematics, PhD thesis. University of Iowa: Iowa.

de Lange A, Kauer JMG, Huiskes R (1985) Kinematic behaviour of the human wrist joint: A roentgen–stereophotogrammetric analysis, *J Orthop Res* **3**:56–64.

de Lange A, Huiskes R, Kauer JMG (1990) Wrist joint ligament length changes in flexion and deviation of the hand: An experimental study, *J Orthop Res* **8**:722–30.

Fick R (1911) Handbuch der Anatomie und Mechanik der Gelenke. In: von Bardeleben K, ed. *Handbuch der Anatomie des Menschen. III. Specielle Gelenk- und Muskelmechanik.* Gustav Fisher: Jena: 357–93.

Fisk GR (1970) Carpal instability and the fractured scaphoid (Hunterian lecture), *Ann R Coll Surg Engl* **46**:63–76.

Fisk GR (1980) An overview of injuries of the wrist, *Clin Orthop* **149**:137–44.

Fisk GR (1988) Malalignment of the scaphoid after lunate dislocation. In: Razemon JP, Fisk GR, eds. *The Wrist.* Churchill Livingstone: Edinburgh: 135–7.

Gilford WW, Bolton RH, Lambrinudi C (1943) The mechanism of the wrist joint with special reference to fractures of the scaphoid, *Guy's Hosp Rep* **92**:52–9.

Gilula LA (1979) Carpal injuries: Analytic approach and case exercises, *Am J Roentgenol* **133**:503–17.

Gilula LA, Weeks PM (1978) Posttraumatic ligamentous instability of the wrist, *Radiology* **129**:641–51.

Henke W (1859) Die Bewegungen der Handwurzel, *Z Rat Med* **7**:27–42.

Horii E, Garcia-Elias M, An KA et al (1991) A kinematic study of luno-triquetral dissociations, *J Hand Surg* **16A**:355–62.

Kauer JMG (1974) The interdependence of carpal articulation chains, *Acta Anat* **88**:481–501.

Kauer JMG (1980) Functional anatomy of the wrist, *Clin Orthop* **149**:9–20.

Kauer JMG (1986) The mechanism of the carpal joint, *Clin Orthop* **202**:16–26.

Kauer JMG, de Lange A (1987) The carpal joint: Anatomy and function, *Hand Clin* **3**:23–9.

Kauer JMG, de Lange A, Savelberg HHCM, Kooloos JGM (1992) The wrist joint: functional analysis and experimental approach. In: Nakamura R, Linscheid RL, Miura T, eds. *Wrist Disorders.* Springer: Tokyo: 3–12.

Linscheid RL, Dobyns JH, Beabout JW, Bryan RS (1972) Traumatic instability of the wrist, *J Bone Joint Surg* **54A**: 1612–32.

Ritt MJPF (1995) Biomechanical Studies on Ulnar-Sided Ligaments of the Wrist, PhD thesis. University of Amsterdam: Amsterdam.

Ruby LK, An KN, Linscheid RL, et al (1987) The effect of scapholunate ligament sectioning on scapholunate motion, *J Hand Surg* **12A**:767–71.

Smith DK, An KN, Cooney WP, et al (1989a) Effects of a scaphoid wrist osteotomy on carpal kinematics, *J Orthop Res* **7**:590–8.

Smith DK, Cooney WP, An KN, et al (1989b) The effects of simulated unstable scaphoid fractures on carpal motion, *J Hand Surg* **14A**:283–91.

Taleisnik J (1985) *The Wrist.* Churchill Livingstone: New York: 281–303.

Virchow H (1902) Ueber Einzelmechanismen am Handgelenk, *Anat Anz* **21**:369–88.

2
Carpal kinetics

Marc Garcia-Elias

Kinematic descriptions of the wrist allow interpretation of its complex motion but cannot explain how and why these movements occur. This knowledge can be obtained by studying carpal kinetics, that is, by analysing how the different forces acting on the wrist are being transmitted across the carpus. Studying carpal kinetics is not only important in order to understand normal wrist function but also to determine the role of specific factors in the development of certain pathologies (local arthrosis, Kienböck's disease, etc.), as well as to comprehend how the balance between tendon forces, joint architecture, and ligament tensions can be altered by injury or disease resulting in specific patterns of carpal instability (Chao et al 1989).

In this chapter we will review: first, what magnitude of forces and moments are transmitted through the wrist during activities of daily living; second, how these forces are distributed within the wrist as they are being transmitted; and third, what stabilizing mechanisms exist to prevent the bones dissociating from each other under such loads.

Forces in the wrist during activities of daily living

The wrist joint supports considerable loads in daily activities (An et al 1985, Chao et al 1989). These are not only the consequence of external forces being transmitted along the different digital rays, but also, and most importantly, the result of the action of specific muscles and ligaments necessary to achieve joint stability. Cooney and Chao (1977), using a three dimensional analysis of the internal forces in the joints and soft tissues of the thumb, calculated that compression forces at the trapeziometacarpal joint may reach values of up to 120 kPa during strong grasp. More recent studies, using more refined analytical models for human hand force analysis, have estimated that compressive forces at the metacarpophalangeal (MP) joints of the fingers during grasp may be as high as four times the applied force (An et al 1985, Chao et al 1989). Specifically, the index MP joint sustains approximately 3.5 times the applied force, respective values for the middle MP joint being 4.2, for the ring MP joint 2.5, and for the little MP joint 1.8 times the applied force. According to these theoretical calculations, which have been partly validated by the in vivo determinations by Schuind et al (1992), the total force transmitted by all the metacarpals to the distal carpal row when grasping an object can reach values greater than 10 times the applied force at the tip of the fingers. Based on this, and considering that the average maximum grip strength is 52 kPa for men and 31 kPa for women (Härkönen et al 1993), one can anticipate that the wrist may bear compressive forces as high as 520 kPa in men and 310 kPa in women.

Force distribution across the carpus

Once forces have been transferred across the carpometacarpal joint, they distribute following specific patterns depending upon the magnitude, direction and point of application of these forces (through a single or multiple rays), and also on the orientation and shape of the intracarpal and radioulnocarpal articular surfaces (An et al 1985, Chao et al 1989).

In recent years, different experimental and mathematical techniques have been used to investigate force distribution within the wrist. With fresh cadaver specimens, and through different methods of external loading, forces have been monitored by inserting pressure sensitive film (Viegas et al 1987, Blevens et al 1989, Short et al 1992, Viegas et al 1993) or pressure sensitive conductive rubber (Hara et al 1992) within the radiocarpal or midcarpal (Viegas et al 1993) articular joint spaces. Surface strain gauges have been utilized to determine strains on the dorsal aspect of the lunate (Trumble et al 1986, Masear et al 1992). Load cells have also been applied in the metaphyseal region of both radius and ulna to determine the loads borne at this level (Werner et al 1991 and 1992). Analytically, different studies have addressed force and pressure transmission through the normal wrist. Most of them have used the so-called Rigid Body Spring Model concept (Horii et al 1990, Schuind et al 1995).

According to these studies, at the midcarpal level of a wrist in neutral position, from 50% to 60% of the load borne by the distal row is transmitted through the capitate to the scaphoid and lunate, while the loads being transferred through the trapeziotrapezoid–scaphoid (TTS) and hamate–triquetral (HT) joints are less important, ranging from 17% to 30% for the TTS joint and from 15% to 21% for the HT joint. At the radio-ulnocarpal level, and also in neutral position, the forces distribute as follows: radioscaphoid joint, 50–56%; radiolunate, 29–35%; ulnolunate–triquetral, 10–21%.

In all these studies, the peak pressure has been found to be higher in the scaphoid fossa than in the lunate fossa (ratio 1.5 : 1). Both force and peak pressure vary significantly with wrist position (Viegas et al 1987, Werner et al 1991, Hara et al 1992), the radiolunate fossa being increasingly loaded with ulnar deviation, while the radioscaphoid fossa is overloaded with radial deviation.

Stabilizing mechanisms of the carpal bones

A combination of stabilizing mechanisms prevents the carpal bones dissociating from each other under such a magnitude of forces. What follows is a description of the three more common mechanisms for the wrist in neutral position.

Mechanism of stabilization of the midcarpal joint

Under axial compressive load the distal carpal row bones move as one functional unit. Strong and taut transverse ligaments do not allow for much intercarpal motion (Garcia-Elias et al 1989). They all migrate proximally while extending slightly relative to the proximal row bones (Fig. 1). Such displacements generate compressive forces on the proximal row, resulting in specific compensatory rotations at this level. The scaphoid, by virtue of its oblique alignment with respect to the longitudinal axis of the hand, tends to rotate into palmar flexion, a rotation mainly constrained by two midcarpal ligaments: the dorsolateral TTS ligament, and the palmar scaphocapitate ligament (see Fig. 1a).

If the scapholunate ligaments are intact (especially the dorsal one), the flexor moment generated on the scaphoid is transmitted to the lunate. This is further enhanced by the fact that the scaphocapitate ligament, in such circumstances, is under tension. With this, the capitate tends to translate palmarwards relative to the lunate, thus increasing its flexion tendency (see Fig. 1b).

The triquetrum, under load, appears to be subjected to two opposite moments. One is the already mentioned flexion moment transmitted by the lunate, assuming that the lunotriquetral interosseous ligaments are intact. Another is an extension moment generated by both hamate and capitate and transmitted to the triquetrum by the so-called 'arcuate ligamentous complex' (see Fig. 1c). Of these two opposite moments the one transmitted by the lunate appears to predominate, as demonstrated by Garcia-Elias et al (1995). Indeed, under axial load, the three proximal carpal bones have a consistent tendency to rotate into flexion, radial deviation, and slight supination.

It appears, therefore, that there exists a mechanism of midcarpal stabilization, according to which the tendency of the proximal row to rotate into flexion under load is constrained by the opposite tendency of the distal row to rotate into

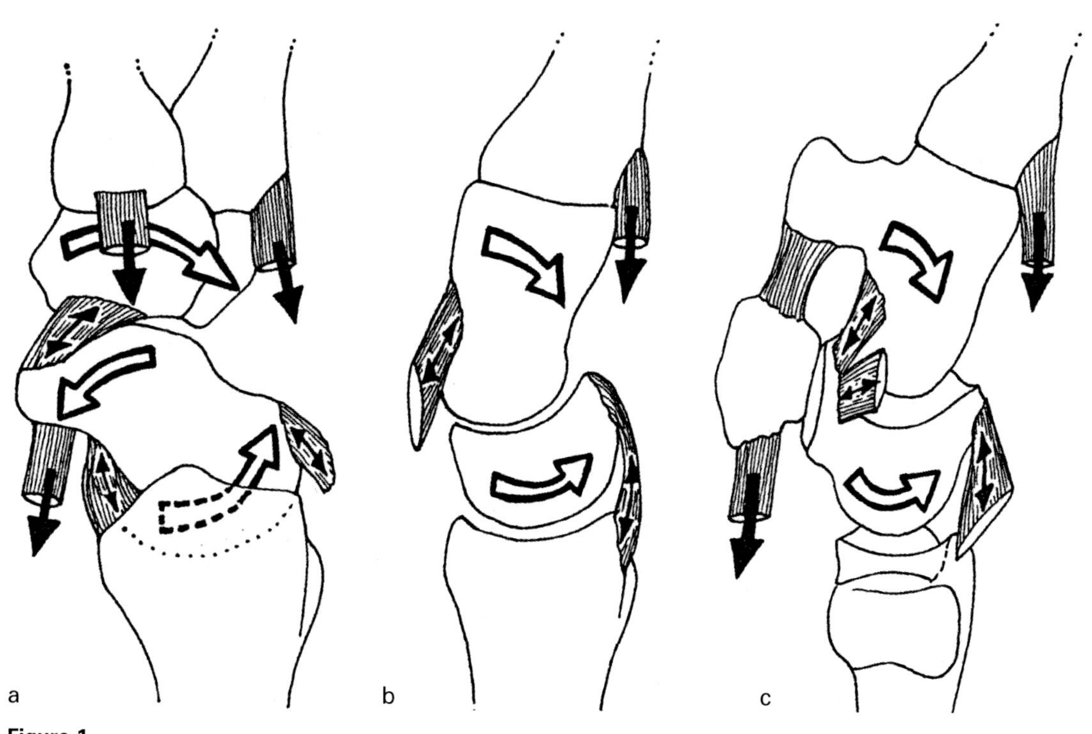

Figure 1

Schematic representation of rotations in the sagittal plane occurring in the wrist under load. (a) The scaphoid tends to rotate into flexion while the distal row (trapezium and trapezoid) extends. Constraining ligaments (double black arrows) are the palmar TTS ligaments and the dorsal scapholunate ligaments. (b) The lunate follows the flexion moment generated by the scaphoid, with only the dorsal radiolunate capsule constraining such displacement. (c) The triquetrum follows the predominant flexion moment transmitted by the lunate. Constraining this moment are both the palmar triquetro-hamate–capitate ligaments and the dorsal radiotriquetral ligament.

extension, provided that the ligaments crossing the midcarpal joint are intact (Fig. 2). Especially important are the ligaments between the triquetrum, hamate, and capitate. Their damage results in the development of a carpal instability characterized by an abnormal flexion and radial deviation of the proximal row, with the consequent subluxation of the head of the capitate in a palmar direction (Lichtman et al 1981).

Mechanism of stabilization of the proximal carpal row

As mentioned above, under load bearing conditions, the bones of the proximal carpal row are subjected to two opposite moments: one induced by the scaphoid, which tends to rotate the proximal row into flexion; and another initiated by the distal row and transmitted by the midcarpal ligaments to the triquetrum tending to produce extension of the proximal row (see Fig. 2).

These two opposite moments generate substantial torques at both scapholunate and lunotriquetral joints. If the interosseous membranes and ligaments are intact, these torques are likely to result in an increasing intercarpal coaptation that would further enhance their stability. Based on this, when the scapholunate ligaments are damaged, the scaphoid is likely to rotate further into flexion and pronation, while the lunate and triquetrum follow the extension moment induced by the distal row. Conversely, if the interosseous failure appears at the lunotriquetral joint, the lunate will no longer

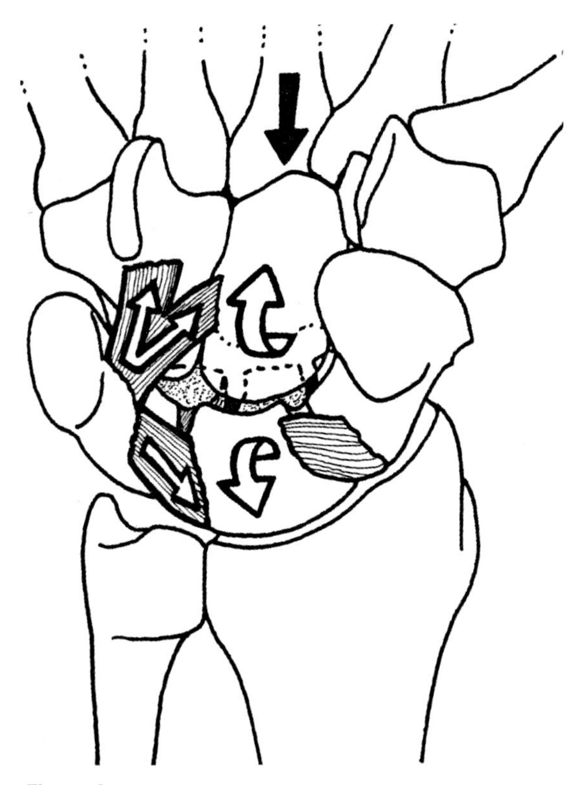

Figure 2

Under load the midcarpal joint is subjected to two opposite moments: one extension moment generated by the extensor carpi radialis (brevis and longus) and extensor carpi ulnaris tendons; this is balanced by the flexion moment generated by the obliquely oriented scaphoid, provided that the interosseous ligaments are intact.

be dominated by the extension moment of the distal row, and is likely to collapse into flexion following the scaphoid. Therefore, integrity of both scapholunate and lunotriquetral ligaments is essential for a proper stability of the carpus (Ruby et al 1987, Horii et al 1991).

Mechanism of stabilization of the radiocarpal joint

The distal articular surface of the radius is concave and tilted in two planes (palmarly and ulnarly). As a consequence, the loaded carpus tends to slide down the palmar and ulnar inclined articular surface of the distal radius. The ulnar sliding tendency is mainly resisted by the palmar radiolunate and the dorsal radiotriquetral ligaments, the oblique orientation of which is parallel to such ulnar translation vectors. The tendency to slide down the palmar slope is constrained by the volar arc of the radial concavity, as well as by the ulnocarpal ligamentous complex. When these supporting radiocarpal ligaments become inefficient, stretched, or acutely torn, the unconstrained carpal condyle follows its natural tendency and subluxes or occasionally dislocates in a palmar–ulnar direction (Rayhack et al 1987). This is a mechanism, therefore, that depends essentially on the extrinsic radiocarpal ligaments.

In conclusion, the wrist is not only a very mobile composite articulation, but a complex load bearing articular system subjected to substantial forces and torques during activities of daily living. Any fracture, ligament disruption, or disease altering any one of the existing mechanisms of stabilization will eventually result in an abnormal distribution of forces which is likely to produce further stretching of the surrounding ligaments, thus increasing the overall carpal instability. Only by a thorough understanding of the normal and abnormal carpal kinetics will we be able to cope successfully with such complex pathological conditions.

References

An KN, Chao EYS, Cooney WP, Linscheid RL (1985) Forces in the normal and abnormal hand, *J Orthop Res* **3**:202–11.

Blevens AD, Light TR, Jablonsky WS, et al (1989) Radiocarpal articular contact characteristics with scaphoid instability, *J Hand Surg* **14A**:781–90.

Chao EYS, An KN, Cooney WP, Linscheid RL (1989) *Biomechanics of the Hand. A Basic Research Study.* World Scientific: Singapore.

Cooney WP, Chao EYS (1977) Biomechanical analysis of static forces in the thumb during hand function, *J Bone Joint Surg* **59A**:27–36.

Garcia-Elias M (1995) Stabilizing mechanisms of the loaded wrist joint. In: Vastamäki M, Vilkki S, Raatikainen T, Viljakka T, eds. *Current Trends in Hand Surgery.* Elsevier: Amsterdam: 41–6.

Garcia-Elias M, An KN, Cooney WP, et al (1989) Stability of the transverse carpal arch: an experimental study, *J Hand Surg* **14A:**277–82.

Hara T, Horii E, An KN, et al (1992) Force distribution across wrist joint: application of pressure-sensitive conductive rubber, *J Hand Surg* **17A:**339–47.

Härkönen R, Piirtomaa M, Alaranta H (1993) Grip strength and hand position of the dynamometer in 204 Finnish adults, *J Hand Surg* **18B:**129–32.

Horii E, Garcia-Elias M, An KN, et al (1990) Effect on force transmission across the carpus in procedures used to treat Kienböck's disease. An analytical study, *J Hand Surg* **15A:**393–400.

Horii E, Garcia-Elias M, An KN, et al (1991) A kinematic study of luno-triquetral dissociations, *J Hand Surg* **16A:**355–62.

Lichtman DM, Schneider JR, Swafford AR, Mack GR (1981) Ulnar midcarpal instability: clinical and laboratory analysis, *J Hand Surg* **6:**515–23.

Masear VR, Zook EG, Pichora DR (1992) Strain-gauge evaluation of lunate unloading procedures, *J Hand Surg* **17A:**437–43.

Rayhack JM, Linscheid RL, Dobyns JH, Smith JH (1987) Posttraumatic ulnar translation of the carpus, *J Hand Surg* **12:**180–9.

Ruby LK, An RL, Linscheid RL, et al (1987) The effect of scapholunate ligament section on scapholunate motion, *J Hand Surg* **12A:**767–71.

Schuind F, Garcia-Elias M, Cooney WP, An KN (1992) Flexor tendon forces: in vivo measurements, *J Hand Surg* **17A:**291–8.

Schuind R, Cooney WP, Linscheid RL, et al (1995) Force and pressure transmission through the normal wrist. A theoretical two dimensional study in the posteroanterior plane, *J Biomechanics* **5:**587–601.

Short WH, Werner FW, Fortino MD, Palmer AK (1992) Distribution of pressures and forces on the wrist after simulated intercarpal fusion and Kienböck's disease, *J Hand Surg* **17A:**443–9.

Trumble T, Glisson RR, Seaber AV, Urbaniak JR (1986) A biomechanical comparison of the methods for treating Kienböck's disease, *J Hand Surg* **11A:**88–93.

Viegas SF, Tencer AF, Cantrell J, et al (1987) Load transfer characteristics of the wrist. Part I. The normal joint, *J Hand Surg* **12A:**971–8.

Viegas SF, Patterson RM, Todd PD, McCarty P (1993) Load mechanics of the midcarpal joint, *J Hand Surg* **18A:**14–18.

Werner FW, An KN, Palmer AK, Chao EYS (1991) Force analysis. In: An KN, Berger RA, Cooney WP, eds. *Biomechanics of the Wrist Joint.* Springer-Verlag: New York: 77–98.

Werner FW, Palmer AK, Fortino MD, Short WH (1992) Force transmission through the distal ulna: effect of ulnar variance, lunate fossa angulation, and radial and palmar tilt of the distal radius, *J Hand Surg* **17A:**423–8.

3
Current concepts of the functional anatomy of the distal radioulnar joint, including the ulnocarpal junction

Carl-Göran Hagert

Dós moi pou stò kai kinô tân gân

Archimedes 287–212 BC

The above quotation of the Greek mathematician Archimedes is well known to us as: 'Give me a fixed point and I shall move the earth'. Archimedes stated that any heavy load could be moved by any light force. Asked to give an example of that, he showed that he himself, by using a tackle, was able to pull a fully loaded large ship up on the shore.

When looking into the literature on the functional anatomy of the distal radioulnar and ulnocarpal joints and ligaments one is ready to paraphrase Archimedes: 'Give us a fixed point and we shall understand the ulnar complex of the wrist'. There is a large number of controversial opinions, and Lister has made the following remarkable comment: 'Several detailed descriptions of these ligaments exist, but in their admirable and successful attempts to be exhaustive, they can also be exhausting' (Lister 1993). The aim of this chapter is therefore not to add further details to what has already been published, but to stress simplification and comprehension, for use in clinical practice, by proposing the *fixed point concept*.

Material

The current results are based on dissection of one amputated specimen from a 57 year old man, whose right arm was acutely exarticulated at the elbow level because of forearm muscle necrosis. There was no history of trauma to the arm. The results of background material, comprising dissections carried out on a large number of specimens of fresh arm amputation (traumatic amputations or amputations because of malignancies in the shoulder region) from 1977 through 1993, have been presented previously (Hagert 1979 and 1980, af Ekenstam and Hagert 1985, Hagert 1987, 1992 and 1994).

Method

The dissection was performed as a gross layer by layer dissection with excision of loose capsules and the bottoms of tendon tunnels attached to the ligaments along with other loose tissue surrounding the ligaments in order to reach the very 'core' of each ligament. The periosteal tissue was removed in order to visualize clearly the ligament insertions. By movement of the articulations within their natural range of movement, the ligament behaviour was studied as well as the stability of the articulations. This was also further studied by sequential transsection of the ligaments. In the background material the dissections had been performed in the same way.

Results

This presentation is focused on the ulnocarpal and radioulnar ligaments.

Ulnocarpal ligament

From the fovea of the ulnar head a thick ligament extends distally to insert at the palmar surface of the triquetrum. Ulnarly, it reaches the triquetral articulating surface of the triquetro-pisiform joint, and radially, the ulnar margin of the lunate. As it extends distally in the coronal plane it gets wider like a fan and appears well delineated in its full length, even at the junction towards the palmar portion of the radioulnar ligament (Fig. 1a). This ulnocarpal ligament should more precisely be defined as the 'ulnotriquetral ligament'. It stabilizes the triquetrum, which could not be moved in the palmar direction relative to the ulnar head, whereas it could be moved in the dorsal direction. On extension of the wrist one can see a markedly changed position of the long axis of the triquetral surface of the triquetrum–pisiform articulation, in relation to the ulna, in a way that it indicates that the ligament, at its insertion, creates a fulcrum for rotation of the triquetrum (Fig. 1b). As the distal part of triquetrum moves in the dorsal direction, the proximal part moves in the palmar direction, and, naturally, the ligament then tightens.

Radioulnar ligament

Following excision of the interosseous membrane and transsection of the annular ligament around the radial head, ulna and radius could be pulled apart to open up the distal radioulnar joint, making an inspection of the radioulnar ligament from the proximal side possible. The dorsal and palmar fibrous strands and the centrally positioned cartilaginous portion, the 'disc', were clearly seen (Fig. 2). From the origin in the fovea of the ulnar head and the base of the styloid, it extends in the transverse plane like a fan, to insert at the border between the distal margin of the semilunar notch and the ulnar margin of the lunate fossa of the radius. The stabilization of the distal radioulnar joint was previously studied in the background material, which will be referred to in the discussion.

In conclusion, the ulnotriquetral and the radioulnar ligaments together form *one* ligament, which from the fovea of the ulnar head extends as two fans in perpendicular planes – the ulnotriquetral portion in the coronal plane and the radioulnar portion in the transverse plane (see Fig. 2). Together with the dorsal radiocarpal

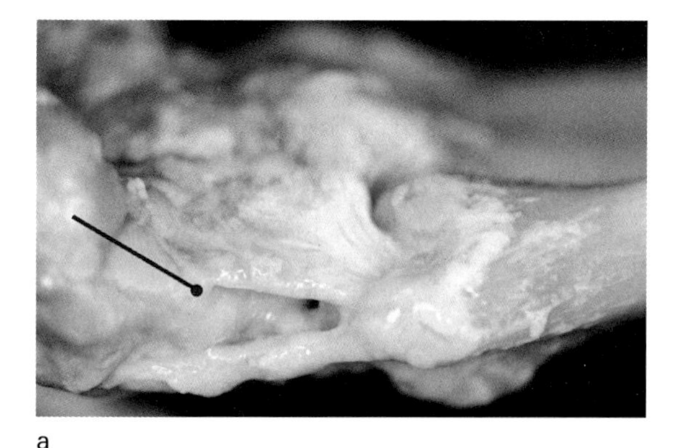

a

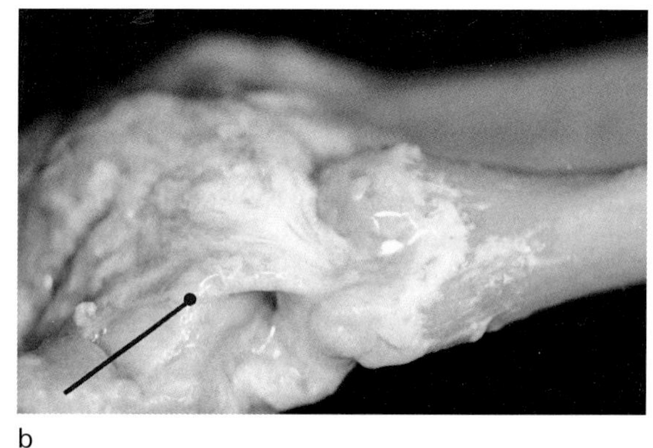

b

Figure 1

(a) Palmar view of the ulnar head and triquetrum, the wrist in neutral. The ulnotriquetral ligament is clearly delineated, arising from the ulnar head and extending distally, in the coronal plane, to insert palmarly at the triquetrum. The palmar strands of the ulnoradial ligament are also well delineated. (b) Same view as in (a), the wrist in extension. In the lower part of the picture, to the left, is the triquetral articulating surface of the triquetropisiform articulation. Note the markedly changed position of its long axis as the wrist has been moved from the neutral into the extended position. This indicates that the ulnotriquetral ligament, at its insertion, creates a fulcrum for rotation of the triquetrum. As its distal part moves in the dorsal direction, its proximal part moves in the palmar direction and the ligament is tightened.

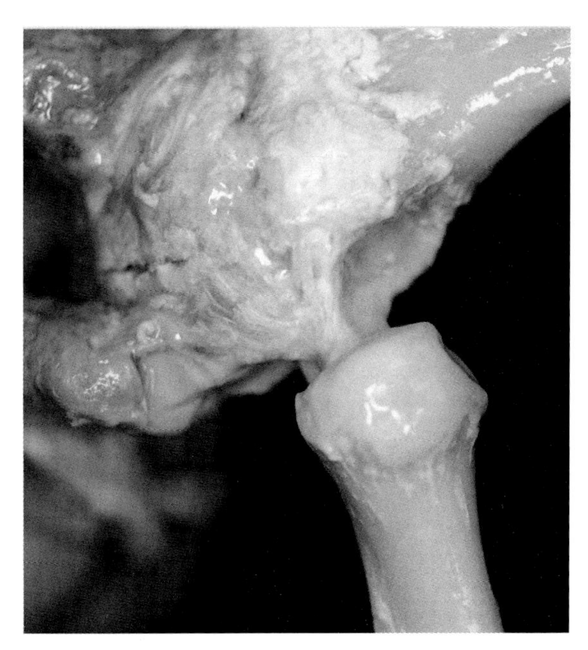

Figure 2

Palmar–proximal view of the opened ulnoradial joint. The ulnoradial ligament is shown to extend from the ulnar head to the ulnar distal margin of the radius, in the transverse plane. Its relation to the ulnotriquetral ligament is well seen. Together, the two ligaments form one ligament, the ulnoradial–triquetral ligament, which arises from the fovea of the ulnar head and extends fan shaped in two perpendicular planes, the coronal plane and the transverse plane. In the upper part of the picture, to the left, is the radiolunate ligament, converging with the ulnotriquetral ligament.

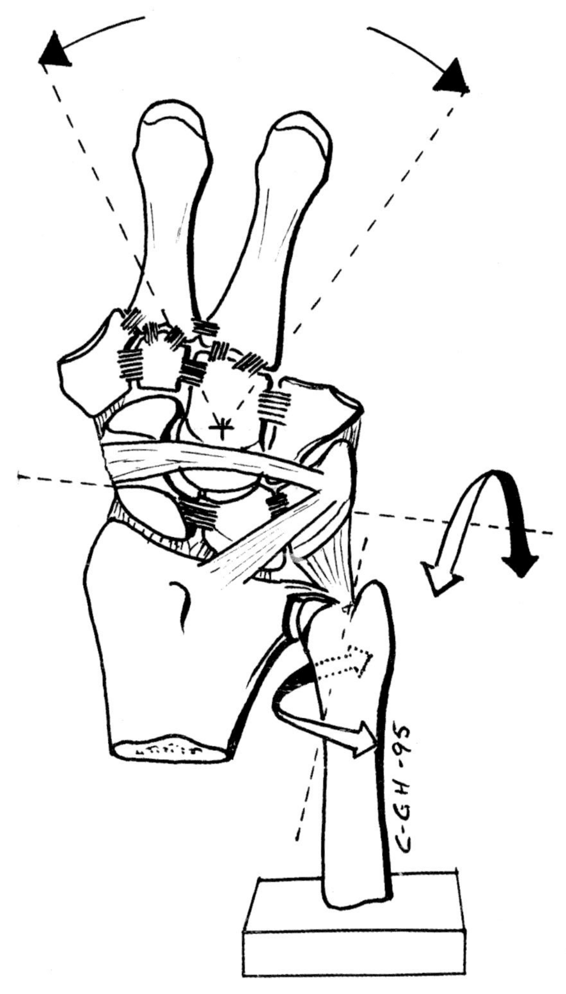

Figure 3

The fixed point concept: With the ulna fixed, the radius can move in the transverse plane (pronation–supination), and the carpus in the sagittal plane (extension–flexion) and the coronal plane (radial and ulnar deviation). The ulnar head constitutes the fixed point of the universal joint that the wrist joint is. Ultimately, stabilization of the mobile parts, in relation to the ulnar head, relies on the ulnoradial–triquetral ligament.

(radiotriquetral) ligament, which was kept intact, this compound ligament provides a stable, three dimensional movement of the radius and triquetrum (virtually the whole carpus) around the ulnar head, as was registered while keeping the ulna fixed: *triquetrum* in extension–flexion (sagittal plane) and radial–ulnar deviation (coronal plane); *radius* in pronation–supination (transverse plane) (Fig. 3).

Discussion

Clinical problems related to any dysfunction of the distal radioulnar joint and/or the ulnocarpal articulation are frequently seen and often hard to solve, and this is reflected in the extensive literature on this subject. Green (1993), Palmer (1993) and Bowers (1993) have presented a good survey of the literature. We are, however, left with too many questions as to how the problems we meet in the office or the operating room should be solved. It seems like the subject has been made too detailed. It is therefore necessary for us to give up some of the minuteness in order to reach a more simple and intelligible concept, and indeed Lister (1993) has encouraged such an act.

The results presented in this study may be questioned, as it is based on dissection of one single amputation specimen. However, the background material from 1977 through 1993 is large enough to cover most of the anatomical variations, and as the results presented in this study did not significantly differ from what was previously found they may be considered satisfactorily supported. The present study particularly aims to focus on the ulnotriquetral and radioulnar ligaments, and that is what will be further discussed.

The ulnocarpal ligament

This study shows that an ulnocarpal ligament arises in the fovea of the ulnar head and out at the base of the ulnar styloid, and it extends distally to insert at the palmar surface of the triquetrum. This, however, is a controversial point. Taleisnik (1985) considers the ulnocarpal ligament to be exclusively an ulnolunate ligament, whereas he defines the ulnotriquetral portion as the 'ulnocarpal meniscus homologue'. Mayfield et al (1976) present an ulnolunate as well as an ulnotriquetral ligament, but, like Taleisnik, they claim that the origin of the ulnocarpal ligament is the meniscus, not the head or styloid of the ulna. Palmer (1993) presents one ulnolunate and one ulnotriquetral ligament, both arising from the ulnar styloid, the ulnolunate ligament being the largest, and so does Lister (1993). However, according to Bowers (1993), who also presents two ligaments, the ulnotriquetral ligament is significantly larger than the ulnolunate ligament, and he claims that both arise from the base of the ulnar styloid. The results in this study speak in favour of the ulnocarpal ligament being an *ulnotriquetral ligament*, which provides palmar stabilization of the triquetrum in analogy to what the radiolunate ligament does to the lunate.

The radioulnar ligament

In previous work (af Ekenstam and Hagert 1985) we stated that the distal radioulnar joint is stabilized by the radioulnar ligament in the following way: *upon pronation* – tension of the palmar fibrous strands and compression between the dorsal part of the sigmoid notch and medial aspect of the ulnar head; *upon supination* – vice versa. This has been questioned in several later studies. Based on an in vivo MRI study, Olerud et al (1988) claimed the opposite, that upon pronation the dorsal fibrous strands, not the palmar ones, must be tight, and upon supination vice versa. Similar findings were reported in an anatomical study by Schuind et al (1991). However, further dissectional studies showed that the palmar, as well as the dorsal, fibrous strands of the radioulnar ligament consist of one superficial portion, the origin of which is at the ulnar styloid, and one deep portion arising from the fovea of the ulnar head, near the position of the axis of forearm rotation (Hagert 1994). The following was found: *upon pronation* – tightness of the dorsal superficial portion and at the same time the palmar deep portion; *upon supination* – vice versa. Obviously, Schuind et al (1991) had studied the superficial portions whereas we (af Ekenstam and Hagert 1985) had studied the deep ones. Consequently, the contradiction is illusory. Of importance, however, is that from 1985 our view of the stabilization of the distal radioulnar joint – later also adopted by Bowers (1993) – could be stated precisely: *active pronation* is naturally associated with a force, which tends to displace the distal radius in the palmar direction relative to the ulnar head, and that dislocating force gives rise to *tension* of the *deep palmar strands*, whereby it is transmitted to *compression* between the dorsal margin of the sigmoid notch and the medial aspect of the ulnar head, and full stability is achieved; upon *active supination* – vice versa (Fig. 4). Tension of intact ligaments and compression between congruent joint surfaces constitute the two stabilizing factors that work intimately together in any position of the joint within its natural range of movement, a statement which is probably true of all joints but particularly applicable to the distal radioulnar joint. In any case of instability of that joint, it is of great importance to consider both the ligamentous status and the joint

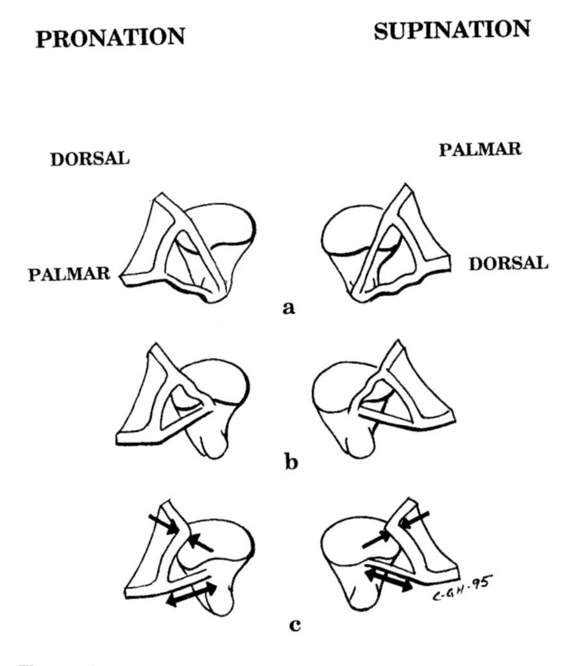

Figure 4

Schematic illustration of the function of the superficial and deep portions of the ulnoradial ligament: (a) superficial portions; (b) deep portions; (c) ultimately, the stabilization of the ulnoradial joint is achieved by tension of the deep ligament portions and compression between the articulating surfaces.

congruity. For instance, post-traumatic instability, which is so frequently seen after a malunited distal radius fracture, is due to joint incongruity caused by the dorsal malangulation rather than to torn ligaments. Accordingly, the adequate treatment should be restoration of joint congruity by means of a corrective osteotomy at the fracture site and not a ligament reconstruction, which, if performed while the incongruity is left untreated, will fail.

The ulnotriquetral and radioulnar ligament junction

The study showed that the junction between the radioulnar and the ulnotriquetral ligaments could be delineated even though the fibres from the ligaments dispersed rather smoothly with no abrupt borderline in between (see Fig. 1a, b). Different descriptions of this junction exist, varying from one depicting the two ligaments as two completely separate structures arising from the ulnar head (Bowers 1993) to those claiming that the ulnocarpal ligament exclusively (Taleisnik 1985) or predominantly (Mayfield et al 1976) is an ulnolunate ligament arising from the 'meniscus' and not from the ulnar head. The conclusion from this study is that a thick and well delineated ulnocarpal ligament was seen extending from the ulnar head to the palmar surface of the triquetrum with no insertion of importance at the lunate. Therefore, the imprecise term 'ulnocarpal ligament' should be deleted and replaced by the more precise term 'ulnotriquetral ligament'. The question whether this ligament blends with the radioulnar ligament or not seems from the practical point of view totally irrelevant. The study rather supports the concept of *one* ligament, which is formed by the radioulnar and the ulnotriquetral ligaments, and which, from a limited area in the fovea of the ulnar head (see Fig. 2), extends in two perpendicular planes to insert at the palmar aspect of the triquetrum in the *coronal plane* and at the ulnar margin of the radius in the *transverse plane*. This compound ligament corresponds to the structure known as the triangular fibrocartilage complex (TFCC).

The fixed point concept

In relation to the humerus, the ulna moves in just one plane, the flexion–extension plane of the elbow. The main flexor muscle of the elbow is the brachial muscle, which inserts proximally at the ulna. Consequently, flexion of the elbow is a movement mainly related to the ulna, whereas the radius is mainly related to the hand. When we hold an object in the hand, we usually also keep the elbow flexed. Hence we can say that the ulna then is carrying the radius, the hand, and the object held in the hand. We might in fact say that it is the ulnar head that is more or less carrying the whole load.

The integrated function of all the different articulations of the wrist, which we incorrectly call a singular 'wrist joint', allows a three dimensional movement of the hand. By definition, the wrist joint is a 'universal joint', and like any universal joint it needs a fixed point in order to transmit forces effectively. The *ulnar head* thus constitutes the *fixed point* of the universal joint that is the wrist joint (see Fig. 3).

How is the ulnar head to be appreciated? When we look at a radiograph of the wrist, for instance, we are so impressed by the size of the radius compared with the tiny distal part of the ulna that we think of the radius as the most important part of the wrist. This has had an influence on the nomenclature. We say 'distal *radio*ulnar joint' and '*radio*ulnar ligament'. Logically we should then, for instance, also say 'phalangeometacarpal joint' and 'phalangeometacarpal ligament', but we do not, nor would anyone even for a moment think of doing so.

Semantics is important. The words and definitions we use exert a supreme power over our actions. We act the way we talk and define things. The best example of this would, in this context, be the resection of the ulnar head, a surgical procedure generally considered a minor one suitable for the most junior surgeon to do. We have always looked at the distal radius and talked about it as if it were the main part of the system, which might be correct in terms of size, whereas the tiny little end of the ulna has been talked about as something we could just take away without hesitation. Nowadays, however, we have begun increasingly to realize the problems following this procedure in terms of pain and weakness due to the unstable end of the ulna impinging on the radius. How could these findings ever surprise anyone? Fortunately, in selected cases the results are reasonably good, despite the fact that this procedure is not in accordance with the functional anatomy of the wrist. The example clearly demonstrates how we act according to the words and definitions we use.

In order to proceed we should change our words and definitions according to functional anatomy. Hence this proposal of the *fixed point concept*, a term that seems to be used here for the first time. From a practical point of view the fixed point concept means this:

1 the ulnar head is the fixed point
2 the distal articulation between radius and ulna should be called the *ulnoradial joint* (no 'distal' since the 'proximal radioulnar joint' should just be 'the radioulnar joint')
3 the ligament of the ulnoradial joint should accordingly be called the *ulnoradial ligament* (in harmony with the term 'ulnotriquetral')
4 the term TFCC should be replaced by URTL (*ulnoradial-triquetral ligament*) (note: 'ligament', not 'complex'; it is a ligament throughout, although a central part of it has undergone cartilaginous metaplasia and has been called 'the disc').

The fixed point concept will help us to understand better the instability problems we see in the ulnar aspect of the wrist. For example, the fixed point concept gives a logical explanation of the pathomechanics behind the so called 'supinated hand' we see so commonly among those with rheumatic disorders. Rheumatic disease gives rise, among other things, to an erosion at the fovea area of the ulnar head, which causes the URTL to lose its attachment to the ulnar head (Fig. 5). Accordingly, the effect of this will be a subluxation of the triquetrum and the radius in a palmar direction, not a subluxation of the ulnar head in a dorsal direction as is the general view. This is not hair splitting, because if we accept the idea that it is the

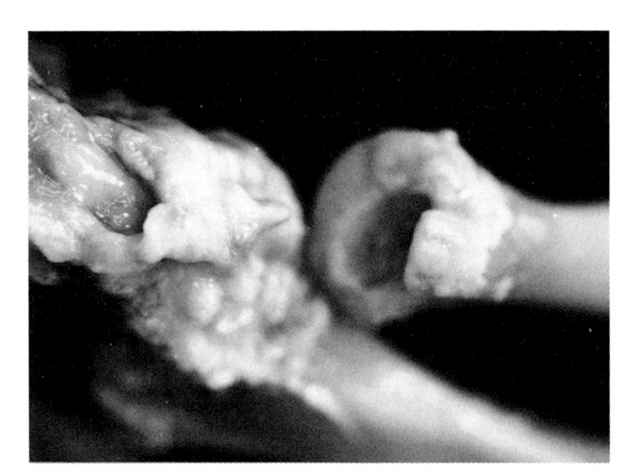

Figure 5

The ulnoradial–triquetral ligament, has been detached from the ulnar head and deflected distally. The origin of the ligament is then clearly visualized. In those with rheumatic disease, an erosion is commonly seen just at the origin of the URTL, due to which it loses its attachment to the ulnar head and its stabilizing function. The triquetrum and the radius will then displace in the palmar direction, giving rise to the so called 'supinated hand'.

triquetrum and radius that have dislocated in the palmar direction, we will also logically understand what will be the treatment of choice, namely reduction of the displaced triquetrum and radius back to normal, relative to the ulnar head, and in that position reinsertion to the ulnar head of the detached URTL, provided the condition of the articulating surfaces is such that it makes this procedure feasible.

In summary, this chapter stresses that the ulnar head is the immobile and weight bearing part of the wrist and that one ligament arises at its fovea and extends fan shaped in two perpendicular planes, to insert at the ulnar–distal margin of the radius (in the transverse plane) and palmarly at the triquetrum (in the coronal plane). It is proposed that this ligament shall be called the URTL – the ulnoradial–triquetral ligament – and replace 'TFCC', owing to the reevaluation of the role of the ulnar head, in order to improve our understanding of the instability problems ulnarly in the wrist.

Acknowledgement

This study was supported by Stiftelsen för bistånd åt vanföra i Skåne.

References

Bowers WH (1993) The distal radioulnar joint. In: Green DP, ed. *Operative Hand Surgery*, 3rd edn. Churchill Livingstone: New York: 973–1019.

af Ekenstam F, Hagert CG (1985) Anatomical studies on geometry and stability of the distal radioulnar joint, *Scand J Plast Reconstr Surg* **19:**17–25.

Green DP (1993) Carpal dislocations and instabilities. In: Green DP, ed. *Operative Hand Surgery*, 3rd edn. Churchill Livingstone: New York: 861–928.

Hagert CG (1979) Functional aspects on the distal radio-ulnar joint, *J Hand Surg* **4A:**585 (abstract).

Hagert CG (1980) Functional aspect on the ulnar head, *Abstract Book. First Congress of the International Federation of Societies for Surgery of the Hand*, Rotterdam, 114 (abstract).

Hagert CG (1987) The distal radioulnar joint, *Hand Clin* **3:**41–50.

Hagert CG (1992) The distal radioulnar joint in relation to the whole forearm, *Clin Orthop* **275:**56–64.

Hagert CG (1994) Distal radius fracture and the distal radioulnar joint – anatomical considerations, *Handchir Mikrochir Plast Chir* **26:**22–6.

Lister G (1993) *The Hand: Diagnosis and Indications*, 3rd edn. Churchill Livingstone: Edinburgh.

Mayfield JK, Johnsson RP, Kilcoyne RF (1976) The ligaments of the human wrist and their functional significance, *Anat Rec* **186:**417–28.

Olerud C, Kongsholm J, Thuomas KÅ (1988) The congruence of the distal radioulnar joint. A magnetic resonance imaging study, *Acta Orthop Scand* **59:**183–5.

Palmer AK (1993) Fractures of the distal radius. In: Green DP, ed. *Operative Hand Surgery*, 3rd edn. Churchill Livingstone: New York: 929–71.

Schuind F, An KN, Berglund L, et al (1991) The distal radioulnar ligaments: a biomechanical study, *J Hand Surg* **16A:**1106–14.

Taleisnik J (1985) *The Wrist*. Churchill Livingstone: New York.

4
Wrist stability/wrist instability

Fredrik af Ekenstam

The wrist is perhaps the most complicated joint in the body. It permits movements in three planes – extension/flexion, ulnar deviation/radial deviation, and pronation/supination – and allows complex patterns of motion under significant strain. Optimal wrist function requires stability of the carpal components in all joint positions under static and dynamic conditions. Stability is achieved by a sophisticated geometry of articular surfaces and an intricate system of ligaments, retinacula, and tendons, which also determine the relative motion of the carpal bones.

Stability

Several theories have been proposed over the years concerning the mechanisms of wrist stability. While some kinematic concepts remain controversial, most hand surgeons would agree to the following assertions:

- The distal articular surface of the radius, the triangular fibrocartilage complex, and the distal ulna form the base for radiocarpal function.
- The distal row of carpal bones can be regarded as one rigid body in which the trapezium, trapezoid, capitate, and hamate are tightly conjoined.
- The proximal carpal row, comprising the scaphoid, lunate, and triquetrum, is a mobile, adaptive, and inherently unstable intercalated segment. Its relative position is determined by the spatial configurations of the radius, triangular fibrocartilage, and ulna proximally, and by the rigid outer carpal row distally, and is controlled by special retaining and guiding ligaments.

The arrangement of articular surfaces is such that ligamentous support is needed to achieve stability. The distal articular surface of the radius is sloped ulnarly in the frontal plane and tilted volarly in the sagittal plane. With axial loading the proximal carpal bones tend to shift in the ulnar and volar directions and are retained by strong radiocarpal ligaments. The convex proximal articular surfaces of the scaphoid, lunate, and triquetrum show different curvatures which guide these bones in slightly diverging directions when the wrist is moved. The contour of the proximal articular surface of the scaphoid and the wedge shape of the lunate (extra height volarly in the sagittal plane) tend to tilt these bones dorsally with axial stress. There are important stabilizing mechanisms to align these bones physiologically. The triquetrum yields a very small proximal joint surface and a helicoidal joint surface distally. Its ligamentous attachments are the strongest of all carpal bones. The pisiform may be seen as a sesamoid bone within the flexor carpi ulnaris tendon and contributes significantly to the stability of the ulnar side of the wrist. The capitate, located centrally in the distal carpal block, extends far proximally and carries in its head the axes of wrist motion. Special articular configurations at the outer links of the proximal to the distal carpal rows, the triquetrohamate and the scaphotrapezial–trapezoid joints are considered to be of decisive importance for the proper functioning of the intercalated segment.

The ligamentous system is imperative for stability of the wrist. This system comprises the short, intrinsic interosseous ligaments, the longer, extrinsic intracapsular ligaments, and the extra-articular ligamentous structures.

The *interosseous ligaments* are very tight at the distal carpal row and responsible for its compact structure. At the proximal carpal row the interosseous ligaments assume special functions in assuring transverse coherence and rotary coupling, while permitting spatial adaptations of the scaphoid, lunate, and triquetrum.

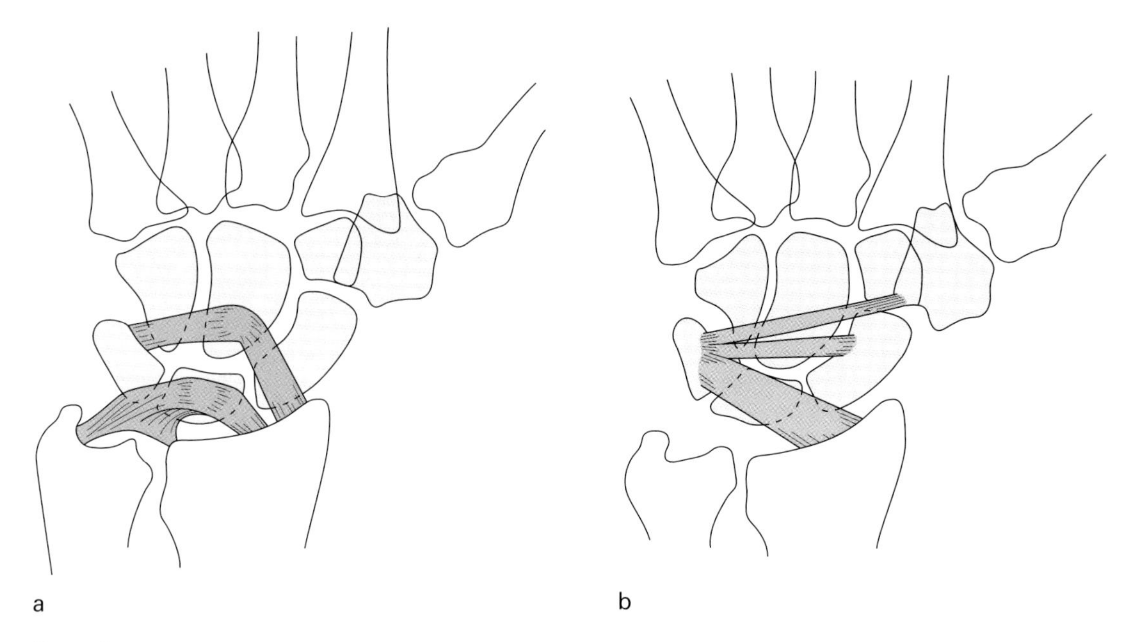

Figure 1

(a) Intracapsular ligaments of the wrist, palmar aspect. The short, proximal 'V' ligament originates from the radius and the triangular fibrocartilage and attaches to the lunate (and triquetrum). The longer, distal 'V' ligament is composed of the radioscaphoidal–capitate ligament radially and the triquetro(hamo)capitate ligament ulnarly. (b) The dorsal intracapsular ligaments comprise a strong radio(luno)triquetral ligament and a fan of ligaments diverging from the triquetrum in the direction of the dorsoradial aspect of the wrist.

The *extrinsic intracapsular ligaments* comprise the volar and the dorsal radio(ulno)carpal ligaments. The volar ligaments are the strongest and arranged in a proximal and distal 'V' configuration (Fig. 1a). The proximal parts of the ligaments pass from the ulna (triangular fibrocartilage complex) and radius to the lunate bone. The distal parts originate from the radius and triquetrum and attach to the head of the capitate bone. The dorsal extrinsic ligaments include a strong radioluno–triquetral component and a diverging extension from the triquetrum to the trapezium, trapezoid, and scaphoid (Fig. 1b). From the direction and attachments of these ligaments, three main conclusions can be drawn:

- The proximal volar 'V' ligaments stabilize the lunate to the radius and ulna. Indirectly, aided by the interosseous ligament extensions, stability is provided to the proximal pole of the scaphoid.
- The distal 'V' ligaments anchor the head of the capitate (near the axis of motion) to the radius and the triquetrum, and through the radial portion of the ligament the scaphoid is also controlled.
- The dorsal and volar ligaments are essentially oriented towards the triquetrum and prevent ulnar translation of the wrist.

The *extra-articular ligamentous system* exerts a more dynamic function. It strengthens the intra-articular ligamentous system, but cannot replace it completely. This system is oriented towards the triquetral and pisiform bones. On the volar side it consists of the flexor retinaculum and the flexor carpi ulnaris, and dorsally, of the extensor retinaculum with the extensor carpi ulnaris tendon. Through the insertion of the extensor retinaculum, ulnar stability is created when the extensor carpi ulnaris is tightened. In addition, the entire proximal carpal row is stabilized with

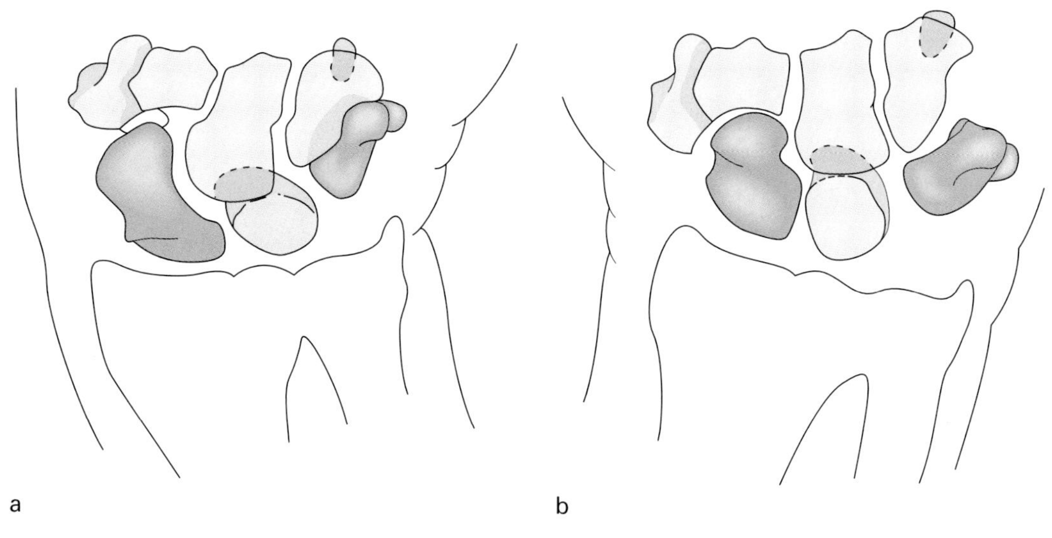

Figure 2

(a) Adaptation of the proximal carpal row to ulnar deviation of the wrist. The scaphoid, lunate and triquetrum are in the extended position. The triquetrohamate joint is in the low engaged position. (b) Dorsal aspect of the wrist in radial deviation showing the adaptive flexion of the bones of the proximal carpal row.

pronation of the wrist. The flexor retinaculum inserts only into the distal row of carpal bones, but the flexor carpi ulnaris tendon, which partly inserts into the pisiform bone, is also considered to have a stabilizing function when tightened.

No tendons insert into the proximal carpal bones. Their motion is controlled indirectly by the added forces of the wrist motors and the extrinsic motors to the thumb and the fingers. With ulnar deviation the head of the capitate is moved dorsally and exerts pressure on the dorsal aspects of the scaphoid and lunate, which tilt in the dorsal direction (Fig. 2a). Continued ulnar deviation engages the hamate with the triquetrum and causes further extension of the triquetrum which transmits this momentum, by the lunotriquetral ligament, to the lunate. The space between the radius and the trapezium/trapezoid opens up and the scaphoid is guided into the extended position. With radial deviation (Fig 2b), the capitate is pressed volarly and pushes on the volar lip of the lunate, exerting lunate flexion. Simultaneously the scaphoid is flexed by the proximal migration of the trapezium and trapezoid. Through volar flexion of the lunate and the widening of the distance between the hamate and the ulna the triquetrum is drawn upwards along the hamate to its high disengaged position.

When the proximal and distal rows of carpal bones move synchronously in extension or flexion, the risk of instability is minimal. With complete radial or ulnar deviation, however, when the two rows are moving in opposite directions in relation to each other, there is an increased risk of instability.

Instability

Instability of the wrist is a condition of altered joint kinematics in which one or several carpal bones are permitted abnormal patterns of motion as a result of bony abnormalities, ligamentous lesions or joint laxity.

Classification

Several classification systems of wrist instability have been proposed. For simplicity this chapter uses Taleisnik's theory, which is based on the columnar concept of Navarro. This concept conceives of the wrist as being composed of three vertical columns. The central, or flexion/extension column comprises the conjoined trapezium, trapezoid, capitate, and hamate monoblock distally, and the lunate proximally. The lateral, mobile column consists of the scaphoid. The medial, or rotating column contains the triquetrum and the pisiform.

Instability of the wrist may be primary (as caused by stretching or rupture of ligaments), or secondary (as caused by malunion of the radius or Madelung's deformity). Furthermore, instabilities may be either dynamic or static, and in many cases a dynamic instability can gradually become a static one. This is explained by the fact that each of the mobile proximal carpal bones is supported by several ligaments. Rupture of a single ligament may not become apparent immediately but secondary failure of one or several of the other 'lines of defence' may, with time, entail dynamic instability and perhaps, eventually, static failure.

According to Taleisnik, carpal instabilities can be classified into lateral, medial, or proximal types.

Lateral (radial) carpal instabilities

Lateral instability develops when the ligaments between the scaphoid and the central column are damaged. The lesion occurs most commonly between the scaphoid and lunate but may rarely be located between the scaphoid, trapezium, and trapezoid, or between the scaphoid and capitate. Scapholunate dissociation is associated with stretching or rupture of the scapholunate interosseous, the radioscaphoidal–lunate, and the scaphoidal attachment of the radioscaphoidal–capitate ligaments. The proximal pole of the scaphoid loses its biomechanical linkage to the distal radius and shifts dorsally and the scaphoid flexes and pronates. This leads to a decreased distance between the radius and the trapezium and trapezoid. The capitate shifts somewhat dorsally and is deviated radially. As a result of deficient scapholunate control, the lunate and triquetrum assume a dorsally extended and ulnarly translated malposition which may include a rotary component along the central longitudinal axis of the wrist. Through compression forces across the wrist, the capitate forces the scaphoid and lunate apart, accentuating their malalignment of static scapholunate dissociation.

Medial (ulnar) carpal instabilities

Medial carpal instability takes place between the triquetrum and hamate or the triquetrum and lunate, and is caused by stretching or rupture of the stabilizing ligaments of the triquetrum, which include the interosseous lunotriquetral ligament, the medial portion of the distal 'V' ligament, and the dorsal radiotriquetral ligament, and their extensions to the hamate.

In the case of damage (particularly stretching) to the ligaments of the triquetrohamate joint, dynamic (but not static) instability may occur which presents with an impressive click when the wrist is radially and ulnarly deviated. This is due to a sudden uncontrolled movement of the scaphoid and lunate bones which remain behind and then catch up when tilting dorsally with ulnar deviation and volarly with radial deviation.

With significant ligamentous damage and static dissociation between the lunate and triquetrum, the lunate and scaphoid assume an unphysiological volar flexed position which they maintain even in ulnar deviation as their correct alignment is no longer assured by the lunotriquetral linkage. The dissociated triquetrum remains dorsally tilted even with the wrist in radial deviation. This injury usually leads to permanent volar flexion of the scaphoid and lunate, the 'static volar intercalated segment instability' pattern.

Proximal carpal instabilities

Proximal carpal instability is caused by the sequelae of a radius fracture and, depending on the type of deformity, there may be an ulnar, dorsal, or volar carpal translation. 'Mid-carpal proximal instability' may also occur. These instabilities can usually be corrected by restoring the correct anatomical shape and alignment of the radial articular surface.

Conclusions

Unfortunately, ligamentous injuries of the wrist are not usually diagnosed in the acute stage when the chances of successful treatment are at their best. Primary care physicians seeing patients with acute wrist injuries should be aware of the serious long-term consequences when a carpal ligament lesion is missed. Because certain types of carpal instability are not visible on standard radiographs, even when correctly taken and interpreted, better algorithms of imaging techniques must be developed, especially to address the hidden dynamic patterns of instability.

Bibliography

Kuhlmann JH, Fahrer M, Kapandji AI, Tubiana R (1985) Stability of the normal wrist. In: Tubiana R, ed, *The Hand.* WB Saunders Company: Philadelphia: 934–44.

Sennwald G (1987) *The Wrist. Anatomical and Pathophysiological Approach to Diagnosis and Treatment.* Springer Verlag: Berlin: 13–45.

Taleisnik J (1985) Carpal instability. In: Tubiana R, ed. *The Hand.* WB Saunders Company: Philadelphia: 986–1000.

5 Classification of carpal instabilities

Philippe Saffar

Carpal instability consists of:

- Rupture or attenuation of intrinsic and extrinsic carpal ligaments

or

- Malalignment of the carpal or radiocarpal bones on radiographs.

Goals of a classification system

- A simple, memorable system that does not require reference to a textbook every time one sees a patient
- A system that assists in diagnosis and treatment and helps to ensure some unity in reporting of results (T Herbert).

General classifications

General findings to be included in a classification system include:

- Clinical
- Radiological
- Anatomical.

Clinical

Clinical history and examination may give sufficient information for the physician to suspect the type of instability involved. Examples are the dorsal wrist syndrome, which can be detected by the 'scaphoid shift test', or the 'clunk' of the midcarpal instability. Pain location is the most important feature in determining the type of instability.

Radiological

Features that can be detected radiologically include:

- Position of carpal bones (flexion or extension)
- Existence of a gap or dissociation between two carpal bones
- Angles and indices:
  - dorsal intercalated segment instability (DISI) deformity (scapholunate angle > 70°)
  - volar intercalated segment instability (VISI) deformity (scapholunate angle < 30°)
  - carpal height ratio (normal = 0.54 ± 0.03)
- 'Concertina deformity'
- Gilula's arcs
- Dissociation elicited by dynamic or stress radiographs
- Presence of osteoarthritis on plain radiographs
- Abnormal leakage on arthrograms
- 'Snap' detected on cineradiography
- Ligament tears detected by magnetic resonance imaging (MRI)
- Ligament tears and cartilage wear detected by computed tomography after arthrography (arthroscan).

Criteria for radiological classification:

- Constancy (static or dynamic)
- Colinearity of radiocapitate axis: alignment or malalignment
- DISI or VISI
- Carpal bones malalignment
- Volar or dorsal tilt of the entire first row
- Long ulna.

However, if the classification is based only on these features it is incomplete.

Anatomical

Describing the unstable joint with regard to:

- Attenuation or rupture of the interosseous carpal ligaments
- Tear of radiocarpal or intercarpal ligaments with reference to:
  - arthroscopic or radiological findings (MRI, arthroscan)
  - experimental studies
  - peroperative findings

associated with (1) radial or ulnar-sided injuries, (2) triangular fibrocartilage complex (TFCC) tears and carpal and distal forearm bone fractures.

Classifications based on the joints

Each type of instability has its own features and evolution:

Scapholunate instability

- 'Predynamic': clinical diagnosis
- Dynamic scapholunate instability: clinical diagnosis + motion series radiographs + arthrography or other diagnostic investigations
- 'Static' (or constant) or fixed scapholunate instability: plain radiographs + control of the cartilage status: arthroscan or arthroscopy
- scapholunate advanced collapse (SLAC): radioscaphoid and lunocapitate arthritis.

Lunotriquetral instability

- Predynamic: clinical diagnosis without alterations on plain radiographs
- Dynamic instability: clinical diagnosis and motion series radiographs
- Static instability: plain radiographs.

Associated injuries: triangular disc (TFCC, ulnar styloid, midcarpal instability).

Proximal row instability

Association of scapholunate and lunotriquetral instability may be:

- Diagnosed clinically but complementary investigations are necessary
- Visible on plain radiographs
- Detected by arthrography or arthroscopy when only one injury is suspected.

This association is frequent after carpal dislocations.

It is a difficult problem: which one is the cause of the symptoms and is treatment of both ligament tears necessary?

Midcarpal instability

Adaptive carpus

Definition: malalignment between first and second row which are no longer colinear. This may be a consequence of:

- Distal radial fracture malunion
- Scaphoid fracture nonunion or malunion
- Other causes of carpal collapse such as advanced Kienböck's disease, capitate bone osteonecrosis.

Midcarpal ligament tear or attenuation

- Pain and 'clunk' in hyperlax young patient after light injury or repeated stress
- After rotational significant injury in normal patients.

Proximal instability

- Carpoulnar shift secondary to radiocarpal dislocations or fracture dislocations
- Carpoulnar shift secondary to iatrogenic procedures: too large distal ulna resections
- Carpal volar or dorsal shift secondary to volar or dorsal rim distal radius malunion
- Rheumatoid arthritis.

Stage 1: Ulnocarpal shift of the entire carpus
Stage 2: Ulno carpal shift with a scapholunate gap.

Axial instability

- Carpal fracture dislocations by crush injury
- Axial ulnar: trans- or perilunate and peripisiform
- Axial radial: peri- or transtrapezium, peritrapezoid.

Existing classification systems for carpal instability

The Mayo Clinic classification (Dobyns, Linscheid, Cooney, Amadio)

1. Carpal Instability Dissociative (CID)	
1.1 Proximal row CID	
Unstable scaphoid fracture	DISI
Scapholunate dissociation	DISI
Lunotriquetral dissociation	VISI
1.2 Distal row CID	
Axial-radial (AR) dissociation	radial trans/PM
Axial-ulnar (AU) dissociation	ulnar trans/PM
Combined AR/AU dissociation	
1.3 Combined proximal/distal CID	
2. Carpal Instability Non-Dissociative (CIND)	
2.1 Radiocarpal CIND	
Malunion of the distal radius	DISI/ dorsal trans
Radiocarpal ligaments rupture	ulnar trans
Madelung's deformity	ulnar trans/PM
2.2 Midcarpal CIND	
Triquetrum–hamate–capitate ligament rupture	VISI
Scaphotrapezium–trapezoid ligament rupture	VISI
Combinations	
2.3 Combined radiocarpal/ midcarpal instability	
Capitate-lunate instability pattern (CLIP)	
3. Combined CID/CIND instability	
Perilunate instability	DISI/ulnar trans

DISI, dorsal intercalated segment instability; VISI, volar intercalated segment instability; PM, proximal migration; trans, translocation.

The Taleisnik classification

Instability
- Lateral
  - Scapholunate
  - Scaphocapitate
  - Scaphotrapezial
- Medial
  - Triquetrolunate
  - Triquetrohamate
- Proximal
  - Radiocarpal
  - Midcarpal

The Lichtman classification

I Lesser arc injuries
- Scapholunate instability
  dynamic partial
  static complete (DISI)
- Triquetrolunate instability
  dynamic
  static (VISI)
- Perilunate dislocation

II Greater arc injuries
- Scaphoid fractures, stable or unstable (VISI)
- Naviculocapitate injury
- Trans-scapho–transtriquetro–perilunate dislocation
- Variations/combinations

III Inflammatory disorders
- Scapholunate instability, static or dynamic
- Triquetrolunate, static or dynamic

IV Proximal instability
- Ulnar translocation of the carpus, rheumatoid or post-traumatic
- Dorsal Barton's fracture
- Palmar Barton's fracture

V Miscellaneous

The Barton classification (International Wrist Investigators' Workshop)

- Constant or intermittent
- Joint concerned
- Direction of angulation, flexion or extension
- Presence or absence of dissociation (but not dissociative or not dissociative types)
- Primary or secondary (intrinsic or extrinsic)

Other classifications have also been produced by M Garcia-Elias, and T J Herbert, L K Ruby, G Sennwald, S Viegas, K Watson, and E Weber of the International Wrist Investigators' Workshop.

In summary

Some authors define carpal instability only as the consequences of injuries or repetitive stresses on carpal ligaments, while others include carpal bone malalignments secondary to extrinsic factors (malunion of distal radial fractures, Madelung's deformity, inflammatory diseases) or intrinsic factors (Kienböck's disease, scaphoid pseudoarthrosis or malunion, capitate necrosis).

The author's choice

1. Static or dynamic instabilities
2. Location of instability
   - Proximal row instability
     - scapholunate
     - lunotriquetral
     - or both
   - Midcarpal instability
     - Ligament attenuation or tear after a light trauma in hyperlax persons
     - Ligament tear after rotational injury
   - Proximal instability (radiocarpal)
     - with the two Taleisnik's stages

Of course, an instability can be definitely classified only after clinical, radiological or arthroscopic investigations, and sometimes only on the operative findings and the treatment outcome.

The same question recurs: what is carpal instability? I would not call carpal instability:

- Rheumatoid arthritis
- Progressive aging of carpal ligaments
- The carpal reaction to extrinsic or intrinsic malalignments

These aetiologies result in an **adaptive carpus** which can be cured by specific treatments

Only the sequelae of ligament tears or attenuation are included in carpal instabilities.

Bibliography

Alexander CE, Lichtman DM (1984) Ulnar carpal instabilities, *Orthop Clin North Am* **15**:307–20.

Allieu Y (1984) Carpal instability – ligamentous instabilities and intracarpal malalignments – explication of the concept of carpal instability, *Ann Chir Main* **3**:317–21, 366.

Allieu Y, Brahin B, Asencio G (1982) Carpal instabilities. Radiological and clinico-pathological classification, *Ann Radiol* **25**:275–87.

Brahin B, Allieu Y (1984) Les desaxations carpiennes d'adaption, *Ann Chir Main* **3**:357–63.

Buck-Gramcko D (1985) Carpal instabilities, *Handchir Mikrochir Plast Chir* **17**:*188–93*.

Cooney WP, Dobyns JH, Linscheid RL (1990) Arthroscopy of the wrist: Anatomy and classification of carpal instability, *Arthroscopy* **6**:133–40.

Fisk GR (1980) An overview of injuries of the wrist, *Clin Orthop* 137–44.

Garcia-Elias M, Dobyns JH, Cooney WP III, Linscheid RL (1989) Traumatic axial dislocations of the carpus, *J Hand Surg (Am)* **14**:446–57.

Gilula LA, Weeks PM (1978) Post-traumatic ligamentous instabilities of the wrist, *Radiology* **129**:641–51.

Green DP, O'Brien ET (1980) Classification and management of carpal dislocations, *Clin Orthop* 55–72.

Johnson RP, Carrera GF (1986) Chronic capitolunate instability, *J Bone Joint Surg* **68A**:1164–76.

Lichtman DM, Schneider JR, Swafford AR, Mack GR (1981) Ulnar midcarpal instability – clinical and laboratory analysis, *J Hand Surg (Am)* **6**:515–23.

Linscheid RL (1984) Scapholunate ligamentous instabilities (dissociations, subdislocations, dislocations), *Ann Chir Main* **3**:323–30.

Linscheid RL, Dobyns JH (1993) Karpale Instabilitaten, *Orthopade* **22**:72–8.

Linscheid RL, Dobyns JH, Beabout JW, Bryan RS (1972) Traumatic instability of the wrist: diagnosis, classification and pathomechanics, *J Bone Joint Surg* **54A**:1612–32.

Linscheid RL, Dobyns JH, Beckenbaugh RD, Cooney WP III, Wood MB (1983) Instability patterns of the wrist, *J Hand Surg (Am)* **8**:682–6.

Mayfield JK (1984) Patterns of injury to carpal ligaments. A spectrum, *Clin Orthop* 36–42.

Mayfield JK, Johnson RP, Kilcoyne RK (1980) Carpal dislocations: pathomechanics and progressive perilunar instability, *J Hand Surg (Am)* **5**:226–41.

Pachucki A, Kuderna H (1988) Entstehung und Formen der posttraumatischen karpalen Instabilitat, *Unfallchirurgie* **14**:161–7.

Ruby LK (1995) Carpal instability, *J Bone Joint Surg (Am)* (in press).

Saffar P (1984) Luxation du carpe et instabilité residuelle, *Ann Chir Main* **3**:349–52.

Schernberg F (1990) Roentgenographic examination of the wrist: A systematic study of the normal, lax and injured wrist. Part I: The standard and positional views, *J Hand Surg (Br)* **15**:210–19.

Taleisnik J (1980) Post-traumatic carpal instability, *Clin Orthop* 73–82.

Taleisnik J (1984) Classification of carpal instability, *Bull Hosp Joint Dis Orthop Inst* **44**:511–31.

Van Schil P, De Smet C (1986) Traumatic carpal instability, *J Trauma* **26**:947–9.

Watson HK, Ryu J, Akelman E (1986) Limited triscaphoid intercarpal arthrodesis for rotatory subluxation of the scaphoid, *J Bone Joint Surg* **68A**:345–9.

Watson H, Ottoni L, Pitts EC, Handal AG (1993) Rotary subluxation of the scaphoid: A spectrum of instability, *J Hand Surg (Br)* **18**:62–4.

White SJ, Louis DS, Braunstein EM, Hankin FM, Greene TL (1984) Capitate-lunate instability: Recognition by manipulation under fluoroscopy, *AJR Am J Roentgenol* **143**:361–4.

6 The clinical diagnosis of wrist instability

Christian Dumontier

To determine the cause of acute or chronic wrist pain is a diagnostic challenge, particularly when instability is suspected and radiographs are normal. Imaging techniques alone are inadequate as many ligamentous tears may be either degenerative or partial lesions without instability. Moreover, imaging techniques only show intra-articular ligamentous tears but give little, if any, information on extrinsic ligaments. For those reasons, all authors have stressed the importance of clinical examination to develop a differential diagnosis, and determine which imaging modalities are helpful and correlate their results. This chapter deals only with the clinical examination of a wrist suspected to be unstable and does not discuss the examination of soft tissues around the wrist.

A thorough knowledge of the anatomy and physiology of the normal wrist as well as the pathology and pathomechanics of wrist instability is mandatory to perform an effective clinical examination. Physical examination of the wrist includes two different but complementary parts: firstly, a precise objective evaluation of wrist function with measurement of wrist mobility and grip strength; and secondly, examination for tenderness and/or abnormal motion between bones to develop a diagnosis. This chapter deals only with this second part of the wrist examination.

Clinical examination of the wrist

The wrist lends itself well to physical examination. It may be easily positioned, is directly accessible and may (in fact, must) be compared to the opposite wrist. The key to a good examination is to link precisely the symptoms to the underlying palpable, anatomical structures: bone, joint, ligament, or tendon.

Dorsal side

First, the radial styloid is identified. The sharp ridge of the first extensor compartment, Lister's tubercle, and the flat surface of the dorsoulnar part of the radius can be palpated. Between the abductor pollicis longus/extensor pollicis brevis tendons and the extensor pollicis longus tendon the anatomical snuffbox is found and the radial artery and the scaphoid can be palpated. In radial deviation the scaphoid disappears to allow palpation of the scaphotrapezial joint. Moving ulnar to the extensor pollicis longus tendon there is a groove at the distal pole of the scaphoid. At the scaphotrapezial–trapezoidal portal of midcarpal arthroscopy, the trapezium is palpable in the axis of the thumb and the trapezoid in line with the second metacarpal (Linscheid and Dobyns 1987). About 1 cm distal to Lister's tubercle is the scapholunate interval and, slightly radial, while flexing the wrist, the proximal pole of the scaphoid. Just ulnar and distal a shallow depression is felt that corresponds to the neck of the capitate. With wrist flexion this depression disappears to allow palpation of the head of the capitate and the dorsal horn of the lunate. It is not possible to palpate the body of the lunate. On the radial side of the neck of the capitate, about 1 cm distal to the scapholunate interval, is the radial midcarpal portal for arthroscopy. About 1–1.5 cm distal to that point the styloid of the base of the third metacarpal can be palpated where the extensor carpi radialis brevis tendon is inserted. In a neutral position there is, on the ulnar side of the wrist, a continuity between the head of the ulna, the triquetrum, the hamate and the fifth metacarpal (Masquelet 1989). The wrist must be deviated radially to palpate the triquetrum and the triquetrolunate interval distal to the the ulnar head as they disappear in ulnar deviation. Right under the dorsal tuberosity of the triquetrum lies the triquetrohamate interval. On the ulnar side of the wrist, between the extensor carpi ulnaris and the flexor carpi ulnaris tendons, is found the 'ulnar snuffbox' (Beckenbaugh 1984). In radial deviation it is easy to palpate the triquetrum and distal to it the triquetrohamate interval that is used for drainage in midcarpal arthroscopy. The ulnar styloid can be palpated dorsally in supination, and ulnovolarly in pronation (Linscheid and Dobyns 1987, Masquelet 1989).

Volar side

Even if bone structures are much deeper, the radial styloid, the trapezial ridge, the trapeziometacarpal joint, and, with the wrist extended, the tuberosity of the scaphoid and the scaphotrapezial joint can readily be palpated (Masquelet 1989). Ulnarly, the pisiform bone is easily palpable, just under the distal wrist crease. About 2 cm distal and radial to it the hamulus of the hamate can be palpated (Beckenbaugh 1984). It is not possible to palpate the radiocarpal joint which projects at the proximal wrist crease, or the midcarpal joint which is located at the distal crease (Schernberg 1992).

Soft tissue structures about the wrist

Using bony landmarks, almost all the tendons, vessels, or nerves that cross the wrist can be palpated. Their examination is part of a normal wrist examination and is not detailed here.

Physical examination of the unstable wrist

General remarks

Patients come to the physician complaining of pain, weakness or a snapping of the wrist with motion. Clinical examination must be compared to the opposite wrist as examination of normal structures may be painful in some patients. The examination of an unstable wrist should be systematic, following five steps:

1 The first step is to pinpoint the mechanism of injury, since the site and direction of the shock and wrist position during impact may suggest certain types of lesions (Taleisnik 1988). Unfortunately, most patients are unable to state precisely the mechanism of injury.
2 The second step is to define the patient's symptoms better. Pain is the most frequent complaint. Its characteristics, alleviating or aggravating factors, and resultant functional impairment should be determined. Pain does not usually vary from time to time and never disappears totally (Beckenbaugh 1984). Physical activity aggravates dynamic instabilities and results in pain and synovitis which last one or two days (Watson and Black 1987). The patient's precise and comprehensive localization of the pain is the most critical and specific clinical sign. However, correlation with arthrographic tears is better with ulnar pain (88%) than with radial pain (46%) (Manaster et al 1989, Truong et al 1994). Pain reproduced by passive movements done with little loading at the extremes of motion or using provocative manoeuvres is clinically relevant. Pain that disappears with local anaesthesia is also critical (Green 1985, Lister 1993). Loss of grip strength is another frequent complaint. Apprehension is usually the cause but, in the case of moderate pain, this is a suggestive sign of intracarpal instability.
3 The third step is palpation. Each joint should be assessed for localized tenderness, abnormal motion between bones and, rarely, crepitus. Special clinical manoeuvres will be detailed later.
4 The fourth step defines the symptoms reported by the patients: clicks, clunks, snaps and other noises that the patient may hear or feel, and pain related to natural or loaded movements of the wrist. The patient is asked to reproduce the inciting movement and then the physician attempts to reproduce it passively. With the patient's elbow resting on his or her knee, or the examination table, the physician applies an axial pressure and

moves the wrist in all directions. The slight benign cracking of the wrist should be ignored. This occurs frequently during active movements and corresponds to modification of the saturation of intra-articular gas. The 'specific' manoeuvres described in the literature increase loads on ligamentous structures to cause pain, snaps or to reveal abnormal motion between bones, but their specificity or sensitivity is unknown. These tests are indicative, but not diagnostic. Hyperlaxity should also be assessed as it is a predisposing factor to wrist instability (Taleisnik 1985); this includes not only general laxity (elbow, metaphalangeal and proximal interphalangeal joints, and the ability to bring the thumb parallel to the forearm with wrist flexion) but also wrist laxity. The latter includes a volar sag of the ulnar side of the wrist responsible for a dorsal groove, just distal to the ulnar head, which disappears if the physician pushes on the pisiform. In the laxity drawer test axial traction and volar-to-dorsal translation are applied, which cause subluxation of the midcarpal joint and rotate the proximal carpal row from flexion to extension (Schernberg 1992). In slight ulnar deviation, there is an obvious anterior subluxation phenomenon in the normal individual that disappears in neutral, radial, or complete ulnar deviation (Jeanneret and Büchler 1988). A painless midcarpal clunk may also be noted which appears while moving the wrist from radial to ulnar deviation in slight flexion and axial load. This corresponds to the sudden 'catch-up' extension of the proximal carpal row and dorsal translation of the distal row ('Lichtman test'). Some people may also actively reproduce this click (Masquelet 1989). A similar test exists when moving the wrist from ulnar to radial deviation, but is usually less obvious (Schernberg 1992).

5 If plain radiographs are normal, the fifth step is to inject some local anaesthetic in the painful area and repeat the examination (Taleisnik 1987).

Before making a diagnosis of painful wrist instability, it should be remembered that many lesions may cause wrist pain and that ligamentous lesions are rather rare. The frequency of a scapholunate lesion after wrist trauma is at most 5% of cases (Jones 1988). Many painful post-traumatic wrists are the result of occult dorsal ganglia, extra-articular lesions, or post-traumatic impaction syndrome, without instability. However, while wrist instability is rarely asymptomatic (2% of cases), clinical evidence of instability is correlated with anatomical lesions in only 49% of cases (Truong et al 1994). In one series of 87 wrist arthroscopies for suspected wrist instability, 51 patients presented with intracarpal ligamentous tears and 18 with triangular fibrocartilage complex (TFCC) tears. However, 70–80% were partial tears without instability (Ruch et al 1993). A finding on physical examination that reliably indicated carpal instability would be of considerable value, but to date one is not available.

Scapholunate instability

Instability usually follows a fall on the thenar eminence with the forearm pronated and the wrist hyperextended and ulnarly deviated (Beckenbaugh 1984, Taleisnik 1985). Radial pain and progressive loss of grip strength are later followed by loss of motion (Taleisnik 1985). Patients sometimes complain of a snap as the slightly flexed wrist moves from a radial to ulnar direction. In ulnar deviation this snap is caused by the uncoupling of scaphoid and lunate and its sudden correction. With flexion this snap corresponds to either the impaction of the head of the capitate into the scapholunate interval, or posterior subluxation of the scaphoid under the radius (Masquelet 1989). The snap may also be reproduced by applying axial pressure to the wrist and moving it from radial to ulnar deviation (Linscheid 1984).

The following are some provocative manoeuvres described previously in the literature:

The synovial irritation test

This is performed by pushing on the scaphoid in the anatomical snuffbox. This is painful in patients with intracarpal instabilities (Beckenbaugh 1984, Tiel van Buul et al 1993).

The scaphoid bell sign

This is elicited with the thumb on the volar tuberosity of the scaphoid and the index in the snuffbox while the wrist is moved from radial to ulnar deviation. In ulnar deviation, the tubercle of the scaphoid becomes less prominent while the proximal pole projects into the snuffbox. In radial deviation, the proximal pole disappears from the snuffbox while the tuberosity pushes against the physician's thumb. The loss of this smooth motion is a sign of scapholunate dissociation (Schernberg 1992).

The scapholunate ballottement test

This test is an attempt to detect abnormal motion between the scaphoid and lunate. Scaphoid and lunate are grasped firmly between the thumb and index finger of both examining hands and moved in opposite volar–dorsal direction (Fig. 1). It is difficult to appreciate instability as the freedom of motion between the two bones varies greatly between individuals (Masquelet 1989). It is less equivocal if the test is painful. Ballottement of the scaphoid is more apparent in slight flexion as dorsal projection of the second row may sometimes be seen (Linscheid 1984, Linscheid and Dobyns 1987). Another technique is where the physician puts his index finger over the scapholunate interval and moves the wrist in flexion and extension. A groove may be palpable that corresponds to the scapholunate interval, or a slight ballottement of the proximal pole of the scaphoid may be detected (Beckenbaugh 1984). A painful test indicates instability. One limitation of the ballottement test is the difficulty in holding the lunate.

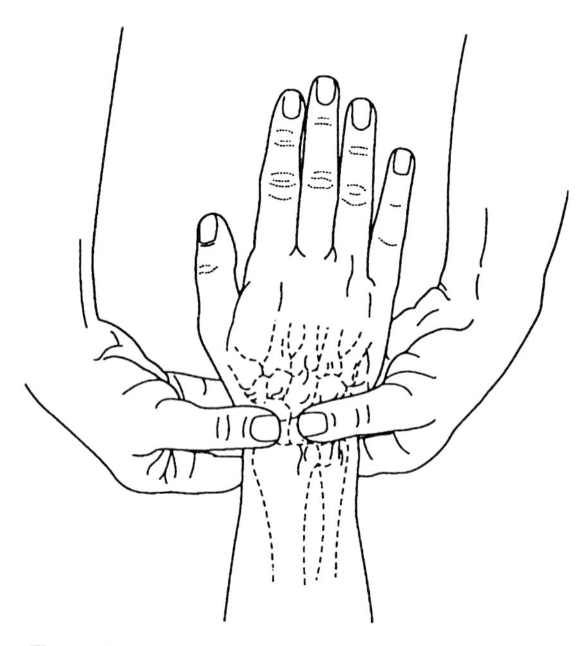

Figure 1

Scapholunate ballottement test. The examiner stabilizes the scaphoid with one hand and the lunate with the other and attempts to shift the two bones against each other, testing for abnormal mobility and provoked pain.

The wrist flexion/finger extension manoeuvre

With the elbow resting on his knee the patient flexes his wrist and extends the fingers while the physician pushes on his fingernails. This test is positive if it causes pain in the scapholunate interval (Watson HK, quoted by Truong et al 1994).

The Watson test

This test entails the physician and the patient facing each other as if arm wrestling (Watson et al 1986, Watson and Black 1987, Watson et al 1988). The physician's index finger is placed on the dorsal pole of the scaphoid while pushing with his thumb on the volar scaphoid tuberosity and holding the metacarpals with the other hand. Firm pressure is applied on the scaphoid tuberosity as the hand is deviated ulnarly, which places the scaphoid in extension. As the wrist is deviated radially, the physician's thumb prevents the scaphoid from flexing (Fig. 2). In lax patients, or in patients with scapholunate instability, the proximal pole of the scaphoid will shift dorsally over the rim of the radius and contact the palpating fingers. The manoeuvre is positive if it causes pain. The scaphoid relocates and produces a 'thunk' when pressure is released (Watson et al 1988). False negative results of the Watson test may be caused by oedema or synovial reaction (Green 1985, Watson et al 1986,

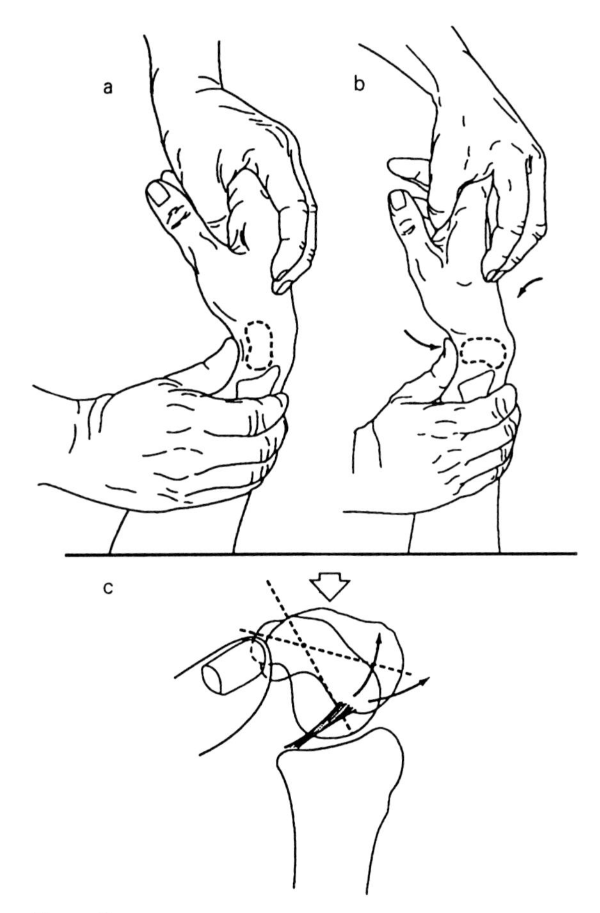

Figure 2

Watson test. (a) With the wrist in ulnar deviation, the scaphoid is stabilized in extension. (b) The wrist is deviated radially and flexion of the scaphoid is resisted by the examiner's thumb. (c) In case of instability, the proximal pole of the scaphoid shifts dorsally and pain is elicited.

Watson and Black 1987). To avoid false positive results, the physician must ascertain the absence of tenderness at the scapholunate interval before performing the test. Although well known, this test lacks both specificity and sensitivity. Watson (quoted by Tiel van Buul et al 1993) reported positive tests in 20% of normal subjects. In another study, 32% of patients presented with a painless click, which was asymmetrical in 14% of cases (Easterling and Wolfe 1994).

The scaphoid shift test

Lane (1993) proposed a modification of the Watson test in which sensitivity is increased by assessing only anteroposterior translation of the scaphoid.

Lunotriquetral instability

This instability may follow a hyperpronation injury (Lichtman et al 1984, Taleisnik 1988, Masquelet 1989) or, more often, a hyperextension injury with impact on the ulnar side of the wrist (Beckenbaugh 1984, Reagan et al 1984, Pin et al 1989). Ninety per cent of patients complain of pain on the ulnar aspect of the wrist. Although palpation of the lunotriquetral joint and rotation of the carpus is usually painful (Reagan et al 1984, Green 1985, Pin et al 1989), pronation–supination movements are painless. Loss of grip strength is less frequent. Two-thirds of patients complain of a click and/or a dull noise (clunk) during wrist movements (Lichtman et al 1984, Reagan et al 1984, Green 1985, Linscheid and Dobyns 1987, Masquelet 1989). Three clinical tests have been described as 'specific' for this injury.

The lunotriquetral ballottement test (Reagan test)

Like the scapholunate ballottement test, the physician holds the lunate between his thumb and index in one hand and the triquetrum in the other while trying to move the two bones independently (Fig. 3). This test is positive if painful, since it is difficult to appreciate instability (Reagan et al 1984, Ambrose and Posner 1992). Sensitivity of this test varies in the literature from 33% to 100% and its specificity is still unknown.

Kleinman's shear test

With the elbow flexed, the physician puts his thumb on the lunate just distal to the radius. With the other thumb he pushes on the pisiform from an anterior to posterior direction to reproduce pain (Ambrose and Posner 1992, Kleinman

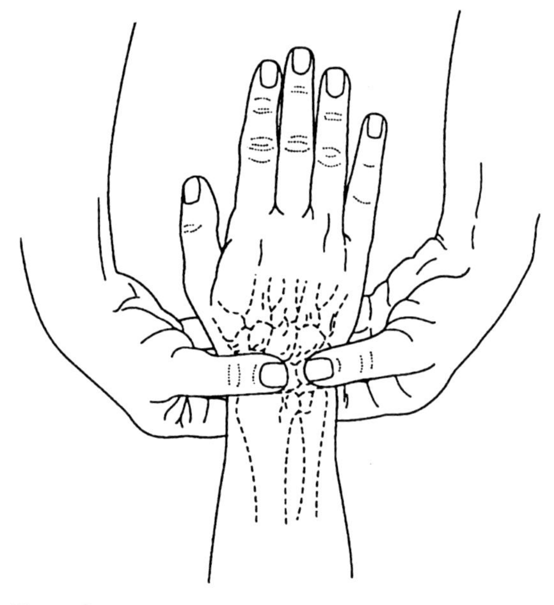

Figure 3

Lunotriquetral ballottement test. Mutual shifting of the pisotriquetral mass and the lunate is attempted.

1993) (Fig. 4). According to Kleinman, this test is more sensitive and more specific than the Reagan test.

The ulnar snuffbox compression test (Linscheid)

This test is performed by pushing on the triquetrum with the thumb in the ulnar snuffbox (Fig. 5), with a positive test being recorded if the lunotriquetral interval is painful (Ambrose and Posner 1992). The test does not seem to be overly specific (Kleinman 1993).

Global instability of the proximal carpal row

This lesion may follow a spontaneously reduced perilunate dislocation in which extrinsic ligaments have maintained some stabilizing

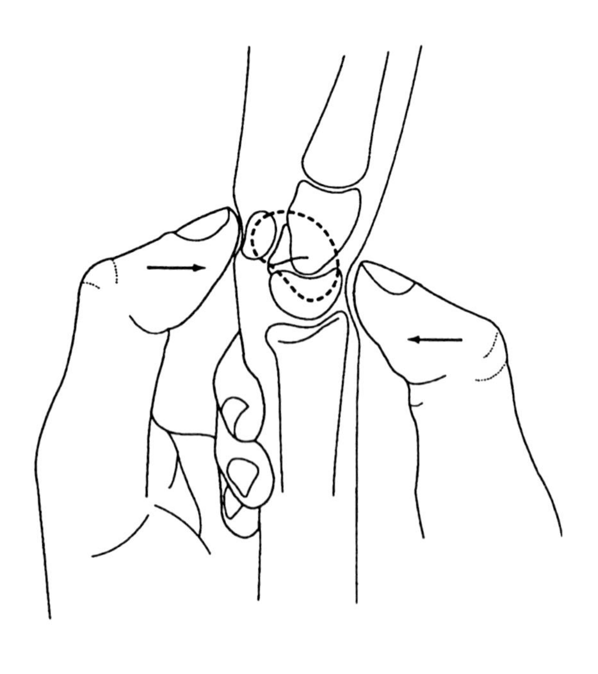

Figure 4

Kleinman's shear test. Lunotriquetral instability is assessed by pushing dorsally on the pisiform while stabilizing the lunate.

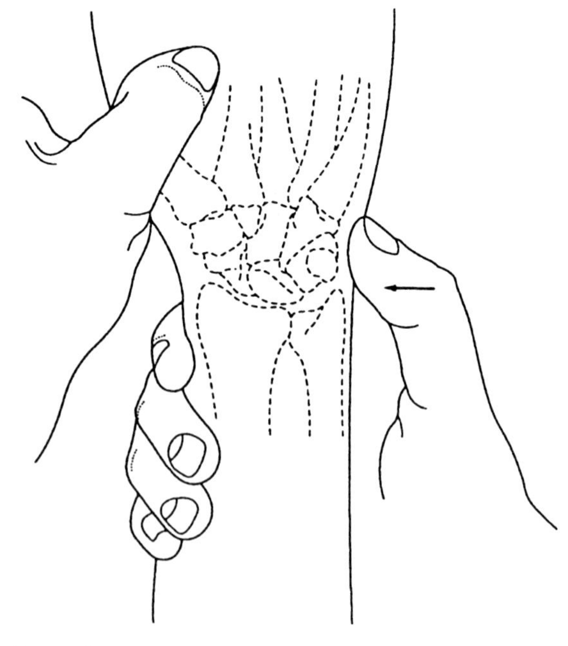

Figure 5

Ulnar snuffbox compression test. Load is directed from the ulnar side.

function. Clinical examination reveals signs of both scapholunate and lunotriquetral instabilities. Associated lesions of the TFCC are very frequent (Pin et al 1990).

Midcarpal instability

There is no current satisfactory classification of midcarpal instabilities. Some authors feel that the respective ligamentous lesions are localized mainly on the ulnar side of the wrist, i.e. about the hamate–triquetral joint (Lichtman et al 1981, Ambrose and Posner 1992, Lichtman et al 1993). Others consider the lesion to be at the lunocapitate interval (Johnson and Carrera 1986). Finally, Schernberg and Masquelet have both described scaphotrapezial instabilities (discussed below).

Ulnar or central midcarpal instabilities

The exact mechanism of injury is unknown and many patients cannot relate the onset of symptoms to a specific episode of trauma (Ambrose and Posner 1992, Lichtman et al 1993). Most patients present with a bilateral wrist laxity and, in one out of three, with a symmetrical but painless midcarpal click (Lichtman et al 1993). Pain is localized on the ulnar side, particularly the hamate–triquetral joint, and is responsible for loss of grip strength and some limitation of wrist motion (Schernberg 1984). The most specific sign is the midcarpal click that patients present during wrist movement with axial compression because it is visible, audible, and *painful*. This click is identical to the click or snap in lax patients, and is reproduced in the same way (Lichtman et al 1981, Masquelet 1989). The click disappears by pushing on the pisiform (this places the first row in extension), or during contraction of the hypothenar muscles (Schernberg 1990). Other manoeuvres have been proposed, according to the suspected anatomical lesion, which all induce a snap with translation of a carpal row and a 'zigzag' deformity of the carpus. These include pain and/or apprehension with dorsal translation of the capitate (Johnson and Carrera 1986) or, with the wrist in slight ulnar deviation, reproduction of pain by volarly translating the metacarpals (Truong et al 1994).

Scaphotrapezial instability

This rare lesion follows an injury with the wrist and thumb in hyperextension. Some torsional component may also be associated (Crosby et al 1978, Masquelet et al 1993). Pain is localized volarly on the scaphotrapezial–trapezoidal joint and is reproduced by pushing the thumb in extension. Patients also complain of weakness of pinch, difficulty with rotational movements of the thumb, and occasional difficulty with writing. One patient presented with swelling of the flexor carpi radialis sheath (Masquelet et al 1993).

Radiocarpal instability

Two types of instability have been described. Radiocarpal dislocations are severe injuries that usually follow a fall with the wrist in hyperextension and ulnar deviation with some torsional component (Dumontier et al 1995). Rare cases of radiocarpal instabilities have been reported. Pain is poorly localized and increased by wrist motion. Clinical examination reveals painful anterior and ulnar drawer test (Bellinghausen et al 1983, Taleisnik 1985, Rayhack et al 1987, Dumontier et al 1995). Schernberg (1992) described a less severe injury that stretches the posterior radiotriquetral ligament. Clinical examination shows a painful medial radiocarpal drawer test (Schernberg 1992). This is produced by the physician pushing his thumb against the posterior side of the triquetrum while the fingers extert counterpressure to the radius. There is also a spontaneous increase of the ulnocarpal sag (Schernberg 1992).

Carpometacarpal instability

Hyperflexion is the usual mechanism of injury. Pain and/or crepitus is localized at the base of the metacarpal and is increased with the test of Linscheid (Beckenbaugh 1984). The physician stabilizes the second row of the carpus with one hand, and moves the metacarpals dorsally and volarly with the other hand (Linscheid and Dobyns 1987) (Fig. 6).

Rayhack JM, Linscheid RL, Dobyns JH, Smith JH (1987) Posttraumatic ulnar translation of the carpus, *J Hand Surg* **12A**:180–9.

Reagan DS, Linscheid RL, Dobyns JH (1984) Lunotriquetral sprains, *J Hand Surg* **9A**:502–14.

Ruch DS, Siegel D, Chabon SJ, Koman LA, Poehling GG (1993) Arthroscopic categorization of intercarpal ligamentous injuries of the wrist, *Orthopedics* **16**:1051–6.

Schernberg F (1984) L'instabilité médio-carpienne, *Ann Chir Main* **3**:344–8.

Schernberg F (1990) Roentgenographic examination of the wrist; a systematic study of the normal, lax and injured wrist. Part 1: The standard and positional views, *J Hand Surg* **15B**:210–19.

Schernberg F (1992) *Le Poignet – Anatomie, Radiologique et Chirurgie.* Masson: Paris.

Taleisnik J (1985) *The Wrist.* Churchill Livingstone: New York.

Taleisnik J (1987) Pain on the ulnar side of the wrist, *Hand Clin* **3**:51–68.

Taleisnik J (1988) Current concepts review. Carpal instability, *J Bone Joint Surg* **70A**:1262–8.

Tiel van Buul MM, Bos KE, Dijkstra PF, van Beek EJ, Broekhuizen AH (1993) Carpal instability, the missed diagnosis in patients with clinically suspected scaphoid fracture, *Injury* **24**:257–62.

Truong NP, Mann FA, Gilula LA, Kang SW (1994) Wrist instability series: increased yield with clinical-radiologic screening criteria, *Radiology* **192**:481–4.

Watson HK, Black DM (1987) Instabilities of the wrist, *Hand Clin* **3**:103–11.

Watson HK, Ryu J, Akelman E (1986) Limited triscaphoid arthrodesis for rotatory subluxation of scaphoid, *J Bone Joint Surg* **68A**:345–9.

Watson HK, Ashmead D, Makhlouf MV (1988) Examination of the scaphoid, *J Hand Surg* **13A**:657–60.

7
Instability of the distal radioulnar joint

Kurt E Bos

Post-traumatic instability of the distal radioulnar joint (DRUJ) may cause pain, weakness, audible crepitation, subjective instability, and recurrent dislocation, and may finally result in osteoarthritis. Treatment is aimed at restoring near normal anatomy and function, by stabilizing the joint, and preventing osteoarthritis. If the retaining ligaments cannot be repaired, ligament reconstruction is a possibility. A salvage procedure is required for joints that have been destroyed by loss of cartilage or severe surface incongruity.

Functional anatomy

Pronation and supination of the forearm are very complex movements during which the radius swings around the ulna and translates dorsovolarly and longitudinally with respect to the ulna. Dorsal–volar translation, or sliding, is possible because the concave sigmoid articular notch of the distal radius and the cylindrical articular surface of the head of the ulna are not congruous. In neutral rotation the sigmoid notch accepts only 60–80° of the 130° of the articular convexity of the ulnar head. The major stabilizing ligaments are slightly longer than the distance between the radius and the axis of rotation at the ulnar fovea. This allows for limited dorsal–volar translation in the neutral position. With pronation the radius translates palmarly and in full pronation the ulnar head rests against the dorsal lip of the sigmoid notch of the radius (Fig. 1). Conventionally, this shift is described as 'dorsal translation of the ulna' since the dorsal prominence of the ulnar head is most conspicuous. With supination the radius moves dorsally and the ulnar head comes to rest against the palmar aspect of the sigmoid notch. In both final positions of the range of motion, full pronation and full supination, the articular contact is limited. It appears that there is a tendency towards palmar displacement of the radius in pronation (ulna dorsal) and towards dorsal displacement of the radius in supination (ulna volar).

Because the configuration of the joint surfaces does not provide much geometric guidance or constraint, the stabilizing ligamentous constraints are of great importance. Stabilization is accomplished by the combined and simultaneous action of tension forces in the retaining ligaments and compression forces between the articulating surfaces. 'Intrinsic' ligamentous stability is provided mainly by the horizontal triangular fibrocartilage (TFC) or 'distal radioulnar ligament,' which is one component of an extensive fibrocartilagenous system generally known as the triangular fibrocartilage complex (TFCC). This plays an important role not only in stabilizing the DRUJ but also in mediating normal function to the radiocarpal and ulnocarpal joints (Palmer and Werner 1981, 1984, Kauer 1992). Extrinsic stability is supplied, dynamically, by the extensor carpi ulnaris muscle-tendon unit (Spinner and Kaplan 1970, Kauer 1992), the pronator quadratus muscle (Johnson and Shrewsbury 1976) and the interosseous membrane (Hotchkiss et al 1989, Rabinowitz et al 1994). The TFC is attached radially to the distal ulnar rim of the radius and inserts ulnarly to the base of the ulnar styloid. It is closely secured to surrounding structures such as the sheath of the extensor carpi ulnaris tendon dorsally and the ulnocarpal ligaments palmarly.

The TFC may be divided into two zones. The central zone is thin and mechanically weak. The peripheral zone is sturdy and forms, with its thick

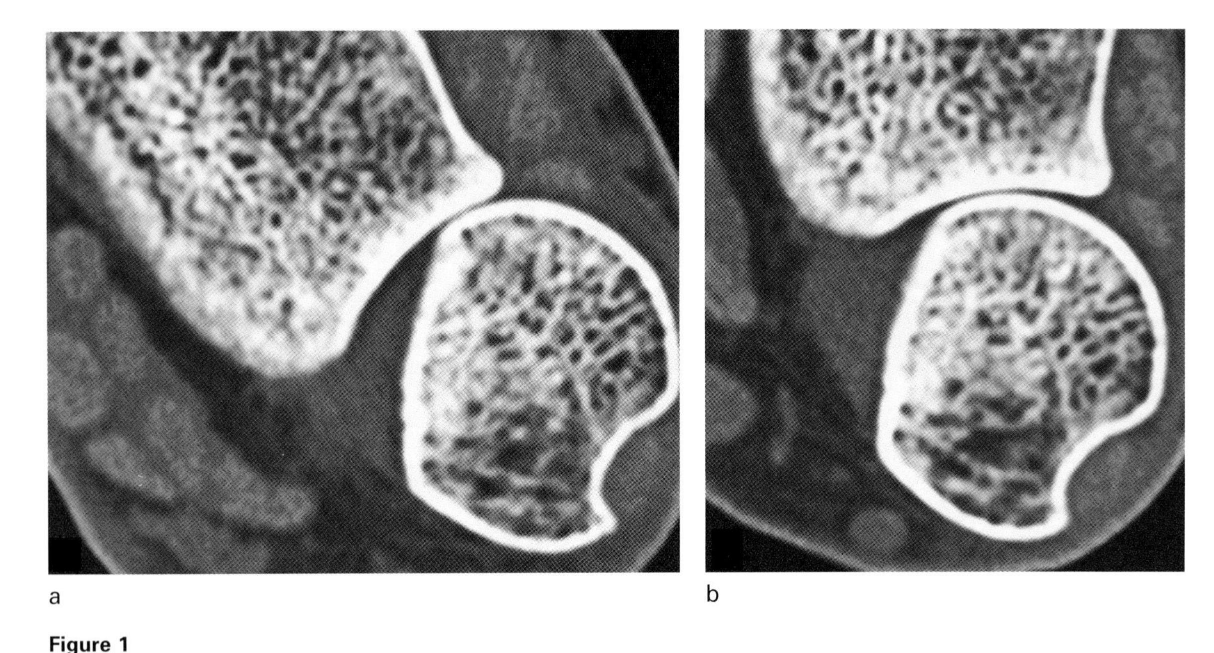

Figure 1

CT scan of the DRUJ. (a) in full pronation. (b) In neutral position of the forearm.

palmar and dorsal margins, the palmar and dorsal distal radioulnar ligaments. These consist of longitudinally oriented collagen fibres, structurally adapted to bear tensile loads, which yield mechanical properties (elastic modulus, and maximum stress and strain at failure) comparable to those of the volar radiocarpal ligaments (Linscheid 1992). The ulnar part of the TFC consists of two strong fibrous bands, one of which inserts into the fovea at the ulnar aspect of the head of the ulna at the axis of forearm rotation, and the other at the base of the ulnar styloid (Mikic 1989, Chidgey 1991). In neutral rotation the radioulnar ligaments are relatively lax and during pronation/supination of the forearm they are alternately lax or taut in order to prevent the radius from dislocating.

There is some controversy about the function of the dorsal and palmar radioulnar ligaments during pronation and supination. Visual observation has shown that, in pronation, stability is provided by the tensile action of the palmar radioulnar ligament. After experimental division of the palmar radioulnar ligament, the radius was seen to slip off the ulnar head and dislocate palmarly during pronation, while in supination the undivided dorsal radioulnar ligament stabilized the joint (af Ekenstam and Hagert 1985) (Fig. 2a). However, recent kinematic studies using stereophotometric (Schuind et al 1991) and displacement transducer (Acosta et al 1993) methods of analysis have claimed the opposite, namely that the volar distal radioulnar ligament was taut in supination and the dorsal radioulnar ligament tightened in pronation (Fig. 2b). Using anatomical dissections, Hagert (1994) has shown that the superficial portion of the radioulnar ligaments inserting at the ulnar styloid, and the deep portion of the radioulnar ligaments inserting into the ulnar fovea near the axis of forearm rotation, carried individual functions. In pronation the deep palmar portion and the superficial dorsal portion are taut simultaneously (Fig. 2c), whereas in supination the deep dorsal portion and the superficial palmar portion tighten. Thus, in full pronation and full supination both ligaments seem to be equally important for maintaining stability. This discussion seems to be rather academic because, at least in ulnar-sided avulsion of the TFC, the dorsal as well as

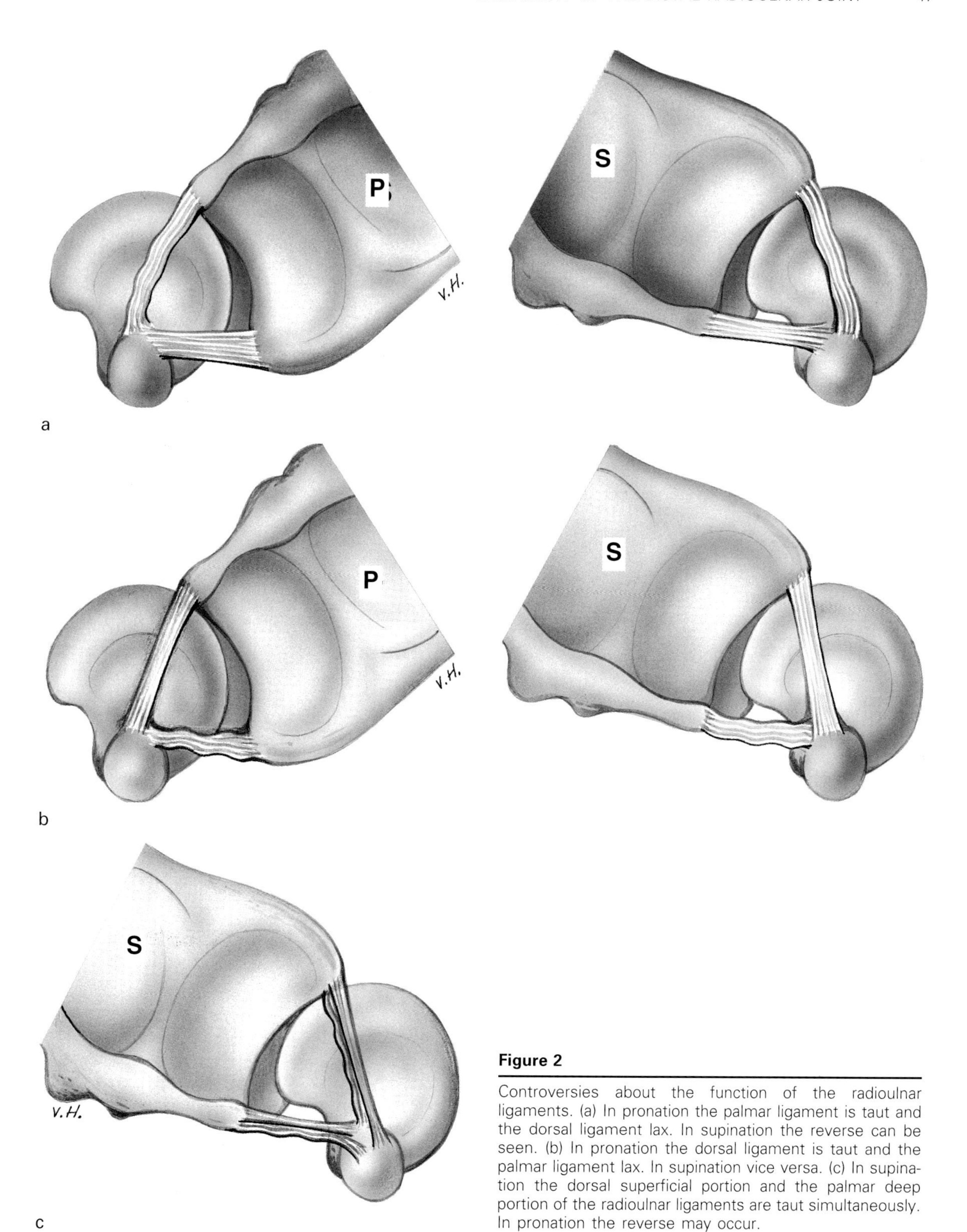

Figure 2

Controversies about the function of the radioulnar ligaments. (a) In pronation the palmar ligament is taut and the dorsal ligament lax. In supination the reverse can be seen. (b) In pronation the dorsal ligament is taut and the palmar ligament lax. In supination vice versa. (c) In supination the dorsal superficial portion and the palmar deep portion of the radioulnar ligaments are taut simultaneously. In pronation the reverse may occur.

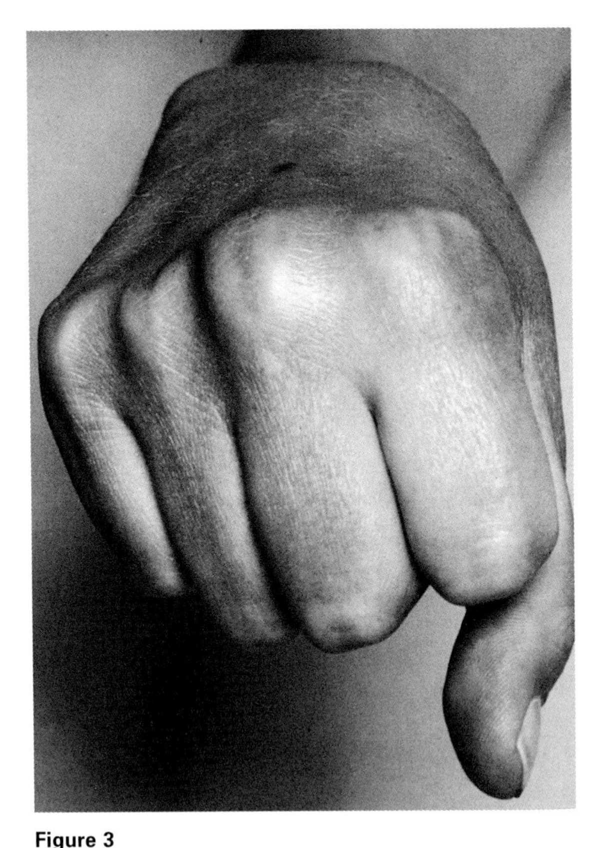

Figure 3

Supination deformity of the ulnar carpus.

the palmar portion of the radioulnar ligament is involved.

The V-shaped ulnocarpal (ulnolunate and ulnotriquetral) ligaments are connected to the volar part of the TFC and provide stability between the head of the ulna and the ulnar side of the carpus, in conjunction with the dorsal radiotriquetral ligament and the floor of the extensor carpi ulnaris sheath. Rupture or elongation of these structures may lead to pseudodorsal displacement of the ulnar head ('supination deformity of the ulnar carpus') (Fig. 3).

During rotation of the radius around the ulna some axial motion of the radius occurs. The displacement is directed proximally with pronation and distally with supination. Proximal migration of the radius also occurs during vigorous grasping. Normal configuration of the radius and the radiocapitallar contact are essential to prevent excessive proximal displacement of the radius. Following comminuted radial head fracture, excision of the head of the radius, or an Essex–Lopresti lesion, longitudinal stability of the DRUJ depends on the TFC and the interosseous membrane. Experimental studies have shown that the interosseous membrane, and particularly its central portion, acts as the major restraint against proximal migration of the radius (Hotchkiss et al 1989, Schuind et al 1991, Rabinowitz et al 1994). With all soft tissues intact, up to 7 mm of proximal migration is possible; migration of more than 7 mm implies the disruption of both the midportion of the interosseous membrane and the TFC (Rabinowitz et al 1994).

Stability of the DRUJ is not only based on normal articular surfaces and normal soft tissue support, but also depends on a normal configuration of and relationship between the two forearm bones. The distal and proximal radioulnar joints together form one bicondylar joint, the 'forearm joint' (Kapandji 1988, Hagert 1992, 1994), which rotates around a longitudinal axis that passes roughly through the centre of the radial head and the fovea of the ulnar head. Any change in shape or length of either bone causes a malalignment of the joint components and may cause shearing, subluxation, or dislocation. Under these circumstances, the DRUJ is particularly affected and may cause limitations of pronation/supination or may even dislocate during forearm rotation (Hagert 1992). The effect of malunion on the function of the DRUJ is usually greater when the deformity is further away from that joint.

Clinical and radiographic evaluation

Any history of growth disturbance or previous injury to the elbow, forearm, or wrist should be recorded. Activities provoking pain and instability should be surveyed and their characteristics noted (such as position of the hand, direction of forearm or wrist movement, critical load, and direction of force). Inspection of the abnormal wrist in various positions of forearm rotation and during active pronation and supination, and comparison with the normal wrist, will reveal

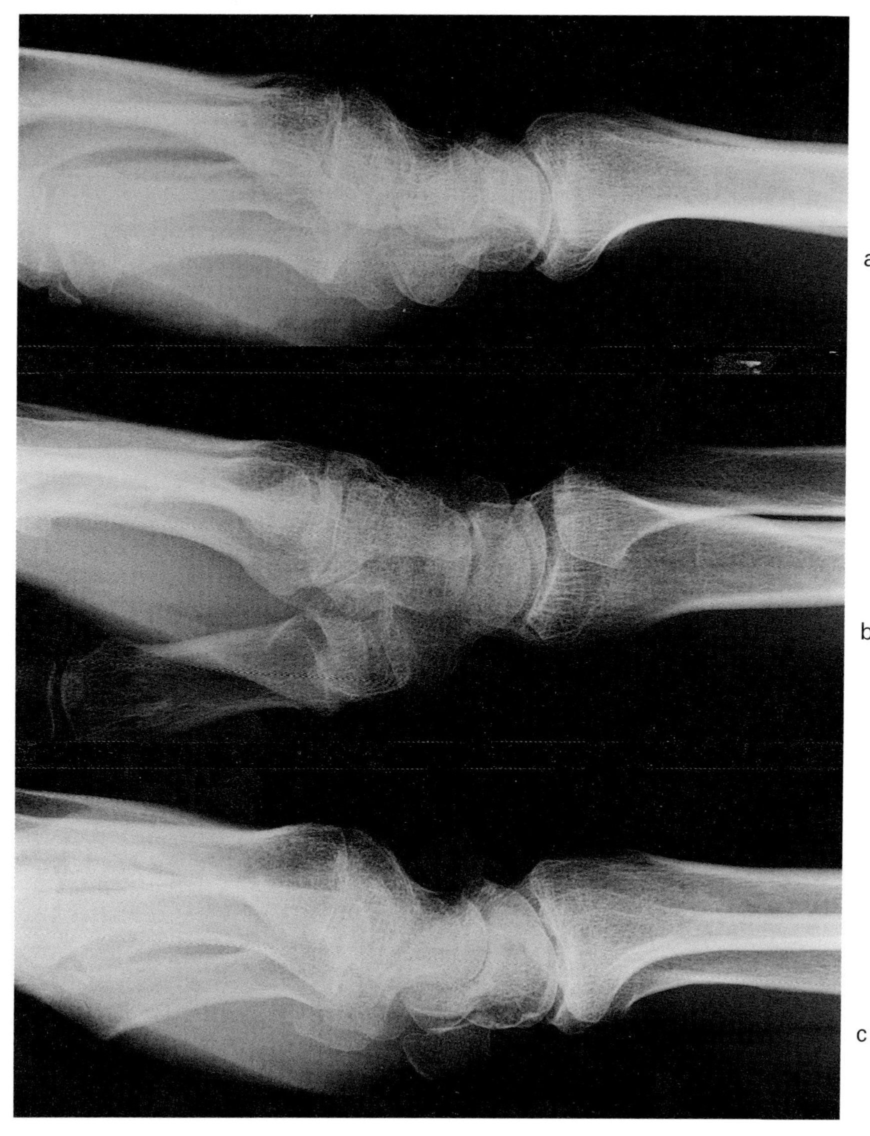

Figure 4

Normal and inadequate lateral radiographs. (a) Accurate lateral view. (b) and (c) 10° pronation and supination produce the (wrong) impression of subluxation of the DRUJ.

abnormalities such as swelling, prominence of the ulnar head, or restricted range of motion. On examination, laxity or destabilization of the DRUJ may be demonstrated by provoking dorsopalmar translation. The 'piano-key sign' may be elicited by depressing the ulnar head and watching it spring back.

Lateral standard radiographs are used to detect static dorsal or palmar (sub)luxation of the DRUJ. Correct interpretation of visible shifts between the radius and the ulna is only possible if a true lateral radiographic projection was indeed obtained. This is the case when complete superimposition of the proximal pole of the scaphoid, lunate, and triquetrum is seen and the radial styloid is centred over the proximal carpus (Fig. 4).

Lateral stress radiographs of both wrists in full pronation, with and without a weight in the hand (Scheker et al 1994) may be helpful to view and assess the most common types of instability. CT scans are ideal for evaluating the articular surface of the DRUJ and detecting subluxation or dislocation, but specific positioning is necessary to reveal subluxations that may spontaneously reduce (King et al 1986, Burk 1991). Using a special stress technique, translational motion can be analysed and a bilateral comparison made (Pirela-Cruz et al 1991). Arthrography does not appear to be very helpful in diagnosis; magnetic resonance imaging may, in the future, prove more useful. For the present time, arthroscopy appears to be the most reliable tool for detecting and assessing lesions of the TFC. These may either be visualized directly or be apparent if palpation of the TFC demonstrates absence of the trampoline effect due to loss of normal TFC tension (Hermansdorfer and Kleinman 1991).

Classification

Bowers (1991) has proposed a classification which combines aspects of clinical presentation, provocative motion (pronation or supination), and anatomical abnormalities. It can be used as a guide for surgical treatment. Four groups of instabilities are distinguished:

I. Insufficiency of soft tissue constraints. This category includes lesions of the ulnar and radial attachments of the TFC (I-A), the ulnocarpal ligaments (I-B), the entire TFCC (I-C), and the dorsal capsular ligaments (I-D).
II. Intra-articular deformity. This category is subdivided into sequelae of fracture/dislocation of the sigmoid notch (II-A) and ulnar head (II-B).
III. Combination of intra-articular deformity and insufficiency of stabilizing ligaments. A typical example is DRUJ instability after Colles' fracture and TFC avulsion with or without ulnar styloid fracture (Fig. 5).
IV. Extra-articular deformity. The DRUJ is normal or shows TFC insufficiency. Subdivisions of this category are malunion of the radius or ulna (IV-A) (Fig. 6), length discrepancy of the radius or ulna (IV-B), and combinations involving both bones (IV-C).

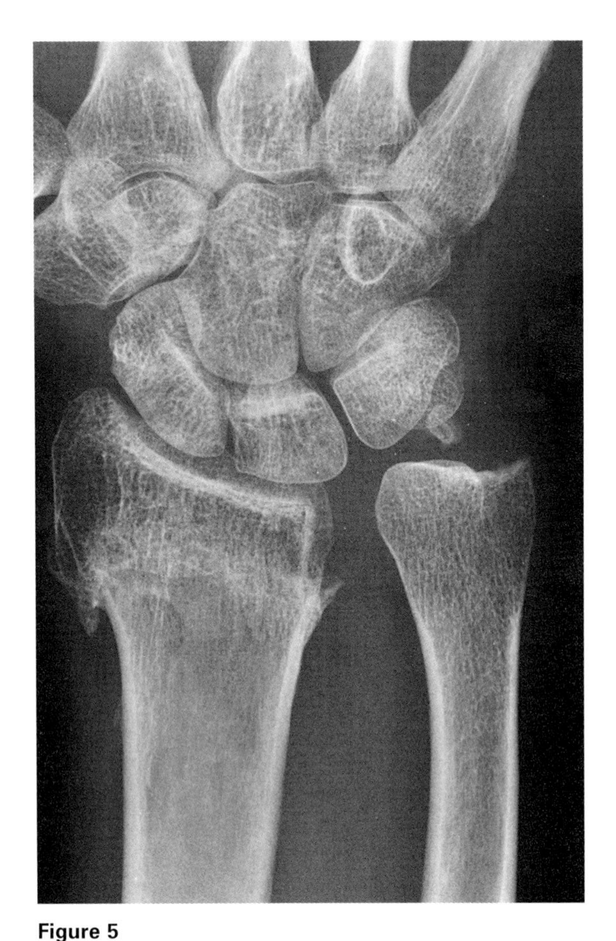

Figure 5

Fracture of the distal radius with avulsion of the ulnar styloid.

Treatment options and results

Whenever possible, treatment of DRUJ instability should be carried out at an early stage when it is relatively easy to restore normal anatomy. Unfortunately DRUJ instability is often overlooked initially and its significance is not always appreciated. While avulsion fractures are readily diagnosed, ligamentous TFC ruptures may go undetected unless a comprehensive evaluation is carried out.

Fractures of the distal radius are among the most common injuries causing disorders of the DRUJ. Displaced fractures of the ulnar styloid or the 'medial complex' of the distal radius should

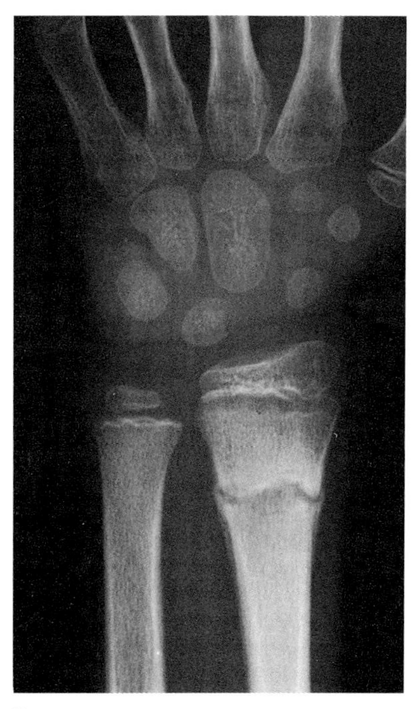

a

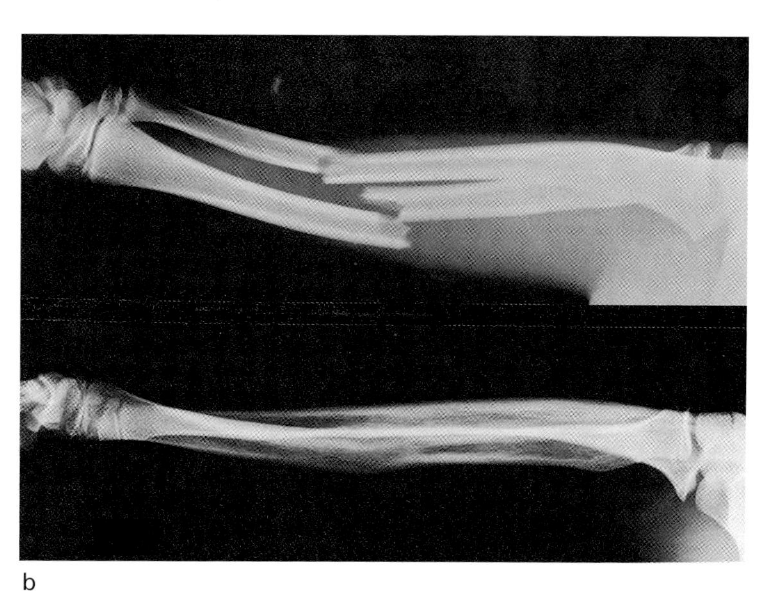

b

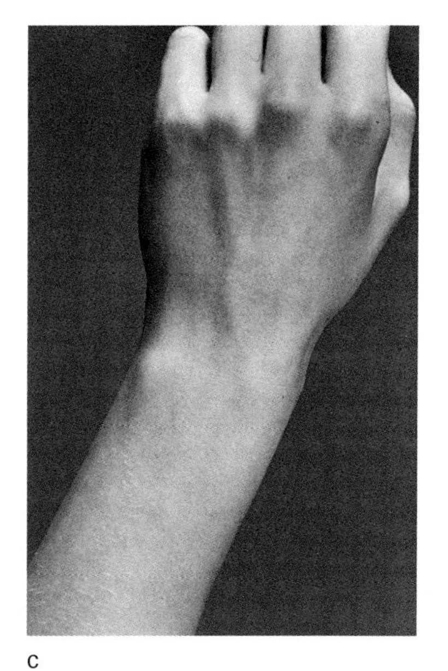

c

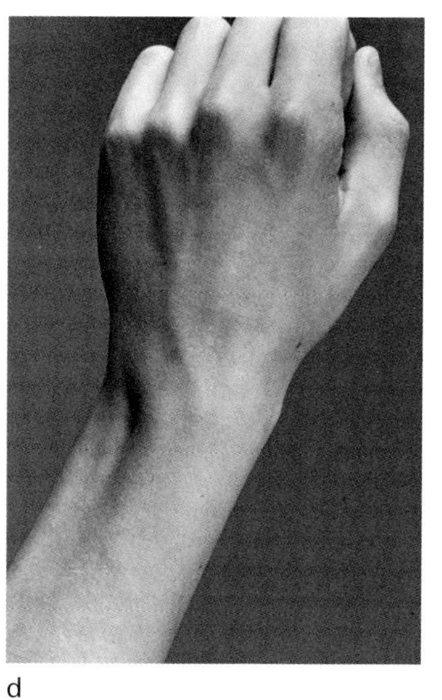

d

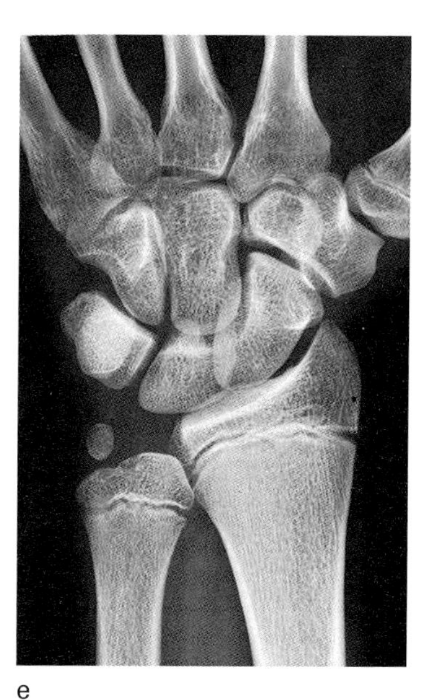

e

Figure 6

A case of so-called volar instability of the DRUJ. (a) At 9 years of age the patient sustained a fracture of the distal radius which healed uneventfully. (b) Four years later he sustained a forearm fracture which healed in mild malunion with the apex palmarly. (c) and (d) Dorsal dislocation of the radius (ulna volar) occurred when the forearm was rotated from neutral position to midsupination. (e) Radiograph revealing displaced avulsion of the ulnar styloid probably secondary to the fracture 4 years earlier.

be recognized and treated as avulsion fractures of the TFC. In Essex–Lopresti lesions and Galeazzi fractures, in which subluxation or dislocation of the DRUJ is always present, closed or open reduction and stabilization of the displaced bone fragments alone may not suffice. If anatomical reduction of the radius results in adequate alignment and stability of the DRUJ, and the ulnar styloid is not significantly displaced, forearm rotation is immobilized and an uneventful functional recovery is to be expected. However, if the DRUJ appears to be unstable or presents with substantial displacement of the avulsed ulnar styloid, open reduction and fixation of that fragment is indicated (Aulicino and Siegel 1991, Kellam and Jupiter 1992, McMurtry and Jupiter 1992, Mikic 1995). This holds particularly true with fractures at the base of the styloid and displacements of more than 2 mm (Mikic 1995) whereas fractures of the tip of the ulnar styloid are functionally insignificant (the TFC inserts into its base and into the fovea).

Disruptions of the TFC without styloid fracture, lesions of the ulnocarpal ligament, and isolated lesions of the dorsal or palmar radioulnar ligament (which can be confirmed by arthroscopy) should be treated with great care. Ulnar disruption is best treated by debridement of scar tissue from the fovea and reinsertion of the TFC (Aulicino 1991, Hermansdorfer and Kleinman 1991, Bowers 1993, Stanley and Saffar 1994). Reattachment of the radioulnar ligaments to the radius is possible and yields acceptable results despite the marginal vascularity in this area (Cooney et al 1990). There is a risk, however, that these ligaments will heal in a stretched condition or may stretch secondarily, which invariably causes TFC dysfunction. After a few months, ligament shrinkage occurs and renders reattachment more difficult. Nevertheless, acceptable results of ulnar reattachment of the TFC after an average interval of 19 months have been reported in a limited series of patients (Hermansdorfer and Kleinman 1991). A gap between the end of the torn and shrunk ligament and its insertion site may affect the ultimate tensile strength. For this reason Sennwald et al (1995) have advised an oblique osteotomy of the distal head of the ulna. With the ulnar head shifted proximally the distance between the radius and the base of the ulnar styloid decreases, which allows approximation and attachment of the TFC to the ulna.

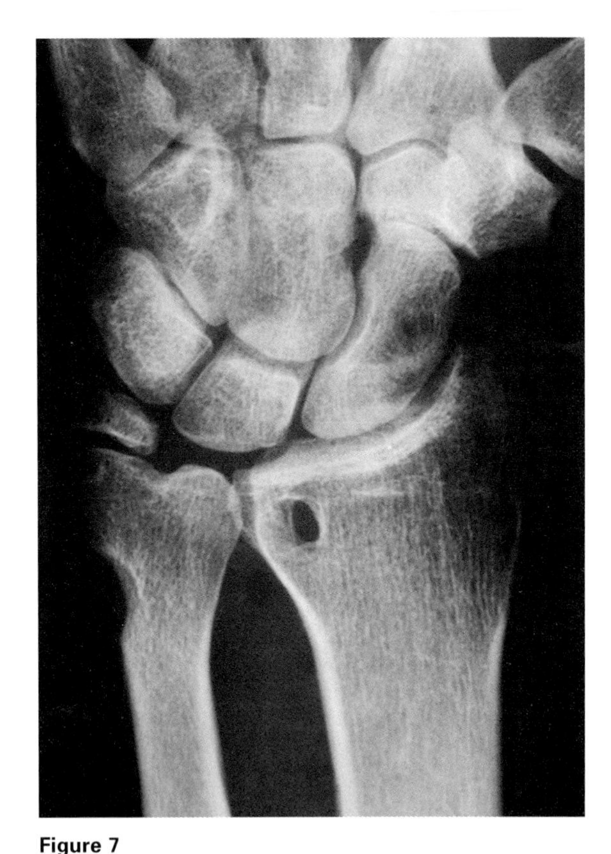

Figure 7

Bone resorption 6 months after tendon sling reconstruction with recurrence of instability.

Malunion of the radius or ulna requires corrective osteotomy which has to address the angular as well as the rotational component of the deformity. Results are good even when existing TFC lesions are not repaired (Bowers 1991, Hagert 1992).

Ligament reconstruction is needed when anatomical repair is not possible. Several (partly outdated) procedures have been designed to reapproximate the radius and ulna or to substitute the ulnocarpal ligaments by using tendon grafts, fascia lata or synthetic materials. Tendon grafts are most popular because of their potential for remodelling and integration. Long term function following these reconstructions depends on many factors, particularly insertion site, initial graft tension, and graft tension during specific motions. Small aberrations in the

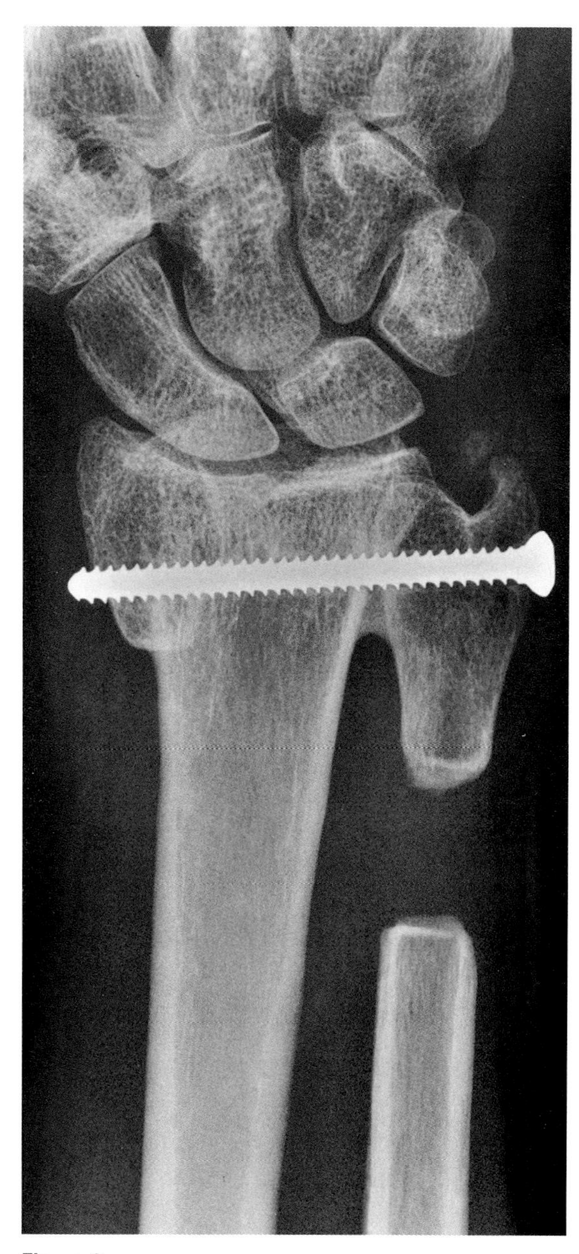

Figure 8

The final aspect of a Sauvé–Kapandji procedure.

location of insertion may seriously affect the length and tension characteristics of the grafts. Procedures in which a graft is woven around or passed through the radius and ulna proximal to the DRUJ do not effectively and permanently prevent instability (Fig. 7) as this construction does not reproduce the original anatomical arrangement and may be complicated by pressure resorption (Leung and Hung 1990).

Scheker et al (19994) have reported good results with reconstructions of the dorsal or volar radioulnar ligaments of the TFC. A tendon graft is placed in the course of the radioulnar ligaments inside the DRUJ capsule and tunnelled through holes in the radius and the ulna. Correct tensioning of graft material is obviously important, as insufficient initial tension does not provide desired stability and excessive tension may compromise survival of the graft and/or restrict forearm rotation.

Salvage procedures are indicated for painful instability of the DRUJ in the presence of osteoarthritis and for conditions of instability in which TFC reconstruction is not possible or has failed. Procedures such as hemiresection interposition arthroplasty (Bowers 1985) or matched distal ulnar resection (Watson et al 1986) enjoy great popularity but cannot, as Bowers (1993) has emphasized, restore stability in an unstable joint: 'It simply substitutes less painful instability'. The Sauvé–Kapandji procedure (Kapandji 1986), in which the DRUJ is fused and a pseudoarthrosis of the ulnar neck is created to allow for pronation and supination, does stabilize the DRUJ very effectively but frequently leads to ulnar stump instability that may occasionally be painful (Fig. 8).

References

Acosta R, Hnat W, Scheker LR (1993) Distal radioulnar ligament motion during supination and pronation, *J Hand Surg* **18B**:502–5.

Aulicino PL, Siegel JL (1991) Acute injuries of the distal radioulnar joint, *Hand Clin* **7**:283–93.

Bowers WH (1985) Distal radioulnar joint arthroplasty: The hemiresection – interposition technique, *J Hand Surg* **10A**:169–78.

Bowers WH (1991) Instability of the distal radioulnar articulation, *Hand Clin* **7**:311–27.

Bowers WH (1993) The distal radioulnar joint. In: Green DP, ed. *Operative Hand Surgery*, 3rd ed. Churchill Livingstone: Edinburgh: 973–1020.

Burk LD Jr, Karasick D, Wechsler RJ (1991) Imaging of the distal radioulnar joint, *Hand Clinics* **7**:263–75.

Chidgey LK (1991) Histologic anatomy of the triangular fibro-cartilage, *Hand Clinics* **7**:249–62.

Cooney WP, Dobyns JH, Linscheid RL (1990) Triangular fibrocartilage repair, *J Hand Surg* **15A**:826.

af Ekenstam F, Hagert CG (1985) Anatomical studies on the geometry and stability of the distal radioulnar joint, *Scand J Plast Reconstr Surg* **19**:17–25.

Hagert CG (1992) The distal radioulnar joint in relation to the whole forearm, *Clin Orthop Rel Res* **275**:56–64.

Hagert CG (1994) Distal radius fracture and the distal radioulnar joint – Anatomical considerations, *Handchir Mikrochir Plast Chir* **26**:22–6.

Hermansdorfer JD, Kleinman WB (1991) Management of chronic peripheral tears of the triangular fibrocartilage complex, *J Hand Surg* **16A**:340–6.

Hotchkiss RN, An KN, Sowa DT, Basta S, Weiland AJ (1989) An anatomic and mechanical study of the interosseous membrane of the forearm: Pathomechanics of proximal migration of the radius, *J Hand Surg* **14A**:256–61.

Johnson RK, Shrewsbury MM (1976) The pronator quadratus in motions and in stabilization of the radius and ulna at the distal radioulnar joint, *J Hand Surg* **1**:205–9.

Kapandji IA (1986) The Kapandji–Sauvé operation – Its technique and indications in non-rheumatoid diseases, *Ann Chir Main* **5**:181–93.

Kapandji IA (1988) The distal radioulnar joint. Functional anatomy. In: Razemon JP, Fisk GR, eds. *The Wrist*. Churchill Livingstone: Edinburgh: 34–44.

Kauer JMG (1992) The distal radioulnar joint (Anatomic and functional considerations), *Clin Orthop Rel Res* **275**:37–45.

Kellam JF, Jupiter JB (1992) Diaphyseal fractures of the forearm. In: Browner BD, Jupiter JB, Levine AM, Trafton PG, eds. *Skeletal Trauma*, 1st ed. WB Saunders: Philadelphia: 1095–124.

King GJ, McMurtry RY, Rubenstein JD, Ogston NG (1986) Computerized tomography of the distal radioulnar joint: Correlation with ligamentous pathology in a cadaveric model, *J Hand Surg* **11A**:711–17.

Leung PC, Hung LK (1990) An effective method of reconstructing posttraumatic dorsal dislocated distal radioulnar joints, *J Hand Surg* **15A**:925–8.

Linscheid RL (1992) Biomechanics of the distal radioulnar joint, *Clin Orthop Rel Res* **275**:46–55.

McMurtry RY, Jupiter JB (1992) Fractures of the distal radius. In: Browner BD, Jupiter JB, Levine AM, Trafton PG, eds. *Skeletal Trauma*, 1st ed. WB Saunders: Philadelphia: 1063–94.

Mikic ZD (1989) Detailed anatomy of the articular disc of the distal radioulnar joint, *Clin Orthop Rel Res* **245**:123–32.

Mikic ZD (1995) Treatment of acute injuries of the triangular fibrocartilage complex associated with distal radioulnar joint instability, *J Hand Surg* **20A**:319–23.

Palmer AK, Werner FW (1981) The triangular fibrocartilage complex of the wrist – Anatomy and function, *J Hand Surg* **6**:153–62.

Palmer AK, Werner FW (1984) Biomechanics of the distal radioulnar joint, *Clin Orthop Rel Res* **187**:26–35.

Pirela-Cruz MA, Goll SR, Klug M, Windler D (1991) Stress computed tomography analysis of the distal radioulnar joint: A diagnostic tool for determining translational motion, *J Hand Surg* **16A**:75–82.

Rabinowitz RS, Light TR, Havey RM, et al (1994) The role of the interosseous membrane and triangular fibrocartilage complex in forearm stabilit,y *J Hand Surg* **19A**:385–93.

Scheker LR, Belliappa PP, Acosta R, German DS (1994) Reconstruction of the dorsal ligament of the triangular fibrocartilage complex, *J Hand Surg* **19B**:310–18.

Schuind F, An KN, Berglund L, et al (1991) The distal radioulnar ligaments: A biomechanical study, *J Hand Surg* **16A**:1106–14.

Sennwald GR, Lauterburg M, Zdravkovic V (1995) A new technique of reattachment after traumatic avulsion of the TFCC at its ulnar insertion, *J Hand Surg* **20B**:178–84.

Spinner M, Kaplan EB (1970) Extensor carpi ulnaris (its relationship to the stability of the distal radioulnar joint), *Clin Orthop Rel Res* **68**:124–9.

Stanley J, Saffar P (1994) *Wrist Arthroscopy*. Martin Dunitz: London.

Watson HK, Ryu J, Burgess RC (1986) Matched distal ulnar resection, *J Hand Surg* **11A**:812–17.

8
Wrist arthroscopy: can you see instability?

Gontran Sennwald, Vilijam Zdravkovic, and Max Fischer

Wrist arthroscopy is both an intriguing and controversial topic with numerous questions surrounding the interpretation of post-traumatic arthroscopic findings in painful wrists, or the potential effects of arthroscopic lesions on wrist kinematics.

Although the term 'instability' is widely accepted and used in clinical practice to define a precise pathological entity, it actually comprises various dysfunctions of the wrist which are not well understood or defined at present. The assumption that ligament tears may cause wrist pain or instability remains unproven. Herbert et al (1990) examined 60 patients with unilateral wrist pain by single compartment arthrograms of both wrists and observed a significant occurrence of intercompartmental communications bilaterally. In a cadaveric study of 169 wrists, Viegas et al (1993) found that in more than half of cases with a ligament tear in one wrist, the same lesion was displayed in the opposite wrist. Trentham et al (1975) performed bilateral radiocarpal arthrography on 100 clinically asymptomatic males and detected identical patterns of communication bilaterally in 66% of the examinees. Cantor et al (1994) showed that ligament tears or perforations are not clearly associated with wrist pain.

Richards and Roth (1995) have stated that arthroscopy is the gold standard of diagnostic wrist examination. Adolfsson (1995) noted the superiority of diagnostic arthroscopy over various radiographic imaging modalities with respect to the assessment of ligament tension, dynamic joint instability, the condition of articular cartilage, and the presence of synovitis. Cooney (1993) compared arthrographic, arthroscopic and surgical findings in 20 consecutive patients and stated that arthroscopy was the most valuable in determining the location, magnitude, and extent of ligament injuries within the wrist. He felt that arthroscopy was primarily limited by its learning curve and by technical difficulties in visualizing the wrist after previous surgical procedures. Rettig and Amadio (1994) retrospectively reviewed 128 consecutive cases of wrist arthroscopy and reported that it had eliminated the need for further surgery in 52% of their patients. The sensitivity of arthroscopy was 67% and specificity 100%. Despite the effectiveness of arthroscopy, the authors questioned the price of improved diagnostic benefit, especially in cases where arthroscopy would only confirm or stage an established diagnosis. Furthermore, the authors concluded that arthroscopic methods appeared unreliable in the treatment of carpal instabilities.

The definition of 'carpal instability', as noted earlier, remains imprecise. Confusion exists when examining publications on carpal instability since this term has been variously defined in the literature. Defining instability as malalignment (Stanley et al 1994, Ruby 1995) is not appropriate since 'malalignment' is not consistent with the mechanical and engineering definition of instability. Moreover, it has not been proven that carpal malalignment will eventually result in instability. Normal or abnormal alignment is also difficult to assess and is dependent on the reliability of standard positioning when radiographs are obtained, the correct positioning of the radiographic beam on the lunate, the quality of the film and image, as well as the accuracy of radiographic measurements. Sennwald et al (1993a) additionally demonstrated that ageing alters the position of the lunate and changes the 'normal' alignment of the carpus which appears to correlate with an increased incidence of intrinsic ligament ruptures (Fortems et al 1994). The broad range in the standard deviation of published 'normal' carpal angles and indices must be interpreted with these studies in mind.

At the present time, 'instability' is a descriptive term based on clinical and radiographic findings and does not yet correlate sufficiently with anatomical or arthroscopic abnormalities. The lack of coherence between radiology and anatomy may help explain the multitude of instability patterns described and the uncertainties inherent in these descriptions.

Stability and instability

In terms of mechanics, resting solid bodies subjected to an external force may assume three distinct conditions of 'equilibrium' (Fig. 1). A stable equilibrium exists if an object that was moved by an external force from an original to a new position automatically returns to the old when the force is discontinued. Neutral equilibrium exists if the displaced object remains in its new position. In a condition of unstable equilibrium, the object does not rest in the new position but continues to move without any further force being applied. These definitions may be used to analyse the 'equilibrium' or mechanical stability of the intercalated segment of the wrist (Fig. 2).

Coordinated motion of the bones of the proximal carpal row implies regulation by a system of interactive ligamentous constraints. Fig. 3 shows the importance of scapholunate coupling in coordinating physiological motion of the elements of the proximal carpal row as demonstrated by Sennwald et al (1995). The complex and subtle nature of the ligamentous coupling mechanism was studied by Zdravkovic et al (1995), who found a unidirectional coupling through the

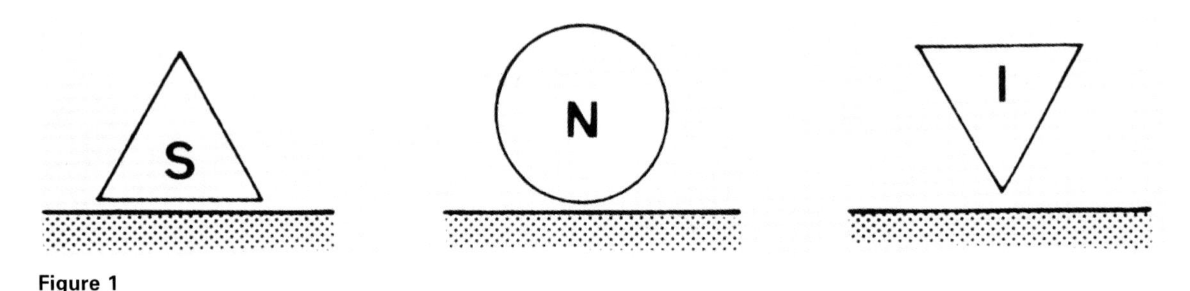

Figure 1

The three conditions of equilibrium of a simple mechanical system: stable (S), neutral (N), and unstable (I).

Figure 2

The three states of equilibrium of an intercalated body (black) as applicable to the proximal carpal row of the wrist: (a) stable, (b) neutral and (c) unstable.

scapholunate ligament counteracting the tendency of the lunate to extend and the scaphoid to flex. They also noted a close coupling in both directions at the lunotriquetral junction, confirming earlier findings (Sennwald et al 1993b).

The palmar scaphotriquetral ligament as described by Günther in 1841, Poirier in 1908 and Zdravkovic et al (1994) may play an important role in maintaining 'functional joint stability' by supporting the capitate head. It is known that there is no relationship between passive stability (joint laxity determined by clinical laxity test) and functional stability (Johansson et al 1991). Although little is known about the neurophysiology of joints (especially the sensory properties of the ligaments and, consequently, their role in joint stability), there is morphological, physiological, and clinical evidence for their sensory role in joint stabilization as shown by Johansson et al (1991) in the knee. The palmar scaphotriquetral ligament may have similar properties since the head of the capitate constantly modulates its tension.

Although such a complex system is prone to a great variety of injuries, the carpus may be capable of adjustment since ageing and progressive alteration of the radiolunate angle (Sennwald et al 1993b) do not necessarily result in instability or pain, even when these changes appear to correlate well with progressive ligamentous alteration (Fortems et al 1994).

In summary, joint stability requires not only intact and functional ligaments, and normal articular shape and cartilage, but also an active muscle system enabling normal loading of the joint. These combined factors ensure a smooth and reproducible motion pattern within the physiological range of motion without any sudden and unexpected joint translation, as seen after section of the scapholunate ligaments (Fig. 3). Stability thus allows optimal joint contact and stress.

The proximal carpal row of the wrist is a unique intercalated adjustable bony system free of any muscular insertion where the spontaneous tendency of the scaphoid to flex is neutralized by

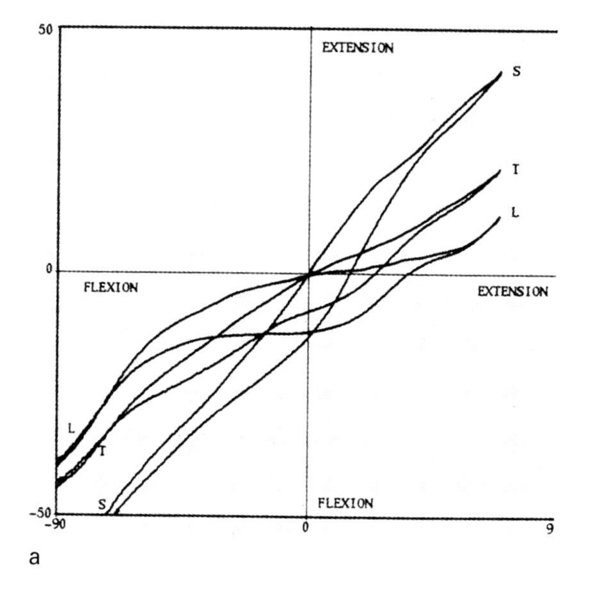

a

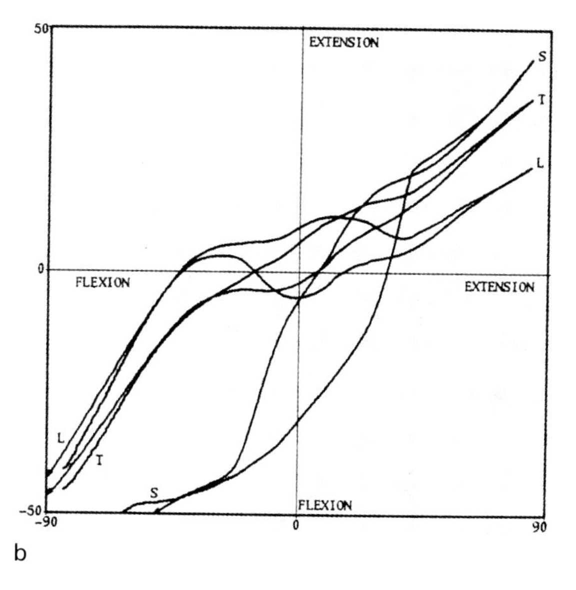

b

Figure 3

The angular motions of the scaphoid, lunate and triquetrum during flexion and extension of the wrist. (a) In the normal cadaver wrist, each bone moves in a smooth and coordinated fashion. (b) Following sectioning of the scapholunate ligament, the bones of the proximal carpal row move in a chaotic, uncoordinated manner, particularly in the middle range of flexion and extension.

the opposite motion of the lunate. While the scapholunate ligament is instrumental in ensuring a stable state of equilibrium, the lunotriquetral ligament enables further specific adjustment and tension. The palmar scaphotriquetral ligaments may also have a role in 'functional stability' as they ensure correct adjustment of the head of the capitate during wrist motion. Both the distal and proximal rows are maintained on the distal radius by the proximal and distal 'V' ligaments. These are oriented similarly to the direction of relative motion of the radioscaphoid and radiolunate joints, causing a constraining force in the direction of motion and allowing the complex motion patterns to be observed. By directly joining the radius to the distal row, the distal 'V' of ligaments allows coupling and functional coordination of both joints.

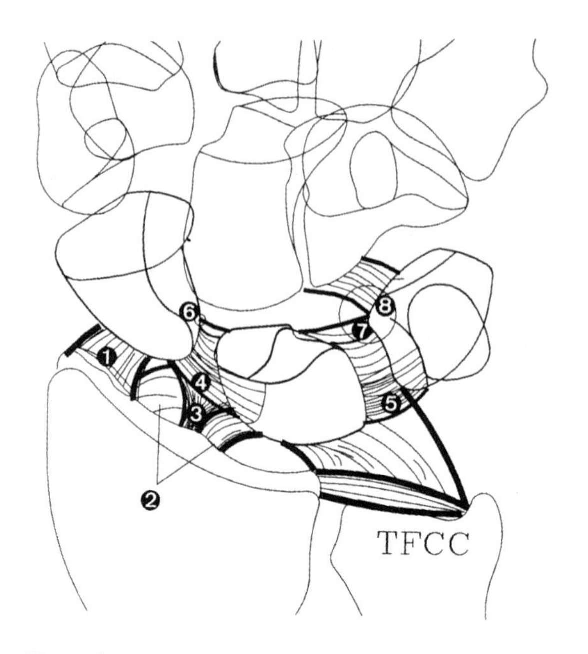

Figure 4

Anatomy of the wrist ligaments seen during arthroscopy: (1) radioscaphoidal–capitate (part of V-distal); (2) radiolunate); (3) radioscaphoidal–lunate; (4) scapholunate (radiocarpal compartment); (5) lunotriquetral (radiocarpal compartment); (6) scapholunate (midcarpal compartment); (7) lunotriquetral (midcarpal compartment); (8) part of the palmar scaphotriquetral ligament.

Material and methods

A prospective study was conducted on patients with obvious sequelae of wrist trauma from May 1991 to June 1993. Patients who had wrist pain prior to the injury, had undergone wrist surgery previously (including carpal tunnel release), or had presented with evidence of systemic disease, were excluded. The series comprised 53 patients – 29 males (mean age 29.3) and 24 females (mean age 30.8 years). The interval between injury and clinical assessment was similar in both groups (median 6 months). Clinical examination included provocative tests to stress the wrist in an attempt to load specific ligaments or groups of ligaments. Elicited pain was recorded and mapped in relation to anatomical landmarks, and was interpreted as being localized or diffuse. The contralateral healthy wrist was similarly examined and was pain free in all patients. Bilateral standard posteroanterior and lateral wrist radiographs were obtained with the radiolunate and scapholunate angles measured and carpal height index determined. A three compartmental arthrogram was performed to detect any communications between the joint cavities. Radiocarpal and midcarpal arthroscopy was used to assess the ligaments shown in Fig. 4 for traumatic lesions as well as to assess the condition of the synovium and cartilage. Minimal superficial partial tears of ligaments were considered unimportant and were ignored unless accompanied by structural weakening. All of the other lesions were registered.

Normal probability plots were constructed to exclude faulty observations and to detect inconsistencies. The Barlett–Box homogeneity test was also used to compare the variance between each group and to determine whether or not two groups of observations were close enough to be considered equal. This is important since multivariate statistical procedures assume that the matrices of covariance of the individual groups tested are indeed nondiscriminatory. Significance was tested with chi-squared tests and unpaired t-tests using the NCSS 5.3 statistics program (personal communication, copyright 1982–1992 by Dr Jerry Hintze, Kaysville, Utah). Based on the radiolunate and scapholunate angles, cluster analysis (a multivariate procedure for detecting natural grouping in data) was undertaken. Only *p* values smaller than 0.01 were accepted as significant to limit any bias in errors of measurement.

Results

Occupational and sport accidents were the main cause of wrist injury (58.5%) in this series. The right wrist was involved in 41 patients (77.4%) and the left in 12 individuals (22.6%). All patients complained of pain with wrist motion and six (11.3%) also experienced pain at rest. Pain was localized on the radial aspect of the wrist in 20 cases (37.7%), on the ulnar side in 16 (30.1%), and on both sides in the remaining 17 (32.1%). Six patients in the latter group suffered from diffuse pain. Snapping was observed in only two instances (3.8%). None of the patients complained of or demonstrated chronic swelling.

Arthrography detected 33 holes between the proximal and distal carpal rows, with 13 located radially and 20 ulnarly. Twelve patients demonstrated dye leakage around the triangular fibrocartilage complex (TFCC) signifying communication between the distal radioulnar and the ulnocarpal joints.

Three out of 13 arthrographic lesions at the radial side of the proximal carpal row were not confirmed arthroscopically. Arthroscopy, however, revealed 10 cases of torn ligaments about the radial aspect of the proximal carpal row that were not detected on arthrography. On the ulnar side of the proximal carpal row, five out of 20 arthrographic abnormalities were not confirmed by arthroscopy. Fifteen arthrographically unsuspected ligamentous tears were, however, noted. At the level of the TFCC, six out of 12 sites of leakage could not be localized arthroscopically and one TFCC rupture was found that had been missed on arthrography. Overall, 14 arthrographic dye leaks could not be explained arthroscopically and 26 previously undiagnosed tears were detected by arthroscopy. Ten patients (19%) presented with chondromalacia and seven (13%, all females) with synovitis.

The radiolunate angle of the cohort was normal (mean –4.05°) with no significant difference between male (mean –2°) and female patients (mean –6°; p=0.034). The scapholunate angle (mean 48.3°) and the carpal height index (mean 1.56) were also within normal limits. K-mean cluster analysis based on radiolunate and scapholunate angles revealed two groups of patients. The first cluster (A), consisting of 31 patients, had a radiolunate angle of –8.87° ± 4.76° and a scapholunate angle of 43.32° ± 5°. The second cluster (B), comprising 22 patients, had a radiolunate angle of 2.72° ± 6° and a scapholunate angle of 55.27° ± 7°. The difference in the values of radiolunate and scapholunate angles between clusters A and B was highly significant (p<0.0001), which is the consequence of clustering. When comparing parameters between clusters A and B, significant differences were found with respect to arthroscopic lesions of the radioscaphoidal–lunate ligament (p=0.0014) and arthroscopic lesions of the palmar scaphotriquetral ligament. All other variables, namely arthroscopic findings other than the two described, pain location, clinical findings, and arthrographic results, did not differ significantly between the two clusters. From this analysis we conclude that tears of the radioscaphoidal–lunate or the scaphotriquetral ligaments significantly alter the radiolunate and scapholunate angles and that these ligaments are important in adjusting the proximal carpal row and in positioning of the head of the capitate.

This study confirms that arthroscopy is a sensitive method to detect and visualize post-traumatic ligamentous lesions of the wrist. Some arthroscopic findings clearly correlated to specific patterns of static or dynamic wrist instability and helped in the understanding of the various positional abnormalities of the bones of the proximal carpal row. Other ligamentous lesions seen arthroscopically were not associated with obvious instability of the wrist. Although the true impact of these lesions is unknown, it is possible that they may impair coordinated carpal motion. As long as the clinical significance of those arthroscopic lesions that are not related to instability, and their role in the pathophysiology of carpal kinematics, has not been fully established, it is difficult to judge the true efficacy of arthroscopy.

Conclusions: the potential and limitations of arthroscopy

Distraction of the wrist during arthroscopy eliminates the compressive forces acting upon this joint and therefore does not permit the assessment of stability. When carried out by the experienced surgeon it does, however, provide a thorough evaluation of the articular surface, the condition of the synovium, the cohesion of carpal bones (relative motion between each other), and accessible ligaments. In acute wrist trauma, arthroscopy provides an excellent overview of the complexity of the carpal lesions. In the chronic setting, it may well furnish criteria for future classification systems of wrist instability based on anatomical lesions.

Is it helpful to compare arthroscopic findings of an injured wrist with those of the 'normal' opposite side? Although such a comparison may put some 'pathological' arthroscopic observations into a different perspective, these authors do not feel that this is critical. It might be interesting, however, to explore this subject further by performing a study similar to the one by Herbert et al (1990) on bilateral wrist arthrography, which corrected some of the earlier assumptions regarding 'pathological' arthrographic findings.

As outlined by Rettig and Amadio (1994), we use diagnostic wrist arthroscopy mainly for deciding on the necessity of surgical versus nonsurgical treatment modalities. Otherwise, in daily practice, the potential diagnostic benefit and the cost of arthroscopy must be weighed carefully.

In conclusion, arthroscopy is an excellent tool in clinical research and, along with information gained from various clinical, radiographic and MRI investigations, continues to help clarify the mystery of wrist instability.

References

Adolfsson L (1995) The future of wrist arthroscopy. In: Vastamäki M, ed. *Current Trends in Hand Surgery.* Elsevier: Amsterdam: 21–8.

Cantor RM, Stern PJ, Wyrick JD, Michaels SE (1994) The relevance of ligament tears or perforations in the diagnosis of wrist pain: an arthrographic study, *J Hand Surg* **19A:**945–53.

Cooney WP (1993) Evaluation of chronic wrist pain by arthrography, arthroscopy, and arthrotomy, *J Hand Surg* **18A:**815–22.

Fortems Y, De Smet L, Dauwe D, Stoffelen D, Deneffe G, Fabry G (1994) Incidence of cartilaginous and ligamentous lesions of the radiocarpal and distal radioulnar joint in an elderly population, *J Hand Surg* **19B:**572–5.

Herbert TJ, Faithfull RG, McCann DJ, Ireland J (1990) Bilateral arthrography of the wrist, *J Hand Surg* **15B:**233–5.

Johansson H, Sjîlander P, Sojka P (1991) A sensory role for the cruciate ligaments, *Clin Orthop* **268:**161–78.

Rettig ME, Amadio PC (1994) Wrist arthroscopy. Indications and clinical applications, *J Hand Surg* **19B:**774–7.

Richards RS, Roth JH (1995) Wrist arthroscopy: indications and techique. In: Vastamäki M, ed. *Current Trends in Hand Surgery.* Elsevier: Amsterdam: 3–8.

Ruby LK (1995) Carpal instability, *J Bone Joint Surg* **77A:**476–87.

Sennwald G, Fischer M, Jacob HAC (1993a) Arthroscopie radio-carpienne et médio-carpienne dans les 'instabilités' du carpe, *Ann Chir Main Memb Super* **12:**26–38.

Sennwald GR, Zdravkovic V, Jacob HAC (1993b) Kinematics analysis of relative motion within the proximal carpal row, *J Hand Surg* **18B:**609–12.

Sennwald GR, Zdravkovic V, Jacob H (1995) Physical equilibrium of the normal wrist, a new view on ligamentous function. In: Vastamäki M, ed. *Current Trends in Hand Surgery.* Elsevier: Amsterdam: 31–9.

Stanley JK, Hodgson SP, Royle SG (1994) An approach to the diagnosis of chronic wrist pain, *Ann Chir Main Memb Super* **13:**202–6.

Trentham DE, Hamm RL, Masi AT (1975) Wrist arthrography: review and comparison of normals, rheumatoid arthritis, and gout patients, *Semin Arthritis Rheum* **5:**105–20.

Viegas SF, Patterson RM, Hokanson JA, Davis J (1993) Wrist anatomy: incidence, distribution, and correlation of anatomic variations, tears and arthrosis, *J Hand Surg* **18A:**463–75.

Zdravkovic V, Sennwald GR, Fischer M, Jacob HAC (1994) The palmar wrist ligaments revisited, clinical relevance, *Ann Chir Main Memb Super* **13:**378–82.

Zdravkovic V, Jacob HAC, Sennwald G (1995) Physical equilibrium of the normal wrist and its relation to clinically defined 'instability', *J Hand Surg* **20B:**159–64.

9 The value of standard and functional radiographs in diagnosing wrist instability

Frédéric Schuind, Eric Fumière, and Serge Sintzoff

The term 'wrist instability' as defined by Linscheid et al (1972) remains a challenging problem with many questions unanswered despite extensive basic biomechanical and clinical research. Although used frequently in clinical practice, the term 'instability' may not be appropriate. Sennwald (1995) has pointed out that in wrist instability the carpus may reach a new state of stable equilibrium. While Garcia-Elias (personal communication, Helsinki, 1995) prefers the term 'carpal dysfunction syndromes', these are referred to in this chapter as 'carpal dyskinematic syndromes', since the common abnormality is an alteration of the kinematic pattern of the carpal bones during wrist motion.

Carpal dyskinematic syndromes should ideally be classified according to the pathological lesion. One example is the clinical syndrome secondary to disruption of the scapholunate interosseous ligament. Subtle kinematic abnormalities first appear during wrist motion followed by secondary widening between the scaphoid and the lunate, palmar flexion of the scaphoid, and dorsal extension of the lunotriquetral tandem. Disruption of the scapholunate interosseous ligament may then combine with lengthening or disruption of the extrinsic radiocarpal ligaments.

However, carpal dyskinematic syndromes currently remain classified according to the radiological appearance. Static instability is present if the dyskinematic syndrome is seen on standard radiographs; dynamic instability exists if the pathology can only be seen with special manoeuvres or passive stress on special views. Nondissociative and dissociative types of instability are distinguished according to the status of coherence between carpal bones. DISI (dorsal intercalated segmental instability) or VISI/PISI (volar or palmar intercalated segmental instability) are defined by the malposition of the lunate on standard lateral radiographs. Proper radiographic technique is thus required to define the exact carpal dyskinematic syndrome present.

Basic imaging must always include standard posteroanterior, lateral, and dynamic views. Traction radiographs, cineradiography or computed tomography (CT) may be appropriate in selected cases. The radiographic modalities listed are not adequate for complete evaluation, however, since they only allow assessment of the carpal kinematic pattern. Associated ligamentous lesions must be diagnosed by using either magnetic resonance imaging (MRI), arthrography, arthro-CT or arthroscopy.

Basic radiographic examination

The initial routine radiographic examination consists of standard posteroanterior and lateral views. More than 5 cm of the distal radius and ulna, the whole carpus and all five metacarpals should be included to allow for measurement of carpal ratios. Since the position of the arm, forearm, wrist, and the orientation of the central X-ray beam all affect the radiological appearance and relative location of the carpal bones, it is essential to obtain the basic radiographs in the standard position. When taking the posteroanterior view the palmar side of the hand rests on the cassette, the wrist and forearm are held in neutral position, the elbow in 90° of flexion, and the shoulder in 90° of abduction. For the lateral view the hand is positioned in the same plane as the humerus with the elbow flexed 90°.

A support may be used to hold the wrist in the correct position (Meyrueis et al 1978, Fisk 1984, Meyrueis 1984, Micks 1985, Nakamura et al 1989, Larsen et al 1991, Laredo and Dumontier 1992, Stewart and Gilula 1992). The axis of the radius and third metacarpal should be colinear in both views. On a standard lateral view the distal radius and ulna should properly overlap and the pisiform should be visible at mid distance between the palmar cortices of the scaphoid and capitate (Gilula and Weeks 1978, Gilula 1994).

A morphological evaluation of the radiographs is done first to detect any obvious or subtle signs of carpal dyskinematic syndromes. Other abnormalities sought include soft tissue swelling, obliteration or bowing of fat spaces, bone fracture lines, or signs of degenerative or inflammatory articular lesions. Various measurements are then taken to quantify and grade any carpal abnormalities.

Morphological evaluation of the posteroanterior view of the wrist

The three radiographic arcs of Gilula (proximal contour of the first carpal row, distal contour of the first carpal row, and proximal contour of the second carpal row) are drawn. Any break in the continuity of these arcs denotes an abnormal carpal relationship (Gilula 1979).

In a proper posteroanterior view the articulating bones have parallel opposing surfaces. A lack of parallelism between the scaphoid and lunate bones is a subtle sign of scapholunate dissociation. A more prominent sign is an increase in the width of the scapholunate joint, which normally measures approximately 1–2 mm (abnormal if >3 mm) (Gilula and Weeks 1978, Allieu et al 1982, Linscheid et al 1983, Linscheid 1984, Belsole 1986, Frost et al 1986, Jones 1988, Kindynis et al 1990).

The shape of the carpal bones, particularly of the lunate and scaphoid, are also assessed. The shape of the scaphoid changes with palmar flexion, creating both a shorter appearance and a cortical 'ring' shadow (Gérard et al 1980, Schernberg 1984). The silhouette of the lunate is trapezoidal in neutral alignment and changes with DISI or VISI deformity. In dorsal extension of the lunate its volar pole protrudes distally and shows a broad rounded contour (which is wider than the 'ridge line' density at the capitate facet of the lunate) (Kuhlmann et al 1978, Schernberg 1984, Cantor and Braunstein 1988).

Morphological evaluation of the lateral wrist radiograph

The lateral view is essential for assessing the overall alignment of the carpus. In a neutral wrist position the central axes of the radius, lunate, capitate, and third metacarpal should be colinear, although this exact alignment is present in only 11% of wrists (Sarrafian 1977). The scaphoid normally lies in about 50° of volar flexion.

Measurements from standard radiographs

Many parameters have been proposed to measure carpal dysfunction in the traumatized or diseased wrist or assess the potential benefits of various surgical procedures. The measurements we routinely use are presented in Table 1. It should be emphasized that values are meaningless if measured from radiographs taken in other than the true standard projections.

All measurements must be interpreted with reference to normal values (Table 1). We have recently established a normal database for posteroanterior radiographs (Schuind et al 1992) while others have documented normal values for lateral views (Linscheid et al 1972, Gilula and Weeks 1978, Nakamura et al 1989, Larsen et al 1991, Larsen 1992). Databases of normal values are helpful if the standard variation in the normal population remains small. Unfortunately, wrist morphology shows marked interindividual variability which precludes the detection of subtle dyskinematic abnormalities. For example, in a series of 18 patients who had lunatomalacia or nonunion of the scaphoid, the mean carpal height index was within normal limits at 0.51 (Stahelin et al 1989). If the deformity exists on only one side, a comparison with the healthy side may provide a better reference than standard values. We have been able to show recently (Schuind et al 1995) that the normal wrist may serve as a useful reference for determining both carpal

Table 1 Measurements of the wrist, mean values, standard deviation, and normal limits

Measurement	Definition	Mean	Standard deviation	Limits of normal values
Posteroanterior view				
Inclination angle of the distal radius (degrees)	Angle between a line tangential to the distal articular surface of the radius, and a line perpendicular to the shaft of the radius	23.8	2.6	18.8–29.3
Ulnar variance (mm)	Difference between average radius of radial scaphoid lunate fossa and distance between the centre of this circle to the cortical rim of the ulnar dome (Palmer et al 1982)	–0.9	1.5	–4.2–+2.3
Carpal height (mm)	Distance between the base of the third metacarpal and the point of intersection of the third metacarpal axis with the radiocarpal joint line (Youm et al 1978, Schuind et al 1992)	33.8	6.1	27.4–40.0
Carpal ulnar distance (mm)	Perpendicular distance between theoretical centre of rotation for radial ulnar deviation of the wrist and longitudinal axis of the ulna projected distally (Youm et al 1978)	17.1	3.3	11.4–25.4
Carpal radial distance (mm)	Perpendicular distance between theoretical centre of rotation for radial ulnar deviation of the wrist, to a line from the radial styloid that extends distally and parallel to the axis of the distal end of the radius (Chamay et al 1983)	19.0	1.7	15.9–22.4
Length of the third metacarpal (mm)	Main longitudinal axis	63.2	4.5	55.3–73.2
Length of the capitate (mm)	Main longitudinal axis	21.7	2.1	17.8–25.5
Carpal height ratio	Carpal height/length of the third metacarpal	0.53	0.1	0.46–0.61
Carpal ulnar ratio	Carpal ulnar distance/length of the third metacarpal	0.27	0.03	0.18–0.41
Carpal radial ratio	Carpal radial distance/length of the third metacarpal	0.30	0.02	0.24–0.34
Modified carpal height ratio	Carpal height/length of the capitate	1.56	0.05	
Profile view				
Palmar tilt of the distal radius (degrees)	Angle between distal articular surface of the radius and perpendicular to the long axis of the shaft of the radius	10.2	2.7	0–20
Carpal height (mm)	See above	35.9	3.2	
Radiolunate angle (degrees)	The lunate axis is defined as the perpendicular to a line joining the palmar and dorsal horns of the bone. Positive with palmar flexion of the lunate (Palmer et al 1982, Laredo and Dumontier 1992)	7	6.6	–20–+10
Scapholunate angle (degrees)	The axis of the scaphoid is defined as tangent to the palmar proximal and distal convexity margins (Garcia-Elias et al 1989)	47.1	6.9	30–70
Capitolunate angle (degrees)	The dorsal margin of the third metacarpal is used as substitute axis for the capitate (Palmer et al 1982, Laredo and Dumontier 1992)	10.9	3.5	–20–+10

height and carpal angles on lateral radiographs. Radial inclination, palmar tilt and ulnar variance should be routinely compared to normal values in the general population, as there is a high variability between both sides for these measurements.

Additional views

Special views may be useful for the following clinical conditions:

- posterior fracture of the triquetrum (oblique view in slight pronation)
- pisiform fracture or fracture of the hook of the hamate (oblique view with 15° of supination or carpal tunnel view) (Gérard et al 1980, Larsen et al 1991)
- scaphoid fracture (this carpal bone is best visualized when its axis is oriented perpendicular to the X-ray beam with ulnar deviation and flexion of the fourth and fifth digits – Fig. 1) (Schnek 1933, Stecher 1937, Larsen et al 1991)
- scapholunate dissociation (a posteroanterior view with the tube angled 10° ulnarly).

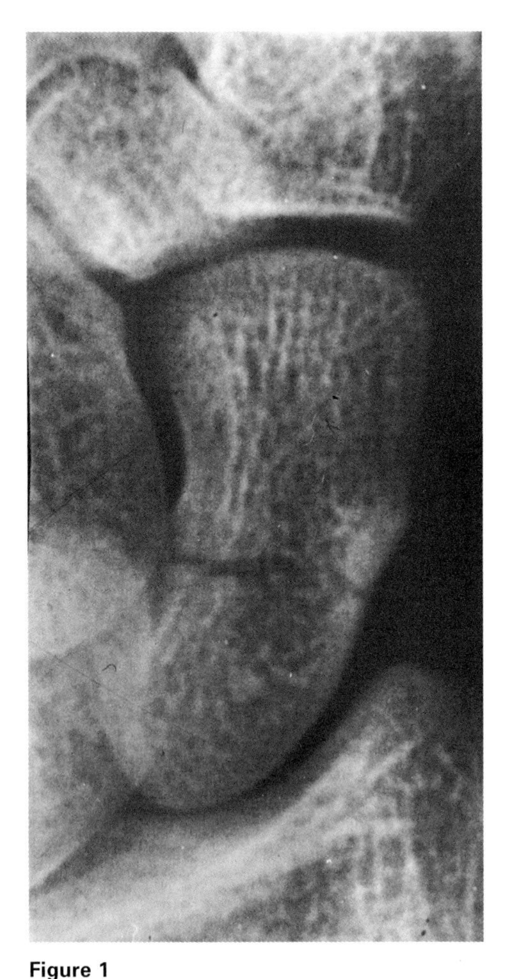

Figure 1

Scaphoid fracture, special view.

Dynamic evaluation

In certain carpal dyskinematic syndromes, especially in the early stages, standard radiographs may appear deceptively normal. Dynamic views (also called function views) are helpful then to study the kinematic behaviour of the carpal bones and detect abnormalities. Our basic series includes:

1. posteroanterior views in radial, neutral, and ulnar deviation
2. posteroanterior view with fist compression
3. lateral views in palmar flexion, neutral position, and dorsal extension
4. lateral views with passive palmar and dorsal translation (drawer tests, Fig. 2).

All these views are taken of both wrists to compare the pattern of motion of all carpal bones. We examine specifically the kinematics of the scaphoid, lunate, and triquetrum. We also look for the appearance of abnormal gaps between carpal bones, such as between the scaphoid and the lunate (Fig. 3).

It is also possible to quantify, to some extent, the relative motions of the scaphoid and lunate by measuring the changes of scapholunate angle with palmar flexion and dorsal extension of the wrist (Schuhl et al 1985).

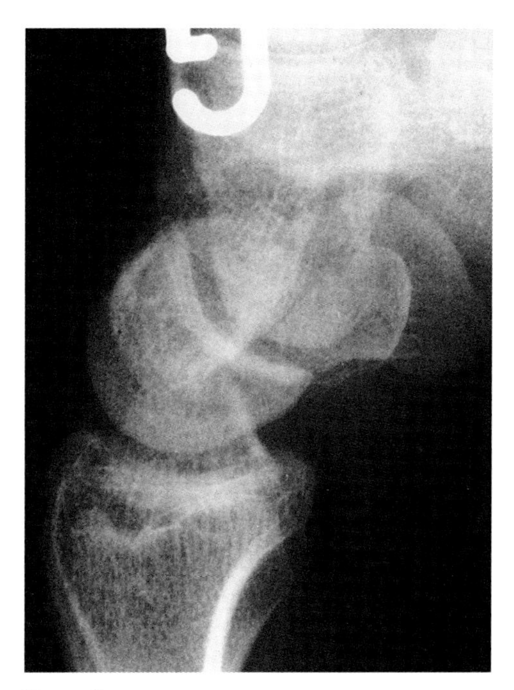

Figure 2

Dynamic VISI deformity visualized by passive palmar translation (drawer test).

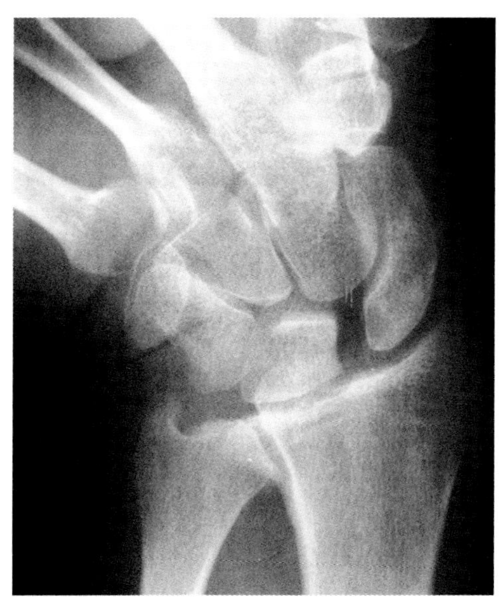

Figure 3

Abnormal scapholunate gap detected in ulnar deviation (dynamic radiograph, posteroanterior view).

Fumière et al (1995) demonstrated recently that stress views can provide indirect signs of ligamentous injury. A spontaneous lunotriquetral pneumoarthrogram, caused by the vacuum phenomenon and appearing when the wrist was stressed in radial deviation, was noted as a sign of lunotriquetral dissociation.

Traction views, cineradiography and CT scans

Traction views may be helpful in patients with acute perilunate or lunate dislocations before and after reduction. In chronic dyskinematic syndromes, such views do not seem to be particularly helpful (Fortems et al 1994).

Cineradiography may be useful in evaluating patients with a painful 'snapping' wrist or when routine views do not demonstrate the site of pathology. We use videotape recorded fluoroscopy from the cardiac catheterization unit.

CT scans are not especially helpful for the diagnosis of carpal dyskinematic syndromes. Three dimensional imaging of abnormal gaps may in the future help improve our understanding of complex carpal kinematic dysfunction.

Conclusions

Close interaction between the radiologist and the clinician is essential for the correct diagnosis of subtle abnormalities of carpal kinematics. Most important in the diagnosis is a proper clinical examination (Truong et al 1994). Moreover, there is no specific algorithm to confirm clinical suspicions radiographically. Each situation must be assessed and evaluated individually. Specific clinically painful areas or abnormalities seen on routine radiographic views may suggest the need for certain additional methods of imaging, such as tomographic or CT views or MRI. General roentgenographic guidelines to carpal dyskinematic syndromes, however, are helpful and are listed in Fig. 4.

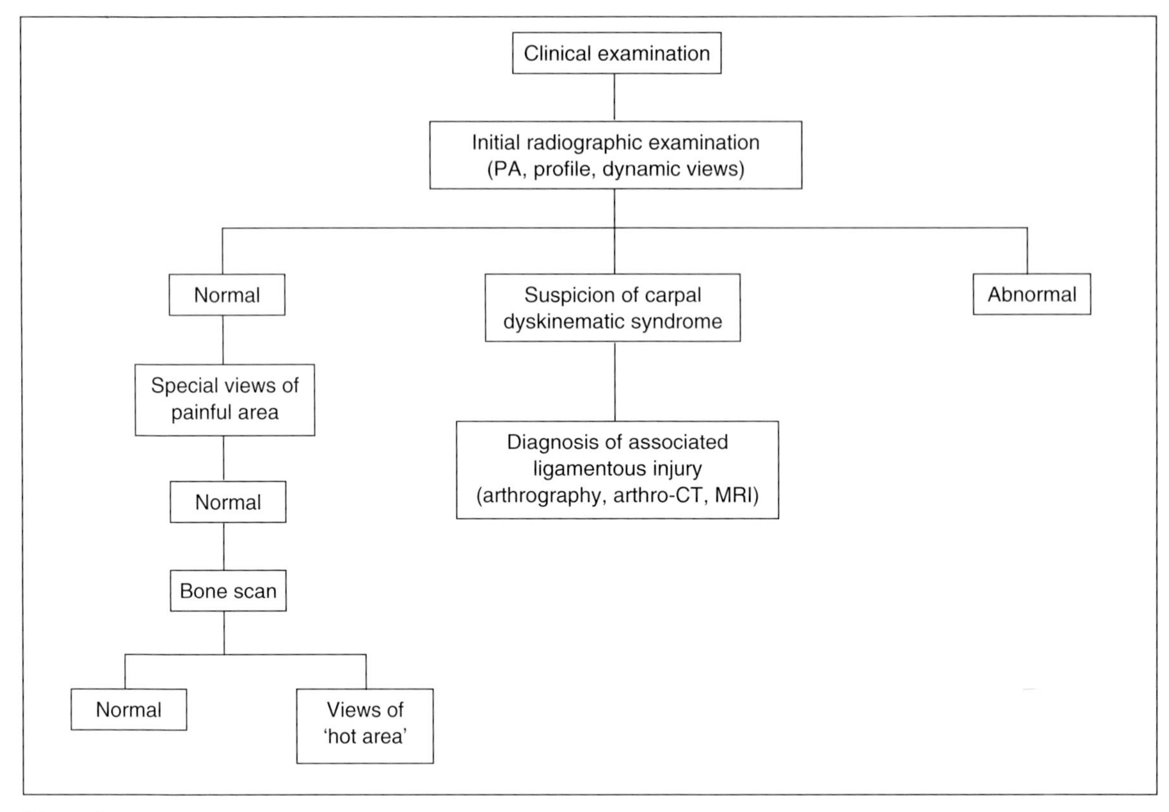

Figure 4

Algorithm for the diagnosis of carpal dyskinematic syndromes.

References

Allieu Y, Brahin B, Asensio G (1982) Les instabilités du carpe. Bilan et sémiologie radiologique, *Ann Radiol* **25**:275–87.

Belsole RJ (1986) Radiography of the wrist, *Clin Orthop* **202**:50–6.

Cantor RM, Braunstein EM (1988) Diagnosis of dorsal and palmar rotation of the lunate on a frontal radiograph, *J Hand Surg* **13A**:187–93.

Chamay A, Della Santa D, Vilaseca A (1983) Radiolunate arthrodesis, factor of stability for the rheumatoid wrist, *Ann Chir Main* **2**:5–17.

Fisk GR (1984) The influence of the transverse carpal ligament (flexor retinaculum) on carpal stability, *Ann Chir Main* **3**:297–9.

Fortems Y, Mawhinney I, Lawrence T, Stanley JK (1994) Traction radiographs in the diagnosis of chronic wrist pain, *J Hand Surg* **19B**:334–7.

Frost B, Alnot JY, Folinais D, David M, Benacerraf R (1986) Visualisation de l'interligne scapholunarien. Description d'une incidence radiologique simple. *Ann Chir Main* **5**:335–8.

Fumière E, Sintzoff S, Matos C, Schuind F, Struyven J (1995) An unusual vacuum phenomenon: a sign of lunotriquetral tear. Submitted.

Garcia-Elias M, An KN, Amadio PC, Cooney WP, Linscheid RL (1989) Reliability of carpal angle determinations, *J Hand Surg* **14A**:1017–21.

Gérard Y, Schernberg F, Leschallier G, Lacour P (1980) Exploration radiologique du poignet de face, *SOFCOT Réunion Annuelle*: 49–55.

Gilula LA (1979) Carpal injuries: Analytic approach and case exercises, *Am J Radiol* **133**:503–17.

Gilula LA (1994) *Imaging of the Hand and Wrist*. Belgian Hand Group: Brussels.

Gilula LA, Weeks PM (1978) Post-traumatic ligamentous instabilities of the wrist, *Radiology* **129**:641–51.

Jones WA (1988) Beware the sprained wrist. The incidence and diagnosis of scapholunate instability, *J Bone Joint Surg* **70B**:293–7.

Kindynis P, Resnick D, Kang SK, Haller J, Sartoris DJ (1990) Demonstration of the scapholunate space with radiography, *Radiology* **175**:278–80.

Kuhlmann N, Gallaire M, Pineau H (1978) Déplacements du scaphoïde et du semi-lunaire au cours des mouvements du poignet, *Ann Chir* **32**:543–53.

Laredo JB, Dumontier C (1992) Instabilité du carpe, *V ème Cours de Perfectionnement en Radiologie Ostéo-articulaire* (Toulouse) 189–208.

Larsen CF (1992) La radiologie conventionnelle du poignet. In: Brunelli G, Saffar P, eds. *L'imagerie du Poignet*. Springer-Verlag: Heidelberg: 3–18.

Larsen CF, Mathiesen FK, Lindequist S (1991) Measurement of carpal bone angles on lateral wrist radiographs, *J Hand Surg* **16A**:888–93.

Linscheid RL (1984) Scapholunate ligamentous instabilities (dissociations, subdislocations, dislocations), *Ann Chir Main* **3**:323–30.

Linscheid RL, Dobyns JH, Beabout JW, Bryan RS (1972) Traumatic instability of the wrist: diagnosis, classification and pathomechanics, *J Bone Joint Surg* **54A**:1612–32.

Linscheid RL, Dobyns JH, Beckenbaugh RD, Cooney WP, Wood MB (1983) Instability patterns of the wrist, *J Hand Surg* **8**:682–7.

Meyrueis JP (1984) Instabilité du carpe: circonstances de diagnostic et étude clinique, *Ann Chir Main* **3**:313–16.

Meyrueis JP, Cameli M, Jan P (1978) Instabilité du carpe. Diagnostic et formes cliniques, *Ann Chir* **32**:555–60.

Micks JE (1985) A method for evaluating carpal alignment on lateral radiographs, *J Hand Surg* **10A**:580–2.

Nakamura R, Hori M, Imamura T, Horii E, Miura T (1989) Method for measurement and evaluation of carpal bone angles, *J Hand Surg* **14A**:412–13.

Palmer AK, Glisson RR, Wemer FW (1982) Ulnar variance determination, *J Hand Surg* **7**:376–9.

Sarrafian SK, Melamed JL, Goshgarian G (1977) Study of wrist motion in flexion and extension, *Clin Orthop* **126**:153–9.

Schernberg F (1984) Anatomo-radiologie statique et dynamique du poignet, *Ann Chir Main* **3**:301–12.

Schnek F (1933) Zur Röntgenologischen Diagnose von Kahnbeinbrüchen der Hand, *Zentralbl Chir* **60**:1954–6.

Schuhl JF, Leroy B, Comtet JJ (1985) Biodynamics of the wrist: Radiologic approach to scapholunate instability, *J Hand Surg* **10A**:1006–8.

Schuind F, Linscheid RL, An KN, Chao EYS (1992) A normal data base of posteroanterior roentgenographic measurements of the wrist, *J Bone Joint Surg* **74A**:1418–29.

Schuind F, Alemzadeh S, Stallenberg B, Burny F (1995) Does the normal contralateral wrist provide the best reference for the radiological measurements of the pathological wrist? *J Hand Surg*, in press.

Sennwald G (1995) Kinematics of the proximal carpal row – before and after section of the scapho-lunate ligament, *11th International Wrist Investigator's Workshop* (Helsinki).

Stahelin A, Pfeiffer K, Sennwald G, Segmüller G (1989) Determining carpal collapse. An improved method, *J Bone Joint Surg* **71A**:1400–5.

Stecher WR (1937) Roentgenography of the carpal navicular. *Am J Radiol* **37**:704–5.

Stewart NR, Gilula LA (1992) CT of the wrist: a tailored approach, *Radiology* **183**:13–20.

Truong NP, Mann FA, Gilula LA, Si-Won K (1994) Wrist instability series: increased yield with clinical-radiologic screening criteria, *Radiology* **192**:481–4.

Youm Y, McMurtry RY, Flatt AE, Gillespie TE (1978) Kinematics of the wrist. I. An experimental study of radial-ulnar deviation and flexion-extension, *J Bone Joint Surg* **60A**:423–31.

10
Cineradiography as a tool to assess wrist instability

Wolfgang Hintringer

Cineradiography is the imaging method par excellence for diagnosing dynamic carpal instability, particularly at the proximal carpal row level. Injuries to the intrinsic scapholunate and/or lunotriquetral interosseous ligaments without significant damage to the extrinsic palmar or dorsal carpal ligaments can cause various types of dynamic instability of the intercalated segment of the wrist. These include dynamic variants of rotary subluxation of the scaphoid, perilunate instability and, occasionally, lunotriquetral instability. In more widespread lesions, dynamic instability of the proximal carpal row as a unit also occurs.

Dynamic wrist instability is characterized by more or less painful, rapid abnormal shifts between carpal bones, appearing under certain kinematic conditions in relation to specific joint positions, movements or loading patterns.

By definition, dynamic wrist instability does not lead to fixed gap formation, permanent subluxation of carpal bones or other static disarrangements. Plain radiographs are therefore normal (Whipple 1992). Function series are not likely to reveal dynamic instability patterns, as function views are taken in a predetermined set of positions (flexion, extension, radial and ulnar deviation, clenched fist views) and use still frame methodology. Cineradiography is the only imaging method by which dynamic wrist instability may consistently be diagnosed.

Technique of cineradiography

The detection and precise identification of dynamic kinematic dysfunction requires adequate spatial resolution (better than 1 mm), temporal resolution (at least real time, preferably slow motion), and the possibility of repeated viewing. Flashing dynamic carpal shifts are difficult to evaluate at a glance. Simultaneous observation of several individual joint relationships in a single sweep is not possible. Therefore, and to keep radiation exposure at a minimum, cineradiography is usually recorded on videotape or celluloid film. Videotaping is generally preferred as this is cheap, user friendly, instantly available for quality control and replay, and represents a standard media presentation format. One disadvantage includes a slower frame sequence (30 frames per second as compared to 50 frames per second in celluloid films). Most of the modern fluoroscopic image intensifier units now incorporate a low radiation mode and a composite signal output for standard video tape-recorders, which makes cineradiography a safe and simple procedure.

The actual examination is simple. The patient's wrist is first filmed in the frontal plane in close contact with the surface of the intensifier unit. The examinee moves his or her wrist several times from maximum radial deviation to maximum ulnar deviation while neutral flexion/extension is maintained. In the presence of clicks or clunks the patient is asked to reproduce the snap if possible. A clenched fist is then filmed. Passive manoeuvres, such as axial stress, dorsal, palmar, and ulnar translations, may be supplemented but are not undertaken as a routine procedure. Next, the wrist is viewed in the lateral projection and the patient flexes and extends the wrist to complete several full arcs of motion. Passive shear stressing is not usually necessary to reveal the relevant pathology. The recorded video sequence is reviewed to assure quality and is analysed in multiple replays. Slow motion replay is useful to study very rapid carpal shifts.

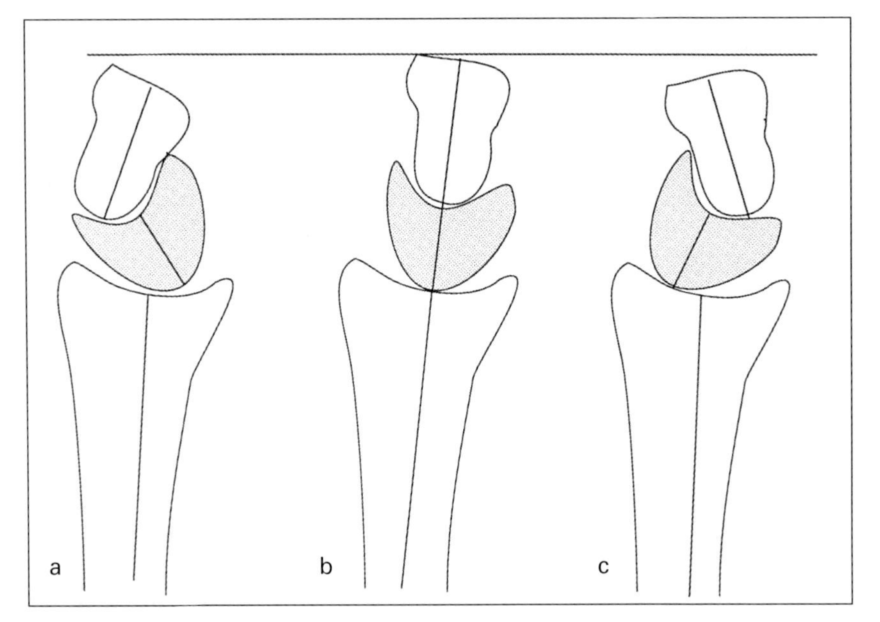

Figure 4

The shape of the lunate allows for adjustments in carpal height (specifically capitoradial distances) during ulnar deviation (a) and radial deviation (c).

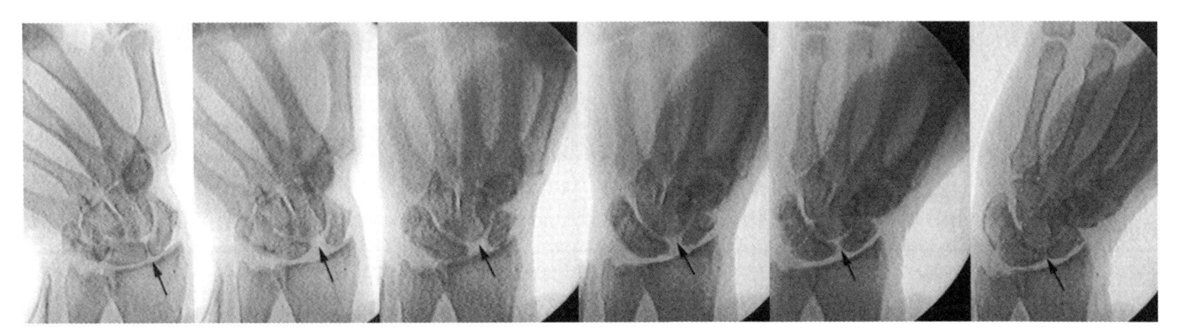

Figure 5

Cineradiographic study of a left wrist with voluntary habitual dynamic scapholunate dissociation. Gap formation of more than 3 mm between the scaphoid and lunate is seen in neutral and slight ulnar deviation. This disappears with extreme ulnar or radial deviation. In other cases of dynamic instability, the gap may be closed in the neutral position and may widen with either radial or ulnar deviation.

ence weakness of the wrist. Many clinical tests have been described to demonstrate dynamic instability of the scapholunate and lunotriquetral joints (see Chapter 6), but none of them is overly specific or truly diagnostic (Taleisnik 1980). Therefore, if standard radiographs and function views are negative, further assessment should include cineradiography. Nondissociative dynamic scapholunate or lunotriquetral instability may be excluded if cineradiography proves normal.

Diagnosis of dynamic carpal instability

Movements of the proximal and distal carpal rows as units, and of all individual bones and joints, should be studied repeatedly. When sudden displacements (such as clicks or snaps) occur, abnormal kinematics should be analysed by repeatedly replaying videotapes in slow motion.

Normally, the scaphoid glides smoothly and continuously from an extended position in ulnar deviation to a flexed position in radial deviation. Isolated nondissociative sprains of the scapholunate interosseous ligament are revealed by a momentary widening of the scapholunate interval, followed by a sudden abnormal tilting of the scaphoid in the posteroanterior plane (Fig. 5) appearing within a fraction of a second in a certain joint position only. In the lateral projection, likewise, an abrupt temporary shift of elements of the proximal carpal row may be seen.

If the painful click is located at the ulnar side of the wrist, cineradiography may show a rapid subluxation between the lunate and the triquetrum with a dyskinematic shift of the lunate and hamate from the high disengaged to the low engaged positions.

Dynamic carpal instability of the proximal carpal row may be assessed further by wrist arthroscopy particularly when probing the respective scapholunate or lunotriquetral intervals from the radiocarpal or midcarpal joints.

References

Kauer JMG (1986) The mechanism of the carpal joint, *Clin Orthop* **202**:16–26.

Taleisnik J (1980) Post traumatic carpal instability, *Clin Orthop* **419**:73–8.

Taleisnik J (1985) *The Wrist*. Churchill Livingstone: New York: 95.

Whipple TL (1992) *Arthroscopic Surgery, The Wrist*. JB Lippincott: Philadelphia: 30.

11
The place of special imaging techniques in diagnosing wrist instability

Gerd Reuther

Wrist instability may be defined as a condition of altered kinematics in which the patient is unable actively and repetitively to assume and maintain correct positioning of the carpal joints. The causes of wrist instability are bony, ligamentous, or synovial lesions. Bony lesions include fractures, nonunions, malunions or bony deformities of other origin. Ligamentous lesions may be subdivided into intrinsic lesions (such as dynamic scapholunate dissociation or dissociated perilunate instabilities), extrinsic lesions (such as dorsal carpal subluxation or ulnar translocation), triangular fibrocartilage (TFC) related lesions such as distal radioulnar subluxation (Gilula and Weeks 1978, Cooney et al 1989), and combined abnormalities. Synovial lesions (such as rheumatoid arthritis, septic arthritis, or pseudogout) may affect carpal kinematics either directly or by changing the joint surfaces, the shape of bones, or the integrity of ligaments. Combinations of all these lesions occur frequently.

The role of imaging

Imaging of wrist instabilities is done to visualize or rule out any disturbed functional relationships in the wrist joints and to detect underlying lesions of bones, ligaments, synovial components, and periarticular stabilizing structures. Ideally, imaging techniques should demonstrate the abnormal kinematic patterns and the behaviour of the related structures in real time motion. This poses high demands upon imaging techniques, since a submillimetre spatial resolution and a time resolution of up to 20 pictures per second are desirable (Table 1). While

Table 1 Technical features of imaging techniques and their suitability for diagnosing selected patterns of wrist instability.

	Plain film	Cineradiography	MRI	Arthrography	CT
View direction	sag, cor, obl	sag, cor, obl	variable	sag, cor, obl	axial, obl
Spatial resolution	50–100 μm	100–200 μm	300–500 μm	50–100μm	200–500 μm
Temporal resolution	static	up to 50 images/s	1–5 images/s (limited spatial resolution)	up to 50 images/s	1–5 images/s (increased noise)
Types of instability					
dissociated perilunate	+	++	+	++	–
nondissociated perilunate	+	++	+	++	–
dorsal carpal subluxation	+	++	+	+	–
ulnolunate abutment	+	++	++	++	–
ulnar translocation	+	++	++	++	–
distal radioulnar	–	+	++	+	++
unstable scaphoid fracture	+	++	+	++	–

sag, sagittal; cor, coronal; obl, oblique; ++, highly suitable; +, suitable; –, unsuitable.

radiographic imaging readily provides high speed imaging, in magnetic resonance imaging and computed tomography there are strong inverse relationships between data acquisition and imaging time, although the recording of full data sets in as little as 50 milliseconds has become possible during recent years (Fulmer et al 1989, Shellock et al 1991). The value of each particular imaging technique in diagnosing wrist instabilities is thus strongly determined by its relative static and dynamic imaging capabilities and the type of instability under consideration.

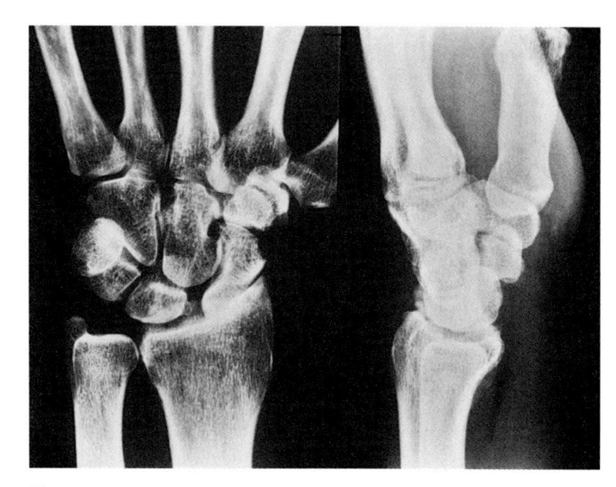

Figure 1

Stage II scapholunate collapse with dissociation of the scapholunate interval, dorsiflexed intercalated instability, and advanced radioscaphoid arthrosis.

Plain films

Plain film analysis remains the mainstay in diagnosing carpal instability (Fig. 1). If standard radiographs (posteroanterior and lateral in neutral position of the wrist) are normal, additional plain film views should be obtained before special imaging techniques are considered. In fact, special views (oblique, 15° supinated), function views (wrist actively flexed, extended, radially or ulnarly abducted, clenched fist view), and stress views (passive stresses in radial/ulnar deviation, flexion/extension, ulnar/radial/dorsal/volar translation) in conjunction with standard views, depict almost all variants of static and dynamic wrist instabilities (Gilula and Weeks 1978). Plain film analysis, however, is of limited value for assessing distal radioulnar instability due to the lack of axial projection (Protas and Watson 1980, Wechsler et al 1987). The role of standard and functional radiography is discussed in detail in Chapters 9 and 10.

Special imaging techniques

Cineradiography

When carpal instability is suspected and standard wrist radiographs are normal, cineradiographic evaluation in radial/ulnar deviation and flexion/extension, as well as in pronation/supination for distal radioulnar instabilities, is the method of choice to detect and document altered kinetics (Arkless 1966, McMurtry et al 1978, Protas and Watson 1980). Due to its unmatched temporal resolution, cineradiography allows the only real time evaluation of carpal motion and may especially help in detecting transient (dynamic) and position related instabilities (Fig. 2) (McMurtry et al 1978, Protas and Watson 1980). The role of cineradiography is discussed in detail in Chapter 10.

Osseous instabilities, which make up the majority of carpal instabilities, rarely require any further imaging beyond cineradiography. Ligamentous disruptions and synovial problems may benefit from additional visualization by magnetic resonance imaging (TFC, ligaments) or arthrography (synovial, ligaments) (Braunstein et al 1985). Instability of the distal radioulnar joint is a special case possibly requiring computed tomography in addition.

Magnetic resonance imaging

As carpal malalignment and kinematic dysfunction can be diagnosed adequately from standard radiographs, function views, stress views, and cineradiography, magnetic resonance imaging (MRI) should not be considered as a primary

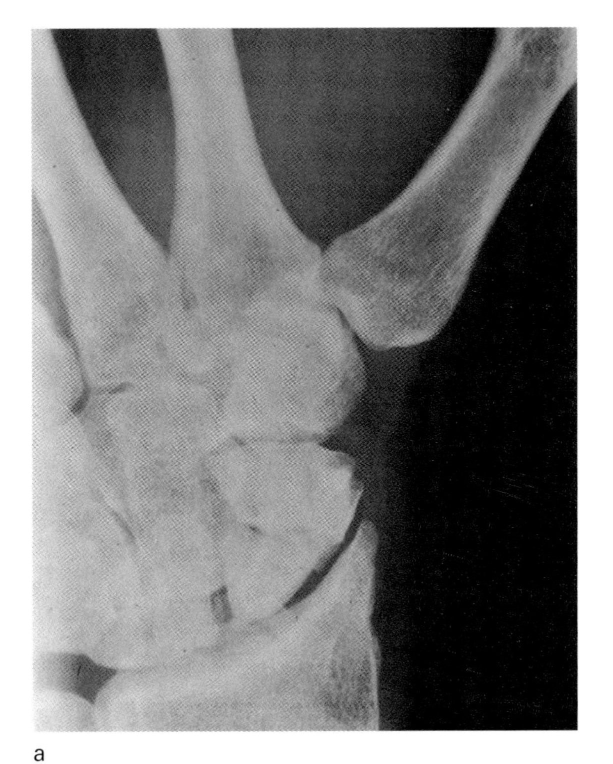
a

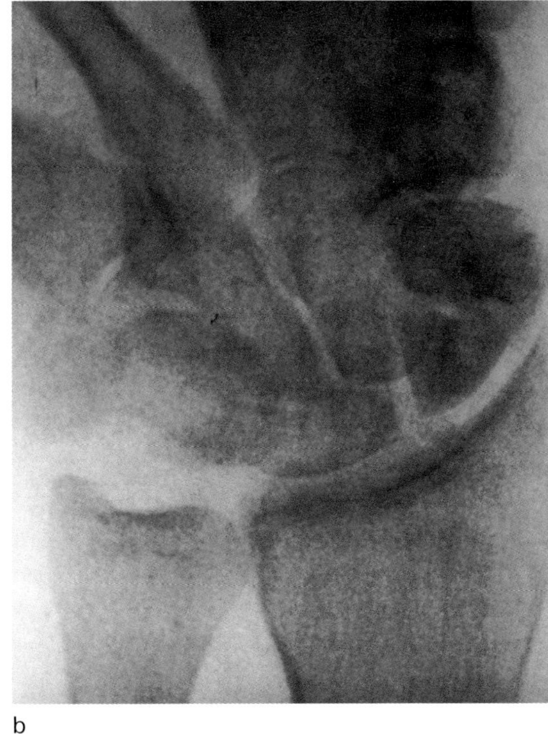
b

Figure 2

Scaphoid nonunion with intercalated segment instability deformity and secondary radioscaphoid as well as scapho-trapezial–trapezoid arthrosis. (a) Standard posteroanterior view. (b) Cineradiography in ulnar deviation.

method of imaging when wrist instability is suspected (Braunstein et al 1985). MRI is a noninvasive, potent singular modality of comprehensive wrist imaging. If diagnosis is difficult or unclear, all structures of importance for maintaining wrist stability may be visualized by MRI, and examined statically in any desired tomographic plane, namely bone (including spatial relationships), cartilage, joint fluid, synovium, intrinsic ligaments, TFC, extrinsic ligaments, and all relevant periarticular stabilizing structures (such as the transverse carpal ligament or the walls of extensor compartments). In comparison to other methods of wrist imaging available today, MRI is unique in its capacity to visualize directly the shape and structure of the intrinsic and extrinsic carpal ligaments (Smith 1993, Totterman et al 1993, Timins et al 1995) and may even outperform arthroscopy in some aspects (such as extrinsic ligaments). In addition, MRI may reveal coexistent, unsuspected disease and thus substitute any other modality of imaging (Timins et al 1995).

At present, pinhole lesions of the intrinsic ligaments are not detected by MRI, even when using high resolution MRI, but these lesions are unlikely to affect wrist stability anyway. Furthermore, the diagnosis of ligamentous or fibrocartilagenous lesions in continuity (without obvious separation of the stumps of a torn ligament or of the edges in TFC tears) is unreliable in MRI investigations and this explains why MRI has not replaced arthrography (Gundry et al 1990). The only reliable sign of a traumatic TFC lesion in MRI is the increase of fluid in the radioulnar joint pouch in the presence of a clear disruption of the TFC substance outside the central perforation area. As visualization of both

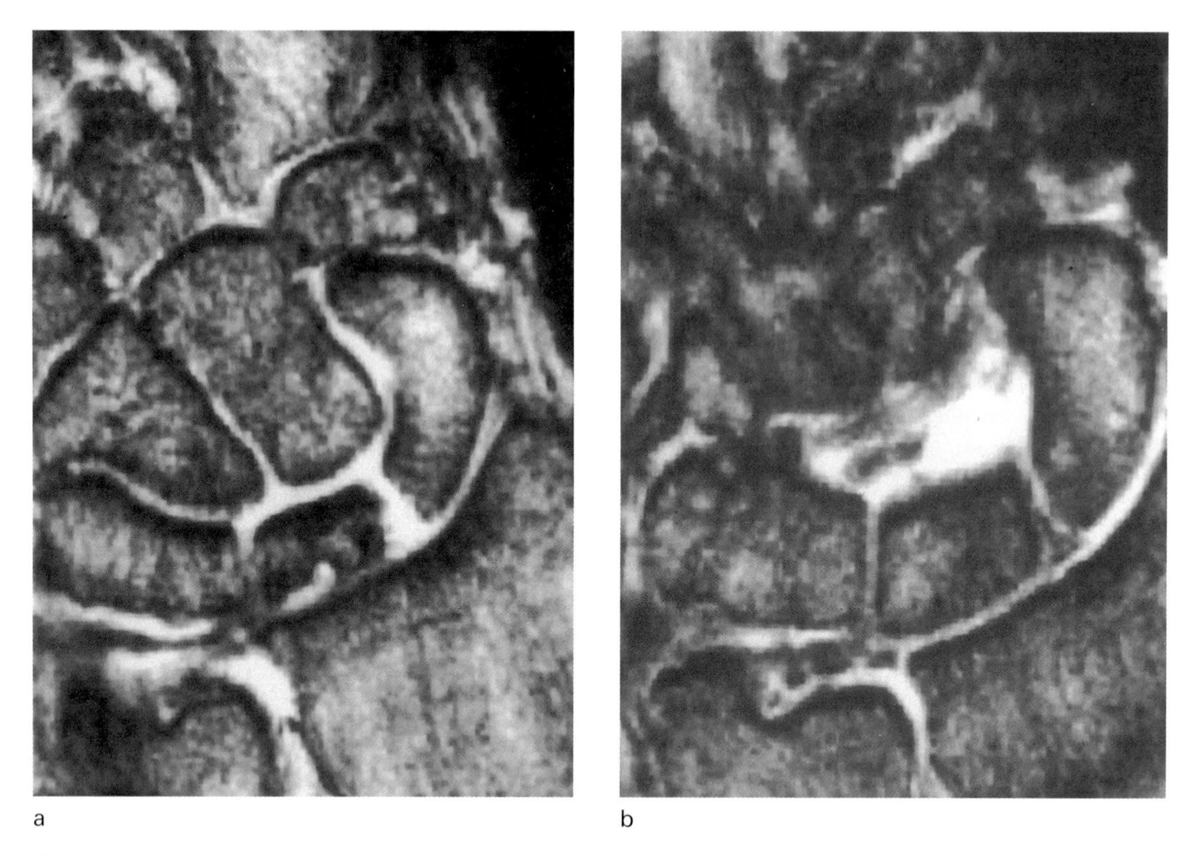

Figure 3

Scapholunate dissociation due to complete rupture of the scapholunate ligament demonstrated in MRI. (a) During ulnar deviation. (b) While masked in the neutral position.

intrinsic and extrinsic ligaments is limited, MRI with the wrist in stress positions may be helpful to demonstrate certain ligament disruptions (Bergey et al 1989) (Fig. 3) that may not have been demonstrated on static views.

MRI technology does not yet permit pluridirectional motion studies of the wrist under real time conditions, particularly because the use of surface coils is a prerequisite for adequate spatial resolution (Fulmer et al 1989, Shellock et al 1991).

Arthrography

Arthrography should address the three articular compartments of the wrist: the radiocarpal, midcarpal, and distal radioulnar joints. The contrast material helps delineate the inner configuration of these cavities and detect contour and surface irregularities of cartilage, intra-articular ligaments, synovium, and the TFC. Dye leakage from the injected joint into an adjacent joint proves the existence of abnormal intercompartmental communication but is difficult to interpret in the context of carpal instability. In fact, age-related degenerative (non-traumatic) gaps occur at the membranous portion of the scapholunate and lunotriquetral interosseous ligaments or at the centre of the horizontal portion of the TFC (particularly with positive ulnar variance) and are not easily distinguished from traumatic lesions by their arthrographic appearance. As a result, the presence of a dye leak does not per se prove instability. Moreover, dissociative carpal instability may present with significant stretching of the interosseous ligaments without hole formation.

Arthrography is a dynamic method of imaging and the observation of dye flow is often more revealing than the final image. Arthrotomograms may be obtained to enhance the resolution and avoid superimpositions of contrast pools in the dorsal and volar recesses of the radiocarpal joint cavity. Under ideal circumstances, the location and aspect of an arthrographic lesion is diagnostic of certain classes of instability. While the direct demonstration of intrinsic ligament ruptures may not be necessary when static dissociative instability has been diagnosed by other means, arthrography may still provide valuable additional information (for instance regarding synovial adhesions, Fig. 4). Some authors value arthroscopy as the gold standard of imaging in its ability to visualize joint communications and detect ligament disruptions (Gundry et al 1990). However, improvements in our understanding of the natural ageing of the wrist and knowledge gained from recent research on wrist instability have somewhat changed our interpretation of arthrographic findings. Accordingly, the indications for arthrography have diminished, particularly with the availability of MRI and arthroscopy.

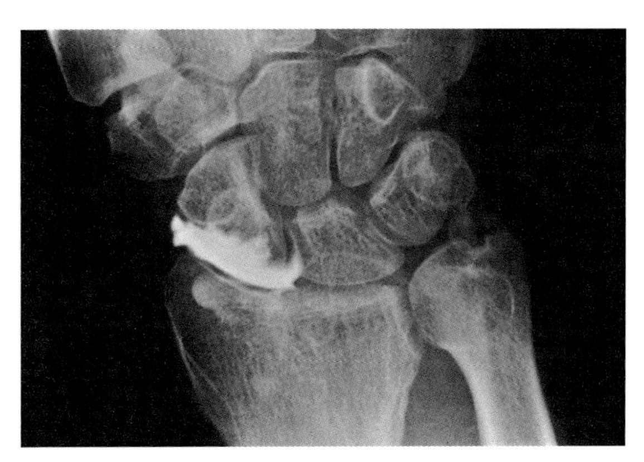

Figure 4

Limited contrast distribution during arthrography in a case of nondissociated perilunate instability with perforation of the scapholunate ligament following Colles' fracture. Substantial adhesions by synovial (and scar) tissue are seen.

Computed tomography

Computed tomography (CT) is very effective in demonstrating bony abnormalities and pathological joint configurations in the axial or near axial planes. In any other plane, spatial resolution of reconstructed CT images is usually insufficient. A CT scan does not adequately depict soft tissue structures such as synovium, ligaments, or fibrocartilage, and is much inferior to MRI in that respect.

Under static conditions, alignment and joint congruity of the radiocarpal, midcarpal, scapholunate, and lunotriquetral joints are readily assessed from standard radiographs, and CT scans are rarely necessary to identify subluxations in the axial plane. Exceptions are suspected or apparent lesions at the carpometacarpal level, where findings of standard radiographs may be confusing and CT scans have proved extremely valuable. At the distal radioulnar joint (DRUJ), lesser surface irregularities, minor subluxations, and other kinematic abnormalities, which may be manifest in certain positions of forearm rotation only, are not revealed adequately by standard radiographs. The posteroanterior view may disclose osseous pathology related to instability but does not, of course, demonstrate a sagittal displacement of the DRUJ. The lateral view, even when taken in a strictly lateral projection, will not reveal abnormalities other than relatively substantial dorsal or palmar subluxations in the neutral rotation of the forearm. Consequently, comparative CT scans of both wrists, taken in pronation, neutral rotation and supination, are the prime investigative tool of imaging of the unstable DRUJ. MRI would be equally effective in that respect but may be awkward in extreme pronation and supination when using certain types of surface coils. Single CT scans are considered diagnostic of osseous abnormalities causing DRUJ instability (Wechsler et al 1987, Fig. 5). Unfortunately, CT scans do not adequately visualize the TFC complex, which is always involved in cases of nonosseous instability of the DRUJ. MRI (or arthroscopy) may then be needed to detect structural pathology of this key stabilizer of the DRUJ.

With the introduction of subsecond data acquisition, the dynamics of wrist movements may be

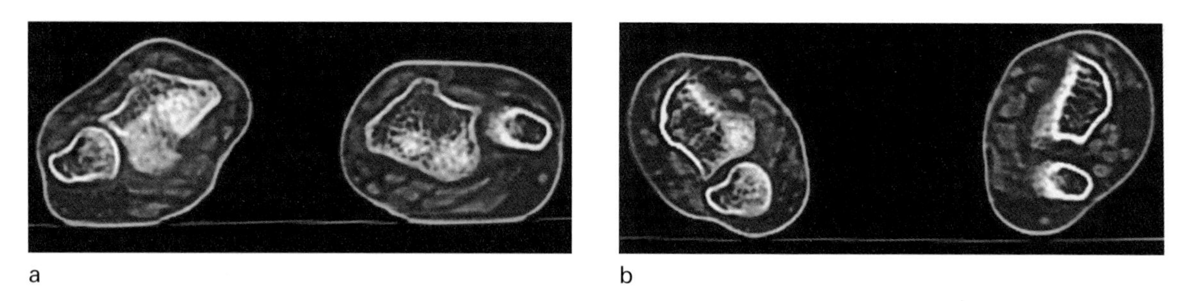

Figure 5

Bilateral CT scans of the distal radioulnar joint obtained following a sprain to the left wrist and a Colles' fracture to the right wrist. (a) In attempted pronation. (b) In supination. On the left side, pronation is limited and leads to dorsal subluxation of the ulna relative to the radius.

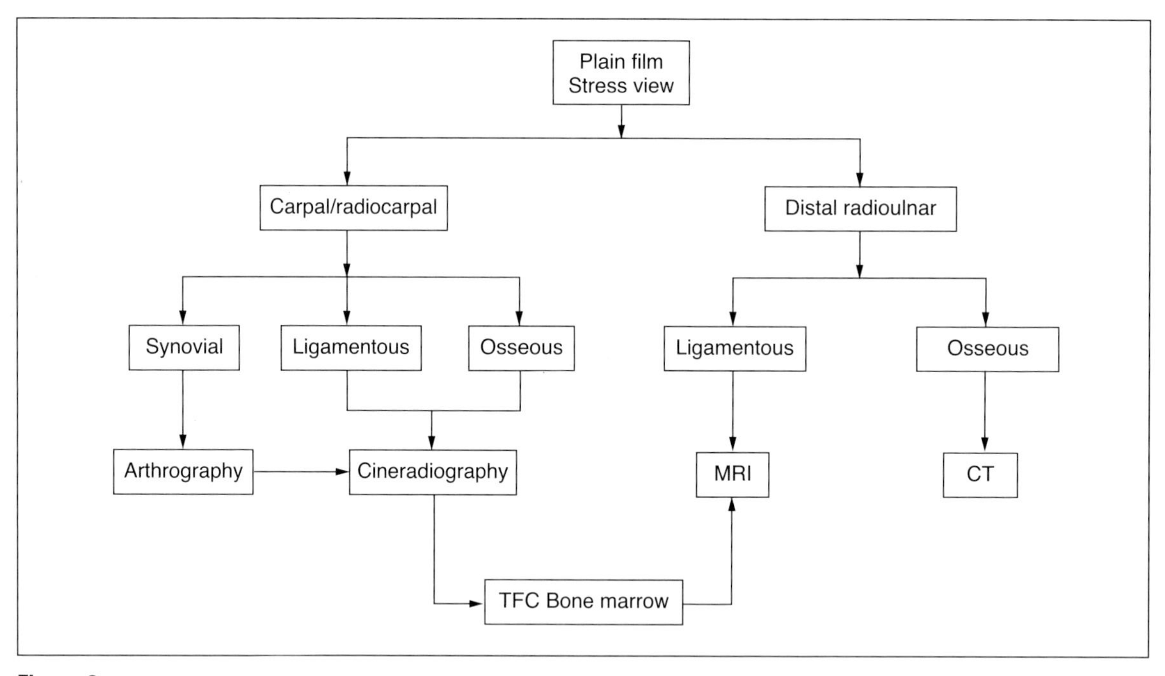

Figure 6

Imaging strategies in diagnosing wrist instability.

studied in spiral CT. While adequate image quality is obtained in the axial or near axial planes, spatial resolution is, however, not good enough in other desired planes. Moreover, movements cannot be followed in real time even with the fast tube rotation in spiral CT.

Conclusions

The complex issue of carpal instabilities may benefit from one or several of the imaging techniques described above. Considering simplicity, speed, and cost efficiency, standard and special plain film views remain the basic imaging technique. Cineradiography should be the next step in intercarpal and radiocarpal instabilities when further evaluation is needed; in distal radioulnar instability one should proceed directly with MRI or CT scans. Arthrography is the method of choice in assessing isolated synovial pathology. The whole set of imaging techniques is rarely necessary when elements of history, clinical examination, and plain film analysis are properly correlated (Fig. 6).

References

Arkless R (1966) Cineradiography in normal and abnormal wrists, *AJR Am J Roentgenol* **96**:837–44.

Bergey PD, Zlatkin MB, Dalinka MK, Osterman AL, Machek J, Dolinar J (1989) Dynamic imaging of the wrist: Early results with a specially designed positioning device, *75th Meeting of the Radiological Society of North America, Chicago 1989.*

Braunstein EM, Louis DS, Greene TL, Hankin FM (1985) Fluoroscopic and arthrographic evaluation of carpal instability, *AJR Am J Roentgenol* **144**:1259–62.

Cooney WP, Garcia-Elias M, Dobyns JH, Linscheid RL (1989) Anatomy and mechanics of carpal instability, *Surg Rounds Orthop* **3**:15–24.

Fulmer JM, Harms SE, Flaming DP, Greenaway G, Machek J, Dolinar J (1989) High-resolution cine MR imaging of the wrist, *75th Meeting of the Radiological Society of North America, Chicago, 1989.*

Gilula LA, Weeks PM (1978) Post-traumatic ligamentous instabilities of the wrist, *Radiology* **129**:641–51.

Gundry CR, Kursunoglu-Brahme S, Schwaighofer B (1990) Is MR better than arthrography for evaluating the ligaments of the wrist? In vitro study, *AJR Am J Roentgenol* **154**:337–9.

McMurtry RY, Youm Y, Flatt AE, Gillespie TE (1978) Kinematics of the wrist, clinical applications, *J Bone Joint Surg* **60A**:955–61.

Protas JM, Watson WT (1980) Evaluating carpal instabilities with fluoroscopy, *AJR Am J Roentgenol* **132**:137–40.

Shellock FG, Foo T, Mink JH (1991) Dynamic imaging of the joints by ultrafast MRI techniques, *European Congress of Radiology, Vienna, 1991.*

Smith DK (1993) Dorsal carpal ligaments of the wrist: Normal appearance on multiplanar reconstructions of three-dimensional Fourier transform MR imaging, *AJR Am J Roentgenol* **161**:119–25.

Timins ME, Jahnke JP, Krah SF, Erickson SJ, Carrera GF (1995) MR imaging of the major carpal stabilizing ligaments: Normal anatomy and clinical examples, *Radiographics* **15**:575–87.

Totterman SMS, Miller R, Wasserman B, Blebea JS, Rubens DJ (1993) Intrinsic and extrinsic carpal ligaments: Evaluation by three-dimensional Fourier transform MR imaging, *AJR Am J Roentgenol* **160**:117–23.

Wechsler RJ, Whebe MA, Rifkin MD, Edeiken J, Branch HM (1987) Computed tomography diagnosis of distal radioulnar subluxation, *Skeletal Radiol* **16**:1–5.

12 The examination, imaging, and investigation of wrist instability

John Stanley

Chronic wrist pain, due to carpal instability and other causes, has been referred to as the 'bad back' of hand surgery. This view highlights the particular difficulties of identifying precise pathological patterns of injury and disease within the carpus, and the difficulty in providing appropriate treatment. This is due to our incomplete understanding of the precise biomechanics of the normal wrist, the effect of injury upon the motion of the carpus, and the injury and disease patterns seen in the distal radius and carpus. The three most common diagnoses that have been made during the past 40 years have been distal radial fracture and its variants, scaphoid fracture and dislocation, and 'sprained wrist'. The sprained wrist is now recognized to include a number of ligament injuries leading to instability of the carpus. The work of Linscheid et al (1972) and others including Geoffrey Fisk (1970) has made it clear that a more precise diagnosis can and must be made in these cases. In all areas of wrist injury and disease it is well accepted that a more precise and detailed understanding of the mechanisms of an injury considerably increases the quality of the management of the patient. An example is seen in the increasing precision of the description of distal radial fractures, with the introduction of a number of classification systems aimed at providing guidance for treatment and long-term prognosis (Cooney 1993). Similarly, in the case of scaphoid fractures a classification of the injury has both therapeutic and prognostic value.

In clinical practice there are a number of patients who present with wrist pain following an injury, in whom often no precise diagnosis has been made. The injury, however, is often significant and can cause considerable impairment of function. It is this group of patients which challenges the diagnostic skills of the medical practitioners involved in hand and upper limb surgery (Stanley and Trail 1994). Improved understanding of the clinical picture associated with significant injury to the intrinsic and extrinsic ligament systems of the wrist has led to an increased awareness of these injuries and to improved treatment. The clinician must understand and recognize the potential injury and it is, therefore, crucial that an accurate clinical picture is obtained, and the appropriate investigations are carried out in order to evaluate these injuries fully and establish the basis of the correct treatment programme.

The clinical assessment of any patient will be incomplete unless sufficient information is available in order to make a diagnosis. Incomplete or inaccurate information will always lead to an inaccurate diagnosis and this in turn will reduce the chances of providing the correct treatment.

The first contact with a patient with a wrist problem is often in the emergency room or the clinic and the initial interview will provide the history of the problem. This will include details of the accident and a description of the symptoms. This history must be taken as accurately as possible and any symptoms that the patient complains of must be noted down precisely. It is sometimes tempting to ignore symptoms which do not appear to be directly related to the initial complaint. This is unwise since the clue to the diagnosis or the prognosis may be contained in this information. An example of the apparent lack of relevance of a symptom occurs when the patient's complaint of dorsal wrist pain, present upon activity and localized to the dorsum of the wrist, is accompanied by a history of a burning pain radiating to the lateral side of the elbow. This latter symptom may be regarded as irrelevant to the case, but in fact it is the clue to the nature of the pathology, in that the dorsal wrist pain may be due to irritation or compression of the posterior interosseous nerve at the elbow because the terminal branches of this nerve supply the dorsal aspect of the carpus. The importance of taking a careful history and not discarding information before its value is fully assessed cannot be overstated. It is easy to forget that the understanding of carpal instability remains incomplete.

Following the recording of a detailed history, it is important to produce a differential diagnosis based upon the symptoms. This list of the possible diagnoses will then be reduced by a careful examination of the wrist, forearm, and hand. It is at this point that investigations, both of a routine nature and of a special nature, are indicated and they in turn will reduce the differential diagnosis hopefully down to a specific diagnosis, which will in turn point to a specific treatment.

Our unit has examined more than 2000 wrists and we find that there is no short cut through the steady, logical approach to wrist problems, and every patient must have an accurate history taken, followed by careful examination and appropriate investigations. These steps will now be discussed in detail.

History

The most common history given by a patient is of a fall or significant injury to the wrist and hand, followed by a period of swelling, and discomfort or pain, which forces them to attend their doctor or local emergency department.

The history must note the hand dominance, age, sex, and occupation of the patient and try to identify the magnitude and direction of the injury. There are, of course, many variables when determining the magnitude of the force that is applied to a joint or bone. These include the weight of the patient, the speed of the accident, and the height from which they fell. It is possible to have an approximate idea of the magnitude of the injury. For example, a slip on a wet or icy floor involves a fall from a distance of approximately one metre. The hand may strike the ground in front, to the side, or behind the patient; this gives some guide to the point of entry of the injury but the magnitude of the incident would be regarded as being due to a one metre fall. Many patients fall from a small ladder or stool or chair, for example while taking things from a high shelf or changing a light bulb. Such falls would be regarded as being two metres in height and the amount of energy entering the wrist and carpus is significantly greater than the simple slip on a wet floor. Those people who fall from a roof would be regarded as having travelled at least three to four metres before striking the ground and it is well recognized that such injuries carry a significant risk of major disruption of the lower radius and carpus. These high energy injuries equate with injuries that occur while travelling at speed, either in a motor car or on a motorcycle.

There are well documented cases of patients who have sudden 'kick back' injuries from machinery which rotates; in the past these particular injuries, common 40 years ago, were associated with motor cars which were started by hand with a cranking handle at the front, and the chauffeur fracture and scaphoid fracture are classic examples of this type of injury. These injuries generally equate to the falls from one or two metres.

Thus, from the history, it is possible to identify three groups of patients which we can regard as suffering moderate, severe or extreme levels of injury.

Almost all patients give a history of a significant injury which they can usually describe with some accuracy when they are seen within hours or days of the injury. This precision of description of the mechanism of the accident, however, is not matched by a precision of symptoms at this early stage. Very commonly at this time, patients will complain of diffuse pain around the wrist with restriction of range of motion due to pain and swelling, and tenderness over a wide area. Therefore, the examination of the patient who has an acute injury is not easy. It is well understood that patients who present with a history of a fall or a hyperextension injury of the wrist, who have tenderness in the anatomical snuffbox, may have a scaphoid fracture. However, this physical sign is not always reliable; nonetheless, it is useful in identifying the presence of radial side tenderness which may represent such injury as scaphoid fracture, capsular tears, or even intercarpal interosseous ligament injury.

At this stage, a detailed description of the range of motion and local areas of tenderness is useful for comparison at a later stage. However, many patients seen acutely, in the absence of any radiographic evidence of bony injury, are given a simple support and discharged from care. It is this group of patients who may have carpal instability. Not all of this group will of course have a significant injury but there are some whose symptoms are significant and persist for some weeks. The symptoms are generally accepted by their attending doctors as being part of a significant sprain but ignorance of the specific tests and investigations prevents the consideration of the correct diagnosis. These are the patients who present to us with chronic problems in the wrist, months or years after the primary event.

Therefore when a patient presents with an acute injury to the wrist, with normal radiographs, one must seriously consider the possibility that there has been some serious ligamentous injury to the wrist, and some reasonable investigation and follow-up of these patients are necessary to ensure that they do not have a significant hidden injury. A period of six weeks would normally see a complete resolution of a 'minor sprain'.

The history given at this time, of course, is that the patient had a fall some weeks, months, or even years previously, and that since that time they have had persistent discomfort in the wrist which they find difficult to describe. The pain is often poorly localized and is usually related to activity. Rest pain is uncommon unless there is an established degenerative arthrosis, and there are those patients who do present with ligamentous injuries to the wrist and diffuse discomfort, sometimes with quite significant pain on heavy activity, but a common feature of all these cases is weakness of grasp. They may not complain of restriction of range of motion unless there has been a collapse of the wrist into the dorsal intercalated pattern but they will often describe a manoeuvre which causes them particular pain and will be able to demonstrate that particular movement to the examining doctor. This is often associated with a sharp click or catch in the joint. It is unusual for patients to complain of persistent swelling or recurrent swelling of the wrist joint and there is usually little to note on inspection. Therefore, in the chronic situation, the most common complaints are weakness of grasp and pain on activity. These are, however, nonspecific complaints; rather than identifying a particular diagnosis they alert the attending doctor to the possibility of an intrinsic wrist problem.

Patients who have had very heavy labouring jobs which required powerful grasp, heavy lifting, and carrying have often had to change their occupations or have lost their jobs. Those who have had lighter jobs are often able to continue at work but their hobbies, pastimes, and sports activities may be curtailed or impaired.

In summary, those patients who present with chronic dysfunction of the hand and wrist, with a history of discomfort which is poorly localized and usually present on activity, and who complain of weakness of grasp and possibly a click or clunk of the wrist, should be considered as suffering from a significant ligament injury to the carpus with associated carpal instability.

Examination

The examination of the wrist immediately following an acute injury is not easy since swelling can be seen and tenderness felt over a wide area of the wrist, and therefore it is very difficult to localize the area of injury. When the wrist is swollen and bruised there may be strains and sprains to the capsule which are painful to touch and move. All that can be reasonably expected of an examining doctor at that time is a careful mapping of the areas of maximum tenderness within the wrist, the range of motion (if this can be identified with precision), the presence or absence of any deformity, and the area of maximum swelling. Re-examination after an interval of three to four weeks of appropriate rest in a splint or cast is helpful in assessing the degree of injury in those patients with persistent symptoms.

When the patient presents after a delay of some months the effects of acute injury are, of course, well past. Therefore, a more detailed examination of the wrist can be undertaken. It is in this situation that the range of motion, the grip strength, the areas of maximum tenderness and specific manoeuvres performed by the patient to reproduce the pain can be precisely noted. In addition a sequence of specific physical tests have been described which are intended to identify specific physical signs that will indicate to the examining doctor the possible diagnoses. It is, therefore, essential to have a further understanding of these physical tests and the reasons for their performance.

The basic rules of physical examination of a patient, namely, *look, feel, move and stress*, are especially important at the wrist level as it is often difficult to identify many of the conditions that may be present. Watching the wrist move will demonstrate the active range of motion, and whether there are any specific arcs of the range of motion which elicit pain. Irregular motion of the wrist can indicate both instability and pain inhibition of normal motion, and one should observe flexion and extension, pronation and supination, and radial and ulnar deviation, comparing both left and right sides. It is essential to identify the range of radial and ulnar deviation as this motion is particular to the wrist and specifically highlights the problems of the proximal row of the carpus in the best possible way. There are three commonly identified abnormal motions that can be seen on simple inspection.

The first is the *catch-up clunk*. This is an event in the arc of motion between radial and ulnar deviation. The scaphoid and the lunate dissociate and in the middle of the arc of motion there is a sudden movement of the lunate and scaphoid to reduce the dissociation. This catch-up clunk is dramatic and indicates a scapholunate dissociation.

The second is *midcarpal reduction*. In patients who have midcarpal instability, the act of moving from full radial deviation to full ulnar deviation with the hand placed palm down is associated with a sudden supination of the hand at the level of the midcarpal joint and a clunk. This is often used by the patients as a trick movement to impress their friends. It is often seen in patients who have hyperlaxity and represents midcarpal instability. It forms the basis of the Lichtman pivot shift test which is described below (Lichtman et al 1981).

The third dramatic abnormal motion is seen with *anterior subluxation* of the head of the ulna, or, more precisely, a posterior subluxation of the radius. When the hand and wrist are moved from full pronation to full supination, the head of the ulna suddenly appears much more prominently at the volar surface. This is accompanied by some discomfort. It is characteristic and usually indicates a malunion of the distal radius.

In the event that there is no irregular motion and that the range of motion is full and smooth between its extremes, one can regard the examination as normal. This does not exclude a pathological problem.

The inspection should also identify any synovial cysts (ganglion) or snapping of tendons on the ulnar side, which imply that the extensor carpi ulnaris tendon is dislocating from its groove on the dorsal aspect of the ulnar head.

Palpation of the joint will identify areas of tenderness and they should be related to the intercarpal intervals, that is, the spaces between the scaphoid and the lunate, and the lunate and the triquetrum. An understanding of the surface markings of these joints is thus absolutely essential (Fig. 1). These joints are usually tender if there has been an injury to a ligament at that level. Tenderness along the dorsal edge of the radius suggests that there is a dorsal rim synovitis which may represent a simple pathology of its own or the presence of chronic instability. Tenderness over the radial styloid may indicate early degenerative changes, as may tenderness to palpation over the scaphotrapezial–trapezoidal joint. Particular tenderness over the four corner joint (the joint between the capitate, hamate, lunate, and triquetrum) may indicate a hamate–lunate impaction syndrome, and point tenderness over the tubercle of the scaphoid anteriorly may suggest damage to the ligament of Kuhlmann (Boabighi et al 1993), the scapho-trapezial–trapezoidal ligament. Previous scars can be identified and palpated for neuromata, which are very common on the radial border of the wrist following tendon surgery (for De Quervain's tenovaginitis stenosans, for example).

The various stress tests that have been described for the wrist are intended to stress a particular joint or joint system. Therefore, it is important to understand the principles upon which each test is based.

The simplest test is the forward drift test that was described by Fisk (1970). He found that malunion of the scaphoid in a flexed position could lead to a collapse deformity of the wrist. This allowed a greater palmar (volar) displacement of the carpus if, with the forearm stabilized

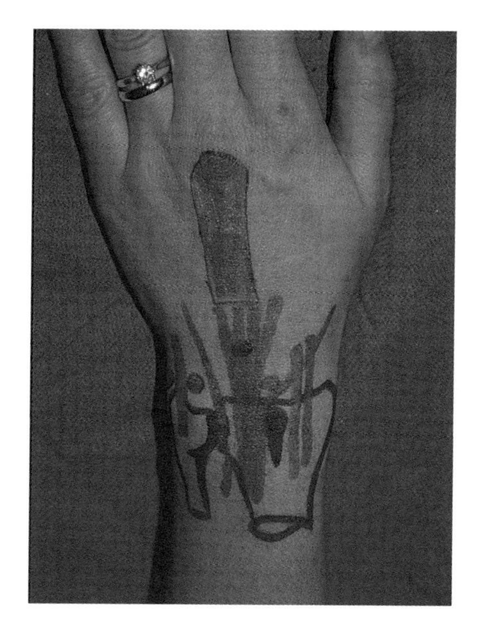

Figure 1

The surface markings of the intercarpal joints can be found by reference to the bony landmarks which are: dorsally, the radial styloid process; the ulna styloid process; the tubercle of Lister; and on the palmar side, the tubercle of the scaphoid; the pisiform; the hook of the hamate. From these points can be drawn the joint line and the joints identified.

by the examiner, the wrist is stressed in a volar direction. This excessive motion is apparent both in the collapse deformity that exists as a result of scaphoid malunion, but also in some patients who have a dorsal intercalated segment instability pattern (DISI) (Smith et al 1990) (Fig. 2). This occurs because the lunate, which lies in full dorsiflexion in this particular situation, travels very much further forward to go into flexion than in the normal wrist.

Many patients have a natural apprehension about the performance of this simple test because this motion makes them feel very uncomfortable, and it can be commonly seen that, paradoxically, there appears to be less motion in some wrists than normally. This is called 'pseudostability' (Fig. 3) (Stanley et al

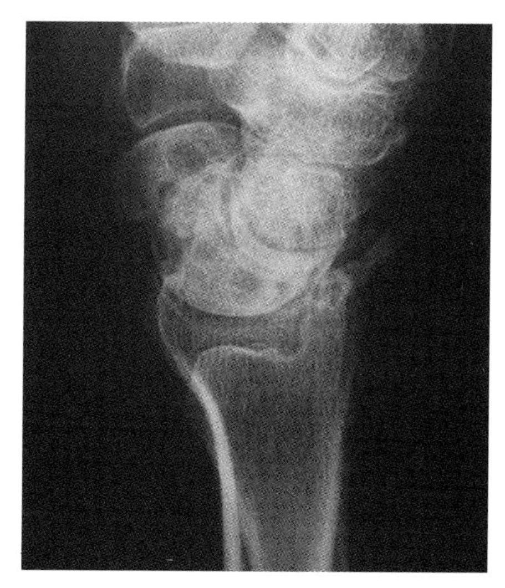

Figure 2

Collapse of the carpus will force the scaphoid into flexion and the lunate into extension. The radiographic diagnosis of carpal collapse is usually made upon reviewing the angle between the long axis of the scaphoid and the long axis of the lunate as seen on a lateral radiograph.

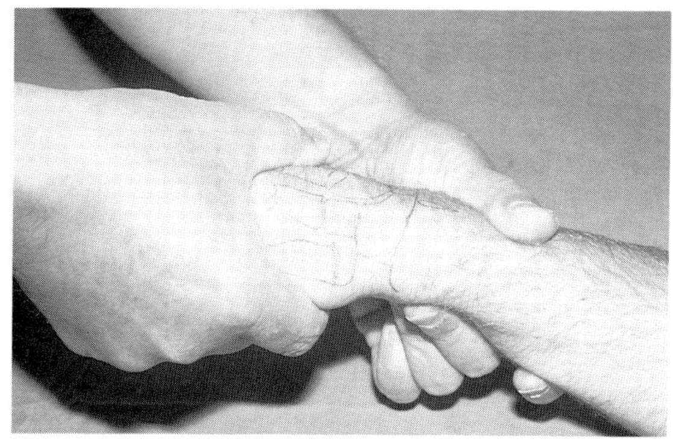

a

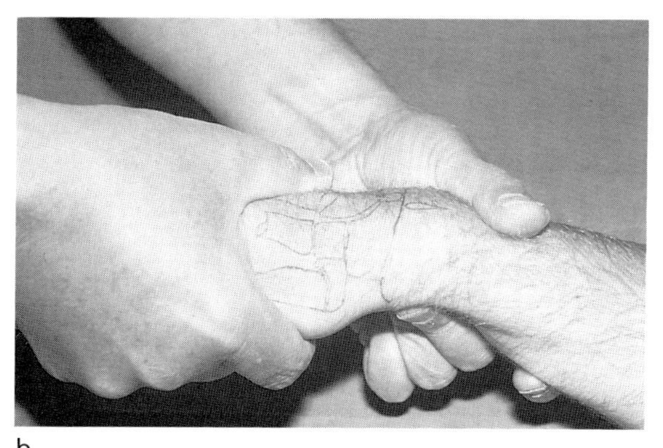

b

Figure 3

Pseudostability. This phenomenon is due to a protective spasm and is positive if less forward slide occurs when compared with the normal side.

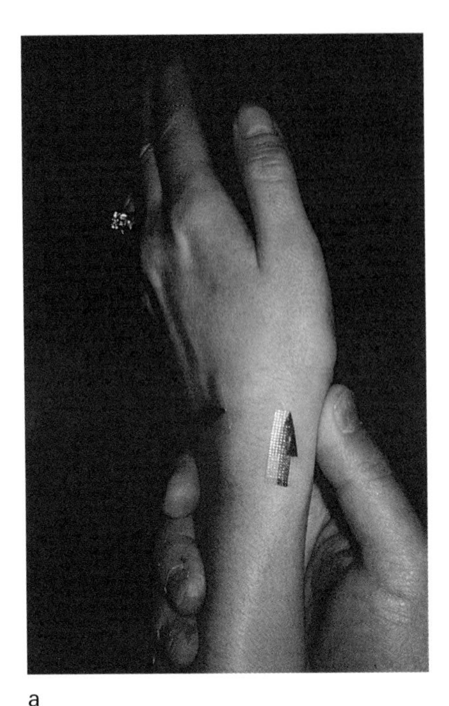

a

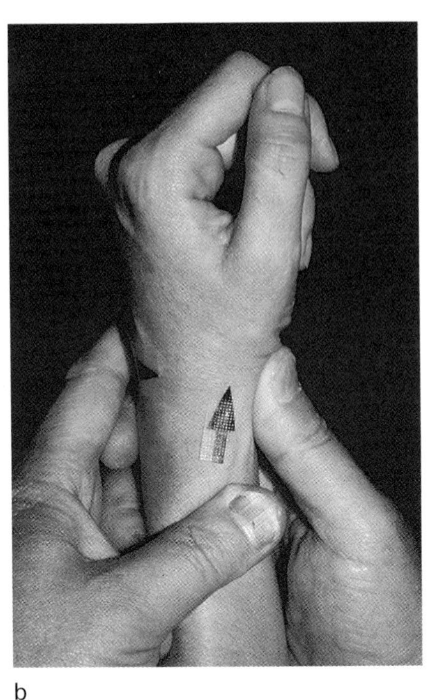

b

Figure 4

The Kirk Watson test is positive when there is pain and a sharp click when the hand is brought into radial deviation while preventing flexion of the scaphoid by pressure on the tubercle.

1994) or false stability and usually indicates some inherent joint problem, in the same way as the shoulder and knee apprehension signs indicate a subconscious guarding of the joint.

The named tests of the wrist include the Kirk Watson test (Fig. 4) (Watson and Black 1987) or the Watson sign, which relies on the fact that the proximal pole of the scaphoid is unstable because of its detachment from the lunate. Therefore, while holding the patient's wrist and hand in full ulnar deviation of the wrist, the examiner's thumb is placed upon the tubercle of the scaphoid. The thumb is intended to maintain the extension of the scaphoid and prevent flexion; it is, therefore, pressed firmly against the tubercle. The patient's wrist is then moved into radial deviation. The scaphoid attempts to flex, but as it cannot do so because of the examiner's thumb, the proximal pole will subluxate posteriorly and then reduce with a snap or click. This is usually quite painful and constitutes a positive sign suggesting scapholunate instability.

On the ulnar side of the wrist, there is the Reagan shuck test (Fig. 5) (Reagan et al 1984). 'Shuck' is an American term meaning to shift or to ballot, and the principle of the test is to hold the triquetrum and pisiform between the finger and thumb of one examining hand and to identify the degree of volar and dorsal displacement of the triquetrum, using the other hand to stabilize the remaining carpus, and comparing

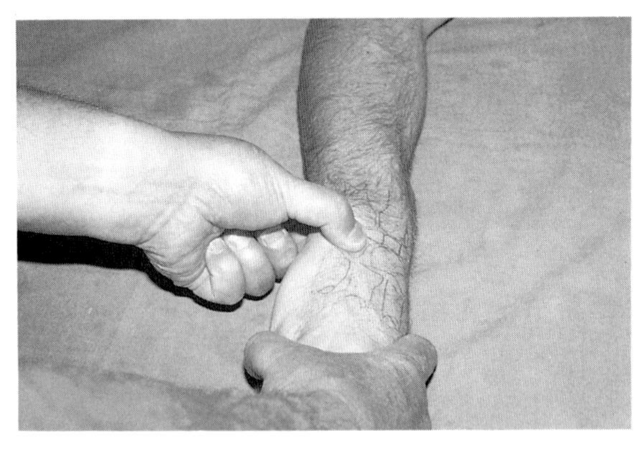

Figure 5

The Reagan shuck test for peritriquetral instability.

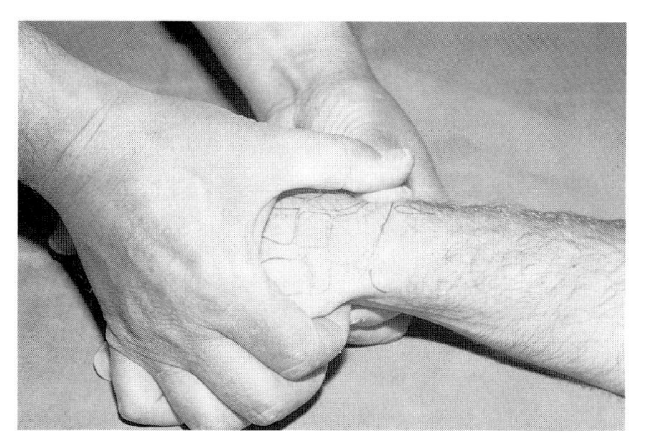

Figure 6

Flexion of the lunate is achieved by pressing firmly from the dorsum and pressure on the tubercle of the scaphoid extends this bone, therefore placing a rotation and shearing strain to the scapholunate ligament. Pain indicates a positive test.

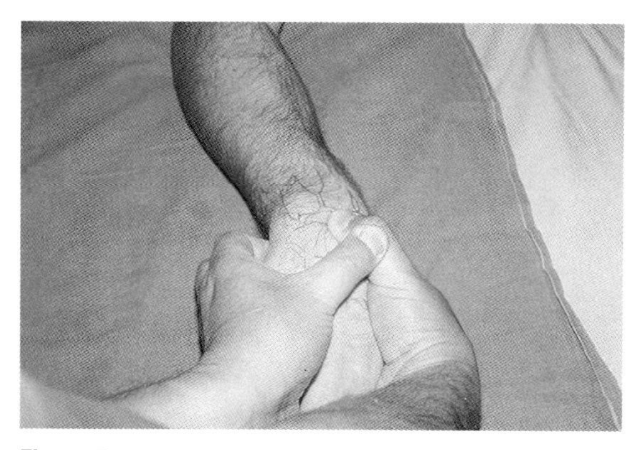

Figure 7

The stressing of the triquetrolunate joint follows the same principles: pressure on the pisiform extends the triquetrum and pressure over the dorsum of the lunate flexes this bone.

this displacement with the normal side. Excessive motion suggests the presence of a peritriquetral instability, that is, a triquetrolunate and a triquetrohamate instability pattern. A similar test can be performed on the scaphoid, although this is not quite so easy to identify as the bone lies obliquely to the examining fingers and, therefore, it is difficult to identify any small increase in degree of shift or subluxation.

Two further specific stress tests are described which are very useful in determining which ligament is injured. If the examiner inspects the hand with the patient's palm facing downwards, an index finger placed on the tubercle of the scaphoid and the opposite thumb placed on the dorsum of the lunate, then pressure between the two, that is, the index finger extending the scaphoid and the thumb flexing the lunate, creates pain and particular discomfort if the scapholunate interosseous ligament is injured, either partially or completely (Fig. 6). A similar test with the thumb placed on the dorsal aspect of the lunate and the index finger of the opposite hand pressed on the pisiform (and therefore indirectly the triquetrum) causes a shearing and extension movement of the triquetrum and flexion of the lunate. Triquetrolunate ligament injuries are very painful in these circumstances (Fig. 7).

There are three further physical signs that must be elicited in order to identify more completely pathology within the carpus. If the examiner takes the patient's forearm in its lower third and compresses the two bones of the forearm, thereby compressing the distal radial ulnar joint, pronation/supination is accompanied by significant pain and discomfort if there is distal radioulnar joint pathology. The problem of pisotriquetral pathology, instability, chondromalacia, or degenerative arthrosis is identified by lateral pressure on the pisiform at the level of the pisotriquetral joint. This is extremely painful in patients with pisotriquetral pathology and the history may indicate that they have ulnar nerve irritation in association with this condition.

Finally, ulnar abutment syndrome is a common problem in the community and can and does present as ulnar sided pain on activity. Triquetrolunate instability is sometimes associated with this condition. The test is to hold the patient's hand in forced ulnar deviation with the examiner's thumb holding the ulna head reduced; pain on pronation/supination indicates that there is probably an ulnar abutment syndrome present.

Finally, a very particular test, the Lichtman pivot shift test (Lichtman et al 1981), is especially valuable in identifying degrees of midcarpal

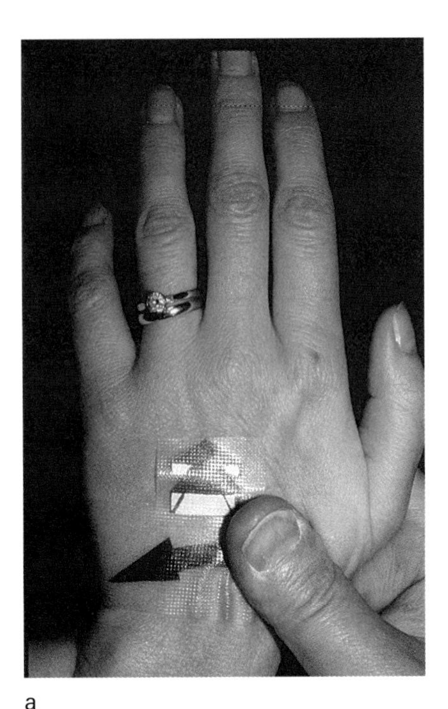

a

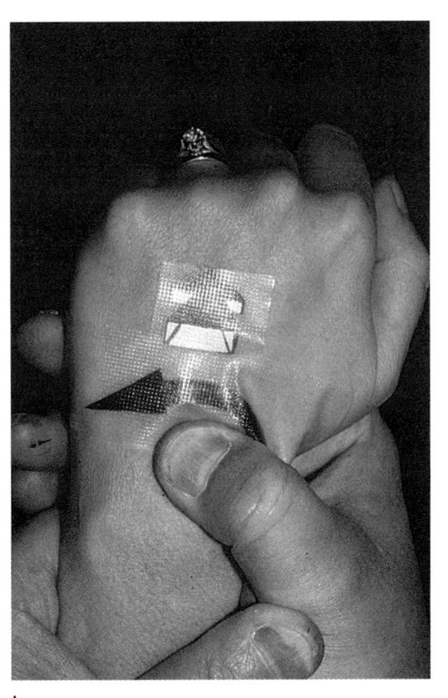

b

Figure 8

The Lichtman pivot shift test requires supination of the carpus, axial compression, volar stressing, and radial to ulnar deviation while trying to maintain these stresses.

instability (Ambrose and Posner 1992). The test is performed by the examiner stressing the midcarpal joint by applying a supination and an axial compression force and then moving the wrist from radial to ulnar deviation while maintaining both the axial and supination forces. This displaces the hamate forward in relationship to the triquetrum. The axial compression and ulnar deviation force the hamate to re-engage into the triquetrum. Excessive motion of the mid-carpal joint delays the re-engagement and therefore it occurs much later in the arc of movement. If there is a painful clunk the test is positive. If the motion is the same on the injured and non-injured side, or is nonpainful, then the test is regarded as being negative and probably indicates a degree of hyperlaxity (Fig. 8).

Clinical patterns

Certain groups of physical signs go together with particular pathological patterns of injury. Kirk Watson's test, the stress test of the scapholunate interosseous ligament injury and tenderness over the scapholunate joint, plus pseudostability or excess motion of the carpus, would suggest that there has been a scapholunate interosseous ligament injury. The addition of tenderness at the triquetrolunate joint and a positive triquetrolunate shift test would indicate that this injury was stage III in the perilunate injury sequence (Mayfield 1984). This sequence of tests is intended to identify the proximal row supination injury. This is the injury pattern seen when the thenar eminence strikes the ground first, imparting a supination force to the proximal row of the carpus. This leads to a progressive injury starting on the radial side of the wrist and passing toward the ulnar side.

The reverse injury is the proximal row pronation injury, where the hand strikes the ground with the hypothenar eminence (pisiform) first. The injury commences on the ulnar side and the sequence progresses from here. The first area to suffer injury is the dorsal aspect of the triangular fibrocartilaginous complex and this is usually specifically tender to palpation. The injury may cause peritriquetral instability in some patients but always gives rise to tenderness over the triangular fibrocartilagenous complex posteriorly, usually triquetrolunate tenderness and sometimes midcarpal instability.

Further investigations

Although a provisional diagnosis may have been made on the basis of the history and the examination, particular investigations are often necessary in order to confirm the diagnosis or to ensure that the extent and the degree of the problem are fully understood (Beltran et al 1992). For example, the presence or absence of degenerative changes makes a great deal of difference to the long-term prognosis for any of the ligament injuries in the wrist; therefore, it is necessary to identify those if a more accurate prognosis is to be given.

Standard radiographs

Standard radiographs are the bedrock upon which any investigation protocol for carpal injuries should be based. They will show obvious injuries, for example scaphoid fracture or scapholunate dissociation with a Terry Thomas sign (Fig. 9). Less obvious but still relevant is the collapse of the scaphoid without a scapholunate dissociation. This situation results in the 'signet ring sign' of the scaphoid (Fig. 10). In order to recognize injuries and to compare radiographs it is important that any radiographs must be performed accurately, and the methods for this

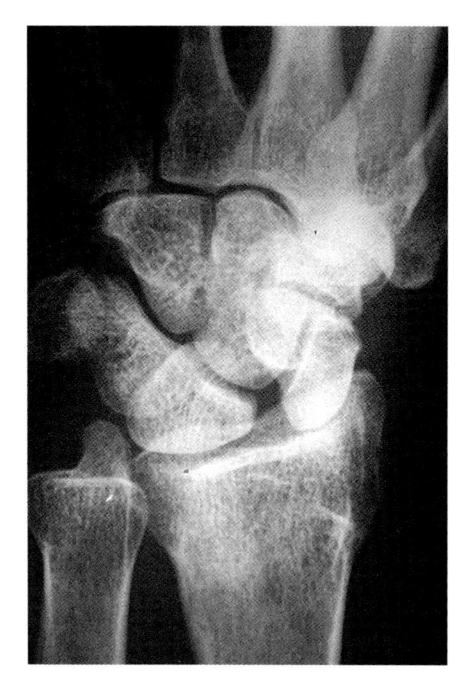

Figure 9

Radiograph showing a gap between the scaphoid and lunate, which is pathological (Terry Thomas sign). This feature is named after the English comedian, who had a significant gap between his two upper incisors.

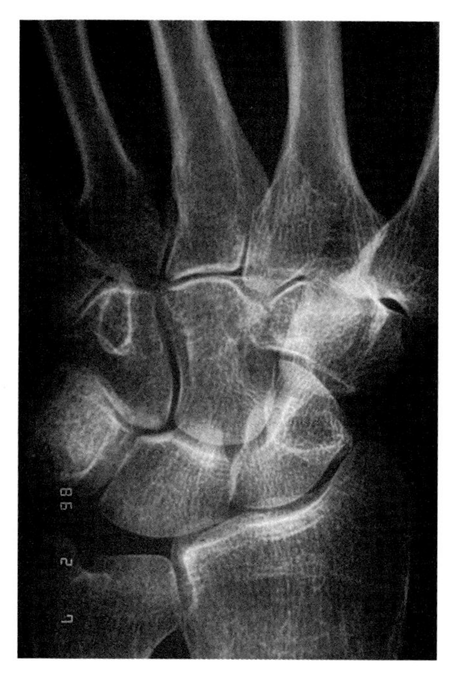

Figure 10

The 'signet ring sign'. The appearance of a ring lying on its side on a table has generated this analogy. The sign indicates that the scaphoid is probably abnormally flexed, which may suggest carpal collapse.

have been described by Schernberg (1990a, 1990b). A reproducible, posteroanterior radiograph of the wrist and a good lateral radiograph are essential. However, they are insufficient to identify some of the dynamic problems that can occur in the carpus and, therefore, Gilula and Weeks (1978) have arrived at what has become known as the six shot series. This includes:

1 A standard posteroanterior radiograph of the wrist.
2 A standard lateral radiograph.
3/4 Lateral and posteroanterior views while the patient is grasping firmly.
5/6 A posteroanterior view in radial and ulnar deviation.

The axial compression that occurs as a result of power grasp may show a scapholunate interosseous ligament injury by demonstrating an increased gap between the scaphoid and the lunate and may highlight a DISI pattern (see Fig. 2). The longitudinal axes of the capitate, lunate, and radius are aligned when seen on a true lateral radiograph. In normal circumstances with an accurate lateral radiograph, a line drawn along the longitudinal axis of the scaphoid and that of the lunate should not exceed 60°. Any increase in that angle suggests that there is collapse of the wrist and carpal instability. Volar intercalated segment instability (VISI) is visible when the capitolunate or the radiolunate angle shows a degree of flexion greater than 10–30°.

In radial and ulnar deviation views it is important to appreciate that the projected view of the lunate changes from being rhombic to triangular. Failure of the lunate to rotate during this manoeuvre indicates a scapholunate interosseous ligament injury. In addition, Gilula has identified two lines which equate well with the alignment of the carpus and, therefore, its stability. Gilula's line 1 and Gilula's line 2 are the proximal and distal edges of the proximal row of the carpus as seen on the standard posteroanterior projection (Fig. 11). Disruption of the line indicates disturbance of the relationship of the bones of the proximal row and therefore instability, in the same way as does Shenton's line of the hip. This disruption can be demonstrated easily in the first week or so after an acute injury, by taking longitudinal traction

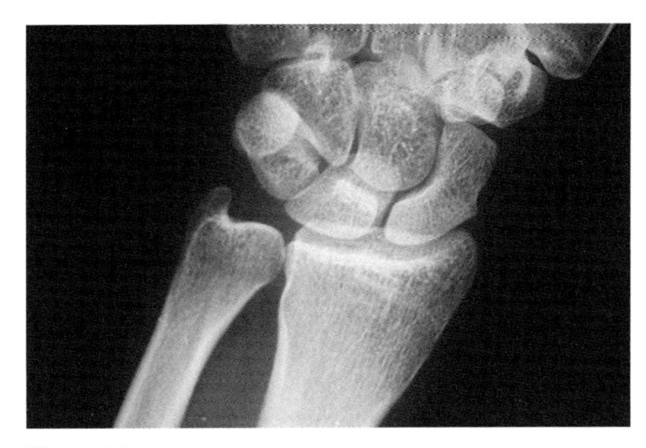

Figure 11

The sclerotic edges of the proximal aspect of the scaphoid, lunate, and triquetrum as they lie on the distal radius form a line which is a smooth curve. The line created by the distal edge of the proximal row of the carpus constitutes the other line described by Gilula and displacement of either of the lines suggests a disruption of the normal relationship of the bones of the proximal row.

posteroanterior radiographs. This can be achieved by placing Chinese finger traps on the index, middle, and ring finger and applying 2–3 kg of traction and measuring the disruption of Gilula's lines (Johnson, personal communication). This investigation is not useful in the chronic situation (Fortems et al 1994) and is probably therefore a measure of both the extrinsic and intrinsic ligament system injury. The extrinsic ligaments go on to heal and scar but the intrinsic system does not, and so after a few weeks the healing capsule prevents separation of the carpal bones; therefore this investigation cannot reliably reproduce the 'break' in Gilula's lines necessary to demonstrate the intrinsic system injury.

Cineradiology

Cineradiology is the only dynamic investigation that is performed regularly where the actual motion of the wrist joint can be observed. It is unfortunate that this remains a two dimensional investigation but nonetheless it is a dynamic investigation and very often, while watching the wrist move on the fluoroscope, it is possible to see intermittent gapping of the scapholunate interosseous ligament, intermittent disturbance of Gilula's lines, clear instability of the distal radioulnar joint and, when the stress tests are performed, whether or not there is significant disturbance of the relationship between the various carpal bones.

Arthrography

If simple radiographs and the six-shot series fail to identify a cause for persistent pain and fail to exclude carpal instability as part of the differential diagnosis, arthrography may be indicated (Fransson 1993). It has been recognized that the tears in the ligamentous and capsular structures of the wrist may be valvular in nature and therefore, for accuracy, investigation of three joints, radiocarpal, radioulnar and midcarpal, is necessary. This is termed 'three-phase arthrography' (Zinberg et al 1988). The first phase involves injection into the distal radioulnar joint. Leakage from this would indicate that there is a tear of the triangular fibrocartilaginous complex. The second phase requires injection of contrast medium into the midcarpal joint. The third phase is performed two or three hours later, once the contrast medium has been absorbed. These investigations are best performed on image intensification so that the position of the leaks can be precisely identified. It must be appreciated that arthrography is a two dimensional investigation of a three dimensional problem.

The problem with arthrography is the uncertainty of knowing when a leak is pathological or benign. It is widely accepted and generally agreed that the central part of the interosseous ligament between the scaphoid and the lunate, and the triquetrum and the lunate, are in fact membranous, and it is only where the ligaments form part of the condensation of the capsule that they have any major structural strength. Therefore, leaks at the membranous points do not necessarily imply that a significant ligament injury has occurred. Similarly, the study of Herbert et al (1990), who performed bilateral arthrography on patients with unilateral symptoms, would suggest that a large number of people have various leaks within their wrists which are asymptomatic and unrelated to any known trauma. This work has shown that there is a high incidence of false positive findings and in older patients leaks and apparent injury may be due to degenerative changes rather than representing post-traumatic pathology. Therefore, arthrography can only confirm the presence of an injury that is already strongly suspected on physical examination. The lack of certainty of this investigation has led our unit to use this investigation rarely.

Bone scans

Scintigraphy is a nonspecific investigation which will pick up increased bone metabolism and identify it as a 'hot spot' on a bone scan. Certainly such diagnoses as scaphoid nonunion, degenerative arthrosis, scaphotrapezial–trapezoidal arthrosis, pisotriquetral arthrosis, hamate–lunate impaction syndrome, flake fractures of the triquetrum, and so on, may be identified on scintigraphy. As a screening investigation it is valuable as a means of identifying the general site of the problem but not of the nature of the pathology, even with pinhole narrow bore columnated scintigraphy; a degree of accuracy which is of significant clinical importance in these patients with carpal instability is difficult to achieve.

Ultrasound

Ultrasound has a value in the identification of inter- and intraosseous ganglia and synovial cysts on the dorsal aspect of the wrist, the symptoms of which may mimic carpal ligament injuries. In fact, it is suggested by some that the presence of a ganglion is a sign of a partial ligament injury. However, this is a matter of further discussion and contention, and no strong scientific evidence has been brought to suggest that this is the case. However, ultrasound will identify these cysts and when present they should be excluded as a cause of the persistent pain.

Computed tomography

Computed tomography (Stewart and Gilula 1992) is of particular value with a contrast medium for identifying irregularities in the surface of the joint and, when leaks of the interosseous ligament between two bones occur, it is possible to identify quite precisely the site of these leaks. However, this investigation requires the very close cooperation of an informed and understanding radiologist. Computed tomography is especially valuable for identifying malunited fractures particularly in the presence of interosseous ligament injury associated with die-punch fractures of the distal radius.

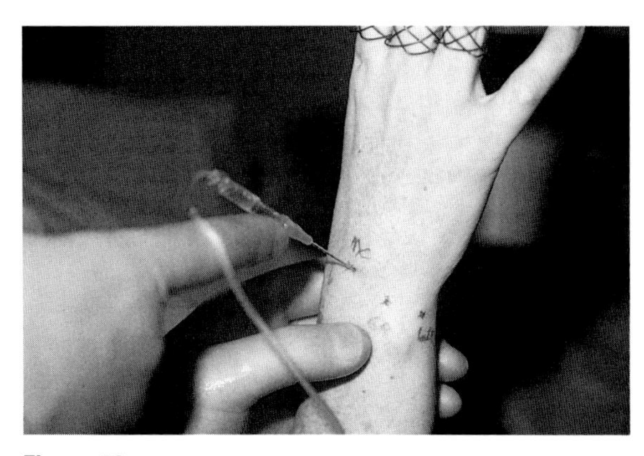

Figure 12

The three entry points or portals for wrist arthroscopy are shown. A palmar approach risks serious damage to nerves, vessels and flexor tendons; therefore all approaches to the joint are dorsal.

Magnetic resonance imaging

The improvement in the hardware and the software used for magnetic resonance imaging (MRI) has meant that the capture times have been brought down to a reasonable level, although in the absence of special send/receive coils for the wrist, very detailed analysis is still not possible. There is no doubt that MRI can identify changes in blood flow and vascularity and viability of bone. It can identify tears and leaks of the triangular fibrocartilaginous complex (Zlatkin and Greenan 1992) and with gadolinium can confirm the diagnosis of intercarpal ligament injuries. The quality of magnetic resonance imaging and its reporting is increasing as new techniques, machines, and software are made more widely available and experience with this method of investigation increases.

Arthroscopy

The proximal row of the carpus and the radius form the radiocarpal joint and the distal row of the carpus and proximal row form the midcarpal joint. These two joints are easily examined with the arthroscope.

There is little doubt that arthroscopy remains the gold standard by which other investigations have to be measured (Kelly and Stanley 1990). The use of a 2.7 wide angle, short telescope allows a 3.5 mm incision to be made on the dorsal aspect of the wrist, between the third (EPL tendon) and the fourth (EDC, EIP) dorsal extensor tendon compartments (Fig. 12) at the level of the scapholunate interosseous ligament. This allows direct visualization of the whole of the wrist joint at the radiocarpal level (with the exception of the visibility of the pisotriquetral joint). The addition of a second portal on the ulnar side of the wrist, on the radial side of the sixth extensor compartment (ECU) (Fig. 12) allows detailed examination of the triangular cartilage and visualization of the pisotriquetral joint in at least 40% of cases. A third midcarpal portal (Fig. 12) allows an examination of the proximal row of the carpus.

Arthroscopy of the midcarpal joint allows identification of the alignment of the three bones of the proximal row and their dynamic relationship to each other. Tears or attenuation of the posterior aspect of the scapholunate interosseous ligament allows gapping which can be seen at arthroscopy while stressing the scapholunate joint (Fig. 13) A similar picture is seen with triquetrolunate interosseous ligament tears (Fig. 14). In addition, any degenerative changes present on the capitate head as a result of early scapholunate advanced collapse can be identified as can hamate–lunate impaction syndrome (Stanley and Saffar 1994). It is recognized that scaphotrapezial–trapezoidal arthrosis may be

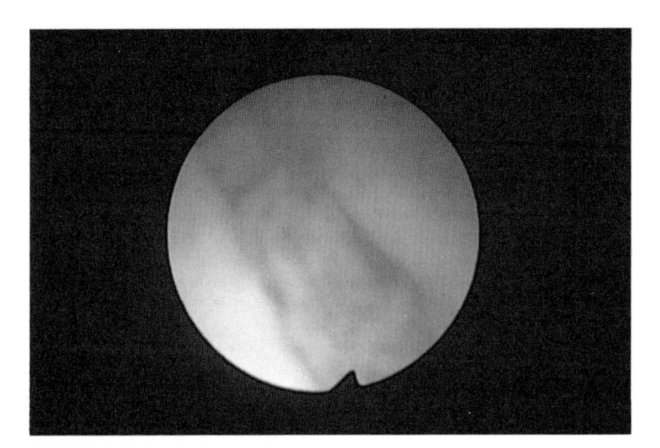

Figure 13

The gap between scaphoid and lunate is not always seen on plain radiographs but at arthroscopy (here of the midcarpal joint) the joint can be stressed and moved, thus demonstrating the defect.

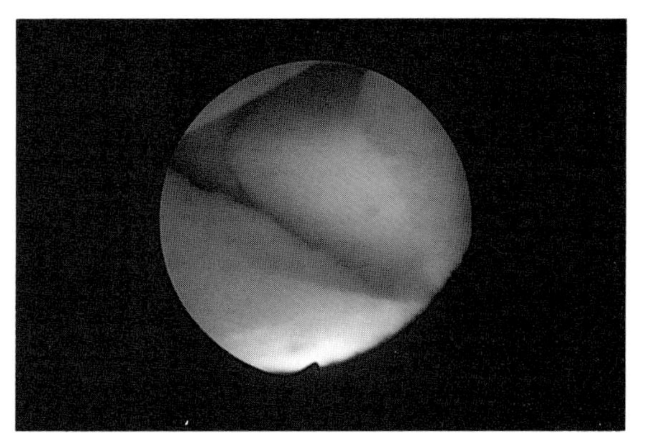

Figure 14

Gapping between bones is not the only measure of instability and this arthroscopic examination of the triquetro-lunate joint reveals a displacement (or step-off) between the triquetrum and the lunate.

precipitated as a result of scaphoid collapse, secondary to carpal instability. This too can be identified at a very early stage.

In essence, arthroscopy allows precise diagnosis of the majority of the conditions that exist at the level of the wrist, and as an investigation tool in wrist instability has to be regarded as being at least as important, if not more important, than the other modalities of investigation at this time.

Conclusions

It is important not to lose sight of the fact that the majority of the diagnoses of wrist instability are made on the basis of the history and the examination. The special investigations are intended to identify the extent of these problems, to exclude other pathology, and to facilitate a precise diagnosis in order to define the appropriate treatment and management of a particular patient and to provide an informed and accurate prognosis for the patient.

In the unit at Wrightington Hospital, all patients have a detailed history and examination, and a six-shot series of radiographs, with a bone scan and arthrogram if indicated. Complex distal radial fractures are investigated with computed tomography, and Kienböcks's disease with MRI. The majority of patients will have cineradiography and arthroscopy, particularly if there is a potential for treatment of the problem arthroscopically.

References

Ambrose L, Posner MA (1992) Lunate-triquetral and midcarpal joint instability, *Hand Clin* **8**:653–68.

Beltran J, Shankman S, Schoenberg NY (1992) Ligamentous injuries to the wrist. Imaging techniques, *Hand Clin* **8**:611–20.

Boabighi A, Kuhlmann JN, Kenesi C (1993) The distal ligamentous complex of the scaphoid and the scapholunate ligament. An anatomic, histological and biomechanical study, *J Hand Surg* **18B**:65–9.

Cooney WP (1993) Fractures of the distal radius. A modern treatment-based classification, *Orthop Clin North Am* **24**:211–16.

Fisk GR (1970) Carpal instability and the fractured scaphoid, *Ann R Coll Surg Engl* **46**:63–76.

Fortems Y, Mawhinney I, Lawrence T, Stanley JK (1994) Traction radiographs in the diagnosis of chronic wrist pain, *J Hand Surg* **19B**:334–7.

Fransson SG (1993) Wrist arthrography, *Acta Radiol* **34**:111–16.

Gilula LA, Weeks PM (1978) Post-traumatic ligamentous instabilities of the wrist, *Radiology* **129**:641–51.

Herbert TJ, Faithfull RG, McCann DJ, Ireland J (1990) Bilateral arthrography of the wrist, *J Hand Surg* **15B**:233–5.

Kelly EP, Stanley JK (1990) Arthroscopy of the wrist, *J Hand Surg* **15B**:236–42.

Lichtman DM, Schneider JR, Swafford AR, Mack GR (1981) Ulnar midcarpal instability – clinical and laboratory analysis, *J Hand Surg* **6A**:515–23.

Linscheid RL, Dobyns JH, Beabout JW, Bryan RS (1972) Traumatic instability of the wrist. Diagnosis, classification, and pathomechanics, *J Bone Joint Surg* **54A**:1612–32.

Mayfield JK (1984) Patterns of injury to carpal ligaments. A spectrum, *Clin Orthop* 36–42.

Reagan DS, Linscheid RL, Dobyns JH (1984) Lunotriquetral sprains, *J Hand Surg* **9A**:502–14.

Schernberg F (1990a) Roentgenographic examination of the wrist: A systematic study of the normal, lax and injured wrist. Part 2: Stress views. *J Hand Surg* **15B**:220–8.

Schernberg F (1990b) Roentgenographic examination of the wrist: A systematic study of the normal, lax and injured wrist. Part 1: The standard and positional views, *J Hand Surg* **15B**:210–19.

Smith DK, Gilula LA, Amadio PC (1990) Dorsal lunate tilt (DISI configuration): sign of scaphoid fracture displacement, *Radiology* **176**:497–9.

Stanley JK, Saffar P (1994) *Wrist Arthroscopy*. London: Martin Dunitz.

Stanley JK, Trail IA (1994) Carpal instability, *J Bone Joint Surg* **76B**:691–700.

Stanley JK, Hodgson SP, Royle SG (1994) An approach to the diagnosis of chronic wrist pain, *Ann Chir Main Memb Super* **13**:202–5.

Stewart NR, Gilula LA (1992) CT of the wrist: A tailored approach, *Radiology* **183**:13–20.

Watson HK, Black DM (1987) Instabilities of the wrist, *Hand Clin* **3**:103–11.

Zinberg EM, Palmer AK, Copren AB, Levinsohn EM (1988) The triple injection wrist arthrogram, *J Hand Surg* **13A**:803–9.

Zlatkin MB, Greenan T (1992) Magnetic resonance imaging of the wrist, *Magn Reson Q* **8**:65–96.

13 An overview of traumatic wrist instability

Claus Falck Larsen

Traumatic wrist instability is a disturbance of the normal balance of the carpal joints caused by fracture and/or ligamentous injury, with immediate or progressive loss of alignment of carpal bones. If not treated, wrist instability can lead to pain, progressive limitation of motion, abnormal motion (clicks and snaps), late degenerative intercarpal and radiocarpal arthritis, and disability. In 1972 Linscheid, Dobyns and Bryan published their classic article describing traumatic wrist instability (Linscheid et al 1972). Since then our understanding of these complex injuries has improved, but confusion still exists regarding their classification and management.

Comprehensive epidemiological data on wrist trauma are not available today. In a study from five Danish accident and emergency departments (Angermann and Lohmann 1993) injuries to the hand and wrist occurred in 28.6% of all accidents. Of the total of 50 272 casualties recorded during the two year survey, 14% were located at the wrist level and included 3873 fractures, 1124 contusions, and 1246 sprains. Based on the compiled data, the incidence of wrist trauma was calculated at 460 cases per 100 000 inhabitants per year. From this, an estimate of 285 wrist fractures per 100 000 population per year can be made; this figure may be accurate, but the true occurrence of destabilizing ligamentous wrist injuries is not known. Wrist instability is rare in those under 20 years of age, but has occasionally been observed in children over the age of 9 years (Gerard 1980, Wood and Rothberg 1991).

Analysis of wrist instability

Larsen et al (1995) have proposed an analytical scheme for assessing wrist instability which comprises six criteria: chronicity, constancy, aetiology, location, direction, and pattern (Table 1). This scheme can be used to define individual patterns of traumatic wrist instability in a systematic fashion. Not included in this classification is information on the mechanism of injury and the amount of energy involved, which must be considered when evaluating the injured wrist.

Most destabilizing wrist injuries occur by extreme dorsiflexion of the wrist in conjunction with ulnar deviation and intercarpal supination. A broad spectrum of lesions is seen ranging from minor sprain to major dislocation.

Chronicity

The time interval from injury to diagnosis and treatment is a relevant prognostic factor. Our analytical scheme classifies these injuries into acute (less than 1 week), subacute (1–6 weeks), and chronic (more than 6 weeks) presentations, although a clear distinction between these categories may not always be possible. The three classes reflect the healing potential of the bones and/or ligaments involved. They also indicate whether reduction and immobilization, osteosynthesis or ligament repair, or other methods of reconstruction are appropriate. It is important to understand that instability can develop late and thus may be missed during the initial clinical and radiological examination. Adequate follow-up of patients with significant wrist trauma is therefore mandatory.

Constancy

This criterion grades the severity of instability. Dynamic instability appears only with deviation

Table 1. Analysis of carpal instability (from: Larsen CF et al 1995)

I Chronicity	II Constancy	III Aetiology	IV Location	V Direction	VI Pattern
Acute < 1 week	Static[1]	Congenital	Radiocarpal	VISI[3]	CID (carpal instability dissociative)
Subacute 1–6 weeks	Dynamic[2]	Traumatic	Intercarpal	DISI[4]	CIND (carpal instability nondissociative)
Chronic > 6 weeks		Inflammatory Arthritis Neoplastic Iatrogenic Miscellaneous Combinations	Midcarpal Carpometacarpal Specific bone(s) Specific ligament(s)	Ulnar Radial Palmar Dorsal Proximal Distal Rotary Combinations	CIC (combinations)[5] CIA (carpal instability adaptive)[6]

[1] Irreducible or reducible; ease of reducibility and degree of displacement may also be considered; [2] Degree of load required to cause displacement may also be considered; [3] Volarflexion intercalated segment instability (Palmar flexion instability); [4] Dorsiflexion intercalated segment instability; [5] Combination of CID and CIND. Examples include perilunate and axial injuries; [6] A carpal instability pattern that exists because the carpal bones have adapted to an extended deformity, such as a distal radius malunion.

of the wrist from the neutral position or under specific loads. It is therefore not apparent on standard radiographs and must be demonstrated by fluoroscopy or stress views. Static instability is fixed, cannot be actively corrected by the patient, and is apparent on standard postero-anterior and lateral radiographs. Static instability is further grouped by the degree of displacement and its reducibility.

Aetiology

This category includes a number of aetiologies, such as trauma, infection, degenerative joint disease, Kienböck's disease, cristallopathy, rheumatoid arthritis and other inflammatory arthritis, neoplasia, congenital deformity, iatrogenic lesion and many more.

High energy trauma is likely to cause fracture–dislocation with widespread ligamentous injury. Wrist trauma of lower impact may result in minor sprains or cause significant ligamentous rupture(s) with immediate or progressive carpal instability. Traumatic wrist instability is often superimposed on pre-existing destabilizing carpal pathology. The coincidence of negative ulnar variance and carpal instability has been reported by Voorhees et al (1985). The role of ligamentous laxity in carpal instability has yet to be clarified. Rarely, wrist instability may be caused by iatrogenic lesions. A poorly conceived surgical intervention directed at wrist instability may aggravate existing deformity or create a more complex instability pattern (Clay and Clement 1988, Duncan and Lewis 1988).

Location

Lesions causing carpal instability are related to either bone (fracture, nonunion, malunion) or ligaments (laxity, streching, rupture), or both. Affected articulations are the radiocarpal, scapholunate, lunotriquetral, midcarpal or carpometacarpal joints, or various combinations thereof. Precise definition of the pathology is essential to guide treatment. In some instances, however, exact and comprehensive localization of lesions may be difficult to establish even when all available methods of imaging and arthroscopy are used.

Direction

Typical deformities occurring with wrist instability are translational, angular, rotational, or combined. Translational instabilities are defined by a shift of the carpus, usually in the ulnar direction. Angular deformities are reflected by abnormal dorsal extension or palmar flexion of the proximal carpal row. Based on the alignment of the lunate within the radiolunate–capitate link in standard lateral radiographs, Linscheid et al (1972) have described two basic patterns of intercalated segment instability, DISI (dorsal intercalated segment instability) and VISI (volar intercalated segment instability). Rotational instabilities also occur.

Pattern

The patterns of injury can be classified as carpal instability dissociative (CID), carpal instability nondissociative (CIND) (Dobyns et al 1994), carpal instability combined (CIC) (Amadio 1991), or carpal instability adaptive (CIA). A loss of intrinsic interosseous ligament support at the scapholunate or lunotriquetral interval (or possibly both) results in dissociation of the proximal carpal row and CID instability. Insufficiency of the extrinsic carpal ligaments, without concomitant scapholunate or lunotriquetral dissociation, is the cause of CIND instability. Amadio (1991) has observed a combination of CID and CIND instabilities and suggested the term 'carpal instability combined' (CIC) to describe this entity. Carpal malalignments secondary to extracarpal pathology (i.e. malunion of a distal radius fracture) (Taleisnik and Watson 1984, Minami and Ogino 1986) are classified as CIA (carpal instability adaptive (or apparent)).

Conclusions

Most cases of wrist instability present with a broad, and sometimes confusing, spectrum of pathological findings which seem to correlate with the severity of the injury and its prognosis. Assessment of wrist instability should be comprehensive. This must include the patient's history, symptoms, clinical and radiographic findings, and results of special imaging methods and arthroscopy. With this information it is possible to identify the location, extent, and significance of the underlying ligamentous injuries before appropriate treatment recommendations are given. The proposed scheme described above facilitates the systematic analysis of recorded abnormalities and is helpful in guiding treatment and reporting outcomes.

References

Amadio P (1991) Classification of carpal instabilities: A clinical and anatomical primer, *Clin Anat* **4**:1–12.

Angermann P, Lohmann M (1993) Injuries to the hand and wrist. A study of 50 272 injuries, *J Hand Surg* **18B**:642–4.

Clay NR, Clement DA (1988) The treatment of dorsal wrist ganglia by radical excision, *J Hand Surg* **13B**:187–91.

Dobyns JH, Linscheid RL, Macksoud WS (1994) Carpal instability nondissociative, *J Hand Surg* **19B**:763–73.

Duncan KH, Lewis RC (1988) Scapholunate instability following ganglion cyst excision, *Clin Orthop* **228**:250–3.

Gerard FM (1980) Post-traumatic carpal instability in a young child. A case report, *J Bone Joint Surg* **62A**:131–3.

Larsen CF, Amadio PC, Gilula LA, Hodge JC (1995) Analysis of carpal instability. I. Description of the scheme *J Hand Surg* **20A**:757–64.

Linscheid RL, Dobyns JH, Bryan RS (1972) Traumatic instability of the wrist. Diagnosis, classification, and pathomechanics, *J Hand Surg* **54A**:1612–32.

Minami A, Ogino T (1986) Midcarpal instability following malunion of a fracture of the distal radius, *Ital J Orthop Traumatol* **12**:473–7.

Taleisnik J, Watson HK (1984) Midcarpal instability caused by malunited fractures of the distal radius, *J Hand Surg* **9A**:350–7.

Voorhees DE, Daffner RH, Nunley JA, Gilula LA (1985) Carpal ligamentous disruptions and negative ulnar variance, *Skeletal Radiol* **13**:257–62.

Wood VE, Rothberg M (1991) Wrist disorders in children, *Current Orthopaedics* **5**:22–32.

14 The treatment of perilunate dislocations

Guillaume Herzberg

The defining feature of perilunate dislocation (PLD) and perilunate fracture–dislocation (PLFD) is the complete dislocation of the head of the capitate from the distal surface of the lunate, either dorsalward or volarward. PLD and PLFD are rare conditions caused by high energy trauma, involving mechanisms of wrist hyperextension or flexion, compression and intercarpal rotation. A spectrum of progressive ligamentous and bony lesions is seen, which explains why the pathology of PLD and PLFD may vary to a large extent. While the literature is replete with single case reports, there are relatively few comprehensive clinical series (Mac Ausland 1944, Russell 1949, Campbell et al 1965, Witvoet and Allieu 1973, Green and O'Brien 1978, Saffar 1984, Garcia-Elias et al 1986, Cooney et al 1987, Herzberg et al 1993) and their recommendations of treatment are controversial.

In a recent review of 166 cases of PLD and PLFD (Herzberg et al 1993) in which a radiological classification system was proposed (Fig. 1), PLFD was observed twice as frequently as PLD. PLD or PLFD needs a prompt diagnosis, as delay of treatment degrades the results. Even in cases of early treatment and good clinical result, the

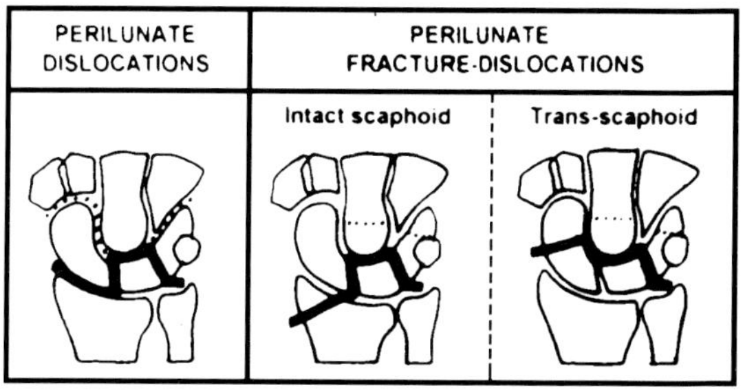

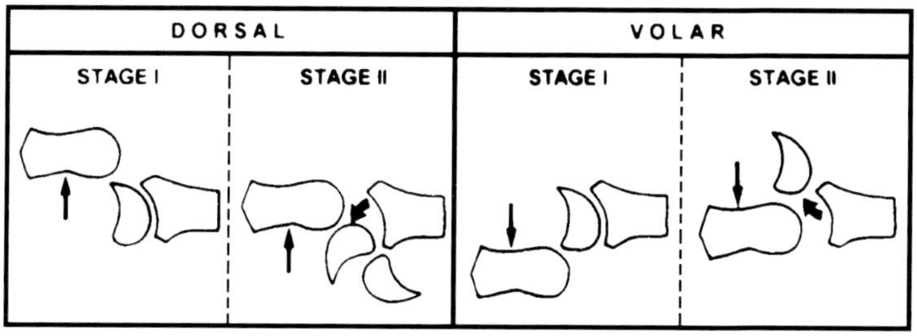

Figure 1

Radiological classification of PLF and PLFD by (a) path of trauma (on postero-anterior radiograph) and (b) displacement of capitate (on lateral radiograph).

15
Diagnosis and staging of scapholunate dissociation

Gilles Dautel and Michel Merle

Since certain terms used in this chapter are often interpreted differently by various authors, it is important to define terminology.

Instability

It is difficult to give an unequivocal definition of instability when referring to wrist pathology. The term 'instability' is used when the position of one or several carpal bones diverges from the state of normal biomechanics of the wrist. Sometimes this abnormal position can be observed on static radiographs and we speak of 'static instability'; when the anomaly is revealed only on dynamic radiographs or cineradiography we use the term 'dynamic instability' (Linscheid et al 1972, Taleisnik 1980, Watson 1987). Scapholunate dissociation will be classified as one of these two entities depending on the stage or severity of ligamentous lesions involved.

Scapholunate dissociation

Scapholunate dissociation is a specific type of instability characterized by malalignment between the scaphoid and lunate. The term 'scapholunate instability' is synonymous with 'scapholunate dissociation' which belongs – as indicated by its name – to the group of dissociative instabilities that exclusively involve the proximal carpal row.

DISI

The terms DISI (dorsal intercalated segment instability) and VISI (volar intercalated segment instability) are used to designate the position of the lunate on standard lateral radiographs. They do not designate the origin of instability which led to this malposition. Thus, a DISI position is one of the characteristics of static scapholunate dissociation but it can also be found in a rare type of midcarpal instability belonging to the group of nondissociative instabilities.

Scapholunate instability neither represents a uniform pathology, nor is based on a consistent set of ligament lesions. On the contrary, it comprises a wide range of lesions (Watson et al 1993). Each stage of a spectrum of lesions probably corresponds to varying degrees of failure of the intrinsic and/or extrinsic ligamentous systems which ensure stability of the scaphoid and lunate as well as cohesion of the scaphoid–lunate tandem.

We think that present understanding of biomechanics does not make it possible to attribute each stage of scapholunate instability to one or several well defined ligamentous injuries. The successive stages of progression presented later with a proposal for classification probably correspond only roughly to the true picture. If progression of static scapholunate instability inevitably leads to scapholunate advanced collapse (SLAC) degenerative arthritis (Watson 1987), cartilage damage must be gradual and with many intermediate stages prior to the exposure of subchondral bone as seen in the typical presentation of the SLAC wrist. These intermediate stages are important to recognize since they may influence the choice of treatment.

Clinical diagnosis of scapholunate dissociation

There are no formal clinical criteria for the diagnosis of scapholunate dissociation. The findings from patient history and patient examination are considered suppositions.

Type of trauma

Any previous trauma is ascertained in the patient history. In our experience, there has never been a good correlation between the type of trauma and the observation of scapholunate instability. The causal mechanism most often incriminated, however, is a fall on an outstretched hand which may have involved substantial kinetic energy. Sometimes the incriminated trauma has not actually caused scapholunate dissociation, but has only disclosed a pre-existent scapholunate instability.

Date of trauma

Patient history frequently, but not always, reveals a recent trauma. Even at an early stage of instability, a recent trauma accused for prompting scapholunate dissociation may indeed have been preceded by an older causative injury.

Spontaneous clicking

Patient history should determine the onset of any painful clicking occurring during normal use of the wrist; this clicking is most likely to occur during grasping movements. In static instability any catching usually disappears and the scaphoid settles in its new position.

Pain localization

The wrist is palpated to locate pain at the level of the scapholunate interval or at the proximal pole of the scaphoid. The first would be a clinical manifestation of a tear of the scapholunate interosseous ligament, and the latter would indicate impingement between the proximal pole of the scaphoid and the dorsal aspect of the scaphoid facet on the radial surface.

Scaphoid shift test (Watson's clinical test)

Watson (1988) described a clinical test to detect scapholunate instability (Fig. 1). This test detects dorsal subluxation of the proximal pole of the scaphoid characteristic of 'dynamic' instability. The physician takes the patient's wrist and places his thumb on the palmar prominence of the scaphoid tubercle. The examination starts from a position of ulnar deviation; the wrist is gradually deviated radially while maintaining palmar pressure on the tubercle of the scaphoid. In dynamic scapholunate instability, the two components of the pressure/movement exerted by the examiner result in dorsal subluxation of the proximal pole of the scaphoid which is perceived as painful clicking or catching. The following three factors should be taken into consideration when interpreting this test: First, pain alone, without any clicking, cannot be considered significant because forceful pressure on the tubercle of the scaphoid is in itself painful even in the absence of any ligamentous lesion. Second, according to Watson (1988), clicking from subluxation may be absent immediately after the injury. In such cases, mobility of the scaphoid is tempered by local inflammation and rotary subluxation may not be demonstrated. Third, in scapholunate dissociation at the DISI stage with the scaphoid horizontal, the proximal pole is set in a position of subluxation and any clicking is no longer elicited. In light of these distinctions, a positive Watson's test is neither necessary nor sufficient to diagnose scapholunate instability.

Radiographic diagnosis

In the light of the above remarks it is obvious that supplemental examinations are needed to

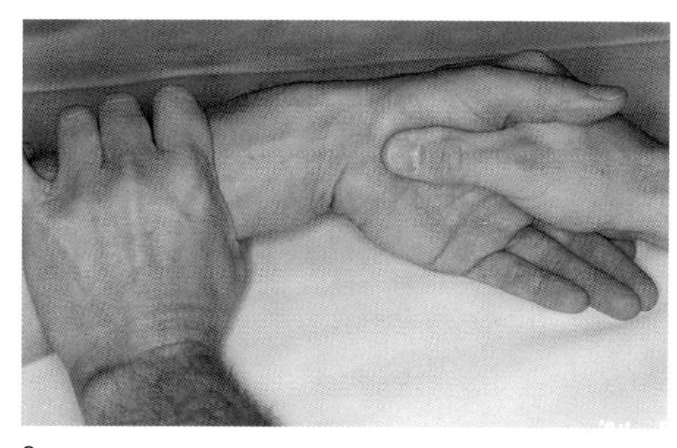

a

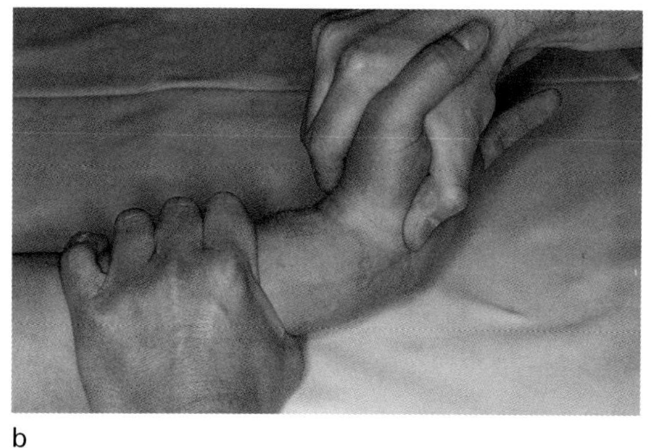

b

Figure 1

Watson's test (scaphoid shift test). (a) Wrist in ulnar deviation with physician's thumb on the tubercle of the scaphoid. (b) Physician shifts from ulnar deviation to radial deviation, while maintaining pressure on the tubercle of the scaphoid. In cases of dynamic scapholunate instability, a clicking and/or pain indicate rotary subluxation of the proximal pole of the scaphoid. (Reproduced with permission from Merle M, Dautel G, eds. *La Main Traumatique – Chirurgie Secondaire – Le Poignet Traumatique.* Masson, Paris, 1993.)

confirm the diagnosis and determine the stage of clinically suspected scapholunate dissociation. Initial radiographic assessment includes static and dynamic views.

Static radiographs

Criteria

Two views should suffice if appropriately taken. Frontal views should be in neutral pronation–supination. This is done with the shoulder abducted to 90°, the elbow bent, and the palm resting on the plate, with the beam centred on the lunate. The metacarpophalangeal joints must be visible on the radiograph in order to measure carpal ratios (see below). Satisfactory visualization of the ulnar styloid process, which must not be superimposed on the ulnar head itself, is a good criterion to judge if the view was taken in neutral pronation–supination. Lateral views are also obtained in neutral pronation–supination. The axis of the radius should line up with that of the third metacarpal following Meyrues' criteria (1975). The proper alignment of the radius and third metacarpal is necessary to calculate the various intercarpal angles. A small board may be useful to align the radius and third metacarpal and to facilitate the radiographs.

Analysis of standard radiographs

Radiographs are examined to detect signs of static scapholunate dissociation: dorsal tilt of the lunate or DISI, a flexion of the scaphoid, or an abnormal gap or scapholunate diastasis. Analysis begins with the lateral view (called Meyrues' view) and measurement of the intercarpal angles. We use the 'tangential' technique for marking and measuring these angles because it is the most precise (Garcia-Elias et al 1989) (Fig. 2). The scapholunate angle demonstrates the respective positions of the scaphoid and lunate with the normal angle between 30° and 60°. With the 'tangential' technique, this angle is measured between the line representing the axis of the lunate (perpendicular to the tangent at the two prominences of the lunate) and the line passing tangentially along the proximal pole of the scaphoid and its distal tuberosity. In cases of static scapholunate instability this angle will be greater than 60°. The radiolunate angle shows the respective positions of the lunate and radius (Meyrues et al 1975, Meyrues 1984). It is measured between the axis of the lunate as just described and the axis of the radius. Normally, this angle is between 15° dorsal extension and 20° palmar flexion. Dorsal extension greater than 15° is characteristic of DISI, a feature of static scapholunate instability.

The interval between the scaphoid and lunate is measured on the frontal view. It is generally agreed that 3 mm is the normal upper limit for

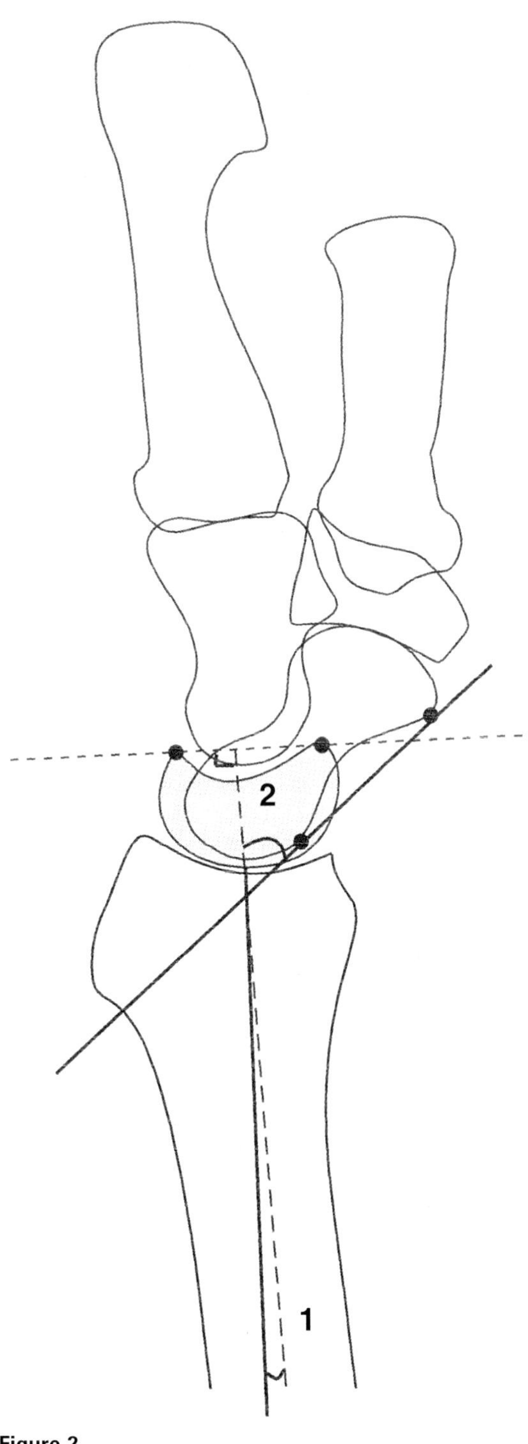

Figure 2

Measuring the intercarpal angles on a lateral view of the wrist. 1: radiolunate angle, 2: scapholunate angle.

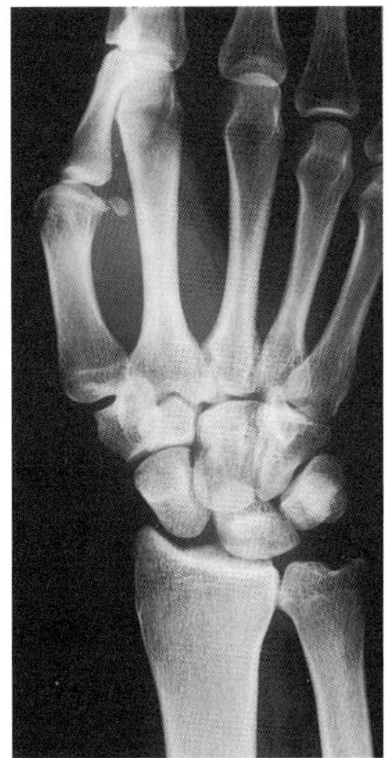

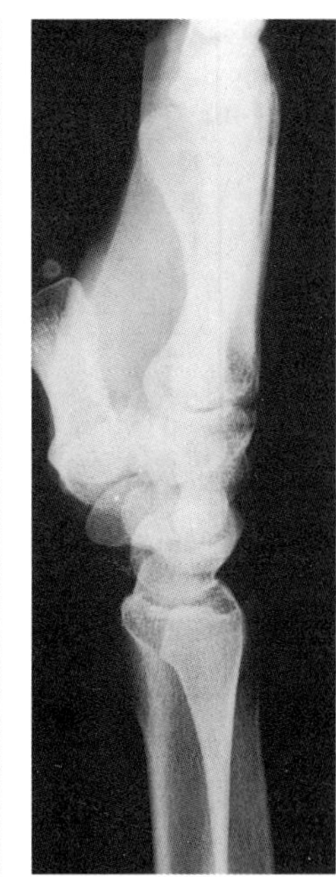

a

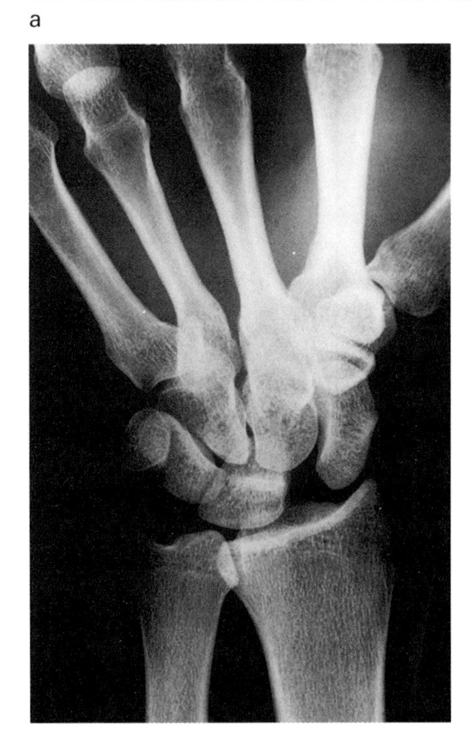

b

Figure 3

Static instability. (a) Frontal view demonstrates scapholunate diastasis, a foreshortened scaphoid and ring sign. Lateral view demonstrates dorsal tilt of the lunate (DISI) as well as the increased scapholunate angle. (b) Increase in the scapholunate gap with ulnar deviation.

this interosseous space but it must be compared with that measured on the unaffected wrist.

The same frontal view is used to measure the Youm and MacMurtry ratio which is calculated routinely to quantify possible carpal 'collapse'. This index represents the ratio between carpal height and length of third metacarpal with the average being 0.54 ± 0.03 (Youm and MacMurtry 1978). Carpal collapse is consistently present in cases of static instability.

Examination of the neutral frontal view must take into account the projected contours of the bones of the first row. If the third metacarpal and radius are aligned, and in the absence of scapholunate dissociation, the scaphoid, lunate and triquetrum assume a position that is between the one seen in radial deviation (palmar flexion of the first row) and ulnar deviation (extension of the first row). The shape of an unaffected scaphoid thus corresponds to its frontal projection at a 45° angle with the axis of the radius. The lunate appears quadrangular, since its anterior and posterior prominences are superimposed. In cases of a DISI deformity as seen in scapholunate instability, the lunate appears triangular on frontal views. The distal contour of its frontal projection represents the volar pole of the lunate, which is more tapered than the dorsal one. Similarly, a horizontal scaphoid is manifested by the 'ring' sign: the scaphoid appears foreshortened and the circular image corresponds to an axial view of the waist of the scaphoid area (Fig. 3). In the absence of any significant radiographic signs of static scapholunate instability, dynamic views are used to seek dynamic scapholunate dissociation.

Dynamic radiographs (Fig. 4)

Radiographs in radial and ulnar deviation

Frontal views are in neutral forearm rotation with the patient actively assuming maximal radial, then ulnar, deviation (not passive movement exerted by the examiner). Some authors refer to these radiographs as functional views because the patient is actively performing physiological movement (Schernberg 1990a and 1990b). In cases of dynamic scapholunate instability, a gap between the scaphoid and lunate may be visible in a position of ulnar deviation.

Clenched fist supination views

These are part of a standard assessment to detect scapholunate instability. The patient forcibly clenches his or her fist as tightly as possible. This movement results in axial compression which tends to push the head of the capitate towards the scapholunate interval. In cases of instability, this axial pressure causes the scapholunate space to open, revealing a diastasis that was previously absent at rest.

Other dynamic views

The use of nonphysiological stress views has been proposed for assessment of carpal ligamentous lesions (Schernberg 1990a and 1990b). Contrary to the ones previously described, these views are taken after the examiner has manually placed the wrist in a forced position. It is thus possible to obtain anteroposterior views in passive radial and ulnar deviation, provoked radial and ulnar translation, or passively induced carpal pronation or supination. In cases of recent ligamentous injuries, these views are taken under axillary block immediately before surgery (Schernberg 1990a and 1990b). In scapholunate dissociation, views in ulnar translation or carpal pronation are most likely to disclose previously unapparent scapholunate diastasis.

Role of other imaging techniques

Static and dynamic radiographic assessment is the only supplemental test that we routinely use when we have clinical reasons to suspect scapholunate dissociation. In the most straightforward cases the diagnosis is confirmed when static or dynamic instability is detected. What is the appropriate approach when radiographic examination is negative despite one or several clinical signs indicating scapholunate dissociation? The answer to this question remains controversial.

Watson (1987) writes: 'Dynamic rotary subluxation of the scaphoid is not demonstrable by roentgenographic studies, including stress films .... We have found that arthrograms, cineradiography, CT scans and tomograms can be useful

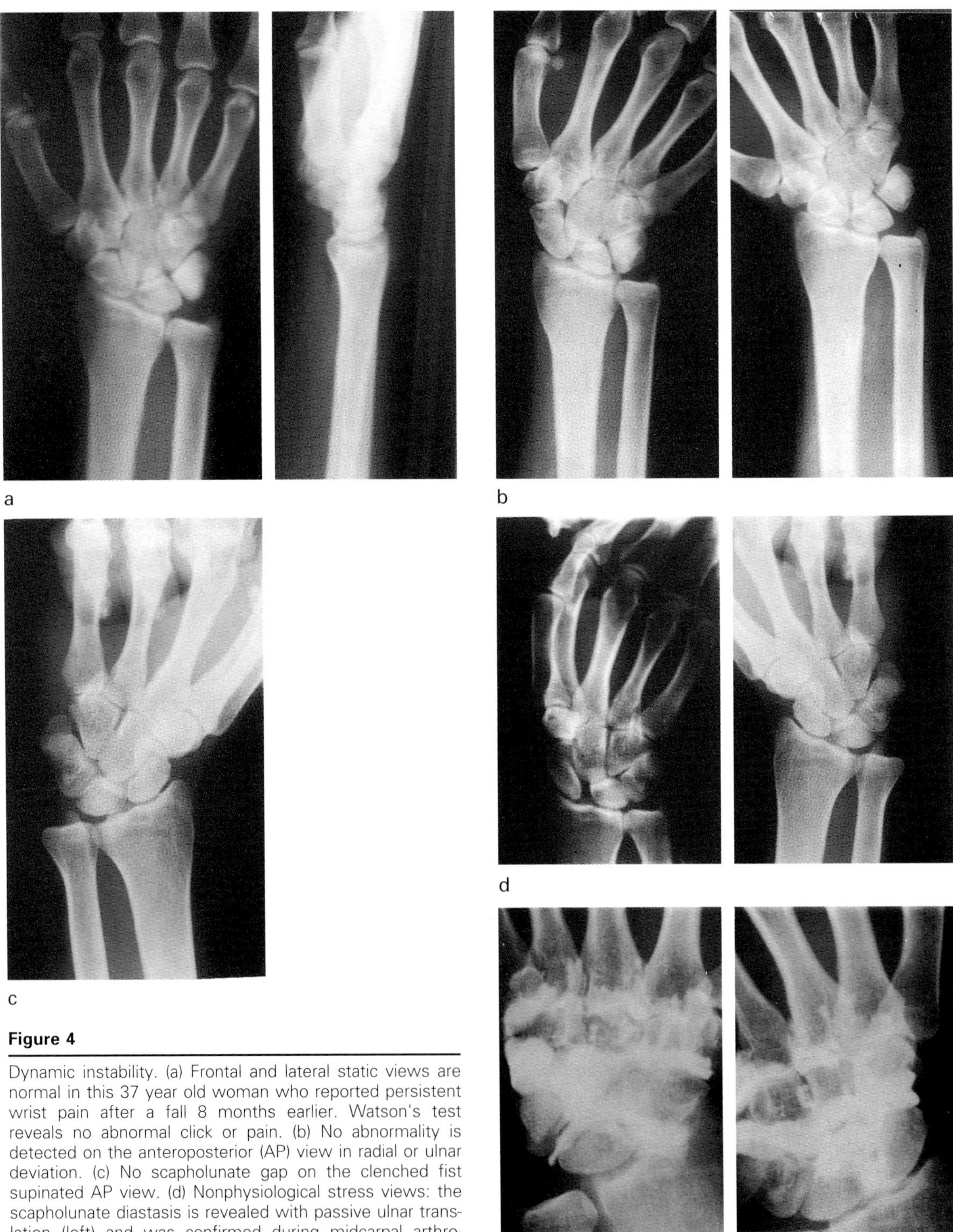

Figure 4

Dynamic instability. (a) Frontal and lateral static views are normal in this 37 year old woman who reported persistent wrist pain after a fall 8 months earlier. Watson's test reveals no abnormal click or pain. (b) No abnormality is detected on the anteroposterior (AP) view in radial or ulnar deviation. (c) No scapholunate gap on the clenched fist supinated AP view. (d) Nonphysiological stress views: the scapholunate diastasis is revealed with passive ulnar translation (left) and was confirmed during midcarpal arthroscopic dynamic testing. (e) A tear of the scapholunate interosseous ligament is detected during wrist arthrography (midcarpal injection).

in excluding other diagnoses, but not in demonstrating dynamic rotary subluxation of the scaphoid.' Therefore, he suggests that treatment should be based solely on the findings of clinical examination.

In a retrospective study, we found that our method of dynamic radiographic assessment had failed to detect some cases of dynamic instabilities. However, we hesitate to recommend invasive surgical treatment ranging from arthrotomy for ligamentous repair to partial carpal arthrodesis, solely on the basis of clinical evidence of dynamic scapholunate instability. Consequently, we use arthroscopy to demonstrate hypermobility of the scaphoid and to confirm the diagnosis (Dautel and Merle 1993, Dautel et al 1993).

Arthroscopic wrist diagnosis

In our opinion arthroscopy is essential to confirm the diagnosis in early stages of scapholunate dissociation and to determine the extent of cartilage damage resulting from dissociation. The latter is an important factor when considering surgery.

Diagnostic arthroscopy

This involves searching for two basic elements: a tear of the scapholunate interosseous ligament and a positive midcarpal dynamic test.

Scapholunate interosseous ligament

A tear and its extent can be demonstrated by midcarpal inspection through the 3/4 portal. A partial tear limited to the middle third of the scapholunate interosseous ligament (membranous portion) has little or no biomechanical effect on scapholunate stability (Berger et al 1991, Berger 1992). Examination should determine if the ligament has been avulsed from the scaphoid (the usual case in our experience), or a tear of the ligament itself (less common) has occurred. It is also appropriate to assess the quality of the scapholunate interosseous ligament for possible surgical reinsertion.

Midcarpal dynamic tests

Direct manipulation of the scaphoid and lunate by an examining probe inserted through an ulnar midcarpal portal is a reliable method to demonstrate loss of cohesion between the scaphoid and lunate since stress is exerted directly on the bones (and not indirectly by active or passive manipulation of the wrist as in radiographic studies). Normally, the tip of a probe cannot be inserted into the scapholunate interval. Any opening that allows insertion of the probe is considered pathological. In cases of static instability, the midcarpal aspect of the scapholunate joint shows a gap which opens more widely with probing and may allow the scope to pass from the midcarpal to the radiocarpal joint.

Arthroscopic assessment of chondral damage from instability

One of the principal advantages of arthroscopy is the assessment of chondral lesions. These lesions are mainly in the radiocarpal joint and scapholunate interval. Long before a gap is visible on radiographs, arthroscopy can demonstrate varying degrees of chondral damage. The physician must judge what stage of chondral damage precludes a procedure to restore the position of the proximal pole of the scaphoid. In a wrist with advanced degenerative arthritis consistent with a SLAC deformity, arthroscopy makes it possible to appreciate fully the location and extent of chondral lesions.

Other diagnostic tests

Wrist arthrography

Wrist arthrography (see Fig. 4) has a very limited role in our experience. Once the diagnosis of dissociation has been made on static or dynamic radiographs, there is no need for this test. It can at most indicate a tear in the interosseous ligament without providing any details as to its extent or precise location (Palmer and Levinsohn 1983). However, when no anomaly is detected on radiographic assessment, arthrography may help identify a gap in the interosseous ligament, although it cannot show whether this gap is the cause of instability. Such asymptomatic gaps are frequently found (Herbert et al 1990) and loss of continuity is not significant when it involves only the midthird of the interosseous ligament. When there is a strong clinical presumption of scapholunate dissociation, we bypass arthrography and go directly to arthroscopy, which provides more information (Dautel 1993).

Tomodensitometry

Used in conjunction with arthrography, tomodensitometry better delineates the results of arthrography by providing the limit and extent of the intrinsic ligamentous tear. However, this test is by definition static and thus can diagnose a ligament tear but not instability.

Magnetic resonance imaging

In the field of scapholunate dissociation, this test probably holds the most promise for the future. It is completely noninvasive and in the near future will provide a satisfactory evaluation of articular cartilage as is presently possible with arthroscopy. It is also the only test that can evaluate the extrinsic ligaments of the wrist. As a diagnostic tool for surgery, there is a need for improved image definition. (In comparison, arthroscopy studies only the short intra-articular, radial, or midcarpal portion of the same extrinsic ligaments.)

Classification of scapholunate dissociation

Various stages of scapholunate dissociation

Table 1 summarizes the classification of scapholunate dissociation. The first group, called 'preradiographic instability', requires explanation. Under this heading, we have grouped dissociations that were not detected during our radiographic assessment and that were later diagnosed at arthroscopy (Dautel et al 1993). It is not unlikely that more extensive radiographic assessment, especially with passive views (stress exerted by the physician), would have demonstrated some instabilities in this group. On the other hand, we have not included here the clinical group that Watson et al (1993) call 'predynamic instability'. In a prospective study of 1000 people he found a positive scaphoid shift test in 20% of cases, half of which were completely asymptomatic (no spontaneous or forced pain in the scapholunate region). Some individuals in this group may present minimal ligamentous lesions due to minor or repeated injuries that could lead to true instability with everyday use of the wrist or with new injuries. However, in the absence of any clinical complaint, it is difficult to distinguish these patients from those presenting with ligamentous laxity that resulted in a positive scaphoid shift test.

The distinction between static scapholunate dissociation with or without chondral damage seems to rest almost exclusively on arthroscopic findings. Chances are best for successful ligament repair or reinsertion in the absence of chondral damage (because repositioning compromised articular surfaces can lead to persistence of symptoms and because absence of chondral lesions indicates a shorter duration of the instability).

As stated earlier, there are many intermediate stages between static instability with minimal chondral damage and the stage of advanced degeneration, when a long standing dissociation has become a SLAC wrist.

Progression of scapholunate dissociation

It is generally agreed that in the absence of treatment any scapholunate dissociation may lead to static dissociation. However, this seemingly logical progression has not been confirmed in our experience, that is, we have not seen a case in which such progression was documented radiographically. The same statement applies to

Table 1 Staging of scapholunate dissociation

Stage	Clinical findings	Static radiographs	Dynamic radiographs	Arthroscopy
Preradiographic scapholunate dissociation	Positive scaphoid shift test (elective painful spot(s))	Normal	Normal	Positive midcarpal dynamic test (arthroscopy) Complete tear of the SLIOL
Dynamic scapholunate dissociation	Positive scaphoid shift test (elective painful spot(s))	Normal	Scapholunate gap (clenched fist supinated AP view or AP view in ulnar deviation) Loss of normal congruent and synchronous mobility of the first carpal row in radial and ulnar deviation	Positive midcarpal dynamic test (arthroscopy) (complete tear of the SLIOL)
Static scapholunate dissociation without chondral damage	(elective painful spot(s)) Permanent pain on the radial side of the wrist	Foreshortening of the scaphoid (ring sign) and scapholunate gap (AP view) Increased scapholunate angle (lateral view)	Loss of normal congruent and synchronous mobility of the first carpal row in radial and ulnar deviation Increased scapholunate gap in ulnar deviation	Scapholunate gap No chondral lesion (proximal pole of the scaphoid, scaphoid fossa of the radius, and STT joint)
Static scapholunate dissociation with chondral damage	(elective painful spot(s)) Permanent pain on the radial side of the wrist	Foreshortening of the scaphoid (ring sign) and scapholunate gap (AP view) Increased scapholunate angle (lateral view)	Loss of normal congruent and synchronous mobility of the first carpal row in radial and ulnar deviation Increased scapholunate gap in ulnar deviation	Static scapholunate ga. Chondral lesions (proximal pole of the scaphoid, scaphoid fossa of the radius, and STT joint)

SLIOL = scapholunate interosseous ligament
STT = scaphotrapezial–trapezoidal

the assumption that preradiographic instability would progress to dynamic instability. In the absence of other injuries, this gradual spontaneous exacerbation would represent progressive failure of the ligamentous systems due to everyday use of the wrist. On the other hand, we are not convinced that isolated gaps in the midportion of the interosseous ligament (with no instability), which are frequent in our series of wrist arthroscopy, will lead to true scapholunate dissociation.

It is probable that the spectrum of scapholunate instabilities may begin at any level and that the immediate onset of static instability is possible, if the mechanism of injury results in ligamentous lesions causing immediate instability.

References

Berger RA (1992) Update on the scapholunate ligament, *Europ Med Bibliography* **2**:19–23.

Berger RA, Amadio PC, Imaeda TC, et al (1991) An evaluation of the histology and material properties of the subregions of the scapholunate ligament, *Proceedings of the Seventh International Wrist Investigator's Workshop.* IWIW: St. Louis.

Dautel G (1993) Arthroscopie du poignet. In: Merle M, Dautel G, eds. *La Main traumatique – Chirurgie secondaire - Le poignet traumatique.* Masson: Paris: 381–97.

Dautel G, Merle M (1993) Tests dynamiques arthroscopiques pour le diagnostic des instabilités scapholunaires – Note de technique, *Ann Chir Main* **12**:206–9.

Dautel G, Goudot B, Merle M (1993) Arthroscopic diagnosis of scapholunate instability in the absence of X-ray abnormalities, *J Hand Surg* **18B:**213–18.

Garcia-Elias M, An KN, Amadio PC, et al (1989) Reliability of carpal angle determinations, *J Hand Surg* **14A:**1017–21.

Herbert TJ, Faithfull RG, McCann DJ, Ireland J (1990) Bilateral arthrographies of the wrist, *J Hand Surg* **15B:**233–5.

Lindscheid RL, Dobyns JH, Beabous JW, Brian RS (1972) Traumatic instability of the wrist: diagnosis, classification, and pathomecanics, *J Bone Joint Surg* **54A:**1612–32.

Meyrues JP (1984) Instabilité du carpe: circonstances de diagnostic et étude clinique, *Ann Chir Main* **3:**313–16.

Meyrues JP, Cameli M, Jan P (1975) Instabilité du carpe, diagnostic et formes cliniques, *Ann Chir* **32:**555–60.

Palmer AK, Levinsohn EM (1983) Arthrography of the traumatized wrist: Correlation with radiography and the carpal instabilities series, *Radiology* **146:**647–51.

Schernberg F (1990a) Roentgenographic examination of the wrist: a systematic study of the normal, lax and injured wrist. Part 1: The standard and positional views, *J Hand Surg* **15B:**210–19.

Schernberg F (1990b) Roentgenographic examination of the wrist: a systematic study of the normal, lax and injured wrist. Part 2: Stress views, *J Hand Surg* **15B:**220–8.

Taleisnik J (1980) Post traumatic carpal instability, *Clin Orthop* **149:**73–82.

Watson HK (1987) Instabilities of the wrist, *Hand Clin* **3:**103–11.

Watson HK (1988) Examination of the scaphoid, *J Hand Surg* **13A:**657–60.

Watson HK, Ottoni L, Pitts EC, Handal AG (1993) Rotary subluxation of the scaphoid: a spectrum of instability, *J Hand Surg* **18B:**62–4.

Youm Y, MacMurtry R, Flatt A, Gillespie T (1978) Kinematics of the wrist, *J Bone Joint Surg* **60A:**423–31.

16 Minor scapholunate dissociation (without DISI)

Gilles Dautel and Michel Merle

It is important to diagnose the early or less severe stages of scapholunate dissociation in order to facilitate proper treatment. Since there are few signs at these early stages, the surgeon may either overdiagnose this condition or miss it entirely. At this early stage the authors think it is appropriate to opt to restore the stability of the scapholunate complex rather than choose palliative procedures such as partial arthrodesis.

The main steps in establishing the diagnosis have been described in Chapter 15. We will focus here on scapholunate dissociation that is not visible on static radiographic views of the wrist and on the difficulties encountered in diagnosis, classification, and treatment.

Diagnosis of scapholunate dissociation without DISI deformity

Clinical diagnosis

In Chapter 15 we discussed findings in patient history and clinical examination that are not pertinent to or sufficient for diagnosis of scapholunate dissociation: namely history of wrist trauma (recent or past), spontaneous pain or pain triggered by palpation of the scapholunate interval, the area of the proximal pole of the scaphoid or the area of the scapho–trapezial–trapezoid joint, spontaneous catching during forceful grasp and catching provoked by Watson's shift test (Watson 1988).

Can the diagnosis of scapholunate dissociation (or rotary subluxation of the scaphoid) be established on clinical examination alone and, in particular, with a positive Watson text? Several authors, including Watson (1987), state this is possible. We, however, are hesitant to recommend that a patient undergo a surgical procedure that would include a wrist arthrotomy without confirmation from further testing. In our opinion, the diagnosis cannot merely be based on repeated and comparative clinical examination even by an experienced physician.

Radiographic examination

The role of radiological examination in the diagnosis of scapholunate dissociative instabilities was explained in Chapter 15. Although there is agreement on the definition of static scapholunate dissociation when radiological signs are definite, this is not true for cases with earlier stages of dynamic instability. One of the main questions is which radiographic views are needed to confirm or rule out a diagnosis of instability or dynamic scapholunate dissociation.

Dynamic views

Dynamic or 'positioned' views where the stress is voluntarily induced by the patient are most commonly used. Our assessment begins with a series of three frontal views (radial deviation, ulnar deviation, and clenched fist supination views). Dynamic scapholunate dissociation is suggested by scapholunate diastasis visible on clenched fist supination or ulnar deviation views, and loss of normal congruent and synchronous motion of the proximal carpal row. (In radial deviation the entire proximal row normally flexes palmarly and shifts into dorsal rotation with ulnar deviation. This congruent and synchronous mobility requires the integrity of the carpal interosseous ligaments. In cases of dynamic scapholunate dissociation, the lunate no longer follows the scaphoid as it palmar flexes with radial deviation).

Passive stress views

Passive stress views, where the stress is deliberately applied by the examiner, are favoured by Schernberg (1990a and 1990b). The stress can be physiological (i.e. reproducing spontaneous wrist movement) or nonphysiological (i.e. inducing movements that cannot be produced actively such as radial, ulnar, volar or dorsal displacement, stress induced distraction or intracarpal forced pronation–supination). The views most likely to detect a nonapparent scapholunate diastasis in cases of scapholunate dissociation are obtained with passive ulnar translation or pronation stress.

As a result of this comprehensive radiological examination, a few patients whose standard radiographic assessment was strictly normal are classified as having dynamic scapholunate dissociation. What should be our approach, however, when radiological evaluation fails to demonstrate any tangible anomaly, although clinical examination suggested scapholunate dissociation? We believe that negative dynamic views are not sufficient to rule out scapholunate dissociative instability completely (Dautel et al 1993). What test then is appropriate to confirm this instability if clinical examination alone is not sufficient? In our opinion, wrist arthroscopy is the key to these difficult cases since it allows true in vivo testing by direct manipulation of bone.

Wrist arthroscopy

Arthroscopy of suspected cases of scapholunate dissociation was explained in Chapter 15. It can demonstrate a torn scapholunate interosseous ligament and confirm instability with dynamic testing (Dautel and Merle 1993, Dautel 1993). In addition, arthroscopy can be used to assess radiocarpal and midcarpal cartilage erosion resulting from instability.

The radiocarpal joint

The radiocarpal joint (Fig. 1) can be assessed as follows. A hook is inserted into the tear of the interosseous ligament and an attempt made to separate the scaphoid and lunate by a twisting motion of the hook. The presence of interosseous ligament remnants often makes it difficult to appreciate the diastasis produced.

The midcarpal joint

The midcarpal joint (Fig. 2) can be assessed by either of two tests. The first is the arthroscopic equivalent of a Watson test. After releasing traction on the finger traps, the examiner attempts to reproduce dorsal subluxation of the scaphoid by exerting strong palmar pressure on the tubercle of the scaphoid; he or she then assesses the congruence of the scapholunate junction (the perfect alignment of the distal fossa of the scaphoid and lunate observed at rest disappears with stress in cases of rotary subluxation of the proximal pole of the scaphoid).

The second midcarpal test provides a better demonstration. A probing hook is inserted into the scapholunate interval and twisted in an attempt to produce dissociation between the scaphoid and lunate (any gap produced by this manoeuvre is indicative of scapholunate dissociation).

These radiocarpal and midcarpal dynamic tests seek to demonstrate hypermobility of the scaphoid and loss of normal alignment between the scaphoid and lunate. Why these arthroscopic tests are more apt to detect scapholunate dissociation than dynamic radiographs requires explanation. Distasio and Saldana (1992) have shown, by using sequential sectioning of ligaments, that manipulation of the scaphoid and lunate with Kirschner wires can produce scapholunate diastasis before radiographic stress views are positive. We think arthroscopy is particularly suited to early detection of scapholunate instability because it allows one to study the effect of

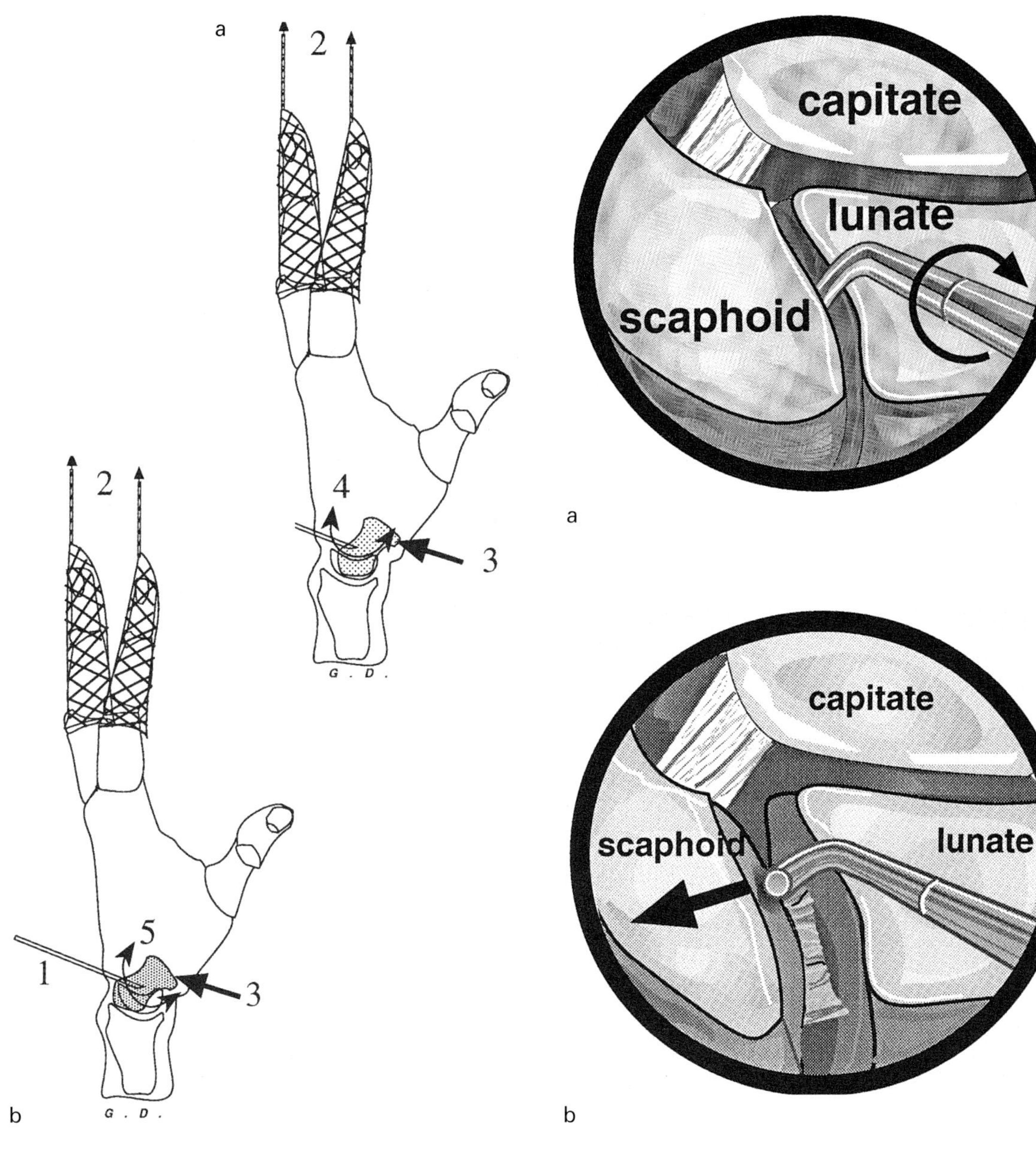

Figure 1

Arthroscopic Watson test. (a) Normal congruence. The scope (1) is inserted through a midcarpal portal 3/4. Traction on finger traps is released (2). The examiner uses his index finger to exert pressure dorsally at the tubercle of the scaphoid (3). Prior to the test, congruence of scaphoid and lunate distal fossa is normal (4). (b) Incongruity demonstrated by the test. Normal congruence of the scaphoid and lunate fossa has disappeared owing to backward movement of the posterior pole and palmar flexion of the scaphoid (5). (Reproduced with permission from Dautel and Merle 1993.)

Figure 2

(a) Direct midcarpal manipulation using a hook. The hook is inserted through an ulnar midcarpal portal into the gap between the scaphoid and lunate. The head of the capitate can be seen at the top and the anterior ligamentous plane (radioscaphoidal–capitate ligament, midcarpal segment) is visualized. (Reproduced by permission from Dautel and Merle 1993.) (b) A diastasis between the scaphoid and lunate is revealed by a twisting motion of the hook. The scapholunate interval opens and ligamentous remnants are visible at the bottom.

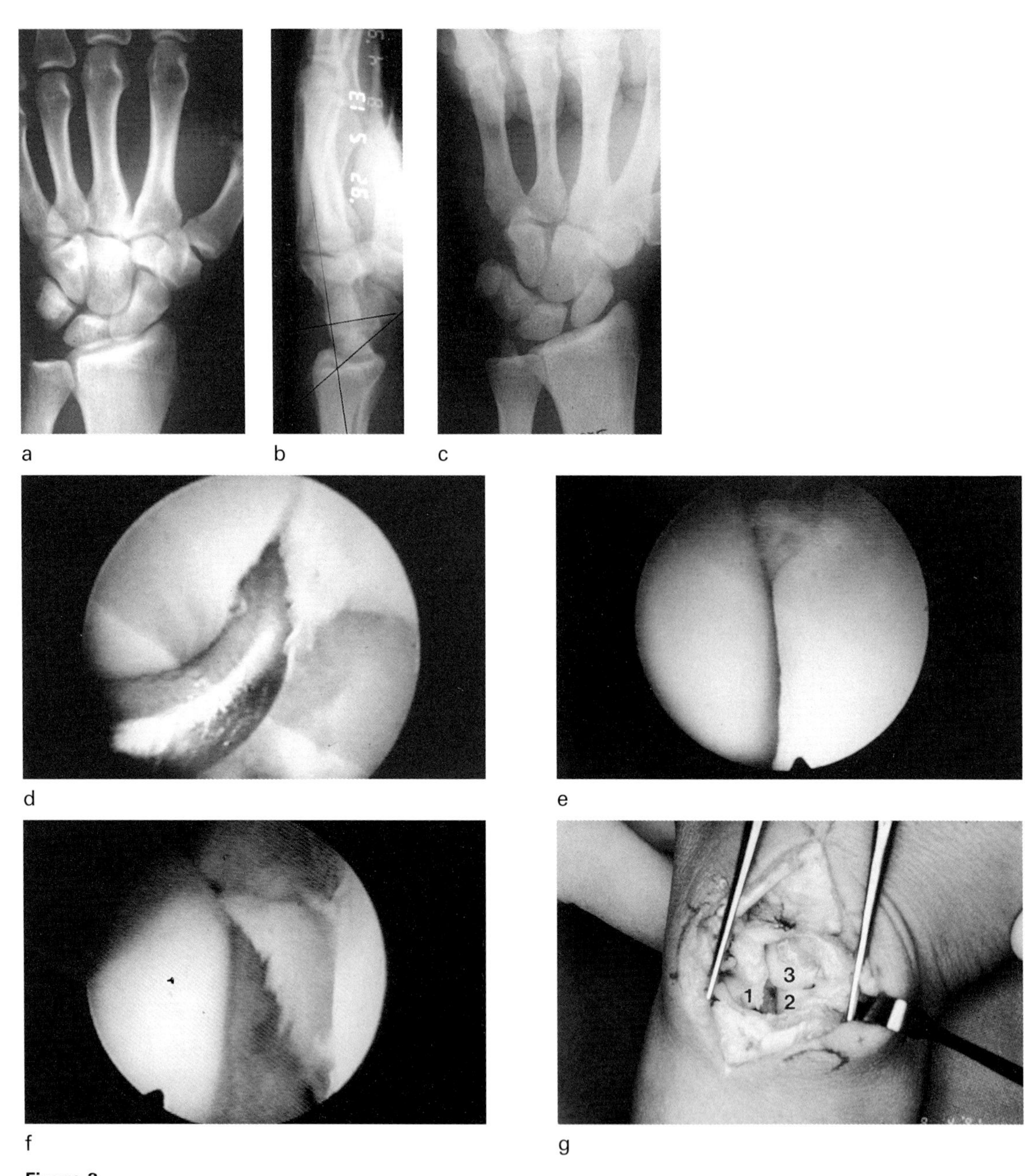

Figure 3

Preradiographic scapholunate dissociation: a clinical case. The patient is a 20 year old male, three months after wrist injury. Clinical examination revealed dorsal wrist pain in the scapholunate area. The Watson test was painful but demonstrated no catch. (a) Anteroposterior (AP) view showing no scapholunate gap. (b) Lateral view showing a normal scapholunate angle (60°). (c) Clenched fist supinated AP view with normal findings. (d) Radiocarpal arthroscopy: the hook is inserted in the interosseous ligament tear. (e) Midcarpal arthroscopy: the 30° angled scope has been inserted through a midcarpal radial portal. There is no malalignment or gap between the scaphoid and lunate fossa. (f) Same portal, 'arthroscopic Watson test'. The gap between the scaphoid and lunate is now obvious and the torn scapholunate ligament can be seen. (g) Instability and scapholunate interosseous ligament rupture confirmed at wrist arthrotomy: 1, scaphoid; 2, lunate; 3, capitate. (Reproduced with permission from Dautel et al 1993.)

direct carpal manipulation. We use the term 'preradiographic instability' to designate dissociation where the diagnosis is established at arthroscopy and dynamic radiographs are negative. In a recent series of 26 consecutive patients with at least one clinical symptom indicative of a tear of the scapholunate interosseous ligament but with normal static and dynamic radiographs, arthroscopy revealed that five were found to have true scapholunate instability (Dautel et al 1993) (Fig. 3).

Diagnostic arthroscopy comprises the assessment for possible chondral lesions. Cartilage erosion in the scaphoid fossa of the radius and on the proximal pole of the scaphoid may result from successive episodes of dorsal subluxation of the scaphoid. We have also found degenerative arthritis at the level of the scapho-trapezial–trapezoid joint. Viegas et al (1993) have previously shown a statistical correlation between a lesion of the scapholunate interosseous ligament and the presence of cartilage erosion at the level of the scaphotrapezial–trapezoid joint. This assessment of cartilage damage is helpful in planning what is the most appropriate surgical procedure.

There are cases where arthroscopy reveals a tear in the interosseous ligament and, by negative dynamic tests, rules out the diagnosis of dissociative instability. A tear (usually partial) of the scapholunate interosseous ligament without concomitant instability is not unusual and several authors have shown that there is not a close correlation between this lesion and scapholunate dissociative instability (Palmer and Levinsohn 1983, Kelly and Stanley 1990, Herbert et al 1990). It should also be noted that the presence of a well defined tear of the interosseous scapholunate ligament is not necessary for diagnosis of instability. We have had cases where the ligament tear was hidden by the presence of scar tissue and others where the ligament seemed continuous but was obviously stretched beyond the limits of elasticity and thus was biomechanically nonfunctional (Dautel et al 1993).

Other diagnostic methods

The role of other methods of imaging in the diagnosis of minor scapholunate dissociation is limited.

Arthrography and arthroscanning

While both modalities can demonstrate a tear at the level of the scapholunate interosseous ligament, arthroscanning can further be used to evaluate the topography and extent of this tear. Most authors agree that tricompartmental injection is needed for comprehensive assessment.

The possibility that an 'arthrographic tear' of the scapholunate interosseous ligament may be functionally nonsignificant requires caution in the interpretation of arthrograms. Clinically asymptomatic tears without carpal instability have been confirmed by routine bilateral wrist arthrography showing the existence of lesions on the healthy opposite wrist (Herbert et al 1990, Cantor et al 1994). In addition, no close correlation has been demonstrated between the existence of a tear and scapholunate dissociative instability (Manaster 1989). Absence of contrast leaks at the scapholunate interosseous interval is also not sufficient to rule out the possibility of a scapholunate dissociation (Dautel et al 1993). Finally, 'noncommunicating' defects of the interosseous ligaments have been shown to correlate poorly with the clinical symptoms (Metz et al 1993).

These restrictions limit the diagnostic role of wrist arthrography. If a diagnosis of scapholunate dissociative instability has already been established on dynamic radiographic views, we prefer to go directly to arthroscopy. However, when clinical examination findings do not initially justify arthroscopy, arthrography may provide additional information but, for reasons given above, will not obviate the need for subsequent diagnostic arthroscopy.

Magnetic resonance imaging (MRI)

Although MRI provides useful information for planning surgical treatment of minor scapholunate dissociations, there is a definite need for improved image resolution. It also has the same limited implications since it is a static and not a dynamic test. Nonetheless, it is the only examination able to study the extrinsic ligamentous structures of the wrist.

Classification of minor scapholunate dissociative instabilities (without DISI)

Dynamic scapholunate dissociative instability

This term is defined as scapholunate dissociation visible on dynamic views. While static radiographic assessment is normal, a horizontal scaphoid, dorsally tilted lunate (dorsal intercalated segment instability, DISI), and/or scapholunate diastasis are visible on stress views.

Preradiographic scapholunate dissociative instability

This term groups all cases where, in the absence of radiographic diagnosis, instability is identified by arthroscopic dynamic tests demonstrating 'hypermobility of the scaphoid'.

Other lesions should be mentioned even though they do not belong in the category of scapholunate dissociation.

Isolated tears of the interosseous ligament without instability

These lesions are commonly demonstrated at arthroscopy. The tear, sometimes completely asymptomatic, is an incidental finding at arthroscopy or arthrography. A diagnostic search for scapholunate instability can lead to discovery of such tears without any associated instability. In the absence of instability, one must be cautious in attributing the painful symptoms described by the patient to the tear.

Predynamic instability

Watson et al (1993), in a prospective study involving 1000 people selected at random, noted

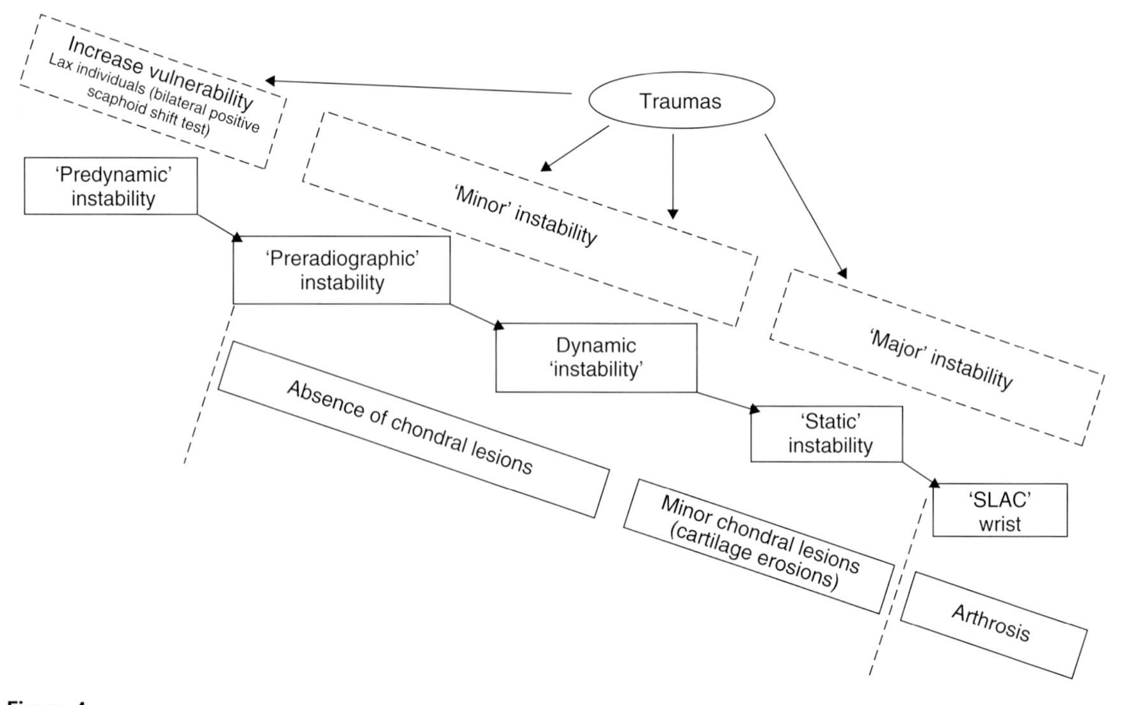

Figure 4

The spectrum and natural history of scapholunate dissociation.

a positive scaphoid shift test in 21% of cases. One-half of these individuals were completely asymptomatic and the other half presented with varying degrees of one or several symptoms pointing to the scapholunate junction (i.e., pain at the proximal pole, the scapholunate junction, or the scaphotrapezial–trapezoid joint during physical activities requiring wrist movement).

When the scaphoid shift test is positive bilaterally for asymptomatic subjects with loose ligaments, hypermobility of the scaphoid can probably be attributed to ligamentous laxity. However, ligamentous laxity and an early form of rotary instability of the scaphoid are in close continuum. Garcia-Elias et al (1995) have shown that carpal kinematics were different in 'loose' and 'stiff' subjects. In 'loose ligament' subjects with laxity of the joint, radial deviation of the wrist causes marked scaphoid flexion. In 'stiff' patients the same radial deviation leads to less scaphoid flexion and greater ulnar translation of the scaphoid. The increased ability to flex the scaphoid volarly in 'loose ligament' patients may be a predisposing factor for carpal instability.

When symptoms of occasional wrist pain exist and a (purely clinical) Watson test demonstrates rotary instability of the scaphoid suggestive of scapholunate dissociation, correct classification of the suspected lesion is mandatory and must be based on radiological and/or arthroscopic assessment.

The development of scapholunate dissociation is summarized in Fig. 4. We emphasize that, at the present time, it is not possible to attribute each stage of progression to specific ligamentous lesions. When studying this overall view of scapholunate dissociative instability, one should keep in mind that entry to this spectrum is possible at any level and is only determined by the nature of the initial ligament lesions. The patient also does not have to go through all the successive stages of instability. The only exception to this is degenerative arthritis which exists only in prolonged, untreated cases of scapholunate dissociation. We have deliberately excluded isolated tears limited to the interosseous ligament without instability from this spectrum of scapholunate dissociative instability. In our opinion, there is no basis for assuming that these lesions will progress towards true instability.

Treatment of minor forms of scapholunate dissociative instability

Although the treatment described here needs to be confirmed by more extensive clinical experience, the treatment regimens suggested below can be used in the various stages of progressive instability.

Asymptomatic isolated tears of the scapholunate interosseous ligament

When there is no instability and tears are incidentally discovered, only long term clinical and radiographic monitoring is required. It has not yet been demonstrated that there is an association between this type of partial lesion and scapholunate instability.

Symptomatic isolated tears of the scapholunate interosseous ligament without instability

These injuries are first treated conservatively (physiotherapy, supportive splint). If unsuccessful, one should question whether or not the tear is the cause of the clinical symptoms. In the absence of other causes we have performed arthroscopic scapholunate pinning, despite a lack of well founded clinical justification. Such tears are often found in the avascular midportion of the interosseous ligament involving a thin, avascular sector of dubious biomechanical value (Berger and Landsmeer 1990, Berger 1992). Given their avascular nature, these lesions have doubtful capacity to heal. In similar circumstances, other authors have suggested arthroscopic debridement of the tear (Ruch et al 1993). The long term outcome of such procedures has not yet been fully reported.

Predynamic instability

Watson's definition, in our opinion, is not sufficient to justify a surgical procedure. When symptoms suggest instability, we attempt to demonstrate this before initiating any treatment. If additional diagnostic tests make it possible to classify the patient into one of the categories of instability (preradiographic or dynamic instability), appropriate treatment can be undertaken.

Preradiographic instability

Appropriate treatment includes ligamentous repair or reconstruction. We use the technique described by Taleisnik (Lavernia et al 1992) which consists of reinsertion of the interosseous ligament into the waist of the scaphoid. The patients on whom we have operated at this stage have not required capsulodesis. At this early stage of instability, ligament repair alone should be sufficient to stabilize the scaphoid. In our experience, such repair has always been possible at this stage of scapholunate dissociation.

Later stages of scapholunate dissociative instability

The choices of surgical methods are ligamentous repair, palliative arthrodesis, or ligamentoplasty. Since we are concerned here only with dynamic scapholunate dissociations, our first choice is ligamentous repair or reinsertion. This procedure is technically possible only if the scaphoid is reducible intraoperatively (Lavernia et al 1992), as in cases of dynamic instability. Before reinsertion, the type of lesion of the scapholunate interosseous ligament should be verified preoperatively at diagnostic arthroscopy. Cartilage erosion resulting from scapholunate dissociation should also be evaluated but, at this stage of progression of instability, it is always compatible with ligamentous repair. Lastly, starting at this stage of dynamic instability, dorsal capsulodesis is performed to avoid scaphoid shift in a flex (horizontal) position.

References

Berger RA (1992) Update, scapholunate ligament, *Europ Med Bilbiogr* **2:**19–23.

Berger RA, Landsmeer JMF (1990) The palmar radiocarpal ligaments – A study of adult and fetal human wrist joints, *J Hand Surg* **15A**:847–50.

Cantor RM, Stern PJ, Wyrick JD, Michaels SE (1994) The relevance of ligament tears or perforations in the diagnosis of wrist pain: An arthrographic study, *J Hand Surg* **19A:**945–53.

Dautel G (1993) Arthroscopie du poignet. In: Merle M, Dautel G, eds. *La Main traumatique – Chirurgie secondaire – Le poignet traumatique.* Masson: Paris: 381–97.

Dautel G, Merle M (1993) Tests dynamiques arthroscopiques pour le diagnostic des instabilités scapholunaires – Note de technique, *Ann Chir Main* **12:**206–9.

Dautel G, Goudot B, Merle M (1993) Arthroscopic diagnosis of scapholunate instability in the absence of X-ray abnormalities, *J Hand Surg* **18B**:213–18.

Distasio AJ, Saldana MJ (1992) Sequential sectioning of the scapholunate, radioscapholunate and radioscaphocapitate ligaments in fresh cadaveric wrists, *21st Annual Meeting of the American Association for Hand Surgery.* Vancouver.

Garcia-Elias M, Ribe M, Cots M, Casas J (1995) Influence of joint laxity on scaphoid kinematics, *J Hand Surg* **20B**:379–84.

Herbert TJ, Faithfull RG, McCann DJ, Ireland J (1990) Bilateral arthrography of the wrist, *J Hand Surg* 15B:233–5.

Kelly EP, Stanley JK (1990) Arthroscopy of the wrist, *J Hand Surg* **15B**:236–42.

Lavernia CJ, Cohen MS, Taleisnik J (1992) Treatment of scapholunate dissociation by ligamentous repair and capsulodesis, *J Hand Surg* **17A**:354–9.

Manaster BJ (1989) Wrist pain, a correlation of clinical and plain film findings with arthrographic results, *J Hand Surg* **14A**:466–73.

Metz VM, Mann FA, Gilula LA (1993) Lack of correlation between site of wrist pain and location of non-communicating defects shown by three-compartment wrist arthrography, *Am J Roentgenol* **160**:1239–43.

Palmer AK, Levinsohn EM (1983) Arthrography of the traumatized wrist: Correlation with radiography and the carpal instabilities series, *Radiology* **146**:647–51.

Ruch DS, Hosseinian A, Poehling G (1993) Results of arthroscopic debridement of partial intrinsic ligamentous injuries of the wrist, *American Society for Surgery of the Hand, 48th Annual Meeting.* Kansas City.

Schernberg F (1990a) Roentgenographic examination of the wrist: a systematic study of the normal, lax and injured wrist. Part 1: The standard and positional views, *J Hand Surg* **15B**:210–19.

Schernberg F (1990b) Roentgenographic examination of the wrist: a systematic study of the normal, lax and injured wrist. Part 2: Stress views, *J Hand Surg* **15B**:220–8.

Viegas SF, Patterson RM, Hokanson JA, Davis JD (1993) Wrist anatomy: Incidence, distribution, and correlation of anatomic variations, tears, and arthrosis, *J Hand Surg* **18A**:463–75.

Watson HK (1987) Instabilities of the wrist, *Hand Clin* **3**:103–12.

Watson HK (1988) Examination of the scaphoid, *J Hand Surg* **13A**:657–60.

Watson HK, Ottoni L, Pitts EC, Handal AG (1993) Rotatory subluxation of the scaphoid: A spectrum of instability, *J Hand Surg* **18B**:62–4.

17 Scapholunate dissociation with carpal collapse but without lunocapitate arthrosis

Jean-Yves Alnot

Scapholunate dissociation is the most common ligamentous post-traumatic carpal instability (Gilula and Weeks 1978, Palmer et al 1978, Youm et al 1978, Allieu et al 1984a, Rongières 1984, Palmer et al 1985, Alnot 1987, Jones 1988, Ruby et al 1988, Alnot 1989, Saffar 1989, Degreif et al 1990, Trumble et al 1990, Stanley and Trail 1994). According to Dobyns (1990) and Linscheid et al (1992) it is classified as dorsal intercalated segment instability (DISI) and carpal instability dissociative (CID) (Fig. 1). Subgroups include scapholunate 'desaxation', or 'static scapholunate dissociation', in which correct carpal alignment is altered permanently, and dynamic scapholunate dissociation, where biomechanical abnormalities appear during certain carpal movements or in certain wrist positions only (Taleisnik 1985).

This chapter addresses the early and intermediate stages of scapholunate instability. This includes fixed scapholunate dissociation without arthrosis; scapholunate dissociation with arthrosis between the radial styloid and the scaphoid (stage I SLAC wrist); and scapholunate dissociation with radioscaphoid arthrosis (stage II SLAC wrist). Advanced scapholunate collapse with lunocapitate arthrosis is discussed in Chapter 18.

Aetiology

Posterior perilunate dislocation or subluxation

This injury occurs with the wrist in extension and ulnar deviation. The line of ligamentous disruption passes between the radius and scaphoid, involves the scapholunate, lunocapitate and lunotriquetral joints and exits ulnarly. If the dislocation is primarily reduced and correct alignment maintained by Kirschner wires, adequate healing of all torn ligaments may be expected and secondary scapholunate instability is usually avoided. Fractures of the radial styloid and the scaphoid may be accompanied by scapholunate ligament tears and must be assessed accordingly. If ligament lesions coexist, fracture stabilization should be supplemented by precise restoration of the scapholunate couple to avoid secondary instability or desaxation (Gilford et al 1943, Fisk 1970, Alnot et al 1988).

Isolated scapholunate 'dissociation'

The spectrum of lesions ranges from classic scapholunate dissociation with (radiographically obvious) rotary subluxation of the scaphoid, scapholunate gap formation, and DISI collapse of the wrist, to minor injuries of the scapholunate interosseous ligament which can only be detected arthroscopically (Roth and Haddad 1986, Kelly and Stanley 1990, Sennwald et al 1993a).

Repetitive strain injuries to the scapholunate junction

These occur notably in sports and with heavy manual labour. In ulnar deviation, in particular, significant force is transmitted from the capitate

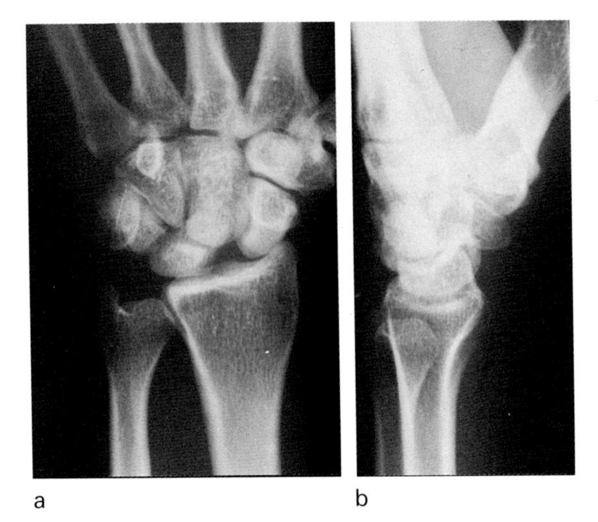

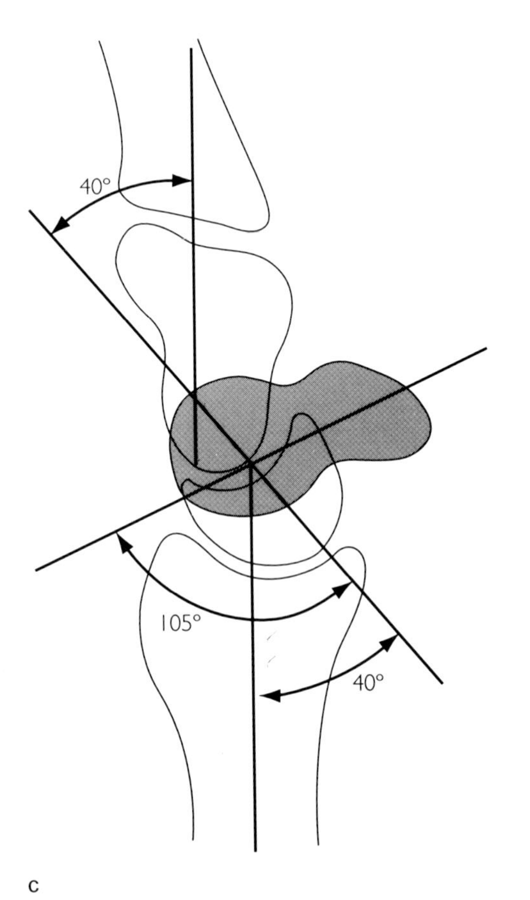

Figure 1

(a) Scapholunate dissociation with (b) and (c) dorsiflexed intercalated segment instability (DISI).

to the scapholunate interval, which may separate if chronically overloaded. Despite the strength of the scapholunate ligament (3900 newtons are needed to break it), repeated excessive strains may eventually cause stretching, partial tears, or complete rupture.

Biomechanical behaviour

Since the first comprehensive report (Logan et al 1986), considerable research has been conducted on the biomechanical behaviour of the scapholunate ligament. Blevens et al (1989) have shown that the dorsal scapholunate interosseous ligament is essential for stabilization of the two bones. Insufficiency of the scapholunate interosseous ligament is an obvious precondition to scapholunate dissociation. Whether or not additional ligamentous injuries, such as stretching of the radioscaphoidal–lunate ligament, must exist before scapholunate dissociation may occur has not been clarified (Mayfield 1984, Mizuseki and Ikuta 1989, Oberlin 1990, Berger et al 1991).

Diagnosis

Patients are hardly ever seen earlier than 3 months following the injury. They complain of chronic pain localized over the radial or dorsoradial aspect of the wrist which is aggravated with active motion and/or forceful hand use. In the repetitive trauma group, pain is usually elicited by specific sport activities. A free active range of wrist motion is usually maintained. Tenderness of the radioscaphoid joint and the radioscaphoidal–lunate junction is a common but unspecific finding. A snap may be perceived during simple or forceful active movements or may be reproduced by the Watson test (Watson and Ballet 1984). The Watson test involves passively moving the wrist from ulnar deviation and slight extension to radial deviation (and slight flexion) and reproduces a sudden painful palpable snap when the scaphoid rotates into an abnormal horizontal position. Grip strength is usually diminished.

Diagnosis of scapholunate dissociation is based on imaging methods which should be used

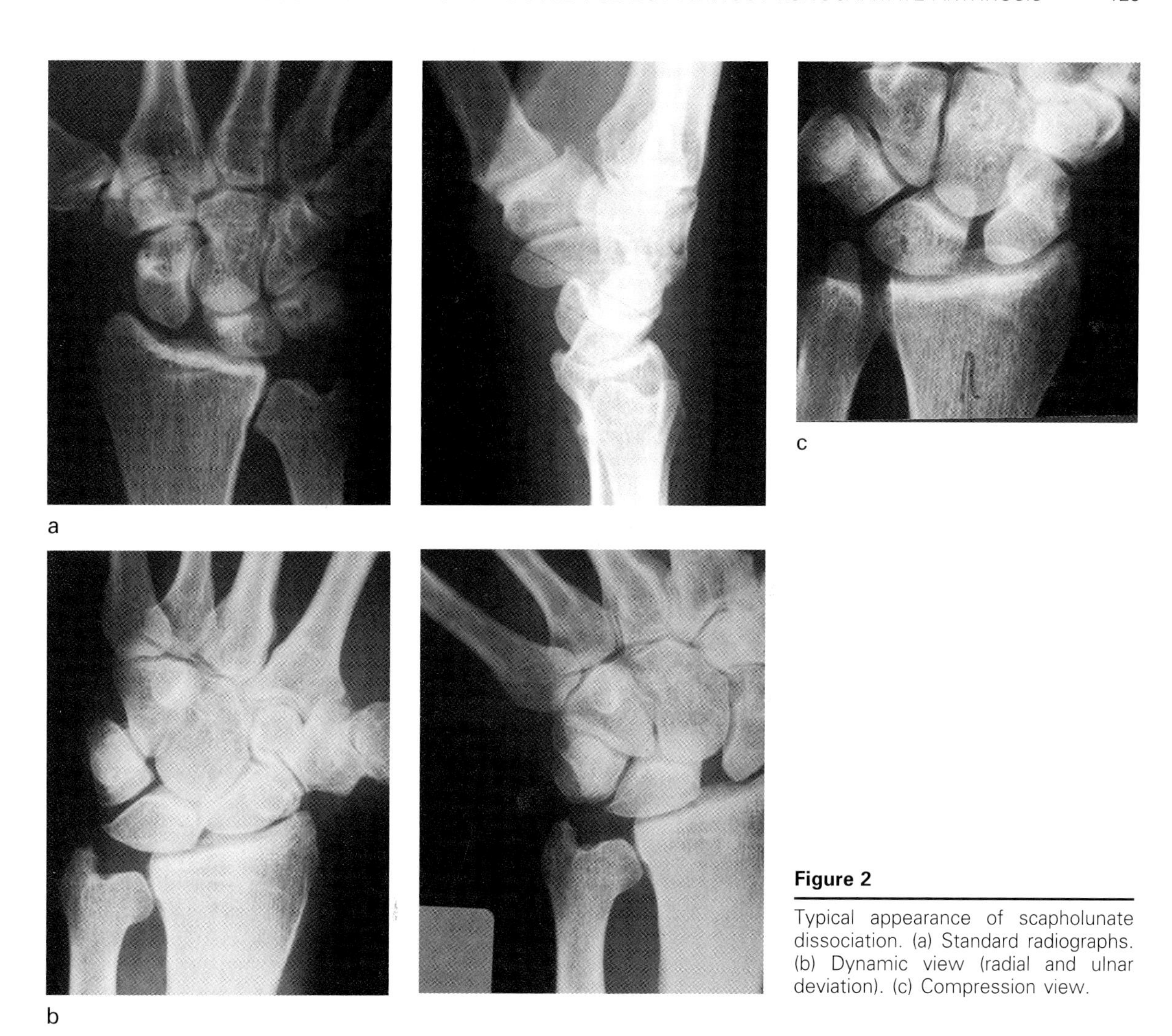

Figure 2

Typical appearance of scapholunate dissociation. (a) Standard radiographs. (b) Dynamic view (radial and ulnar deviation). (c) Compression view.

in logical sequence. Standard posteroanterior and lateral radiographs are obtained first and these suffice for detecting static scapholunate instability. In its presence, the scaphoid is flexed, a scapholunate gap exceeding 2 mm may be seen, and the lunate usually shows DISI malalignment (Schernberg 1990, Larsen et al 1991). If standard radiographs are normal, function views (with the wrist actively deviated dorsally, palmarly, radially, and ulnarly), fist views (with active axial loading of the wrist, Fig. 2), and stress views (with passive deviation or translation of the wrist, particularly assuming painful positions) should be taken in order to identify the dynamic variant of scapholunate dissociation. If these additional views are negative, the investigation is pursued using cinearthrograms with midcarpal injection to detect, while the wrist is moved, possible dye leakage from the midcarpal compartment through the scapholunate space into the radiocarpal joint. Arthro-CT (computed tomography) helps to visualize partial or complete tears of the scapholunate ligament and rule out associated lesions to other carpal structures such as the lunotriquetral ligament or the triangular fibrocartilage, especially when thin slices are taken in the frontal and sagittal planes. Magnetic resonance imaging (MRI) (Munk et al

1992, Zlatkin and Greenan 1992) is a noninvasive, expensive method used to clarify questionable findings of arthroscans. By combining both methods, the need for diagnostic arthroscopy is clearly reduced.

Several authors (Kelly and Stanley 1990, Cooney 1993, Dautel et al 1993, Fischer and Sennwald 1993, Stanley 1993) have stressed the value of radiocarpal and midcarpal arthroscopy in diagnosing not only static but also dynamic scapholunate dissociation which may be detected when manipulating the scapholunate interval with a probe.

Treatment

There is no useful nonoperative treatment for moderately advanced scapholunate collapse. Indications for surgical therapy are governed by the extent of clinical symptoms, functional needs, and a better appreciation of the natural evolution of scapholunate ligament tears (Benninghaus et al 1992). If the symptoms are discrete and if the lesion of the scapholunate ligament is a partial one, no active treatment may be required. In case of CID, surgical intervention is usually indicated even if the patient is relatively asymptomatic. This is justified by a great risk of progressive carpal collapse and obligatory degenerative changes inherent in the three stages of SLAC.

Numerous surgical procedures have been described. Selection is made according to the stage of scapholunate destabilization present, the individual functional requirements of the patient, and other considerations.

Scapholunate dissociation without arthrosis

Secondary repair or transosseous reinsertion of the scapholunate ligament

This method is dependent upon a strong remnant of the scapholunate ligament which is either torn at its midsection or, more frequently, avulsed from the rim of the scaphoid and left attached to the lunate. Ligament suture or transscaphoid reinsertion is done and supplemented by scapholunate and scaphocapitate Kirschner wire fixation for 6 weeks. Lavernia et al (1992) have suggested that this method is combined with dorsal radioscaphoid capsulodesis.

Dorsal capsulodesis

Dorsal capsulodesis (the Blatt procedure) has been proposed to redress the flexed scaphoid and buttress its proximal pole using a dorsal capsular flap redirected from the rim of the radius to the distal aspect of the scaphoid. Blatt and Nathan (1992) have reported on 30 cases with good clinical outcomes and have shown, on MRI, that adaptive hypertrophy of the transferred tissue occurs.

Ligamentoplasty

Ligamentoplasty, either by scapholunate interosseous reconstruction with palmar capsular imbrication (Conyers 1990) or by weaving free or pedicled tendon graft material through the scaphoid and lunate bones, usually in a complex fashion (Almquist et al 1991), has also been proposed and received much attention from the mid 1970s to the late 1980s. Dobyns et al (1975) used a strip of the extensor carpi radialis brevis tendon, and Taleisnik (1985) used a free tendon graft. Glickel and Millender (1984) followed 21 cases of ligamentoplasty which showed satisfactory clinical results but progressive stretching and recurrent instability in the short term. Ligamentoplasties, much like partial wrist arthrodeses, also cause limitation of wrist motion (Ambrose et al 1992). As ligamentoplasty has not provided consistent outcomes, many authors have adopted more rigid methods of correction.

Scaphotrapezial–trapezoid arthrodesis

This was developed and promoted by Watson (Watson and Hempton 1980, Watson and Ballet 1984, Watson et al 1986) as an effective method of improving biomechanical linkage of the radial side of the wrist (Fig. 3). As the scaphoid normally adapts to the variable spacial configuration of the wrist during wrist excursion it is necessary to block the scaphoid in an intermediate position of flexion to avoid excessive strain on its proximal

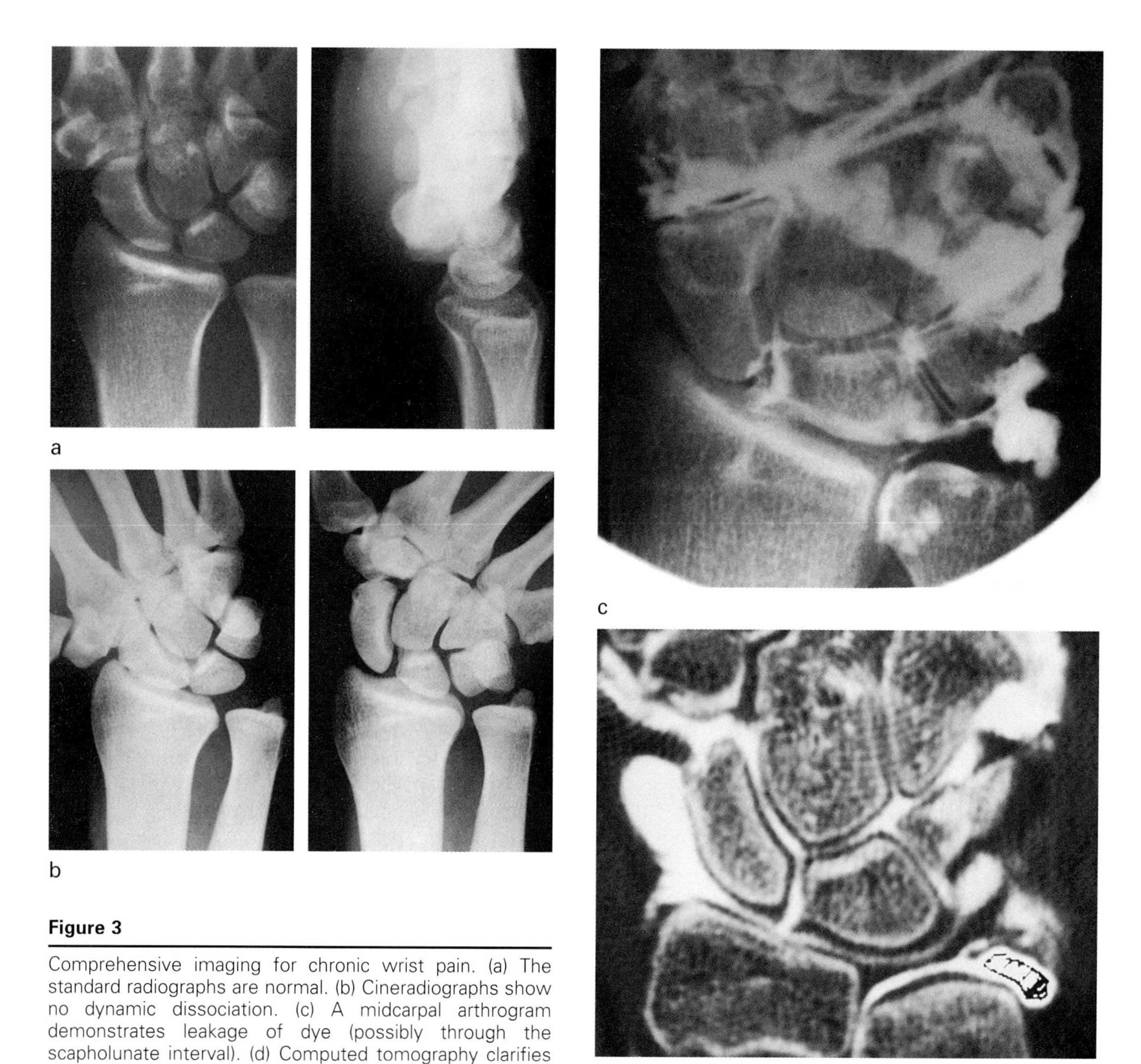

Figure 3

Comprehensive imaging for chronic wrist pain. (a) The standard radiographs are normal. (b) Cineradiographs show no dynamic dissociation. (c) A midcarpal arthrogram demonstrates leakage of dye (possibly through the scapholunate interval). (d) Computed tomography clarifies the existence of rupture of the scapholunate ligament.

pole with radial deviation and flexion. Watson and Hempton (1980) have shown that scaphotrapezial–trapezoid arthrodesis restricted the flexion–extension arc by 20%, and reduced radial and ulnar deviation by 34%. Similar restrictions have been reported by Kleinman et al (1982). Eckenrode et al (1986) pointed out the risk of scaphostyloid impaction leading to pain and limited motion. In a recent study by Fortin and Louis (1993) long term follow-up was less satisfactory than initially believed, with a significant incidence of persistent pain, nonunion, and late radiocarpal and trapeziometacarpal arthrosis.

Scaphocapitate arthrodesis

This is biomechanically similar to scapho-trapezial–trapezoid fusion but yields a better potential for bony consolidation. It may entail,

a

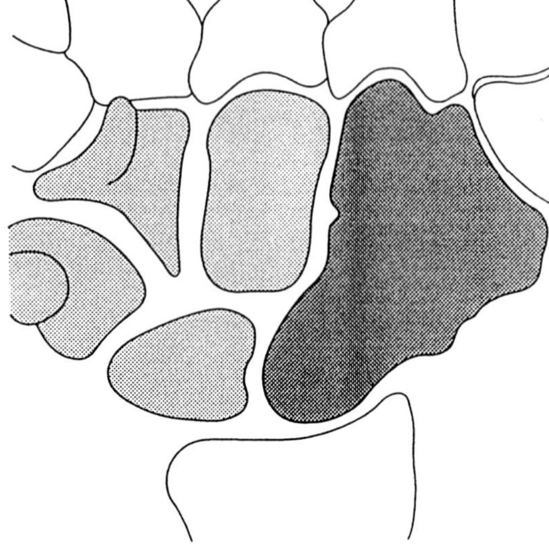
b

Figure 4

(a) and (b) Scaphotrapezial–trapezoid arthrodesis.

however, a more important limitation of wrist mobility (Pisano et al 1991).

Scapholunate arthrodesis

This seems the logical choice as it addresses the site of the lesion. Fusion rates have been inconsistent and previous studies have shown an unacceptable incidence of nonunion (Hom and Ruby 1991, Alnot et al 1992). With improved technique, particularly by using scaphocapitate pin fixation in addition to scapholunate Kirschner wiring, and by prolonging immobilization to 3 months, better union rates are achieved nowadays. In our actual experience, nonunion is seen in 25–30% of cases, but is not significant clinically as scapholunate stabilization is maintained by the strong fibrous tissue of the stable and painless pseudoarthrosis.

Partial wrist fusion limits wrist motion to a variable degree (Gellman et al 1988, Garcia-Elias et al 1989, Viegas et al 1990), particularly with respect to flexion and radial deviation. For everyday standard activities and most sports, some limitation of motion in the outer arc range is very acceptable considering the benefits of a painless and powerful wrist function.

Scapholunate dissociation with styloscaphoid (stage I) or radioscaphoid (stage II) arthrosis

Untreated chronic scapholunate dissociation progresses to more or less painful advanced carpal collapse as described by Watson and Ballet (1984). SLAC (scapholunate advanced collapse) is subdivided into three stages which are usually identified from standard radiographs. The first stage is characterized by scapholunate dissociation with incipient radioscaphoid arthrosis at the radial styloid. In the second stage most of the radioscaphoid joint is involved with degenerative changes and malalignment. The third stage is defined by the additional appearance of lunocapitate arthrosis.

Stage I SLAC

Surgical treatment is necessary for symptomatic stage I scapholunate collapse. This always includes synovectomy and radial styloidectomy in combination with a stabilizing procedure, usually partial wrist fusion, in which the scaphoid is preserved. Scaphotrapezial–trapezoid

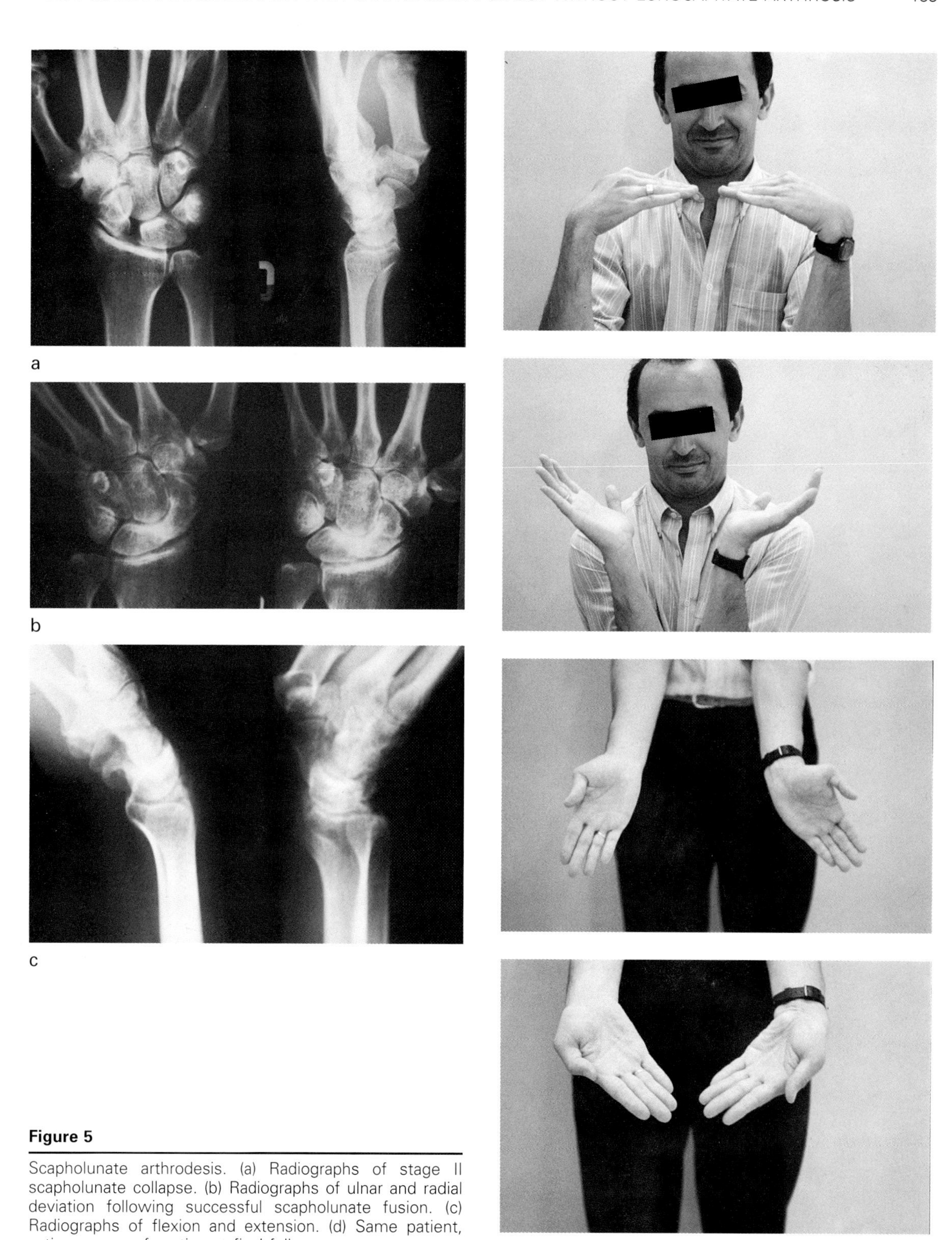

Figure 5

Scapholunate arthrodesis. (a) Radiographs of stage II scapholunate collapse. (b) Radiographs of ulnar and radial deviation following successful scapholunate fusion. (c) Radiographs of flexion and extension. (d) Same patient, active ranges of motion at final follow-up.

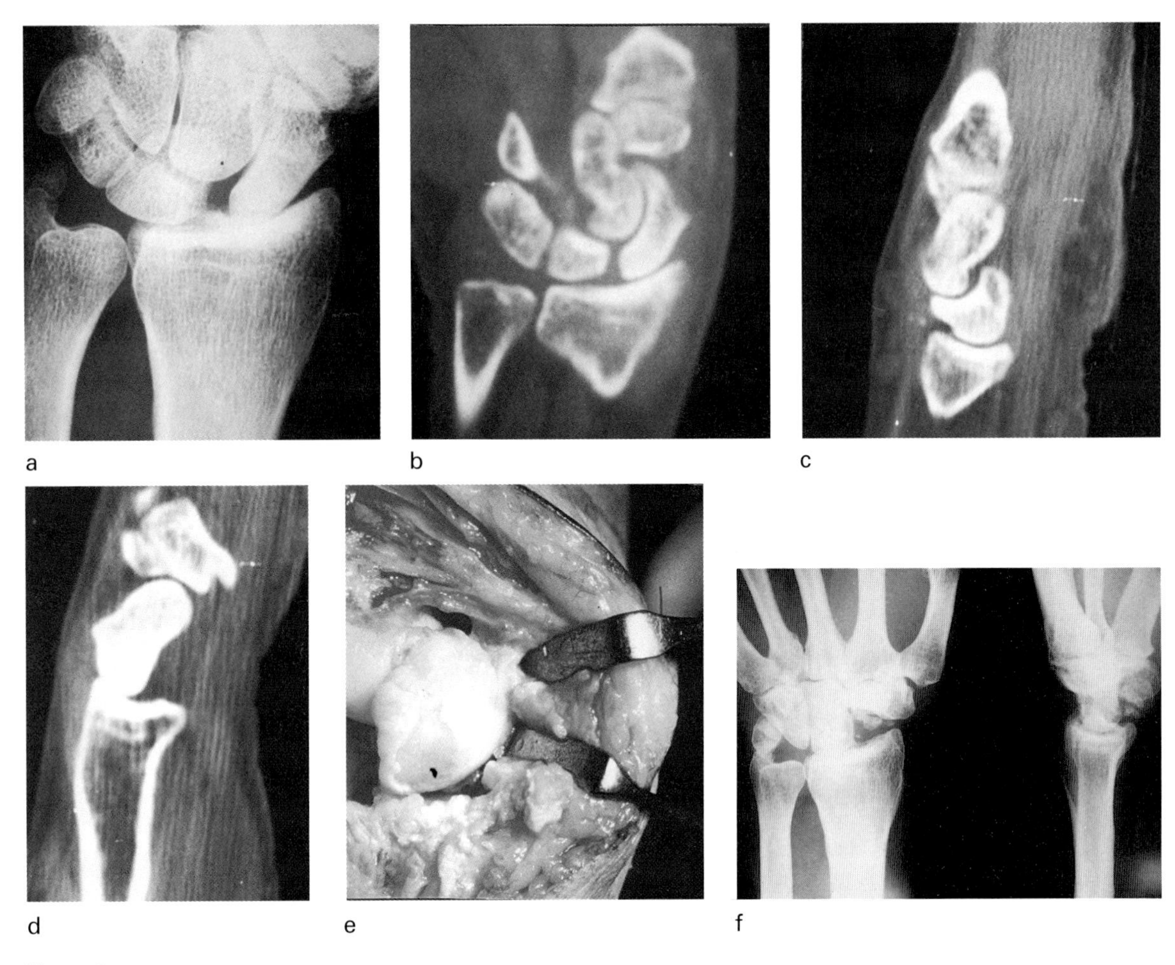

Figure 6

Proximal row carpectomy. (a) Anteroposterior radiograph of stage II scapholunate advanced collapse. (b–d) Appearance in CT scans. Significant changes are noted at the proximal pole of the scaphoid and the lunocapitate joint while the radiolunate interface is relatively well preserved. (e) Peroperative aspect of the proximal pole of the scaphoid showing advancing focal arthrosis. (f) Radiographs of proximal row carpectomy.

arthrodesis is one option, scapholunate fusion the other, preferred choice.

Stage II SLAC

Since the radioscaphoid joint is compromised by advanced painful degenerative changes, it may no longer be restored to proper function and scaphoidectomy is necessary. To restore reasonable biomechanical conditions the following two methods are used in addition to scaphoidectomy.

1 *Lunocapitate arthrodesis* (Kirschenbaum et al 1993), or lunotriquetral–hamate–capitate arthrodesis (*four corner fusion*). In a series of 19 patients who underwent scaphoidectomy, correction of DISI, and four corner fusion, Watson and Ballet (1984) found that 18 patients were pain free and maintained acceptable mobility. Similarly good results

have been reported by Krakauer (1994) in 55 cases.

2 *Proximal row carpectomy*. By definition, in the absence of lunocapitate arthrosis, the head of the capitate should be normal as is the lunate fossa of the radius. Even if the head of the capitate appeared normal on standard radiographs, subtle cartilagenous lesions such as thinning, crest formation, or localized abrasion may still be present. As integrity of the head of the capitate is essential to success, this must be assured by using arthroscans, MRI, midcarpal arthroscopy or simply direct magnified inspection and probing at the time of surgery. Based on comparative studies, Saffar and Fakhoury (1992) prefer proximal row carpectomy over partial wrist arthrodesis, in accordance with some previous and many subsequent publications on this issue (Jorgensen 1969, Ingles and Jones 1977, Imbriglia et al 1990, Seradge et al 1990, Alnot and Bleton 1992, Foucher and Chmiel 1992, Legre and Sasson 1992, Randall et al 1993, Sennwald et al 1993b, Tomaino et al 1994).

It is difficult to judge on the relative merits of these two procedures. Proximal row carpectomy is strictly limited to stage II lesions, whereas four corner fusion is used in stages II and III. Both methods are equally effective in relieving pain and maintaining significant motion. Proximal row carpectomy may not be as safe with respect to degenerative changes, which do occur between the radius and the head of the capitate in the case of proximal row carpectomy, but do not seem to be a problem in the radiolunate joint following four corner fusion. Finally, proximal row carpectomy is simpler to perform, has fewer complications and requires an immobilization time of only 3–4 weeks, compared with the 3 months needed in four corner fusion.

Conclusions

Scapholunate dissociation represents 80% of all ligamentous carpal instabilities and is the most common carpal instability addressed surgically.

Acute or fresh scapholunate interosseous ligament lesions, whether isolated or part of a more complex scenario of injury, should be given prompt diagnostic and surgical attention, since precise realignment of the affected carpal bones, scapholunate Kirschner wire fixation, and sufficient immobilization effectively prevent progressive carpal instability.

Dorsoradial wrist pain and sometimes snapping are the leading symptoms of chronic scapholunate dissociation. Diagnosis is based on physical examination and methods of imaging which should be used in a sequential fashion. Particular care is needed for detecting dynamic scapholunate instability which is not apparent on standard radiographs.

Therapeutic strategy is developed on the basis of clinical symptoms and morphological/kinematic findings as follows:

- Relatively asymptomatic, biomechanically unimportant partial tears of the scapholunate ligament are treated nonoperatively
- For a significantly symptomatic scapholunate dissociation without arthrosis, partial wrist arthrodesis may currently be the best therapeutic option
- Scapholunate instabilities with coexisting radioscaphoid arthrosis may be treated by lunotriquetral–hamate–capitate arthrodesis or proximal row carpectomy.

References

Allieu Y, Bonnel F, Asencio G, et al (1984a) L'instabilité du carpe, table ronde, *Ann Chir Main* **3**:281–396.

Allieu Y, Brahin B, Bonnel F, Asencio G (1984b) Déstabilisation du carpe par lésions ligamentaires et desaxations carpiennes d'adaptation. In: Tubiana R, ed. *Traité de Chirurgie de la Main, Vol 2,Technique Chirurgicales. Traumatismes de la Main*. Masson: Paris: 825–36.

Almquist EE, Bach AW, Sack JT, Fuhs SE, Newman DM (1991) Four-bone ligament reconstruction for treatment of chronic complete scapholunate separation, *J Hand Surg* **16A**:322–7.

Alnot JY (1987) *Le Poignet Douloureux Post-traumatique. Aspects Cliniques et Thérapeutiques de Certains Traumatismes Sportifs*. Pfizer: Paris: 43–57.

Alnot JY (1988) Fractures et pseudarthroses du scaphoïde carpien. Symposium, *Rev Chir Orthop* **74**:683–752.

Alnot JY (1989) Le poignet douloureux post-traumatique. *Sport et Appareil Locomoteur.* Masson: Paris: 27–38.

Alnot JY, Bleton R (1992) La résection de la première rangée des os du carpe dans les séquelles des fractures du scaphoïde, *Ann Chir Main* **11**:269–75.

Alnot JY, De Cheveigne C, Bleton R (1992) Chronic post-traumatic scaphoid-lunate instability treated by scaphoid-lunate arthrodesis, *Ann Chir Main* **11**:107–18.

Ambrose L, Posner MA, Green SM, Stuchin S (1992) The effects of scaphoid intercarpal stabilizations on wrist mechanics: an experimental study, *J Hand Surg* **17A**:429–37.

Benninghaus A, Koob E, Steffens K (1992) Long-term spontaneous course of carpal instability, *Handchir Mikrochir Plast Chir* **24**: 75–8.

Berger RA, Kauer JMG, Landsmeer JMF (1991) Radioscapholunate ligament: a gross anatomic and histologic study of fetal and adult wrists, *J Hand Surg* **16A**:350–5.

Blatt G, Nathan R (1992) Dorsal capsulodesis for rotary subluxation of the scaphoid: a review of long-term results, *Book of Abstracts, ASSH Meeting, Phoenix, Arizona, 1992.*

Blevens AD, Light TR, Jablonsky WS, et al (1989) Radiocarpal articular contact characteristics with scaphoid instability, *J Hand Surg* **14A**:781–90.

Conyers DJ (1990) Scapholunate interosseous reconstruction and imbrication of palmar ligaments, *J Hand Surg* **15A**:690–700.

Cooney WP (1993) Evaluation of chronic wrist pain by arthrography, arthroscopy and arthrotomy, *J Hand Surg* **18A**:815–22.

Culp RW, McGuigan FX, Turner MA, Lichtman DM, Osterman AL, McCarroll HR (1993) Proximal row carpectomy: a multicenter study, *J Hand Surg* **18A**:19–25.

Dautel G, Goudot B, Merle M (1993) Arthroscopic diagnosis of scapho-lunate instability in the absence of X-ray abnormalities, *J Hand Surg* **18B**:213–18.

Degreif J, Benning R, Rudigier J, Ritter G (1990) Scapholunare Dissoziation – wann Unfallfolge, wann angeburene Normvariante?, *Langenbecks Arch Chir*, **Suppl II**: 731–4.

Dobyns JH (1990) Current classification and treatment of carpal instabilities, *ASSH Comprehensive Review Course in Hand Surgery, Dallas, Texas*, 1990.

Dobyns JH, Linscheid RL, Chao EYS, Weber ER, Swanson GE (1975) Traumatic instability of the wrist. *AAOS Instructional Course Lectures no. 24.* St Louis: CV Mosby: 182–99.

Eckenrode JF, Louis DS, Greene TL (1986) Scaphoid–trapezium–trapezoid fusion in the treatment of chronic scapholunate instability, *J Hand Surg* **11A**:497–502.

Fischer M, Sennwald G (1993) Value of arthroscopy in the diagnosis of carpal instability, *Handchir Mikrochir Plast Chir* **25**:39–41.

Fisk GR (1970) Carpal instability and the fractured scaphoid. Hunterian lecture 1968, *Ann R Coll Surg Engl* **46**:63–76.

Fortin PT, Louis DS (1993) Long-term follow up of scaphoid–trapezium–trapezoid arthrodesis, *J Hand Surg* **18A**:675–81.

Foucher G, Chmiel Z (1992) La résection de la première rangée du carpe, *Rev Chir Orthop* **78**:372–8.

Garcia-Elias M, Cooney WP, An KN, Linscheid RL, Chao EYS (1989) Wrist kinematics after limited intercarpal arthrodesis, *J Hand Surg* **14A**:791–9.

Gellman H, Kauffman D, Lenihan M, Botte MJ, Sarmiento A (1988) An in vitro analysis of wrist motion: the effect of limited intercarpal arthrodesis and the contributions of the radiocarpal and midcarpal joints, *J Hand Surg* **13A**:378–83.

Gilford WW, Bolton RH, Lambrinudi C (1943) Mechanism of wrist joint with special reference to fractures of scaphoid, *Guy's Hosp Rep* **92**:52–9.

Gilula LA, Weeks PM (1978) Post-traumatic ligamentous instabilities of the wrist, *Radiology* **129**:641–51.

Glickel SZ, Millender LH (1984) Ligamentous reconstruction for chronic intercarpal instability, *J Hand Surg* **9**:514–27.

Hom S, Ruby LK (1991) Attempted scapholunate arthrodesis for chronic scapholunate dissociation, *J Hand Surg* **16A**:334–9.

Imbriglia EJ, Broudy AS, Hagberg WC, McKernan D (1990) Proximal row carpectomy: clinical evaluation, *J Hand Surg* **15A**:426–30.

Ingles AE, Jones EC (1977) Proximal row carpectomy for diseases of the proximal carpal row, *J Bone Joint Surg* **59A**:460–3.

Jones WA (1988) Beware the sprained wrist: the incidence and diagnosis of scapholunate instability, *J Bone Joint Surg* **70B**: 293–7.

Jorgensen EC (1969) Proximal row carpectomy. An end result study of twenty two cases, *J Bone Joint Surg* **51A**:1106–11.

Kelly EP, Stanley JK (1990) Arthroscopy of the wrist, *J Hand Surg* **15B**:236–42.

Kirschenbaum D, Schneider LH, Kirkpatrick WH (1993) Scaphoid excision and capitolunate arthrodesis for radioscaphoid arthritis, *J Hand Surg* **18A**:780–5.

Kleinman WB, Steichen JB, Strickland JW (1982) Management of chronic rotary subluxation of the scaphoid by scapho-trapezio-trapezoid arthrodesis, *J Hand Surg* **7**:125–36.

Krakauer JD (1994) Surgical treatment of scapholunate advanced collapse, *J Hand Surg* **19A**:751–9.

Larsen CF, Stigsby B, Lindequist S, Bellström T, Mathiesen FK, Ipsen T (1991) Observer variability in measurements of carpal bone angles on lateral wrist radiographs, *J Hand Surg* **16A**:893–8.

Lavernia CJ, Cohen MS, Taleisnik J (1992) Treatment of scapholunate dissociation by ligamentous repair and capsulodesis, *J Hand Surg* **17A**:354–9.

Legré R, Sassoon D (1992) Etude multicentrique de 143 cas de résection de la première rangée des os du carpe, *Ann Chir Main* **11**:257–63.

Linscheid RL, Dobyns JH, Beabout JW, Bryan RS (1992) Traumatic instability of the wrist: diagnosis, classification and pathomechanics, *J Bone Joint Surg* **54A**:1612–32.

Logan SE, Nowak MD, Gould PL, Weeks PM (1986) Biomechanical behavior of the scapholunate ligament, *Biomed Sci Instrum* **22**:81–5.

Mayfield JK (1984) Wrist ligamentous anatomy and pathogenesis of carpal instability, *Orthop Clin North Am* **15**:209–16.

Mizuseki T, Ikuta Y (1989) The dorsal carpal ligaments: their anatomy and function, *J Hand Surg* **14B**:91–8.

Munk PL, Vellet AD, Levin MF, Steinbach LS, Helms CA (1992) Current status of magnetic resonance imaging of the wrist, *J Can Assoc Radiol* **43**:8–18.

Oberlin C (1990) Les instabilités et désaxations du carpe. Base anatomique, étude clinique et radiologique. In: *Cahiers D'enseignement de la SOFCOT*. Expansion Scientifique Française: Paris: 235–50.

Palmer AK, Dobyns JH, Linscheid RL (1978) Management of post-traumatic instability of the wrist secondary to ligament rupture. *J Hand Surg* **3**:507–32.

Palmer AK, Werner FW, Murphy D, Glisson R (1985) Functional wrist motion: a biomechanial study, *J Hand Surg* **10A**:39–46.

Pisano SM, Peimer CA, Wheeler DR, Sherwin F (1991) Scaphocapitate intercarpal arthrodesis, *J Hand Surg* **16A**:328–33.

Rongières M (1984) Instabilités post-traumatiques du carpe: Pathomécanique. Étude expérimentale des arthrodèses intra-carpiennes, Thèse de Médecine. Toulouse.

Roth JH, Haddad RG (1986) Radiocarpal arthroscopy and arthrography in the diagnosis of ulnar wrist pain, *Arthroscopy* **2**:234–43.

Ruby LK, Cooney WP, An KN, Linscheid RL, Chao EYS (1988) Relative motion of selected carpal bones: a kinematic analysis of the normal wrist, *J Hand Surg* **13A**:1–10.

Saffar P (1989) *Les Traumatismes du Carpe. Anatomie, Radiologie et Traitement Actuel.* Springer: Paris.

Saffar P, Fakhoury B (1992) Resection of the proximal carpal bones versus partial arthrodesis in carpal instability, *Ann Chir Main* **11**:276–80.

Schernberg F (1990) Roentgenographic examination of the wrist: a systematic study of the normal, lax and injured wrist, *J Hand Surg* **15B**:210–28.

Sennwald G, Fischer M, Jacob HA (1993a) Radio-carpal and medio-carpal arthroscopy in instability of the wrist, *Ann Chir Main* **12**:26–38.

Sennwald GR, Zdravkovic V, Jacob HA, Kern HP (1993b) Kinematic analysis of relative motion within the proximal carpal row, *J Hand Surg* **18B**:609–12.

Seradge H, Sterbank PT, Seradge E, Owens W (1990) Segmental motion of the proximal carpal row: global effect on the wrist motion, *J Hand Surg* **15A**:236–9.

Stanley JK (1993) Recent developments in wrist investigation, *Curr Opin Ortho* **4**:77–80.

Stanley JK, Trail IA (1994) Carpal instability, *J Bone Joint Surg* **76B**:691–9.

Stewart NR, Gilula LA (1992) CT of the wrist: a tailored approach, *Radiology* **183**:13–20.

Taleisnik J (1985) *The Wrist.* Churchill Livingstone: New York: 13–38.

Tomaino MM, Miller RJ, Cole I, Burton R (1994) Scapholunate advanced collapse wrist: proximal row carpectomy or limited wrist arthrodesis with saphoid excision? *J Hand Surg* **19A**:134–42.

Trumble TE, Bour CJ, Smith RJ, Glisson RR (1990) Kinematics of the ulnar carpus related to the volar intercalated segment instability pattern, *J Hand Surg* **15A**:384–92.

Viegas SF, Patterson RM, Peterson PD, et al (1990) Evaluation of the biomechanical efficacy of limited intercarpal fusions for the treatment of scapho-lunate dissociation, *J Hand Surg* **15A**:120–8.

Voche P, Bour C, Merle M, Spaite A (1991) Scapho-trapezio-trapezoid arthrodesis or triscaphe arthrodesis: study of 36 reviewed cases, *Rev Chir Orthop Reparatrice Appar Mot* **77**:103–14.

Watson HK, Ballet FL (1984) The SLAC wrist: scapholunate advanced collapse pattern of degenerative arthritis, *J Hand Surg* **9A**:358–65.

Watson HK, Hempton RF (1980) Limited wrist arthrodeses: 1. The triscaphoid joint, *J Hand Surg* **5A**:320–7.

Watson HK, Ryu J, Akelman E (1986) Limited triscaphoid intercarpal arthrodesis for rotatory subluxation of the scaphoid, *J Bone Joint Surg* **68A**:345–9.

Youm Y, McMurtry RY, Flatt AE, Gillespie TE (1978) Kinematics of the wrist. I: An experimental study of radial-ulnar deviation, flexion and extension, *J Bone Joint Surg* **60A**:423–31.

Zlatkin MB, Greenan T (1992) Magnestic resonance imaging of the wrist, *Magn Reson Q* **8**:65–96.

18

Advanced carpal collapse: treatment by limited wrist fusion

Ulrich Lanz, Hermann Krimmer, and Michael Sauerbier

Wrist pain precludes normal hand function. Prompt recognition of wrist pathology and immediate initiation of adequate treatment have been shown to prevent or at least diminish most of the painful sequelae following trauma or disease and are therefore considered important. This applies specifically to injuries to the proximal carpal row, in particular the scaphoid bone and the scapholunate junction. Whereas the risks of scaphoid fractures have been known for almost a century, the high incidence of scapholunate joint lesions and their clinical significance have only been appreciated in the past two decades. Untreated, scaphoid fracture and scapholunate dissociation may cause painful destruction of the wrist and seriously compromise hand function in the long term. Treatment of advanced carpal collapse by limited wrist fusion is a desirable attempt to reduce pain and preserve useful joint mobility in a deplorably neglected situation which would otherwise necessitate total wrist fusion.

Pathomechanics

Correct anatomical and biomechanical linkage of the scaphoid, lunate and triquetrum, a ring of three bones under tension, is essential for maintaining equilibrium of forces between the carpal components (Lichtman and Martin 1988). Disruption of the proximal carpal row severely interferes with the normal equilibrium (Zdravkovic et al 1995) and sets the stage for abnormal shifting of bones. In scapholunate dissociation the scaphoid tends to flex palmarly as it does normally with radial deviation of the wrist, and its proximal pole impacts against the dorsal rim of the radius. The wedge shaped lunate, in conjunction with the triquetrum, tends to rotate into extension assuming a a dorsal intercalated segment instability (DISI) position (Linscheid et al 1983). The capitate migrates proximally and radially towards the scapholunate gap and carpal height is markedly diminished.

With time this malalignment of carpal bones entails secondary degenerative changes. The first signs of arthrotic degeneration appear between the radius and the scaphoid with narrowing of their joint space, and osteophytes develop at the tip of the radial styloid. Later, the midcarpal joint is involved and shows signs of degenerative arthritis between the scaphoid and lunate proximally and the capitate distally, resulting in the full picture of advanced carpal collapse, or scapholunate advanced collapse (SLAC) wrist (Watson and Ballet 1984) (Fig. 1).

A similar pattern of carpal collapse occurs in long-standing scaphoid nonunion. The distal fragment of the scaphoid flexes, impacts against the radial styloid, and shows the first signs of arthrosis. The proximal fragment of the scaphoid usually remains attached to the lunate by the intact scapholunate ligament and follows this carpal into extension. The final result is also advanced carpal collapse, or scaphoid nonunion advanced collapse (SNAC) wrist (Krakauer et al 1994) (Fig. 2). In clinical practice SNAC wrist pathology is observed roughly twice as often as SLAC.

Scaphoid nonunion or scapholunate dissociation does not inevitably progress to collapse. The fate of the carpus depends to a large degree on the position of the lunate. As long as the lunate remains correctly aligned, carpal collapse does not happen and arthrosis will develop in the radial styloid region only. The same applies to second degree scapholunate dissociation with

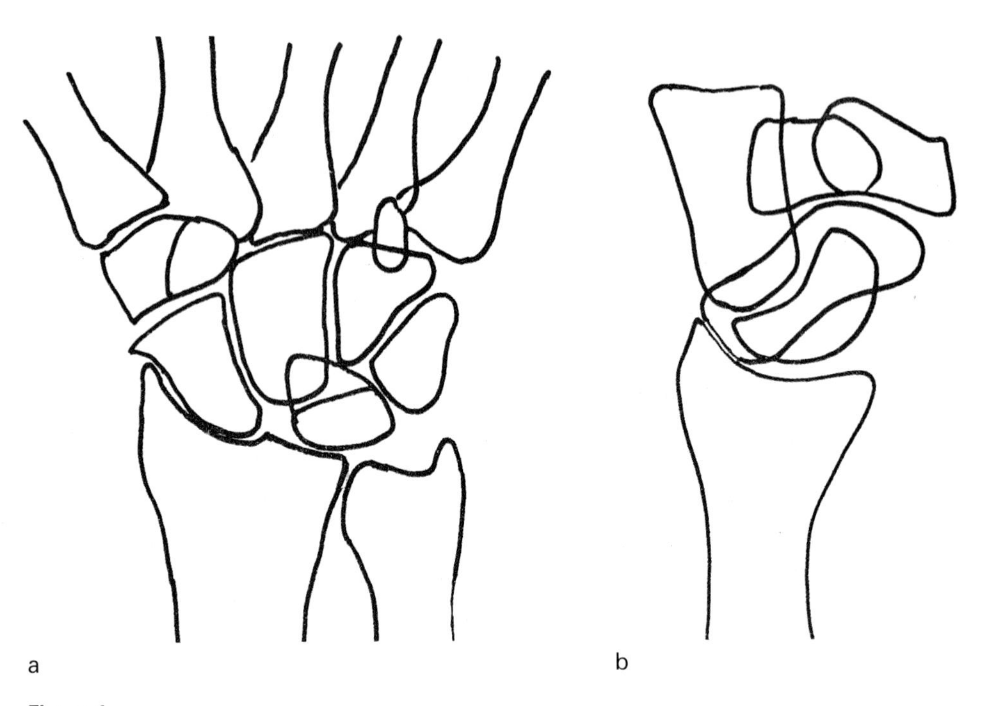

Figure 1

Drawing of the typical radiographic appearance of scapholunate advanced collapse (SLAC wrist). (a) Anterior view; (b) lateral view.

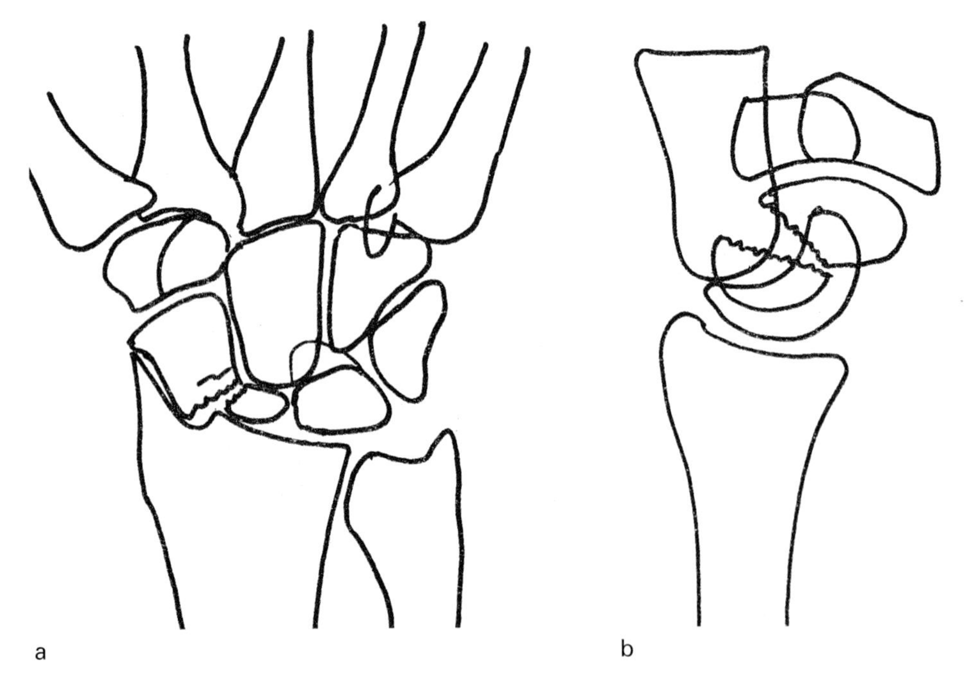

Figure 2

Example of scaphoid nonunion advanced collapse (SNAC wrist). (a) Anterior view; (b) lateral view.

dynamic rotatory instability of the scaphoid and some types of scaphoid nonunion (Lanz et al 1995). Whether or not a grade II lesion may progress to a grade III lesion and then finally ends in a carpal collapse has not been clarified.

SNAC or SLAC patterns of collapse cause abnormal contacts of the radiolunate and ulnocarpal joints but do not usually lead to significant degenerative arthritic changes at their interface, which is important for therapeutic considerations. Ulnar translation of the lunate (and with this ulnar translocation of the carpus) represents a more extensive lesion that must be addressed differently.

Diagnosis

Pain, ranging from minimal discomfort to disabling ache, is the main complaint of patients with SLAC or SNAC wrist. Pain is usually experienced during or following manual activity but may also exist at rest and is localized on the radial side of the radiocarpal junction, except for advanced stages in which it may extend to the midcarpal level. The radiocarpal joint presents swollen and tender. Motion, particularly in radial deviation, is restricted. Radiographs show scapholunate or transscaphoid dissociative collapse with DISI deformity, proximal and radial migration of the capitate, and arthrosis at the radioscaphoid interface as described before. In intermediate stages of collapse the lunocapitate joint is also involved and it may be helpful to use sagittal computed tomography scans for better definition. Carpal height ratio is reduced to values below 0.54 and the carpal/capitate height ratio to values below 1.52. In advanced stages ulnar carpal translocation is seen.

Treatment

Several treatment options are available:

- *Reconstruction of the scaphoid* is indicated in scaphoid nonunion with SNAC collapse if the midcarpal joint is well preserved and the proximal pole of the scaphoid is void of avascular destruction. During the procedure, carpal collapse is reverted, the abnormal position of the two scaphoid fragments corrected, and scaphoid union obtained. Interposition of a wedge shaped or trapezoidal corticocancellous bone graft and screw fixation is the preferred method of reconstruction, even if complete realignment of the lunate is not possible.
- *Proximal row carpectomy.* Resection of the proximal carpal row may be indicated if the head of the capitate is normal or nearly normal, which must be ascertained by trispiral tomography, midcarpal arthroscopy, and/or inspection at surgery.
- *Wrist denervation* is not usually effective in cases of advanced carpal collapse as this procedure does not address the underlying instability or the secondary arthrosis.
- *Total wrist replacement.* The Meuli total wrist prosthesis (Meuli and Fernandez 1995) has been used in selected cases of SLAC or SNAC, but long term performance of this procedure in the traumatized wrist is unknown.
- *Total wrist arthrodesis* leads predictably to pain control and improved grip strength at the cost of wrist mobility. It should be considered as the last line of defence.
- *Mediocarpal (midcarpal) fusion.* This is discussed below.

Concept of mediocarpal fusion

'Mediocarpal fusion' consists of excision of the ununited and/or diseased scaphoid, realignment of the lunate–triquetrum tandem with respect to its proximal articulating surface, and restoration of carpal stability by fusion of the lunocapitate joint (Watson et al 1981, Krimmer et al 1992). For technical reasons, and to improve union rates, the triquetrum and hamate are usually included in the fusion mass, which is then called 'four corner fusion' (Watson et al 1981). Restoration of carpal height by reduction of the capitate (shifted back distally and ulnarly) and repositioning of the lunate within the central carpal column tightens the radiocarpal ligaments. This enhances radiocarpal stability, particularly with respect to ulnar translation forces.

Technique

An S-shaped incision over the dorsum of the wrist is preferred over a transverse incision, which is more likely to entail postoperative oedema. The third compartment is opened and the extensor pollicis longus (EPL) tendon retracted. A distal incision of the extensor retinaculum over the fourth compartment and retraction of the finger extensor tendons facilitates approach to the carpus. The midcarpal joint is exposed through a transverse incision and inspected. Great care is taken during resection of the joint surfaces of the capitate, lunate and triquetrum to decorticate the concave distal surface of the lunate completely. The scaphoid is excised, taking care to preserve all palmar radiocarpal ligaments which can be seen to tighten up with reduction of the capitate (Fig. 3). Two or three K-wires are inserted to the capitate in a distal to proximal direction and advanced until they protrude slightly at the head of the capitate. The lunate and capitate are reduced and a perfectly contoured solid cancellous bone graft is inserted between the two bones. Care is taken to align the radial borders of the lunate and capitate as well as the lunotriquetral and the capitohamate joints. K-wires are further advanced and their correct position monitored fluoroscopically. After closing of the joint capsule the extensor retinaculum is sutured, leaving the EPL tendon placed subcutaneously. The wrist is immobilized in a plaster cast. Digital motion is started immediately after surgery. Gentle active wrist motion is allowed at six weeks and supplemented by more vigorous exercises after the K-wires have been removed (10–12 weeks).

Complications

Proper reduction of the capitate and restoration of carpal height are crucial for obaining good long term results. In the presence of ulnar translation of the lunate as a sign of ulnar translocation of the whole carpus, a more complex pattern of SLAC or SNAC exists that does not respond satisfactorily to four corner fusion. The few nonunions of partial wrist arthrodesis seen in our series were probably due to technical problems, particularly incomplete decortication of the lunate.

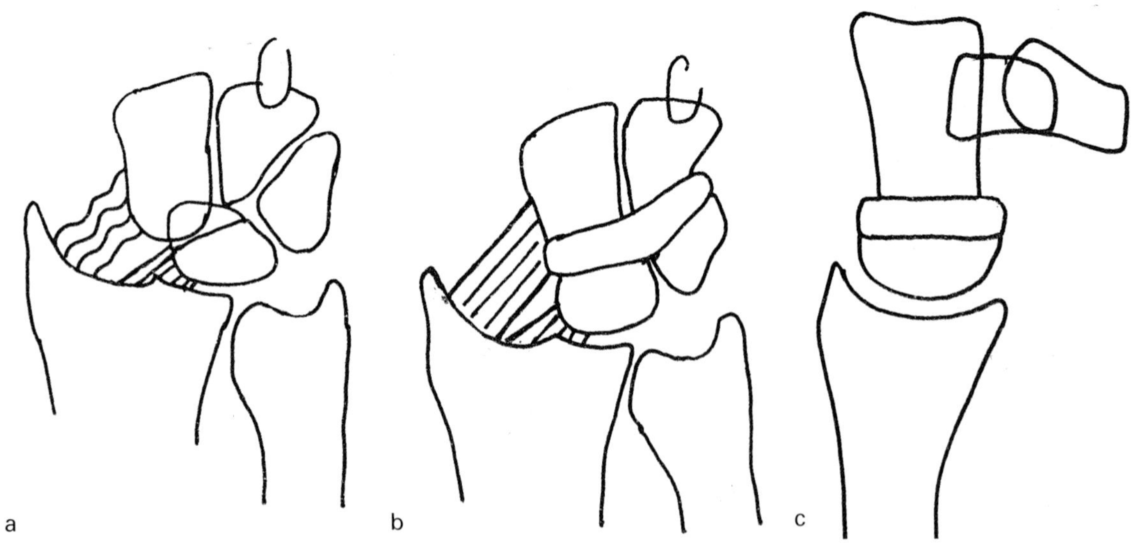

Figure 3

Radiocarpal ligaments in SLAC. (a) The radioscaphoidal–capitate ligament is loosened due to the proximal and radial migration of the capitate. (b) After restoration of carpal height by midcarpal fusion, this ligament is tightened. (c) The lateral view shows correct alignment of the lunate and capitate.

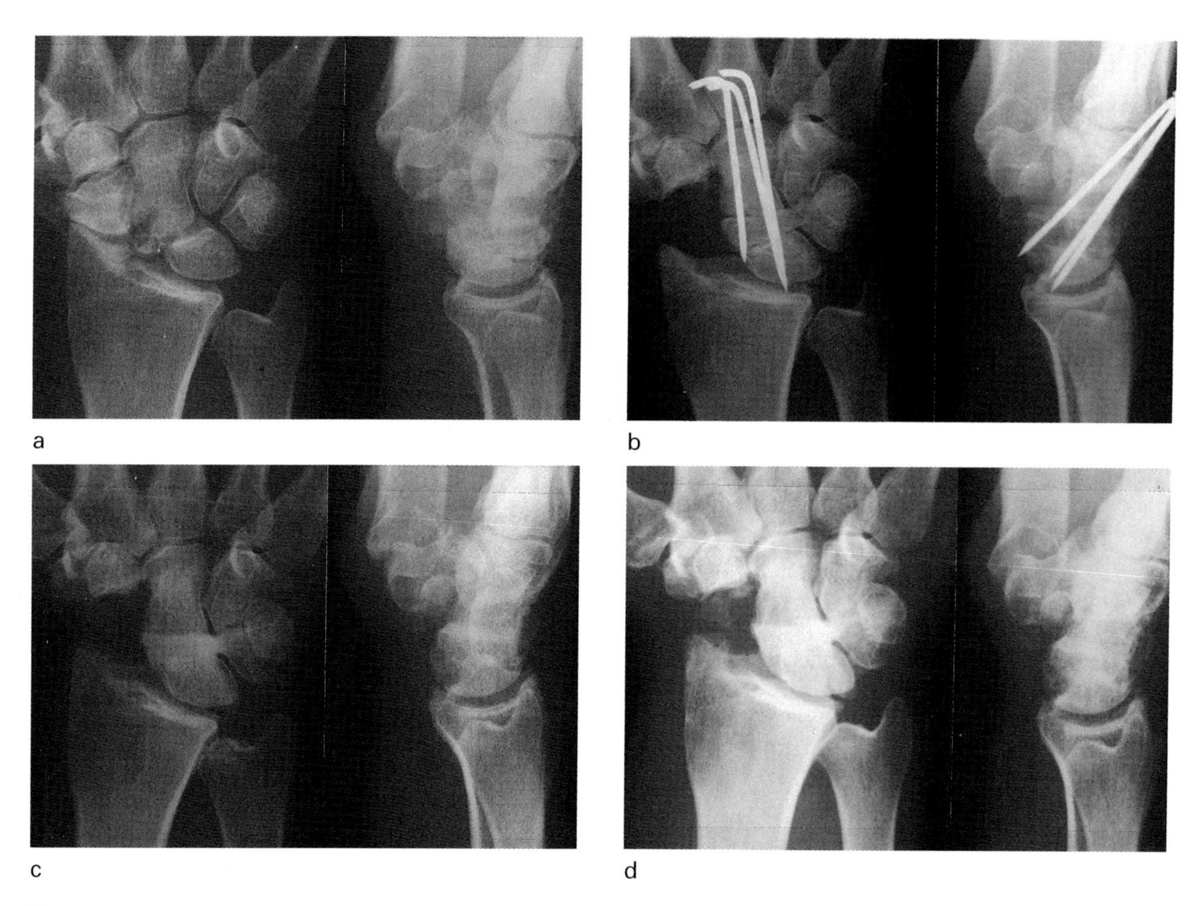

Figure 4

Clinical example of a 58 year old male with wrist pain. (a) Radiographs demonstrating scaphoid nonunion and carpal collapse (SNAC wrist). (b) Postoperative radiographs after midcarpal fusion. (c) Aspect 6 months after surgery. (d) Radiographic appearance 5.5 years postoperatively. The patient is pain free. Active extension is 40°, flexion is 45°, and grip strength is 85% of the opposite hand.

Results

SNAC (Fig. 4)

From 1987 to 1991, 45 patients (41 men and 4 women, mean age 42 years) were treated for carpal collapse secondary to scaphoid nonunion (SNAC wrist). The mean follow-up time was 41 months (Table 1). Preoperatively all patients had complained of severe pain interfering with manual activities. Fusion was established in 41 patients, at seven weeks on average. Pain, as assessed by a standardized visual analogue scale (VAS) ranging from 1 to 100 points, decreased from 75 preoperatively to 19 postoperatively. Results of measuring active range of motion showed 49% of extension/flexion and 44% of radial/ulnar deviation on average, as compared to the uninvolved hand, and an average loss of only 21% and 12% with respect to the preoperative

Table 1 Study data of patients with SNAC

Mediocarpal fusion	n = 45
Male	41
Female	4
Average age (range)	42 years (21–70)
Follow-up time (range)	41 months (6–54)

Table 2 Clinical results after mediocarpal fusion for SNAC wrist

	Preoperative	Postoperative	Change	Percentage of opposite side
Extension/flexion	38–0–44	31–0–34	–21%	49%
Radial/ulnar abduction	25–0–10	22–0–16	–12%	44%
Grip strength	0.46 kPa	0.84 kPa	+83%	20%
Pain (VAS)	75	19	–75%	

values of the hands treated. Grip strength improved to 80% of the opposite side (Table 2). Thirty-six of the 45 patients were satisfied with the result. Seventeen claimed to be free of pain, 14 had slight symptoms and five experienced moderate pain. Thirty-four patients resumed their original occupation which in 28 (82%) of the patients consisted of heavy manual labour. Seven patients felt that they were not improved. Nonunion at the fusion site necessitated additional surgery in four patients. In three patients the radial styloid process was resected to relieve impingement by a remaining distal fragment of the scaphoid. Total wrist arthrodesis was required to relieve severe pain in the remaining two patients. All of these additional procedures were performed during the first year postoperatively.

SLAC

In 1993, a group of 14 patients with SLAC wrist deformity (Table 3) underwent the same procedure. On follow-up examination (15 months on average), they showed similar results with respect to pain relief (improvement from 85 to 26 points on the VAS) and active range of motion, but had only a 22 kPa improvement of grip strength (Table 4).

Table 3 Study data of patients with SLAC

Mediocarpal fusion	*n*=14
Average age (range)	47 years (26–67)
Follow-up time	15 months

Since May 1992 we have performed mediocarpal fusion for carpal collapse in another series of 117 patients; the results have not yet been reviewed comprehensively but seem to match those of the two previous cohorts presented here.

Discussion

Watson and coworkers have followed up their initial publication on midcarpal fusion (Watson et al 1981) by publishing recently the results of a series of 100 patients (Ashmead et al 1994). After 44 months on average, the results achieved were similar to our own observations. Pain was significantly reduced, range of motion preserved (33% of extension and 37% of flexion) and grip strength improved (80%). The Mayo group reported on 23 patients examined 41 months on average after surgery. In their series, pain was completely or almost completely relieved in 16 patients, total

Table 4 Clinical results after mediocarpal fusion for SLAC wrist

	Preoperative	Postoperative	Change	Percentage of opposite side
Extension/flexion	38–0–46	32–0–27	–20%	40%
Radial/ulnar abduction	23–0–12	20–0–10	–15%	43%
Grip strength	0.40 kPa	0.62 kPa	+55%	34%
Pain (VAS)	85	26	–69%	

active extension/flexion was well maintained (54%) and grip strength improved to 78% of the opposite hand (Krakauer et al 1994). In view of these and our own observations it appears that consistent satisfactory results may be expected from midcarpal fusion. Our concern over the risk of rapidly progressing arthrosis of the radiolunate joint or ulnar translocation of the carpus was not substantiated in our series nor in those reported by other authors (Ashmead et al 1994, Krakauer et al 1994, Weinzweig and Watson 1995).

Conclusions

Mediocarpal fusion with excision of the scaphoid is a reliable procedure for treating the difficult condition of advanced carpal collapse secondary to scapholunate dissociation or scaphoid nonunion. Pain is markedly reduced, grip strength improved and functional wrist mobility preserved. Although true long term results have not become available yet, there is increasing confidence that four corner procedures for SLAC or SNAC deformity hold promise over time. If the good early results achieved should degrade in the long run, total wrist arthrodesis may be done as a salvage procedure.

References

Ashmead D, Watson HK, Damon C, Herber S, Paly W (1994) Scapholunate advanced collapse. Wrist salvage, *J Hand Surg* **19A:**741–50.

Krakauer JD, Bishop AT, Cooney WP (1994) Surgical treatment of scapholunate advanced collapse, *J Hand Surg* **19A:**751–9.

Krimmer H, Sauerbier M, Vispo-Seara JL, Schindler G, Lanz U (1992) Fortgeschrittener carpaler Kollaps (SLAC wrist) bei Skaphoidpseuarthrose. Therapiekonzept: mediokarpale Teilarthrodese, *Handchir Mikrochir Plast Chir* **24:**191–8.

Lanz U, Häusser D, Sauerbier M (1995) Karpale Instabilitäten, Konventionelle Therapie. In: Hempfling H, Beickert R, Bauer K, Ishida A, eds. *Handgelenksarthroskopie* Ecomed–Verlag: Landsberg.

Lichtman RL, Martin RA (1988) Introduction to the carpal instabilities. In: Lichtman RL, ed. *The Wrist and its Disorders.* WB Saunders: Philadelphia: 244–50.

Linscheid RL, Dobyns JH, Beckenbaugh RD, Cooney WP, Wood MB (1983) Instability patterns of the wrist, *J Hand Surg* **8:**682–6.

Meuli CM, Fernandez DL (1995) Uncemented total wrist arthroplasty, *J Hand Surg* **20A:**115–22.

Watson HK, Ballet FL (1984) The SLAC wrist: scapholunate advanced pattern of degenerative arthritis, *J Hand Surg* **9A:**358–65.

Watson HK, Goodman ML, Johnson TR (1981) Limited wrist arthrodesis II. Intercarpal and radiocarpal combinations, *J Hand Surg* **6:**223–33.

Weinzweig J, Watson HK (1995) Wrist sprain to SLAC wrist: a spectrum of carpal instability. In: Vastamäki M, ed. *Current Trends in Hand Surgery.* Elsevier: Amsterdam.

Zdravkovic V, Jacob AC, Sennwald GR (1995) Physical equilibrium of the normal wrist and its relation to clinically defined 'instability', *J Hand Surg* **20B:**159–70.

19
Lunotriquetral dissociation

J Norbert Kuhlmann

Lunotriquetral dissociation, with or without volar intercalated segment instability (VISI) deformity of the carpus, is a well recognized clinical entity which may entail ulnar sided wrist pain, clicking or snapping of the proximal carpal row, weakness of the hand, and perhaps, eventually, painful degenerative changes of the wrist.

Linscheid et al (1972) first introduced the concept of VISI deformity when discussing two cases of carpal malalignment with palmar inclination of the lunate and suspected residual lunotriquetral dissociation secondary to perilunar dislocation as the cause of the deformity. In the laboratory setting, Mayfield et al (1980) produced various stages of perilunar dislocation by forced dorsal inclination of the wrist; they showed that the lunate, while remaining attached to the radius by the ligament of Delbet, lost all of the other ligamentous links, including lunotriquetral cohesion. Taleisnik (1980, 1984, 1985a and 1985b) and Saffar (1984a and 1984b, 1989) agree that a destabilizing lesion of the lunate may commence on the ulnar side of the wrist if the traumatic impact is located at the hypothenar area. Ulnocarpal impaction has also been incriminated as a cause of lunotriquetral dissociation (Saffar 1984b), particularly in the presence of positive ulnar variance. Excessive supination of the wrist is another possible mechanism (Taleisnik 1980).

VISI deformity is seen in half the cases of lunotriquetral dissociation. Lichtmann et al (1981) suspected rupture of the medial (ulnar) branch of the radiate ligament to be the cause of VISI deformity. Although contradicted by the findings of Schernberg (1984), his interpretation of the destabilizing mechanism has influenced most existing treatment concepts. Saffar (1984a,b) emphasized the importance of dorsal lesions, as observed in cases of perilunar dislocation during open reduction procedures. In 1988, an experimental and clinical study (Kuhlmann et al 1988) provided more specific information regarding the pathomechanics of VISI and the ligamentous lesions involved in this deformity, leading to more comprehensive treatment modalities.

Trauma is not the only cause of lunotriquetral dissociation. Taleisnik (1985a) pointed out that similar deformities may be observed in cases of rheumatoid arthritis. Partial lunotriquetral dissociation may develop insidiously in about 20% of the elderly population, as noted by anatomists (Fortems et al 1994), and may be a sign of age related degenerative joint disease.

This chapter is limited to the discussion of painful lunotriquetral dissociation of traumatic origin. Anatomical features and mechanisms of injury will be reviewed briefly and aspects of clinical presentation and treatment, which seems most difficult in cases with associated VISI deformity, will be discussed.

Anatomy and biomechanics

In the unenbalmed cadaveric wrist, the anatomical and biomechanical characteristics of ligaments are well preserved. It is therefore possible to study their function under normal and pathological conditions and deduce a rationale of treatment.

Descriptive anatomy (Fig. 1a,b)

A thick ligamentous construction, hereafter called *sheath*, links the radial aspect of the triquetrum to the lunate bone. It is composed of numerous superficial and deep capsular components, namely the lunotriquetral interosseous ligament, the palmar radiolunate–triquetral and scapholunate–triquetral (Sennwald et al 1993) ligaments, the dorsal scapholunate–triquetral

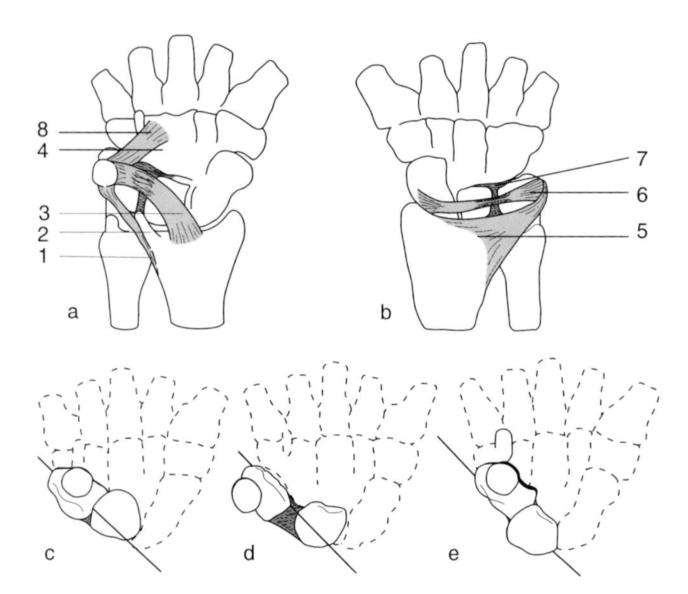

Figure 1

Anatomy and biomechanics. (a) Palmar aspect of ligament arrangements. 1: palmar radiotriquetral ligament; 2: deep radiolunate–triquetral ligament; 3: palmar radiolunate–triquetral ligament; 4: palmar scapholunate–triquetral ligament; 8: capitotriquetral ligament. (b) Dorsal view. 5: dorsal radiotriquetral ligament; 6: dorsal scapholunate–triquetral ligament; 7: lunotriquetral ligament. (c–e) Palmar aspect of the wrist with axis of rotation of the triquetrum outlined. Owing to obliquity of the axis, the triquetrum is approximated to or moved away from the lunate.

ligament, and the deep radiolunate–triquetral ligament. The capsular radiotriquetral ligaments and the capitotriquetral ligament insert into the medial tubercle of the triquetrum. The dorsal radiotriquetral ligament is particularly thick; its proximal fascicles insert close to the sigmoid notch of the radius, near the sagittal septum which blends with the retinaculum extensorum.

Functional anatomy

The ligamentous sheath provides lunotriquetral cohesion and allows the triquetrum to follow with great precision the movements of the lunate in palmar and dorsal inclination. Furthermore the triquetrum may pronate or supinate along its oblique axis of rotation and move either closer to or further away from the lunate, affecting the tension in the ligamentous sheath (Fig. 1c–e).

With the wrist in a neutral position, a dorsal inclination of the triquetrum of up to 25° with respect to the lunate may be obtained. Conversely, palmar inclination of the triquetrum with respect to lunate (or dorsal inclination of the lunate with respect to triquetrum) is not possible owing to increased tension of the ligamentous sheath.

The capsular radiotriquetral and radiolunate–triquetral ligaments form a sling (Kuhlmann 1979) which serves two functions. In conjunction with the radius it constitutes an osteoligamentous retaining apparatus assuring transverse cohesion of the proximal carpal row, and reinforces the lunotriquetral sheath. It also represents the mainstay of ulnar support of the carpus and of its dorsopalmar inclination axis.

Experimental ligament division

Complete division of the ligamentous sheath

Complete division of the lunotriquetral ligamentous sheath disrupts the palmar portion of the sling and disunites the two bones (Fig. 2a–c). Loss of synchronous motion is demonstrated clearly during radial and ulnar deviation of the wrist. In radial deviation the tension of the dorsal radiotriquetral ligament on the triquetral tubercle pulls the triquetrum proximally, drawing its radial side distalward and thus creating an 'overhang' at the midcarpal joint (Fig. 2a). In

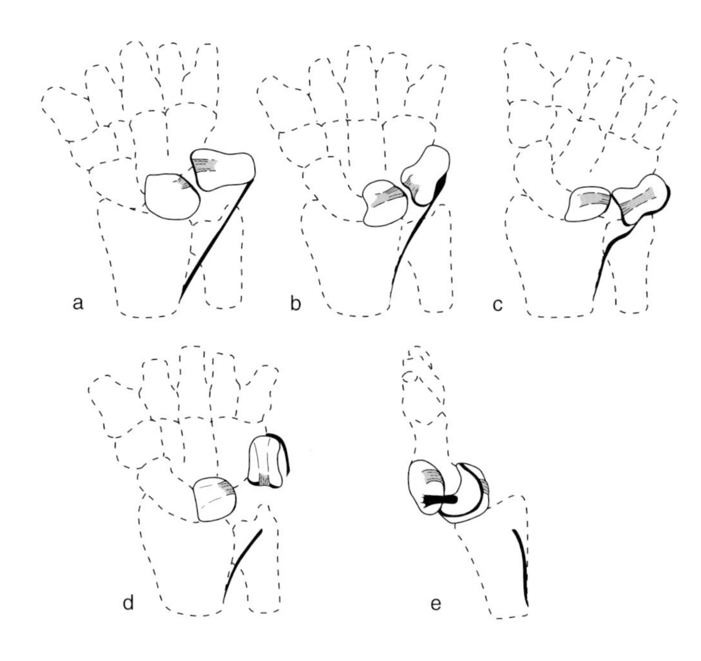

Figure 2

Pathophysiology. (a–c) Palmar aspect showing asynergy of lunotriquetral motion following division (or rupture) of the ligamentous sheath (see text). (a) In radial deviation of the wrist, the triquetrum is tilted by the tight dorsal radiotriquetral ligament and displays superposition ('overhang') distally. (c) Ulnar deviation reverts dorsal inclination of the triquetrum but creates a proximal overhang. (c) and (d) Lunotriquetral diastasis resulting from division of the ligamentous sheath and the dorsal radiotriquetral ligament. (c) The palmar view shows distal and palmar displacement of the triquetrum. (d) The lateral view shows, associated VISI deformity and dorsal inclination of the triquetrum.

ulnar deviation the triquetrum no longer follows the lunate in its dorsal extension. Whereas the lunate shows its smallest anteroposterior projection, the triquetrum presents its largest cross-section and creates another superposition with adjacent bones, the mirror image of the first (Fig. 2b,c).

Division of the dorsal radiotriquetral ligament

Division of the dorsal radiotriquetral ligament deprives the carpus of its ulnar support and leads to medial collapse. The lunate and triquetrum are shifted into palmar inclination until the ligamentous sheath is maximally tightened and the distal carpal row adopts a supinated position. With partial division of the dorsal radiotriquetral ligament, displacement occurs in slight ulnar deviation and disappears abruptly with further adduction of the wrist. In addition to sudden variations of tension, the ligamentous sheath is submitted to shearing forces. Complete division induces permanent carpal supination and overloads the ligaments remaining in continuity.

Division of the ligamentous sheath in conjunction with the radiotriquetral ligaments (Fig. 2d,e and Fig. 3)

Sectioning of these components causes supination of the carpus and palmar inclination of the lunate bone. The triquetrum, freed of its radial and proximal ligament constraints, is pulled distally by the intact capitotriquetral ligament and assumes a dorsally rotated position which is reponsible for the lunotriquetral diastasis seen.

Aetiology and pathogenesis of lunotriquetral dissociation

Traumatic lunotriquetral dissociation has been attributed to several distinct mechanisms of injury:

Perilunar dislocation is the major cause (Linscheid et al 1972, Mayfield et al 1980, Taleisnik 1980, 1984, 1985a,b, Minami et al 1992). The common pattern of ligament rupture involves the ulnar side of the wrist and comprises lesions extending towards the dorsal region. Tear or attenuation of the retinaculum flexorum contributes to ulnar translation of the triquetrum and collapse of the carpal arch.

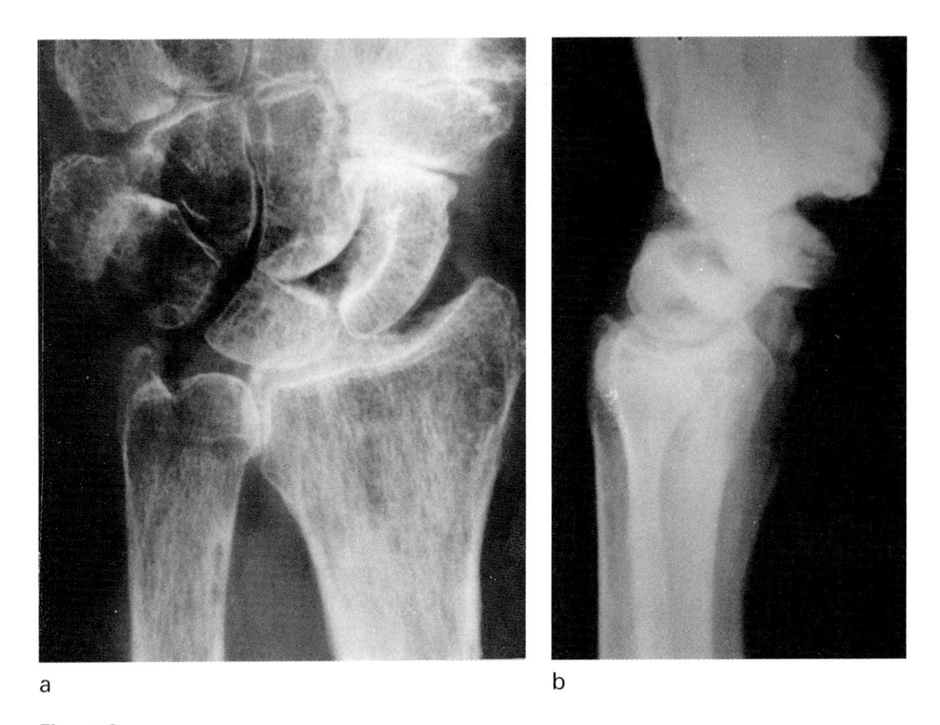

Figure 3

Anteroposterior and lateral radiographs demonstrating lunotriquetral diastasis and the VISI deformity.

Abrupt carpal supination (Taleisnik 1980, 1985b) affects the peritriquetral ligamentous attachments, particularly the ligamentous sheath and radiotriquetral ligaments.

VISI deformity comprises a component of carpal supination and is also linked to lesions of the ligamentous sheath and lunotriquetral ligaments as indicated above, although these lesions may not be overly apparent (Kuhlmann et al 1988).

Finally, forceful dorsal inclination of the wrist with the forearm in supination may drive the styloid process of the ulna towards the lunotriquetral interval and be responsible for dissociative lesions in this area (Fortems et al 1994).

Clinical types of lunotriquetral dissociation

Acute lunotriquetral dissociation

Most commonly, lunotriquetral dissociation is a component of perilunate dislocation and its variants. The severity of such combined lesions usually masks the presence of an associated lunotriquetral dissociation which must be diagnosed from initial or postreduction radiographs. As the result of a severe wrist sprain, occasional isolated lunotriquetral dissociations present with capsular bleeding and pain over the dorsal aspect of the ulnar compartment of the wrist. Comprehensive radiological assessment, comprising local anaethesia and dynamic studies, is then necessary to establish the diagosis.

Chronic lunotriquetral dissociation

As lesions to the lunotriquetral interface are rarely diagnosed acutely, most patients consult several months after the injury with persisting or sometimes increasing pain. Its maximum is experienced in the ulnar compartment of the wrist joint distal to the head of the ulna. It is aggravated by local pressure and wrist motion,

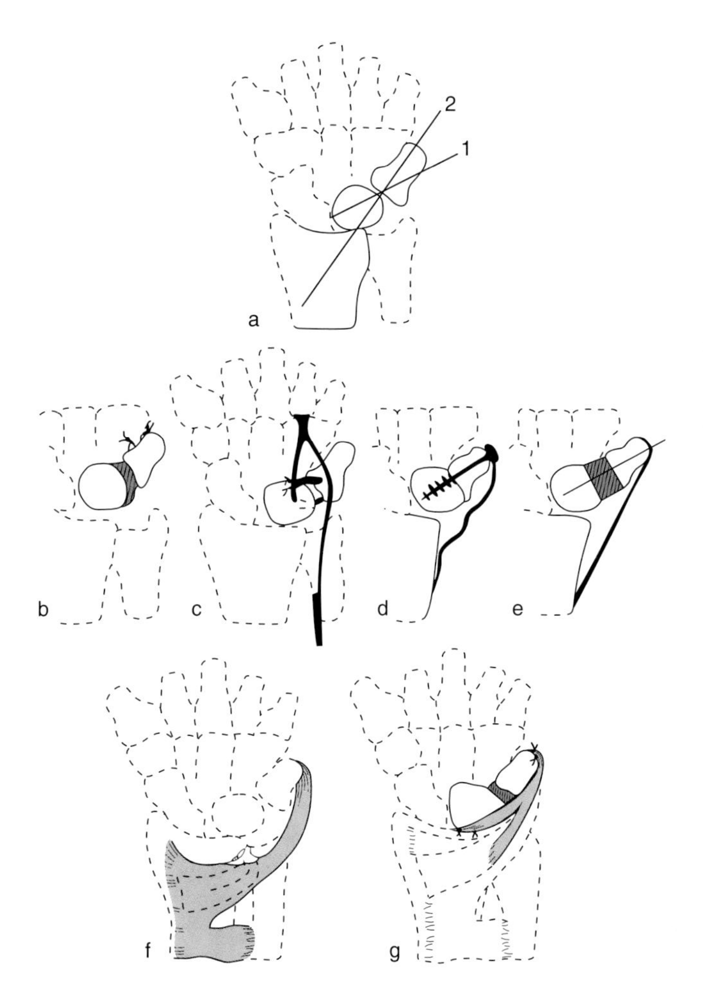

Figure 4

Treatment (dorsal aspect of the wrist). (a) Two K-wires are used for retension of the triquetrum; the first (1) assures lunotriquetral alignment and the other (2) provides radiotriquetral alignment. (b–e) The various techniques leading to lunotriquetral cohesion. (b) Transosseous sutures. (c) Ligamentoplasty using a strip of extensor carpi ulnaris tendon. (d) Arthrodesis by joint resection and screw fixation. (e) Arthrodesis comprising a bone graft and pin fixation. (f) and (g) Dorsal radiotriquetral ligamentoplasty. (f) Design of the flap of the extensor retinaculum. (g) The flap has been deflected ulnarly and is attached to the triquetrum; note the slip in direction of the distal joint margin of the radius.

the amplitude of which is usually normal. Muscle strength may be diminished and overall function significantly disturbed.

Two types of chronic lunotriquetral dissociation are distinguished, lunotriquetral asynergy and lunotriquetral diastasis.

Lunotriquetral asynergy is due to rupture of the ligamentous sheath and is diagnosed by studying the relative spacial positions and the 'overhang' of the triquetrum on anteroposterior radiographic function views. In the presence of asynergy, a proximal shift of the triquetrum is seen with radial deviation and a distal shift with ulnar deviation of the wrist.

Lunotriquetral diastasis is caused by discontinuity of the ligamentous sheath in conjunction with rupture of the dorsal radiotriquetral ligament. Diagnosis is established when a gap appears between the lunate and triquetrum, or a permanent respective malalignment with abnormal contours of the two carpal bones is visible on anteroposterior radiographs. According to the extent of damage to the dorsal radiotriquetral ligament, dynamic or static variants of lunotriquetral diastasis occur that are characterized by specific but somewhat variable clinical and radiographic findings. The *dynamic type* presents clinically with a medial snapping which is often accompanied by an audible click when the wrist is deviated ulnarly. Lateral radiographs reveal a palmar inclination of the lunate in slight ulnar deviation which is followed by a snapping motion of the lunate (and the appearance of an audible click) as ulnar deviation is continued (Schernberg

1984, 1992). In the *static type*, lunotriquetral diastasis is permanent. Supination of the carpus demonstrates a dorsal 'overhang' of the triquetrum and its superposition over the head of the ulna in anteroposteror radiographs. The extensor carpi ulnaris tendon is displaced ulnarly. Lateral radiographs reveal a permanent palmar inclination of the lunate of more than 20° (Fig. 3).

Arthrography may demonstrate leakage of contrast product through the lunotriquetral interface. Arthroscopy is considered valuable not only for disclosing lunotriquetral dissociation in cases of unexplained ulnar wrist pain (Legré et al 1993) but also for discovering associated lesions of the ulnocarpal disc.

Treatment

Lesions seen acutely

Nonsurgical treatment is aimed at restoring the correct anatomical relation of the lunate and triquetrum to obtain functional healing of the ruptured ligaments. If the radiotriquetral osteoligamentous mechanism is retained, closed reduction of the lunotriquetral joint is considered stable and simple immobilization of the wrist in the neutral position for 6 weeks may suffice. For safety reasons we prefer to transfix the lunotriquetral joint with a Kirschner wire. In case of deficiency of the dorsal radiotriquetral retention, perilunar dislocation tends to recur. A second pin is then placed obliquely between the triquetrum and the radius to ensure transversal retention of the proximal carpal row and support the medial part of the carpus (Fig. 4a).

Open reduction and ligament repair are carried out if closed manipulation does not restore adequate alignment. Torn ligaments encountered at surgery are reapproximated and sutured.

Treatment at the chronic stage

Ligamentous sheath repair, reconstruction and arthrodesis

Numerous surgical procedures are available to restore lunotriquetral cohesion. These include:

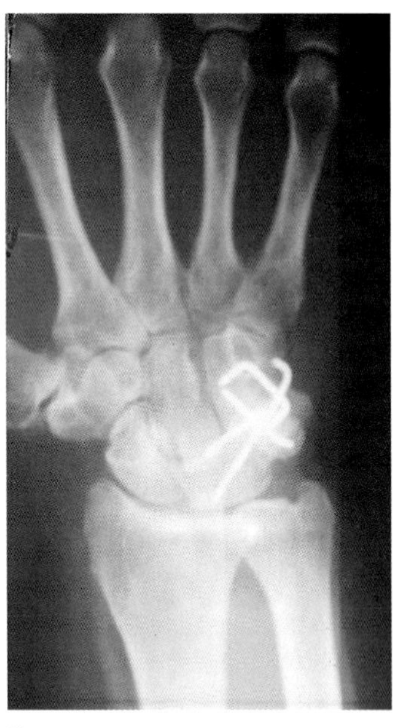

a

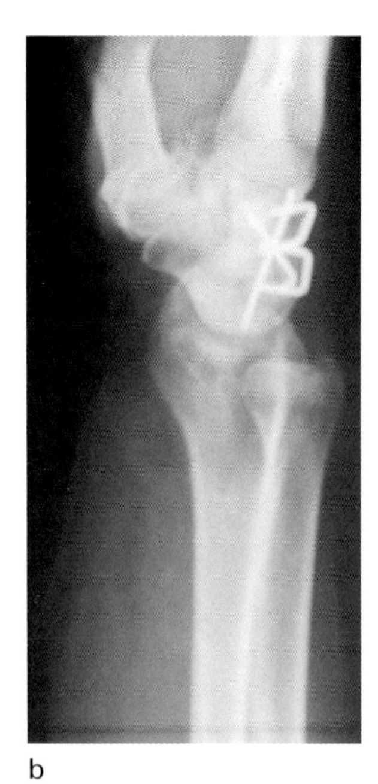

b

Figure 5

Anteroposterior radiographs of a wrist following lunotriquetral–hamate arthrodesis. The carpal bones are correctly realigned, but the entire carpus is supinated with respect to the radius.

- *Direct ligament repair or reinsertion*, reinforced by sutures placed through transtriquetral drill holes (Fig. 4b).
- *Ligamentoplasty*, to create a retaining loop by using a distally based strip of the extensor carpi ulnaris tendon passed through sagittal translunar and transtriquetral drill holes and attached to itself (Fig. 4c).
- *Coaptive arthrodesis*, in which cartilage and subchondral compact bone are removed from the surfaces of the lunotriquetral joint before compression screw fixation is performed. The drawback of this technique lies in the narrowing of the proximal carpal row and the resulting slackening of the radiotriquetral ligaments (Fig. 4d).
- *Arthrodesis with interposition of a bone graft*, which preserves carpal width and the functional integrity of the retaining radiotriquetral sling. The bone graft is taken from the styloid process of the radius, the olecranon, or the iliac crest (under local anaesthesia by using a special harvesting device) and is held interposed at the arthrodesis site by pin fixation (Fig. 4e).

Dorsal radiotriquetral ligamentoplasty

This procedure is aimed at restoring the ulnar carpal support and the radiotriquetral sling mechanism. The VISI deformity of the lunate is corrected and proper reduction of the lunate maintained by two lunotriquetral pins (as used in unstable perilunar dislocation). An ulnarly based flap is raised from the radial portion of the extensor retinaculum, mobilized to its pivot point at the 3/4 sagittal septum (Fig. 4f) and deflected ulnarly to be attached at or inserted into the tubercle of the triquetrum. One smaller strip of the flap is used for reconstruction of the distal fascicle of the torn ligament and is fixed along the dorsal articular rim of the radius (Fig. 4g). We advocate the use of this technique even in desperate cases, of which an example is shown in Fig. 5. This female patient had undergone lunotriquetral–hamate arthrodesis six years previously and continued to experience wrist pain despite perfect alignment of the fusion block, presumably as a result of marked supination deformity of the entire carpus with respect to the radius. Following dorsal radiotriquetral ligamentoplasty, wrist pain resolved completely (Kuhlmann et al 1992).

Other methods

For the treatment of lunotriquetral dissociation with VISI deformity, various other more drastic methods of treatment have been proposed, such as lunotriquetral–hamate arthrodesis, resection of the proximal row (Saffar 1984b), or even total wrist arthrodesis. In consideration of the pathomechanics of VISI deformity, these procedures are hardly ever justified.

Conclusions

The most problematic aspect of lunotriquetral dissociation is not the separation of the two bones per se but the concomitant VISI deformity of the proximal row when more extensive destabilization has occurred. This is now treated adequately by reconstructive ligamentoplasty of the dorsal radiotriquetral ligament.

References

Fortems Y, de Smet L, Fabry G (1994) Cartilaginous and ligamentous degeneration of the wrist. Anatomic study, *Ann Chir Main* **13**:383–6.

Kuhlmann JN (1979) Les mécanismes de l'articulation du poignet, *Ann Chir Main* **33**:711–19.

Kuhlmann JN, Kirsch JM, Mimoun M, Baux S (1988) Entorses radiocarpiennes internes invétérées et instabilité du poignet, *Acta Orthop Belg* **54**:34–42.

Kuhlmann JN, Fahed I, Boabighi A, Baux S (1992) Ligamentoplastie salvatrice après échec d'une arthrodèse lunarotriquetrohamatale pour instabilité interne du carpe. A propos d'un cas, *Acta Orthop Belg* **58**: 97–101.

Legré R, Courtès S, Huguet JH, Bureau H (1993) Valeur diagnostique de l'arthroscopie du poignet dans le bilan des traumatismes ligamentaires du carpe. Correlation radiochirurgicale. A propos de 20 cas, *Ann Chir Main* **12**:326–34.

Lichtmann DM, Swafford AR, Mack GR (1981) Ulnar midcarpal instability. Clinical and laboratory analysis, *J Hand Surg* **6**:515–23.

Linscheid RL, Dobyns JH, Beaubout JN, Bryan RS (1972) Traumatic instability of the wrist. Diagnosis, classification and pathomechanics, *J Bone Joint Surg* **54A**:1612–32.

Mayfield JK, Johnson RP, Kilcoine RK (1980) Carpal dislocations: Pathomechanics and progressive perilunar instability, *J Hand Surg* **5**:226–41.

Minami A, Itoga H, Takahara M (1992) Carpal instability after reduction of lunate and perilunar dissociation. In: Nakamura R, Lindscheid RL, Miura R, eds. *Wrist Disorders. Current Concepts and Challenges.* Springer-Verlag: Tokyo: 265–74.

Saffar P (1984a) Luxation du carpe et instabilité résiduelle, *Ann Chir Main* **3**:349–52.

Saffar P (1984b) Résection de la première rangée du carpe contre arthrodèse partielle des os du poignet dans les instabilités du carpe, *Ann Chir Main* **3**:344–8.

Saffar P (1989) L'instabilité du carpe. In: Saffar P, ed. *Les Traumatismes du Carpe.* Springer-Verlag: Paris: 73–83.

Schernberg F (1984) L' instabilité médiocarpienne, *Ann Chir Main* **3**:344–8.

Schernberg F (1992) Instabilité du carpe. In: Schernberg F. *Le Poignet. Anatomie, Radiologique et Chirurgie.* Masson: Paris: 135–43.

Sennwald GR, Zdravkovic V, Oberlin C (1993) Kinematics of the wrist and its ligaments, *J Hand Surg* **18A**:805–14.

Taleisnik J (1980) Posttraumatic carpal instability, *Clin Orthop* **149**:73–82.

Taleisnik J (1984) Triquetrohamate and triquetrolunate instability (medial carpal instability), *Ann Chir Main* **3**:331–43.

Taleisnik J (1985a) Classification of carpal instability. In: Taleisnik J. *The Wrist.* WB Saunders: Philadelphia: 229–38.

Taleisnik J (1985b) Medial carpal instability. In: Taleisnik J. *The Wrist.* WB Saunders: Philadelphia: 281–303.

20
Ligamentous injury of the lateral column of the wrist

Alain C Masquelet

Injuries of the lateral column of the carpus involving fractures of the radial styloid, scaphoid, or triquetrum are common and easily recognized. While many of the typical ligamentous carpal instability patterns affect the radial column of the wrist secondarily (Linscheid et al 1972, Taleisnik 1980, Schernberg 1983), isolated ligamentous lesions of this side of the carpus are rare and primary instability of the radioscaphoid and scaphotrapezial–trapezoidal (STT) joint is practically unknown (Crosby et al 1978, Taleisnik 1985, Saffar 1989, Kuhlmann et al 1992).

The aim of this paper is to review the anatomical features of the lateral ligaments of the wrist and present our clinical experience of nine cases of lesions treated surgically.

Anatomical features

The lateral column of the carpus is stabilized by two volar ligamentous systems (Fig. 1), the radioscaphoid complex and the scaphotrapezial complex.

The *radioscaphoid complex* is composed of two ligaments:

- The *radial collateral ligament* originates from the volar margin of the styloid process of the radius and attaches at the tuberosity of the scaphoid and the radial wall of the fibrous sheath for the flexor carpi radialis (FCR) tendon. It is situated more volarly than its name would suggest, and its direction is palmar to the axis of the rotation of the wrist.
- The *radioscaphoidal–capitate ligament* has its origin at the anterior aspect of the styloid of the radius, courses across the volar aspect of the scaphoid and inserts into the capitate.

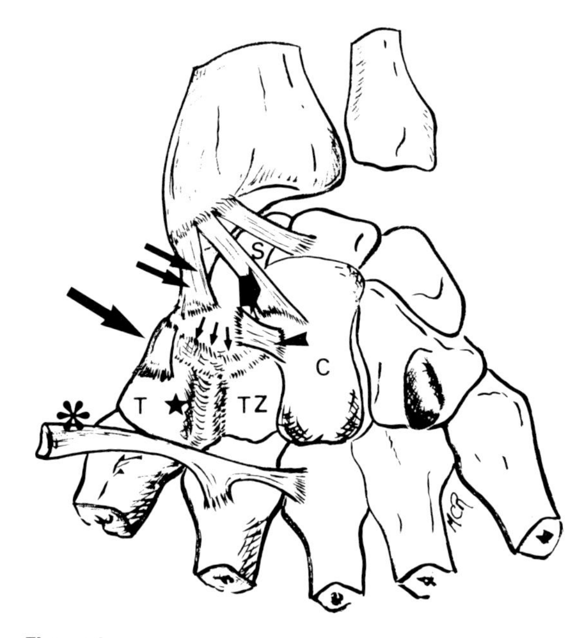

Figure 1

The ligamentous systems of the lateral column of the carpus, palmar aspect. The radioscaphoid complex comprises: ⇉ radial collateral ligament; ➧: radioscaphoidal–capitate ligament; the ligament complex of the distal pole of the scaphoid with ⟶ the scaphotrapezial ligament, ⇶ the floor of the FCR tendon sheath, and ➤ the scapho-capitate ligament; ✻ tendon of the FCR; ★ ridge of the trapezium. (T, trapezium; TZ, trapezoidum; C, capitate; S, scaphoide).

Biomechanical studies have suggested that these two radiopalmar ligaments are weaker than other ligamentous structures located more medially on the carpus (Mayfield et al 1979).

The *ligaments of the STT joint* and the distal pole of the scaphoid comprise three distinct ligaments which are located on the palmar aspect of that joint.

- The main component is the stout *radiopalmar scaphotrapezial ligament*, which originates from the scaphoid tubercle and attaches to the trapezial ridge. It constitutes the axis of the motion of the distal pole of the scaphoid (Kuhlmann and Tubiana 1983).
- The *palmar scaphotrapezial–trapezoidal component* is much weaker than the aforementioned ligament. It forms the floor of the sheath of the FCR tendon and adapts to the motion of the distal pole of the scaphoid.
- The third component of the complex is the strong, short *scaphocapitate ligament*, which tightly joins the ulnar aspect of the scaphoid and the capitate.

Our dissections have confirmed the previous findings of Drewniany et al (1985) and Mestdagh et al (1991). Additionally we have observed that the FCR tendon inserts consistently into the ulnar side of the trapezial ridge and helps to stabilize the lateral column of the carpus.

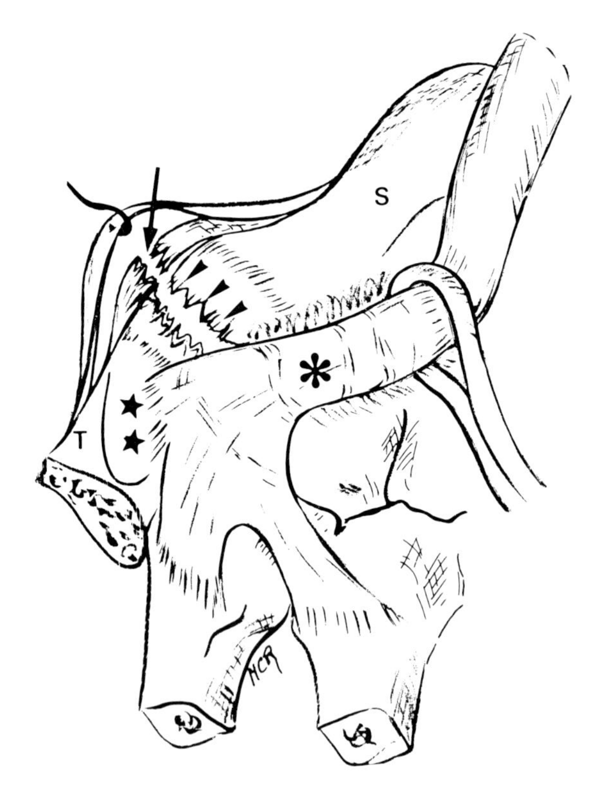

Figure 2

Schematic view of the ligamentous lesions of the STT joint. ⟶ rupture of the scaphotrapezial ligament; ⦚ rupture of the floor of the FCR tendon sheath; ★ ridge of trapezium; ✻ flexor carpi radialis tendon. (T, trapezium; S, scaphoid).

Clinical experience of ligamentous lesions

Between August 1991 and May 1995 we diagnosed and treated nine patients with lesions of the ligaments of the lateral column of the carpus. Their ages ranged from 28 to 45 years. The mechanism of injury was a fall on the extented wrist in five cases, forceful twisting of the joint in three, and a car accident in one patient (in whom the exact modality of the lesion could not be determined). Three patients were examined a few days after their accidents, and six patients were treated between 3 and 18 months after the injury. Three of them had had six weeks of cast immobilization before we examined them.

Pathology, clinical presentation and imaging

An overview of pathological findings at the STT joint level is given in Fig. 2. A correlation was established between clinical presentation, radiological findings, and observations during surgical exploration, as follows:

- In five cases the *floor of the FCR tendon sheath and the palmar STT joint capsule* were the only ligamentous elements disrupted. These patients complained of chronic pain on the anterior aspect of the wrist and acute tenderness at the base of the thenar eminence over the scaphotrapezial joint. In two of these chronic lesions, patients had slight swelling along the course of the FCR tendon in the distal part of the forearm, leading to a false primary diagnosis of FCR tenosynovitis. The range of motion of the wrist was normal and strength was not affected. Standard radiographs and stress views (particularly in ulnar deviation) were normal in all five cases. None of the patients demonstrated signs of isolated osteoarthritis of the STT joint. Diagnosis was established or confirmed by midcarpal

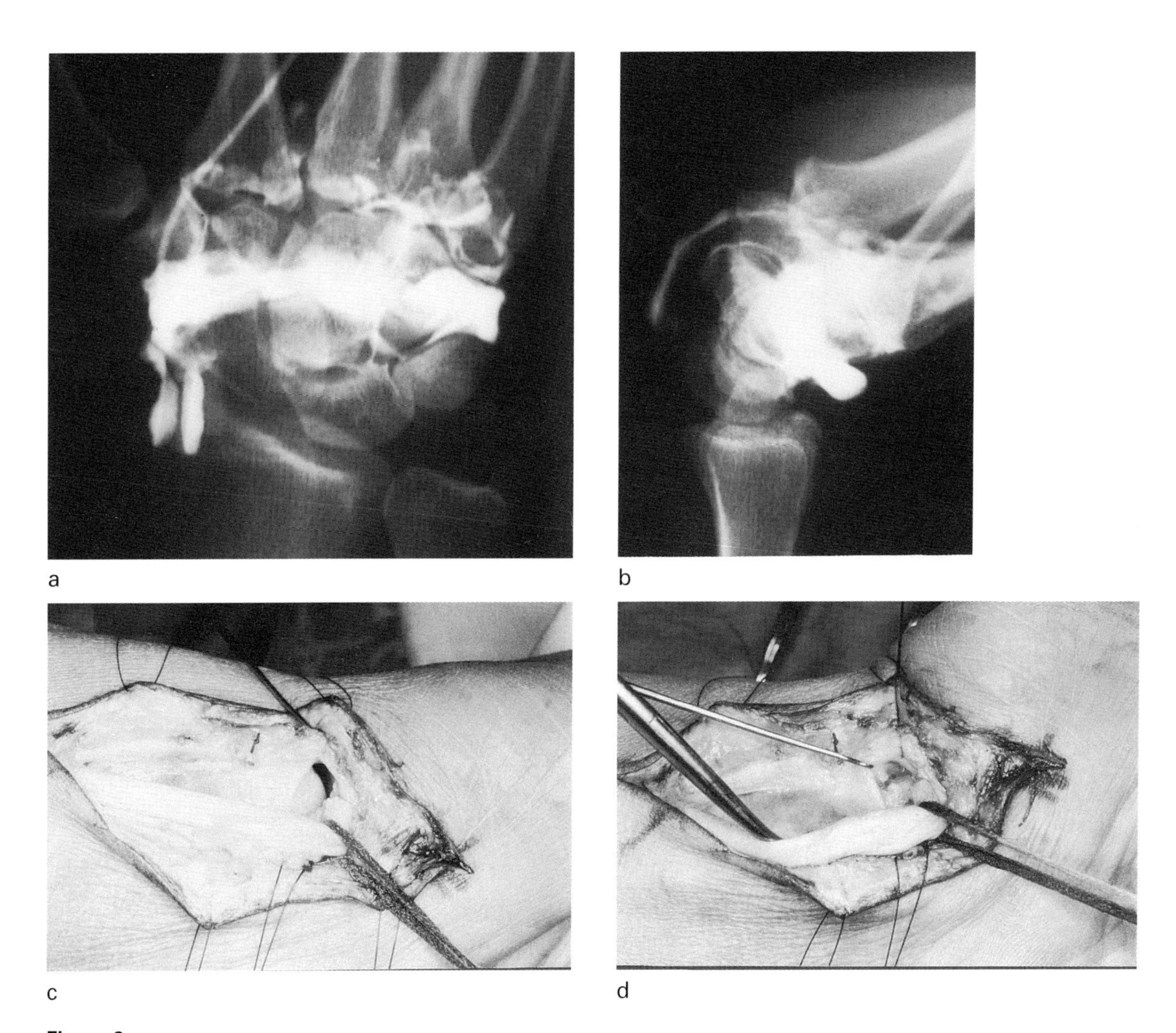

Figure 3

Forty-six year old man who complained of chronic pain over the radial aspect of the wrist and fatigue with writing. The patient is not impaired when playing tennis. (a) Midcarpal arthrogram, posteroanterior view, shows a leak of dye along the FCR tendon sheath which is seen clearly in (b) the lateral view. (c) Surgical exploration reveals rupture of the floor of the sheath at the level of the scaphotrapezial joint. (d) Retraction of the radial edge of the capsular tear demonstrates a rupture of the midportion of the scaphotrapezial ligament. Surgical repair gave an excellent result.

arthograms which showed leakage of contrast dye into the FCR tendon sheath in all five (Fig. 3). Lateral views were always taken to verify that extra-articular staining was indeed in the path of the FCR tendon and was not a subcutaneous artefact at the site of injection. Passage of dye between the midcarpal joint and the FCR tendon sheath is considered abnormal and was found peroperatively to prove rupture of the floor of the FCR tendon sheath and the palmar STT joint capsule.

- In three cases surgical exploration revealed a rupture of the *floor of the FCR tendon sheath, the palmar STT joint ligaments and, additionally, the radiopalmar scaphotrapezial ligament.* These patients presented with substantial

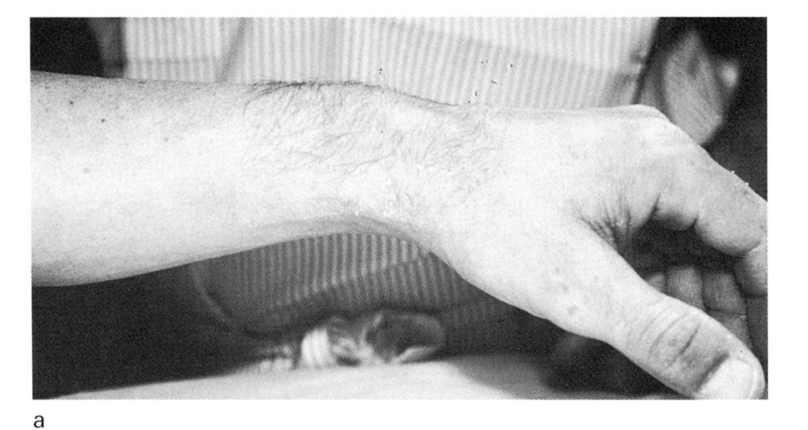

a

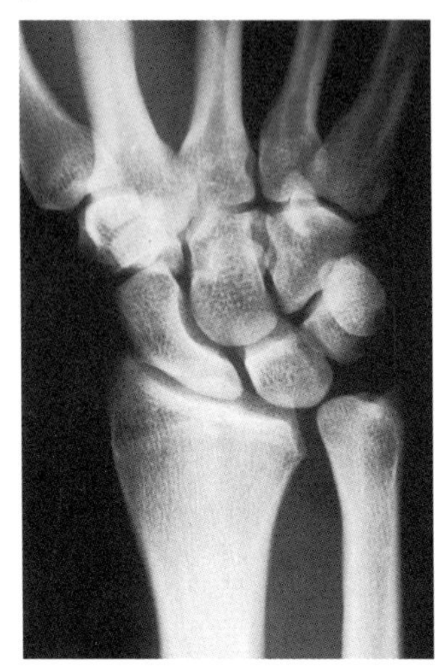

b

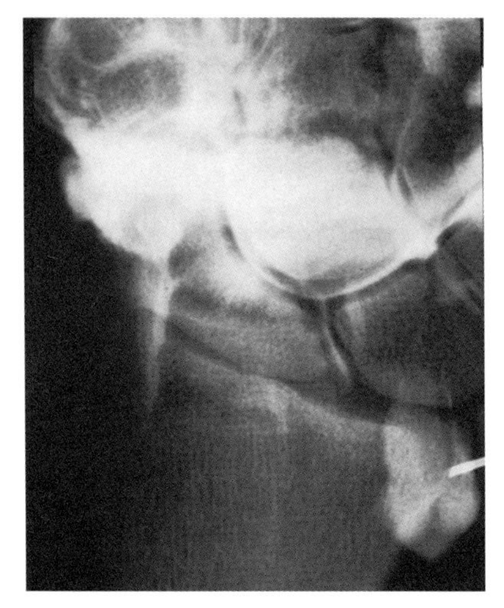

c

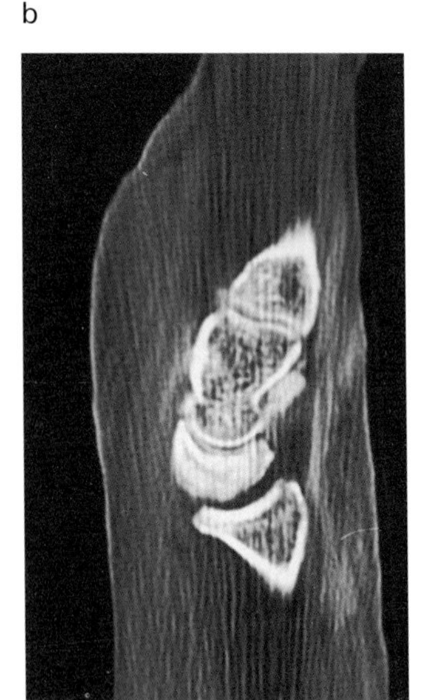

d

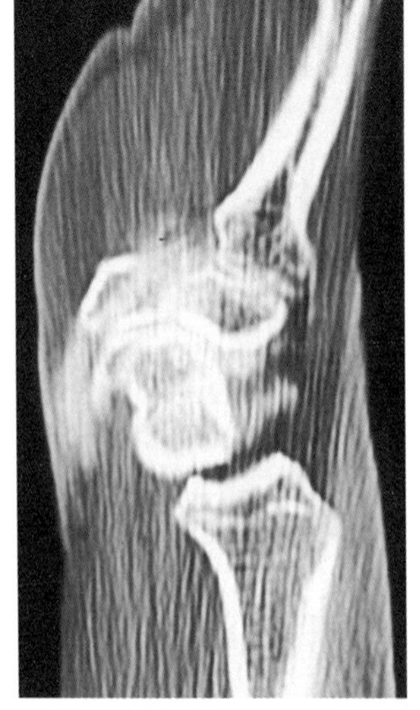

e

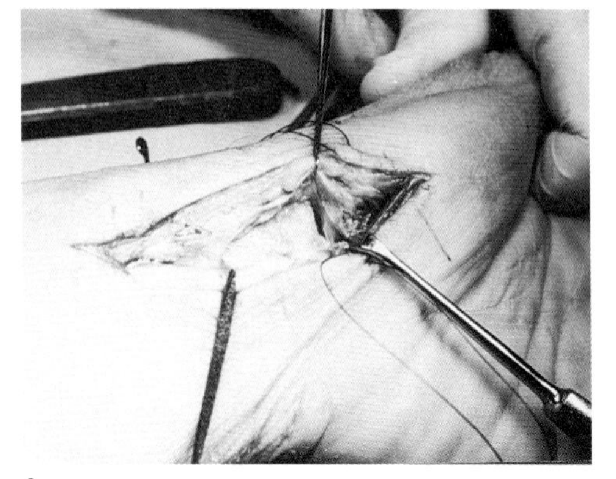

f

Figure 4

Two level lesion of the radial column of the carpus in a 35 year old man following a motor vehicle accident. (a) Note the anterior subluxation of the radial aspect of the wrist. (b) Posteroanterior radiograph showing a narrowing of the articular space between the scaphoid and the radius. (c) Midcarpal arthrography shows a leakage into the sheath of the FCR tendon. (d) and (e) Lateral views of an arthro-CT scan reveal massive subluxation of the proximal pole of the scaphoid and injection of the sheath of the FCR tendon; the lunate is dorsally tilted. (f) At surgery, rupture of the scaphotrapezial ligament and palmar capsule of the STT joint was found.

weakness of the tripod pinch which impeded twisting movements. One patient complained of abnormal fatigue when writing on a blackboard but was not impaired when playing tennis (Fig. 3). Again, range of motion of the wrist was not affected in this group. The results of standard radiographs, stress views, and arthrograms were identical to those of the first cohort of patients.

- In the remaining patient, whom we examined a few days after the injury, we found a rupture involving the *floor of the FCR tendon sheath, the palmar STT joint capsule, the palmar scaphotrapezial ligament and the radioscaphoid complex (two level injury).* Clinically, the patient presented with a visible rotatory anterior subluxation of the lateral column of the carpus which was passively reducible. Standard radiographs suggested the presence of subluxation of the scaphoid at the radioscaphoid and STT joints. Contrast dye leakage from the midcarpal joint into the FCR tendon sheath was seen in a midcarpal arthrogram and an arthro-CT (computed tomography) scan clearly showed anterior subluxation of the proximal pole of the scaphoid as well as slight dorsal intercalated segment instability (Fig. 4).

Operative treatment

Surgical approach

Exploration of the STT complex is done through a volar incision placed over the FCR tendon. The superficial palmar branch of the radial artery is ligated and severed. The palmar cutaneous branch of the median nerve is identified and retracted, especially when it branches proximally from the nerve trunk. The superficial sheath of the FCR tendon is opened and the tendon is retracted ulnarwards to allow exploration of the floor of the sheath at the level of the STT joint (which presented with a rupture in all of our nine cases). In two cases of chronic lesions, synovial fluid was seen to leak through the tear in the ruptured palmar STT capsule. We preferred not to release the FCR tendon from the trapezial ridge in order to use its insertion for reinforcement of the repair (see below). Retraction of the FCR tendon exposes the palmar STT joint capsule, which was also found to be disrupted in all our cases. In most instances a distal capsular flap remained attached on the trapezium. In two cases the rupture continued into the radial edge of the flexor retinaculum. Exploration of the scaphotrapezial ligament is done by retracting the radial edge of the capsular tear. In one case the scaphotrapezial ligament was avulsed from the scaphoid tubercle; in three cases the rupture was located in its midportion. If the radioscaphoid ligament complex is torn, a second incision is made over the anatomical snuffbox; this helps to identify lesions involving the radioscaphoid and radioscaphoidal–capitate ligaments (which were found to be avulsed from the tip of the radial styloid process in one of the cases).

Surgical repair

- Rupture of the floor of the FCR tendon sheath is repaired by direct suture, which is easily accomplished even in chronic lesions.
- Avulsion of the scaphotrapezial ligament from the scaphoid tubercle is treated by transosseous reinsertion.
- Rupture of the midportion of the scaphotrapezial ligament (seen in three cases) is directly sutured; repair was facilitated in these cases by the abundance of tissue at the edges of the tear.
- Avulsion of the radioscaphoid ligamentous complex necessitates bony reinsertion. Lateral stability may be reinforced by a distally based partial flap of the FCR tendon, which can be left attached at the trapezial ridge and tightened in the proximal direction.

In our cases, repair of the STT ligament complex was routinely reinforced and protected by suturing the deep portion of the FCR tendon to the tubercle of the scaphoid. In cases of associated radiocarpal ligament lesions, the repair was protected by K-wire transfixation of the involved joints (for approximately six weeks). Cast immobilization with the wrist in slight flexion and the thumb in palmar abduction was used for six weeks in all instances.

Results

Eight patients with isolated lesions at the STT joint level achieved generally good reults. Five were completely relieved of pain; one, a manual worker, continues to experience some pain at work; another suffers from neuroma pain at the distal third of the forearm; the eighth patient is impaired by unrelated avascular necrosis of the lunate which appeared three months after a lunate fracture missed on initial examination. All patients in this series retained normal range of motion, recovered normal strength, and preserved normal radiographic appearance.

The ninth patient, who presented with a double level lesion, has had a short follow-up of six months and so far has achieved a fair result. He experiences some pain which limits pinch and grip strength, and the range of motion is limited to 45° of flexion, 45° of extension, 10° of radial deviation and 30° of ulnar deviation. Radiographs show narrowing of the radioscaphoid joint space which may be due to persisting anterior subluxation of the scaphoid.

Discussion

To the best of our knowledge, reports of ligamentous lesions of the STT complex have been scant. Kuhlmann et al (1992) have described a case of rupture of what they called the medial scaphotrapezial ligament. The value of arthrography was not addressed in their paper. Repair included the use of a flap of the flexor retinaculum.

Chronic isolated lesions of STT ligaments are presumably not too uncommon, but may go undetected as they are not overly painful and do not necessarily entail weakness or other functional impairments. Nevertheless, we may have overestimated their frequency when discussing our first series of four cases (Masquelet et al 1992). Although our department is a Trauma Centre (but not an exclusive Hand Centre) we diagnosed this lesion in only four cases from August 1991 to May 1992, and only five cases between May 1992 and May 1995.

Diagnosis has been based on the correlation of clinical findings and midcarpal arthrography showing abnormal communication between the midcarpal joint and the FCR tendon sheath. We have not surgically explored patients presenting with chronic pain at the base of the thenar eminence who have normal midcarpal joint arthrograms, although we suspect that STT ligament lesions may exist in which dye leakage is not seen (false negative midcarpal arthrograms).

Falsely positive arthrographic injection of the sheath of the FCR tendon can be seen with:

- Osteoarthritis of the STT joint (Carstam et al 1968). Osteoarthritis of the STT joint with coexisting lesions of the palmar joint capsule is usually degenerative, and we have not yet observed an example of primary traumatic STT ligament lesion leading to secondary osteoarthritis of that joint.
- Lesions of the second carpometacarpal joint leading to abnormal communication between the midcarpal joint and the FCR tendon sheath.

Isolated lesions of the STT ligamentous complex raise several questions which remained unanswered, regarding:

- The relationship between chronic tenosynovitis of FCR and susceptibility to traumatic rupture of the floor of the sheath (Gazarian and Foucher 1992).
- The aetiopathogenesis of osteoarthritis of the STT joint, which might be a long term effect of limited repetitive injuries to the STT ligaments.
- The relationship between STT joint stability and isolated rotatory subluxation of the scaphoid.
- The relationship between STT ligament lesions and scapholunate dissociation.

Conclusions

Our limited experience has confirmed the existence of isolated lesions of the STT ligament complex. These injuries may occur in association with lesions of the radioscaphoid joint. However, in our cases we have not detected lesions of the scaphocapitate ligament which could be responsible for a gap in the STT joint in ulnar deviation of the wrist (Taleisnik 1985, Saffar 1989). Lesions of the STT ligament complex are probably linked to other carpal instability disorders of the wrist.

References

Carstam N, Eiken O, Andren L (1968) Osteoarthritis of the trapezioscaphoid joint, *Acta Orthop Scand* **39**:354–8.

Crosby EB, Linscheid RL, Dobyns JH (1978) Scapho-trapezial-trapezoidal arthrosis, *J Hand Surg* **3**:324–34.

Drewniany JJ, Palmer AK, Flatt AE (1985) The scapho-trapezial ligament complex: an anatomic and biochemical study, *J Hand Surg* **10A**:492–8.

Gazarian A, Foucher G (1992) La tendinite du grand palmaire. A propos de vingt-quatre cas, *Ann Chir Main* **11**:14–18.

Kuhlmann JN, Tubiana R (1983) Mécanique du poignet normal. In: Razemon JP, Fisk GR, eds. *Le Poignet*. Expansion Scientifique Française: Paris.

Kuhlmann JN, Mimoun A, Fahed P, Boabighi A, Baux S (1992) L'entorse scapho-trapézienne interne grave et invétérée. A propos d'un cas particulier, *Ann Chir Main* **11**:62–5.

Linscheid RL, Dobyns JH, Beabout JW, Bryan RS (1972) Traumatic instability of the wrist, *J Bone Joint Surg* **54A**:1611–32.

Masquelet AC, Strube F, Nordin JY (1992) The isolated scapho-trapezo trapezial ligament injury, *J Hand Surg* **18B**:730–5.

Mayfield JK, Williams WJ, Erdman AC, et al (1979) Biomechanical properties of human carpal ligaments, *Orthop Trans* **3**:143–51.

Mestdagh H, Butruille Y, Butin E, Urvoy P, et al (1991) La luxation scapho-trapézo-trapezoidienne. A propos de 5 cas, *Ann Chir Main* **10**:280–5.

Saffar P (1989) *Les Traumatismes du Carpe*. Springer Verlag: Paris:160.

Schernberg F (1983) L'instabilité médiocarpienne, *Ann Chir Main* **3**:301–12.

Taleisnik J (1980) Post-traumatic carpal instability, *Clin Orthop* **149**:79–88.

Taleisnik J (1985) Scapho-trapezio-trapezoid instability. In: Taleisnik J. *The Wrist*. Churchill Livingstone: New York:235.

21 Midcarpal instability: description, classification, and treatment

Eric S Gaenslen and David M Lichtman

Primary midcarpal instability (MCI) as a source of clinical symptoms was first described as recently as 1980 (Lichtman et al 1980); a series of patients presented with a volar sag on the ulnar side of the wrist and a history of a painful 'clunk' at the midcarpal joint with ulnar deviation of the wrist.

It is now felt that laxity of certain carpal ligaments, including the ulnar arm of the volar arcuate ligament complex, results in lack of support for the proximal carpal row and midcarpal joint, which in turn leads to a loss of the normal joint contact reactive forces between the proximal and distal carpal rows. A dynamic flexion deformity occurs in the proximal row as the distal row translates volarly due to the lax ligaments. As the wrist moves from neutral to ulnar deviation there is no longer the coupled rotation of the carpus with the gradual transition in the proximal row from volar (VISI) to dorsal intercalated segment instability (DISI) configuration (flexion to dorsal extension). Instead, the proximal row remains flexed and the distal row remains volarly subluxed for a prolonged period, until extreme ulnar deviation when the distal row abruptly reduces on the proximal row and the proximal row jumps into a DISI configuration. The final resting position in ulnar deviation is physiological, but a 'catch-up clunk' occurs which is the source of the patient's symptoms.

Clinical findings

Patients with MCI present with a characteristic history of a painful 'clunk' on the ulnar side of the wrist during activities involving active ulnar deviation with the forearm in pronation. There is often no history of significant trauma. They may also give a history of asymptomatic wrist clunking for many years prior to the current painful presentation. The contralateral wrist may also have an asymptomatic clunk.

On physical examination a volar sag of the ulnar side of the carpus is seen frequently along with a prominent ulnar head appearing with the wrist in neutral radial/ulnar deviation (Fig. 1).

There may even be a dimpling of the skin when this sag is significant. A localized synovitis may be present and, if so, the sag of the ulnar carpus and relative prominence of the ulnar head may be less dramatic. There may be tenderness over the ulnar carpus, particularly over the triquetrohamate joint. Tenderness is particularly likely to exist if synovitis is present as well (Ambrose and Posner 1992). The patient can often reproduce the 'clunk' with active ulnar

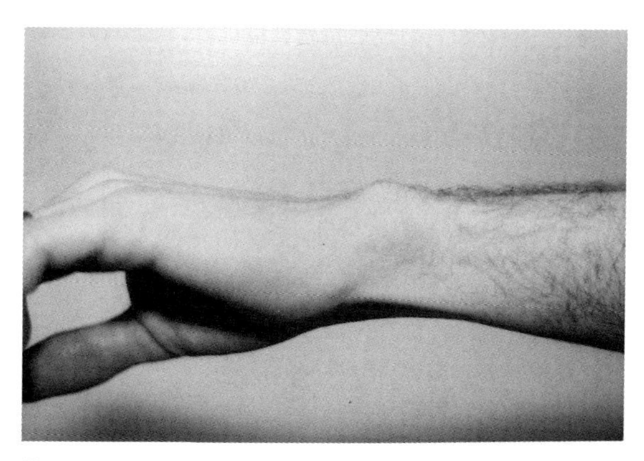

Figure 1

Lateral view of the wrist in neutral deviation in a patient with palmar midcarpal instability. A volar sag of the ulnar side of the carpus is seen, along with a prominent ulnar head.

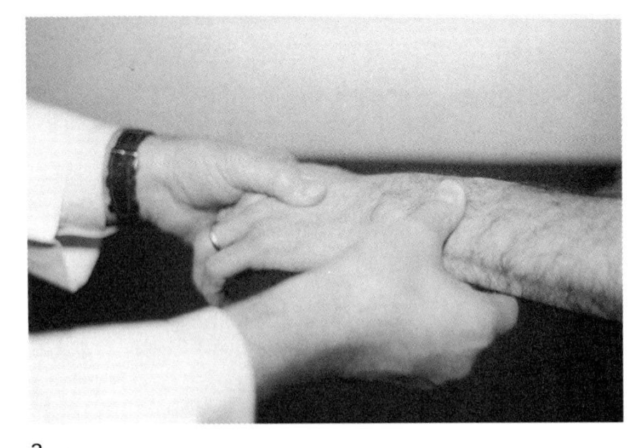

a

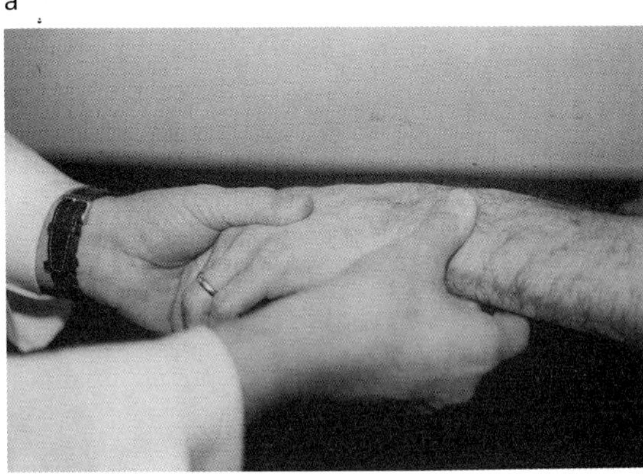

b

Figure 2

The midcarpal shift test being performed on a left wrist. (a) The patient's forearm is stabilized and held in a pronated position by the examiner's right hand. With the patient's wrist in neutral deviation, the examiner's left hand grasps the patient's left hand and, with the thumb, exerts volarly directed pressure on the dorsal wrist at the level of the distal capitate. (b) The wrist is then simultaneously axially loaded and ulnarly deviated to recreate the relevant forces which cause the symptoms to occur.

deviation of the pronated wrist and the examiner can easily visualize and palpate the sudden change in carpal position which occurs as the wrist clunks. At the extreme of ulnar deviation the volar sag of the ulnar carpus is now absent.

If the patient is unable actively to reproduce the instability, it may be passively reproduced by the examiner with the midcarpal shift test (Fig. 2) (Lichtman et al 1993). To perform this test on the left wrist, the forearm is stabilized with the examiner's right hand and held in a pronated position (Fig. 2a). With the patient's wrist in neutral deviation, the examiner's left hand grasps the patient's left hand and, with the thumb, the examiner exerts volarly directed pressure on the dorsal wrist at the level of the distal capitate (Fig. 2b). The wrist is then simultaneously axially loaded and ulnarly deviated to recreate the relevant forces which cause the symptoms to occur. The test is positive when a painful clunk occurs with ulnar deviation that reproduces the patient's symptoms. The production of a clunk alone is not significant, as this can be elicited in a significant number of persons without MCI, as well as in the contralateral wrist of persons with MCI. The test must also reproduce the patient's pain to be considered positive. With the exception of pain and synovitis, similar findings are often present in the contralateral wrist. Other generalized features of ligamentous hyperlaxity may be present as well.

What causes the wrist clunk to change from a painless condition to a painful one is difficult to say. Three potential sources of pain may each make a contribution to the patient's symptoms. Firstly, a localized synovitis is variably observed both clinically and at surgery and may contribute to symptoms. Secondly, long term instability may result in midcarpal articular wear and an arthritic source of pain. Thirdly, the instability itself may be painful, resulting from the gradual attenuation of the supporting ligaments to the extent that midcarpal displacement becomes excessive and symptomatic. Pain and tenderness are often concentrated on the ulnar side of the wrist at the triquetrohamate joint. This is due to concentration of forces at this site with ulnar deviation and as the catch-up clunk occurs.

Diagnostic studies

MCI is a dynamic condition and plain radiographs may be unremarkable as they cannot capture the pathological motion of the carpus. However, the lateral view of the neutral radial–ulnar deviation usually shows a VISI configuration with slight volar translocation of the distal carpal row (Fig. 3). If the wrist is resting on a table, however, this may inadvertently

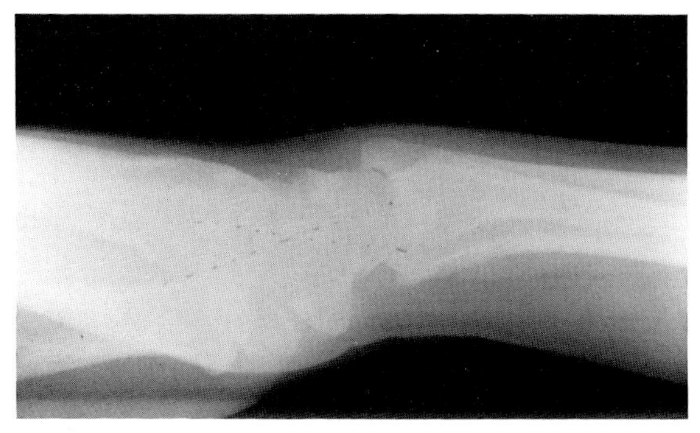

Figure 3

Lateral wrist radiograph in neutral deviation of a patient with palmar MCI. There is a VISI deformity, a zig-zag pattern of the axes of the radius, lunate, and capitate.

reduce the VISI configuration. The imaging study of choice is videofluoroscopy performed in the posteroanterior (PA) and lateral planes as the wrist moves from radial deviation to ulnar deviation. Here the provocative manoeuvre can be carried out and the pathological carpal motion as described above can be visualized directly. On the videofluoroscopy in the PA plane it can be seen that the entire proximal row jumps from flexion to extension as a single unit. On this view, it is also particularly important to rule out any dissociative carpal instabilities such as a scapholunate dissociation. On the lateral view, using the lunate as a marker, it can be confirmed that the sudden motion is from flexion to extension as the wrist deviates ulnarly. Since this is primarily a dynamic event, occurring instantaneously, sequential still radiographs are not particularly helpful. Neither wrist arthrography nor magnetic resonance imaging have yet proven useful in evaluating MCI.

Classification

There has recently been increasing interest in and recognition of instabilities on the ulnar side of the wrist and midcarpal joint (Alexander and Lichtman 1984, 1988, Louis et al 1984, Mayfield 1984, Taleisnik and Watson 1984, White et al 1984, Braunstein et al 1985, Johnson and Carrera 1986, Dobyns et al 1987, Taleisnik 1987, Lichtman et al 1988, Trumble et al 1988, 1990, Saffar 1990, Viegas et al 1990, Ambrose and Posner 1992, Green 1994).

Intrinsic MCI

Along with the growth of interest in wrist instability has come a proliferation in nomenclature (Table 1). We now refer to the clinical pattern described above as palmar midcarpal instability.

In earlier reports (Lichtman 1981, Alexander and Lichtman 1984), we had termed this entity ulnar midcarpal instability and triquetrohamate instability. Palmar midcarpal instability (PMCI) describes the most common pattern of MCI, that described above. A much less common variant of MCI, in which the proximal carpal row is dorsiflexed (DISI) and the distal carpal row is subluxed dorsally when the wrist is in neutral position, is termed dorsal midcarpal instability (DMCI). Wright et al (1990) have described a group of patients with clinical characteristics identical to those with PMCI. They used the term 'carpal instability nondissociative' (CIND) to describe this condition and distinguish it from the perilunate forms of dissociative instability. We feel that this term, while probably correct in identifying these as nondissociative lesions, is nonspecific and fails to direct attention to the site of the pathological instability, the midcarpal joint. Louis et al (1984) described the capitate lunate instability pattern (CLIP wrist) in a series of 11 patients in whom dorsal subluxation of the capitate on the lunate and the scaphoid on the scaphoid fossa of the radius could be demonstrated. These patients had a different clinical and radiographic picture than that characteristic of patients with PMCI, but may have features similar to those of patients with the less common DMCI. Johnson and Carrera (1986) used the term chronic capitolunate instability (CCI) to describe a series of 12 patients with post-traumatic wrist clicking and weakness in whom plain and cineradiograhic features were normal and in whom a dorsal capitate–displacement apprehension test reproduced the patient's symptoms. These post-traumatic findings represent another potential variation of DMCI at the midcarpal joint.

Table 1 Classification of midcarpal instability (MCI)

Suggested terminology	Original terminology	Proposed aetiology	Direction of subluxation	Suggested surgical treatment
I. Palmar MCI (Intrinsic)	1. Ulnar midcarpal (Lichtman et al 1980)	1. Laxity of ulnar arm of the ulnar arcuate ligament and the dorsal radiolunate–triquetral ligament	Palmar	Limited carpal arthrodesis
	2. Carpal instability nondissociative (CIND) (Wright et al 1990)	2. As above, or ulnar minus variant	Palmar*	Limited carpal arthrodesis or ulnar lengthening (depending on aetiology)
II. Dorsal MCI (Intrinsic)	1. Capitolunate instability pattern (CLIP) (Louis et al 1984) 2. Chronic capitolunate instability (Johnson and Carrera 1980)	Laxity of the palmar radioscaphoidal–capitate or ligament	Dorsal	Palmar capsular reefing (radioscapho-capitate to radiolunate–triquetral)
III. Extrinsic MCI	MCI secondary to distal radius malunion (Taleisnik and Watson 1984)	Dorsal displacement and angulation of distal radius; adaptive Z deformity of carpus	Dorsal	Corrective distal radius osteotomy

*Majority of cases presented with palmar MCI, although a few were dorsal.

Extrinsic MCI

Midcarpal instability can also be seen following treatment of distal radius fractures. This group of patients is considered to have *extrinsic* midcarpal instability (Linscheid 1972, Taleisnik 1980, 1984). Their midcarpal instability is secondary to malunion of fracture of the distal radius. Patient have a significant dorsal angulatory malunion of the distal radius and symptoms of pain and/or clunking at the triquetrohamate joint, which do not develop until several months after immobilization is discontinued.

Radiographically, the major change in the architecture of the distal radius is the dramatic reversal of palmar tilt. On the lateral view with the wrist in neutral deviation the lunate and capitate remain colinear but with an axis parallel and dorsal to that of the shaft of the radius. On the lateral view, with the wrist in ulnar deviation, the lunate assumes a dorsiflexed position but without the normal palmar translation that is seen typically. In this position, the axis of the capitate is no longer colinear with the lunate, but remains dorsal and parallel to the axis of the shaft of the radius. It is felt that the painful subluxation is compensatory and secondary to the instability of the lunate to translate palmarly with ulnar deviation of the wrist (owing to the excessive dorsal tilt of the articular surface of the distal radius). Corrective osteotomy of the distal radius with restoration of radiocarpal alignment relieves the symptoms of extrinsic MCI.

Treatment

Nonoperative treatment

Many patients with PMCI, especially the milder variety, respond well to nonoperative management. This begins with educating the patient as to the nature of the problem and avoidance of aggravating activities, and the use of nonsteroidal anti-inflammatory medications to address any synovitis or arthritic component of the symptoms. Steroid injections may also be used, although we do this infrequently. A trial of wrist immobilization may be used. Immobilization with the forearm supinated will help minimize the offending stresses but leaves the hand in a relatively nonfunctional position. We have successfully used a palmar based splint that pushes dorsally on the pisiform. Dorsally directed pressure on the pisiform reduces the ulnar carpal sag along with the VISI position of the proximal row, and therefore the volar displacement of the distal row. In this supported position, midcarpal dynamics are corrected, and the wrist will not clunk. Wrist range of motion is not significantly obstructed and the painful clunk is eliminated while the splint is in use. When the splint is not in use, patients should be instructed on simple exercises which may help control their symptoms. Just as subtle instabilities of the shoulder, knee, and ankle can be successfully compensated for by proprioceptive training and strengthening the secondary dynamic stabilizers of the joint, the midcarpal joint can be stabilized in a similar manner.

Strengthening the hypothenar muscles and the extensor carpi ulnaris can add secondary stability to the midcarpal joint. Patients can be trained to 'set' these muscles prior to ulnarly deviating the wrist, so avoiding the symptomatic clunking. This can be demonstrated to the patient by pushing dorsally on the pisiform. In this position, the midcarpal joint is reduced and the wrist will not clunk with ulnar deviation. The patient can then be taught to maintain this position by activation of the extensor carpi ulnaris and hypothenar muscles. If this muscle activation is habituated during ulnar deviation, then the painful clunk will be eliminated. Combinations of active and passive measures can control symptoms adequately in the majority of patients. In those who fail to achieve satisfactory symptom control, surgical treatment is recommended.

Operative treatment

Surgical treatment aims to prevent the pathological motion at the midcarpal joint. This can be achieved by ligament reconstruction, capsular tightening procedures or a limited midcarpal arthrodesis. Initially, tendon grafts were used to reconstruct the functional break in the ring at the triquetrohamate joint (Alexander and Lichtman 1984). These were not uniformly successful, however, as the grafts tended to stretch out over time and symptoms recurred.

Several combinations of soft tissue reefing procedures have been attempted (Lichtman et al 1993). These have included: (1) sewing the radioscaphoidal–capitate ligament to the radiolunate–triquetral ligament to close the space of Poirer; (2) a dorsal radiocarpal capsulodesis; and (3) distal advancement of the ulnar arm of the arcuate ligament. In the third procedure (Fig. 4), the ulnar arm of the arcuate ligament is dissected free from the volar capsule through a volar approach. It is then detached from its insertion on the capitate and dissected proximally to its origins on the triquetrum and ulnar border of the lunate. Care is taken to avoid injury to the triquetrolunate interosseous ligament. The distal aspect of the ligament is then advanced distally on the capitate and a bony trough is created. A Bunnell suture is used and passed through drill holes in the capitate. The suture is tied dorsally over the capitate through a separate dorsal incision. The reduced position of the proximal and distal carpal rows is achieved prior to tying the suture. The position is maintained with Kirschner wires and a cast for 8–12 weeks. In a recently published series of patients (Lichtman et al 1993), nine underwent soft tissue reconstruction, with five undergoing advancement of the ulnar arm of the arcuate ligament. Among these five patients there were two satisfactory and three unsatisfactory results at an average of 29 months postoperatively. Average loss of wrist motion was 27% and grip strength increased by an average of 3%.

Limited wrist arthrodesis usually consists of either a triquetrohamate fusion or a triquetrohamate–capitolunate fusion (four quadrant fusion). We have noted that fusion of only the triquetrohamate joint may result in radial sided wrist symptoms, perhaps due to compensatory hypermobility at the scapholunate joint. Since this observation has been made, only four quadrant fusions have been utilized (Lichtman et al 1993). This procedure is carried out as follows:

- Approach the wrist through a dorsal ulnar approach and expose the carpus between the fourth and fifth dorsal compartments.

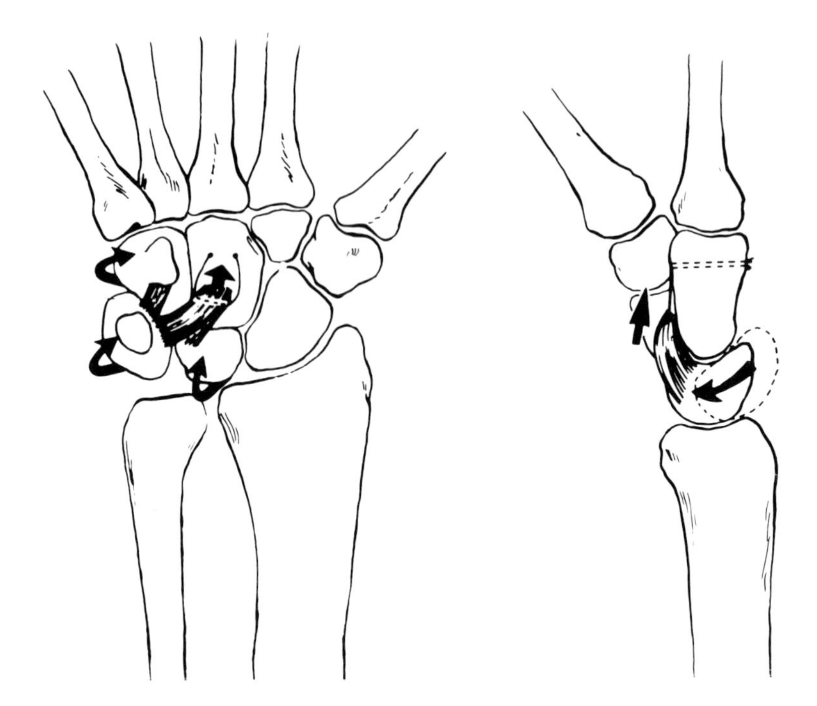

Figure 4

The soft tissue reconstruction of palmar midcarpal instability involves advancement of the ulnar arm of the arcuate ligament (triquetrohamate–capitate ligament). The ligament is freed from its palmar capsule and insertion on the capitate and is dissected approximately to its origins on the triquetrum and the ulnar border of the lunate. The ligament is then advanced more distally on the capitate and sewn into a bony trough using sutures passed through drill holes. The suture is then tied over the dorsal aspect of the capitate through a separate dorsal incision.

- Take the wrist passively through a range of motion as an added step to confirm the preoperative diagnosis.
- Inspect the triquetrohamate joint particularly closely as this is the likely site of maximal instability and articular wear. Local synovitis and articular wear on the triquetrum are not uncommon findings.
- Drive a Kirschner wire across the triquetrohamate joint and take the wrist again through a range of motion into ulnar deviation. The midcarpal subluxation should be eliminated. If it is not, then reconsider the preoperative diagnosis.
- Carry out the arthrodesis in the usual manner after denuding the appropriate articular surfaces and packing the spaces with cancellous bone graft. Take care to maintain the normal carpal spatial relationships.
- Use Kirschner wires and a short arm cast to maintain wrist position in neutral flexion–extension and neutral radial–ulnar deviation.
- Remove the Kirschner wires at 8 weeks and the cast at 10 weeks.

Limited intercarpal arthrodesis has provided predictable and satisfactory results (Lichtman et al 1993). In six patients who underwent limited midcarpal arthrodesis (three triquetrohamate fusions and three four quadrant fusions), all had a successful result at an average of 51 months postoperatively. Average loss of wrist range of motion was 28% but grip strength increased by 10%.

Limited wrist arthrodesis (four quadrant fusion) and soft tissue reefing procedures result in comparable limitation in wrist motion and comparable increases in grip strength (Lichtman et al 1993). Limited wrist arthrodesis appears to offer more predictable relief of PMCI symptoms in the short to intermediate term than does the soft tissue reefing procedure. We feel, however, that continued research of soft tissue reefing procedures should be carried out. While postoperative results in the short to intermediate term are good with four quadrant fusion, we are concerned that the loss of the load sharing and load dispersing functions of the midcarpal joint may result in a higher incidence of painful radiocarpal arthritis. In reefing the ulnar arm of the arcuate ligament, the load sharing and load dispersing functions of the midcarpal joint are preserved. This may, therefore, have a better long term prognosis.

Conclusions

Over the past 15 years, palmar midcarpal instability has become an increasingly recognized source of ulnar-sided wrist pain. Patients with this condition have a fairly characteristic presentation of symptoms and findings of physical and radiograph examinations. These findings, however, may be subtle and must be specifically looked for by the examiner. The provocative diagnostic manoeuvre described in this chapter, as well as the findings on videofluoroscopy, are particularly diagnostic. Unlike most other forms of wrist instability, nonoperative treatment as outlined above is usually successful. If nonoperative treatment is unsuccessful, then recommendations for surgical treatment include limited arthrodesis. Ligamentous reconstructive procedures are still under investigation.

References

Alexander CE, Lichtman DM (1984) Ulnar carpal instabilities, *Orthop Clin North Am* **15**:307–20.

Alexander CE, Lichtman DM (1988) Triquetrolunate and midcarpal instability. In: Lichtman DM, ed, *The Wrist and Its Disorders.* WB Saunders, Philadelphia:274–85.

Ambrose L, Posner MA (1992) Lunate-triquetral and midcarpal joint instability, *Hand Clin* **8**(4):653–68.

Braunstein EM, Louis DS, Greene TL, Hankin FM (1985) Fluoroscopic and arthrographic evaluation of carpal instability, *Am J Roentgenol* **144**:1259–62.

Dobyns JH, Linscheid RL, Wadih SM, et al (1987) Carpal instability, non-dissociative (CIND), *Presentation at the Annual Meeting of the American Academy of Orthopedic Surgeons,* San Francisco.

Green DP (1994) Carpal dislocations and instabilities. In: Green DP, ed. *Operative Hand Surgery.* Churchill Livingstone: New York:861–928.

Johnson RP, Carrera GF (1986) Chronic capitolunate instability, *J Bone Joint Surg* **68A**:1164–76.

Lichtman DM, Schneider JR, Swafford AR (1980) Midcarpal instability, *Presentation at the 35th Annual Meeting of the American Society for Surgeons of the Hand,* Atlanta.

Lichtman DM, Schneider JR, Swafford AR, Mack GR (1981) Ulnar midcarpal instability: clinical and laboratory analysis, *J Hand Surgery* **6**:515–23.

Lichtman DM, Niccolai TA (1988) Arcuate ligament complex, its anatomy and functional significance, *Presentation at the 43rd Annual Meeting of the American Society for Surgeons of the Hand,* Baltimore.

Lichtman DM, Bruckner JD, Culp RW, Alexander CE (1993) Palmar midcarpal instability: results of surgical reconstruction, *J Hand Surg* **18**:307–15.

Linscheid RL, Dobyns JH, Beabout JW, Bryan RS (1972) Traumatic instability of the wrist. Diagnosis, classification, and pathomechanics, *J Bone Joint Surg* **54A**:1612–32.

Louis DS, Hankin FM, Greene TL, Braunstein EM, White SJ (1984) Central carpal instability–capitate lunate instability pattern. Diagnosis by dynamic displacement, *Orthopedics* **7**:1693–6.

Mayfield JK (1984) Patterns of injury to carpal ligaments, *Clin Orthop* **187**:36–42.

Saffar P (1990) Midcarpal instability. In: Saffar P. *Carpal Injuries: Anatomy, Radiology, Current Treatment.* Springer-Verlag: Paris: 83–7.

Taleisnik J (1980) Post-traumatic carpal instability, *Clin Orthop* **149**:73–82

Taleisnik J (1987) Pain on the ulnar side of the wrist, *Hand Clin* **3**:51–68.

Taleisnik J, Watson HK (1984) Midcarpal instability caused by malunited fractures of the distal radius, *J Hand Surg* **9A**:350–7.

Trumble T, Bour CJ, Smith RJ, Edwards GS (1988) Intercarpal arthrodesis for static and dynamic volar intercalated instability, *J Hand Surg* **13A**:384–90.

Trumble T, Bour CJ, Smith RJ, Glisson RR (1990) Kinematics of the ulnar carpus related to the volar intercalated segment instability pattern, *J Hand Surg* **15A**:384–92.

Viegas SF, Pogue DJ, Hokanson JA (1990) Ulnar sided perilunate instability: an anatomic and biomechanic study, *J Hand Surg* **15A**:268–77.

White SJ, Louis DS, Braunstein FM, Hankin FM, Greene TL (1984) Capitate-lunate instability: recognition by manipulation under fluoroscopy, *AJR Am J Roentgenol* **143**:361–4.

Wright TW, Dobyns JH, Linscheid RL (1990) Carpal instability, nondissociative. *Presentation at the 45th Annual Meeting of the American Society for Surgery of the Hand,* Toronto.

22
Is there instability of the triquetrohamate joint?

Gordon I Groh and David M Lichtman

Midcarpal instability is characterized by ulnar sided wrist pain, weakness of grip, and a painful 'clunk' at the midcarpal joint with ulnar deviation of the wrist (Lichtman et al 1981, 1993, Taleisnik and Watson 1984, Brown and Lichtman 1987). When conservative treatment fails to improve symptoms, surgical treatment has been proposed. Stabilizing procedures have included ligament reconstruction (Johnson and Carrera 1986), ulnar lengthening (Linscheid 1987), four quadrant arthrodesis (Taleisnik and Watson 1984, Green 1993, Lichtman et al 1993), and triquetrohamate arthrodesis (Taleisnik and Watson 1984, Green 1993, Lichtman et al 1993, Rao and Culver 1995). Since surgical treatment has included stabilization of the triquetrohamate joint, does this indicate that instability of this joint is the cause of midcarpal instability? The distinction between the pathomechanics of midcarpal instability and its treatment will serve as the focus for this chapter.

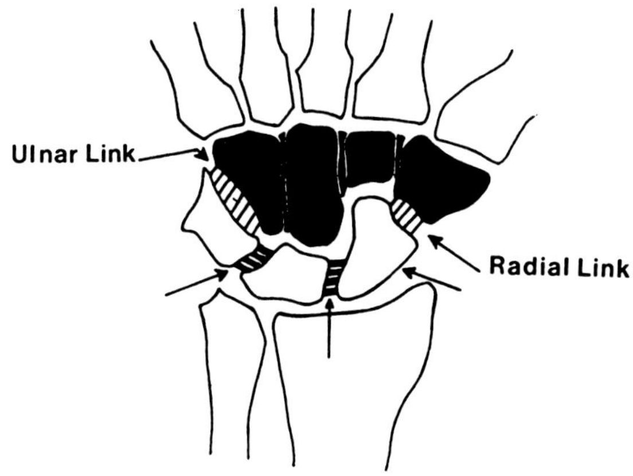

Figure 1

The 'ring' concept of carpal kinematics as proposed by Lichtman. The proximal and distal rows are rigid posts stabilized by interosseous ligaments. Normal controlled mobility occurs at the scaphotrapezial joint and at the triquetrohamate joint. Any break in the ring, by either bony or ligamentous injuries (arrows), can produce a dorsal or volar intercalated segment instability deformity.

Pathogenesis and anatomy

The Lichtman ring model (Fig. 1) (Lichtman et al 1981) of wrist mechanics best describes the intricate carpal motion and link dynamics between the proximal and distal carpal rows. The proximal and distal carpal rows move in relative synchrony during flexion and extension. However, the relative motions between these rows are more complex during ulnar and radial deviation of the wrist.

With radial deviation (Fig. 2), compression forces are generated at the scaphotrapezial–trapezoid (STT) link which creates a flexion moment in the intercalated proximal row. Viewed anatomically, the entire proximal row flexes while the individual bones assume a more dorsally displaced position. Since the forces are generated primarily at the STT joint, the lunate and triquetrum will only follow into flexion in the face of normal interosseous ligaments. With ulnar deviation (Fig. 3), compression forces are created at the triquetrohamate link. Due to the helicoid slope of this articulation, these forces generate an extension moment on the triquetrum which is transmitted to the lunate and scaphoid when interosseous ligaments are intact. Then with ulnar deviation the entire intercalated proximal row will extend as it assumes a more palmarly translocated position. In neutral

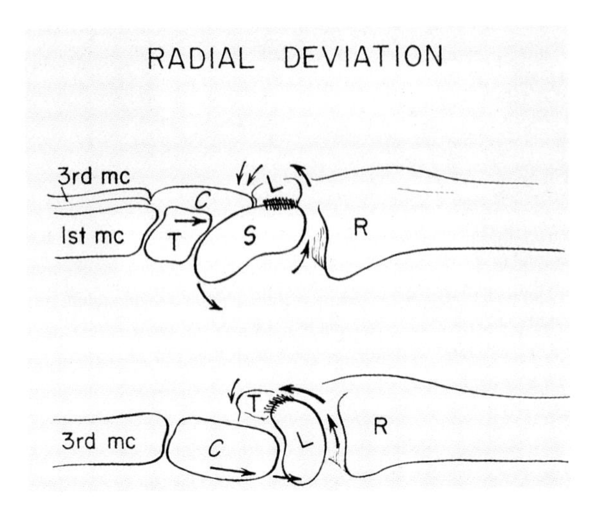

Figure 2

Relative motion of the proximal and distal rows during radial deviation of the wrist. The trapezium forces the distal scaphoid pole palmarward. Intact interosseous ligaments carry the remaining proximal row bones into flexion. Secondary forces act across the capitolunate joint to assist flexion. (T, triquetrum; S, scaphoid; L, lunate; R, radius; C, capitate; mc, metacarpal).

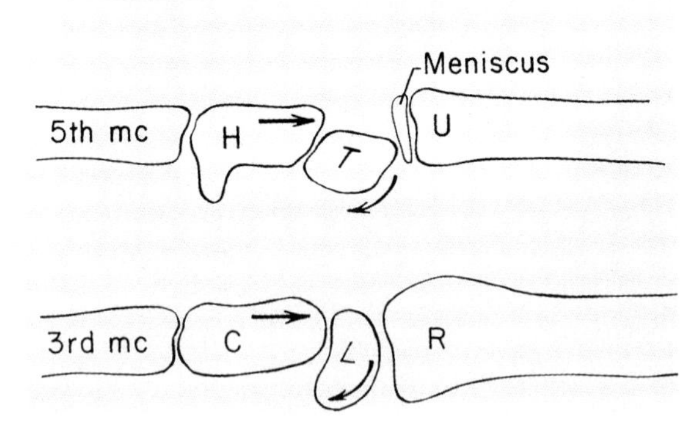

Figure 3

Relative motion of rows in ulnar deviation. The helicoid slope of the triquetrohamate joint forces the triquetrum into extension. Intact interosseous ligaments carry the lunate and scaphoid into extension. Secondary forces act across the capitolunate joint. (T, triquetrum; L, lunate; H, hamate; R, radius; U, ulna; C, capitate; mc, metacarpal).

deviation, especially with a clenched fist, the compression forces are equally balanced across the two midcarpal links. Thus the flexion moment generated at the STT joint is neutralized

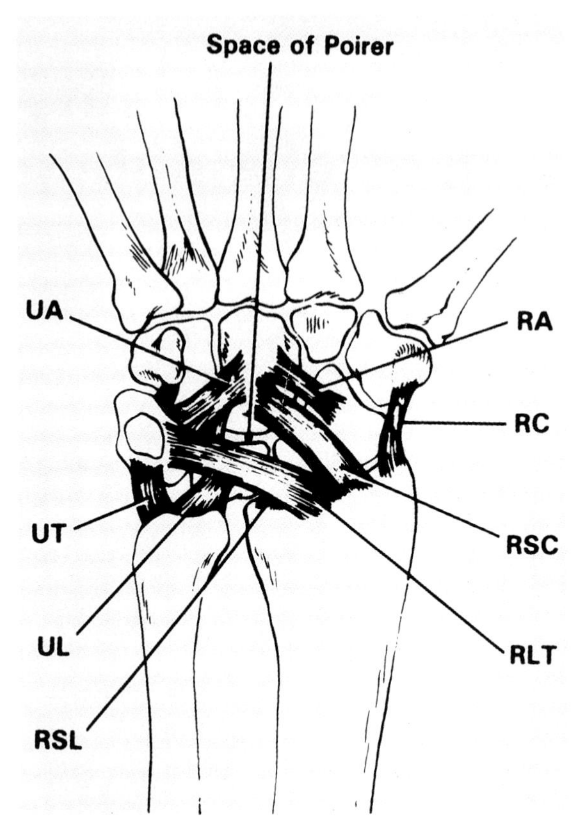

Figure 4

The palmar arcuate ligament complex is a major stabilizer of the midcarpal joint. The ulnar arm is the triquetro-hamate–capitate ligament, and the radial arm is confluent with and distal to the radioscaphoidal–capitate ligament. Central fibres between the capitate and the lunate are normally absent or attenuated. This weak area, palmar and distal to the lunate, is known as the space of Poirer. (Ligaments: UA, ulnar arcuate; UT, ulnotriquetral; RSL, radioscapholunate; UL, ulnolunate; RA, radial arcuate; RC, radial collateral; RSC, radioscaphocapitate; RLT, radio-lunotriquetral).

by the extension moment generated at the ulnar (triquetrohamate) link. Consequently, the relative motion of each carpal row depends on the intimate midcarpal joint contact and the resultant joint contact forces generated. The radial midcarpal link (STT joint) and the ulnar midcarpal link (triquetrohamate joint) couple the relative motion of the proximal and distal carpal rows.

It is the intricate arrangement of ulnar and radial midcarpal extrinsic ligaments that maintains precise joint contact in all points of motion (Fig. 4). The palmar arcuate ligament is the primary midcarpal stabilizer in both radial and ulnar deviation. The ulnar arm of the arcuate ligament is the palmar triquetro-hamate–capitate ligament. The proximal attachment of this ligament is at the palmar surface of the triquetrum, the palmar triquetrolunate ligament, and the ulnar corner of the palmar lunate. It attaches to the proximal corner of the hamate and then inserts distally into the palmar neck of the capitate. It is the ulnar arm of the arcuate ligament that maintains primary support at the triquetrohamate joint. The radial arm of the arcuate ligament is confluent with and distal to the palmar radioscaphoidal–capitate ligament. This component gives primary support to the radial link of the midcarpal joint. Dorsally, the capitolunate and triquetrohamate ligaments provide minimal stability to the midcarpal joint (Lichtman et al 1981, Viegas 1990). The radiolunate–triquetral ligament acts as a check to keep the proximal row out of a volar intercalated segment instability (VISI) configuration. Because a static VISI is always a component of midcarpal instability, it is felt that this ligament is an important stabilizer of the midcarpal joint, particularly of the ulnar link.

With laxity of the ulnar midcarpal support ligaments (ulnar arcuate and/or dorsal radiotriquetral) the ulnar link is no longer capable of generating compression forces, especially if the extrinsic musculature is not assisting (as when making a clenched fist). Thus the radial flexion moment is not counterbalanced by the ulnar extension moment and the midcarpal row assumes a flexed position in both radial and neutral deviation.

Because of this relative subluxation, the normal reactive forces at the midcarpal joint no longer control the intercalary motion of the proximal row. Instead of the smooth glide from flexion to extension as the wrist deviates ulnarward, the entire proximal row stays in its dorsally located but palmar flexed position relative to the distal row. As ulnar deviation is completed, the triquetrohamate joint is now compressed and the normal joint reactive forces are suddenly reactivated. Thus, the proximal row rapidly rotates into extension, moving palmarly while the dorsal row translates dorsally. The final resting position in ulnar deviation is physiological, but the 'catch-up clunk' occurs, which is the source of symptoms.

Discussion

It can be seen that palmar midcarpal instability is produced by laxity of ligaments decreasing the physiological effect of the triquetrohamate joint on proximal row kinematics. However, the dissociation or instability produced is not limited to the triquetrohamate joint but is, in fact, a total midcarpal instability manifested clinically by sudden rotation of the entire proximal row. Therefore, any operation that stabilizes or fuses a significant portion of one row to the other will effectively eliminate the 'catch-up clunk' of midcarpal instability.

The focus of surgical attention has thus far been on the triquetrohamate joint because that is where the forces are concentrated when the clunk occurs. Secondary joint changes and subsequent symptomatology are usually localized to the triquetrohamate joint. So, although we have chosen to stabilize the triquetrohamate articulation, the instability is actually midcarpal. We believe, therefore, that midcarpal instability is a more descriptive term for this unusual condition than is triquetrohamate instability.

References

Brown DE, Lichtman DM (1987) Midcarpal instability, *Hand Clin* **3**:135–40.

Green DP (1993) Carpal dislocations and instabilities. In: Green DP, ed. *Operative Hand Surgery*, 3rd ed. Churchill Livingstone: New York: 861–928.

Johnson P, Carrera GF (1986) Chronic capitolunate instability, *J Bone Joint Surg* **68A**:1164–76.

Lichtman DM, Schneider JR, Swafford AR, Mack GR (1981) Ulnar midcarpal instability: clinical and laboratory analysis, *J Hand Surg* **6**:515–23.

Lichtman DM, Bruckner JD, Culp RW, Alexander CE (1993) Palmar midcarpal instability: results of surgical reconstruction, *J Hand Surg* **18A**:307–15.

Linscheid RL (1987) Ulnar lengthening and shortening, *Hand Clin* **3**:69–79.

Rao SB, Culver JE (1995) Triquetrohamate arthrodesis for midcarpal instability, *J Hand Surg* **20A**:583–9.

Taleisnik J, Watson HK (1984) Midcarpal instability caused by malunited fractures of the distal radius, *J Hand Surg* **9A**:350–7.

Viegas SF, Pogue DJ, Hokanson JA (1990) Ulnar sided perilunate instability: an anatomic and biomechanic study, *J Hand Surg* **15A**:268–77.

23 Ulnar translation of the carpus: a rare type of wrist instability

François Schernberg

The carpal instability pattern described as 'ulnar translation' by Dobyns et al (1975) or 'ulnar translocation' by Taleisnik (1985) is a pathological condition in which the entire carpus slides, as a unit, ulnarly down the inclined articular surface of the radius. In addition to the static type of ulnar translocation these authors reported, a dynamic variant has been shown to exist (Schernberg 1990b). According to the author's classification of ligament injuries, which comprises four main categories (Schernberg 1996), the static pattern of ulnar translocation represents a grade III lesion and the dynamic one a grade II.

Grade III lesions consist of complete disruption of the relevant ligament(s) and permanent displacement of the involved carpals with loss of normal spatial relationships. As there is some contact between the articular surfaces remaining, this condition is also called subluxation. Grade IV injuries present with dislocation, i.e. complete loss of joint contact between the involved carpal elements.

A grade II injury corresponds to a complete disruption of the involved ligament but does not cause any displacement of carpals, and standard radiographs remain normal. Function views with active movement, or passive stress views in which the carpals are displaced by external force, must be used to reveal this abnormality. In grade I injury, or sprains, there is only partial disruption of the involved ligament and the joint remains stable under dynamic radiographic examination.

While ulnar translation is commonly encountered in cases of advanced rheumatoid arthritis of the wrist (Linsheid and Dobyns 1971) it is rarely seen in the context of post-traumatic carpal instability. The paucity of clinical cases in the literature and the difficulty of their treatment (Bellinghausen et al 1983, Rayhack et al 1987) seems to be related to the fact that severe and global disruption of the ligamentous components of the radiocarpal joint is required before the lesion occurs (Viegas et al 1995).

Mechanism and pathology

Ulnar translation of the wrist has been shown to be related to scapholunate dissociation (Rayhack et al 1987) and it may be assumed that common pathomechanics exist, namely forceful hyperextension in association with substantial torque, probably pronation of the forearm on the fixed hand or vice versa. Excessive minus variance of the ulna with deficient ulnar buttressing by the triangular fibrocartilage may play a role in the mechanism of these injuries.

Information on the exact location and extent of ligamentous lesions during surgical exploration of the wrist in cases with ulnar translocation has remained incomplete, as all of the eight cases reported by Rayhack et al (1987) were examined in the subacute or late stages following the injury. Reparative fibrous reaction was seen which blurred the correct localization and definition of the original lesions. In a single specimen cadaver study it was found that the wrist could sublux in the ulnar direction when the entire radial insertion of the palmar radiocarpal ligaments, i.e. the radial origin of the radioscaphoidal–capitate and radiolunate ligaments, were sectioned. Ulnar translocation could be reversed by placing a tight circumferential tendon sling through a drill hole in the neck of the capitate and around the radial styloid in an attempt to reconstruct the radioscaphoidal– capitate ligament. In a cadaver study with staged ligament division and loading

24
Wrist instability with or following fractures of the distal radius

Diego L Fernandez, William B Geissler, and David M Lamey

In spite of the current systematization of diagnosis, sophisticated imaging techniques and existing treatment algorithms for distal radial fractures, failure to recognize associated carpal ligament lesions will seriously aggravate the ultimate outcome and result in painful limitation of motion. Certain fracture patterns, such as radiocarpal fracture–dislocations and severely displaced radial styloidal fractures entering the ridge between the scaphoid and lunate fossae, have well defined obligatory concomitant intrinsic or extrinsic ligament disruptions in the carpus. Nondissociative tears at the scapholunate junction have been diagnosed during open reconstruction of the radiocarpal articular surface through dorsal wrist arthrotomies. In addition, the use of closed ligamentotaxis with wrist fixators has occasionally revealed a pathological distal shift of the scaphoid indicating complete scapholunate ligament disruption which, if left untreated, results in a definite gap and acute carpal collapse at the time of fixator removal. However, it was not until the use of arthrograms and the advent of wrist arthroscopy that the incidence and distribution of complete or partial tears could be clearly assessed.

Treatments for these associated partial and complete ligament injuries continue to evolve. We now recognize that a substantial number of previously undiagnosed incomplete ligament tears will progress to undisturbed healing in the period of immobilization required for consolidation of the distal radial fracture and therefore do not require any additional treatment.

Based on a thorough review of the current literature, the purpose of this chapter is to analyse the incidence and mechanism of injury of carpal ligament lesions occurring with distal radius fractures, to clarify their diagnosis, and to propose a number of treatment options for conditions diagnosed in the acute and subacute stages. Furthermore, residual carpal subluxation, adaptive carpal malalignment, and dynamic midcarpal instability associated with malunited fractures are briefly discussed.

Acute injury

Incidence, assessment, pathology, and mechanisms of injury

The association of acute carpal ligament lesions with fractures of the distal radius has been well documented by several authors (Rosenthal et al 1983, Melone 1984, Knirk and Jupiter 1986, Brown 1987, Biyani and Sharma 1989, Saffar 1990, Mudgal and Jones 1990, Saffar 1995). The use of wrist arthrograms has been helpful to determine the incidence of associated ligamentous lesions in combination with distal radial fractures. In a study by Hixson et al (1989) a variety of isolated and combined tears were arthrographically detected in 18 out of 22 patients with Colles' fractures (82%). However, evidence of carpal instability in plain radiographs was present in only nine of 22 patients (41%). Re-evaluation of the patients demonstrated that those with positive arthrograms and no evidence of carpal malalignment in plain radiographs did not develop late carpal instability, implying that partial, nondissociative tears shown in arthrograms but not evident in plain films may not be clinically significant in association with radius fractures. Fontes et al (1992), using midcarpal arthrograms, found a high incidence of scapholunate tears with radial styloid and intra-articular fractures, while the incidence of ligament tears with extra-articular fractures was 25% in the patients studied. Control wrist arthrography, once the fracture had healed, became negative in a high number of patients, indicating ligament healing after plaster immobilization. Arthroscopic evaluation of distal radial fractures has now permitted surgeons to assess further not only the dissociative lesions that may be evident in plain radiographs, in traction views following reduction, or in patients treated by joint distraction with wrist fixators with a positive axial scaphoid shift sign (Fernandez 1993b), but also 'occult' partial or incomplete tears, and associated capsular lesions, as well as the extent of articular cartilage damage to the carpal bones and the presence of osteochondral loose bodies. Hanker (1991) reported tears of the scapholunate ligament in 43% of 30 intra-articular fractures of the radius that were assessed arthroscopically. He also found a 90% incidence of tears of the radioscaphoidal–lunate ligament and a 66% incidence of tears of the dorsal capsule in the examined patients. Roth et al (1995) presented a more extensive study of 118 fractures (88 intra-articular, 30 extra-articular) requiring operative reduction. In this series arthroscopic evaluation revealed scapholunate ligament injuries with instability in 21 (18%). Of these, 12 were complete and nine affected only the volar aspect of the ligament. At the lunotriquetral junction, complete tears were observed in seven and volar tears in six, accounting for a 12% incidence of injuries at this level. Finally, combined scapholunate and lunotriquetral injuries (Mayfield type 3 perilunar instability: Mayfield et al 1980) were present in five patients. Analysis of the preoperative radiographs in those patients with scapholunate tears showed that 60% had a normal scapholunate interval of 2 mm or less. Conversely, only one-half of the patients with a radiographic gap of 3 mm or more had arthroscopic evidence of a torn scapholunate ligament. This study demonstrates an absence of correlation between the plain radiographic assessment and the arthroscopic findings. The authors concluded that preoperative radiographs are not predictive of an associated ligament injury and that disruption of the scapholunate and lunotriquetral ligaments can be expected in both intra-articular and extra-articular fractures.

Geissler (1995) studied 60 consecutive patients with displaced intra-articular distal radial fractures that underwent arthroscopic assisted reduction, and the incidence of intercarpal intrinsic soft tissue lesions was identified and managed. There were seven type B1, two type B2, three type B3, 13 type C1, 12 type C2 and 23 type C3 AO type fracture patterns. The average age of the patients was 32 years. There was an associated ligamentous injury in 68% of patients. The triangular fibrocartilage (TFC) was the most commonly torn structure and was injured in 43%. An injury to the scapholunate interosseous ligament occurred in 32% of patients. From this study, an arthroscopic classification of interosseous ligament tears together with treatment recommendations was developed from the spectrum of injury to the interosseous ligament (Table 1). There were ten patients having a grade II lesion, seven patients with a grade III lesion

Table 1 Arthroscopic classification of wrist interosseous ligament instability

Grade	Description	Management
I	Attenuation/haemorrhage of interosseous ligament as seen from the radiocarpal joint. No incongruency of carpal alignment in midcarpal space.	Cast immobilization
II	Attenuation/haemorrhage of interosseous ligament as seen from the radiocarpal joint. Incongruency/step off of carpal space. A slight gap (less than the width of a probe) between carpals may be present.	Arthroscopic pinning
III	Incongruency/step off of carpal alignment is seen in both the radiocarpal and midcarpal space. The probe may be passed through gap between carpals.	Arthroscopic pinning/ open repair
IV	Incongruency/step off of carpal alignment is seen in both the radiocarpal and midcarpal space. Gross instability with manipulation is noted. A 2.7 mm arthroscope may be passed through the gap between carpals.	Open repair

and two patients with a grade IV lesion of the scapholunate interosseous ligament. Tears of the lunotriquetral ligament occurred less frequently (15%), but were more severe when they occurred. There were seven grade III and two grade IV injuries. Some 32% of patients had two injuries, seven patients with scapholunate and TFC, three patients with lunotriquetral and TFC, and three patients with scapholunate and lunotriquetral tears.

In a series of 115 intra-articular fractures of the distal radius, the senior author (Fernandez 1993b) found a 10% incidence of complete scapholunate tears. Six patients out of 60 with compression fractures of the articular surface had an open repair of a torn scapholunate ligament, while the extrinsic palmar ligaments were repaired primarily in five out of seven dorsal radiocarpal fracture–dislocations. In this study, however, only dissociative tears apparent in plain films or found after arthrotomy were treated. Since wrist arthroscopy was not routinely used for evaluation, the incidence of concomitant partial tears was not assessed in this series.

Theories on the pathomechanics and the possible mechanism of injury of carpal ligament disruption in distal radial fractures have been analysed and reported by Saffar (1990) and by Mugdal and Hastings (1993). Tensile stresses in ulnar deviation after a fall on the outstretched hand would explain avulsion of the radial styloid and a perilunate disruption of the intrinsic ligaments, as formerly reproduced experimentally by Mayfield et al (1980). Axial or compression loading associated with shearing fractures of the radial styloid occur when the wrist is loaded in radial deviation and extension (Saffar 1995). This produces a scapholunate tear, especially when the radial fracture enters the joint at the ridge between the lunate and scaphoid fossae (Fig. 1a). Similarly, impaction of the lunate in a die punch fracture would produce a shearing stress at the scapholunate junction and a tear of the scapholunate ligament (Fig. 1b).

Although no theories of the mechanisms of injury of the lunotriquetral junction have been reported to date, the authors believe that in fractures with severe shortening and complete distal radioulnar joint disruption, the head of the ulna could impact on the triquetrum while the scaphoid and lunate are driven proximally by axial compression loading. This would produce a combined lunotriquetral and TFC disruption (Fig. 1c).

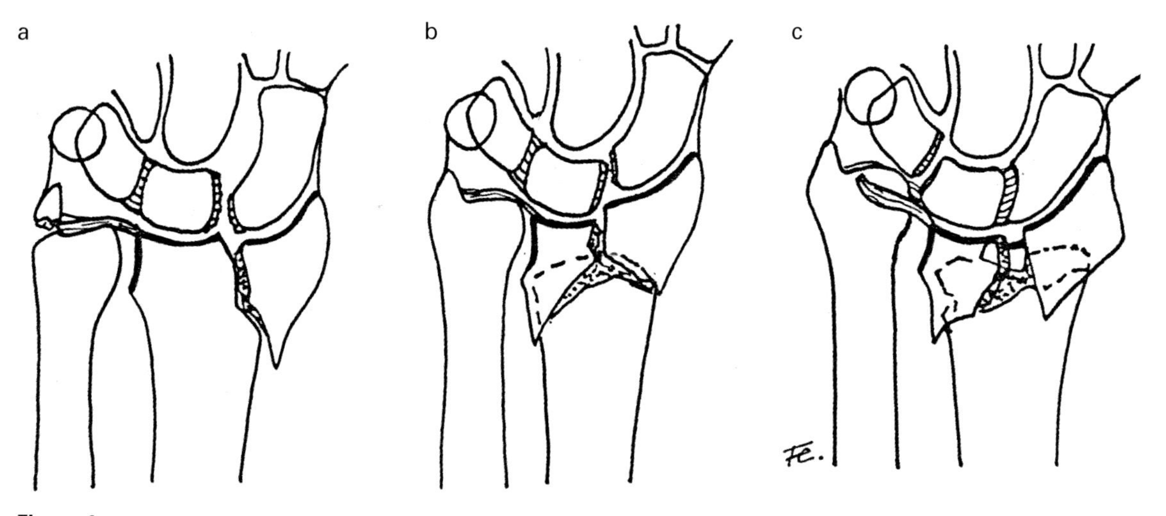

Figure 1

Mechanism of injury of intercarpal ligament disruption. (a) Extension and radial deviation produce a proximally displaced shearing fracture of the radial styloid, a scapholunate dissociation, and an avulsion fracture of the ulnar styloid. (b) Axial compression with severe impaction of the lunate fossa accounts for shearing loading of the scapholunate junction and ligament tear at this level. (c) Axial compression and ulnar deviation with severe radial shortening produces acute ulnocarpal abutment and disruption of the lunotriquetral and triangular ligaments.

In spite of the fact that the pathomechanics of scapholunate tears in association with radial styloidal fractures have been reproduced experimentally (Saffar 1995), wrist arthroscopy has shown little or no correlation between the fracture pattern (intra-articular or extra-articular) and the location and severity of carpal ligamentous injury (Geissler 1995, Roth et al 1995).

Management of acutely diagnosed injuries

Intercarpal ligaments, open repair

Having established the diagnosis of a complete dissociative tear (grade III or IV of Geissler's classification, Geissler 1995), open repair of the lesion is recommended following reduction and fixation of the distal radial fracture. This includes reduction of carpal subluxation, restoration of normal alignment, Kirschner wire stabilization, and ligament repair using intraosseous suture techniques as suggested by Lavernia et al (1992). If wrist fixators are used for immobilization, care is taken to use the frame in a neutralization mode to prevent carpal loading of the radial articular surface while simultaneously avoiding overdistraction and malalignment of the carpus. Because carpal alignment is usually maintained by the external fixator, the need for additional pin fixation of the scapholunate junction depends on the stability given by the primary intraosseous suture. If there is a tendency for the scaphoid to rotate, pin fixation across the scapholunate and the scaphocapitate joints is recommended for eight weeks. These techniques are applied for carpal ligament disruption diagnosed in the acute stage, four to six weeks after injury. However, a rigid schedule is sometimes misleading. Reattachment of torn but well preserved ligament flaps should always be performed, regardless of the time since injury. Whether or not an additional dorsal capsulodesis (Blatt 1989) or tendon graft augmentation should be added depends on the quality and strength of the ligament repair. Cast and pin fixation are maintained for eight weeks postoperatively. Protection in a removable wrist orthosis is recommended for another four weeks following pin removal.

Intercarpal ligaments, arthroscopic repair

The patient is usually brought to surgery between three and seven days after the injury. Indications for surgery are articular displacement greater than 2 mm after attempted closed reduction manoeuvres or suspected associated carpal ligament injury. The interosseous ligaments and TFC are arthroscopically inspected following the reduction of the fracture. If the interosseous ligaments are torn, the normal concave appearance between the carpal bones becomes convex and frequently the torn ends hang down, obscuring the view as seen from the radiocarpal space. The overlying torn interosseous ligaments are debrided. The best place to evaluate an interosseous ligament injury of the proximal row is from the midcarpal space (Fig. 2a,b). The scapholunate and lunotriquetral interval, as seen from the midcarpal space, should be tight and congruent. A step off or incongruency is abnormal. A Watson scaphoid shift test can be performed, and any abnormal motion between the carpal bones may also be observed from the midcarpal space. The carpus may be pinned if an acute injury to the interosseous ligament is seen (Fig. 2d,e). To protect the cutaneous nerves, 1.0–1.2 mm Kirschner wires may be inserted through a 14 gauge needle. The pin may be seen entering the scaphoid with the arthroscope in the radiocarpal space looking down the radial gutter. Once the pin is seen engaging the scaphoid from the radiocarpal space, the arthroscope is placed back into the midcarpal space. The Kirschner wire is then used as a joystick to reduce the scapholunate interval. Flexion and extension of the wrist in the traction tower may also facilitate reduction, and the wire is driven across the lunate once reduction is achieved. Marrow fat droplets are usually seen as the pin crosses the interval and signify that the pin is in the right location. Two or three Kirschner wires are used. The reduction and the position of the wires are checked under fluoroscopy. The wires are removed with the forearm cast at six to eight weeks postoperatively.

Radiocarpal ligaments

A massive acute tear of the palmar capsule, including the strong radioscaphoidal–capitate,

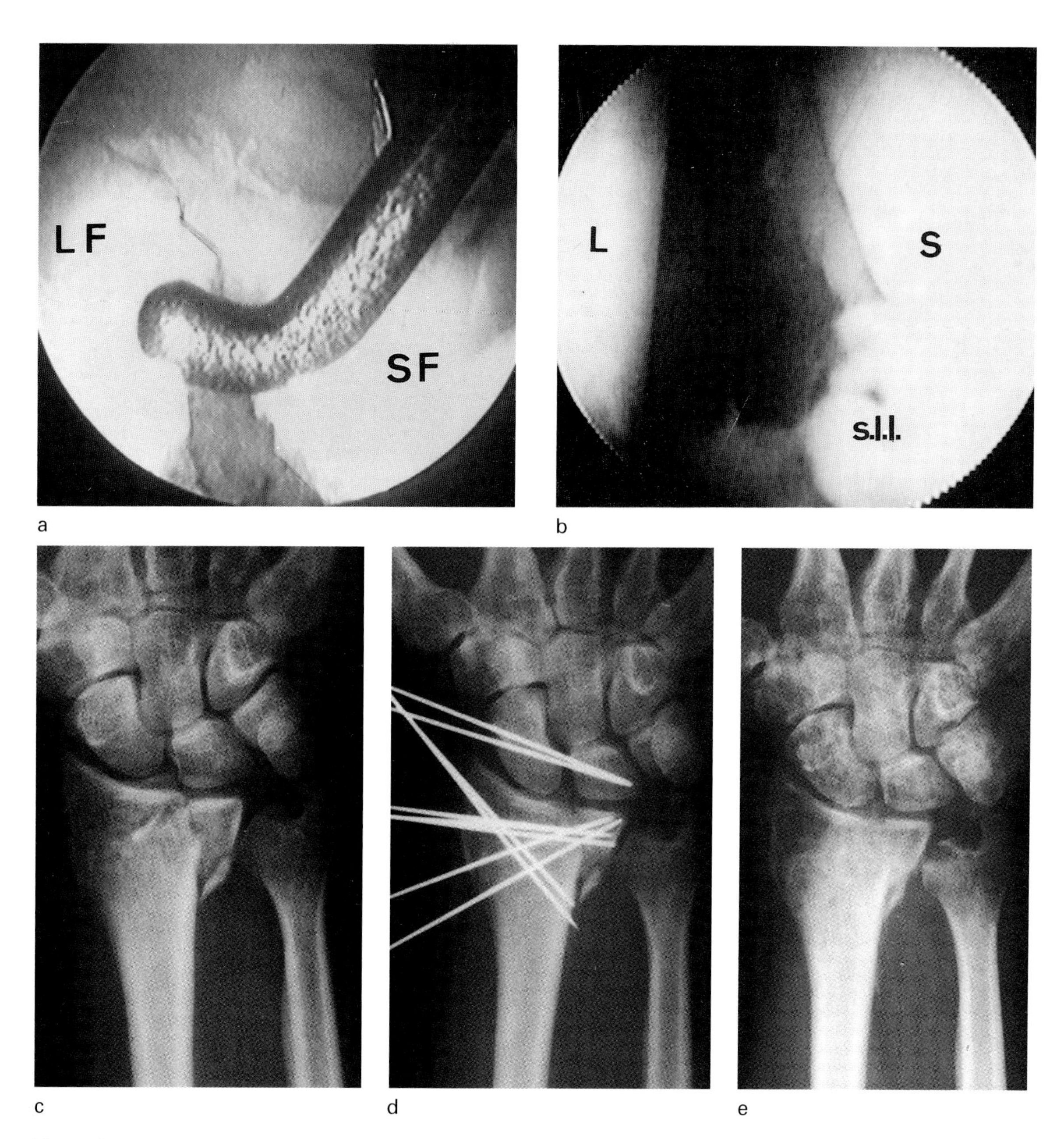

Figure 2

(a) Arthroscopic view of the lunate facet of the radius (LF) after it has been elevated to the radial styloid fragment (SF) in the case illustrated in Fig. 2c. The articular gap is less than 1 mm, as the probe shown as reference is 1 mm wide. (b) A grade III tear of the scapholunate interosseous ligament (s.l.l.) is seen with the arthroscope in the midcarpal space (S = scaphoid, L = lunate). (c) Posteroanterior radiograph of a three part displaced intra-articular distal radial fracture in a 32 year old male. (d) Postoperative radiograph following arthroscopic assisted reduction and pinning of the radius and a grade III scapholunate disruption. (e) Radiograph at four months postoperatively. The patient returned to heavy manual labour.

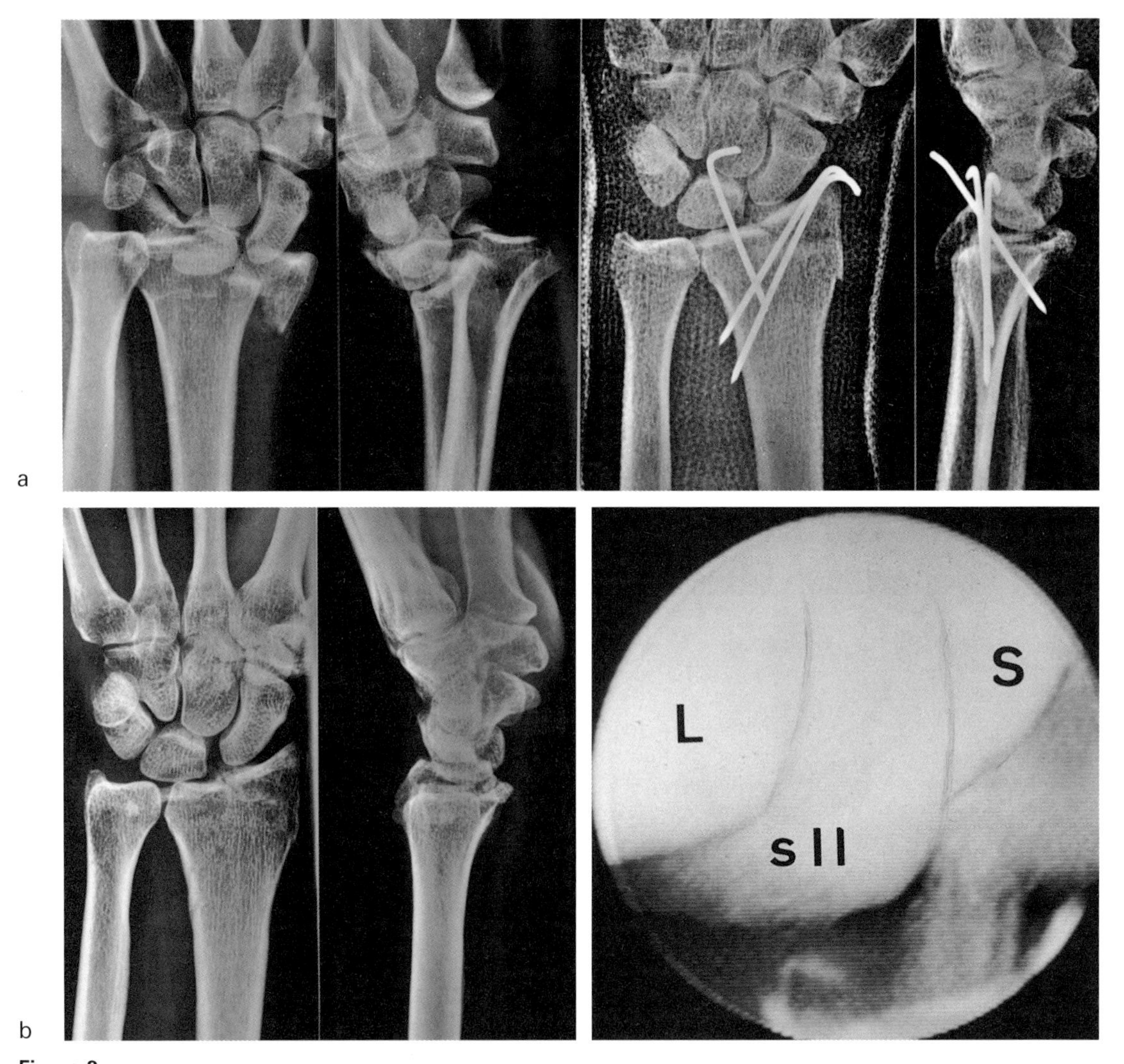

Figure 3

(a) Radiographs before and after closed reduction and percutaneous pinning of a severely displaced intra-articular fracture. (b) Eight weeks after injury, a scapholunate gap is evident in plain films and arthroscopy (c) reveals a protruding flap of the scapholunate ligament (s.l.l.) in the radiocarpal space (L = lunate, S = scaphoid).

radiolunate–triquetral, and even the ulnocarpal ligaments, is a soft tissue lesion inevitably associated with dorsal radiocarpal fracture–dislocations. Although closed reduction and conservative treatment are feasible, we believe that primary capsular repair and internal fixation of the major avulsed fragments are more likely to guarantee long lasting wrist stability. Failure to ensure anatomical healing of the palmar extrinsic ligaments results in progressive ulnar translation of the carpus. The wrist should be reduced manually and then evaluated under fluoroscopy to assess the number and size of the avulsed fragments and to ensure that no fragment is interposed in the radiocarpal joint. The wrist is then approached through an extensile volar approach with carpal tunnel release. The wrist joint is washed out through the palmar

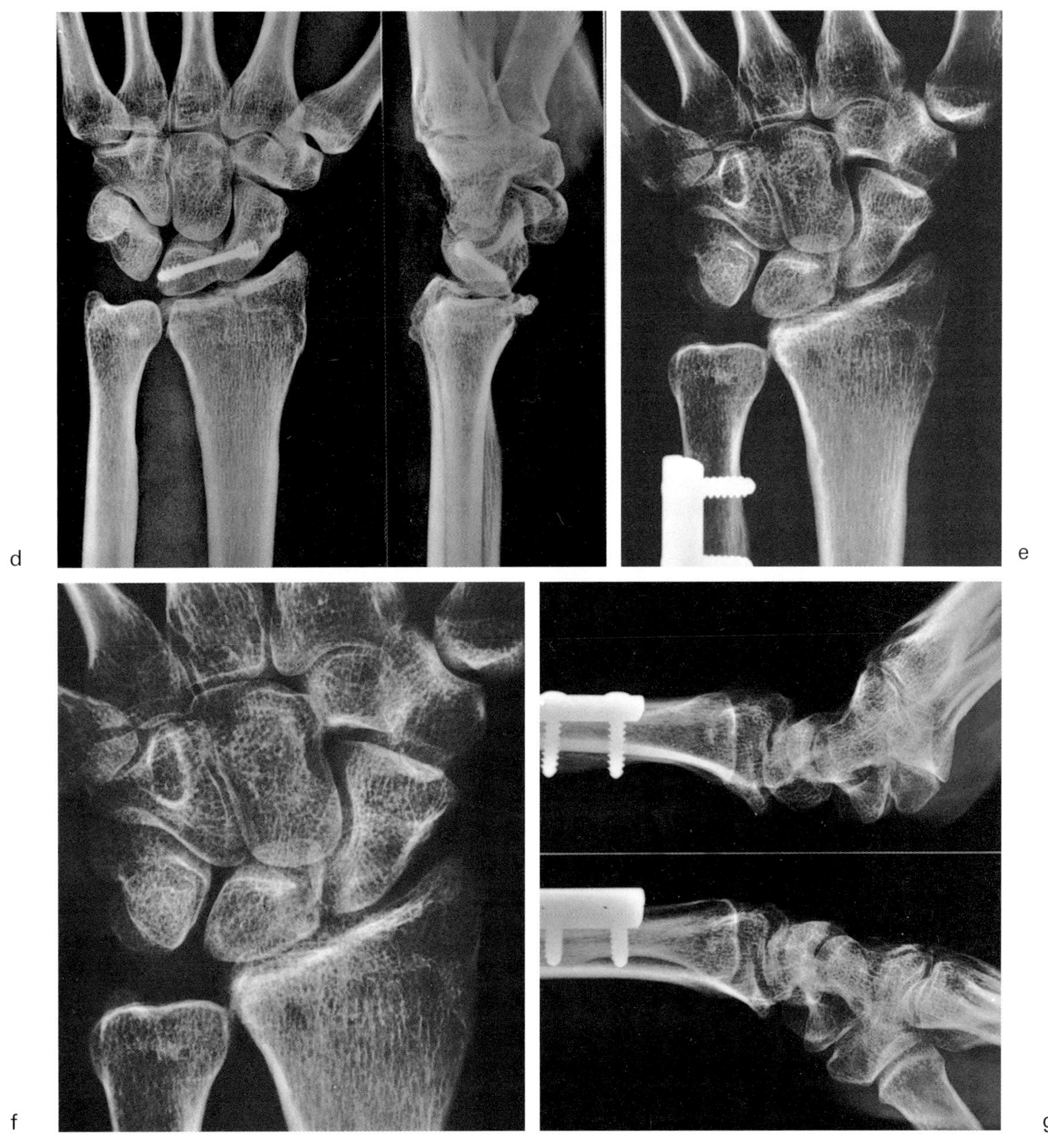

Figure 3

(d) Ligament repair with intraosseous sutures was protected with Herbert screw fixation. (e) At nine months postoperatively, screw removal was combined with an ulnar shortening osteotomy because of persistent ulnar abutment syndrome. (f) Follow-up posteroanterior and (g) lateral radiographs at two years reveal a well preserved scapholunate junction and an adequate flexion–extension arc of motion.

capsular rent and then inspected for additional lesions of the intrinsic ligaments (scapholunate, lunotriquetral) and triangular fibrocartilage. Stay sutures for capsular repair are then placed but not tied. The radial styloid fragment is then anatomically reduced and pinned, either percutaneously or through a small skin incision in the snuffbox area. After having checked carpal congruity with the image intensifier, capsular repair is completed. If the ulnar styloid is fractured at the base, internal fixation is recommended to prevent late radioulnar instability.

Management of subacute and chronic intercarpal ligament lesions

When intercarpal ligament disruption is detected immediately after healing of the distal radial fracture (six to eight weeks following initial injury), we believe that ligamentous reconstruction should be carried out as soon as possible before fixed carpal malalignment occurs. Usually the wrist has been immobilized in a cast or a wrist fixator, and the diagnosis is made during the early phase of wrist rehabilitation (see Fig. 3a,b,c). Arthroscopic evaluation of the wrist at this point is valuable in order to assess the condition of the joint cartilage and the presence of intra-articular incongruity, and also to determine whether or not additional lesions on the ulnar side of the wrist (lunotriquetral, TFC) are present. Depending on the arthroscopic findings, open reconstruction is considered for dissociative tears whereas arthroscopic debridement and pinning are recommended for non dissociative partial lesions.

Reattachable ligament flaps are treated with interosseous suture techniques or with mini-suture anchors as in the acute condition. If the interposed tissue is not suitable for reattachment, debridement and temporary stabilization of the scapholunate junction with a Herbert screw are an alternative technique that maintains carpal alignment and allows wrist motion while fibrous union occurs (Herbert 1990) (Fig. 3d,e,f,g). The screw should be inserted as closely as possible to the axis of rotation of the scaphoid and lunate. Protected wrist motion is begun four weeks after surgery. Usually between six and nine months the screw loosens and is then removed under local anaesthesia.

For chronic carpal instability patterns, treatment options are the same as those used for similar isolated conditions in the wrist. The choice between limited carpal fusion, augmentation tenodesis, or capsular reefing procedures is usually dictated by the reducibility of carpal malalignment and the presence of degenerative changes.

Carpal instability with malunited fractures of the distal radius

Presentation

Malunited Colles' fractures

These fractures undergo loss of the volar tilt of the joint surface in the sagittal plane, loss of the ulnar inclination in the frontal plane, shortening, and a certain supination deformity of the distal fragment with respect to the diaphysis. Furthermore, the distal fragment may also reveal radial or ulnar translation in the coronal plane and a dorsal or palmar shift in the sagittal plane. This multidirectional deformity affects the normal function of the radiocarpal joint, the midcarpal joint, the radioulnar joint, and the hand. We limit our discussion here to the question of how post-traumatic deformity of the distal radius affects carpal kinematics; we also analyse the indications for surgical correction.

At the radiocarpal joint level, three problems are usually encountered:

1 Pathological displacement of the flexion/extension arc of motion. Patients notice limited wrist flexion and increased extension with respect to the uninjured wrist.
2 Joint cartilage overload. The load transmission of the carpal condyle displaces dorsally, reducing the contact surface, and represents a prearthritic condition of the wrist joint (Martini 1986, Short et al 1987, Pogue et al 1990).
3 Dorsal subluxation of the carpus with normal carpal alignment. This represents a radiocarpal instability with dorsal translation of the entire carpus and is frequently observed when the dorsal tilt exceeds 35°. The wrist is stable only when the hand is in an extended

position, in which case the carpus reassumes a reduced position. Active flexion increases dorsal subluxation, and patients localize the pain at the radiocarpal joint.

At the midcarpal level, dorsal tilt of the joint surface may lead to:

1 A compensatory flexion deformity at the midcarpal joint. This is an adaptive response to the dorsally rotated proximal carpal row (Linscheid et al 1972, Sakai et al 1991). During forceful flexion of the wrist, there is stretching of the dorsal capsuloligamentous structures, which leads to painful synovitis at the midcarpal level. The adaptive malalignment of the carpus to the deformed radius usually disappears when a lateral radiograph of the wrist is taken with the hand in the same amount of extension as the malunited distal fragment.
2 An extrinsic midcarpal dynamic instability, as decribed by Taleisnik and Watson (1984). Patients with a malunited Colles' fracture reproduce a painful audible subluxation when actively ulnarly deviating their wrists with the forearm in a pronated position. The dorsally rotated lunate cannot displace palmarly during ulnar deviation because it is blocked by the dorsally tilted volar lip of the radius. This produces a dorsal 'clicking' displacement of the capitate with respect to the long axis of the radius. In wrists with constitutional ligamentous laxity, continued dynamic overload of the midcarpal joint may lead to synovitis, ligament attenuation, and progressive dynamic midcarpal instability. This condition should be distinguished from intrinsic palmar midcarpal instability between triquetrum and hamate, which presents with typical ulnar 'sag' and an ulnar click phenomenon, owing to laxity of the ulnar fibres of the palmar arcuate ligament (Lichtman et al 1981).
3 A fixed carpal malalignment in dorsiflexion (dorsal intercalated segment instability, DISI). This is usually seen in older patients with limited preoperative range of motion and is most probably due to capsular retraction and deep fibrosis following a mild reflex sympathetic dystrophy at the time of initial treatment.

For practical purposes, the DISI deformity associated with malunited Colles' fractures can be subdivided into two types. Type 1 is a lax, reducible dorsal carpal malalignment that can be improved or totally corrected by radial osteotomy (in younger patients with joint laxity and good preoperative range of motion). Type 2 is a fixed, nonreducible dorsal carpal malalignment that cannot be improved by radial osteotomy.

Malunited Smith fractures

These fractures exhibit increased palmar tilt and a pronation deformity of the distal fragment that favours dorsal subluxation of the head of the ulna (Fernandez 1988). Patients with a malunited Smith fracture complain for the most part of a limitation in active extension of the wrist due to the increased volar tilt, and of limitation in supination due to the pronation deformity and the relative subluxation of the distal ulna. Contrary to the Colles' deformity, midcarpal instability or carpal malalignment following Smith fractures has not been reported to date.

Intra-articular malunion

This malunion with articular step offs of more than 2 mm is associated with a high incidence of secondary osteoarthritis, at both the radiocarpal and radioulnar levels (Knirk and Jupiter 1986). Post-traumatic collapse of the lunate facet (i.e., die punch fractures) is usually associated with palmar rotation of the lunate, frequently resulting in a volar intercalated segment instability (VISI) type of carpal instability.

Malunited marginal fractures (Barton's)

In addition to intra-articular incongruity, these fractures produce chronic volar or dorsal carpal subluxation. Some intra-articular fractures with unrecognized associated scapholunate tears may heal with joint incongruency, and a perilunar instability pattern. Due to the primary joint surface involvement, pain and functional impairment are usually more severe in malunited articular fractures than they are in extra-articular deformity.

Radiocarpal fracture–dislocations

Finally, chronic progressive ulnar translation of the carpus can be observed following radiocarpal fracture–dislocations with secondary elongation of the strong radiocarpal extrinsic ligaments (radioscaphoidal–capitate and radiolunate–triquetral).

Management

Surgical correction of extra-articular radial deformity by osteotomy reduces radiocarpal subluxation and corrects adaptive midcarpal malalignment. Similarly, restoration of the physiological volar tilt will normalize the kinematics of the proximal carpal row and rebalance the midcarpal area in patients with symptomatic dynamic midcarpal instability (Taleisnik and Watson 1984).

Conversely, in patients with fixed intercarpal malalignment secondary to deep capsular fibrosis and poor preoperative range of motion, restoration of radial anatomy will not improve carpal malalignment (Fernandez 1993a). Early intra-articular osteotomy before irreversible cartilage damage occurs is indicated to correct articular incongruity, which in turn will restore normal carpal alignment, improving the distorted kinematics of the proximal carpal row. Finally, for carpal instability associated with advanced degenerative changes, salvage procedures, such as resection arthroplasty and partial or total wrist arthrodesis, will be selected for treatment. For localized arthritic changes with impaction of the radial lunate facet or ulnar carpal translation, a radiolunate fusion (Chamay et al 1983) preserves more motion than a radioscaphoidal–lunate fusion, provided that the radioscaphoidal joint surfaces are in good condition. Careful evaluation of the sigmoid notch is imperative in these situations because die punch fractures also affect the distal radioulnar joint surface, and an additional operation (partial resection of the ulnar head) at this level may become necessary. A further indication for radiolunate fusion as proposed by Taleisnik (1985) is the management of lunate instability with DISI or VISI patterns of carpal malalignment. The advantage of this fusion over ligament reconstruction is that it provides stability and pain control with an acceptable restriction of wrist motion. Proximal row carpectomy has a limited role because the radial lunate facet is frequently distorted by the fracture. However, in the rare situation in which the degenerative changes are localized on the radial side of the wrist with an intact lunate facet and a well preserved capitate, proximal row carpectomy can be considered. The advantages and disadvantages of each salvage procedure should be considered carefully before a technique is recommended to the patient, because the final outcome of many reconstructive procedures with regard to complete pain relief, stability, and grip strength is still questionable. On the other hand, a failed arthroplastic procedure can always be salvaged with a wrist arthrodesis, which offers a strong and painless wrist at the expense of loss of motion.

Conclusions

Carpal ligament disruption coexists with both intra- and extra-articular fractures of the distal radius. According to our literature review, the incidence of scapholunate tears in conjuction with distal radial fractures is approximately 30%, and the incidence of lunotriquetral tears is approximately 15%. Although certain fracture types have a distinct associated capsuloligamentous lesion, wrist arthroscopy could not provide a clear correlation between fracture patterns and extent or location of intercarpal tears. Dissociative lesions require an aggressive operative treatment, while partial tears will heal uneventfully in the period of immobilization required for the fracture to consolidate. Depending on personal experience, the surgeon may use arthroscopic or open techniques or a combination of both. Unrecognized lesions diagnosed at a later date represent a difficult therapeutic challenge, and the treatment options range from simple ligament reconstruction to limited carpal fusions, depending on reducibility and presence or absence of arthrotic cartilage changes.

Malunited fractures of the distal radius have well defined patterns of carpal instability in both extra- and intra-articular malunions. Correction of radial deformity by osteotomy improves

midcarpal instability and radiocarpal subluxation. Radial osteotomy is contraindicated for patients with fixed nonreducible malalignment or in chronic ulnar carpal translation for which a salvage procedure (arthrodesis or arthroplasty) should be selected.

References

Biyani A, Sharma JC (1989) An unusual pattern of radiocarpal injury: Brief report, *J Bone Joint Surg* **71B:**139.

Blatt G (1989) Capsulodesis in reconstructive hand surgery: Dorsal capsulodesis for the unstable scaphoid and volar capsulodesis following excision of the distal ulna, *Hand Clin* **14A:**781–90.

Brown IW (1987) Volar intercalary carpal instability following a seemingly innocent wrist fracture, *J Hand Surg* **12B:**54–6.

Chamay A, Della Santa D, Vilaseca A (1983) Radiolunate arthrodesis, factor of stability for the rheumatoid wrist, *Ann Chir Main* **2:**5–10.

Fernandez DL (1988) Radial osteotomy and Bowers arthroplasty for malunited fractures of the distal end of the radius, *J Bone Joint Surg* **70A:**1538–51.

Fernandez DL (1993a) Reconstructive procedures for malunion and traumatic arthritis, *Orth Clin North Am* **24:**341–63.

Fernandez DL (1993b) Fractures of the distal radius: Operative treatment. In: Heckmann JD, ed. *Instructional Course Lectures, Vol. 42.* American Academy of Orthopaedic Surgeons:Rosemont: 73–88.

Fontes D, Lenoble E, de Somer B, Benoit J (1992) Lésions ligamentaires associées aux fractures distales du radius, *Ann Chir Main* **11:**119–25.

Geissler WB (1995) Arthroscopically assisted reduction of intraarticular fractures of the distal radius, *Hand Clin* **11:**19–29.

Hanker GJ (1991) Arthroscopic evaluation of intraarticular distal radius fractures. In: *Abstracts of the 46th Annual Meeting of the American Society for Surgery of the Hand, Orlando.*

Herbert TJ (1990) *The Fractured Scaphoid.* Quality Medical Publishing, Inc: St. Louis: 180–9.

Hixson ML, Fitzrandolph R, Andrew MM, Walker C (1989) Acute ligament tears of the wrist associated with Colles' fracture. In: *Abstracts of the 44th Annual Meeting of the American Society for Surgery of the Hand, Seattle.*

Knirk JL, Jupiter JB (1986) Intraarticular fractures of the distal end of the radius in young adults, *J Bone Joint Surg* **68A:**647–59.

Lavernia CJ, Cohen MS, Taleisnik J (1992) Treatment of scapholunate dissociation by ligamentous repair and capsulodesis, *J Hand Surg* **17A:**354–9.

Lichtman DM, Schneider JR, Swafford AR, et al (1981) Ulnar midcarpal instability: Clinical and laboratory analysis, *J Hand Surg* **6:**515–23

Linscheid RL, Dobyns JH, Beabout JW, et al (1972) Traumatic instability of the wrist: Diagnosis, classification and pathomechanics, *J Bone Joint Surg* **54A:**612–32.

Martini AK (1986) Die sekundäre Arthrose des Handgelenkes bei der in Fehlstellung verheilten und nicht korrigierten distalen Radiusfraktur, *Akt Traumatol* **16:**143–52.

Mayfield JK, Johnson RP, Kilcoyne RK (1980) Carpal dislocations: Pathomechanics and progressive perilunar instability, *J Hand Surg* **5:**226–41.

Melone CP (1984) Articular fractures of the distal radius, *Orth Clin North Am* **15:**217–36.

Mudgal C, Hastings H (1993) Scapho-lunate diastasis in fractures of the distal radius, *J Hand Surg* **18B:**725–9.

Mudgal CS, Jones WA (1990) Scapho-lunate diastasis: A component of fractures of the distal radius, *J Hand Surg* **15B:**503–5.

Pogue DS, Viegas SF, Patterson RM, et al (1990) Effects of distal radius fracture mal-union on wrist joint mechanics, *J Hand Surg* **15A:**721–7.

Rosenthal DI, Schwartz M, Phillips WC, Jupiter JB (1983) Fracture of the radius with instability of the wrist, *Am J Roentgenol* **141:**113–16.

Roth JH, Richards RS, Bennet JD, Milne K (1995) Soft tissue injuries in distal radial fractures. In: Vastamäki M, ed. *Current Trends in Hand Surgery.* Elsevier Science BV: Amsterdam: 151–6.

Saffar P (1990) Radial styloid fractures associated with scapho-lunate sprains. In: *Abstracts of the 45th Annual Meeting of the American Society for Surgery of the Hand, Toronto.*

Saffar P (1995) Radial styloid fractures associated with scapholunate ligament sprains. In Saffar P, Cooney WP, eds. *Fractures of the Distal Radius*. JB Lippincott and Martin Dunitz Ltd: London: 291–6.

Sakai K, Doi K, Ihara K, et al (1991) Carpal alignment after fractures of the distal radius. In *Abstract Book of the International Symposium on the Wrist*. Nagoya: 117.

Short WH, Palmer AK, Werner FW, et al (1987) A biomechanical study of distal radial fractures, *J Hand Surg* **12A:**529–34.

Taleisnik J (1985) *The Wrist*. Churchill Livingstone: New York.

Taleisnik J, Watson HK (1984) Midcarpal instability caused by malunited fractures of the distal radius, *J Hand Surg* **9A:**350–7.

25 Patterns of carpal collapse in rheumatoid arthritis: surgical implications

Beat R Simmen

In rheumatoid arthritis, involvement of the wrist is very common. According to Brook and Corbett (1977) early manifestations of disease are most frequently located in the hand: first erosions are seen in the metacarpophalangeal joints in 50% of cases, followed in frequency by arthritic changes in the wrist. Various authors have determined the incidence of wrist involvement in rheumatoid arthritis to be between 64% and 85% (Thirupathi et al 1983, Allieu et al 1989). Hamalainen et al (1992) have reported a cumulative incidence of wrist involvement of over 90% at 10 years and of 95% at 12 years after the onset of disease. In our own series of 300 hospitalized patients with proven rheumatoid arthritis, 67% presented with wrist involvement and 95% had apparent disease of the finger joints. In the course of wrist disease, this joint deteriorates very rapidly (Scott et al 1986).

Rheumatoid arthritis of the wrist causes pain, stiffness, instability, weakness and dysfunction of extensor (and flexor) tendons; it may also impair median nerve function and affect the kinematics of the joints distal to the wrist. Rheumatoid wrist disease hence impairs hand function to a significant degree and necessitates special attention when treatment is planned.

If surgical treatment is indicated, the choice of procedures depends mostly on clinical and, particularly, radiographic criteria. Current classifications of rheumatoid joint disease, such as the general classification system by Larsen et al (1977) or its modification applicable to the wrist (Alnot and Leroux 1985), are predominantly designed to stage progression of the destructive process based on radiographic changes. Unfortunately, these systems do not consider the functional implications of a specific disease stage, do not account for various patterns of rheumatoid disease, and certainly do not incorporate the trend of longer term disease evolution. They are therefore not very helpful for the individual patient in deciding whether surgical treatment is necessary, and if so, which procedure to use.

Distal radioulnar synovectomy and ulnar head resection have been the leading procedures in surgical wrist reconstruction for many years. Although these procedures provide pain relief and usually improve wrist function, they do not halt nor significantly alter progression of the disease (Rana and Taylor 1973, Rasker et al 1980, Jensen 1983, Nigst and Simmen 1983, Gschwend et al 1985, Simmen and Nigst, 1983). The same holds true for dorsal wrist synovectomy and related minor soft tissue procedures, which may be valuable initially but do not prevent arthritic deterioration with time. Progression of the disease may lead to a great variety of late stages of wrist destruction.

To enable proper selection of surgical treatment modalities at an early stage of the disease it seems vital to recognize the *pattern* rather than the *stage* of destruction. Based on a long term analysis of the natural course of rheumatoid wrist disease we have therefore proposed a classification system which accounts for various patterns of involvement (Simmen and Huber 1992).

The Schulthess classification

This proposed classification, which has yet to be formally validated, is designed to guide the surgeon in selecting appropriate methods of operative treatment according to specific patterns of evolution of wrist arthritis. The classification is based on certain radiographic criteria, such as ankylosis, secondary arthrosis, and destabilization as indicated by carpal collapse indices, which are all predictive of the long term evolution of wrist disease in a particular patient. The classification does not account for the severity (Larsen or Alnot grade) of involvement. Therefore, with progression of the disease the individual patient usually remains in the category to which he or she was originally assigned. For the purpose of classification, it is mandatory to have serial radiographs available covering a period of at least 6 months.

A retrospective analysis was conducted on 63 patients (126 wrists) with confirmed rheumatoid arthritis of more than 20 years' duration and documented wrist disease of more than 10 years' duration. The study included patients who had received either no treatment for their wrist involvement or had undergone dorsal wrist synovectomy and/or distal ulna excision. The wrists were assessed for carpal height ratio (CHR), ulnar carpal translocation, other signs of carpal collapse, scapholunate dissociation, rotary subluxation of the scaphoid, dorsiflexion of the lunate (dorsal intercalated segment instability, DISI, deformity), and palmar subluxation in the sagittal plane.

Ulnar translocation, radial deviation, and carpal collapse were found to occur earlier and in a more linear fashion than palmar subluxation of the carpus. DISI was the typical carpal collapse deformity seen in most cases, while volar intercalated segment instability (VISI) deformity was rare. Correlations between radiological findings and clinical or serological data could not be established and it was impossible to predict the class of radiological destruction from the latter two critera.

Thirty-eight wrists were classified as *type I: ankylosis*; 32 as *type II: secondary arthrosis* and 56 as *type III: destabilization*. Long term ulnar carpal translocation was more than twice as common in type III wrists than in the other two types. Similarly, substantial loss of CHR occurred twice as frequently in type III wrists compared to the other two groups (Table 1). Comparison of operated wrists (dorsal wrist synovectomy and distal ulna excision) and nonoperated wrists revealed no significant difference for carpal height loss. Distal ulna excision was associated with an initial increase in ulnar translocation in type III wrists compared to nonoperated wrists, but on long term follow-up there was no difference (Table 2) (Simmen and Huber, 1992, 1994).

Type I: ankylosis. Patients of this group, including those informally known as 'stiffeners', have a tendency to lose motion and progress to

Table 1 Ulnar carpal translocation and loss of carpal height ratio 10–20 years after onset of rheumatoid arthritis (n = 126)

	Mean ulnar carpal translocation (range)	Mean loss of carpal height ratio (range)*
Type I (ankylosis)	3.7 mm (0–11)	0.14 (0.01–0.28)
Type II (osteoarthritis)	3.8 mm (0–8)	0.16 (0.02–0.34)
Type III (destabilization)	9.5 mm (4–17)	0.30 (0.10–0.46)

* normal = 0.54 ± 0.04.

Table 2 Ulnar translocation and loss of carpal height ratio in relation to distal ulna excision in type III wrist involvement (destabilization) in long term follow-up (29 patients, n = 58 wrists)

	Nonoperated (12 patients n = 24 wrists)	Bilateral distal ulna excision (9 patients, n = 18 wrists)	Single wrist surgery (8 patients)	
			Nonoperated (n = 8 wrists)	Operated (n = 8 wrists)
Loss of carpal height ratio	0.36	0.32	0.29	0.31 ($p \geq 0.05$)
Ulnar translocation (mm)	7.2	9.5	8.2	9.7 ($p \geq 0.05$)

spontaneous fusion, especially of the radiolunate or intercarpal joints. They are unlikely to undergo radiocarpal subluxation and do not develop significant carpal collapse (Fig. 1). The ankylosing pattern is typical for juvenile rheumatoid arthritis.

Type II: secondary arthrosis. This class of rheumatoid wrist disease demonstrates a tendency towards secondary arthrosis, as radiographically apparent from sclerosis of damaged radiocarpal and intercarpal joints. Articular surface cartilage loss progresses in relative equilibrium with reparative changes such as osteophyte formation, capsular shrinkage, and sclerosis, all of which help to maintain joint stability (see Fig. 5). Patients of this group are also unlikely to develop radiocarpal subluxation or advanced carpal collapse.

Type III: destabilization. Patients with type III arthritis develop radiocarpal instability on the basis of ulnar and palmar subluxation of the carpus and progressive loss of carpal height (Youm et al 1978) (Fig. 2). The mechanisms of instability relate to elongation, rupture, or destruction of ligaments and/or bone resorption (arthritis mutilans). Recognition of type III involvement is of great clinical importance (Simmen and Huber, 1992, 1994).

While proper type assignment is easy in the later course of the disease, correct categorization may be difficult at the very early stage, particularly if only one wrist radiograph is available. Patients with inadequate observation time must therefore be categorized provisionally and reassessed as soon as serial radiographs six

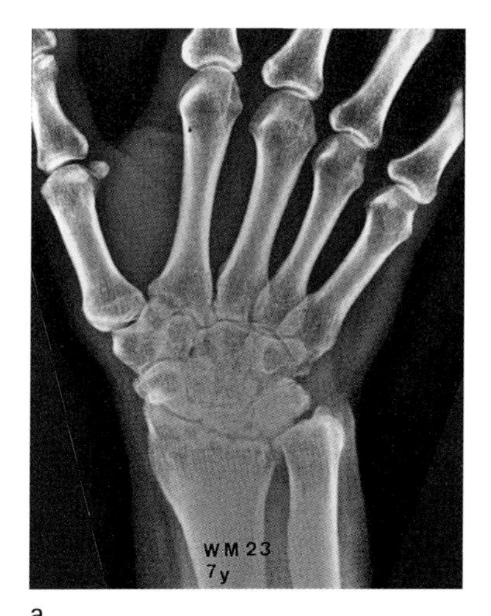

a

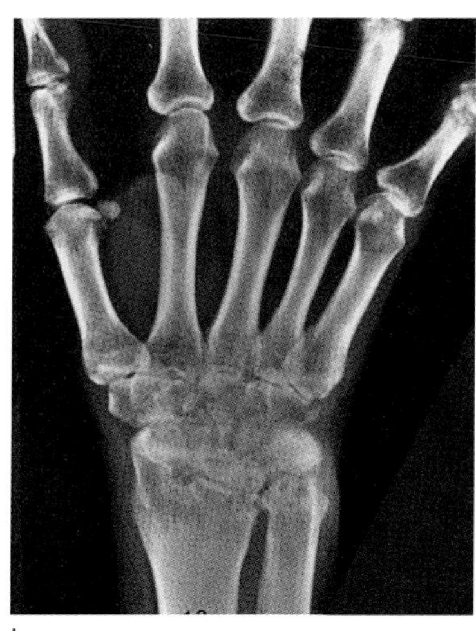

b

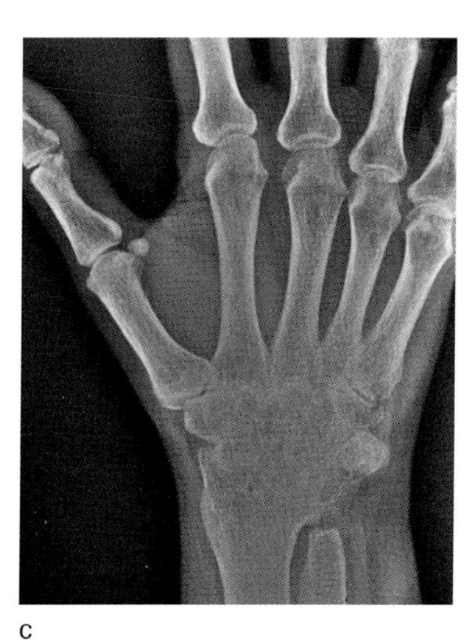

c

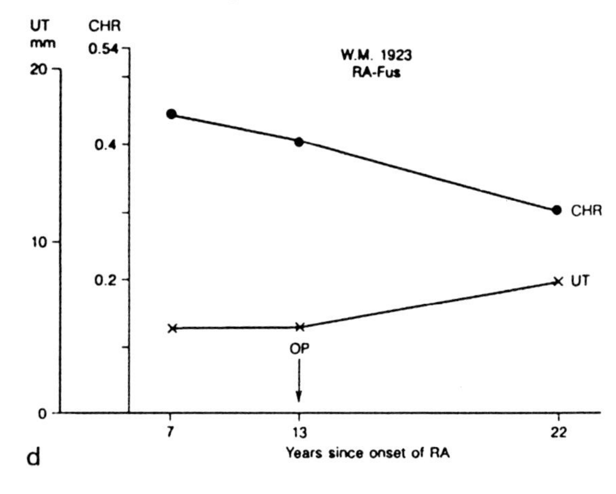

d

Figure 1

An example of type I, the ankylosing type of rheumatoid arthritis of the wrist. Radiographs at (a) 7 years, (b) 13 years, and (c) 18 years after onset of disease. The tendency for spontaneous ankylosis is visible in the first radiograph. The wrist progresses to complete spontaneous radiocarpal and intercarpal fusion. (D) In the same patient. ulnar translation (UT) in mm and carpal collapse (carpal height ratio, CHR) are shown 7, 13, and 22 years after onset of disease. Loss of carpal height and ulnar translocation are moderate and linear although dorsal wrist synovectomy and distal ulna excision were carried out 13 years after the onset of arthritis.

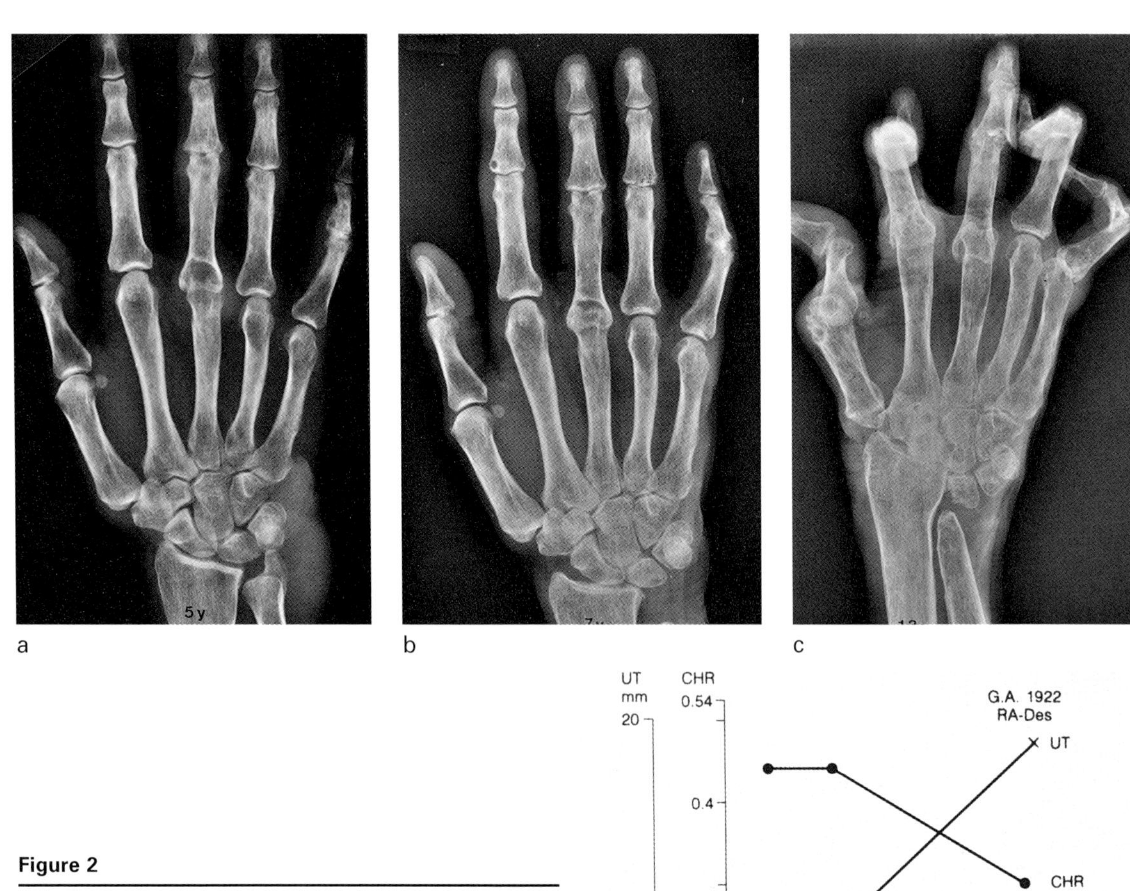

Figure 2

Rheumatoid wrist with type III involvement, destabilization. Radiographs at (a) 5, (b) 7, and (c) 13 years after the onset of rheumatoid arthritis. Signs of ulnar translocation are apparent on the first radiograph (position of lunate). Dorsal wrist synovectomy and distal ulna excision 7 years after onset of the disease did not significantly alter the natural course, which progressed to increasing ulnar translation and, eventually, complete radiocarpal dislocation. (D) Long term evolution of ulnar translation (UT) in mm and carpal collapse (carpal height ratio, CHR) in the same patient. Rapid progression of ulnar translation and a significant loss of carpal height are seen.

months or more apart have become available. Based on a reasonable observation time, the type of wrist involvement may usually be correctly appreciated, particularly when progressive radiocarpal subluxation or carpal collapse (type III), reactive bone formation (type II), or ankylosis (type I) is seen. Radiographs of the opposite wrist and other joints (such as the tarsus) may corroborate proper categorization as the three disease patterns described are usually systemic. In any case definitive categorization should be made before wrist surgery is indicated.

The proposed classification assists the surgeon in selecting, for the individual patient, the most suitable surgical procedure with respect to both existing and anticipated problems. The choice of optimal treatment for the rheumatoid wrist is based on the knowledge of the natural course of the disease (Schulthess classification) and the results of the respective treatment modalities. We emphasize that the value of any surgical procedure is intimately linked to the type of rheumatoid wrist involvement to which it is applied.

Wrist problems requiring a surgical solution

Most patients with rheumatoid arthritis presenting with wrist symptoms have one or several of the following conditions requiring surgical attention:

- Ulnar wrist pain arising from the distal radioulnar joint
- Painful limitation of supination
- Rupture or impending rupture of the extensor tendons
- Radial deviation of the wrist contributing to ulnar drift of the fingers at the metacarpophalangeal joint level
- Painful synovitis of the radiocarpal and/or intercarpal joints
- Possibly future radiocarpal subluxation, bone resorption, and carpal collapse
- Possibly flexor tenosynovitis, impending or existing flexor tendon rupture
- Possibly median nerve involvement.

Goals of rheumatoid wrist surgery

The goals of surgical management of the rheumatoid wrist are: dealing with symptoms of periulnar pathology (caput ulnae syndrome) (Backdahl 1963) while saving as much wrist motion as possible; preserving or restoring radiocarpal stability; protecting against possible future radiocarpal subluxation; and addressing the periarticular problems listed above. These goals may be summarized as follows:

- To do away with painful arthritis of the distal radioulnar joint
- To restore painless supination
- To preserve residual flexion and extension of the wrist, possibly more than 50% of the normal range of motion, if compatible with maintenance of radiocarpal stability and relief of pain
- To establish conditions for tendon repair, reconstruction or transfer if tendon rupture has occurred, and to protect against the future risk of tendon impairment
- To correct, arrest or prevent ulnar and palmar radiocarpal subluxation
- To deal with radial deviation tendency of the wrist
- To address the other pathologies listed above as needed.

The role of specific surgical procedures

Virtually all rheumatoid patients in need of wrist surgery require excision of the distal ulna as a minimum procedure, unless a Sauvé–Kapandji procedure is planned, in which case the head of the ulna is not excised but is fused to the distal radius. Excision of the distal ulna may be performed in conjunction with wrist synovectomy and a 'soft tissue stabilization procedure' of the wrist, and it may be combined with procedures to achieve bony wrist stability.

Type I (ankylosis) and II (secondary arthrosis) patients have a low probability of developing radiocarpal dislocation. They are not likely to be additionally destabilized by distal ulnar resection, dorsal wrist synovectomy, and related wrist soft tissue stabilization.

In contrast, in type III (destabilization) patients removal of the distal ulna may further destabilize the radiocarpal joint, because of ligamentous insufficiency and/or bony resorption. We feel strongly that type III wrist involvement represents a contraindication to dorsal wrist synovectomy and ulnar head resection alone. Patients with type III disease, with or after distal ulna resection, should therefore undergo additional radiocarpal stabilization procedures which may be either minimal (radiolunate fusion), intermediate (radioscaphoidal–lunate fusion), or extensive (total wrist fusion), depending on the individual situation.

The principal choices of surgical procedures are:

- Soft tissue wrist stabilization with dorsal wrist synovectomy and distal ulna excision (Straub and Ranawat 1969)
- Radiolunate fusion with distal ulna excision (Chamay et al 1983)
- Radioscaphoidal–lunate fusion with distal ulna excision (Nalebuff and Garrod 1984)
- Radioscaphoidal–lunate fusion with intercarpal (lunocapitate) replacement arthroplasty and distal ulnar excision (Taleisnik 1987)
- Total wrist arthrodesis with distal ulnar excision (Clayton 1965, Mannerfelt and Malmsten 1971, Rayan et al 1987)
- Radioulnar reduction and fusion with proximal ulnar resection pseudarthrosis (Sauvé and Kapandji 1936)

Matched ulnar excision (Watson et al 1986) and radioulnar hemiresection interposition arthroplasty (Bowers 1985) are rarely indicated in patients with rheumatoid wrist deformity. The indication for total wrist replacement arthroplasty in the rheumatoid wrist (Meuli 1984, Swanson et al 1984, Volz 1984, Dennis et al 1986, Alnot and Group Guépar 1988, Sollermann et al 1992) is still controversial.

Dorsal wrist synovectomy and ulnar head excision (soft tissue stabilization)

This procedure generally meets the specific goals described above, but is not appropriate without additional bony procedures in type III (destabilization) patients. Successful outcomes are highly predictable when the procedures are performed relatively late in type I (ankylosis) or type II (secondary arthrosis) wrists. Results are unpredictable in the early course of rheumatoid wrist involvement, before the risk of hidden type III disease has been clearly surveyed.

In the presence of radiocarpal subluxation or resorptive unstable radiocarpal arthritis (type III disease), pure soft tissue reconstruction is contraindicated. Radiolunate fusion is then usually added, which makes the procedure identical to the one described by Chamay et al in 1983 (see below).

Radiolunate fusion and ulnar head excision

This method of wrist stabilization (Fig. 3) was described by Chamay et al (1983). It is based on the observation that patients with spontaneous radiolunate ankylosis retain a highly functional range of wrist flexion/extension and do not undergo subsequent radiocarpal instability or subluxation. In a later study, Della Santa and Chamay (1995) reported that radiolunate arthrodesis does indeed prevent dislocation of the unstable wrist, but does not prevent further arthritic deterioration. Obviously, the speed of further decay depends on the type of involvement, being faster in the disintegration type III than in the osteoarthritis or the ankylosis types I and II. In the presence of radiocarpal subluxation, radiolunate fusion is done with the lunate properly reduced so as to realign the entire carpus with respect to the distal radius.

Radioscaphoidal–lunate arthrodesis and ulnar head excision

The concept of this procedure is based on the knowledge that in rheumatoid arthritis the midcarpal joint usually retains long term stability and is unlikely to dislocate except in cases of severe resorptive arthritis mutilans. If the radioscaphoid joint is severely damaged and the midcarpal joint relatively spared, radioscaphoidal–lunate arthrodesis is usually indicated (Fig. 4). This procedure is also used in cases of radiocarpal subluxation necessitating extensive dissection for proper radiocarpal realignment. Thus, radioscaphoidal–lunate fusion is an alternative to total wrist fusion in patients requiring radiocarpal reduction.

Radioscaphoidal–lunate fusion with intercarpal replacement arthroplasty

In addition to radioscaphoidal–lunate alignment and fusion this method incorporates the implantation of a single-stemmed condylar Swanson silastic implant into the capitate with the

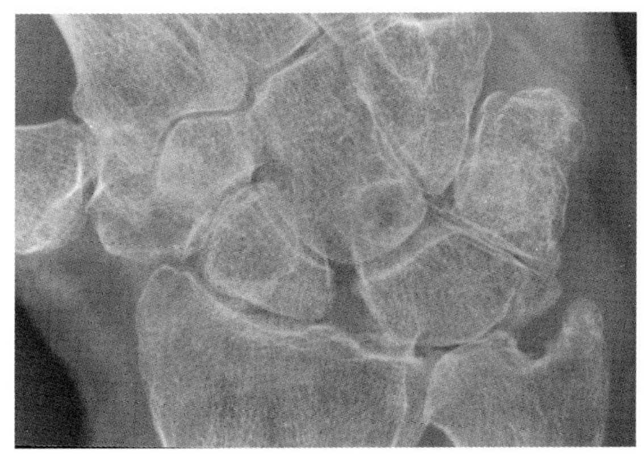

a

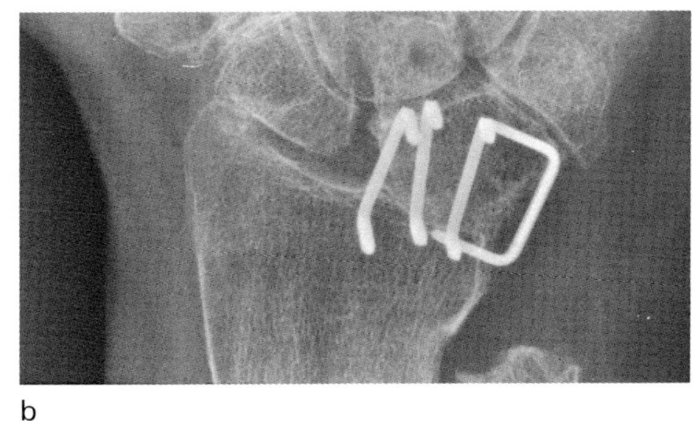

b

c

Figure 3

Type III wrist involvement (destabilization). (a) Radial rotation and rapidly progressive ulnar translocation of the carpus. Preoperative and (b and c) postoperative radiographs after reduction of the carpus and wrist stabilization by radiolunate fusion (Chamay procedure).

prosthetic surface facing the lunate (Taleisnik 1987). The procedure has not yet been fully assessed, but may be indicated in cases of radiocarpal subluxation or dislocation with severe concomitant damage at the lunocapitate joint.

Total wrist arthrodesis and ulnar head excision

Total wrist arthrodesis completely and permanently removes the risk of wrist instability at the expense of losing wrist motion. This procedure is indicated most frequently in type III (destabilization) patients with severe bone resorption and advanced instability, especially in the presence of radiocarpal dislocation in arthritis mutilans. It may occasionally be used for type II (secondary arthrosis) and type I (ankylosis) deformities if ankylosis is incomplete and one painful mobile segment remains to be fused.

Radioulnar fusion with resection/pseudarthrosis of the ulna

The Sauvé–Kapandji procedure (1936) (Fig. 5) uses a different approach to solve the problems outlined above and is the exception to the rule that distal ulnar excision is usually required when dealing with rheumatoid wrist arthritis. The method addresses the distal radioulnar joint

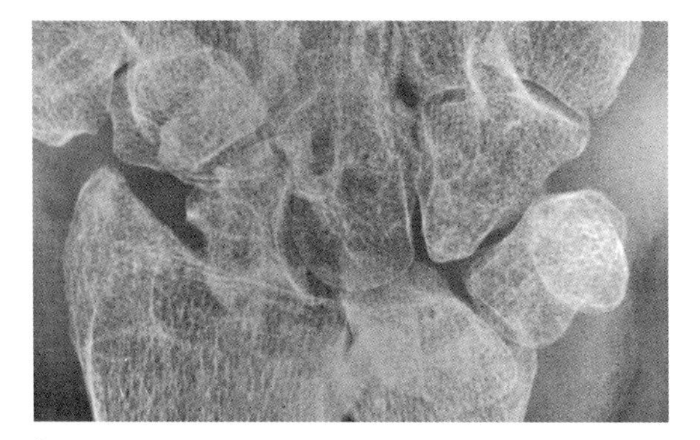

a

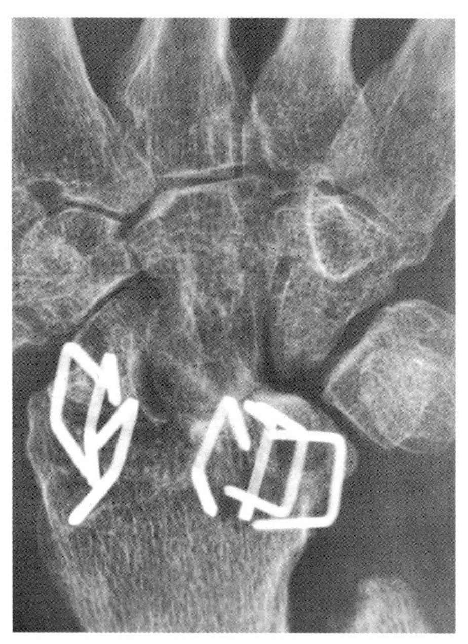

c

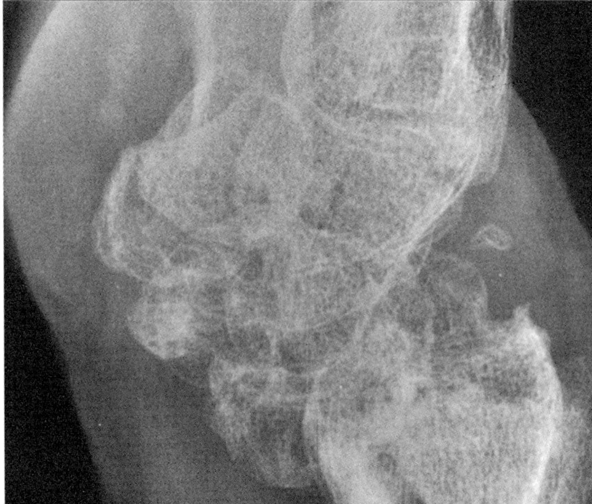

b

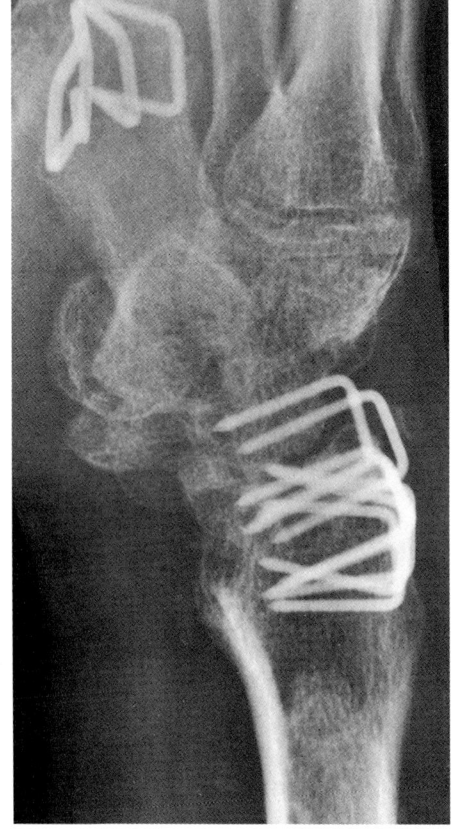

d

Figure 4

Type III wrist involvement. (A) and (B) Preoperative radiographs show dislocation of the radiocarpal joint and preserved alignment of the intercarpal joint. (C) and (D) The patient was treated by reduction of the radiocarpal joint and radioscaphoidal–lunate fusion which healed uneventfully. Fifty per cent of the normal range of motion was preserved.

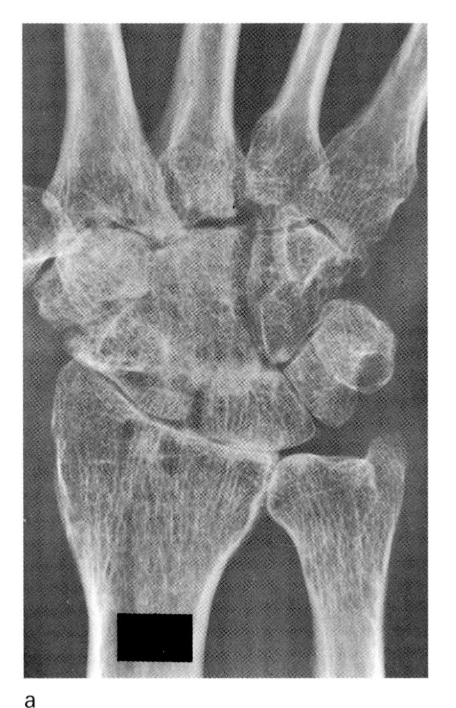

a

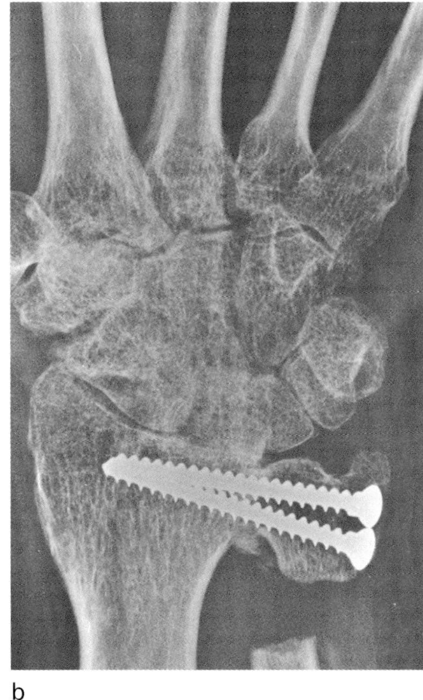

b

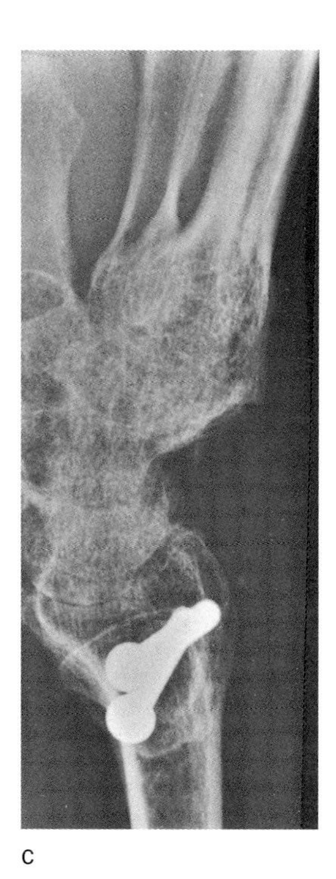

c

Figure 5

Type II wrist involvement (secondary arthrosis). This wrist presented with minimal tendency towards carpal collapse or ulnar translocation. (a) In spite of deterioration of radiocarpal and midcarpal joint surfaces, the wrist remained stable and relatively well mobile. (b) and (c) Due to periulnar pain (caput ulnae syndrome), treatment became necessary and comprised distal radioulnar fusion and proximal ulna segmental resection (Sauvé–Kapandji procedure). The preoperative range of motion was fully maintained.

arthritis, the altered kinematics of the ulnocarpal junction, and the complex periulnar deformities by providing reduction of the ulnar head, achieving bony fusion between the distal ulna and the sigmoid notch, and creating a permanently mobile nonunion at the neck of the ulna. The indications for this procedure are the same as those for dorsal wrist synovectomy and distal ulnar excision with soft tissue stabilization. It has not been demonstrated clearly whether progressive radiocarpal subluxation may be prevented by this procedure. Therefore, Alnot and Fauroux (1992) have recommended combining the Sauvé–Kapandji operation with radiolunate fusion particularly in cases of severe ulnar translocation and/or palmar subluxation of the carpus.

Total wrist replacement arthroplasty and ulnar head excision

Until a more reliable method of prosthetic replacement has been developed, the role of this procedure is controversial, particularly in rheumatoid arthritis. There is hardly any need for total wrist arthroplasty since other, more reliable stabilization procedures have become available and yield acceptable results. As outlined above, the majority of symptoms of rheumatoid wrists relate to periulnar or distal radioulnar joint problems (usually not fully detectable on radiographs) and rarely originate from radiocarpal or midcarpal alterations. Even if impressive radiographic changes are seen at these joint levels, flexion and extension are often relatively well preserved and usually painless. Alternative treatment methods, such as partial wrist fusion, may entail some loss of wrist motion but this added limitation, although undesirable, is tolerated relatively well by patients with rheumatoid arthritis.

Making decisions

Indications

Indications for surgery in the rheumatoid wrist relate primarily to the periulnar region and mainly include, as listed above, ulnar wrist pain, painful supination block, compromise of extensor tendons, and radial wrist deviation contributing to ulnar drift of the fingers.

Selection of surgical procedures

When wrist surgery is indicated, the minimum procedure required is ulnar head resection. Along with this, additional minor soft tissue procedures of the 'dorsal wrist synovectomy' group (as originally described by Straub in 1969) should be carried out as needed.

Ascertained type I (ankylosis) and type II (secondary arthrosis) wrists, in which there is no evidence of progressive ulnar translation, carpal collapse, radiocarpal subluxation or instability as judged from serial radiographs (see previous chapter for proper categorization), do not usually need additional bony carpal stabilization procedures. Wrists with uncertain type I or type II categorization, in which hidden type III involvement cannot be firmly ruled out, should have radiolunate arthrodesis in addition to ulnar head resection and 'dorsal wrist synovectomy'. We certainly prefer to err on the side of a carpal bone stabilization procedure if the type assignment is not clear. Type III wrists always need a supplementary bony carpal stabilization procedure.

Minimum stabilization: Chamay procedure

This procedure is chosen for type III (destabilization) patients with early subluxation and/or evidence of bone resorption. Patients with moderate ulnar and palmar radiocarpal subluxation in whom involvement of the radioscaphoidal joint is not excessive are also candidates for this procedure (see Fig. 3).

Moderate stabilization: radioscaphoidal–lunate fusion (see Fig. 4)

Radioscaphoidal–lunate fusion is used in wrists with radiocarpal subluxation and severe damage to the radioscaphoidal joint, provided that the lunocapitate joint is reasonably well preserved. It is also suitable for the patient with radiocarpal dislocation and relative sparing of the midcarpal joint. Radioscaphoidal–lunate fusion leads to a greater loss of preoperative wrist motion than the Chamay procedure, due to the inclusion of the radioscaphoidal joint in the fusion complex. Nevertheless, a useful and functional wrist flexion and extension can be expected (Nalebuff and Garrod 1984).

Extensive stabilization: total wrist fusion

Panarthrodesis of the wrist is reserved for advanced patterns of destruction that cannot be salvaged by any one of the lesser stabilization procedures. Indications include severe resorptive disease, long standing total wrist dislocations, and cases of disorganization of the midcarpal joint.

Conclusions

In rheumatoid arthritis of the wrist, knowledge of natural disease evolution and recognition of typical patterns of carpal collapse are the basis for the selection of optimal surgical treatment modalities. Three distinct types of disease, namely the ankylosing type, the secondary arthrosis type, and the destabilization type, have been described. While clinical symptoms and indications for operative treatment of the rheumatoid wrist are related mainly to the distal radioulnar joint and the periulnar region, long term prognosis of wrist function is predominantly linked to the condition of stability of the radiocarpal joint. Early recognition and adequate treatment of a destabilizing (type III) disease pattern are considered important in maintaining optimal long term wrist function in this group of patients.

Although progression of disease cannot be prevented by radiolunate or radioscaphoidal-lunate fusions, the merit of partial bony wrist stabilization procedures has been well established. These methods have been shown to minimize the need for revisional surgery and usually provide adequate wrist function in the long term.

References

Allieu JY, Lussiez B, Asencio G (1989) The long-term results of synovectomy of the rheumatoid wrist: a report of 60 cases, *Fr J Orthop Surg* **3**:188–94.

Alnot JY et le Groupe Guépar (1988) L'arthroplastie totale Guépar de poignet dans la polyarthrite rhumatoïde, *Acta Orthop Belg* **54**:178–84.

Alnot JY, Fauroux L (1992) Synovectomy realignment stabilization in the rheumatoid wrist. In: Simmen BR, Hagena FW, eds. *The Wrist in Rheumatoid Arthritis.* Karger: Basel: **17**:72–86.

Alnot JY, Leroux D (1985) La synovectomie réaxation stabilisation du poignet rhumatoïde: à propos de vingt-cinq cas, *Ann Chir Main* **4**:294–305.

Bäckdahl M (1963) The caput ulnae syndrome in rheumatoid arthritis, *Acta Rheum Scand* Suppl. 5:1–75.

Bowers WH (1985) Distal radioulnar joint arthroplasty: the hemiresection interposition technique, *J Hand Surg* **10A**:169–78.

Brook A, Corbett M (1977) Radiographic changes in early rheumatoid disease, *Ann Rheum Dis* **36**:71–3.

Chamay A, Della Santa D, Villaseca A (1983) Radiolunate arthrodesis, factor of stability for the rheumatoid wrist, *Ann Chir Main* **2**:5–17.

Clayton ML (1965) Surgical treatment of the wrist in rheumatoid arthritis: A review of thirty-seven patients, *J Bone Joint Surg* **47A**:741–50.

Della Santa D, Chamay A (1995) Radiological evolution of the rheumatoid wrist after radio-lunate arthrodesis, *J Hand Surg* **20B**:146–54.

Dennis DA, Ferlic DC, Clayton ML (1986) Volz total wrist arthroplasty in rheumatoid arthritis: a long-term review, *J Hand Surg* **11A**:483–90.

Gschwend N, Kentsch A, Böhler N, et al (1985) Late results of synovectomy of wrist, MP and PIP joints. Multicenter Study, *Clin Rheum* **4**:23–5.

Hämäläinen M, Kammonen M, Lethimäki M, et al (1992) Epidemiology of wrist involvement in rheumatoid arthritis. In: Simmen BR, Hagena FW, eds. *The Wrist in Rheumatoid Arthritis.* Karger: Basel: **17**:1–7.

Jensen CM (1983) Synovectomy with resection of the distal ulna in rheumatoid arthritis of the wrist, *Acta Orthop Scand* **54**:754–9.

Larsen A, Dahle K, Eek M (1977) Radiographic evaluation of rheumatoid arthritis and related conditions by standard reference films, *Acta Radiol Diagn* **18**:481–91.

Mannerfelt L, Malmsten M (1971) Arthrodesis of the wrist in rheumatoid arthritis. A technique without external fixation, *Scan J Plast Reconstr Surg* **5**:124–30.

Meuli HCh (1984) Meuli total wrist arthroplasty, *Clin Orthop* **187**:107–11.

Nalebuff EA, Garrod KJ (1984) Present approach to the severely involved rheumatoid wrist, *Orthop Clin North Am* **15**:369–80.

Nigst H, Simmen BR (1983) Das Caput ulnae-Syndrom, *Acta Rheumatol* **8**:147–9.

Rana NA, Taylor AR (1973) Excision of the distal end of the ulna in rheumatoid arthritis, *J Bone Joint Surg* **55B**:96–105.

Rasker JJ, Veldmuis EFM, Huffstadt AJC, Nienhus RLF (1980) Excision of the ulnar head in patients with rheumatoid arthritis, *Ann Rheum Dis* **39**:270–4.

Rayan GM, Brentlinger A, Purnell D, Garcia–Moral CA (1987) Functional assessment of bilateral wrist arthrodeses, *J Hand Surg* **12A**:1020–4.

Sauvé L, Kapandji M (1936) Une nouvelle traitement chirurgicale des luxations récidivantes de l'extrémité inférieure du cubitus, *J Chir* **47**:589–94.

Scott DL, Coulton BL, Popert AJ (1986) Long-term progression of joint damage in rheumatoid arthritis, *Ann Rheum Dis* **45**:373–8.

Simmen BR, Nigst H (1983) Die rheumatische Hand. Operative Behandlung des Caput ulnae-Syndroms, *Der informierte Arzt* **16**:6–16.

Simmen BR, Huber H (1992) The rheumatoid wrist: A new classification related to the type of the natural course and its consequences for surgical therapy. In: Simmen BR, Hagena FW, eds. *The Wrist in Rheumatoid Arthritis*. Karger: Basel: **17**:13–25.

Simmen BR, Huber H (1994) Das Handgelenk bei der chronischen Polyarthritis – Eine neue Klassifizierung aufgrund des Destruktionstyps des naturlichen Verlaufes und deren Konsequenzen für die chirurgische Therapie, *Handchir Mikrochir Plast Chir* **26**:182–9.

Sollermann C, Amilon A, Czurda R, Hasselgren G, Horlbeck M, Nylen S, Simmen BR (1992) Silastic total wrist implants in rheumatoid arthritis. In: Simmen BR, Hagena FW, eds. *The Wrist in Rheumatoid Arthritis*. Karger: Basel: **17**:162–6.

Straub LR, Ranawat CS (1969) The wrist in rheumatoid arthritis, *J Bone Joint Surg* **51A**:1–20.

Swanson AB, DeGroot-Swanson G, Maupin BK (1984) Flexible implant arthroplasty of the radiocarpal joint – surgical technique and long-term study, *Clin Orthop* **187**:94–106.

Taleisnik J (1987) Combined radiocarpal arthrodesis and midcarpal (lunocapitate) arthroplasty for treatment of rheumatoid arthritis of the wrist, *J Hand Surg* **12A**:1–8.

Thirupathi RG, Ferlic DL, Clayton ML (1983) Dorsal wrist synovectomy in rheumatoid arthritis. A longterm study, *J Hand Surg* **6**:848–55.

Volz RG (1984) Total wrist arthroplasty: A clinical review, *Clin Orthop* **187**:112–17.

Watson HK, Ryu J, Burgess RC (1986) Matched distal ulnar resection, *J Hand Surg* **11**:812–17.

Youm Y, McMurtry RY, Flatt AE, Gillespie TE (1978) Kinematics of the wrist, *J Bone Joint Surg* **60A**:423–31.

26

Wrist instability following acute and chronic infection

Ladislav Nagy

Wrist infection accounts for 3–13% of the total incidence of septic arthritis of major joints (Kelly 1975, Manshady et al 1980). Its diagnosis is based on clinical examination and confined by liberal joint aspiration (Sternbach and Baker 1976) and/or arthrotomy. Subtle radiological changes such as the 'fat pad sign' over the snuff-box, which indicates joint effusion, must be sought (Gelman and Ward 1977) long before radiographic signs of infection have appeared (Resnick 1975). Causative organisms include *Staphylococcus aureus* (66%); streptococcus (14%); Gram-negative rods; *Haemophilus influenzae*, particularly in children (Rashkoff et al 1983); gonococcus (Manshady et al 1980); *Mycobacterium tuberculosis* (Robins 1967), and other rare germs (Hart et al 1982, McDonald et al 1983, Rumley et al 1987, Lluberas et al 1989, Chevalier et al 1991, Dubost et al 1993).

Surgical and intravenous antibiotic treatment is generally advocated, except in gonococcal (Manshady et al 1980) and certain tuberculous (Robins 1967) infections where antibiotic treatment alone may suffice. The outcome is clearly related to a delay in treatment. Good and excellent results are seen if surgical therapy is begun within 10 hours of onset (Rashkoff et al 1983). The results thereafter deteriorate both with a further delay in initiating treatment and with an increasing number of surgical procedures performed (Rashkoff et al 1983). Septic arthritis superimposed on pre-existing degenerative or rheumatoid arthritis is particularly problematic (McConville et al 1975, Gelman and Ward 1977, Barker et al 1985, Ziminsky 1985, Jobanputra and Gibson 1987, Hoppmann et al 1989, Faraawi et al 1993). The onset and severity of infection may be masked and resistance to infection compromised by decreased phagocytosis and bactericidal activity of leucocytes as seen in rheumatoid arthritis (Gelman and Ward 1977).

Synovitis, cartilage damage and various degrees of weakening of the retaining and guiding ligaments are expected to occur after wrist pyarthrosis and may ultimately alter the structural integrity and the biomechanics of the wrist with resultant carpal collapse. Its pattern and extent depend on a number of factors, including the pre-existing condition of the wrist, virulence of infection, host reaction, onset and effectiveness of treatment (Fig. 1), and healing tendency.

A review of the literature reveals no reports on carpal instability secondary to septic arthritis. In the only clinical series dealing with wrist pyarthrosis this subject was not examined adequately; however, no patient claimed evident instability (Rashkoff et al 1983).

The purpose of this study is to examine the occurrence, patterns, and clinical implications of wrist instability following septic arthritis using established criteria in the literature (Linscheid et al 1972, McMurtry et al 1978, Gilula and Weeks 1978, Youm et al 1978, Chamay et al 1983, Pagliei et al 1991, Nattrass et al 1990).

Materials and methods

During the past 10 years, 22 patients with 24 infected wrists were treated in our institution. There were 18 males and 4 females with a mean age of 51.6 years (range 16–79 years). The dominant wrist was involved in 11 patients and the nondominant in 13. Nine patients had a history of previous trauma consisting of sprains, injections, stab wounds, open dislocations, or

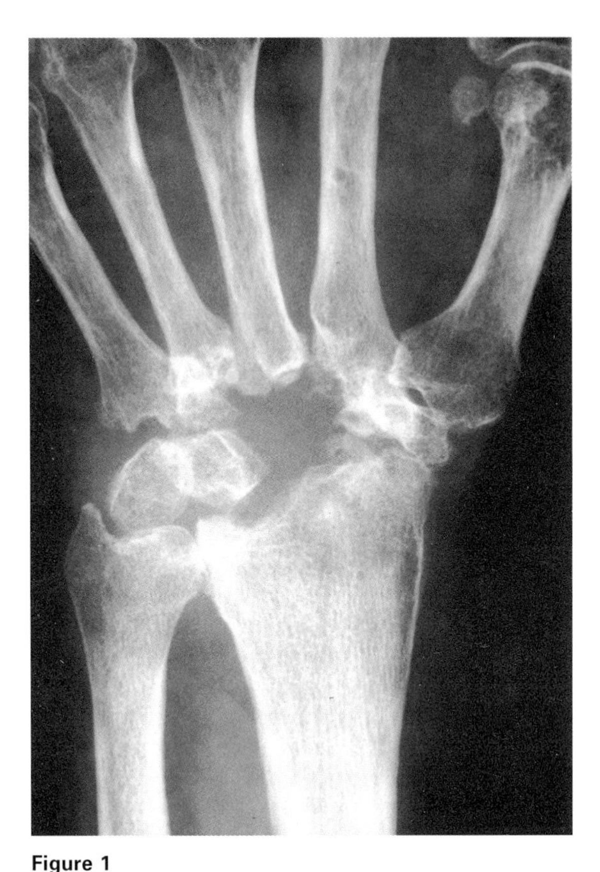

Figure 1

Appearance of a wrist after maximal surgical debridement.

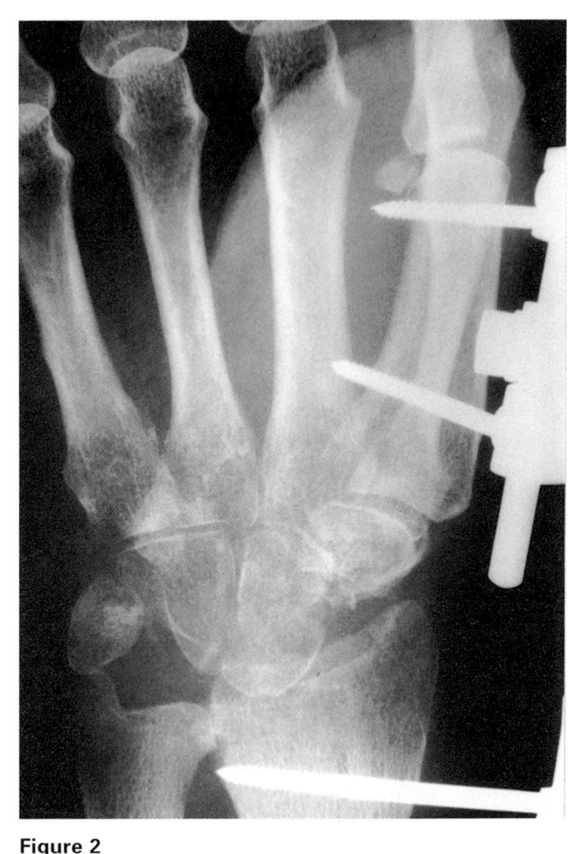

Figure 2

Radical debridement can include the proximal carpal row.

surgery. Three wrists had symptomatic rheumatoid arthritis and one had scaphoid nonunion. Wrist pyarthrosis occurred during generalized sepsis in four patients, one of whom had evidence of an aplastic crisis. The leading clinical sign of infection was swelling (95%), pain (89%), raised local temperature (85%), and erythema (69%). Fever was present in 33% of the patients and 70% had white cell counts in excess of 10 000 per ml. Sedimentation rate was elevated in 9 out of 10 cases. Joint aspiration was positive in only half of cases and remained unclear or negative in the rest. The delay between the onset of symptoms and definitive treatment was 31 days (range 1–120 days). The time between the first office visit and operative treatment was 2.9 days (range 0–20 days). *Staphylococcus aureus* was found in 16 patients, streptococcus (group G) in 3 and *Haemophilus influenzae, Serratia marcescens* and *Mycobacterium tuberculosis* in one patient each.

Twenty-four primary procedures were performed including irrigation, synovectomy, debridement of capsular elements, proximal carpal row resection (2 cases, Fig. 2), continuous joint irrigation, and external fixation (5 of 7 to achieve wrist fusion, Fig. 3). Continuous irrigation and drainage were maintained for 3–10 days and intravenous antibiotic treatment for 17 days (range 2–41 days). Oral antibiotic therapy was continued for three months postoperatively. Fourteen wrists required a total of 46 additional operative procedures, usually consisting of further debridement, secondary formal wrist fusions, and hardware removals. Proximal row carpectomy was performed during a second look procedure in three patients. Clinical healing took five months on average (range 23 days to 1½

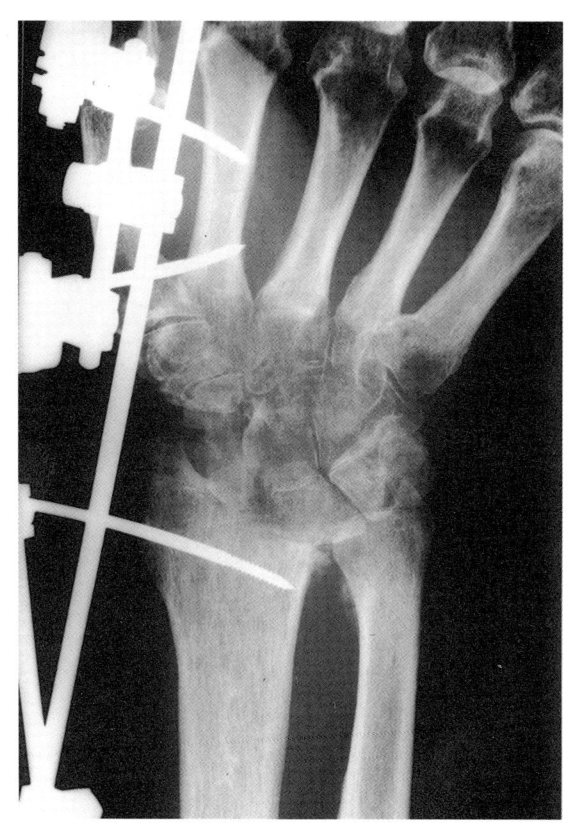

Figure 3

External fixation can be applied either for temporary immobilization and distraction and/or in order to achieve definitive wrist fusion.

years (in a case of tuberculosis)). Two patients died, one of septic complications. Digital stiffness of the fingers occurred in three patients. Of the five wrists placed in external fixation to achieve fusion only one healed. The other four required subsequent formal arthrodeses. Secondary wrist fusion was performed and successfully achieved in an additional two patients.

Fifteen patients were available for clinical follow-up averaging 1.4 years (range 3 months to 5.9 years). Radiological documentation was considered adequate for evaluating carpal instability if serial radiographs in the frontal projection and at least one true lateral radiograph were available. This was the case in only 12 of the affected 24 wrists. The cases treated with external fixation were excluded. The radiological follow-up between the first (1) and last (4) image to be evaluated (Fig. 4) was 207 days on average, ranging from 16 (case M) to 842 days. The type, degree, and temporal progression of carpal collapse were assessed by measuring carpal height (McMurtry et al 1978, Youm et al 1978), revised carpal height (Nattrass et al 1990), ulnar translation in two modalities (Chamay et al 1983, Gilula and Weeks 1978), carpal instability nondissociative and carpal instability dissociative (Linscheid et al 1972), as well as palmar subluxation (Pagliei et al 1991).

Results

Eleven patients at follow-up were pain free or experienced minor discomfort with excessive loading. Two patients were moderately disturbed and two suffered from considerable pain with daily activities. No patient felt wrist instability. Excluding three patients with wrist arthrodesis, the range of motion averaged 25° flexion, 37° extension, 11° radial deviation, and 16° ulnar deviation. Pronation and supination were not affected (62° and 64° respectively). Grip strength was reduced significantly (24 kp, 50% of contralateral). Using the Mayo wrist score (Cooney et al 1980) results were classified as being good or excellent in two patients, satisfactory in two and poor in four.

Radiographic evaluation showed no changes in the parameters upon which carpal indices are based, except for the length of the capitate which decreased by 1.5 mm on average and drastically shortened in four cases. Ulnar length was diminished in two patients. Carpal height and revised carpal height were abnormal in all except three cases (Fig. 4a). Clear ulnar translation occurred in six cases. The other six patients, including the three aforementioned cases with normal carpal heights, had no signs of ulnar translation (Fig. 4b). There was no difference in respect of ulnar translation between the two methods of measurement (Chamay versus Gilula). Clearly abnormal lunocapitate angles were found in three wrists (Fig. 4c) and abnormal scapholunate angles in excess of 60° were detected in six (Fig. 4d) concomitant scapholunate gapping was not found. The results of palmar translation measurements proved inconsistent at the radiocarpal and

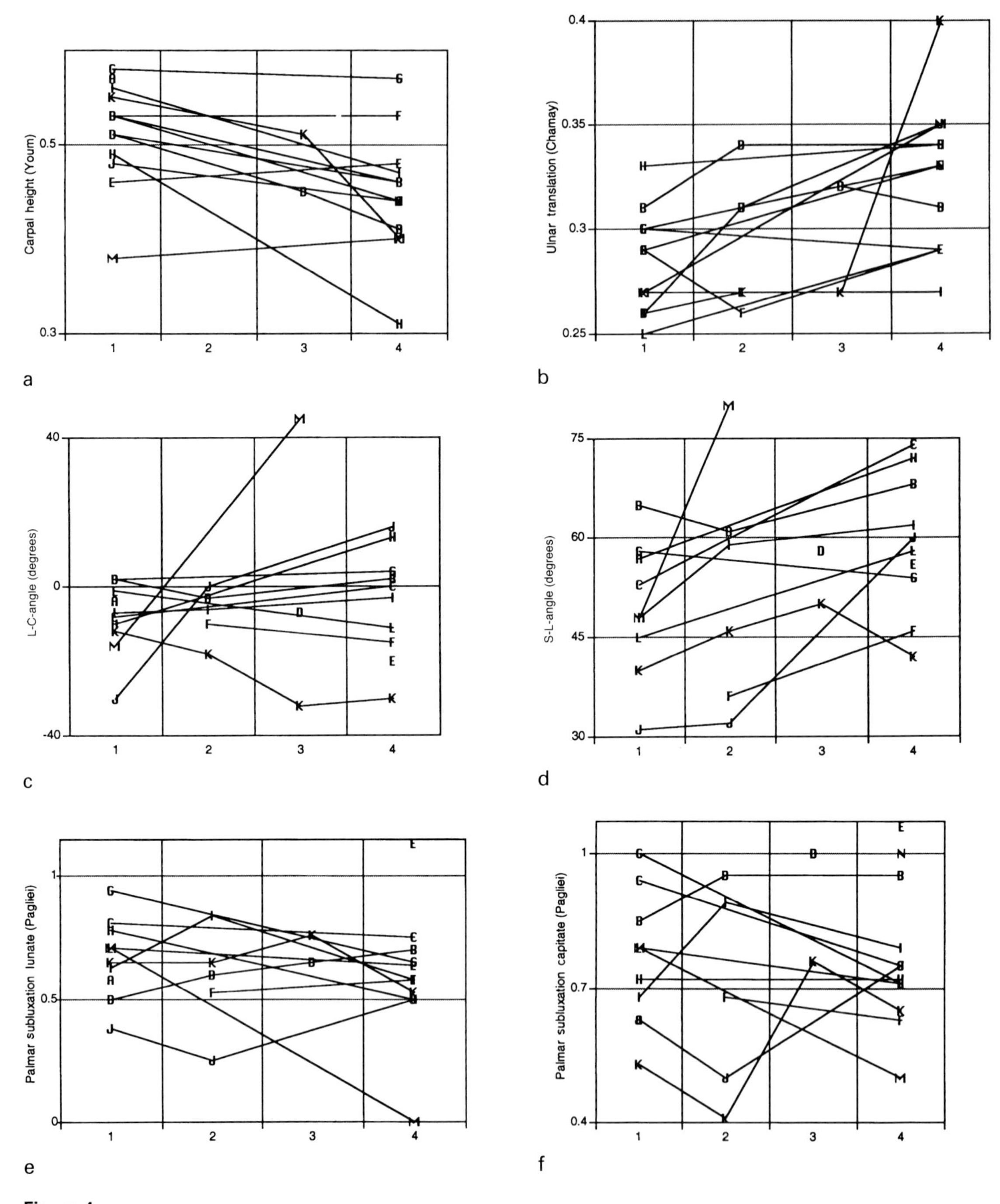

Figure 4

Evolution of six carpal collapse parameters over time. The capital letters represent individual patients. 1: First available radiograph. 2 and 3 represent intermediate stages. 4: Radiographs at follow-up. The time span from 1 to 4 was 207 days on average and ranged from 16 days (case M) to 842 days. (a) Carpal height (Youm). (b) Ulnar translation (Chamay). (c) Lunocapitate angle in degrees. (d) Scapholunate angle in degrees. (e) Palmar subluxation of the lunate (Pagliei). (f) Palmar subluxation of the capitate (Pagliei).

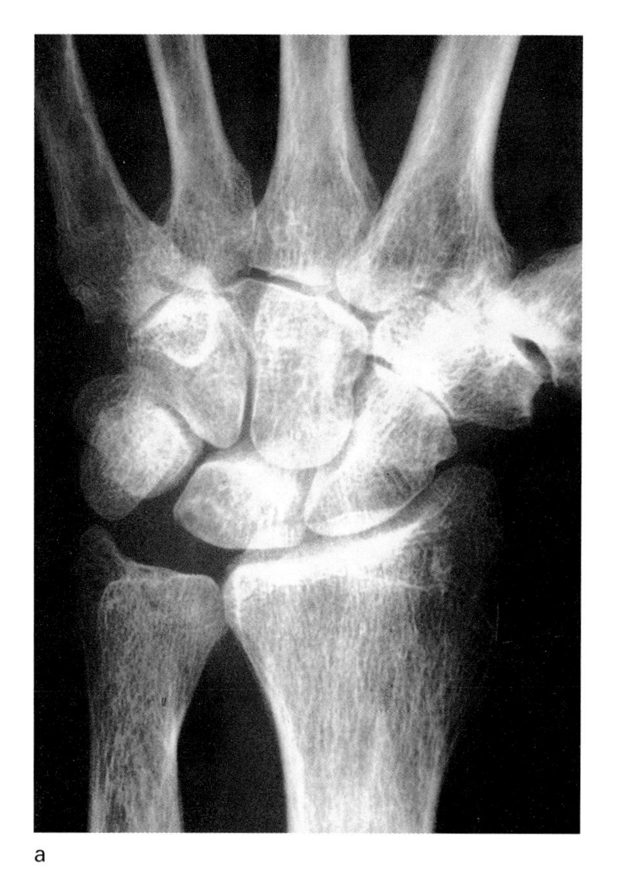

a

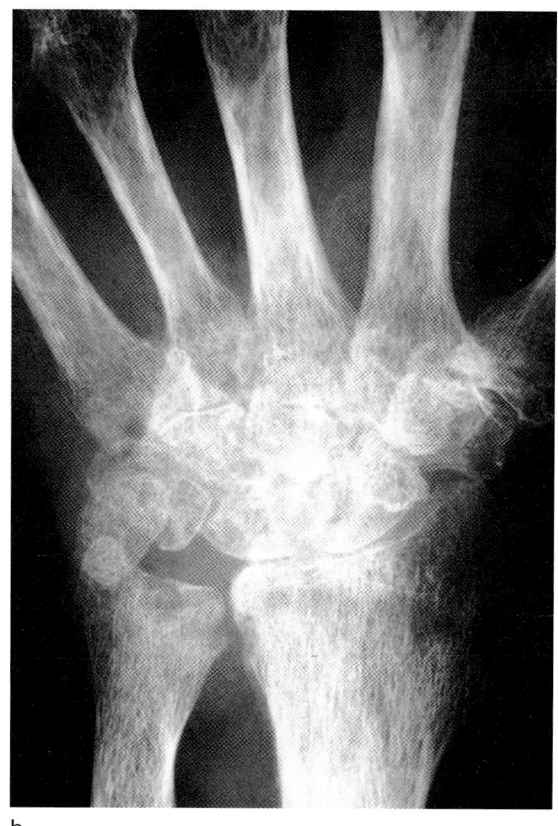

b

Figure 5

Progressive scapholunate collapse without ulnar translation.

midcarpal joint levels as indicated in Fig. 4e,f, but nontheless demonstrated clearly pathological values in three cases.

When all the parameters are considered, three wrists remained stable and did not develop carpal collapse or translation. Three wrists showed scapholunate dissociation with dorsal intercalated segment instability (DISI) deformity but no significant ulnar translation (Fig. 5a,b). Three wrists developed scapholunate dissociation with DISI deformity in conjunction with significant ulnar translation (Fig. 6a,b). The remaining three wrists demonstrated isolated increasing ulnar translation without abnormal positioning of the scaphoid and lunate (Fig. 7a,b).

Good and satisfactory clinical results were clearly correlated to a short delay in the onset of treatment, absence of visible infectious destruction at surgery, and minimal radiographic alteration (cases C, E, F, G). The use of external fixation or proximal row carpectomy did not affect the final results.

Discussion

Symptomatic carpal instability following septic arthritis did not occur in our series. Radiological signs of instability or subluxation, however, could be found in all patients with relevant intra-articular sequelae of infection. Destruction of cartilage and/or postinfectious ligament deficiency translates directly to a loss of carpal height. Its decrease may be caused by various modalities of carpal malalignments reflecting

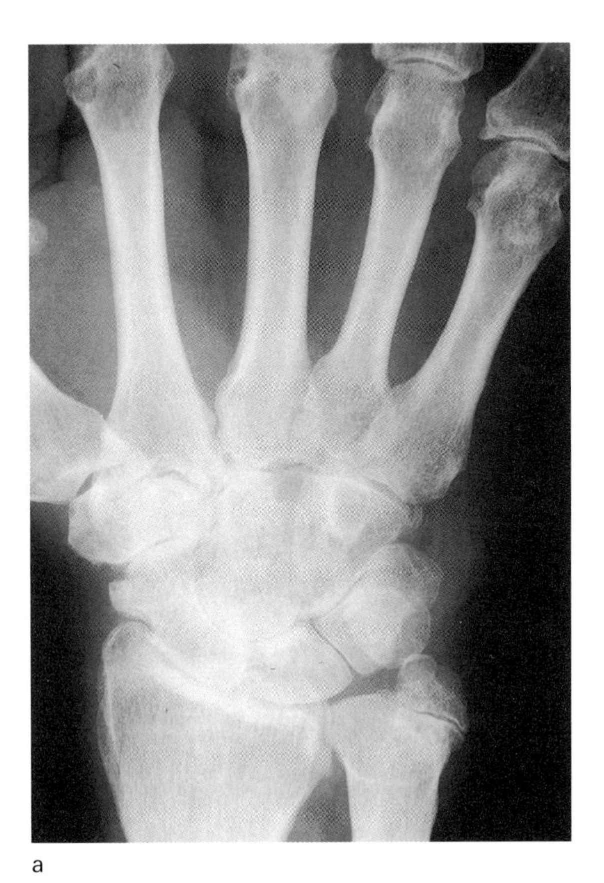

a

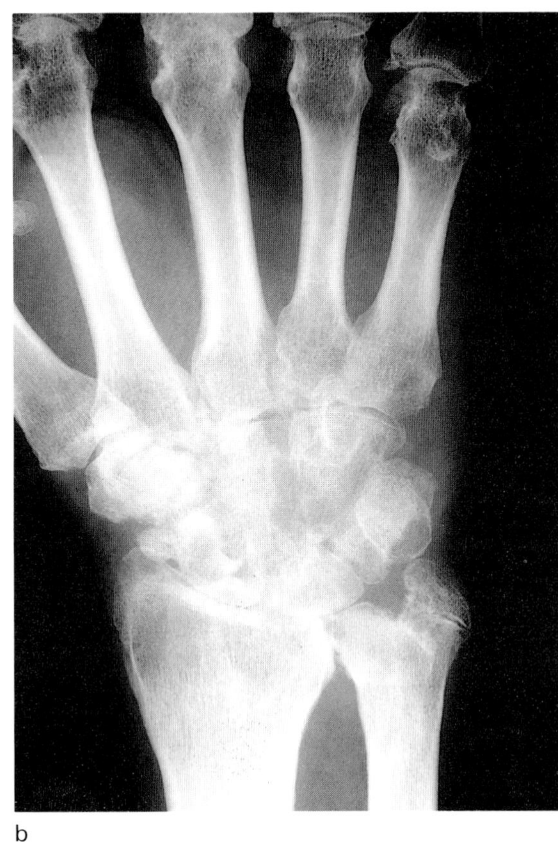

b

Figure 6

Progressive scapholunate collapse with concomitant ulnar translation.

different patterns of ligament damage. If this is limited to intra-articular structures such as the scapholunate interosseous ligament, which seems particularly susceptible to infectious destruction, subsequent dissociation with carpal collapse and DISI occurs. More extensive arthritic lesions may involve the extrinsic palmar and dorsal radiocarpal ligaments and cause ulnar translation in addition to the aforementioned pattern of collapse. Isolated ulnar translation without palmar subluxation or evidence of scapholunate dissociation has also been observed and is difficult to explain since the pathomechanics of ulnar translation are not yet understood. Ulnar translation occurred in biomechanical testing (Viegas et al 1995) only after widespread ligament division. In no instance was it seen without preceding and associated palmar translation. The latter was definitely not present in the subgroup of our patients with isolated ulnar translation. We did not investigate the possibility that rotational instability (Ritt et al 1995) might have occurred in our patients.

The clinical outcome of the patients presented here is not as good as that in the series of Rashkoff et al (1983), and may be due to the longer delay in the onset of treatment in our cases.

Conclusions

In septic arthritis of the wrist, a clear correlation exists between clinical outcome and the virulence

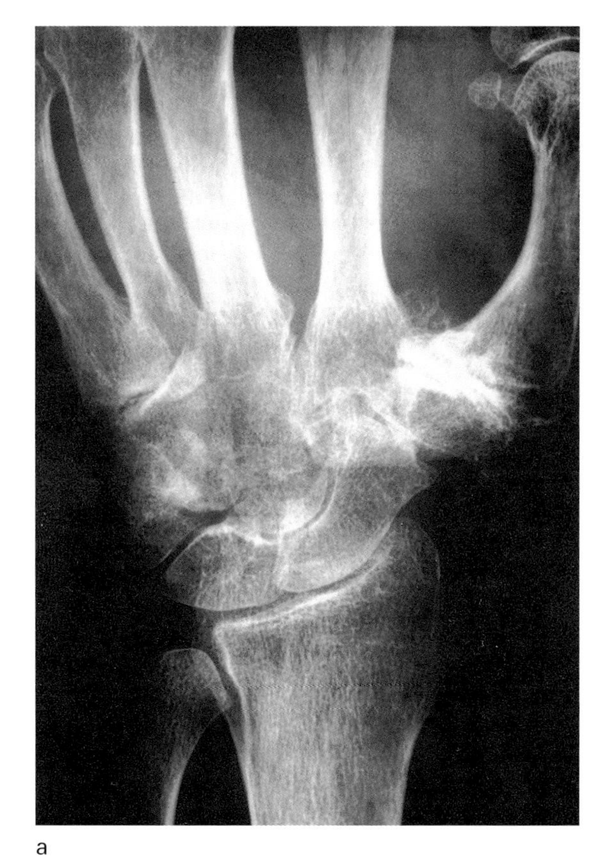

a

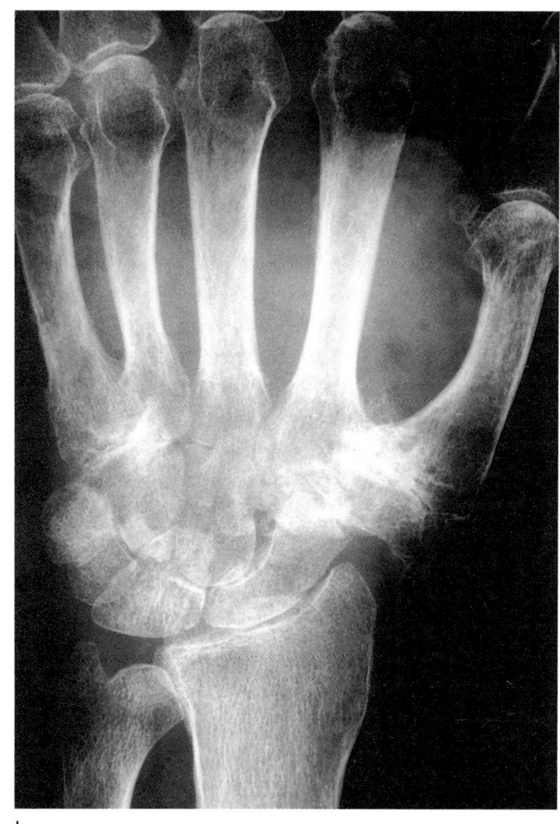

b

Figure 7

'Isolated' progressive ulnar translation.

of the bacterium, the duration of infection, and the severity of ligament damage. In cases of ligament destruction, one of three types of carpal collapse occurs, including scapholunate dissociation, scapholunate dissociation in conjunction with ulnar translation, or ulnar translation alone.

References

Barker CS, Symmons DP, Scott DL, Bacon PA (1985) Joint sepsis as a complication of sero-negative arthritis, *Clin Rheumatol* **4:**51–4.

Chamay A, Della Santa D, Vilaseca A (1983) L'arthrodèse radio-lunaire - facteur de stabilité du poignet rhumatoide, *Ann Chir Main* **2:**5–17.

Chevalier X, Martigny J, Avouac B, Larget PB (1991) Report of 4 cases of *Pasteurella multocida* septic arthritis, *J Rheumatol* **18:**1890–2.

Cooney WP, Dobyns JH, Linscheid RL (1980) Nonunion of the scaphoid: analysis of the results from bone grafting, *J Hand Surg* **5A:**343–54.

Dubost JJ, Soubrier M, Schmidt J, Oualid T, Sauvezie B (1993) Tuberculous septic polyarthritis caused by *Mycobacterium bovis, Rev Rhum Ed Fr* **60:**922–4.

Faraawi R, Harth M, Kertesz A, Bell D (1993) Arthritis in hemochromatosis, *J Rheumatol* **20:**448–52.

Gelman MI, Ward JR (1977) Septic arthritis: a complication of rheumatoid arthritis, *Radiology* **122**:17-23.

Gilula LA, Weeks PM (1978) Posttraumatic ligamentous instability of the wrist, *Radiology* **129:**641.

Hart CA, Godfrey VM, Woodrow JC, Percival A (1982) Septic arthritis due to *Bacteroides fragilis* in a wrist affected by rheumatoid arthritis, *Ann Rheum Dis* **41:**623–4.

Hoppmann RA, Patrone NA, Rumley R, Burke W (1989) Tuberculous arthritis presenting as tophaceous gout, *J Rheumatol* **16:**700–2.

Jobanputra P, Gibson T (1987) Diagnosis of pseudogout and septic arthritis, *Br J Rheumatol* **26:**379–80.

Kelly PJ (1975) Bacterial arthritis in the adult, *Orthop Clin North Am* **6:**973–81.

Linscheid RL, Dobyns JH, Beabout JW, Bryan RS (1972) Traumatic instability of the wrist. Diagnosis, classification and pathomechanics, *J Bone Joint Surg* **54A:**1612–32.

Lluberas AG, Elkus R, Schumacher HRJ (1989) Polyarticular *Clostridium perfringens* pyoarthritis, *J Rheumatol* **16:**1509–12.

McConville JH, Pototsky RS, Calia FM, Pachas WN (1975) Septic and crystalline joint disease. A simultaneous occurrence, *JAMA* **231:**841–2.

McDonald MI, Moore JO, Harrelson JM, Browning CP, Gallis HA (1983) Septic arthritis due to *Mycoplasma hominis*, *Arthritis Rheum* **26:**1044–7.

McMurtry RY, Youm Y, Flatt AE, Gillespie TE (1978) Kinematics of the wrist. II. Clinical applications, *J Bone Joint Surg* **60A:**955–61.

Manshady BM, Thompson GR, Weiss JJ (1980) Septic arthritis in a general hospital 1966–1977, *J Rheumatol* **7:**523–30.

Nattrass GR, McMurtrey R, King G (1994) An alternative method for determination of the carpal height ratio. *J Bone Joint Surg* **76A**: 88–94.

Pagliei A, Leclercq C, Goddard N, Tubiana R (1991) Palmar subluxation of the carpus in rheumatoid disease: a radiological evaluation, *Ann Hand Surg* **10:**541–55.

Rashkoff ES, Burkhalter WE, Mann RJ (1983) Septic arthritis of the wrist, *J Bone Joint Surg* **65A:**824–8.

Resnick D (1975) Arthritic disorders of the adult radiocarpal joint: anatomic considerations and an evaluation of fifty consecutive abnormal cases, *J Can Assoc Radiol* **26:**104–11.

Ritt MJPF, Stuart PR, Berglund LJ, Linscheid RL, Cooney WP, An K (1995) Rotational stability of the carpus relative to the forearm, *J Hand Surg* **20A:**305–11.

Robins RH (1967) Tuberculosis of the wrist and hand, *Brit J Surg* **54:**211–18.

Rumley RL, Patrone NA, White L (1987) Rat-bite fever as a cause of septic arthritis: a diagnostic dilemma, *Ann Rheum Dis* **46:**793–5.

Sternbach GL, Baker FJ (1976) The emergency joint: arthrocentesis and synovial fluid analysis, *JACEP* **5:**787–92.

Viegas SF, Patterson RM, Ward K (1995) Extrinsic wrist ligaments in the pathomechanics of ulnar translation instability, *J Hand Surg* **20:**312–18.

Youm Y, McMurtry RY, Flatt AE, Gillespie TE (1978) Kinematics of the wrist. I. An experimental study of radial-ulnar deviation and flexion-extension, *J Bone Joint Surg* **60A:**423–31.

Ziminski CM (1985) Treating joint inflammation in the elderly: an update, *Geriatrics* **40:**73–81.

27 Pisotriquetral pathology: a differential diagnosis

Frank D Burke

Ulnar border wrist pain frequently produces diagnostic dilemmas for hand surgeons. It is a complaint that may take a patient to several doctors, seeking a definite diagnosis and effective treatment. Careful history of previous injury and detailed examination of the wrist will frequently narrow down the differential diagnosis. Plain radiographs, stress views, computed tomography and magnetic resonance imaging, arthroscopy and arthrography may all be applied to clarify the diagnosis.

There is a wide variety of causes of ulnar border pain and many of these conditions defy ready diagnosis and, indeed, treatment. The remit of this chapter is pisotriquetral pathology. Diagnosis and treatment in these conditions are relatively straightforward providing the diagnosis is considered at the outset. It remains one of the most gratifying causes of ulnar border wrist pain to diagnose. Physical examination often provides sufficient evidence to confirm the diagnosis and straightforward treatment frequently permits a full return to all activities. Nevertheless, a disturbing number of cases of pisotriquetral pathology are only diagnosed after multiple consultations.

There is a wide variety of causes of ulnar border wrist pain from which pisotriquetral pathology must be separated. An ulnar positive variance may produce impingement syndrome against triquetrum. Ulnar styloid nonunions are usually asymptomatic but a small minority may cause continuing discomfort. Subluxation or osteoarthritis to the distal radioulnar joint must also be considered. Injuries to the ulnar collateral ligament of the wrist may cause continuing discomfort or subluxation of the overlying extensor carpi ulnaris. Tears to the triangular fibrocartilage centrally or peripherally may cause continuing discomfort. Tendonitis of the flexor carpi ulnaris should also be considered.

The pisiform is a sesamoid bone within the flexor carpi ulnaris tendon. Its articular surface lies on the dorsal surface related to the triquetrum. The articular surfaces are flat and stability of the joint is maintained by soft tissue restraints. These include attachments which radiate medially and laterally from the flexor carpi ulnaris tendon. To the lateral side, bands attach to the ulnar styloid, the extensor retinaculum, the abductor digiti minimi, and the base of the fifth metacarpal. Medially, the fibres attach to the hamate hook and the flexor retinaculum. Surgery which involves these structures may destabilize the pisotriquetral joint.

Diagnosis of pisotriquetral pathology

A detailed history of previous injury to the hand and wrist is necessary. Clinical examination should include precise localization of areas of tenderness around the ulnar border of the wrist. Ulnar neuritis (usually sensory) is quite commonly found in these cases (Belliappa and Burke 1992). Seradge and Seradge (1989) detail a five step evaluation which includes a 30° supinated radiograph for a skyline view of the joint (Fig. 1). The view also usually skylines the hook of the hamate. Seradge and Seradge also describe a stress test where proximal migration of the pisiform is resisted by the examiner's thumb as the patient actively flexes the wrist from a fully extended position. The grind test involves compressing the pisiform against the triquetrum with an additional rotational element

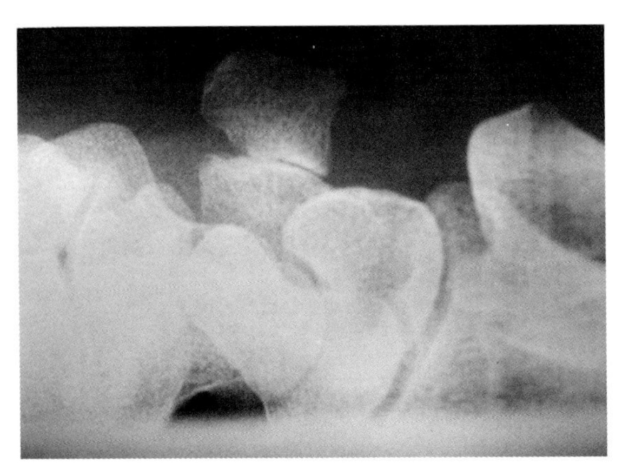

Figure 1

A 30° supinated view which skylines the osteoarthritic pisotriquetral joint (and usually the hook of the hamate).

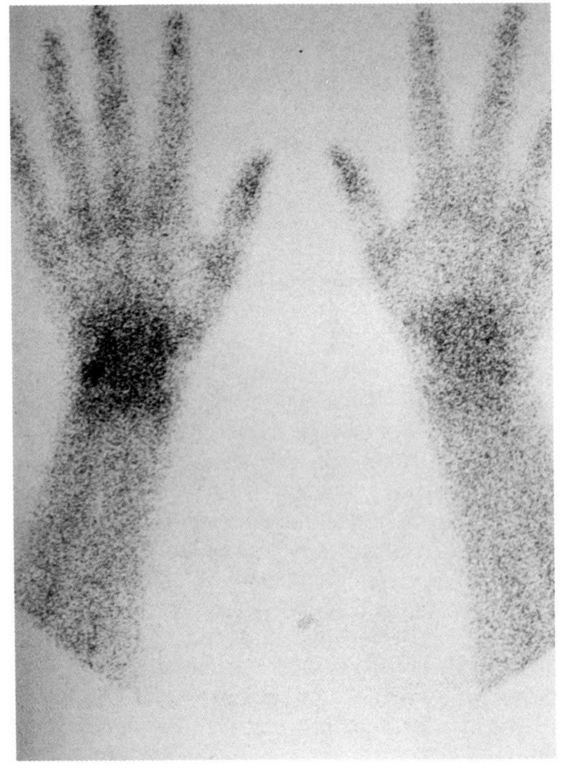

Figure 2

A bone scan revealing increased activity to the pisotriquetral joint.

provoking pain or crepitus. Poor tracking may be revealed by the apprehension test, displacing the pisiform towards the ulnar border of the mildly extended wrist, provoking discomfort and apprehension. If doubt still remains, a fine needle can be introduced into the pisotriquetral joint (ideally under fluoroscopic control). A small volume of local anaesthetic is injected with temporary relief of symptoms if pathology is present. A bone scan can be of benefit (Fig. 2) in some cases, but the five step evaluation will usually confirm pisotriquetral pathology without the need for further tests.

Pisotriquetral disorders

Pisiform fracture

The condition is rarely diagnosed but is probably fairly common. Pisiform fracture may follow a fall on the outstretched hand. There may be an associated Colles' fracture which distracts attention from a subtle carpal injury. The fracture rarely splits the pisiform transversely leaving a proximal and distal fragment. Such fractures are usually visible on routine posteroanterior (PA) views of the wrist. The more usual injury is a plateau fracture to the articular surface with some loss of congruity (Fig. 3). These fractures are not visible on routine PA and lateral wrist

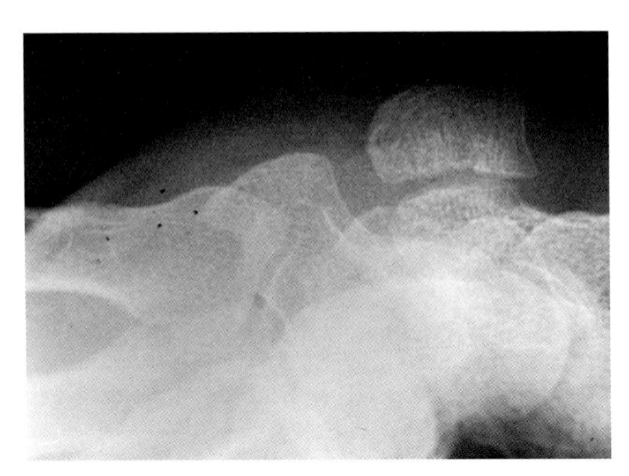

Figure 3

Plateau fracture of the pisiform.

radiographs, and are only apparent when the joint is skylined with a 30° supinated view. Tenderness on compressing the pisiform against the trapezium should prompt skyline views to evaluate the joint. Rest in a splint for three weeks usually resolves the problem, but continuing pain would merit pisiform excision, with the expectation of a full return to function. The risk of arthritis developing after pisiform fracture is uncertain. Most patients diagnosed acutely as having sustained a pisiform fracture settle well without evidence of arthritis in the short or middle term. However, Carroll and Coyle (1985) note 17 of their 67 patient series of pisotriquetral pathology had suffered fractures to the wrist and hand.

Dislocation of the pisiform

The condition is rare, four cases being recorded by Immerman (1948) and Helal (1978). Closed reduction can usually be achieved with the wrist in maximal flexion and ulnar deviation. The wrist may then be rested in mild extension and neutral radioulnar deviation for four weeks and then mobilized. Poor tracking of the pisiform may, however, persist with continuing ulnar border pain; pisiform excision would then be required in these cases.

Loose body to the pisotriquetral joint

Patients may give a history consistent with locking of the wrist commonly following a position of wrist flexion (when the pisiform and triquetrum are minimally opposed). Radiographs or exploration may reveal the fragment. If the problem is limited to an osteochondral fragment following trauma without associated cartilage injury, removal of the fragment may suffice. If there is associated arthritis, pisiform excision is preferred. Hall (1981) describes the locked position as one of wrist flexion and ulnar deviation, with a tendency for fingers to lie in metacarpophalangeal joint flexion and interphalangeal joint extension. Synovial chondromatosis may also give rise to a loose body within the pisotriquetral joint (Helal 1978).

Arthritis of the pisotriquetral joint

The majority of cases are osteoarthritic, as either a primary event or secondary to direct trauma, or through chronic pisiform instability with poor tracking of the bone through the flexion/extension range. Relatively few are considered to arise as a primary event (Paley et al 1987). A small number of arthritic joints arising for other reasons have also been recorded (rheumatoid arthritis, psoriasis and gout). Almost half of one series were considered to have chondromalacia of the pisotriquetral joint, presumably a precursor to an end stage arthritis (Carroll and Coyle 1985). The radiology in these cases may be less definite but the grinding test and apprehension tests are usually positive with ablation of symptoms following intra-articular local anaesthetic injection. A bone scan will also reveal increased local uptake. If symptoms are sufficiently troublesome, pisiform excision is required.

Instability of the pisiform

This may be due to a general ligamentous laxity. The apprehension test may be most valuable with apprehension resolved by local anaesthetic injection to the joint. Damage to the radial border restraints may also provoke this problem. Paley et al (1987) records pisotriquetral joint pain developing after excision of the hook of the hamate (detensioning the pisohamate ligament). This is probably not a common problem, most cases settling very satisfactorily after hook of hamate excision (Gupta et al 1989). The commoner destabilizing factor is carpal tunnel decompression, first noted by Helal (1978) and confirmed by Carroll and Coyle (1985) and Paley et al (1987). Carpal tunnel decompression (open technique) was considered to widen the transverse arch by an average of 2.7 mm (Gartsman et al 1986), although in some cases the arch opened in excess of 5 mm. These changes might well have an important impact on pisiform tracking. Some early ulnar pillar pain may arise from the pisotriquetral joint. Persistent symptoms confirmed by the apprehension test and ablated by joint injection would indicate pisiform excision.

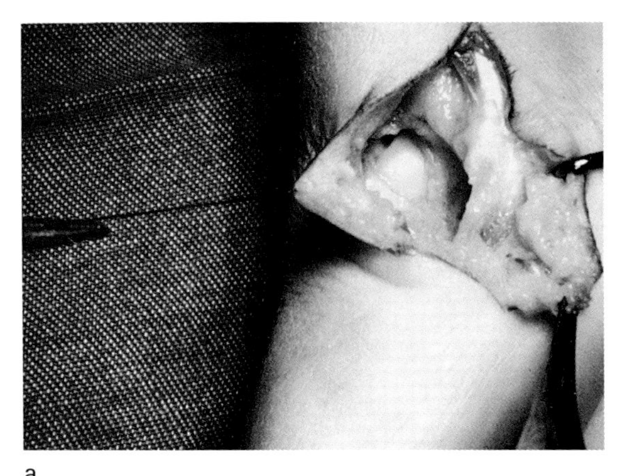
a

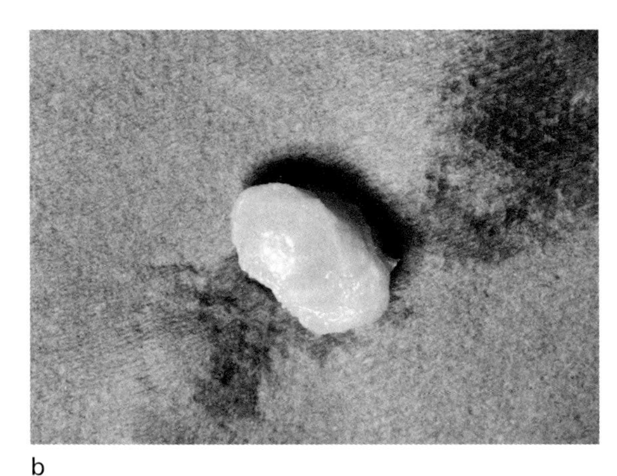
b

Figure 4

(a) Pisiform excision preserving continuity of flexor carpi ulnaris. (b) Eburnated bone is revealed on the pisiform articular surface.

Flexor carpi ulnaris tendonitis (or enthesopathy)

Almost half the patients attending with pisotriquetral problems were considered to have an enthesopathy of the flexor carpi ulnaris insertion (Paley et al 1987). Symptoms are extra-articular on occasions with calcification around the tendon at its insertion. The diagnosis in these cases may be less certain. It is considered (Vastamäki 1986) that pain and tenderness will usually extend more proximally in these cases. Excellent results have been reported after excising the pisiform in these cases (Carroll and Coyle 1985). Pisiform excision combined with Z lengthening of the flexor carpi ulnaris tendon, has also been reported with good effect (Palmieri 1982).

The management of pisotriquetral disorders

Fractures and frank dislocations require three to four weeks of immobilization to minimize the risk of subsequent instability and arthritis. Established pisotriquetral pain is usually not well controlled by the use of splints, anti-inflammatory tablets, or intra-articular steroid injections. Most patients presenting to clinics with pisotriquetral pain proceed to pisiform excision. The bone is dissected free from the flexor carpi ulnaris tendon, taking care to preserve its longitudinal integrity and avoiding damage to the ulnar nerve and artery that lie adjacent (Fig. 4). The breach to the tendon is repaired and the wrist immobilized on a volar slab for two weeks, leaving the digits free. Patients are rarely left with any long term disability following surgery. Clinical series reveal a full return to normal activities in nearly all cases where pathology is limited to the pisotriquetral joint.

Conclusion

Pisotriquetral pathology is an important subgroup of ulnar border wrist pain. Once considered, it is relatively easy to confirm the diagnosis. Surgical treatment offers excellent prospects of regaining normal function.

References

Belliappa PP, Burke FD (1992) Excision of the pisiform in pisotriquetral osteo-arthritis, *J Hand Surg* **17B:**133–6.

Carroll RE, Coyle MP (1985) Dysfunction of the pisotriquetral joint: treatment by excision of the pisiform, *J Hand Surg* **10A:**703–7.

Gartsman GM, Kovach JC, Crouch CC, et al (1986) Carpal arch alteration after carpal tunnel release, *J Hand Surg* **11A**:372–4.

Gupta A, Risitano G, Crawford R, Burke FD (1989) Fractures of the hook of the hamate, *Injury* **20:**284–6.

Hall TD (1981) Loose body in the pisotriquetral joint, *J Bone Joint Surg* **63A:**498–500.

Helal B (1978) Racquet player's pisiform, *Hand* **10:**87–90.

Immerman EW (1948) Dislocation of the pisiform, *J Bone Joint Surg* **30A:**489–92.

Paley D, McMurtry RY, Cruickshank B (1987) Pathologic conditions of the pisiform and pisotriquetral joint, *J Hand Surg* **12A:**110–19.

Palmieri TJ (1982) Pisiform area pain treatment by pisiform excision, *J Hand Surg* **7A:**477–80.

Seradge H, Seradge E (1989) Pisotriquetral pain syndrome after carpal tunnel release, *J Hand Surg* **14A:**858–62.

Vastamäki M (1986) Pisiform-triquetral osteo-arthritis as a cause of wrist pain, *Ann Chir Gynaecol* **75:**280–2.

Index

adaptive carpus, defined, 30, 32
anatomy
  carpal joint, 1–8
  classification of carpal instability, 30
anterior subluxation, ulna, 86
arcuate ligament *see* triquetrohamate–capitate ligament
arthritis
  pisotriquetral joint, 215
  rheumatoid arthritis, carpal collapse, 193–204
  septic, 205–13
arthrodesis, total, and ulnar head excision, 199
arthrography
  imaging, scapholunate dissociation, 113, 121, 131
  technical features, 75, 78–9, 93
  see also radiography
arthroplasty
  intercarpal replacement, 198–9
  resection arthroplasty, 190
  total wrist replacement, 201–2
arthroscopy, 55–60, 94–5
  classification of wrist interosseus ligament instability, 182
  imaging, scapholunate dissociation, 113
  material and methods, 58–9
  results and limitations, 59–60
  scapholunate dissociation, 113, 118–21
axial instability, 31

Barton, classification of carpal instability, 31
Barton's fractures, malunion, 189–90

capitate, functional movements, 2–5
capitolunate instability pattern (CLIP), 166
capsulodesis, dorsal, 124, 130, 184
carpal collapse *see* scapholunate advanced collapse (SLAC)
carpal instability
  analysis, 98
  classification, 26–7, 29–33
  defined, 56–8
  nondissociative (CIND), 166
  ulnar translation, 175–9
carpal joint
  anatomy, 1–8
  distal carpals *see* capitate; hamate; trapezium; trapezoid
  forces transmitted, 9–13
  kinetics, 9–13
    abnormal motions, 86
  lateral column injuries, 155–61
  linkage, interactions, 6–7
  loading, rotations in sagittal plane, 11
  measurements, mean values, standard deviation and normal limits, 63
  planes of movement, 23
  proximal carpals *see* lunate; scaphoid; triquetrum
  Rigid Body spring model, 10
  stabilizing mechanisms, 10–12
  stress tests, 86–90
  surface marking, 87
  see also radiocarpal; radioulnar joint
carpal malalignment, VISI deformity, 147
carpal tunnel decompression, and pisiform tracking, 215–16
carpectomy, proximal carpals, 134–5, 141
carpo-metacarpal instability, 41
catch-up clunk, 86
Chamay procedure, 202
chondral lesions, 113
CID *see* scapholunate dissociation, carpal instability
CIND *see* carpal instability, nondissociative
cineradiography, 65, 69–73
  technical features, 75
  technique, 76, 89, 92–3
classification of carpal instability, 25–7, 29–33
  Barton, 31
  Lichtman, 31
  Mayo Clinic, 31
  Taleisnik, 31
clinical examination of the wrist, 35–44, 85–91
CLIP *see* capitatolunate instability pattern
Colles' fractures, 181–92
  malunion, 188–90
CT scans, 50, 65
  in diagnosis, 79–80, 94, 121, 129, 131
  technical features, 75

DISI *see* dorsal intercalated segment instability
dislocations
  perilunate, 101–5, 127

dislocations *contd*
  pisiform dislocation, 215
distal carpals
  kinetics, 25
  see also capitate; hamate; trapezium; trapezoid
distal radioulnar joint (DRUJ)
  clinical and radiographic evaluation, 48–50
  functional anatomy, 15–21, 45–8
  fusion, with resection/pseudarthrosis of ulna, 199–200
  instability, 42, 45–54
    classification, 50
    treatment options, 50–3
    volar instability, 51
dorsal capsulodesis, 124, 130, 184
dorsal MCI, 166
dorsal intercalated segment instability (DISI), 107, 128, 189
  with scapholunate advanced collapse (SLAC), 141

examination *see* clinical examination
extensor carpi radialis
  extension moment, 12
  muscle activation, 167
external fixation, 207
extrinsic MCI, 166

finger extension manoeuvre, 38
fixed point concept (ulna), 17, 19–21
  terminology, 20
flexor carpi radialis (FCR) tendon, 155–6
  sheath, rupture, 157
  synovitis, 156–9
flexor carpi ulnaris, tendonitis, 216
forces transmitted, 9–13
  grip force, 9
forward drift test, 86–7
four quadrant (corner) fusion, 134, 167–9
functional anatomy, 45–48

Gilula's arcs, 176, 178
grip force, 9

Haemophilus influenzae infections, 207
hamate–triquetral joint *see* triquetrohamate joint
history, 84–5
hypothenar muscles, strengthening exercises, 167

imaging techniques, 75–81
  strategies, flow diagram, 80
  see also arthrography; cineradiography; CT; MRI; radiography
infections, 205–12
injuries
  causes, 59, 97, 98
  chronicity, 97
  classification, 99
  constancy, 97–8
  direction, 99
  history, 84–5
  location, 98
  pattern, 99
  radial (lateral) carpal ligaments, 155–61
instability *see* carpal instability
intercarpal arthrodesis, 168
intercarpal ligaments
  disruption, injuries
    acute, open repair, 184
    arthroscopic repair, 184
    mechanisms, 183
  subacute and chronic lesions, 188
  see also specific names of ligaments
intercarpal replacement arthroplasty, with radioscapholunate arthrodesis, 198–9
interosseus ligament *see* scapholunate interosseus ligament

Kirk–Watson test, 88
Kleinman's shear test, 39

lateral carpals (column) *see* radial (lateral) carpals
Lichtman pivot shift test, 89–90
Lichtman ring model, 171–3
Lichtman's classification of carpal instability, 31
ligamentous system, 23–5
  anatomy, 58
  arthroscopy, 113, 121
  extra-articular, 24
    flexor retinaculum, 24–5
  extrinsic intracapsular ligaments, 24
  injuries, radial (lateral) carpals, 155–61
  ligamentoplasty, 130, 153
  see also specific ligaments
Linscheid test, 40, 42
Lister's tubercle, 35, 87
loose body, pisotriquetral joint pathology, 215
lunate
  functional movements, 2–5, 57
  geometry, 2–3
  loading, rotations in sagittal plane, 11
  surface strain, 10
lunocapitate arthrodesis, 134–5
lunotriquetral ballottement test, 39–40
lunotriquetral dissociation, 2–3, 30, 147–54
  aetiology and pathogenesis, 149–52
    traumatic mechanisms, 149–50
  anatomy of biomechanics, 147–9
  clinical types, acute/chronic, 150–2
    lunotriquetral asynergy, 151
    lunotriquetral diastasis, 151–2
  experimental ligament division, 148–9
  functional anatomy, 148
  treatment, 151–3
    reconstruction and arthrodesis, 152–3

lunotriquetral interosseus ligament, 147
  disruption, 183
lunotriquetral stability
  classification, 30
  diagnosis, 39–40
  interosseus failure, 11–12
lunotriquetrohamato-capitate arthrodesis, 134, 152–3

Madelung's deformity, 26
Mayo Clinic, classification of carpal instability, 31
MCI *see* midcarpal joint instability
measurements, mean values, standard deviation and normal limits, 63
medial carpals *see* ulnar (medial) carpals
mediocarpal fusion, treatment for scapholunate advanced collapse (SLAC), 141–3
Meuli total wrist prosthesis, 141
Meyrues' view, 109
midcarpal fusion, 141–3
midcarpal joint
  dorsal view, 7
  instability, 30, 163–9
    classification, 30, 165–6
    clinical findings, 163–4
    diagnostic studies, 41, 164–5
    extrinsic/intrinsic, 165–6
    primary (PMCI), 163–9
    treatment, 166–9
  reduction, 86
  stabilizing mechanisms, 10–12
  surgery, 167–9
midcarpal ligament, tear, 30
MRI
  imaging, scapholunate dissociation, 76, 78, 114, 121, 129
  technical features, 75
  technique, 76–8, 94
Mycobacterium tuberculosis infections, 207

nondissociative carpal instability (CIND), 166

osteoarthritis, secondary, 189

pain, in diagnosis, 36
palmar midcarpal instability (PMCI), 166, 171–3
passive stress, 118
perilunate dislocations, 101–5, 127
perilunate fracture–dislocations, 101–5
  acute dorsal, 102–4
  acute dorsal transscaphoid, 104–5
  chronic unreduced dorsal and transscaphoid, 105
  classification, 101–2
pisiform bone, 36
pisotriquetral instability, 42, 213–17
pisotriquetral pathology, 89, 213–17
  arthritis, 215
  diagnosis, 213–14
  instability, 215
  loose body, 215
  pisiform dislocation, 215
  pisiform fracture, 214–15
PMCI *see* midcarpal joint instability, primary
Poirer's space, 167, 172
pressure monitoring, forces transmitted, 10
pronation–supination movement, 5–6, 45–54
proximal carpals
  carpectomy, 134–5, 141
  chain reaction, 2–5
  functional position, 1–2
  geometry, 2
  instabilities, 26–7
    classification, 30
    diagnosis, 40–1
    videography, 72–3
    see also scapholunate advanced collapse (SLAC)
  interactions, 5–6
  kinetics, 25
  pronation injury, 90
  see also lunate; scaphoid; triquetrum
pseudostability, defined, 87–8

radial deviation, 70
  and scaphotrapezium–trapezoid joint (STT), 171
  videography, 70–1
radial (lateral) carpals
  instabilities, 26
  ligamentous injuries, 155–61
    surgical repair, 159–60
  ligamentous system, 155
  two-level lesion, 158–60
radial styloid protrusion, 176
radiocarpal joint
  instability, diagnosis, 41
  stability, 12
radiocarpal ligaments
  in SLAC, 142
  tears, 184–8
radiography, 49–50, 61–7
  basic examination, 61–4, 91–2
  classification of carpal instability, 29
  dynamic evaluation, 64–5, 117–18
  imaging
    scapholunate arthrodesis, 133
    scapholunate dissociation, 108–13
  measurements, mean values, standard deviation and normal limits, 63
  technical features, 75
  traction views, 65
  ulnar translation of the carpus, 176–8
radiolunate fossa, ulnar deviation, 10
radiolunate fusion
  indications, 190
  and ulnar head excision, 198
radiolunate–capitate axis, 71–2

radiolunotriquetral interosseus ligament, 147
  in soft tissue procedures, 147
radioscaphocapitate ligament, 155–6
  in soft tissue procedures, 167
  tears, 184–8
radioscaphoid complex, 155–6
radioscapholunate arthrodesis
  with intercarpal replacement arthroplasty, 198–9
  and ulnar head excision, 198, 202
radioscapholunate ligament, 128
radiotriquetral ligamentoplasty, 153
radioulnar joint
  fusion, with resection/pseudarthrosis of ulna, 199–200
  see also distal radioulnar joint
radioulnar ligament, 16, 16–17, 18
  function, 19
  junction with ulnotriquetral ligament, 19
  stability, 18–19
  see also ulnoradial–triquetral ligament (TFCC)
radius
  anterior subluxation, 86
  distal fractures, 181–92
    acute injury, 181–8
    carpal instability with malunion, 188–90
    classification, 182
    intercarpal ligament disruption, injuries, mechanisms, 183
Reagan shuck test, peritriquetral instability, 88
repetitive strain injuries, 127–8
resection arthroplasty, 190
rheumatoid arthritis
  carpal collapse, 193–204
    Schulthess classification, 193–7
      types I, II and III, 194
    surgery, 198–202
      choice, 198
      indications, 202
Rigid Body spring model, 10

salvage procedures, 190, 201
Sauvé–Kapandji procedure, 53, 199–200
scaphocapitate arthrodesis, 131–2
scaphoid
  dorsal subluxation, 121
  functional movements, 2–5, 57
  loading
    flexion moment, 12
    rotations in sagittal plane, 11
  reconstruction, 141
scaphoid bell sign, 38
scaphoid shift sign, 182
scaphoid shift test *see* Watson test
scapholunate advanced collapse (SLAC), 107
  diagnosis, 141
  with DISI deformity, 141
  following infections, 208
  imaging
    drawings, 140
    radiography, 87
  midcarpal instability, 30
  parameters, evolution, 208
  pathomechanics, 139–41
  radiocarpal ligaments, 142
  in rheumatoid arthritis, 193–204
  and scapholunate dissociation, 127–38
  treatment, 141–5
    arthrodesis, 132–5, 139–45
    limited wrist fusion, 139–45
    mediocarpal fusion, 141–3
    stage 1, 132–4
    stage 2, 134–5
  with/without ulnar translation, 209–10
  see also scapholunate nonunion advanced collapse
scapholunate ballottement test, 38
scapholunate dissociation, 2–3, 6, 76
  with carpal collapse, 127–38
    aetiology, 127–8
    diagnosis, 128–30
    treatment, 130–5
  carpal instability dissociative (CID), 127, 130
  classification, 30, 114, 122–3, 127
  defined, 107
  diagnosis, 37–9, 108
    and staging, 76, 78, 107–16
  dorsal intercalated segment instability (DISI), 107, 128
  dynamic instability, 111–13
  imaging
    arthrography, 108–13, 129, 131
    arthroscopy, 113
    MRI, 76, 78, 114
    plain radiography, 108–13
    tomodensitometry, 114
    videography, 73
  isolated, 127
  minor (without DISI), 117–25
    classification, 122–3
    diagnosis, 117–21
    treatment, 123–4
  progression, 114–15, 132
  spectrum and natural history, 122
  staging, 115
  with styloscaphoid or radioscaphoid arthrosis, 132–5
  ulnar translation, 176
  without arthrosis, 130–2
scapholunate interosseus ligament
  arthroscopy, 113, 121
  biomechanical behaviour, 128
  injuries
    asymptomatic isolated tears, 123
    incidence, 183
    mechanisms, 183
    symptomatic isolated tears, 122, 123

pronation–supination movement, 5–6
transosseus reinsertion, 130
scapholunate interval, 35
scapholunate laxity, constitutional, 176–7
scapholunate lesion, frequency, 37
scapholunate nonunion advanced collapse (SNAC)
imaging, drawings, 140
incidence, 139
treatment, 141–4
results, 143–4
scapholunate tears, with distal fractures of radius, 181–2
scaphotrapezium–trapezoid joint (STT)
arthrodesis, 130–1
forces transmitted, 10
instability, 41
ligament anatomy, 155–6
ligamentous injuries, 155–61
surgical repair, 159–60
portal, 35
and radial deviation, 171
scaphotriquetral ligament, stability, 57
scintigraphy, 93
septic arthritis, 205–13
Serratia marcescens infections, 207
signet ring sign, 91
SLAC *see* scapholunate advanced collapse
Smith fractures, malunion, 189
SNAC *see* scapholunate nonunion advanced collapse
snuffbox *see* ulnar snuffbox
space of Poirer, 167, 172
splint, palmar, 167
Staphylococcus aureus infections, 207
STT *see* scaphotrapezium–trapezoid joint
supination *see* pronation–supination movement
sympathetic dystrophy, mild reflex, 189
synovectomy, 198
synovial irritation test, scapholunate instability, 37

Taleisnik, classification of carpal instability, 31
Taleisnik's theory, 26
tendon graft, 184
Terry Thomas sign, 91
TFC, TFCC *see* ulnoradial–triquetral ligament
tomodensitometry, imaging, scapholunate dissociation, 114
trauma *see* injuries
triangular fibrocartilage complex (TFCC) *see* ulnoradial–triquetral ligament
triquetrohamate arthrodesis, 167–8
triquetrohamate joint, 171–4
forces transmitted, 10
Lichtman ring model, 171–3
pathogenesis and anatomy, 171–3
triquetrohamate–capitate (arcuate) ligament
anatomy, 172
soft tissue reconstruction, 168
triquetrohamate–capitolunate arthrodesis, 167–8
triquetrolunate instability, 89
triquetrolunate ligament, injury, 89–90, 167
triquetrolunate shift test, 90
triquetrum
functional movements, 3–5, 57
loading, 10–11
palmar view, 16

ulna
anterior subluxation, 86
fixed point concept, 17, 19–21
terminology, 20
ulnar abutment syndrome, 89, 187
ulnar deviation
abnormal scapholunate gap, 65
adaptation of proximal carpals, 25
radiolunate fossa, 10
and scaphotrapezium–trapezoid joint (STT), 171
videography, 70–1
see also Watson test
ulnar head excision, 198
and total arthrodesis, 199
ulnar (medial) carpals
instabilities, 26
treatment for scapholunate advanced collapse (SLAC), 141–3
ulnar shortening osteotomy, ulnar abutment syndrome, 187
ulnar snuffbox, 36
ulnar snuffbox compression test, 40
ulnar translation of the carpus, 175–9
chronic progressive, 190
clinical findings, 176
mechanism and pathology, 175–6
radiography, 176–8
scapholunate dissociation, 176
ulnocarpal joint, 15–21
palmar view, 17
ulnoradial ligament *see* radioulnar ligament
ulnoradial–triquetral ligament (TFCC), 18
disruptions, 52
injuries, with distal radius fractures, 182
junction with radioulnar ligament, 19, 45–6, 19
lesions, 42
terminology, 20
see also radioulnar ligament
ultrasound, 93
URTL *see* ulnoradial–triquetral ligament

videography, 70–3
VISI deformity, *see also* lunotriquetral dissociation
volar intercalated segment instability (VISI), 147–54, 189

Watson test, 38–9, 88, 108–9, 117, 184
  asymptomatic subjects, 122–3
  description, 128
wrist denervation, 141, 141
wrist flexion manoeuvre, 38
wrist interosseus ligament instability, classification,
    182